Construction de maisons individuelles

Gros œuvre et second œuvre

Du même auteur

Collection « Construire sa maison »

Bien construire sa maison, 2011, 144 pages
Choisir et réaliser les charpentes, 2003, 168 pages
Choisir et réaliser les couvertures en tuile, 2004, 200 pages
Choisir et réaliser les fondations, 2007, 216 pages
Du choix du terrain aux plans d'exécution, 2003, 2e éd. 2006, 176 pages
Implantation des maisons et branchements, 2006, 272 pages
Maisons sur vide sanitaire, 2007, 144 pages
Murs, poutres et planchers, 2002, 2e éd. 2005, 208 pages
Plans de maisons de plain-pied et combles aménagés, 2005, 192 pages
Plans et perspectives : plain-pied et étages, 2005, 236 pages
Réussir ses plans, 2002, 160 pages

Collection « Maisons individuelles »

Baies et menuiseries extérieures, 2002, 2e éd. 2011, 80 pages
Branchements : eau potable et assainissement, 2002, 2e éd. 2011, 64 pages
Charpentes et couvertures, 2002, 2e éd. 2010, 88 pages
Eau chaude et chauffage au gaz, 2002, 2e éd. 2010, 80 pages
Fondations et soubassements, 2002, 2e éd. 2010, 88 pages
Murs et planchers, 2002, 64 pages
Ventilation et installation électrique, 2002, 56 pages

Construction de maisons individuelles

Gros œuvre et second œuvre

Henri RENAUD

TROISIÈME ÉDITION 2009

Troisième tirage 2012

EYROLLES

ÉDITIONS EYROLLES
61, bd Saint-Germain
75240 Paris Cedex 05
www.editions-eyrolles.com

ISBN : 978-2-212-12568-9

Avant-propos

La maison individuelle se définit par son implantation dans un environnement spécifique et nécessite des choix personnalisés afin d'organiser les volumes au stade de la conception suivant les souhaits et options des futurs occupants.

Ce livre traite des techniques de construction des maisons individuelles à partir d'avant-projets d'entreprise ou de projets d'exécution avec les plans et le descriptif adapté aux ouvrages à réaliser.

Les chapitres prennent en compte :

- **les travaux du gros œuvre**, c'est-à-dire les fondations, les murs, les planchers, la charpente, la couverture, etc.,
- **les travaux effectués par les corps d'état du second œuvre**, comme, par exemple, les menuiseries extérieures, la plomberie, le chauffage par radiateurs, la ventilation, les escaliers intérieurs en bois.

Les contenus intéressent celui qui souhaite avoir une vue globale des travaux précédents, au stade de la conception d'un pavillon ou du suivi sur le chantier, en considérant l'imbrication des différentes tâches nécessaires à chaque étape de la construction et leur mode d'exécution.

Les dispositions constructives et les recommandations de mise en œuvre sont très importantes en cours de travaux afin d'assurer l'ensemble des fonctions de la construction et réduire les désordres tels que fissuration, défaut d'étanchéité, etc. Dans la mesure du possible, elles ont été mentionnées ou visualisées par des croquis pour chaque type d'ouvrage.

Le milieu professionnel (fabricants et entreprises) **a apporté son concours à cet ouvrage par :**

- **des avant-projets réels** effectués dans le bureau d'étude au stade de la conception,
- **des descriptifs** qui font partie intégrante du contrat de construction,
- **des fiches techniques** des fournisseurs d'armatures prêtes à l'emploi, celles des fabricants de menuiserie, de chaudières, de chauffe-eau, d'accessoires pour réseaux techniques divers, du système de ventilation, des éléments particuliers de toiture, etc.,
- **des plans de réalisation** que le lecteur peut décoder facilement, par exemple des plans de pose de plancher avec poutrelles précontraintes, des plans de pose pour charpente avec fermettes, le plan de distribution pour le réseau électrique établi par l'entreprise,
- **des indications d'implantation** pour les salles d'eau et pour les escaliers balancés et leur tracé,
- **des plans d'exécution de pavillon**, soit en lotissement (Villas de l'Erdre), soit en isolé (type pavillon EXPO).

Avant-propos

Sommaire

Chapitre 1

Avant-projet de construction

- Documents de l'avant-projet
- Évaluation globale de la construction
- Descriptif sommaire avec options

L'avant-projet sommaire (APS) présente un aperçu de l'habitation et de sa conception, incluant une notice descriptive d'ensemble de la construction.

L'avant-projet indique l'implantation et l'agencement des surfaces et des volumes d'habitation, à savoir :
- les pièces principales : séjour, chambres, etc.,
- les pièces de service : cuisine, bains, etc.,
- les circulations dans le plan horizontal (couloirs, hall) et dans le plan vertical (escaliers),
- les pièces annexes : garage, buanderie, chaufferie, etc.

1.1. Documents de l'avant-projet

1.1.1. Pièces graphiques

Il s'agit des vues en plan avec les cotes partielles, et de la vue en perspective.

❐ ***Vues en plan sommaire :*** rez-de-chaussée et combles aménagés.

Les vues en plan sommaire montrent la disposition et l'agencement des locaux, ainsi que leur fonctionnalité pour la « zone jour » et la « zone nuit ».

Les pièces et les circulations sont désignées; leur surface est souvent indiquée.

❐ ***Vue en perspective :*** elle montre l'aspect de la façade principale, avec les choix architecturaux extérieurs – baies, éléments de décoration de la façade principale, toiture ardoise avec coloris appropriés – et divers symboles évocateurs tels que personnages, arbres, etc.

1.1.2. Pièces écrites

Elles comprennent en particulier la notice descriptive et les éléments du contrat de construction.

La ***notice descriptive*** est souvent trop succincte et précise seulement quelques prestations d'ouvrages :

- les matériaux utilisés, leur nature et leurs caractéristiques : blocs de béton, briques, isolant, etc. ;
- les équipements prévus pour l'installation électrique des locaux, l'eau chaude, le chauffage, etc. ;
- les éléments de construction des ouvrages : dallages, charpentes, couvertures, etc.

La notice descriptive est destinée au client et ne mentionne pas les prescriptions techniques imposées aux entreprises, ni les références aux documents techniques unifiés ou les exigences d'exécution.

1.2. Évaluation globale de la construction

L'avant-projet permet l'évaluation globale de la construction, à affiner selon les modifications ou les options retenues par le client. Le critère évaluation est souvent prédominant.

Par définition, l'avant-projet concerne différents aspects ou domaines :
- fonctionnalité de l'habitation,
- architecture extérieure et intérieure,
- données techniques de base,
- plan de financement et modalités du contrat dans son ensemble.

Figure 1.1 : ***vue en perspective du pavillon avec combles aménagés***

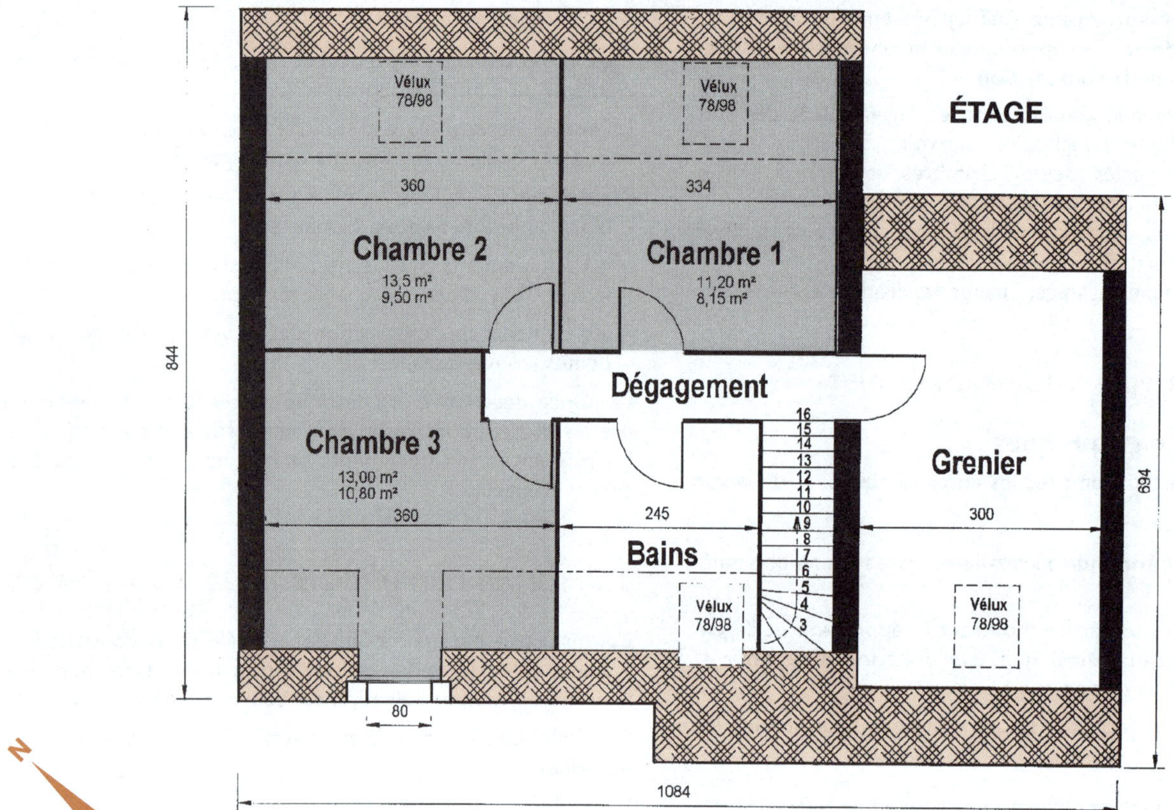

Figure 1.2

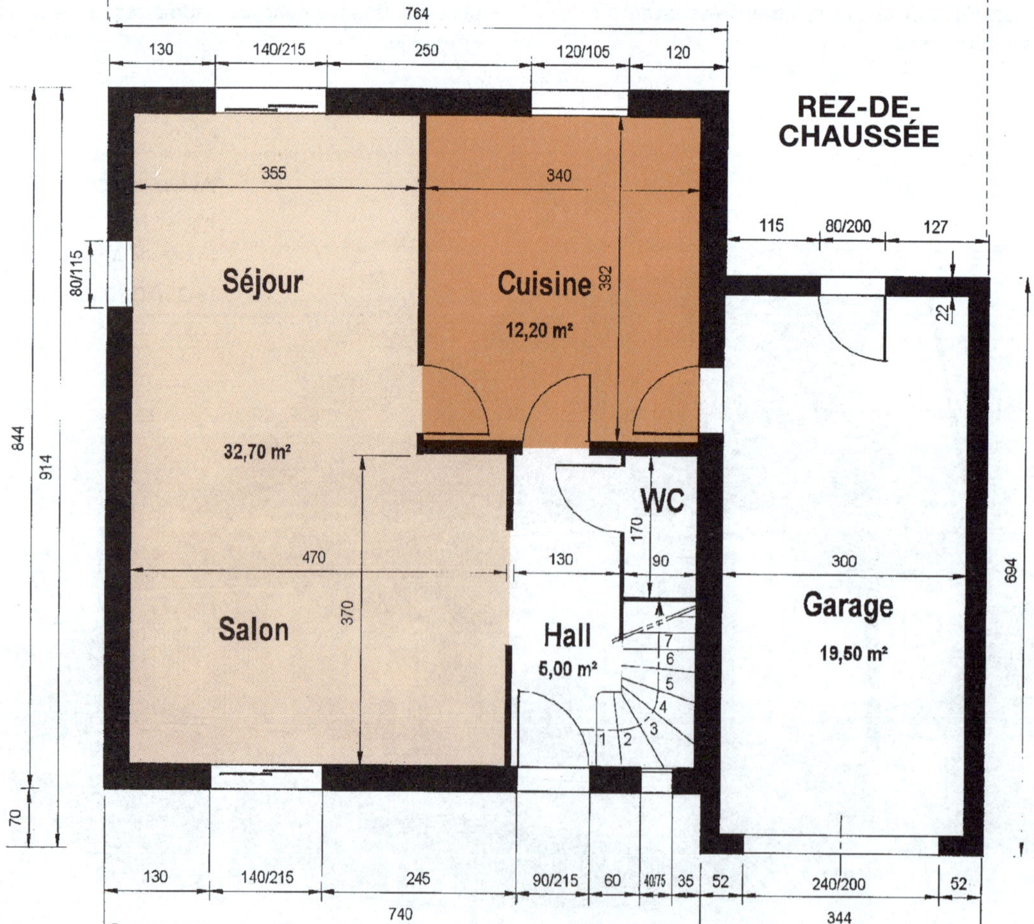

Figure 1.3

I.3. Descriptif sommaire avec options

Caractéristiques techniques principales

❐ Travaux préparatoires

Débroussaillage, accès, panneau de chantier, clôtures éventuelles.

❐ Implantation

– Suivant les plans : situation et plan de masse, rez-de-chaussée et étage, etc.
– Contrôle des dimensions avec limites séparatives existantes et des niveaux pour les réseaux d'évacuation.

❐ Terrassements

– Décapage de la terre végétale sur l'emprise de la construction et stockage provisoire sur le site; épaisseur moyenne prévue : 20 cm.
– Fouilles en rigole par engin mécanique et transport à la décharge des terres excédentaires par camions.

❐ Fondations

Semelles filantes en béton armé sous mur avec chaînage périphérique.

❐ Branchements et raccordements aux réseaux

– Eau sanitaire, circuit « boucle » en fond de fouille pour prise de terre, EDF, GDF, PTT, téléphone.
– Réseau d'égout séparatif ou unitaire.
– Assainissement individuel s'il y a lieu.
– Drainage souterrain éventuel.

❐ Murs de soubassement et travaux annexes

– Blocs perforés en béton de granulats lourds hourdés au mortier de ciment pour murs extérieurs et de refends; épaisseur : 20 cm;
– drainage extérieur éventuel en pied de mur.
– Canalisations d'évacuation d'eaux vannes et usées suivant les plans pour desservir les divers appareils sanitaires ou de service.

❐ Dallage sur terre-plein

– Dalle épaisse en béton armé de 12 cm au moins portant sur les murs de soubassement. Armature par panneaux de treillis soudés; planelle ou demi U de rive, suivant les prescriptions des DTU (Documents Techniques Unifiés) des maçonneries de petits éléments pour obtenir l'homogénéité du parement extérieur.
– Isolation en polystyrène expansé type « Unimat » ou similaire, peu compressible, sur toute la surface habitable; épaisseur : 40 mm au moins. Écran d'étanchéité par film étanche d'épaisseur 200 microns.
– Réseaux prévus dans l'épaisseur de la dalle : canalisations électriques, d'alimentation en eau, en gaz, pour le téléphone ou le parlophone, canalisations d'évacuations des eaux vannes et des eaux ménagères.

❐ Murs en élévation

➤ **Murs extérieurs :**

– enduit monocouche teinté dans la masse + blocs creux de béton ou briques creuses type G + doublage polystyrène isolant ou laine de verre et cloison de doublage enduite;
– épaisseur des murs extérieurs : 20 cm;
– ouvrages associés en béton armé : chaînages verticaux et horizontaux, linteaux, poteaux et poutres, couronnement de murs;
– coffres de volets roulants incorporés;
– isolation thermique verticale par panneaux de laine de verre de 100 mm d'épaisseur, avec étanchéité par adhésif.

➤ **Murs intérieurs :**

blocs creux de béton ou briques creuses de 15 cm d'épaisseur, avec ouvrages associés en béton armé.

❐ Planchers

Localisation : vide sanitaire, étage courant, combles aménagés ou combles perdus.

Constitution : poutrelles précontraintes + entrevous de béton ou de terre cuite + dalle de compression armée d'épaisseur ⩾ 5 cm.

Isolation thermique par entrevous isolants en plancher sur vide sanitaire ou plancher haut de sous-sol.

❐ Charpente

– Charpente traditionnelle par fermes à entrait retroussé, pannes et chevrons ou fermettes en sapin traité avec du fongicide et de l'insecticide avec garantie, section des éléments en fonction de la pente et des portées.
– Escalier d'accès à l'étage en bois exotique et rampe en bois exotique à balustres façonnés.
– Plinthe rampante découpée à la demande contre les murs ou les cloisons en rive d'escalier balancé.

❐ Couverture

➤ **Nord Loire :** ardoises naturelles posées aux crochets inox sur liteaux de sapin traités.

➤ **Sud Loire :** tuiles en terre cuite avec coloris et galbes suivant le choix. L'isolation thermique des plafonds est assurée par un matelas de laine de verre de 200 mm d'épaisseur.

❐ Gouttières et descentes

– Gouttières type demi-ronde en PVC ou zinc.
– Descentes en PVC, gris ou d'une autre couleur.
– Ouvertures extérieures.
– Dimensions suivant les plans.
– Matériau au choix : bois, PVC, aluminium.
– Vitrage isolant de type 4/12/4.
– Porte de garage métallique basculante ou coulissante en PVC.
– Porte d'entrée en bois ou en PVC avec panneaux à moulures décoratives.
– Porte de service avec oculus en bois exotique traité.

❐ Fermetures extérieures

– Volets roulants en PVC pour portes-fenêtres et fenêtres.
– Vitrage isolant de type 4/12/4 (12 mm de vide partiel entre les parois de verre d'épaisseur 4 mm).

❐ Plafonds

– Plafonds en briques suspendues par crochets fixés au solivage.
– Enduit traditionnel au plâtre sur briques plâtrières ou en sous-face du plancher en béton.
– Plaques de plâtre fixées sur rails pour les parties rampantes.

❐ Cloisons de distribution

Briques d'épaisseur 5 cm enduites au plâtre sur les deux faces, ou Placopan de 50 mm.

❐ Portes intérieures

Portes à âme alvéolaire avec bâti en sapin, isogyl ou postformées.

❐ Quincaillerie – Serrurerie

– Paumelles de 140.
– Serrure pène dormant 1/2 tour à mortaiser.
– Bec de cane à condamnation à mortaiser, avec garnitures solidaires des entrées et bouton de condamnation intérieur pour WC et salle de bains.
– Garnitures en aluminium, ton champagne avec béquilles solidaires des entrées.

❐ Électricité

– Installation sur distribution monophasée.
– Réalisation de l'installation suivant les normes en vigueur et le contrôle Consuel.
– Les interrupteurs et prises de courant seront de type encastré, label NF.
– La distribution sera en encastré dans les pièces habitables et en apparent dans les annexes.
– Prises de courant avec éclipses.

➤ **Entrée :**

– un va-et-vient + terre;
– une prise de courant 10 A + terre;

➤ **Cuisine :**

– un va-et-vient + terre;
– 3 prises de courant 10 A + terre;
– 3 prises de courant 16 A + terre;
– 1 prise de courant 32 A + terre.

➤ **Séjour :**

– va-et-vient + terre;
– 4 prises de courant 10 A + terre.

➤ **Salon :**
- un simple allumage + terre;
- 6 prises de courant 10 A + terre;
- une prise de télévision;
- une prise de téléphone.

➤ **Chambre :**
- simple allumage + terre;
- 3 prises de courant 10/16 A + terre.

➤ **Bains :**
- un simple allumage + terre;
- 2 prises de courant 10 A + terre.

➤ **WC :**

un simple allumage + terre.

➤ **Dégagement :**
- un va-et-vient + terre;
- 1 prise de courant 16 A.

➤ **Escalier :**

un va-et-vient + terre.

➤ **Garage :**
- un va-et-vient + terre;
- 2 prises de courant 16 A.

➤ **Divers :**
- un tableau coupe-circuit général avec disjoncteurs;
- une prise de terre;
- un éclairage extérieur;
- attestation de conformité.

❐ Ventilation

Ventilation mécanique contrôlée avec un groupe à deux vitesses, entrées d'air auto-réglables dans les pièces principales et bouches d'extraction en pièces de service.

❐ Chauffage

- Solutions techniques suivant le règlement thermique (zone géographique, température d'hiver extérieure et température intérieure dans les pièces). Énergie : gaz, électricité ou fuel.
- Chauffage au gaz à circuit étanche et radiateurs en acier, ou chauffage électrique et convecteurs suivant le choix.
- Thermostat d'ambiance pour régulation ou robinets thermostatiques.
- Eau chaude sanitaire instantanée par chaudière à gaz ou chauffe-eau électrique fonctionnant à heures creuses, de capacité 200 litres, avec groupe de sécurité.

❐ Équipement cuisine

- Évier en inox à deux cuves et un égouttoir, posé sur un meuble spécifique en laminé blanc;
- robinetterie : mitigeur ou mélangeur, vidange et siphon, raccordement au collecteur des eaux domestiques;
- robinet de puisage chromé pour machine à laver.

❐ Équipement salle de bains

- Baignoire acrylique 170 cm × 80 cm + robinet mitigeur ou mélangeur + douchette / réglette;
- vasque en grès émaillé de couleur, avec robinetterie, vidange, siphon et raccordement;
- receveur de douche 80 × 80 cm avec robinet mélangeur ou mitigeur + douchette / réglette.

❐ Équipement WC

Bloc cuvette et réservoir en grès couleur, mécanisme silencieux, abattant double, robinet d'arrêt.

❐ Distribution d'eau

Conduites en cuivre assemblées par brasure et raccords spéciaux pour l'alimentation en eau froide et en eau chaude des divers appareils.

❐ Revêtements

➤ **Pièces humides :**
- revêtement de sol en carrelage grès émaillé 30/30 cm avec plinthes à bords arrondis dans cuisine, salle de bains, WC;
- revêtement de mur en faïence blanche ou de couleur, posée à la colle au-dessus des appareils sanitaires à raison de 6 m^2 par baignoire et 10 m^2 pour douche.

➤ **Pièces sèches :**
- revêtement de sol en carrelage grès émaillé 30/30 cm dans le hall et le salon – séjour, posé sur une chape fraîche de mortier de ciment;
- plinthes à bords arrondis et de teinte assortie au sol;
- moquettes dans les chambres et le dégagement;
- couvre-joints aux passages de portes et changement de revêtement.

❐ Peintures et finitions

- Suivant choix pour portes intérieures, huisseries, coffres de volets roulants.
- Papiers peints à la demande.

Les réseaux techniques concernent :
- les branchements classiques :
  - eau,
  - électricité, gaz, téléphone,
  - tout à l'égout;
- les circuits de distribution apparents ou souvent cachés :
  - eau froide sanitaire,
  - eau chaude sanitaire,
  - réseaux de distribution pour le chauffage électrique ou à circulation d'eau chaude,
  - réseau pour l'éclairage et le confort;
- les réseaux d'évacuation :
  - d'air vicié par ventilation mécanique des locaux,
  - d'eaux ménagères (évier, salle de bains),
  - d'eaux vannes (WC),
  - d'eaux pluviales.

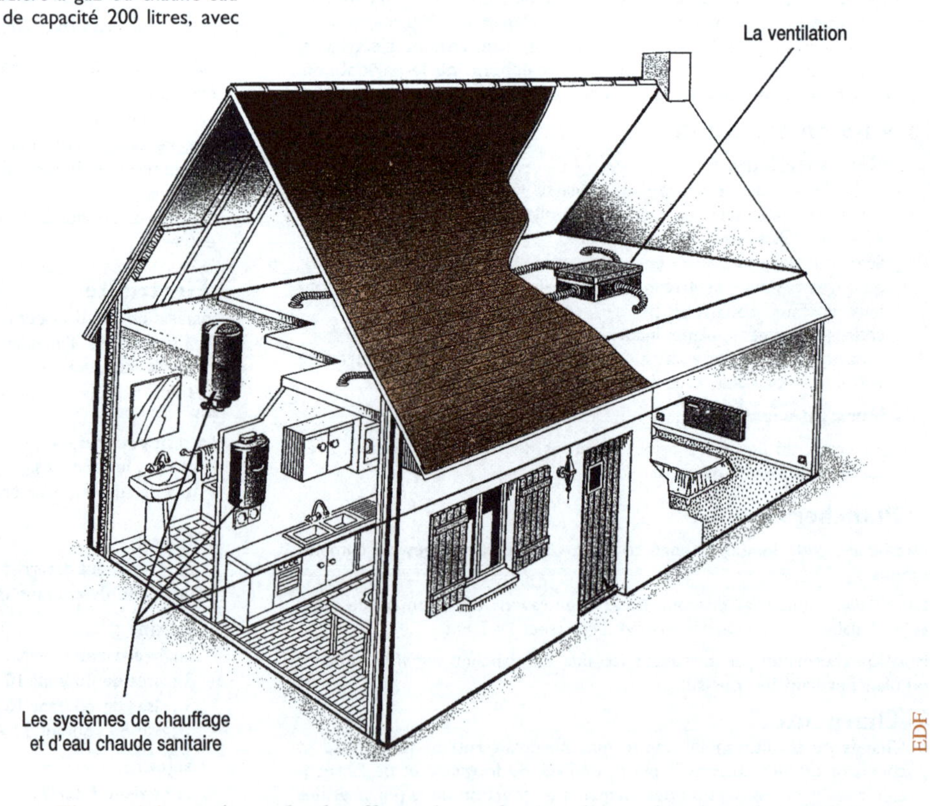

Figure 1.4 : *systèmes de chauffage, de production d'eau chaude et de ventilation*

Chapitre 2

Avant-projet sommaire : exemples

- Exemple 1 : maison de plain-pied sans garage
- Exemple 2 : maison de plain-pied avec garage
- Exemple 3 : maison en rez-de-chaussée
- Exemple 4 : maison avec mezzanine
- Exemple 5 : maison à étage (T7)

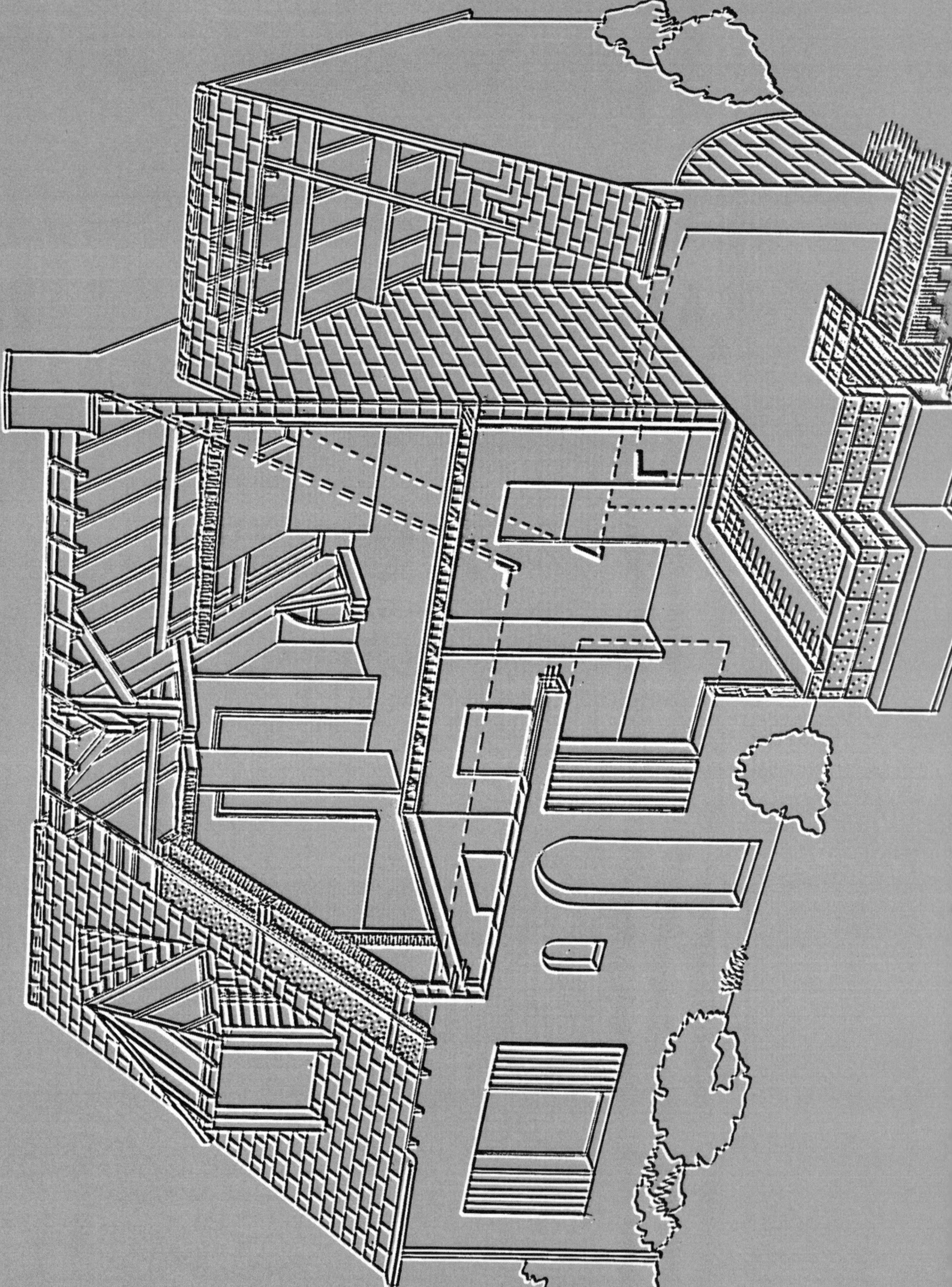

2.1. Exemple 1 : maison de plain-pied sans garage

❒ Distribution

– **Zone nuit :** trois chambres, sanitaires, penderies ;

– **zone jour :** style ouvert pour cuisine – repas – séjour avec possibilité de cuisine séparée.

➤ **L'exposition** joue un rôle primordial dans la distribution des locaux, des pièces de jour en particulier, en associant la disposition des ouvertures en fonction de l'environnement immédiat (voisinage).

➤ **Les circulations**, extérieures et intérieures, les équipements techniques, le meilleur rapport habitabilité / surface, les contraintes financières, sont des éléments pris en compte lors de l'élaboration du plan et des choix personnalisés.

❒ Structure

➤ **Fondations :** semelles continues en béton armé sous murs périphériques.

➤ **Murs :** en blocs béton ou en terre cuite avec doublage isolant.

➤ **Baies :** en aluminium anodisé à vitrage isolant, grand vitrage.

➤ **Charpente :** par fermettes industrialisées.

➤ **Plafonds :** briques plâtrières suspendues et isolation 260 mm.

➤ **Couverture :** tuiles en béton ou en terre cuite (pente de 36 %).

➤ **Cloisons de distribution :** traditionnelles, en briques creuses de 5 cm d'épaisseur + enduit plâtre.

➤ **Contrainte d'implantation :** pignon sud en limite latérale de parcelle.

Figure 2.1 : *vue en perspective : façade ouest*

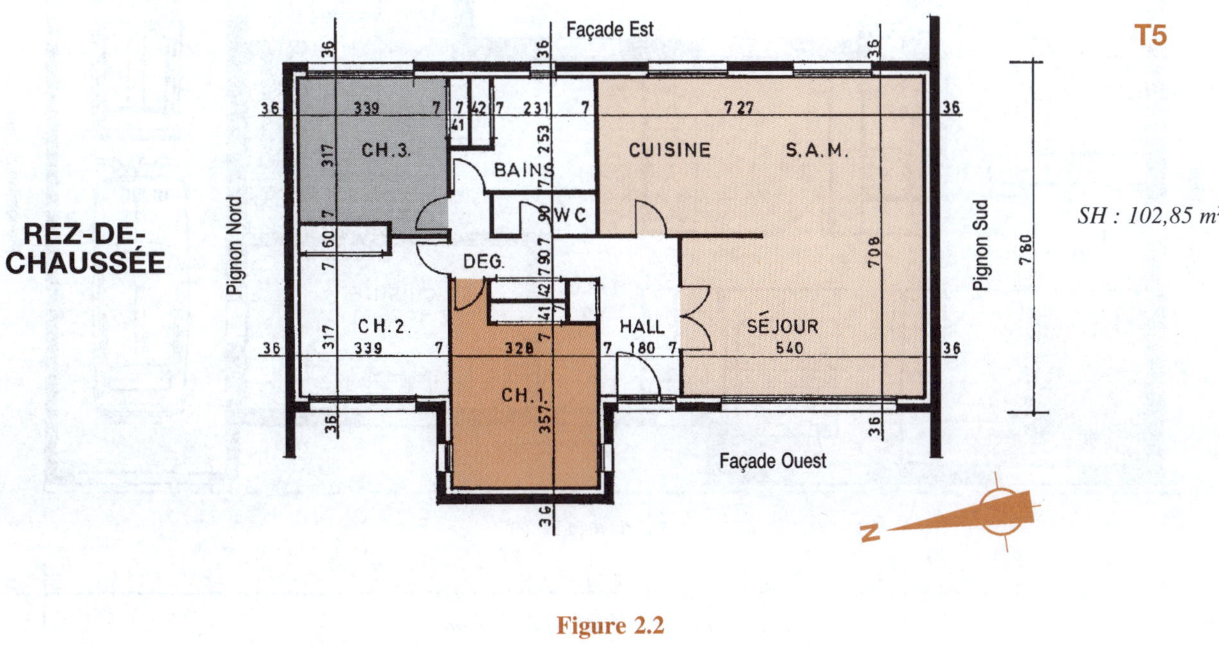

Figure 2.2

Maisons Privat

2.2. Exemple 2 : maison de plain-pied avec garage

❒ ***Caractéristiques :*** maison strictement individuelle.

❒ ***Implantation :*** rectangle allongé > 20 m avec divers redans en façade.

❒ ***Distribution***

- **Zone nuit :** quatre chambres + salle de bains et salle d'eau + penderies ;
- **zone jour :** repas – séjour en L et cuisine séparée communicante avec le garage à deux voitures.

❒ ***Structure***

➤ **Murs :** traditionnels avec doublage isolant.

➤ **Baies :** en aluminium thermolaqué à vitrage isolant (grand vitrage).

➤ **Charpente :** par fermettes industrialisées, sauf dans le séjour pour le plafond incliné rampant sous toiture.

➤ **Plafonds :** briques plâtrières suspendues et isolation en laine de verre d'épaisseur 260 mm ; lambris dans le séjour.

➤ **Couverture :** tuiles en béton ou en terre cuite (pente de 36 %).

➤ **Cloisons de distribution :** traditionnelles, en briques creuses de 5 cm d'épaisseur + enduit de plâtre.

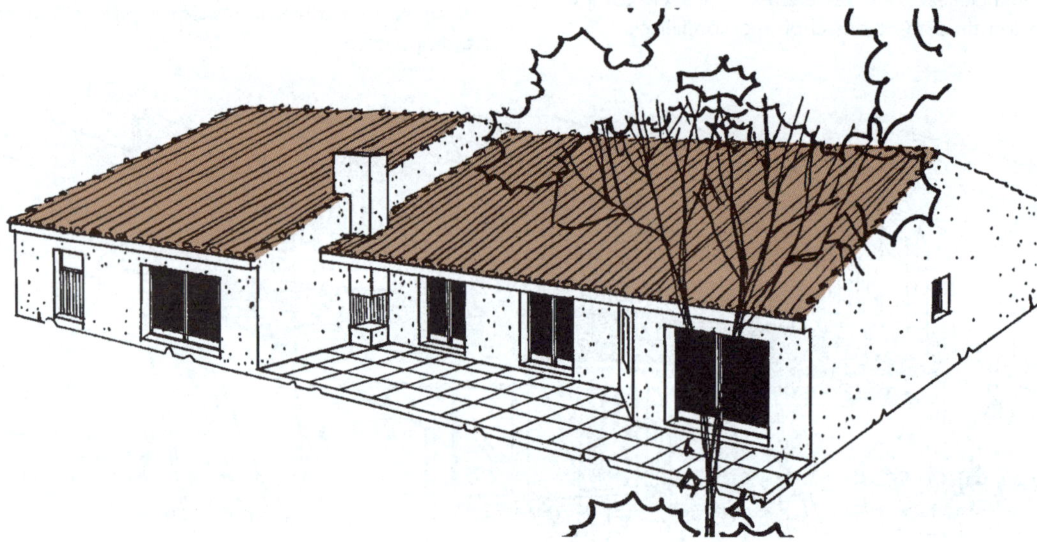

Figure 2.3 : *vue en perspective : façade sud-ouest*

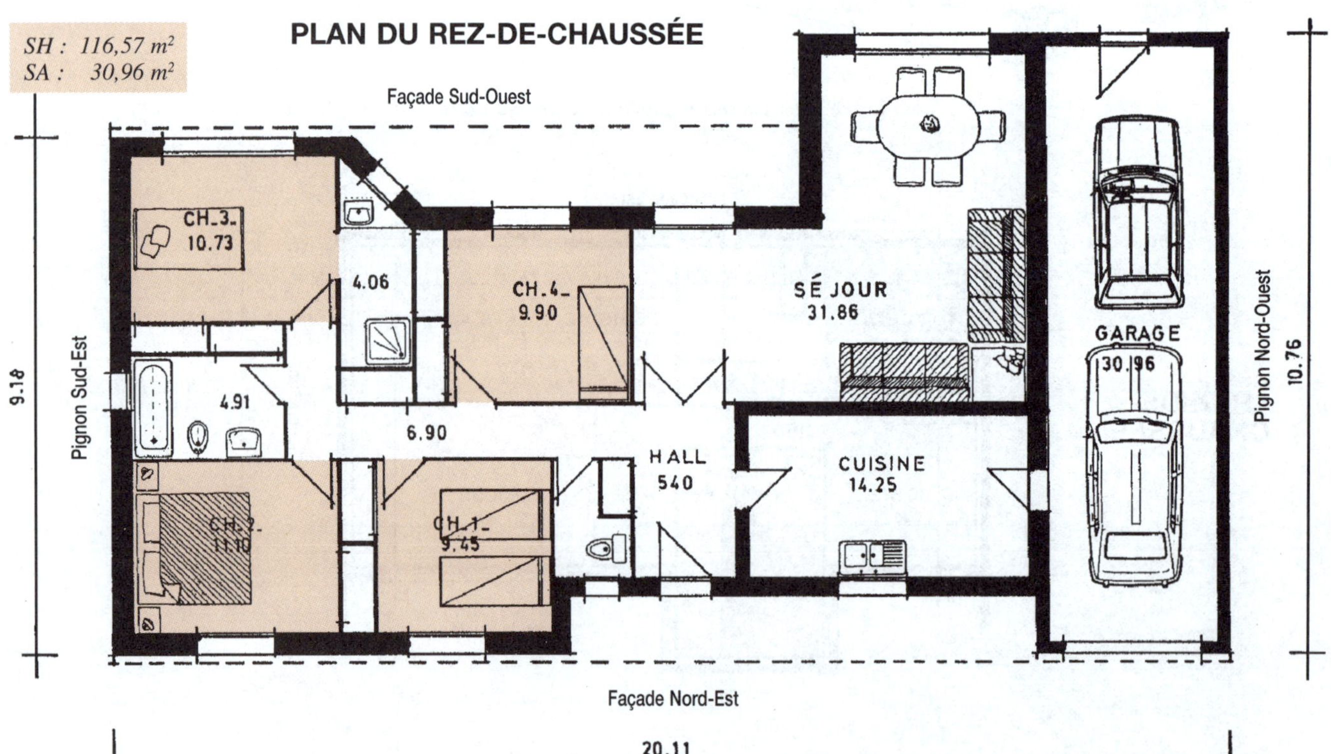

Figure 2.4 : *distribution des locaux*

Maisons Privat

2.3. Exemple 3 : maison en rez-de-chaussée

Remarque : *Les avant-projets sont souvent fournis sans cotes ou seulement avec des cotes partielles ; le plan proposé fournit les cotes d'exécution du rez-de-chaussée et présente les façades en élévation.*

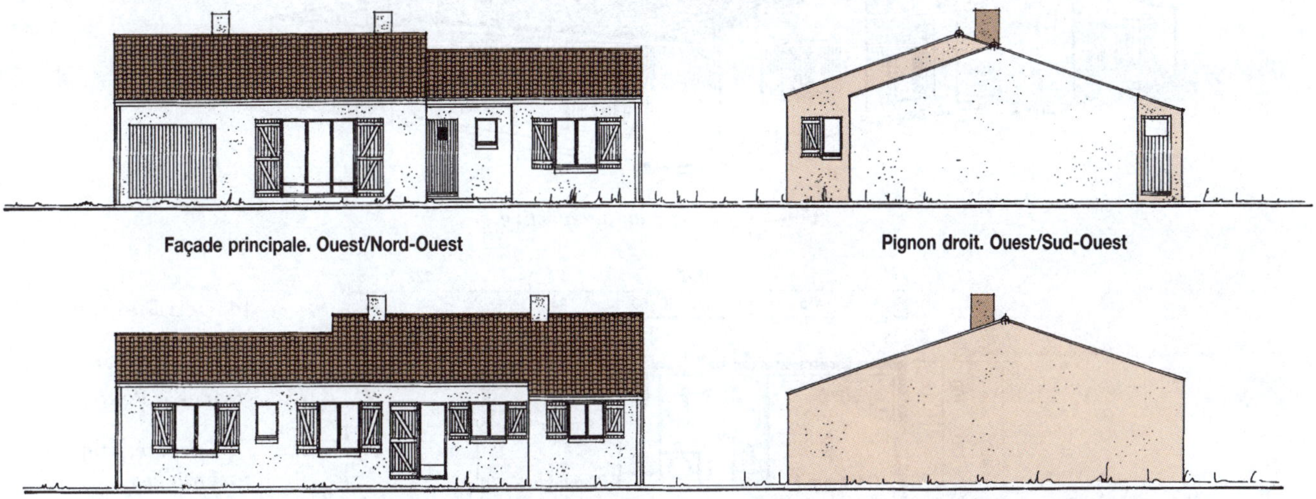

Façade principale. Ouest/Nord-Ouest

Pignon droit. Ouest/Sud-Ouest

Façade arrière. Sud/Sud-Est

Pignon droit. Nord/Nord-Est

Figure 2.5 : *façades et leur orientation*

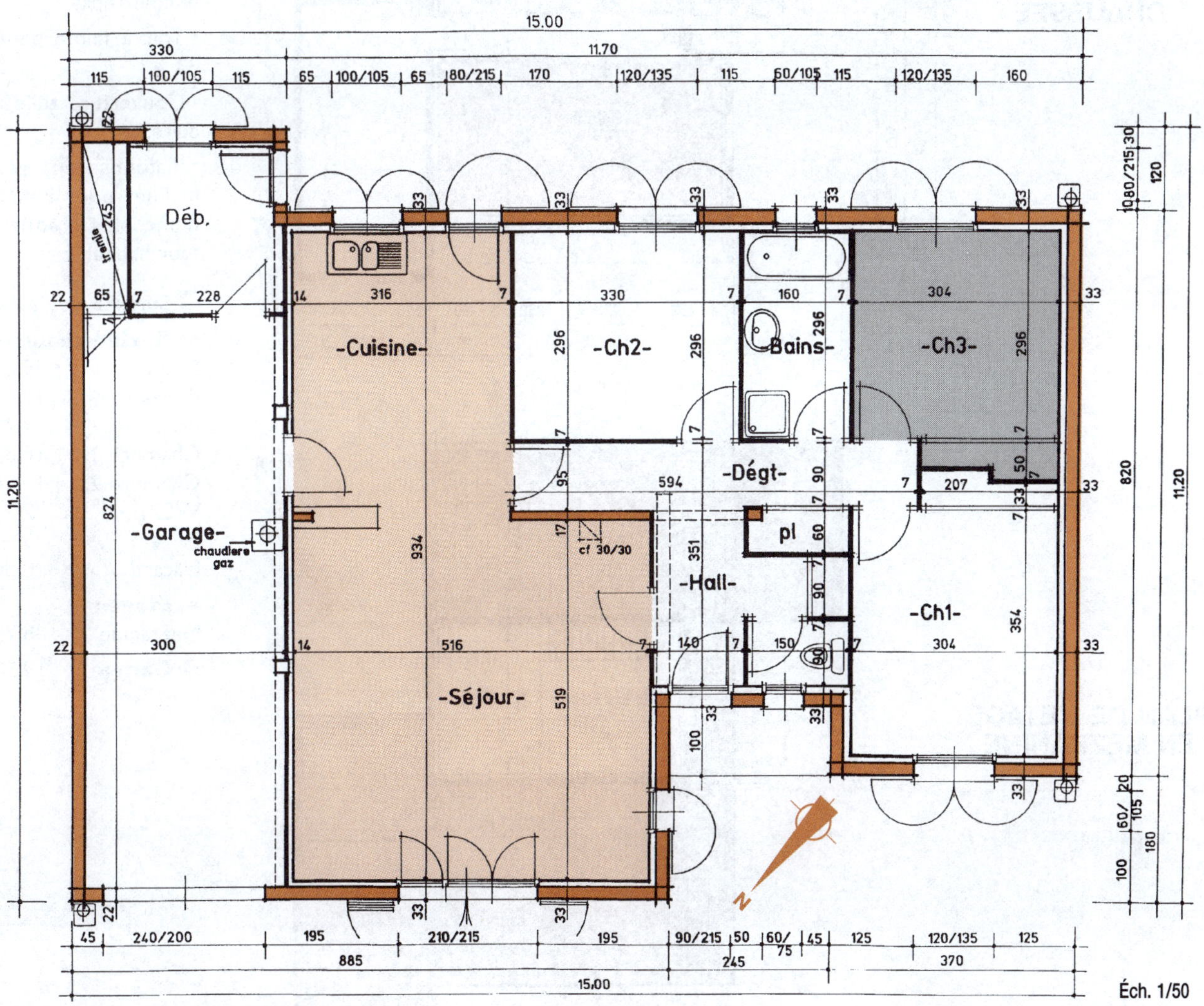

REZ-DE-CHAUSSÉE

Figure 2.6

2.4. Exemple 4 : maison avec mezzanine

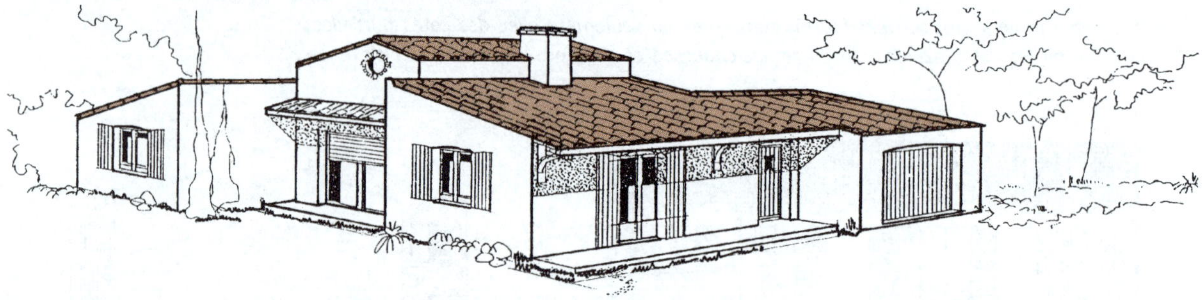

Figure 2.7 : *vue en perspective*

PLAN DU REZ-DE-CHAUSSÉE

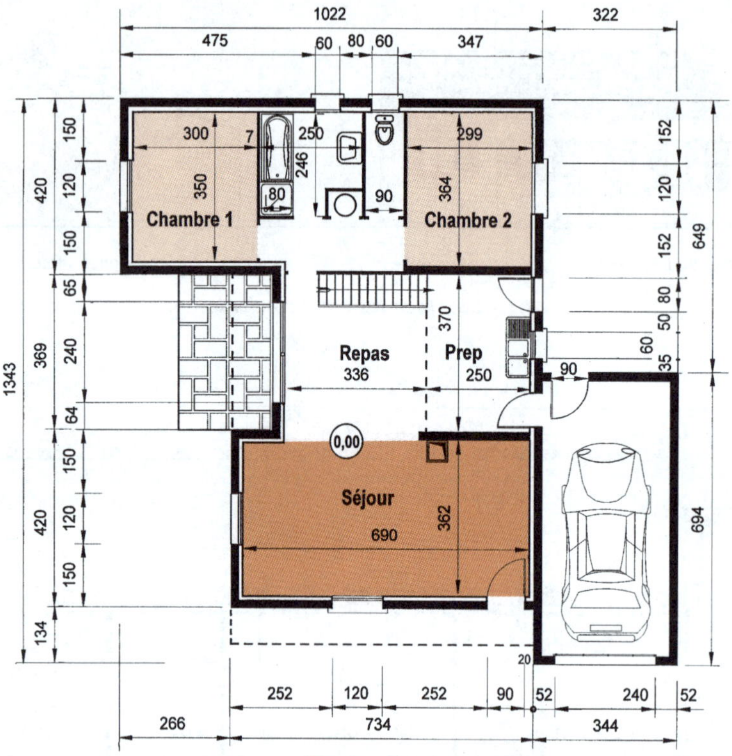

Figure 2.8

PLAN DE L'ÉTAGE EN MEZZANINE

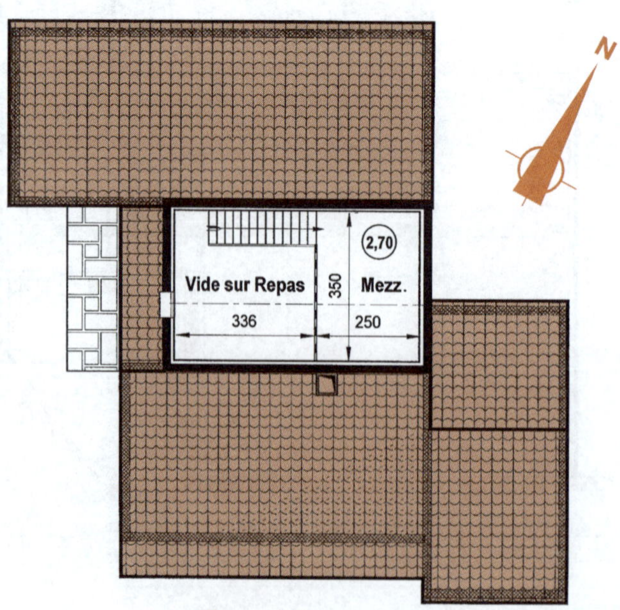

Figure 2.9

Maison Sud Loire

❒ ***Localisation***

Vendée – Poitou.

❒ ***Caractéristiques essentielles***

• Zone nuit nettement séparée de la zone jour.

• Accès à l'étage par escalier droit situé dans le coin repas.

• Toit à faible pente ≃ 33 %.

• Couverture tuile terre cuite.

• Plafonds en général inclinés pour bénéficier d'une plus grande hauteur habitable.

❒ ***Surface des pièces***

➤ **Rez-de-chaussée**

Séjour	:	25,00 m²
Repas	:	12,43 m²
Prép.	:	9,25 m²
Chambre 1	:	10,50 m²
Chambre 2	:	10,88 m²
WC	:	2,21 m²
Bains	:	5,61 m²
Placard	:	0,55 m²

➤ **Étage :**

Mezzanine	:	8,75 m²

➤ **Garage :** 19,50 m²

Logis des Marais

2.5. Exemple 5 : maison à étage (T7)

Les Nouveaux Constructeurs

Figure 2.10 : ***vue en perspective de l'implantation de type B (voir fig. 2.13)***

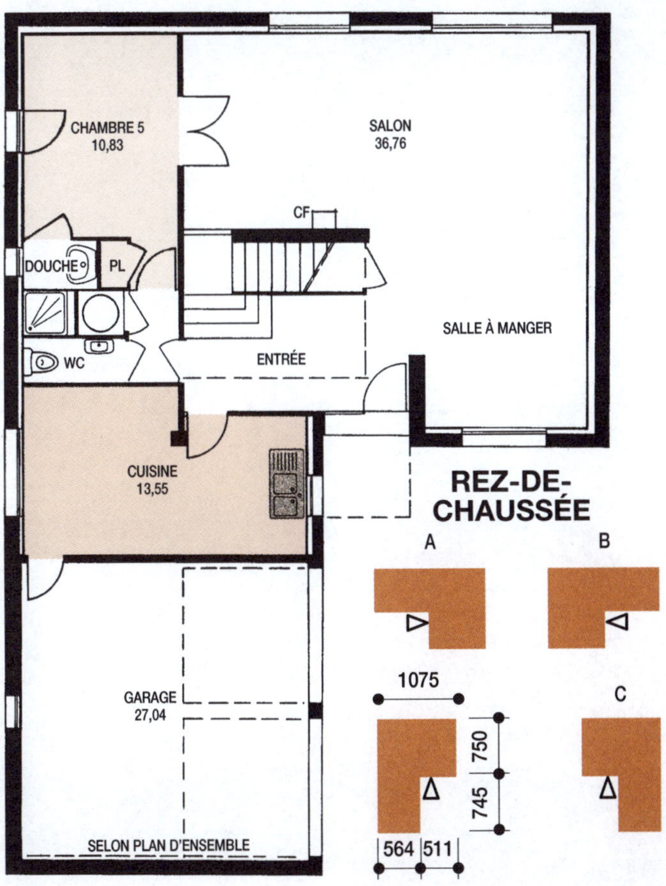

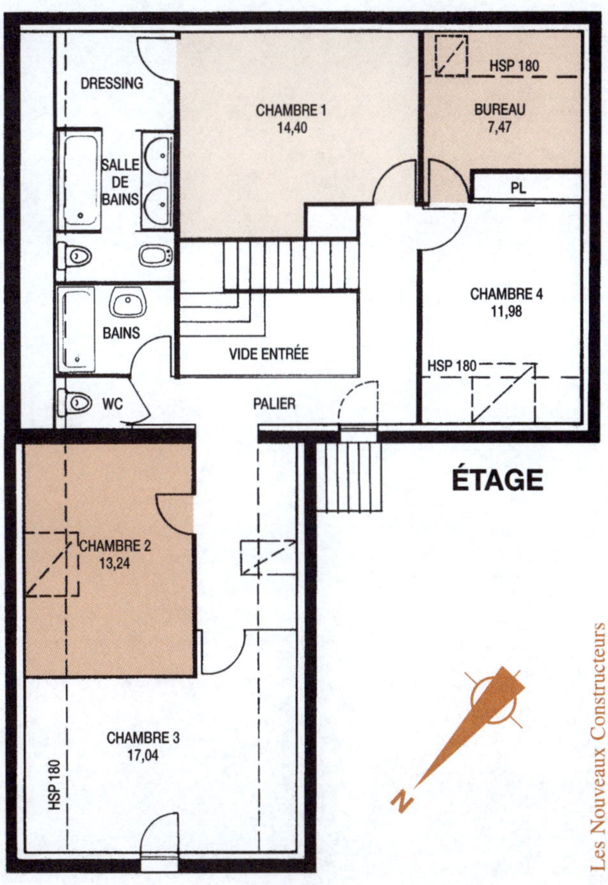

Les Nouveaux Constructeurs

Figure 2.11

Figure 2.13 : ***types d'implantation***

Remarque : L'implantation en « L » peut tourner ou s'inverser (voir la vue perspective correspondant à l'implantation « B »).

Figure 2.12

Surface utile : 191,95 m² dont 27,04 m² de garage.

Chapitre 3

Fondations par semelles

- Objet
- Implantation des semelles
- Schémas de visualisation des actions sur la structure
- Charges de la construction
- Profondeur minimale des fondations
- Construction des semelles

3.1. Objet

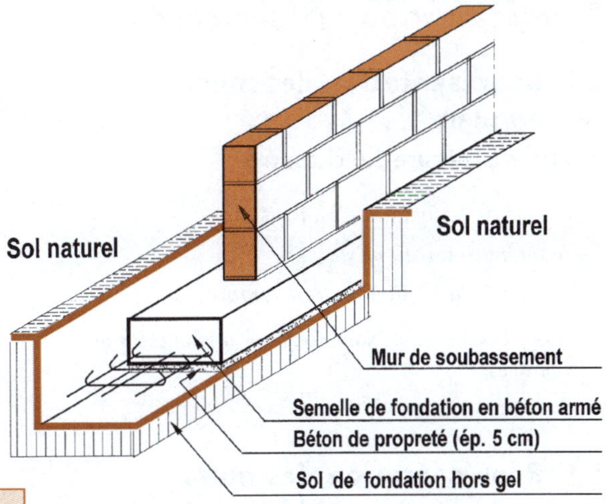

Figure 3.1 : *fondation par semelle continue*

❐ Types de fondations

Il s'agit des fondations dites superficielles par :
- semelles continues sous les murs;
- semelles isolées sous poteaux.

❐ Conditions de mise en œuvre :

- dimensions des semelles,
- précautions contre le gel,
- armatures minimales et chaînages.

❐ Recommandations de bonne construction :

- réduire les risques de tassement,
- limiter les déformations des murs,
- protéger contre les remontées d'humidité.

Caractéristiques des semelles continues sous murs

Dimensions :
largeur de 40 cm à 60 cm selon la nature du terrain et les charges à supporter.

Matériaux :
- béton dosé à 300 kg de ciment CPJ 32,5 par m^3 de béton,
- acier en barres de nuance Fe E 500 (§ 3.6).

Les aciers doivent être enrobés par une épaisseur de béton d'au moins 4 à 5 cm.

Béton de propreté :
- il est constitué par une épaisseur de béton de 5 cm environ et dosé à 200 kg par m^3 de béton;
- il sert à niveler le fond de fouille et empêcher les remontées de boue, nuisibles à l'enrobage lors du coulage de la semelle BA.

Figure 3.2 : *coupe verticale sur fondation*

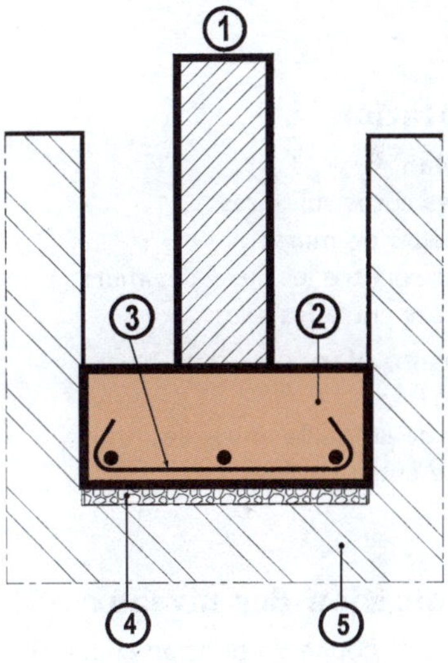

① Mur de soubassement
② Semelle continue en BA
③ Armature de semelle
④ Béton de propreté
⑤ Sol

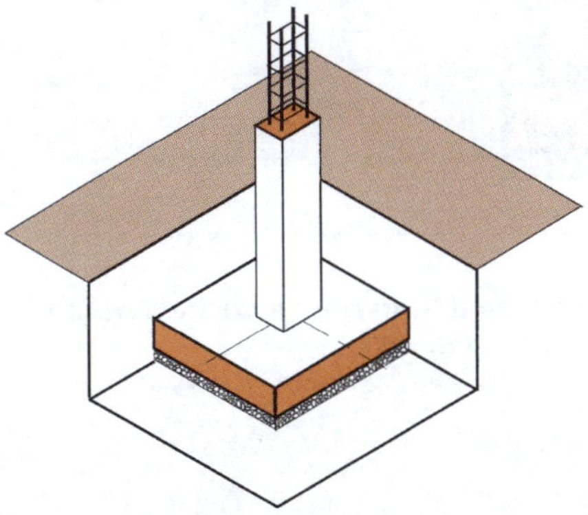

Figure 3.3 : *semelle isolée sous poteau en béton armé*

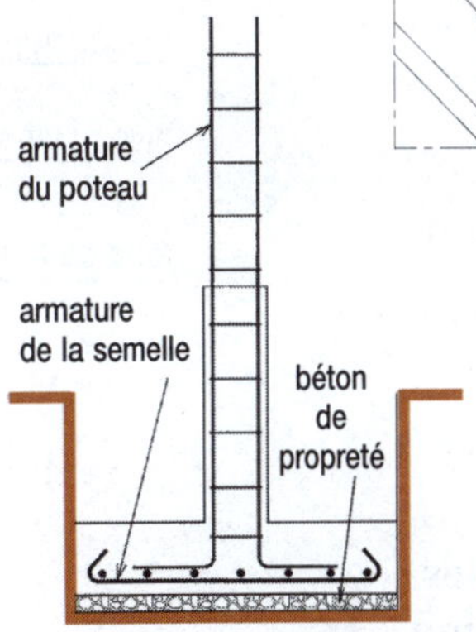

Figure 3.4 : *coupe transversale sur semelle et poteau*

Aperçu des fondations par semelles continues sous murs de façades et de refends

Les fondations ont pour but de transmettre au sol porteur toutes les charges de la construction.

L'implantation des fouilles dépend de la position des murs et de celle des poteaux. Dans la mesure du possible, les murs ou les poteaux doivent être **centrés** sur la fondation pour obtenir une répartition uniforme des pressions sur le sol.

Les dimensions des fouilles
La largeur et la profondeur des fouilles sont surtout déterminées en fonction des charges, de la nature du sol et de la région en raison du gel.

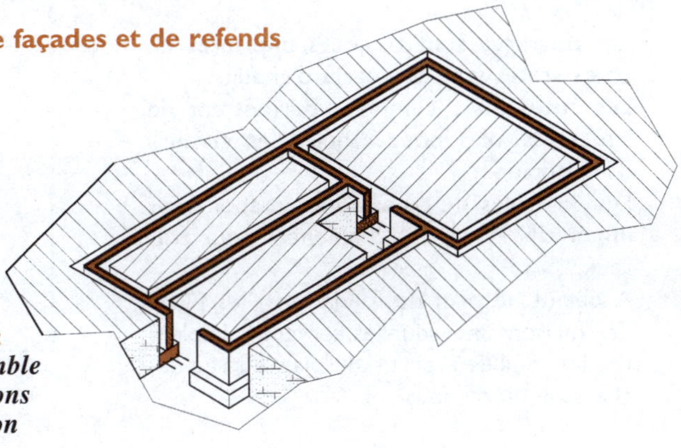

Figure 3.5 : *vue d'ensemble des fondations d'un pavillon*

3.2. Implantation des semelles

3.2.1. Représentation des murs en plan

Se reporter à la figure 3.6 ci-contre.

ⓐ *Contour de la fondation en trait fin.*

ⓑ *Axe du mur en trait mixte.*

ⓒ *Contour de la section en trait renforcé.*

Remarque : *Les poteaux sont toujours implantés suivant leurs axes.*

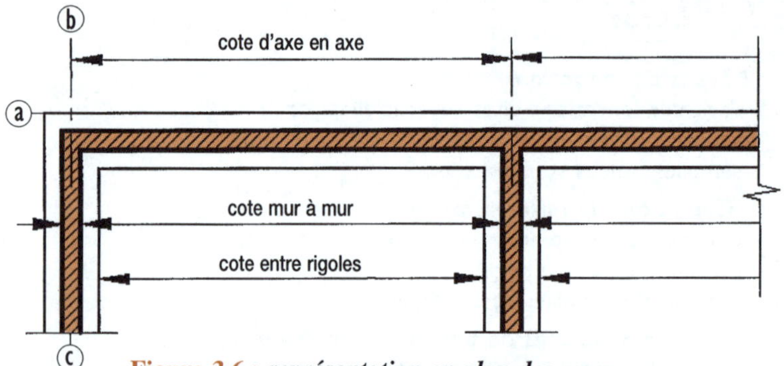

Figure 3.6 : ***représentation en plan des murs***

3.2.2. Représentation des murs en coupe verticale

Se reporter à la figure 3.7 ci-contre.

ⓓ *Contour de la semelle en trait renforcé.*

ⓔ *Contour de la section du mur en trait fort.*

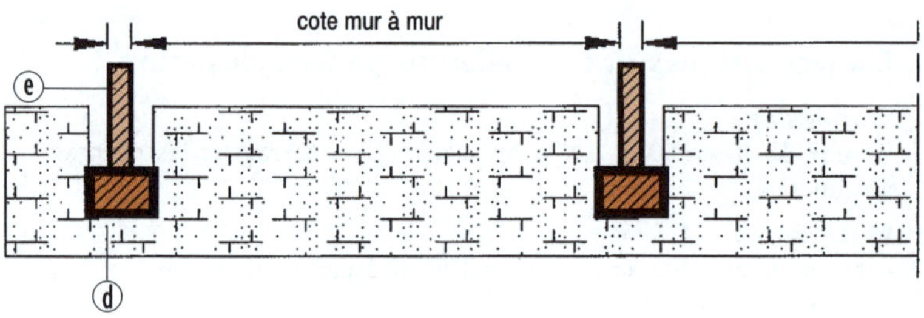

Figure 3.7 : ***représentation en coupe verticale des murs***

3.2.3. Cotation

Murs en plan

On porte les cotes suivantes :
- les épaisseurs de murs ;
- les distances entre les faces des murs ;
- les distances entre les axes.

Fondations en plan

On indique :
- la largeur de la fouille en rigole ;
- la distance entre rigoles.

3.2.4. Indication des niveaux

Se reporter à la coupe de principe ci-contre.

Règle pratique : *On indique seulement les niveaux utiles à l'exécution sur le chantier, à partir d'une borne repère qui sert de référence.*

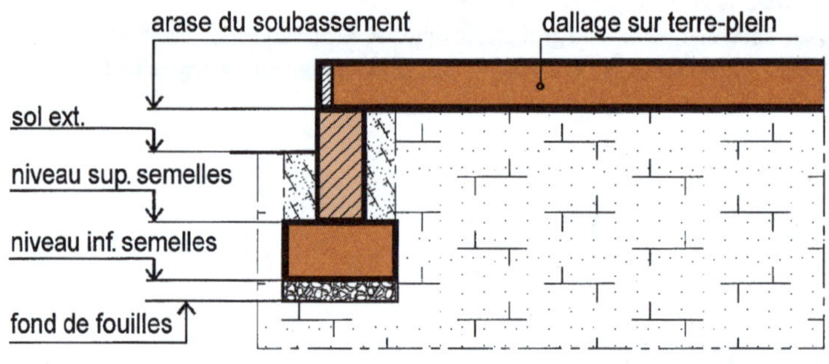

Figure 3.8 : ***détail : indication des niveaux pour l'exécution des fondations***

3.2.5. Implantation des semelles de poteaux en béton armé

Remarques :
- Les ouvrages sont toujours implantés en cotes brutes sans épaisseurs d'enduit.
- Les cotes dites cumulées permettent de situer les axes pour réduire les erreurs d'implantation.
- Les contrôles de cotes d'implantation sont impératifs avant de commencer tous travaux.
- À défaut de plan de fondations, les plans des maisons individuelles servent à implanter les fouilles à partir du plan du rez-de-chaussée ou du sous-sol.

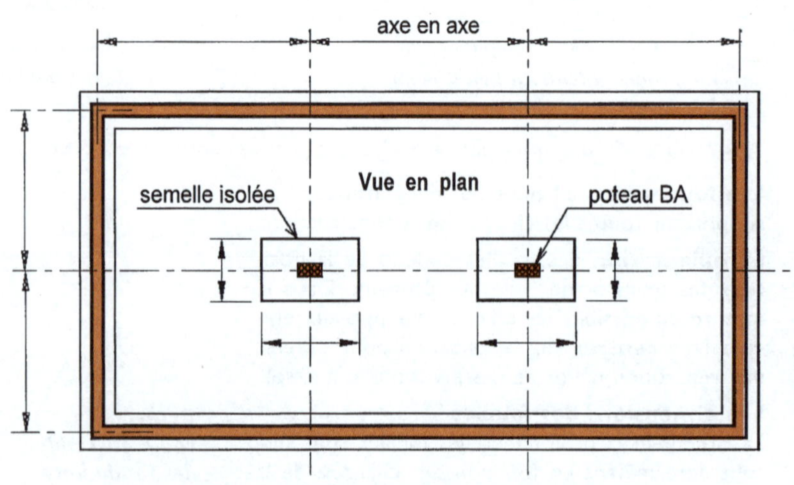

Figure 3.9 : ***semelles isolées et poteaux, implantés suivant leurs axes respectifs***

3.3. Schémas de visualisation des actions sur la structure

3.3.1. Structure d'un pavillon à simple rez-de-chaussée avec les éléments porteurs

Se reporter à la figure 3.10 ci-contre.

On distingue :

- les éléments porteurs verticaux (murs);
- les éléments porteurs horizontaux (plancher).

Efforts supportés :

- la toiture subit aussi les actions climatiques (vent, neige);
- la charpente porte la couverture et le plafond;
- les murs supportent les charges verticales précédentes, mais aussi les actions du vent;
- le plancher, outre son propre poids, porte les charges d'exploitation (mobilier, personnes, etc.);
- le mur de soubassement transmet à son tour les charges aux fondations;
- les fondations répartissent les pressions sur le sol.

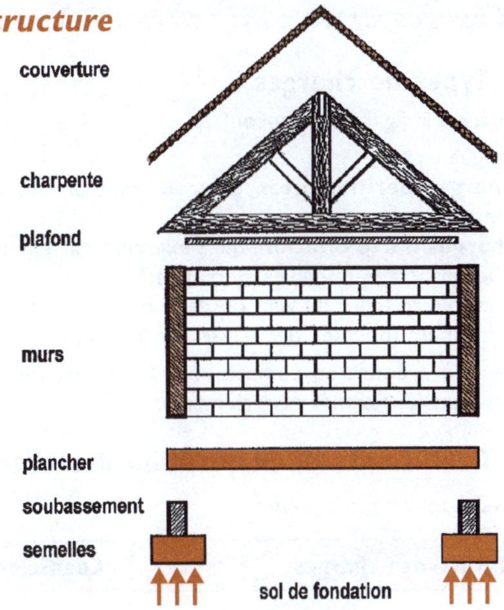

Figure 3.10 : *éléments de la structure porteuse*

3.3.2. Résistances de terrain

Tableau 3.1 : *résistances admises suivant la nature du sol porteur*

Remblai non tassé	0,2 à 0,6 MPa
Remblai ancien tassé	0,5 à 1 MPa
Sables fins	1 à 2 MPa
Sables argileux	2 à 3 MPa
Argiles et marnes	1 à 3 MPa
Argiles et marnes compactes	3 à 4 MPa
Roches compactes (calcaires, schistes, grès, granits)	5 à 20 MPa
Roches en masse profonde	> 20 MPa

➤ **Rappel sur les unités légales**

Unité de force : le Newton, symbole **N**.

Unité de pression : le Pascal, symbole **Pa**.

$$1 \text{ Pa} = \frac{1 \text{ N}}{1 \text{ m}^2}, \text{ unité très petite.}$$

On utilise souvent, en bâtiment, le Mégapascal, de symbole **MPa**.

$$1 \text{ MPa} = 1.000.000 \text{ Pa} = \frac{1 \text{ N}}{1 \text{ mm}^2}$$

L'ancienne unité, le bar, équivaut à 1 daN/cm^2, ou 10 N/cm^2, ou 0,1 N/mm^2.

Autrement exprimé : 1 MPa = 10 bars.

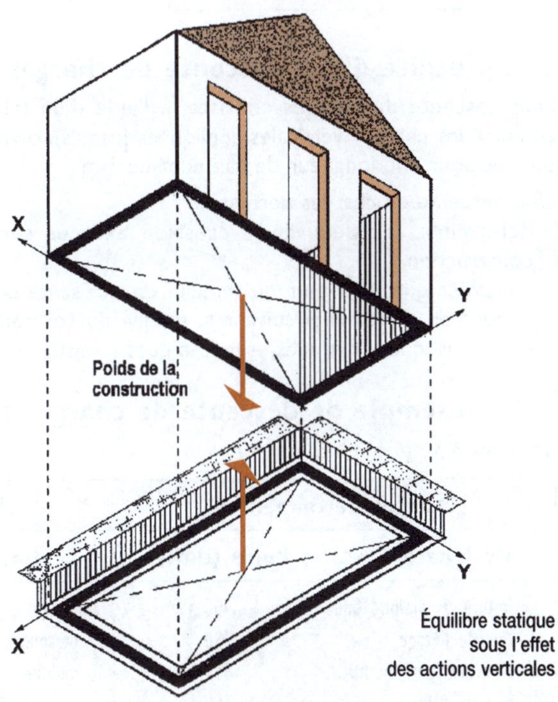

Figure 3.11 : *schéma de visualisation : rôle des fondations*

3.3.3. Équilibre d'une construction

Se reporter aux figures 3.11 à 3.13.

Le poids total de la construction est équilibré par la résultante des actions exercées par le sol de fondation.

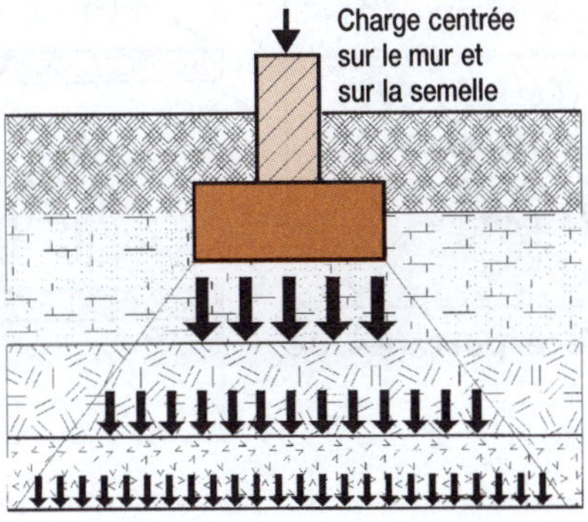

Figure 3.12 : *pressions exercées dans le sol*

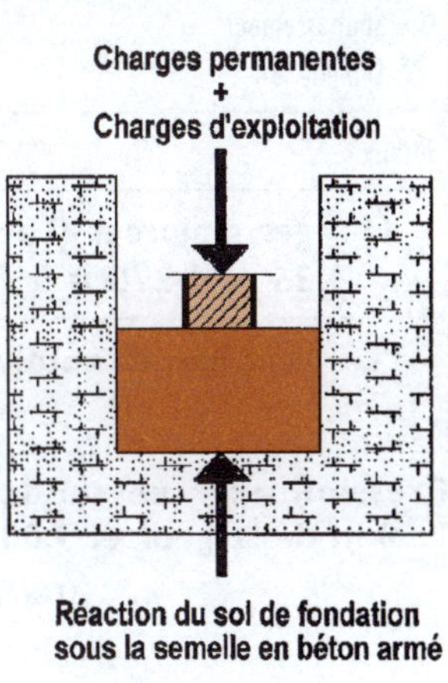

Figure 3.13 : *la réaction du sol équilibre les charges verticales amenées par le mur et transmises à la semelle de fondation en béton armé*

3.4. Charges de la construction

3.4.1. Types de charges

Se reporter à la figure 3.14 ci-contre.

On distingue :

- **les charges permanentes**, dues au poids propre des différents éléments ;
- **les charges d'exploitation**, qui s'exercent par exemple :
  - sur les planchers (meubles, personnes),
  - sur la toiture (effet du vent ou de la neige),
  - sur les murs (poussée des terres sur les murs de sous-sol).

Les valeurs à prendre en compte pour les différentes charges sont indiquées dans les normes et règlements.

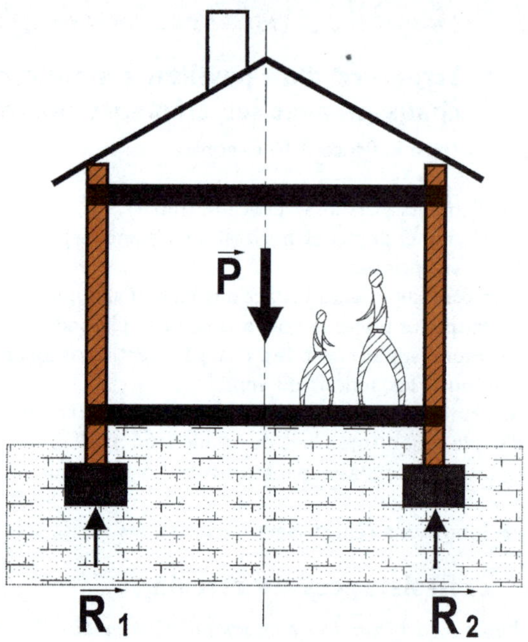

Figure 3.14 : *actions descendantes des charges verticales*

3.4.2. Coefficients de majoration des charges

Tableau 3.2 : *valeur des coefficients*

Nature des charges	Coefficient
permanentes	1,35
d'exploitation	1,50

3.4.3. Utilité d'une descente de charges

Une descente de charges consiste, à l'aide d'un tableau simple, à cumuler les charges verticales appliquées jusqu'au niveau du sol porteur et pour une longueur de bâtiment de 1 m.

Une descente de charges permet de :

- déterminer la valeur de la pression exercée sur le sol par la construction,
- contrôler que la largeur de semelle est suffisante pour réduire les risques de tassements suivant la nature du sol porteur et de ses caractéristiques physiques et mécaniques (résistance aux pressions).

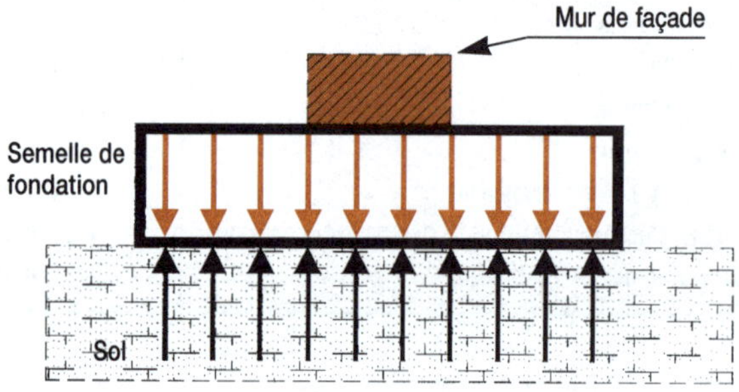

Figure 3.15 : *actions ascendantes du sol porteur*

3.4.4. Exemple de descente de charges transmises au sol par mètre de fondation

Tableau 3.3 : *présentation des calculs*

Charges permanentes		Charges d'exploitation	
Désignation	**Poids (daN)**	**Nature**	**Poids (daN)**
① Toiture + plafond haut ② Mur de l'étage ③ Plancher haut du RDC ④ Mur du RDC ⑤ Plancher bas ⑥ Soubassement ⑦ Semelle BA	900 750 650 750 625 125 475	à l'étage : { personnes, mobilier au rez-de-chaussée : { personnes, mobilier	 375 375
Totaux	4 275		750
Charges majorées (Coef. : 1,35) : 1,35 × 4 275 = 5 775 daN		**Charges majorées (Coef. : 1,50) : 1,50 × 750 = 1 125 daN**	
Charges au niveau du sol : 5 775 + 1 125 = 6 897 daN ou 68 970 N, ou 0,06897 MN			

Pression exercée sur le sol de fondation avec une surface portante de 0,50 m de largeur et 1,00 m de longueur :

$$\frac{0{,}06897}{(0{,}50 \times 1{,}00)} = 0{,}138 \text{ MPa ou } 1{,}38 \text{ daN/cm}^2.$$

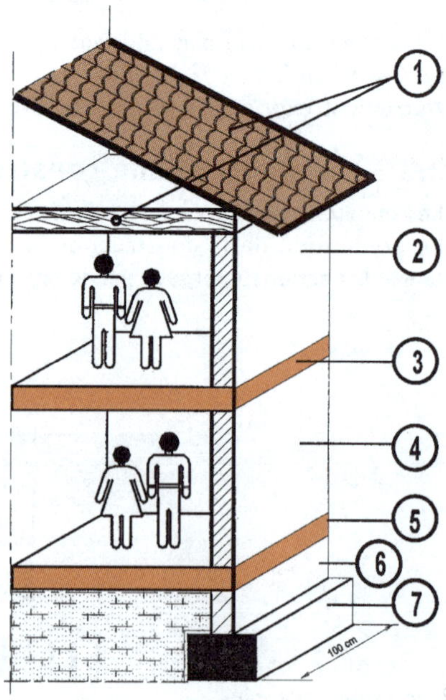

Figure 3.16

3.5. Profondeur minimale des fondations

3.5.1. Détermination de la profondeur minimale

La profondeur minimale des fondations est fixée en fonction :
- du niveau porteur du sol d'assise relativement au poids de la construction à supporter (voir le tableau indicatif 3.1),
- de la protection contre le gel,
- de la protection contre la sécheresse qui modifie la résistance du squelette porteur.

La profondeur minimale des fondations varie entre 50 cm en climat océanique doux (littoral Atlantique, par exemple) et 100 cm en pays montagneux où le gel est sévère.

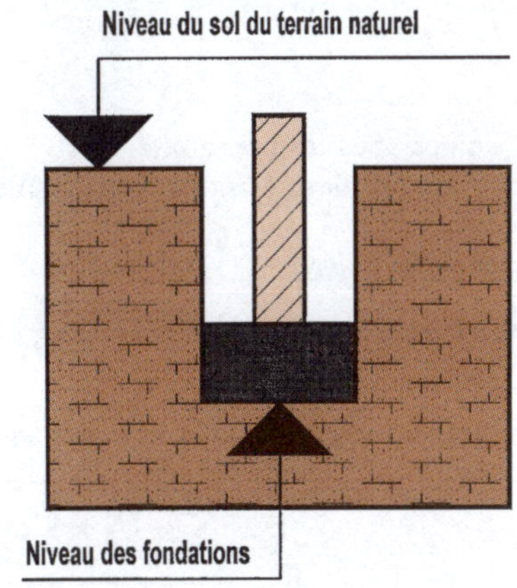

3.5.2. Recommandations vis-à-vis du risque de gel

Problème posé :

En période de gel, dans un terrain porteur d'une construction, l'eau intergranulaire qui gèle provoque une augmentation du volume initial → soulèvement des fondations.

En période de dégel, on constate :
- un affaissement du squelette constitué par les grains solides,
- une dislocation du squelette porteur avec pour conséquence des désordres dans les structures (murs, dalles, planchers, carrelages scellés, etc.).

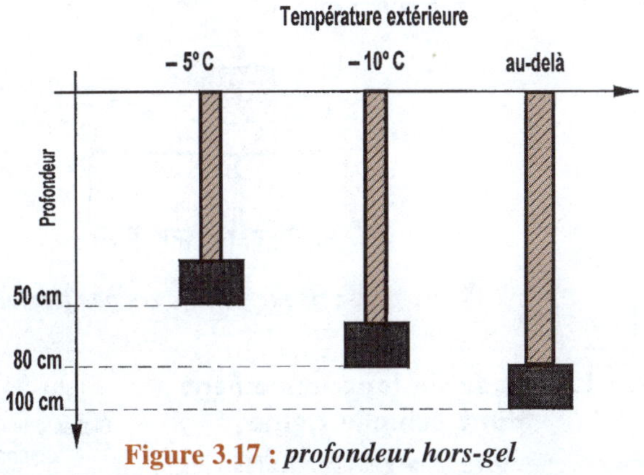

Figure 3.17 : *profondeur hors-gel*

3.5.3. Profondeurs indicatives hors gel

Tableau 3.4 : *prescriptions suivant les zones*

Zones de gel	Conditions	Profondeur hors gel
Zone 2a	gel faible	50 cm
Zone 2a ou 2b1	gel faible ou modéré	60 cm
Zone 2b1	gel modéré	70 cm
Zone 2b1 ou 2b2	gel modéré ou sévère	80 cm
Zone 2b2	gel sévère	⩾ 90 cm

Remarque : Ces valeurs doivent être corrigées en fonction de l'exposition et de l'altitude de la construction.

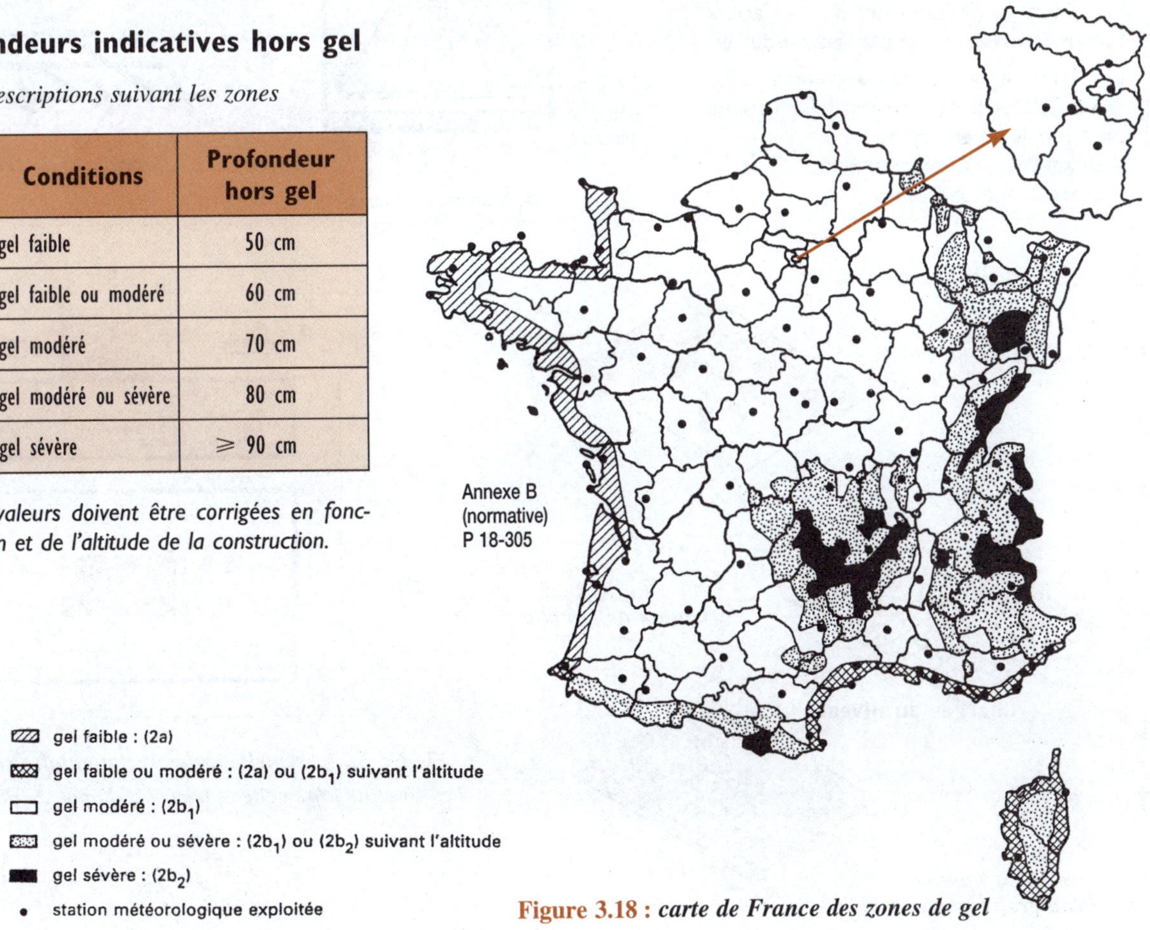

Figure 3.18 : *carte de France des zones de gel*

3.6. Construction des semelles

On distingue :
– les semelles isolées sous les poteaux;
– les semelles continues, dites filantes, sous les murs.

3.6.1. Semelles rigides

3.6.1.1. Définition

Se reporter à la figure 3.19 ci-contre.

Une semelle (continue ou isolée) est dite rigide si sa hauteur h vérifie :

$$h \geqslant \frac{(B - b)}{4} + 5 \text{ cm}$$

Exemple : B = 100 cm; b = 20 cm → h ⩾ 25 cm

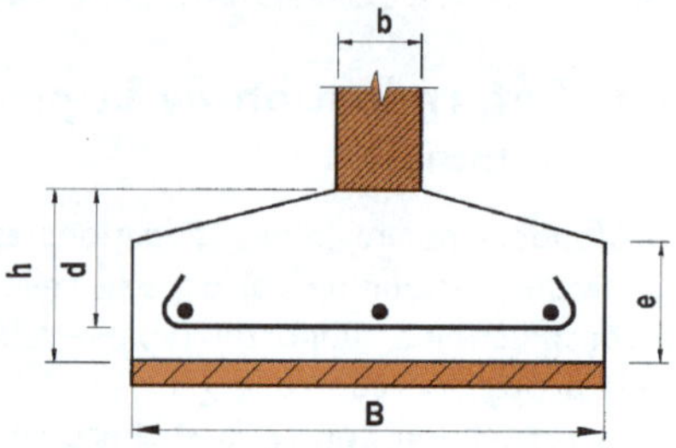

Figure 3.19 : *notations*

3.6.1.2. Risques à éviter

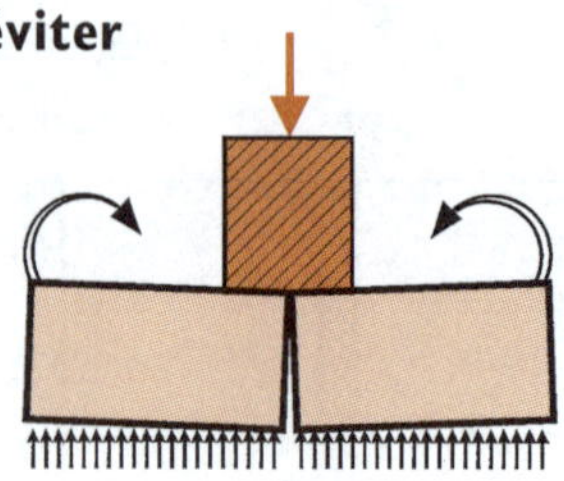

Figure 3.20 : *risque de rupture par flexion*

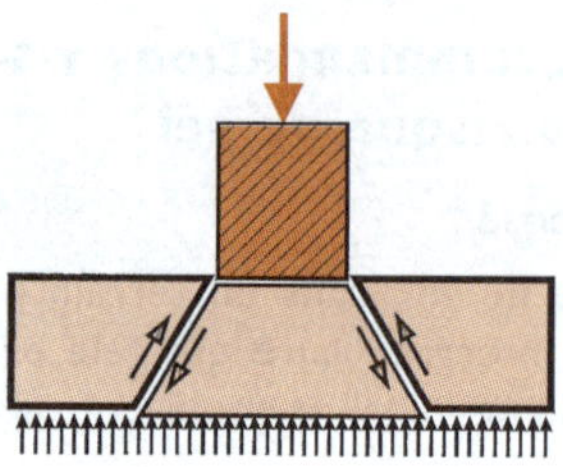

Figure 3.21 : *risque de rupture par cisaillement*

3.6.1.3. Mode de fonctionnement d'une semelle rigide

Sous l'effet des charges verticales, les bielles de béton comprimé sont équilibrées à la partie inférieure par des aciers tendus transversaux et par l'action du sol.

Les aciers longitudinaux servent à raidir la semelle et à réduire les déformations ou tassements en cas de :
– terrain de résistance inégale;
– charges non uniformes.

Figure 3.22

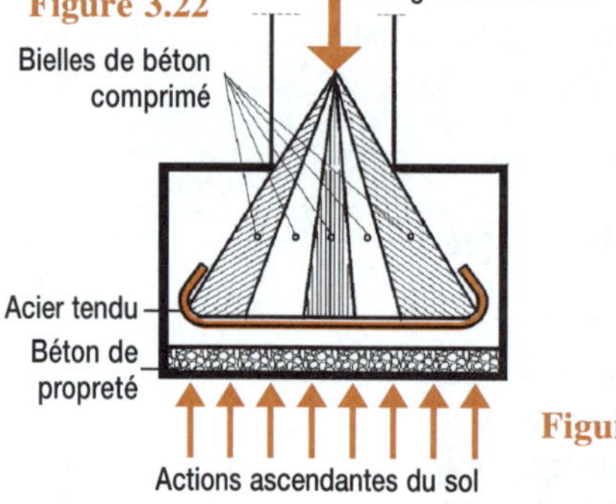

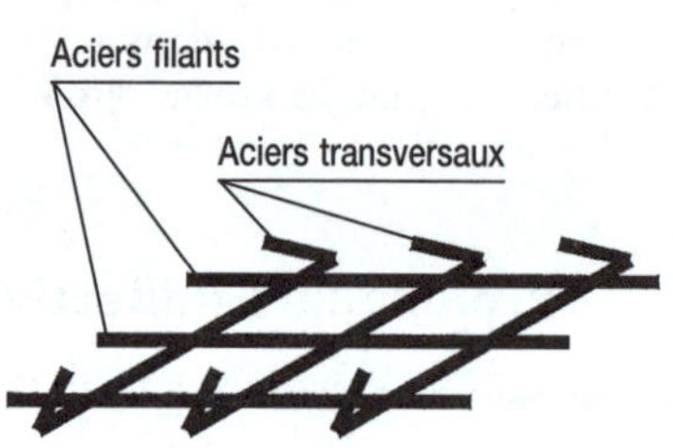

Figure 3.23 : *armature de semelle continue*

3.6.2. Semelles isolées

Figure 3.24 : *terrassement*

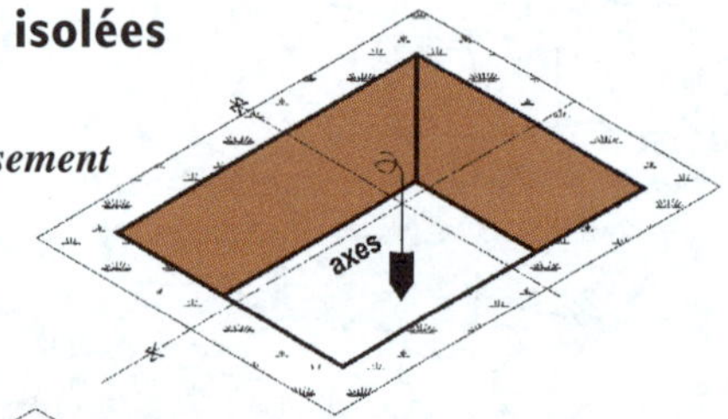

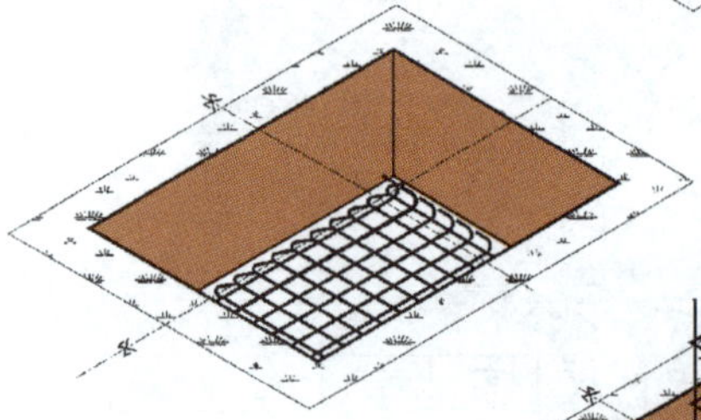

Figure 3.25 : *armature de semelle*

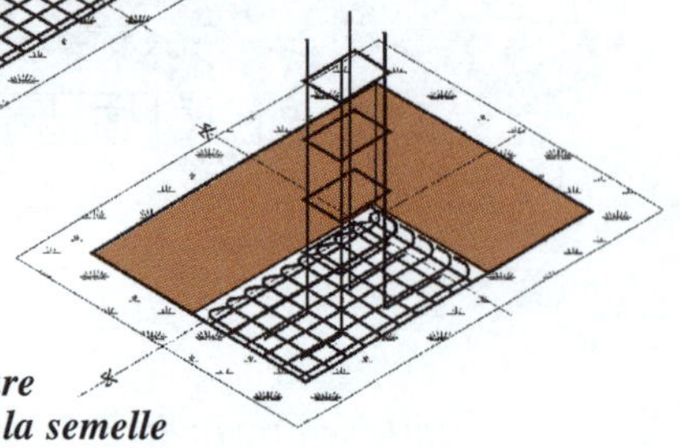

Figure 3.26 : *armature du poteau greffé sur la semelle*

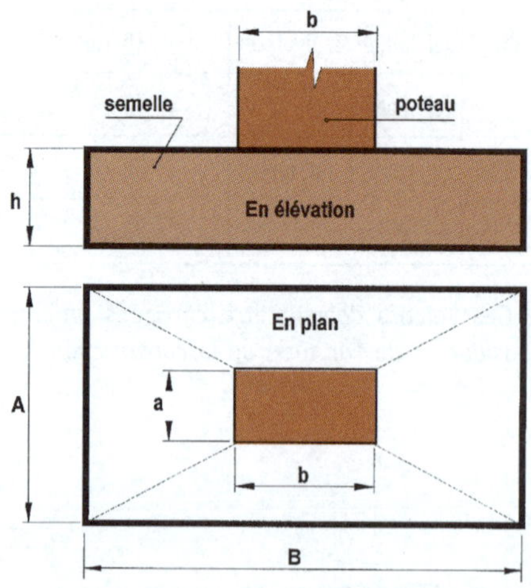

Figure 3.27 : *semelle isolée rectangulaire sous poteau BA*

Les côtés de la semelle et les côtés du poteau doivent être homothétiques :

$$\frac{a}{A} = \frac{b}{B} \quad ou \quad \frac{A}{B} = \frac{a}{b}$$

3.6.3. Semelles continues

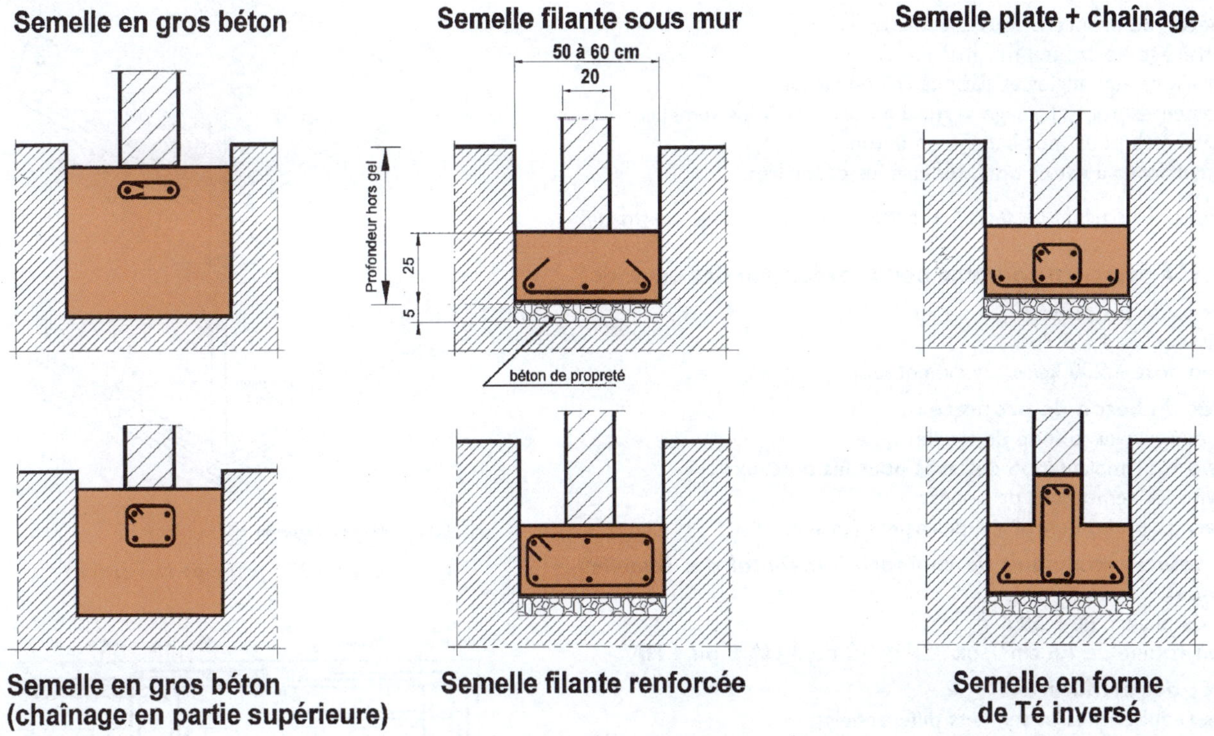

Figure 3.28

Armatures préfabriquées pour semelles BA

SEMELLES PLATES
Longueur standard 6 mètres

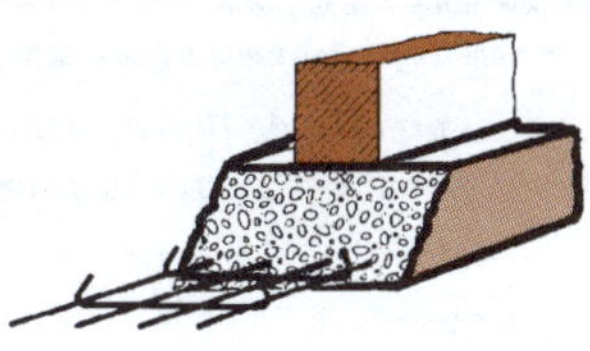

CHARGES ADMISSIBLES MAXIMALES en daN/ml (≃kg/ml)									
COUPES	DÉSIGNATION Réf. larg. en cm	SECTION BÉTON Larg. × haut. en cm	TAUX DE TRAVAIL DU SOL en daN/cm² (≃kg/cm²)						
			1		1,5		2		
			P_u	P_{ser}	P_u	P_{ser}	P_u	P_{ser}	
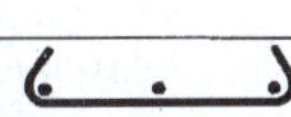	S 35	45 × 20	6 300	4 500	8 400	6 000	8 400	6 000	
	S 45 S 55 S 65	55 × 25 65 × 25 75 × 30	7 700 9 100 10 500	5 500 6 500 7 500	11 550 13 650 15 750	8 250 9 750 11 250	11 900 13 720 20 300	8 500 9 800 14 500	

SEMELLES RENFORCÉES
Longueur standard 6 mètres

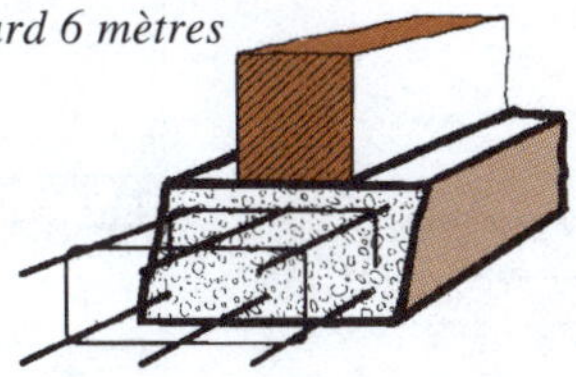

CHARGES ADMISSIBLES MAXIMALES en daN/ml (≃kg/ml)								
COUPE	DÉSIGNATION en cm	SECTION BÉTON Larg. × haut. en cm	TAUX DE TRAVAIL DU SOL en daN/cm² (≃kg/cm²)					
			1		1,5		2	
			P_u	P_{ser}	P_u	P_{ser}	P_u	P_{ser}
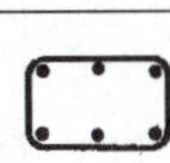	ELS 35-15 ELS 40-15 ELS 40-20 CHS 35-15	45 × 25 50 × 25 50 × 30 45 × 25	6 300 7 000 7 000 6 300	4 500 5 000 5 000 4 500	9 450 9 940 10 500 9 450	6 750 7 100 7 500 6 750	11 620 9 940 14 000 11 620	8 300 7 100 10 000 8 300

SEMELLES ISOLÉES

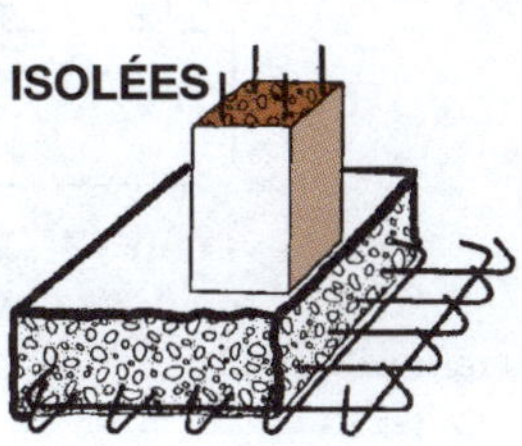

CHARGES ADMISSIBLES MAXIMALES en daN (≃kg)									
	DÉSIGNATION en cm	SECTION BÉTON		TAUX DE TRAVAIL DU SOL en daN/cm² (≃kg/cm²)					
		Long. × larg. en cm	Haut. en cm	1		1,5		2	
				P_u	P_{ser}	P_u	P_{ser}	P_u	P_{ser}
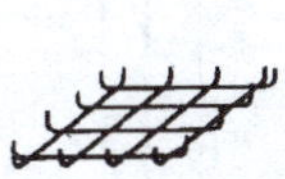	SC 55 SC 75 SC 95 SC 115	60 × 60 80 × 80 100 × 100 120 × 120	20 25 30 35	5 040 8 960 14 000 20 160	3 600 6 400 10 000 14 400	7 560 13 440 21 000 30 240	5 400 9 600 15 000 21 600	9 940 15 820 23 660 37 940	7 100 11 300 16 900 27 100

* Béton dosé à 350 kg/m³ de ciment type CPJ 45, conditions courantes (CC).
* Fissuration préjudiciable.

* P_u (daN) = 1,35 G + 1,5 Q_B, états limites ultimes.
* P_{ser} (daN) = G + Q_B, états limites de service.

Standarm

3.6.4. Recommandations de mise en œuvre

Elles concernent :
- le béton de propreté sous la semelle,
- le chaînage horizontal minimal,
- les liaisons aux angles et liaisons refend/façade,
- les attentes pour chaînage vertical ancrées dans les semelles,
- les attentes pour mur banché en béton,
- les malfaçons à éviter pour réduire les désordres.

Remarque : Le schéma perspectif ci-contre montre le principe constructif.

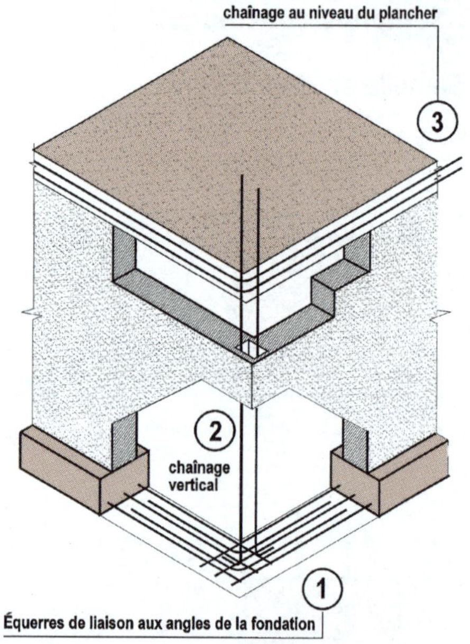

Figure 3.29 : *principe constructif*

3.6.4.1. À prescrire pour une bonne exécution des ouvrages

❒ ***Béton de propreté :***
- épaisseur de 4 à 5 cm;
- béton dosé à 200 kg/m^3 de ciment CPJ.

Intérêt du béton de propreté :
- il sert à niveler le fond de fouille;
- il favorise l'implantation des axes pour les poteaux;
- il évite les remontées de boues;
- il permet un bon enrobage des aciers (calage).

❒ ***Armatures minimales de chaînage horizontal des semelles continues***

Acier de nuance Fe E 500.

Section voisine de 1,6 cm^2, soit : 2 HA 10 ou 3 HA 8 ou 4 HA 7.

Intérêt des armatures :
- elles réduisent les tassements différentiels;
- elles répartissent les charges non uniformes (cas de présence de baies).

❒ ***Équerres de liaison aux angles sortants, rentrants et aux jonctions façades/refends***

Section identique à celle des filants du chaînage précédent.

Chaînage constitué par 2 filants avec barrettes ou étriers, ou chaînage avec 3 filants disposés en V ou en triangle.

Intérêt des équerres de liaison

Assurer la continuité (longueur de recouvrement des aciers > 50 fois le diamètre des aciers utilisés).

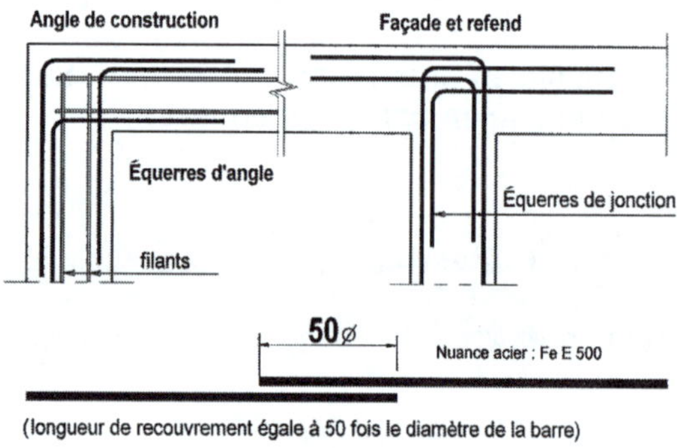

Figure 3.30 : *équerres de liaison vues en plan*
Liaison par recouvrement des barres des semelles

❒ ***Attentes verticales ancrées avec retour dans les semelles***

Elles sont positionnées aux angles rentrants, sortants et aux liaisons façades/refends ou au droit des charges concentrées (ferme de charpente, par exemple, ou appui de poutre).

Sections minimales correspondant également à : 2 HA 10 ou 3 HA 8 ou 4 HA 7.

Elles assurent la liaison dans le cas d'un mur banché établi sur une semelle BA avec espacements prescrits par le bureau d'études.

Intérêt de ces attentes verticales

Elles solidarisent les différents éléments de la structure porteuse (fondations – murs – planchers).

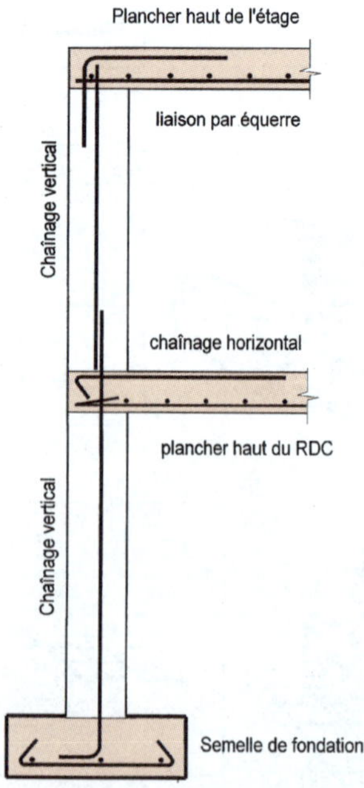

Figure 3.31 : *chaînages verticaux*

Remarque : Les planchers en béton armé constituent des chaînages horizontaux reliant les murs.

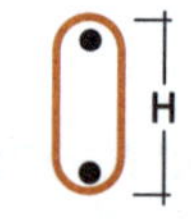

EL	B	H
	4	7
	4	10
	4	12
	4	15
	4	20
	4	25
	4	30
	4	35

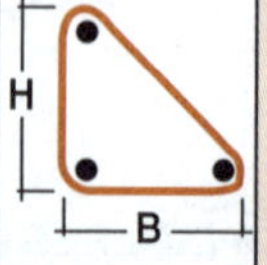

ELT	B	H
	10	10
	10	15
	12	12
	15	15
	15	20
	15	25
	15	30
	20	35

Standarm

Figure 3.32 : *armatures de chaînages*

3.6.4.2. À éviter pour prévenir les désordres

Par désordres, on entend les tassements différentiels, les fissurations des parois, etc.

Il faut éviter les malfaçons suivantes :
- placer une canalisation contre une semelle au niveau inférieur, car nuisible au sol porteur;
- faire supporter une charge très excentrée, ce qui entraîne une augmentation des pressions sur le sol;
- établir la fondation à une profondeur insuffisante pour le hors gel;
- enrober insuffisamment les armatures (risque d'oxydation et dislocation des fondations en milieu toujours humide);
- effectuer une semelle trop mince (flexible et déformable).

Chapitre 4

Pavillon à étage : les fondations

- Documents graphiques
- Descriptif partiel des fondations
- Mise à la terre
- Semelles de fondation
- Murs de soubassement
- Mise à la terre d'une maison individuelle

4.1. Documents graphiques

❐ **Figure 4.1 : vue en perspective du pavillon**

Ce pavillon est caractérisé par :

– une disposition en L au niveau du rez-de-chaussée,
– une disposition en rectangle à l'étage,
– des toits décalés à deux versants et un versant sur garage.

➤ Il s'agit d'un pavillon Sud Loire de type traditionnel et de tendance rustique.

Le toit couvert en tuiles, qui peuvent être soit en terre cuite soit en microbéton avec leur surface apparente traitée (coloris avec pigments spécifiques), est à pente de l'ordre de 35 %.

Les portes-fenêtres des pièces de jour sont à caractère traditionnel, soit en bois exotique, soit en PVC et sont à double vitrage isolant.

À l'étage on trouve des « châssis » qui ont pour but d'éclairer la zone en mezzanine.

Les fermetures extérieures sont à volets bois à lames assemblées par traverses, efficaces en été et en hiver pour la protection thermique.

❐ **Figure 4.2 : plan sommaire du rez-de-chaussée**

➤ **Dimensions hors tout :**

– longueur : 15,00 m;
– largeur maximale : 10,60 m;
– largeur minimale : 8,10 m;
– redans angle rentrant : 2,50 m.

➤ **Distribution et agencement des pièces du rez-de-chaussée**

Le salon-séjour dispose de trois façades et de trois portes-fenêtres d'orientation très différente pour faire bénéficier les occupants de l'ensoleillement.

L'accès au séjour s'effectue par le hall. Ce dernier a un rôle essentiel de distributeur à la fois pour le rez-de-chaussée et l'étage de par sa position médiane.

Deux chambres, une salle de bains et un WC complètent la zone habitable du rez-de-chaussée.

Les circulations les plus nombreuses entre locaux intéressent la cuisine, le séjour, le garage, ainsi que l'accès à l'étage. L'escalier en position centrale est toujours recommandé pour faciliter les accès.

❐ **Figure 4.3 : plan sommaire de l'étage**

– Longueur : 10,20 m;
– largeur : 7,10 m.

➤ **Distribution et agencement des pièces de l'étage**

Les trois chambres de l'étage, la salle de bains et les WC séparés sont assez regroupés autour d'un dégagement situé au voisinage de l'arrivée d'escalier.

Deux chambres disposent de penderies toujours très appréciées pour les rangements.

La mezzanine permet d'obtenir du volume dans la cage d'escalier et une zone de lumière complémentaire dessert à la fois l'étage, l'escalier et le hall d'entrée.

❐ **Figure 4.4 : visualisation du rez-de-chaussée**

Avec distribution des locaux par :

– murs de façades;
– refend longitudinal et transversal;
– cloisons intérieures séparatives entre les pièces.

❐ **Figure 4.5 : visualisation de la structure porteuse du rez-de-chaussée et de l'emprise des fondations sur le terrain**

– Aperçu des murs porteurs et du poteau isolé qui prendront appui sur les fondations.
– Emprise des fondations au sol par des semelles continues sous mur et une semelle isolée sous poteau.
– Implantation prévue pour que les murs porteurs et le pilier BA soient centrés sur leur fondation.

Figure 4.1 : *vue en perspective avec angle de vue sur la façade principale*

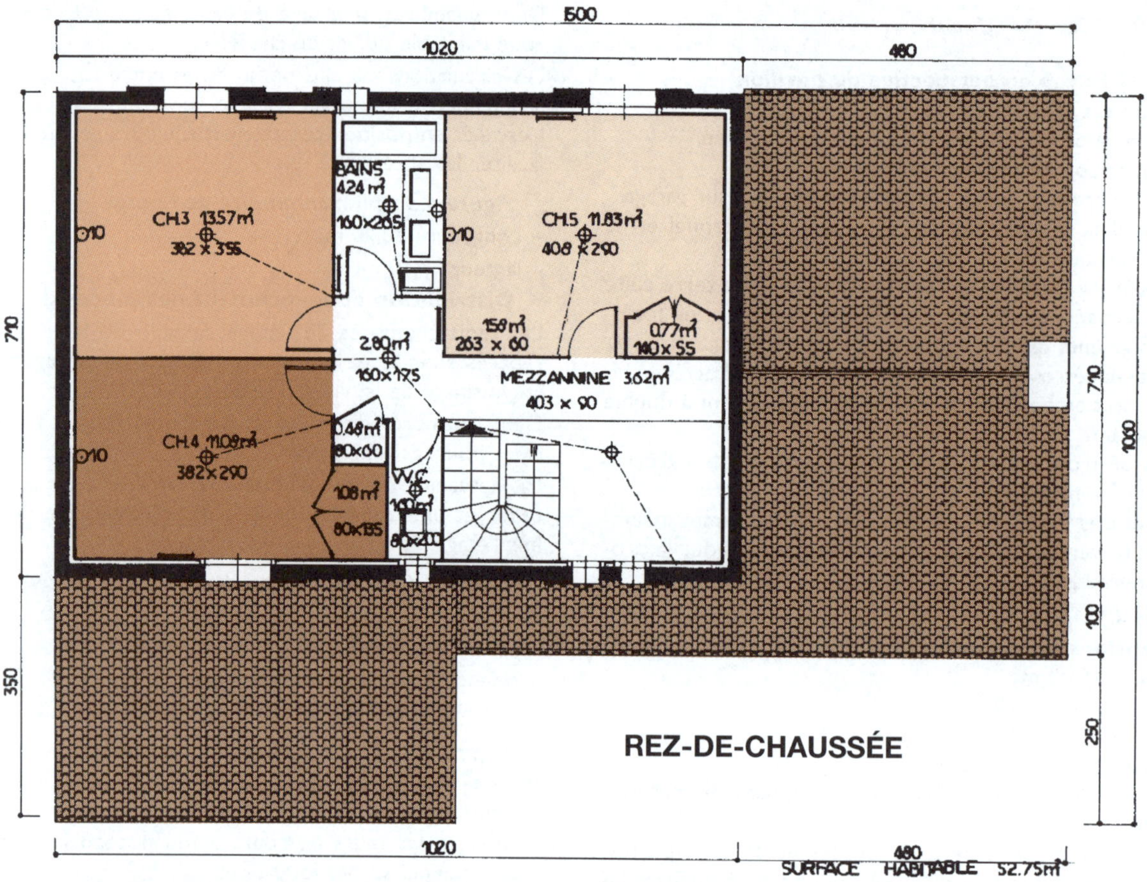

Figure 4.2

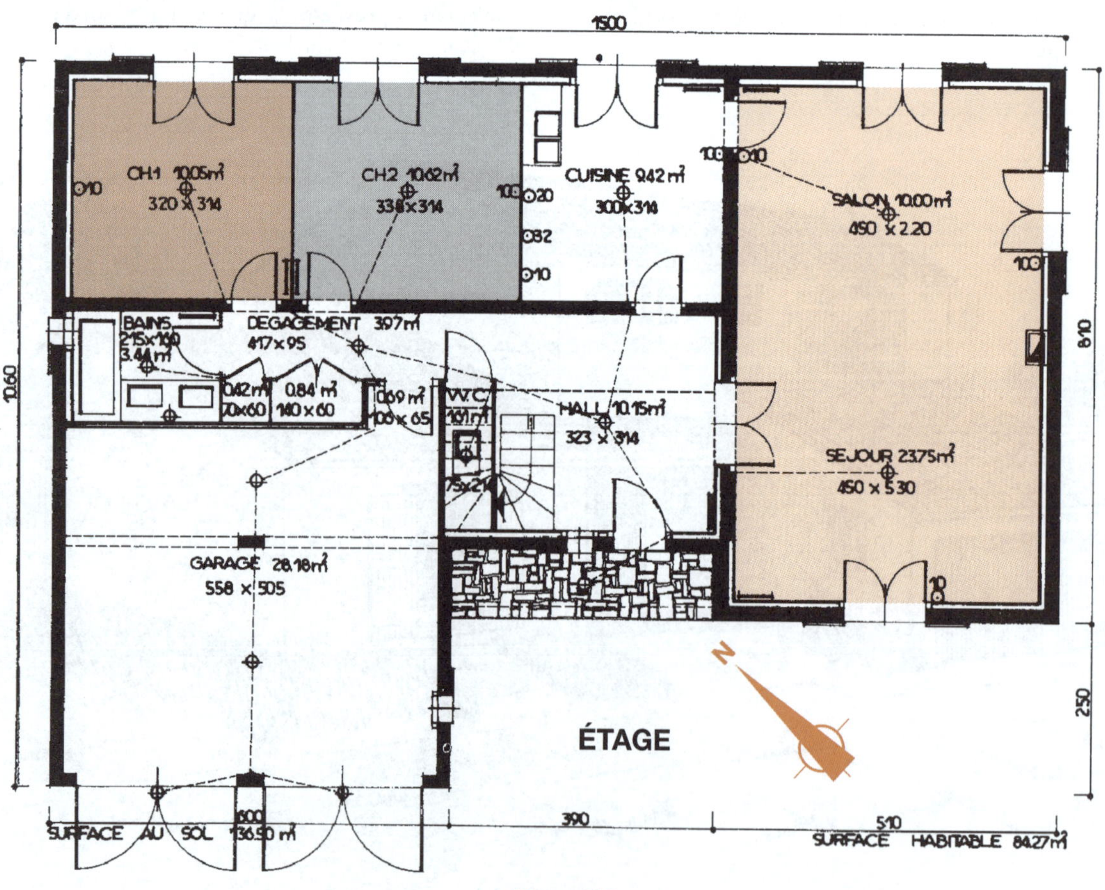

Figure 4.3

Figure 4.4 : *aperçu du rez-de-chaussée : murs extérieurs, murs de refend, cloisons*

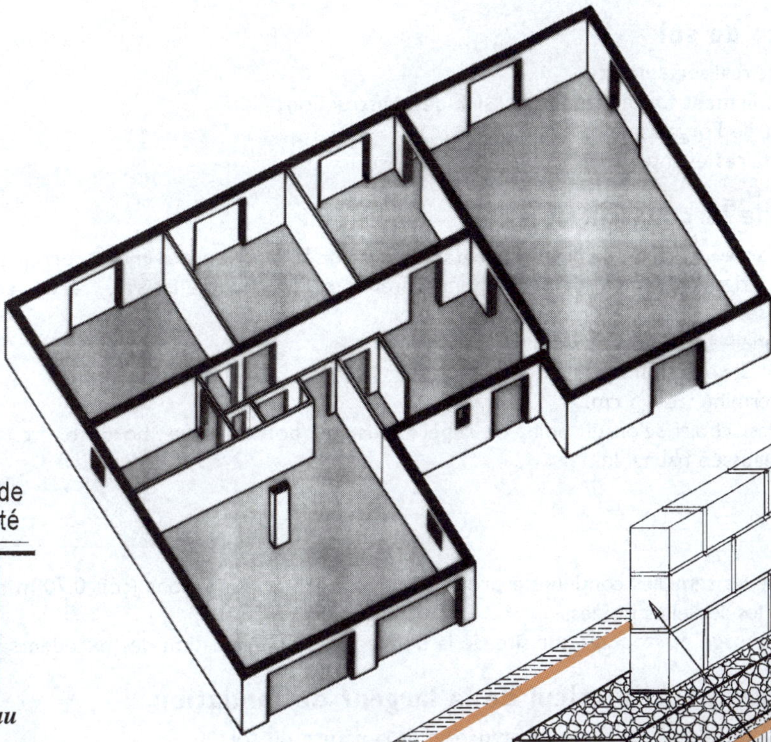

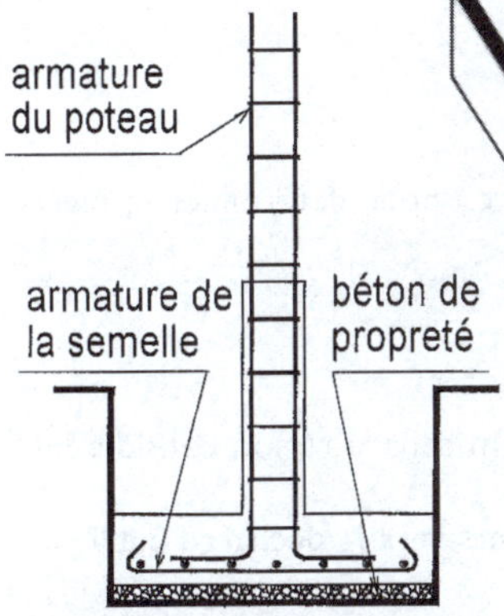

4.4a : *Armature de poteau*

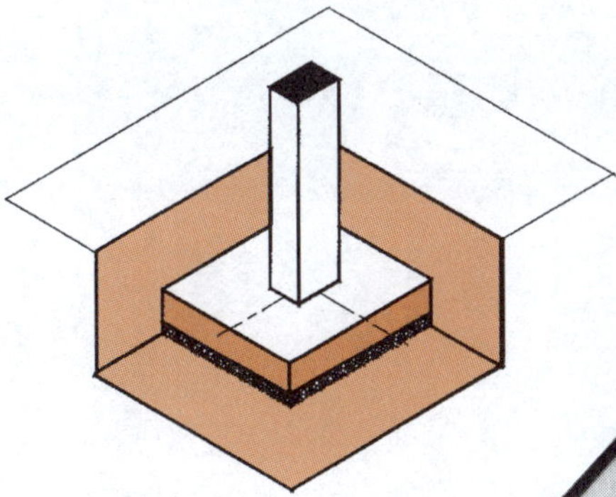

4.4b : *Semelle isolée sous poteau*

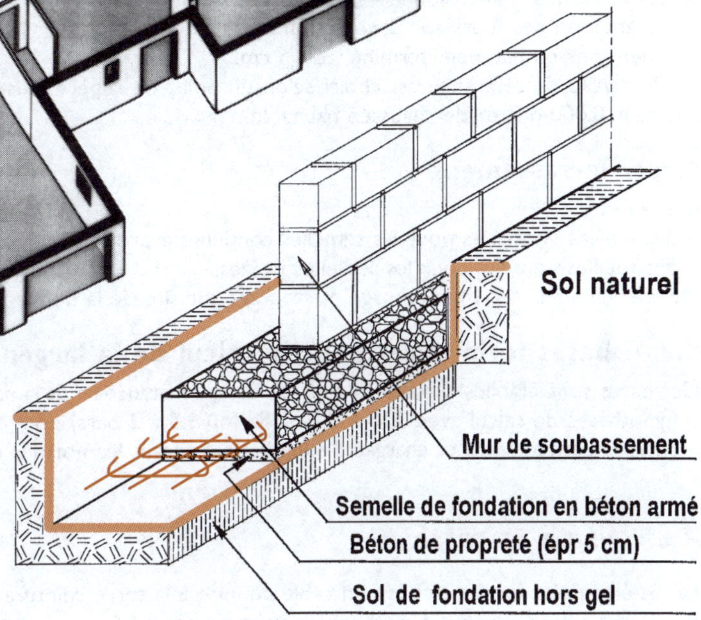

4.4c : *Détail perspectif sur la semelle continue sous mur*

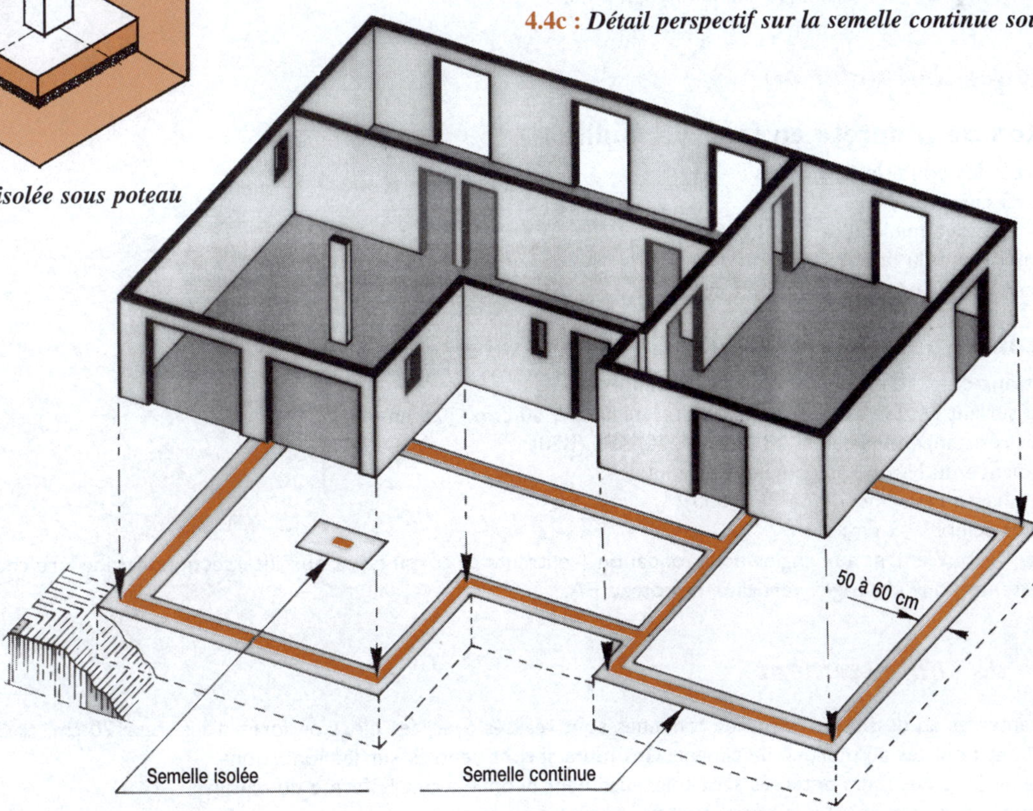

Figure 4.5 : *visualisation de la structure porteuse du rez-de-chaussée et de l'emprise des fondations sur le terrain*

4.2. Descriptif partiel des fondations

4.2.1. Reconnaissance de sol

La reconnaissance du sol est réalisée suivant :
- le plan de masse et le nivellement fourni dans le dossier de construction;
- les sondages et le rapport de l'organisme de contrôle;
- des sondages complémentaires éventuels réalisés par l'entreprise.

4.2.2. Implantation de la construction

➤ La construction est implantée à partir du plan de masse et suivant la position des murs porteurs et des poteaux en béton armé. Le droit des tiers sera rigoureusement préservé pour éviter tout litige (marge latérale, reculs, etc.). L'implantation des fondations sera axée sur celle des murs et des poteaux.
➤ Les tolérances dimensionnelles des ouvrages sont les suivantes :
- implantation des murs après exécution ± 1,0 cm;
- dimensions du bâtiment terminé : ± 1,5 cm.

➤ Un niveau de référence est choisi selon un point de repère existant (borne repère, bordure, etc.) pour déterminer le niveau intérieur 0,000 du rez-de-chaussée habitable.

4.2.3. Terrassement

On réalise :
- des fouilles en rigoles pour les semelles continues à profondeur hors gel des fondations (soit 0,70 m dans la région considérée);
- des fouilles en puits pour les semelles isolées.

Mouvements des terres : décapage et stockage sur site de la bonne terre et évacuation des excédents vers la décharge publique.

4.2.4. Bases forfaitaires pour le calcul de la largeur de fondation

Ces bases sont établies suivant les charges de la construction et la nature du sol :
- hypothèses de calcul avec 0,15 à 0,20 MPa (ou 1,5 à 2 bars) pour le travail admissible du sol;
- charges permanentes et charges d'exploitation suivant les normes en vigueur.

4.3. Mise à la terre

Le lot électricité fournit et pose un câble de mise à la terre ceinturant le bâtiment.
Se référer aux compléments techniques au paragraphe 4.6.

4.4. Semelles de fondation

4.4.1. Béton de propreté en fond de fouille

Il doit respecter les conditions ci-après :
- épaisseur > 5 cm;
- béton n° 1 à dosage minimal de 250 kg/m^3;
- résistance minimale du béton : 16 MPa;
- réglage sensiblement horizontal du fond de fouille.

4.4.2. Béton armé des semelles continues ou isolées

Les prescriptions de mise en œuvre sont les suivantes :
- dimensions suivant l'étude avec, comme section minimale, 50 cm × 25 cm;
- béton n° 3 : résistance minimale à 28 jours ⩾ 20 MPa (B20);
- vibration soignée du béton par couches horizontales;
- armatures à haute résistance (type Fe E 500);
- enrobage des aciers ⩾ 5 cm;
- jonction par recouvrement aux angles de la fondation (rentrants et sortants) et aux intersections façade / refend;
- aciers en attente pour chaînages verticaux et poteau BA.

4.5. Murs de soubassement

➤ Les murs enterrés au-dessus des semelles continues sont réalisés avec des blocs perforés d'épaisseur 20 cm, classe de résistance minimale B 80, et hourdés au mortier de ciment. Ces murs seront centrés sur les fondations.
➤ Le remblai au pied des murs enterrés sera soigneusement pilonné avant la forme du dallage.
➤ Un drain extérieur sera prévu à la périphérie des murs extérieurs.

Remarque : Cette rubrique sera traitée dans le chapitre 6.

4.6. Mise à la terre d'une maison individuelle

L'installation de mise à la terre comprend l'ensemble des éléments qui permettent de relier les appareils d'utilisation et les prises de courant à la terre du bâtiment.

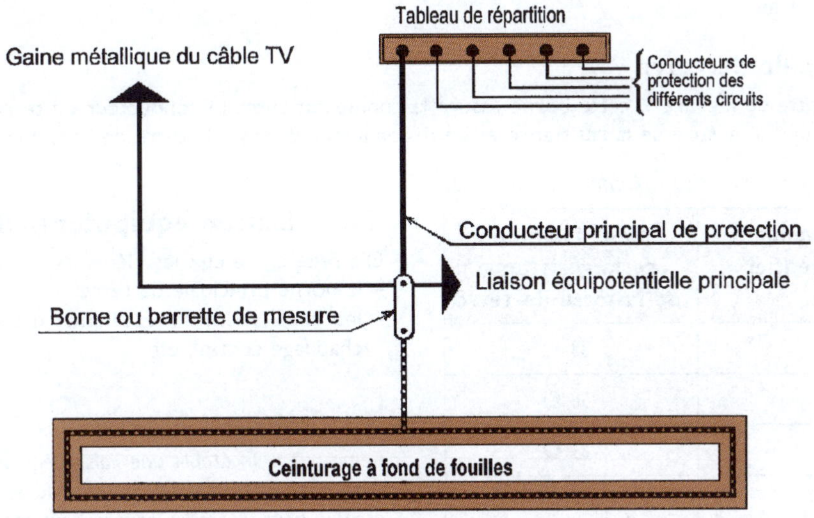

Figure 4.6 : ***mise à la terre pour une maison individuelle***

4.6.1. Prise de terre

Tableau 4.1 : *moyens et prescriptions de mise en œuvre*

Moyens	Prescriptions
Ceinturage à fond de fouille	Cuivre nu de section S ⩾ 25 mm² (fig. 4.7)
Piquet de terre	Profondeur ou longueur du piquet ⩾ 2 m Tube en acier galvanisé, diamètre ⩾ 25 mm (fig. 4.8)

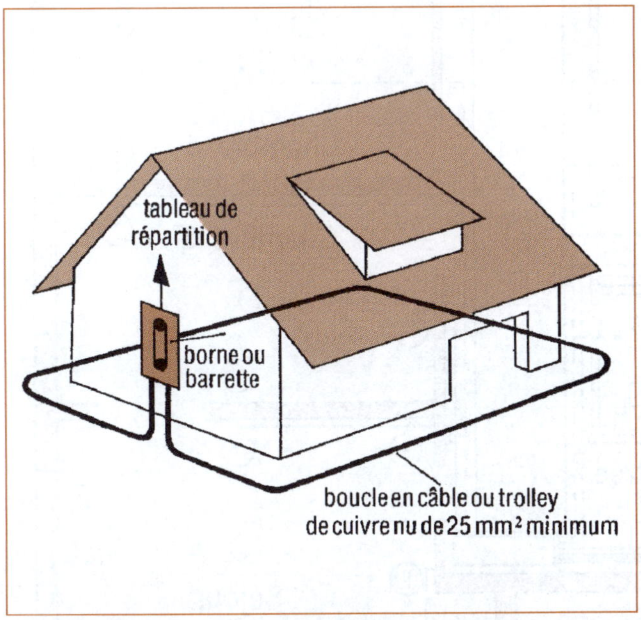

Figure 4.7 : ***boucle à fond de fouilles***

Le ceinturage à fond de fouilles intéressant le périmètre du bâtiment apporte une solution efficace.
La résistivité du terrain varie d'un point à un autre suivant :
- *la profondeur ;*
- *le taux d'humidité ;*
- *la température.*

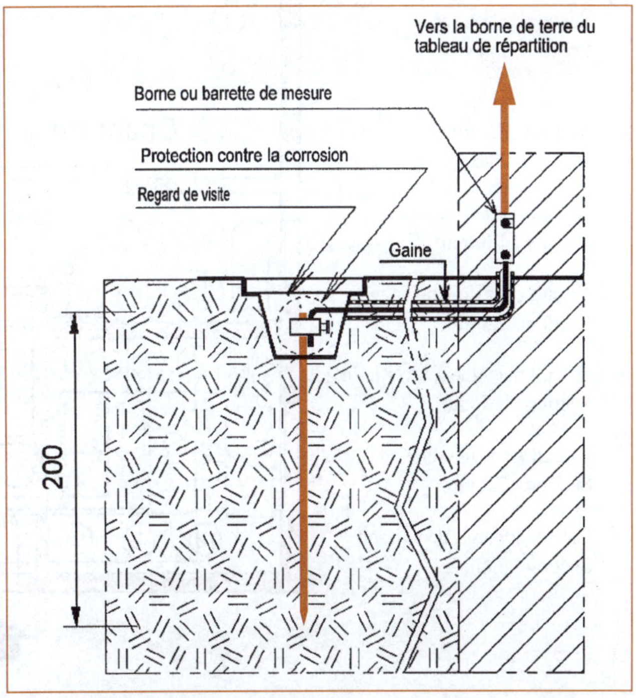

Figure 4.8 : ***prise de terre avec piquet en acier galvanisé***

Les piquets peuvent être constitués :
- *soit d'un seul élément,*
- *soit de plusieurs éléments emboîtés ou vissés.*

4.6.2. Conducteur de terre

Le conducteur de terre relie la prise de terre précédente à la borne principale de terre.

La section minimale du conducteur de terre est :
- $\geqslant$ 16 mm² si le cuivre est protégé contre les chocs,
- $\geqslant$ 25 mm² si le cuivre est nu.

4.6.3. Borne principale de terre

Également appelée « barrette de mesure », cette borne assure la connexion entre le conducteur de terre et la liaison équipotentielle; elle permet d'effectuer la mesure de la résistance et de déconnecter la prise de terre de l'ensemble de l'installation.

Tableau 4.2 : *valeurs maximales de la résistance en ohms (Ω)*

Courant de fonctionnement du dispositif différentiel (sensibilité)	Valeur maximale de la résistance de la prise de terre
650 mA	38 Ω
500 mA	50 Ω
300 mA	83 Ω
30 mA	830 Ω

4.6.4. Liaison équipotentielle principale

Elle relie entre eux les éléments suivants :
- la borne principale de terre,
- les canalisations métalliques d'alimentation en eau, gaz, chauffage central, etc.

Remarque : On établit une liaison équipotentielle locale également dans chaque salle d'eau ou chaque salle de bains, qui doit être assurée pour toutes les canalisations métalliques.

4.6.5. Conducteur principal de protection (fig. 4.6)

Il relie la borne de terre à la barre de terre du tableau de répartition. En cuivre, sa section est de 10 mm² à 16 mm² selon la section des conducteurs de phase.

4.6.6. Conducteurs de protection des circuits

Les conducteurs de protection (terre) doivent avoir une section au moins égale à celle des conducteurs actifs. Si le conducteur de protection est commun à plusieurs circuits, sa section doit être égale à la plus grande des sections des conducteurs actifs.

(1) Circuits prises
Section : 2,5 mm²
Prises simples 16 A

(1d) Circuits prises
Section : 2,5 mm²
Prises doubles 16 A

(2) Circuits éclairage fixe
Section : 1,5 mm²

(3) Circuit chauffe-eau
Section : 2,5 mm²

(4) Circuit machine à laver le linge
Section : 2,5 mm²

(5) Circuit lave-vaisselle
Section : 2,5 mm²

(6) Circuit appareil de cuisson
Section : 6 mm²

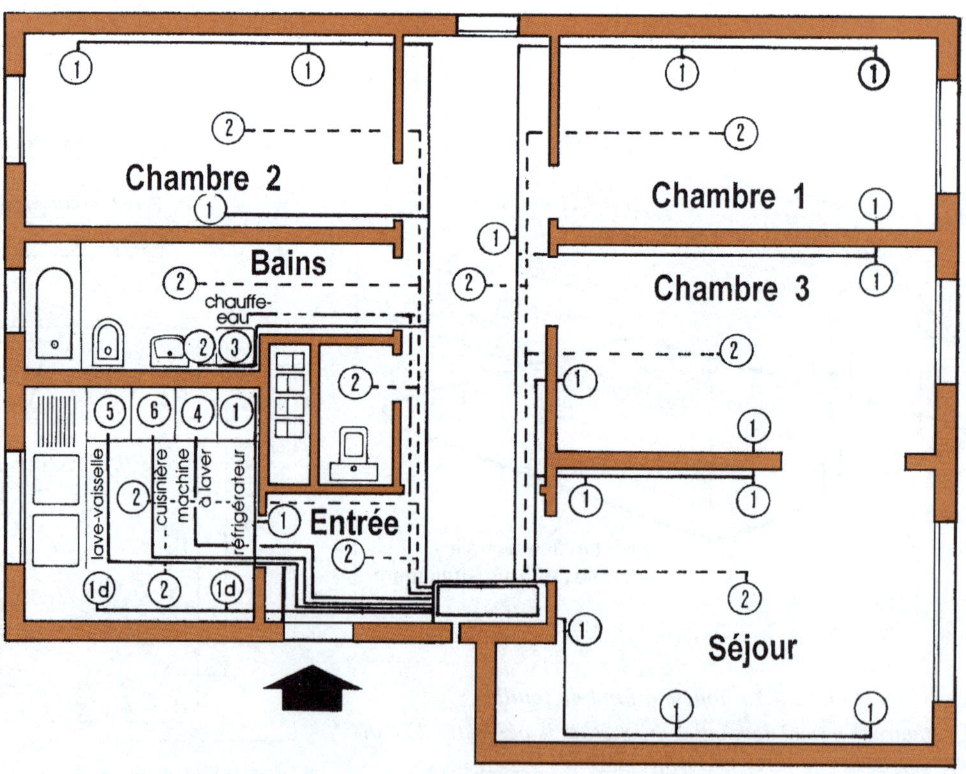

EDF

Figure 4.9 : ***exemple d'installation électrique d'un logement de 4 pièces principales***

Les emplacements des prises de courant 16 A doivent tenir compte de leur utilisation future.
Une prise tous les 3 mètres en suivant le pourtour des pièces est recommandée afin d'éviter le danger des rallonges.

Chapitre 5

Rez-de-chaussée : implantation en té

- Avant-projet sommaire
- Descriptif partiel
- Recommandations de mise en œuvre des fondations

5.1. Avant-projet sommaire

Construction en traditionnel à simple rez-de-chaussée comprenant :
- **une zone jour :** salon, séjour, cuisine et local de service avec un garage pour une voiture;
- **une zone nuit :** trois chambres, une salle de bains et des WC.

Dimensions :
- façade principale : 13,56 m;
- façade arrière : 7,58 m;
- façade latérale : 7,55 m + 9,25 m = 16,80 m.

5.2. Descriptif partiel

5.2.1. Implantation, terrassement

Les tracés et les niveaux seront conformes aux plans définitifs d'exécution.

Décapage de la terre sur l'emprise de la construction et mise en cavaliers

Fouilles en terrain ordinaire ne nécessitant pas l'emploi de marteau piqueur :
- en rigoles pour fondations de 0,65 m de profondeur et 0,50 m de largeur à la périphérie,
- en rigoles pour plots de fondations assurant la fonction de support de dallage, de 0,50 m de profondeur et 0,40 m de largeur.

5.2.2. Fondations, soubassement

❐ ***Semelles :***

➤ Semelles en béton armé de 0,50 m de largeur et de 0,25 m de hauteur. Le nivellement et le nettoyage du fond de fouilles seront effectués préalablement à la construction des semelles.

➤ Semelles pour support du dallage en béton armé : 0,40 cm × 0,20 cm de section.

❐ ***Soubassement :***

➤ Murs périphériques en blocs perforés de béton de 0,20 m d'épaisseur.

➤ Murets centraux pour support du dallage en blocs perforés de béton de 0,15 m d'épaisseur.

5.2.3. Dallage sur terre-plein

Niveau de la dalle finie au-dessus du carrelage, ou niveau de référence (niveau 0,000), en surélévation de 0,30 m par rapport au niveau moyen du terrain naturel extérieur.

Mise en place du tout-venant de carrière pour la forme du dallage, le compactage et le nivellement.

Canalisations en tuyau PVC pour les évacuations d'eaux usées et d'eaux vannes, prévues dans l'épaisseur de la forme.

Film d'étanchéité en polyane (coupure étanche contre les remontées d'humidité).

Isolation de 0,04 m d'épaisseur en polystyrène sous la surface habitable.

Dalle en béton armé d'épaisseur 0,10 m :
- béton de résistance 25 MPa (B25) à 28 jours d'âge,
- treillis soudé et barres à haute adhérence pour chaînage périphérique,
- coffrage extérieur par planelles en forme de L, en rive de dallage,
- surfaçage du béton dans le garage,
- drainage périphérique avec drain en plastique perforé de 80 mm de diamètre et pente minimale de 1 cm/m.

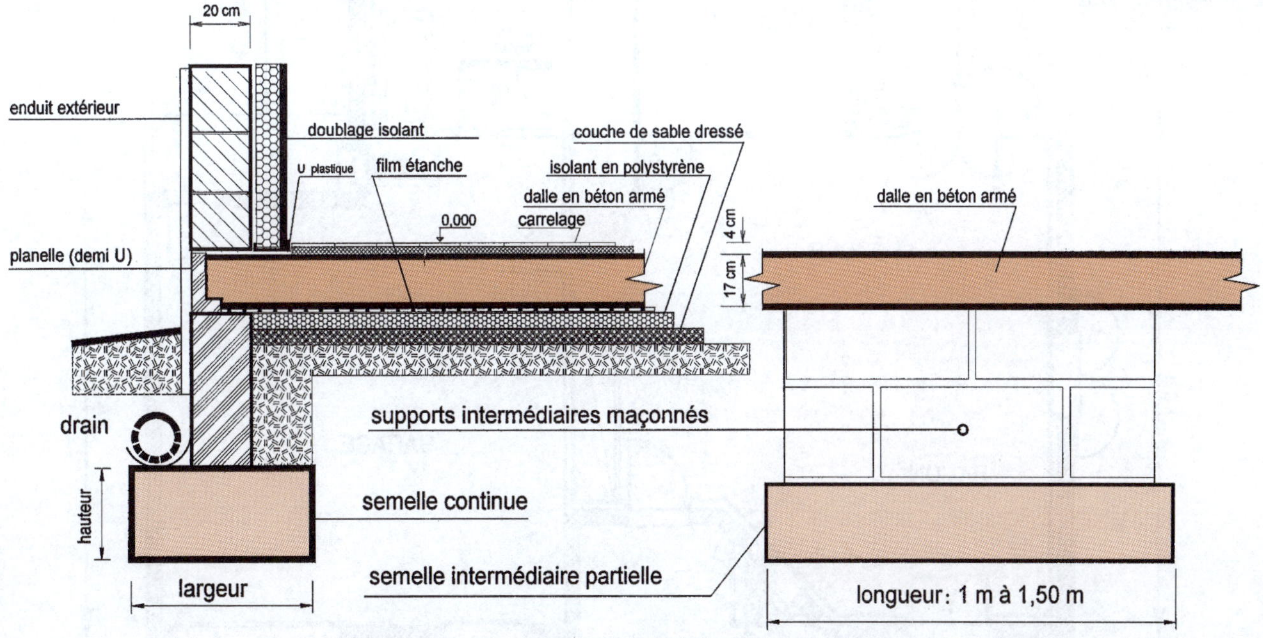

Figure 5.1 : ***coupe transversale sur fondations et dallage***

Schéma de principe : fondation sur semelle continue à la périphérie et supports intermédiaires porteurs du dallage.

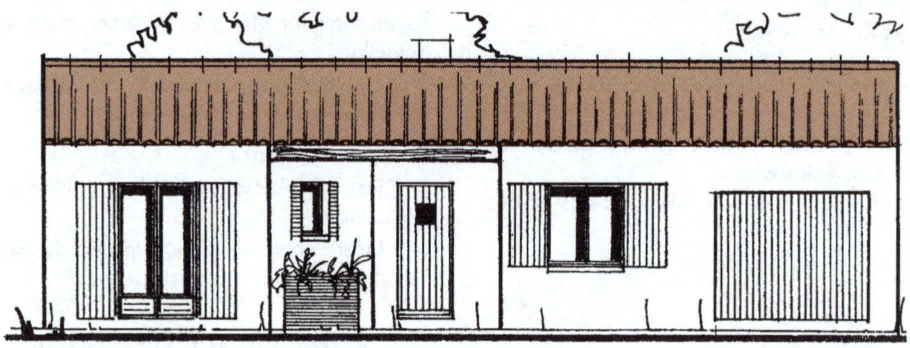

Surface habitable (SH)	
Pièces	**Surfaces**
Hall / Séjour / Salon	40,70
Pl.	1,54
Cuisine	13,50
Dégt	5,53
WC	1,35
Bains	6,11
CH. 1	11,91
Pl.	1,80
CH. 2	9,94
Pl.	1,18
CH. 3	9,10
SH	102,66 m²
Garage	37,96

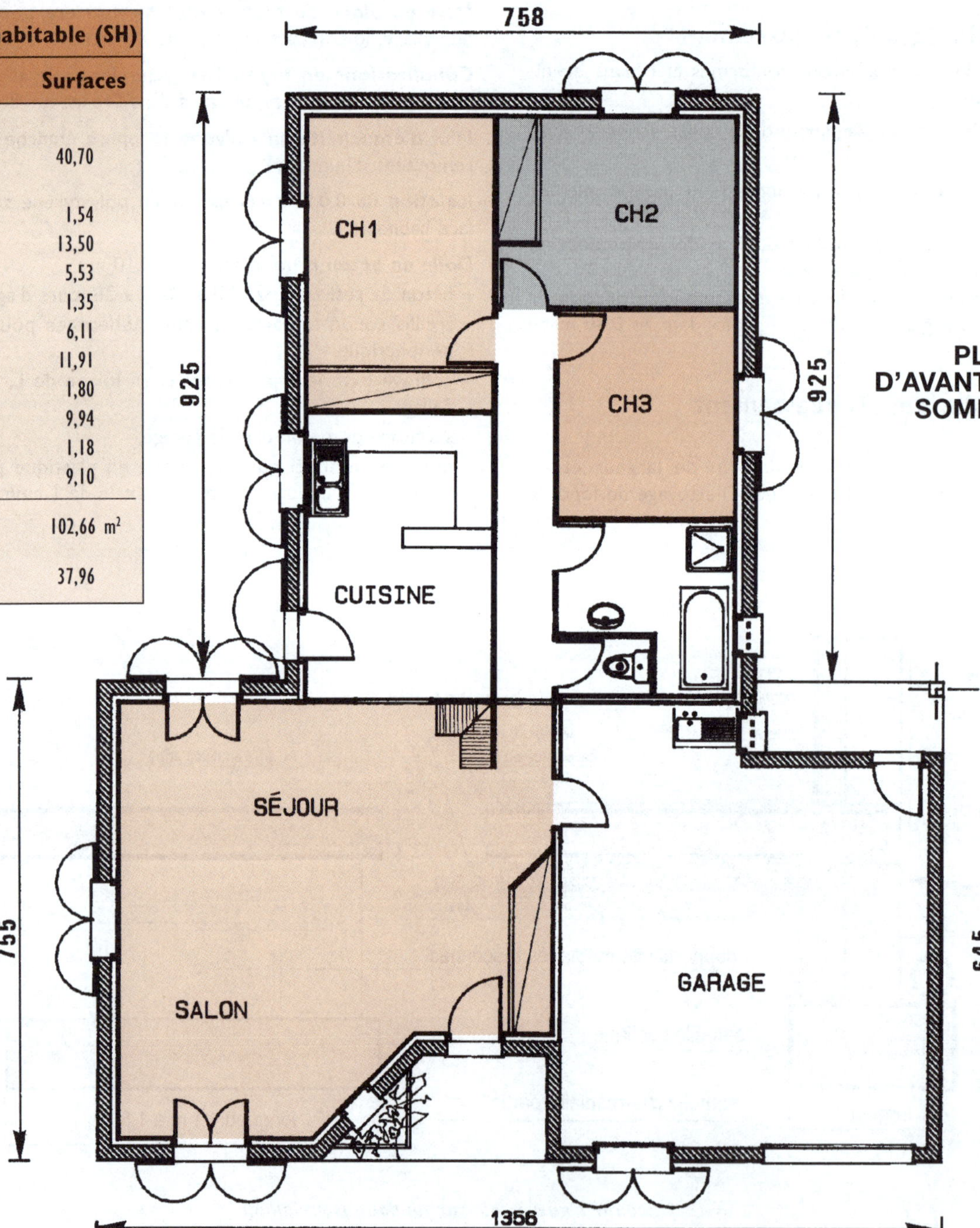

Figure 5.2 : *plan d'avant-projet sommaire avec façade principale*

Maisons Privat

5.2.4. Structure porteuse et distribution des locaux

❒ ***Angle de vue :*** façade latérale mettant en évidence la zone jour et la zone nuit.

❒ ***Distribution :*** la distribution est effectuée par cloisons légères non porteuses :
- des cloisons traditionnelles en briques plâtrières de 5 cm + enduit plâtre sur chaque face;
- ou des cloisons à parements de plâtre sur réseau alvéolaire;
- ou des cloisons avec plaques de plâtre vissées de part et d'autre d'une ossature en acier galvanisé avec ou sans isolant en sandwich.

❒ ***Fondations :*** établies, dans ce projet, à la seule périphérie pour **porter les murs**. Toutefois, pour **porter le dallage**, des plots intermédiaires sont indispensables pour éviter les désordres par tassement du sol ou déformation de la dalle (flèche).

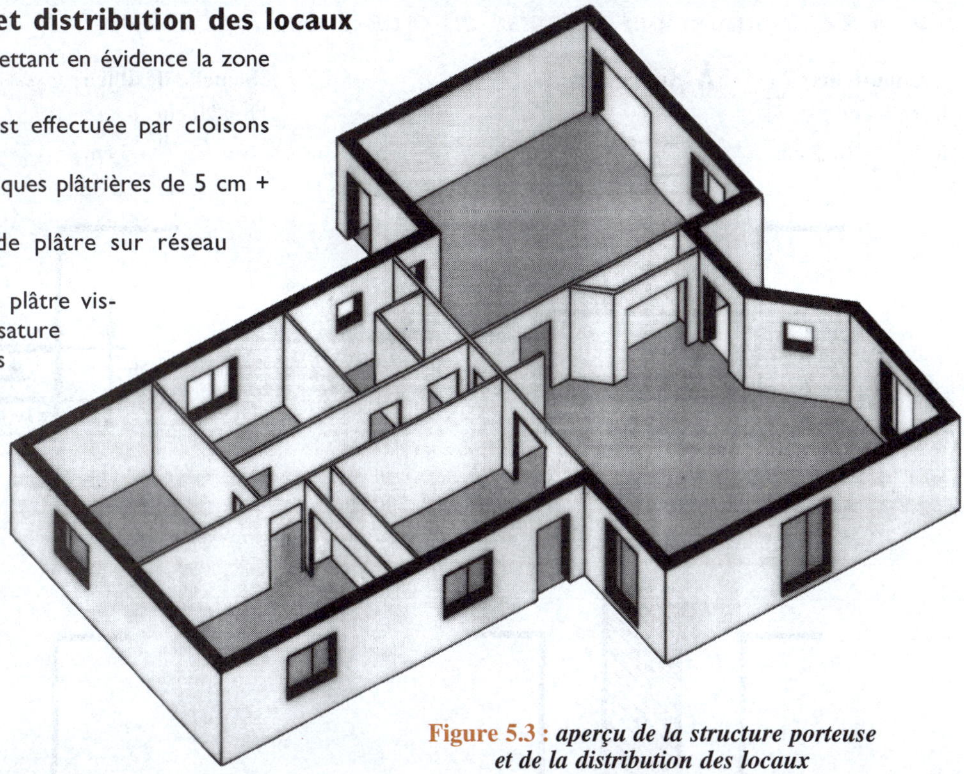

Figure 5.3 : *aperçu de la structure porteuse et de la distribution des locaux*

5.2.5. Implantation des fondations pour porter les murs de façade et le dallage

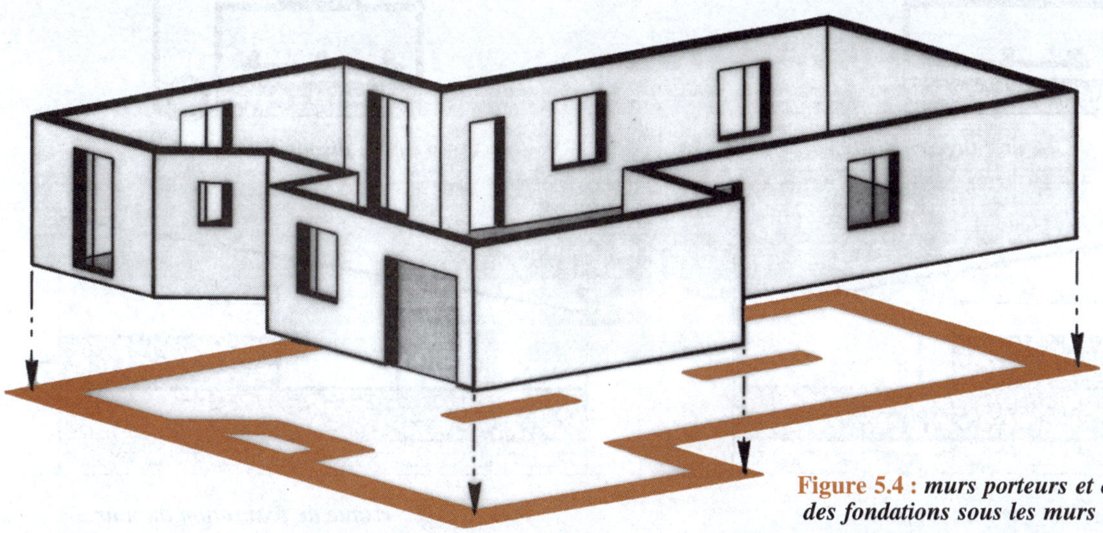

Figure 5.4 : *murs porteurs et emplacement des fondations sous les murs et le dallage*

❒ ***Dalle armée du dallage sur terre-plein***

➤ **Caractéristiques :**
- épaisseur 1/35 à 1/40 environ de la portée de la dalle dans le cas de deux appuis;
- épaisseur courante : 8 à 12 cm pour un dallage ⩾ portée de 4 à 5 m.

➤ **Condition de non-tassement ou de non-fissuration**

Réduire les désordres tels que la fissuration des cloisons ou des carrelages par tassement du terre-plein ou flexion de la dalle.

Remarques :
- *Le remblai sous dallage n'est jamais parfaitement compacté.*
- *La dalle en béton armé peut accuser une flèche si sa raideur est trop faible pour sa portée – distance entre appuis (murs de fondation).*
- *Les tassements sont pratiquement irrémédiables.*

➤ **Solution préconisée pour éviter les désordres**
- On limite la portée de la dalle en réalisant :
  - une fondation légère et continue dans l'axe longitudinal du bâtiment,
  - ou des plots espacés ou tronçons de fondation pour servir d'appuis intermédiaires (nombre de plots suivant leur longueur et l'adaptation à la construction).
- Il faut prévoir les appuis extérieurs : la fondation sera prévue continue au droit de l'entrée principale pour permettre l'appui du dallage extérieur.

5.3. Recommandations de mise en œuvre des fondations

Conditions :
h ⩾ 20 cm
$h \geqslant \frac{B-b}{4} + 5$ cm

À prescrire

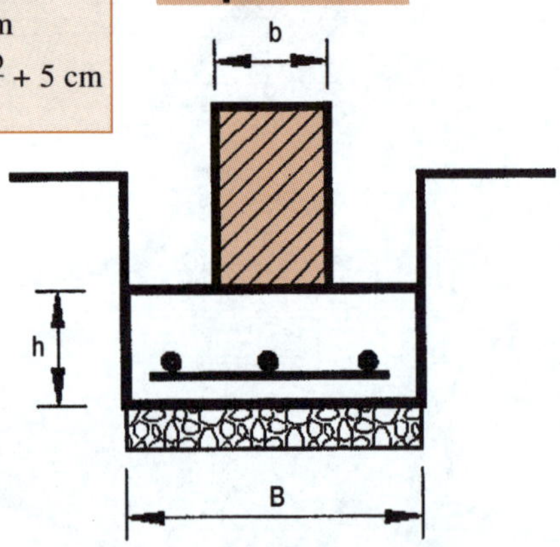

Figure 5.5 : ***semelle rigide***

Semelle flexible :
h < 20 cm
$h \leqslant \frac{B-b}{4} + 5$ cm

À éviter

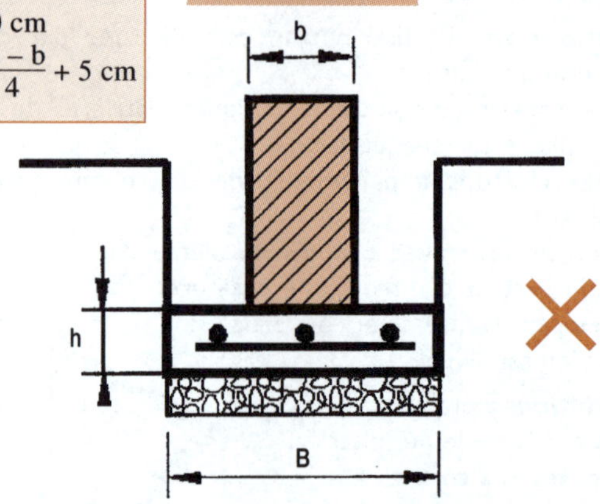

Figure 5.6 : ***semelle flexible***

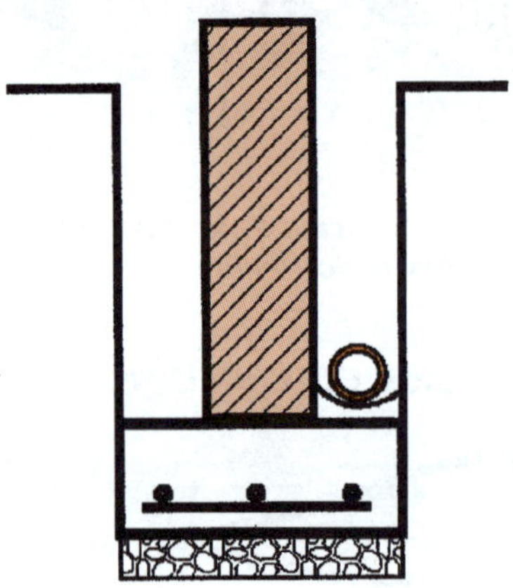

Figure 5.7 : ***drainage en pied***

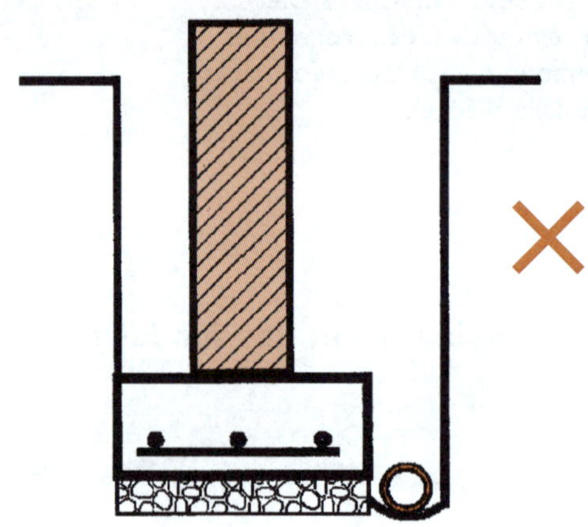

Figure 5.8 : ***disposition interdite***

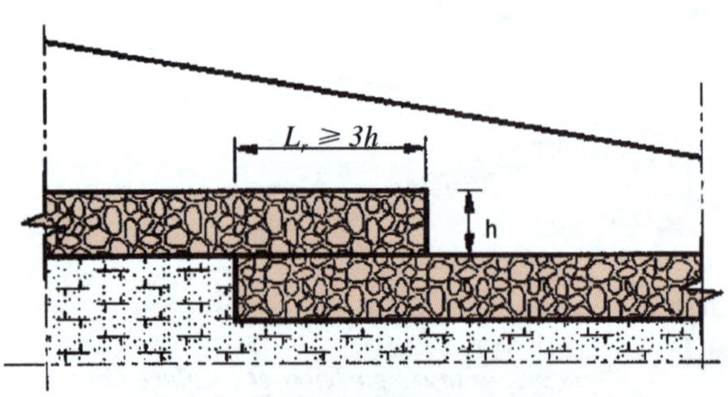

Figure 5.9 : ***terrain en pente***

Longueur de recouvrement préconisée : $L_r \geqslant 3h$

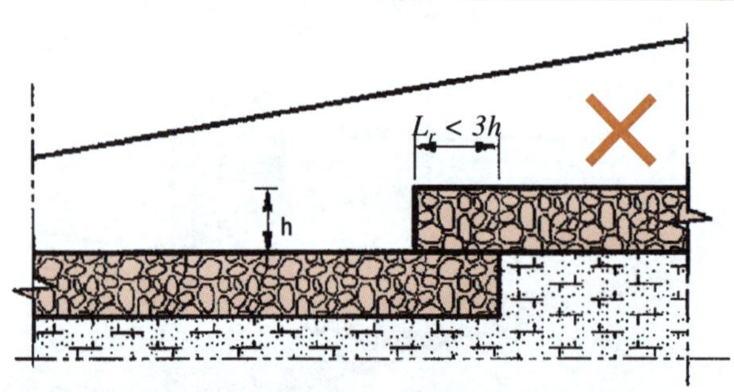

Figure 5.10 : ***risque de fissuration du mur***

Longueur de recouvrement trop faible : $L_r < 3h$

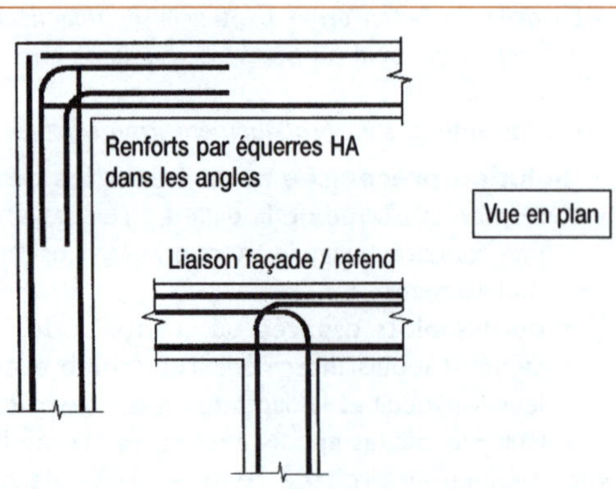

Figure 5.11 : ***renforts et liaisons prescrites***

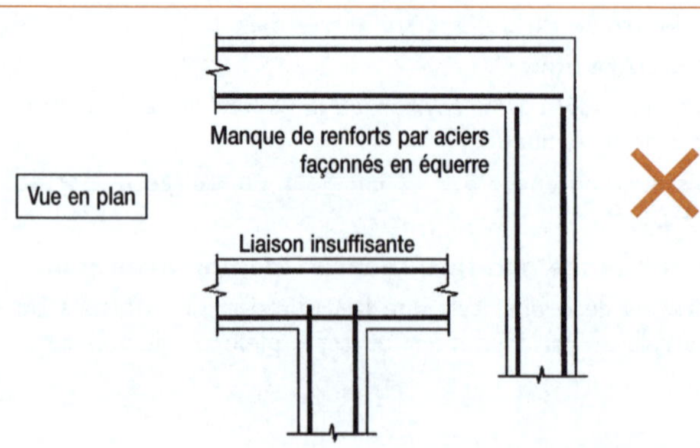

Figure 5.12 : ***non-continuité de l'armature***

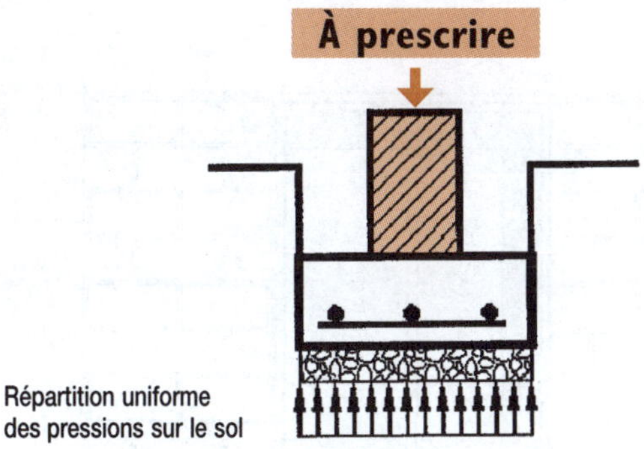

Figure 5.13 : ***charge centrée sur semelle***

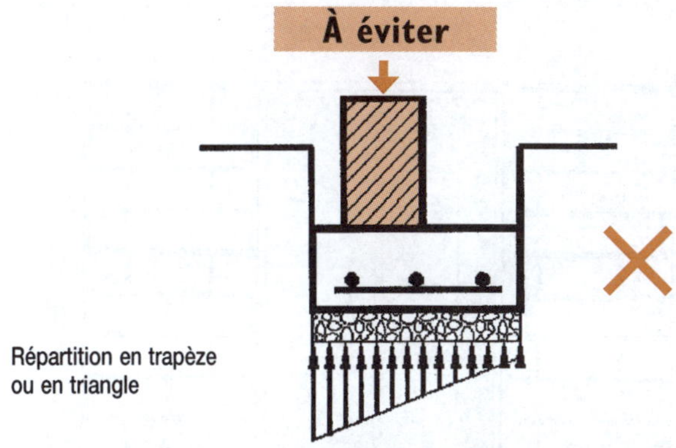

Figure 5.14 : ***charge non centrée sur semelle***

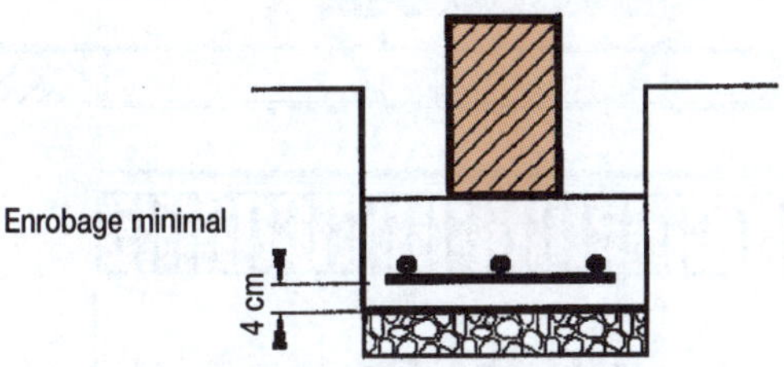

Figure 5.15 : ***enrobage des aciers en fondations***

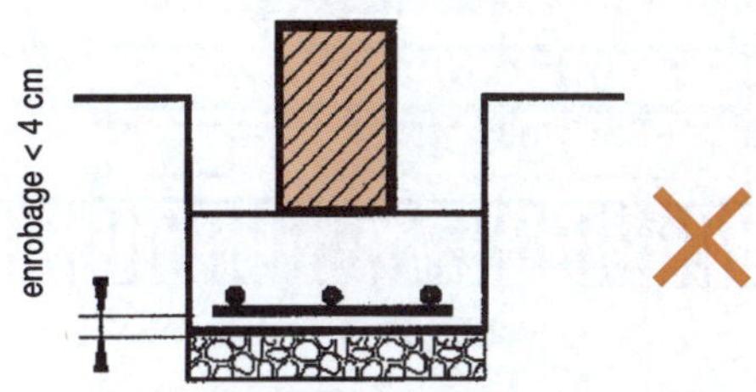

Figure 5.16 : ***risque d'oxydation des aciers***

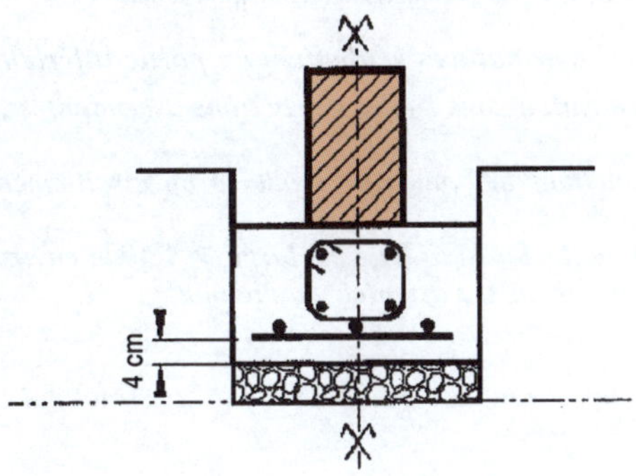

Figure 5.17 : ***armature centrée***

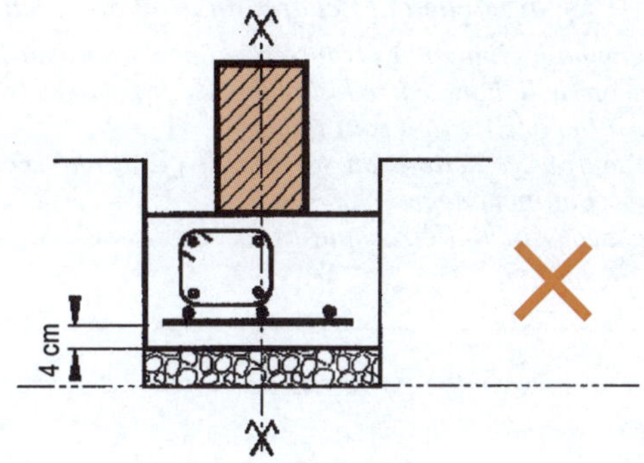

Figure 5.18 : ***armature décalée***

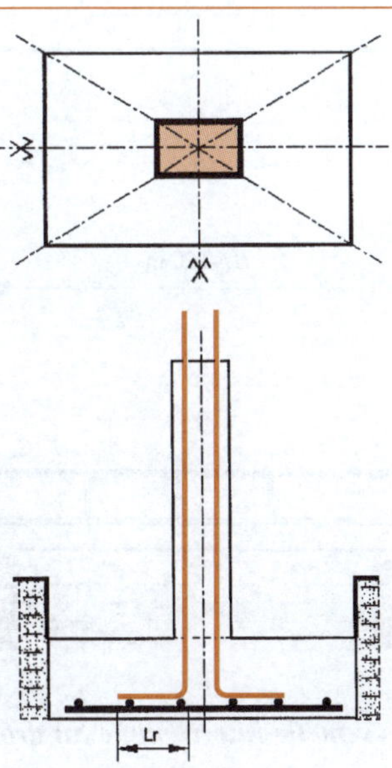

Figure 5.19 : ***bonne disposition de l'armature ; ancrage des aciers du poteau avec retour dans la semelle***

L_r = 35 Ø, Ø étant le diamètre de l'acier.

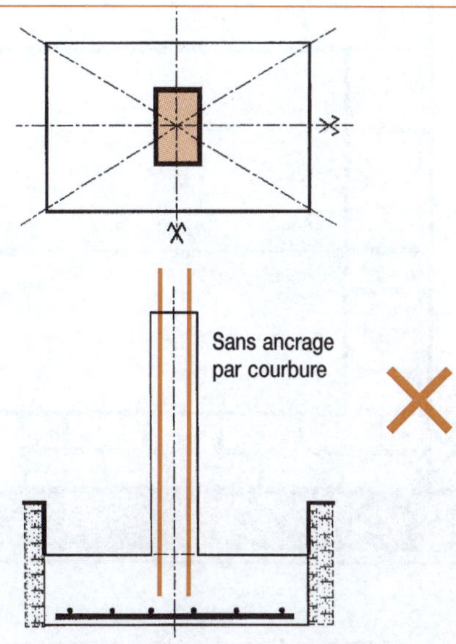

Figure 5.20 : ***mauvaise disposition de l'armature ; aciers du poteau sans retour dans la semelle***

À prescrire

Figure 5.21 : *armatures inférieures et supérieures avec quelques cadres au droit de la baie*

Les jambages maçonnés transfèrent les charges sur la fondation. Au droit de la baie, entre les jambages, les charges descendantes dues à la construction sont faibles.
Par contre, les actions du sol dans le cas d'une répartition uniforme sont inchangées.
Elles nécessitent d'être équilibrées par des aciers.

À éviter

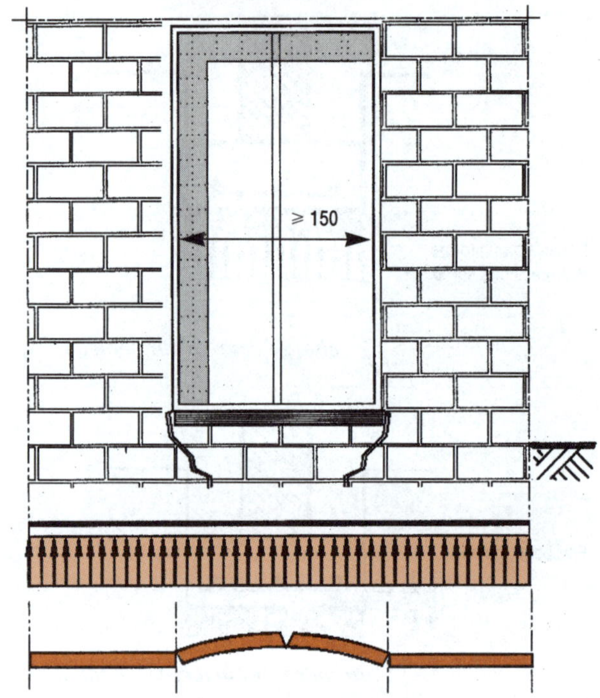

Figure 5.22 : *armatures seulement en partie inférieure*

Risque de fissuration sous l'effet des actions ascendantes du sol par :
- *l'effort tranchant qui pourrait produire un cisaillement des maçonneries ;*
- *le moment de flexion si la baie est large ⩾ 1,50 m environ.*

La déformée ou flèche est orientée vers le haut.

Exemple : porte-fenêtre ou porte de garage.

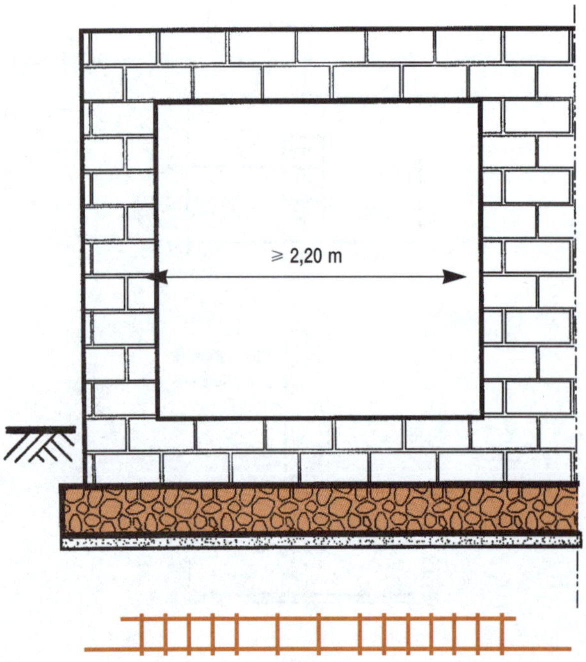

Figure 5.23 : *semelle continue en béton armé avec armatures inférieures et supérieures*

Exemple : large baie à l'angle d'une construction.

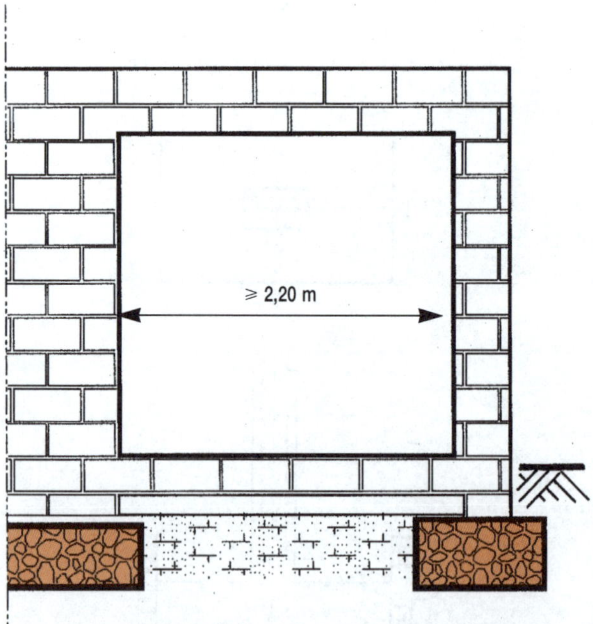

Figure 5.24 : *semelle interrompue au droit de la baie*

Les jambages sont très sollicités (charges pouvant provenir des planchers et transmises des linteaux aux jambages).
La pression plus accentuée sur le sol en ces points peut entraîner un tassement et des désordres consécutifs.

Chapitre 6

Murs de soubassement

- Localisation dans la construction
- Cas rencontrés et exigences d'utilisation
- Visualisation des murs et planchers dans le cas de murs périphériques et de refend
- Avant-projets sommaires (APS)
- Solutions constructives et recommandations de mise en œuvre
- Protection verticale par écran d'étanchéité
- Recommandations dans le cas de sous-sol avec nappes souterraines
- Réalisation d'un drainage horizontal
- Cas d'un mur de sous-sol et d'une terrasse
- Aménagement des profils de terrain
- Prescriptions techniques de mise en œuvre

6.1. Localisation dans la construction

Les murs de soubassement sont les murs réalisés au-dessus des semelles de fondation jusqu'au niveau du dallage sur terre-plein ou jusqu'au niveau du plancher d'un vide sanitaire (VS) ou d'un plancher haut de sous-sol.

Les murs de soubassement sont :
– complètement enterrés dans le sol sur toute leur longueur,
– ou partiellement enterrés à une extrémité.

Ils se situent :
– à la périphérie du bâtiment (murs extérieurs) pour porter les murs de façades,
– ou à l'intérieur pour porter les planchers, les dallages, les murs de refend.

Les murs de soubassement sont fréquemment réalisés en blocs de béton perforés de 0,20 m d'épaisseur du côté extérieur, et parfois de 0,15 m pour les murs intérieurs avec chaînages ou raidisseurs en béton armé. Ils sont aussi construits en béton armé (murs ou voiles BA).

6.2. Cas rencontrés et exigences d'utilisation

Tableau 6.1 : *exigences suivant les catégories de locaux et leur utilisation*

Catégorie de locaux ou environnement	Exigences
Pièces habitables d'un sous-sol → locaux de 1re catégorie	Aucune trace d'humidité n'est acceptée sur la face intérieure
Chaufferie, cave, garages, etc. → locaux de 2e catégorie	Des infiltrations très limitées peuvent être tolérées ou acceptées
Vide sanitaire, terre-plein de dallage → 3e catégorie	La fonction mécanique est surtout requise en évitant les remontées d'humidité par une coupure étanche

Remarque : Se reporter aux schémas de principe ci-dessous pour les cas rencontrés et les différentes appellations.

Figure 6.1 : *dallage sur terre-plein*

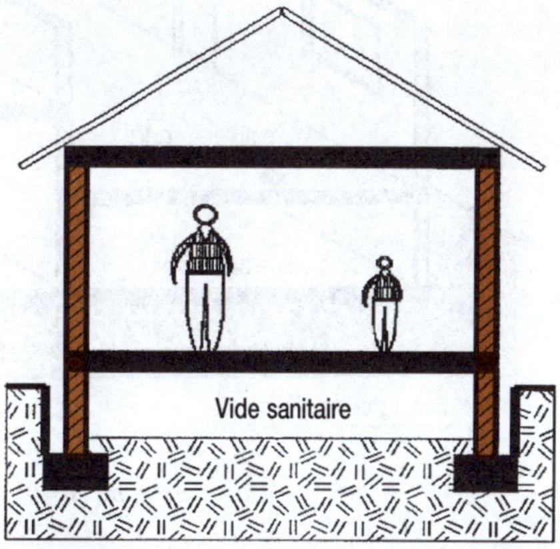

Figure 6.2 : *plancher bas sur vide sanitaire*

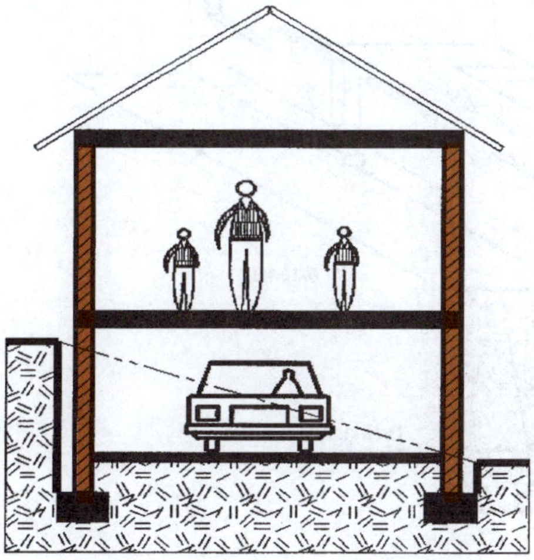

Figure 6.3 : *sous-sol semi-enterré*

Figure 6.4 : *sous-sol entièrement enterré*

6.3. Visualisation des murs et planchers dans le cas de murs périphériques et de refend

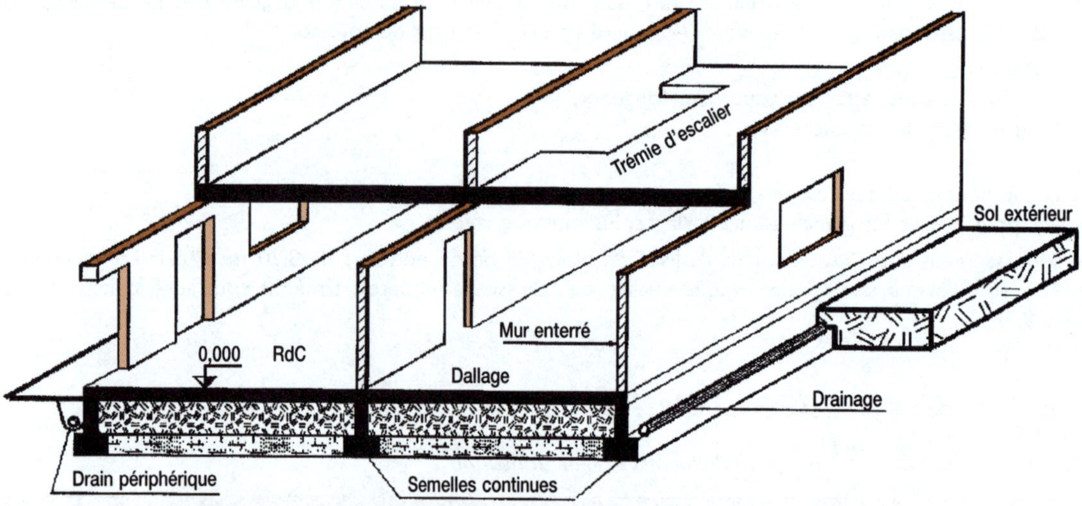

Figure 6.5 : *dallage sur terre-plein sur toute la surface du bâtiment*

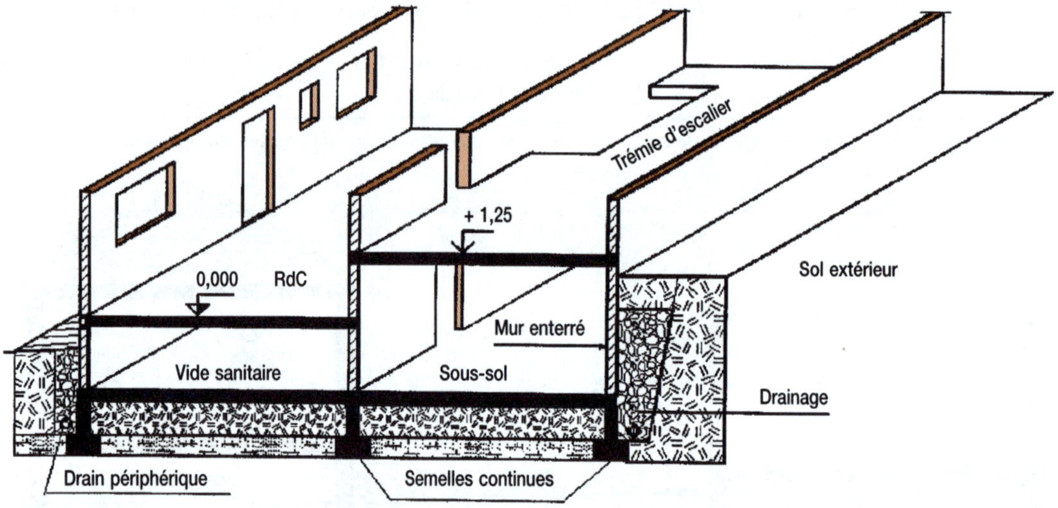

Figure 6.6 : *pavillon à niveaux décalés sur vide sanitaire et sous-sol*

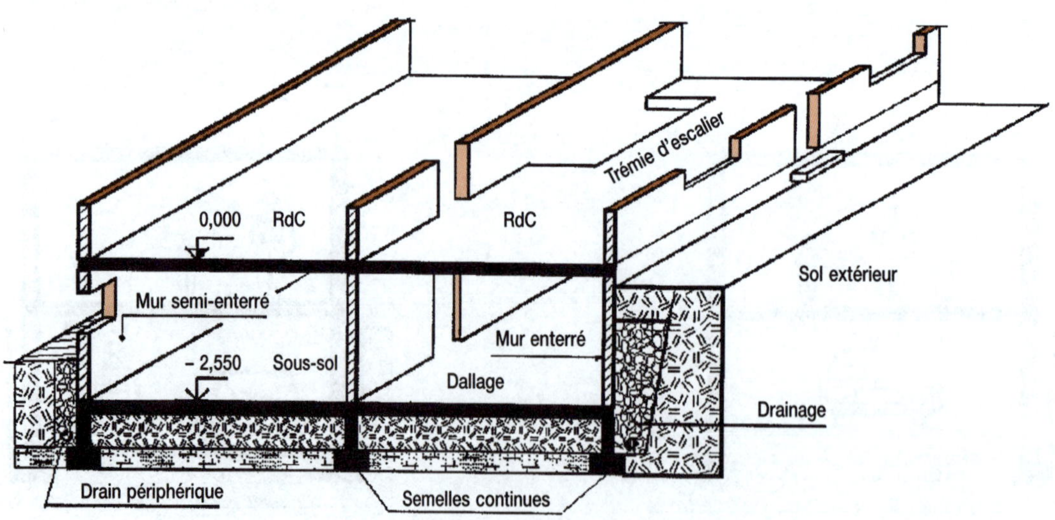

Figure 6.7 : *sous-sol sur toute la surface avec mur semi-enterré et complètement enterré*

6.4. Avant-projets sommaires (APS)

6.4.1. Problèmes communs aux murs de soubassement enterrés ou semi-enterrés

1. **Étanchéité côté extérieur** réalisée par une membrane d'étanchéité, un enduit hydrofugé et une protection par peinture bitumineuse.

   Autre option : mise en place de complexe drainant type DELTA MS, posé suivant les prescriptions du fabricant (§ 6.6).

2. **Drainage des eaux** de pluie ou d'infiltrations, notamment le long des murs périphériques.

3. **Évacuation** des eaux recueillies en pied de mur :
   – par gravité vers un tout-à-l'égout séparatif si sa profondeur le permet,
   – ou avec une pompe de relevage qui renvoie l'eau vers un caniveau.

4. **Coupure de capillarité** à la partie supérieure des murs extérieurs avant pose du plancher ou confection du dallage sur terre-plein.

5. **Captation et évacuation de l'eau de ruissellement extérieur** si l'accès au garage, par exemple, est assuré par une pente descendante vers le sous-sol.

6.4.2. Descriptif des avant-projets sommaires

Les avant-projets sommaires suivants servent de supports concrets au thème des murs de soubassement.

Tableau 6.2 : *présentation d'avant-projets sommaires (APS)*

Avant-projets sommaires	Caractéristiques particulières
APS 1 (§ 6.4.3) Il présente : – une zone en dallage sur terre-plein, – une zone avec sous-sol enterré.	Sous-sol partiel avec atelier, garage à deux voitures en enfilade et cave. La structure porteuse du plancher haut du sous-sol est constituée du mur de rive extérieur et de deux refends d'épaisseur 0,15 m et de 0,20 m côté terre. Les niveaux du rez-de-chaussée, de chaussée et de l'étage sont décalés d'un demi-étage. L'escalier qui dessert les niveaux RDC et étage ne nécessite que six contremarches au lieu des seize habituelles pour desservir un étage.
APS 2 (§ 6.4.4) Il comprend : – une zone sur dallage, – une zone avec sous-sol, partiellement enterrée.	Sous-sol partiel avec garage à deux voitures en position parallèle. Une zone tampon dans le sous-sol permet de loger l'escalier balancé. L'escalier permet d'accéder depuis le sous-sol dans la zone jour du RDC et, en même temps, dans la zone médiane de la distribution des locaux. Cet emplacement facilite les circulations et les accès. Les murs du sous-sol, réalisés à partir de blocs creux de béton, sont implantés en fonction : – de l'étage supérieur, – de la portée limite des planchers courants, – de la contrainte pour disposer les voitures en parallèle.
APS 3 (§ 6.4.5) Il est caractérisé par : – un sous-sol sur toute la surface du bâtiment, – une entrée de garage sans pente d'accès.	Sous-sol complet. Structure porteuse du plancher haut du sous-sol par : – les murs périphériques, – le système intérieur poteaux-poutres, – les murs qui bordent l'escalier. Les murs périphériques servent aussi de mur de soutènement des terres. De ce fait, des raidisseurs verticaux doivent être incorporés dans la maçonnerie de blocs au droit des appuis de chaque poutre porteuse du plancher haut.

6.4.3. Avant-projet sommaire I

6.4.3.1. Vues en perspective des façades

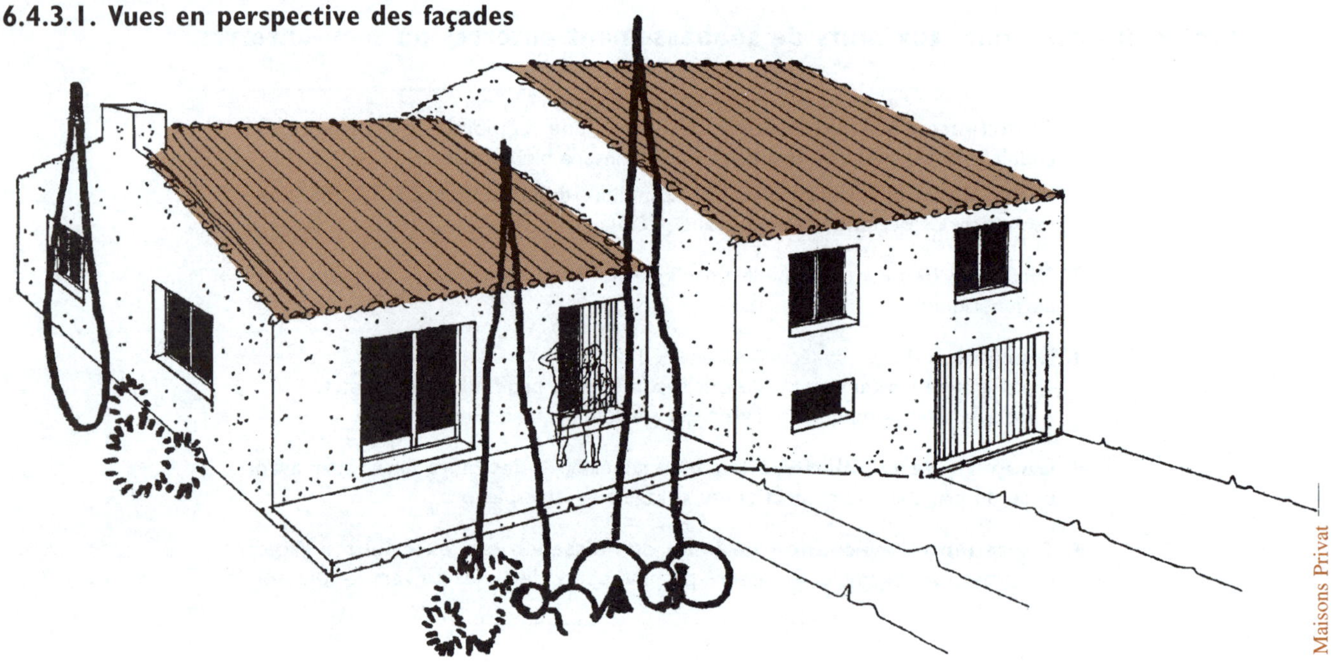

Figure 6.8 : *vue en perspective avec toits décalés*

Remarque : L'extrait suivant mentionne les prescriptions particulières à destination des entrepreneurs.

1.07. Fondations

1.07.1 Béton de propreté

Sous toutes les semelles filantes, béton de propreté d'épaisseur 0,10 m.

1.07.2 Semelles filantes

Béton armé vibré type B25, coulé à pleines fouilles; sections et armatures suivant la nature du sol et les charges de construction, à prévoir dans l'axe et sous tous les murs extérieurs et refends suivant les plans d'exécution.

1.07.3 Arase étanche

Exécution par chape en mortier de ciment hydrofugé dosé à 500 kg/m^3 sur dessus de tous les murs de soubassements.

1.07.4 Mise à la terre

Câble de mise à la terre ceinturant le bâtiment et posé par le lot électricité.

1.07.5 Murs de soubassement

Maçonnerie de blocs béton perforés, épaisseur 0,20 m sous murs extérieurs et refends.
Ossature en béton armé coulée dans les blocs coffrants pour les raidisseurs verticaux et les chaînages.

1.07.6 Drainage

Suivant les plans pour tous les murs périphériques établis sous les niveaux du terrain naturel ou du remblais.
Composition :

- enveloppe de feutre non tissé type Bidim B4 de 1,70 m en développement;
- tuyau drainant en PVC, de diamètre 80 mm, posé sur fond de forme réglé avec pente régulière, avec raccordement du drain sur réseau des eaux pluviales;
- protection du drain en gravillons concassés 15/25, épaisseur 0,10 m;
- remplissage de l'enveloppe de 160 l/ml de concassé 20/40 à l'exclusion de toute autre granulométrie;
- fermeture de l'enveloppe;
- remblai jusqu'au niveau du sol extérieur.

1.07.7 Enduits de soubassement

Dans la hauteur des murs de fondations en contact avec les terres ou les remblais, exécution d'un enduit au mortier de ciment hydrofugé; finition talochée puis lissage à la truelle.
Application d'une peinture bitumineuse, deux couches de badigeon type IGOL Fondation.

Autre option : mise en place de complexe drainant de type DELTA MS, posé suivant les prescriptions du fabricant.

6.4.3.2. Murs de soubassement

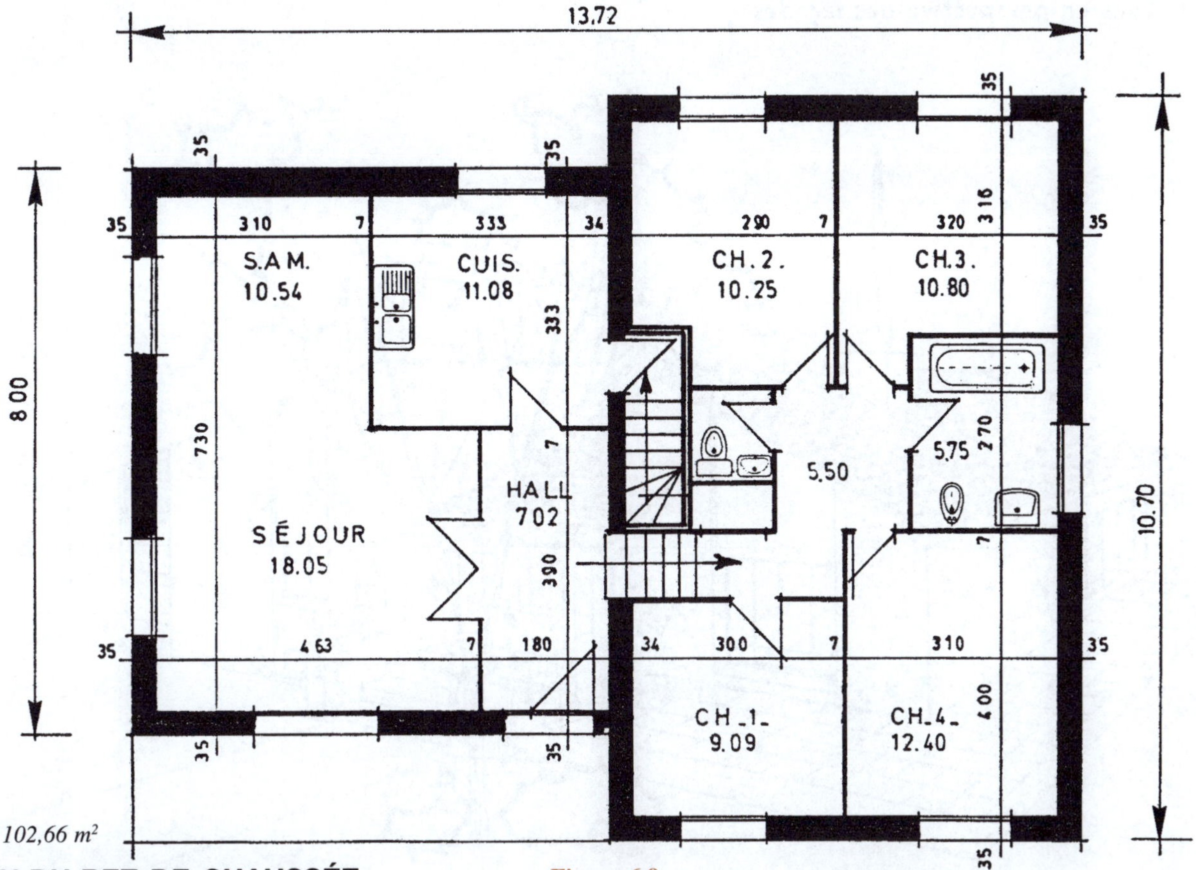

SH = 102,66 m²

PLAN DU REZ-DE-CHAUSSÉE ET DU NIVEAU DÉCALÉ

Figure 6.9

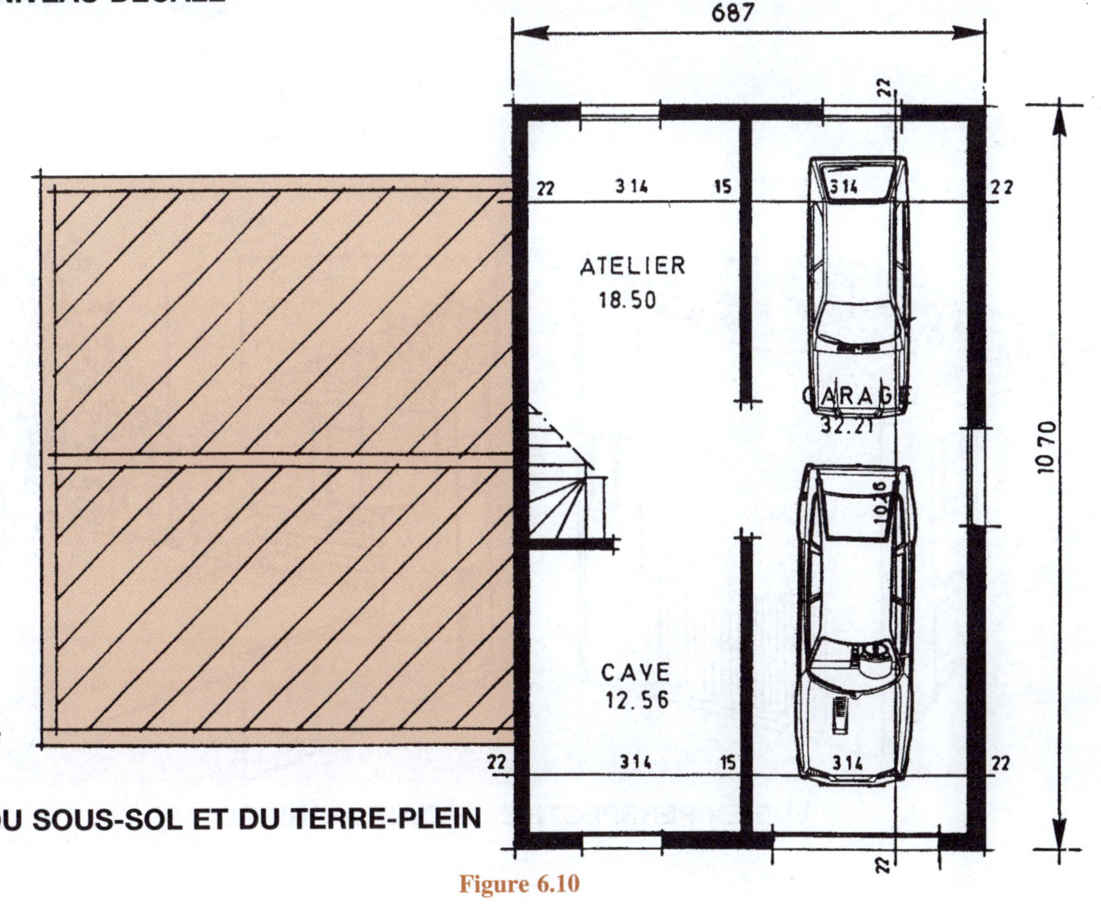

SH = 63,27 m²

PLAN DU SOUS-SOL ET DU TERRE-PLEIN

Figure 6.10

6.4.4. Avant-projet sommaire 2

6.4.4.1. Vues en perspective des façades

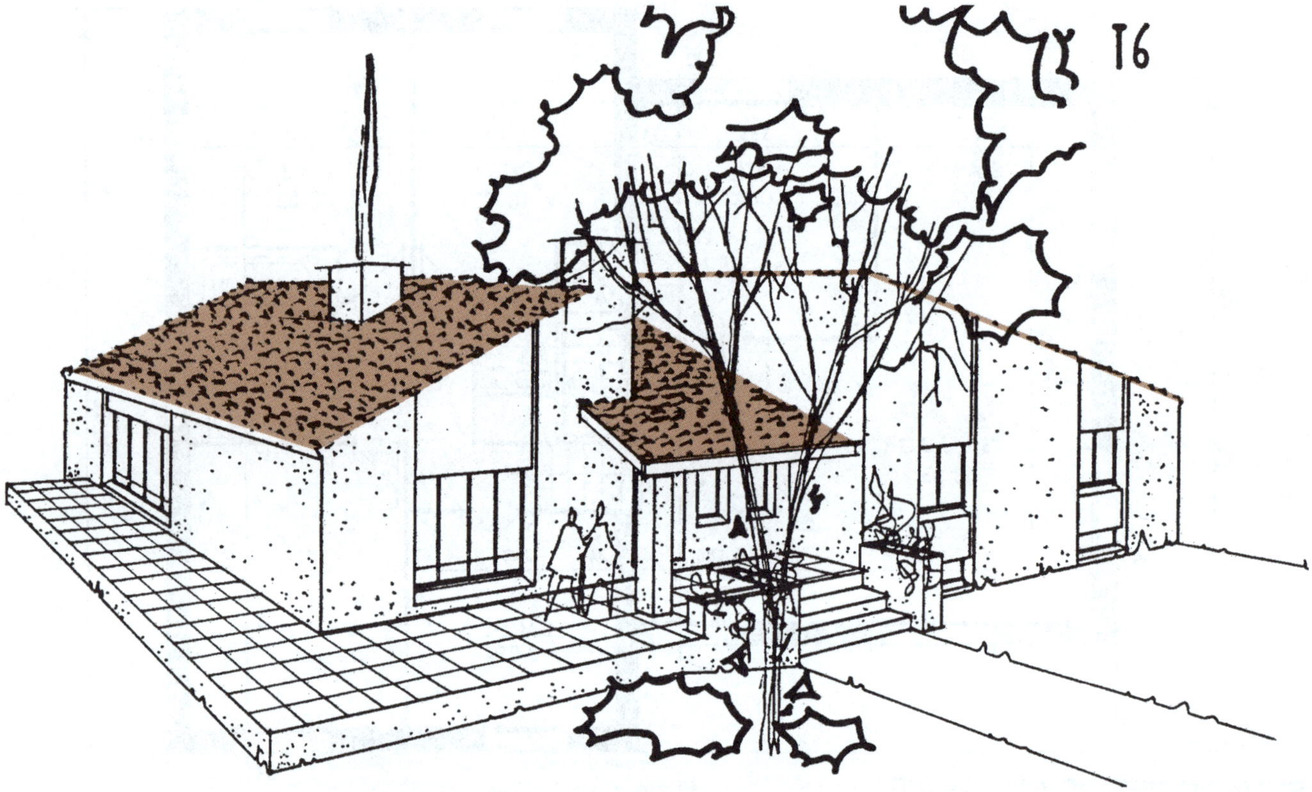

VUE EN PERSPECTIVE : FAÇADE AVANT

Figure 6.11

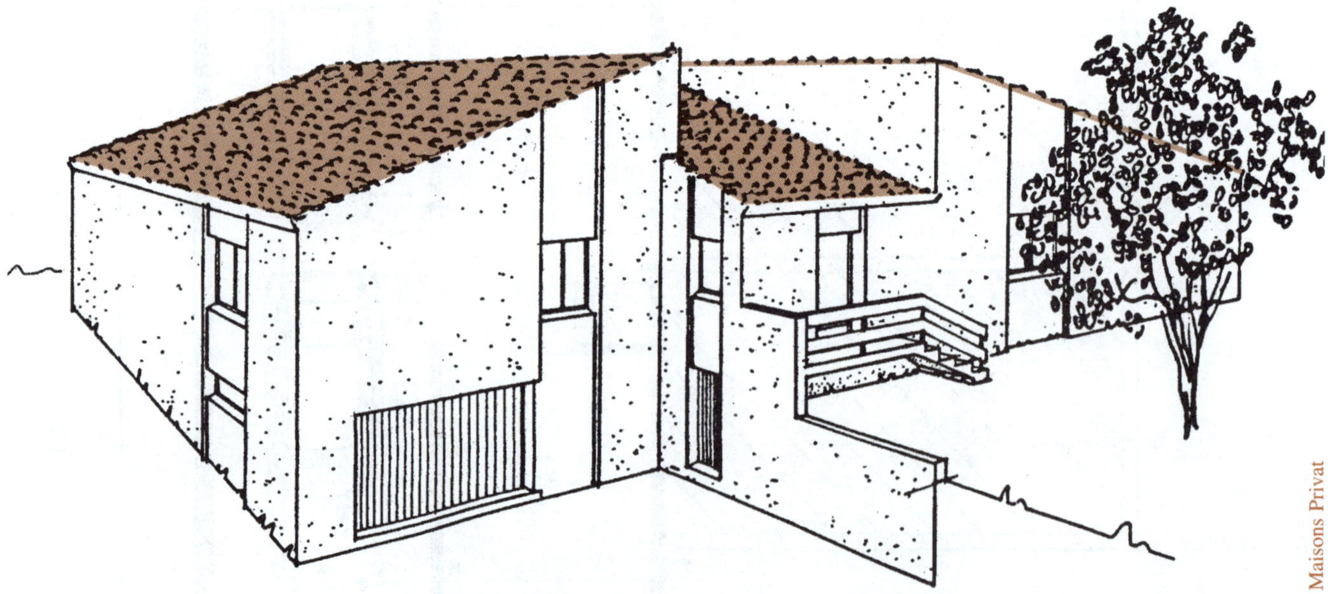

VUE EN PERSPECTIVE : FAÇADE ARRIÈRE

Figure 6.12

Maisons Privat

6.4.4.2. Murs de soubassement

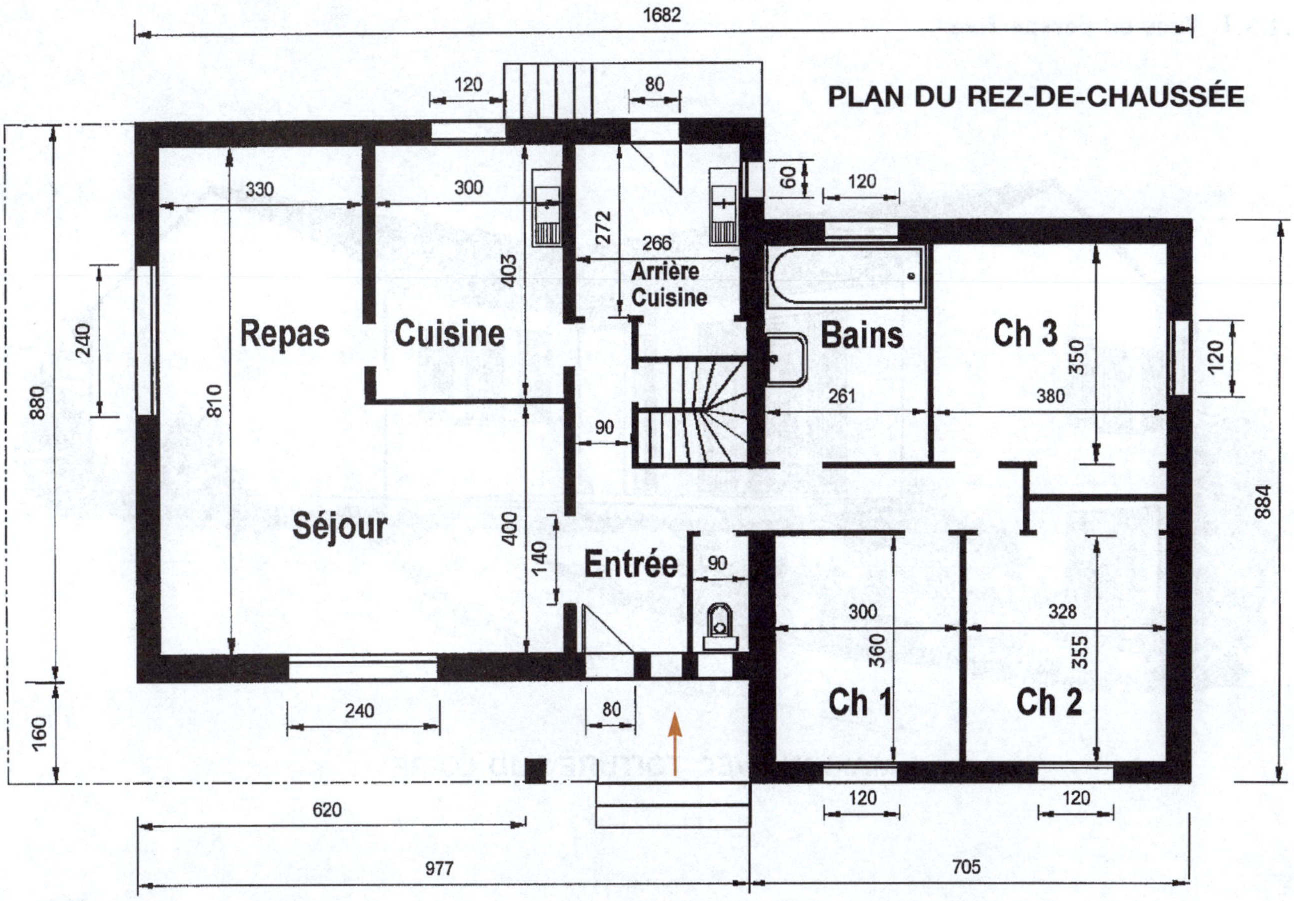

Figure 6.13

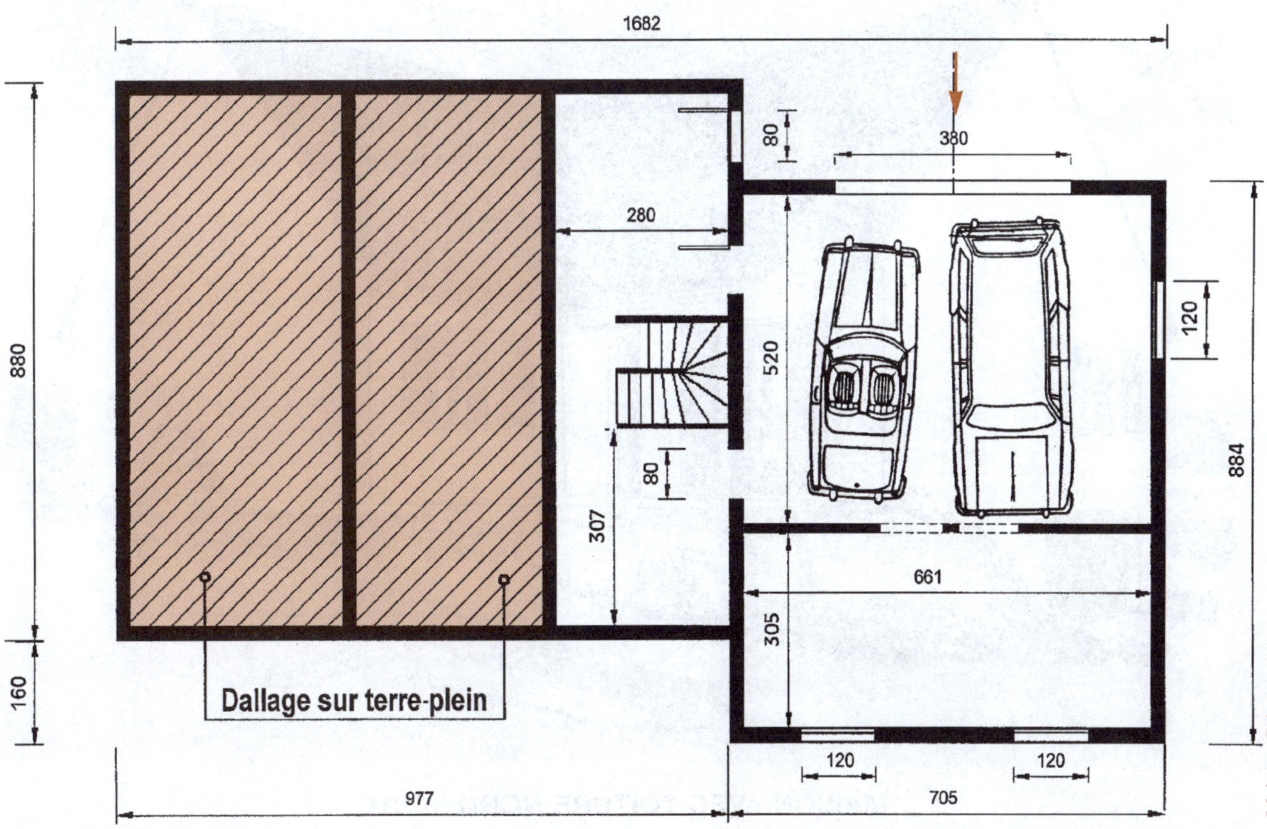

PLAN DU SOUS-SOL

Figure 6.14

Maisons Privat

6.4.5. Avant-projet sommaire 3

6.4.5.1. Vues en perspective

MAISON AVEC TOITURE SUD LOIRE

Figure 6.15

MAISON AVEC TOITURE NORD LOIRE

Figure 6.16

6.4.5.2. Murs de soubassement

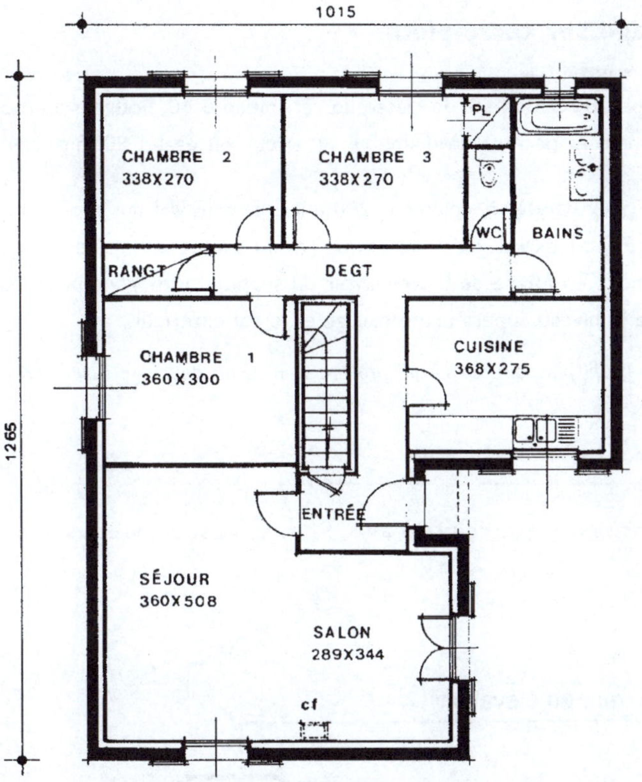

Figure 6.17 : *distribution des locaux au rez-de-chaussée*

Pièces	Surface m²
Entrée	2,76
Dégagement	8,05
Cuisine	10,12
Bains	5,94
WC	1,44
PL	2,46
Salon – Séjour	28,23
Chambre 1	10,80
Chambre 2	9,13
Chambre 3	9,13
Surface habitable	88,06
Surface sous-sol	103,97

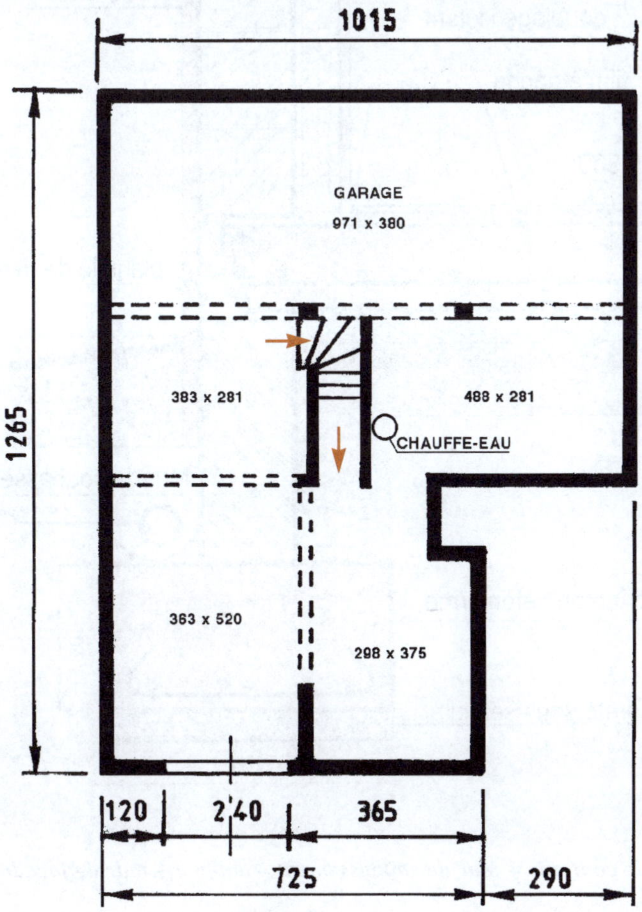

Figure 6.18 : *distribution des locaux au sous-sol*

6.5. Solutions constructives et recommandations de mise en œuvre

6.5.1. Cas d'un soubassement et dallage sur terre-plein

Les caractéristiques principales rencontrées sont les suivantes :

- **maçonnerie de blocs perforés en béton**, type 20 × 20 × 50, de classe de résistance B 80, hourdés au mortier de ciment;
- **drain collecteur en PVC** en pied de mur, annelé et perforé de diamètre supérieur ou égal à 80 mm, placé sur une forme de pente en micro béton;
- **coupure de capillarité par film étanche en polyéthylène**, épaisseur 200 microns sous dallage et sur mur;
- **éventuellement arase au mortier hydrofugé** (voir extrait du descriptif de l'avant-projet sommaire 1, page 50);
- **traitement de la rive de dallage** par une planelle en forme de L pour avoir un support homogène pour l'enduit extérieur;
- **distance verticale minimale de 15 cm** entre le niveau supérieur du dallage et le sol extérieur.

Remarque : Au-dessus du plancher, on remarquera un profil plastique en U qui protège le pied du doublage isolant en cas de très légères infiltrations ou condensations.

Détail de la jonction du dallage sur terre-plein avec le mur de soubassement

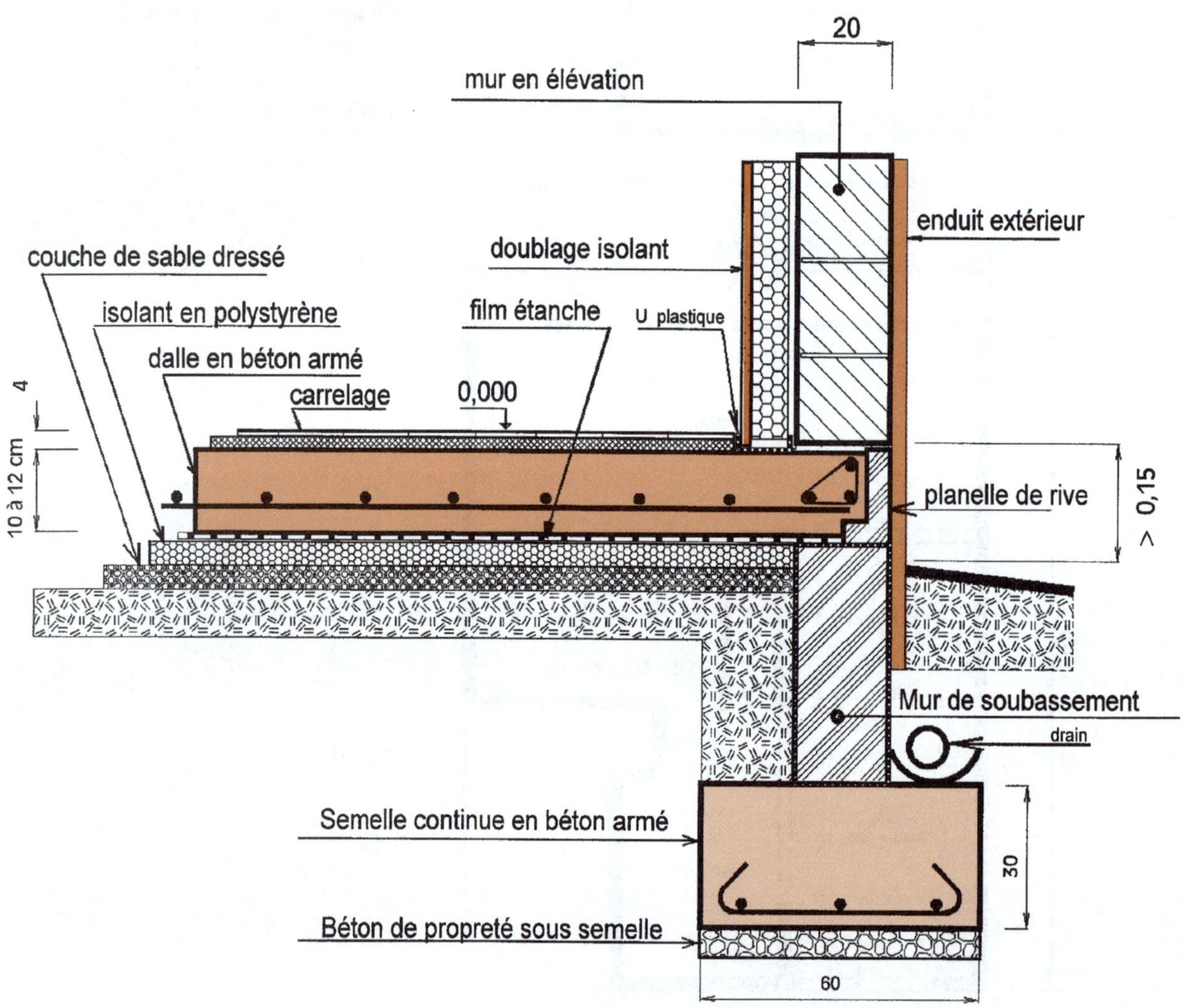

Figure 6.19 : *coupe partielle; semelle continue – mur de soubassement – dallage – mur de façade*

6.5.2. Cas d'un soubassement et d'un plancher sur un vide sanitaire ou un sous-sol

Les recommandations précédentes sont applicables (comparer les figures ci-dessous).

La coupure étanche au niveau du plancher s'effectue par l'un des moyens suivants :
- directement sous plancher par arase étanche avec mortier riche hydrofugé, par exemple;
- immédiatement au-dessus le plancher par une membrane d'étanchéité avec relevé contre le mur avant doublage.

Recommandation : *Un grillage ou treillis à mailles serrées (1 cm × 1 cm) sera enrobé dans l'épaisseur d'enduit pour réduire les désordres de fissuration d'enduit au nez des planchers.*

Dans le cas d'un mur entièrement enterré, les prescriptions vis-à-vis du drainage et de la protection du mur sont indiquées dans l'extrait de descriptif de l'avant-projet sommaire 1 (page 50).

Les solutions techniques relatives à l'écran vertical d'étanchéité sont traitées dans le paragraphe 6.6.

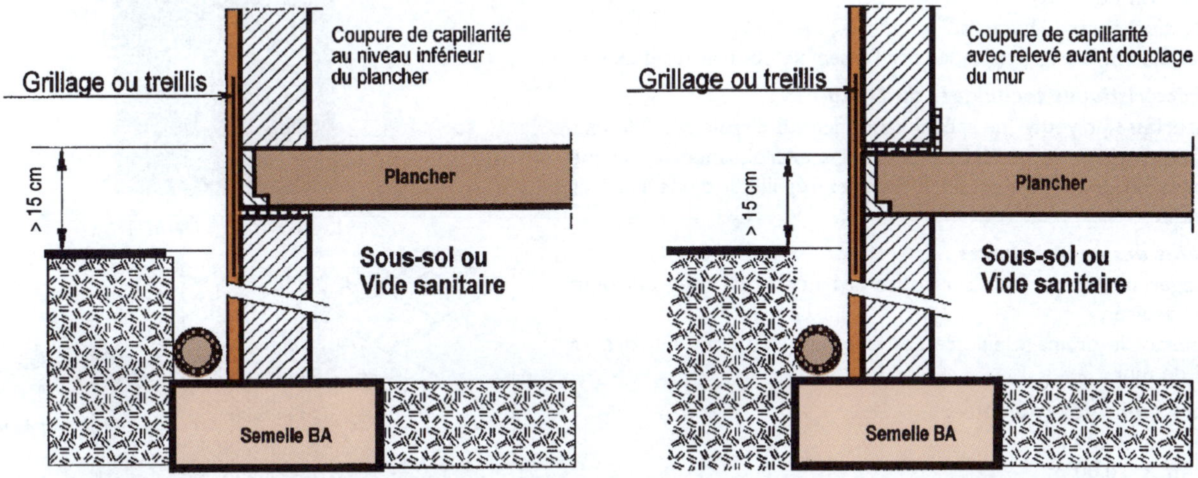

Figure 6.20 : *coupure de capillarité au niveau du plancher sur sous-sol ou sur vide sanitaire*

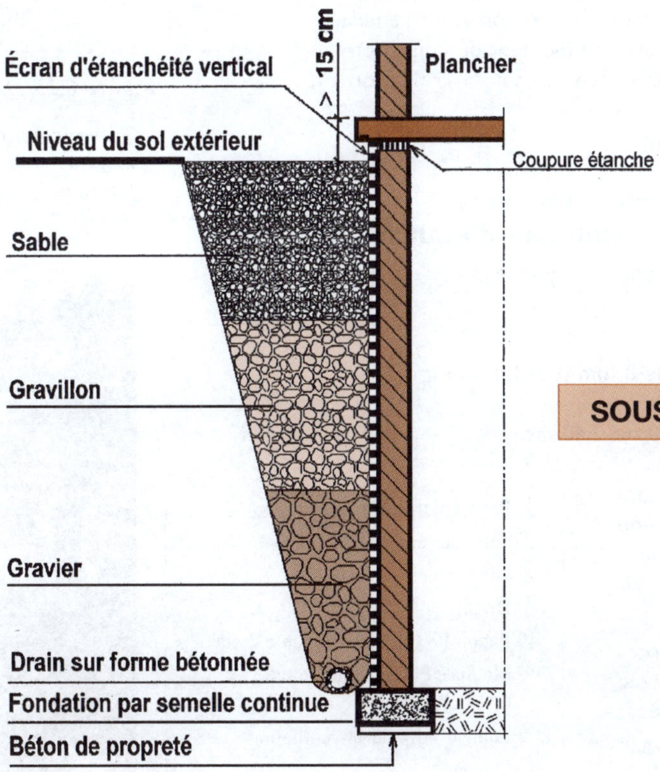

Figure 6.21 : *détail d'un drainage extérieur d'un mur de sous-sol*

6.6. Protection verticale par écran d'étanchéité

6.6.1. Protection traditionnelle

Enduit hydrofugé au mortier de ciment richement dosé, finition talochée à grains écrasés recommandée.
Application sur l'enduit sec d'une peinture bitumineuse, badigeon deux couches croisées de type IGOL Fondation.

6.6.2. Protection traditionnelle complétée par un écran de type Delta-MS

❒ ***Rôles :***

- étanchéité verticale,
- isolation thermique,
- respiration du mur,
- protection contre l'humidité.

C'est la solution la plus préconisée par l'ensemble des maîtres d'œuvre.

❒ ***Caractéristiques techniques du Delta-MS :***

➤ **Matériau :** polyéthylène spécial haute densité d'épaisseur 0,6 mm.

➤ **Présentation :** le produit présente des excroissances en forme de troncs de cônes disposés à intervalles réguliers, d'une hauteur de 8 mm.

Figure 6.22 : ***Delta-MS***

❒ ***Intérêt des excroissances :***

- ménager une lame d'air sur toute la hauteur du mur qui peut ainsi respirer,
- permettre le drainage efficace des eaux jusqu'au drain perforé en pied de mur.

❒ ***Dimensions des rouleaux :***

- 2,40 m × 20,00 m,
- 2,00 m × 20,00 m,
- 1,50 m × 20,00 m,
- 1,00 m × 20,00 m.

❒ ***Mise en œuvre :***

➤ **Mécaniquement** par utilisation de clous spéciaux « boutons » à l'aide d'un pistolet ou avec une bande de fixation avant remblai.

➤ **Précaution :** éviter les déchirures au moment de la fixation.
Après remblayage de la fouille, la bande qui sert à la fixation est coupée au niveau voulu.

➤ **Durée de la garantie :** 20 ans.

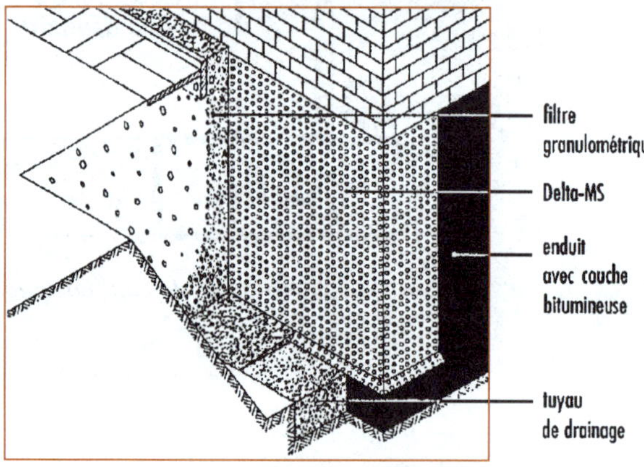

Figure 6.23 : ***Delta-MS mis en œuvre***

6.6.3. Protection sans enduit (ou avec) par fixation d'une membrane d'étanchéité

Extrait de fiche technique d'un produit de type Platon.

❒ ***Caractéristiques :***

- feuille noire embossée;
- bossages en reliefs avec plots de 8 mm tous les 25 mm;
- dimensions des rouleaux :
  - largeur : 1,00 m; 1,50 m; 2,00 m; 2,40 m;
  - longueur : 20 m;
- le Platon double drain est muni d'un non tissé de polypropylène qui joue le rôle d'un écran filtrant;
- le filtre sera placé du côté remblai.

❒ ***Mise en œuvre :***

➤ **Pose de la membrane :** directement sur les murs maçonnés avec trous ragréés et balèvres affleurées.

➤ **Mode de fixation :** par clouage en tête tous les 250 mm ou par cordon adhésif.

➤ **Largeur des recouvrements :** 120 mm.

Travaux neufs ou rénovation :
murs de soubassement seuls ou en association totale ou partielle avec un revêtement d'étanchéité.

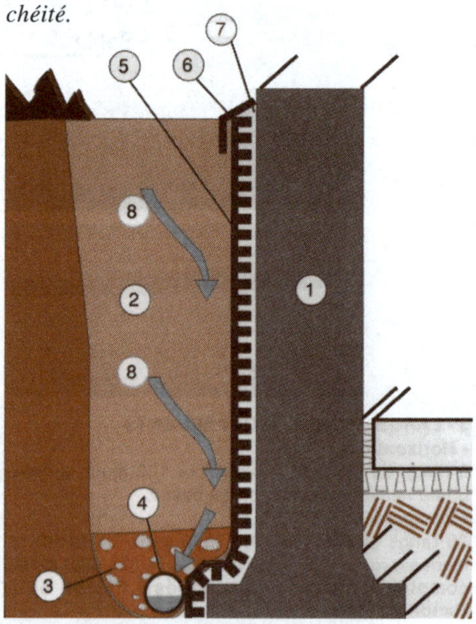

① Paroi enterrée du local
② Terre de remblai
③ Gravillons
④ Drain
⑤ Platon P8 (ou Platon double drain)
⑥ Moulure Platon contre toute pénétration de terre
⑦ Lame d'air pour la ventilation
⑧ Drainage

Figure 6.24 : ***mise en place du complexe d'étanchéité; protection extérieure Platon P8 ou Platon double drain***

6.7. Recommandations dans le cas de sous-sol avec nappes souterraines

L'environnement des sous-sols par des terrains en amont et en pente vers la construction, ou la présence de murs de sous-sol intérieurs sans drainage coté terres entraînent un risque de pénétration d'eau.

Dans le cas de locaux enterrés – garages, caves ou autres locaux –, il est prudent d'aménager une cunette en forme de U (fig. 6.25), dont le rôle est de récupérer les eaux et de les acheminer vers un puisard.

La pompe munie d'un flotteur évacuera les eaux vers l'extérieur (caniveau, tout-à-l'égout, etc.).

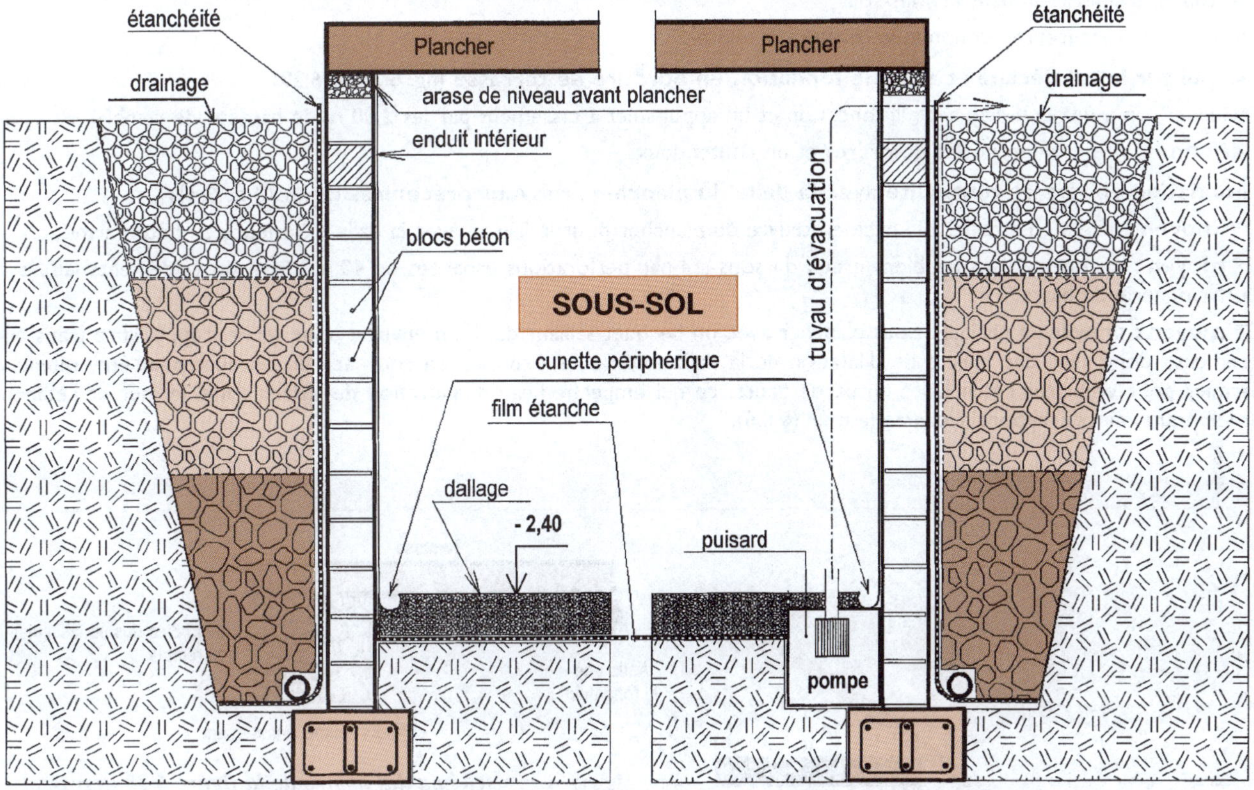

Figure 6.25 : *drainage extérieur et captation d'infiltration éventuelle par l'intérieur*

6.8. Réalisation d'un drainage horizontal

Les pentes d'eaux pluviales vers un collecteur sont au minimum de 1 cm/m; compte tenu de la mise en œuvre, des remblais, des tassements dans la durée, une pente de 2 à 3 cm/m est conseillée, si cela est possible.

Commentaire DTU : 20,1
Sur les terrains sensiblement plats, le drainage ceinture totalement le bâtiment (fig. 6.26) ; sur les terrains en pente notable, le drainage n'est en général pas nécessaire sur la façade aval (fig. 6.27).

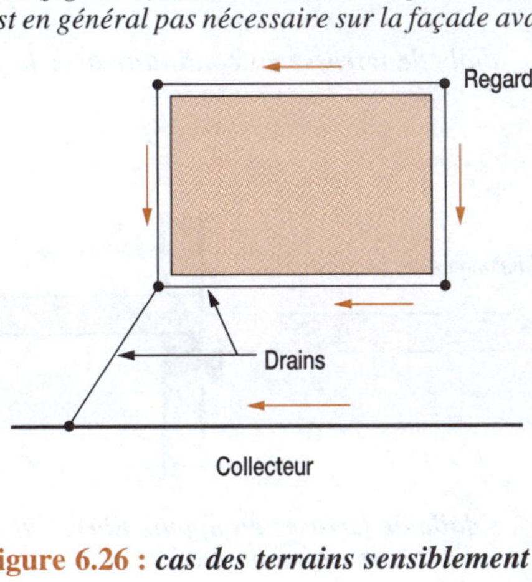

Figure 6.26 : *cas des terrains sensiblement plats*

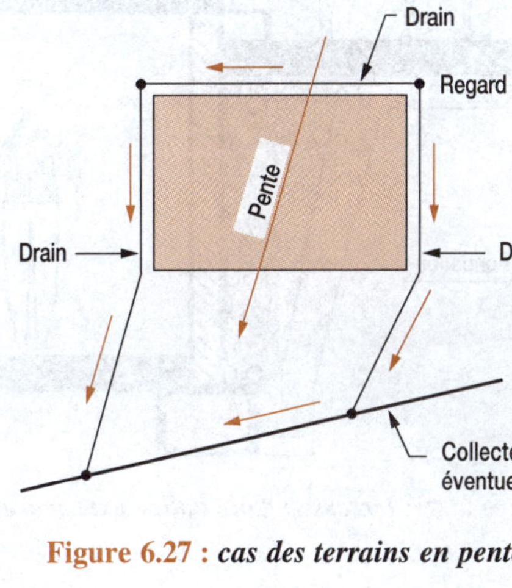

Figure 6.27 : *cas des terrains en pente*

6.9. Cas d'un mur de sous-sol et d'une terrasse

❒ ***Localisation :*** dalle en béton armé formant une terrasse le long d'un mur de soubassement (fig. 6.28).

❒ ***Points d'appui de la dalle :***

1. Appui direct sur le sol extérieur décapé et supposé compacté

Le tassement est inévitable et la dalle, même rigide, pourra descendre de 5 à 10 cm par tassement du remblai au fil des ans.

Risques de fissuration de la surface dallée, pénétration d'eau entre le mur de sous-sol et la terrasse par le joint qui s'ouvre sans cesse; causes d'infiltration dans le sous-sol.

Cette solution d'apparence économique est donc à rejeter.

2. Appui sur le sol décapé et sur une fondation en bordure de terrasse (fig. 6.28 et 6.29)

À l'évidence, on a un appui fixe avec la fondation et un appui sujet à tassement par les 2,00 m de hauteur de remblai.

Les déformations entraîneront des désordres et un contentieux.

3. Fondation en rive et continuité avec la dalle du plancher; moyens préconisés (fig. 6.30 et 6.31)

- **1er moyen :** aciers en attente à la mise en œuvre du plancher pour la liaison avec la dalle extérieure en béton armé;
- **2e moyen :** engravure dans les blocs creux du sous-sol par perforations espacées de 40 à 50 cm ou évidements laissés dans la maçonnerie de blocs;
- **3e moyen :** prévoir un chaînage sous plancher avec un becquet saillant de 8 cm environ pour servir d'appui libre (sans encastrement), donc avec une liberté de dilatation de la dalle extérieure exposée. La sous-face du becquet peut être munie d'un larmier pour emboîter l'étanchéité en partie haute, ce qui empêche l'eau d'infiltration de glisser entre le mur et l'étanchéité (membrane mince) rapportée contre le mur (§ 6.6).

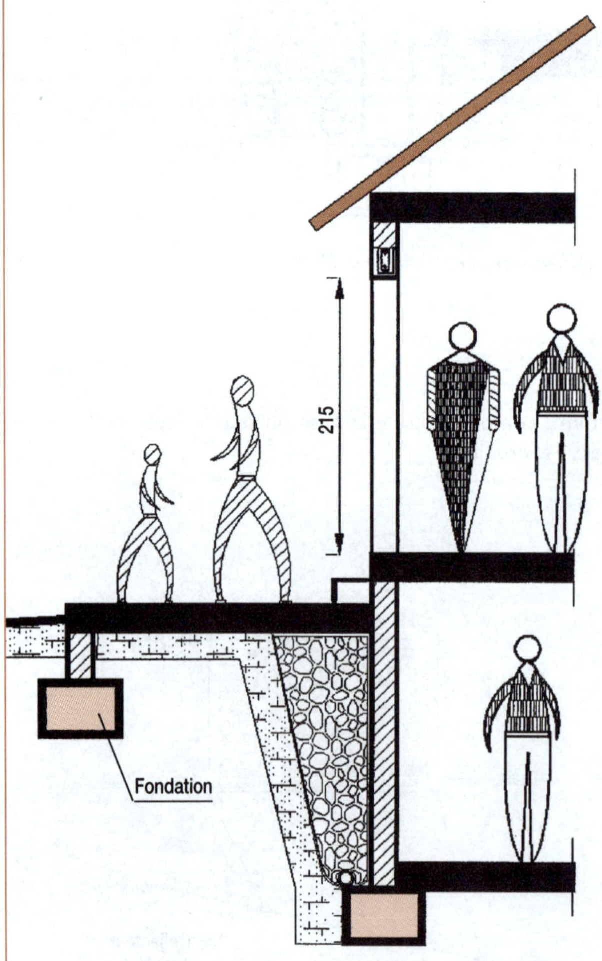

Figure 6.28 : *terrasse : zone dallée extérieure*

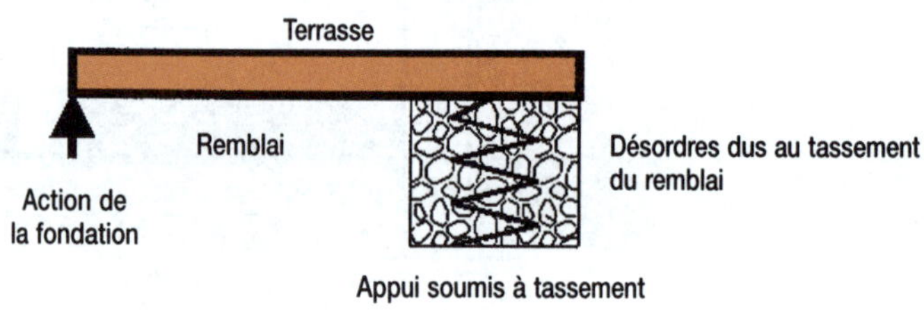

Figure 6.29 : *schéma des appuis de la figure 6.28 (terrasse)*
Dalle supposée non ancrée dans le mur de sous-sol.

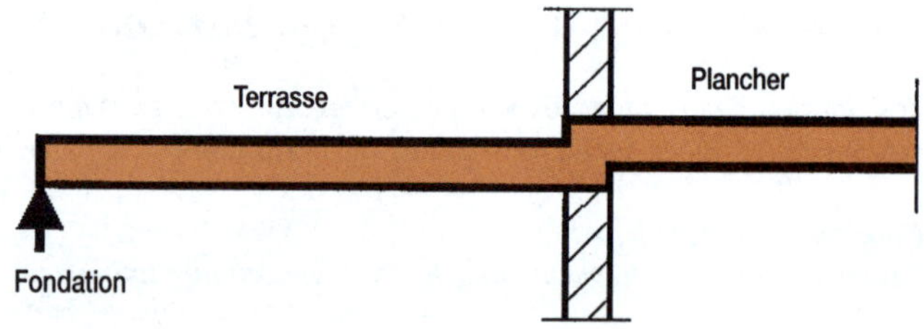

Figure 6.30 : *dalle de terrasse en continuité avec le plancher*

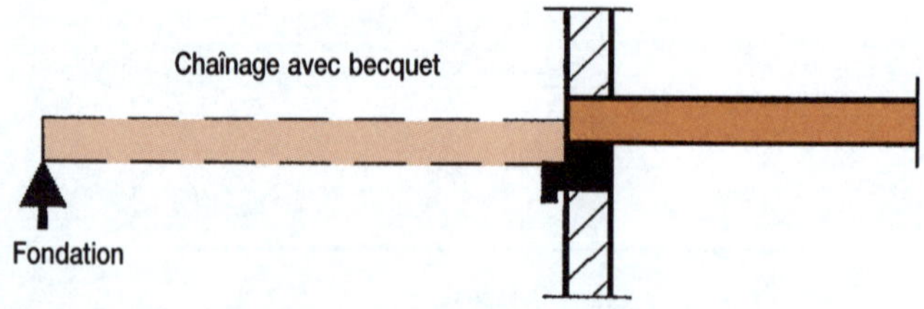

Figure 6.31 : *dalle de terrasse en appuis libres sur le mur et la fondation*

❐ *Dispositions pratiques afin de limiter les désordres (tassements, fissurations)*

➤ La liaison avec le mur ou le plancher est toujours génératrice de charges supplémentaires pour la semelle de fondation du mur de sous-sol. Il y a lieu d'en tenir compte pour l'armature de la semelle de fondation, qui doit être renforcée, avec aciers supérieurs et inférieurs, et cadres.

➤ Si la dalle de terrasse est ancrée dans le plancher BA, les aciers filants inférieurs du plancher feront office de chapeaux sur appuis dans le cas de la figure 6.31.

➤ Un redans (dénivellation) est toujours prévu entre un plancher et une terrasse ou un balcon.

➤ L'épaisseur minimale de la dalle extérieure est de l'ordre de 1/30 de la portée.

Exemple : dalle de portée 3,00 m → épaisseur > 0,10 m.

En effet, la dalle doit avoir une épaisseur suffisante pour sa résistance au moment de flexion en n'ayant pas non plus un poids excessif, facteur de tassement d'ouvrage.

Remarque : Si la dalle est considérée comme un porte-à-faux (cas des balcons), les aciers doivent être placés à la partie supérieure de la dalle pour équilibrer le moment de flexion sur appui, la zone tendue étant à la partie supérieure.

6.10. Aménagement des profils de terrain

Il s'agit de remodeler le terrain existant par des profils en long, des profils en travers.

❐ *Objectifs*

– Permettre l'évacuation soit en fonction du terrain naturel, soit vers le réseau d'eaux pluviales (exemple : fig. 6.32) ;
– orienter les écoulements de surface (fig. 6.33 à 6.36) ;
– limiter les travaux annexes (maçonneries, évacuations, etc.).

❐ *Moyens*

Les moyens sont retenus en fonction du site. Il s'agit d'effectuer :
– soit des déblais ;
– soit des remblais drainés ;
– soit des murets de soutènement des terres ;
– soit des caniveaux ou des canalisations d'évacuation ;
– soit des tranchées drainantes.

Remarque : Les engins mécaniques permettent un reprofilage du terrain aux abords de la construction.
Il faut cependant prévoir les mouvements de terres en fonction des réseaux souterrains (eau potable, gaz, EDF, courants faibles, eaux pluviales, eaux vannes).

Objectif d'utilisation : entrée et sortie de véhicules.
Aspect technique : recueillir et évacuer les eaux.

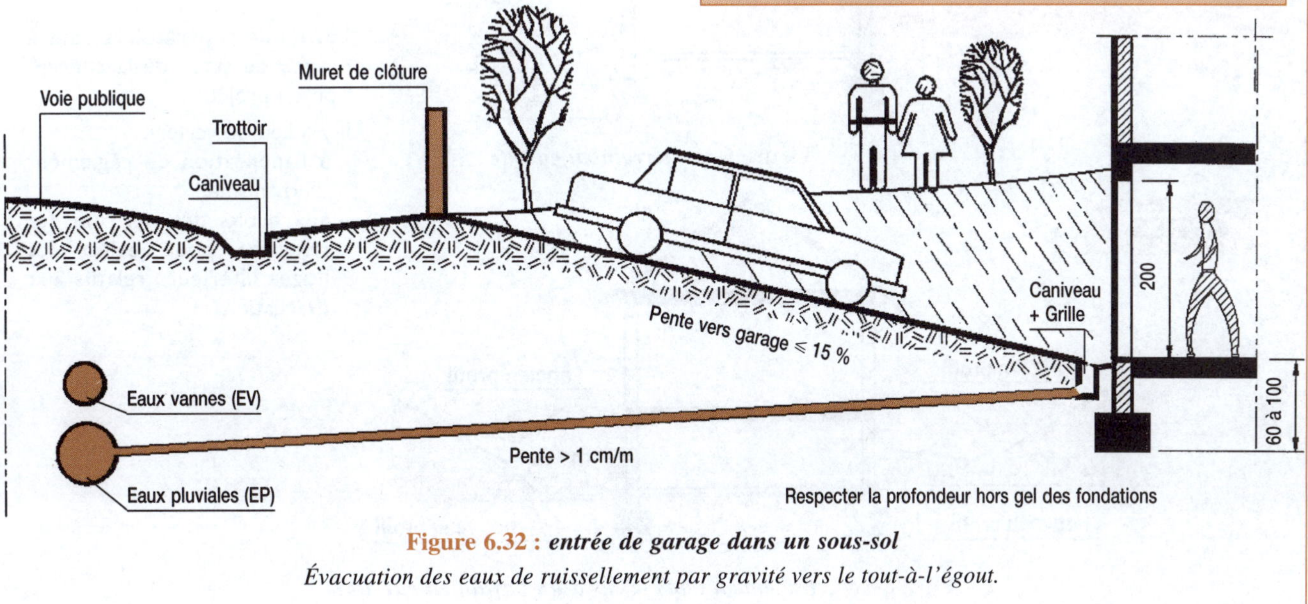

Figure 6.32 : *entrée de garage dans un sous-sol*
Évacuation des eaux de ruissellement par gravité vers le tout-à-l'égout.

❒ *Cas rencontrés en fonction de l'environnement*

AVANT

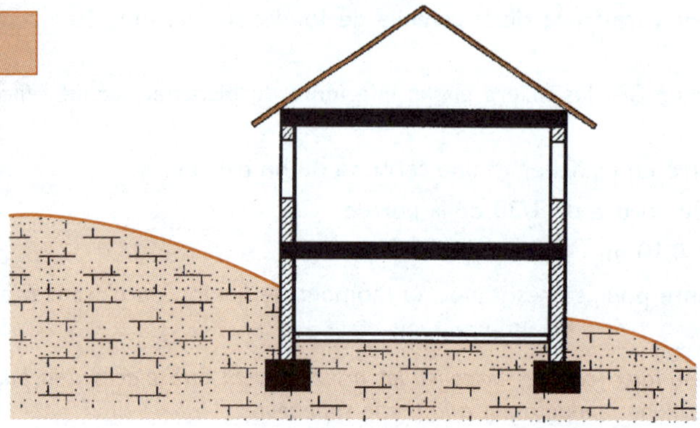

Figure 6.33 : *terrain en pente*

APRÈS

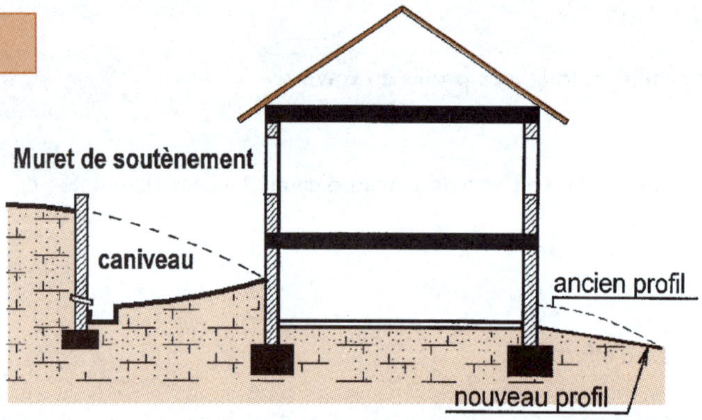

Figure 6.34 : *traitement dans le cas d'un terrain en pente*

Moyens :

On utilise un ou plusieurs moyens évoqués précédemment, de façon à s'adapter aux contraintes de l'environnement.

AVANT

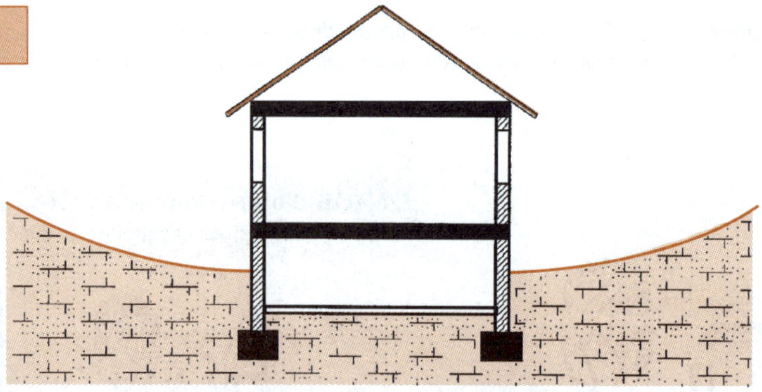

Figure 6.35 : *terrain en cuvette*

APRÈS

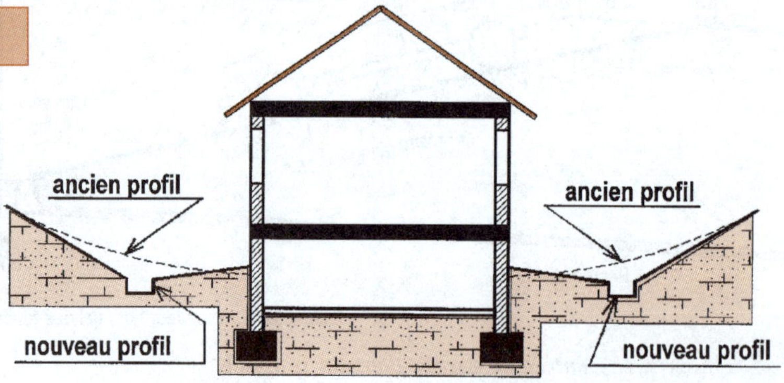

Figure 6.36 : *traitement dans le cas d'un terrain en cuvette*

Les modes opératoires sont à prévoir au stade de la conception du projet.

Il y a lieu de veiller :

– à l'application du règlement d'urbanisme,
– aux droits des tiers ou des riverains pour éviter les litiges ultérieurs relatifs aux évacuations.

❐ ***Cas des tranchées drainantes aux abords***

Caractéristiques du non-tissé :
- poids : 130 g/m^2 ;
- épaisseur : 0,7 mm ;
- composition : copolymère, polypropylène, polyéthylène.

Les alcalis, les bactéries et l'acidité d'un sol normal n'ont aucun effet sur le produit.

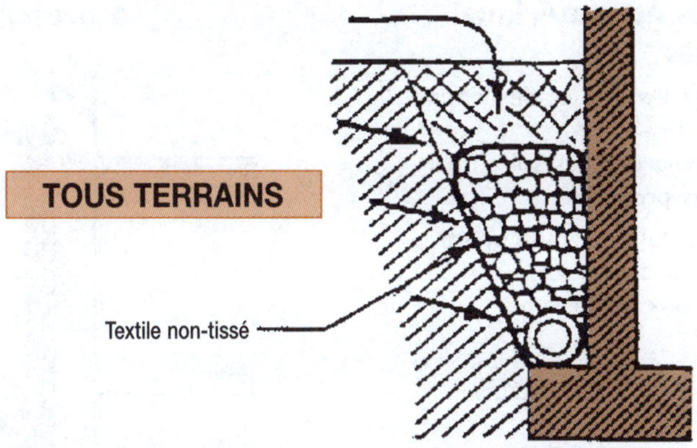

Le textile non-tissé et imputrescible sert de filtre pour empêcher les terres ou le sable de colmater les drains et les rendre inefficaces.

Figure 6.37 : ***enveloppe par textile non-tissé***

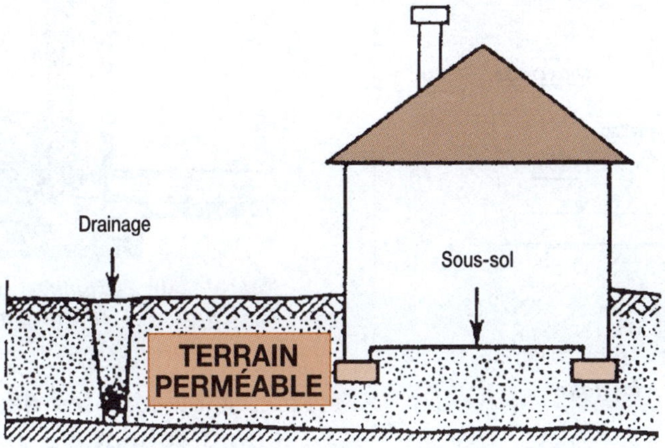

On cherche à assainir le voisinage de la construction en creusant à un niveau inférieur à celui des fondations, à condition d'avoir une distance de sécurité pour ne pas nuire à la stabilité de la construction.

Figure 6.38 : ***terrain très peu perméable***

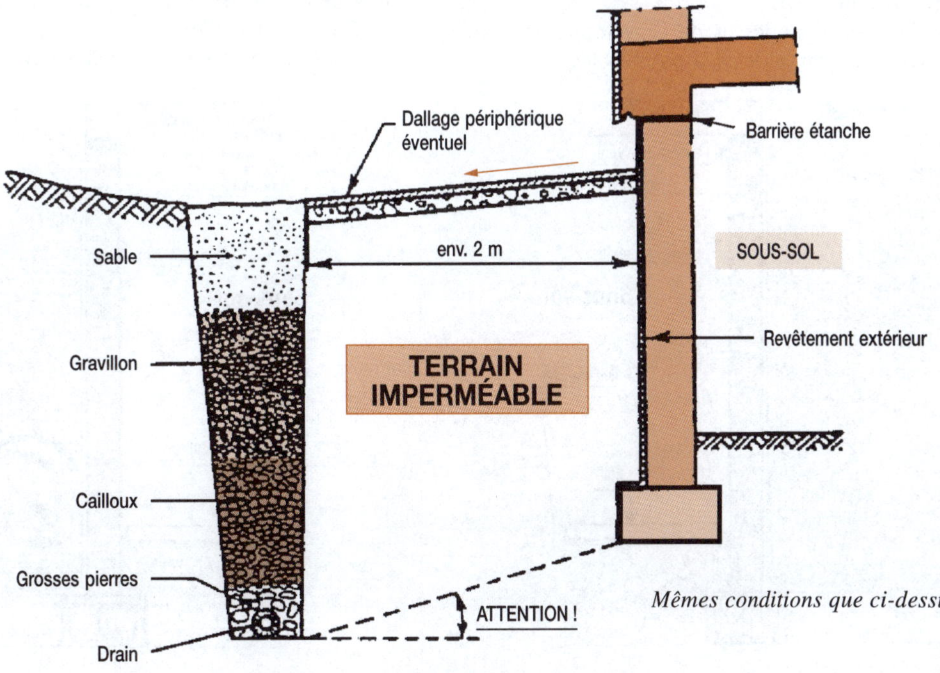

Mêmes conditions que ci-dessus.

Figure 6.39 : ***terrain imperméable***

Extrait DTU

6.11. Prescriptions techniques de mise en œuvre

6.11.1. À prescrire : procédés et matériaux filtrants recommandés

Objectif : non-colmatage du drainage vertical et des drains horizontaux.

Les tranchées drainantes contre les murs de sous-sol en particulier peuvent être réalisées par deux procédés :

❒ ***1er procédé :*** matériaux granuleux dont la granulométrie est croissante dans le sens d'écoulement des eaux.
Exemple : sable 0/5, gravillon 5/20, cailloux 30/60 mm.

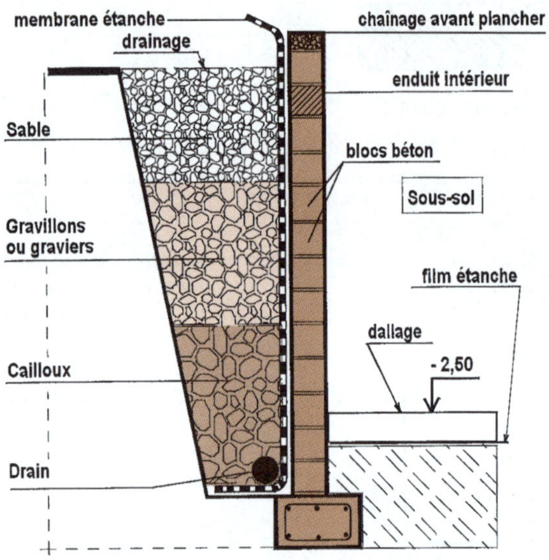

Figure 6.40a : ***drainage classique***

❒ **2e** ***procédé :*** utilisation d'un non-tissé synthétique qui sert d'enveloppe à des granulats concassés du type 20/40 entre autres, à l'exclusion de toute autre granulométrie.
Exemple : voir les prescriptions techniques 1.07.6 du descriptif partiel du paragraphe 5.4.3.
Les matériaux de remblai au-dessus de l'enveloppe de textile non tissé sont toujours des matériaux perméables.

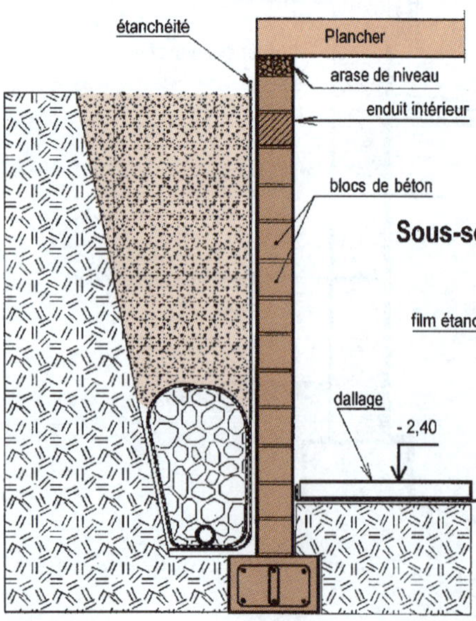

Figure 6.40b : ***matériaux filtrants***

À prescrire (suite)

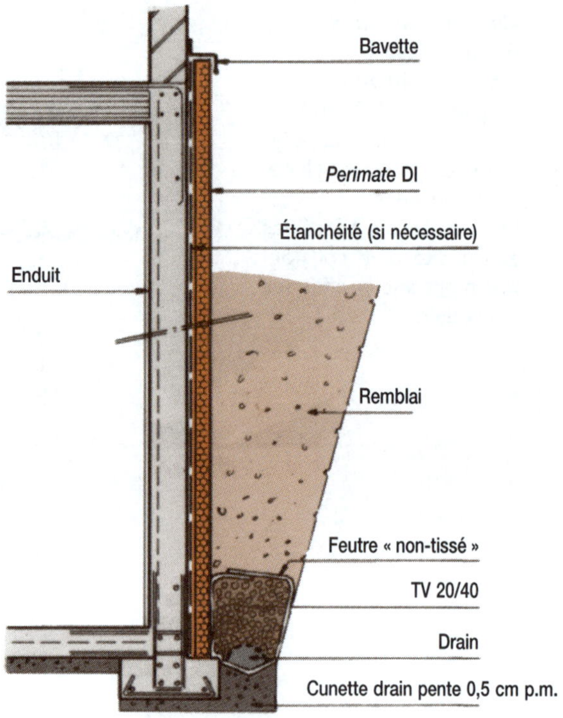

Figure 6.40c : ***drainage avec cunette drain, drain et feutre non tissé***

6.11.2. À éviter : les désordres consécutifs au colmatage vertical et horizontal

Le colmatage est provoqué par l'entraînement des particules fines en l'absence de textile non tissé dans le deuxième procédé. On imagine les résultats (poches d'eau en pied de mur, infiltrations) et les difficultés d'y remédier sans procéder à des travaux d'extraction. Les problèmes afférents aux contentieux ne sont pas à oublier non plus.

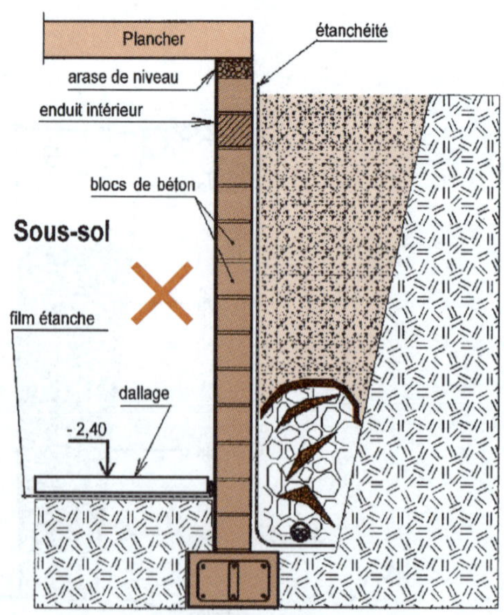

Figure 6.41 : ***colmatage du drainage vertical et du drain horizontal***

6.11.3. Bonne position du drain horizontal à respecter

À prescrire :

Positionner le drain sous le niveau supérieur du dallage avec une hauteur de sécurité (5 à 10 cm au moins) pour éviter les rentrées d'eau par infiltrations à travers les joints de la paroi, en particulier au niveau supérieur de la semelle de fondation.

Suivant le DTU 20.1, il est interdit de descendre la tranchée drainante et le drain à un niveau inférieur à celui des fondations dans le cas où le drainage est situé immédiatement le long des semelles de fondations.

À éviter :

- mise en place de matériaux perméables **sous** le drain, car l'eau descend alors au pied des fondations et constitue une réserve,
- absence de forme en micro-béton sous le drain horizontal pour faire reposer le tuyau perforé drainant,
- position du drain à un niveau voisin de celui du dallage du sous-sol ou au-dessus.

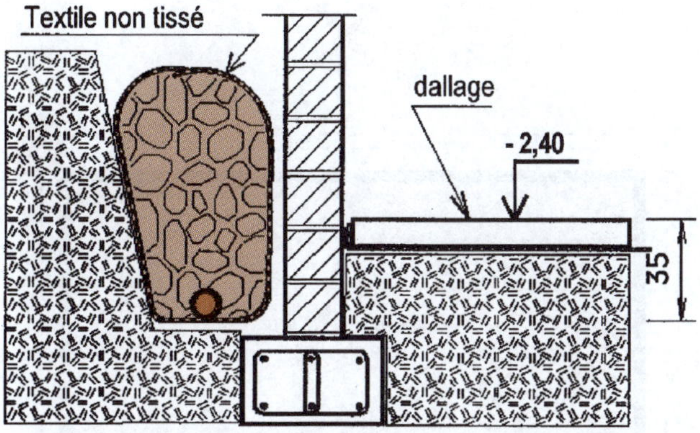

Figure 6.42 : *fond de drain plus bas que le dessus du dallage*

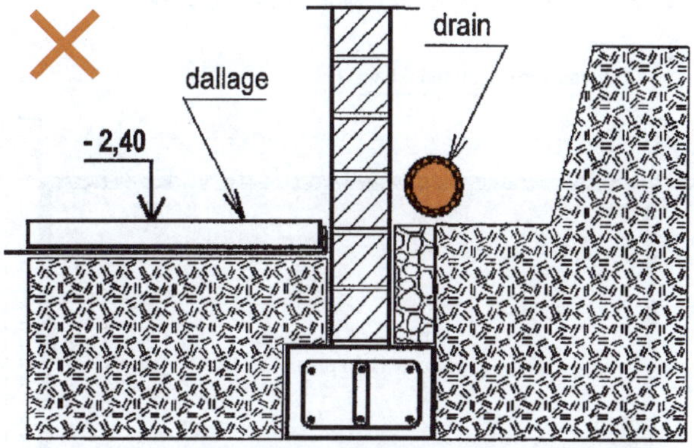

Figure 6.43 : *niveau du drain au-dessus du dallage (non conforme)*

6.11.4. Traversée des soubassements par des canalisations

À prescrire :

- un fourreau enveloppant la canalisation dans l'épaisseur du mur (gaine plastique en général de diamètre très légèrement supérieur),
- un calfeutrement au mastic souple pour empêcher les infiltrations, tout en admettant de petites déformations (dilatation, retrait, tassement léger, etc.).

À éviter :

Bloquer totalement la canalisation au mortier dans la traversée du mur.

- La libre dilatation de la canalisation est empêchée.
- Un tassement de la maçonnerie du mur risque de détériorer la conduite.
- Les réparations sont rendues difficiles et onéreuses.

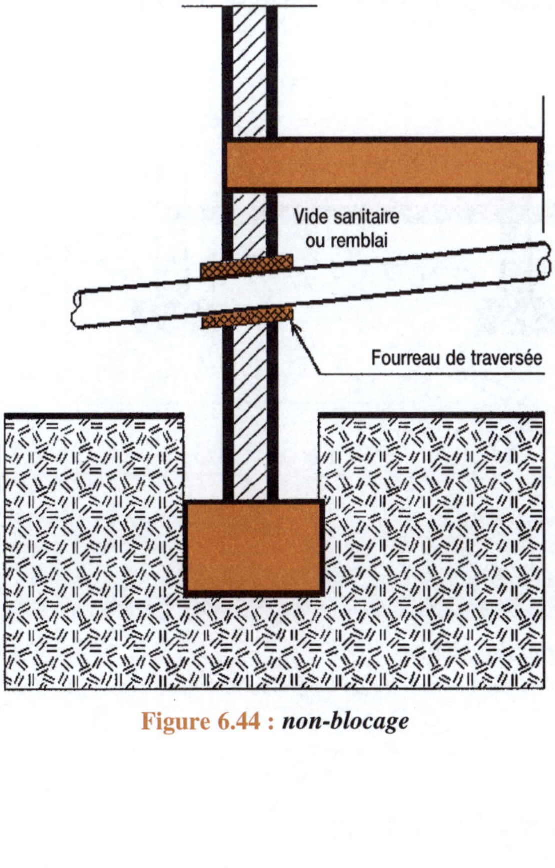

Figure 6.44 : *non-blocage*

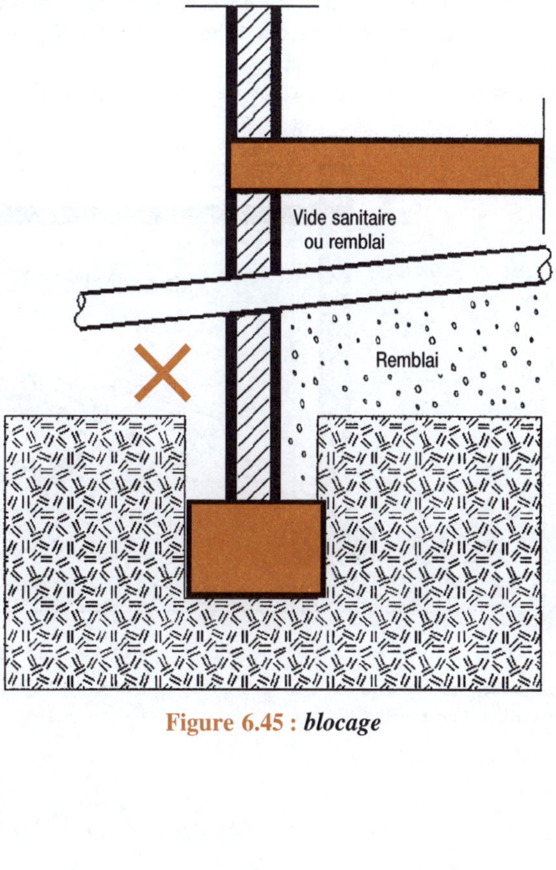

Figure 6.45 : *blocage*

6.11.5. Drainages périphériques

À prescrire :

Les regards doivent être implantés :
- au point haut d'une canalisation,
- à chaque changement de direction,
- au raccordement de deux drains.

Les dimensions des regards doivent permettre un tringlage éventuel.

Recommandation : placer un tuyau vertical au point haut.
- Il permet de ventiler le pied de mur ;
- il autorise l'injection d'eau sous pression si besoin.

À éviter :
- les drains souples, de type agricole, en raison des déformations à craindre sous l'effet des charges suivant la hauteur de remblai,
- les coudes au changement de direction au lieu d'un regard,
- les pentes nulles du drain en raison des stagnations possibles des eaux chargées.

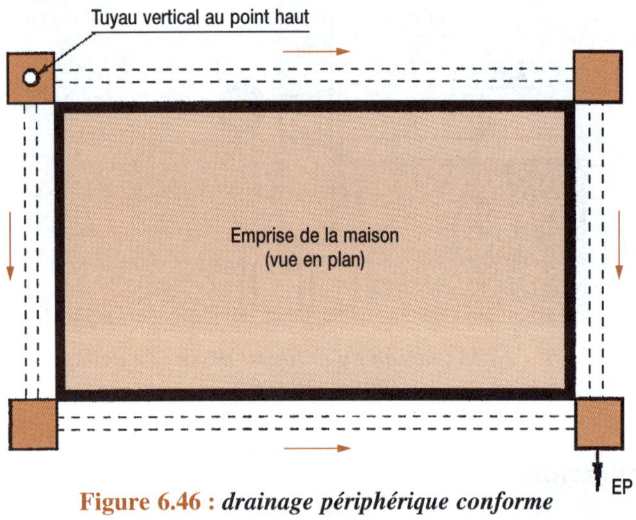

Figure 6.46 : ***drainage périphérique conforme***

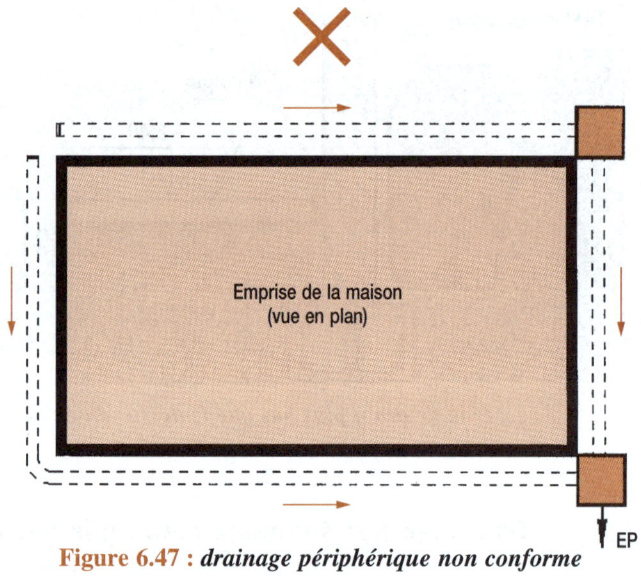

Figure 6.47 : ***drainage périphérique non conforme***

6.11.6. Terrain accidenté et niveaux différents d'assise

Se reporter à la figure 6.48.

À prescrire :

Prévoir une butée suffisante de terrain pour éviter les tassements, les glissements, la décompression du sol, l'entraînement de particules au pied des fondations, ce qui pourrait rendre les fondations vulnérables.
Pente maximale < 1/3 dans le cas de terrains argileux.

À éviter :

Déchaussement des fondations sous l'effet des circulations d'eau, surtout en terrain perméable et friable.

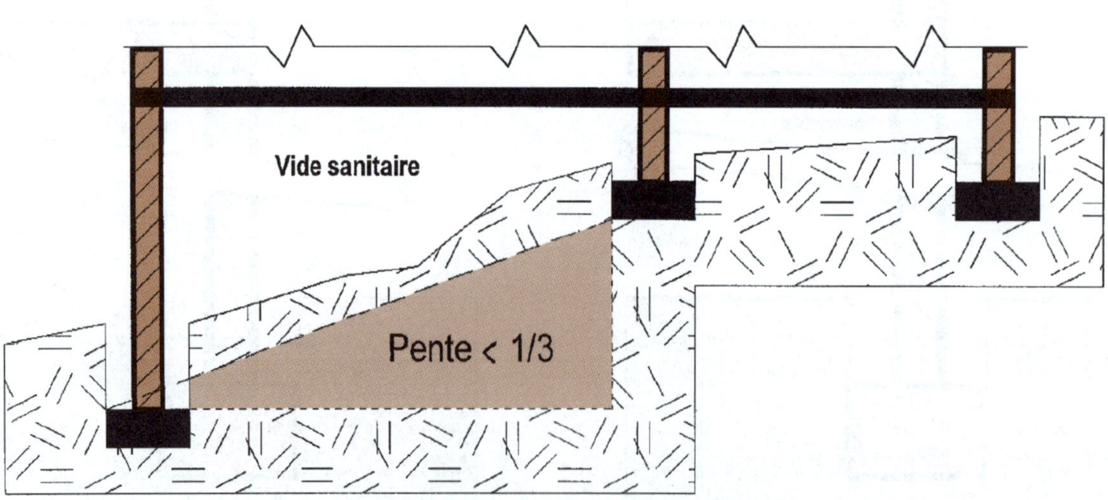

Figure 6.48 : ***terrain à sol d'assise incliné***

Pente maximale conseillée dans les sables fins : < 15 %. Sinon, prévoir un système semelle isolée/poteau/poutre pour la file intermédiaire avec pente nulle.

Chapitre 7

Les dallages sur terre-plein

- Types de dallages sur terre-plein
- Fonctionnalités d'un dallage d'habitation
- Composants d'un dallage
- Recommandations de mise en œuvre
- Variantes d'exécution des dallages
- Jonction dallage et mur de soubassement

7.1. Types de dallages sur terre-plein

Un dallage constitue une plate-forme rigide ou un plancher bas au niveau du rez-de-chaussée; il utilise le sol comme assise.

Un dallage est réalisé pour :
- la zone d'habitation : séjour, chambres, cuisine, etc.;
- la zone de service : garage, buanderie, etc.

On distingue deux types de conception et par suite deux modes de réalisation.

7.1.1. Dallage avec appuis sur les murs

La dalle porteuse en béton armé prend appui sur le terre-plein et sur les murs de soubassement de rive et de refend éventuellement.

Cette disposition est la plus utilisée en pavillon individuel pour les raisons suivantes :
- les risques de désordres par tassement sont réduits par appuis directs de la dalle BA sur les murs,
- la forme drainante sous le dallage n'est jamais compactée à l'optimum et se tasse lentement.

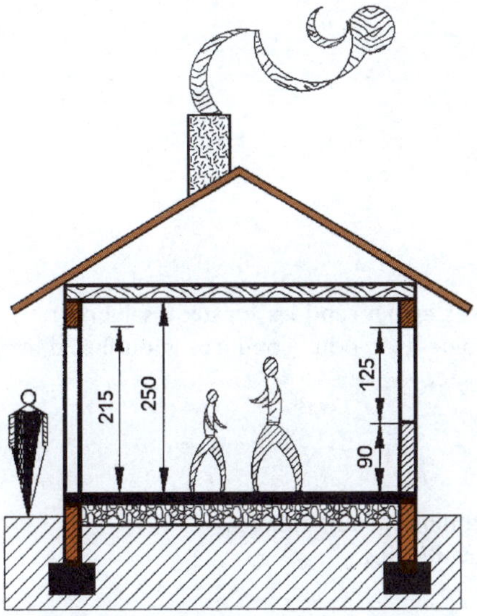

Figure 7.1 : *premier type : dallage avec appuis sur les murs*

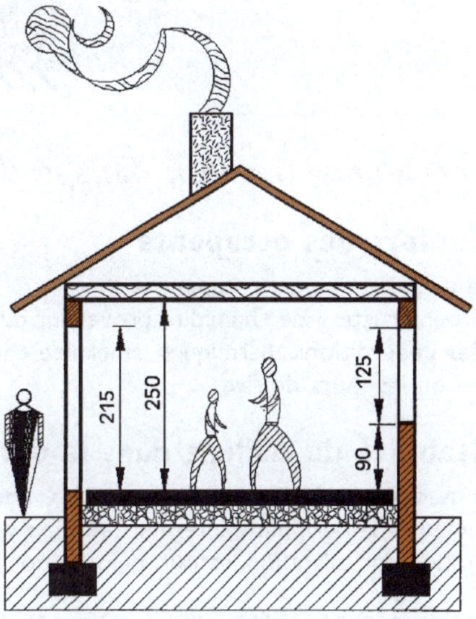

Figure 7.2 : *second type : dallage indépendant des murs*

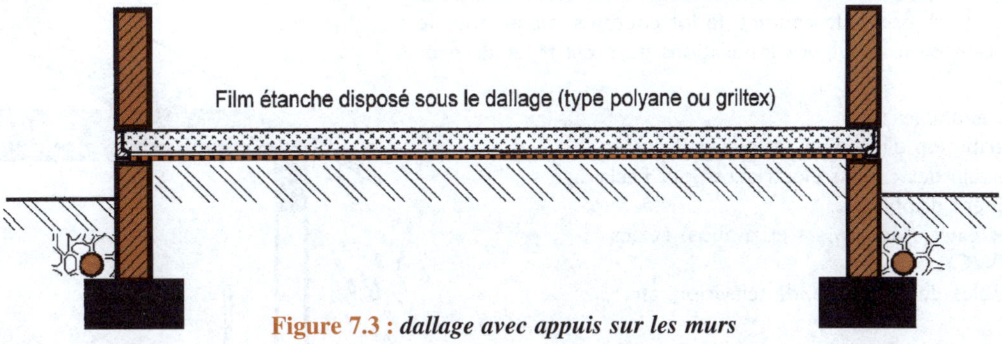

Figure 7.3 : *dallage avec appuis sur les murs*

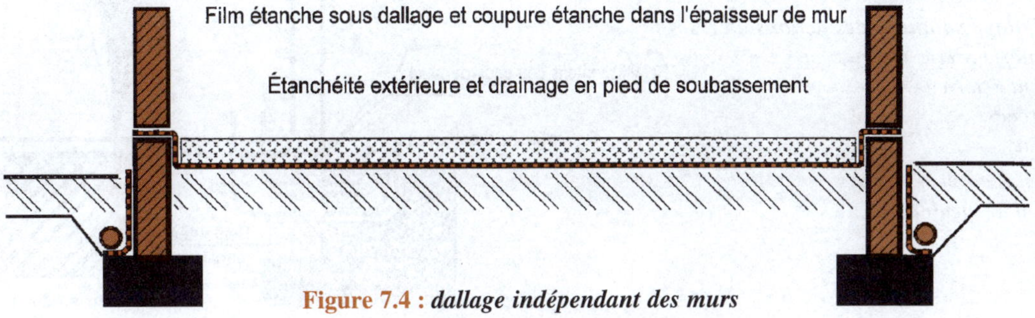

Figure 7.4 : *dallage indépendant des murs*

7.1.2. Dallage indépendant des murs

La dalle en béton armé prend appui sur le terre-plein et sur quelques supports judicieusement espacés, reposant sur la fondation. Cette solution permet de réduire les ponts thermiques à la périphérie du dallage, mais fait craindre des tassements différentiels si les supports verticaux sont trop espacés. Il est de bonne règle de laisser environ 1,50 m d'intervalle entre les supports verticaux placés à cet effet.

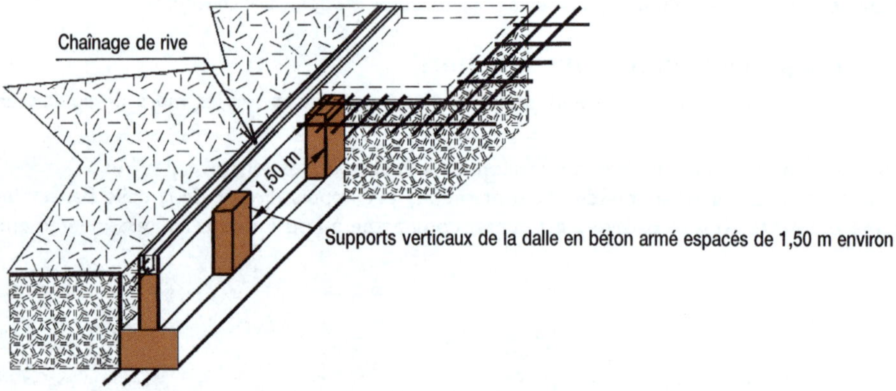

Figure 7.5 : *supports verticaux*
L'armature de la dalle est étudiée en fonction des supports de rive ou des appuis continus intermédiaires éventuels.

7.2. Fonctionnalités d'un dallage d'habitation

7.2.1. Confort des occupants

Un dallage d'habitation sert notamment à :
- isoler la construction de l'humidité provenant du sol par remontées capillaires et qui rend les locaux insalubres ;
- limiter les déperditions thermiques, ambiance chaude vers ambiance plus froide avec pour conducteur du flux thermique le sol lui-même ou les murs de rive.

7.2.2. Stabilité du dallage dans la durée

Le dallage ne doit pas être cause de désordres d'ouvrages, c'est-à-dire :
- de tassement à la périphérie intérieure nuisible aux carrelages ou extérieure nuisible aux enduits,
- de fissuration par dilatation, retrait, déformations telles que flèches ou contre-flèches.

7.2.3. Distribution des réseaux techniques incorporés

Le dallage joue un rôle de premier plan pour faciliter les implantations des différents circuits à partir d'études préalables. À ce titre, il intéresse le lot du gros œuvre pour toutes les évacuations, le lot électricité pour les circuits éclairage et prises de courant, le lot courants faibles pour le téléphone et la télévision, le lot des installations de sécurité et de protection s'il y a lieu.

Citons quelques exemples :
- réseau de distribution d'eau pour les pièces d'eau ;
- passage souterrain des circuits électriques pour l'éclairage et le branchement d'appareils ;
- évacuation des eaux usées (éviers et lavabos) et des eaux vannes (WC) ;
- passage des câbles de téléphone, de télévision, etc.

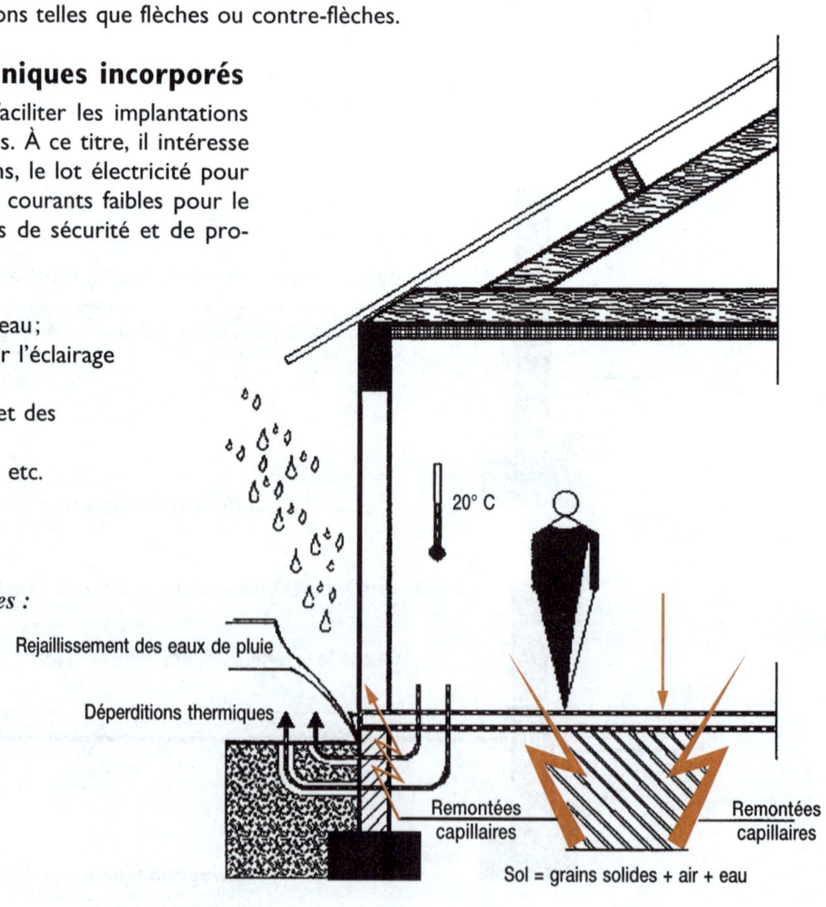

Figure 7.6 : *dallage soumis à des actions diverses :*
– eau du sol intérieur et extérieur,
– rejaillissement extérieur,
– charges exercées,
– flux thermique.
Charges concentrées ou réparties :
– mobilier (pied de meuble),
– appareils,
– personnes,
– cloisons.

7.3. Composants d'un dallage

À partir d'un sol décapé, aplani, on trouve les éléments constitutifs suivants de la structure qui constituent ensemble le corps d'un dallage :

Tableau 7.1 : *les composants du dallage*

Désignation	Constitution	Mise en œuvre
Forme drainante Épaisseur : 15 à 30 cm	Mélange de granulats de carrière appelé tout-venant, de grosseur comprise entre 0 et 40 mm	Couche régulière et compactée
Couche de sable Épaisseur : 3 à 5 cm	Sable de carrière 0/5 mm pour servir d'assise nivelée aux panneaux isolants	Nivellement de la surface à la règle
Panneaux isolants Épaisseurs utilisées : 40 mm ou 50 mm	Polystyrène expansé ou extrudé, choisi de classe incompressible (classe 4 ou 5 en général)	Disposition jointive sur la couche de sable
Membrane étanche ou film Épaisseur : 200 microns	Film polyéthylène en rouleaux de largeur 3,00 m	Recouvrement de largeur 0,15 m de chaque bande
Dalle en béton armé Épaisseur : 10 à 14 cm	Armature par treillis soudés à mailles carrées ou rectangulaires, avec fils porteurs de 4,5 mm	Panneaux de TS de largeur 2,40 m. Recouvrement : 3 soudures + 5 cm dans le sens porteur.

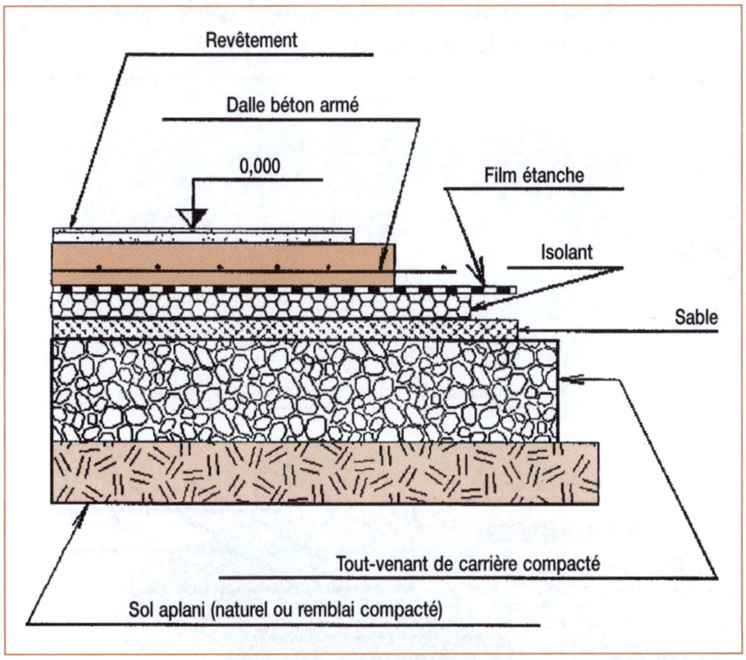

Figure 7.7 : ***composants d'un dallage sur terre-plein***

Remarques :

Le revêtement de sol constitué d'un carrelage sur chape de mortier, d'un carrelage collé ou de moquettes, fait partie des finitions sur dallage.

Le niveau du rez-de-chaussée pris pour référence est celui du sol fini, c'est-à-dire celui du revêtement de sol terminé.

Figure 7.8 : ***bande d'arase***

La bande d'arase préserve les murs porteurs des remontées capillaires.
Conforme au DTU 20.11, paragraphe 6.21.
Présentation :
Largeurs : 0,21 m ; 0,26 m ; 0,36 m.
Rouleaux de 50 m.
Film noir, imputrescible, très résistant.
*Son **aspect gaufré** renforce son pouvoir d'adhérence et minimise les risques de cisaillement.*

GRILTEX

7.4. Recommandations de mise en œuvre

Le point sensible se situe à la jonction {mur de soubassement – dallage – mur de façade} dans le cas d'un dallage appuyé sur le mur de rive (fig. 7.7 et 7.9).

Tableau 7.2 a) : *les recommandations de réalisation*

Problèmes à traiter	Moyens mis en œuvre
Empêcher les remontées capillaires provenant : – du sol sous dallage, – des eaux de pluie qui rejaillissent du côté extérieur sur le mur de soubassement.	1/ Coupure par film étanche sous la dalle avec coupure partielle insuffisante sur le mur d'appui. 2/ Coupure traversante au-dessus de la dalle de l'épaisseur de mur avec doublage. 3/ Profil en U de plastique, en pied de doublage isolant, la plaque de plâtre du doublage étant particulièrement sensible à l'humidité.
Drainer le côté extérieur.	Drain PVC de diamètre 100 mm en pied de mur de soubassement + drainage vertical par matériaux filtrants (cailloux, graviers).
Effectuer un chaînage en rive de dallage.	Armature minimale longitudinale prescrite : – soit 2 aciers à Haute Adhérence (HA) de 10 mm de diamètre, – soit 3 HA de 8 mm de diamètre.
Limiter les fissures d'enduit en rive et au droit du dallage dues : – aux dilatations, – au retrait du béton, – aux charges inégalement réparties.	1/ On dispose une planelle ou un demi U de même matériau que le mur. 2/ On incorpore un grillage en fibres de verres de mailles 10 mm × 10 mm sur une hauteur au moins égale à l'épaisseur de la dalle + débord de 0,15 m de part et d'autre.

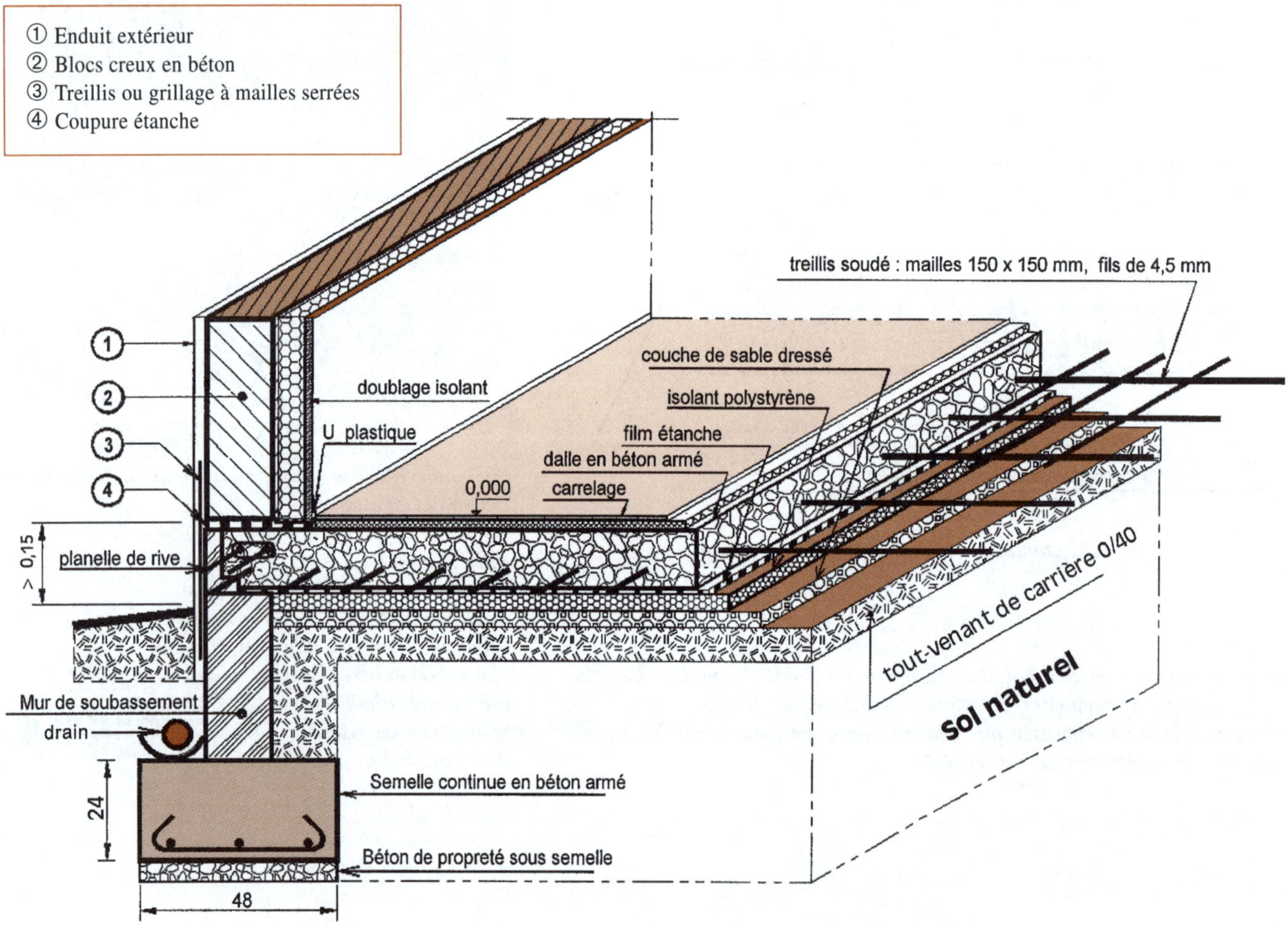

Figure 7.9 : *détail d'un dallage classique avec appui sur les murs de rive*

Tableau 7.2 b) : *les recommandations de réalisation (suite)*

Problèmes à traiter	Moyens mis en œuvre
Limiter les effets du rejaillissement des eaux de pluie.	Le dessus du dallage doit être au moins à 0,15 m au-dessus du niveau du sol extérieur.
Choisir un isolant incompressible sous la dalle. Éviter les désordres dans les cloisons ainsi que dans les revêtements de sol, par tassement de l'isolant sous la dalle.	Critère de compressibilité : I3 à I5 attesté par l'organisme ACERMI pour la certification des matériaux isolants.

Extrait de fiche technique d'un isolant sous dalle BA d'un terre-plein.

Produit : UNIMAT SOL 6000 (Lafarge Plâtres)

A/ Présentation

Panneau de mousse de polystyrène expansé à hautes performances.

Excellentes propriétés mécaniques et thermiques.

Utilisation pour isolation thermique des sols et des dalles sur terre-plein.

Format utile : 2 500 mm × 1 200 mm pour des épaisseurs de 20 mm à 80 mm.

B/ Performances

UNIMAT SOL 6000 présente les caractéristiques thermiques suivantes, mises en évidence par le certificat ACERMI :

Tableau 7.3 : *caractéristique du produit*

Épaisseur (mm)	20	30	40	50	60	70	80
R ($m^2.°C/W$)	0,55	0,85	1,15	1,45	1,70	2,00	2,30

Tableau 7.4 : *caractères I S O L E*

Épaisseur \ Critères	I	S	O	L	E
20 mm et 30 mm	4	1	2	2	2
40 mm à 80 mm	4	1	2	2	3

C/ Mise en œuvre

De par sa nature, UNIMAT SOL 6000 se découpe très facilement à la scie. Sa technique de mise en œuvre est traditionnelle par pose jointive bord à bord sur un lit de sable dressé.

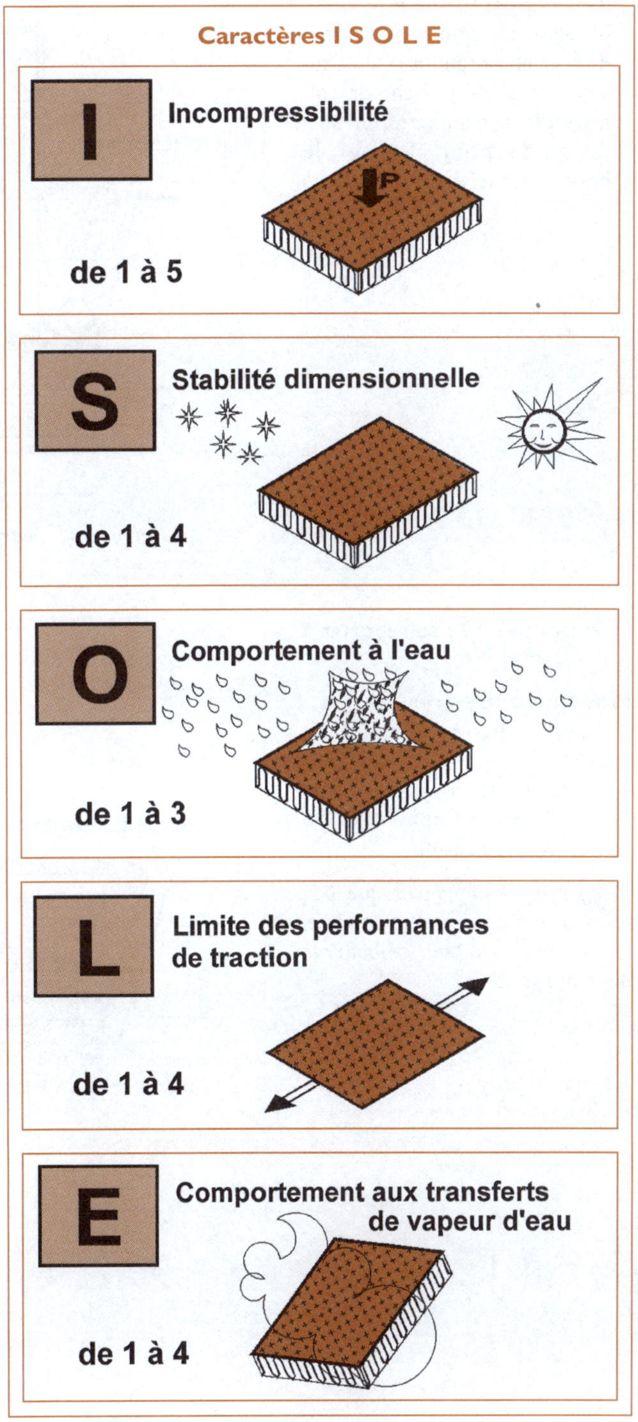

Figure 7.10 : *critères pour les isolants*

7.5. Variantes d'exécution des dallages

7.5.1. Objectif particulier recherché : réduire les risques d'infiltration d'eau au niveau supérieur du dallage

❐ ***Variante n° 1 :*** se reporter à la figure 7.11.

Moyens utilisés :

- arase étanche, en mortier hydrofugé, d'épaisseur 5 cm, située immédiatement sous le niveau inférieur du dallage, dans l'épaisseur du mur;
- décaissé sur tout le périmètre de la dalle obtenu lors du coulage à l'aide du planche de coffrage disposé à plat et qui sert de guide pour dresser le béton de surface.

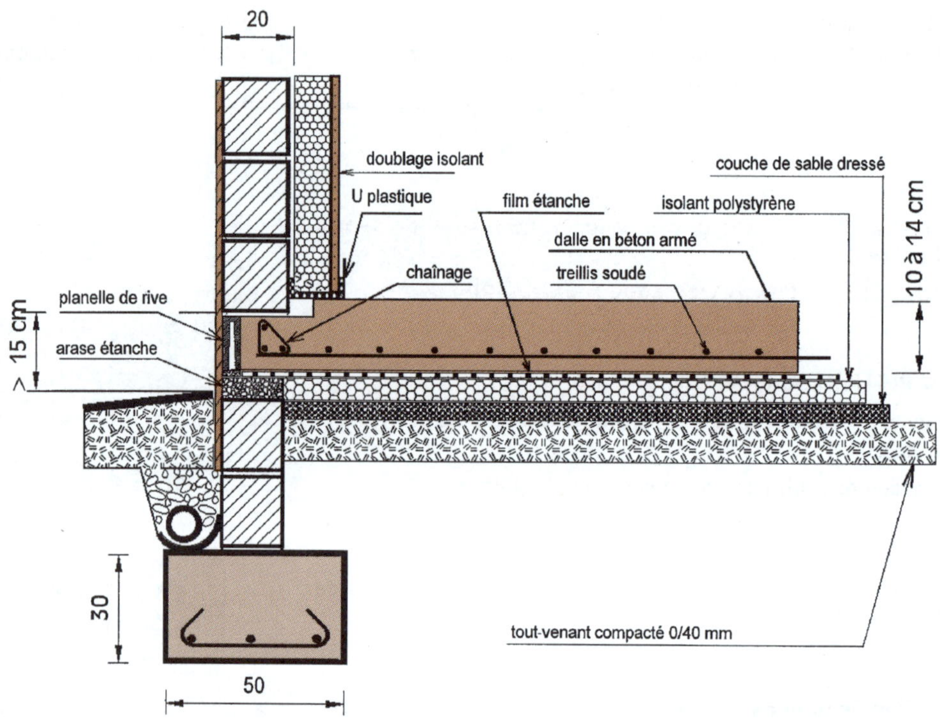

Figure 7.11 : *variante avec décaissé du dessus de dalle BA, à sa périphérie*

❐ ***Variante n° 2 :*** se reporter à la figure 7.12.

Moyens utilisés :

- arase étanche sous la dalle BA;
- coupure étanche au-dessus de la dalle dans l'épaisseur du mur avec doublage.

Remarque : Un profil plastique, peu onéreux et facile à mettre en place, est recommandé pour emboîter le doublage isolant.

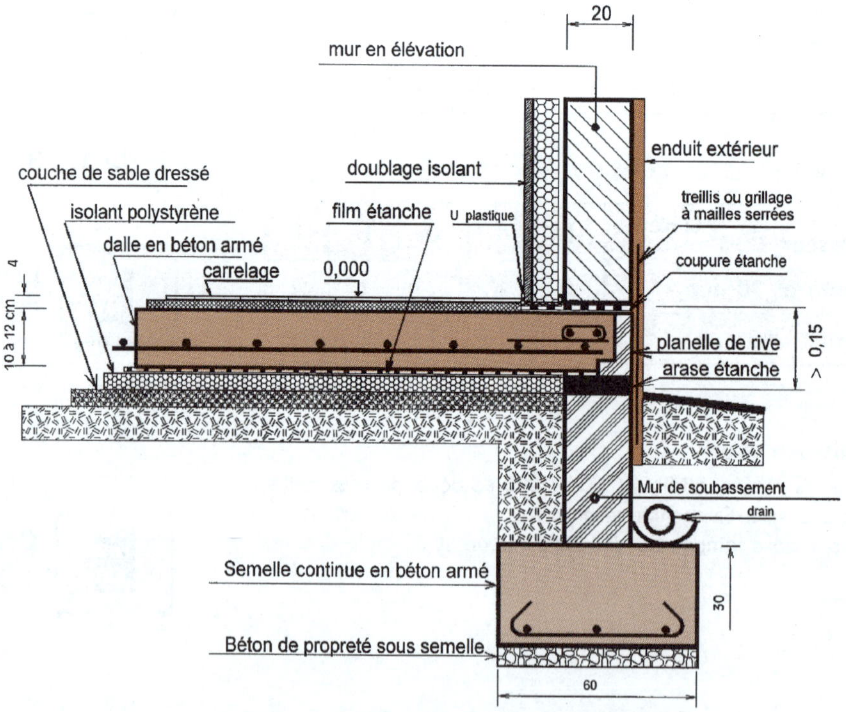

Figure 7.12 : *variante avec arase étanche en dessous et coupure étanche au-dessus la dalle*

7.5.2. Objectif particulier recherché : réduction des déperditions thermiques

➤ **La solution de principe consiste à compléter l'isolation horizontale par une isolation verticale.**

Figure 7.13 : *déperditions thermiques du chaud vers le froid*

Le dallage en contact direct avec le sol est source de déperditions thermiques :
- en rive de dallage,
- vers le sol proprement dit,
- vers l'extérieur à travers le soubassement.

Solutions de principe :

1° Cas d'un dallage appuyé sur le mur :
- disposer un isolant horizontalement sous le dallage (fig. 7.14);
- disposer un isolant horizontalement et aussi contre le mur de soubassement (fig. 7.15).

2° Cas d'un dallage indépendant des murs : se reporter à la figure 7.16.

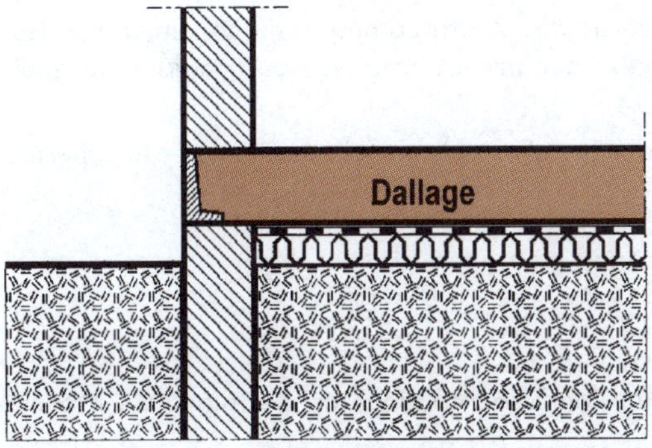

Figure 7.14 : *isolation horizontale sous la dalle*

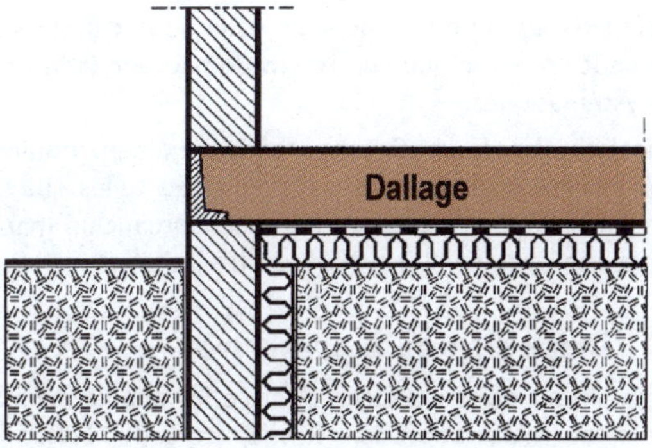

Figure 7.15 : *isolation verticale et horizontale*

➤ **Dans le cas d'un dallage indépendant** (fig. 7.16), on observe :
- le bloc en forme de U pour incorporer le chaînage répartiteur;
- l'isolant de 2 cm à 3 cm d'épaisseur en nez de dalle béton armé;
- l'isolant horizontal d'épaisseur 4 ou 5 cm dans les cas courants;
- la coupure étanche au-dessus le bloc en U;
- le profil en U pour le pied du doublage.

Remarques :
- *Le film étanche horizontal est parfois relevé verticalement contre le bloc en U et retourné horizontalement sur ce dernier.*
- *Quelques supports verticaux, implantés comme signalé précédemment sur la figure 7.5, sont à prescrire pour supporter la dalle.*

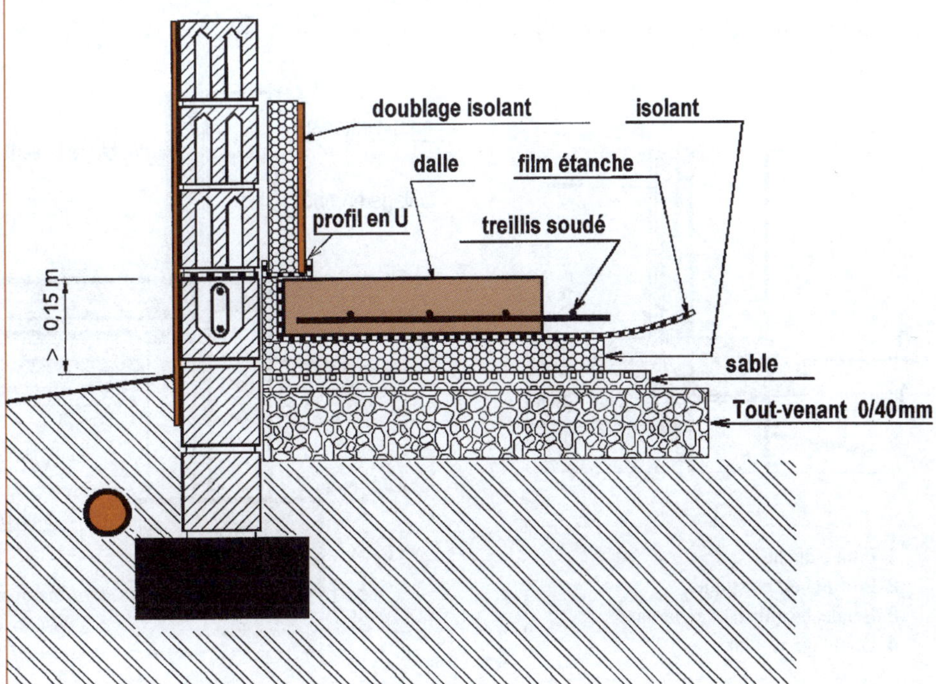

Figure 7.16 : *dalle BA indépendante du mur de rive*

7.6. Jonction dallage et mur de soubassement

7.6.1. Fissurations à craindre au niveau inférieur ou supérieur de la dalle

Les dispositions constructives ont pour objet de limiter les conséquences de la fissuration horizontale qui se produit généralement sous l'appui de la dalle en béton armé.

Cette fissuration horizontale provient de la rotation inévitable de la dalle au droit des appuis sur les murs porteurs (fig. 7.17). En effet, la dalle ne présente pas toujours une rigidité suffisante compte tenu de son épaisseur et de son armature en fonction de la portée entre appuis maçonnés. Les remblais sous dalle qui peuvent être récents et la forme épaisse peuvent être à l'origine de tassement et de désordres.

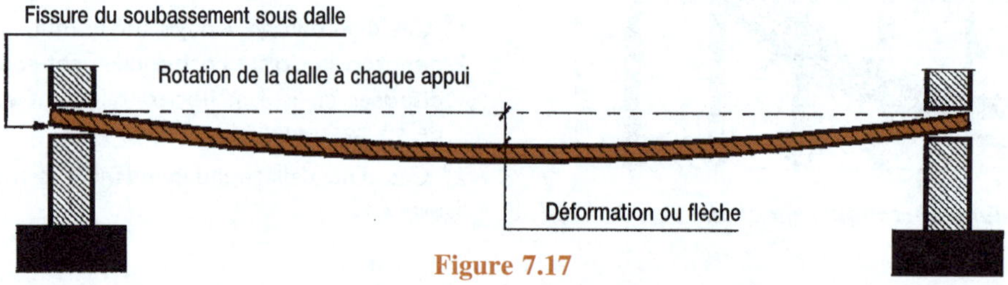

Figure 7.17

Exemple indicatif : une épaisseur de dalle pour dallage sur terre-plein est prévue de 12 cm ; compte tenu de l'enrobage des aciers, on ne peut compter que sur 10 cm de hauteur utile et les déformations telles que flèches en travée ou rotations sur appuis sont quasi-systématiques.

Les fissures horizontales ont tendance à se produire le plus souvent sous la dalle, mais parfois aussi au niveau supérieur de la dalle et malgré les précautions élémentaires telles que :
- planelle scellée en rive de dallage, constituant un matériau d'habillage ;
- enduit renforcé par un grillage ou treillis en fibres de verre à mailles de 10 mm.

7.6.2. Dispositions à prescrire

1° Limiter une portée exagérée entre les appuis maçonnés en réalisant une fondation continue ou des plots. Ce procédé a fait l'objet d'une visualisation dans le chapitre 5 (fig. 5.4).

2° Désolidariser sous la dalle pour permettre la rotation (fig. 7.18 et 7.19).

Il reste à empêcher la pénétration d'eau et à rendre la fissure non apparente.

❒ ***1er moyen : Réalisation d'un bandeau avec un larmier qui rejette l'eau***

Bandeau saillant de 5 cm environ

1 Film étanche
2 Profil U en plastique
3 Bandeau saillant avec larmier
4 Doublage isolant

Figure 7.18 : *dalle traversante*

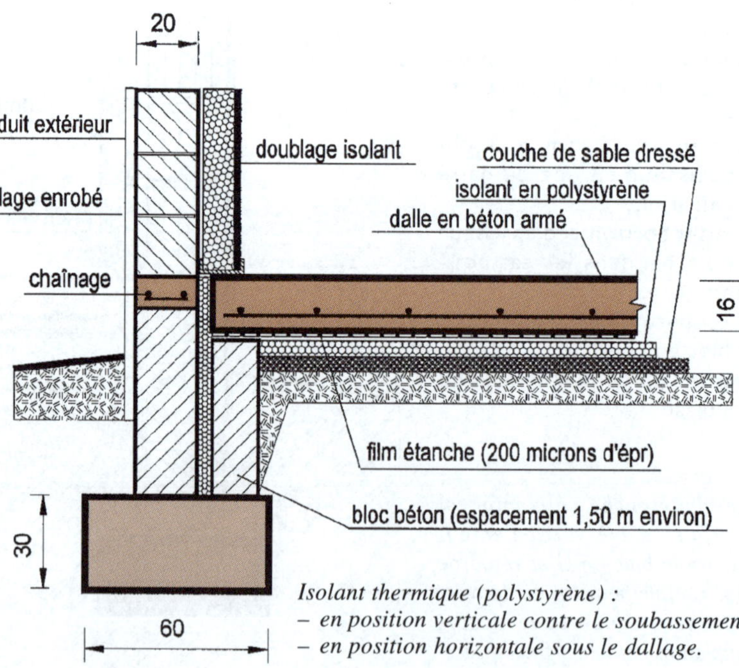

Isolant thermique (polystyrène) :
– en position verticale contre le soubassement,
– en position horizontale sous le dallage.

Figure 7.19 : *dallage sur appuis intérieurs*

❒ **2e moyen : *Utilisation d'un profil formant un larmier (repère 5)***

1 Arase étanche
2 U en plastique
3 Planelle de rive
4 Doublage isolant
5 Profil métallique formant un larmier

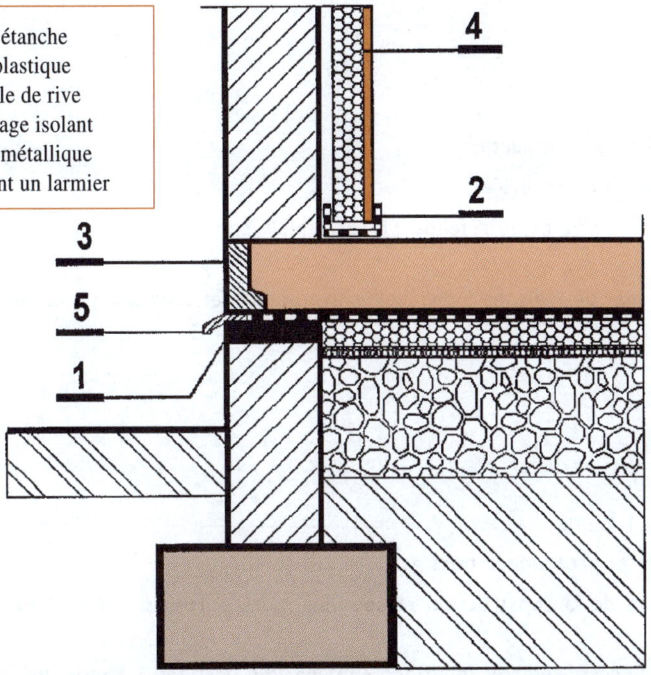

Figure 7.20 : ***profil fixé mécaniquement sur l'arase étanche parfaitement nivelée***

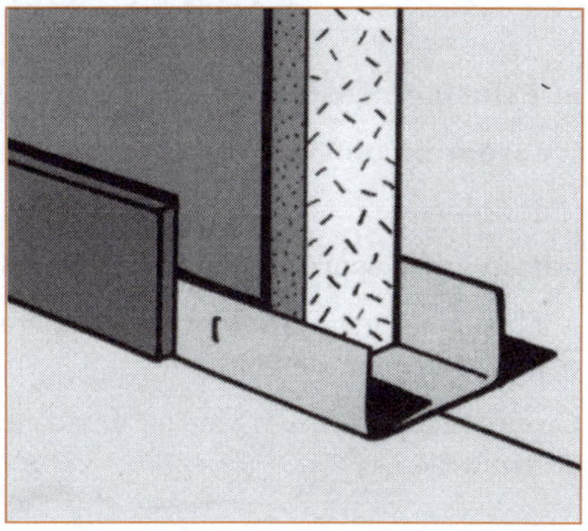

Figure 7.21 : ***pied de doublage isolant***

Conforme au DTU 25.31.
Présentation : forme en U.
Largeurs : 0,21 ; 0,26 m.
Rouleaux de 50 m.
Léger, très souple ; facile à mettre en place, il permet de réaliser une barrière étanche et durable, sur toute la longueur de la cloison, angles et extrémités compris.
Il s'utilise en pièces humides et en pied des doublages isolants des murs extérieurs.

Remarque : ***Le dallage indépendant permet de résoudre les problèmes précédents à condition (fig. 7.22) :***
- ***de disposer des supports verticaux peu espacés;***
- ***de raidir tout le périmètre du dallage par un chaînage plat pour reporter les charges sur les supports verticaux.***

1 Dalle BA indépendante des murs de rive
2 Film de type Polyane ou Griltex
3 Isolant de classe incompressible
4 Couche de sable de 5 cm
5 Tout-venant 0/40 mm compacté et régulier
6 Chaînage dans un bloc spécial en U
7 Coupure étanche, résistante à la perforation
8 Bloc perforé placé verticalement (support de dalle : espacement de 1,50 m)

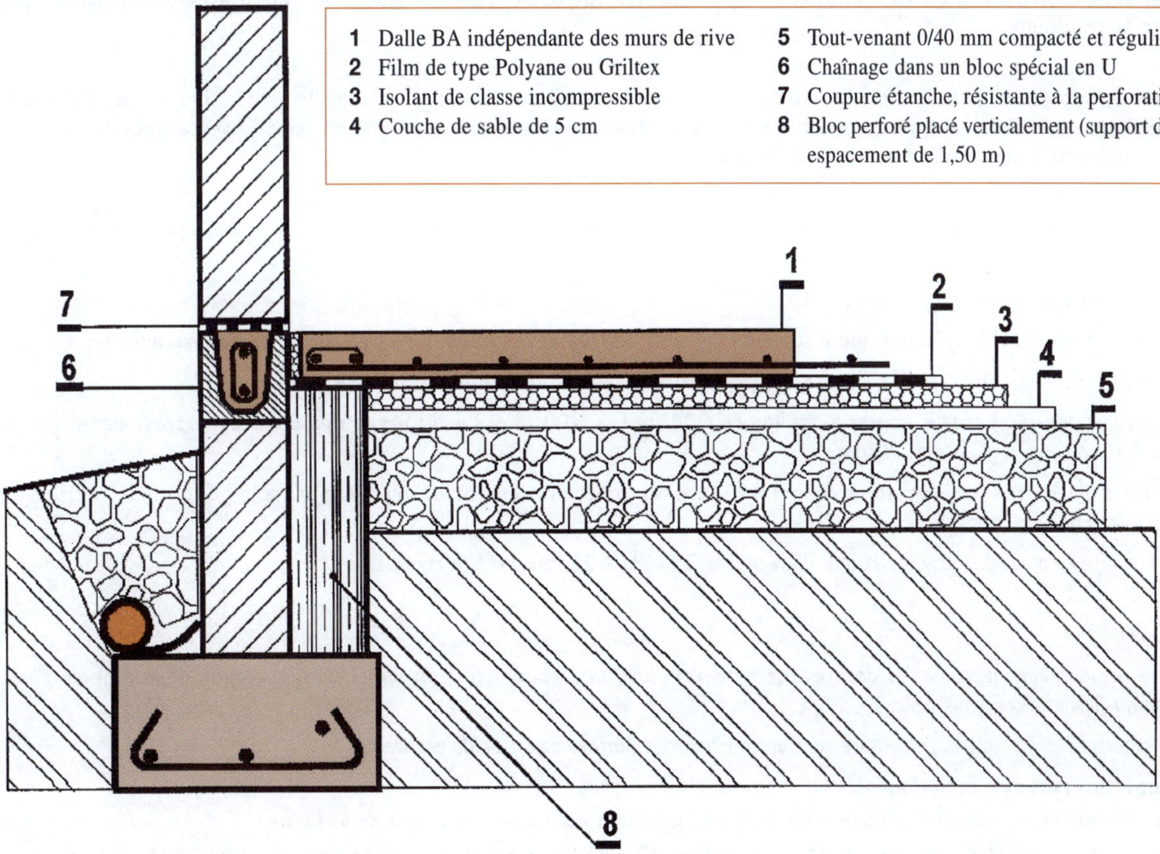

Figure 7.22 : ***dalle indépendante***

❐ 3e moyen : *Utilisation de longrines préfabriquées avec réservation pour appui de la dalle armée; le dallage prend appui à la fois sur le terre-plein et sur les longrines*

➤ **Principe constructif** (voir les figures 7.23 à 7.30)

L'ensemble porteur est constitué par :

- des plots de fondation ou des points d'appui isolés selon la construction,
- des longrines préfabriquées (poutres BA) appuyées sur les plots nivelés,
- la dalle en béton armé prenant appui sur les longrines de rive et de refends. Le terre-plein sommairement nivelé et compacté sert seulement de coffrage.

Ce procédé est utilisé par l'un des constructeurs nationaux de maisons individuelles avec étude et suivi par un organisme agréé de contrôle.

➤ **Plan de fondation par plots et longrines** (fig. 7.27)

Dimensions courantes des plots :

- section carrée de 0,60 m × 0,60 m à 1,00 m × 1,00 m,
- section rectangulaire de 0,60 m × 0,80 m à 0,60 m × 1,20 m,
- profondeur suivant nature du sol, contrainte admissible et profondeur hors gel.

Localisation des plots aux angles sortants et rentrants de la construction et sous les murs porteurs (refends) pour les longrines intermédiaires.

Des plots de fondation complémentaires à ceux nécessaires aux longrines sont parfois destinés à limiter les portées en prévision de la dalle BA.

➤ **Longrines préfabriquées** (fig. 7.27 et 7.28)

Dimensions courantes :

- sections : 0,20 m d'épaisseur et 0,30 m à 0,60 m de hauteur;
- longueurs : à la demande, de 1,00 m à 8,00 m pour porter sur deux appuis ou sur trois appuis avec une armature prenant en compte la continuité.

➤ **Réservations** pour les longrines de rive seulement pour permettre l'ancrage de la dalle armée. Les boites d'attente utilisées (système Start ou Stabox) ont une section de forme extérieure en trapèze avec grande base ouverte pour loger les aciers en attente et permettre leur scellement dans la longrine.

➤ **Nœuds bétonnés** à chaque jonction pour solidariser les longrines avec aciers verticaux en attente pour les chaînages.

➤ **Dalle en béton armé** (fig. 7.29 et 7.30)

Elle a le rôle d'un plancher prenant appui sur les longrines de rive et les longrines intermédiaires ou intérieures.

Des poutres, entre les plots, sont réalisées sur place si besoin, en fonction de l'étude BA.

La dalle est armée d'un treillis soudé à mailles de 200 mm × 200 mm. Le diamètre des fils porteurs est défini par le bureau d'études BA, soit 4,5 mm, 6 mm, 8 mm.

Des renforts en barres à haute adhérence sont disposés transversalement de plot à plot, soit pour raidir la dalle, soit pour constituer un chaînage anti-retrait de la dalle.

Le béton a une résistance caractéristique d'au moins 25 MPa à 28 jours d'âge (type B25).

Remarques :

- *Mêmes prescriptions que pour les dallages sur terre-plein pour la préparation de la forme en tout-venant, de la mise en place de l'isolant et du film étanche sous dalle.*
- *L'épaisseur (12 à 18 cm) et l'armature sont en fonction des portées et du poids propre.*
- ***Passage des réseaux techniques :***
  - *Les réseaux d'eaux vannes et d'eaux usées sont passés sous la dalle dans l'épaisseur de la forme.*
  - *Les circuits d'alimentation en eau froide, de chauffage, d'installation électrique, de téléphone, etc., sont passés dans l'épaisseur de la dalle.*

Maison indépendante avec étage

Pavillon : European Homes

Figure 7.23 : *vue en perspective*

Figure 7.24 : *plan sommaire de l'étage*

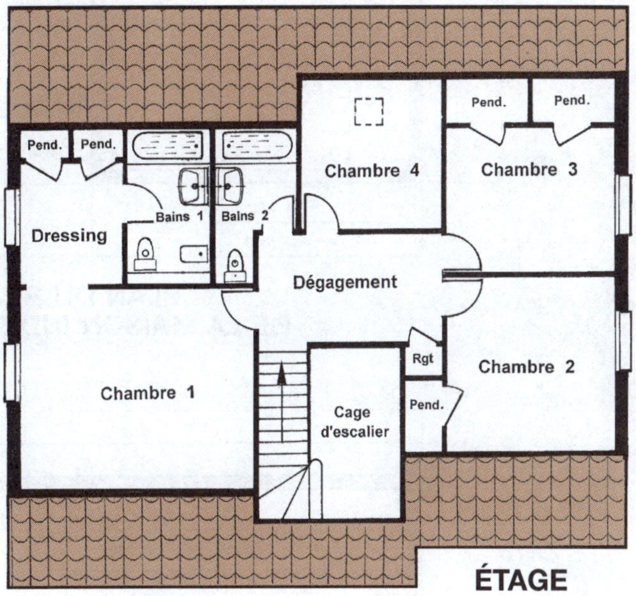

Composition de l'habitation à l'étage :

- *chambre 1 des parents avec salle de bains indépendante, dressing, penderies,*
- *chambre 2 avec une penderie privative,*
- *chambre 3 avec deux penderies,*
- *chambre 4,*
- *une seconde salle de bains,*
- *dégagement pour accès aux pièces et cage d'escalier.*

Remarque : De nombreux rangements ou penderies facilitent l'utilisation des locaux et sont placés judicieusement dans les combles.

Figure 7.25 : *aperçu des locaux du rez-de-chaussée*

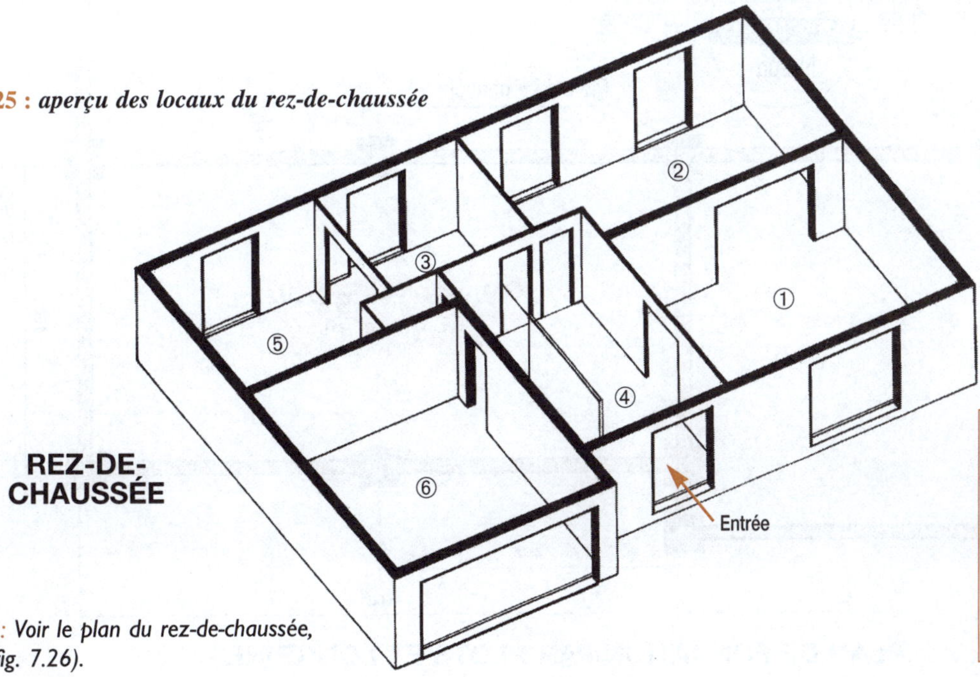

Repérage des locaux

① Salon
② Séjour
③ Cuisine
④ Hall
⑤ Repas
⑥ Garage

Remarque : Voir le plan du rez-de-chaussée, page 80 (fig. 7.26).

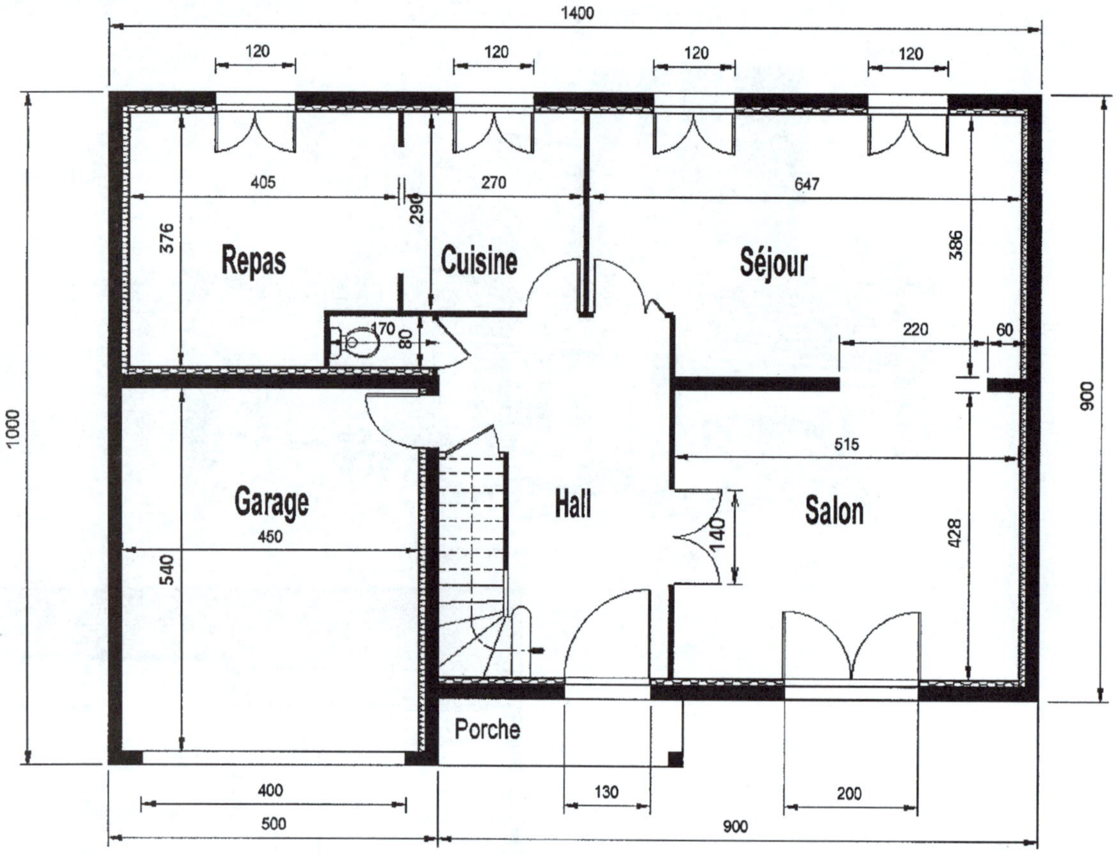

Figure 7.26

PLAN DU REZ-DE-CHAUSSÉE DE LA MAISON INDÉPENDANTE AVEC ÉTAGE

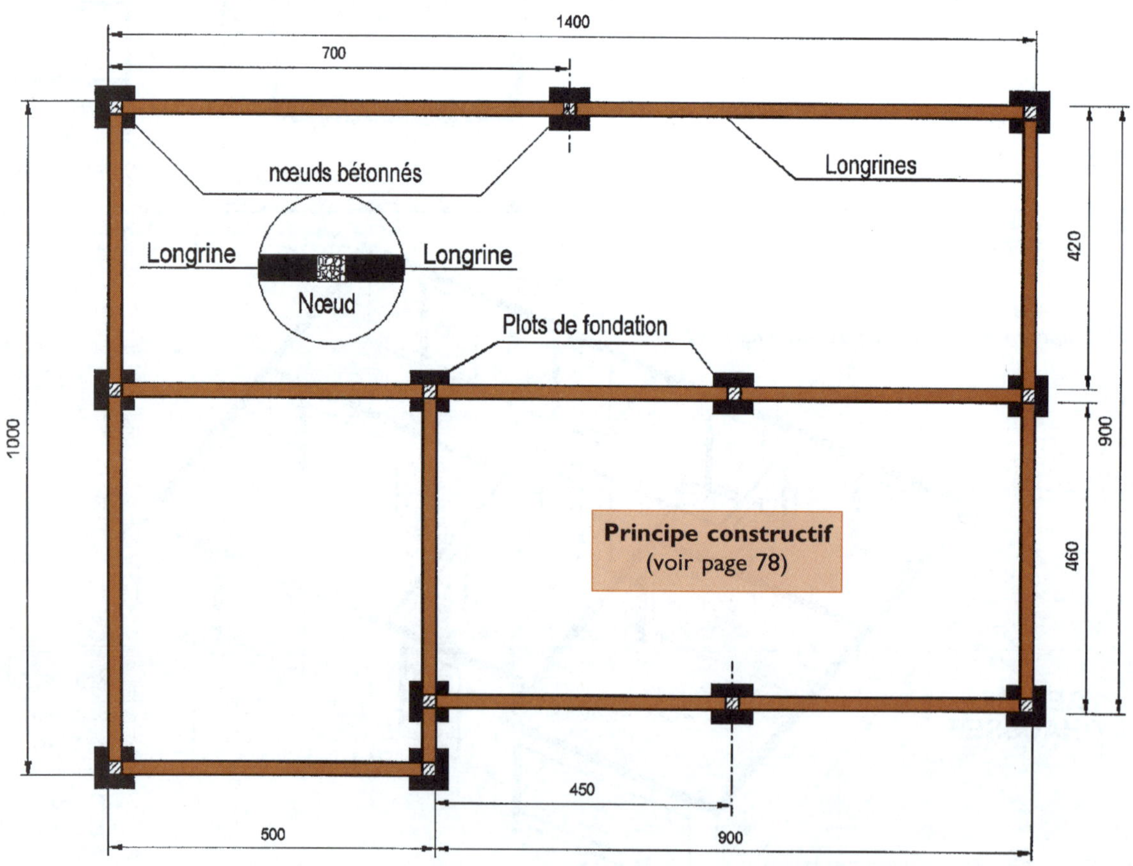

Figure 7.27

PLAN DE FONDATION PAR PLOTS ET LONGRINES

1 Anneau de levage
2 Poutre-longrine préfabriquée
3 Plot de fondation
4 Attentes d'abord repliées dans la réservation
5 Réservation pour appuyer le dallage
6 Lit de mortier de pose des longrines

Plots bétonnés et longrines préfabriquées :
les dimensions sont indiquées page 78.

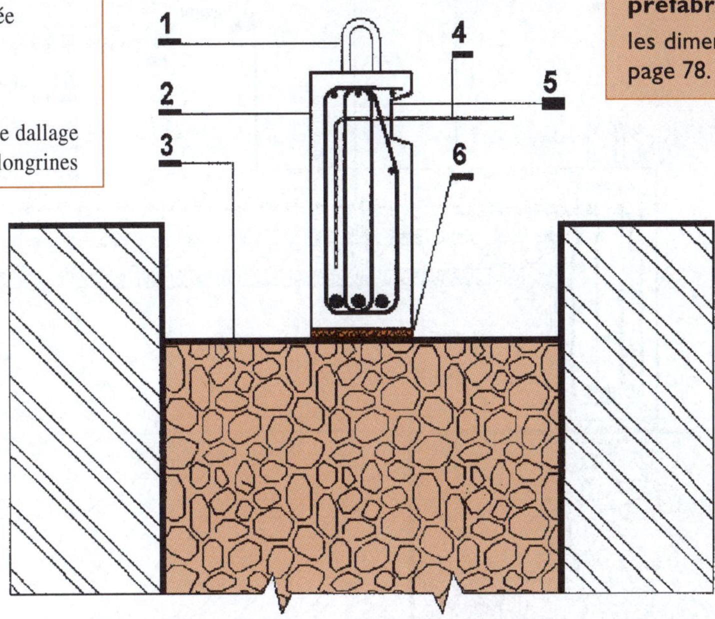

Figure 7.28 : ***coupe sur plot bétonné et longrine de rive***

Liaison de la dalle avec la longrine préfabriquée :
renseignements techniques sur l'armature de la dalle page 78.

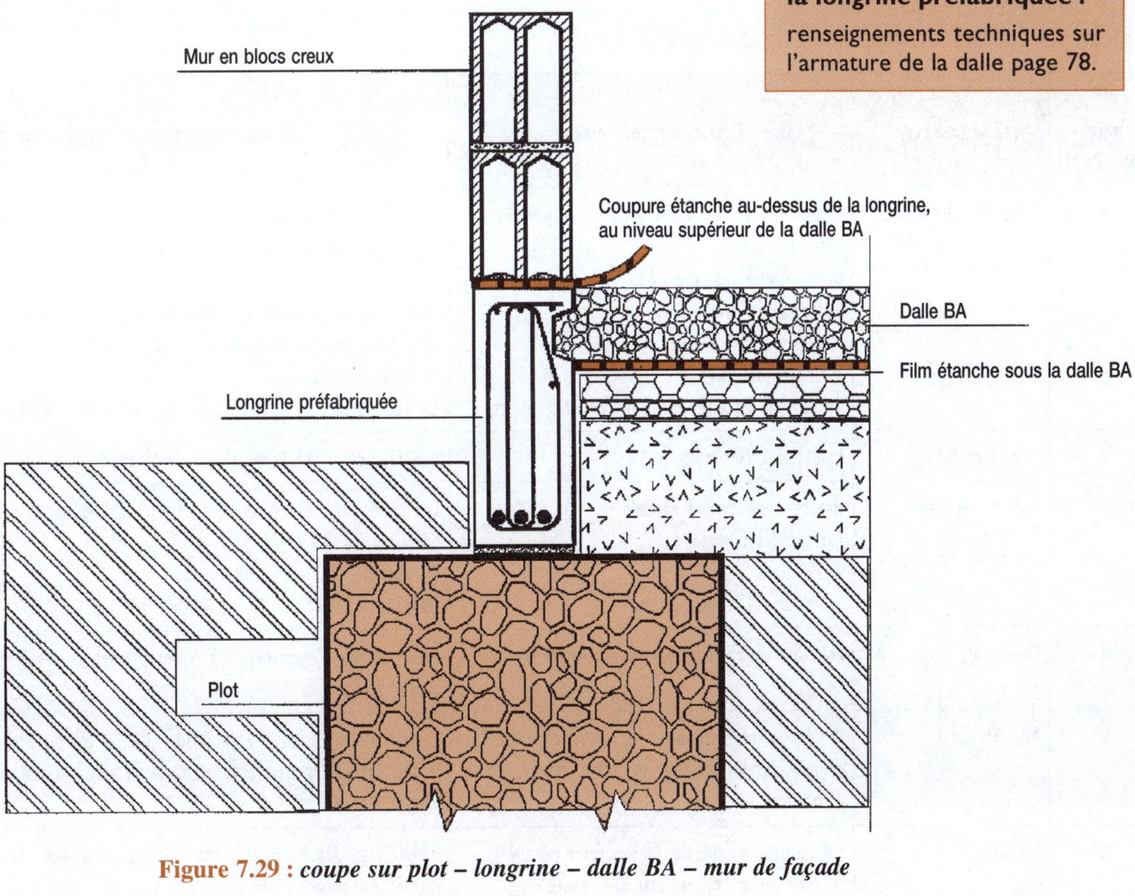

Figure 7.29 : ***coupe sur plot – longrine – dalle BA – mur de façade***

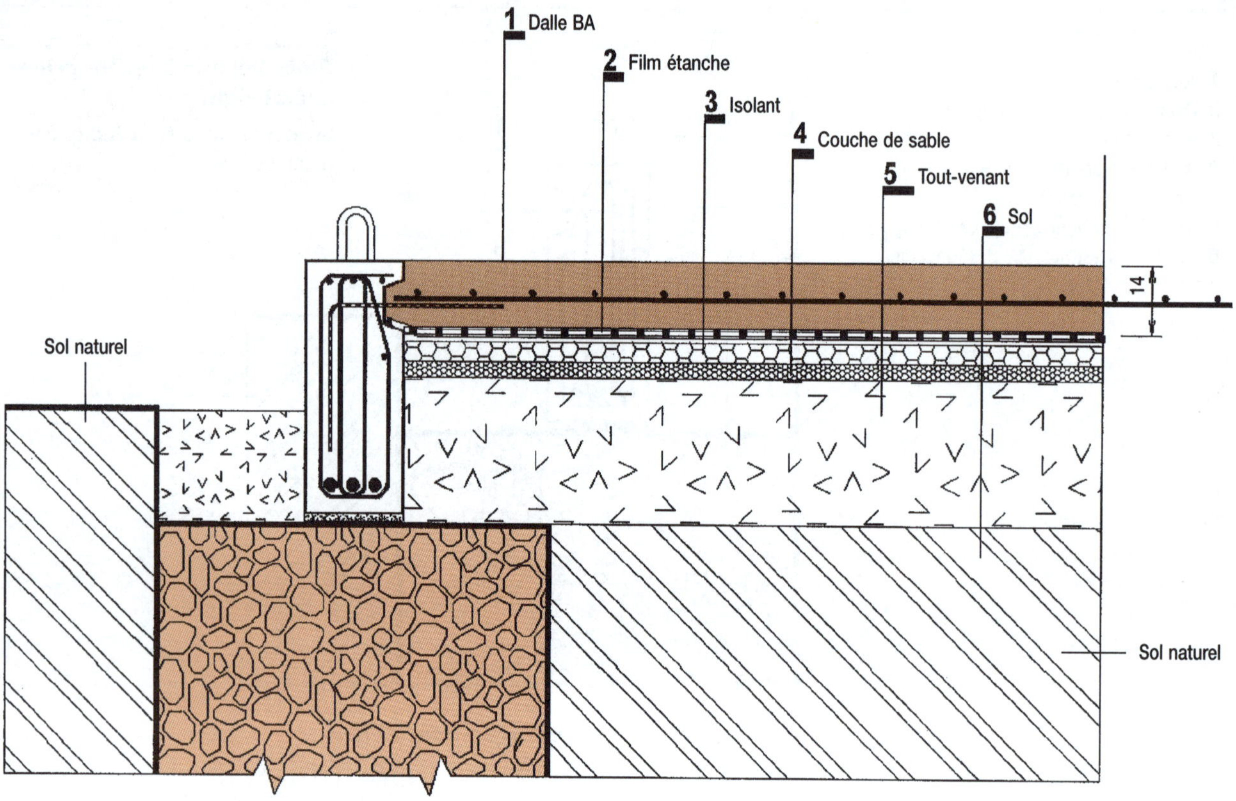

Figure 7.30 : *coupe sur le dallage appuyé sur le terre-plein et les longrines BA*

Remarque : Le plot de fondation peut atteindre une profondeur de 2,00 m et plus suivant la résistance du sol et des charges.

Tableau 7.5 : *détail des composants du dallage (fig. 7.30)*

N° sur fig. 7.30	Désignation	Caractéristiques	Renseignements techniques
1	Dalle en béton armé	Épaisseur : 12 à 14 cm suivant les portées entre les murs Béton utilisé : de type B25 Armature en treillis soudé Mailles de 200 × 200 mm Diamètre des fils : 4,5 mm ou 6 mm Ancrage de la dalle dans les poutres de rive	La dalle prend appui sur les poutres de rive comportant une engravure avec aciers de liaison en attente. Intérêt de cette disposition : aucun risque de fissuration apparente en façade puisque la dalle n'est pas réalisée sur l'épaisseur du mur et ne le traverse pas. La dalle assure la solidarisation de l'ensemble des poutres porteuses.
2	Film étanche	Épaisseur : 200 microns	Son rôle est d'empêcher les remontées d'humidité.
3	Isolant thermique	Nature : polystyrène extrudé Format des panneaux : 2 500 mm × 1 200 mm Épaisseur : 40 mm; 60 mm	Les panneaux isolants doivent reposer sur le lit de sable parfaitement nivelé. Ils sont de type non compressible. Classement ISOLE : 4 1 2 2 2 (fig. 7.10).
4	Couche de sable	Le sable de carrière est généralement utilisé	Cette couche d'épaisseur 3 à 5 cm permet de niveler le tout venant à gros granulats.
5	Tout-venant	Il s'agit d'un matériau de carrière concassé, comprenant un mélange de sable, de gravillons, de cailloux	L'épaisseur minimale est de l'ordre de 20 cm pour constituer la forme. Il doit être soigneusement compacté. Il sert d'assise au dallage proprement dit.
6	Sol décapé	Sol naturel décapé ou {sol naturel décapé + une couche de remblai de qualité}	Il doit être dépourvu de toute matière périssable : souches d'arbre, racines ou nuisibles (déchets de plâtre, par exemple).

Chapitre 8

Maison en rez-de-chaussée

- Descriptif partiel
- Documents graphiques
- Soubassement du terre-plein
- Fondations et murs de soubassement
- Fiche fabricant : armatures de fondations préfabriquées en usine
- Extraits de fiches fabricants : éléments de canalisations PVC
- Raccordements et évacuations : exemples

FAÇADE PRINCIPALE

Figure 8.1

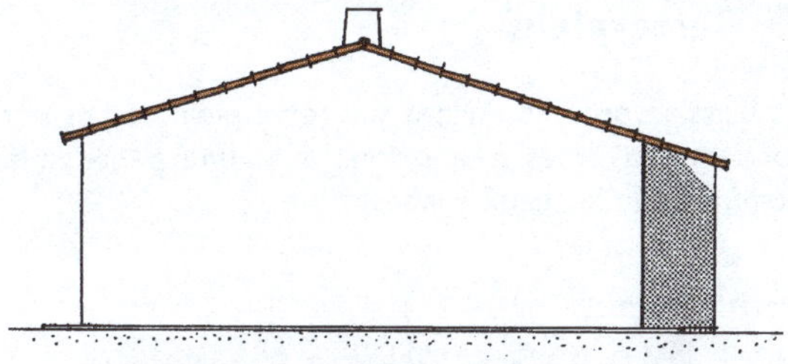

FAÇADE LATÉRALE GAUCHE

Figure 8.2

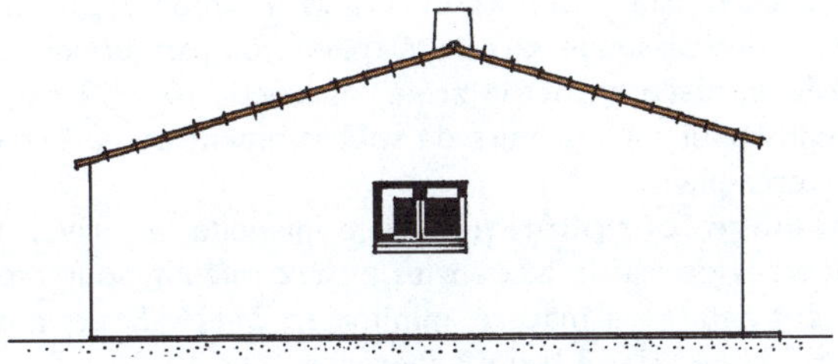

FAÇADE LATÉRALE DROITE

Figure 8.3

FAÇADE ARRIÈRE

Figure 8.4

8.1. Descriptif partiel

8.1.1. Terrassement de surface

- Décapage de la terre végétale sur l'emprise de la construction;
- épaisseur moyenne à prévoir : 20 cm;
- stockage provisoire sur terrain.

8.1.2. Creusement des fouilles

On creuse les fouilles en rigoles pour les semelles continues à l'aide d'un engin mécanique.

Dimensions :
- largeur minimale : 50 cm;
- profondeur minimale : 60 cm et parfois supérieur suivant la nature du terrain, pour atteindre le bon sol;
- profondeur hors gel suivant la région.

Transport des terres excédentaires à la décharge.

8.1.3. Fondations

Béton de propreté d'épaisseur moyenne 5 cm en fond de fouille.

Semelles filantes en béton armé :
- section minimale de béton : 25 cm × 50 cm;
- dosage du béton 350 kg/m³ (type B 25);
- chaînage minimal par acier HA Fe E 500 constitué par 3 HA 8.

8.1.4. Murs de soubassement

Murs en blocs perforés de béton d'épaisseur 20 cm hourdés au mortier de ciment.

La portée du dallage entre les murs extérieurs nécessite un appui intermédiaire dans la zone habitable constitué :
- par des supports maçonnés destinés à porter la dalle en béton armé avec des renforts d'armatures (fig. 8.9);
- ou par un mur de soubassement continu sous la zone habitable (fig. 8.10).

Autres travaux afférents :
- passage des canalisations d'eaux vannes, usées, pluviales éventuelles à prévoir;
- enduit au mortier hydrofugé pour protection des murs enterrés en périphérie ou application d'une peinture bitumineuse;
- drainage extérieur en pied de mur;
- remblais compactés contre les murs avant la forme du terre-plein.

8.1.5. Terre-plein

Il sert d'assise pour le dallage sur terre-plein et permet d'incorporer les diverses évacuations avec une pente suffisante (> 2 cm/m pour les eaux vannes).

❒ ***Constitution :***

- une couche drainante en tout-venant (mélange de granulats : sable, gravillon, gravier) fortement compacté ; l'épaisseur de la couche drainante est de 30 cm environ ;
- une couche de sable de carrière dressé pour recevoir une isolation thermique et un film étanche pour éviter les remontées capillaires.

8.1.6. Canalisations diverses

Suivant le plan du terre-plein prévu à cet effet pour leurs implantations (fig. 8.10).

8.1.7. Dallage sur terre-plein

❒ ***Matériaux constitutifs :***

- **isolant thermique** en polystyrène expansé de 40 mm au moins d'épaisseur, de classe incompressible, disposé sur la forme du terre-plein et sur toute la surface entre les murs de soubassement ;
- **film étanche** d'épaisseur 200 microns avec recouvrement d'au moins 20 cm ;
- **armature par treillis soudé** en panneaux ou en rouleaux constitués par des fils de diamètre 4,5 mm avec mailles de 200 mm × 300 mm ;
- **incorporations de canalisations** électriques dans l'épaisseur de la dalle, circuits éventuels d'alimentation en eau sous gaine plastique, circuit téléphone ou parlophone, etc. ;
- **dalle épaisse** en béton armé (épaisseur 10 à 12 cm), qui prend appui sur les murs de soubassement et sur la forme du terre-plein ;
- **chaînage périphérique** avec planelle en rive, avec équerres de liaison aux angles et aux refends pour assurer la continuité ; armature minimale : 3 HA 8 de nuance Fe E 500 en acier à haute adhérence.

Visualisation des murs de façade
(les cloisons apparaîtront sur la figure 8.8)

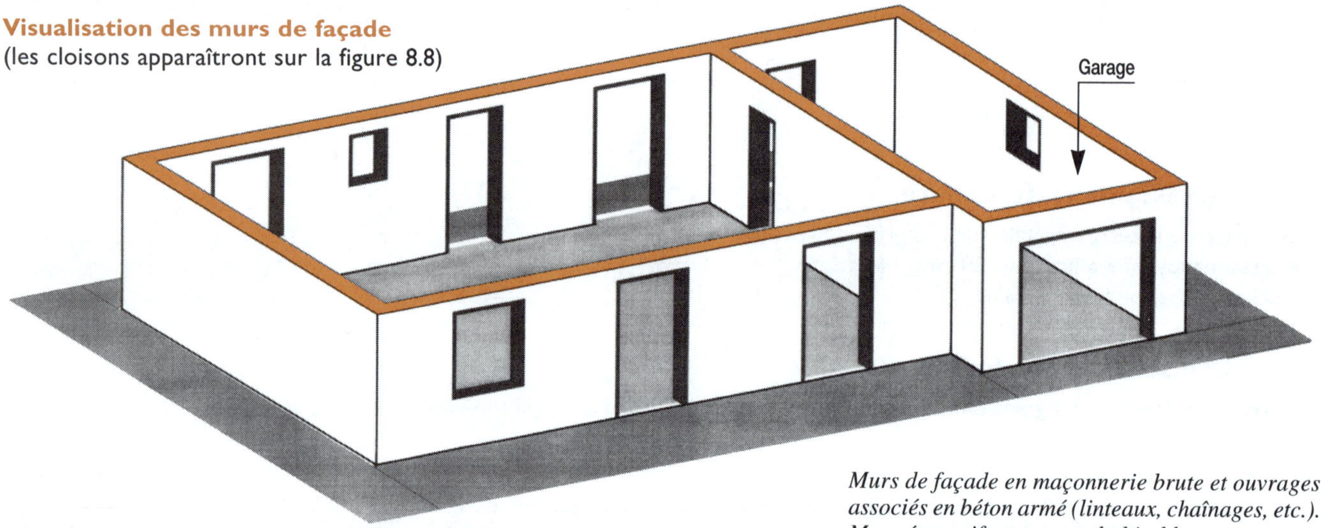

Figure 8.5 : *vue aérienne des murs*

Murs de façade en maçonnerie brute et ouvrages associés en béton armé (linteaux, chaînages, etc.). Mur séparatif entre zone habitable et garage. Se reporter au plan du rez-de-chaussée (fig. 8.7) pour l'interprétation de la perspective.

Nature des supports :
① Mur de rive
② Mur de refend continu
③ Mur de refend discontinu
④ Support maçonné intermédiaire

Photo 1 : ***murs de soubassement d'un chantier en construction***

Cette vue montre les murs de rive, les murs de refend, continus et discontinus, et les supports intermédiaires maçonnés.

8.2. Documents graphiques

❐ ***Façades***

Elles ont été présentées en début de chapitre. Il s'agit de :

- la façade principale sur le côté rue;
- la façade arrière sur le côté jardin;
- la façade latérale gauche ou pignon gauche;
- la façade latérale droite ou pignon droit.

❐ ***Plan du rez-de-chaussée***

Se reporter à la figure 8.7, page 88.

Le plan du rez-de-chaussée présente l'ensemble des éléments intéressant l'utilisateur des locaux d'habitation et de service, ces éléments étant vus en projection horizontale.

Le plan du rez-de-chaussée représente :

- la disposition des murs périphériques et le mur séparatif entre zone habitable et garage + cellier avec le doublage intérieur;
- la disposition des portes, portes-fenêtres et fenêtres des murs extérieurs et intérieurs;
- les cloisons de distribution des locaux, d'épaisseur 7 cm, qui prennent appuis sur le dallage;
- les emplacements des divers appareils sanitaires qui influent sur l'implantation des canalisations enterrées sous le dallage;
- le sens d'ouverture des portes intérieures pour l'accès aux pièces ou aux penderies;
- les dimensions intérieures nécessaires à l'implantation des cloisons en particulier.

❐ ***Plan du terre-plein, ou plan de soubassement*** (fig. 8.10)

Il complète le plan du rez-de-chaussée en incluant les éléments cachés tels que les fondations complémentaires et les réseaux techniques enterrés. On trouve entre autres :

- l'implantation d'un mur de soubassement porteur du dallage en zone médiane pour limiter la portée du dallage entre appuis maçonnés et pour éviter des désordres dans les sols, les cloisons et leurs revêtements, etc.;
- les implantations pour l'évacuation des eaux vannes et usées en fonction des murs de soubassement;
- les diamètres à utiliser pour les canalisations enterrées, par exemple :
  - diamètre 100 mm pour les eaux vannes;
  - diamètre 63 mm pour les eaux usées;
  - diamètre 50 mm pour le passage des fils du téléphone, etc.

Le **cahier des charges techniques particulières** (CCTP) donne les indications complémentaires ou les références aux documents techniques unifiés (DTU) pour les modalités de mise en œuvre des produits.

Chaque lot – gros œuvre, électricité, plomberie – sanitaire, courants faibles – est soumis aux obligations et prescriptions définies dans le CCTP.

Le descriptif client donne un cadre général des travaux sans entrer dans les détails d'exécution, alors que le CCTP a un caractère technique et professionnel qui engage l'entreprise.

Quelques extraits de CCTP sont donnés dans les chapitres 19 (§ 5.2) et 27 (§ 27.7).

❐ ***Coupe sur cuisine et séjour*** (fig. 8.6)

Elle montre schématiquement la structure jusqu'à la toiture.

Remarque : L'épaisseur de la couche de laine de verre est de 200 mm à 280 mm suivant les régions et la température d'été ou d'hiver.

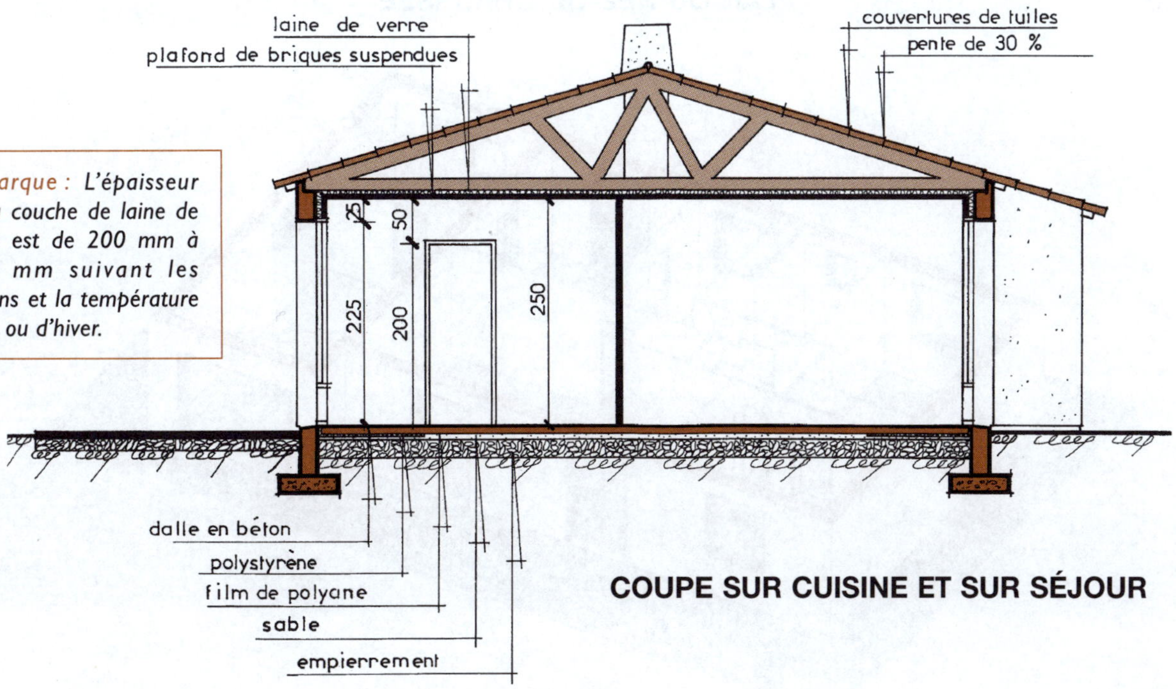

Figure 8.6

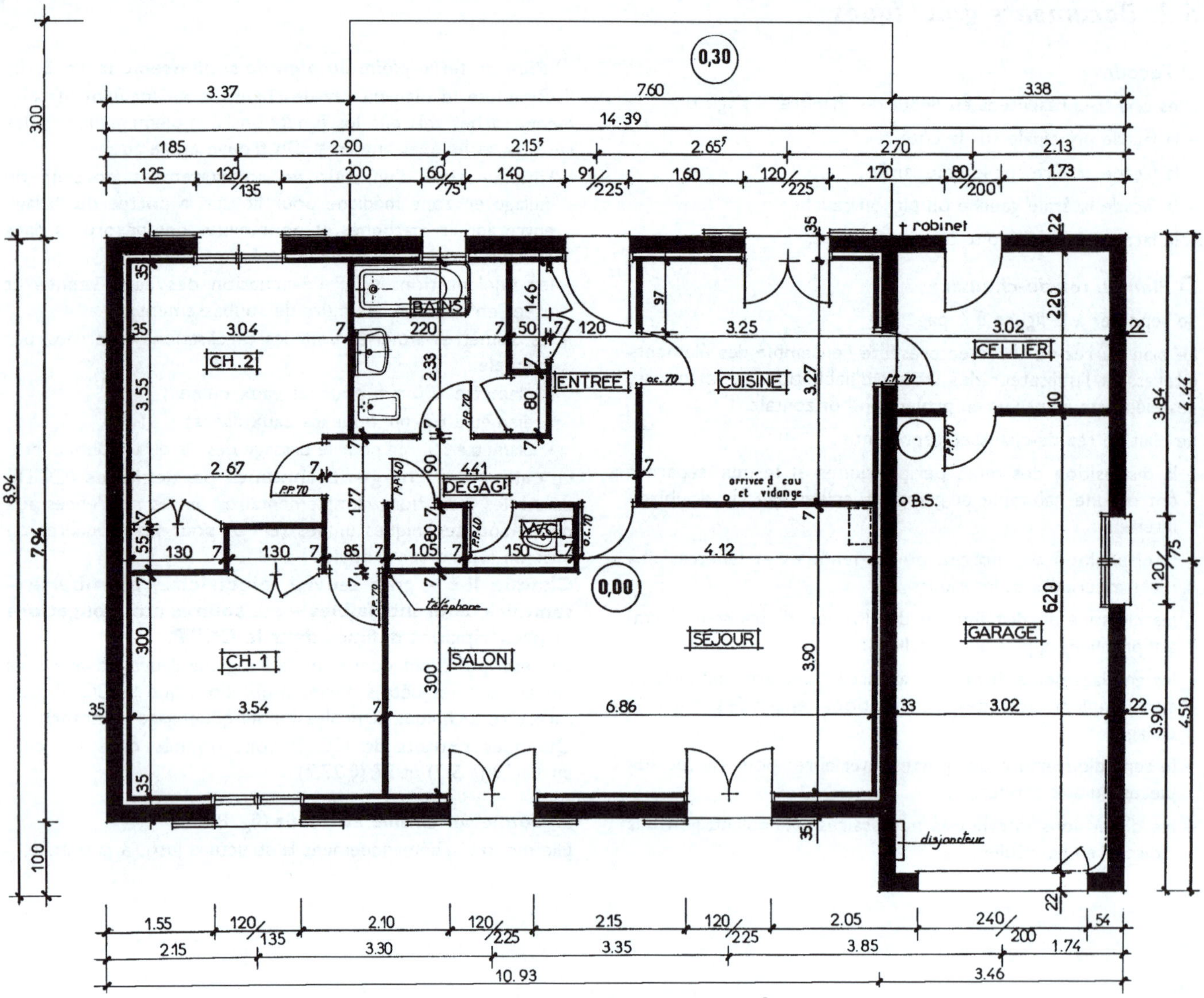

Figure 8.7 **PLAN DU REZ-DE-CHAUSSÉE**

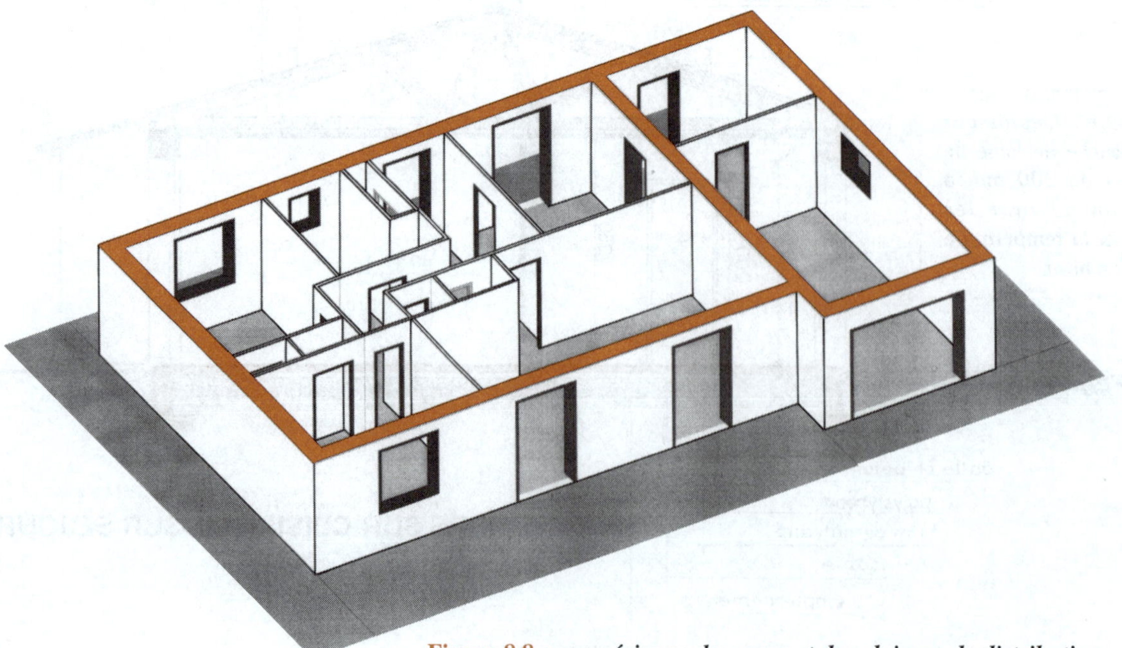

Figure 8.8 : ***vue aérienne des murs et des cloisons de distribution***

8.3. Soubassement du terre-plein

8.3.1. Vue des fondations et des murs de soubassement (visualisation)

Côté extérieur : la terre est supposée enlevée sur la hauteur des semelles filantes.
Côté intérieur : la terre est supposée dégagée jusqu'au niveau supérieur des semelles.
Murs de soubassement :
- en périphérie de la construction;
- renforts maçonnés intermédiaires pour supporter la dalle en béton armé.

La forme en tout-venant compacté sera en granulats de carrière 0/40, avec une couche de sable dressé à sa partie supérieure pour recevoir les panneaux isolants.
Les canalisations (eaux vannes et eaux usées essentiellement) seront placées dans l'épaisseur de la forme.

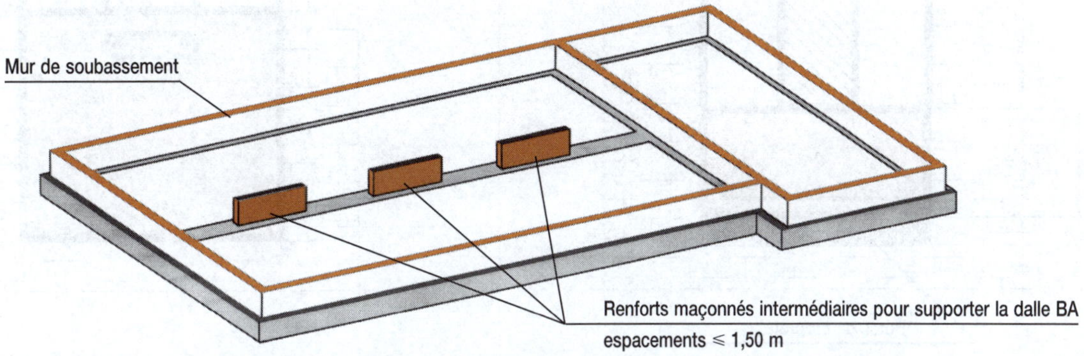

Figure 8.9 : ***visualisation du soubassement avec renforts intermédiaires maçonnés***

8.3.2. Plan du terre-plein et implantation des canalisations sous le dallage

Il montre les murs de soubassement porteurs du dallage, y compris l'appui intermédiaire constitué par un mur de soubassement continu au lieu de tronçons en maçonnerie envisagés au paragraphe précédent.

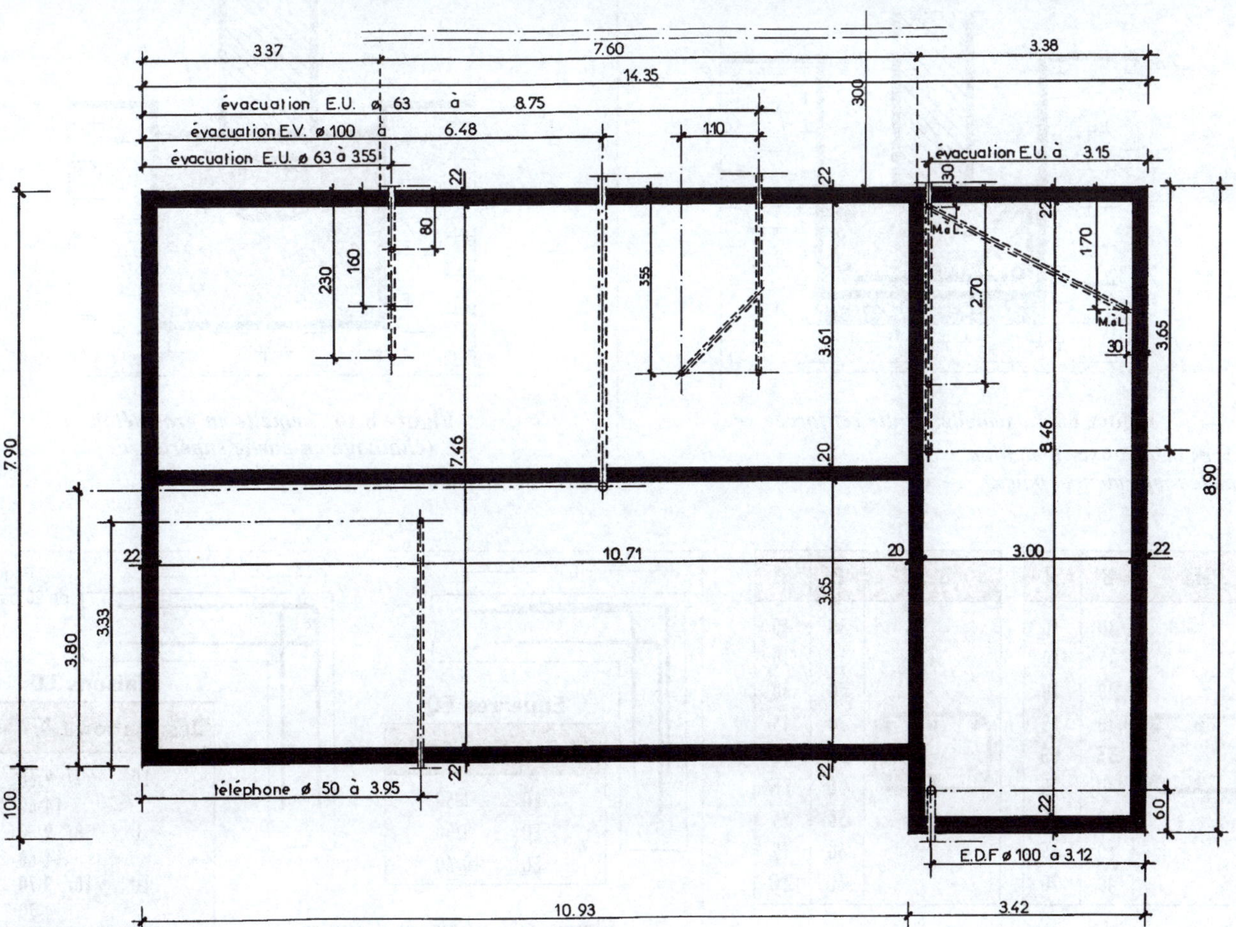

TERRE-PLEIN

Figure 8.10

8.4. Fondations et murs de soubassement

Il existe diverses dispositions suivant les cas de charges :
- charges réparties uniformément ;
- charges discontinues.

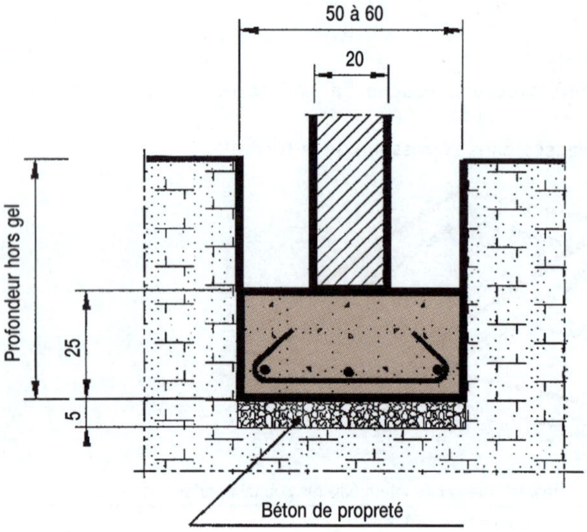

Figure 8.11 : *semelle filante*

Armature avec filants longitudinaux pour charges uniformément réparties.

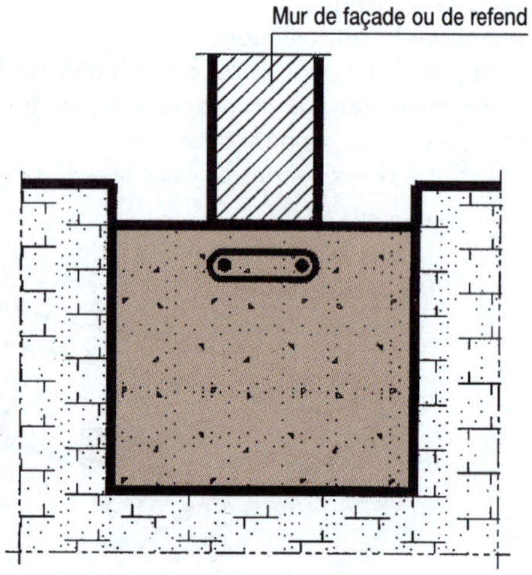

Figure 8.12 : *semelle en gros béton (chaînage plat en partie supérieure)*

Fondation légère peu profonde.
Exemple : renfort localisé sous le dallage.

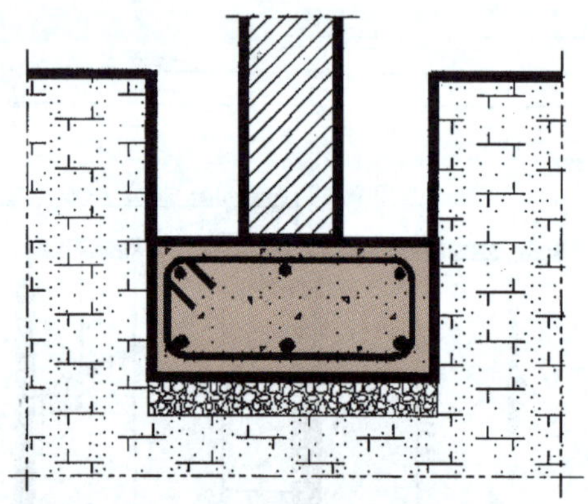

Figure 8.13 : *semelle filante renforcée*

Charges inégales sur fondation.
Exemple : mur plein et baies.

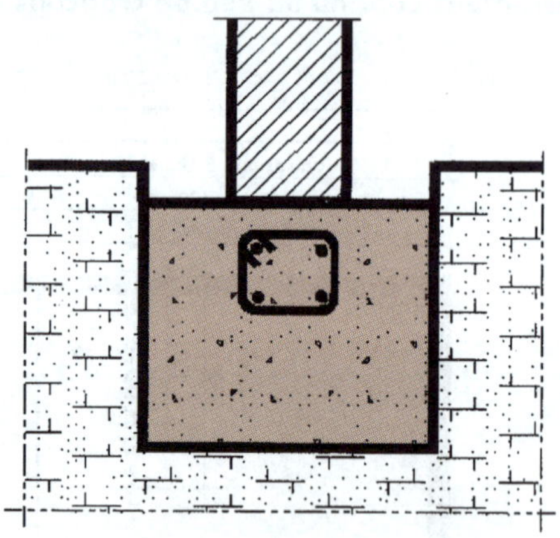

Figure 8.14 : *semelle en gros béton (chaînage en partie supérieure)*

Emploi : mur faiblement chargé.

CHS	B	H
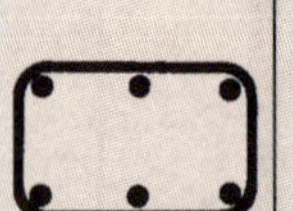	30	10
	35	10
	40	10
	30	15
	35	**15**
	40	15
	50	15
	60	15
	40	20

ELS	B	H
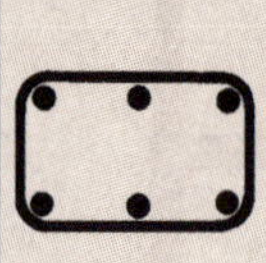	30	10
	35	10
	40	10
	30	15
	35	**15**
	40	**15**
	50	15
	60	15
	40	**20**

Figure 8.15 : *semelles renforcées*

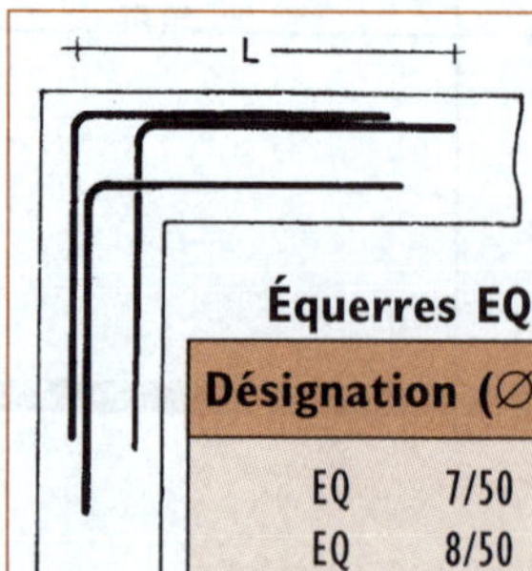

Équerres EQ

Désignation (∅/L)	
EQ	7/50
EQ	8/50
EQ	10/60

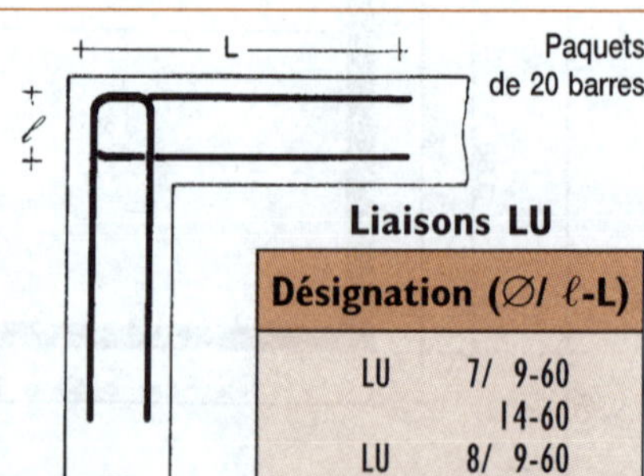

Liaisons LU

Désignation (∅/ ℓ-L)	
LU	7/ 9-60
	14-60
LU	8/ 9-60
	14-60
LU	10/ 9-70
	14-70

Figure 8.16 : *liaisons d'angles*

Standarm

8.5. Fiche fabricant : armatures de fondations préfabriquées en usine

FONDATIONS sols homogènes

Référence Arméton	Description Élément de 6 mètres	Section du béton l × h	Charges admissibles en kg par mètre – Résistance du sol en kg/cm² : 1	1,5	2 et +
S 35	3 aciers filants Ø 8 FeTE 500 16 épingles Ø 6 HA e = 35 cm	45 × 25	4 500	6 750	9 000
S 45	4 aciers filants Ø FeTE 500 16 épingles Ø 6 HAe = 35 cm	55 × 25	5 500	8 250	11 000

FONDATIONS sols non homogènes

Référence Arméton	Description Élément de 6 mètres	Section du béton l × h	Charges admissibles en kg par mètre – Résistance du sol en kg/cm² : 1	1,5	2	2,5 +
LG 7/15.35	6 aciers filants Ø 7 FeTE 500 14 cadres Ø 4,5 FeTE 500 e = 40 cm	45 × 25	4 500	5 900	5 900	5 900
LG 7/15.35 S	6 Ø 7 19 cadres Ø 4,5 FeTE 500 e = 30 cm	45 × 25	4 500	6 750	8 200	8 200
LG 8/15.35	6 aciers filants Ø 8 FeTE 500 28 cadres Ø 4,5 FeTE 500 e = 20 cm	45 × 25	4 500	6 750	9 000	11 250
LG 8/15.40		50 × 25	5 000	7 500	10 000	10 000
LG 8/20.40		50 × 30	5 000	7 500	10 000	12 500

FONDATIONS isolées ou surchargées

Référence Arméton	Description Élément unitaire	Section du béton l × L × h	Charges admissibles en kg par mètre – Résistance du sol en kg/cm² : 1	1,5	2 et +
SC 75	10 épingles Ø 7 FeTE 500	80 x 80 x 25	6 400	9 600	12 800
SC 95	12 épingles Ø 8 FeTE 500	100 x 100 x 25	10 000	15 000	20 000

CHAÎNAGES

Référence arméton	Description Élément de 6 mètres	
CHe 4.10	2 aciers filants Ø 10 FeTE 500 14 étriers Ø 4 FeTE 500	Sections des aciers filants conformes aux minimales imposées par les règlements en vigueur 1,5 cm² en FeTE 500 soit 2 aciers Ø 10 ou 3 aciers Ø 8 ou 4 aciers Ø 7
CHa 9.9	3 aciers filants Ø 8 FeTE 500 14 étriers Ø 4,5 FeTE 500 e = 40 cm	
CH 10.10 CH 10.15 Ch 15.15	4 aciers filants Ø 7 FeTE 500 14 cadres Ø 4,5 FeTE 500 e = 40 cm	

Semelle continue classique

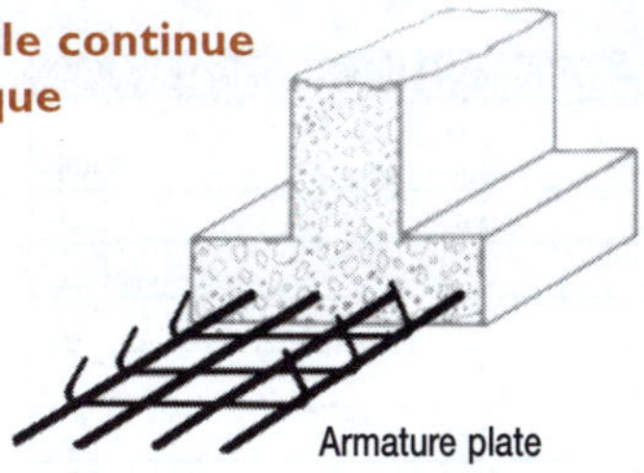

Semelle continue

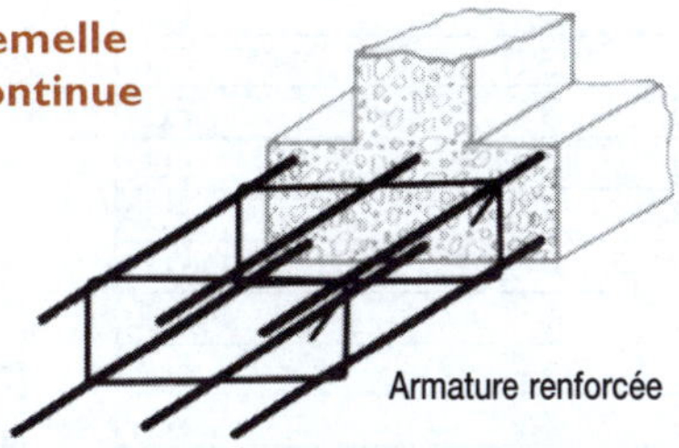

Semelle isolée sous poteau

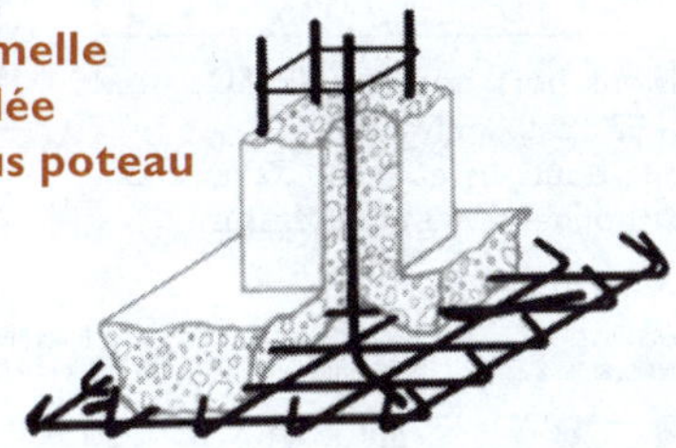

Chaînages

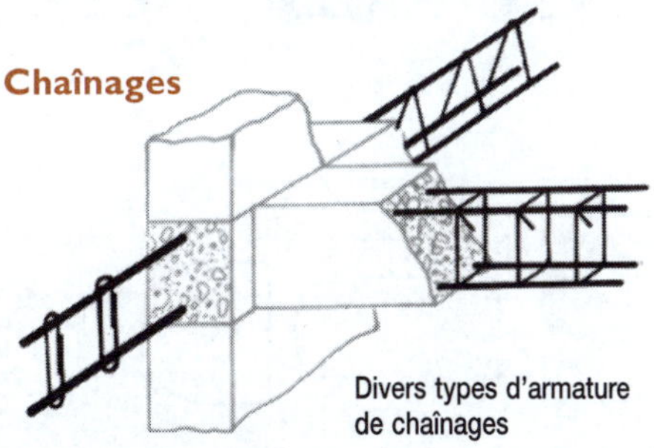

Arméton

Règles impératives de mise en œuvre

Recouvrement
des aciers filants (fondations, chaînages...)

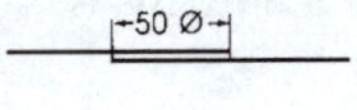

Enrobage : e
- en règle générale : 2,5 cm ;
- cas particuliers :
  - milieu salin : 4 cm
  - fondations : 5 cm

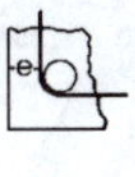

Chapeaux de planchers

En rive :
Longueur du chapeau : 1/5 de la poutrelle + épaisseur mur

En refend :
Longueur du chapeau : 2/5 de la plus grande des 2 poutrelles + épaisseur mur

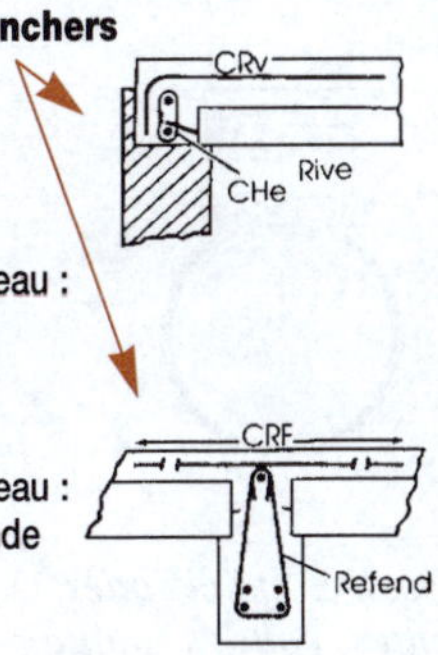

Liaison des armatures dans les angles

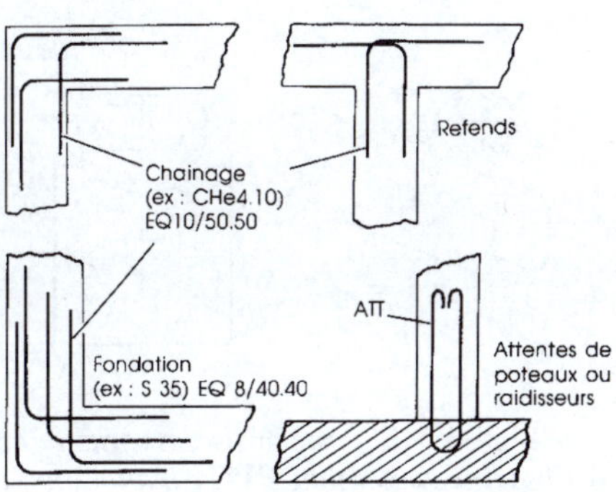

8.6. Extraits de fiches fabricants : éléments de canalisations PVC

Diamètres et utilisations pour eaux usées (EU), eaux vannes (EV) et eaux pluviales (EP)

COMPACT M1 NF 4 ml		
∅ Ext.	Ep.	Usage
32	3,0	EU
40	3,0	EU
50	3,0	EU
63	3,0	EU
75	3,0	EU
80*	1,5	EP
80	2,5	EP
80*	3,0	EU
100	1,9	EP
100	3,0	EU
110	3,0	EU
125	3,0	EU
140	3,0	EU
160	3,2	EU
200	3,9	EU
250	4,9	EU
250	6,1	EU
315	6,2	EU
315	7,7	EU
NFT 54017		

TIGE D'ÉTAGE 2,6 ml		
∅ Ext.	Ep.	Usage
100	3,0	EU

* Dimensions hors normes NF. EU : eaux usées – EP : eaux pluviales.
Jonction : bouts lisses du ∅ 32 au ∅ 50. Prémanchonnés ∅ 63 et au-dessus.

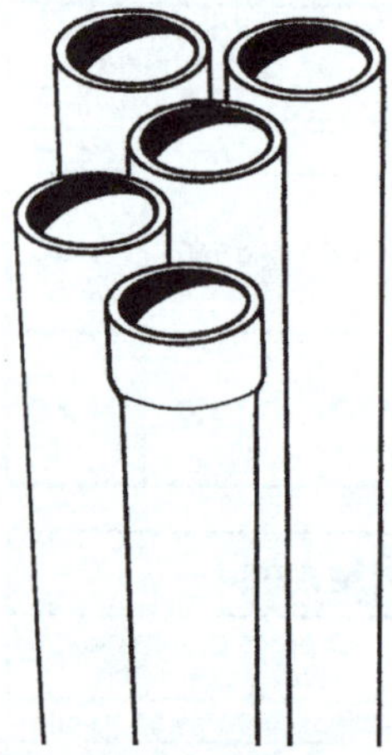

Figure 8.17 : *tubes PVC d'évacuation à coller*

Figure 8.18 : *coudes, culottes et embranchements*

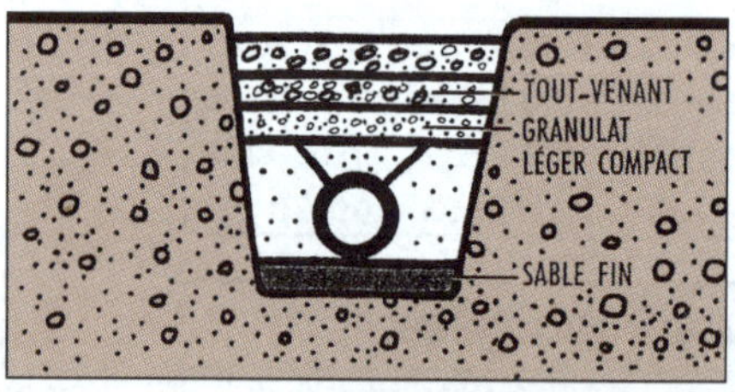

Figure 8.19 : *schéma de mise en place des conduites dans la forme sous le dallage*

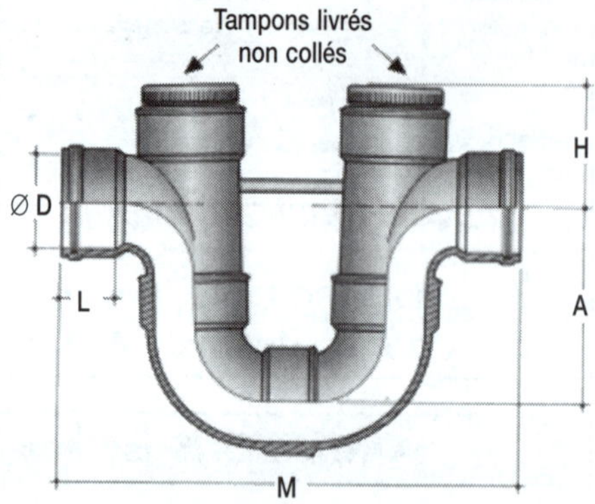

Figure 8.20 : *siphon avec deux tampons de visite*

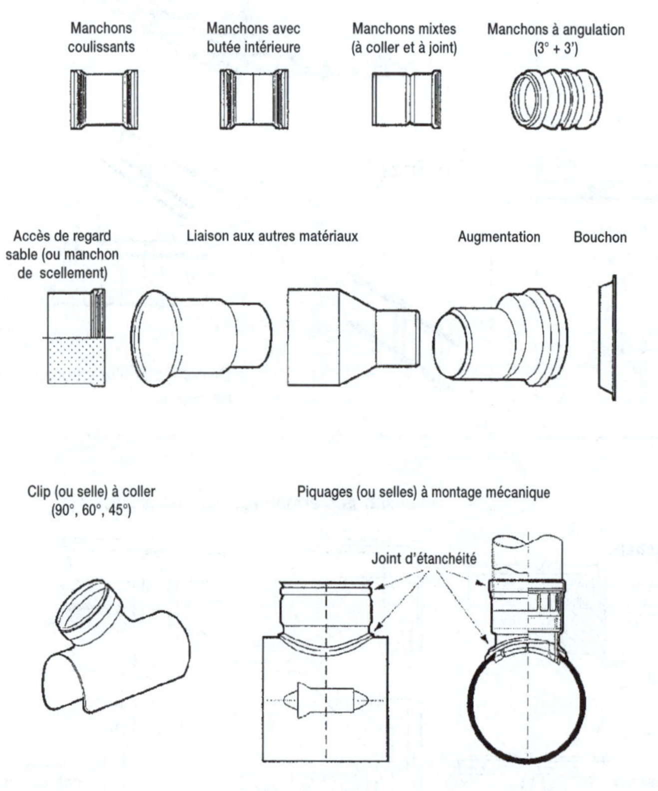

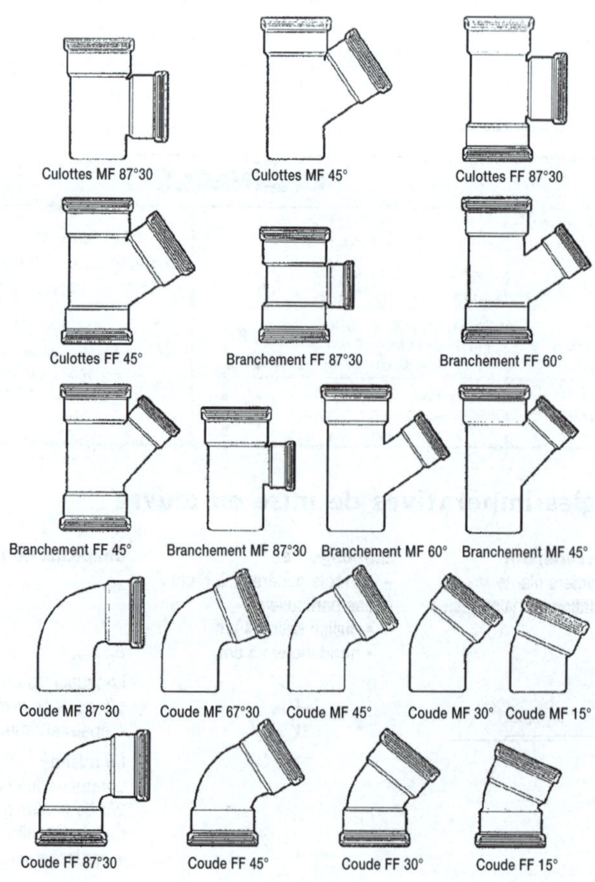

Figure 8.21 : *raccords courants et accessoires spécifiques à l'assainissement en PVC : manchons, culottes, coudes, piquages*

Sindotec – Tuberaccord PVC

8.7. Raccordements et évacuations : exemples

La séparation des petites évacuations évite tous les désordres d'écoulement.

La culotte triple parallèle répond à ce principe.

① Utilisée seule et verticalement, la culotte permet de reprendre au-dessus du plancher : deux lavabos, une machine à laver, etc.

② Placée sous une première culotte, elle permet de reprendre sous le plancher les appareils sanitaires dont les collecteurs sont sous plafond (double encastrée ou bonde de sol dans les foyers de personnes âgées par exemple).

③ Placée horizontalement, la culotte récupère plusieurs petits collecteurs et appareils sanitaires sous plafond du sous-sol d'un pavillon individuel par exemple.

Ø D/d	RÉF.	NF Évac.	Cond.	DIMENSIONS (mm)						
				h	h1	h2	Z1	Z2	L1	L2
100/40/40/40	**RT742S**			125	35	90	90	100,5	58	27,5

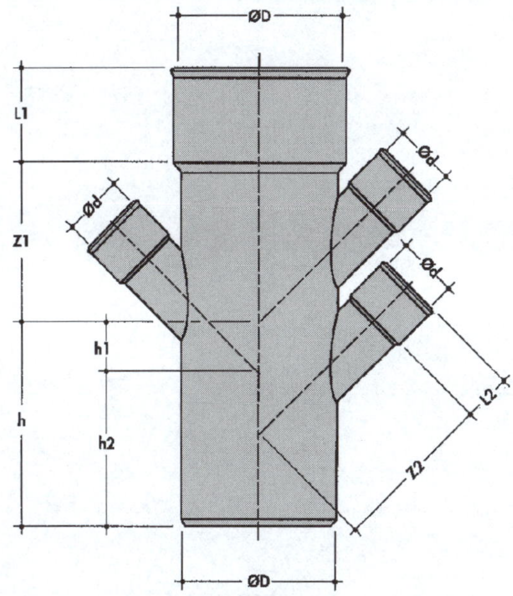

∅ 100-40/40/40

Figure 8.22 : ***culotte triple mâle-femelle***

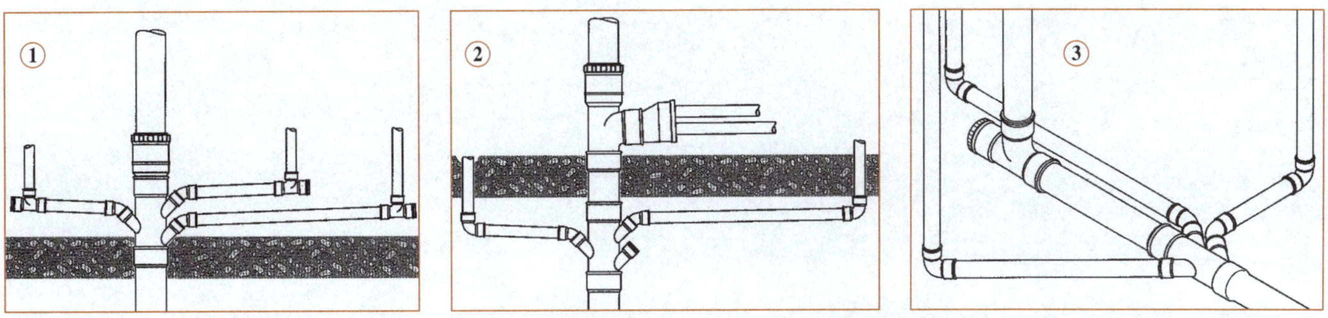

Figure 8.23 : ***exemples de raccordement des petites évacuations d'eaux usées à la conduite collectrice d'eaux vannes, à l'aide de raccords courants et d'une culotte triple de type mâle-femelle***

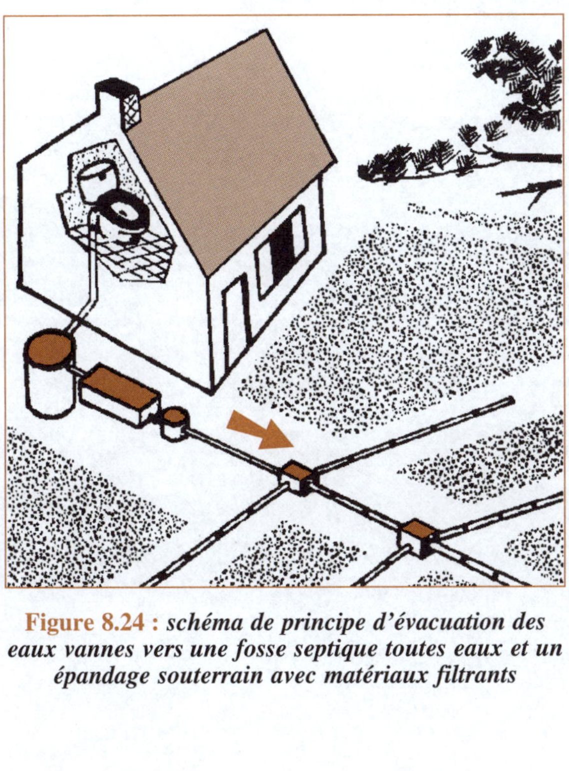

Figure 8.24 : ***schéma de principe d'évacuation des eaux vannes vers une fosse septique toutes eaux et un épandage souterrain avec matériaux filtrants***

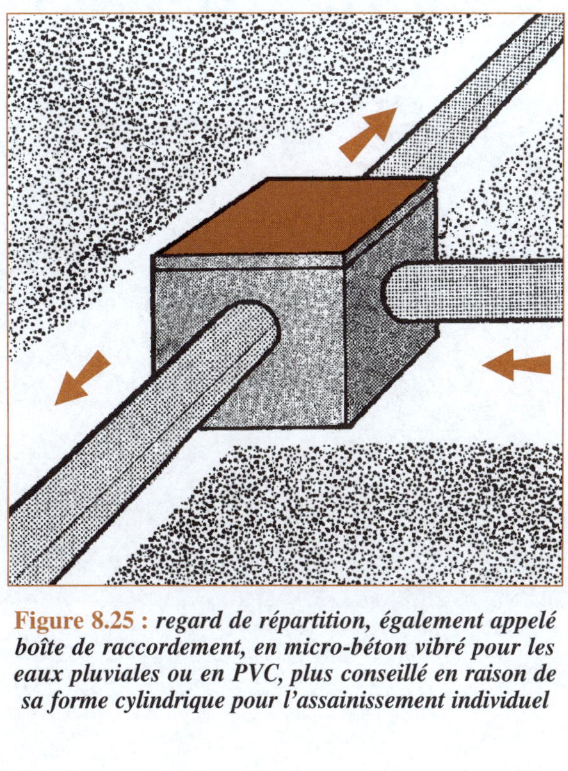

Figure 8.25 : ***regard de répartition, également appelé boîte de raccordement, en micro-béton vibré pour les eaux pluviales ou en PVC, plus conseillé en raison de sa forme cylindrique pour l'assainissement individuel***

Chapitre 9

Murs extérieurs et murs intérieurs

- Pavillon avec étage partiel
- Extrait du descriptif sommaire avec options pour choix de matériaux
- Documents graphiques de visualisation
- Mise en œuvre des blocs creux en béton
- Mise en œuvre des briques creuses
- Exemples de solutions avec cloison de doublage
- Chaînages horizontaux et verticaux
- Liaison murs/planchers
- Les murs pignons
- Standard d'armatures pour béton armé

Objet : prescriptions d'exécution des maçonneries de blocs ou briques avec ouvrages associés en béton armé.

9.1. Pavillon avec étage partiel

Maisons Lara

VUE EN PERSPECTIVE : FAÇADE PRINCIPALE

Figure 9.1 : *pavillon avec étage partiel*

L'avant-projet prévoit les locaux suivants :

Rez-de-chaussée (voir la figure 9.3 et la vue aérienne 9.4) :
– partie jour : entrée – salon – séjour – bureau – chambre – cuisine;
– partie nuit : salle de bains – WC – chambre 1 ;
– autres : cellier et garage à voiture.

Étage (fig. 9.5, page 100) :
– deux chambres et un cabinet de toilette;
– zone en mezzanine qui sert de palier d'arrivée à l'escalier balancé.

ÉLÉVATION FAÇADE ARRIÈRE

Figure 9.2

La façade arrière présente également un auvent avec ossature en bois.

9.2. Extrait du descriptif sommaire avec options pour choix de matériaux

❒ ***Travaux préparatoires***

Débroussaillage, accès, panneau de chantier, clôtures éventuelles.

❒ ***Implantation***

Suivant le plan de situation et le plan de masse.

❒ ***Terrassements***

Décapage de la terre végétale sur l'emprise de la construction et stockage provisoire sur le site; épaisseur moyenne prévue : 20 cm.

Fouilles en rigole par engin mécanique et transport à la décharge des terres excédentaires par camions.

❒ ***Fondations***

– Béton de propreté d'épaisseur moyenne 5 cm ou film étanche en fond de fouille.
– Semelles filantes en béton armé sous mur avec chaînage périphérique :
  • armatures en aciers à haute adhérence, type acier HA de nuance Fe E 500;
  • section minimale de béton : 25 cm × 50 cm;
  • dosage du béton 300 kg/m^3 et résistance caractéristique f_{c28} > 25 MPa;
– semelles carrées ou rectangulaires sous poteaux isolés.

❒ ***Branchements et raccordements aux réseaux***

Eau sanitaire, circuit « boucle » en fond de la fouille pour les prises de terre, EDF, GDF, téléphone; réseau d'égout séparatif ou unitaire, assainissement individuel s'il y a lieu, drainage souterrain éventuel.

❒ ***Murs de soubassement et travaux annexes***

– Blocs perforés en béton de granulats lourds hourdés au mortier de ciment pour murs extérieurs et de refends; épaisseur : 20 cm;
– drainage extérieur éventuel en pied de mur.

❒ ***Dallage sur terre-plein***

Dalle épaisse en béton armé de 12 cm au moins portant sur les murs de soubassement. Armature par panneaux de treillis soudés.

❒ ***Murs en élévation***

Murs extérieurs :

– enduit monocouche teinté + blocs creux de béton ou briques creuses type G + doublage polystyrène isolant ou laine de verre et cloison de doublage enduite;
– épaisseur du mur : 20 cm;
– ouvrages associés en béton armé : chaînages verticaux et horizontaux, linteaux, poteaux et poutres, couronnement de murs;
– coffres de volets roulants incorporés.

Murs intérieurs :

Blocs creux de béton ou briques creuses de 15 cm d'épaisseur avec ouvrages associés en béton armé.

❒ ***Planchers***

➤ **Localisation :** vide sanitaire, étage courant, combles aménagés ou combles perdus.

➤ **Constitution :**

– poutrelles précontraintes + entrevous béton ou terre cuite + dalle de compression armée d'épaisseur ≃ 5 cm;
– isolation thermique par entrevous isolants en plancher sur vide sanitaire ou plancher haut de sous-sol.

❒ ***Conduits feu***

– Boisseaux de terre cuite ou de pouzzolane à partir du plancher haut du rez-de-chaussée; section 30 cm × 30 cm, 20 cm × 40 cm, ou autre;
– isolation thermique du conduit dans la hauteur des combles et habillage.

9.3. Documents graphiques de visualisation

9.3.1. Coupe horizontale au niveau du rez-de-chaussée

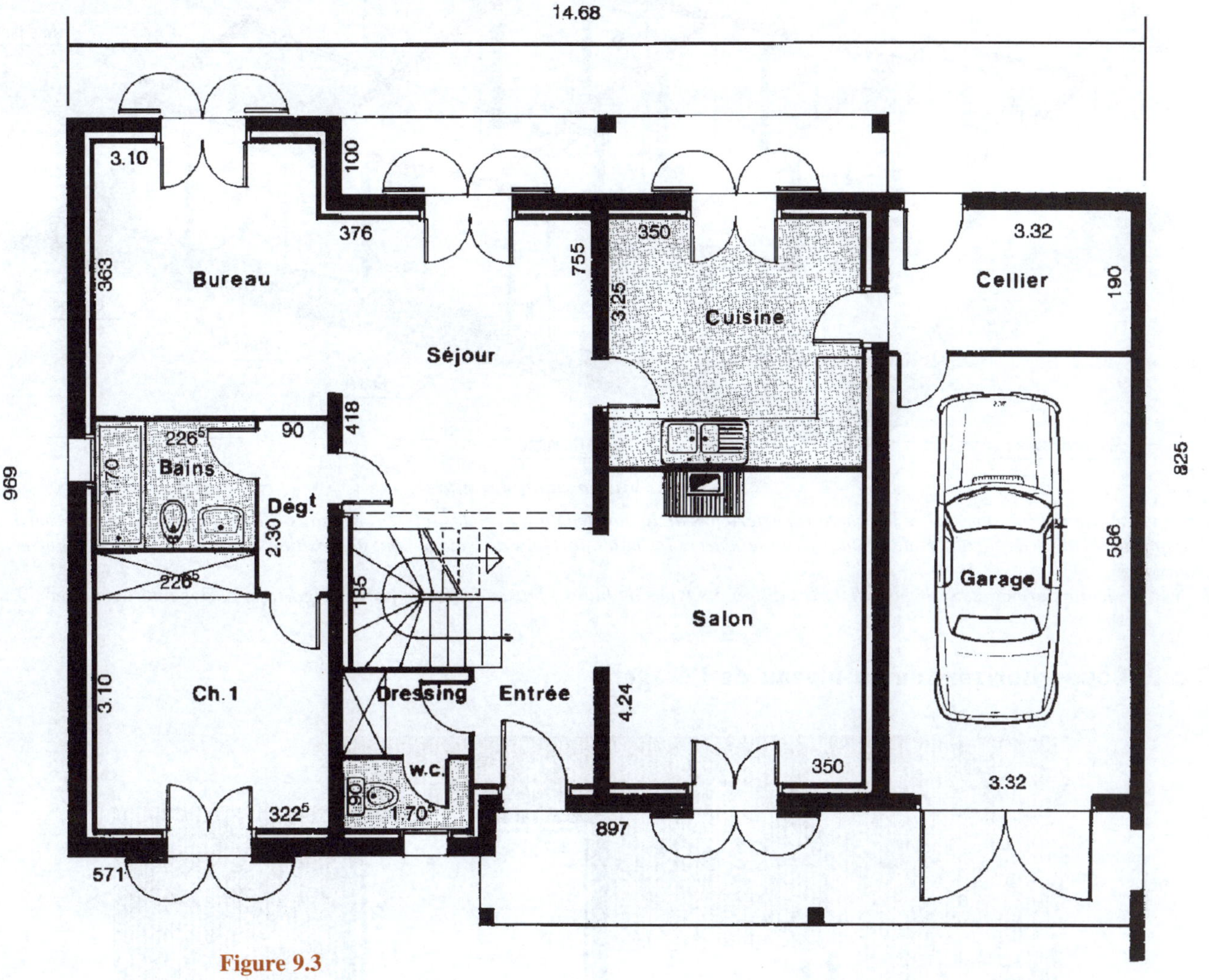

PLAN SOMMAIRE DU REZ-DE-CHAUSSÉE

Figure 9.3

Le plan du rez-de-chaussée représente entre autres :
– la position des murs intérieurs et extérieurs ;
– l'emplacement des baies ;
– l'implantation de l'escalier qui permet d'accéder à l'étage.

Indications : niveau du rez-de-chaussée

❒ ***Dimensions :***

– longueur hors tout : 14,68 m ;
– longueur du mur latéral (côté gauche) : 9,69 m ;
– les dimensions des pièces sont indiquées parallèlement à chaque parois.

❒ ***Murs d'habitation***

Ils sont prévus en blocs de béton ou de terre cuite avec isolation du périmètre et contre-cloison en brique plâtrière enduite au plâtre, y compris la paroi séparative du garage.

❒ ***Baies :***

– portes-fenêtres en façade principale et arrière ;
– châssis vitrés pour WC et salle de bain ;
– porte d'entrée, de service et de garage.

❒ ***Escalier en bois de chêne avec marches balancées pour accès à la mezzanine.***

❒ ***Conduit feu dans le salon.***

Tableau 9.1 : *surfaces des locaux du rez-de-chaussée*

Locaux	Surfaces (m^2)
Entrée	5,56
Cuisine	11,38
Office	
Salon	14,84
Repas	
Séjour	14,27
Bureau	11,71
Dressing	1,22
WC	1,53
Bains	3,85
Dégagement	2,07
Chambre 1	9,99
Rangements	2,02

9.3.2. Vue aérienne des murs du rez-de-chaussée

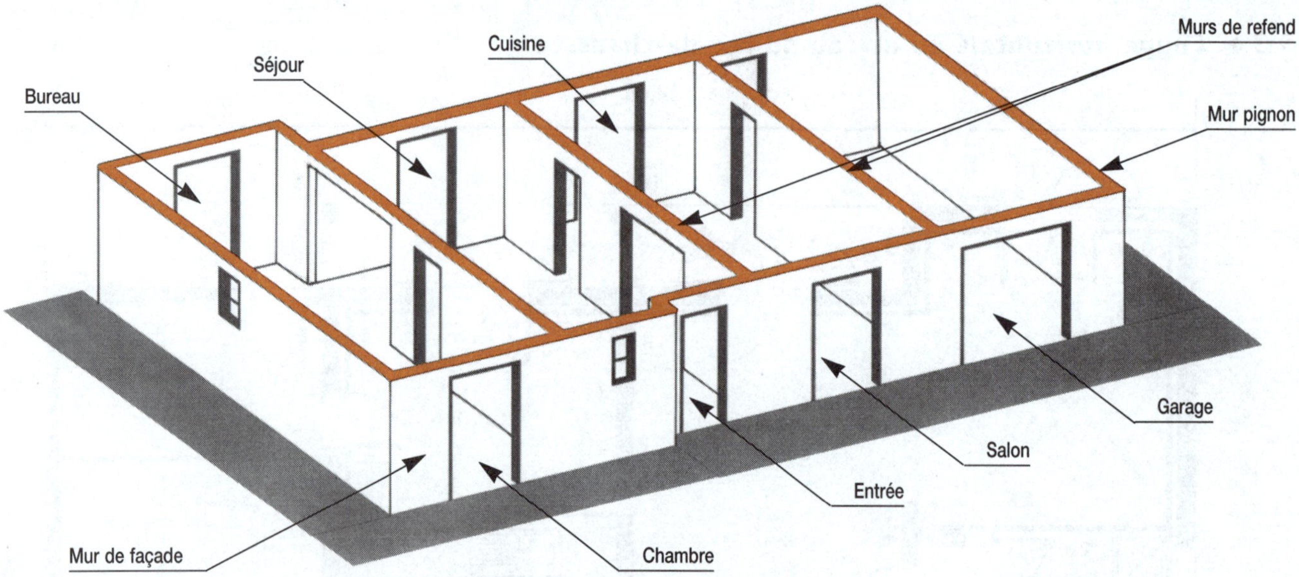

Figure 9.4 : ***visualisation des murs***

Cette vue aérienne fait apparaître les contours extérieurs de la construction avec les angles rentrants. Elle montre la structure verticale dite porteuse (murs de façade et de refends transversaux) ; les murs porteurs de l'étage sont en position de refends au niveau du rez-de-chaussée.

La vue aérienne permet aussi de visualiser les différents types de baies : portes-fenêtres, porte de garage, portes intérieures, etc.

9.3.3. Coupe horizontale au niveau de l'étage

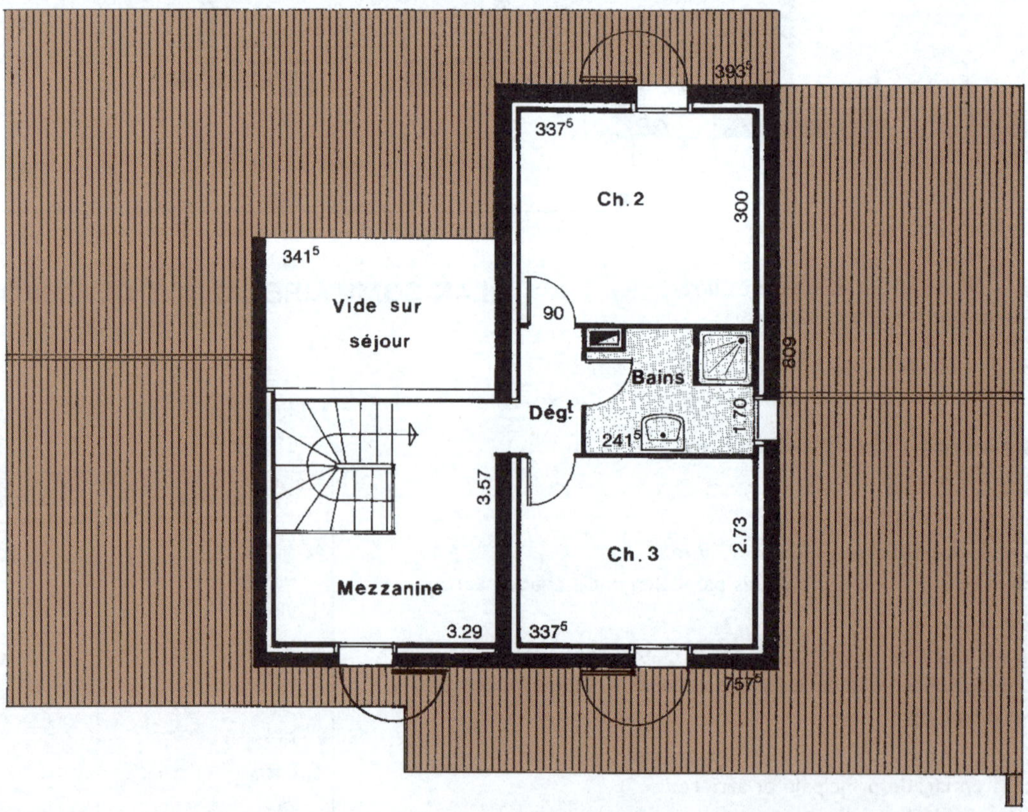

Figure 9.5 : ***plan sommaire de l'étage***

L'étage est représenté schématiquement avec son contexte environnant.

Le plan montre la distribution des locaux avec deux chambres, une salle d'eau en position tampon, la zone en mezzanine, ainsi que l'escalier balancé avec la flèche qui indique le sens de montée.

Un regard sur la façade principale et sur la façade arrière permet de saisir la disposition des toits décalés en altitude.

9.3.4. Aperçu des murs porteurs

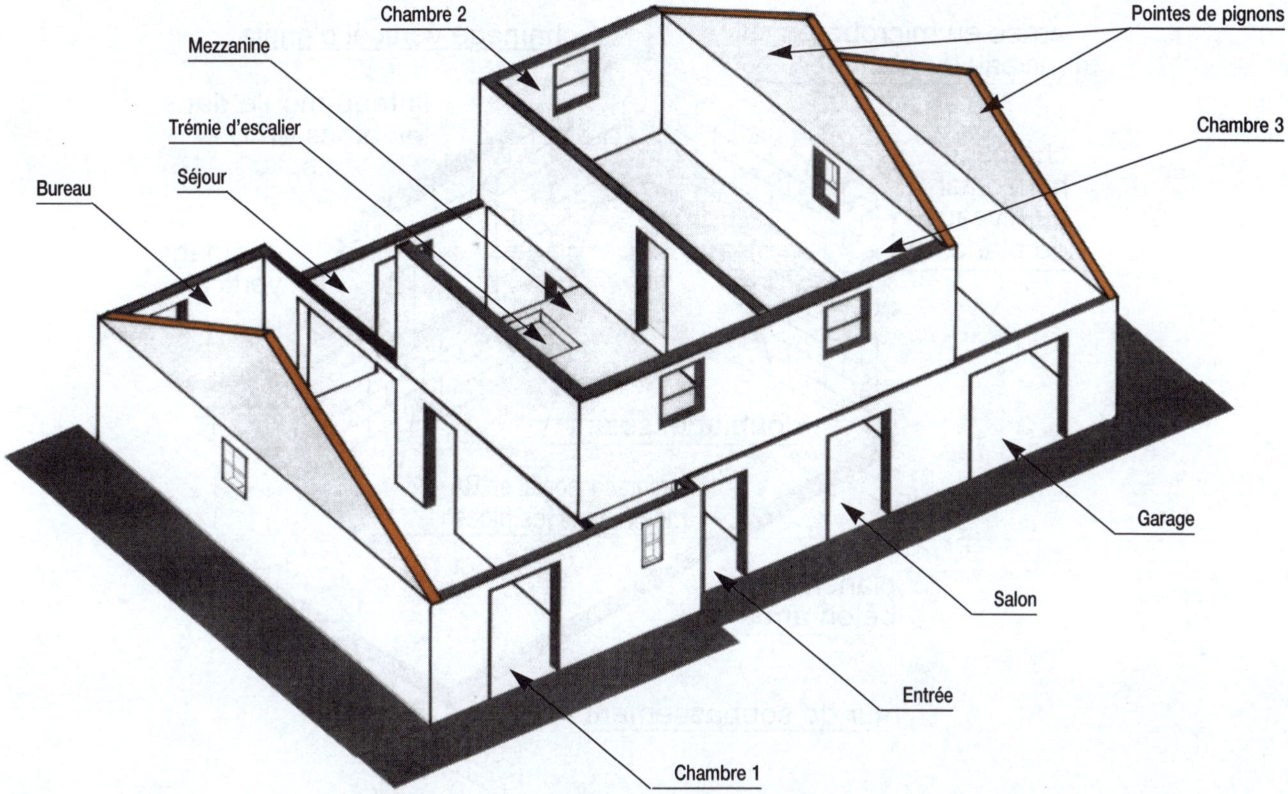

Figure 9.6 : *visualisation des murs porteurs*

– *Murs porteurs du rez-de-chaussée : ils portent le plancher en béton armé de l'étage.*
– *Murs de l'étage : en façade, en pignon, en refend.*
– *Pignons maçonnés porteurs de la charpente.*

Remarque : Le décalage des toits apparaît sur la vue en perspective en façade principale (fig. 9.1).

9.3.5. Murs traditionnels extérieurs des maisons d'habitation

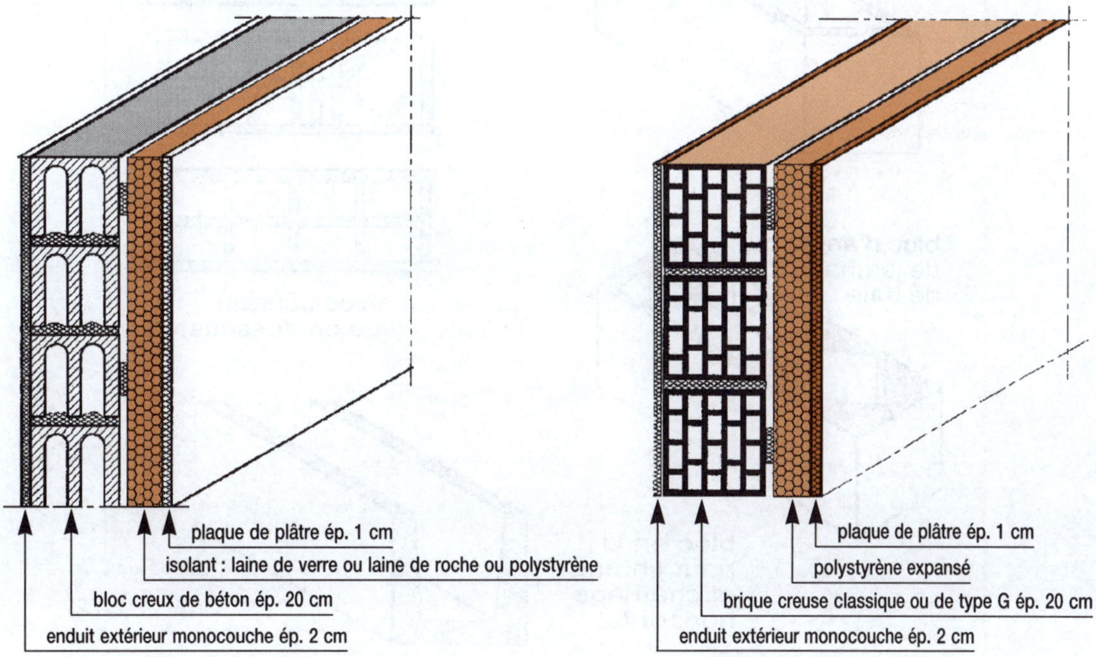

Figure 9.7 : *enduit + bloc + doublage isolant*

9.4. Mise en œuvre des blocs creux en béton

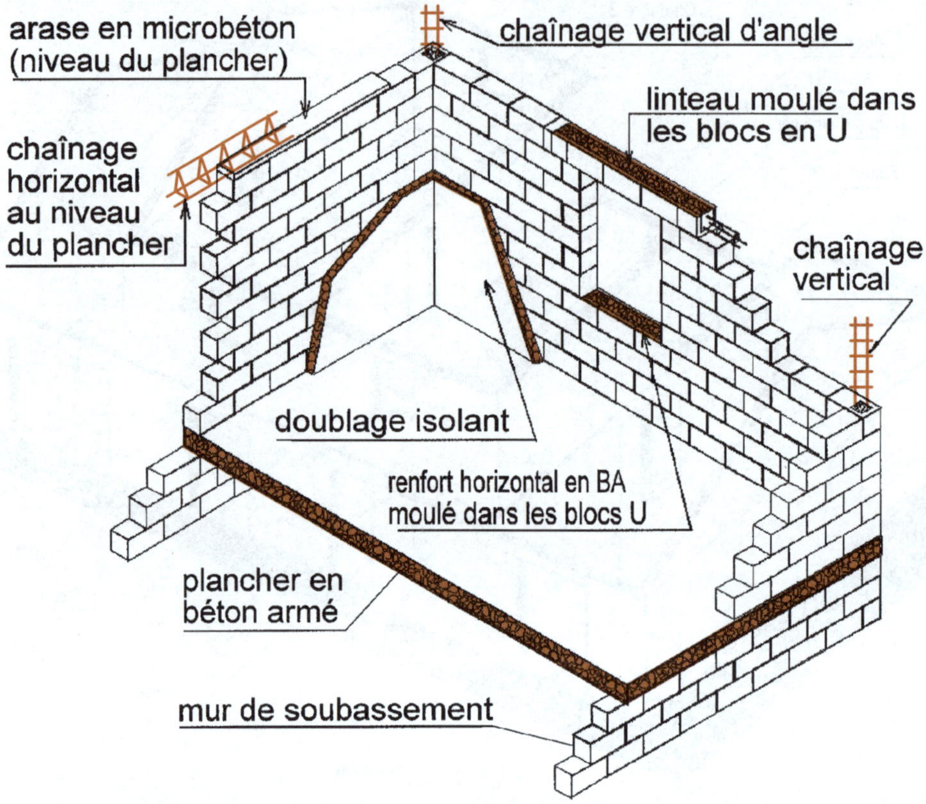

Figure 9.8 : *visualisation des éléments associés : blocs, linteaux, chaînages, doublage isolant, etc.*

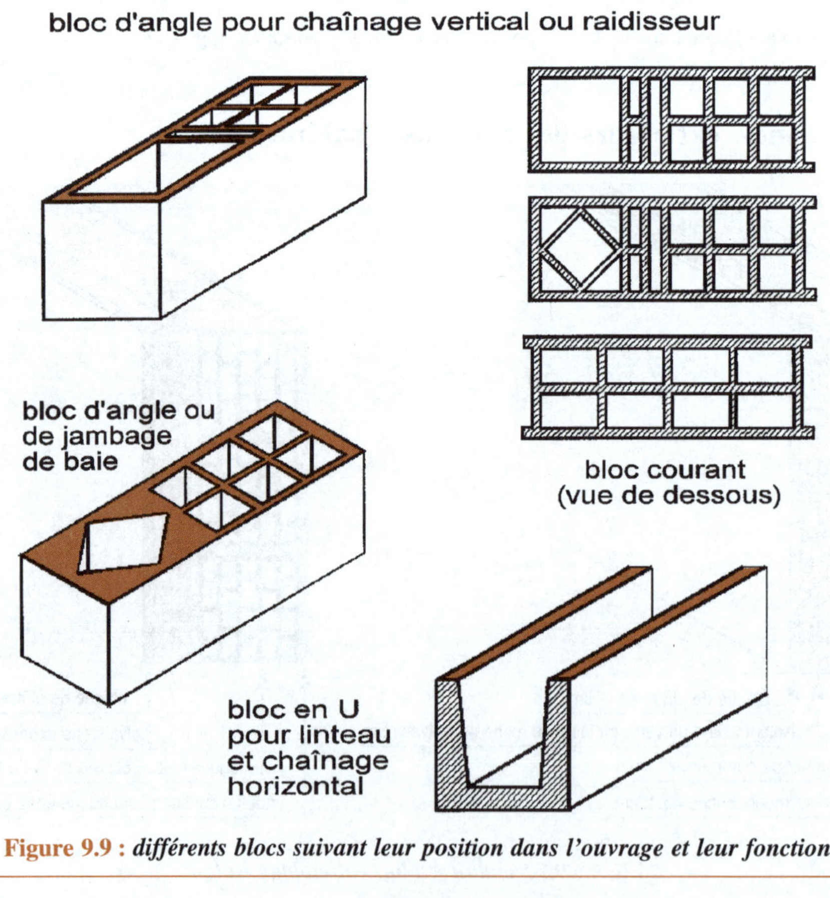

Figure 9.9 : *différents blocs suivant leur position dans l'ouvrage et leur fonction*

9.5. Mise en œuvre des briques creuses

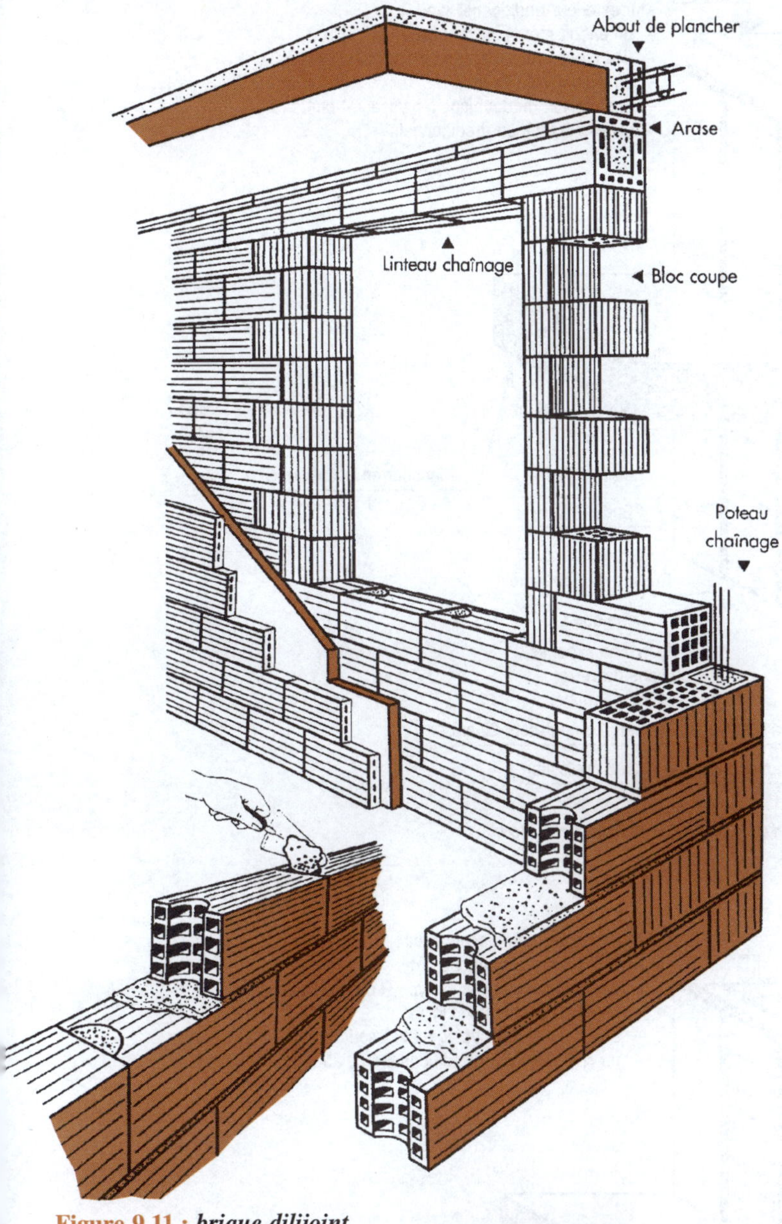

Figure 9.10 : *visualisation d'un mur avec doublage*

Figure 9.11 : *brique dilijoint*

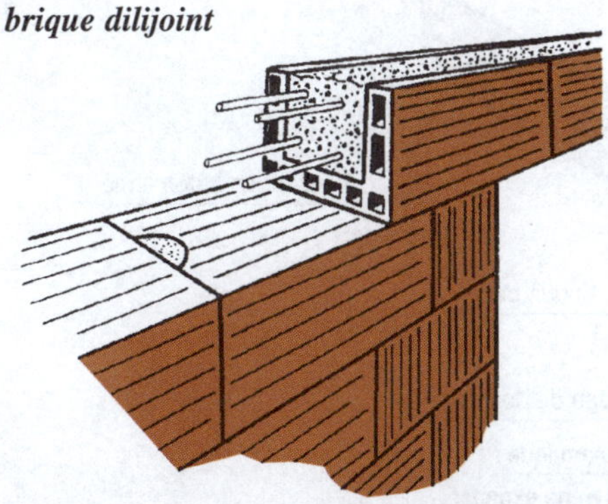

Figure 9.12 : *bloc chaînage horizontal et linteau*

Les briques linteaux en forme de U facilitent la conception et la mise en œuvre de la maçonnerie. Elles permettent d'obtenir des parements homogènes favorables à la bonne tenue des enduits (adhérence du mortier d'enduit).

La brique linteau atténue le mécanisme des condensations grâce à ses alvéoles et réduit la fissuration des façades exposées.

Figure 9.13 : *bloc coupe*

Le bloc à tout faire :

- *permet la réalisation des encadrements (tableaux) des ouverture (portes et fenêtres) ;*
- *ferme l'alvéolage des briques en bout de rang ;*
- *fournit des tranches de briques de dimension variée suivant les coupes nécessaires.*

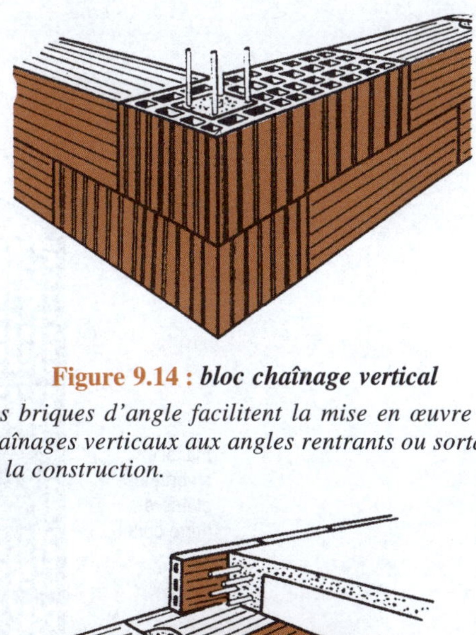

Figure 9.14 : *bloc chaînage vertical*

Les briques d'angle facilitent la mise en œuvre des chaînages verticaux aux angles rentrants ou sortants de la construction.

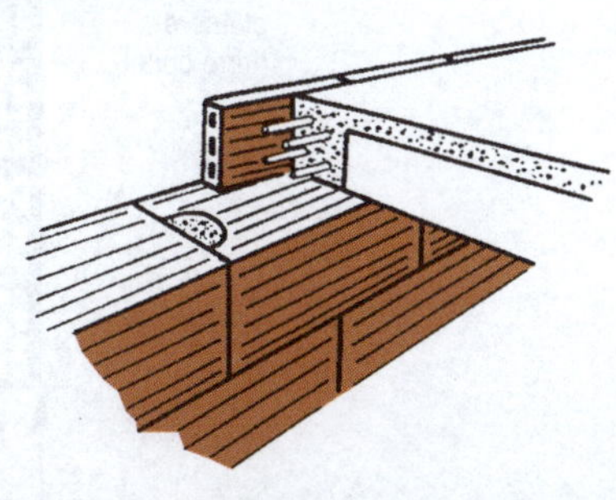

Figure 9.15 : *brique d'about de plancher*

Elle habille extérieurement le chaînage horizontal du plancher et offre une surface homogène avec le corps du mur pour recevoir les enduits extérieurs sur un support de même nature.

9.6. Exemples de solutions avec cloison de doublage

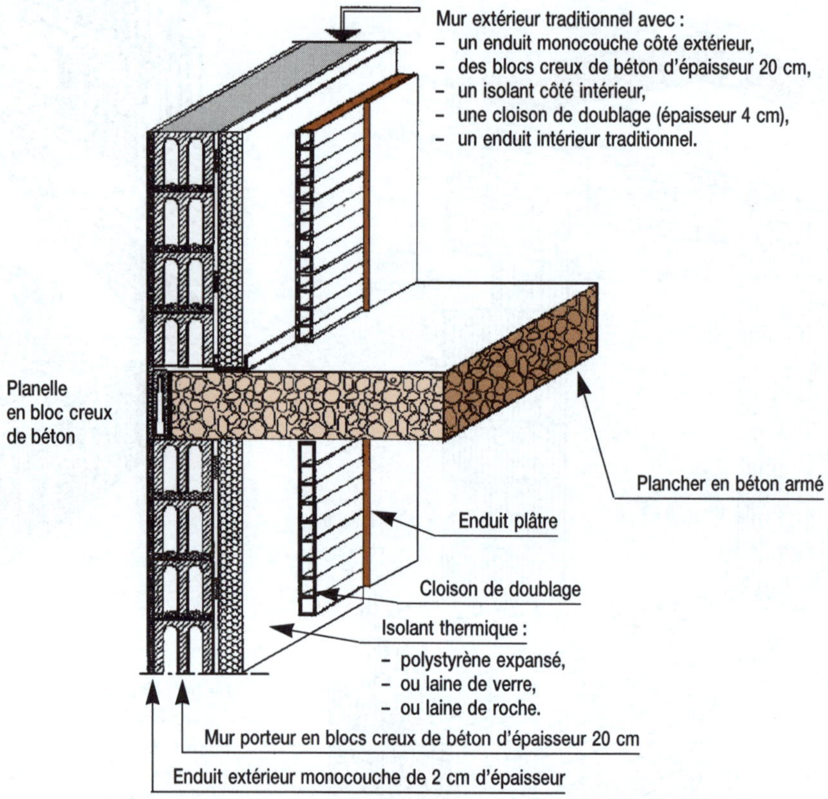

Figure 9.16 : ***mur en blocs creux de béton***

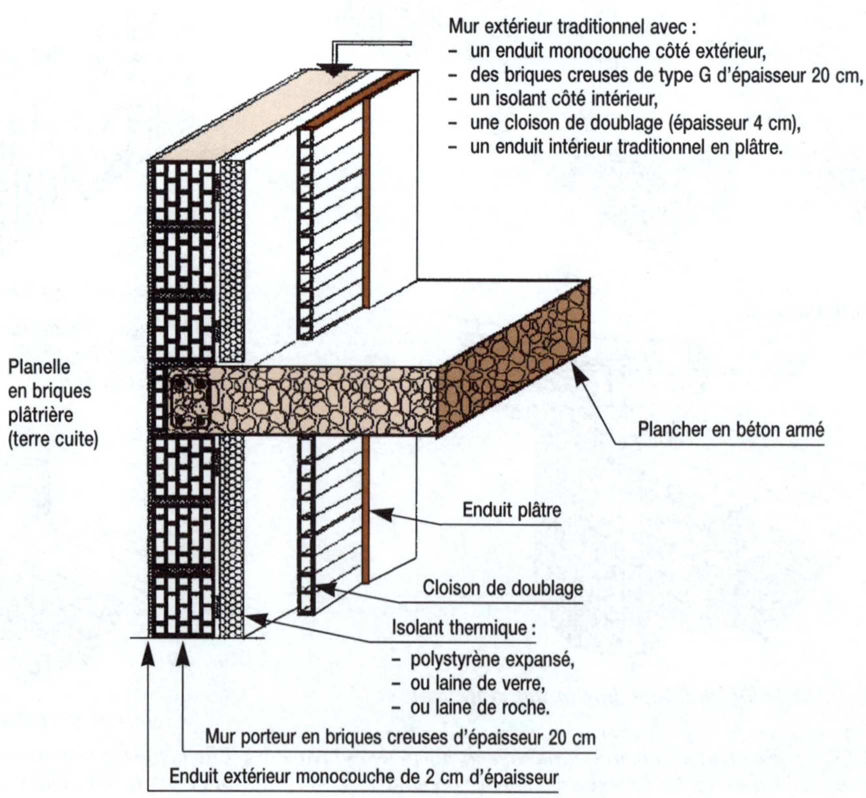

Figure 9.17 : ***mur en briques creuses de type G***

9.7. Chaînages horizontaux et verticaux

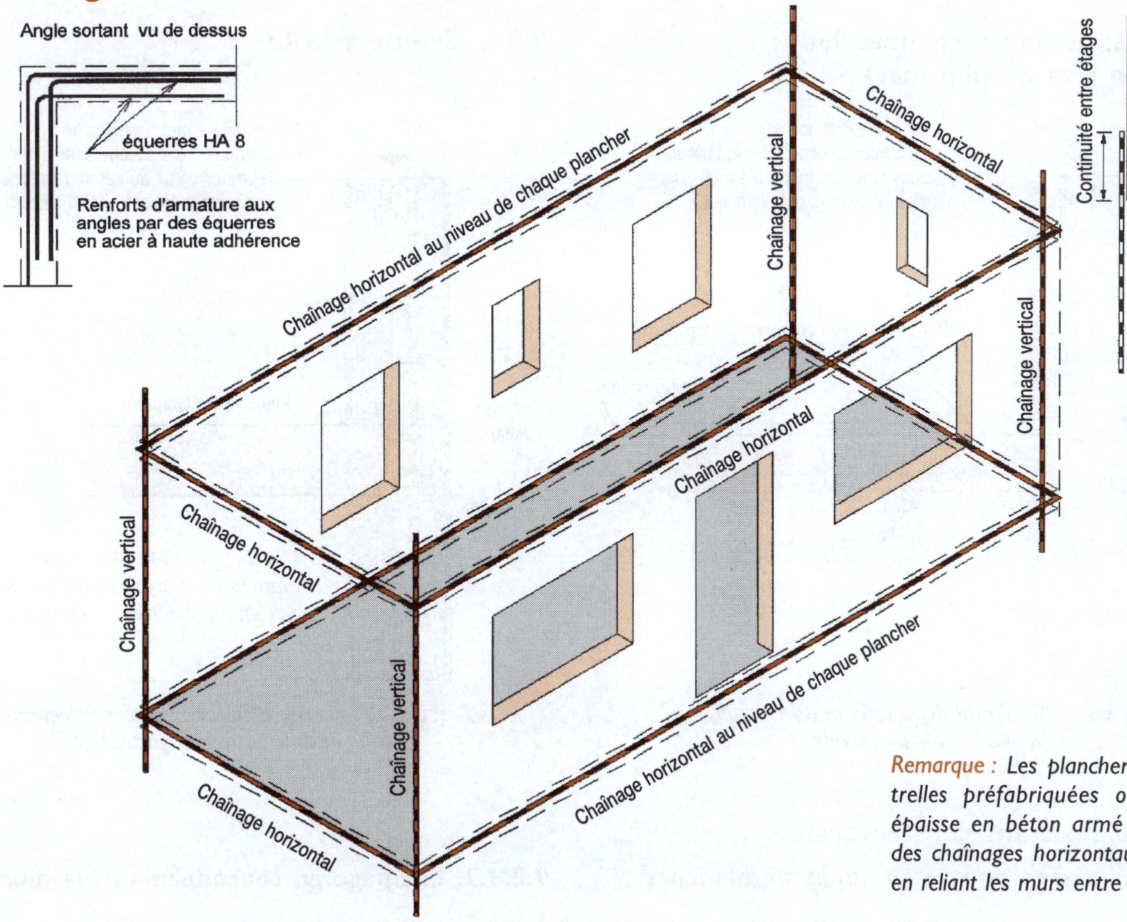

Remarque : Les planchers avec poutrelles préfabriquées ou en dalle épaisse en béton armé constituent des chaînages horizontaux multiples en reliant les murs entre eux.

Figure 9.18 : ***visualisation des chaînages horizontaux et verticaux***

Remarque : Les chaînages en béton armé sont souvent moulés dans les blocs spéciaux en forme de U (§ 9.4 et § 9.5).

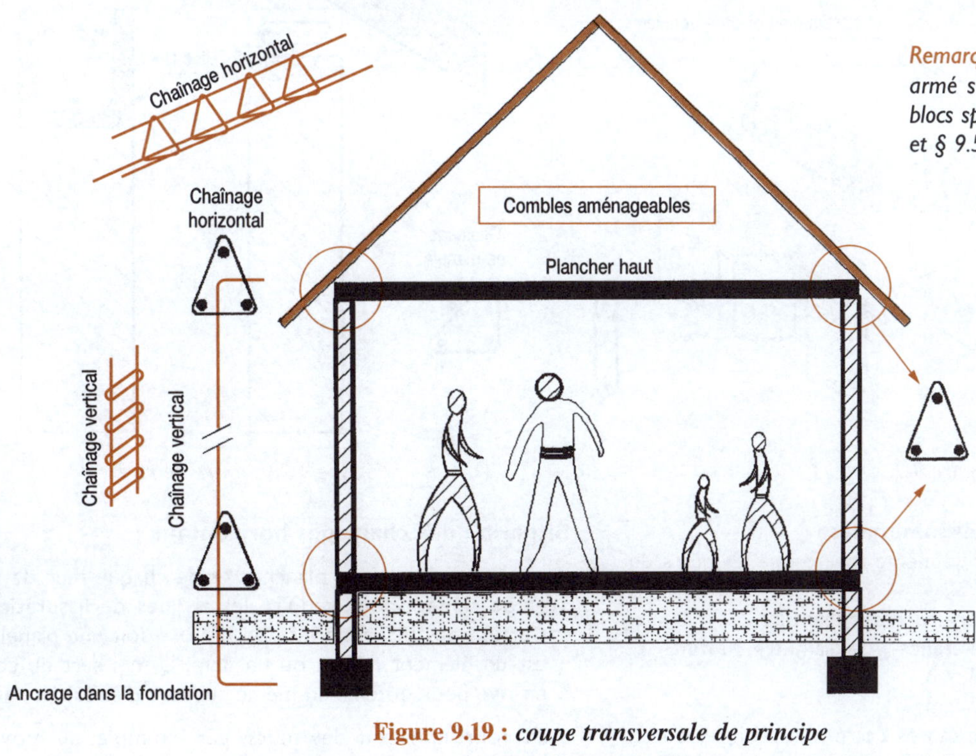

Figure 9.19 : ***coupe transversale de principe***

Les chaînages sont souvent moulés dans les blocs spéciaux (§ 9.3 et § 9.4).

9.8. Liaison murs/planchers

9.8.1. Disposition recommandée (en rive de plancher)

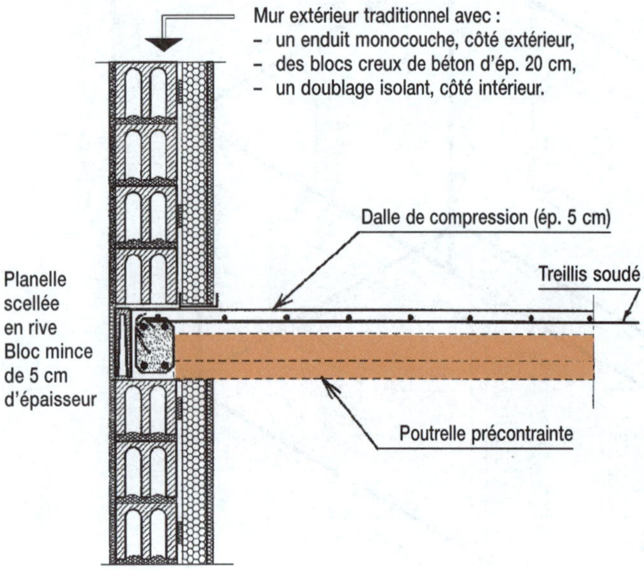

Figure 9.20 : ***détail de la liaison du plancher avec le mur de façade***

9.8.2. Erreur à éviter

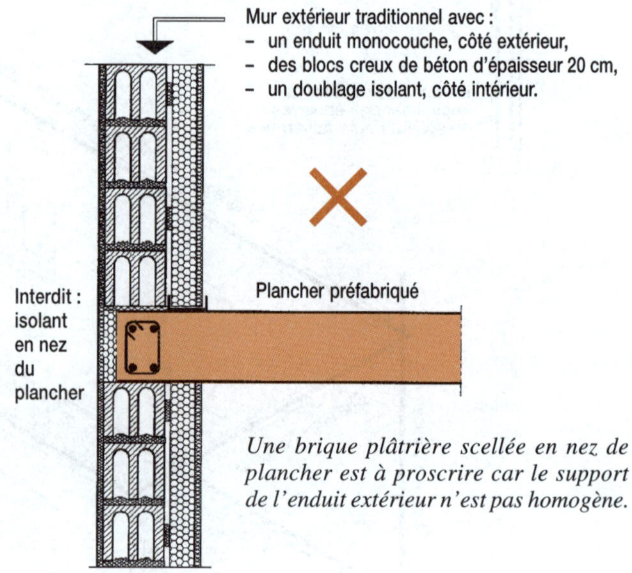

Figure 9.21 : ***erreur à éviter : isolant directement sous enduit en nez de plancher***

9.8.3. Dispositions constructives

9.8.3.1. Chaînage de rive en about de plancher

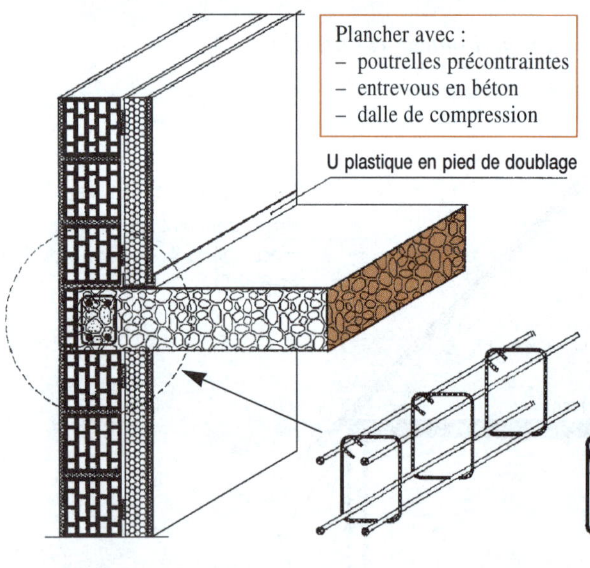

Figure 9.22

Dispositions constructives minimales :

- planelle disposée en rive, de même nature que les blocs du mur de façade;
- section minimale d'armature correspondant à :
  - 2 HA (acier à haute adhérence) de diamètre 10 mm,
  - ou 3 HA de diamètre 8 mm,
  - ou 4 HA de diamètre 7 mm;
- dispositions diverses avec cadres carrés, en triangle, ou en forme de V inversé, ou avec étriers transversaux (§ 9.10).

9.8.3.2. Chaînage en couronnement de mur

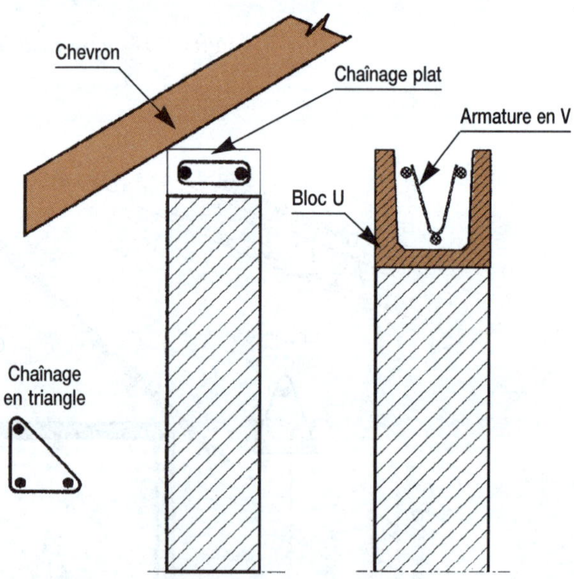

Figure 9.23 : ***murs de rive***

Situation des chaînages horizontaux :

- au niveau de chaque plancher et de chaque mur de façade et de refend, pour réduire les risques de fissuration par traction des maçonneries. On dispose soit une planelle, qui est un élément mince, ou un demi U, qui sert de coffrage en rive pour obtenir un même support d'enduit en façade;
- au couronnement des murs, par exemple, au moyen de blocs spéciaux en forme de U.

9.8.3.3. Liaison du mur extérieur (façade) et du mur intérieur (refend)

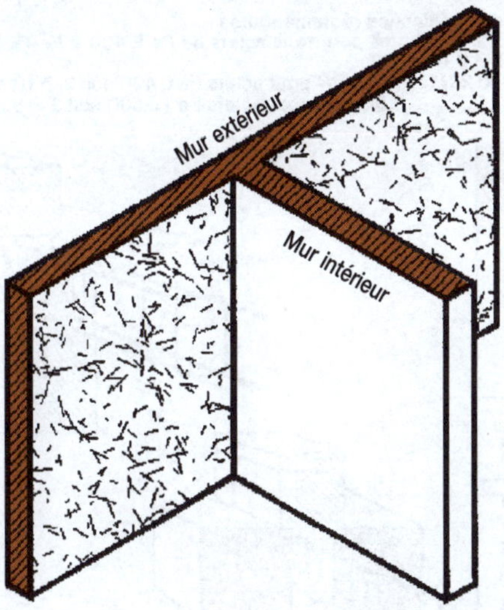

Figure 9.24 : ***murs liés sur leur hauteur***

→ Meilleure stabilité, mais création d'un pont thermique défavorable et risque d'humidité par infiltrations.

Cette liaison est à éviter et on adopte généralement la solution de la figure 9.25.

9.8.3.4. Dissociation des murs de façade et de refend

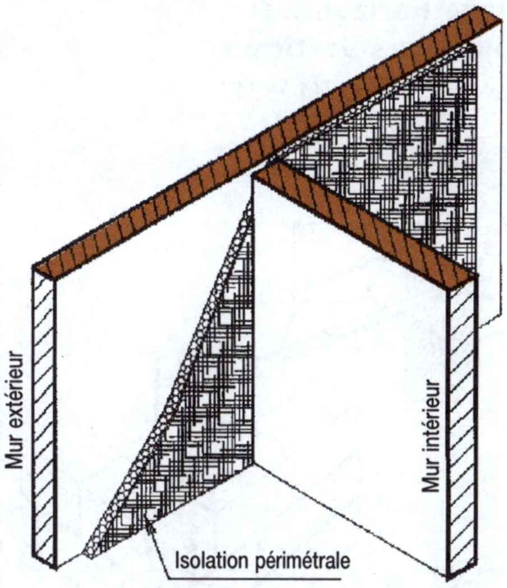

Figure 9.25 : ***murs disjoints sur leur hauteur mais reliés en tête : solution à conseiller***

Les murs de façade et de refend sont dissociés pour permettre la continuité de l'isolation.

Leur liaison s'effectue en tête par les chaînages ou les planchers.

9.9. Les murs pignons

① Chaînage du plancher bas ② Chaînages verticaux du RDC ③ Chaînage du plancher haut ④ Raidisseurs verticaux encadrant la baie ⑤ Linteau – Chaînage de la pointe

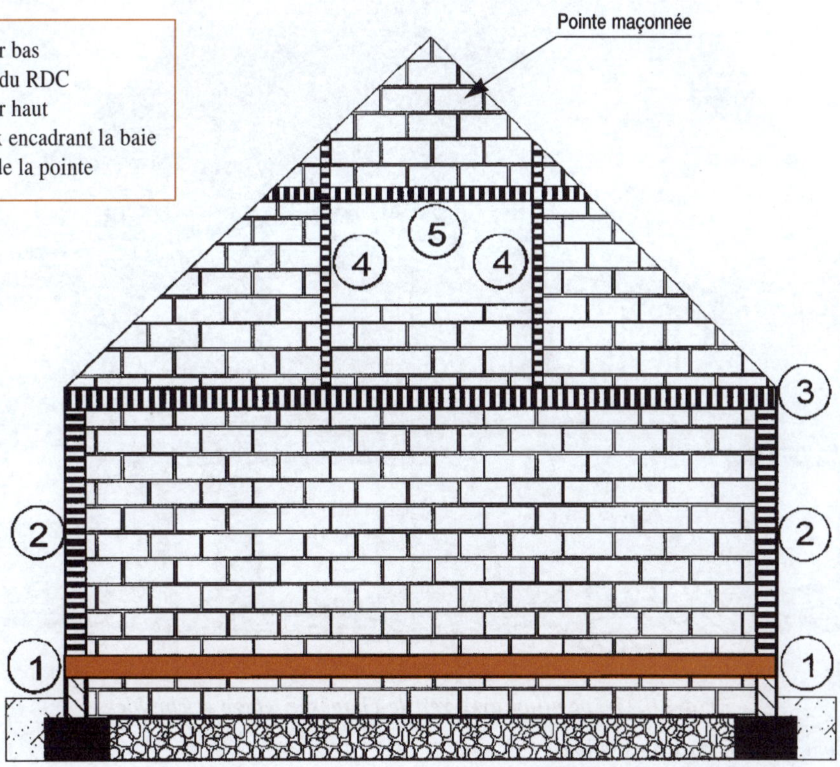

Figure 9.26 : ***mur pignon en maçonnerie de blocs avec ouvrages associés en béton armé***

Remarque : Une arase en béton armé peut aussi s'effectuer suivant les rampants du pignon.

9.10. Standard d'armatures pour béton armé

Chaînage horizontaux et raidisseurs verticaux

Avis Sovotec n° SO.LEM 79947

Conformité aux sections minimales réglementaires :
Murs banchés : DTU 23/1, 1,5 cm² pour tous aciers de Fe E 400 à Fe TE 500 soit 3 ∅ 8 ou 4 ∅ 7
Murs maçonnerie : DTU 20/11, 1,57 cm² pour aciers Fe E 400 soit 2 ∅ 10 ou 4 ∅ 8
1,50 cm² pour aciers Fe TE 500 soit 3 ∅ 8 ou 4 ∅ 7

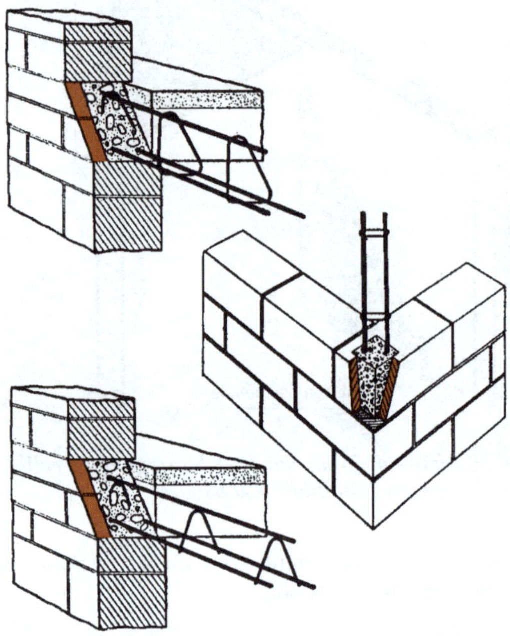

PRINCIPAUX MODÈLES	Réf. Larg. Haut. en cm
	CH 10-10 CH 10-15 CH 15-15 EL 10-10 EL 10-15 EL 15-15
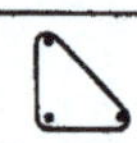	CHT 10-10
	CH 4-10 CH 4-12 CH 4-15 CHR 4-10 CHR 4-12 CHR 4-15
	UV 9,5/8.8.8 UV 11,5/8.8.8
	EC 6/10.10 EC 11/10.10 EC 16/10.10

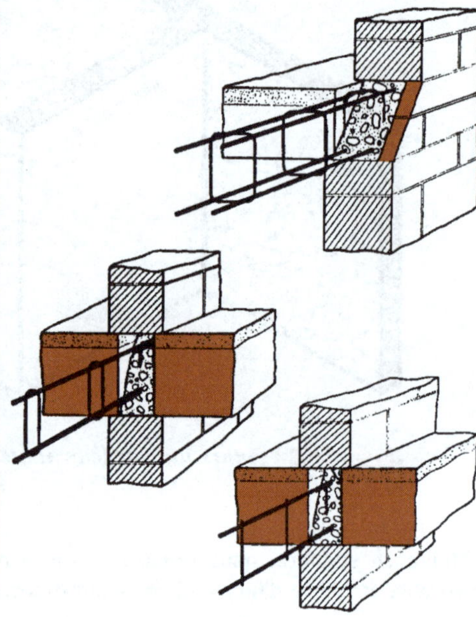

Standarm

Standarm

Figure 9.27 : ***pavillon avec rez-de-chaussée, étage et combles***

Les chaînages suivants sont indiqués par transparence :
- *au niveau des fondations,*
- *au niveau de chaque plancher,*
- *dans les angles de la construction,*
- *sur la partie supérieure des rampants de pignons.*

Chapitre 10

Baies des façades

- Dossier support : pavillon de plain-pied avec garage
- Extrait du descriptif avec options

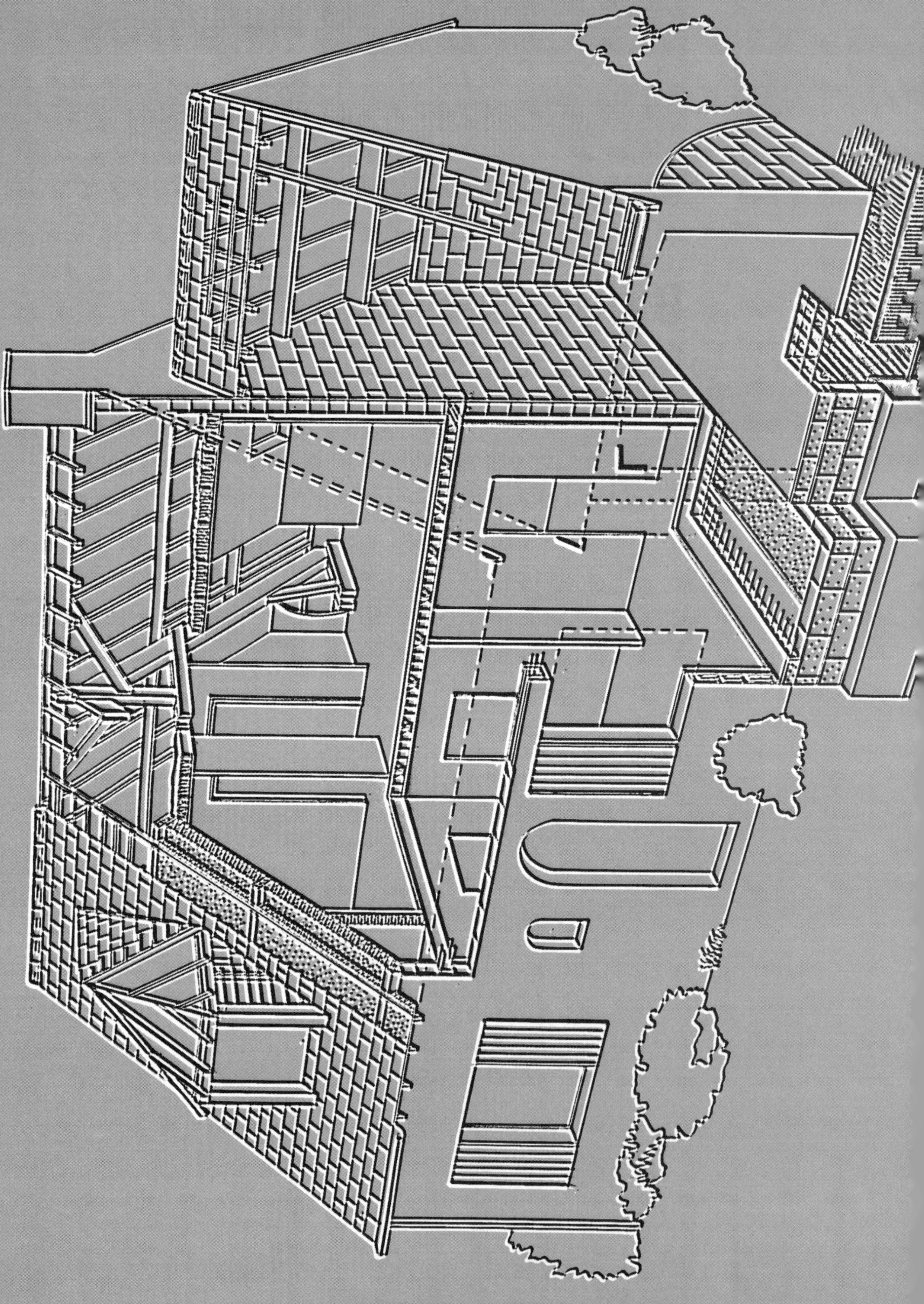

10.1. Dossier support : pavillon de plain-pied avec garage

10.1.1. Documents graphiques

Se reporter aux figures 10.1 à 10.7.

❒ ***Façades :*** façade principale et façade arrière (fig. 10.1 et 10.2).

❒ ***Pignons :*** pignon droit et pignon gauche (fig. 10.3).

❒ ***Plan du rez-de-chaussée*** (fig. 10.5), qui présente :

- la **zone jour**, avec un salon/séjour et une cuisine qui permet l'accès aux locaux de service dénommés débarras et garage ;
- la **zone nuit**, avec trois chambres et une salle de bains.

Remarque : On remarque que la distribution des pièces habitables est assurée uniquement par des cloisons. Cette conception permet d'avoir le maximum de surface habitable (pas d'emprise par des murs de refend) et de cerner plus facilement le critère économique.

10.1.2. Document écrit : descriptif des ouvrages

Il s'agit d'un extrait de descriptif succinct centré sur :

- les murs extérieurs en l'occurrence ;
- les menuiseries extérieures ;
- les fermetures extérieures.

Ce dossier servira de base pour traiter :

- des murs extérieurs et des baies (chap. 11) ;
- des liaisons entre les éléments pour assurer les fonctions à satisfaire (fonction porteuse, fonction isolation).

Les conditions à respecter pour des travaux de qualité effectués par des corps d'état différents seront précisées (étanchéité à l'air et à l'eau en particulier).

Les liaisons seront traitées dans le chapitre 11, essentiellement au niveau :

- des appuis de fenêtre ;
- des seuils ;
- des coffres incorporés de volets roulants ;
- des menuiseries extérieures : portes, portes-fenêtres, fenêtres, châssis, etc.

10.2. Extrait du descriptif avec options

10.2.1. Ouvrages non détaillés

- Fondations par semelles continues en béton armé.
- Murs de soubassement en rive et intermédiaire.
- Dallage en béton armé sur terre-plein avec isolation sur toute la surface.

10.2.2. Murs extérieurs

❒ ***Matériaux :***

- maçonnerie de blocs creux de béton, épaisseur 20 cm, hourdés au mortier chaux et ciment ;
- utilisation de blocs spéciaux pour les chaînages verticaux et horizontaux ;
- linteaux des baies moulés dans les blocs en « U ».

Tableau 10.1 : *tolérances d'exécution pour les murs extérieurs*

Critères		Tolérances
Planitude des murs :	longueur et hauteur > 1,50 m	1 cm
Alignement :	longueur de 10 m	1 cm
Verticalité :	pas de surplomb	–

❒ ***Enduit monocouche sur la face extérieure :***

- mortier hydraulique : mélange à sec préparé en usine, teinté dans la masse. Épaisseur à prévoir sur la maçonnerie brute des jambages de baies : 1,5 cm ;
- arêtes façonnées avec profil PVC pour angles sortants et encadrements de baies ;
- tolérances d'exécution conformes au document technique unifié (DTU) sur les enduits.

❒ ***Isolation côté intérieur :***

- doublage isolant : épaisseur > 80 mm d'isolant + plaque de plâtre ;
- option : isolant + cloison de doublage + enduit plâtre ;
- cas des pièces humides : placer une coupure de remontée capillaire en pied.

10.2.3. Menuiseries extérieures (options diverses)

Matériaux classiques : bois, aluminium, PVC ou composants (bois et aluminium)

❒ ***Porte d'entrée, pleine ou avec double vitrage type 4/12/4***

➤ **Option 1 : en bois**

- Seuil en aluminium.
- Grille ou barreaux de défense.
- Serrure trois points.
- Finition en teinte merisier, ou chêne, ou noyer, ou peinture.

➤ **Option 2 : en aluminium**

- Classe 15, laqué blanc ou suivant nuancier.
- Ouvrant à la française.
- Joints en néoprène pour l'étanchéité.

❒ ***Portes-fenêtres et fenêtres***

➤ **Option 1 : en bois Moabi ou Movingui**

- Critères d'étanchéité Air-Eau-Vent : A3.E3.V2.
- Label du centre technique du bois pour l'isolation thermique : TH4.
- Dimensions suivant les plans.
- Ouvrants à la française.

➤ **Option 2 : en aluminium laqué blanc**

- Vantaux coulissants.
- Critères d'étanchéité : A3.E3.V2.
- Étanchéité centrale et latérale par chicane et double joint brosse.
- Verrouillage par verrous automatiques encastrés.

➤ **Option 3 : profilés en PVC extrudés** (type Rehau Acryl ou Climabaie Optima)

Tableau 10.2 : *caractéristiques thermiques comparées de fenêtres oscillo-battantes*

Vitrage	Lame d'air	Coefficient K	Coefficient moyen jour-nuit : K_{jn} (W/m².°C) Sans fermeture	Avec fermeture
Simple	–	4,20	3,60	3,05
Double	12 mm	2,55	2,30	2,00

Remarque : *Se référer aux avis techniques des produits pour les autres caractères.*

❒ ***Porte de garage***

– Option 1 : vantaux coulissants en bois ou en PVC.
– Option 2 : porte basculante en métal traité et levage compensé par ressorts.

❒ ***Fermetures extérieures***

Se reporter au chapitre 12.
– Option 1 : volets battants en bois ou en PVC, avec gonds vissés dans la maçonnerie.
– Option 2 : volets roulants logés dans les caissons incorporés dans l'épaisseur du mur ; exemples : caissons type Bubendorf, Rekord, Fibralith.

FAÇADE PRINCIPALE

Figure 10.1

FAÇADE ARRIÈRE

Figure 10.2

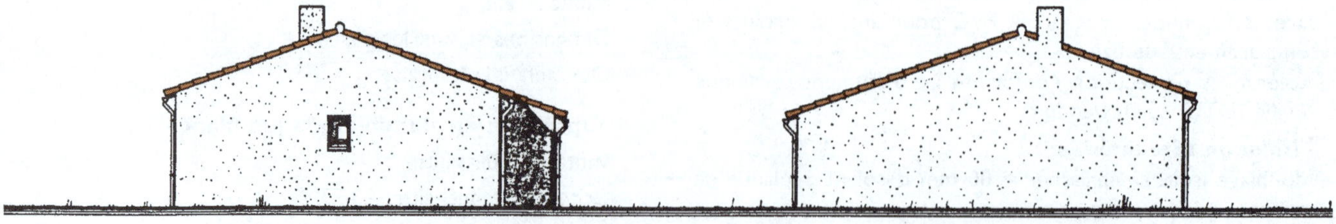

PIGNON GAUCHE PIGNON DROIT

Figure 10.3 : *pignons*

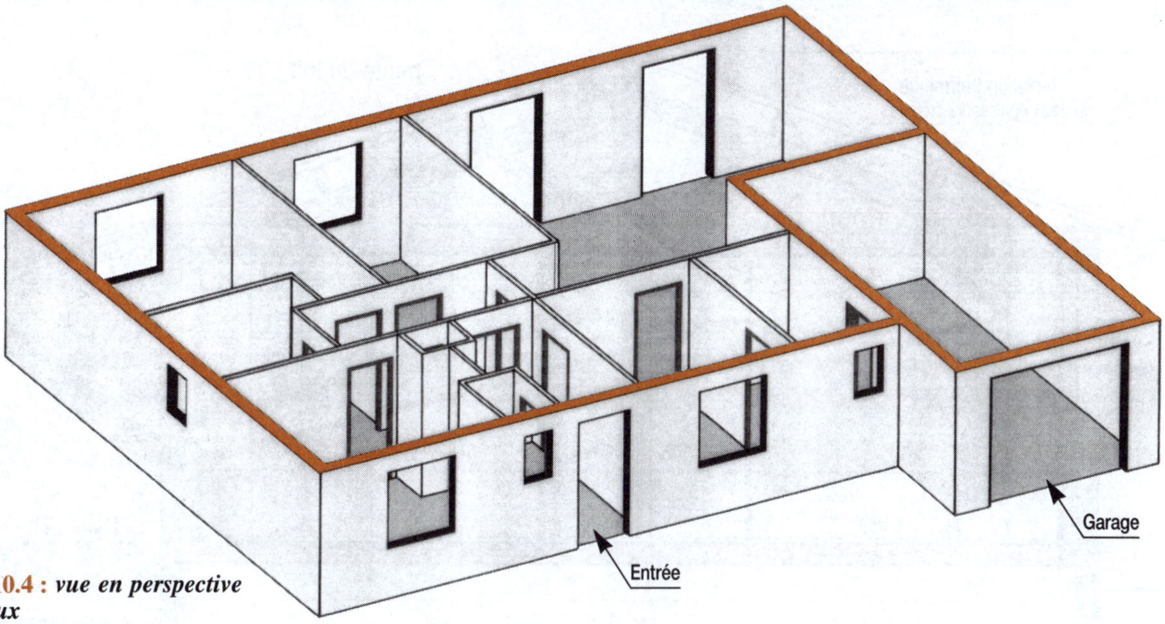

Figure 10.4 : ***vue en perspective des locaux***

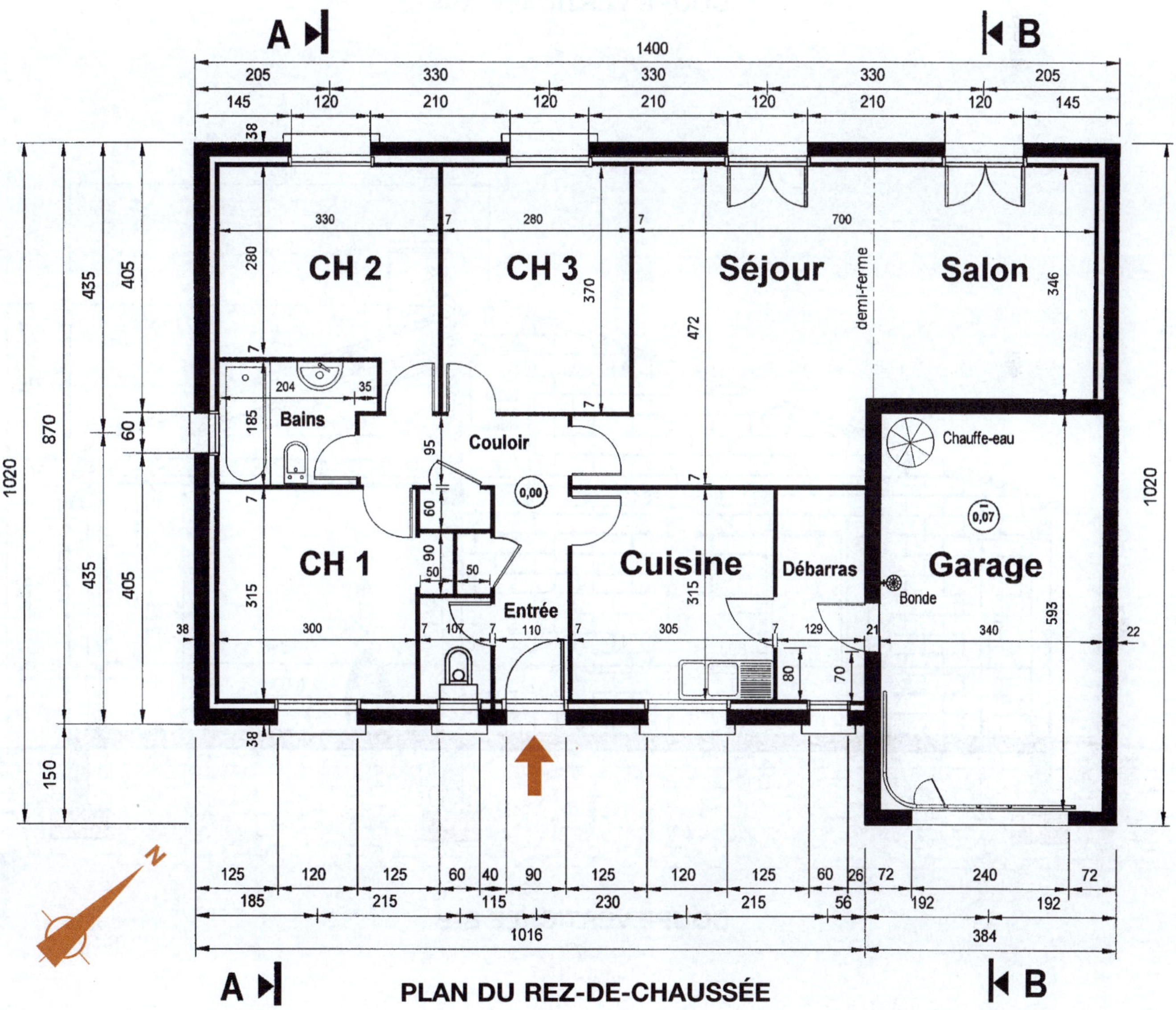

Figure 10.5

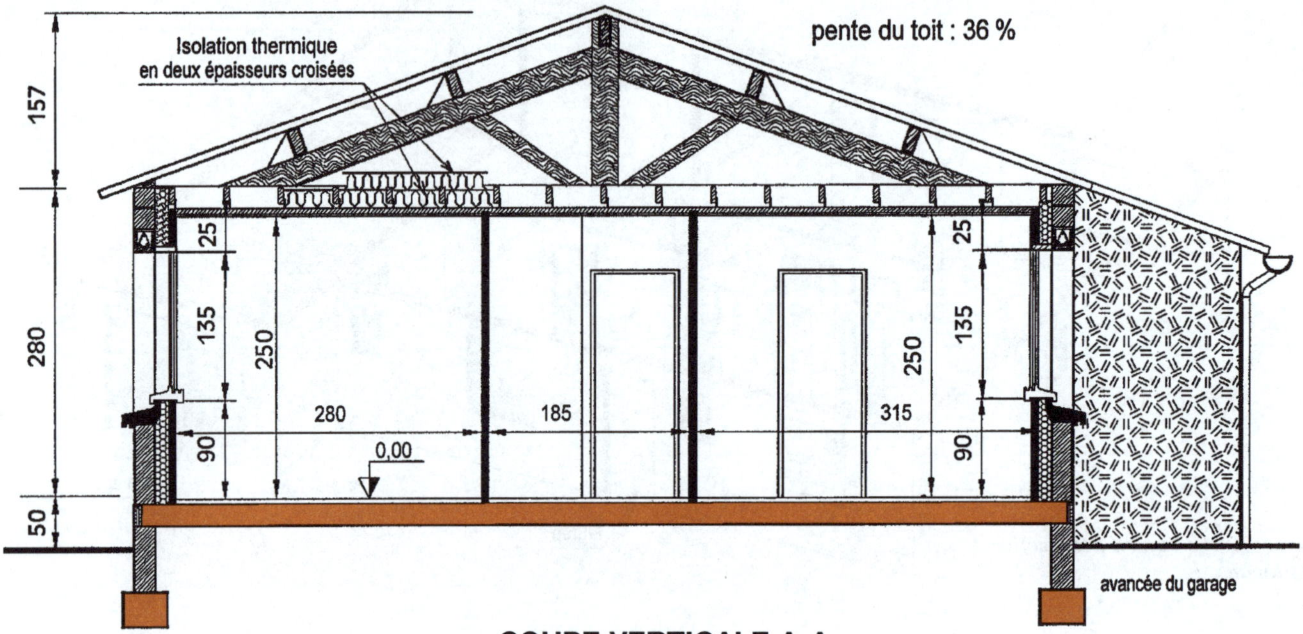

COUPE VERTICALE A-A

Figure 10.6

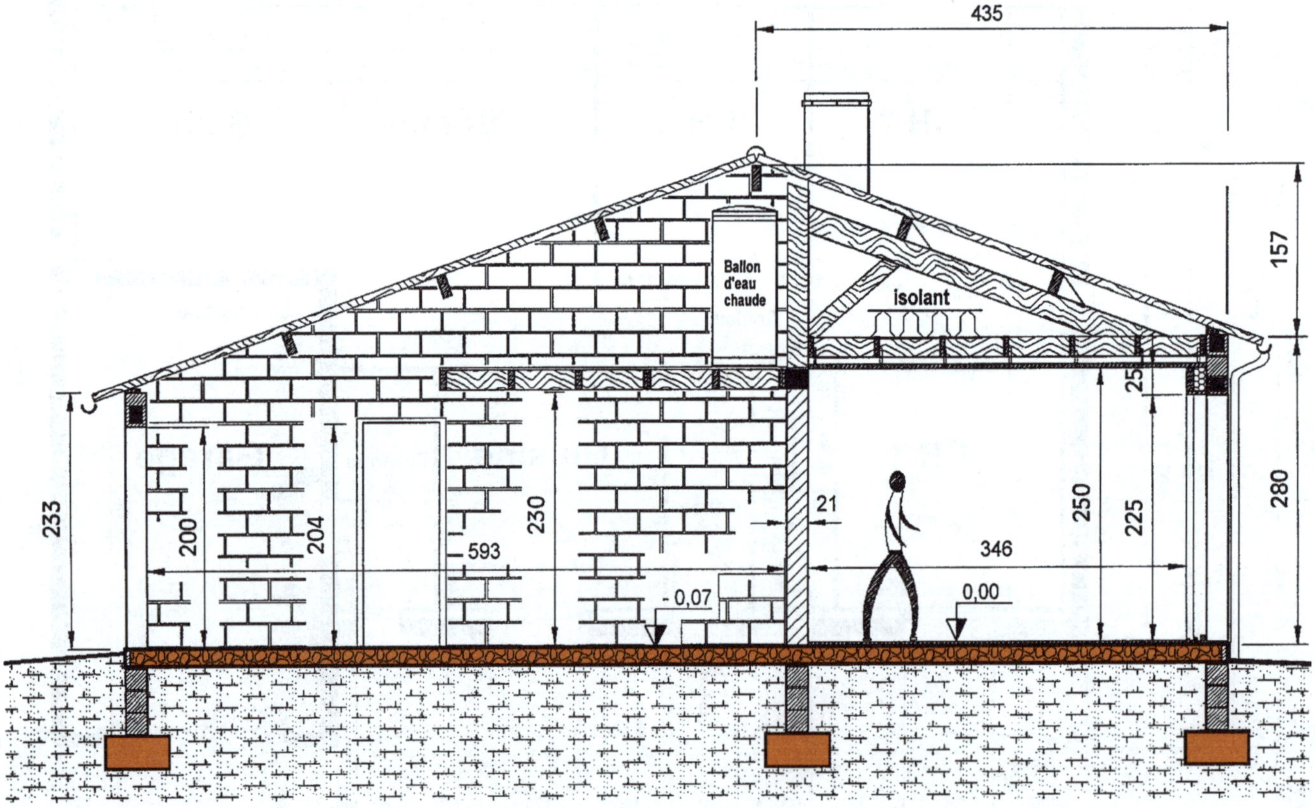

COUPE VERTICALE B-B

Figure 10.7

Chapitre 11

Murs et baies

- Visualisation des murs du pavillon avec les baies
- Implantation des baies
- Cotation des niveaux sur les plans
- Cotation dans le plan vertical
- Murs extérieurs avec baies
- Recommandations de mise en œuvre
- Appuis de fenêtre : mise en œuvre
- Étanchéité au pourtour des baies
- Dispositions de pose des menuiseries
- Traitement des points sensibles au pourtour des baies
- Cas des seuils
- Fiche technique d'une baie en alliage d'aluminium : type oscillo-battant
- Coffres de volets roulants

11.1. Visualisation des murs du pavillon avec les baies

Se reporter aux documents graphiques
et à l'extrait de descriptif du chapitre 10.

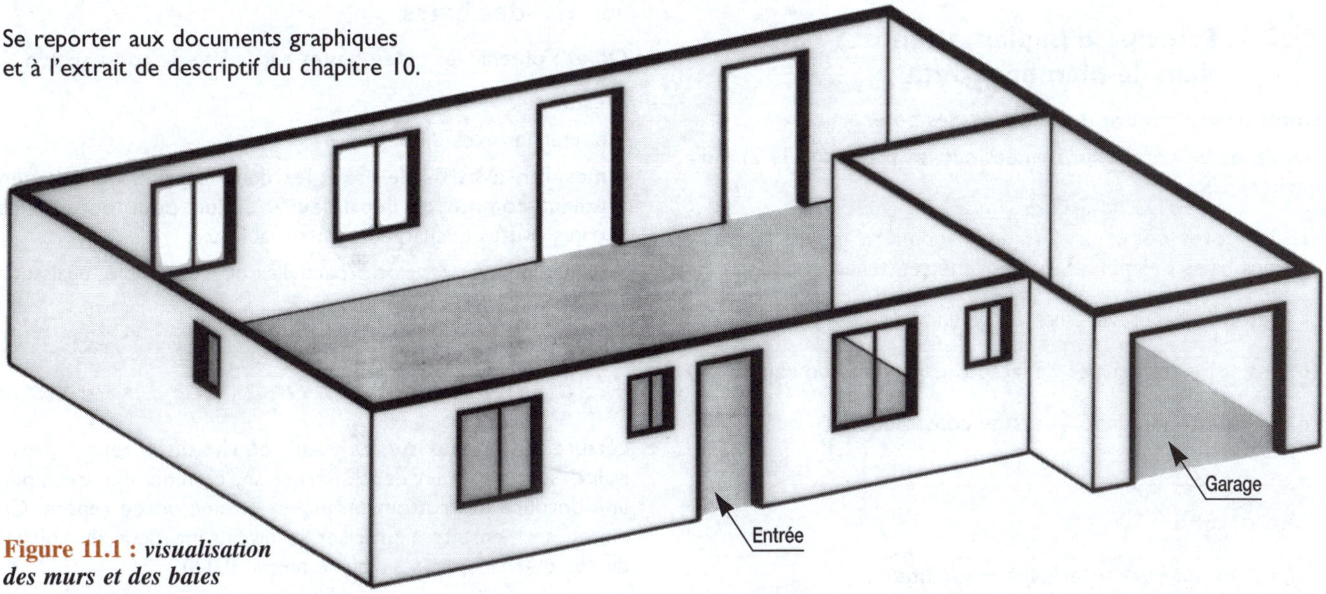

Figure 11.1 : *visualisation des murs et des baies*

Problèmes pratiques à traiter :

1/ Comment implanter les murs extérieurs et intérieurs à partir d'un plan coté (fig. 11.1a), des cotes partielles et des cotes cumulées, pour éviter les erreurs sur le site suivant les tolérances d'exécution précisées, soit :
- dans le descriptif des travaux,
- par référence aux documents techniques unifiés (DTU) ?

2/ Comment implanter les baies :
- dans le plan proprement dit,
- en altitude pour les hauteurs d'appui de fenêtre et la hauteur sous les linteaux (fig. 11.1b) ?

3/ Comment traiter efficacement les points sensibles, notamment les jonctions, pour assurer l'étanchéité à l'air et à l'eau, surtout aux jonctions entre la maçonnerie et les menuiseries ?

4/ Comment sont disposés les coffres intégrés de volets roulants et quels sont les types d'enroulements ?

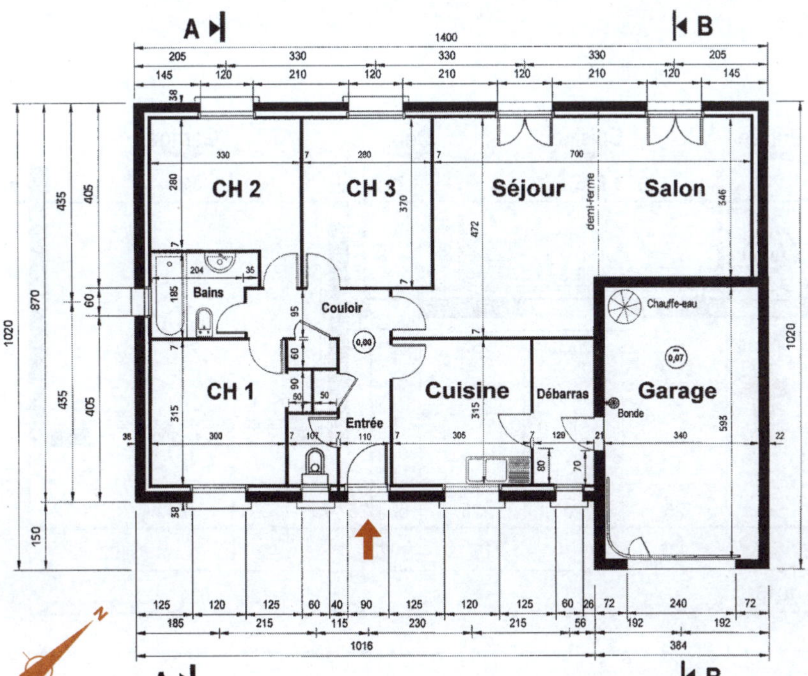

Figure 11.1a : *plan du rez-de-chaussée*

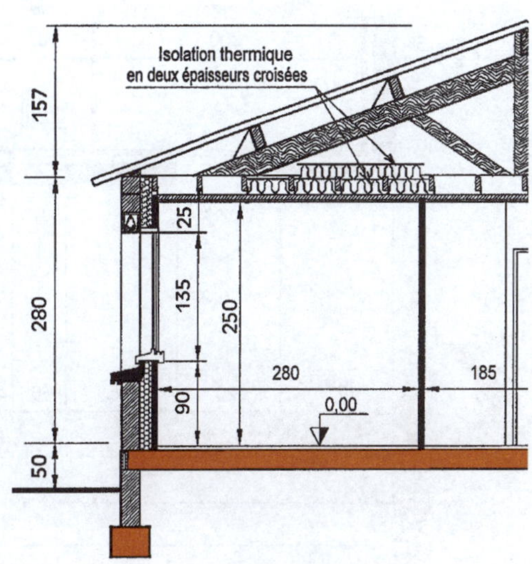

Figure 11.1b : *coupe partielle A-A sur la fenêtre située dans la chambre 2*

11.2. Implantation des baies

11.2.1. Principe d'implantation des baies dans le plan horizontal

Cotation extérieure des murs et des baies

Les lignes de cotes représentées sur les plans (fig. 11.2) indiquent :

ⓐ les cotes des trumeaux en maçonnerie et les largeurs des baies des portes, portes-fenêtres, fenêtres, châssis

ⓑ les axes des ouvertures, d'axe en axe

ⓒ les cotes des parties de façades dans le cas de redans

ⓓ la cote totale de longueur de construction

Remarques :

La ligne de cote intérieure ⓔ indique :

– les épaisseurs des murs et cloisons,

– les dimensions des pièces intérieures,

– la position des ouvertures intérieures.

Le repérage de chaque extrémité des lignes de cotes s'effectue par :

– une flèche ouverte,

– ou une flèche fermée généralement noircie,

– ou une barre oblique inclinée à 45° par rapport à la ligne de cote,

– ou un point de taille appropriée.

***Unités de base :** le mètre ou le millimètre.*

***Unité courante** en bâtiment gros œuvre : le centimètre.*

11.2.2. Mode d'implantation pratique des baies

Objet : obtenir les cotes brutes sur le site de construction.

Mesurage :

– porter les axes de baies ;

– mesurer, à partir de l'axe, les demi-largeurs de baies en tenant compte de l'épaisseur d'enduit pour obtenir les cotes brutes des largeurs entre tableaux ;

– contrôler avec les cotes partielles et d'ensemble, épaisseur d'enduit déduite.

11.3. Cotation des niveaux sur les plans

Lecture des niveaux sur les plans : on choisit un repère matérialisé sur le terrain de construction, comme, par exemple, une bordure de trottoir, un piquet ou une borne repère. Ce niveau sert ensuite à préciser le niveau intérieur du sol fini du rez-de-chaussée, à savoir le niveau 0,000.

On trace un cercle dans le plan, à l'intérieur duquel on indique le niveau, ou altitude, du plan considéré.

Exemples :

Niveau de référence du sol fini pour le rez-de-chaussée habitable :

(0,000)

Niveau du garage décalé en altitude par rapport au niveau de référence, avec le signe « – » :

(– 0,070)

Niveau de l'étage avec le signe « + » par rapport au niveau de référence :

(+ 2,750)

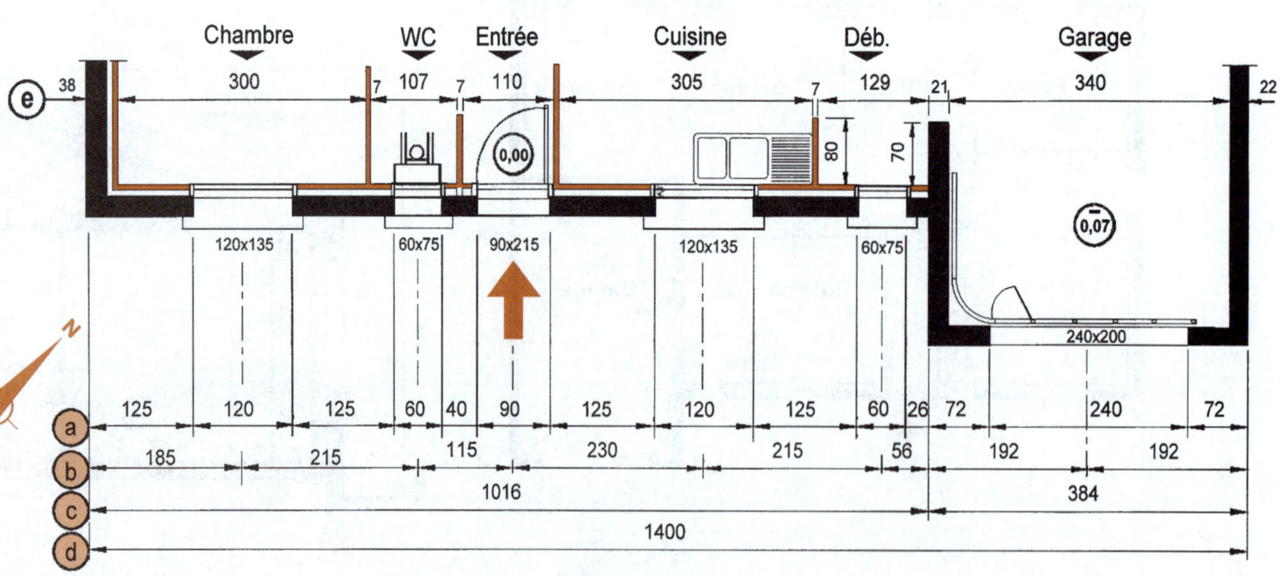

Figure 11.2 : *extrait du plan du rez-de-chaussée ; implantation des baies du mur de façade*

11.4. Cotation dans le plan vertical

11.4.1. Indication des niveaux

Les schémas suivants présentent un exemple de mode de présentation des niveaux.

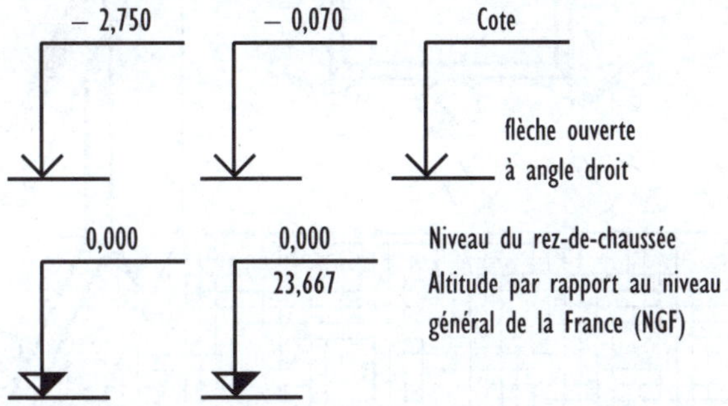

NB : Flèche fermée à demi noircie pour le niveau de référence.

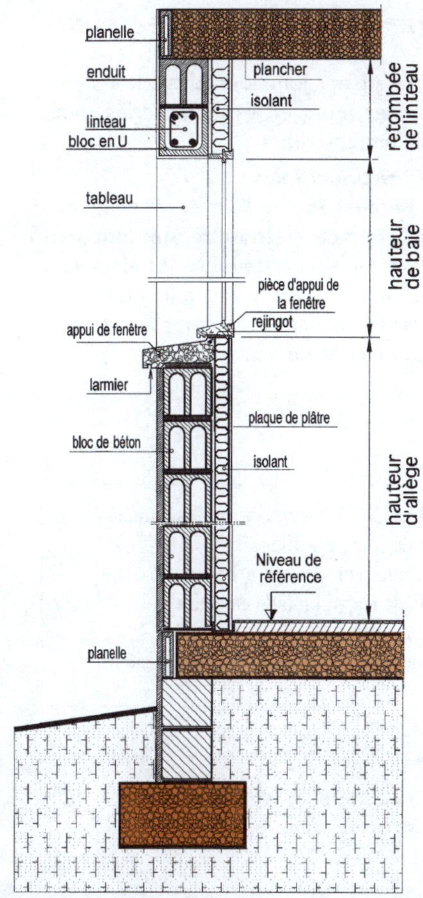

Figure 11.3 : *coupe sur mur et fenêtre : terminologie*

11.4.2. Indication des cotes verticales

Les cotes verticales sont les cotes partielles suivantes :

- hauteur d'allège à partir du sol fini jusqu'au niveau supérieur du rejingot,
- hauteur de l'ouverture entre le dessus du rejingot et le dessous du linteau,
- hauteur de la retombée du linteau ou du coffre de volet roulant sous le plancher ou le plafond,
- hauteur d'étage de sol fini à la sous-face du plancher ou du plafond.

Les figures 11.4 et 11.5 présentent des exemples de cotation dans le cas d'un rez-de-chaussée.

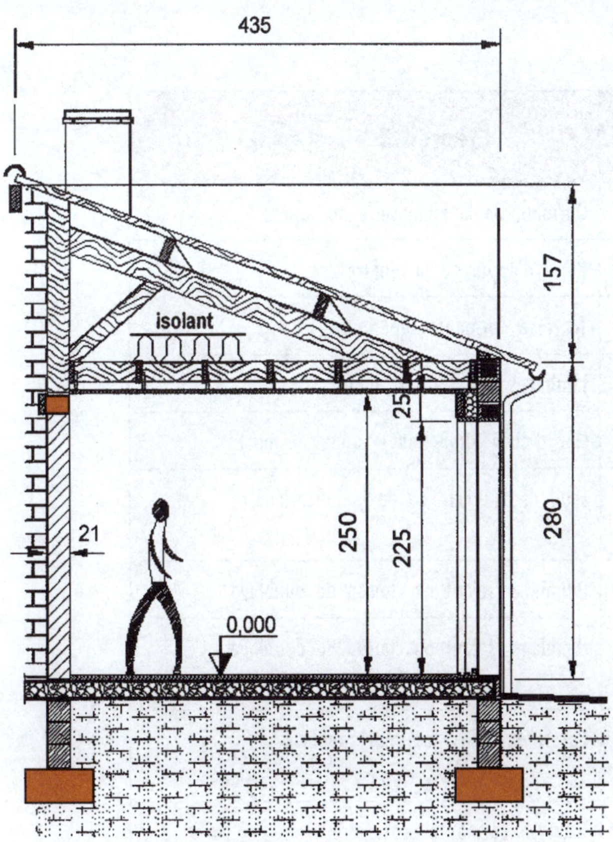

Figure 11.4 : *coupe partielle verticale sur porte extérieure*

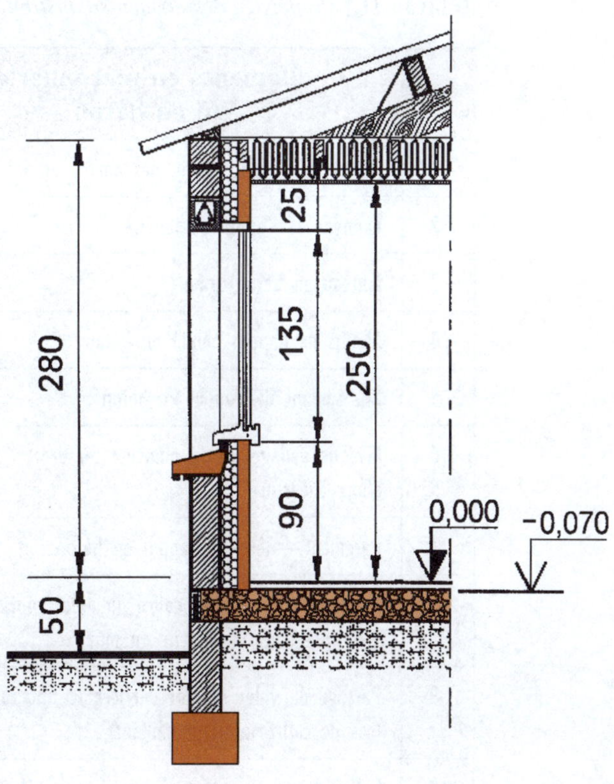

Figure 11.5 : *coupe partielle verticale sur fenêtre*

11.5. Murs extérieurs avec baies

❐ ***Problème posé :*** jonctions entre la maçonnerie brute des murs et les menuiseries (bois, PVC, aluminium, mixte).

❐ ***Conditions principales :***
- assurer l'étanchéité à l'air et à l'eau aux points de contact, c'est-à-dire aux jonctions horizontales ou verticales entre les éléments,
- éviter les infiltrations d'eau par gravité ou par capillarité des matériaux sous l'effet combiné de la pluie et du vent.

① Linteau – coffre incorporé de volet roulant
② Appui de fenêtre – allège
③ Coffre intérieur, en saillie, de volet roulant
④ Abouts de l'appui moulé en béton
⑤ Coffre de porte-fenêtre
⑥ Seuil de porte d'entrée ou de porte-fenêtre

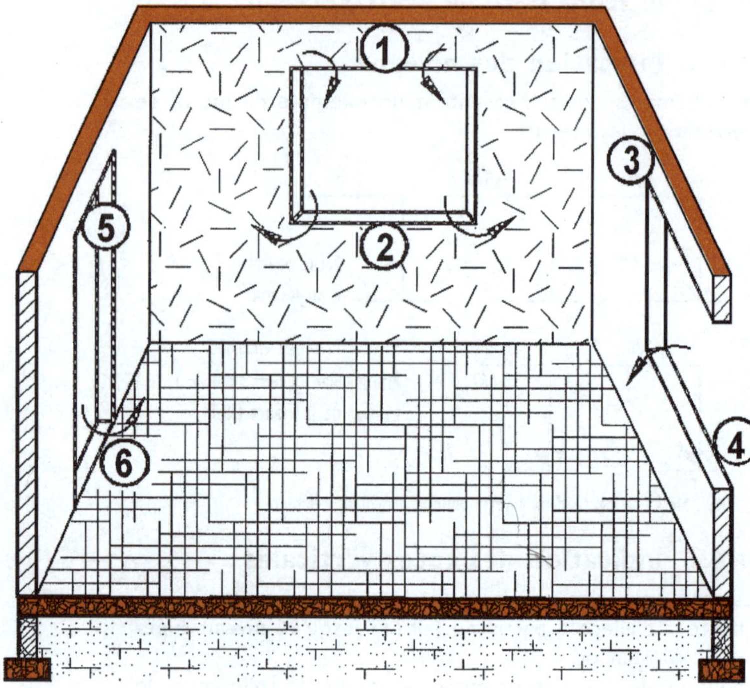

Figure 11.6 : *repérage des risques d'infiltration par l'air ou par l'eau*

Remarque : *La coupure de capillarité des murs extérieurs est traitée dans les chapitres 6 et 7.*

Points singuliers à traiter lors de la construction :

Se reporter aux figures 11.7 et 11.8, ainsi qu'au paragraphe 11.9.2.

Tableau 11.1 : *repérage des éléments constitutifs*

	Éléments en maçonnerie ou en béton	Éléments en contact
1	Jambages en maçonnerie des portes et des fenêtres	Dormant de la menuiserie ou tapées
2	Rejingot de l'appui de fenêtre	Pièce d'appui de la fenêtre
3	Linteau en béton armé	Traverse dormante supérieure
4	Abouts de l'appui moulé en béton	Jambages encadrant la baie
5	Nez saillant de l'appui en béton	Mur d'allège (jonction – appui – mur)
6	Rive de dallage ou de plancher au droit d'une ouverture	Seuil de la porte ou de la porte-fenêtre
7	Parement arrière de l'appui en béton	Doublage isolant ou cloison de doublage
8	Parement intérieur du coffre du volet roulant incorporé dans l'épaisseur du mur	Doublage isolant ou cloison de doublage
9	Passage du volet roulant derrière le linteau (cas de coffre intérieur saillant)	Parois du coffre intérieur rapporté
10	Coffre de volet roulant incorporé dans l'épaisseur du mur	Traverse dormante supérieure

11.6. Recommandations de mise en œuvre

11.6.1. Travaux réalisés en maçonnerie gros œuvre

La vue en perspective partielle (fig. 11.7) représente les éléments suivants :

- les murs en blocs creux en béton ou en terre cuite,
- un linteau filant,
- le plancher en béton armé,
- l'appui de béton en place.

L'élévation partielle (fig. 11.8) montre la paroi complétée par :

- la mise en place de la menuiserie,
- le doublage intérieur isolant,
- l'enduit hydraulique côté extérieur.

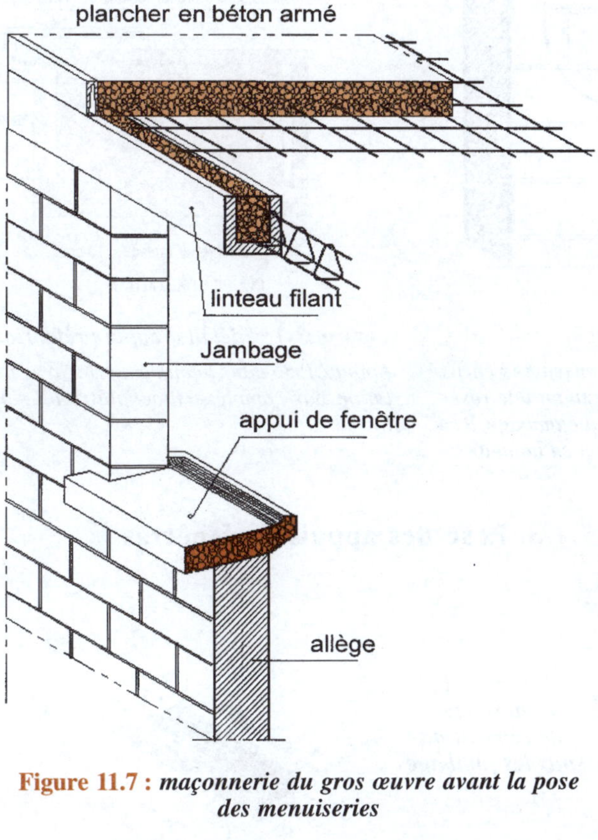

Figure 11.7 : *maçonnerie du gros œuvre avant la pose des menuiseries*

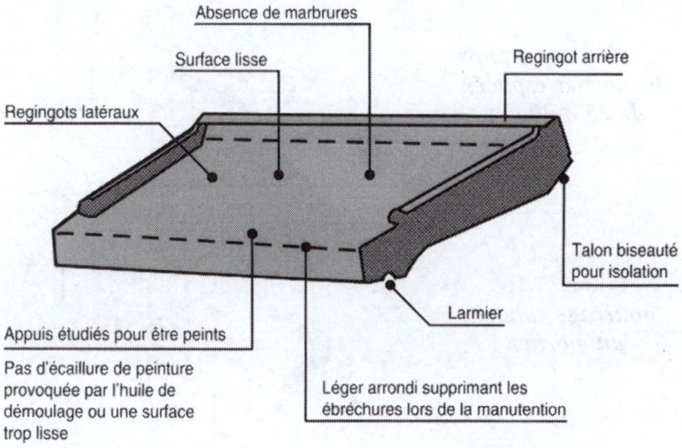

Figure 11.9 : *appuis en béton hydrofugé*

11.6.2. Recommandations de pose

Traitées ci-après, les recommandations de pose concernent :

- **l'appui de fenêtre**, afin d'éviter les infiltrations d'eau,
- **la préparation des surfaces verticales** du mur pour appliquer la menuiserie sur une largeur de bande de mortier dressé,
- **l'application de produits d'étanchéité** au pourtour du cadre dormant pour réduire la perméabilité à l'air et à l'eau,
- **l'isolation thermique** sur le parement arrière des appuis, des seuils de baies, des coffres de volets roulants afin d'éviter les zones froides et les désordres dus aux traces d'humidité.

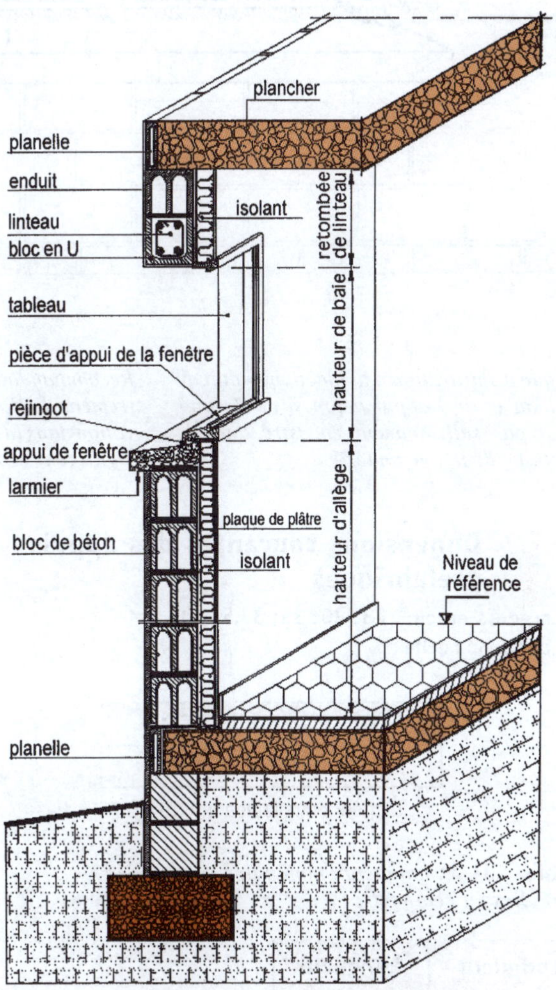

Figure 11.8 : *coupe sur mur et fenêtre*

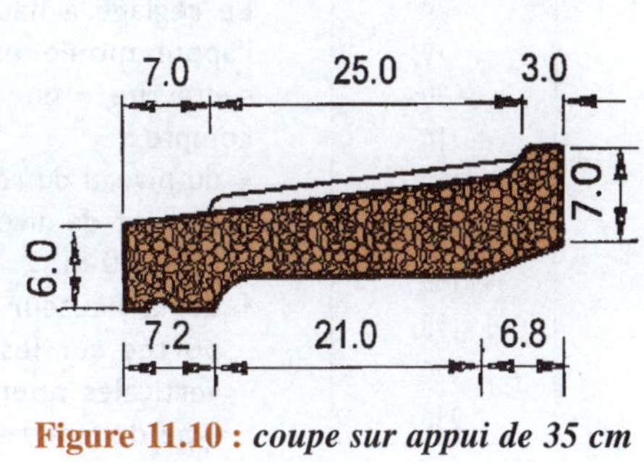

Figure 11.10 : *coupe sur appui de 35 cm*

11.7. Appuis de fenêtre : mise en œuvre

11.7.1. Principes

– Capter l'eau de ruissellement grâce à des réservations ou encastrements dans les jambages,
– façonner un rejingot arrière avec une remontée suffisante (2 cm environ ou plus),
– avoir une pente suffisante sur le dessus d'appui,
– disposer d'un larmier sous le nez de l'enduit,
– prévoir si nécessaire des rejingots latéraux.

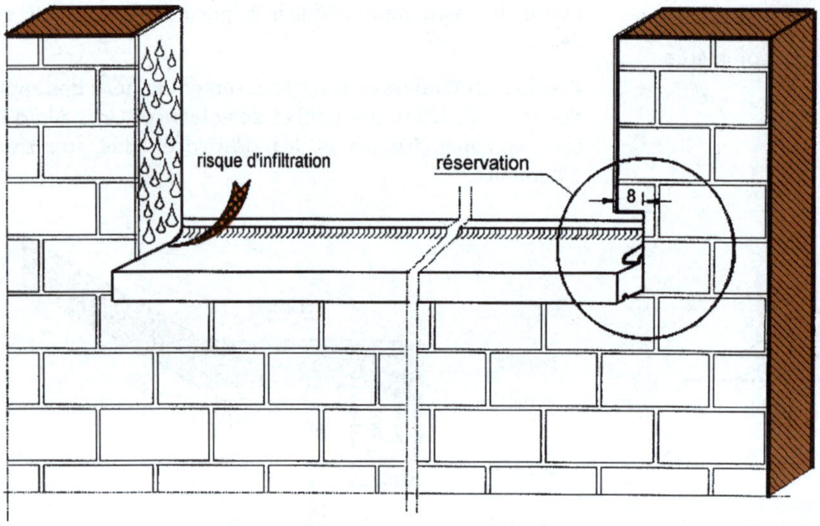

Figure 11.11

Risque d'infiltration à la jonction enduit du tableau et de l'appui béton si ce dernier n'est pas suffisamment encastré dans le jambage de la maçonnerie.

Figure 11.12

Recommandations de mise en œuvre : encastrement de l'appui en effectuant une réservation dans la maçonnerie du jambage, 8 cm en largeur et 12 cm à 14 cm en hauteur.

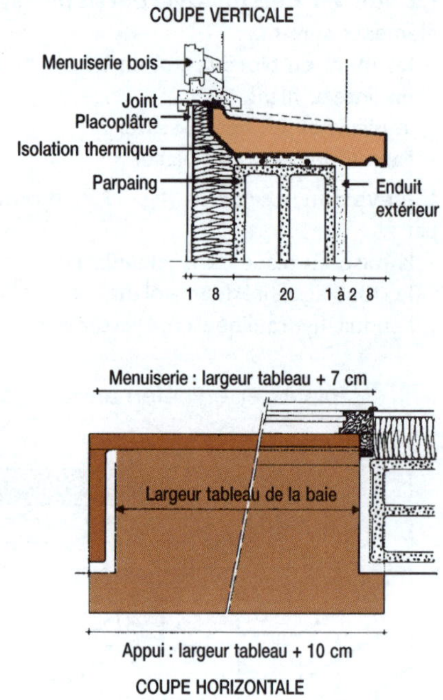

Figure 11.13 : *détail d'appui préfabriqué*

Appui AP 35 dans la maçonnerie, avec isolation par complexe Placoplâtre ou similaire.

11.7.2. Dimensions courantes des appuis préfabriqués

– Largeurs en cm : 28; 30; 35; 37,5; 40;
– Longueur réelle :

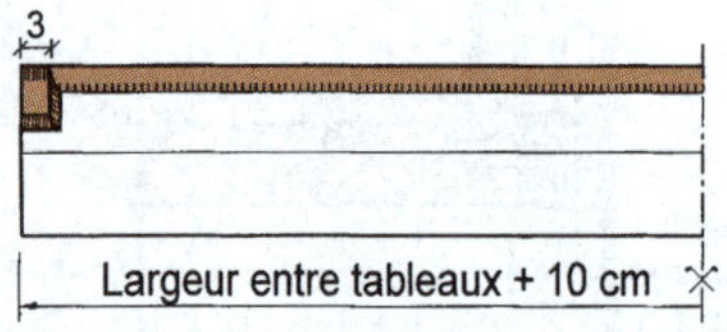

Tableau 11.2 : *longueurs nominales et réelles en centimètres*

Longueur nominale	Longueur réelle
40	50
60	70
80	90
100	110
120	130
140	150
150	160
180	190
210	220
240	250

– Hauteur du rejingot
Le réglage à hauteur de l'appui moulé en béton s'effectue en tenant compte :
• du niveau de référence,
• du trait de niveau tracé à + 1,00 m,
• de la hauteur d'allège portée sur les coupes verticales pour chaque type de fenêtre.

11.7.3. Pose des appuis de fenêtres

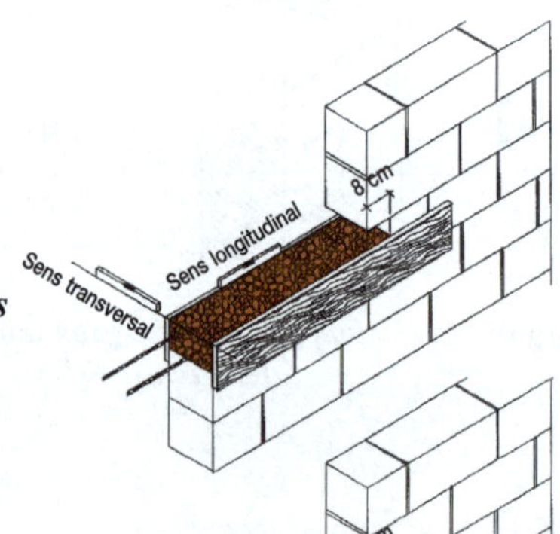

Figure 11.14 : *chaînage de répartition sous les jambages*

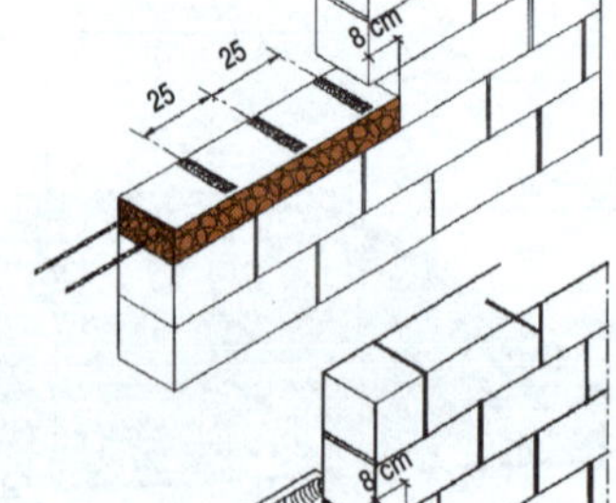

Figure 11.15 : *plots de mortier espacés de 25 à 30 cm*

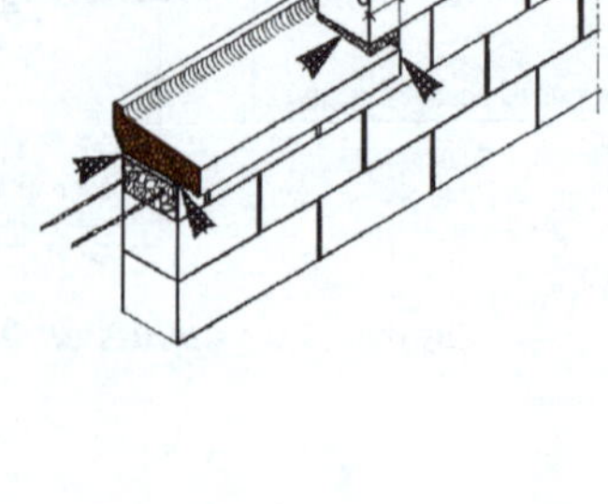

Figure 11.16 : *bourrage soigné au mortier*

11.8. Étanchéité au pourtour des baies

11.8.1. Contact entre dormant et maçonnerie

❒ ***Constat :*** les blocs de béton ou de terre cuite du mur présentent un parement brut, non parfaitement plan pour appliquer jointivement les menuiseries.

❒ ***Objet :*** assurer l'étanchéité aux points sensibles.

❒ ***Moyen :*** application côté intérieur d'un mortier de ciment dressé sur les jambages et le bas du linteau s'il y a lieu.

❒ ***Caractéristiques :***
- bande de mortier de 10 cm de largeur environ,
- dosage du mortier : 450 à 500 kg par m^3 de sable,
- épaisseur suivant rectitude du parement intérieur, de la verticalité du mur et de l'alignement à obtenir.

❒ ***Intérêts :***
- La surface d'appui contre le mur étant rectifiée, les menuiseries (portes ou fenêtres) pourront s'appliquer en interposant un joint d'étanchéité.
- La « pièce d'appui » de la menuiserie vient « s'appuyer » sur le rejingot dans le cas d'un seuil de porte ou d'un appui moulé d'une fenêtre, en écrasant le joint d'étanchéité préalablement disposé en cordon.

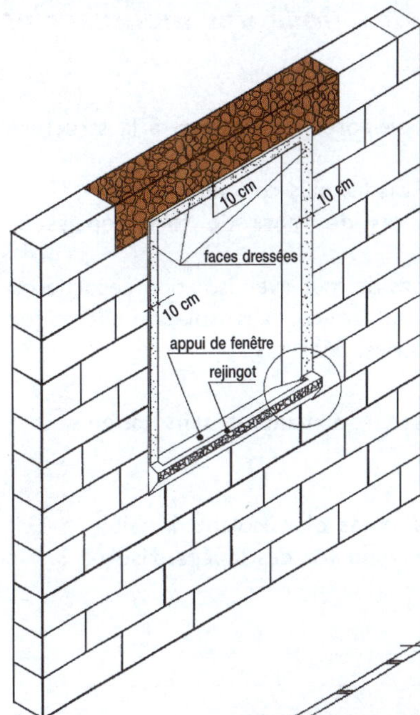

Figure 11.18 : ***bandes de mortier dressé à la règle***

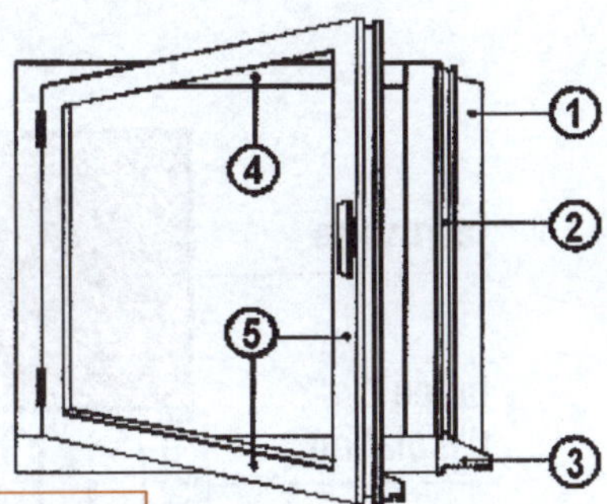

① Tapée ou fausse tapée
② Bâti ou dormant
③ Pièce d'appui
④ Traverse dormante
⑤ Vantail

Figure 11.17 : ***principales désignations des éléments de menuiseries***

11.8.2. Étanchéité obtenue par traitement du côté intérieur

Avant la pose de la menuiserie, on place :
- soit un joint mousse imprégné et imputrescible entre :
  - les dormants et le mur sur lequel on les applique,
  - la traverse supérieure et le mur,
  - la pièce d'appui et le rejingot ;
- soit un joint de mastic élastomère appliqué à la pompe sur les dormants, la traverse supérieure et le rejingot.

Après la pose de la menuiserie, un cordon de mastic est appliqué à la périphérie de la baie.

Remarque : Les deux procédés ci-dessus peuvent se compléter par souci de prudence et d'efficacité dans le cas de façades exposées à la pluie et au vent.

Par complément d'étanchéité, côté extérieur, on traite si besoin sous le nez de la pièce d'appui à l'aide d'un mastic appliqué soigneusement à la pompe.

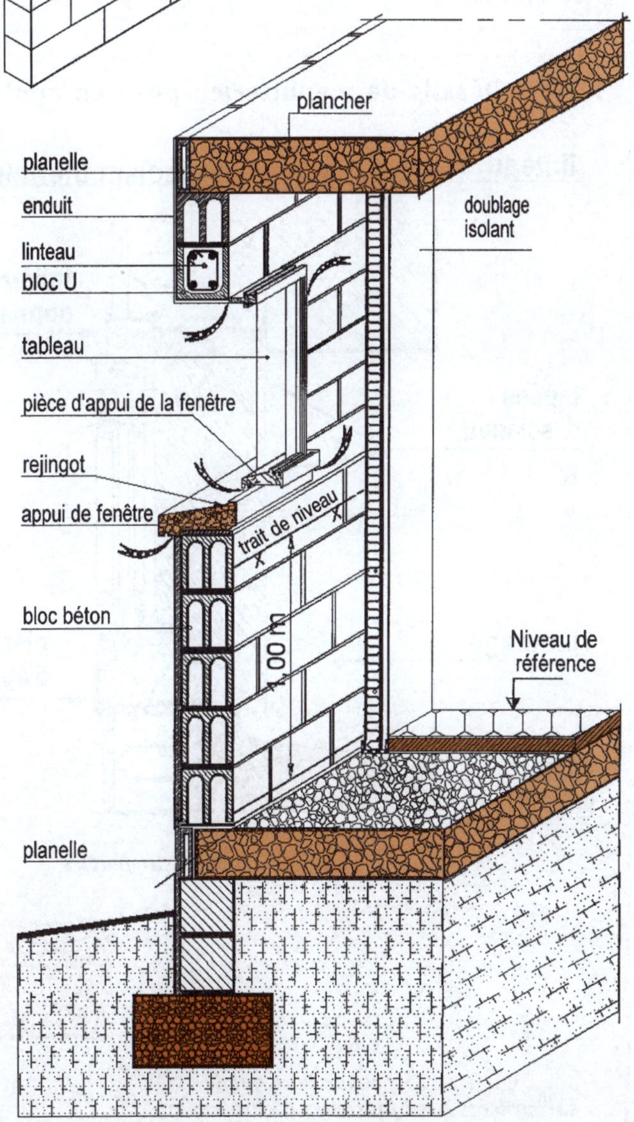

Figure 11.19 : ***points sensibles à la pénétration de l'eau ; coupe sur fenêtre***

Repérage des points sensibles autour d'une baie par des flèches courbes.

11.9. Dispositions de pose des menuiseries

11.9.1. Rappels

Les menuiseries peuvent se poser par rapport à la structure du gros œuvre :

- **en applique**, dans les cas les plus courants,
- **en tunnel**, dans le cas de murs de forte épaisseur (50 cm),
- **en feuillure**, dans le cas de mur avec isolation répartie ou dans le cas de locaux de service, sans isolation thermique prévue (garages, buanderies, débarras).

❒ ***Détail perspectif :***

Profils de menuiserie avec dormant et sans tapée d'isolation (fig. 11.20).

❒ ***Utilisations :***

- pose en applique dans le cas d'un isolant de faible épaisseur, sinon il faut rapporter des tapées d'isolation,
- pose en feuillure.

Figure 11.20

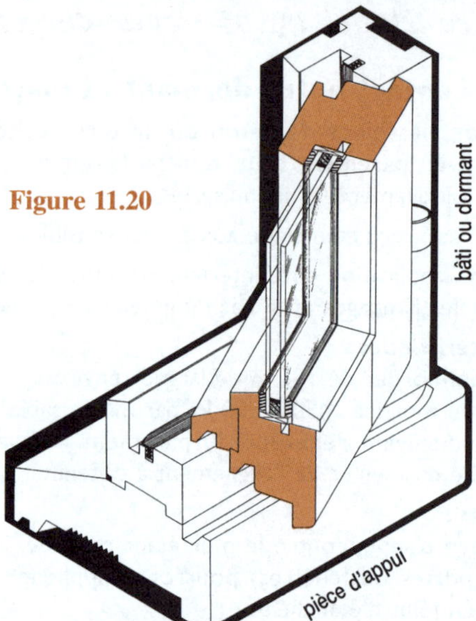

11.9.2. Détails de menuiserie : pose en applique avec tapées d'isolation

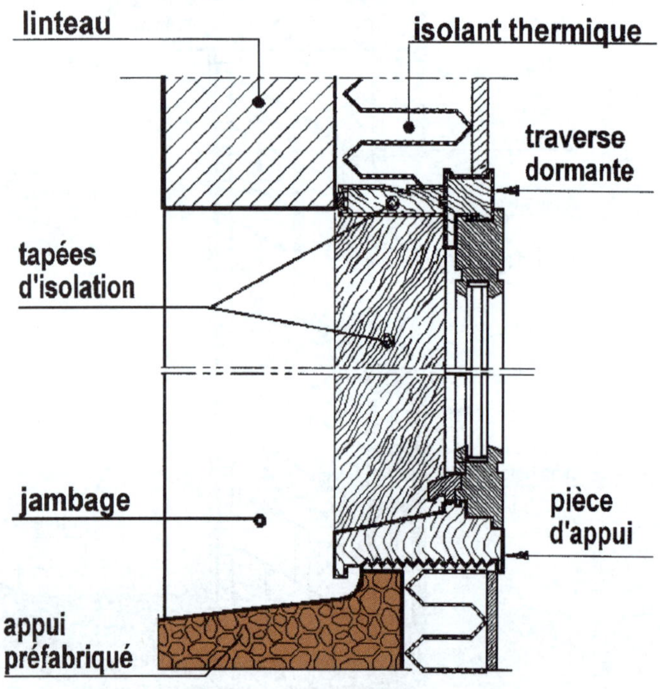

Figure 11.21 : *coupe verticale sur fenêtre*

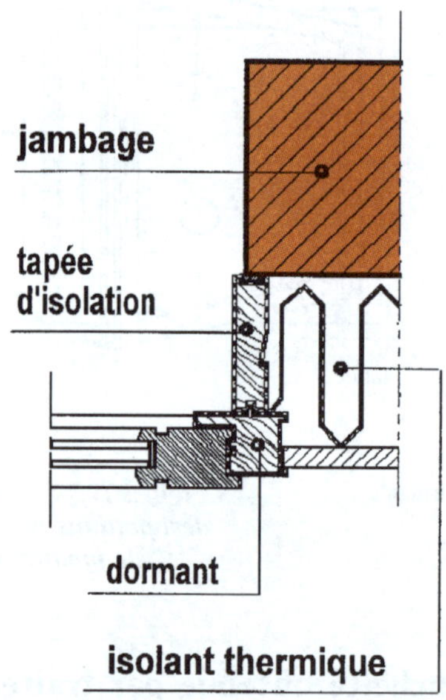

Figure 11.22 : *coupe horizontale sur jambage*

Figure 11.23 : ***coupe horizontale sur croisées avec fourrures d'ébrasement***

Pose en applique avec tapées d'isolation (fourrures) disposées du côté intérieur.

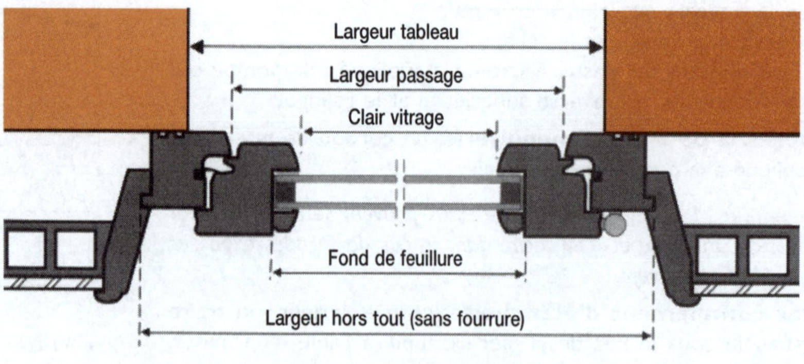

11.10. Traitement des points sensibles au pourtour des baies

11.10.1. Du côté extérieur

Les points principaux à traiter sont localisés ci-après :
- la jonction de la pièce d'appui et du rejingot;
- sous le nez de l'appui en béton.

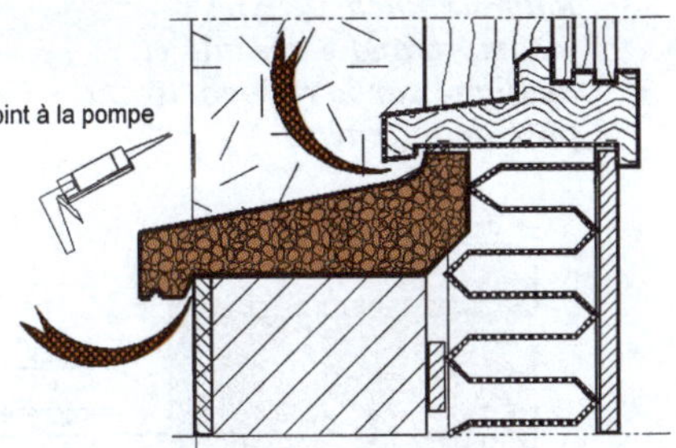

Figure 11.24 : *détail sur appui de fenêtre*

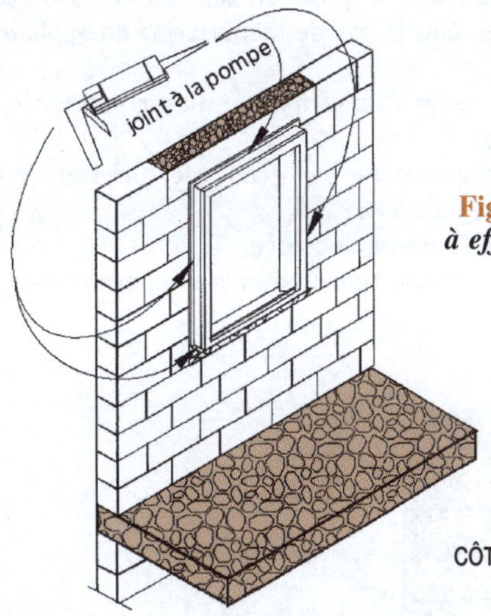

Figure 11.25 : ***joints à effectuer à la pompe***

11.10.2. Du côté intérieur

Traitement par des joints en mastic souple et imputrescible :
- joint d'étanchéité vertical contre les jambages, entre les tapées d'isolation et la bande d'enduit dressé, appliqué sur la maçonnerie (fig. 11.25 à 11.34),
- joint entre la tapée horizontale supérieure et le linteau,
- retours d'extrémités du rejingot (fig. 11.25).

Les risques d'infiltration

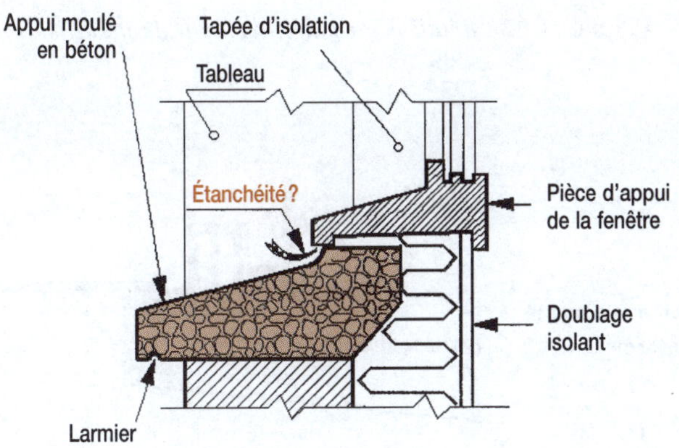

Figure 11.26 : ***coupe partielle verticale; détail de liaison entre appui de fenêtre et menuiserie***

Risque d'infiltration car :
- **pas d'étanchéité entre la pièce d'appui et le rejingot,**
- **la pièce d'appui de la fenêtre ne joue pas son rôle de larmier.**

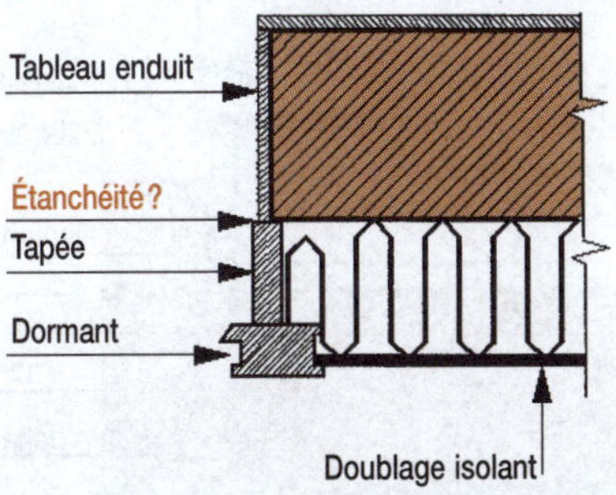

Figure 11.27 : ***coupe partielle horizontale; détail de liaison entre jambage et menuiserie***

Risque d'infiltration à la jonction enduit-tapée car :
- **pas de face dressée pour appliquer la tapée,**
- **pas de joint d'étanchéité.**

Joints d'étanchéité

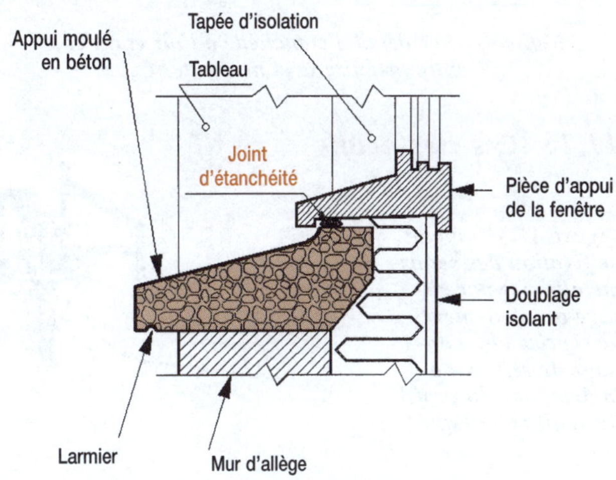

Figure 11.28 : ***coupe partielle verticale***

Détail de liaison entre appui de fenêtre et menuiserie.

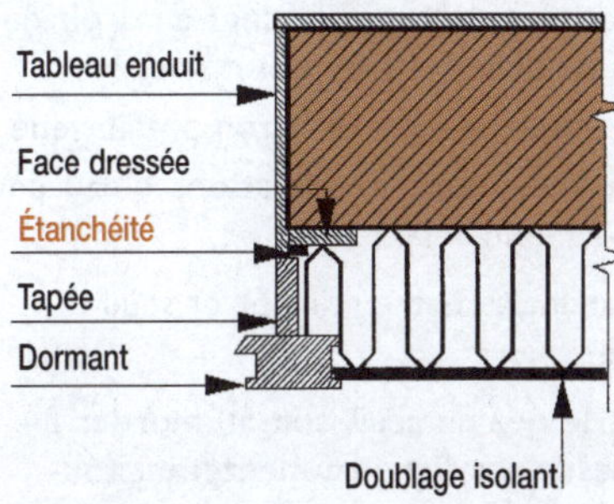

Figure 11.29 : ***coupe partielle horizontale***

Détail de liaison entre jambage et menuiserie.

11.10.3. Variantes

Autres pratiques pour traiter la jonction tapée d'isolation/tableau des jambages maçonnés dans le cas de menuiseries en applique :
exemple 1 (fig. 11.31) :
joint intérieur classique et joint extérieur au mastic incolore.
exemple 2 (fig. 11.32) :
– côté intérieur : calfeutrement par glacis de mortier riche en ciment et formant une feuillure;
– côté extérieur : joint de mastic incolore.
Voir détails sur la fiche technique baie en aluminium, page suivante.

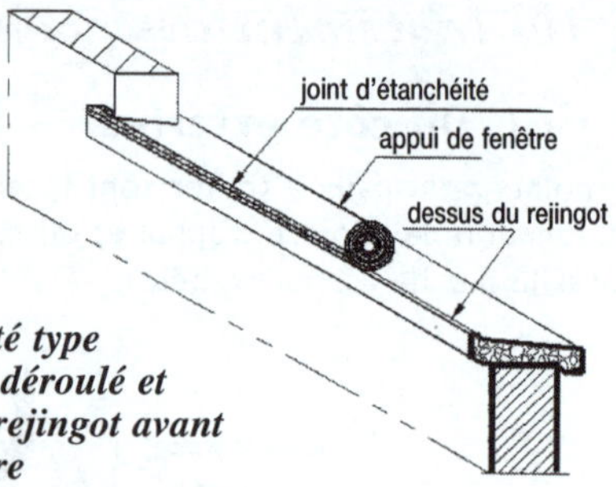

Figure 11.30 : *joint d'étanchéité type « compriband » déroulé et appliqué sur le rejingot avant pose de la fenêtre*

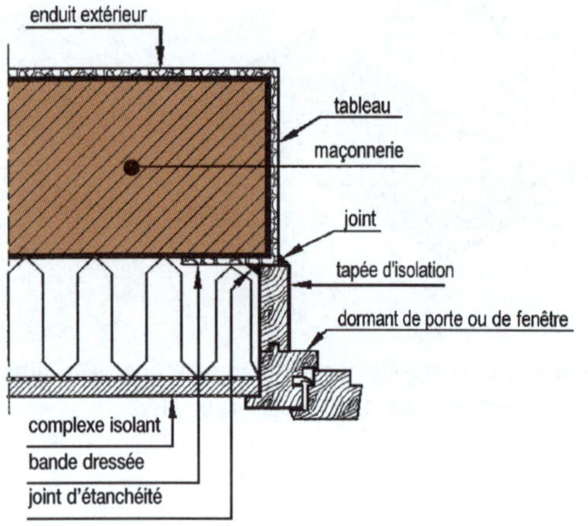

Figure 11.31 : *détail d'étanchéité à l'air et à l'eau entre menuiserie et maçonnerie*

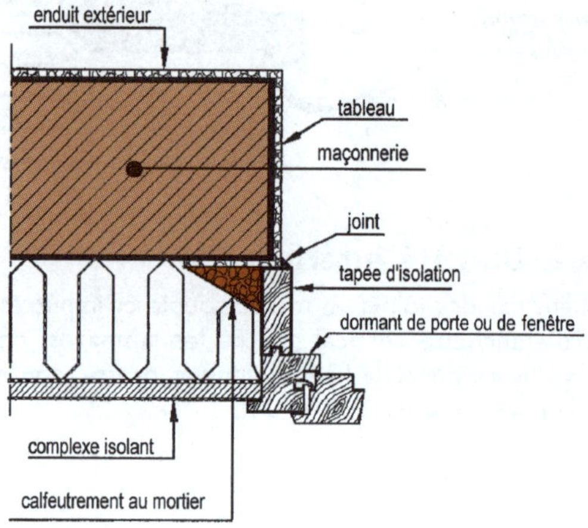

Figure 11.32 : *détail d'un calfeutrement de menuiserie*

11.11. Cas des seuils

Figure 11.33 : *mode de fixation des seuils métalliques par vissage ou scellement de reprise et façonnage de rejingot à la demande du profil du seuil métallique*

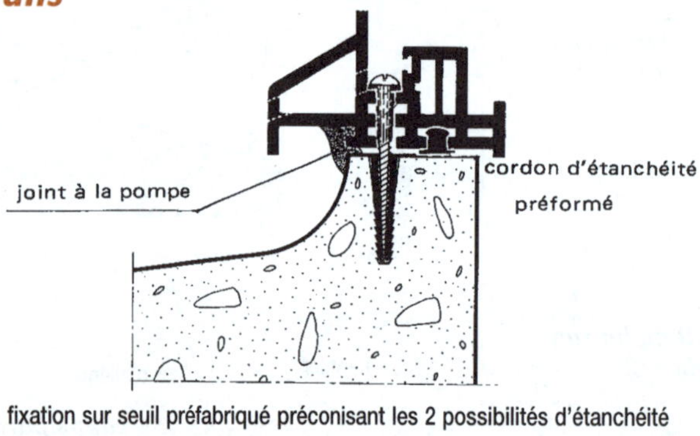

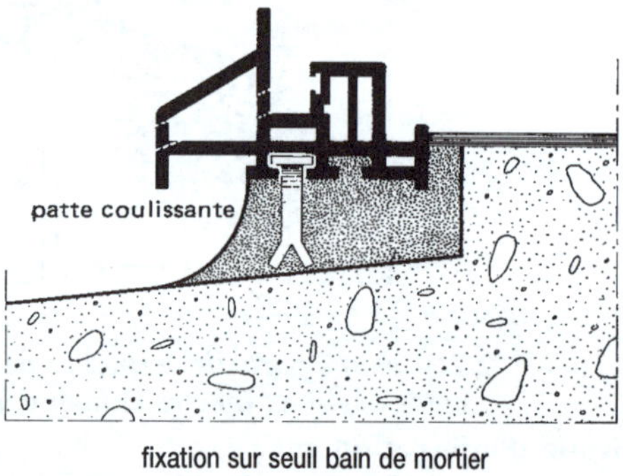

Détails techniques à prescrire :

– décaissé dans la dalle du plancher au droit de la largeur de baie + 10 cm pour :
  • mettre en place un seuil béton préfabriqué;
  • réduire les risques d'infiltrations d'eau par la sous-face du seuil;
– joint d'étanchéité entre rejingot et seuil métallique;
– joint sous le nez du seuil, soit au mortier fin, soit au mastic acrylique en ménageant toujours le rôle du larmier;
– couche isolante placée du côté intérieur contre le seuil béton pour réduire le pont thermique.

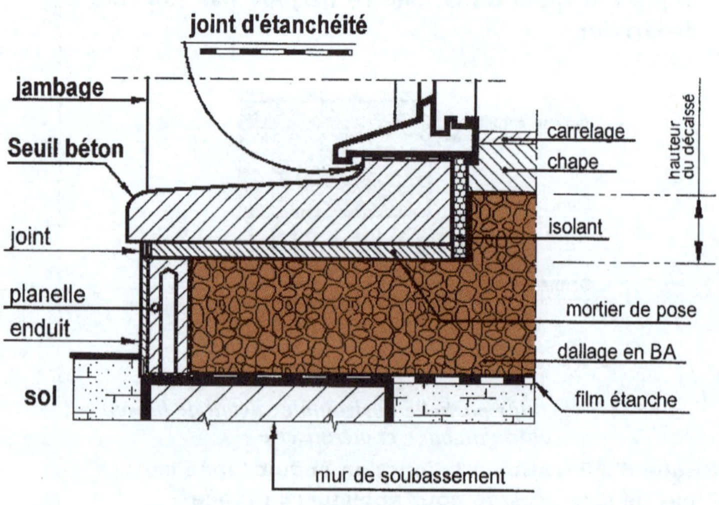

Figure 11.34 : *détail sur seuil*

11.12. Fiche technique d'une baie en alliage d'aluminium : type oscillo-battant

1. Conception

Dormant :

– profil tubulaire à rupture de pont thermique,
– tapées d'isolation de 110 mm intégrées au dormant,
– aile de recouvrement intérieur formant un couvre-joint,
– assemblage par équerres serties,
– bavette d'appui rapportée.

Ouvrant :

– en position « caché » derrière le dormant;
– profil tubulaire assemblé par sertissage.

2. Accessoires

Ferrage :

– mécanisme adapté aux dimensions de l'ouvrant;
– système de sécurité évitant la mise « en drapeau ».

Condamnation :

– crémones et renvois d'angles encastrés en feuillure de l'ouvrant,
– poignée à « carré tournant » 3 positions : fermeture, française et soufflet.

3. Traitement de surface

– Thermolaquage conforme au label européen Qualicoat;
– coloris de base : blanc 9010 brillant;
– sur demande : suivant coloris nuancier ou tout autre coloris selon quantité.

4. Prévitrage usine

Il peut recevoir tous types de vitrage d'épaisseur 20 mm.

5. Options

– Paumelles et poignées noires ou d'aspect laiton poli.
– Mortaises + grilles de ventilation 15 ou 30 m³/heure dans le dormant.
– Tapée volet roulant en linteau.
– Vitrages spéciaux (imprimés, peu émissifs, feuilletés, etc.) en 20 mm d'épaisseur.
– Grilles « Petits bois » en aluminium incorporées aux vitrages.

6. Mise en œuvre

– Les oscillo-battants « K-Line » sont conçus pour être fixés en applique des « maçonneries finies » (appuis, seuils, enduits en tableau, dressage intérieur...) avant l'exécution des doublages.
– Fixation sur la maçonnerie par pattes galvanisées à réglage tri-dimensionnel.
– Étanchéité périmétrale continue entre menuiserie et maçonnerie, assurée par un fond de joint mousse et un joint de 1re catégorie agréé SNJF.
– Réservations maçonneries (dimensions adaptées) conformes.

7. Classements – Performances

Avis techniques sur le produit et certificats après essais et contrôles par organismes agréés ou très spécialisés, par exemple le Centre Scientifique et Technique du Bâtiment (CSTB).

Avis technique CSTB	N° 6/94-919
Attestation QUALICERFF	N° 0001
Certification CSTBat	N° 970-121-58
Certificat AcoTherm	N° 970-121-58

Étanchéité renforcée : classement A3-E3-V2 (Air-Eau-Vent)

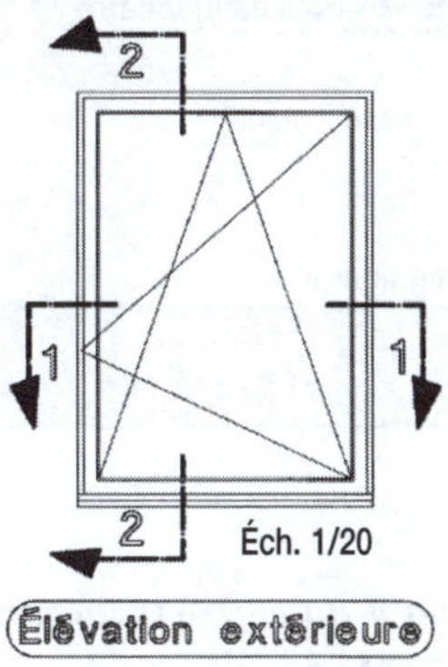

Remarques :

– *Le paragraphe 6 de la fiche technique ci-dessus précise la mise en œuvre avec le mode d'exécution de l'étanchéité.*
– *Les coupes repérées 1-1 et 2-2 indiquent la position du joint d'étanchéité périmétrale.*
– *La baie en aluminium s'applique contre la face arrière du rejingot.*
– *La bavette d'appui est rapportée.*

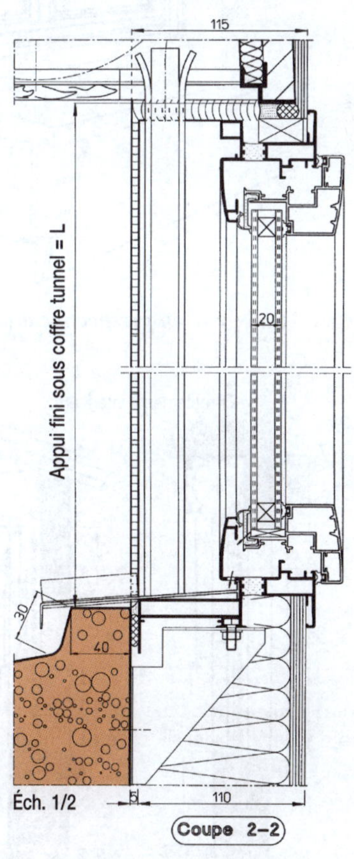

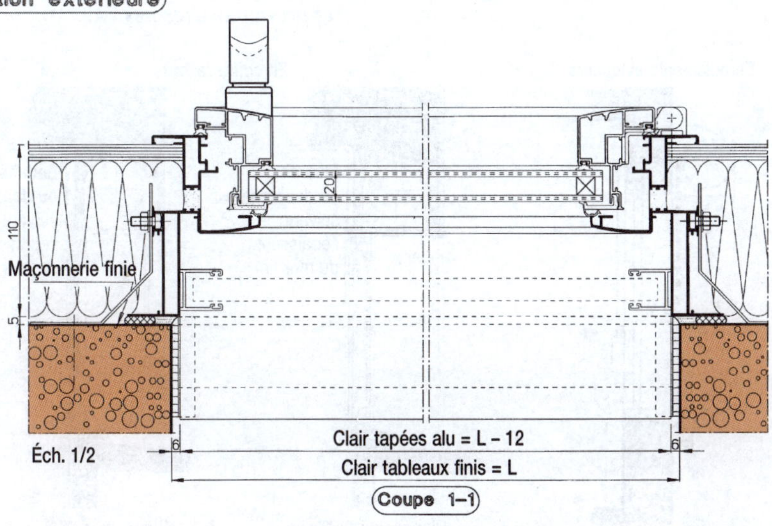

Figure 11.35 : *coupe horizontale et coupe verticale avec les détails de fixation, d'isolation, d'étanchéité*

K-Line

11.13. Coffres de volets roulants

Les coffres de volets roulants doivent assurer l'étanchéité et l'isolation thermique de leurs parois en contact avec l'intérieur chauffé.

Ils doivent également ne pas être cause d'infiltrations par l'eau de pluie, surtout s'ils sont exposés à l'extérieur à des pluies battantes et à l'effet de la pression du vent.

Par rapport à la structure en maçonnerie, les coffres sont dits :
- intérieurs et apparents dans la pièce en sous-face de plancher ;
- extérieurs et apparents, placés en sous-face du linteau ou sous un auvent protecteur ;
- incorporés dans l'épaisseur du mur, les plus répandus en construction neuve ;
- non apparents dans la pièce avec logement du coffre dans les combles sous toiture.

L'étanchéité doit être assurée aux jonctions sensibles à la perméabilité de l'air, en particulier pour éviter les traces de poussières entraînées par le mouvement de l'air et en conséquence des zones de parois froides.

Figure 11.36 : *vue en perspective d'un coffre incorporé*

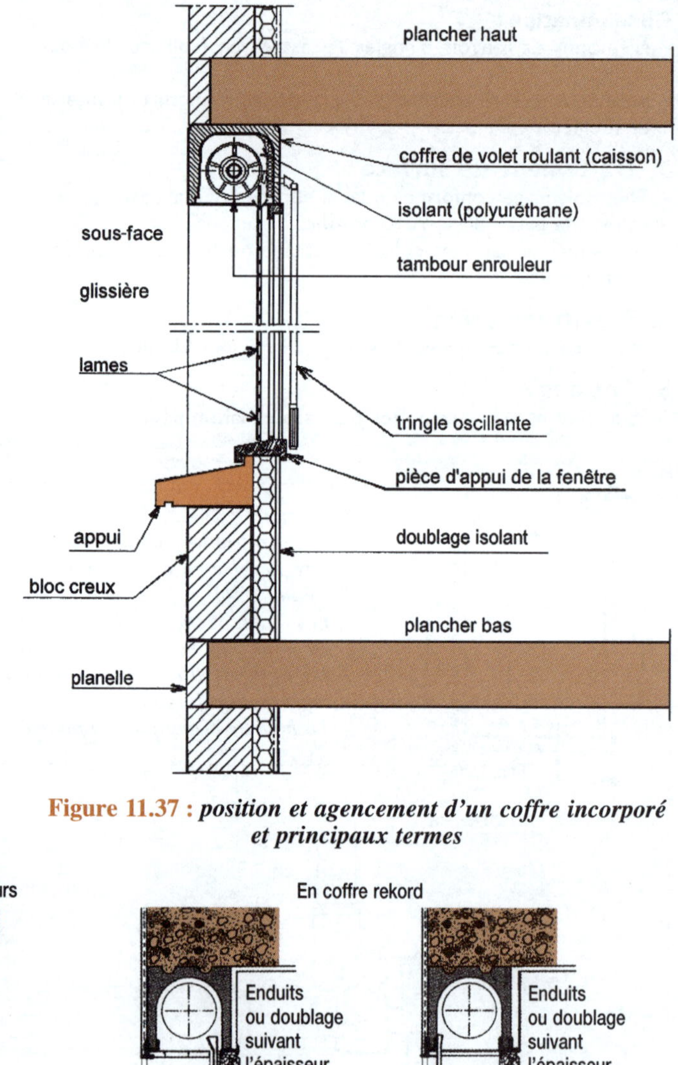

Figure 11.37 : *position et agencement d'un coffre incorporé et principaux termes*

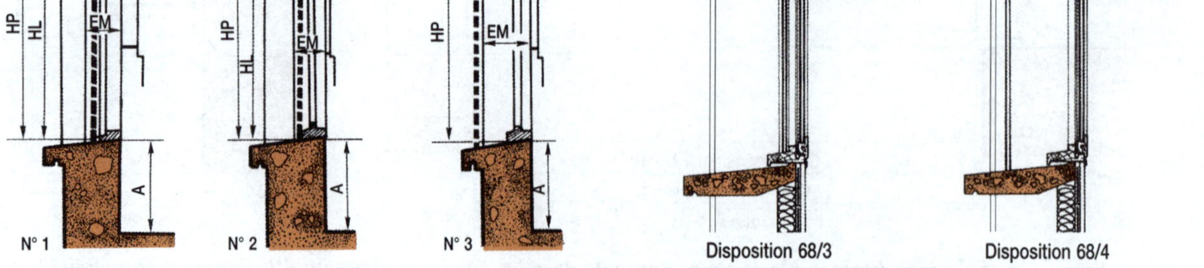

Figure 11.38 : *types de dispositions d'enroulement (schémas de principe)*

Chapitre 12

Menuiseries extérieures

- Caractéristiques principales des ouvertures
- Désignation des fenêtres et des portes d'entrée
- Termes utilisés en menuiserie
- Matériaux et produits : réalisations
- Les vitrages
- Les labels officiels
- Fiche technique : fenêtre en aluminium
- Mise en œuvre des ouvertures
- Fiche technique : fenêtres en bois
- Fenêtres et portes-fenêtres en bois
- Fiche technique : fenêtres PVC
- Portes-fenêtres et fenêtres coulissantes PVC
- Fermetures extérieures

12.1. Caractéristiques principales des ouvertures

Les ouvertures se différencient par les critères ou les éléments d'appréciation suivants :

- **la nature des matériaux utilisés :** bois exotique, PVC, aluminium, mixte (bois et métal),
- **le sens d'ouverture :** à la française, à soufflet, coulissante, basculante, oscillo-basculante (fig. 12.2),
- **les formes :** rectangulaires, cintrée en partie haute ou en forme d'arc surbaissé (fig. 12.3),
- **la conception des surfaces :** pleine, semi-vitrée, vitrée surtout pour les portes avec ou sans éléments de ferronnerie (fig. 12.3),
- **les performances thermiques** pour réduire les pertes de calories en hiver souvent par vitrage isolant,
- **les performances acoustiques** suivant la densité et l'épaisseur des matériaux utilisés,
- **les critères relatifs à l'étanchéité par le classement A.E.V. :**
  - **l'étanchéité à l'air** relative aux fuites entre ouvrants et dormants au niveau de la fabrication **(indice A)**,
  - **l'étanchéité à l'eau** par essai sous pluie battante simulée de 120 litres/m^2 **(indice E)**,
  - **l'étanchéité au vent** mesurée sur l'échelle V; par exemple V1 = 100 km/h **(indice V)**,
- **les finitions** telles que lasures ou peintures pour les bois, teinte dans la masse pour le PVC, thermolaquage pour l'aluminium qui permettent d'obtenir l'harmonie entre revêtements des façades et menuiseries par le choix des coloris,
- **l'entretien** au fil du temps,
- **les critères de robustesse et de longévité, ainsi que ceux de sécurité :** résistance aux effractions et sensibilité ou non à la chaleur, aux flammes, suivant le lieu, la destination, l'usage,
- **le critère esthétique** pour un choix personnalisé : formes extérieures, coloris, moulures, dispositions en saillies, quincaillerie ou accessoires comme éléments d'architecture, les ouvertures pouvant représenter 30 à 70 % de la surface d'une façade.

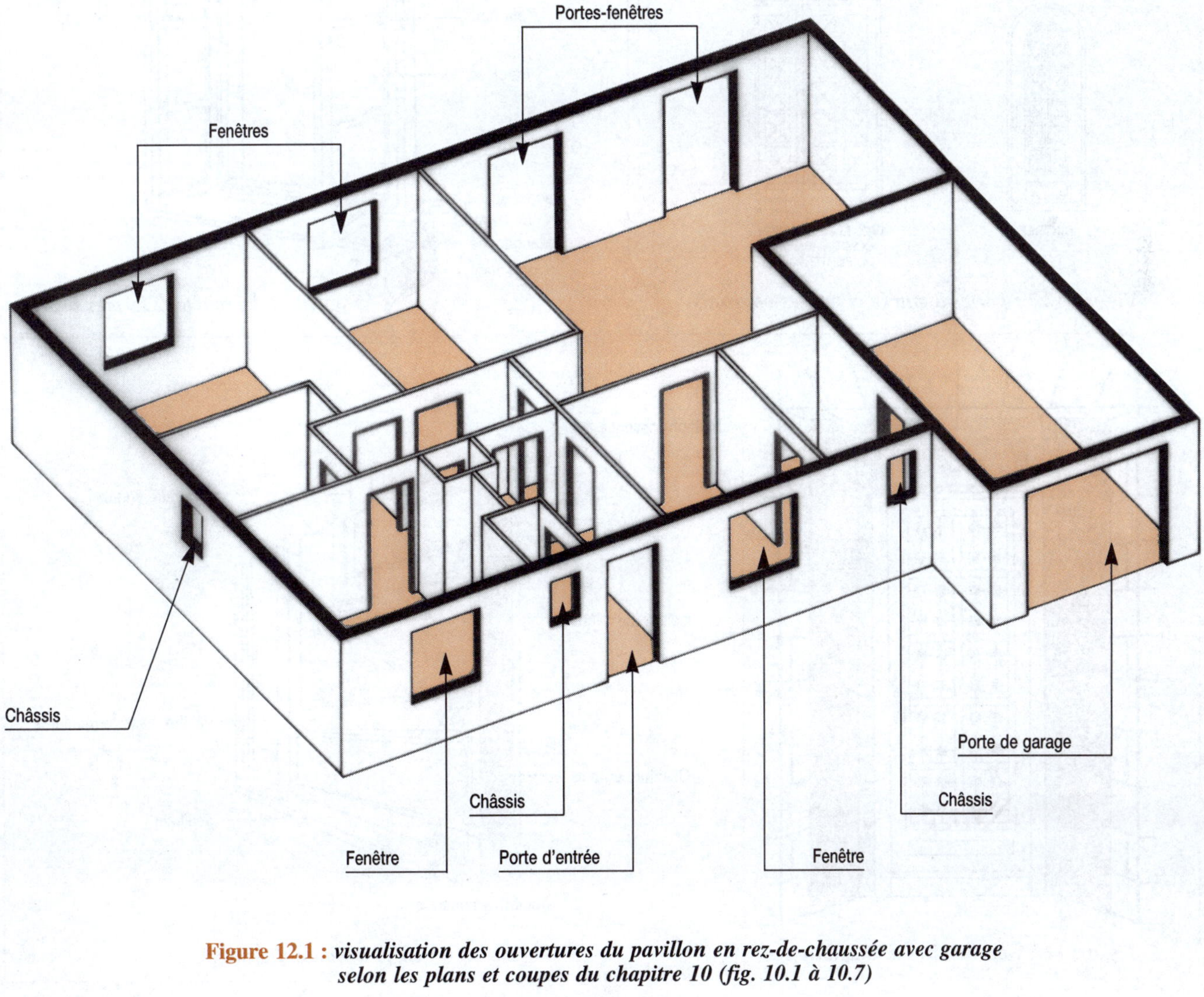

Figure 12.1 : *visualisation des ouvertures du pavillon en rez-de-chaussée avec garage selon les plans et coupes du chapitre 10 (fig. 10.1 à 10.7)*

12.2. Désignation des fenêtres et des portes d'entrée

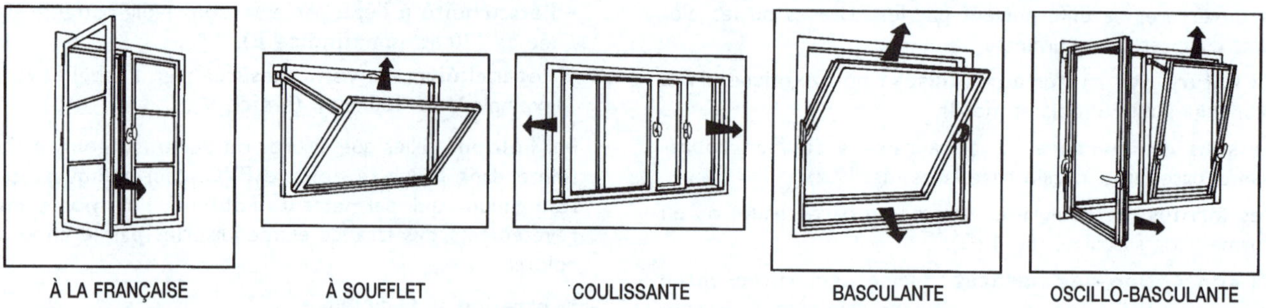

Figure 12.2 : *fenêtres*

Figure 12.3 : *portes d'entrée et termes courants*

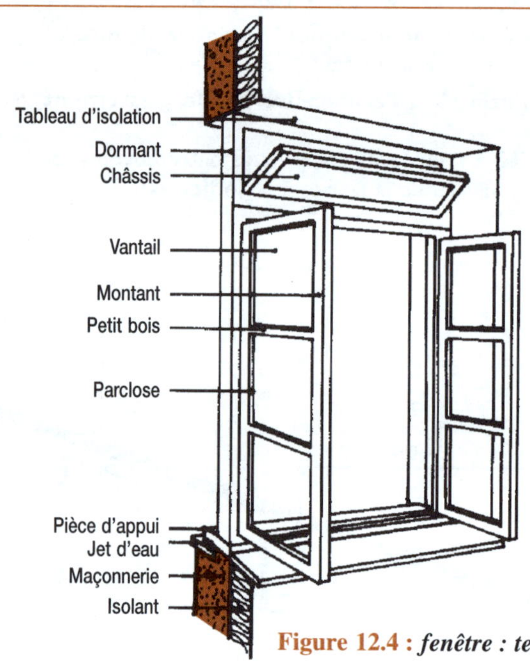

Figure 12.4 : *fenêtre : termes usuels*

Figure 12.5 : *accessoires d'adaptation*

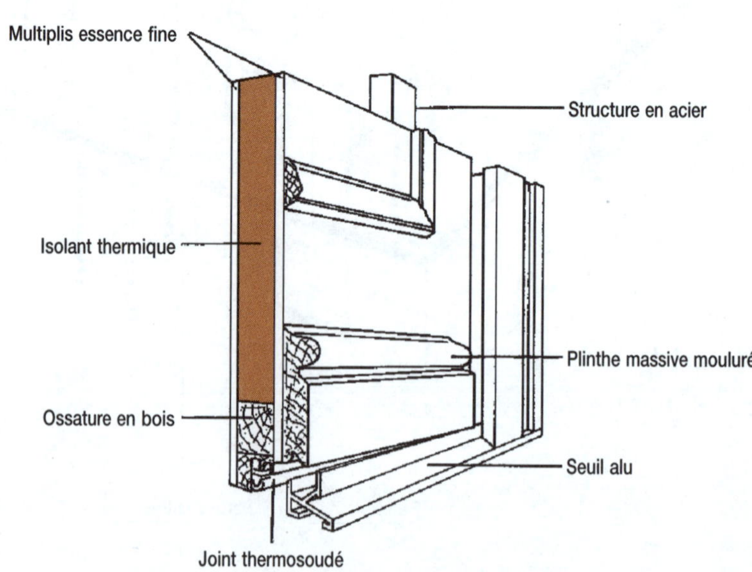

Figure 12.6 : *porte isolante thermique*

12.3. Termes utilisés en menuiserie

Se reporter aux figures 12.1 à 12.9.

Abattant : ouvrant d'une fenêtre à soufflet.

Allège : partie fixe positionnée sous une menuiserie; elle comporte un vitrage ou un remplissage.

Battant : vantail ou élément ouvrant d'une menuiserie.

Battue : élément ou latte rapportée, destinée à recouvrir le joint entre deux vantaux.

Couvre-joint : baguette ou moulure masquant le joint intérieur maçonnerie / menuiserie.

Crémone : mécanisme de serrurerie permettant de fermer des ouvrants.

Châssis : cadre menuisé, fixe ou ouvrant, plein ou vitré, à un seul vantail.

Croisée : synonyme de fenêtre à deux vantaux.

Dormant : cadre fixe, scellé dans une paroi et destiné à recevoir un ou plusieurs vantaux.

Feuillure de vitrage : logement destiné à permettre la mise en place du vitrage.

Fiche : quincaillerie fixée sur le dormant permettant l'articulation et la rotation d'un ouvrant.

Fourrure : pièce de bois rapportée à l'extérieur ou à l'intérieur et qui sert d'habillage.

Gâche : pièce plate coudée ou formant un boîtier, dans laquelle s'effectue l'empannage.

Imposte : partie fixe à la partie supérieure d'une menuiserie.

Jet d'eau : pièce rapportée ou non sur la traverse inférieure des châssis pour rejeter l'eau.

Lasure : produit translucide de traitement de surface des bois
– lasure d'imprégnation pour bois non traités,
– lasure épaisse de finition qui s'applique sur les bois imprégnés ou préfinis.

Linteau : traverse horizontale placée au-dessus de la baie d'une fenêtre ou d'une porte.

Meneau : montant dormant séparant deux vantaux ou deux parties fixes dans une menuiserie.

Oculus : ouverture pratiquée dans une porte destinée au passage de la lumière.

Ouvrant : partie ouvrante de la menuiserie.

Parclose : pièce de faible section servant au maintien du vitrage ou des parties pleines dans les feuillures.

Penture : ferrure qui soutient un volet sur un gond.

Pièce d'appui : pièce inférieure du dormant d'une menuiserie qui s'appuie sur un appui béton.

Préfinition : couche épaisse de protection et de décoration des bois.

Préservation : traitement insecticide et fongicide des bois; application par trempage ou autoclave double vide.

Protection provisoire : couche de traitement de surface non filmogène pour protéger les bois en attente de finition.

Tapées persiennes : pièces de bois rapportées sur les montants dormants permettant de fixer les persiennes et les replier.

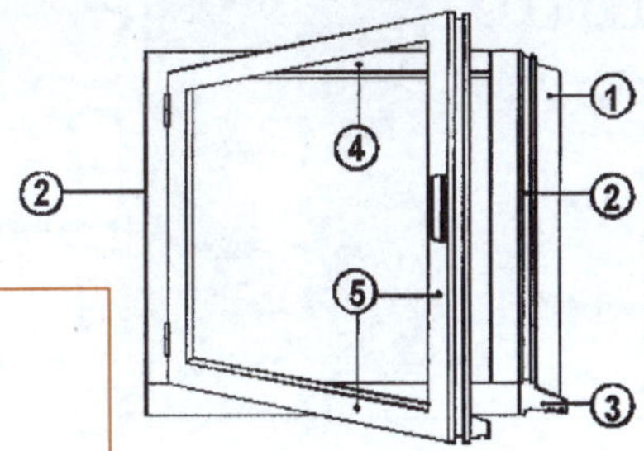

① Tapée ou fausse tapée
② Bâti ou dormant
③ Pièce d'appui
④ Traverse dormante
⑤ Vantail
Accessoire : grille d'entrée d'air

Figure 12.7 : ***fenêtre et porte-fenêtre; termes courants principaux***

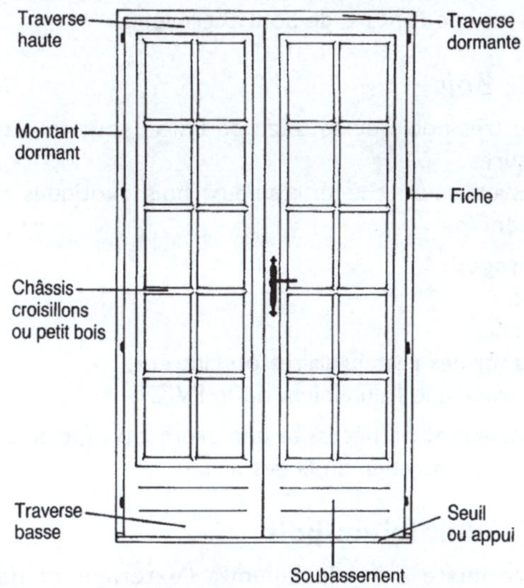

Figure 12.8 : ***porte-fenêtre à croisillons***

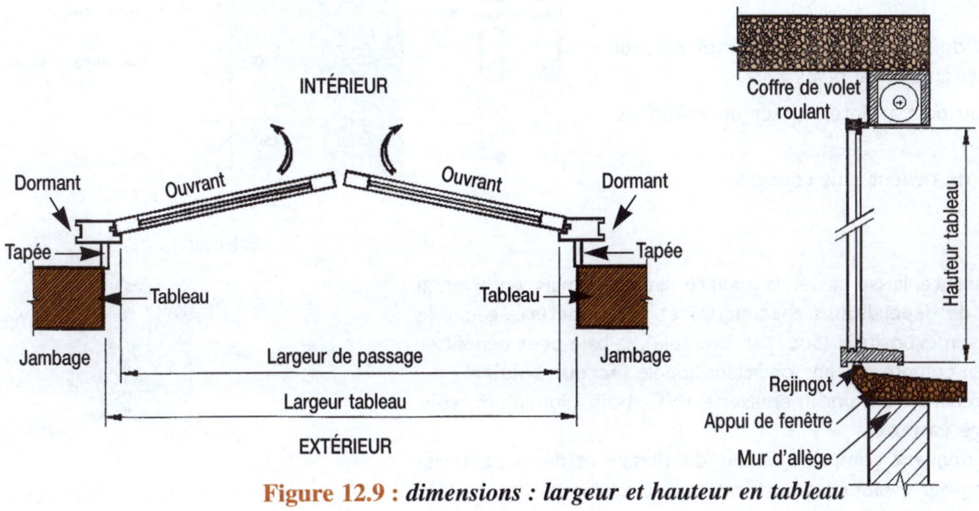

Hauteur de fenêtre : cote prise entre le dessous du linteau ou du coffre VR et le dessus du rejingot.

Figure 12.9 : ***dimensions : largeur et hauteur en tableau***

12.4. Matériaux et produits : réalisations

12.4.1. PVC

– Le PVC s'impose en travaux neufs comme en rénovation en s'adaptant à tous types d'aspects architecturaux.
– Il est rigide et à hautes performances mécaniques.

❒ ***Avantages :***
– moderne,
– isolant,
– sans entretien.

❒ ***Inconvénient :*** sensibilité à l'action de la flamme.

12.4.2. Aluminium

– Très utilisé en travaux neufs.
– Il conjugue légèreté et rigidité, et permet la fabrication de baies à larges vitrages.

❒ ***Avantages :***
– matériau noble,
– excellente longévité,
– pas d'entretien.

❒ ***Inconvénient :*** il conduit le chaud et le froid. Ainsi, une condensation interne est à craindre au pourtour du dormant à l'intérieur des pièces humides; la solution consiste en une rupture de pont thermique.

12.4.3. Bois

Matériau très noble et de tradition utilisé pour tous types d'ouvertures.
Essences utilisées : chêne, résineux, bois exotiques clairs et plus foncés.

❒ ***Avantages :***
– isolant,
– décoratif,
– toutes formes rectangulaires ou cintrées,
– moins cher que l'aluminium ou le PVC.

❒ ***Inconvénient :*** il nécessite une protection (peinture ou vernis) et un entretien au fil des ans.

12.4.4. Aluminium/bois

Structure mixte avec aluminium à l'extérieur et bois à l'intérieur.
Côté extérieur, l'aluminium laqué ou anodisé ne demande qu'un nettoyage.
Côté intérieur, le bois donne un aspect décoratif naturel et sans risque de condensations de peau.

❒ ***Avantage :*** aspect du bois à l'intérieur et durabilité de l'aluminium à l'extérieur.

❒ ***Inconvénient :*** prix de revient plus coûteux.

Figure 12.10 : *les différentes réalisations*

Dénomination Type - *sens d'ouverture*	Hauteur mini/maxi	Largeur mini/maxi
Châssis 1 vantail Droit - *D & G*	450/2250	400/1100
Cintre surbaissé - *D & G*	450/2250	400/1100
Plein cintre - *D & G*	750/2250	700/800
Croisée 2 vantaux Droite	550/2250	700/2200
Cintre surbaissé	550/2250	700/2200
Plein cintre	950/2250	800/1500
Croisée 3 vantaux ou 2 vantaux + 1 fixe Droite - *D & G*	550/2250	1300/2400
Cintre surbaissé - *D & G*	550/2250	1300/2400
Croisée 4 vantaux ou 2 vantaux + 2 fixes Droite	550/2250	1800/3200
Cintre surbaissé	550/2250	1800/3200
Oscillo-battant 1 vantail Droite - *D & G*	550/2250	500/1400
Cintre surbaissé - *D & G*	650/1650	600/800
Plein cintre - *D & G*	1050/2150	700/1200
Oscillo-battant 2 vantaux Droit	650/2250	900/1800
Porte-balcon 1 vantail Droit - *D & G*	1850/2350	500/1100
Cintre surbaissé - *D & G*	1850/2350	500/1100
Plein cintre - *D & G*	2050/2250	700/800
Porte-balcon 2 vantaux Droite	1850/2250	800/2000
Cintre surbaissé	1850/2350	800/2000
Plein cintre	2050/2350	1000/1500
Porte-balcon 3 vantaux ou 2 vantaux + 1 fixe Droite - *D & G*	1850/2350	1600/2300
Cintre surbaissé - *D & G*	1850/2350	1600/2300
Porte-balcon 4 vantaux ou 2 vantaux + 2 fixes Droite	1850/2350	1800/3200
Cintre surbaissé	1850/2350	1800/3200
Fixe Droit	350/2350	500/2300
Cintre surbaissé	350/2350	500/2300
Plein cintre	450/2350	700/1800
Châssis abattant Droit	450/1150	400/1400
Cintre surbaissé	450/1150	400/1400

Formes spéciales : nous consulter

- Fixe, abattant, châssis, porte-balcon
- Châssis, porte-balcon
- Fixe, abattant
- Fixe, abattant, châssis, porte-balcon
- Fixe
- Fixe, abattant

Menuiseries Fima

12.4.5. Verre

Le verre, par sa transparence, laisse passer la lumière naturelle, mais, en hiver, la baie vitrée est source de déperditions thermiques et est caractérisée par le **coefficient K**. Suivant son exposition (Sud, par exemple), la baie peut bénéficier d'apports solaires pris en compte par un coefficient appelé **facteur solaire**.
Le vitrage est mis en œuvre dans une menuiserie PVC, bois, aluminium, souvent en **double vitrage isolant**.
Les règles thermiques tiennent compte à la fois du vitrage et des caractéristiques de la menuiserie pour évaluer les performances thermiques (fig. 12.11).

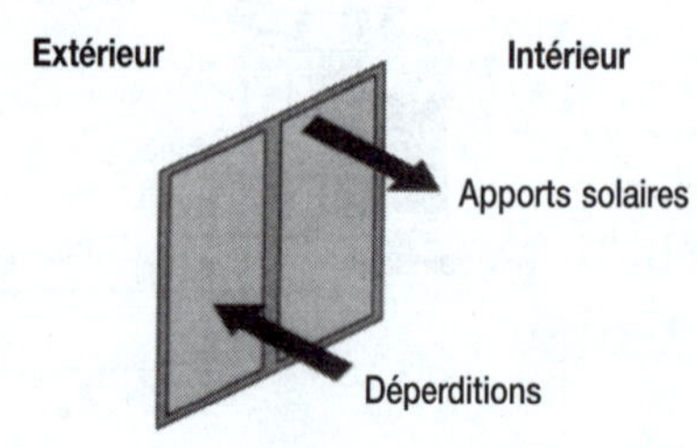

Figure 12.11 : *apports solaires et déperditions*

12.5. Les vitrages

12.5.1. Coefficients de déperdition thermique des baies vitrées

12.5.1.1. Les coefficients théoriques de déperdition

Ils servent à définir les performances thermiques d'une baie vitrée.

Coefficient K : il caractérise les transferts thermiques par conduction, convection et rayonnement à travers une paroi.
Il représente le flux de chaleur qui traverse 1 m^2 de surface de la paroi pour une différence de température de 1 °C entre deux ambiances séparées par la paroi (intérieur et extérieur d'un local).
Il s'exprime en watts par mètre carré et par degré (W/m^2.°C).
Exemple : pour un vitrage, K = 2,8 W/m^2. °C.

Coefficient K_n: il caractérise la paroi vitrée nue, sans rideau ni fermeture par volet roulant ou autre.

Coefficient K_{jn}: c'est le **coefficient K moyen jour-nuit** avec rideau et éventuellement fermetures par stores ou volets.

12.5.1.2. Double vitrage isolant

Il s'agit d'enfermer une lame d'air déshydraté d'épaisseur 8 mm, 10 mm, 12 mm ou plus entre deux parois vitrées.

Figure 12.12 : ***fenêtre et porte-fenêtre***

12.5.2. Coefficients K_n et K_{jn} des baies en vitrage simple ou double

Tableau 12.1 : *coefficients K_n et K_{jn} des baies en vitrage simple ou double*

Ce tableau permet de comparer le simple vitrage et le double vitrage suivant l'épaisseur de la lame d'air en tenant compte du matériau utilisé en menuiserie et de la présence ou non de fermetures.

Nature du vitrage	Nature de la menuiserie	Type de baie	K_n de la paroi nue	K_{jn}		
				Sans fermeture	Fermeture Perméabilité forte	Fermeture Perméabilité moyenne
Vitrage simple	Bois	fenêtre	4,95	4,15	3,85	3,45
		porte-fenêtre	5,05	4,25	3,90	3,50
	Métal	fenêtre	6,15	4,95	4,55	4,00
		porte-fenêtre	6,25	5,00	4,60	4,05
	PVC	fenêtre	4,65	3,95	3,65	3,20
		porte-fenêtre	4,80	4,05	3,75	3,25
	Métal (rupture thermique)	fenêtre	5,10	4,25	3,95	3,45
		porte-fenêtre	5,20	4,35	4,00	3,50
Double vitrage Lame d'air 6 mm	Bois	fenêtre	3,25	2,85	3,70	2,45
		porte-fenêtre	3,25	2,90	2,75	2,45
	Métal	fenêtre	4,55	3,85	3,60	3,20
		porte-fenêtre	4,55	3,85	3,55	3,20
	PVC	fenêtre	3,05	2,75	2,60	2,30
		porte-fenêtre	3,10	2,80	2,60	2,30
	Métal (rupture thermique)	fenêtre	3,55	3,10	2,90	2,55
		porte-fenêtre	3,55	3,10	2,90	2,55
Double vitrage Lame d'air 12 mm	Bois	fenêtre	2,95	2,60	2,50	2,25
		porte-fenêtre	2,95	2,65	2,50	2,25
	Métal	fenêtre	4,30	3,70	3,45	3,05
		porte-fenêtre	4,25	3,65	3,40	3,05
	PVC	fenêtre	2,75	2,50	2,35	2,10
		porte-fenêtre	2,85	2,55	2,40	2,10
	Métal (rupture thermique)	fenêtre	3,25	2,90	2,70	2,40
		porte-fenêtre	3,25	2,85	2,70	2,40

12.5.3. Particularités des vitrages isolants

Se reporter aux figures 12.13, 12.14 et 12.15.

12.5.3.1. Vitrages dits de contrôle solaire

- Glace teintée dans la masse (type Parsol).
- Glace claire ou teintée qui présente une couche métallique pyrolytique qui réfléchit l'énergie solaire (de type Antellio).

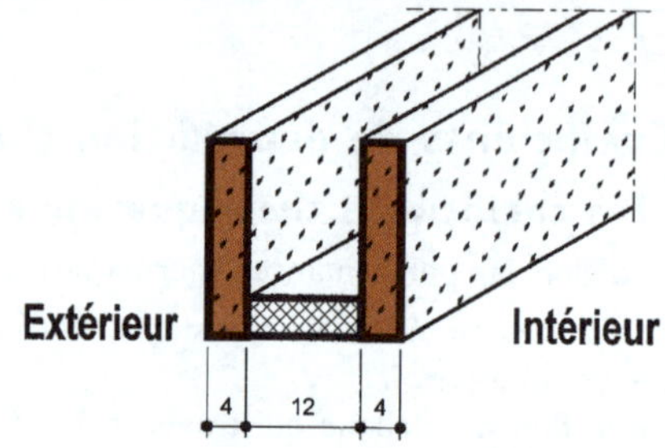

Figure 12.13 : *vitrage isolant thermique de type 4/12/4*

12.5.3.2. Vitrages d'isolation acoustique en façade

La réglementation acoustique prévoit pour les constructions neuves un isolement minimal de 30 dB(A) et jusqu'à 45 dB(A) suivant les voies de circulations.

Remarques :

*– Le décibel (**dB**) est l'unité de mesure physique du bruit correspondant à une bande de fréquence déterminée. Cette mesure exprimée en **dB(A)** est une mesure pondérée suivant la sensation sonore perçue physiologiquement par l'oreille humaine, toutes fréquences confondues.*

– La nouvelle réglementation acoustique adopte le décibel pour mesurer l'indice d'affaiblissement acoustique suivant la normalisation acoustique européenne.

Principe : on utilise des composants verriers d'épaisseurs différentes.

Exemple : produit de type Contrasonor avec une glace de 4 mm d'épaisseur, une lame d'air de 6 mm et une glace de 6 mm, 8 mm ou 10 mm suivant le résultat recherché.

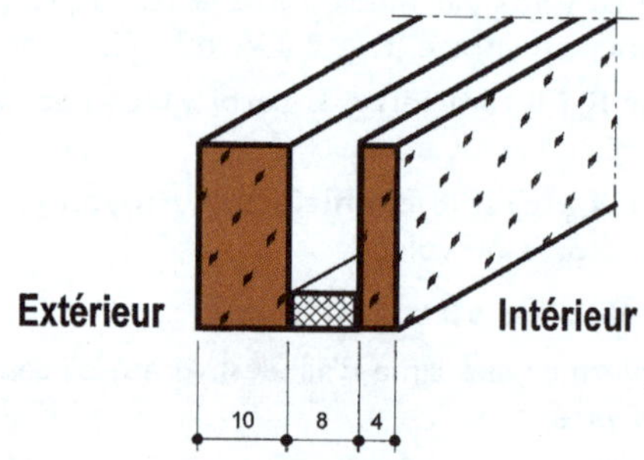

Figure 12.14 : *vitrage isolant acoustique*

12.5.3.3. Vitrages de protection aux chocs pour la protection des biens et des personnes

Types de vitrages :

- vitrages feuilletés composés de deux ou plusieurs vitrages assemblés par interposition d'un film de butyral de polyvinyle,
- glace trempée de type Sécurit,
- verre imprimé armé.

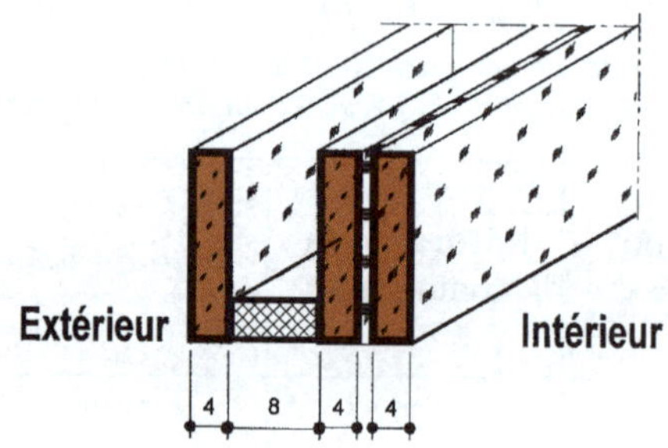

Figure 12.15 : *vitrage de protection des personnes et des biens*

12.6. Les labels officiels

Se reporter aux figures 12.16, 12.17 et 12.18.

- Les labels officiels sont mentionnés dans les catalogues fournisseurs et sont d'excellents indicateurs lorsqu'ils sont décodés.
- Leur obtention résulte de contrôles et d'essais formalisés.

Ils visent :

- les caractéristiques des matériaux utilisés,
- le cycle de fabrication (usinage, assemblage et conditionnement),
- la certification, marque de la qualité des produits pour les concepteurs et les utilisateurs.

12.6.1. Certification CSTB

Se reporter à la figure 12.16 ci-contre.

CSTB : Centre Scientifique et Technique du Bâtiment.

Ce certificat est délivré pour la menuiserie PVC.

CSTB

Délivré par le CSTB pour la menuiserie

CSTBat

Figure 12.16 : *sigle du Centre Scientifique et Technique du Bâtiment*

12.6.2. Certification CTBA

CTBA : Centre Technique du Bois et de l'Ameublement.

Ces certificats, délivrés pour la menuiserie bois, attestent en particulier :

- le contrôle continu de la fabrication,
- les performances du produit au classement **A.E.V.**

Rappels : (voir symboles de la figure 12.19)

- perméabilité à l'air → **A**
- étanchéité à l'eau → **E**
- résistance au vent → **V**

12.6.3. Certificat Acotherm

Se reporter aux figures 12.17 et 12.18.

- Il ne peut être attribué qu'à des fabrications faisant l'objet d'un certificat de qualification.
- Il constate des performances et propose un classement hiérarchisé.

12.6.3.1. Isolation thermique

Le classement Th comprend 6 catégories dont chacune est associée à un **coefficient K de transmission thermique en W/m².°C.** Plus celui-ci est faible, meilleure est l'isolation thermique.

Th1 : K < 4,75 W/m².°C

Th2 : K < 4,35 W/m².°C

Th3 : K < 3,65 W/m².°C

Th4 : K < 3,25 W/m².°C

Th5 : K < 2,95 W/m².°C

Th6 : K < 2,55 W/m².°C

12.6.3.2. Isolation acoustique

Le classement AC comprend 4 catégories, dont chacune est associée à un niveau d'affaiblissement du bruit, exprimé en dB(A) bruit route, et délivré par le CSTB pour la menuiserie en PVC. Plus ce niveau d'affaiblissement est élevé, meilleure est l'isolation acoustique.

AC1 : R > 28 dB(A)

AC2 : R > 33 dB(A)

AC3 : R > 38 dB(A)

AC4 : R > 43 dB(A)

12.6.4. Le classement A.E.V.

Il indique les performances d'étanchéité.

❒ ***Étanchéité à l'air***

Elle s'exprime par un classement A1, A2, A3.

❒ ***Étanchéité à l'eau***

Elle s'exprime par un classement E1, E2, E3.

❒ ***Résistance au vent***

Elle s'exprime par un classement V1, V2, V3.

Le principe pour ces trois classements : plus l'indice est élevé, meilleure est la performance.

12.6.5. Label EWAA

Se reporter à la figure 12.20, page 138.

Ce label garantit la qualité de l'anodisation des profils d'aluminium (durabilité, résistance, aspect).

12.6.6. Label Qualicoat

Se reporter à la figure 12.20, page 138.

Le label Qualicoat garantit sur les profils aluminium la qualité des produits de laquage et de leur application (résistance aux rayures, tenue aux UV).

12.6.7. Label Cekal

Se reporter à la figure 12.20, page 138.

Le label Cekal garantit la qualité de fabrication des vitrages et leurs capacités isolantes.

Le label Acotherm :

vous garantit les performances d'isolation Phonique et Thermique

- **Isolation phonique**
  S'exprime par un classement croissant AC de 1 à 4.

Le principe : plus une des vitres est épaisse, plus vous êtes isolé contre le bruit.

Le classement AC : correspond à un niveau d'affaiblissement qui s'exprime en décibels dB (A) bruit route.

- **Isolation thermique**
  S'exprime par un classement croissant Th de 1 à 6.

Le principe : plus la lame d'air du double vitrage est épaisse, plus vous êtes isolé contre le chaud et le froid.

Le classement TH : correspond à un coefficient K d'isolation s'exprimant en W/m²°C.

Menuiseries Lapeyre

Figure 12.17 : *le label Acotherm*

Label pour le classement AC et TH

CTBA et classement AEV

Figure 12.18

Le classement A.E.V. :

vous indique les performances d'étanchéité

- **Étanchéité à l'air**
  S'exprime par un classement croissant A1, A2 ou A3.
- **Étanchéité à l'eau**
  S'exprime par un classement croissant E1, E2, E3.
- **Résistance au vent**
  S'exprime par un classement croissant V1, V2, VE.

Le principe : plus le niveau est élevé, plus l'isolation est importante.

Les labels : ils sont délivrés par le **CTBA** pour les fenêtres bois et par le **CSTB** pour les fenêtres PVC.

Menuiseries Lapeyre

Figure 12.19 : *le classement A.E.V.*

12.6.8. Avis technique ATEC du CSTB

Se reporter à la figure 12.20.

- Cet avis technique s'applique à une gamme de menuiseries non traditionnelles en PVC.
- Il apprécie les performances (thermiques, par exemple).
- Il impose des normes de fabrication et des conditions de mise en œuvre.

■ CEKAL

■ EWAA

■ QUALICOAT

■ Certificat fabricant de qualification NF

■ L'avis technique

ATEC

■ Centre Expérimental d'Études et Recherches pour fenêtres et façades pour l'aluminium

Figure 12.20 : *différents sigles*

12.7. Fiche technique : fenêtre en aluminium

STRUCTURE

Profilés en alliage d'aluminium anodisé (normes EWAA, EURAS) ou laqués (label Qualicoat).

Gamme fenêtre à frappe (ouvrants à la française) :

- Dormant tubulaire de 52 mm.
- Pièce d'appui de 90 mm ou 164 mm avec tapées d'isolation.
- Couvre-joint intégré ou rapporté de 30 mm.
- Ouvrant masqué de 51 mm avec parcloses et joint EPDM, épaisseur maximale de vitrage de 24 mm (4/12/4 en standard).
- Étanchéité assurée par double joint sur ouvrant et joint central sur dormant en EPDM.
- Paumelles réglables en alliage d'aluminium (axe acier inoxydable).
- Crémone pivotante pour les ouvertures à la française.
- Crémone ceinturante à rouleau anti-fausse manœuvre pour les oscillo-battants.
- Compas de limitation d'ouverture et condamnation par loqueteau pour les abattants.

Coupe sur fenêtre

Constitution de la paroi maçonnée :

- *blocs creux de béton de 20 cm d'épaisseur, hourdés au mortier,*
- *doublage isolant côté intérieur,*
- *enduit monocouche côté extérieur.*

Options :

- rupture thermique sur dormant,
- petits bois incorporés, blanc ou « teinte laiton », dans double vitrage,
- traverse intermédiaire et seuil réduit sur porte balcon,
- soubassement porte-fenêtre.

Porte d'entrée :

- Pour utilisation intensive.
- Dormant et ouvrant affleurant de 45 mm à forte inertie.
- En option : traverse intermédiaire. Étanchéité par double joint à frappe sur montants et traverse haute ; double joint brosse sur seuil.
- Paumelles réglables renforcées.

Autres options :

- serrure trois points de sécurité à condamnation latérale,
- seuil de 20 mm à étanchéité renforcée,
- antipanique, ferme porte, gâche électrique,
- garnitures.

Modes de pose :

- en feuillure, tunnel ou en applique avec tapées rapportées pour isolations de 80 à 160 mm,
- avec vérins de pose sur dormant pour pose sur dormant existant et cornières d'habillage

1 Appui
2 Recouvrement intérieur 30 mm
3 Dormant tubulaire
4 Ouvrant masqué
5 Joint de frappe extérieur
6 Joint de frappe intérieur
7 Joint central
8 Vitrage isolant
9 Dormant adapté
10 Pattes de fixation réglables
11 Parcloses masquées

12.8. Mise en œuvre des ouvertures

12.8.1. Les dimensions « tableau »

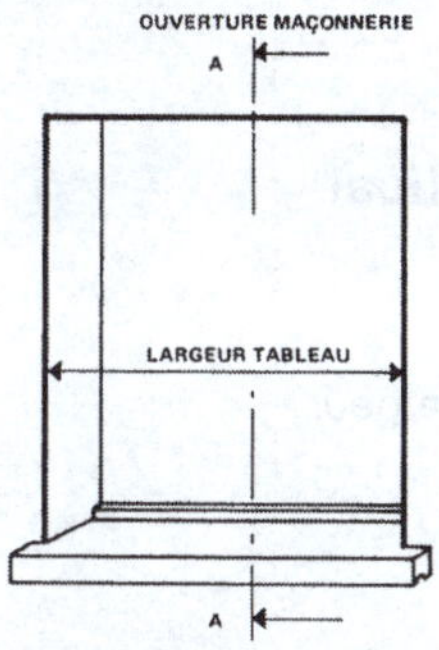

Figure 12.21a : *élévation*

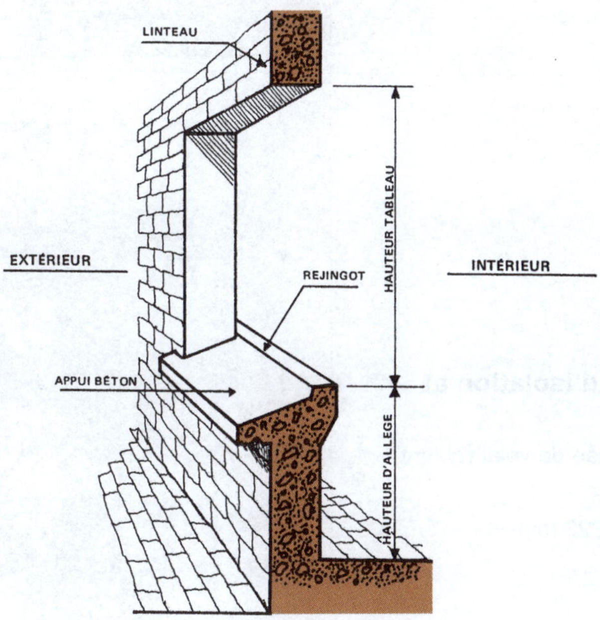

Figure 12.21b : *coupe verticale AA*

12.8.2. Cas de pose des menuiseries

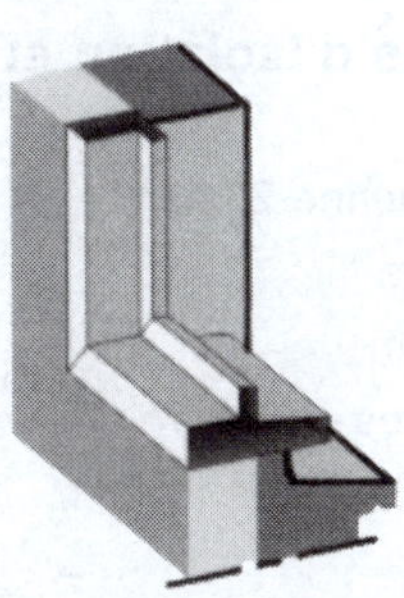

Figure 12.22

EN APPLIQUE

Une technique adaptée à tous les types de dormants et d'isolation, généralement utilisée dans les logements neufs.

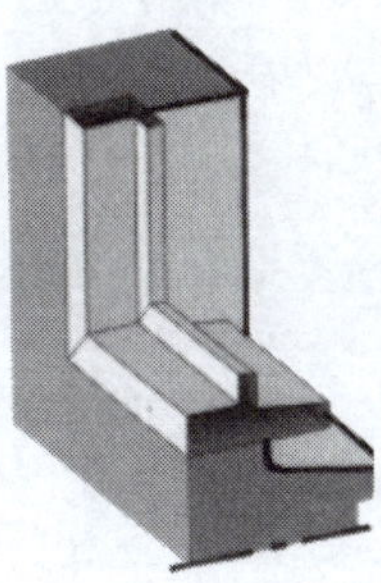

Figure 12.23

EN FEUILLURE

Principalement dans les logements anciens, il suffit d'enlever les dormants et de poser tout simplement la fenêtre dans la feuillure. Travaux neufs : dans le cas des portes de service.

12.8.3. Visualisation d'une fenêtre en applique

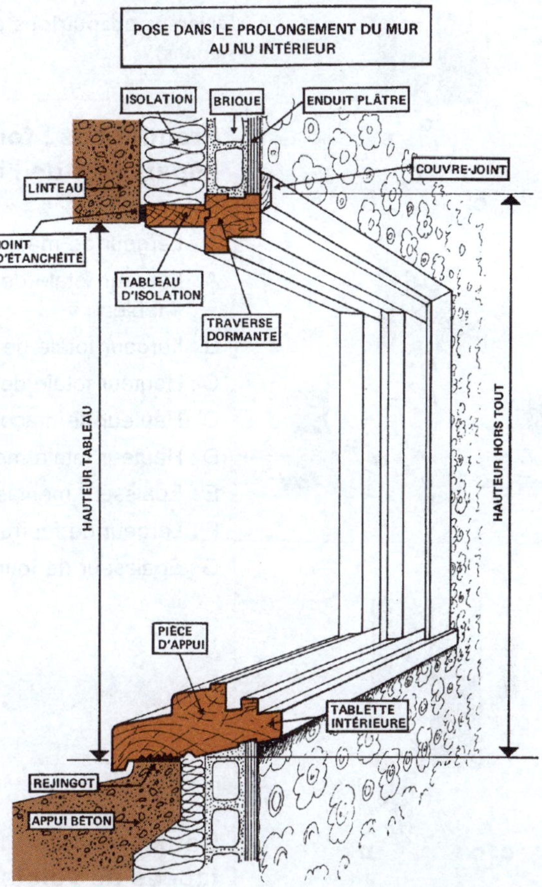

Figure 12.24 : *fenêtre en applique en coupe verticale partielle*

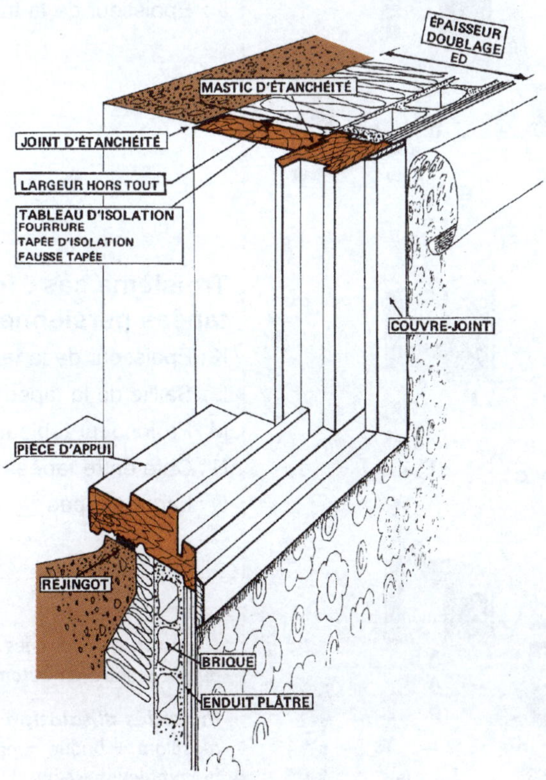

Figure 12.25 : *fenêtre en applique en coupe horizontale partielle*

12.9. Fiche technique : fenêtres en bois

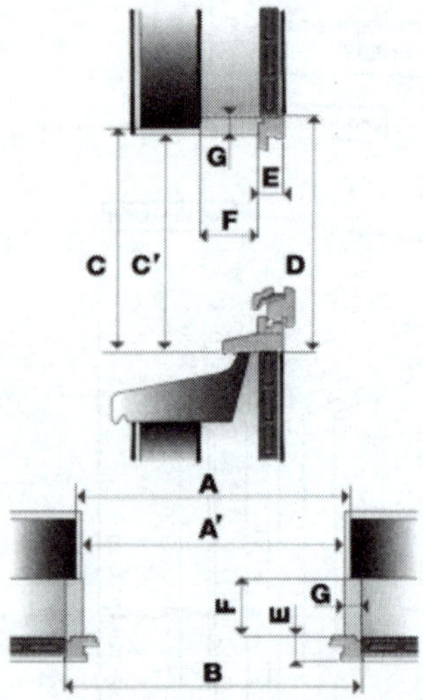

Diverses adaptations aux fermetures (volets roulants, persiennes).

Premier cas : fourrures pour obtenir l'épaisseur de l'isolant en doublage vertical du mur

A : Largeur de maçonnerie sans enduit

A': Largeur totale de maçonnerie avec enduit ou largeur « tableau »

B : Largeur totale de la menuiserie

C : Hauteur totale de maçonnerie brute

C' :Hauteur de maçonnerie finie ou en tableau

D : Hauteur totale menuiserie

E : Épaisseur menuiserie

F : Largeur de fourrure

G : Épaisseur de fourrure

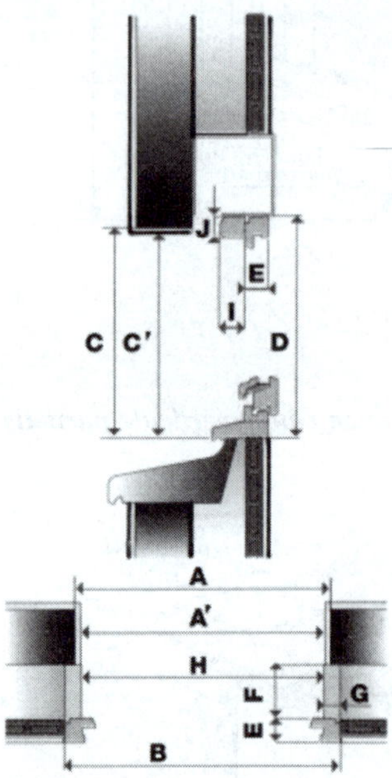

Deuxième cas : fourrures d'isolation et tapées de volets roulants

H : Cote entre montant TVR (Tapée de volet roulant)

I : Largeur de la traverse

J : Épaisseur de la traverse TVR 23 mm

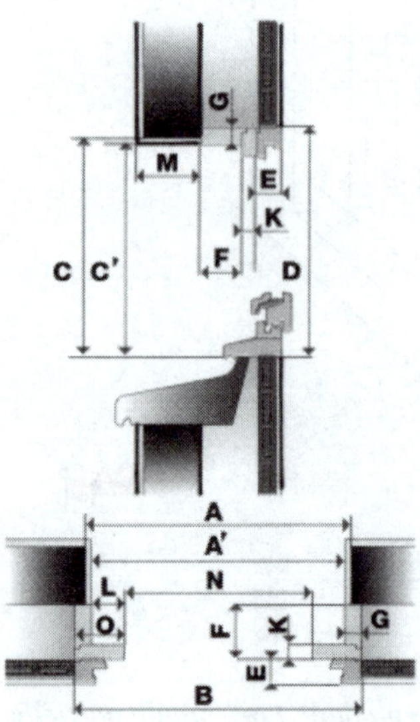

Troisième cas : fourrures d'isolation et tapées persiennes

K : Épaisseur de la tapée persienne 23 mm

L : Saillie de la tapée persienne

M : Profondeur tableau minimum

N : Cote entre tapées persiennes

O : Largeur tapée

Remarque : *Dans les trois cas, l'isolant passe derrière l'appui de fenêtre en béton.*

Procédés d'isolation :
a/ isolant + brique + enduit plâtre,
b/ complexe : isolant + plaque de plâtre.

Fima

12.10. Fenêtres et portes-fenêtres en bois

Dimensions standard

TABLEAU (hors tout)		1 vantail				2 vantaux							3 vantaux		
		40 46	60 66	80 86	90 96	90 96	100 106	110 116	120 126	130 136	140 146	150 156	180 186	210 216	240 246
C1 CHASSIS	45 48	⊞	⊞												
	60 63	⊞	⊞				⊞		⊞						
	75 78	⊞	⊞	⊞			⊞		⊞	⊞	⊞	⊞			
	95 98	⊞	⊞	⊞		⊞	⊞	⊞	⊞	⊞	⊞	⊞	⊞	⊞	
	105 108		⊞	⊞		⊞	⊞	⊞	⊞	⊞	⊞	⊞	⊞	⊞	
F2 F3 FENETRES	115 118		⊞	⊞		⊞	⊞	⊞	⊞	⊞	⊞	⊞	⊞	⊞	
	125 128		⊞	⊞		⊞	⊞	⊞	⊞	⊞	⊞	⊞	⊞	⊞	⊞
	135 138			⊞		⊞	⊞	⊞	⊞	⊞	⊞	⊞	⊞	⊞	⊞
	145 148					⊞	⊞	⊞	⊞	⊞	⊞	⊞	⊞	⊞	⊞
	155 158					⊞	⊞	⊞	⊞						
	165 168					⊞	⊞	⊞	⊞						
	175 178					⊞	⊞	⊞	⊞						
PFC PORTES-FENETRES	215 218			⊞	⊞				⊞	⊞	⊞	⊞	⊞	⊞	⊞
PFS	225 228			⊞	⊞				⊞	⊞	⊞	⊞	⊞	⊞	⊞

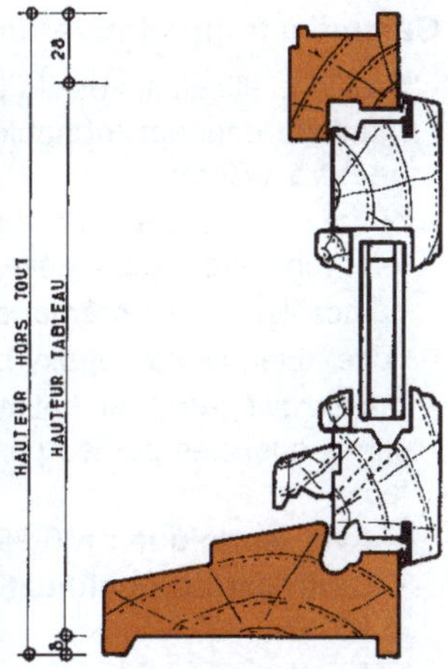

Figure 12.26 : *coupe verticale d'une fenêtre*

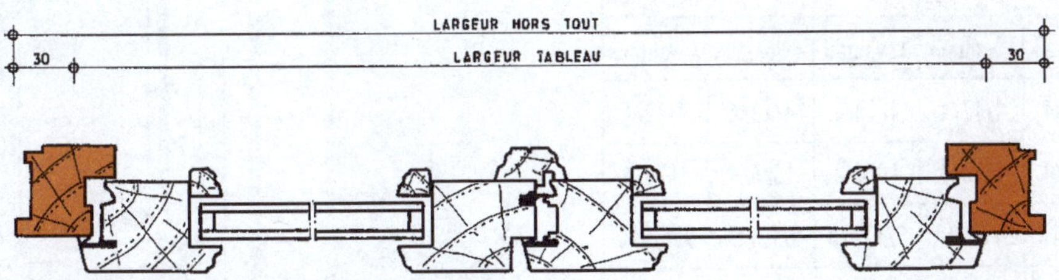

Figure 12.27 : *coupe dans le plan horizontal (d'une fenêtre ou d'une porte-fenêtre)*

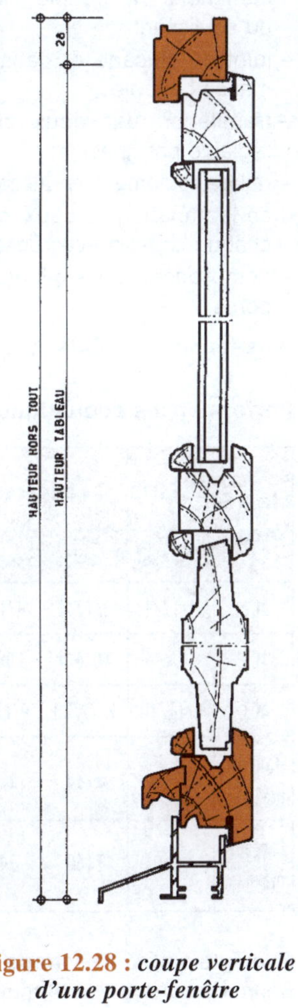

Figure 12.28 : *coupe verticale d'une porte-fenêtre*

12.11. Fiche technique : fenêtres PVC

DESCRIPTIF

PVC modifié choc greffé sur polyacrylate blanc satiné.

Gamme à frappe (ouverture à la française) :

- Profils multicellulaires de 65 mm d'épaisseur et dormant de concept monobloc avec reprise d'isolation de 60 à 170 mm ;
- ouvrant d'épaisseur 65 mm à deux chambres, avec joint tubulaire d'étanchéité, parclose intérieure ;
- quincaillerie avec crémone à rouleaux réglables ;
- fiche acier, finition époxy blanc, 70 mm ;
- masse allégée pour optimisation de la luminosité et lignes adoucies par les parcloses et les joncs de couleur.
  - **Avis technique :** n°6/95.952.
  - **Certificat de qualification :** n° 28.56, classement A3. E3. V2.
  - **Acotherm :** AC1, AC2, AC3 – Th 5.

Coulissant :

- Deux vantaux coulissants ;
- dormants multicellulaires de 95 mm d'épaisseur avec recouvrement intérieur intégré de 15 mm ;
- coulissants de 53,5 mm, parclose intérieure adoucie ;
- étanchéité par double joint brosse sur la périphérie du coulissant ;
- joint de chicane et patins brosses haut et bas en masse centrale ;
- translation par deux chariots boogies dont un réglable par châssis ;
- rail de roulement en alliage d'aluminium anodisé ;
- condamnation à deux points de verrouillage sur chaque châssis avec possibilité de barillet ;
- nombreuses possibilités de volets roulants incorporés.

Avis technique : 6/94.905.

Performances acoustiques sous label Acotherm

Classement	Châssis	Fenêtres		Oscillo-battant		Porte-balcon		
	1 vantail	2 vantaux	3 vantaux	1 vantail	2 vantaux	1 vantail	2 vantaux	3 vantaux
AC1	4/12/4	4/12/4	4/12/4	4/12/4	4/12/4	4/12/4	4/12/4	4/12/4
AC2	10/6/4	10/6/4	10/6/4	10/6/4	10/6/4	10/6/4	10/6/4	10/6/4
AC3	9/12/10	9/12/10	9/12/10	9/12/10	9/12/10	9/12/10	9/12/10	9/12/10
Hauteur maxi.	2280	2280	2280	2280	2280	2280	2280	2280
Largeur maxi.	860	1660	2460	1460	1660	860	1660	2460

Exemple : AC2 >> vitrage type : 10 mm de glace + 6 mm de lame d'air + 4 mm de glace.

Choix de la menuiserie en fonction de l'épaisseur du doublage

Complexe isolant	Isolation = complexe isolant + colle	Épaisseur totale de la menuiserie	Appui
–	–	65	100
60 + 10	77	80	160
70 + 10	87	90	160
80 + 10	97	100	170
90 + 10	107	110	160
100 + 10	117	120	160
110 + 10	127	130	160
120 + 10	137	140	160
Doublage	157	160	160
Traditionnel	167	170	170

Coupe d'une fenêtre en pose traditionnelle

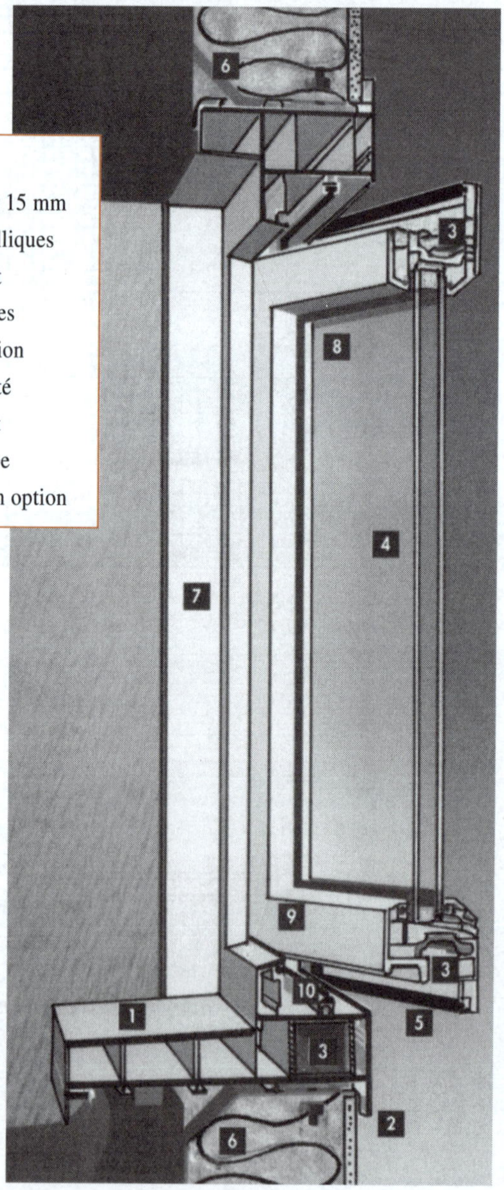

12.12. Portes-fenêtres et fenêtres coulissantes PVC

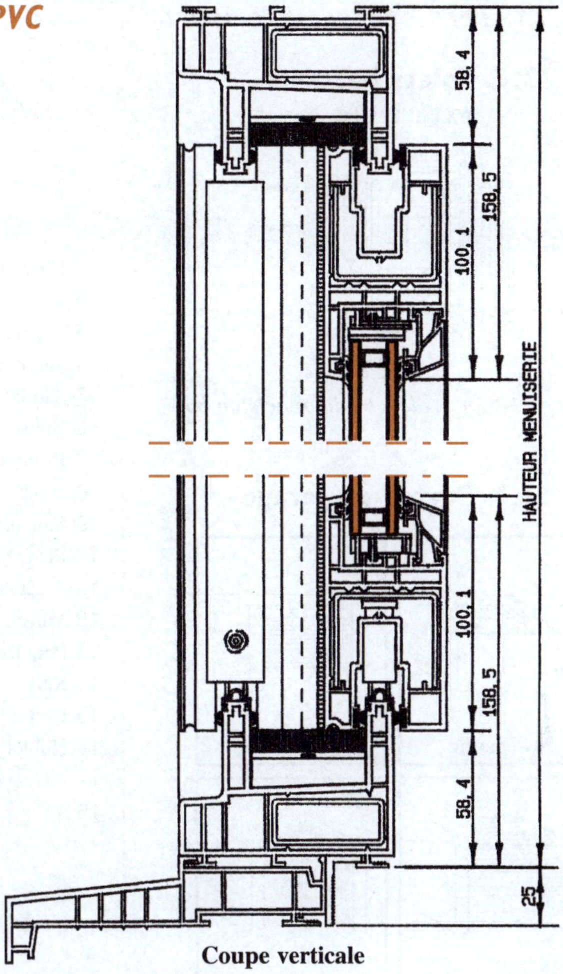

Coupe verticale

DESCRIPTIF

Profilés :
- Matériau compound PVC modifié choc (blanc).
- Épaisseur minimale des parois : 2,5 mm.
- Dormant : largeur de 95 mm et hauteur de 71 mm.
- Ouvrant : largeur de 54 mm et hauteur de 100 mm.
- Chicane – cache rainure – parclose intérieure à clipper.

Profilés PVC complémentaires :
- Pièces d'appui 140 et 175 mm.
- Dormant de fixe.
- Tapée délignable.
- Coulisse de volet roulant.
- Profils de calfeutrement et d'habillage.

Vitrages :

Tous types ayant une épaisseur totale de 20 mm.

Joints :
- Vitrage en EPT gris thermo-soudable posé sur les profils en sortie d'extrusion.
- Brosse en polypropylène.
- Chicane : mousse à cellule ouverte avec gaine de protection et cordon anti-allongement.

Quincaillerie :
- Crémone avec ou sans barillet en acier zingué bichromaté.
- Gâche en acier bichromaté.
- Poignée en aluminium anodisé ou revêtement époxy.
- Butoir en Zamac laqué époxy blanc.
- Chape réglable en acier bichromaté galet polyamide 6/6.
- Chariot réglable en Zamac galet polyester cristallin.

Visserie :

Acier zingué bichromaté.

Rail de roulement :

Profil aluminium clippé.

Renfort :

Acier galvanisé, épaisseur : 20/10.

Accessoires :
- Pontet central d'étanchéité.
- Écrou de vérin – vérin.
- Plot d'assemblage.
- Busette à clapet en polypropylène.

Option :

Bloc baie avec volet roulant.

Caractéristiques :
- Classement : A3 E3 V2.
- Dimensions maxi. : hauteur 2 300 mm et largeur 3 000 mm.
- Renforts acier systématiquement dans les traverses basse d'ouvrants, de dormants et dans les montants côté crémones.

Performances certifiées :
- CSTB A3 E3 V2.
- Avis technique sur produit.

Mise en œuvre :

Réhabilitation : sur dormant existant.

Neuf : en applique sur maçonnerie.

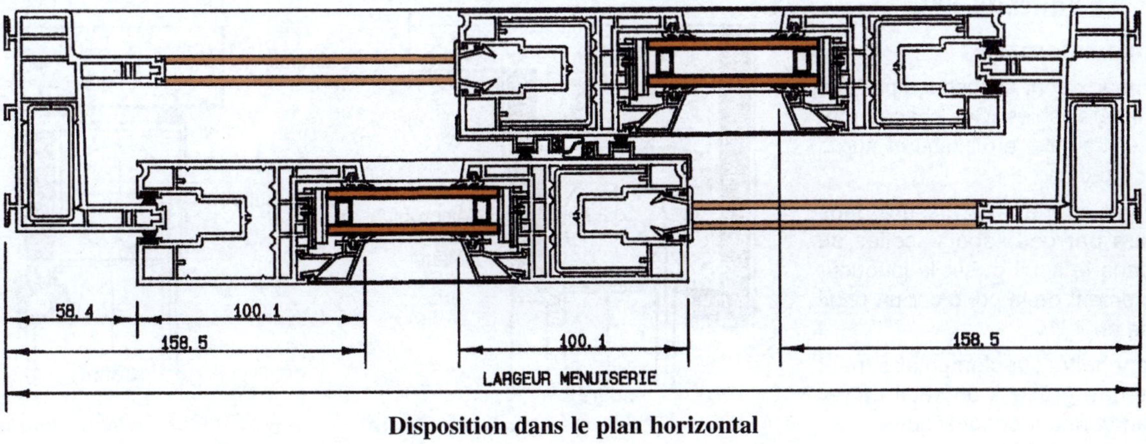

Disposition dans le plan horizontal

Acome

12.13. Fermetures extérieures

12.13.1. Volets battants extérieurs

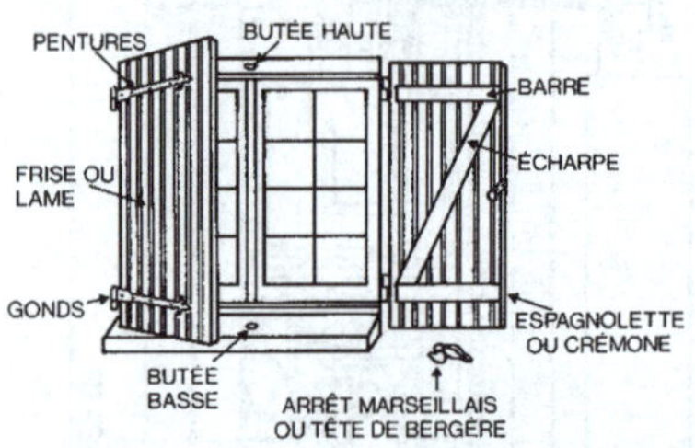

Figure 12.29 : ***volets traditionnels en bois***

12.13.2. Portes de garage

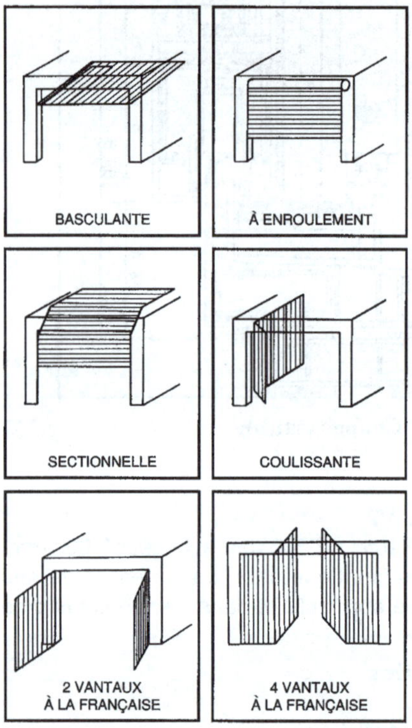

Fima

Figure 12.30 : ***différents modes d'ouverture et de fermeture***

12.13.3. Portail coulissant à vantaux PVC

Descriptif sommaire :

Les panneaux sont suspendus par des chapes indéraillables. Ces chapes roulent sur un rail fixé au linteau et sur la cloison de retour.

Le guidage inférieur est assuré dans l'ouverture par des sabots scellés ou vissés dans le seuil et sur la longueur de refoulement de la porte par un profil galvanisé en « U ».

Une étanchéité supplémentaire peut être obtenue grâce à un seuil galvanisé et un dormant périphérique.

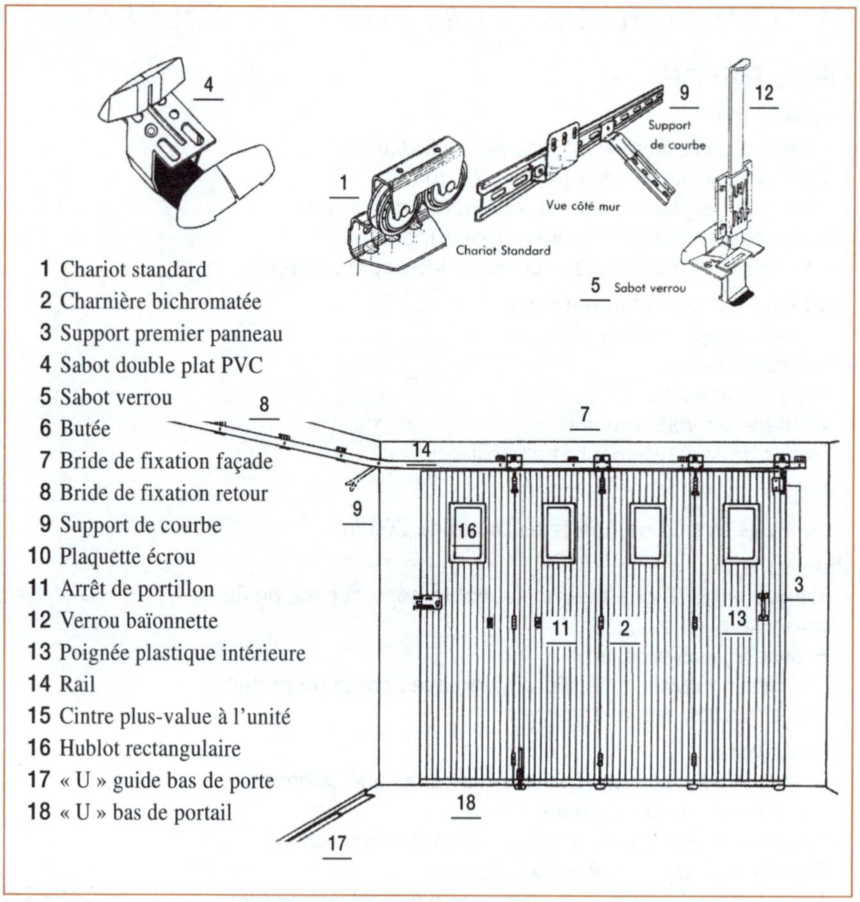

Bouvet

Figure 12.31 : ***les différents éléments d'un portail coulissant à vantaux en PVC***

12.13.4. Volets roulants

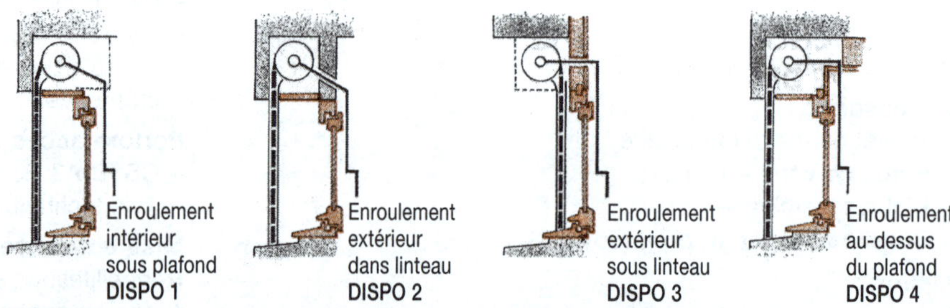

Figure 12.32 : ***dispositions de pose***

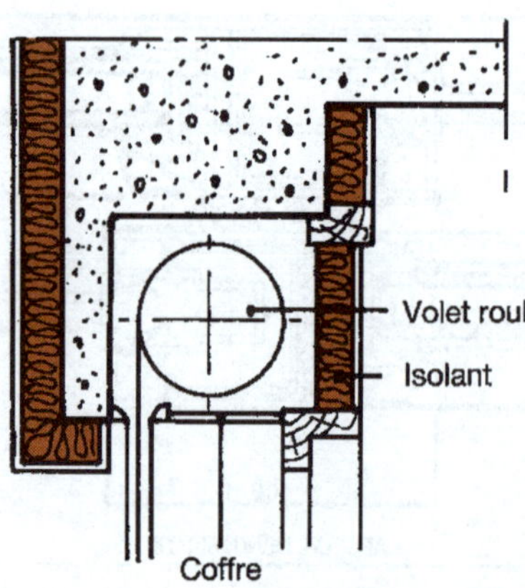

Figure 12.33 : ***volet roulant encastré***

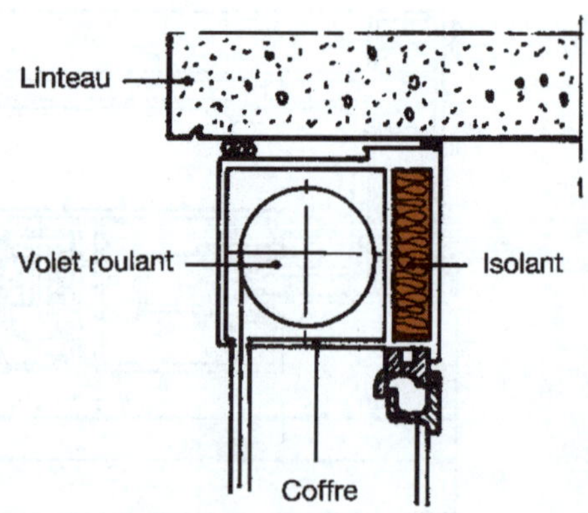

Figure 12.34 : ***volet roulant rapporté***

Document entreprise : fenêtres; dimensions, coupe horizontale et coupe verticale

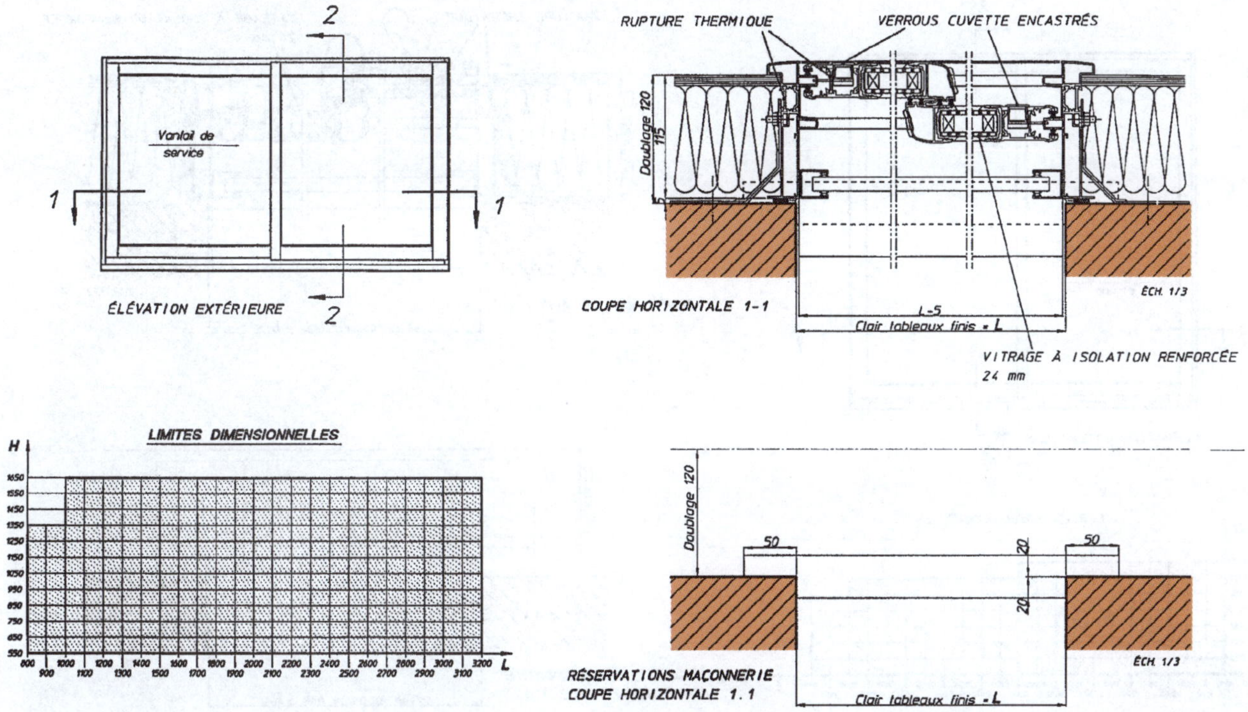

- NOUS COMMUNIQUER LA COTE 'L'
- POSE SUR MAÇONNERIES FINIES

FENÊTRES COULISSANTES 2 VTX
DORMANT DE 115 _POSE SOUS COFFRE TUNNEL 1

FENÊTRES

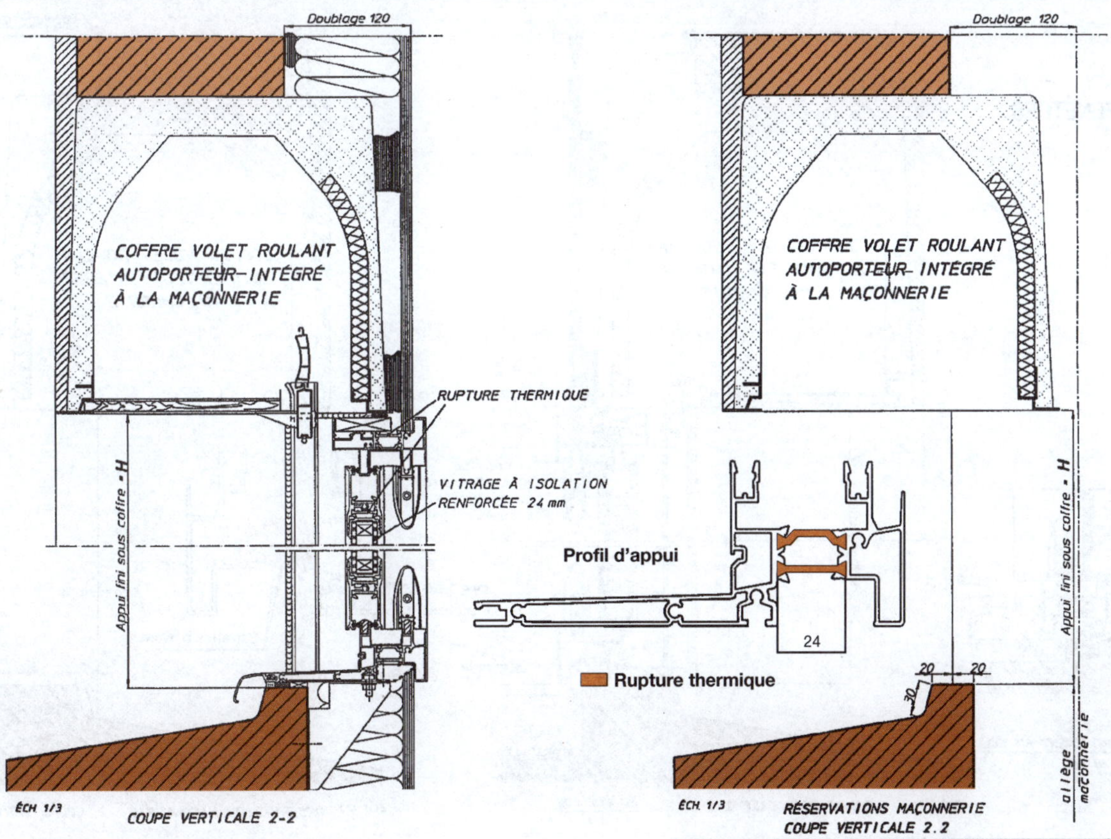

- NOUS COMMUNIQUER LA COTE 'H'
- POSE SUR MAÇONNERIES FINIES

FENÊTRES COULISSANTES 2 VTX
DORMANT DE 115 _POSE SOUS COFFRE TUNNEL 2

Document entreprise : portes-fenêtres; dimensions, coupe horizontale et coupe verticale

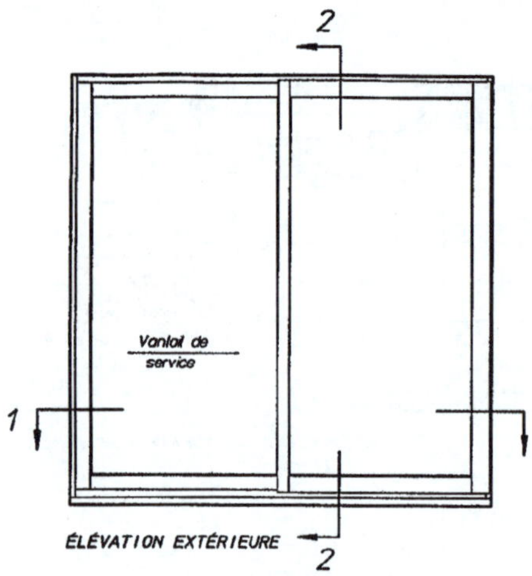

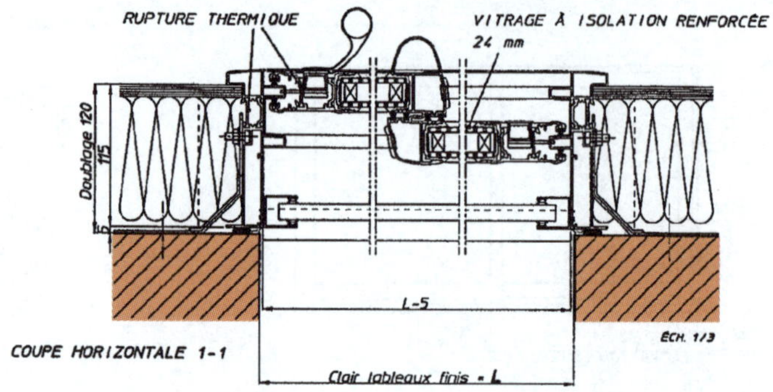

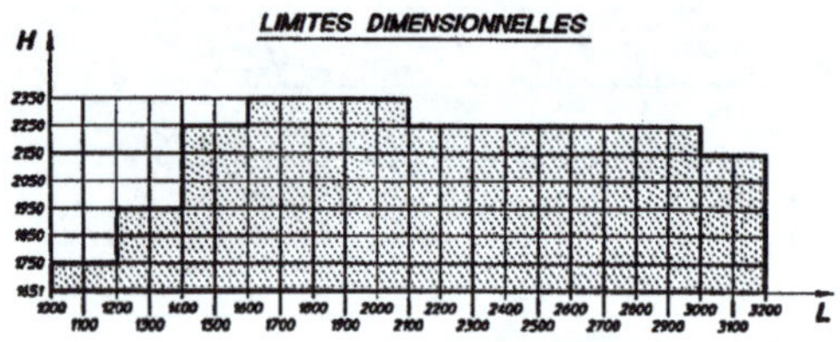

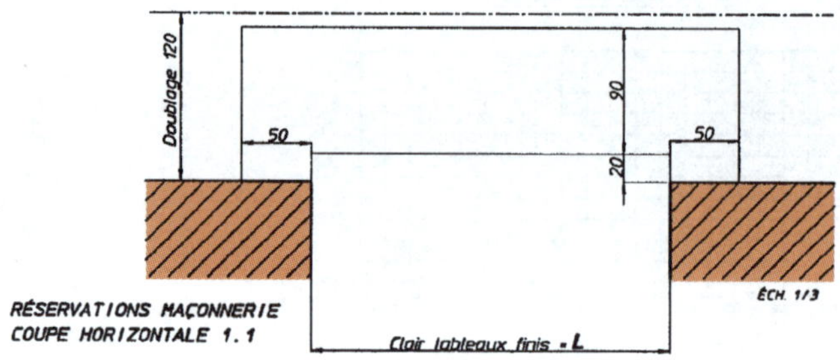

- NOUS COMMUNIQUER LA COTE "L"
- POSE SUR MAÇONNERIES FINIES

PORTES-FENÊTRES COULISSANTES 2 VTX
DORMANT DE 115 _POSE SOUS COFFRE TUNNEL 3

PORTES-FENÊTRES

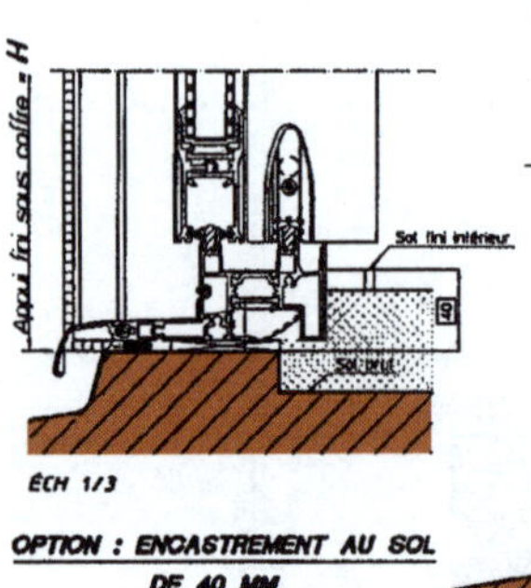

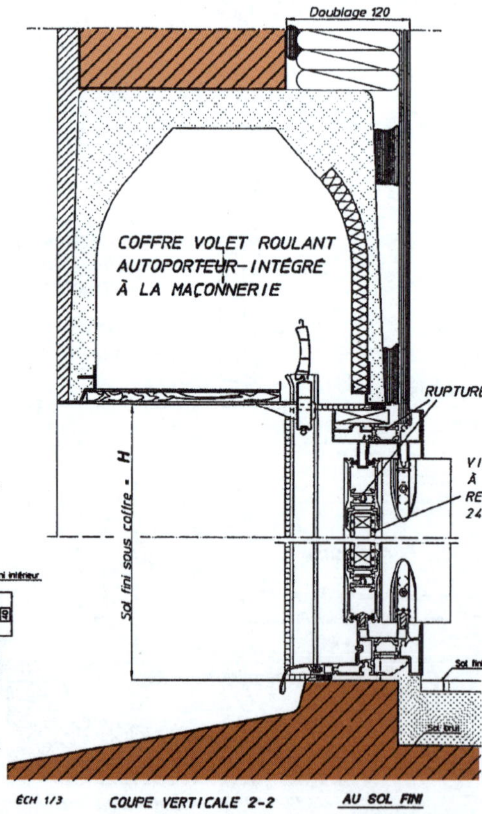

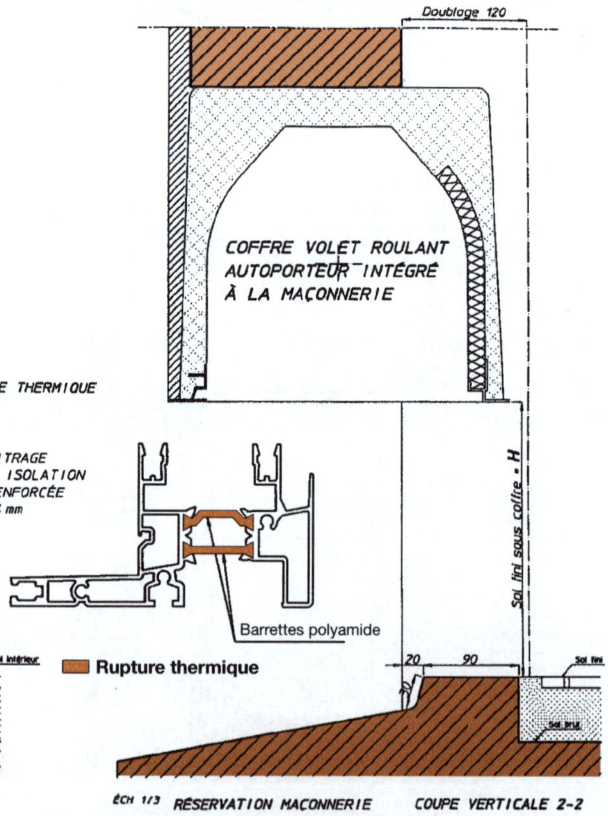

- NOUS COMMUNIQUER LA COTE "H"
- POSE SUR MAÇONNERIES FINIES

PORTES-FENÊTRES COULISSANTES 2 VTX
DORMANT DE 115 _POSE SOUS COFFRE TUNNEL 4

K•Line

Chapitre 13

Planchers de maisons individuelles

- Fonction porteuse et fonction confort
- Conception d'un plancher à poutrelles
- Détails techniques
- Détails de mise en œuvre des planchers
- Plancher avec dalle flottante
- Plancher sur vide sanitaire
- Plans d'exécution des planchers
- Documents d'exécution

13.1. Fonction porteuse et fonction confort

Les planchers constituent la structure horizontale porteuse des bâtiments en prenant leurs appuis sur les murs de façade et de refend, les poutres de rive ou les poutres intérieures (fig. 13.1 et 13.2).
Leur conception et les procédés de mise en œuvre doivent assurer les fonctions suivantes :
- la résistance aux charges permanentes (ou fixes),
- la résistance aux charges d'exploitation (ou libres),
- l'accès entre les niveaux : étage ou sous-sol par des trémies,
- l'isolation thermique intégrée dans le cas d'un sous-sol, un vide sanitaire ou des combles,
- l'isolation acoustique entre niveaux habitables, aux bruits aériens (voix, musique, etc.) ou d'impacts (circulation, par exemple les bruits de pas),
- la protection contre l'incendie (matériaux isolants ininflammables),
- l'obtention d'un parement en sous-face par un enduit plâtré ou un plafond suspendu,
- le passage de réseaux de distribution pour l'électricité, l'eau froide et chaude sanitaires, les canalisations de chauffage, etc.

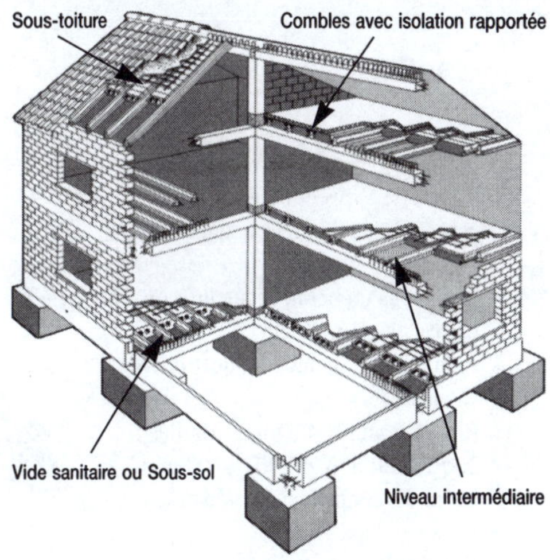

Figure 13.1 : *utilisation des planchers avec poutrelles précontraintes*

13.2. Conception d'un plancher à poutrelles

13.2.1. Fonction porteuse par les poutrelles

Se reporter aux figures 13.1 et 13.4.
Les poutrelles sont caractérisées par :
- leur forme en Té inversé pour que leur talon servent d'appui aux entrevous logés entre les poutrelles ;
- l'espacement : distance entre axes voisin de 60 cm ;
- la section de béton et l'armature par fils précontraints de résistance garantie avec tension finale ⩾ 2000 MPa, qui conditionnent la portée admise entre les appuis en fonction des charges.

Les poutrelles transmettent leurs charges aux appuis porteurs, à savoir les murs et les poutres.

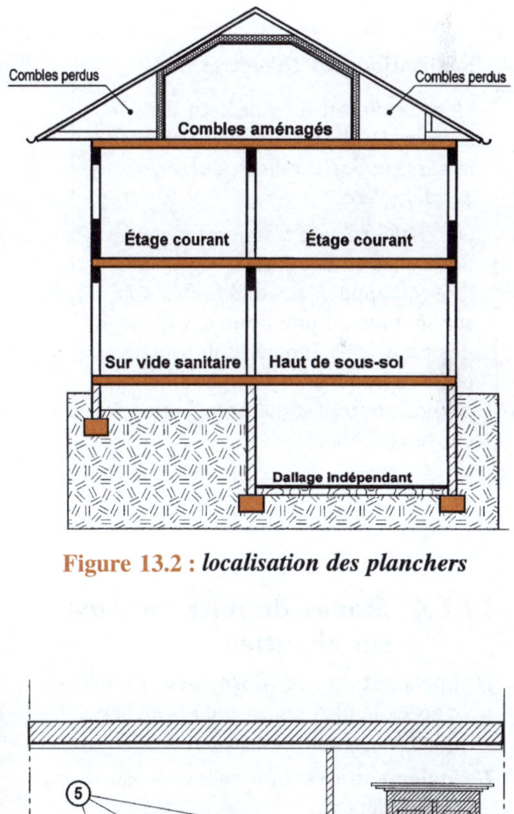

Figure 13.2 : *localisation des planchers*

13.2.2. Fonction coffrante par les entrevous

Les entrevous servent de coffrage pour la dalle de répartition et constituent également la sous-face du plancher brut entre les poutrelles. Les entrevous sont en béton ou en polystyrène et s'appuient sur le talon des poutrelles.

13.2.3. Répartition des charges par la dalle en béton armé

La dalle en béton armé, coulée en place, a une épaisseur de 4 cm à 5 cm et solidarise le tout. Armée par des treillis soudés en panneaux avec des fils de diamètre 4,5 mm, elle est également appelée « dalle de compression » en raison de la nature de l'effort subi par le béton en travée.

Tableau 13.1

Charges permanentes (G) et charges d'exploitation (Q_b)	Exemples de charges permanentes usuelles	Valeur
Exemples : ① poids propre du plancher (G) ② poids des cloisons légères (G) ③ poids du revêtement (G) ④ poids du plafond suspendu (G) ⑤ charge d'exploitation (Q_b) ⑥ meuble ou charge concentrée (Q_b)	Revêtement thermoplastique ou moquette collée	30 daN/m²
	Revêtement carrelage	100 daN/m²
	Revêtement carrelage + cloisons légères	150 daN/m²
Exemple : plancher de type 16+4 poids propre : 250 daN/m² cloisons : 100 daN/m² Évaluation par m² de plancher en maisons individuelles : – charges permanentes : 350 daN/m² – charges d'exploitation : 150 daN/m² – total : 500 daN/m² avant application de coefficients de sécurité	Revêtement carrelage + cloisons traditionnelles (briques creuses de 5 cm d'épaisseur enduites au plâtre)	200 daN/m²

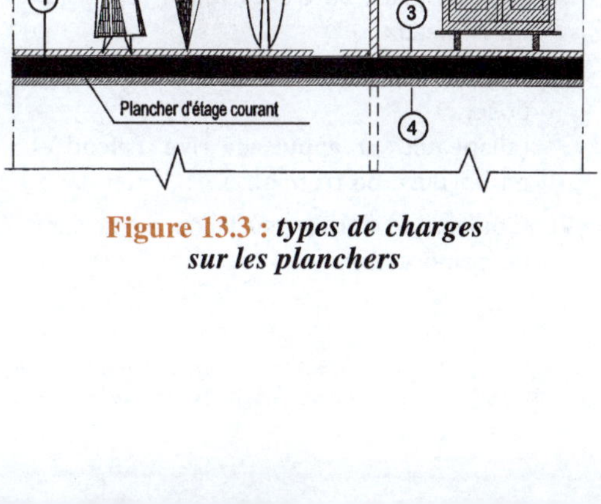

Figure 13.3 : *types de charges sur les planchers*

① Poutrelles précontraintes sans contreflèche (hauteurs courantes : 110, 140, 150 mm)
② Entrevous en béton (hauteurs courantes : 12, 16, 20 cm)
③ Armatures : panneaux de treillis soudés
Fils : 4,5 mm × 4,5 mm – Mailles : 200 × 200 mm et 200 × 300 mm
④ Dalle de compression d'épaisseur 4 cm
⑤ Enduit plâtre en sous-face

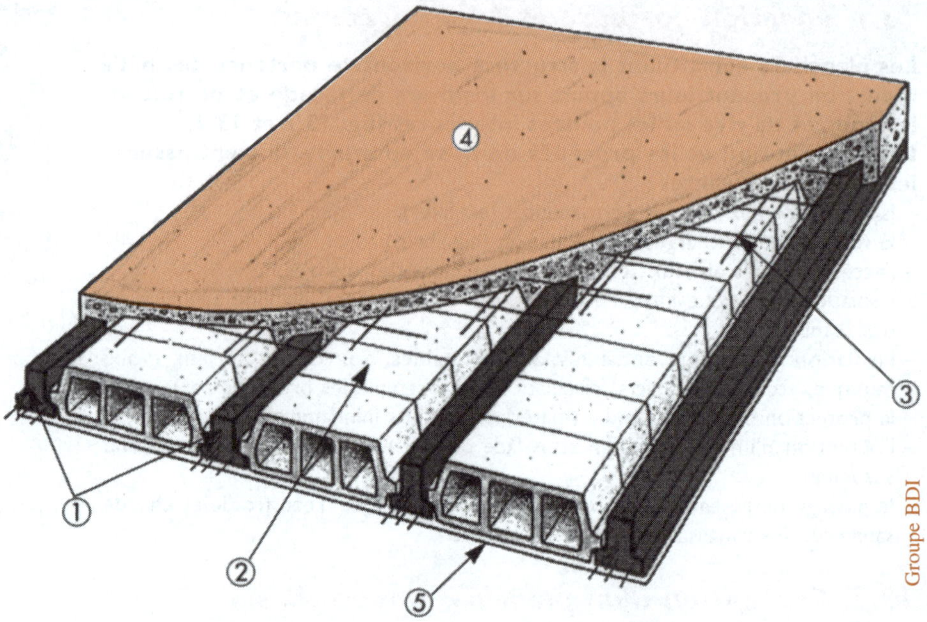

Figure 13.4 : ***plancher d'étage courant***

Réalisation des chevêtres

Une trémie est un vide créé dans la surface du plancher pour permettre le passage des escaliers, des conduits, etc.

Un chevêtre sert à supporter des poutrelles en bordure d'une trémie. Il prend appui à ses extrémités soit sur un mur ou une poutre, soit sur des poutrelles jumelées ou triplées pour reprendre les charges amenées par les poutrelles qui prennent appui sur le chevêtre.

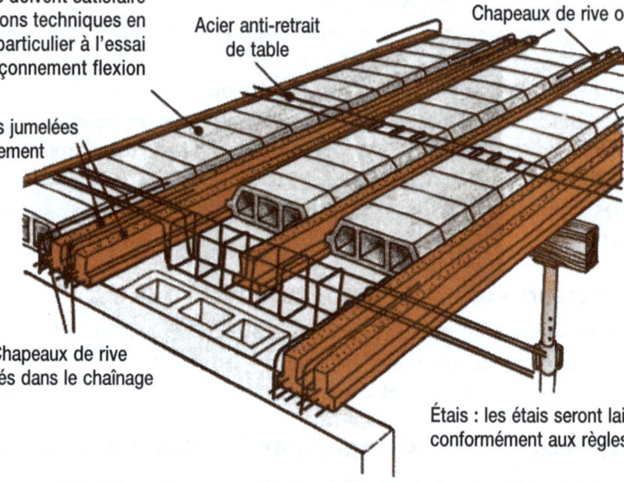

Figure 13.5 : ***ensemble plancher avec chevêtre***

13.2.4. Étapes de mise en œuvre sur chantier

1/ Implantation et pose des poutrelles d'après le plan de pose du plancher (plan fourni par le distributeur).

2/ Étaiement des poutrelles (0 ou 1 ou 2 files d'étais).

3/ Mise en place des entrevous (béton ou polystyrène).

4/ Armature pour chevêtre éventuel.

5/ Mise en place du treillis soudé (panneaux ou rouleaux).

6/ Renforts d'armature selon le plan de pose,
(chapeaux sur appuis de rive, refend et en bordure de trémie).

7/ Coulage et finition surfacée de la dalle de compression.

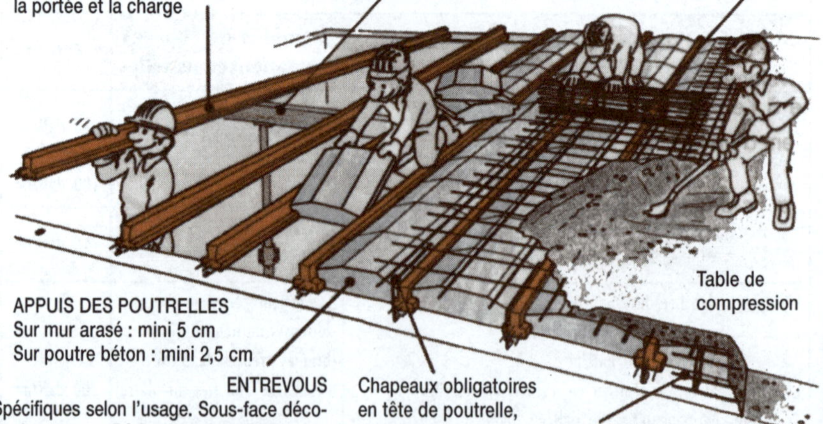

Figure 13.6 : ***visualisation de la réalisation sur chantier***

13.2.5. Schémas de différents montages

Descriptif sommaire

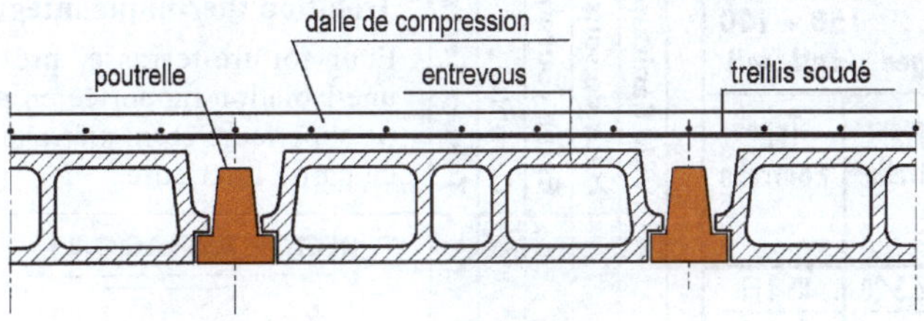

Figure 13.7 : ***plancher d'étage courant***

Poutrelles précontraintes et entrevous en béton (fig. 13.7).

Hauteur courante des entrevous : 12 ; 16 ; 20 cm.

Dalle de compression de 4 cm d'épaisseur.

Béton frais surfacé en parement supérieur.

Sous-face généralement plâtrée.

Utilisations : plancher d'étage courant.

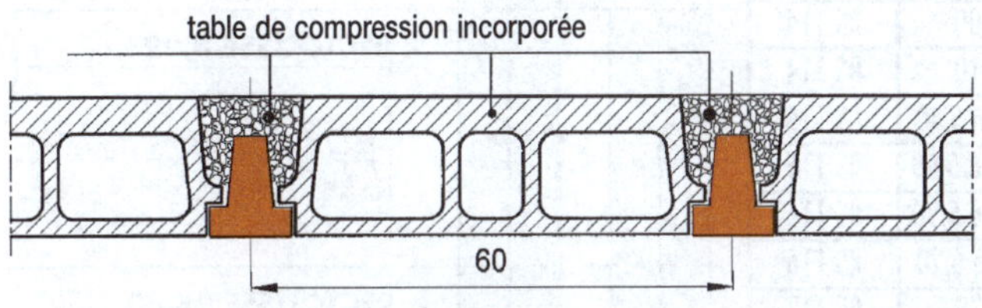

Figure 13.8 : ***plancher à table de compression incorporée***

Poutrelles précontraintes et entrevous renforcés en partie supérieure pour former avec le béton coulé en place autour des poutrelles une table de compression incorporée (fig. 13.8).

Une isolation est souvent rapportée en partie supérieure ou en face inférieure du plancher.

Utilisations : étage courant, combles, toitures-terrasses, vide sanitaire.

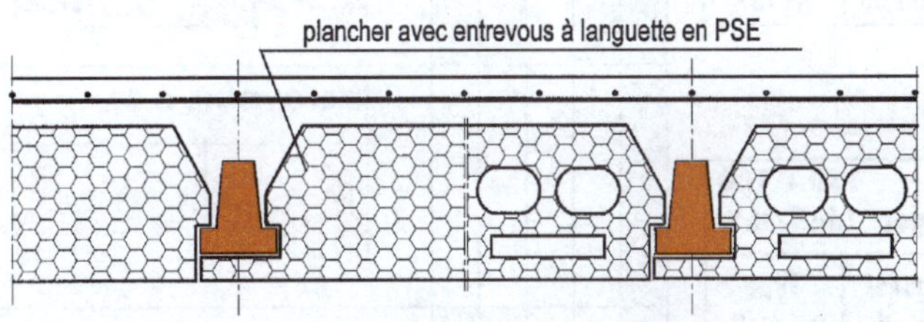

Figure 13.9 : ***plancher avec isolant thermique intégré***

Plancher constitué de poutrelles précontraintes et d'entrevous en polystyrène moulé de qualité M1 (non inflammable) et d'une table de compression coulée en place (fig. 13.9).

La sous-face peut être plâtrée sur lattis métallique type « Nergalto » ancré dans la dalle par des suspentes.

Utilisations : vide sanitaire, haut de sous-sol, combles.

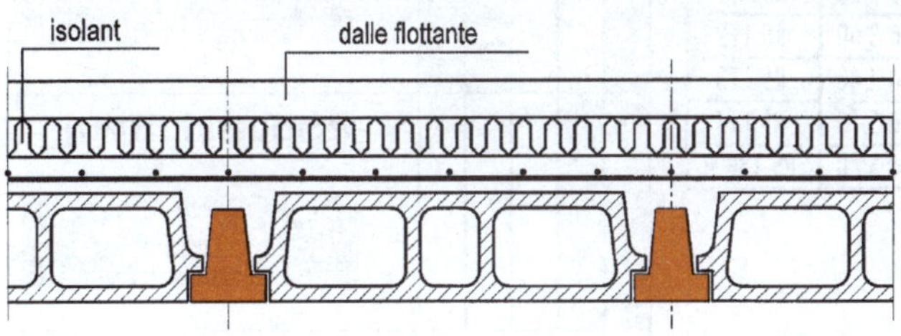

Figure 13.10 : ***plancher d'étage courant + isolant + dalle flottante***

Plancher courant avec isolation thermique ou acoustique rapportée en face supérieure (fig. 13.10).

Poutrelles précontraintes et entrevous béton avec dalle de compression d'au moins 4 cm.

Couche isolante d'épaisseur selon l'isolant utilisé et les performances recherchées (épaisseur entre 3 à 6 cm).

Une dalle flottante de 5 cm d'épaisseur, légèrement armée, complète la structure horizontale et permet de recevoir le revêtement de sol.

Utilisations : tous niveaux (V.S., sous-sol, étage, combles, etc.).

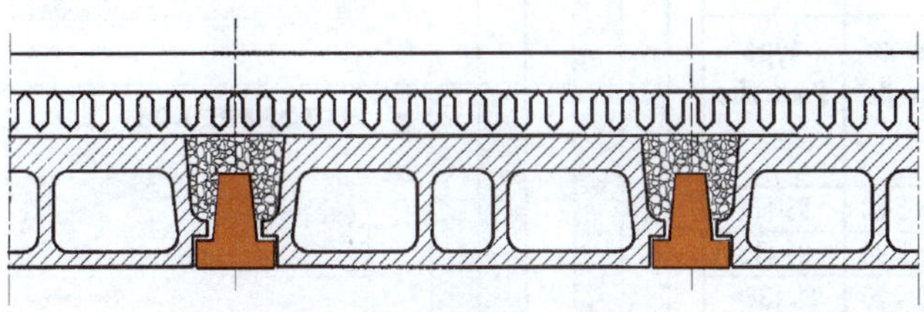

Figure 13.11 : ***plancher avec table de compression incorporée + isolant + dalle flottante***

Plancher avec table de compression incorporée et isolation rapportée en partie supérieure (fig. 13.11).

Une dalle flottante en microbéton, d'épaisseur 5 cm, complète le système.

En sous-face, ce type de montage peut recevoir un enduit (plâtre en milieu sec).

Utilisations : tous niveaux de planchers.

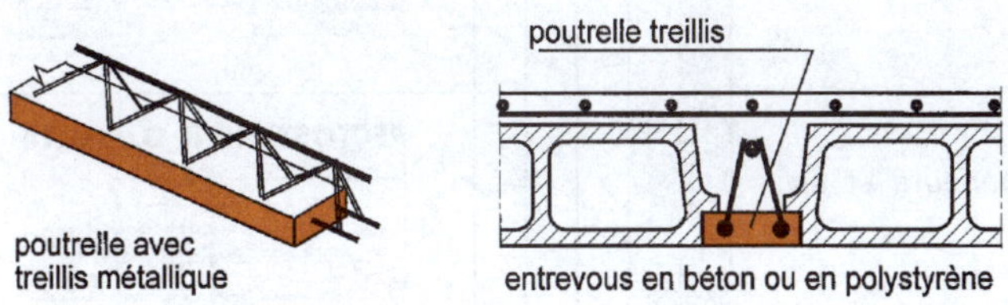

Figure 13.12 : ***plancher en béton armé avec poutre treillis***

Plancher avec poutrelles en béton armé (fig. 13.12).

L'armature des poutrelles est constituée par des aciers à haute adhérence et par un treillis métallique.

Les entrevous en béton ou en polystyrène s'appuient sur le talon de la poutrelle.

La dalle de compression armée solidarise l'ensemble en formant une poutre en T très fonctionnelle au droit de chaque nervure.

Utilisations : tous niveaux.

TYPES DE MONTAGE

Vide Sanitaire | Haut de sous-sol | Étage courant | Combles | Toiture Terrasse

RECTOBÉTON

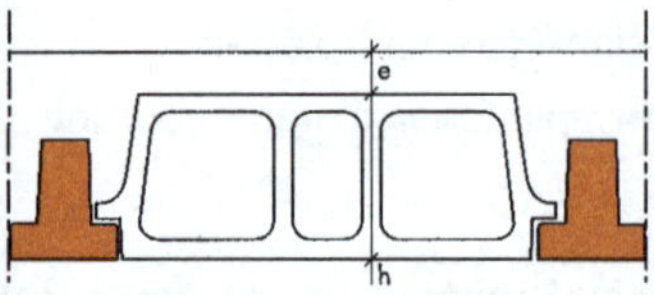

Type montage (h + e) :
12 + 4, 16 + 4 ou 20 + 4
CF : 1/2 heure.
CF : 1/2 heure avec table minimum de 5 et sous réserve de vérification.
CF : 1 heure 1/2 avec plâtre.

PERFORMANCES

Habitation Revêtement léger		150 + 100 (daN/m²)
Vide	Longueur Poutrelle	Type Poutrelle
0,90 à 3,10	1,00 à 3,20	RS 111
3,20 à 3,50	3,30 à 3,60	RS 112
3,60 à 4,30	3,70 à 4,40	RS 113
4,40 à 4,80	4,50 à 4,90	RS 114
4,90	5,00	RS 114
5,00	5,10	RS 114
5,10 à 5,30	5,20 à 5,40	RS 115
5,40 à 5,50	5,50 à 5,60	RS 115
5,60 à 5,80	5,70 à 5,90	RS 116
5,90 à 6,10	6,00 à 6,20	RS 116
6,20	6,30	RS 117
6,30	6,40	RS 117
6,40 à 6,50	6,50 à 6,60	RS 117
6,60 à 7,20	6,70 à 7,30	RS 139

Étage courant | Combles | Toiture Terrasse

RECTO TI

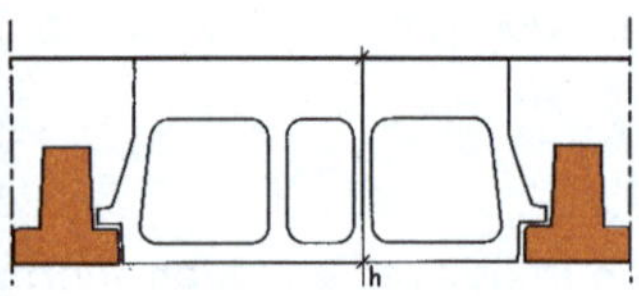

Type montage :
16 + 0 ou 20 + 0
CF : 1/2 heure.
CF : 1 heure 1/2 avec plâtre.

PERFORMANCES

Habitation Revêtement léger		150 + 100 (daN/m²)
Vide	Longueur Poutrelle	Type Poutrelle
0,90 à 3,10	1,00 à 3,20	RS 111
3,20 à 3,50	3,30 à 3,60	RS 112
3,60 à 4,30	3,70 à 4,40	RS 113
4,40 à 5,00	4,50 à 5,10	RS 114
5,10 à 5,60	5,20 à 5,70	RS 139 •

Vide Sanitaire | Haut de sous-sol | Étage courant | Combles | Toiture Terrasse

RECTO TI/DF OU G.25; RECTO TP/DF

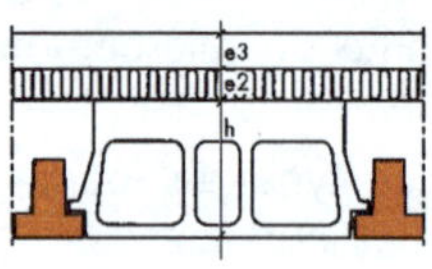

CF : 1/2 heure.
CF : 1 heure 1/2 avec plâtre en sous-face.

PERFORMANCES

Habitation Dalle flottante		150 + 250 (daN/m²)
Vide	Longueur Poutrelle	Type Poutrelle
0,90 à 3,50	1,00 à 3,60	RS 112
3,60 à 3,80	3,70 à 3,90	RS 113
3,90 à 4,10	4,00 à 4,20	RS 139•
4,20 à 4,70	4,30 à 4,80	RS 139SR
4,80 à 5,10	4,90 à 5,20	RS 139SR
5,20 à 5,40	5,30 à 5,50	RS 139SR•

Nota :

Pour toiture-terrasse, prévoir une isolation rapportée en partie supérieure et un plâtre armé en sous-face.

Poutrelles hors stock.

Critère coupe feu : CF.

TYPES DE MONTAGE

Vide Sanitaire | Haut de sous-sol | Étage courant | Combles | Toiture Terrasse

Isolation thermique intégrée

Pour toiture-terrasse, prévoir une isolation rapportée en partie supérieure et un plâtre armé en partie inférieure.

RECTOPOLYPLAC G.33

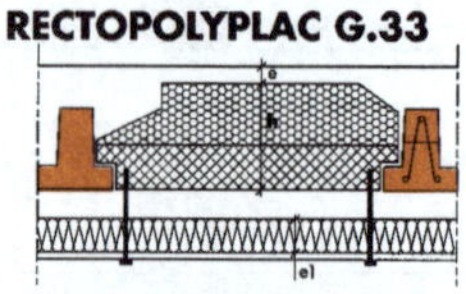

RECTOLISSE B.29

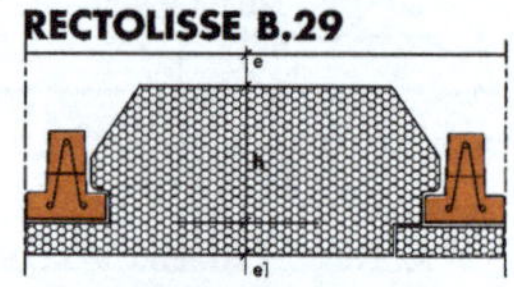

RECTOLISSE RS.60

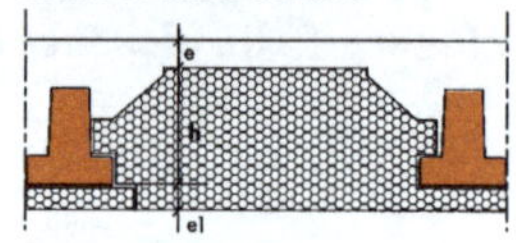

RECTOVOUTE G.29

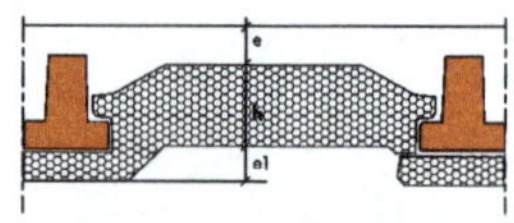

RECTOLISSE B.28(M4)

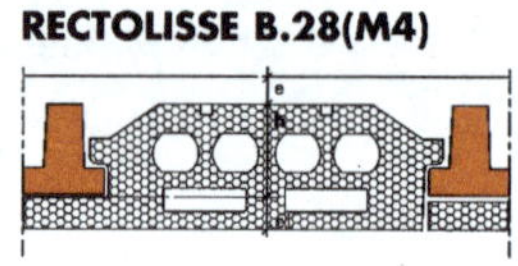

RECTOLISSE B.28(M1)

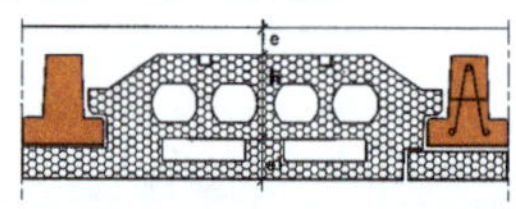

RECTODECOR D.89(M1)

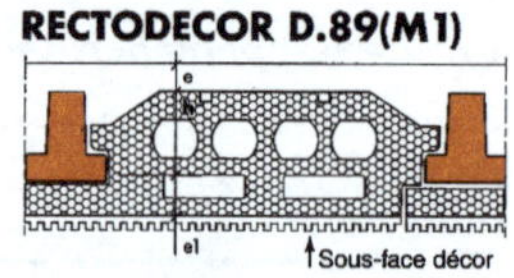

RECTOFIBRE F.28

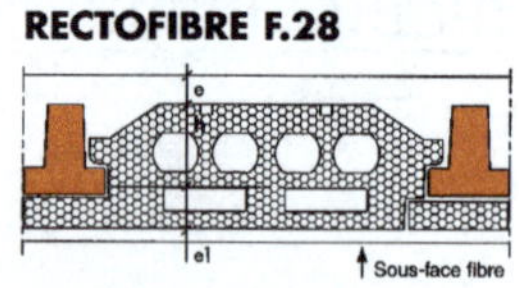

RECTOVOUTE G.28

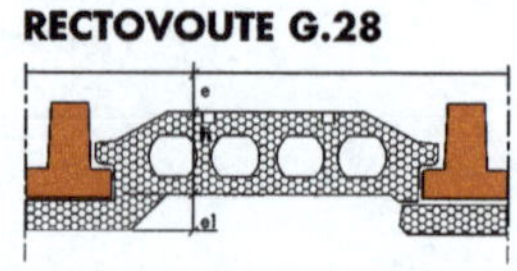

RECTOSTYRENE G.1/G.13

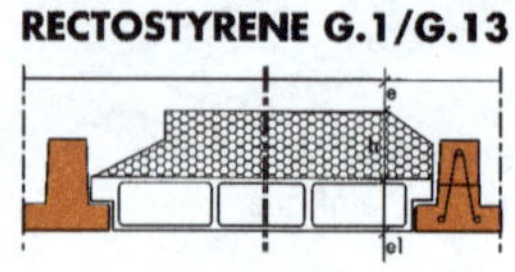

13.2.6. Dispositions constructives minimales à respecter

Longueur d'appui des poutrelles : au moins 2 cm sur les ouvrages en béton armé et 5 cm sur les murs en maçonnerie.

Rives de plancher : planelle scellée de 5 cm d'épaisseur pour obtenir un support homogène pour l'enduit extérieur en about de plancher et réduire la fissuration.

Chaînages : chaînages minimaux sur murs de rive et intermédiaires de 1,5 cm² ou 3 HA 8 filants (fig. 13.13).

Chapeaux en rive et sur appuis intermédiaires suivant le plan de pose (fig. 13.15 et 13.31).

En général, on utilise des aciers HA de diamètre 8 mm pour équilibrer le moment d'encastrement partiel à la partie supérieure des appuis. On utilise également des treillis soudés en panneaux découpés suivant les prescriptions du bureau d'études.

Dalle de compression (fig. 13.15) :

- épaisseur minimale de 4 cm ou de 5 cm suivant les charges à supporter et les prescriptions du fabricant,
- armature : les fils porteurs du treillis soudé sont toujours placés perpendiculairement aux poutrelles.

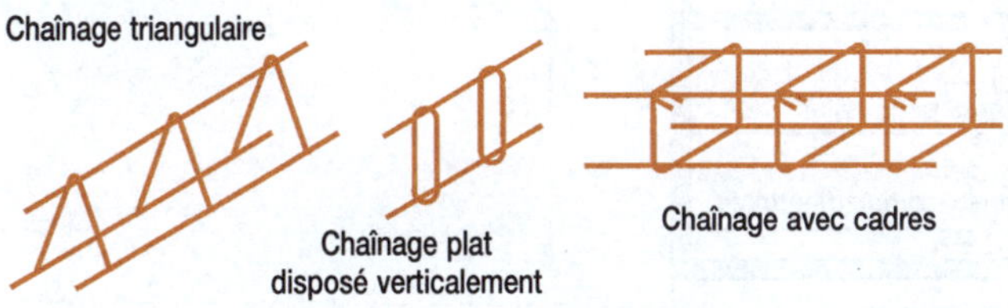

Figure 13.13 : ***chaînages***

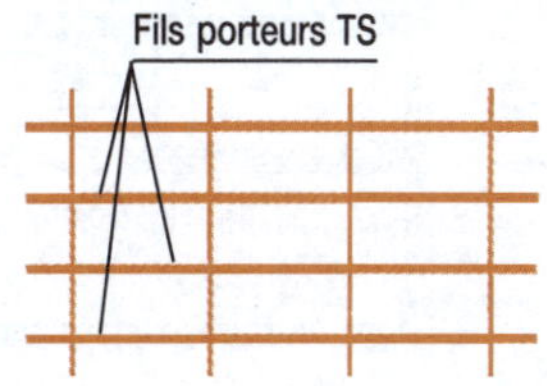

Figure 13.14 : ***treillis soudés***

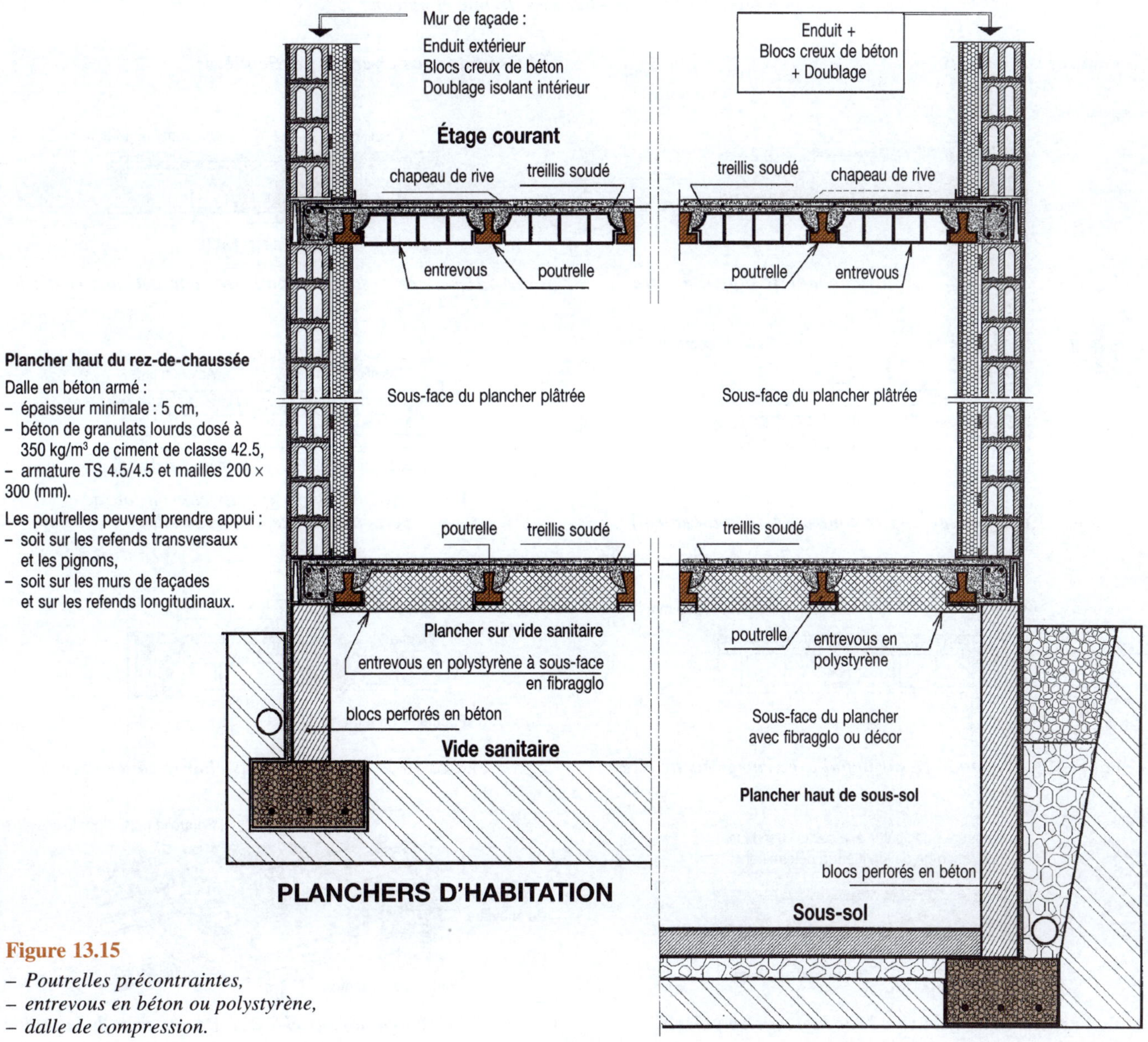

Figure 13.15

– Poutrelles précontraintes,
– entrevous en béton ou polystyrène,
– dalle de compression.

13.3. Détails techniques

Les détails techniques concernent les appuis, les balcons, les renforts sous charges, le chevêtre en béton armé (fig. 13.21 à 13.28).

❒ Vue en plan schématique avec repérage des coupes partielles

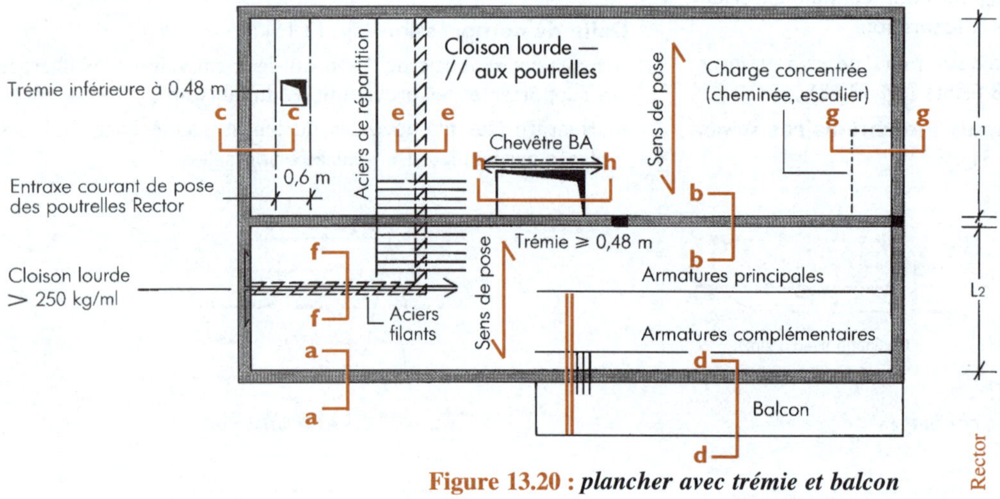

Figure 13.20 : *plancher avec trémie et balcon*

Remarque : Le montage à réaliser pour traiter chaque cas de charge est étudié par le Bureau d'Études du fabricant à l'aide de l'outil informatique (voir p. 159 et p. 160).

❒ Coupes sur appuis

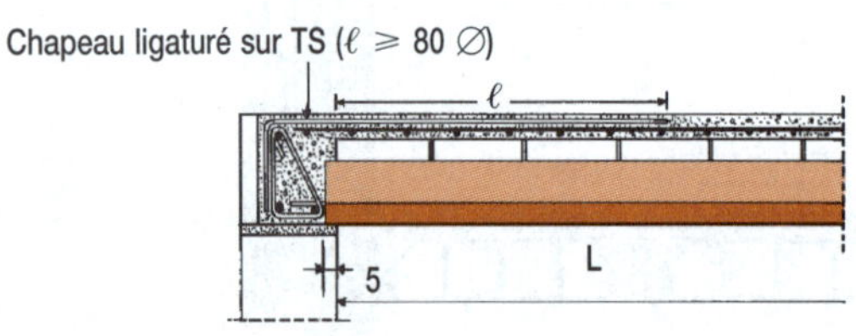

Figure 13.21 : *coupe aa sur maçonnerie (appui de rive)*

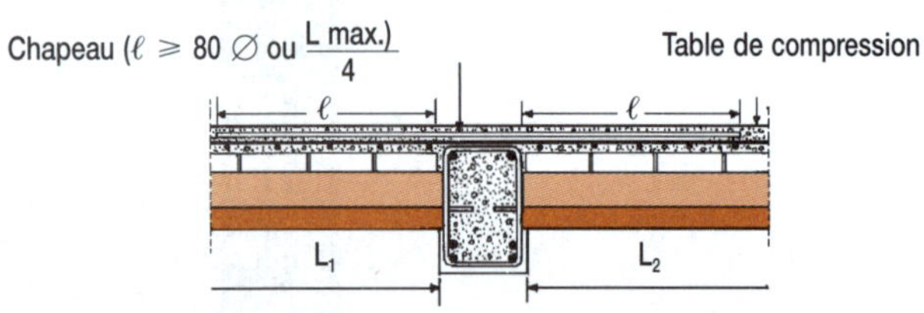

Figure 13.22 : *coupe bb sur poutre BA (appui central)*

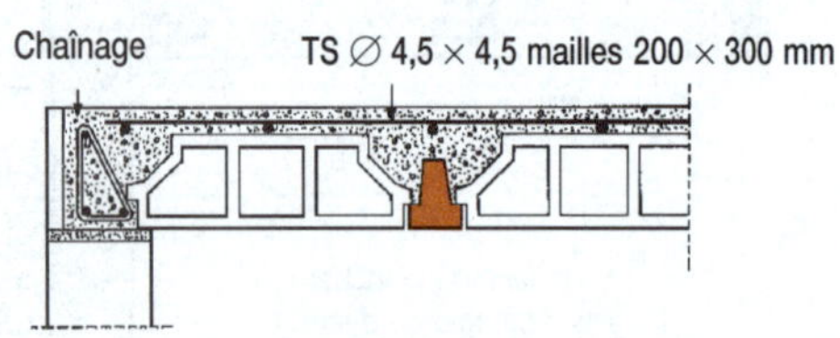

Figure 13.23 : *coupe cc sur appui avec entrevous de rive*

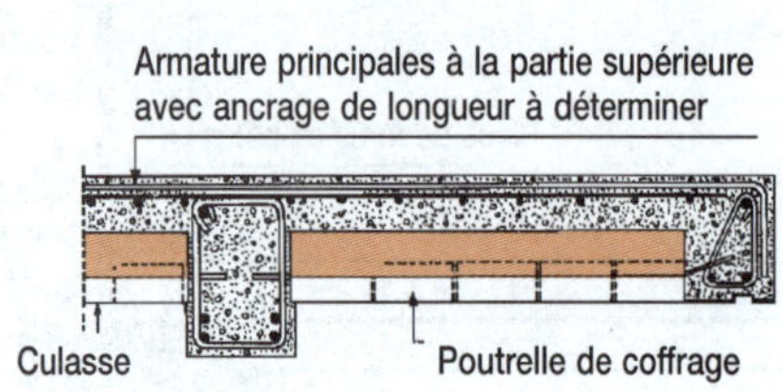

Figure 13.24 : *coupe dd sur montage en balcon*

❒ Coupes sous charges particulières

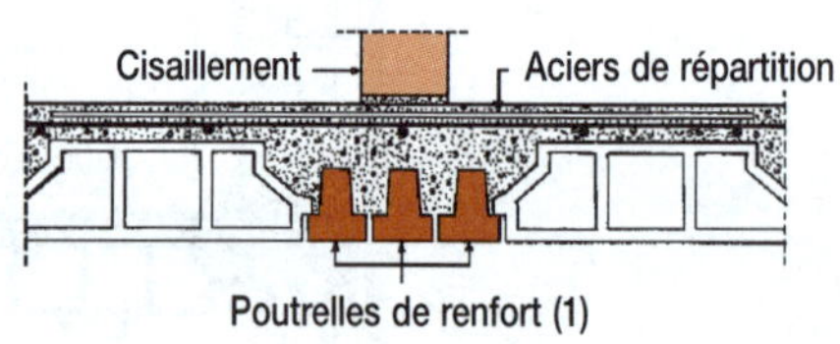

Figure 13.25 : *coupe ee sous cloison lourde parallèle aux poutrelles*

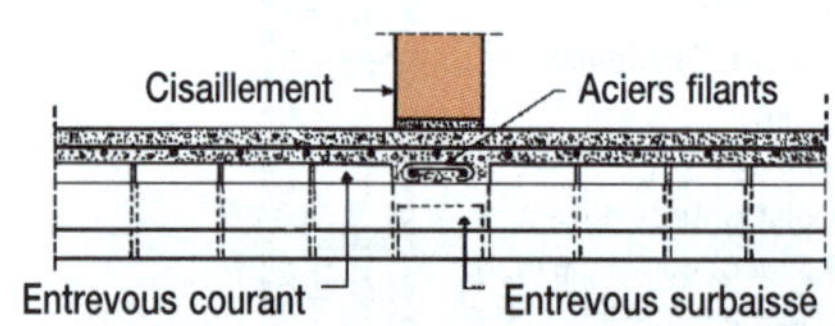

Figure 13.26 : *coupe ff sous cloison lourde perpendiculaire aux poutrelles*

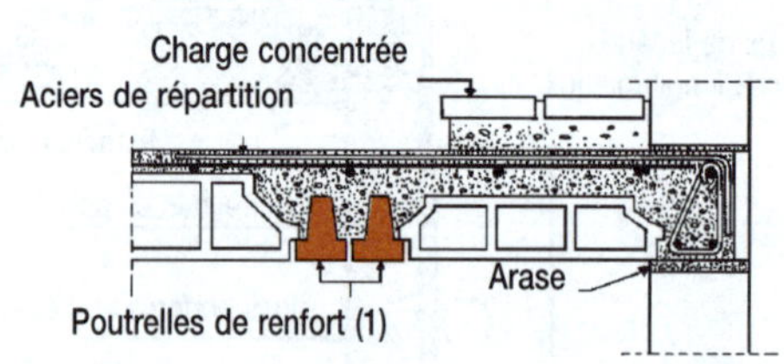

Figure 13.27 : *coupe gg sous charge concentrée*

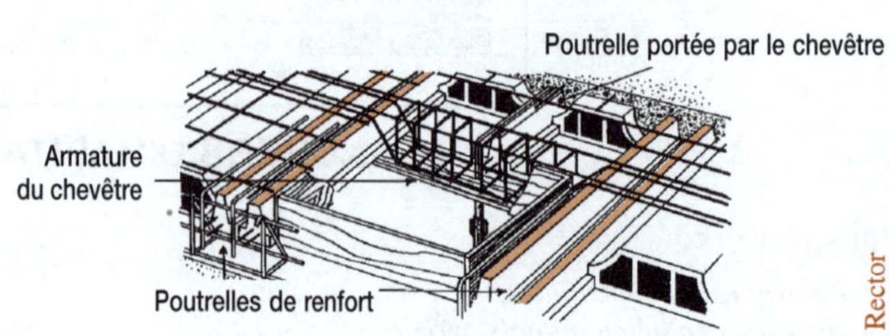

Figure 13.28 : *coupe hh sur chevêtre BA au droit de la trémie*

13.4. Détails de mise en œuvre des planchers

13.4.1. Disposition des poutrelles au voisinage d'une trémie d'escalier

① Poutrelles jumelées
② Poutrelles triplées
③ Remplissage à la demande
④ Mur en blocs de béton

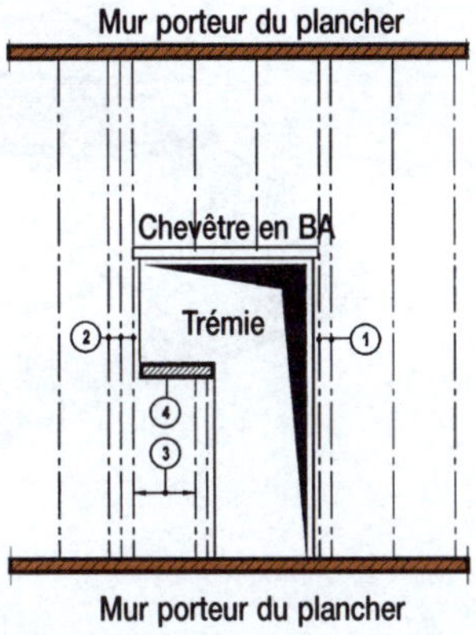

Figure 13.29 : ***trémie d'escalier***

Le traitement des renforts autour de la trémie est indiqué sur le plan de pose du plancher du fournisseur.
Les chevêtres portent une partie de plancher et peuvent servir d'appui à l'escalier.
On tient également compte des cloisons de la cage d'escalier.

13.4.2. Liaison escalier et chevêtre

Les aciers des poutrelles perpendiculaires au chevêtre doivent se positionner au-dessus des aciers principaux du chevêtre. La disposition des aciers porteurs de la paillasse d'escalier doit permettre d'éviter toute « poussée au vide » à la jonction paillasse/chevêtre.

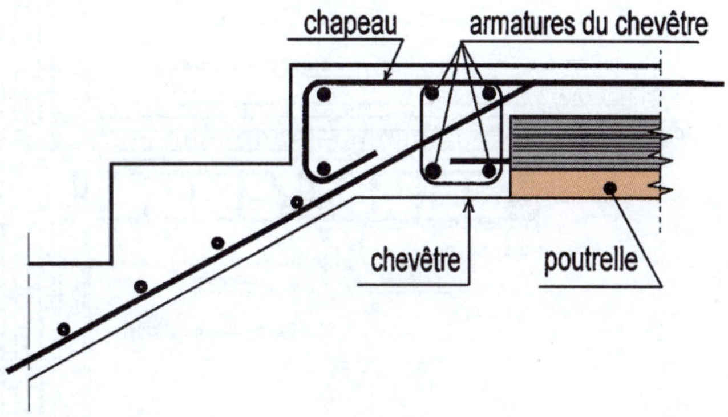

Figure 13.30 : ***appui de l'escalier sur un chevêtre en BA***

13.4.3. Solution constructive sur un appui intermédiaire

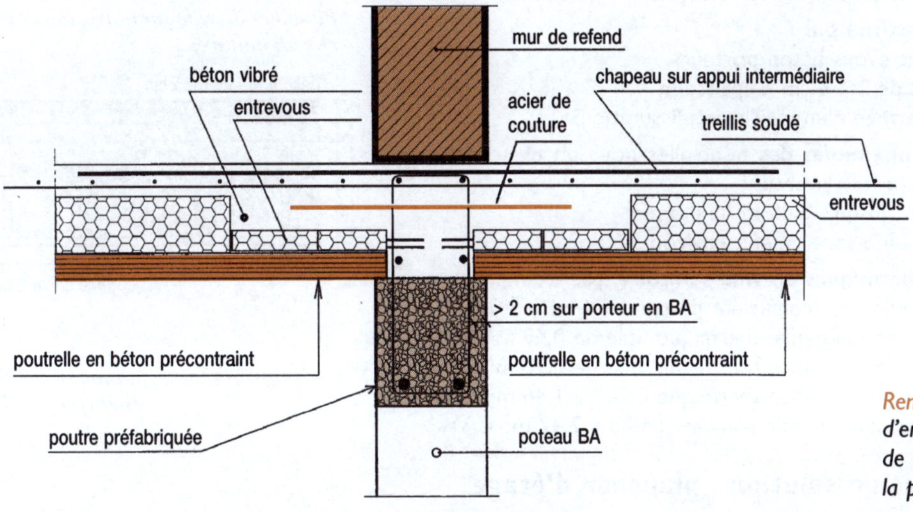

Remarque : Utilisation d'entrevous surbaissés de part et d'autre de la poutre.

Figure 13.31 : ***appui intermédiaire***

13.4.4. Chevêtres

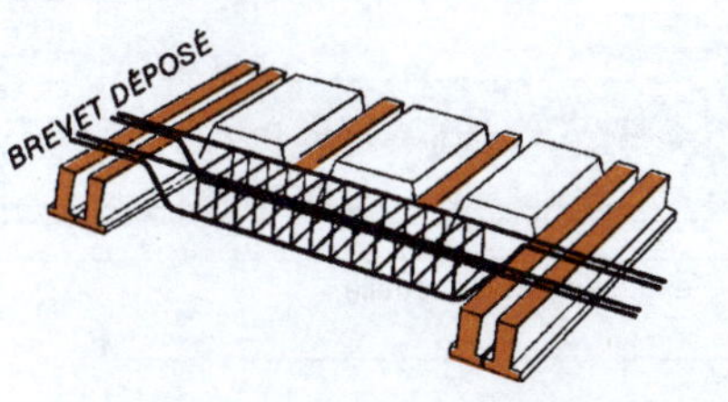

Figure 13.32 : ***chevêtre CVT Standarm***

Il est équipé de :
- *renfort d'appui amovible en cas d'appui sur un mur,*
- *barres d'appui réglables.*

Base de calculs pour les chevêtres CVT 90 – Hypothèses courantes utilisées dans le cas des planchers poutrelles-hourdis à usage d'habitation et prises en compte dans le calcul des chevêtres CVT :

– poids propre du plancher (fonction de l'épaisseur)	100 daN/m²
– cloisons réparties	100 daN/m²
– charges d'exploitation QB	150 daN/m²
– cloison de fermeture de la trémie	175 daN/ml
– escalier béton d'habitation G	750 daN/m²
QB	250 daN/m²

Après vérification des hypothèses, choisir le chevêtre CVT en fonction du nombre et de la longueur des poutrelles coupées dans le colonne désignation du tableau du fabricant d'armatures prêtes à l'emploi.

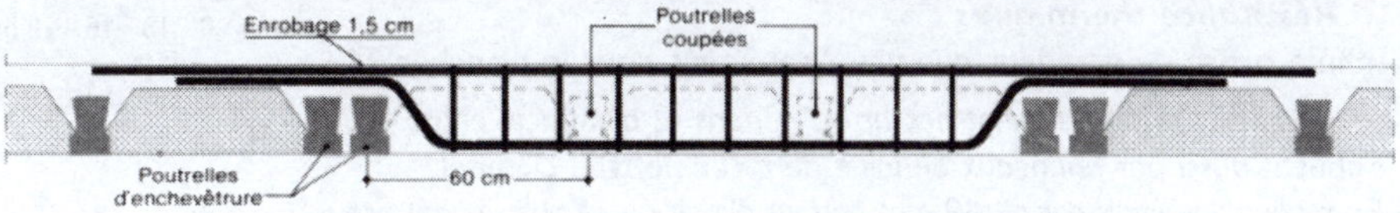

Figure 13.33 : ***armatures d'un chevêtre***

13.5. Plancher avec dalle flottante

Les planchers avec dalle flottante sont utilisés pour obtenir :
- soit une isolation thermique dans le cas d'un comble, d'un vide sanitaire,
- soit une isolation acoustique entre niveaux d'habitation (étage courant).

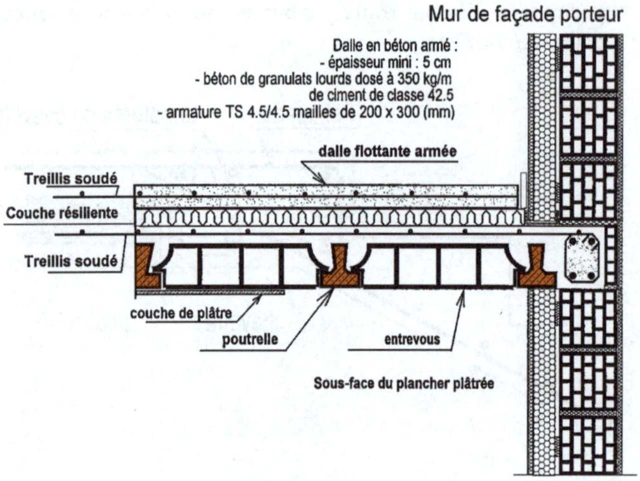

Figure 13.34 : *plancher de vide sanitaire, haut de sous-sol, combles avec matériau isolant thermique + dalle flottante*

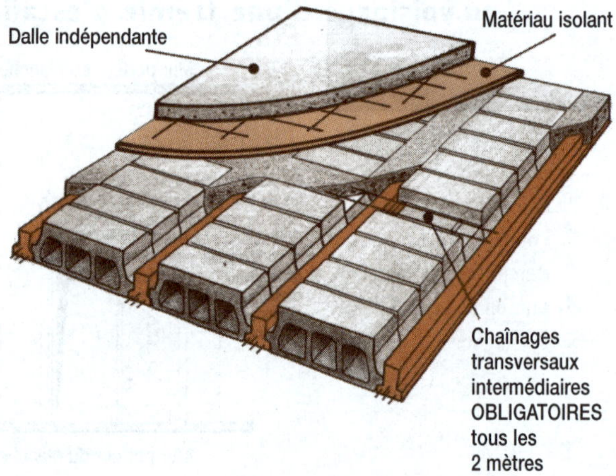

Isolant de 6 cm → K = 0,50 → Ru = 1,68.
Isolant de 5 cm → K = 0,56 → Ru = 1,43.
Isolant de 4 cm → K = 0,66 → Ru = 1,18.

Figure 13.35 : *vue en perspective du plancher avec dalle indépendante ou flottante*

13.5.1. Première solution : plancher à Table de Compression Incorporée (TCI)

❒ ***Ensemble constitué par :***
- poutrelles + entrevous béton porteurs,
- isolant résilient de 2 à 6 cm d'épaisseur,
- dalle flottante armée d'un treillis anti-fissuration.

❒ ***Les portées maximales*** des poutrelles pour un plancher de type 20 + 0 sont les suivantes :
- en appuis libres : jusqu'à 5,00 m de portée;
- en appuis avec un encastrement, environ 5,50 m.

❒ ***Résistances thermiques en vide sanitaire,*** par exemple :
- Isolant polystyrène avec coefficient de conductivité 0,041.
- Isolant de 2 cm → résistance thermique utile de 0,49 m²°C/W.
- Isolant de 4 cm → résistance thermique utile de 0,98 m²°C/W.
- Isolant de 6 cm → résistance thermique utile de 1,46 m²°C/W.
- Résistance thermique utile du plancher : 1,84 à 2,42 m²°C/W.

DESTINATION

Plancher de vide sanitaire, haut de sous-sol, étage, combles et sous-toiture.

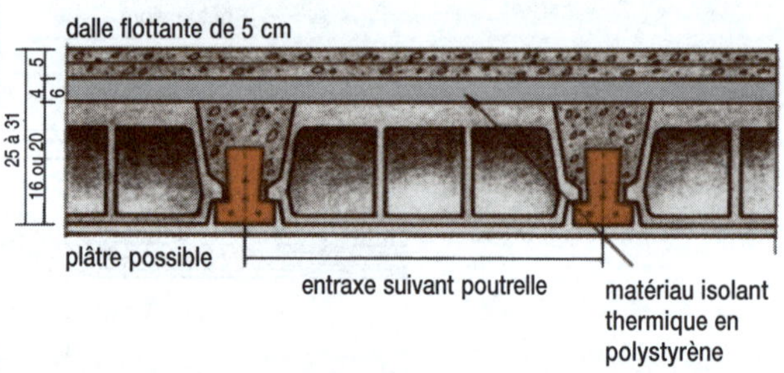

Figure 13.36 : *plancher à Table de Compression Incorporée (TCI)*

13.5.2. Deuxième solution : plancher d'étage courant

❒ ***Ensemble constitué par :***
- poutrelles + entrevous + dalle de compression,
- couche isolante de 2 à 6 cm,
- dalle flottante armée de 5 cm d'épaisseur.

❒ ***Portées maximales indicatives :***
- plancher de type 16 + 4 (épaisseur de l'entrevous : 16 cm; épaisseur de la dalle de compression : 4 cm) sur appuis libres jusqu'à 5 m de portée;
- plancher de type 20 + 4 sur appuis libres de portée jusqu'à 6,80 m de portée.

❒ ***Résistance thermique :***
même ordre de grandeur que précédemment pour le plancher TCI.

Remarque : *L'affaiblissement des bruits aériens et d'impacts entre étages s'obtient aussi par panneaux de laine de roche de type Domisol.*
Exemple : Une épaisseur de 40 mm permet d'avoir un affaiblissement acoustique de 63 dB(A) aux bruits aériens et de 55 dB(A) aux bruits d'impacts.

DESTINATION

Tous niveaux de construction individuelle.

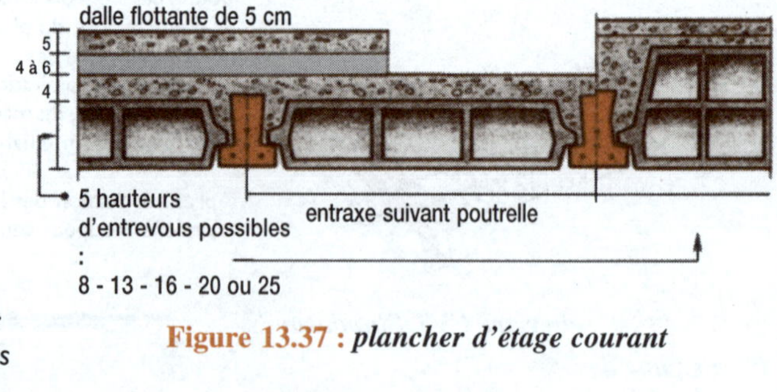

Figure 13.37 : *plancher d'étage courant*

13.6. Plancher sur vide sanitaire

❐ ***Principe constructif :***

- **plots de fondation** aux angles et intersections de longrines,
- **longrines préfabriquées** prenant appui sur les plots nivelés,
- **nœuds bétonnés** à chaque jonction pour relier les longrines,
- **plancher** avec poutrelles précontraintes pour assurer la fonction porteuse et l'isolation thermique.

❐ ***Plots bétonnés :***

➤ **Implantation et terrassement** par pelle mécanique.

➤ **Dimensions** des plots de fondation suivant étude :

- section carrée ou rectangulaire : côtés de 0,50 à 1,00 m ;
- profondeur suivant région, terrain et charges :
  - profondeur hors gel,
  - bon sol : de 0,60 m à 2,00 m.

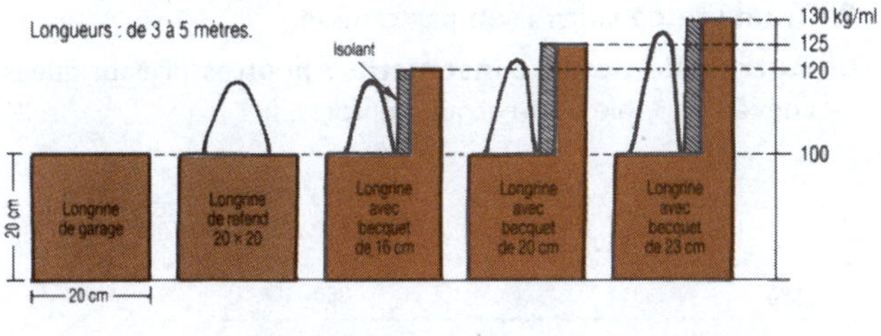

Figure 13.38 : *section des longrines préfabriquées avec ou sans becquet*

➤ **Remplissage en béton** de ciment de classe 42,5 et de résistance 25 MPa environ à 28 jours.

❐ ***Longrines préfabriquées*** en béton armé ou en béton précontraint (fig. 13.38).
Longueurs à la demande.
Section : largeurs de 15 cm et 20 cm et hauteur suivant la portée et les charges.

❐ ***Nœuds bétonnés*** (fig. 13.39).
Les longrines sont reliées entre elles à chaque angle ou à chaque intersection par coulage de béton soigneusement vibré.

❐ ***Plancher sur vide sanitaire*** avec isolation thermique.

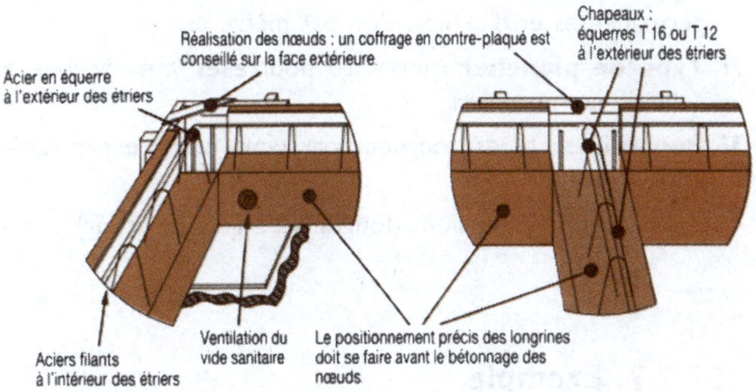

Figure 13.39 : *jonction des longrines (nœuds)*

1re solution (fig. 13.40) :
Plancher isolant formé de poutrelles précontraintes avec entrevous polystyrène à sous face plane + dalle de compression.

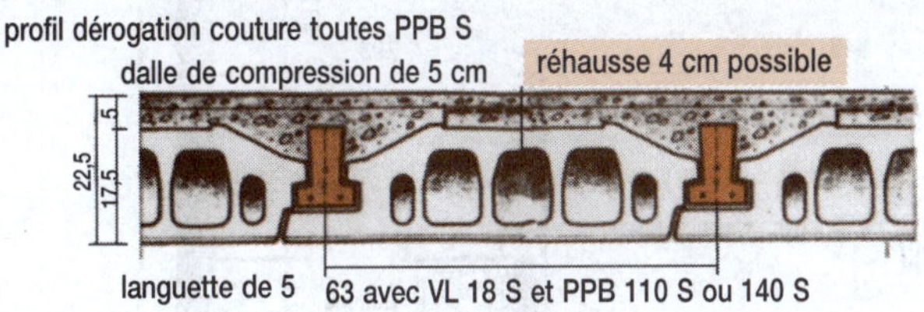

Figure 13.40

2e solution (fig. 13.41) :
Plancher composé de poutrelles précontraintes, d'entrevous en béton et d'une dalle de compression surmontée d'un isolant peu compressible et d'une chape flottante (solution plus onéreuse que la précédente).

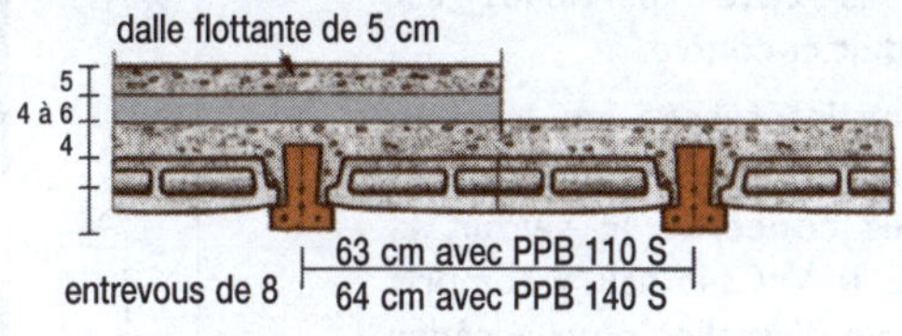

Figure 13.41

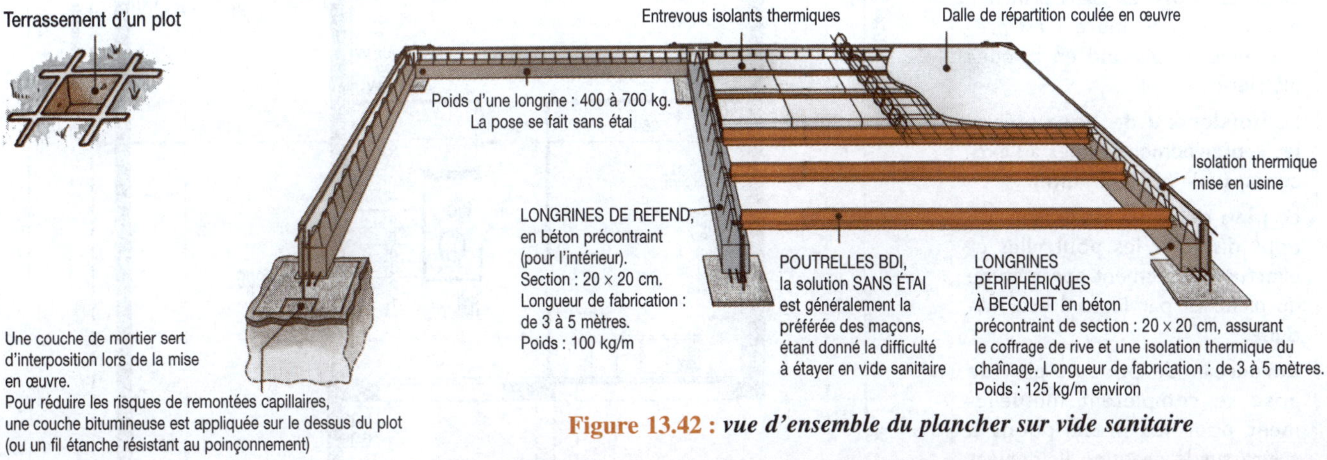

Figure 13.42 : *vue d'ensemble du plancher sur vide sanitaire*

3e solution :
Plancher à poutrelles précontraintes et entrevous en béton à table de compression incorporée (TCI) avec isolation rapportée à la partie supérieure (moins de béton à mettre en place).

Avantages du plancher sur vide sanitaire (fig. 13.42) :
Le procédé est valable pour tous les terrains de construction : horizontal, en pente, rocailleux, humide.
Suppression de toute remontée d'humidité par les fondations.
Solidarité de l'ensemble constructif.
Isolation thermique prise en compte.
Prix égal à celui d'un terre-plein réglementaire (économie de fouilles, rapidité de construction).
Le procédé est adapté aux maisons individuelles.

13.7. Plans d'exécution des planchers

L'entreprise de gros œuvre dispose :
- des plans de définition du pavillon : plan du rez-de-chaussée, étage, coupes, etc. ;
- des documents de pose du plancher après étude : bordereau + plan de pose.

13.7.1. Renseignements techniques portés sur le bordereau de pose

1/ **Hypothèses de chargement :** évaluation des charges permanentes et d'exploitation par mètre carré.

2/ **Type de plancher :** montage poutrelles + entrevous + dalle de compression.

3/ **Poutrelles :** types, longueur par type, nombre par catégorie.

4/ **Entrevous :** dimensions (longueur, largeur, hauteur).

5/ **Armatures :**
- caractéristiques du treillis soudé à utiliser dans la dalle de compression,
- chapeaux à placer sur les appuis porteurs,
- chaînages minimaux à respecter.

6/ **Traitement des rives avec planelles :** dimensions et nombre.

7/ **Surface du plancher livré** (trémies non déduites).

8/ **Recommandations de mise en œuvre :** stockage des poutrelles – manutention – étaiement des poutrelles – armatures – caractères du béton.

Exemple : béton de granulométrie courante 15 mm, dosage à 350 kg/m^3 ; résistance du béton à l'âge de 28 jours : f_{c28} = 25 MPa.

9/ **Tonnage** de la livraison par camion.

10/ **Autres éléments constructifs :** poutres préfabriquées, chevêtres, table anti-retrait, renforts.

13.7.2. Exemple de documents d'exécution

Pavillon en cours de construction : voir le dossier de plans « Les Villas de l'Erdre » (chapitre 20).

Le plan du **rez-de-chaussée** avec les cotes partielles est reproduit ci-contre.

La zone intéressée par le plancher avec les poutrelles précontraintes concerne le séjour, la cuisine, le WC, le hall, y compris la trémie d'escalier pour accéder à l'étage.

La zone garage est sans plancher et celle de la chambre 1 est prévue avec un plafond en briques plâtrières.

Le **bordereau de pose** précise les renseignements utiles à l'exécution (voir page suivante).

Le **plan de pose** est facile à lire pour disposer les poutrelles et effectuer l'étaiement après étude du plancher par logiciel informatique.

Bordereau de pose et plan de pose se complètent mutuellement pour les prescriptions à suivre sur le chantier. Ils doivent être archivés par l'entreprise responsable des travaux.

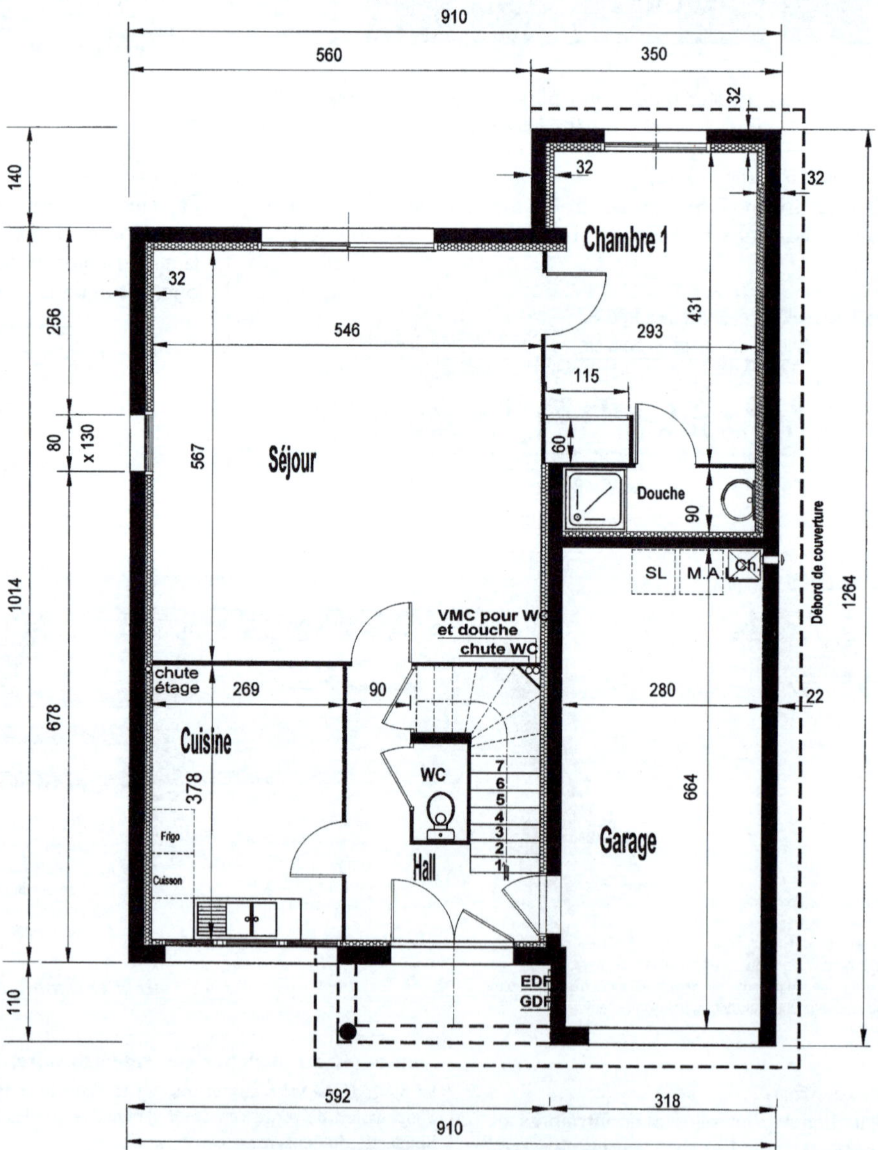

PLAN DU REZ-DE-CHAUSSÉE

Figure 13.43

13.8. Documents d'exécution

13.8.1. Bordereau de pose du plancher haut du rez-de-chaussée

Logiciel WINREC 1.63 **L'ENTREPRISE EST TENUE DE VÉRIFIER LE PLAN DE POSE ET LES HYPOTHÈSES DE CALCUL AVANT TOUTE MISE EN ŒUVRE**

Négociant : PLANCHERS RECTOR

Entreprise : VEZIN

Chantier : LA BEGRAISIERE

Adresse : SAINT HERBLAIN 44800

ARCHITECTE X

BUREAU D'ÉTUDES Y

BUREAU DE CONTRÔLE Z

NIVEAU	*MONTAGE*	*ÉPAISSEUR*	*LIT.BÉTON/m²*
Haut RDC	Béton	16+5	79

charges sur béton brut daN/m²
libres : 150 *fixes :* 100

POUTRELLES PRÉCONTRAINTES

Type	Longueur	Nbre	Long. totale de le type	Type	Longueur	Nbre	Long. totale de le type
RS115	5.80	16	92.80				
RS113	3.70	4	14.80				
RS111	0.80	2	1.60				

Aciers Chapeaux HA fe=500 MPa

rep.	nbre	D	longueur	croquis
A	42	8	1.00	
B				
C				
D				

ENTREVOUS

Type entrevous	Nature	Nombre
16x53x24	Béton Creux	360
7x53x20	Béton Plein	30

VARIANTE POUTRE

CHAÎNAGES	Longueur	Nombre
CH3*8	41.77 m	7 b
POUTRES		
PLANELLES	5x22x50	66
CHEVÊTRES		

Tableau des sections et dimensions des treillis soudés (Adets)

	Désignation ADETS	Sect. S cm²/m	S s cm²/m	E e mm	D d mm	Abouts AV AR ad ag mm.mm	Nbre de fils N n	Longueur largeur L l m	Masse nominale kg/m²	Surface 1 rouleau ou 1 panneau m²	Masse 1 rouleau ou 1 panneau kg	Colisage nbre d'unités par fardeau
TREILLIS DE PEAU	R80R	0,80	0,80 0,53	200 300	4,5 4,5	100.100 100.100	12 167	50,00 2,40	1,043	120,00	125,10	1
	P80R	0,80	0,80 0,53	200 300	4,5 4,5	150.150 100.100	12 12	3,60 2,40	1,042	8,64	9,00	100
	R80C	0,80	0,80 0,80	200 200	4,5 4,5	100.100 100.100	12 200	40,00 2,40	1,250	96,00	120,00	1
	P80C	0,80	0,80 0,80	200 200	4,5 4,5	100.100 100.100	12 18	3,60 2,40	1,250	8,64	10,80	100
	P99V	0,99	0,80 0,99	200 160	4,5 4,5	135,25 100.100	12 16	3,20 2,40	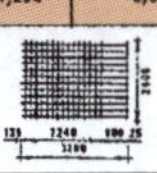		9,60	100

TREILLIS SOUDÉ

P80C	67.00 m2	8 P

REHAUSSES

Type rehausse	Nature	Nombre

Poids poutrelles 1.70 t

Poids total 8.04 t

Surface Plancher livré 52.00 m²

MODIFICATIONS

A	
B	

échelle 1/50 — ÉTUDIÉ PAR

Coueron 15/03/2000

Plan No	Affaire
35234	MODÈLE A

STOCKAGE
Stockage des poutrelles sur taquets superposes verticalement et disposes a 25 cm maximum des extremites.

MANUTENTION
Manutention des poutrelles en position d'utilisation par elingages au voisinage des extremites.

ETAIEMENT
Sauf indication contraire, le plancher doit etre obligatoirement pose avec 1 file d'etais centrale mise en contact avec les poutrelles avant pose des entrevous. La figuration des files d'etais ne dispense pas l'entreprise de verifier la distance entre etais conformement aux abaques de charges d'utilisation de ceux-ci

TREILLIS SOUDE
Sauf indication contraire, la dalle de compression doit comporter un treillis souse type 80R.

CHAPEAUX
Au droit de chaque extremite de poutrelles seront disposes des aciers en chapeaux conformement au plan de pose

BETON DE DALLE
Granulometrie courante de 15 mm, dosage a 350 kg/m3 de CPJ45. Fc28 ≥ 25 MPa.

Figure 13.44 : *poutrelle sans étaiement*

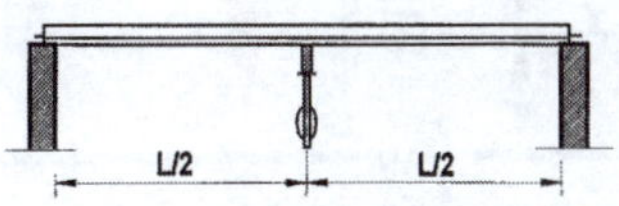

Figure 13.45 : *étaiement central (une file d'étais)*

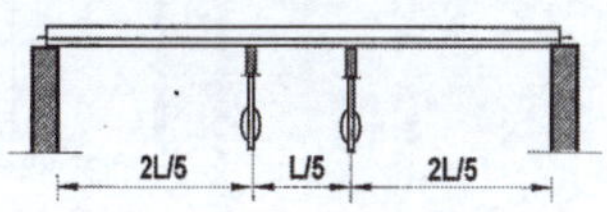

Figure 13.46 : *étaiement avec deux files d'étais*

13.8.2. Plan de pose d'un plancher à poutrelles précontraintes

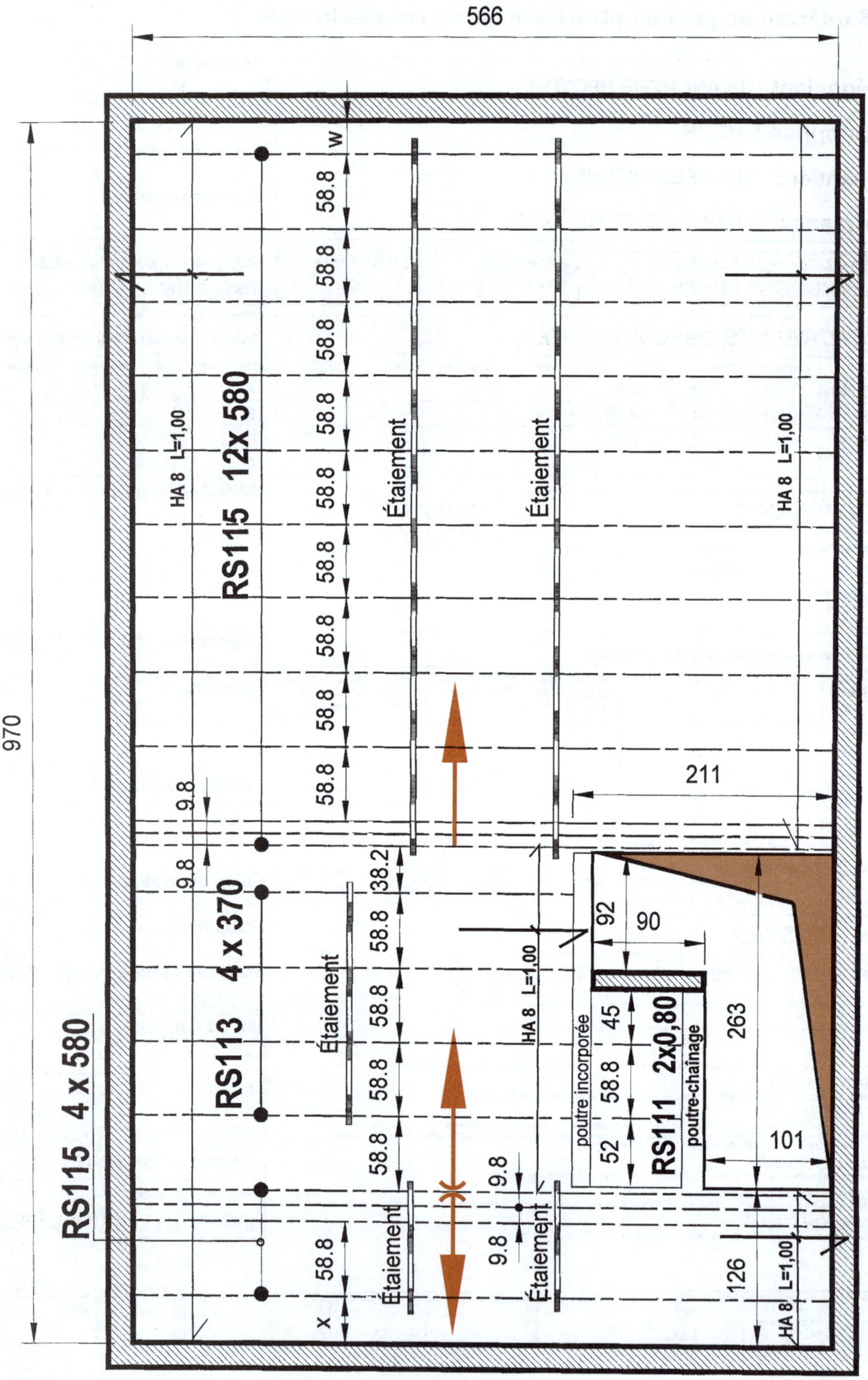

Figure 13.47

Chapitre 14

Réseaux techniques

- Les réseaux
- Alimentation en eau (adduction)
- Conduite d'amenée extérieure
- Distribution intérieure
- Principes de distribution intérieure
- Avant-projet sommaire « Tilleul »

14.1. Les réseaux

Les réseaux techniques comprennent les réseaux d'eau, de gaz, d'électricité et les réseaux d'évacuation des eaux pluviales, usées et vannes, ainsi que la ventilation mécanique contrôlée pour le renouvellement de l'air vicié et la salubrité des locaux. Le tout est inclus dans l'enveloppe constitutive du bâtiment pour assurer le confort thermique et acoustique.

Prenons un exemple indicatif simple et classique pour préciser l'importance des choix en fonction des besoins des occupants, des données ou des possibilités offertes (plan schématique de la figure 14.7).

Exemple : production et utilisation de l'eau chaude sanitaire (ECS) pour les différents appareils.

❒ ***L'inventaire des données conduit à repérer :***
- le nombre de pièces habitables et d'utilisateurs ;
- l'implantation des pièces dans l'habitation ;
- les appareils sanitaires à desservir, tels que : évier, lavabo, douche, baignoire.

❒ ***Le choix d'une énergie*** (gaz, électricité, fioul) s'effectue suivant les préférences, les réseaux existants et les coûts.
- L'installation doit être conforme aux exigences techniques et réglementaires pour :
  - l'arrivée des gaz et le réseau intérieur de distribution suivant les règles de sécurité en vigueur ;
  - une alimentation électrique appropriée suivant les options avec consommation d'électricité dites en heures pleines et heures creuses ;
  - une canalisation d'amenée de fioul à l'abri du gel.

❒ ***Le système de production d'eau chaude sanitaire*** fait l'objet des procédés suivants :
- **1er procédé :** l'ECS est dite instantanée si elle est produite au moment même de l'utilisation, soit par une chaudière murale ou un chauffe-eau à gaz ou électrique ;
- **2e procédé :** une réserve d'eau chaude est constituée par avance et stockée dans un ballon d'accumulation incorporé à la chaudière ou associé à la chaudière, ou au moyen d'un chauffe-eau électrique avec ballon d'Eau Chaude Sanitaire (ECS).

L'alimentation et le mode de distribution d'eau chaude et d'eau froide peuvent s'effectuer en apparent ou en enrobé (voir la distribution de principe sur le plan d'avant-projet sommaire page suivante).

Les contraintes suivantes sont à prévoir lors de l'installation des appareils :
- évacuation par vidange individuelle des appareils utilisés ;
- ventilation des locaux concernés tels que cuisine, salle de bains, chaufferie.

On distingue deux principes de production d'ECS :

1. Production instantanée

L'eau est chauffée au moment même de la demande :

- **Énergie électrique :** on limite la production d'ECS à des débits modérés pour éviter des prix de revient onéreux.
- **Énergie : « gaz »**

Tableau 14.1

Type d'appareil	Chauffe-eau	Chauffe-bains ou chaudières double-service		
Puissance installée en kW	8,7	17,5	22,7	28
Débit en l/min pour une élévation de température de 25 °C	5	10	13	16

2. Production par accumulation

Une réserve d'eau chaude est constituée par avance et maintenue à une température voisine de 58 °C, dans un réservoir soigneusement calorifugé (ballon d'ECS).

Remarque : Il existe aussi la production combinée, compromis des deux principes (fig. 14.4).

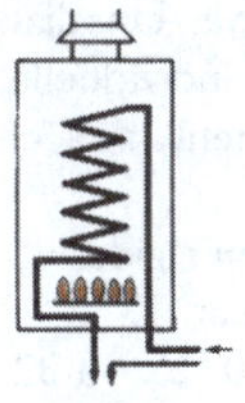

Figure 14.2 : ***production instantanée***

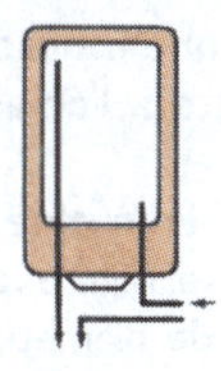

Figure 14.3 : ***production par accumulation***

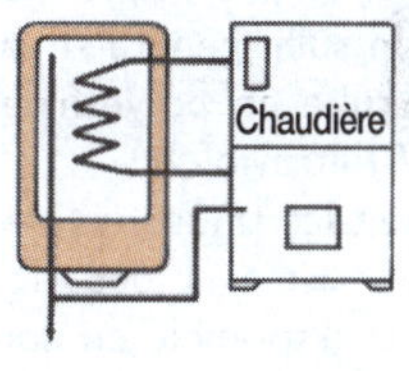

Figure 14.4 : ***production combinée (ballon + chaudière)***

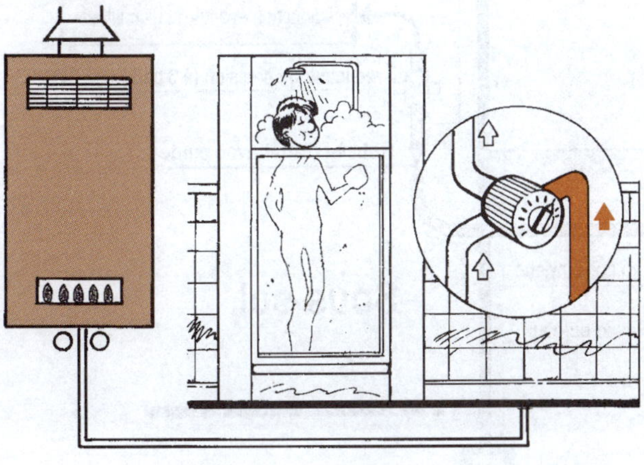

Figure 14.1 : ***production d'ECS avec énergie « gaz » (chauffe-eau, chauffe-bains, chaudière)***

Énergies

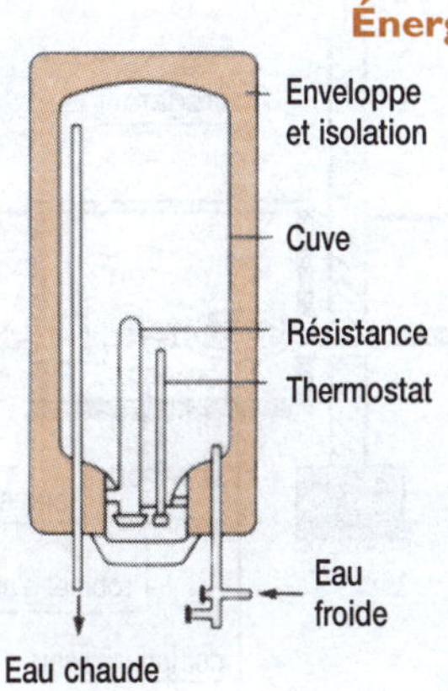

Figure 14.5 : ***énergie électrique***

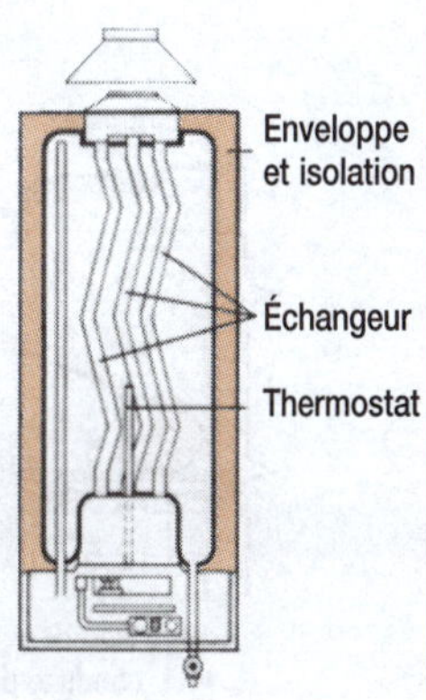

Figure 14.6 : ***énergie « gaz »***

Ademe

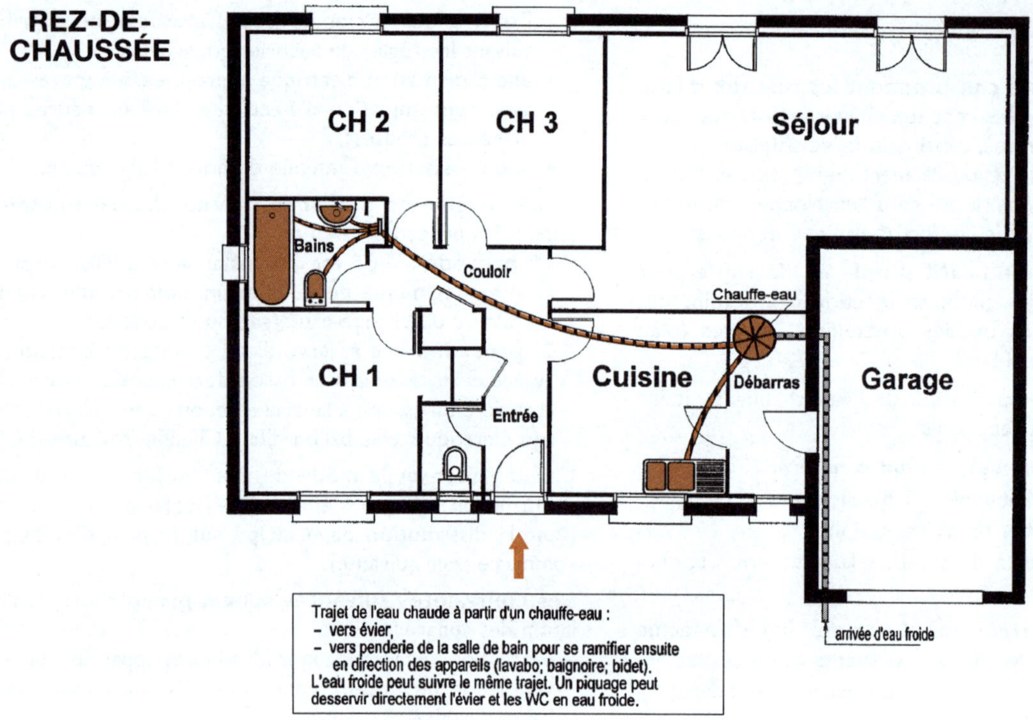

Figure 14.7 : ***distribution de l'Eau Chaude Sanitaire***

14.2. Alimentation en eau (adduction)

14.2.1. Branchement au réseau d'eau sanitaire

Se reporter aux figures 14.8 et 14.9.

Le branchement s'effectue à partir de la conduite de ville vers le compteur d'abonné situé dans un regard en limite de la propriété au moyen d'un tuyau enterré en polyéthylène. Un diamètre de 25 mm suffit généralement pour une habitation individuelle.

- Le tube en polyéthylène résiste à l'écrasement, aux chocs, aux UV (ultraviolets).
- Il suit les sinuosités de passage en qualité semi-rigide.
- Il s'utilise avec des raccords à serrage extérieur.
- Il est disponible en couronnes de diamètre 20, 25 ou 32 mm.

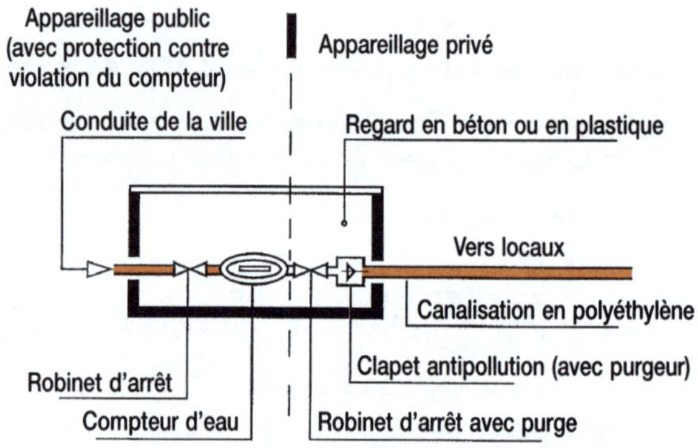

Figure 14.8 : ***cas d'un lotissement***

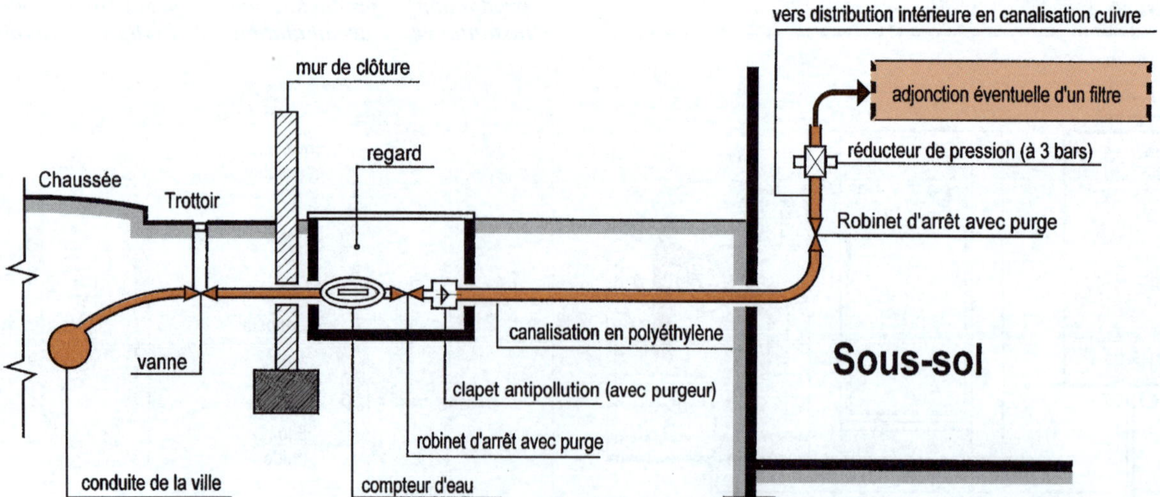

Figure 14.9 : ***branchement au réseau de la ville***

14.2.2. Constitution et dimensions du regard préfabriqué

❒ ***Matériau :*** micro-béton vibré avec épaisseur de paroi entre 3 et 4 cm.

❒ ***Parois du regard en préfabriqué :***
- soit par **panneaux juxtaposables** avec crans latéraux pour s'imbriquer; dimensions intérieures courantes du regard : 80 × 45 cm;
- soit par **éléments empilés** de section voisine de 75 × 50 cm suivant les fabrications; prévisions de passage de conduites par défoncé circulaire dans l'épaisseur de la paroi;
- hauteur d'éléments empilables : 45 cm;
- couvercle et tampon de visite pour le relevé et la surveillance;
- isolant en polystyrène parfois associé au couvercle pour éviter le gel.

❒ ***Profondeur minimale*** pour hors gel suivant les régions; prévoir au moins 70 cm.

14.2.3. Accessoires

On utilise un robinet d'arrêt, un robinet de purge et un réducteur de pression, ou détendeur.

La **pression d'alimentation du réseau** varie entre 3 et 8 bars suivant les débits, dépendants des horaires. Une pression trop élevée engendre du bruit, des vibrations et des risques de désordres dans les robinetteries, les soudures, etc.

Les robinets à fermeture rapide (1/4 de tour ou 1/2 tour) accentuent les effets du coup de bélier.

Un **détendeur** assure une pression constante d'environ 3 bars. Il se place juste après le compteur et réduit les désagréments précédents (fig. 14.9).

Un robinet d'arrêt intérieur pour l'ensemble de l'installation est recommandé. Il doit être à l'abri du gel dans un local de service et très accessible.

D'autres **robinets d'arrêt en aval** pour l'installation intérieure seront destinés à isoler les circuits clés :
- circuit de la cuisine (évier, lave-linge, lave-vaisselle),
- circuit des salles de bains,
- circuit du chauffe-eau.

14.2.4. Détails sur les accessoires du circuit de distribution d'eau froide

14.2.4.1. Réducteur de pression d'eau

Se reporter à la figure 14.10.

❒ ***Buts :***
- obtenir la pression adéquate dans toute la distribution intérieure,
- réduire les coups de bélier et les risques de vibrations dans les tuyauteries.

❒ ***Conditions :***

Le réducteur de pression d'eau doit être :
- insensible au tartre et aux impuretés de l'eau,
- à fonctionnement fiable (sans risque de blocage),
- dispensé d'entretien.

❒ ***Position :*** avant la distribution intérieure pour protéger l'ensemble de l'installation (fig. 14.9).

❒ ***Montage :*** possible dans toutes les positions (fig. 14.11), pourvu que le sens d'écoulement, indiqué par une flèche gravée, soit respecté.

❒ ***Réglage :***
- de 0,5 bar à 5,5 bars pour les pavillons;
- souvent préréglage à 3 bars avec prise pour manomètre et purge.

14.2.4.2. Antibélier

Se reporter à la figure 14.12.

❒ ***But :***

Il sert à réduire les « coups de bélier » qui se manifestent par des claquements secs lors de la fermeture d'un robinet ou d'une vanne électromagnétique de lave-linge ou de lave-vaisselle. Ce bruit provient d'une onde de choc propagée dans toute la tuyauterie.

❒ ***Position :*** généralement en haut d'une colonne montante.

14.2.4.3. Robinets d'arrêt

Se reporter aux figures 14.8 et 14.9.

❒ ***Position :***

Robinet avec purge au départ de la distribution intérieure.

Robinets pour isoler chaque ramification de circuit desservant plusieurs appareils.

Exemple : circuit de la cuisine, circuit de la salle de bains.

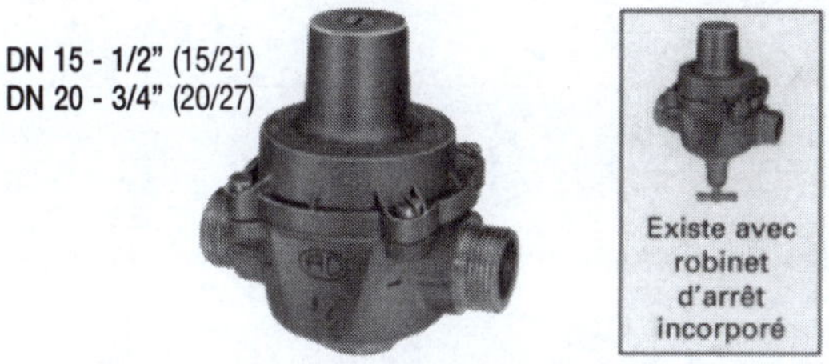

Figure 14.10 : ***réducteur de pression***

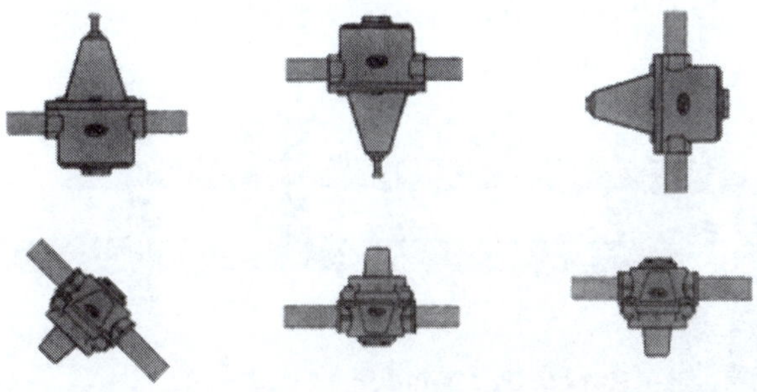

Figure 14.11 : ***diverses positions***

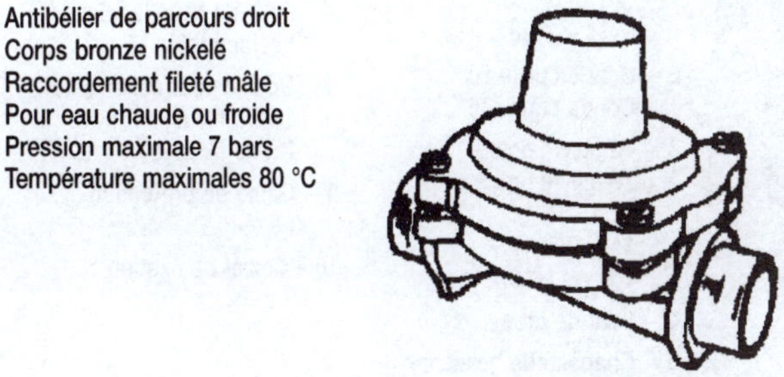

Figure 14.12 : ***antibélier à membrane***

14.2.4.4. Filtres anti-impuretés et anti-tartre

Se reporter à la figure 14.13.

❒ ***Filtres anti-impuretés***

– Ils éliminent les matières en suspension (sable, rouille, etc.).
– Ils réalisent une filtration fine (25 microns).
– Ils sont de qualité alimentaire.
– Ils sont faciles à installer et à entretenir grâce aux by-pass incorporés.
– Leur efficacité a été démontrée par un test du CSTB.

❒ ***Filtres anti-tartre***

– Ils empêchent la formation de tartre.
– Ils évitent la corrosion.
– Ils sont utilisables pour l'eau potable.
– Ils ne filtrent pas les sels minéraux.
– Leur efficacité est garantie.

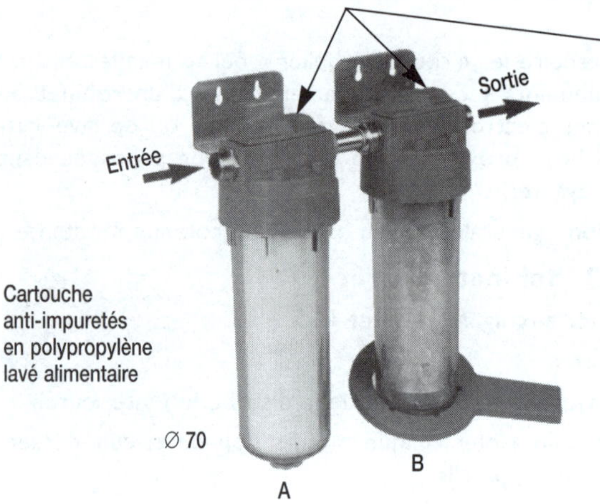

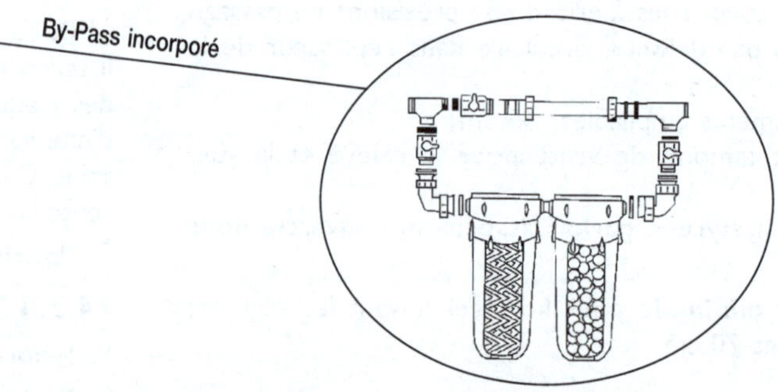

Silicophosphastes en billes, et non polyphosphates.
Avantage : l'eau est traitée froide, puis est chauffée (ballon, chaudière, machine à laver, etc.). Traitée avec des silicophosphates, elle peut être chauffée jusqu'à 95 °C avec la même efficacité anti-tartre.
Le silicophosphate contient du solocate, excellent produit anticorrosion.

Figure 14.13 : *filtres*

14.2.4.5. Raccords

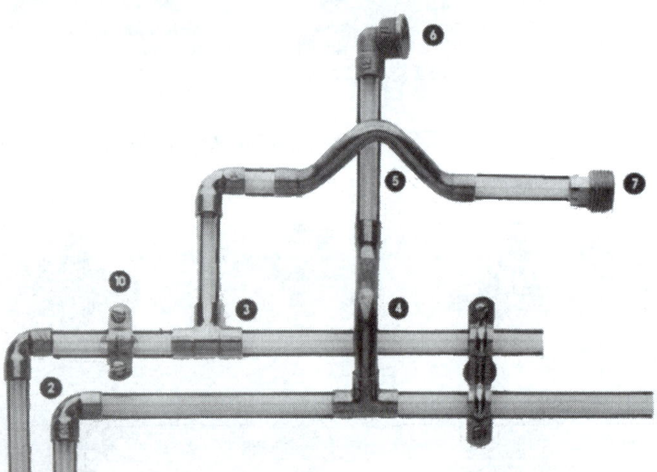

Raccords à souder

1 - Manchon cuivre égal
Manchon cuivre réduit
Ø 10 - Ø 12
Ø 12 - Ø 14
Ø 14 - Ø 16

2 - Coude cuivre 90°
Coude cuivre 45°

3 - Té cuivre égal
Té cuivre réduit
12 - 10 - 12
14 - 12 - 14
16 - 14 - 16

4 - Saut de tube

5 - Chapeau de gendarme

6 - Pipe de scellement
Filetage femelle 15 × 21

7 - Boîte à souder
Filetage femelle 15 × 21
Filetage mâle 15 × 21

8 - Douille pour collet battu
Droite filetage 15 × 21
Droite filetage 20 × 27

9 - Gaine de protection
Le ml

10 - Collier de fixation

Raccords à visser

11 - Distributeur laiton brut
Permet le départ de plusieurs alimentations sur une seule arrivée d'eau

12 - Vanne d'arrêt sans purge
Vanne d'arrêt à purge

13 - Écrou laiton brut
Ø 12 - Ø 14 - Ø 16

14 - Bouchon laiton femelle
Les bouchons existent aussi en mâle

15 - Collet mobile
Il résiste à une pression de 100 bars et à une chaleur de 120°
Essai CSTB 11245
Ø 12 - Ø 14 - Ø 16

16 - Manchon laiton brut
Manchon égal F/F
Manchon égal M/M
Ces raccords existent aussi en M/F ou avec réductions ainsi qu'en version chromée, égaux et réduits

17 - Flexible d'alimentation inox
Évite le cintrage, parfois délicat, des tubes ou de la robinetterie
30 cm (F 12 × 17/M 15 × 21)
30 cm (M/F 12 × 17)
50 cm (M/F 12 × 17)
100 cm spécial coudé M/F 15 × 21

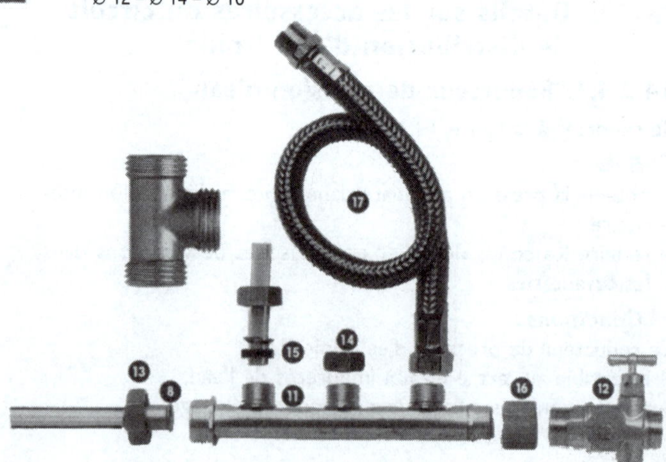

Figure 14.14 : *divers raccords*

14.3. Conduite d'amenée extérieure

Il s'agit de la conduite d'amenée d'eau en polyéthylène, qui relie le compteur à la maison d'habitation en réseau enterré le plus fréquemment.

❒ ***Produit :*** polyéthylène semi-rigide, série 10 bars, de qualité alimentaire ou de qualité organoleptique faisant l'objet d'un avis technique du CSTB.

❒ ***Diamètres intérieurs :*** 16 mm ; 20,4 mm ; 26,2 mm ; 34 mm ; etc.

❒ ***Raccords*** entre le tube en polyéthylène et le tube en cuivre intérieur, à serrage extérieur (raccord mâle, femelle, jonction, coude, Té, Té dérivation).

Différents types de robinet peuvent s'utiliser, positionnés après **le compteur d'eau :** robinet à clapet, à sphère, ou à tournant (fig. 14.16 à 14.18).

Exemple : si une conduite enterrée s'achemine vers un sous-sol, un robinet d'arrêt placé dans le sous-sol permet, si besoin, de « couper » l'eau de la distribution intérieure.

Le clapet anti-pollution est obligatoire après le robinet d'arrêt du regard compteur (fig. 14.19).

Accessoires de conduite d'amenée d'eau

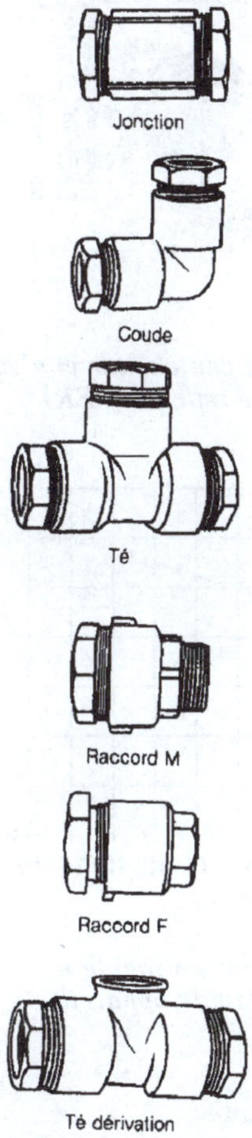

Figure 14.15 : ***raccords***

avec raccord intégré

DN	Ø ext. tube mm
pour tubes polyéthylène à serrage extérieur - **SE 2015**	
15	25
15	32
20	25
20	32
30	40
40	50

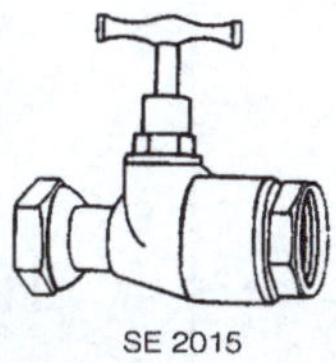

Figure 14.16 : ***robinets à clapet, en laiton***

DN : diamètre nominal.

à écrou serti - filetage mâle

DN	Ø ext. tube mm
réf. 2236 - manette laiton	
15	20 x 27
15 V	26 x 34
20	26 x 34
20 V	33 x 42
25	33 x 42
30	40 x 49
40	50 x 60

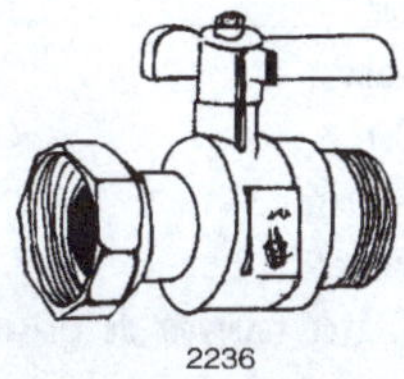

Figure 14.17 : ***robinets à sphère, en laiton***

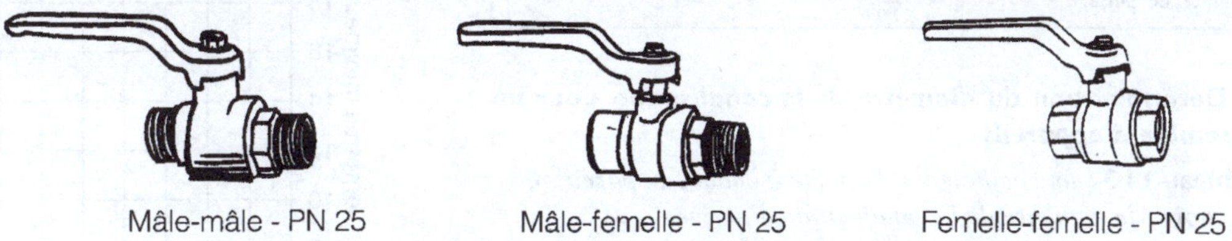

Figure 14.18 : ***robinets à tournant sphérique passage intégral***

DN	Filetage mâle-écrou
15	20 x 27 - 20 x 27
20	26 x 34 - 26 x 34
25	33 x 42 - 33 x 42

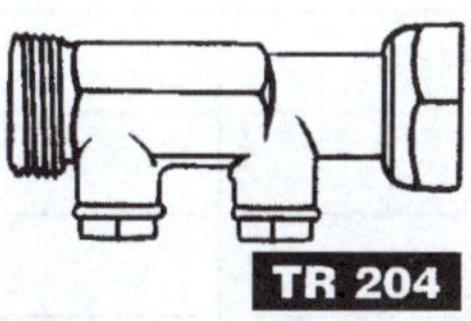

Figure 14.19 : ***clapets anti-pollution***

❒ ***Mise en place du tube enterré***

Il nécessite une rigole à profondeur minimale égale ou supérieure à 60 cm suivant les régions en raison du gel éventuel.

❒ ***Modalités de pose***

- Fond de fouille arasé à 0,10 m sous la cote prévue.
- Lit de sable de hauteur minimale 10 cm.
- Pose de la conduite sur fond dressé ou cales provisoires et enrobage de sable (5 à 10 cm).
- Remblai en éléments fins et homogènes (sable ou terre épierrée) jusqu'à 0,20 m au-dessus de la conduite.
- Disposition d'un grillage en plastique avertisseur (fig. 14.20), de couleur conventionnelle (bleu pour l'eau).
- Remblai complété par des couches damées.

Rouge = EDF
Vert = Télécom
Jaune = G.D.F.
Bleu = Adduction d'eau
Blanc = Vidéo / TV câble
Marron = Assainissement

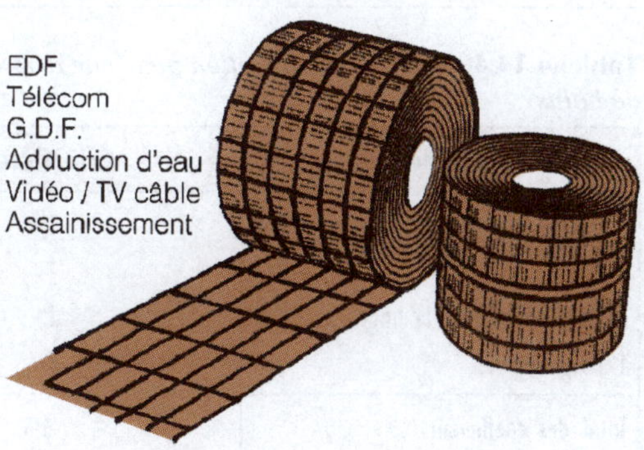

Figure 14.20 : ***grillage avertisseur***

14.4. Distribution intérieure

Les canalisations sont en cuivre ou en polyéthylène réticulé.

❐ ***Diamètre minimal des tuyauteries d'alimentation en eau***

Exprimé en millimètres, il est déterminé en fonction des débits minimaux en litres par seconde suivant les appareils.

Exemples de débit minimal pour l'eau froide ou l'eau chaude avec chacun des appareils suivants :
- évier, lavabo, bidet, douche, machine à laver le linge : 20 litres par seconde ;
- baignoire : 0,33 litres par seconde.

❐ ***Sections minimales intérieures en installations individuelles***

Tableau 14.2

Appareils	Diamètre minimal (mm)
Évier	12
Lavabo	10
Bidet	10
Baignoire	13
Douche	12
WC avec réservoir de chasse	10
Lave-main	10
Bac à laver	13
Machine à laver le linge	10
Machine à laver la vaisselle	10
Robinet de puisage	12

❐ ***Détermination du diamètre de la canalisation pour un ensemble d'appareils***

Tableau 14.3 : *un coefficient est affecté à chaque appareil afin de choisir le diamètre de la canalisation d'arrivée.*

Appareils	Coefficient
WC	0,5
Bidet, machine à laver	1
Lavabo	1,5
Douche	2
Évier	2,5
Baignoire (capacité < 150 l)	3

Tableau 14.4 : *exemple d'utilisation pour une arrivée de salle de bains*

Appareils	Coefficient
1 Lavabo 1 Bidet 1 Machine à laver le linge 1 Baignoire	1,5 1 1 3
Total des coefficients	6,5

Voir la figure 14.22 pour déterminer le diamètre intérieur.

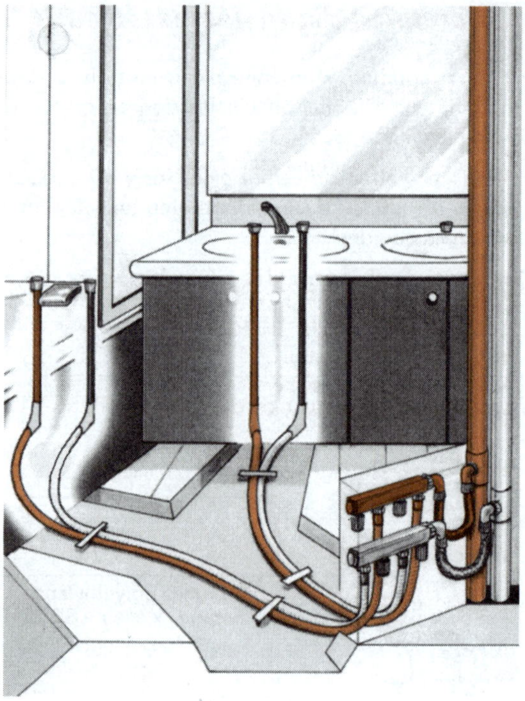

Figure 14.21 : ***mode de distribution d'eau chaude et d'eau froide en tuyaux de polyéthylène réticulé (PER)***

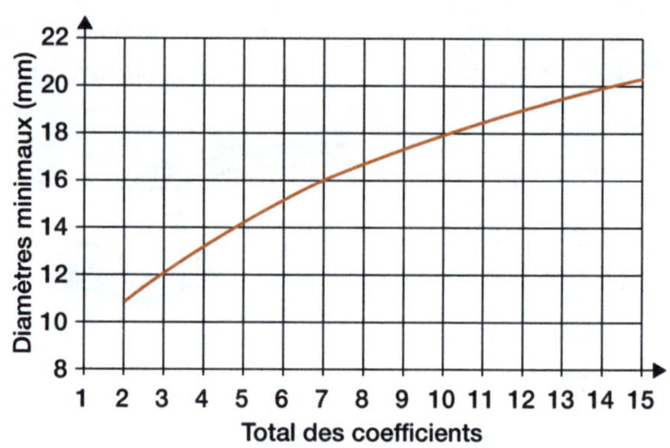

Figure 14.22 : ***diamètre intérieur en fonction du total des coefficients affectés aux appareils***

➤ Lecture simple de l'abaque

Exemple pour la salle de bains précédente :

- **Appareils :** lavabo + bidet + machine à laver le linge + baignoire.
- Somme des coefficients affectés aux appareils : 6,5.
- Par lecture de l'abaque (fig. 14.22), on prévoit ici un diamètre de 16 mm au moins pour le diamètre intérieur de la canalisation d'arrivée desservant la salle de bains.

Remarques :

- *Si le total des coefficients est supérieur à 15, on considère que les appareils ne seront pas tous en fonctionnement en même temps. Le débit probable est alors inférieur au débit théorique total. On peut appliquer dans ce cas un coefficient réducteur appelé coefficient de simultanéité.*
- *Les tuyauteries sont déterminées de façon à disposer d'une **pression minimale** fixée par le cahier des charges. À titre indicatif, le maître d'œuvre peut exiger 0,8 bar de pression minimale aux postes les plus défavorisés par leur implantation (éloignement, étage, trajet sinueux des tuyauteries, etc.).*

❒ *Pose des canalisations intérieures en cuivre*

➤ Elles peuvent être :
- apparentes,
- ou incorporées sous gaine dans les dallages et les planchers, etc.,
- ou apparentes et isolées thermiquement en vide sanitaire,
- ou enterrées avec une gaine protectrice.

➤ On utilise :
- le tube en barre (rigide) qui convient à la pose en apparent par longueurs de 4 ou 5 mètres suivant les fournisseurs,
- le tube de cuivre en couronne (malléable) de 25 ou 50 m de longueur.

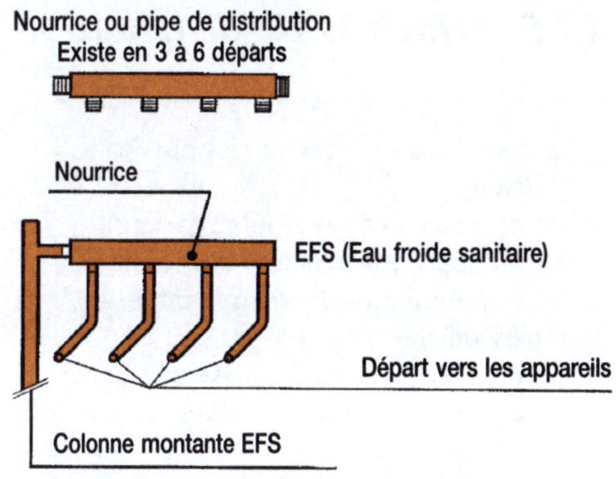

Figure 14.23 : ***nourrice ou pipe de distribution***

Les pipes de distribution sont très utilisées et permettent le raccordement des appareils à partir d'un point centralisé.

Tableau 14.5 : *diamètres nominaux courants (mm)*

Appareils	WC	Lavabo	Bidet	Douche	Baignoire	Évier	Chauffe-eau	Machine à laver	Robinet de puisage
Diamètres	10	12	12	12	16	14	14	12	16

L'assemblage s'effectue souvent à l'aide de raccords à souder avec de la brasure d'argent qui nécessite un poste à souder à l'oxygène.

Types de raccords : en T, coudés à 90°, manchon réduit, collet battu coudé, etc. (§ 14.2.4.5).

❒ *Modalités d'exécution*

➤ **Les fixations**, par percements ou scellements, sont interdites dans les poutrelles précontraintes.

➤ **Les traversées** de mur ou de plancher sont réalisées par fourreaux. Les fourreaux sont arasés au nu du plafond, mais dépassent de 1 à 5 cm suivant l'épaisseur du revêtement sur plancher.

➤ **L'espace annulaire** entre le tube et le fourreau, rempli par un matériau inerte contre la transmission de bruit entre les pièces, doit cependant permettre la dilatation des conduites.

➤ **Les piquages ou les soudures** sont interdits dans les traversées de murs ou de planchers.

➤ **La protection contre le gel** doit être assurée dans les volumes à risque (vide sanitaire par exemple).

➤ **La libre dilatation** doit être favorisée pour éviter les désordres ou les incidents, tels que :
- déchirement de la canalisation au voisinage des soudures,
- déformations alternées préjudiciables à la durabilité des canalisations.

➤ **La dilatation peut être absorbée** par :
- des changements de direction,
- des compensateurs de dilatation,
- des lyres.

➤ **La vidange des canalisations** doit être favorisée par des purgeurs aux points bas éventuels en cas de risque de gel.

➤ **Des robinets d'arrêt** peuvent isoler les circuits clés (cuisines, salles de bains, autres).

➤ **Le tartre**, dépôt de carbonate de calcium, a tendance à obturer les canalisations et à détériorer les robinetteries si l'eau est chargée (eau dite dure). Pour prévenir ce désordre, on peut utiliser l'un des procédés suivants :
- les adoucisseurs par échange d'ions qui utilisent des micro-billes de résines minérales de qualité alimentaire pour fixer le calcaire (§ 14.2),
- les techniques chimiques qui transforment le tartre en boue,
- les procédés magnétiques, électrostatiques ou catalytiques.

Remarque : *Les appareils doivent avoir été agréés par le ministère de la santé.*

➤ **Les accessoires de la distribution d'eau** – réducteurs de pression, clapets, filtres, raccords flexibles, antibélier, etc. – doivent être accessibles.

➤ **Les supports de tuyauteries** (exemples : colliers simples ou doubles, pattes à vis et fixations diverses) doivent répondre aux exigences suivantes :
- leur conception et leur mode de mise en œuvre ne doit pas permettre de déformation préjudiciable au fonctionnement du réseau ;
- une canalisation ne doit pas prendre appui sur une autre canalisation ;
- le contact entre deux canalisations est interdit ;
- en cas de canalisations gainées ou calorifugées, les supports doivent permettre les travaux (écartement suffisant et garde au sol de 15 cm en milieu humide en particulier).

➤ **Les prescriptions de mise en œuvre** interdisent de :
- faire passer des canalisations dans les conduits de fumée ou de ventilation,
- mettre une canalisation en acier galvanisé à l'aval d'une canalisation en cuivre.

14.5. Principes de distribution intérieure

La distribution intérieure peut être réalisée :
- en apparent (exemple : garage),
- en apparent dissimulé accessible (exemple : placard sous table de travail),
- en enrobé dans l'épaisseur d'une dalle (exemple : dallages sur terre-plein),
- en enrobé dans l'épaisseur d'une forme au-dessus d'une dalle porteuse,
- en encastré dans un mur ou une cloison (exemple : alimentation d'une douche).

On considère deux modes principaux de distribution :
- par pieuvre (fig. 14.24 et 14.25),
- par piquage (fig. 14.26).

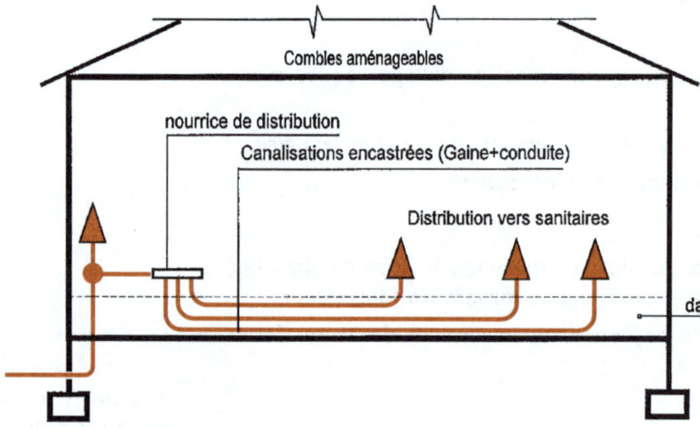

Figure 14.24 : *distribution par le rez-de-chaussée, par pieuvre*

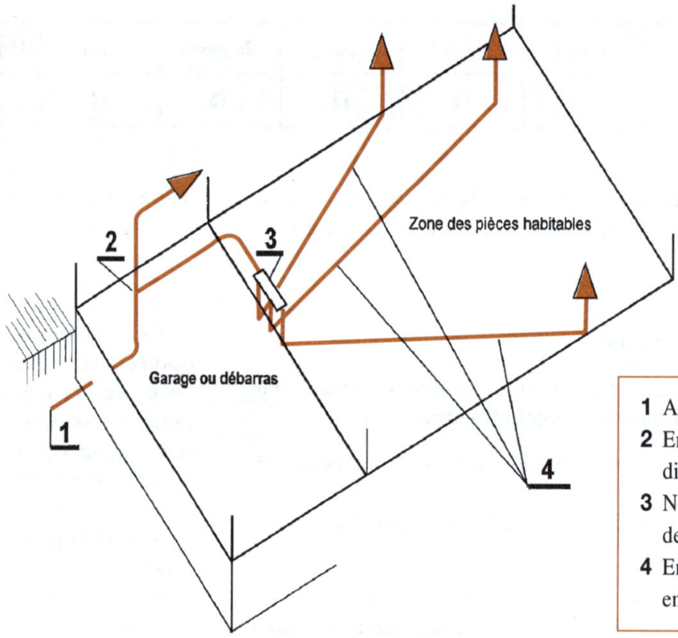

1 Arrivée souterraine
2 En apparent : distribution par piquage
3 Nourrice ou pipe de distribution
4 En enrobé : distribution en pieuvre

Figure 14.25 : *distribution par le sol, par pieuvre*

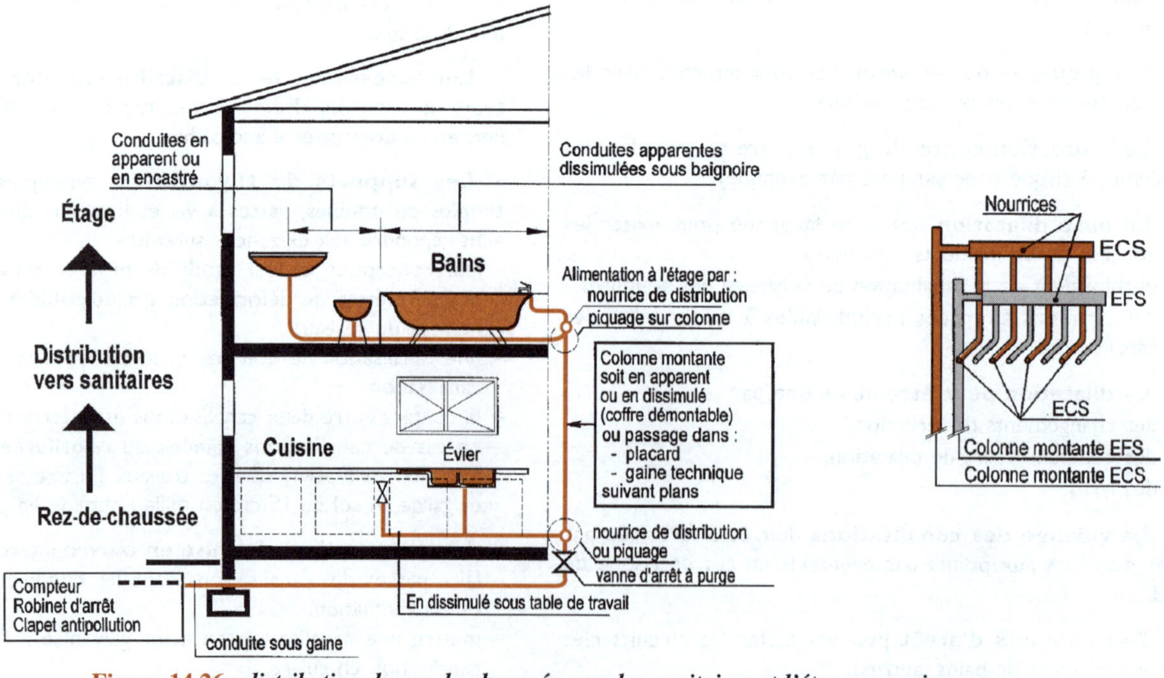

Figure 14.26 : *distribution du rez-de-chaussée vers les sanitaires et l'étage, par piquage*

14.5.1. Cas d'une maison avec sous-sol

Un sous-sol permet la pose en apparent des canalisations pour desservir le niveau du rez-de-chaussée en toute liberté. Des piquages en attente peuvent être prévus.

Les conduites apparentes facilitent l'adjonction ultérieure d'éléments sanitaires tels que WC, lave-mains, douches.

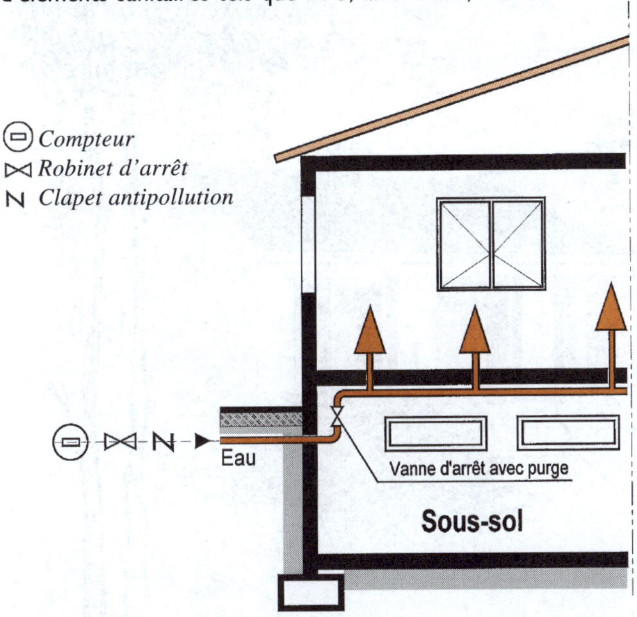

Figure 14.27 : ***distribution par le sous sol***

14.5.2. Exemple de distribution d'eau froide dans le cas d'un rez-de-chaussée sur terre-plein

Se reporter à la figure 14.28.

Pièces de service et appareils à desservir :

- cuisine avec évier,
- WC,
- salle de bains avec baignoire et lavabo,
- arrière-cuisine avec évier et machine à laver.

Observation :

La salle de bains et la cuisine sont implantées de part et d'autre de l'arrière-cuisine. L'arrière-cuisine dispose d'un placard situé contre la cage d'escalier.

Solution proposée pour la distribution d'EFS :

- amenée d'eau dans le placard de l'arrière-cuisine,
- répartition du fluide par nourrice (pipe de répartition),
- réseau de canalisations établi à partir du point clé de la distribution.

Remarque : Si le système de production d'eau chaude (ballon d'accumulation ou chaudière) est situé également dans l'arrière-cuisine, le circuit emprunté pour les différents postes à desservir sera identique à celui de l'eau froide pour la cuisine, la salle de bains et l'arrière-cuisine.

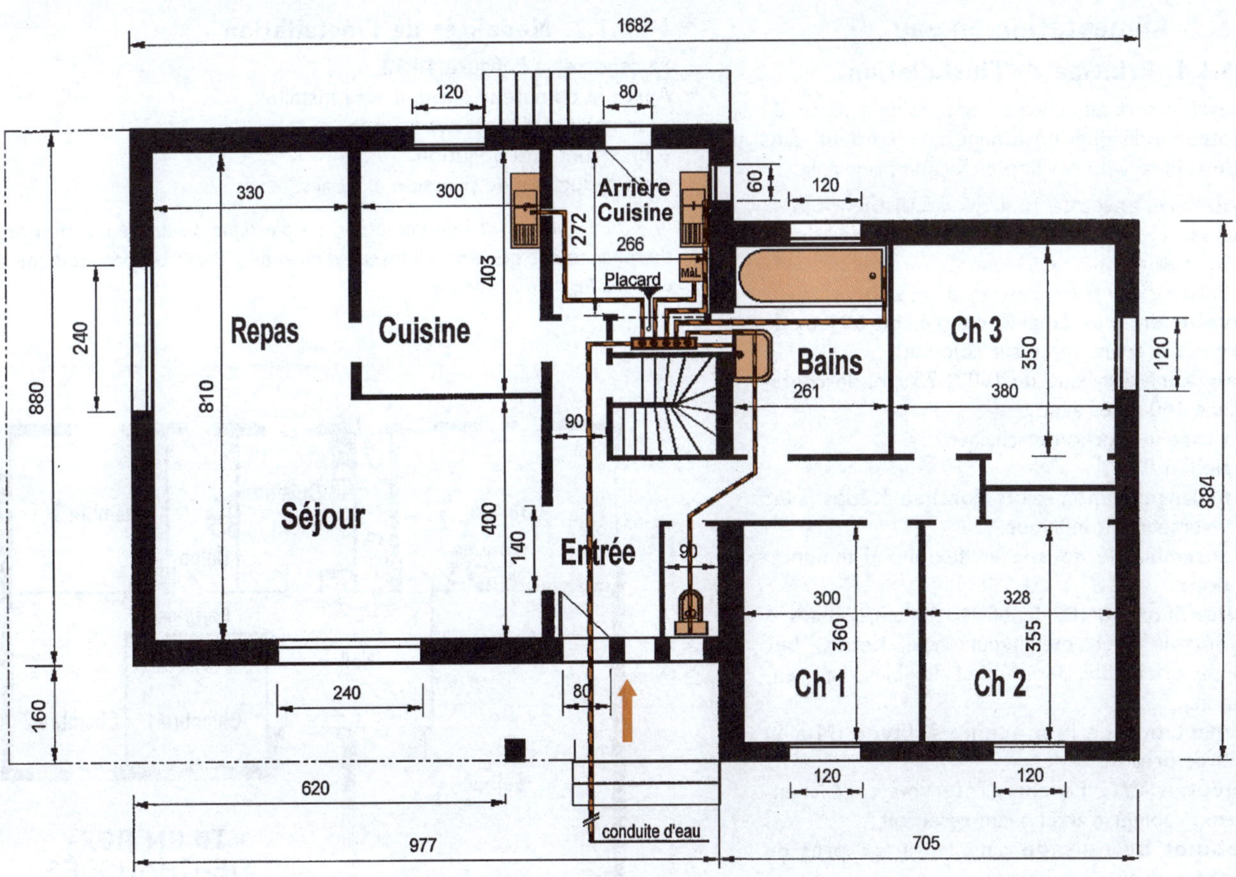

PLAN DU REZ-DE-CHAUSSÉE

Figure 14.28

14.6. Avant-projet sommaire « Tilleul »

Se reporter aux figures 14.29 et 14.30.

Figure 14.29

14.6.1. Alimentation en eau

14.6.1.1. Principe de l'installation

Le pavillon sera alimenté en eau froide à partir du compteur individuel positionné en extérieur dans l'angle rentrant du pavillon en façade principale.

Le placard entre le hall et la cuisine pourra recevoir une nourrice ou une pipe de distribution pour servir de relais afin de desservir les dispositifs ou les postes d'eau suivants :

- **lavabo** en grès émaillé coloré, de 60 cm de large et prenant appui sur colonne;
- **baignoire** acrylique de 160 × 75 cm, de contenance 160 litres avec :
  - vidage à bouchon et chaînette,
  - siphon PVC,
  - mélangeur monotrou Porcher Kéops avec inverseur automatique,
  - ensemble de douche et flexibles d'alimentation;
- **évier** inox 18/10, de 60 × 140 cm, 2 bacs + égouttoir avec mélangeur type Kéops, bec fondu orientable, aérateur et flexibles d'alimentation.
- alimentation de la **machine à laver** (M à L) prévue près de l'évier;
- **cuvette WC** Porcher, réservoir avec silencieux, robinet d'arrêt avant réservoir;
- **robinet de puisage** dans le garage près du jambage droit de la porte;
- alimentation de la **chaudière** située contre le mur du garage voisin du salon.

14.6.1.2. Modalités de l'installation

Se reporter à la figure 14.32.

Après le compteur d'eau, il sera installé :
- un robinet d'arrêt avec purge,
- un clapet anti-pollution,
- un réducteur de pression à 3 bars.

Remarque : Le regard du compteur, en plastique ou en béton, sera protégé thermiquement par une épaisseur d'au moins 8 cm de polyuréthane placé en sous-face du couvercle.

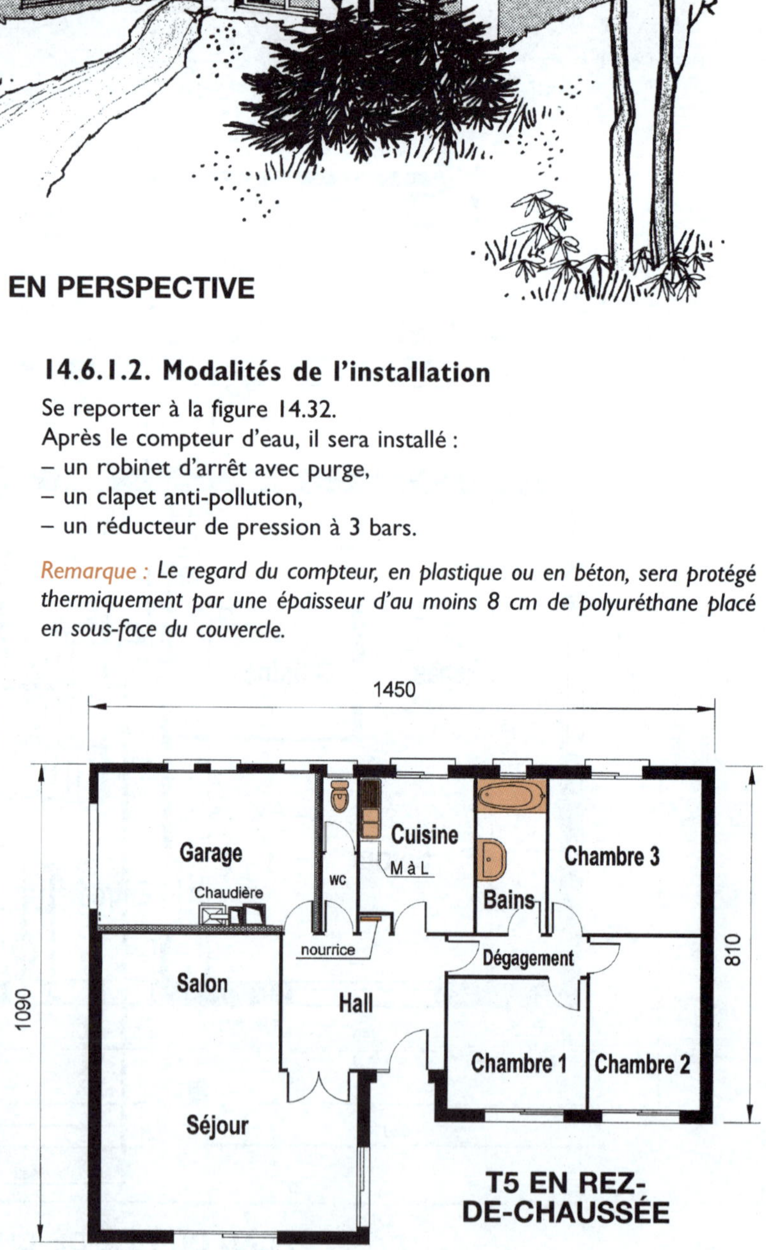

Figure 14.30

14.6.2. Réseau enterré

La canalisation de liaison cheminera en réseau enterré jusqu'à l'intérieur de la maison et sera disposée sous fourreau de type TP avant la réalisation du dallage en béton armé.
La profondeur à l'extérieur devra atteindre celle du hors gel.
La conduite sera réalisée en tube de polyéthylène semi-rigide, série 10 bars, de diamètre intérieur 25 mm.
Les raccords seront de type HUOT SR à serrage extérieur.
Il sera prévu, sous la conduite, un lit de sable de 10 cm d'épaisseur, ainsi qu'un enrobage du tube en sable de carrière.
Les tranchées seront comblées en prévoyant la pose d'un grillage avertisseur.

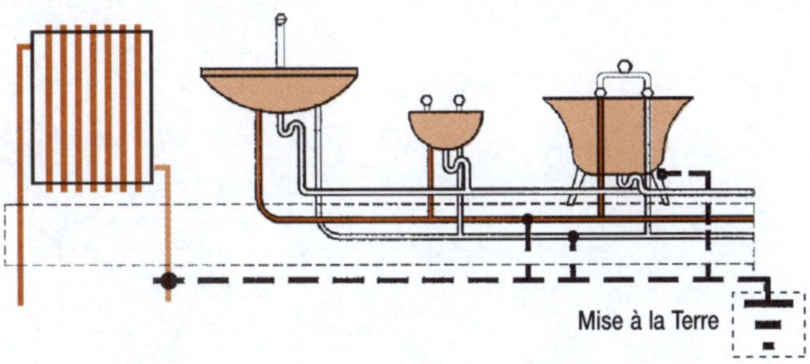

Figure 14.31 : *schéma de liaison équipotentielle de salle de bains, reliant raidiateurs, tuyauteries et baignoire en acier à la borne de terre*

14.6.3. Canalisations intérieures

À la pénétration dans le logement, il est prescrit :
- un robinet de coupure, 1/4 de tour, à boisseau sphérique,
- un système purgeur de l'installation intérieure.

- **Les canalisations intérieures** seront en cuivre SANCO à faible taux de carbone et protection interne par oxyde cuivreux.
- **Les diamètres minimaux** répondront à la norme NFA 68201 (§ 14.4).
- **La liaison équipotentielle** des éléments conducteurs de la salle de bain – canalisations d'eau, huisseries métalliques, etc. – doit relier les masses à la prise de terre.
- **Le robinet de puisage** du garage sera alimenté par une canalisation de diamètre 16 mm.
- **Aucun joint ou nœud de soudure** ne sera placé dans une traversée de paroi.
- **Les fourreaux** dépasseront de 0,5 cm des parois verticales et de 3 cm des parois horizontales.
- **Les brasures** seront à base d'argent ou d'alliage dont le point de fusion sera inférieur à celui du cuivre.
- **L'emploi d'étain est à proscrire.**
- **Les canalisations apparentes** du garage, par exemple, seront calorifugées avec un isolant élastomérique à structure cellulaire de type Armaflex (épaisseur minimale de19 mm), qui devra bénéficier d'un classement au feu M1 (non inflammable).

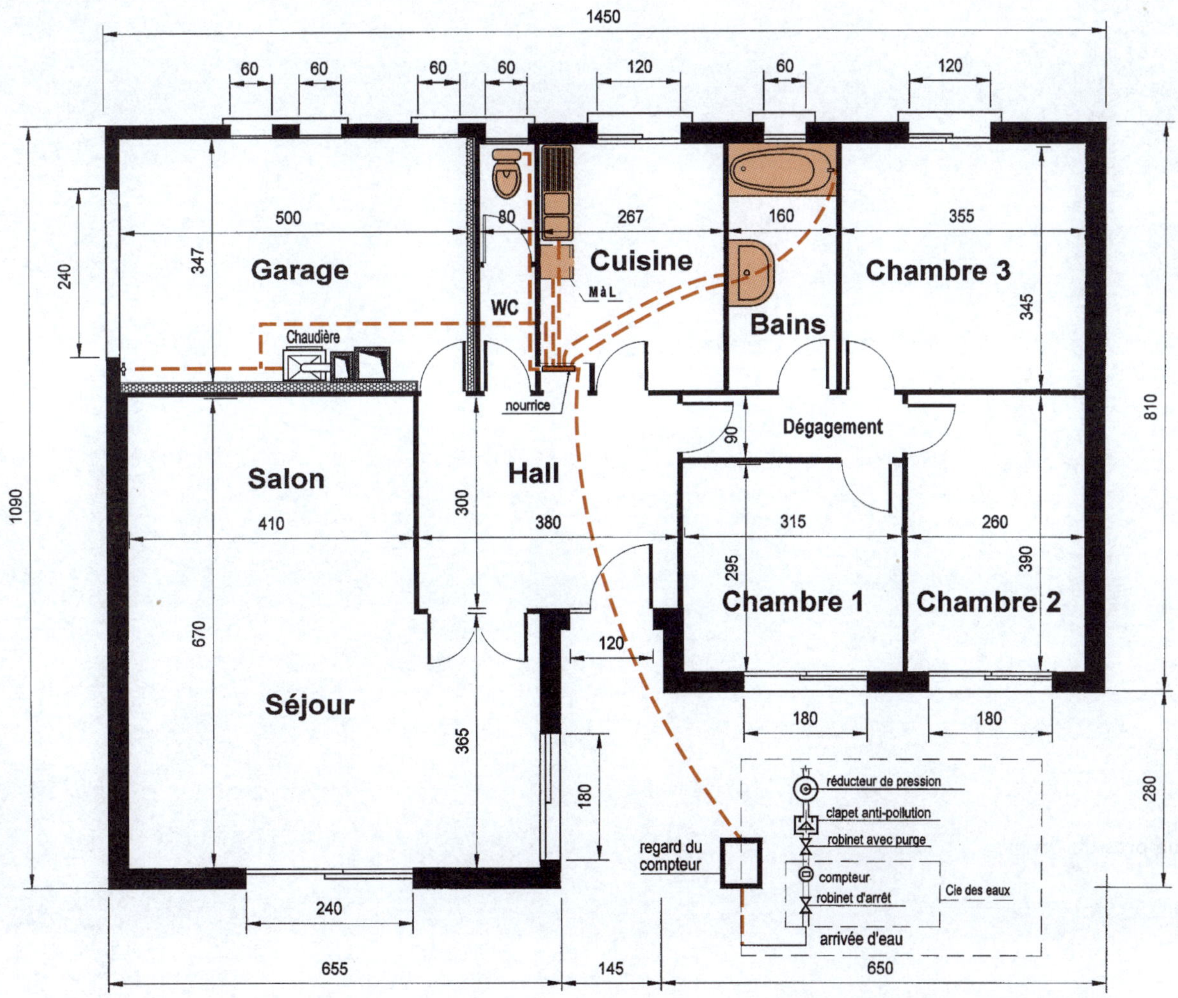

Figure 14.32

T5 EN REZ-DE-CHAUSSÉE

Chapitre 15

Production et distribution d'eau chaude

- Modes de production d'eau chaude sanitaire
- Distribution d'eau chaude sanitaire
- Aménagements de salles de bains
- Diamètres usuels des évacuations en PVC
- Conditions d'équipement électrique dans une salle de bains
- Maison en L - plan du rez-de-chaussée

15.1. Modes de production d'eau chaude sanitaire

On utilise essentiellement :
- **l'énergie électrique pour les chauffe-eau toutes capacités (de 15 litres à 300 litres),**
- **l'énergie « gaz » pour :**
  - **les chaudières mixtes ou en double service pour la production instantanée d'eau chaude,**
  - **les chaudières en simple service avec ballon de réserve (ballon à échangeur),**
  - **les chauffe-bains et les chauffe-eau.**

15.1.1. Énergie électrique

15.1.1.1. Chauffe-eau électriques à accumulation

Un chauffe-eau électrique est constitué des éléments :

1. Cuve : en acier revêtu d'émail, de ciment ou de rilsan.

2. Isolant : il limite les pertes thermiques et la norme NF fixe le niveau de pertes à ne pas dépasser.

3. Anode : elle renforce la protection de la cuve contre la corrosion.
- a. **en magnésium,** elle peut se consumer et il faut la vérifier périodiquement,
- b. **« à courant imposé » (ACI),** elle est pratiquement inusable et sans entretien.

4. Élément chauffant

Il en existe deux types très différents :
- **« stéatite » :** le fil chauffant est bobiné sur un support isolant lui-même inséré dans une gaine en acier émaillé de sorte que l'élément chauffant n'est jamais en contact direct avec l'eau. Peu sensible à l'entartrage, il est accessible sans vidanger le chauffe-eau ;
- **« résistance blindée » :** l'élément chauffant est directement plongé dans l'eau et n'est pas accessible sans vidanger le chauffe-eau.

5. Thermostat : il coupe le courant lorsque la température prescrite de l'eau est atteinte (60 °C ou 65 °C). Son élément sensible est logé dans une gaine plongeant dans l'eau. Le thermostat comporte également un dispositif de sécurité qui se déclenche en cas de surchauffe.

6. Tube de départ d'eau chaude : il puise l'eau en partie haute du chauffe-eau ; à ce niveau, l'eau est la plus chaude.

7. Tube d'arrivée d'eau froide : il est muni d'un brise-jet dirigeant l'eau froide vers le bas du chauffe-eau et évitant son mélange avec l'eau déjà réchauffée.

Remarques :
- *Un groupe de sécurité est obligatoire (fig. 15.2), sauf pour les petites capacités en écoulement libre.*
- *La gamme des chauffe-eau est très étendue (§ 15.2.3) :*
  - *capacité de 10 litres à 500 litres,*
  - *puissance en fonction de la capacité et du temps de chauffe nécessaire.*

Exemple : 2 000 W pour une capacité de 200 l, soit 10 W/l.

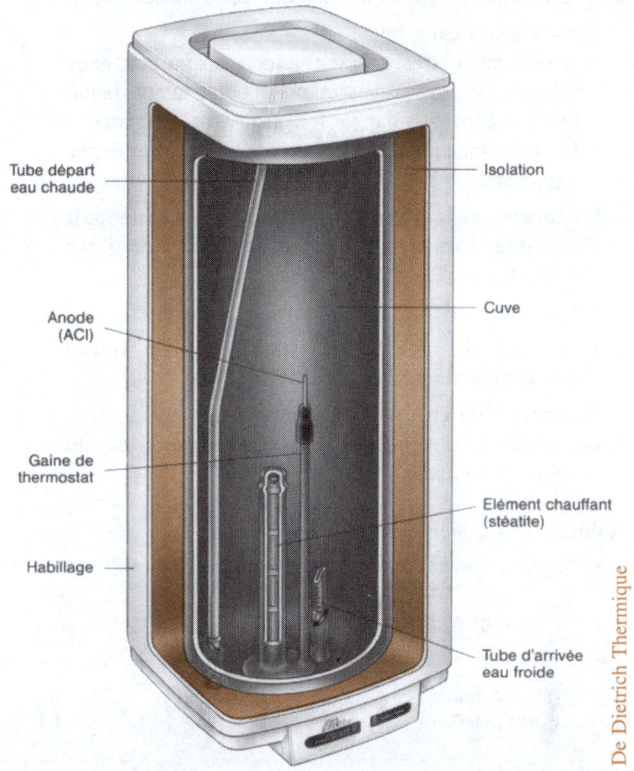

Figure 15.1 : *constitution d'un chauffe-eau électrique*

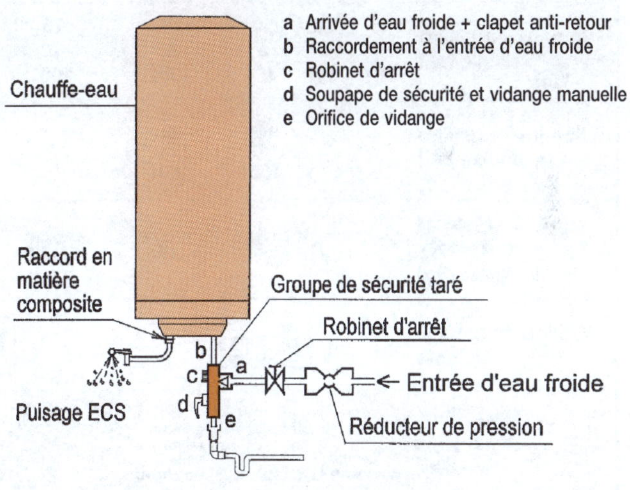

Figure 15.2 : *groupe de sécurité*

15.1.1.2. Préconisations de capacités adaptées

Remarques :
- *Si les postes de puisage sont éloignés, on choisit plutôt deux chauffe-eau pour limiter les pertes et le temps d'attente.*
- *Le chauffe-eau se charge en heures creuses mais en cas de besoin accru périodique, on le relance en heures pleines.*

Tableau 15.1 : *capacité des chauffe-eau selon le logement*

Type de logement	F1	F2	F3	F4	F5	F6
Nombre de personnes	1 – 2	1 – 2	3 – 4	5 – 6	5 – 6	
Capacité en litres	75 – 100	100 – 150	150 – 200	250 – 300	250 – 300	2 × 200

Les critères de choix à examiner sont les suivants :

- la nature des eaux (fig. 15.3) :
  - la résistance stéatite est mieux adaptée aux eaux calcaires ou agressives et ne produit aucun bruit. Elle est protégée par un fourreau émaillé (gant) ;
  - la résistance blindée est directement immergée dans l'eau ;
- les locaux et la place disponible, le raccordement électrique, l'amenée d'eau froide, le circuit d'eau chaude, les évacuations pour la vidange :
  - local de service, garage, combles, placard, etc. ;
  - position du chauffe-eau : mural vertical, mural horizontal, sur socle ;
- la capacité du chauffe-eau, à déterminer en fonction du nombre de pièces, des équipements et du nombre d'occupants.

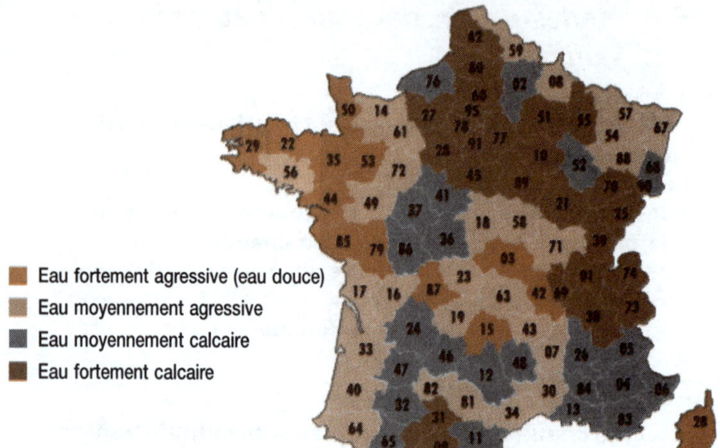

Figure 15.3 : ***nature des eaux en France***

Tableau 15.2 : *choix des capacités*

Equipement										
Occupation du logement										
Type de logement			F1	F2	F3		F4		F5 et plus	
Besoins journaliers simple tarif	15 à 30 l	30 à 50 l	50 à 75 l	75 à 100 l	75 à 100 l	100 à 150 l	150 à 200 l	200 l	200 à 250 l	300 l
Besoins journaliers double tarif			100 l	150 l		200 l		250 l	300 l	500 l
Modèles horizontaux (manque de place)		75 l	150 l	200 l	150 l		200 l			
Points de puisage éloignés	15 l R ou 15 l S				30 l				50 l accéléré	
Electricité + autre énergie (chaudière)	gamme duotherm 150 l ou 150 l gamme mixte ballon échangeur				200 l ou 200 l				300 l	

Préconisation PROMOTELEC.

15.1.1.3. Les différents types de chauffe-eau

On distingue différents types de chauffe-eau en fonction de leur position et de leur capacité :

- **chauffe-eau muraux verticaux** de 50 à 250 litres, accrochés à une paroi stable ;
- **chauffe-eau horizontaux** de 50 à 200 litres pour gain de place, mais le stockage d'eau chaude est moins favorable et il faut prévoir un surdimensionnement de 20 % ;
- **chauffe-eau** de 150 à 500 litres **sur socle** munis de pieds pour prendre appui directement sur le sol ;
- **chauffe-eau d'évier ou de salle de bains** de 10 à 30 litres, de type « sur évier » ou « sous évier », dotés d'une résistance électrique permettant une chauffe plus rapide. Ils sont dits à écoulement libre s'ils n'alimentent qu'un seul point de puisage (un évier ou un lavabo) ;
- **chauffe-eau électriques instantanés** à forte puissance électrique (6 à 9 kW) et à débit de 5 litres/minute, mais peu répandus en raison de leur coût d'utilisation.

Remarque : Un groupe de sécurité équipe obligatoirement les chauffe-eau pour prévenir tout risque de surpression en remplissant trois fonctions (fig. 15.2) :

- *soupape de sécurité pour évacuer l'excédent d'eau dû à la dilatation pendant la chauffe,*
- *robinet d'arrêt,*
- *robinet de vidange.*

Figure 15.4 : ***différentes implantations de chauffe-eau électriques à faible capacité***

Support trépied : ➤
- *stabilité et robustesse,*
- *support pour chauffe-eau jusqu'à 200 l.*

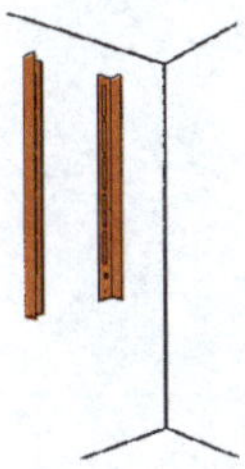

➤ *Pattes de transfert :*
- *remplacement d'un chauffe-eau vertical mural sans refaire le perçage,*
- *rapidité et propreté de l'installation.*

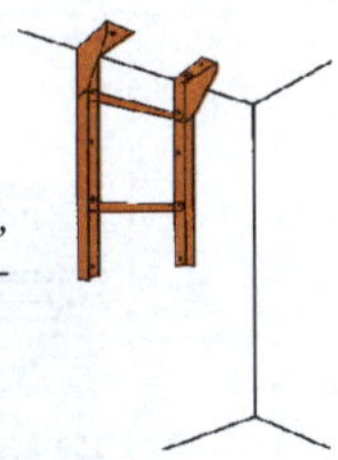

Console suspendue en plancher haut : ➤
- *pour chauffe-eau verticale mural de 50 à 200 l,*
- *à utiliser si la cloison verticale ne peut supporter le poids du chauffe-eau.*

Groupe de sécurité obligatoire

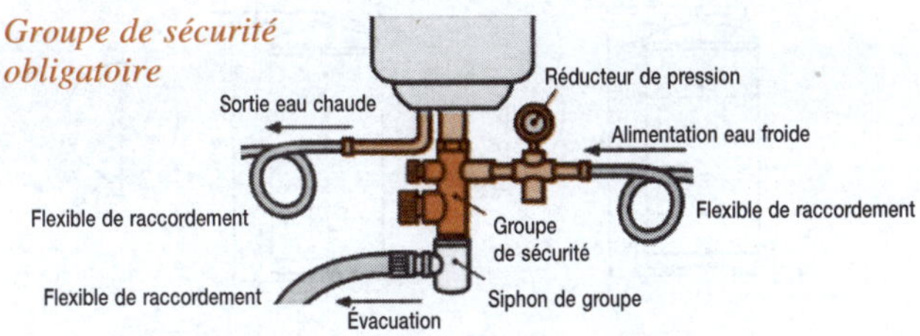

Figure 15.5 : ***accessoires***

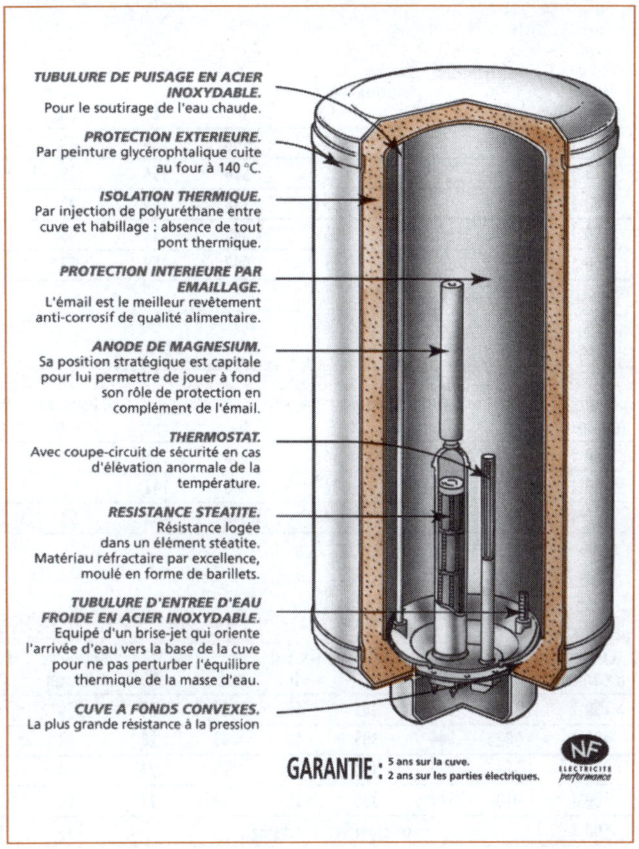

Figure 15.6 : ***chauffe-eau électriques à hautes performances***

Équation

Écoulement libre
*Petites capacités**

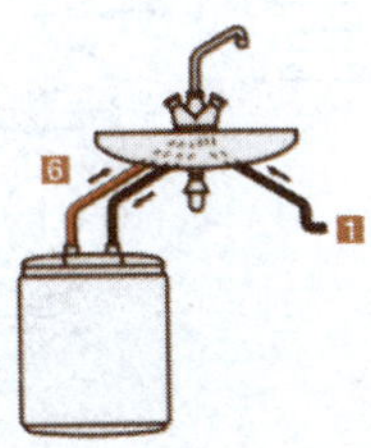

Sous pression
*Petites capacités**

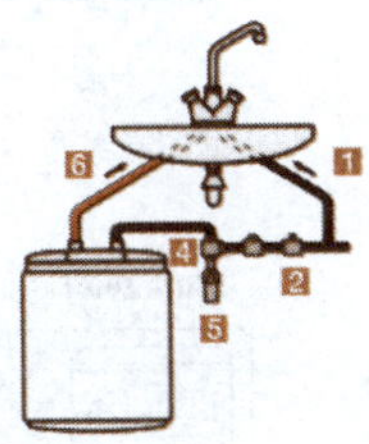

Verticaux Muraux — *Stables*

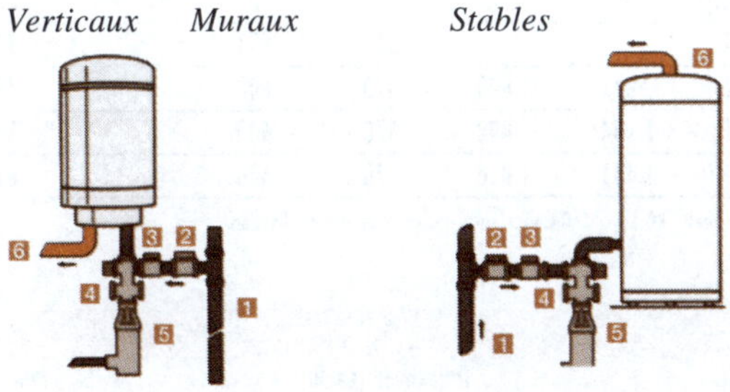

- 1 Arrivée eau froide
- 2 Robinet d'arrêt
- 3 Réducteur de pression éventuel
- 4 Groupe de sécurité
- 5 Entonnoir
- 6 Départ eau chaude

Horizontaux

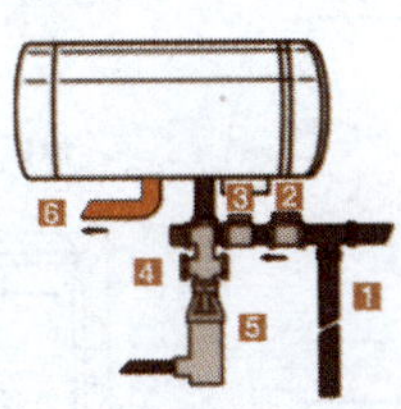

Montage en série
*Stables***

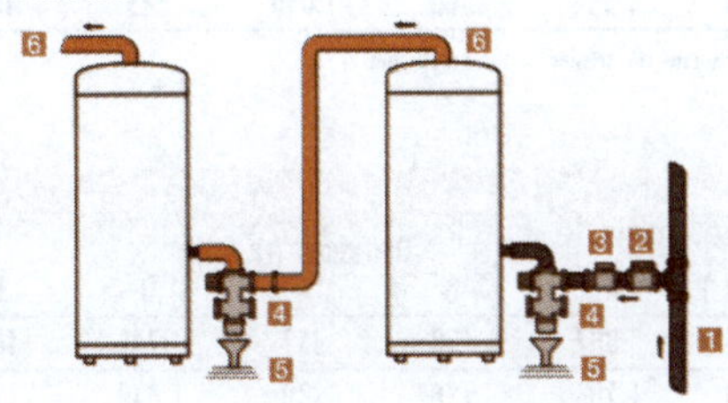

Atlantic

Figures 15.7 : ***les raccordements***

* *Ces schémas montrent l'installation des appareils sous évier. Les mêmes montages peuvent être réalisés avec les appareils sur évier.*
** *Les verticaux muraux peuvent être également montés en série suivant le même principe.*

Les cotes techniques

Petites Capacités

Capacité (en litres)	A	B	C	D	E	Poids nu (en kg)	Puissance (en W)
	Dimensions (en mm)						
15 l sous	402	342	170	347	78	13	2 000
15 l sur	502	287	337	292	68	12	2 000
30 l sur	623	342	477	347	78	17	2 000

15 et 30 l sur évier

15 l sous évier

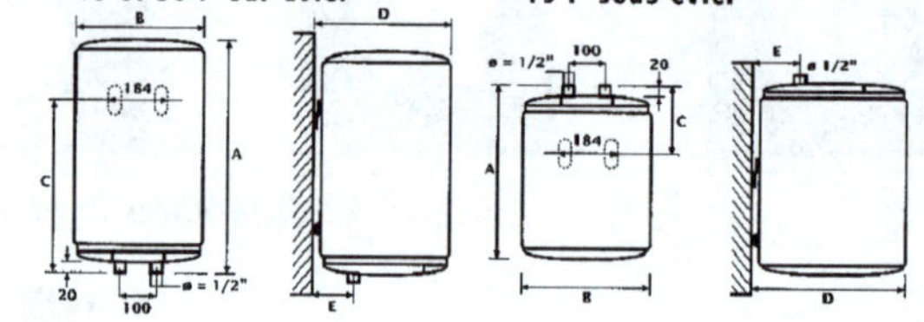

Verticaux muraux Stéatites Luxe A.C.I. et Blindés

Capacité (en litres)	A*	B	C	D	E	Poids nu (en kg)	Puissance (en W)
	Dimensions (en mm)						
50 l	560	–	35	368	155	23	900
75 l	763	–	35	570	156	29	1 200
100 l	894	498	35	748	109	33	1 200
150 l	1 216	798	35	1 048	131	43	1 600
200 l	1 543	798	35	1 048	458	52	2 200

* Hauteur sur trépied, ajouter 492 mm.

50 à 200 l

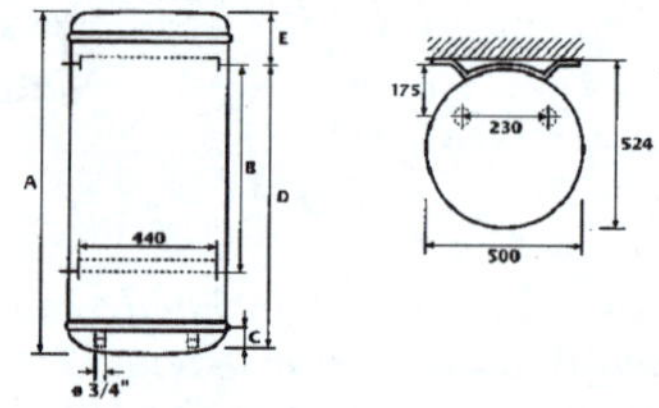

Verticaux muraux Haute Performance A.C.I.

Capacité (en litres)	A*	B	C	D	E	Poids nu (en kg)	Puissance (en W)
	Dimensions (en mm)						
100 l	898	498	34	748	113	33	1 200
150 l	1 226	798	34	1 048	142	43	1 800
200 l	1553	798	34	1 048	469	52	2 400

* Hauteur sur trépied, ajouter 500 mm.

100 à 200 l

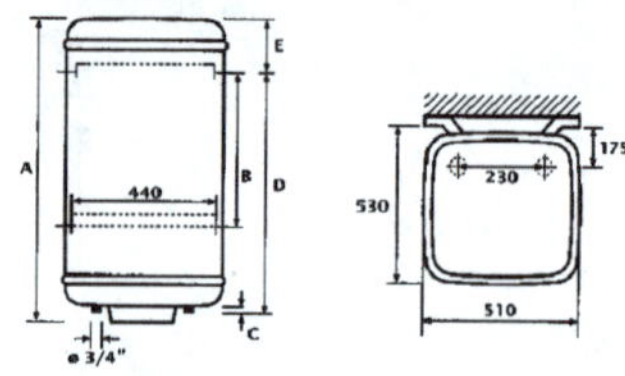

Stables Stéatites A.C.I. et Blindés

Capacité (en litres)	A	B	C	D	E	F	Poids nu (en kg)	Puissance (en W)
	Dimensions (en mm)							
150 l	1 255	544	305	40	48	28	50	1 800
200 l	1 582	544	305	40	48	28	63	2 400
250 l	1 556	577	335	35	20	22	90	3 000
300 l	1 810	577	335	35	20	22	96	3 000
500 l	se reporter au schéma						148	5 000

150 à 300 l

500 l

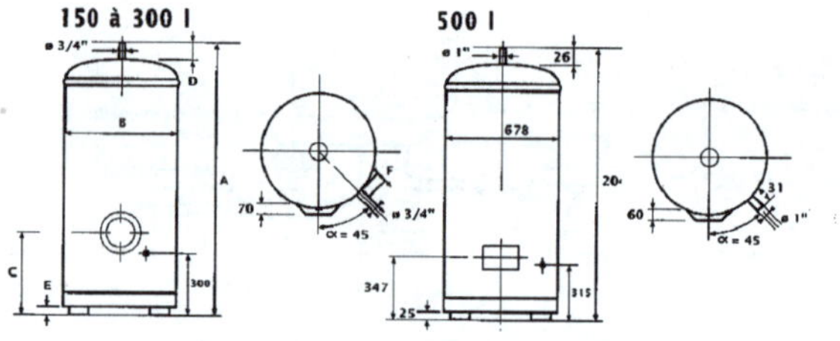

Horizontaux Stéatites et Blindés

Capacité (en litres)	A	B**	C	D	Poids nu (en kg)	Puissance (en W)
	Dimensions (en mm)					
75 l*	–	–	521	553	32	1 600
100 l	833	600	570	600	39	1 600
150 l	1 154	800	570	600	50	2 200
200 l	1 483	1 050	570	600	61	2 400

* Capacité réelle 80 l – ** Distance entre les deux étriers de fixation.

75 l

100 à 200 l

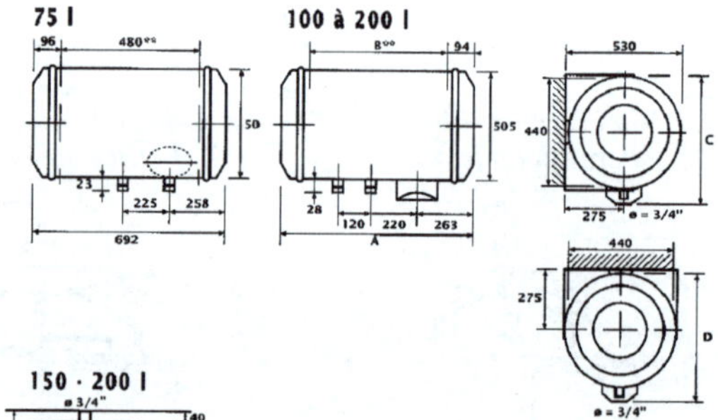

Mixtes et Ballons – Échangeur annulaire

Capacité (en litres)	A*	B	C	D	E	Poids nu (en kg)	Puissance (en W)
	Dimensions (en mm)						
150 l	1 094	560	790	225	340	72	2 400
200 l	1 354	800	1 030	245	460	87	2 400

* Hauteur totale sur trépied, ajouter 450 mm.

150 - 200 l

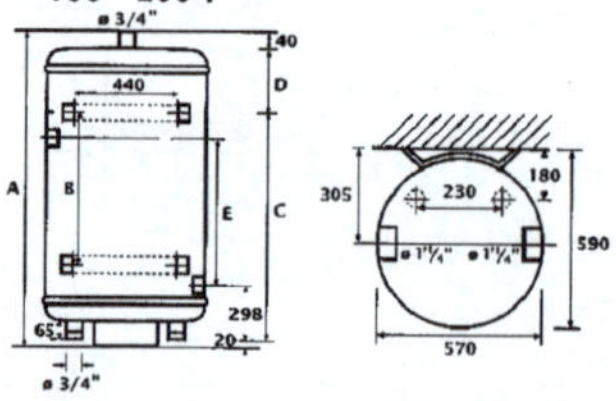

Mixtes et Ballons – Échangeur serpentin

Capacité (en litres)	A*	B	C	D	E	Poids nu (en kg)
	Dimensions (en mm)					
100 l**	887	498	357	748	103	48
150 l	1 208	798	330	1 048	124	58
200 l	1 535	798	330	1 048	451	67
300 l	se reporter au schéma					109

* Hauteur sur trépied, ajouter 450 mm – ** Ballon uniquement.

100 - 200 l

300 l stable

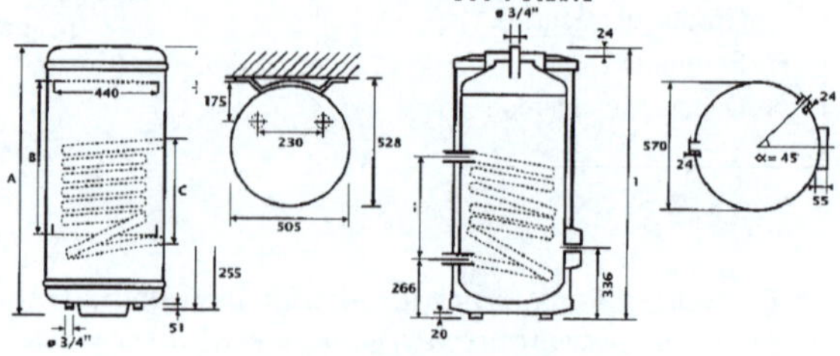

15.1.2. Énergie « gaz »

On distingue les deux modes suivants de production d'eau chaude sanitaire :
– la production dite **instantanée** si l'eau chaude sanitaire (ECS) est produite au moment même de son utilisation. Elle nécessite souvent une forte puissance, à la hauteur des besoins ;
– la production par **accumulation** : la réserve d'eau chaude est constituée par avance et stockée dans un ballon.

Exemples :

ECS instantanée

Chaudière de puissance 24 kW.
Débit instantané : 10 l/mn à 45 °C.
Temps pour remplir une baignoire de 100 litres : 10 min.

Accumulation par ballon

Même chaudière de 24 kW raccordée à un ballon de 150 litres. Débit jusqu'à 215 litres d'ECS en 10 min ; il faut donc moins de 5 minutes pour remplir la baignoire.
La recharge du ballon s'étale sur une vingtaine de minutes.

15.1.2.1. Chaudières à gaz murales et production d'ECS

❒ ***Chaudières mixtes, ou double service, à production d'eau chaude instantanée***

a. Les chaudières murales mixtes à gaz assurent les fonctions de chauffage et de production d'ECS instantanée sans ballon, ou avec ballon constituant une réserve pour soutirer immédiatement des débits plus importants.
Elles comportent deux échangeurs : l'un pour le chauffage, l'autre pour l'eau chaude sanitaire (ECS).

b. Principe

Au moment de la demande d'eau chaude, toute la puissance est dirigée vers l'échangeur ECS.
Les chaudières murales mixtes à gaz conviennent pour des débits ECS moyens, de l'ordre de 10 litres/minute à 45 °C, forcément limités par la puissance de la chaudière.

c. Critères de choix

Ils sont retenus d'après les performances et les rendements à puissance maximale :
– rendement supérieur à 80 % pour les chaudières classiques et les chauffe-bains ;
– rendement supérieur : 88 % à 92 % pour les chaudières à haut rendement ;
– rendement de 101 à 108 % pour les chaudières à condensation car la vapeur d'eau se condense et sa chaleur latente est cédée à l'eau des retours en s'ajoutant à la chaleur de la combustion. Ces chaudières se développent lentement sur le marché en raison de leur coût.

d. Les débits spécifiques en ECS sont de l'ordre de 10 à 13 litres/minute.

e. Conditions d'installation

L'appareil doit être installé dans un local dont le volume est au moins de 8 m^3 et doit être raccordé pour l'évacuation des gaz brûlés suivant différentes possibilités :
– **version conduit de cheminée réalisé en matériaux traditionnels** tels que béton ou terre cuite conformément à la réglementation, et évacuation des gaz brûlés par tirage naturel. C'est la formule la plus classique si le conduit est conforme ;

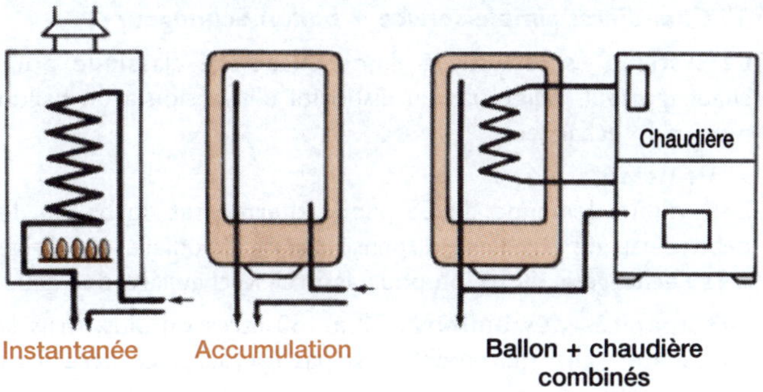

Figure 15.8 : ***modes de production ECS***

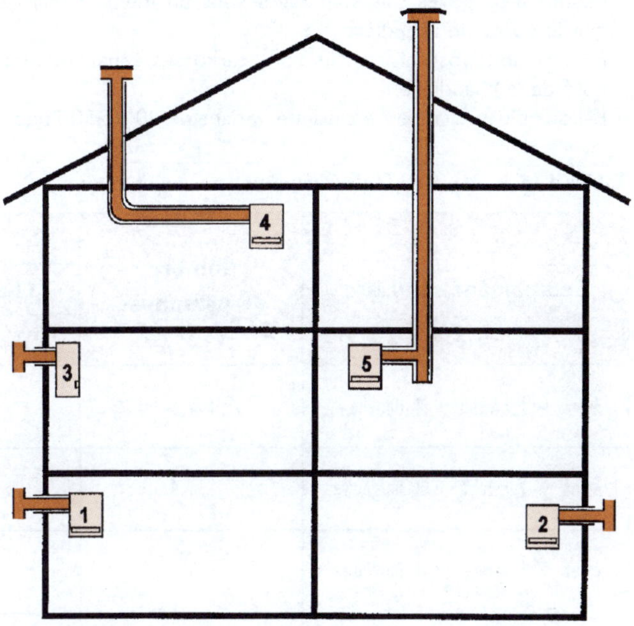

1 Sortie horizontale à gauche
2 Sortie horizontale à droite
3 Sortie arrière
4 Sortie verticale toiture
5 Conduit de type 3 CE

Figure 15.9 : ***version « ventouse »***
Configuration d'évacuation des gaz brûlés.

– **version conduit de cheminée traditionnel avec tubage intérieur** du conduit par tuyau souple inoxydable. Cette disposition favorise l'évacuation rapide des gaz brûlés qui ne se refroidissent pas le long du trajet ;

– **version « ventouse » à flux forcé FF** par un dispositif débouchant à travers une paroi extérieure. Elle offre beaucoup de liberté d'implantation pour une chaudière murale. La ventouse est constituée d'un double tube concentrique :
• le tube extérieur, qui amène l'air neuf,
• le tube intérieur, qui assure l'évacuation des gaz brûlés ;
– **version « VMC »** pour le raccordement à un conduit de ventilation mécanique contrôlée (système VMC-GAZ).

Remarque : Si l'installation de VMC n'est prévue que pour l'extraction de l'air vicié, le raccordement d'appareils à gaz à cette installation est interdit.

❐ *Chaudières simple service + ballon échangeur*

Le système est constitué d'une chaudière classique pour chauffage seul, reliée par un dispositif d'inversion à un ballon muni d'un échangeur.

➤ **Principe**

Lors d'une demande d'ECS par le thermostat du ballon, le débit d'eau de chauffage dispensé par la chaudière est dirigé vers l'échangeur du ballon pour assurer le chauffage de l'eau.

➤ **Capacités des ballons :** 50 à 150 litres ou plus, mais la contrainte d'encombrement n'est pas toujours acceptée dans un logement.

15.1.2.2. Chaudières à gaz au sol avec ballons de chaudières incorporés ou juxtaposés

- Ballons incorporés s'ils sont logés sous un même habillage que le corps de chaudière.
- Ballons juxtaposés lorsqu'ils sont carrossés séparément à côté de la chaudière.
- Ballons d'eau chaude de capacité variant de 30 à 250 litres.

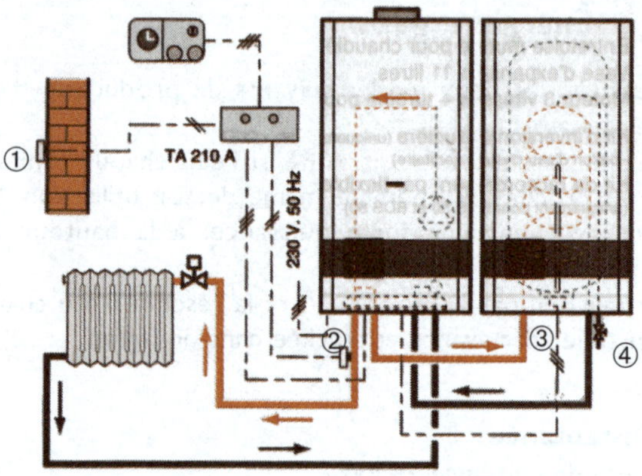

① Sonde extérieure — ② Sonde avant mélangeuse
③ Thermostat du ballon — ④ Purge de l'échangeur

Figure 15.10 : ***exemple de chaudière de type Dietristar 1.24 + ballon BDS 50 ou 80***

Cet ensemble comprend un circuit chauffage piloté par la régulation TA 210 A et une commande à distance TFQ 2 T ou TFQ 2 W avec horloge.

Tableau 15.3 : *choix de la production d'eau chaude sanitaire*

Équipement sanitaire	Nombre de personnes	Chaudière avec production d'ECS	
		Chaudière double service	Chaudière + ballon
		ECS instantanée; puissance chaudière	ECS en accumulation; capacité du ballon
1 évier + 1 lavabo + 1 douche	1 à 3	11 l/min 24 kW	50 à 80 l
1 évier + 1 lavabo + 1 baignoire	1 à 4	11 l/min 24 kW	80 à 150 l
1 évier + 1 lavabo + 1 baignoire	5	13 l/min 28 kW	150 à 200 l
1 évier + 1 lavabo + 1 douche + 1 baignoire	1 à 4	16 l/min 28 kW	80 à 150 l
1 évier + 1 lavabo + 1 douche + 1 baignoire	5 et plus		150 à 200 l

Dans le cas d'une chaudière avec production d'eau chaude instantanée, les besoins en puissance ne s'ajoutent pas aux besoins en puissance pour le chauffage : il y a lieu de retenir la plus grande puissance nécessaire.

Exemples :

1. Besoins en chauffage d'une puissance de 18 kW; besoin en production d'eau chaude de 24 kW → choix d'une puissance totale de 24 kW.
2. Besoins en chauffage de 24 kW; besoin en eau chaude sanitaire de 16 kW → choix d'une puissance totale de 24 kW.

Tableau 15.4 : *caractéristiques moyennes des débits et volumes d'eau chaude sanitaire*

Usage		Température ECS (°C)	Débit (l/min)	Durée de puisage (min)	Volume puisé (l)	Volume puisé, ramené à 60 °C (l)
Cuisine :	Vaisselle	60	3	3 – 5	9 – 15	9 – 15
	Repas	60	5	1 – 2	5 – 10	5 – 10
	Entretien	35 – 50	3 – 5	1 – 2	3 – 10	2 – 7
Bains :	Lavabo	35 – 40	5	2 – 3	10 – 15	6 – 8
	Douche	35 – 40	5 – 8	3 – 8	15 – 64	8 – 35
	Bain	35 – 40	13 – 20	6 – 12	78 – 240	43 – 132

15.1.2.3. Exemple de chaudière mixte murale à gaz à production d'ECS instantanée

❒ ***Désignation du produit :*** chaudière ISOFAST (fabricant : Saunier Duval).

Elle est du type chaudière mixte pour assurer le chauffage et la production d'eau chaude instantanée, et est munie d'un ballon de micro-accumulation incorporé de 4 litres.

L'évacuation des gaz brûlés peut s'effectuer :
– soit par cheminée à tirage naturel,
– soit avec micro-ventouse multiposition.

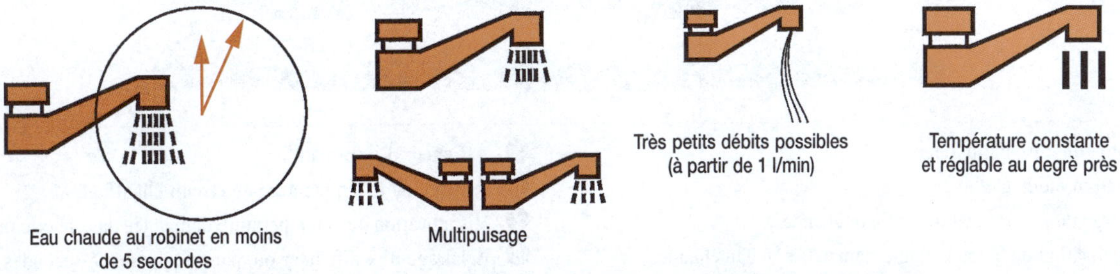

Figure 15.11 : ***système « microfast » et son intérêt pour l'utilisateur***

Remarque : Une puissance de 28 kW permet une distribution confortable d'eau chaude lors de puisages simultanés. Cela n'est pas possible avec une puissance classique de 23 kW.

Tableau 15.5 : *caractéristiques sanitaires d'une chaudière Isofast C28E*

Capacité du ballon	4 litres
Puissance utile automatiquement variable	de 10,1 à 27,6 kW
Température de consigne	réglable de 40 à 60°C
Débit spécifique pour élévation de 30 °C	13,4 l/mn
Débit seuil	1 l/mn
Temps d'attente	inférieur à 5 secondes
Pression maximale du circuit sanitaire (soupape de sécurité intégrée)	8 bars

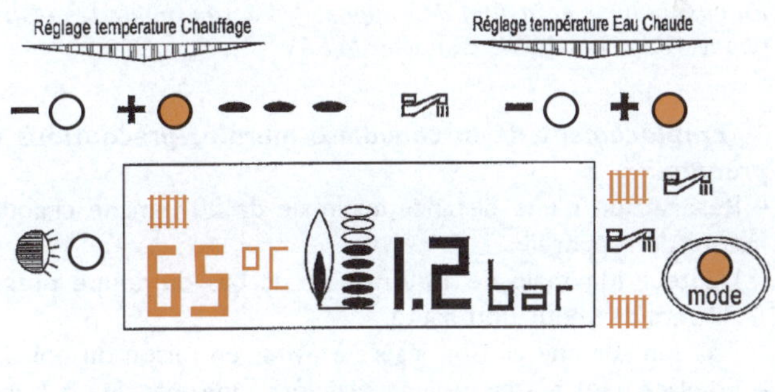

Figure 15.12 : ***changement de mode : chauffage + eau chaude ou chauffage seul***

❒ ***Dimensions et poids :***

Largeur en façade : 470 mm.
Profondeur : 380 mm.
Hauteur : 890 mm.
Poids net 48 kg pour la version cheminée et 54 kg pour la version ventouse.

❒ ***Dispositifs intégrés :***

– sécurité refoulement de cheminée automatique par détection immédiate et arrêt;
– sécurité de surchauffe par bilame;
– sécurité de manque d'eau par utilisation d'un capteur de pression d'eau;
– sécurité de flamme en cas de perte du signal flamme;
– pressostat par mise en attente en cas de défaillance du débit d'air;
– antigel automatique : mise en route automatique si la température mesurée est inférieure à 6 °C;
– antiblocage de pompe : la pompe fonctionne 10 secondes toutes les 24 heures;
– cas de coupure de courant : remise en route automatique.

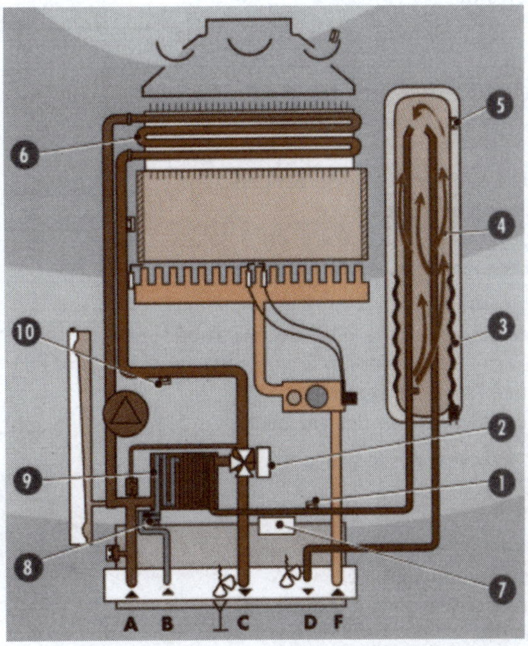

Figure 15.13 : ***schéma de principe***

❶ Capteur de température sanitaire
❷ Vanne trois voies
❸ Isolation dynamique
❹ Ballon de micro-accumulation de 4 l
❺ Capteur de température du ballon
❻ Échangeur circuit primaire
❼ Régulation par microprocesseur
❽ Débitmètre sanitaire
❾ Échangeur sanitaire
❿ Capteur primaire
A Retour chauffage
B Arrivée Eau Froide
C Départ chauffage
D Départ Eau Chaude
F Gaz

Saunier-Duval

❒ Tableau de bord

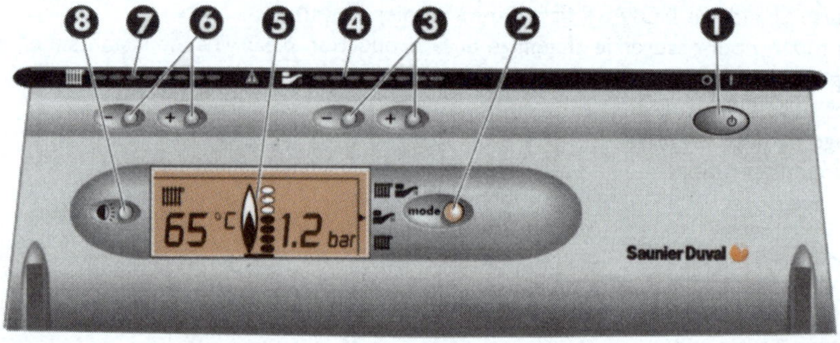

1. Bouton de mise en marche
2. Sélection mode été/hiver
3. Réglage de la température de l'eau chaude
4. Visualisation de la température demandée en eau chaude
5. Afficheur d'information
6. Réglage de la température du circuit chauffage
7. Visualisation de la température demandée dans le circuit chauffage
8. Éclairage de l'afficheur ou, par un appui de 5 secondes, accès aux données techniques de la chaudière (installateur et SAV)

Figure 15.14 : ***tableau de bord***

Chaudière fermée, deux barres de diode lumineuses donnent une information permanente sur le fonctionnement chauffage ou eau chaude. Après avoir basculé le portillon, l'utilisateur a accès aux fonctions qui lui sont réellement utiles, chaque touche correspond à une fonction. L'afficheur répercute de façon explicite les informations : températures, pression, mode de fonctionnement, etc.).
En cas de mise en défaut de l'appareil, l'écran donne les instructions de remise en route ou bien indique par un pictogramme « téléphone » la nécessité de contacter le SAV.

❒ *Emplacement de la chaudière murale; précautions à prendre :*

- Réservation d'une distance minimale de 20 mm de chaque coté de l'appareil.
- Hauteur minimale de 1,80 m pour le bas du coupe tirage s'il sert de ventilation haute.
- Fixation sur une cloison légère à éviter en raison du poids.
- Emplacement au-dessus une gazinière, une machine à laver le linge à éviter.
- Visibilité de l'écoulement d'eau provenant du circuit d'évacuation des soupapes de sécurité.

❒ *Évacuation des gaz brûlés* (fig. 15.15)

➤ **Version cheminée :** raccordement à un conduit de 125 mm de diamètre.

Condition : le conduit d'évacuation doit être tel que l'eau de condensation pouvant provenir du conduit ne puisse ruisseler dans la chaudière.

Moyen : prévoir le recueil de l'eau éventuelle de condensation en bas de conduit (purge) et son évacuation.

Raccordement d'allure horizontale avec pente de 3 % au moins vers le haut, sauf si cette partie mesure moins de 1 m.

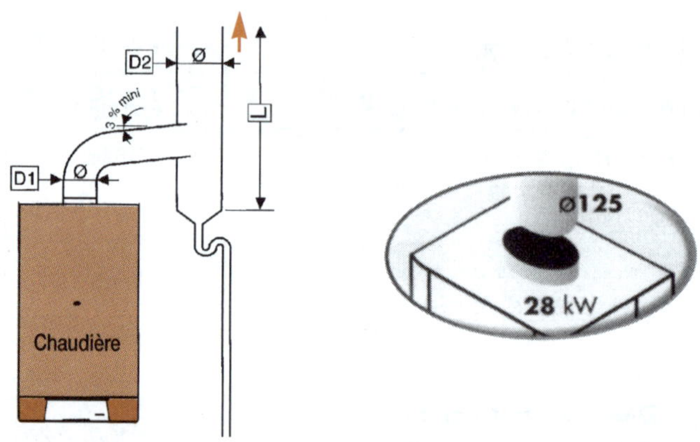

Figure 15.15 : ***évacuation des gaz brûlés version « cheminée »***

➤ **Version ventouse** (fig. 15.16) :

Rappelons que la ventouse est constituée d'un double tube concentrique :
- le tube extérieur, qui amène l'air neuf extérieur;
- le tube intérieur, qui assure l'évacuation des gaz brûlés.

➤ *Exemples d'adaptations* diverses à chaque configuration d'installation (fig. 15.9 et 15.16) :
- ventouse à sortie verticale;
- ventouse à sortie horizontale positionnée :
  - soit en sortie supérieure perpendiculaire,
  - soit en sortie supérieure latérale, gauche ou droite,
  - soit en sortie arrière directe,
  - soit en sortie arrière latérale.

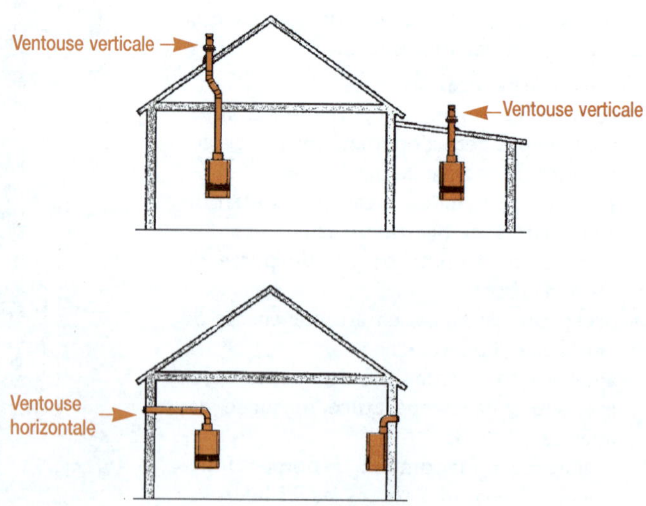

Figure 15.16 : ***version « ventouse »***

15.1.2.4. Fiche produit : chaudières murales à gaz à double service

Il s'agit du modèle Dietristar 2.24. Fabricant : De Dietrich.

❒ ***Utilisations recommandées***

Applications de petite puissance (de 8 à 24 kW), habitat neuf ou ancien, maison individuelle, etc.

Chauffage central avec production d'eau chaude sanitaire, avec ou sans régulation.

Raccordement à un conduit de fumées.

❒ ***Caractéristiques générales***

Ces chaudières murales à gaz à haut rendement sont équipées d'un brûleur à gaz atmosphérique silencieux, dont la puissance module entre 8 et 24 kW.

L'échangeur principal en cuivre, à surfaces d'échange renforcées, permet d'obtenir un rendement de combustion de 92 %.

La puissance maximale peut être ajustée entre ces deux valeurs lorsque les besoins thermiques du logement à chauffer sont inférieurs à 24 KW. On améliore ainsi le rendement d'exploitation annuel.

Ces chaudières sont utilisées pour le chauffage central avec production d'eau chaude sanitaire instantanée.

Options de régulation : horloge, thermostat d'ambiance, sonde extérieure, etc.

❒ ***Dimensions :*** largeur : 440 mm, profondeur : 360 mm, hauteur : 850 mm.

❒ ***Eau sanitaire instantanée***

L'échangeur principal permet l'échange de chaleur entre la flamme du brûleur et l'eau de chauffage.

L'échangeur instantané « eau chaude sanitaire » est immergé dans l'échangeur principal, et est donc chauffé directement par la flamme du brûleur. Le temps de réponse conféré est rapide, l'ECS est produite instantanément.

La variation du débit de l'ECS dépend :
- de la pression d'alimentation en eau froide,
- du réglage du sélecteur de la valve d'eau.

Durant un puisage d'eau chaude sanitaire, la température de consigne de la chaudière est fixe à 57 °C. La température de soutirage varie donc en fonction du débit de puisage.

❒ ***Installation***

➤ **Implantation :** en toute zone d'un logement mais en aucun cas au-dessus d'une source de chaleur ou d'un appareil de cuisson.

➤ **Marge latérale :** 10 mm sont nécessaires de part et d'autre de la chaudière pour permettre le montage ou le démontage. Prévoir cependant 5 cm de dégagement de chaque côté de la chaudière et 30 cm au-dessus.

➤ **Amenée d'air neuf :** la section d'amenée d'air neuf obligatoire doit avoir, dans le cas d'une entrée d'air directe, une surface minimale de 50 cm^2.

➤ **Évacuation d'air vicié :**

a. Chaudière installée en cuisine : l'évacuation de l'air vicié des appareils non raccordés à un conduit d'évacuation (cuisinière à gaz, etc.) peut être assurée par le coupe tirage de la chaudière. Il suffit que le haut de l'habillage de la chaudière soit placé à 1,80 m minimum du sol.

b. Cas d'implantation « en niche fermée » : il faut prévoir une ventilation de la niche elle-même, de section minimale totale de 600 cm^2. La distance minimale entre l'avant de la chaudière et la porte ou le panneau de fermeture doit être de 10 cm.

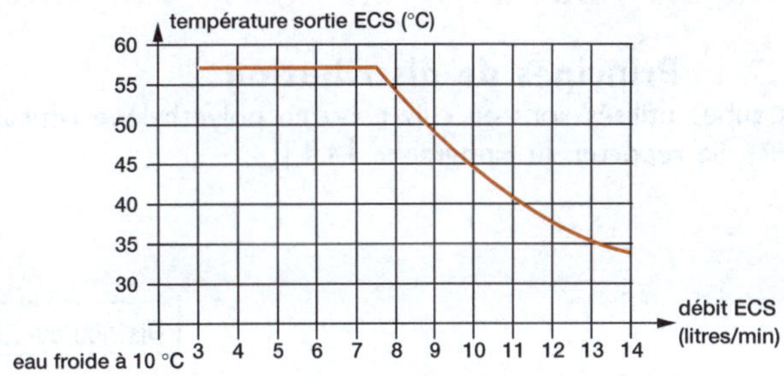

Figure 15.17 : *variation de la température de l'eau chaude sanitaire en fonction du débit*

Durant un puisage d'eau chaude sanitaire, la température de consigne de la chaudière est fixe à 57 °C. La température de soutirage varie donc en fonction du débit de puisage.

❒ ***Conduit de fumées***

La section du conduit de fumée doit être au moins égal à celui de la buse de la chaudière. Le raccordement entre la buse de la chaudière et le conduit sera le plus court possible. Sa section ne doit pas être inférieure à celle de la buse de la chaudière.

15.1.2.5. Chauffe-eau et chauffe-bains à gaz

Ils servent à la production d'eau chaude sanitaire instantanée.

Les **chauffe-eau** sont des appareils de moins de 125 millithermies/minute, ce qui correspond à un débit nominal de 5 l/min ou à une puissance de 8,72 kW.

La réglementation actuelle est très exigeante en cas du non raccordement des chauffe-eau à un conduit d'évacuation des gaz brûlés (sécurité de flamme, contrôle de l'atmosphère, thermostat de sécurité de surchauffe).

Les **chauffe-bains** sont des appareils de puissance supérieure à 125 millithermies/minute, ayant un débit nominal supérieur à 5 l/min et jusqu'à 16 l/min qui peuvent alimenter plusieurs points de puisage. Ils doivent obligatoirement être raccordés à un conduit. L'allumage automatique connaît un succès croissant avec suppression de la veilleuse.

❒ ***Utilisation des chauffe-eau et des chauffe-bains***

Tableau 15.6

Type	Débit nominal l/min	Postes desservis				
		1 évier	1 lavabo	1 douche	1 petite baignoire	1 grande baignoire
Chauffe-eau	5	× ou	×			
Chauffe-bains	10	× ou	× +	×		
Chauffe-bains	13	× +	× +	× ou	×	
Chauffe-bains	16	× +	× +	× +	× ou	×

❒ ***Installation***

➤ **Aération du local**

La section de l'aération obligatoire du local doit être, dans le cas d'une amenée d'air directe, d'une section minimale de 50 cm^2 jusqu'à une puissance de 25 kW et de 70 cm^2 pour une puissance comprise entre 25 kW et 70 kW.

➤ **Conduit de fumées**

La section du conduit doit être au moins égale à celle de la buse de fumées de l'appareil.

Le raccordement entre buse et conduit sera le plus court et le plus direct possible. Sa section sera au moins égale à celle de la buse.

15.2. Distribution d'eau chaude sanitaire

15.2.1. Principes de distribution

Les tubes utilisés sont en cuivre ou en polyéthylène réticulé (PER). Se reporter au paragraphe 14.4.1.

La production d'eau chaude peut s'effectuer par :
- **énergie électrique :** chauffe-eau mural ou horizontal ou sur socle, etc. ;
- **énergie « gaz » :** chaudières murales mixtes ou le système chaudière + ballon de réserve;
- **énergie « fuel domestique ».**

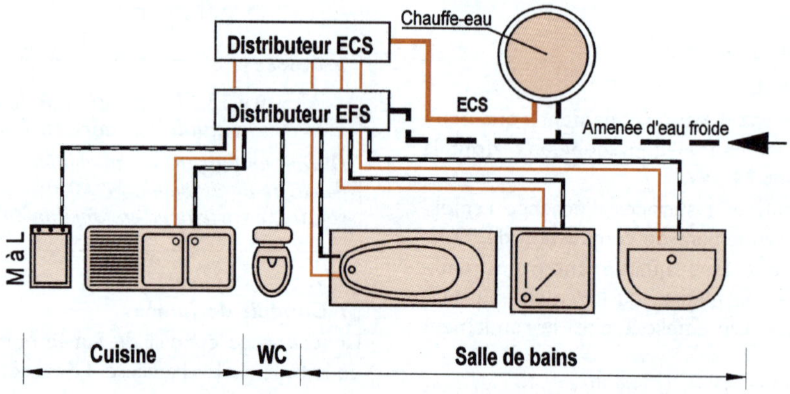

Figure 15.18 : *circuits de distribution pour le sanitaire*

Distribution des fluides par système hydrocâblé

La distribution de l'eau froide ou de l'eau chaude sanitaire par des tubes en PER est précisée sur les figures 15.21 à 15.23.

Les tubes en PER sont semi-rigides, en couronnes, en matériaux de synthèse faisant l'objet d'avis technique favorable pour la distribution d'eau chaude et d'eau froide sanitaire.

❐ ***Désignation commerciale des tubes nus :***
- 8 × 10 mm, 10 × 12 mm, 13 × 16 mm, 16 × 20 mm, 20 × 25 mm ;
- en couronnes de 25 m, 60 m, 120 m, 240 m ;
- couleurs : bleu ou rouge.

❐ Fourreaux utilisés et admis :
- conduits cintrables (lisses) : **ICD ;**
- conduits cintrables transversalement élastiques (lisses ou annelés) : **ICT ;**
- conduits pour canalisations électriques enterrées cintrables ou rigides (lisses) : **TPC.**

❐ ***Classe obligatoire :*** **ECFS** (**E**au **C**haude et **F**roide **S**anitaire).

Diamètre, longueur, température maximale et pression maximale sont indiqués par marquage sur le tube.

15.2.2. Fabrication et avantages des tubes en PER

La **réticulation** est un procédé qui renforce les propriétés mécaniques d'un produit par modification de la structure de la matière. Ce processus rend solidaires les chaînes moléculaires par l'intermédiaire de liaisons transversales.

Le tube extrudé défile sous le canon d'un accélérateur de particules à haute énergie, conférant au produit une résistance mécanique élevée et homogène.

Les tubes en PER sont très utilisés car ils présentent les avantages suivants :
- facilité et rapidité de mise en œuvre sur chantier,
- confort acoustique amélioré,
- minoration des pertes de chaleur,
- suppression de la corrosion.

Raccordement aux appareils

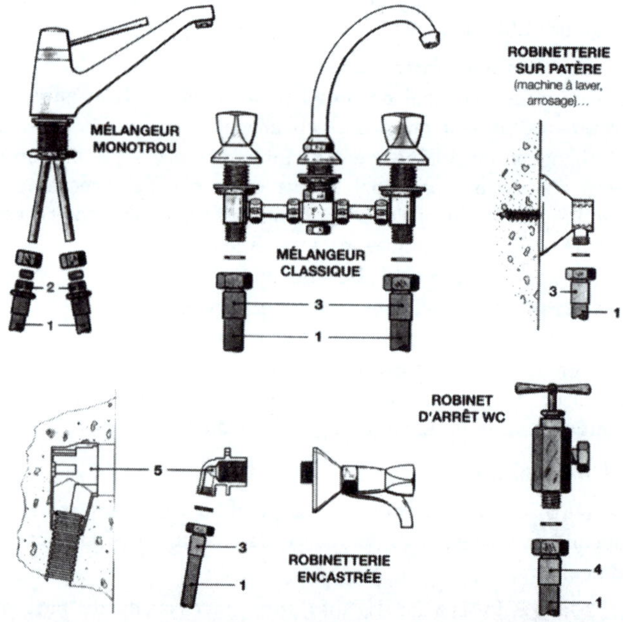

Repères	Désignations	DN
1	Tube PER Écotube® / Tube PER Europex®	12 / 12
1	Tube PER Écotube® / Tube PER Europex®	16 / 16
2	Bicône pour cuivre ∅ 10	12
2	Bicône pour cuivre ∅ 10	16
3	Raccord à écrou tournant 1/2	12
3	Raccord à écrou tournant 1/2	16
4	Raccord à écrou tournant 3/8	12
5	Sortie de cloison	F 1/2

Figure 15.19 : *robinetterie et raccords*

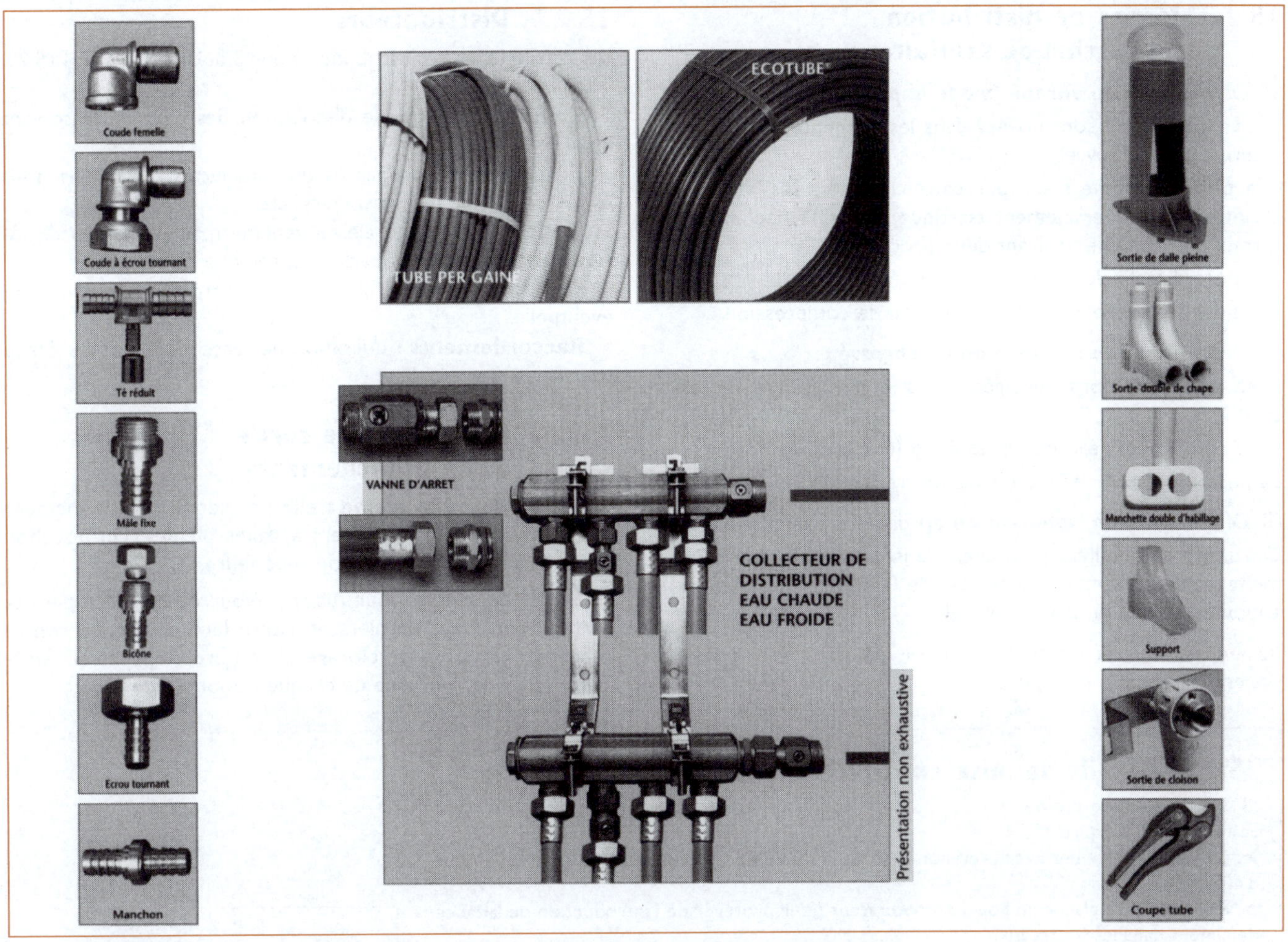

Figure 15.20 : ***composants du système hydrocâblé***

① Collecteur distributeur
- 3 circuits
- 4 circuits
- 5 circuits
- 6 circuits
- 7 circuits
- 8 circuits
- 9 circuits
- 10 circuits

② Bouchon plein M3/4
- bouchon plein d'extrémité de réduction M3/4x F1/2

③ Bouchon plein F1/2

④ Rac. à sertir 12 × 1/2
Rac. à sertir 16 × 1/2

⑤ Vanne d'isolement 1/2

⑥ Vanne d'isolement 1/2

⑦ Nipple à O'Ring M3/4

⑧ Vanne à écrou tournant

⑨ Joint

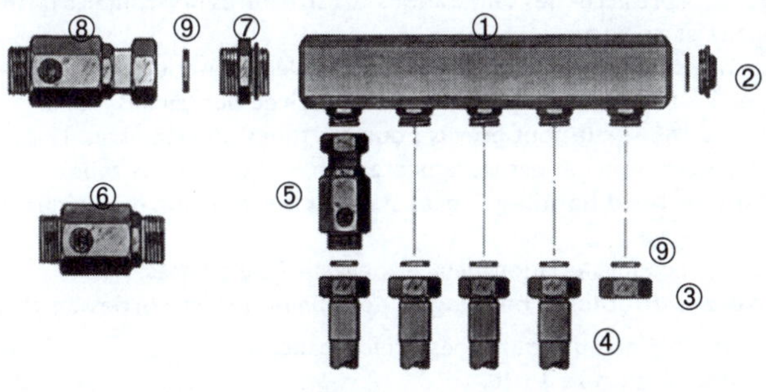

Figure 15.21 : ***collecteur/distributeur, vannes et accessoires***

Emplacement de montage des collecteurs :

Les collecteurs/distributeurs doivent rester accessibles pour faciliter la manœuvre des vannes d'isolement ou permettre une intervention. On favorisera les placards techniques ou les banquettes techniques. Si besoin, on peut les disposer sous un évier ou sous une baignoire, sous réserve d'accessibilité.

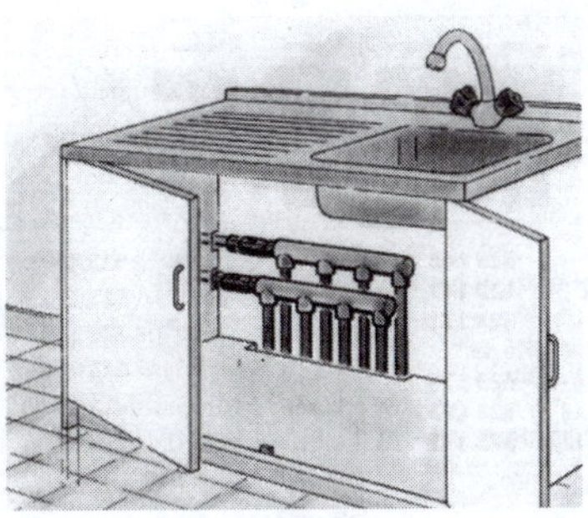

Figure 15.22 : ***collecteurs/distributeurs sous un évier de cuisine; à placer à 0,50 m du sol***

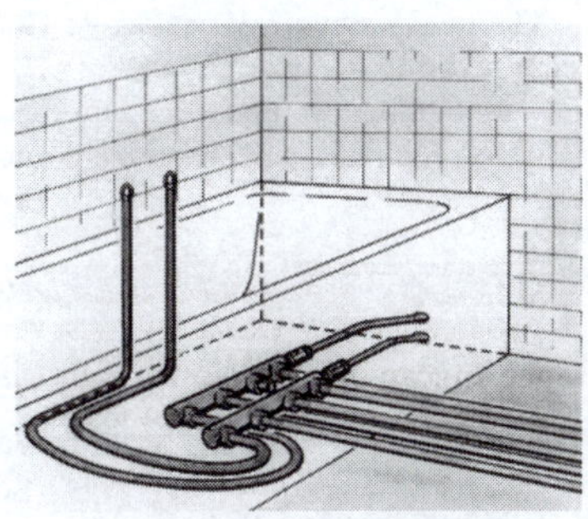

Figure 15.23 : ***distributeur sanitaire placé horizontalement sous une baignoire***

15.2.3. Modes de distribution d'eau chaude sanitaire

❒ ***Distribution en enrobé (mode le plus usuel) :***

– les canalisations sont noyées dans les éléments de la structure du gros œuvre.

– la pose s'effectue sous fourreaux cintrables **ICT** (isolant cintrable transversalement élastique) ou **ICD** (isolant cintrable déformable), suivant deux procédés :

- pose directe du tube préfourreauté,
- pose séquentielle en dalle pleine ou de compression.

❒ ***Distribution en encastré ou en engravé :***

Pose en réservations ménagées dans le gros œuvre (encastré).

Pose en saignées réalisées après coup (engravé).

La pose des tubes s'effectue sous fourreaux.

❒ ***Distribution en apparent ou en dissimulé accessible***

On utilise des colliers plastiques ou isophoniques. L'espacement maximum entre colliers est de 0,50 m en trajet horizontal et 1,30 m en trajet vertical.

Remarque : Protection à assurer contre le gel en combles perdus, gaines techniques, sous-sol, etc.

15.2.4. Distributeurs

Il s'agit de pipes de distribution pour 3 à 10 circuits (fig. 15.20, 15.21).

➤ **Fonction :** centre de distribution des circuits desservant les divers appareils.

➤ **Emplacement :** placards ou banquettes techniques, sous éviers de cuisine, sous escaliers, etc.

➤ **Position :** pose murale en général, mais parfois en disposition horizontale sous baignoire, par exemple.

➤ **Condition :** accessibilité pour contrôle ou intervention éventuelle.

➤ **Raccordements :** utilisation de raccords à sertir à écrou tournant à portée plate.

15.2.5. Accessoires de sortie et de branchements

❒ ***Sortie de dalle pleine :*** elle permet le positionnement des gaines dans les planchers à dalles pleines. Un bouchon obturateur se place à la partie supérieure.

❒ ***Sortie de chape*** pour tubes préfourreautés : elle permet de positionner ces derniers et assure leur protection contre les chocs. Un sabot de blocage obligatoire empêche la déformation dans la courbure de chaque remontée de tube.

15.2.6. Détails de mise en œuvre des accessoires de sortie

❒ ***Sortie de dalle pleine***

Se reporter à la figure 15.24.

➤ **Objet :** positionner avec précision la sortie du tube PER ; recouper, si besoin, la hauteur d'attente.

➤ **Précaution :** placer un bouchon obturateur pour protéger de l'introduction de laitance de ciment dans les fourreaux.

❒ ***Sortie de chape pour tubes préfourreautés***

Se reporter à la figure 15.25.

➤ **Objet :** libre accès des canalisations aux structures horizontales (planchers ou dalles pleines) en entrée et en sortie.

Les sorties peuvent être jumelées par leurs éléments coulissants pour les positionner côte à côte, en vis-à-vis ou en équerre, suivant l'arrivée des canalisations.

Les orifices de sortie sont prévus pour des tubes de diamètres 12 ou 16 mm.

La saillie hors plancher assure la protection mécanique des tubes.

➤ **Manchettes d'habillage :** elles assurent la protection mécanique des tubes sous les appareils à desservir.

Elles sont recoupables à longueur et peuvent être peintes.

➤ **Rosaces doubles d'habillage :** pour finition si les sorties de chape sont jumelées.

❒ ***Sortie de cloison*** (pour tubes préfoureautés)

Se reporter à la figure 15.20.

➤ **Objet :** accès des canalisations en PER aux structures verticales en entrée ou sortie.

Le support à entraxe réglable permet de prépositionner les sorties.

La sortie de cloison se présente sous forme démontable et accessible après mise en place.

Elle peut recevoir des tubes de 12 et 16 mm.

➤ **Modes de montage :**

– introduction ultérieure du tube dans le fourreau,

– ou montage de l'ensemble avant encastrement.

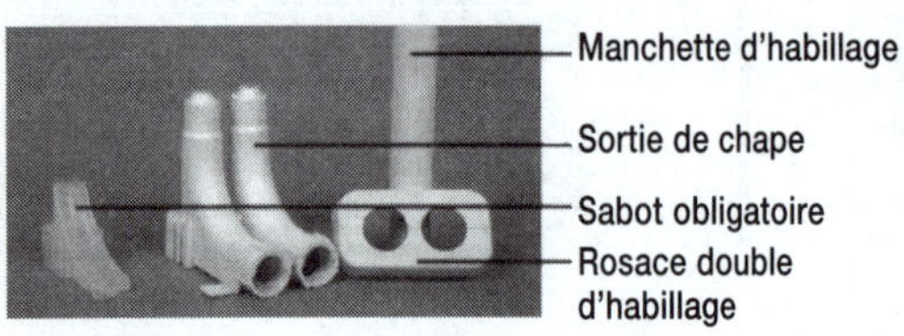

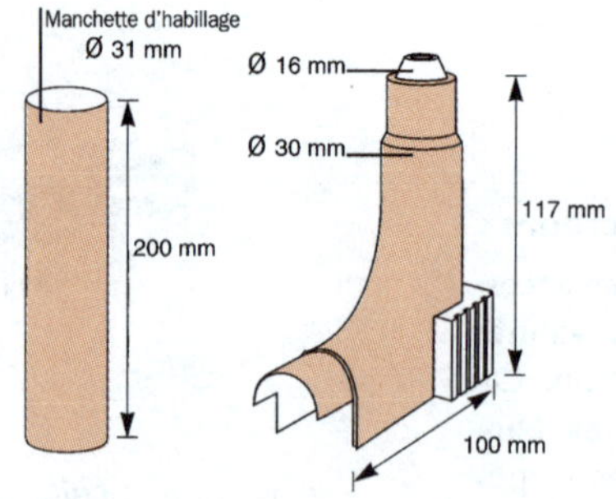

Figure 15.25 : *diverses sorties*

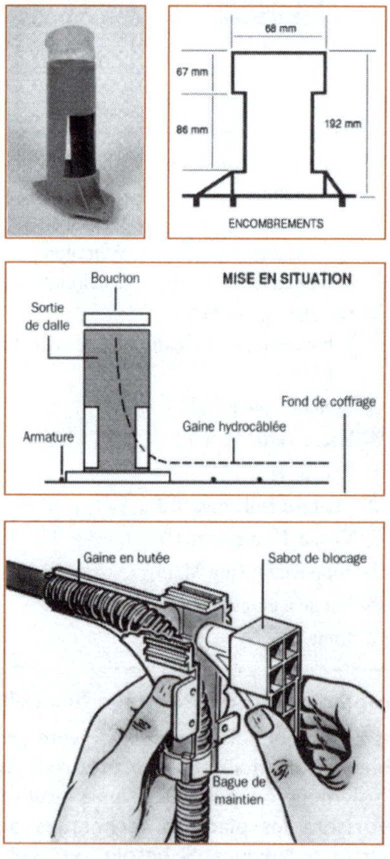

Figure 15.24 : *accessoires de sorties*

15.3. Aménagements de salles de bains

Figure 15.26 : ***différents types de salles de bains***

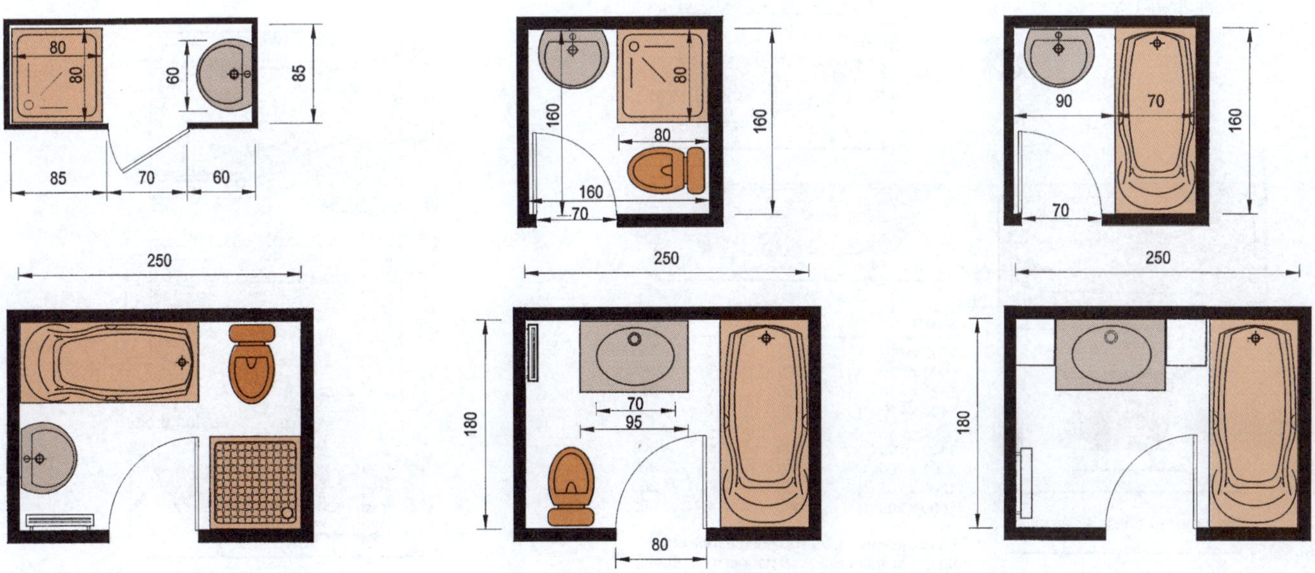

Figure 15.27 : ***cotations***

15.3.1. Baignoires

Baignoire acrylique de 180 x 80 cm
Baignoire acrylique de 170 x 75 cm
Baignoire acrylique de 160 x 75 cm
Baignoire acrylique de 170 x 70 cm
Baignoire acrylique de 160 x 70 cm

- *Piètement réglable fourni.*
- *Robinetterie sur gorge ou murale.*
- *Capacité au trop-plein :*

A	B	C	D	Contenance
1800	1550	800	720	210 litres
1700	1450	750	670	180 litres
1700	1450	700	640	160 litres
1600	1350	750	670	160 litres
1600	1350	700	640	145 litres

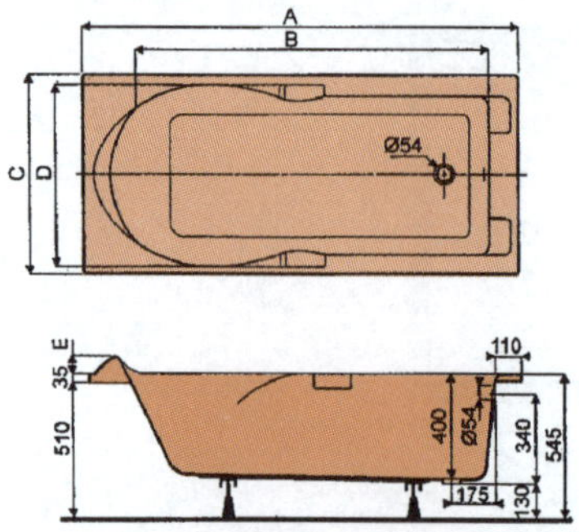

Version Hydro-massage Eau + Air

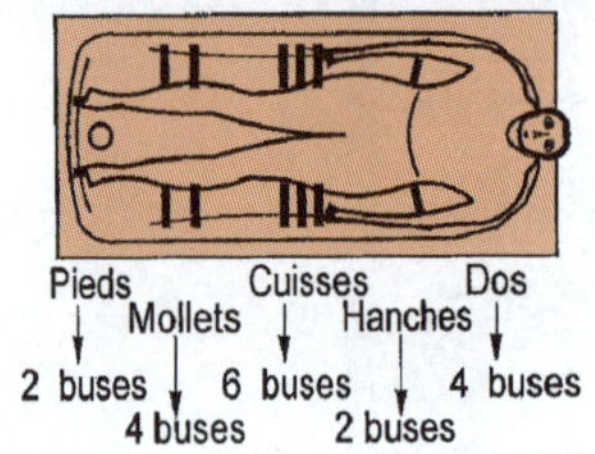

Baignoire acrylique de 150 x 70 cm
Baignoire acrylique de 140 x 70 cm

- *Piètement réglable fourni.*
- *Robinetterie sur gorge ou murale.*
- *Capacité au trop-plein :*

A	B	Contenance
1500	1350	168 litres
1400	1250	155 litres

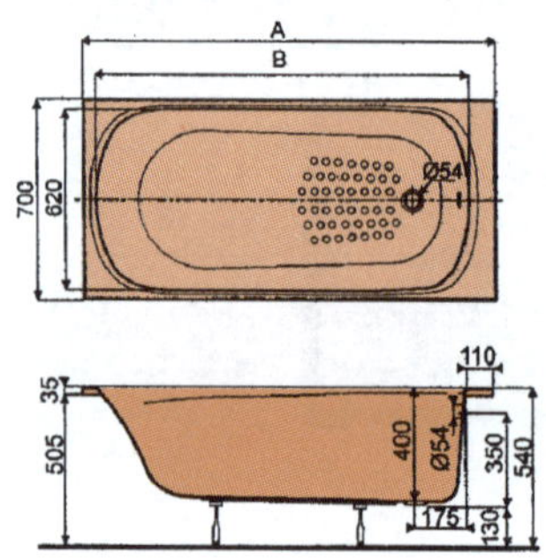

Baignoire acrylique de 120 x 70 cm

- *Piètement réglable fourni.*
- *Robinetterie sur gorge ou murale.*
- *Capacité au trop-plein : 80 litres.*

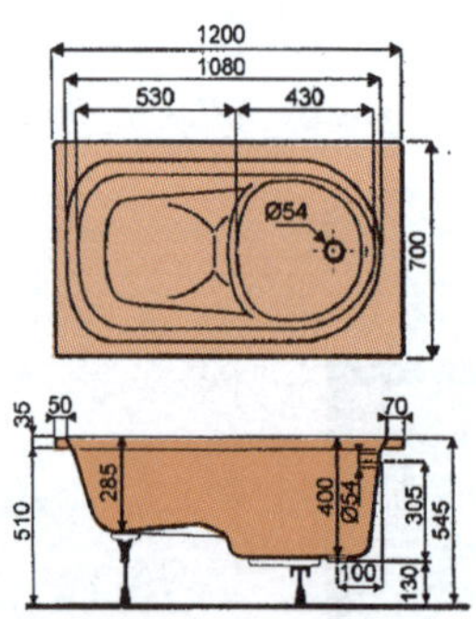

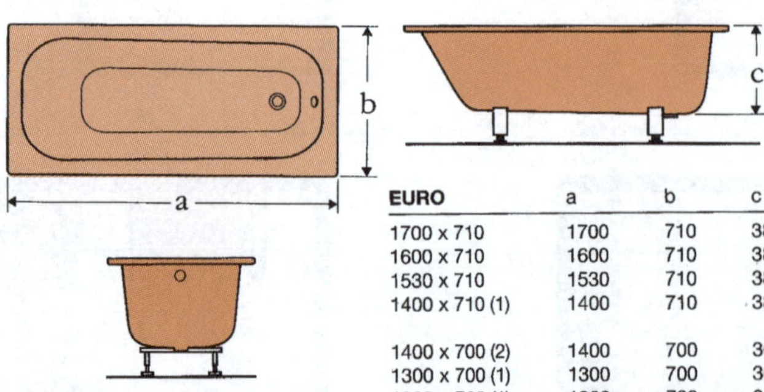

Baignoires en acier émaillé

EURO	a	b	c
1700 x 710	1700	710	385
1600 x 710	1600	710	385
1530 x 710	1530	710	385
1400 x 710 (1)	1400	710	385
1400 x 700 (2)	1400	700	360
1300 x 700 (1)	1300	700	360
1200 x 700 (1)	1200	700	360
1000 x 700 (1)	1000	700	360

(1) Uniquement sans trou pour la robinetterie.
(2) Uniquement avec trou pour la robinetterie.

Figures 15.28 : *baignoires acryliques*

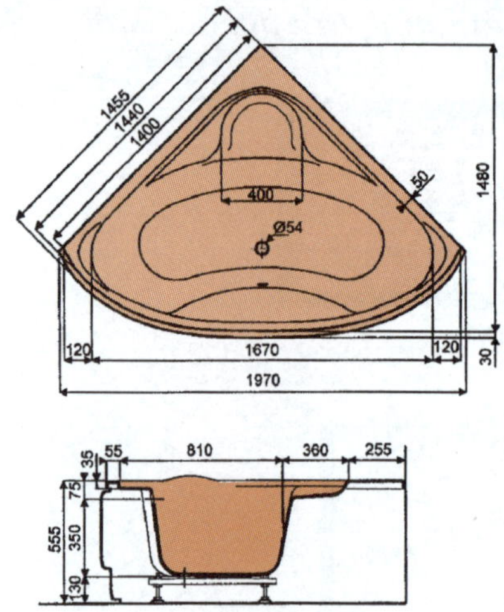

- Robinetterie murale recommandée.
- Capacité au trop-plein : 220 litres.

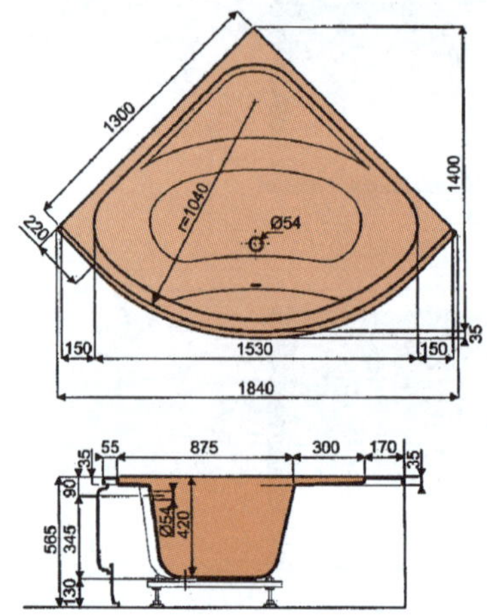

- Capacité au trop-plein : 183 litres.

Figure 15.29 : *baignoire d'angle acrylique*

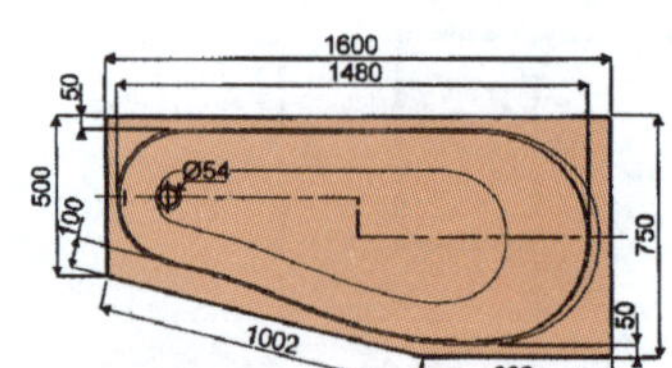

Version gauche

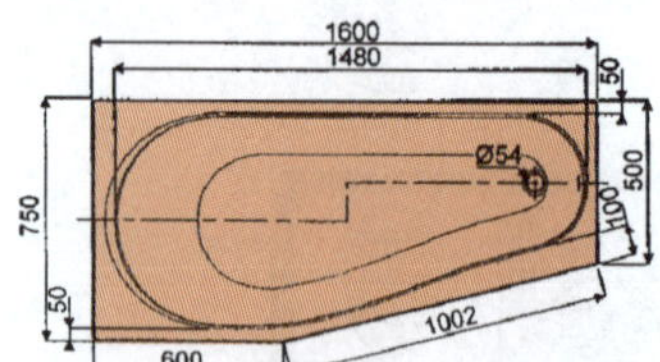

Version droite

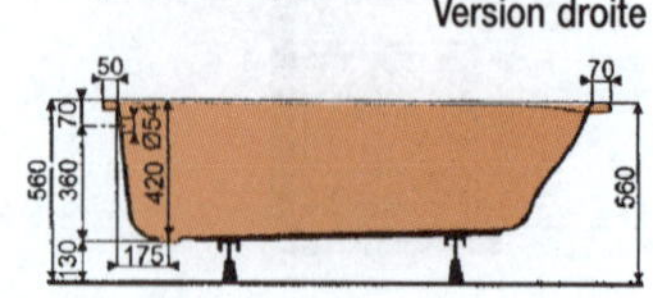

Figure 15.30 : *baignoire acrylique pentagonale*

Appareils « Allia »

15.3.2. Lavabos

Figure 15.31

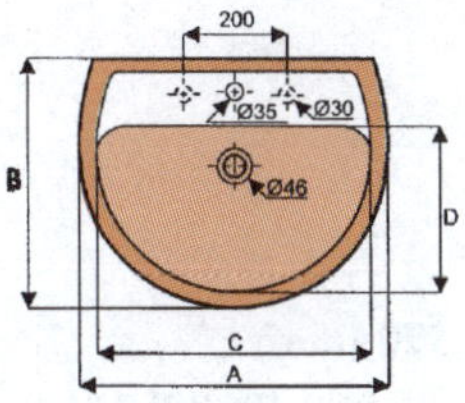

Lavabo de 68 cm
Lavabo de 60 cm
Lavabo de 60 cm sans trop-plein
Lavabo de 55 cm
Lavabo de 50 cm
Colonne
Cache-siphon avec fixations
Se monte sur lavabos 68, 60 et 55 cm.

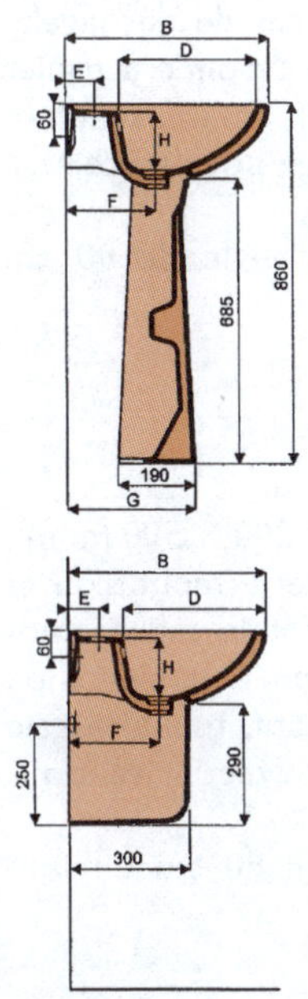

- *Pose robinetterie :* *1 trou percé, 2 trous amorcés, sans trop-plein, 3 trous amorcés.*
- *Fixation :*
  - Sur colonne : par crochets, boulons ou consoles courtes (lavabo de 50 cm : uniquement par crochets ou boulons).
  - Sans colonne : par boulons ou consoles de 220 maximum (lavabo de 50 cm : uniquement par boulons).

NF

A	B	C	D	E	F	G	H	J
680	505	590	320	75	230	295	145	525
600	490	515	320	70	225	315	140	455
600	490	515	320	70	225	315	140	455
550	450	470	295	65	215	285	135	440
500	420	406	275	55	205	275	130	–

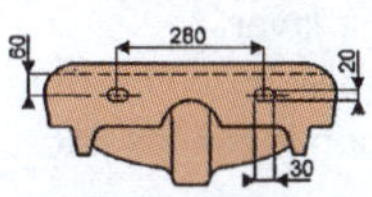

Fixation par boulons
Vue arrière

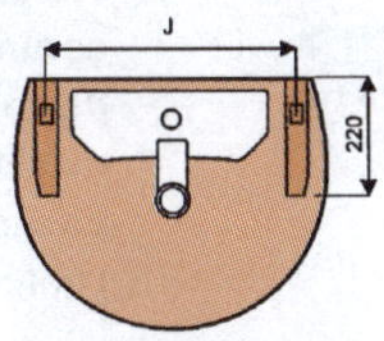

Fixation par consoles
Vue de dessous

Figure 15.32 : *lavabo d'angle*

- *Pose robinetterie :* *1 trou percé.*
- *Fixation :* *Par crochets uniquement.*

NF

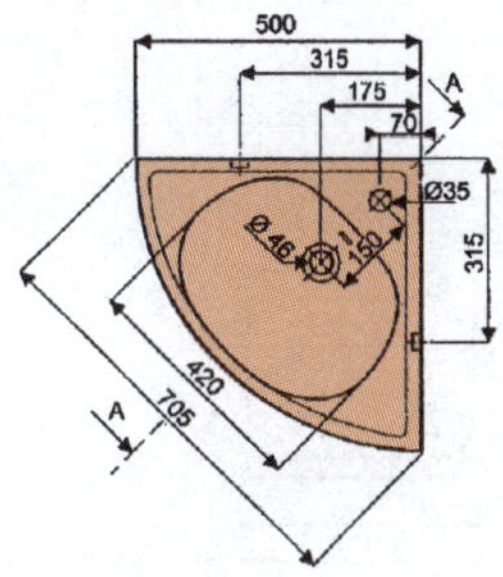

En plan

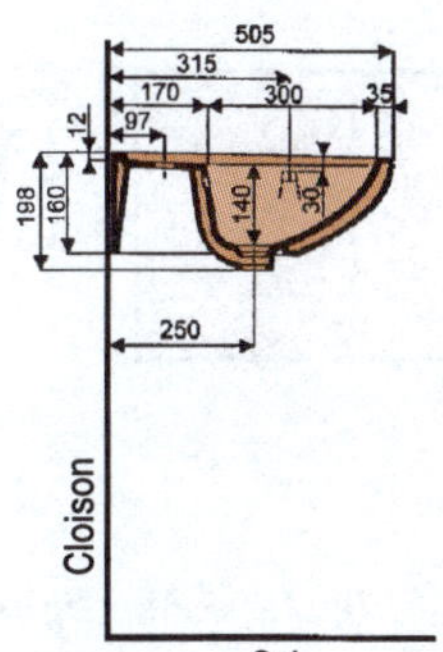

En élévation

15.3.3. Receveurs de douches

Receveur céramique 80 x 80 cm
Receveur céramique 70 x 70 cm

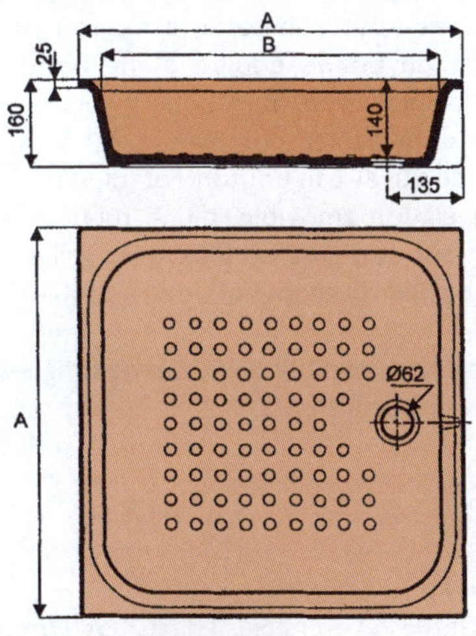

A	B
800	700
700	600

Figure 15.33 : ***receveur céramique***

Appareils « Allia »

15.3.4. Ensembles WC

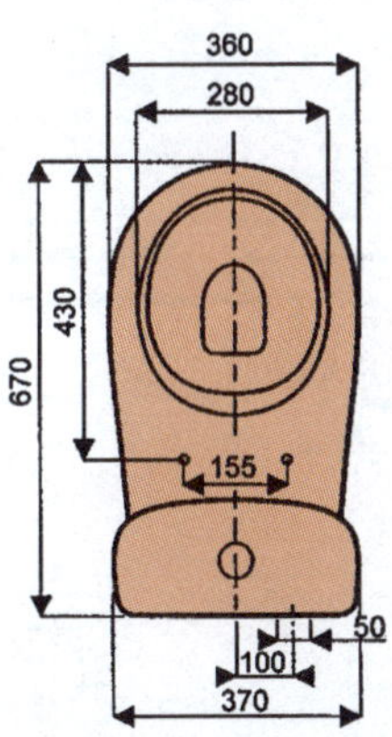

Figure 15.34

NF

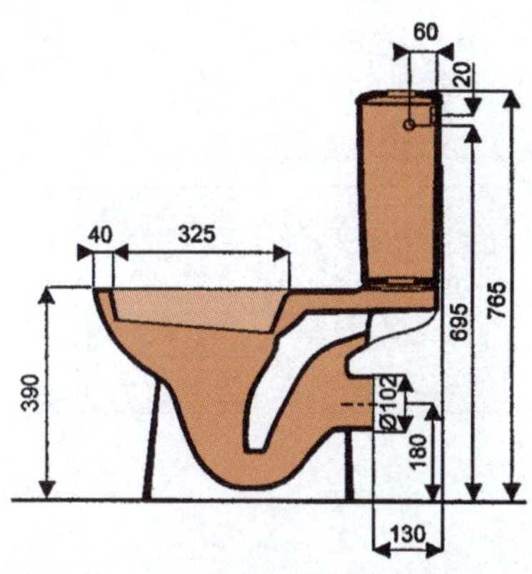

Figure 15.35 : ***cuvette à sortie horizontale***

Réservoir *équipé d'un mécanisme silencieux double-chasse 3 l/6 l à bouton poussoir chromé.*
Abattant : *fonctionnement à 3 l/6 l; WC « économiseur d'eau ».*

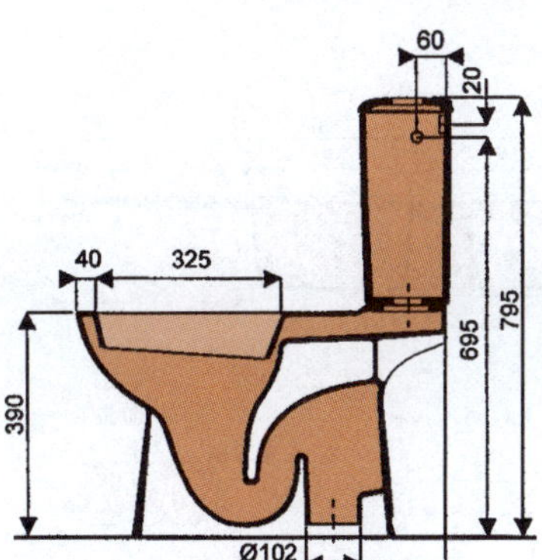

Figure 15.36 : ***cuvette à sortie arrière cachée***

Réservoir *équipé d'un mécanisme silencieux double-chasse 3 l/6 l à bouton poussoir chromé.*
Abattant : *fonctionnement à 3 l/6 l; WC « économiseur d'eau ».*

15.3.5. Éviers à encastrer

15.3.5.1. Caractéristiques techniques des éviers en céramique

Ligne Theorem

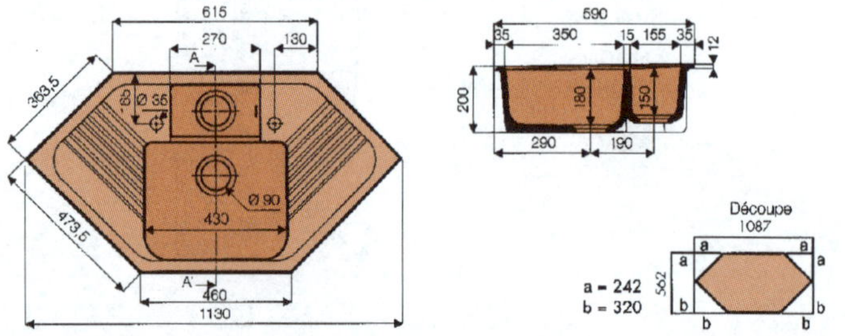

Figure 15.37 : *ligne Theorem 4*

Theorem 4

Évier céramique 1 130 × 590 (mm).

Trous percés pour robinetterie monotrou et commande de bondes avec bas de décongélation amovible, trop-plein, une bonde à panier inox commandée par bouton rotatif, tubulure gain de place et siphon-vidage pour machine à laver.

Encastrable dans meuble d'angle de 90 cm pour logement des bacs.

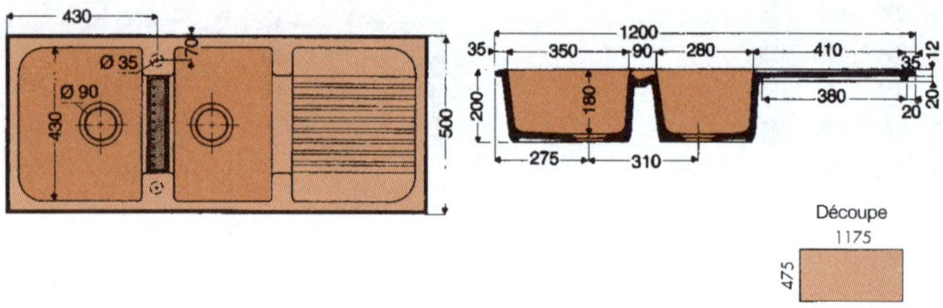

Figure 15.38 : *ligne Theorem 3*

Theorem 3

Évier céramique réversible, 1 200 × 500 (mm).

Trous percés pour robinetterie monotrou et commande de bondes avec vide sauce amovible, trop-plein, une bonde à panier inox commandée par bouton rotatif, tubulure gain de place et siphon-vidage avec prise pour machine à laver.

Encastrable dans meuble de 80 cm de longueur pour loger les bacs.

15.3.5.2. Caractéristiques techniques des éviers à base de résine de synthèse

Ligne Diagram

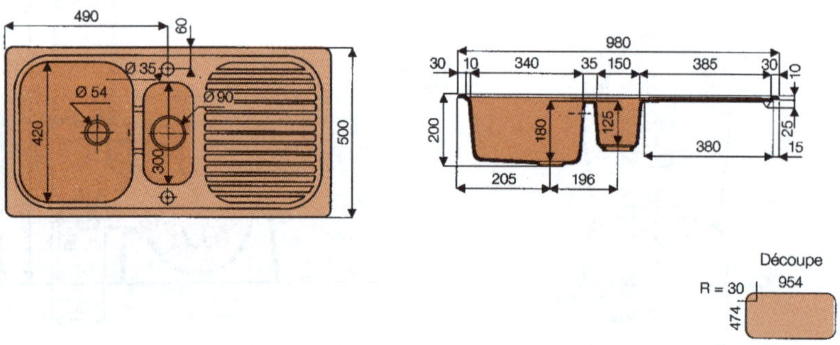

Figure 15.39 : *ligne Diagram 2*

Diagram 4

Évier de synthèse réversible, 980 × 500 (mm).

Trous percés pour robinetterie monotrou et commande de bonde équipé d'une bonde à panier amovible (∅ 90 mm pour minicuve) et d'une bonde à panier commandé (∅ 54 mm pour grande cuve) par bouton rotatif, d'un bac de décongélation amovible, d'une tubulure de raccordement et d'un trop-plein avec grille.

Vidages et grille de trop-plein de la couleur de l'évier.

Encastrable dans meuble de 60 cm de longueur, nécessaires pour les bacs.

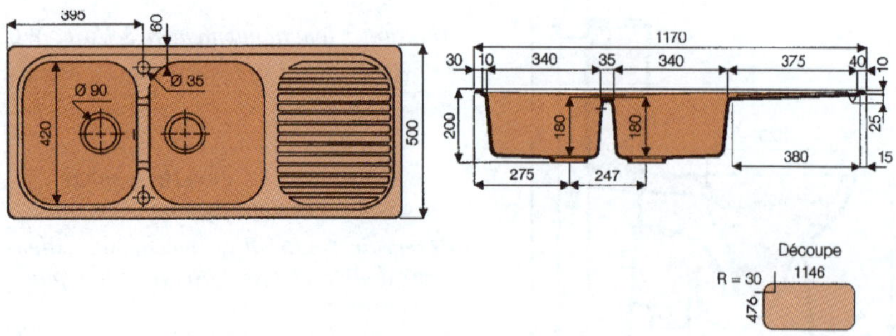

Figure 15.40 : *ligne Diagram 3*

Diagram 3

Évier de synthèse réversible, 1 170 × 500 (mm).

Trous percés pour robinetterie monotrou et commande de bonde équipé d'une bonde à panier amovible (∅ 90 mm pour minicuve) et d'une bonde à panier commandé par bouton rotatif, d'une tubulure de raccordement et d'un trop-plein avec grille.

Vidages et grille de trop-plein de la couleur de l'évier.

Encastrable dans meuble de 80 cm de longueur.

15.4. Diamètres usuels des évacuations en PVC

15.4.1. Sanitaires isolés

Lavabo – Vasque – Bidet – Lave-mains – Chauffe-eau : Ø 32.
Baignoire – Douche – Évier – Lave-linge – Lave-vaisselle : Ø 40.
WC : Ø 45; 90; 100.

15.4.2. Sanitaires groupés

Figure 15.41 : *lavabo + bidet*

Appareils sanitaires avec évacuation Ø 32 mm commune.

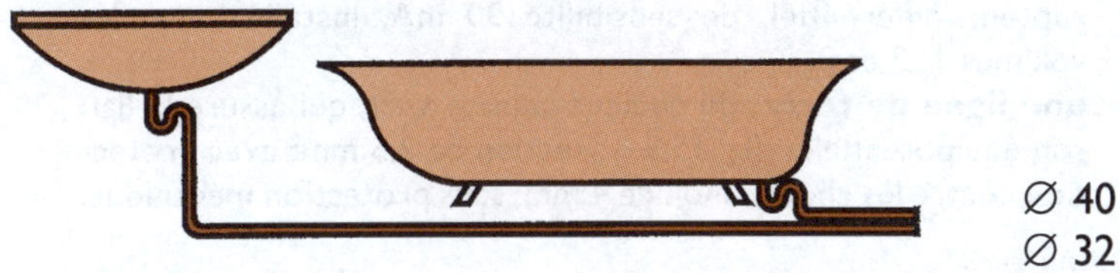

Figure 15.42 : *lavabo + baignoire*

Évacuations séparées :
- Ø 32 mm pour le lavabo,
- Ø 40 mm pour la baignoire.

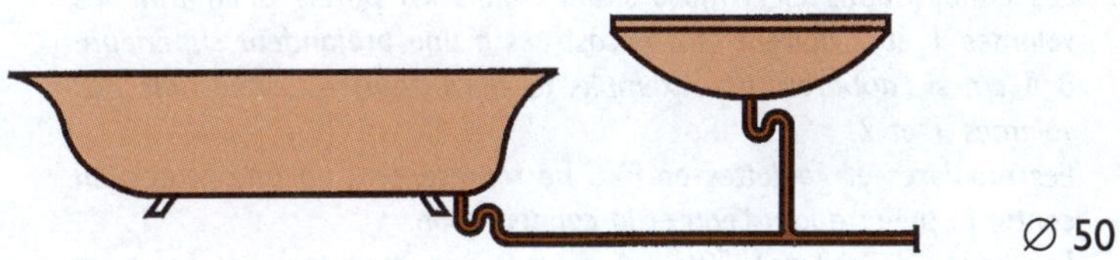

Figure 15.43 : *baignoire + lavabo*

Évacuation commune :
Ø 50 mm pour {lavabo + baignoire}.

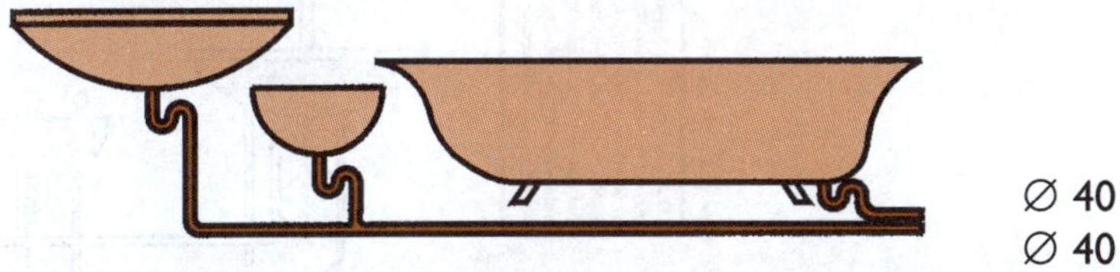

Figure 15.44 : *lavabo + bidet + baignoire*

- Ø 40 mm pour {lavabo + bidet},
- Ø 40 mm pour l'évacuation de la baignoire.

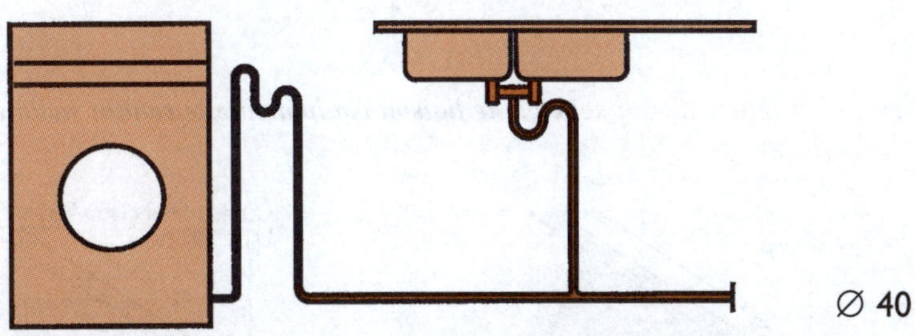

Figure 15.45 : *machine à laver + évier*

Ø 40 mm en évacuation commune.

Remarques :
- *La pente recommandée est de 1 cm/m au moins pour une évacuation individuelle, et de 1 à 2 cm/m pour des évacuations d'appareils groupés. Une trop faible pente peut avoir pour conséquence une évacuation réduite des déchets, et une trop forte pente peut provoquer des bruits de fonctionnement, ainsi que le désamorçage des siphons.*
- *Les diamètres indiqués sont les diamètres extérieurs du commerce pour les évacuations verticales ou à faible pente sur l'horizontale.*
- *Le système d'évacuation des eaux usées comporte une ventilation primaire, assurée par la chute verticale collectrice prolongée avec un débouché à l'extérieur pour éviter tout siphonnage des appareils.*

15.5. Conditions d'équipement électrique dans une salle de bains

15.5.1. Quatre volumes distincts

Ces volumes distincts définissent une salle de bains (fig. 15.46).

Volume 0 : il correspond au volume intérieur de la baignoire ou du bac à douche.

Volume 1 : il comprend l'espace au-dessus de la baignoire ou du bac à douche jusqu'à une hauteur de 2,25 m.

Volume 2 : il part du coin de la baignoire ou du bac à douche avec un rayon de 0,60 m.

Volume 3 : il désigne l'espace situé jusqu'à 2,40 m du volume 2.

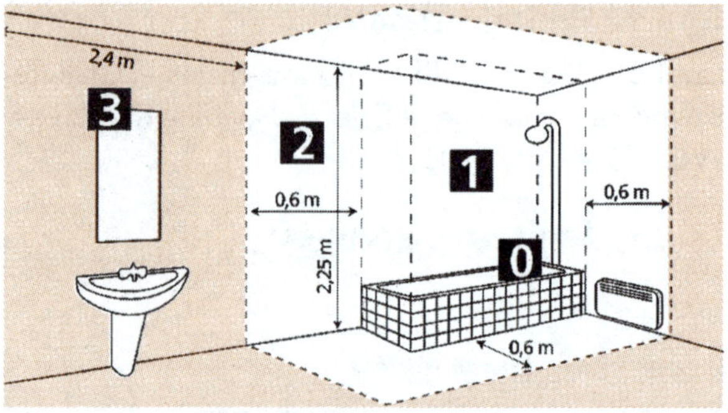

Figure 15.46 : *les quatre volumes définissant une salle de bains*

15.5.2. Sécurité

Se reporter aux figures 15.47 à 15.51.

Toutes les alimentations électriques arrivant dans la salle de bains doivent être protégées par :

- **un dispositif de protection différentiel**, disjoncteur ou interrupteur différentiel, de sensibilité 30 mA, installé hors des volumes 1, 2 et 3,
- **une ligne de terre**, de couleur jaune – vert, qui assure la liaison équipotentielle (fig. 15.54) ; section de 2,5 mm² avec protection contre les chocs, sinon de 4 mm² sans protection mécanique.

Remarques :

- *Une mauvaise mise en œuvre des canalisations électriques dans les parois susceptibles d'être humides (tour de baignoire ou douche) peut entraîner des risques d'électrocution des personnes.*
- *Les canalisations électriques situées dans les parois délimitant les volumes 1 et 2 doivent être encastrées à une profondeur supérieure à 5 cm si l'appareil (par exemple, le convecteur) est situé hors des volumes 1 et 2.*
- *Les moulures et goulottes en PVC ne représentent aucune protection contre la pénétration d'eau et la condensation.*
- *Les prises de courant 10/16 A doivent être avec terre et équipées d'éclips.*

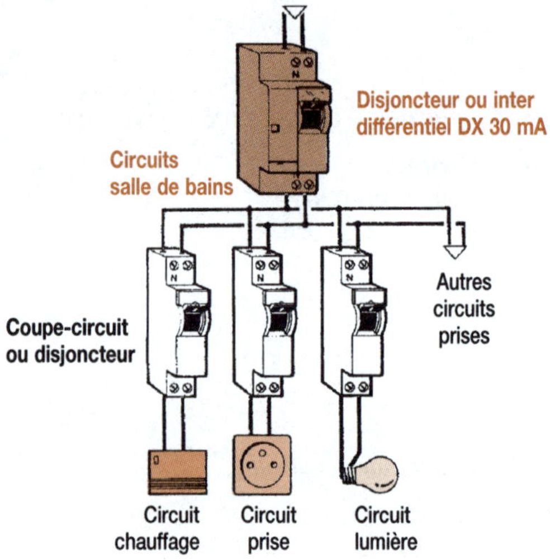

Figure 15.47 : *dispositif de protection différentiel 30 mA*

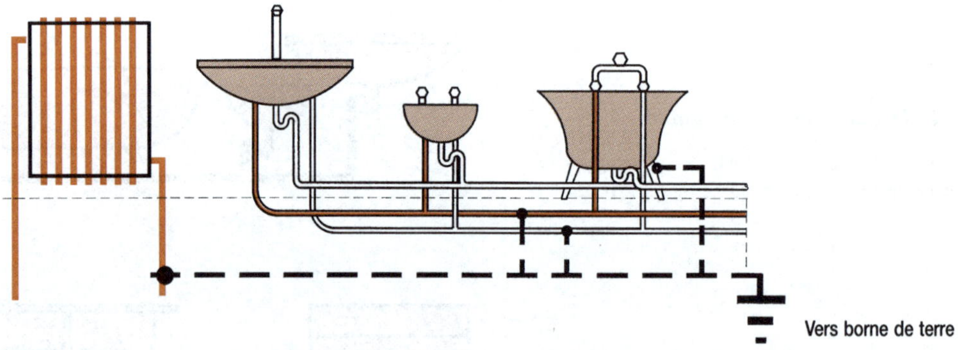

Figure 15.48 : *schéma de liaison équipotentielle reliant radiateurs, tuyauteries et baignoire en acier à la terre*

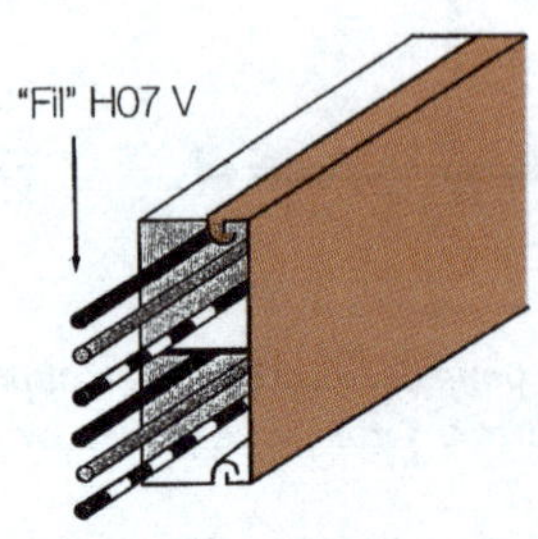

Figure 15.49 : *interdit en salle d'eau*

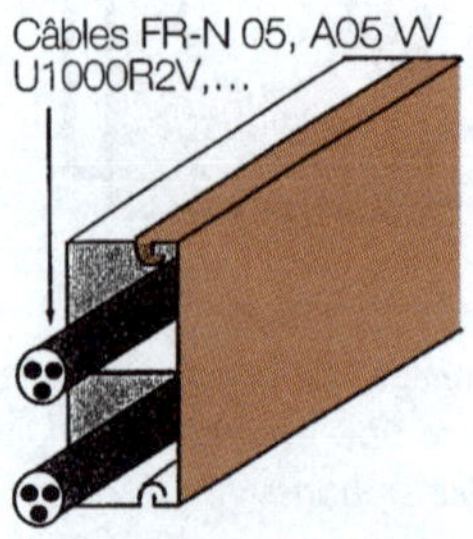

Figure 15.50 : *autorisé en salle d'eau*

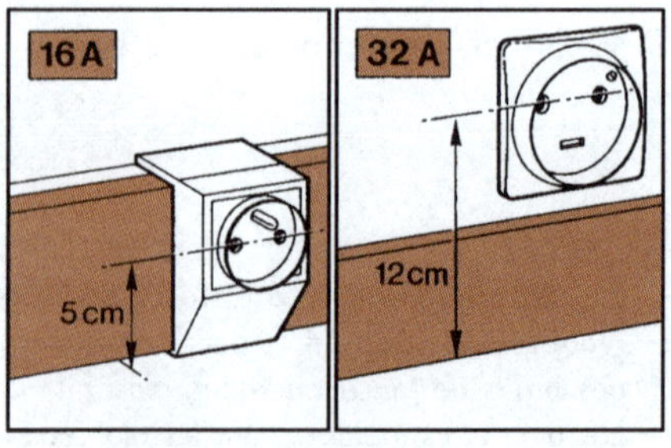

Figure 15.51 : *à l'intérieur d'un local, la hauteur est réglementée*

15.5.3. Classes des appareils d'utilisation

Tableau 15.7 ➤

Classe I	Symbole ⏚	mise à la terre obligatoire
Classe II	Symbole ⧈	pas de mise à la terre
Classe III	Symbole ◇	tension limitée à 12 volts

15.5.4. Indices de protection exigés

Tableau 15.8

Emplacement	Indice minimal de protection*	Symboles correspondants pour la protection contre l'eau	
		Appareils électro-domestiques	**Luminaires**
Volume 3	IP 21 ou X1	💧	💧
Volume 2	IP 23 ou X3	▲💧	⧈💧
Volume 1	IP 24 ou X4	▲💧	▲💧
Volume 0	IP 27 ou X7	💧 💧	💧 💧

* 1er chiffre : degré de protection contre les solides.
2e chiffre : degré de protection contre l'eau.

Remarque : Le matériel portant les symboles ⧈ + ▲💧 peut être installé en n'importe quel endroit de la salle d'eau, excepté dans les volumes 0 et 1.

15.5.5. Armoires de toilette des salles de bains : prescriptions

Elles peuvent comporter un appareil d'éclairage, un interrupteur, un socle de prise de courant, et peuvent être installées dans le volume 2, à condition qu'elles répondent aux règles de classe II et que le socle de prise de courant soit alimenté par l'intermédiaire d'un transformateur de séparation de faible puissance (20 à 50 VA).

Les armoires comportant un socle de prise de courant 2P + T peuvent être installées en volume 2, à condition que la partie de ces armoires avec le socle de prise soit dans le volume 3.

15.5.6. Matériels électriques autorisés dans les locaux avec baignoire ou receveur de douche

Tableau 15.9

Matériels	Mesures de protection	Dans les volumes			
	(+) Autorisé	**0**	**1**	**2**	**3**
Machine à laver, à sécher (1)	Classe I + 30 mA	N	N	N	+
Appareils de chauffage (2)	Classe I + 30 mA Classe II + 30 mA	N N	N N	N +	+ +
Éclairage	Classe I + 30 mA Classe II + 30 mA TBTS 12 V Transformateur de séparation (3)	N N (4) N	N N (4) N	N + (4) +	+ + +
Chauffe-eau instantané	Classe I + 30 mA	N	(5)	+	+
Chauffe-eau à accumulation	Classe I + 30 mA	N	+	+	+
Interrupteur	30 mA	N	N	N	+
Prise 2P + T	30 mA	N	N	N	+
Prise rasoir (20 à 50 VA)	Transformateur de séparation	N	N	+	+

(1) Les socles de machine à laver ou à sécher le linge sont à installer à proximité des arrivées et évacuations d'eau.
(2) Ne pas installer une machine à moins de 60 cm d'une baignoire ou d'un receveur de douche.
Dans les volumes 2 et 3, les boites de raccordements des appareils de chauffage doivent être situées derrière ceux-ci.
(3) Un seul appareil d'éclairage par transformateur.
(4) Le transformateur doit être placé en dehors des volumes 0, 1, 2.
(5) Si raccordé au réseau d'eau froide par une canalisation métallique.

15.6. Maison en L – plan du rez-de-chaussée

VUE DE LA FAÇADE PRINCIPALE

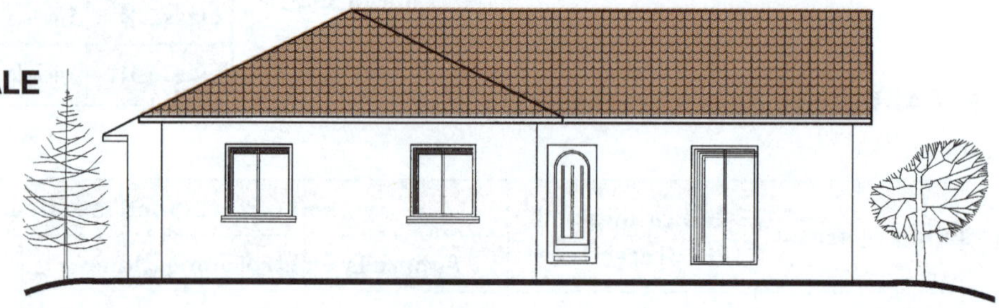

Figure 15.52

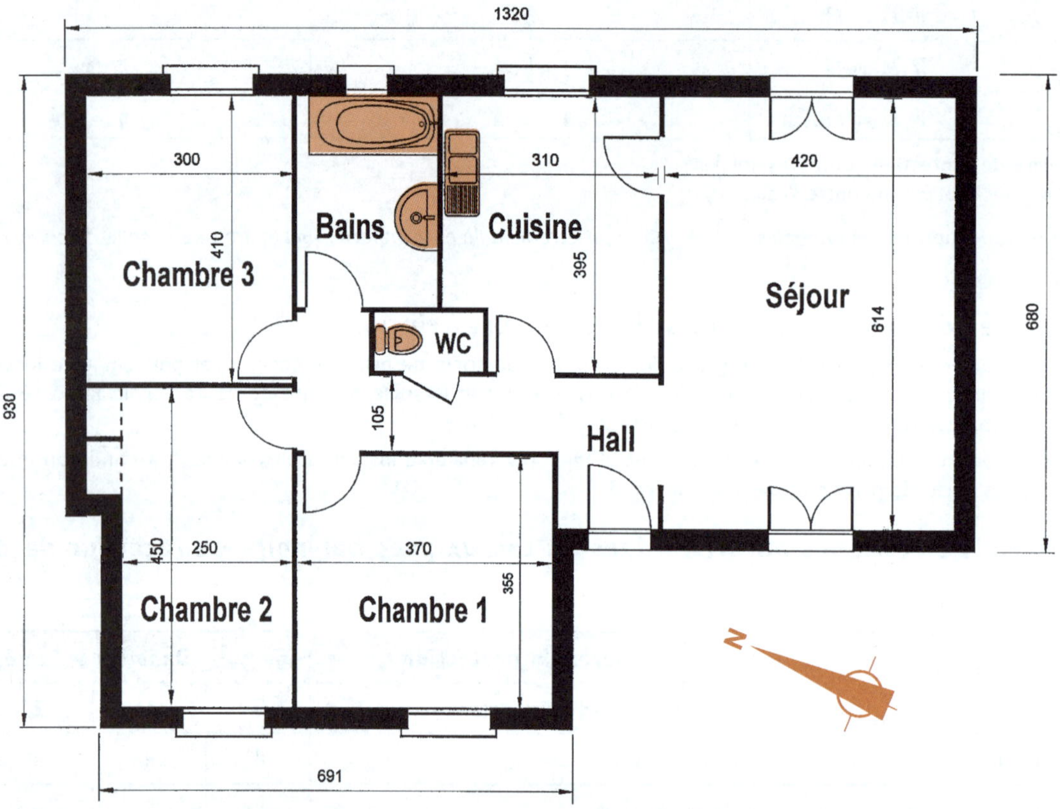

Figure 15.53 **MAISON EN L – PLAN DU REZ-DE-CHAUSSÉE**

La distribution ECS et EFS est facilitée par la disposition groupée des pièces de service suivantes : cuisine, bains, WC.

➤ **Énergie « gaz » :**

chaudière murale mixte à ventouse placée dans la cuisine.

➤ **Énergie électrique :**

– chauffe-eau mural vertical dans la salle de bains ou la cuisine ;

– ou chauffe-eau horizontal dans le WC.

Les **pipes de distribution d'eau chaude sanitaire et d'eau froide sanitaire** peuvent se placer sous l'évier pour desservir les appareils sanitaires.

Les circuits sont de longueurs minimales pour la distribution d'eau chaude (trajet réduit). Il en est de même pour les évacuations.

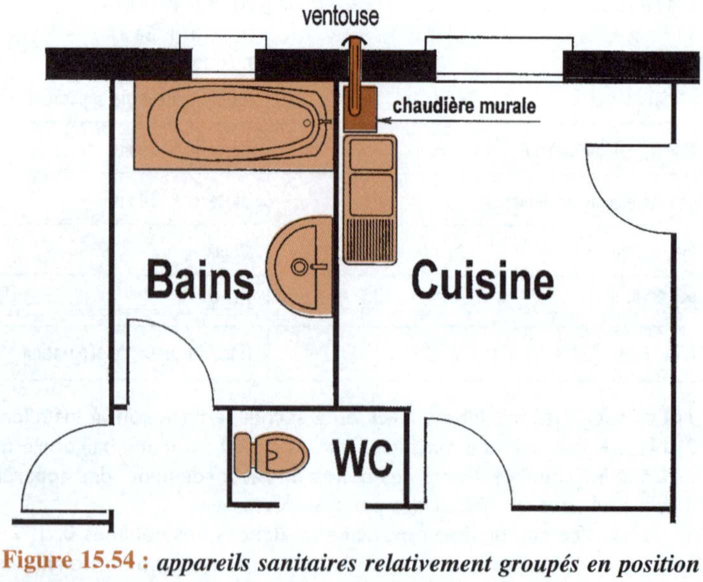

Figure 15.54 : *appareils sanitaires relativement groupés en position*

Chapitre 16

Chauffage : production et distribution

- Principaux critères de choix d'un système de chauffage
- Éléments constitutifs d'un chauffage à eau chaude
- Chaudières murales
- Distribution de la chaleur
- Régulation de la température ambiante
- Aspects réglementaires
- Avant-projet sommaire

16.1. Principaux critères de choix d'un système de chauffage

Les caractéristiques d'une installation de chauffage dépendent des critères pris en compte et des choix personnels en fonction de l'habitation. Ce sont :

- **les locaux à chauffer et les volumes** afin de respecter la réglementation thermique ;
- **le niveau d'isolation de la structure :** parois verticales (murs), parois horizontales (plafonds ou planchers), vitrages isolants et fermetures extérieures, aération par ventilation mécanique contrôlée, etc. ;
- **le choix de l'énergie :** gaz naturel, fioul, électricité ;
- **les modes de chauffage :** radiateurs muraux ou plancher chauffant ;
- la présence ou non d'une **cheminée** pour évacuer les gaz brûlés ;
- **la production d'eau chaude sanitaire** avec chaudière ou par chauffe-eau séparé ;
- **le niveau de régulation souhaité** (sonde extérieure, thermostat d'ambiance programmable ou non, etc.) ;
- **le budget disponible** pour l'investissement chauffage avec la prise en compte du budget de fonctionnement.

16.2. Éléments constitutifs d'un chauffage à eau chaude

La chaudière représentée sur la figure 16.1 est du type chaudière au sol, posée généralement sur un socle surélevé de 10 cm.

➤ Chaudière

Il s'agit du générateur central qui produit la chaleur par transformation d'énergie grâce à un brûleur dans le cas du gaz ou du fioul.

➤ Circuit de chauffage

Il permet la circulation de l'eau par un réseau de canalisations (tubes) jusqu'aux pièces à chauffer à l'aide d'une pompe ou d'un accélérateur.

➤ Émetteurs de chaleur

Ils transfèrent la chaleur vers l'air ambiant de la pièce.

Les **radiateurs** à éléments en fonte, en acier ou en un autre alliage sont les plus fréquemment utilisés en pavillon. Dans le cas du chauffage par le sol (**planchers chauffants**), les tubes sont enrobés dans l'épaisseur de la dalle et c'est le sol lui-même qui sert d'échangeur.

➤ Dispositifs de régulation des circuits de chauffage :

- le **thermostat de chaudière**, ou aquastat, dont le rôle est de maintenir la chaudière à une température souhaitée. Si cette dernière est atteinte, l'aquastat provoque l'arrêt du brûleur ;
- le **thermostat d'ambiance**, qui complète l'action du thermostat de chaudière en contrôlant la température de la pièce où il est placé ;
- le **thermostat d'ambiance programmable** équipé d'une horloge munie de contacts. Il permet de programmer les périodes pour obtenir une température dite de confort ou une température plus réduite (programmation journalière ou hebdomadaire) ;
- la **sonde extérieure**, qui mesure la température extérieure pour influencer le mode de régulation et maintenir la température intérieure des locaux en tenant compte des variations de température.

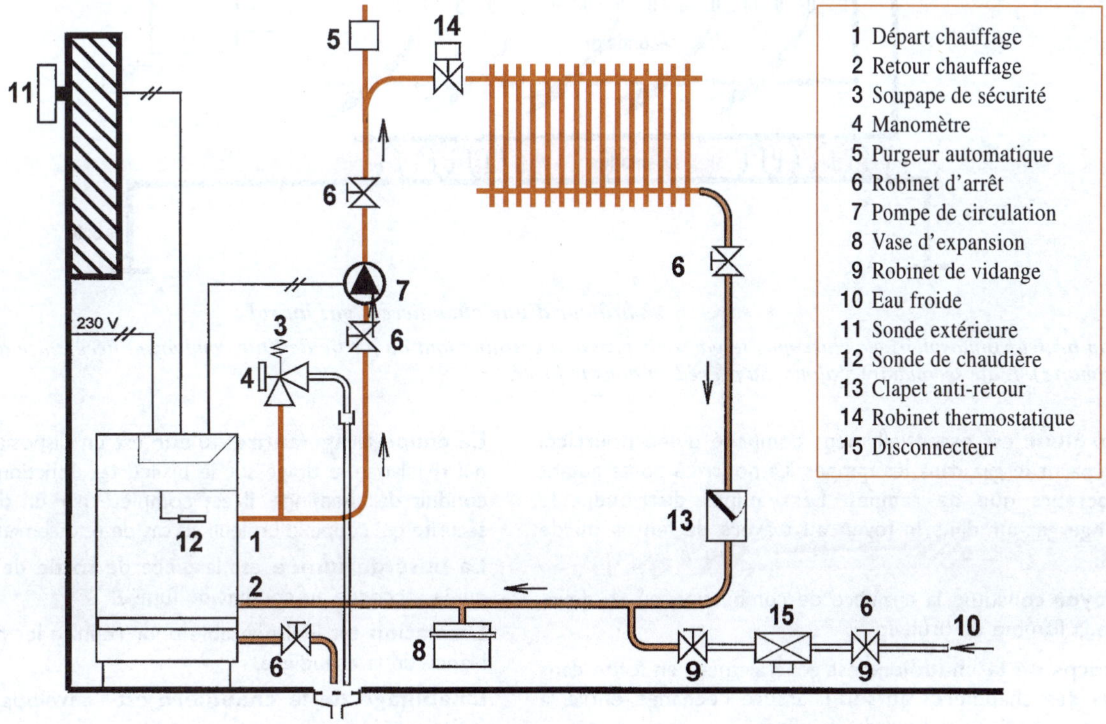

Figure 16.1 : *schéma d'ensemble d'une installation pour chauffage central*

Les dispositifs de régulation précédents constituent le **système de régulation** que commande le brûleur pour maintenir la température tout en contrôlant celle de l'eau de la chaudière par la **sonde de chaudière**.

Exemple (fig. 16.1) :

Température extérieure de 0 °C, mesurée par la sonde extérieure.
Température de chauffage de 50 °C, obtenue en fonction de la mesure de la température extérieure et de la courbe de chauffe.
Pour chaque variation sensible de la température extérieure, le système de régulation ajuste automatiquement la température de l'eau de chauffage, avec le meilleur rendement du système de chauffage.

➤ Vase d'expansion

Il a pour fonction d'absorber la dilatation de l'eau chauffée. Sur les installations avec circulateur, le vase d'expansion est fermé et contient de l'air ou du gaz séparé de l'eau par une membrane.

➤ Soupape de sécurité

Elle est obligatoire sur les installations à vase d'expansion fermé pour prévenir tout risque de surpression.

➤ Groupe de sécurité

Il est obligatoire sur l'entrée d'eau froide des ballons d'accumulation (chap. 15).

➤ Purgeur

Une installation à vase d'expansion doit comporter au moins un purgeur, placé généralement au point le plus haut de l'installation et permettant d'évacuer l'air (purgeur manuel ou automatique).

➤ Vanne mélangeuse

Son rôle consiste à assurer le mélange de l'eau de départ du circuit de chauffage avec l'eau de retour des émetteurs.

➤ Disconnecteur

Ce dispositif obligatoire interdit le retour de l'eau de chauffage vers le réseau d'alimentation en eau potable.

➤ Tableau de commande

Il porte les différents organes de commande et de régulation.

➤ Thermocouple

Sur les modèles à veilleuse, il surveille la présence d'une flamme.

➤ Brûleur

Il est en général de type atmosphérique (fig. 16.2).

➤ Sécurité sur les chaudières à gaz

L'alimentation en gaz est contrôlée par un **bloc de sécurité**, qui ne se maintient ouvert que si la combustion du gaz est assurée. Si le thermocouple détecte l'absence d'une flamme, il provoque la coupure, par le bloc de sécurité, de l'alimentation en gaz.

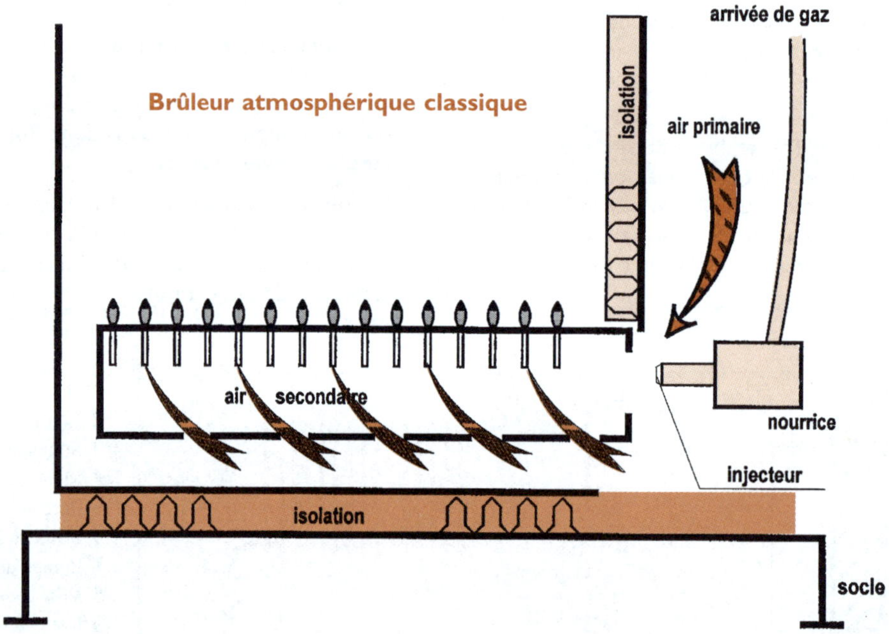

Figure 16.2 : *brûleur d'une chaudière à gaz au sol*

Dans un brûleur atmosphérique classique, le gaz sous pression entraîne tout ou partie de l'air comburant nécessaire à la combustion (air primaire). L'air secondaire s'ajoute au précédent dans le foyer.

Le brûleur est essentiellement composé d'une nourrice, qui répartit le gaz dans les rampes. La nourrice porte autant d'injecteurs que de rampes. Les rampes distribuent le mélange gaz-air dans le foyer, au travers de fentes ou de trous.

Le foyer constitue la chambre de combustion où se développe la flamme du brûleur.

Le corps de la chaudière est généralement en fonte dans le cas des chaudières au sol. Il assure l'échange entre la flamme du brûleur et l'eau de chauffage.

Le coupe-tirage/antirefouleur est un dispositif de sécurité qui régularise le tirage sur le brûleur en fonction du tirage du conduit de cheminée. Il est complété par un thermostat de sécurité qui coupe le brûleur en cas de refoulement des fumées.

La buse de fumée est la pièce de sortie de la chaudière qui la raccorde au conduit de fumée.

L'isolation est indispensable pour réduire les pertes à l'ambiance de la chaudière.

L'habillage de la chaudière est l'enveloppe extérieure (tôle laquée).

16.3. Chaudières murales

Elles se positionnent sur une paroi (mur stable) et libèrent de la place au sol. Elles sont très répandues en milieu pavillonnaire pour répondre aux besoins classiques de chauffage et de production d'eau chaude, comme indiqué dans le chapitre précédent.

16.3.1. Rappels

16.3.1.1. Les chaudières à gaz murales et la production d'eau chaude

On distingue :
- **les chaudières mixtes (ou double service)** avec production d'eau chaude sanitaire instantanée. Elles comportent deux échangeurs, l'un pour le chauffage, l'autre pour l'eau chaude. En cas de demande d'eau chaude, ce circuit devient prioritaire;
- **les chaudières à simple service + ballon échangeur** (chap. 15).

16.3.1.2. Évacuation des produits de combustion

- **version cheminée,** qui nécessite un conduit de fumée;
- **version ventouse** à circuit étanche très répandue, à faible encombrement et liberté d'implantation de la chaudière. Les différents types de ventouse permettent toute une gamme de solutions :
  - ventouse à sortie horizontale arrière, latérale gauche ou latérale droite, ou en sortie supérieure de la chaudière,
  - ventouse à sortie verticale, à diverses configurations de sortie décalée;
- **version VMC** quand la chaudière rejette les produits de combustion dans une gaine de Ventilation Mécanique Contrôlée.

Remarque : Les radiateurs de la pièce où est installé le thermostat d'ambiance ne doivent pas être équipés de robinets thermostatiques.

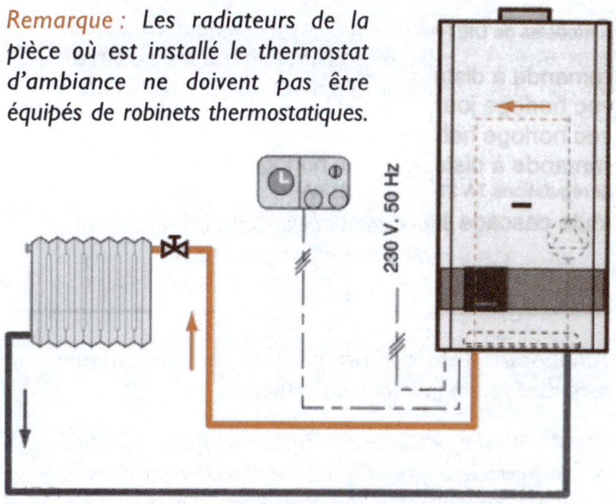

Figure 16.3 : *exemple d'installation, Dietristar (chaudière mixte)*

1 circuit chauffage piloté par un thermostat d'ambiance TR 21 sans horloge, TRQ 21 T, TRQ 21 W ou TRP 31 avec horloge.

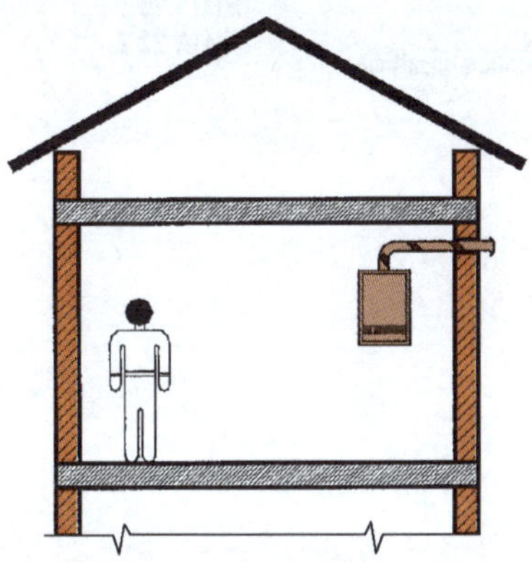

Figure 16.4 : *ventouse horizontale*

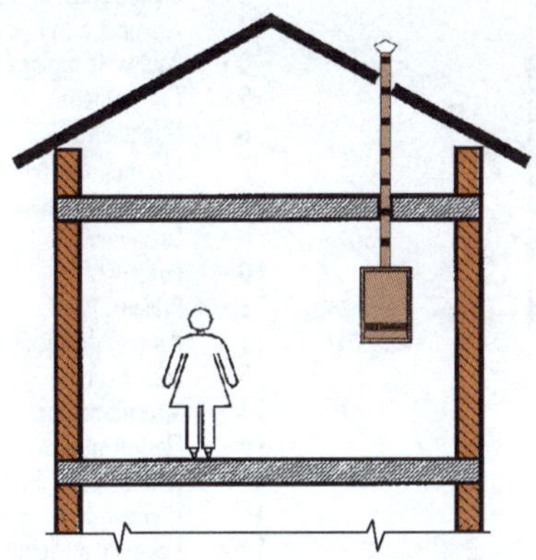

Figure 16.5 : *ventouse verticale*

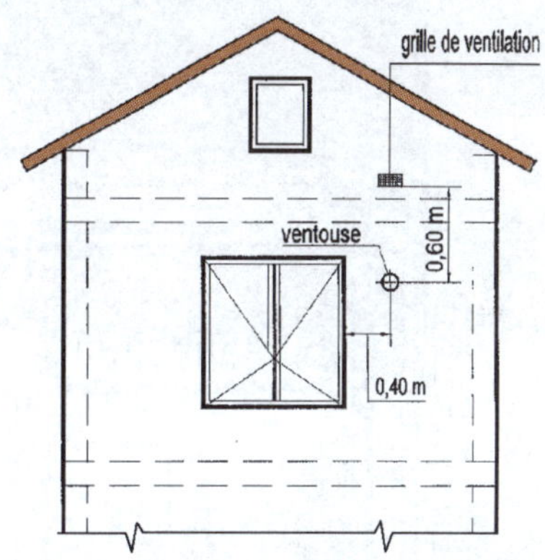

Figure 16.6 : *distances minimales à respecter*

16.3.2. Chaudières à ventouse

❒ ***Principe de fonctionnement*** (fig. 16.7)

– Les chaudières à ventouse sont dites à circuit étanche; elles sont munies d'un ventilateur extracteur, qui extrait les gaz brûlés et les rejette à l'extérieur.
– Un orifice de diamètre 100 mm est généralement suffisant pour le passage de la ventouse à travers la paroi.
– La ventouse est constituée d'un double tube concentrique. L'espace annulaire entre le tube extérieur (∅ = 100 mm) et le tube intérieur (∅ = 60 mm) permet l'admission d'air neuf extérieur pour la combustion; le tube intérieur sert à évacuer les produits de combustion (gaz brûlés).
– Les circuits d'amenée d'air frais et d'évacuation des gaz brûlés sont donc étanches vis-à-vis du local où la chaudière est installée.

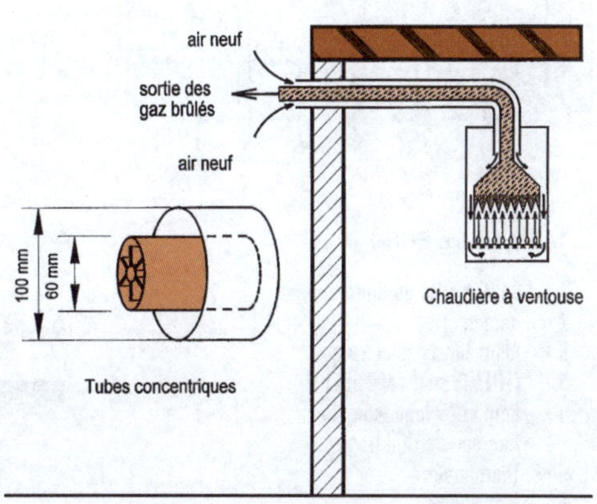

Figure 16.7 : *chaudière à ventouse*

Principe du circuit :
– amenée d'air frais dans l'espace annulaire,
– rejet des gaz brûlés par le tube intérieur.

❒ Sécurité

Aucun refoulement des produits de combustion vers le local où est placé l'appareil n'est à craindre.

L'installation et le fonctionnement de la chaudière sont indépendants de la ventilation du logement.

La version « chaudière à ventouse » peut cohabiter sans réserve avec une ventilation mécanique contrôlée ou des appareils électroménagers (exemple : hotte de cuisine).

❒ Implantation

Très grande souplesse d'implantation, même dans un local non ventilé (exemple : placard ou cellier).

❒ Confort

Amélioration du confort vis-à-vis de l'acoustique lors du fonctionnement du brûleur.

Remarque : *Le ventilateur extracteur aspire l'air frais par la micro-ventouse et le refoule directement dans le brûleur. C'est l'élément essentiel d'une chaudière ventouse. La figure 16.8 explicite son fonctionnement.*

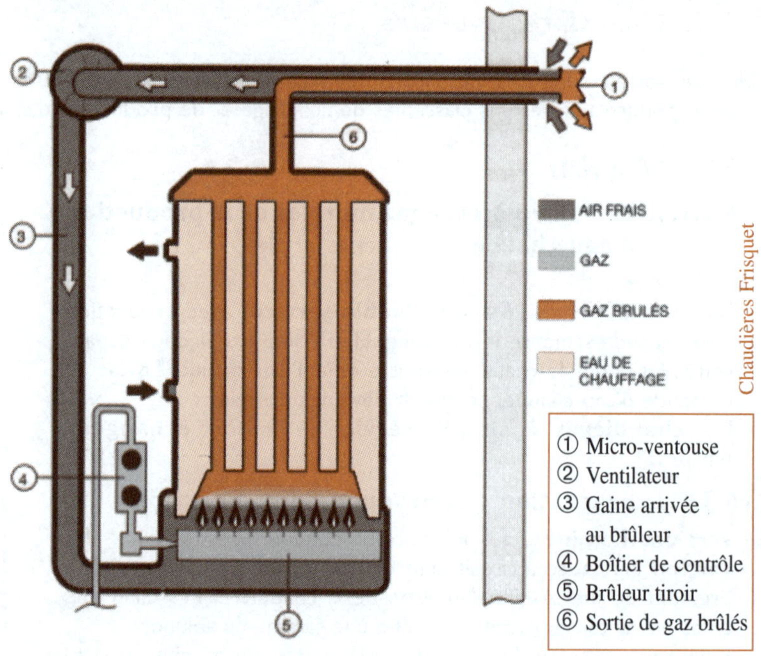

Figure 16.8 : ***principe de fonctionnement d'une chaudière à ventouse***

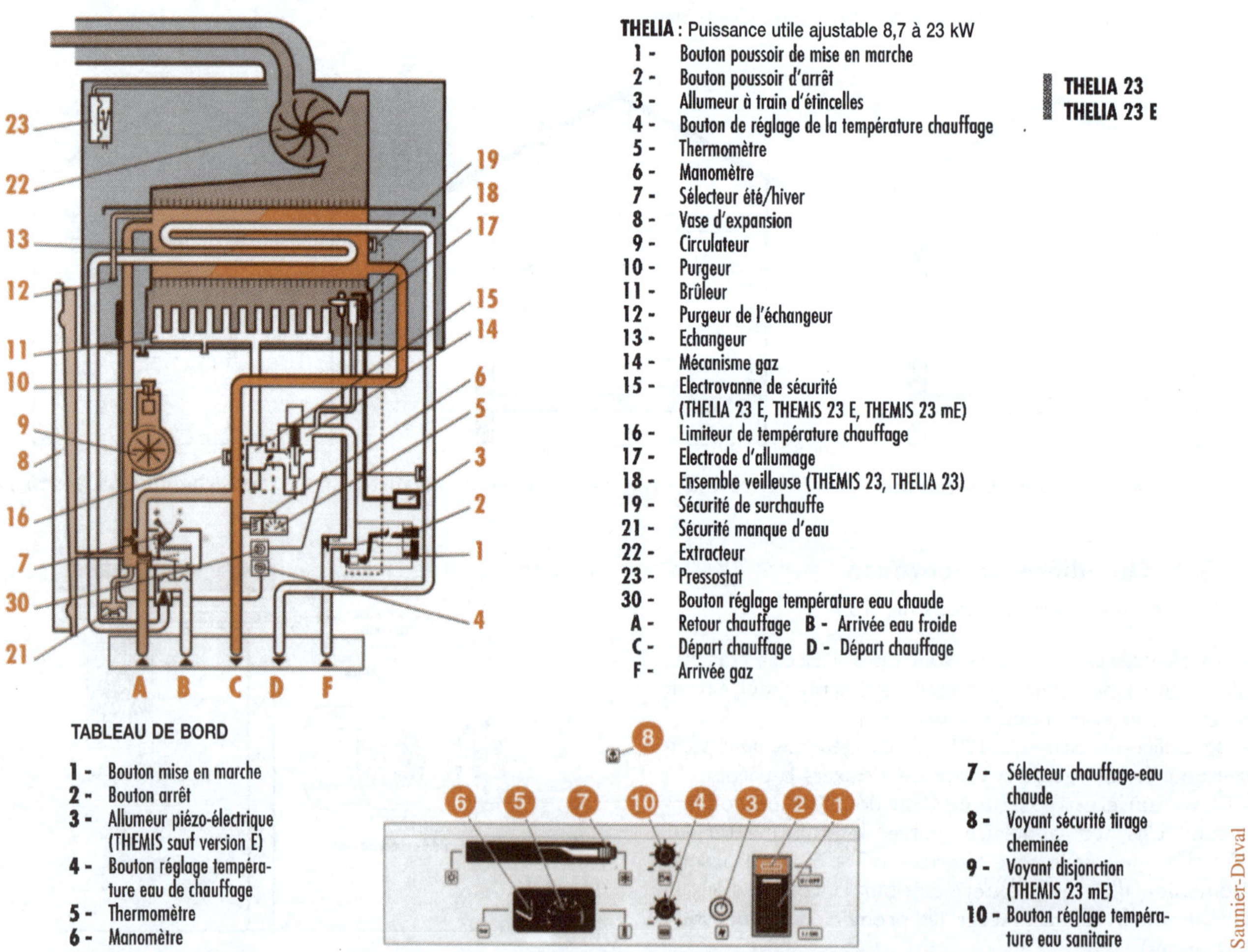

Figure 16.9 : ***description d'une chaudière murale à gaz;*** *chauffage + eau chaude instantanée avec micro-ventouse multipositions.*

16.4. Distribution de la chaleur

Elle s'effectue par le réseau de distribution, depuis la chaudière jusqu'aux émetteurs (radiateurs ou plancher chauffant). On doit assurer le circuit : production – distribution – émission.
Ce réseau peut être réalisé par des tuyauteries en cuivre ou par des tubes en polyéthylène réticulé. Ce dernier matériau a également fait ses preuves pour le chauffage et l'eau chaude sanitaire.

16.4.1. Systèmes de distribution

Voir également les figures 16.13 à 16.15.

16.4.1.1. Le système monotube-dérivation

Les émetteurs sont montés en dérivation sur une boucle unique qui fait le tour du logement. L'eau chaude traverse successivement chacun des émetteurs avant de retourner à la chaudière.

Le dimensionnement des radiateurs doit prendre en compte le refroidissement de l'eau depuis le départ de la chaudière jusqu'au retour de la boucle.

Un calcul précis des pertes de charges de l'installation est nécessaire.

La mise en œuvre et le réglage pour obtenir l'équilibrage thermique doivent être rigoureux. Malgré une longueur de tuyauteries plus réduite, le système monotube-dérivation est moins rationnel que le bitube.

16.4.1.2. Le système bitube

C'est le système le plus utilisé.

Les émetteurs sont montés en parallèle sur deux tuyauteries d'aller et retour. Dès que l'eau chaude a traversé un radiateur, par exemple, elle retourne à la chaudière.

Ce mode de distribution autorise la mise en place sur les émetteurs d'un système de **régulation pièce par pièce**.

La mise en œuvre réclame un réglage des débits, mais le mode de distribution en bitube est très tolérant comparativement au système monotube.

16.4.1.3. La distribution en pieuvre

Elle est particulièrement bien adaptée à l'équipement des maisons individuelles.

Le principe est simple : il consiste à alimenter chaque radiateur à partir d'un distributeur central, ou répartiteur. L'un des tubes sert pour l'aller (eau chaude) et l'autre pour le retour (eau refroidie).

Cette technique permet de conserver tous les avantages du bitube et fait gagner un temps considérable sur le chantier, si les tuyauteries sont enrobées dans l'épaisseur de la dalle en béton armé.

Les distributeurs, ou nourrices, peuvent disposer de 3 à 10 circuits (fig. 16.16).

Les canalisations sont en cuivre ou en polyéthylène réticulé (PER).

Les émetteurs peuvent être munis de robinets thermostatiques.

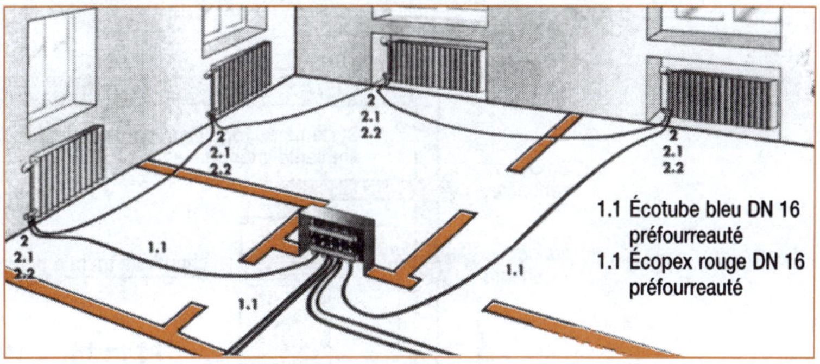

Figure 16.10 : *système monotube-dérivation ; schéma de principe d'installations (chape rapportée ou ravoirage)*

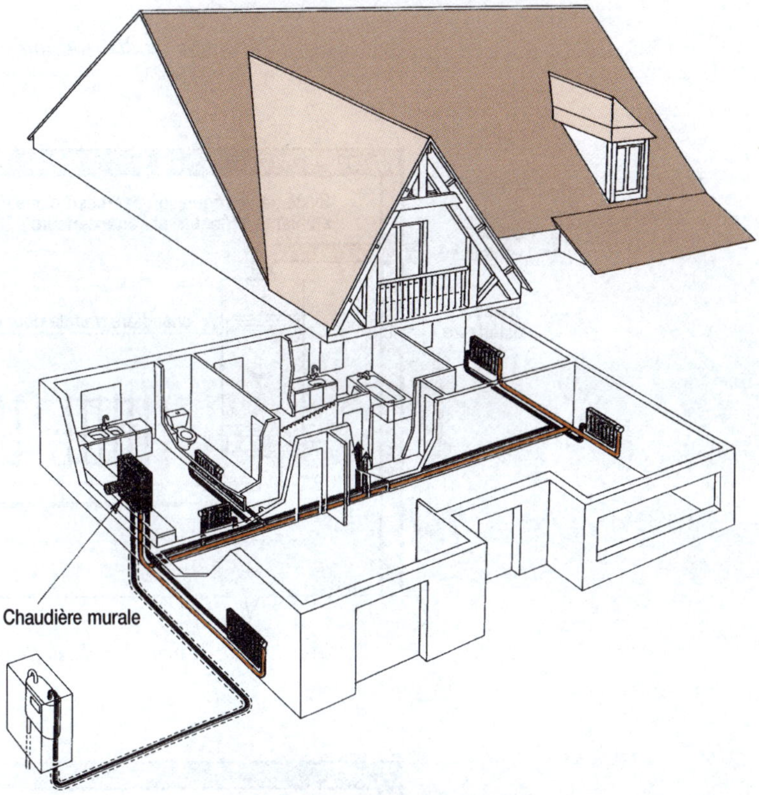

Figure 16.11 : *système bitube*

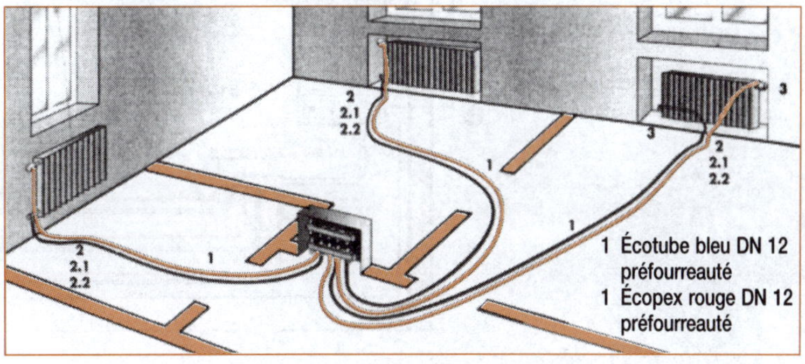

Figure 16.12 : *système bitube et distribution en pieuvre*

Modes de distribution

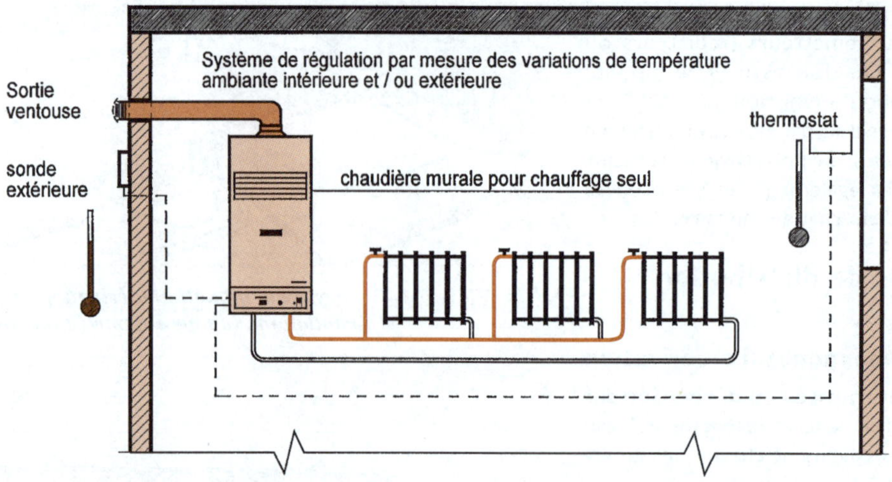

Figure 16.13 : ***principe de distribution en monotube-dérivation***

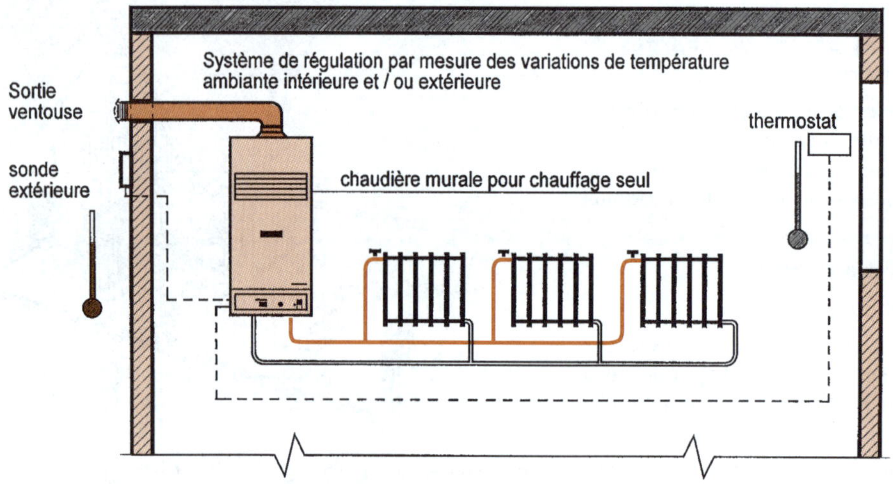

Figure 16.14 : ***principe de distribution en bitube***

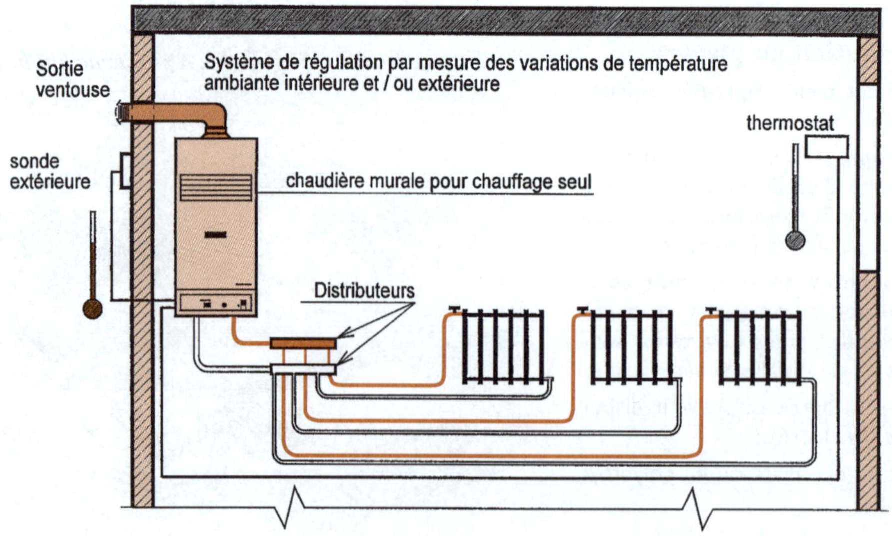

Figure 16.15 : ***principe de distribution en pieuvre***

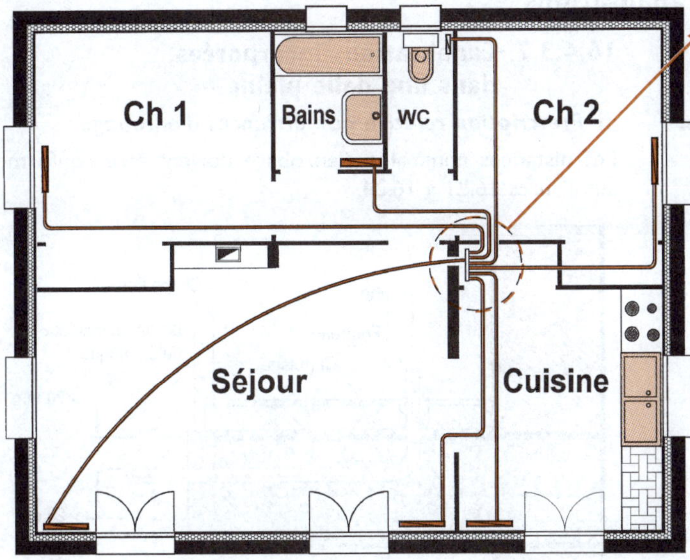

Figure 16.16 : *exemple simple dans le cas d'un rez-de-chaussée*

Raccordement sur collecteurs (3 à 10 circuits) :
– collecteur départs eau chaude du chauffage,
– collecteur retours des radiateurs.

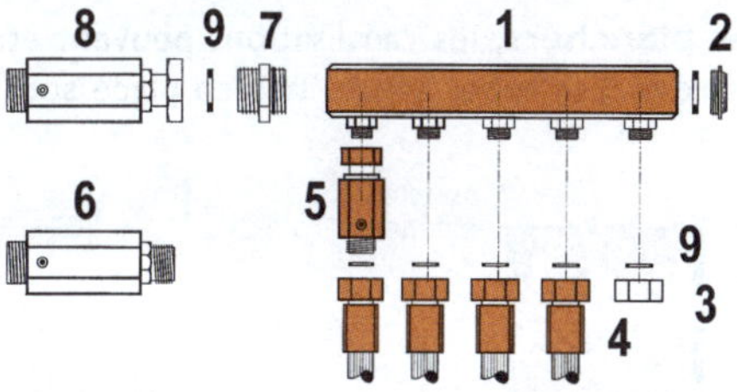

1	Collecteur/distributeur (3 à 10 circuits)		
2	Bouchon plein M 3/4	**3**	Bouchon plein F 1/2
4	Raccord à sertir	**5**	Vanne d'isolement 1/2
6	Vanne d'isolement M 3/4	**7**	Nipple à O'Ring M 3/4
8	Vanne à écrou tournant	**9**	Joint

Figure 16.17 : *raccordement sur collecteurs/distributeurs (3 à 10 circuits)*

16.4.2. Hydrocâblé en tubes PER

Rappel : PER est l'abréviation de polyéthylène réticulé (§ 15.2).

Tubes en polyéthylène haute densité, réticulé par procédé électro-physique, diamètres 10/12 à 20/25. Pression de service ≤ 4 bars.

Les tubes sont généralement introduits sous une gaine annelée de type ICTA (conduits cintrables transversalement élastiques annelés) ou pré-fourreautés en usine.

16.4.2.1. Mise en œuvre

❐ Les avantages de la mise en œuvre sont les suivants :
- réduction des temps de mise en place sur le chantier ;
- absence de soudure ;
- outillage professionnel simple ;
- auto-équilibrage avec les collecteurs / distributeurs ;
- en général, pas de canalisation apparente :
  - pose en enrobé dans l'épaisseur d'une dalle,
  - pose en encastré dans réservations,
  - pose en incorporé dans l'épaisseur d'une cloison,
  - pose en dissimulé accessible.

La libre dilatation doit être impérativement respectée.

❐ ***Accessoires de mise en œuvre de l'installation***

Ils concernent les raccordements sur les collecteurs et les sorties de dalle pleine, sorties de chape, sorties de cloison.

Se reporter au chapitre 15.

16.4.2.2. Maintenance et entretien

- pas d'entartrage du réseau,
- remplacement facile d'un tube sous gaine,
- pertes plus réduites de la chaleur,
- suppression de la corrosion (tube neutre).

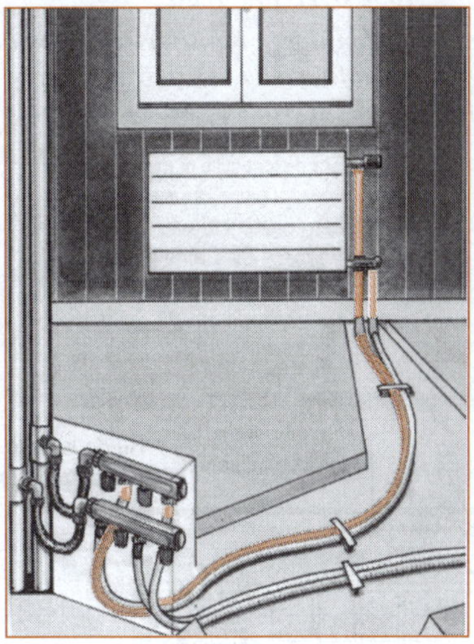

Figure 16.19 : *nourrices pour aller et retour de radiateurs*

Distribution en bitube : *chaque radiateur est alimenté indépendamment en eau, donc avec une température identique. Ils peuvent être fermés ou ouverts et disposer chacun d'une régulation.*

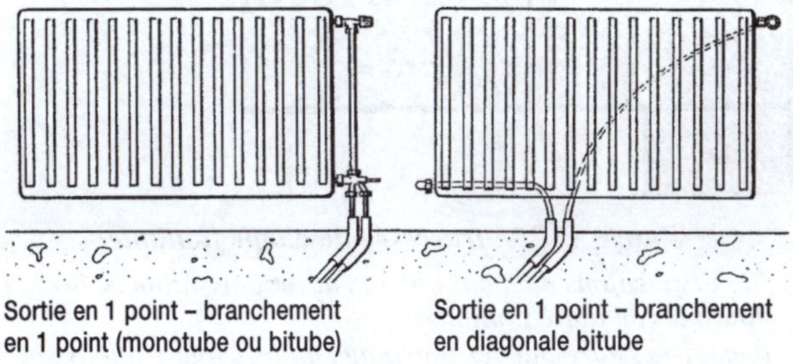

Figure 16.18 : *raccordement en PER sur radiateurs*

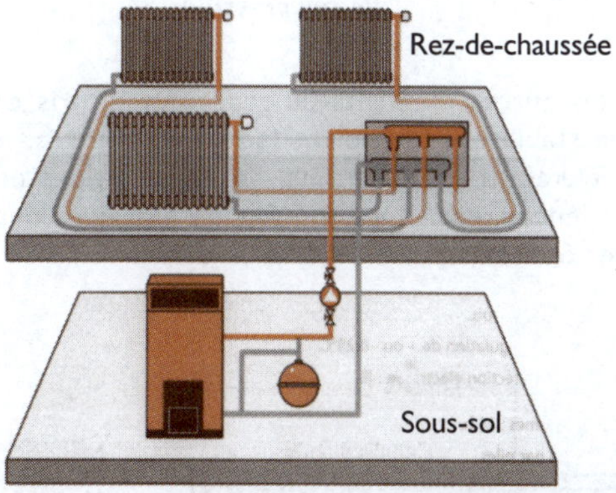

Figure 16.20 : *cas d'une chaudière en sous-sol*

Chaque appareil est alimenté séparément à partir d'un collecteur (aller et retour). Les tuyaux circulent sous plancher dans les fourreaux ou sont encastrés (esthétique, pas de canalisations apparentes). Possibilité de réguler la température de chaque radiateur à partir du collecteur.

16.4.3. Prescriptions de mise en œuvre des canalisations

16.4.3.1. Généralités sur les canalisations incorporées

Dans les planchers, les canalisations peuvent être enrobées ou encastrées. Les tubes seront mis en place sous fourreaux.

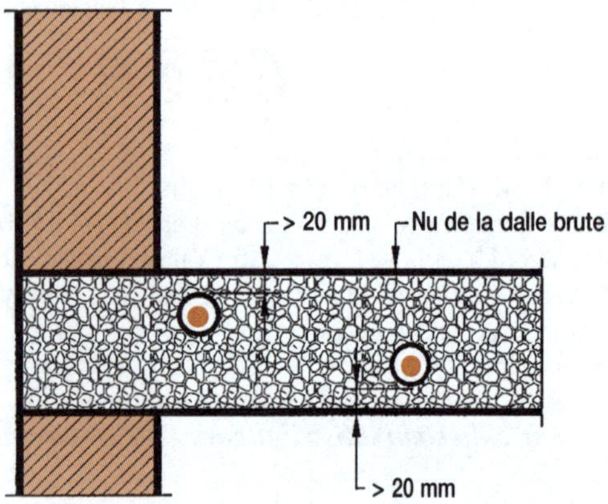

Figure 16.21 : ***tube avec fourreau***

Canalisation enrobée : *canalisation noyée dans les éléments du gros œuvre directement ou avec un fourreau.*
Fourreau : *enveloppe cylindrique réservant un vide dans lequel est placé le tube.*

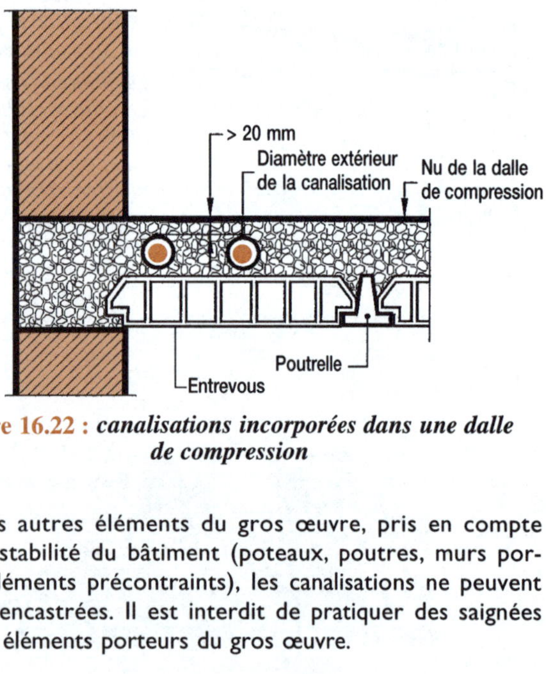

Figure 16.22 : ***canalisations incorporées dans une dalle de compression***

Dans les autres éléments du gros œuvre, pris en compte dans la stabilité du bâtiment (poteaux, poutres, murs porteurs, éléments précontraints), les canalisations ne peuvent être qu'encastrées. Il est interdit de pratiquer des saignées dans les éléments porteurs du gros œuvre.

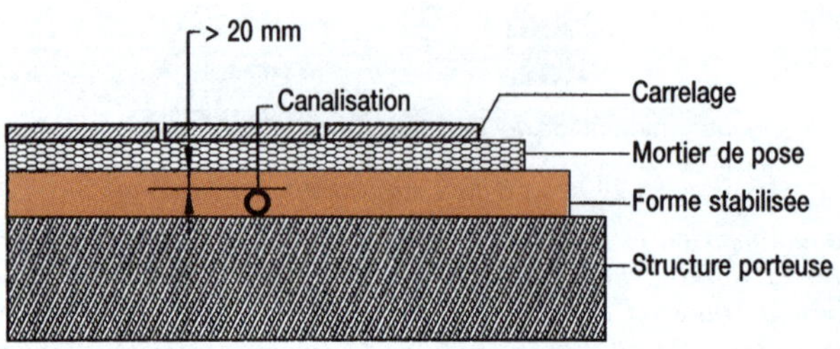

Figure 16.23 : ***exemple de canalisation sous carrelage scellé***

16.4.3.2. Canalisations incorporées dans une dalle pleine

❐ ***Prescription relative aux distances d'enrobage :***

Les distances minimales d'enrobage doivent être conformes aux figures 16.21 à 16.24.

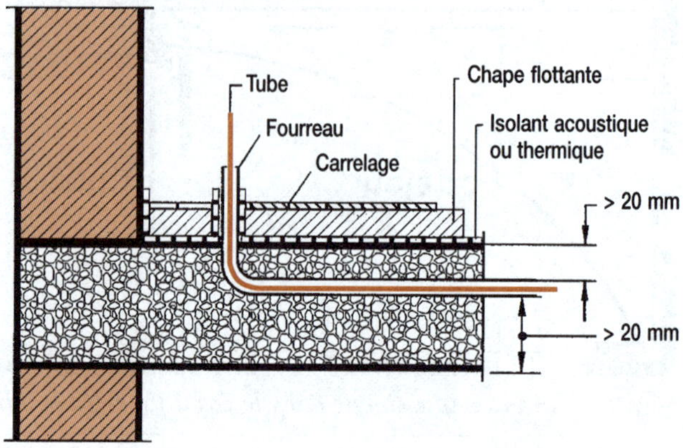

Figure 16.24 : ***remontée de tube avec fourreau***

❐ ***Pose des fourreaux***

Dans tous les cas, les canalisations doivent être enrobées, encastrées ou engravées avec fourreau. Le cas des tubes préfourreautés n'est pas visé (tube préfourreauté : ensemble tube + fourreau).

Les fourreaux sont mis en place directement sur le ferraillage sur lequel ils sont fixés à l'aide de clips ou de liens non métalliques. Les fourreaux débouchent dans une réservation du type boîte de dérivation ou dans un bloc de polystyrène. La dalle de béton est coulée ; les tubes seront ultérieurement introduits dans les fourreaux.

Pour les fourreaux en plancher, en ouvrage fini, le fourreau doit dépasser le niveau du sol fini d'au moins 30 mm dans les pièces humides et d'au moins 10 mm dans les autres cas.

❐ ***Prescriptions particulières aux traversées de chape ou dalle flottante***

Dans la traversée, la canalisation est entourée d'un fourreau.

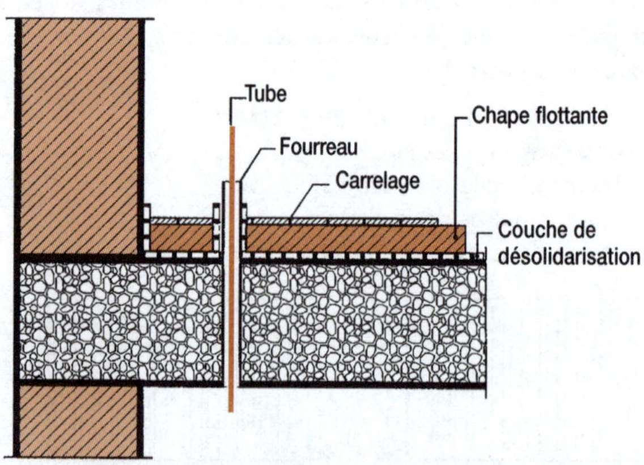

Figure 16.25 : ***traversée de chape flottante***

1° Ces dispositions ont pour objet la désolidarisation de la chape flottante (ou dalle flottante).
2° Il est nécessaire que les fourreaux ou les canalisations soient mis en place avant l'exécution de la chape flottante.

16.5. Régulation de la température ambiante

16.5.1. Objet de la régulation

Elle conditionne :

- le confort des occupants dans les différentes pièces de la maison en fonction des conditions climatiques du moment,
- la bonne gestion de la production de chaleur en fonction des besoins et de l'économie d'énergie qui en résulte.

Tableau 16.1 : *températures indicatives usuelles d'occupation des locaux*

Locaux	Température
Séjour – salon	18 à 22 °C
Chambre	16 à 18 °C
Bureau	18 à 20 °C
Salle de bains	22 °C
Hall et dégagements	16 à 18 °C

Il y a lieu de considérer la température diurne et la température nocturne suivant l'occupation ou non de certaines pièces.

❒ ***Objectifs recherchés par l'utilisateur :***

- le confort sensoriel, c'est-à-dire la sensation de bien être quand il fait « ni trop chaud, ni trop froid »,
- le confort d'utilisation, c'est-à-dire la simplicité de lecture et d'utilisation des appareils,
- la performance énergétique en limitant la consommation sans altérer le confort.

❒ ***Modes d'action***

Facteurs ou éléments à prendre en considération :

- **les échanges thermiques** entre l'intérieur et l'extérieur de l'enveloppe du bâtiment, qui dépendent de la structure, de l'isolation, des températures extérieure et intérieure, de l'exposition, de la ventilation, etc. ;
- **les niveaux d'un système de chauffage à eau chaude**, à savoir :
  - la production de chaleur,
  - la distribution ou répartition dans les locaux,
  - l'émission de la chaleur (radiateurs, planchers chauffants, etc.).

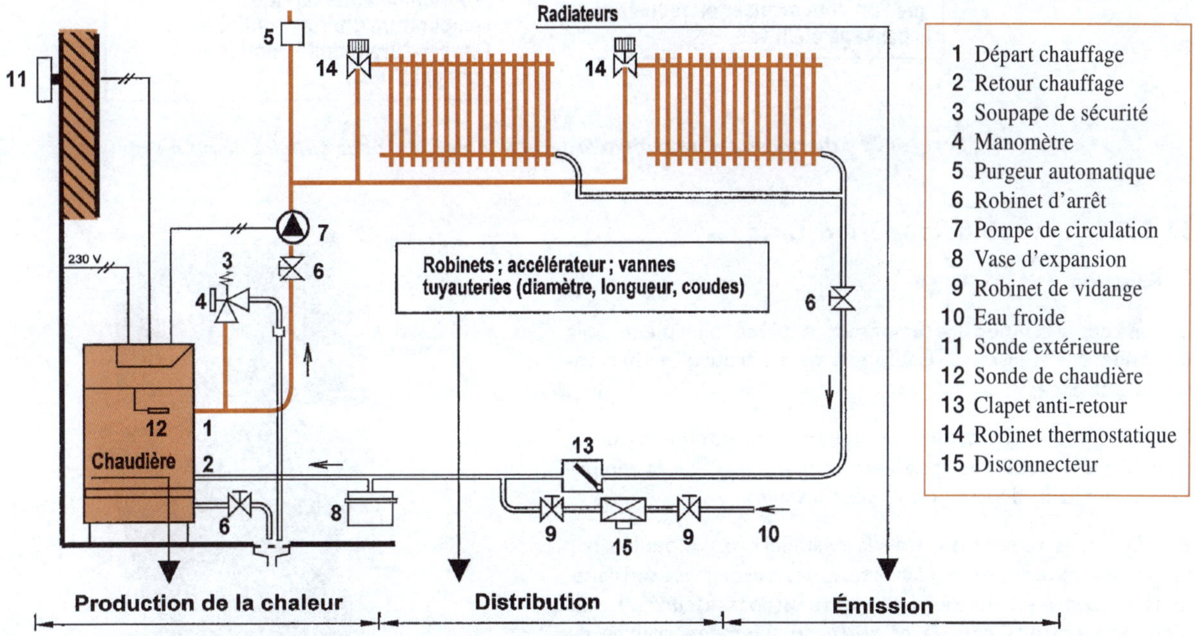

Figure 16.26 : ***différents niveaux d'un système de chauffage à eau chaude***

16.5.2. Régulation de la température dans les pièces

On agit sur un ou plusieurs niveaux du système de chauffage à l'aide des appareillages suivants.

16.5.2.1. Le thermostat d'ambiance

Il agit sur le fonctionnement de la chaudière et maintient la pièce dans laquelle il est placé à la température choisie, de façon constante quelles que soient les variations de la température extérieure.

Il est généralement placé dans le séjour, éloigné d'une source de chaleur, comme une cheminée à foyer ouvert.

Il permet de réguler la température de la pièce entre 6 et 30 °C par son action modulante sur la chaudière.

Remarques :

– Un thermostat d'ambiance programmable adapte la température à chaque moment de la journée suivant des horaires choisis en fonction de la présence des occupants.

– Les thermostats d'ambiance programmables sont des appareils constitués d'une horloge programmable et d'un thermostat régulateur.

– Il est plus économique de dormir dans une ambiance à température plus faible que celle du jour, de 23 h à 6 h par exemple.

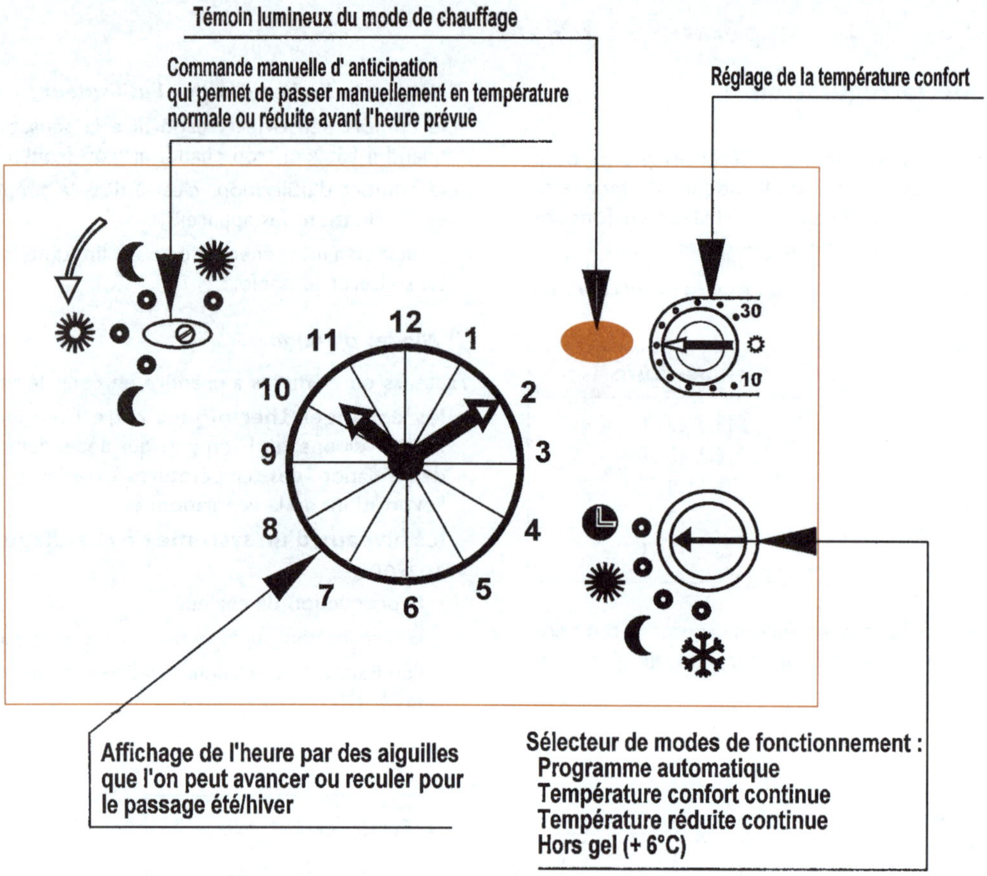

Figure 16.27 : *thermostat d'ambiance programmable à cavalier enfichable ou à segment*

16.5.2.2. Les robinets thermostatiques

❒ *Fonction*

Ils servent à affiner la température pièce par pièce à la demande de l'utilisateur (sauf celle où se trouve le thermostat d'ambiance).

Ce sont des thermostats qui agissent directement sur le débit d'eau chaude des radiateurs et qui contrôlent la température ambiante du local où ils sont installés.

En effet, si la température de la chaudière est modulée par une sonde extérieure, la couverture des besoins est satisfaite, mais le contrôle du résultat ne serait pas assuré en cas d'apports gratuits dans la pièce (ensoleillement, source de chaleur, personnes nombreuses, etc.).

❒ *Principe de fonctionnement*

Chaque robinet se compose d'une tête thermostatique et d'un corps de robinet. Le fonctionnement est fondé sur le pilotage d'un clapet actionné par un élément thermosensible (capsule de cire, liquide ou gaz) dont la dilatation commande le débit d'écoulement de l'eau chaude dans les corps de chauffe en fonction de la température intérieure de la pièce.

La température de consigne est graduée de 1 à 5. Ces températures correspondent en général à des températures variant de 6 à 29 °C. Une position antigel repérée par le signe * permet de maintenir la température ambiante à environ 7 °C.

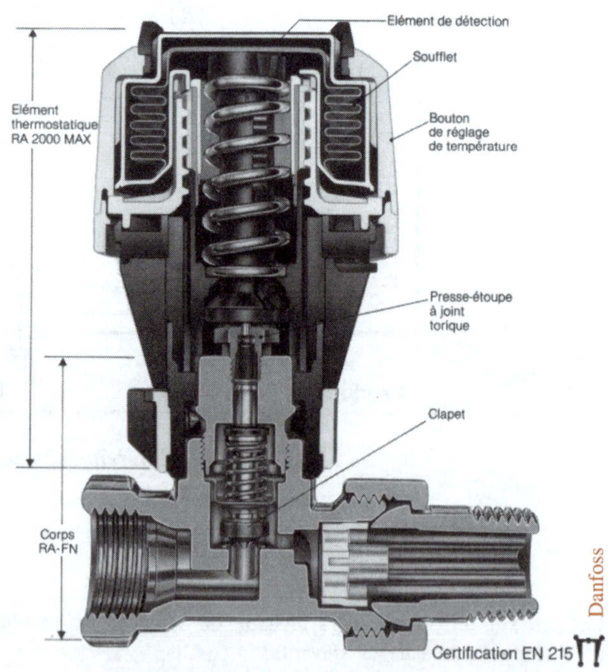

Figure 16.28 : *coupe d'un robinet thermostatique*

Ce robinet thermostatique (fabricant Danfoss) utilise la technologie du soufflet à tension de vapeur. Ce soufflet est rempli d'un gaz thermosensible réagissant aux moindres variations de température et qui procure une régulation d'une grande précision. La plage de température est de 5 à 22 °C (température de fermeture). Le minima de cette plage peut être réglé à volonté.

16.5.2.3. Les horloges de programmation

Les horloges sont dites **analogiques** lorsqu'elles sont mécaniques à cadran (programmation par cavaliers et/ou secteurs). Elles sont dites **digitales** si elles sont électroniques (programmation par touches).

Il existe deux types d'horloges de programmation selon leur plage d'action :

- l'horloge de programmation journalière, qui permet d'arrêter ou de mettre en route le chauffage aux horaires choisis,
- l'horloge de programmation hebdomadaire à deux canaux, qui permet de programmer sur l'un le chauffage, sur l'autre la préparation de l'eau chaude sanitaire par ballon.

En cas de coupure d'électricité, ces horloges disposent d'une réserve de fonctionnement d'au moins 16 heures.

16.5.2.4. Les appareils de régulation de la chaudière

❒ ***Rôle***

Ils modulent la température de l'eau de la chaudière en fonction de la température extérieure par action sur le brûleur de la chaudière.

❒ ***Aperçu du mécanisme***

La régulation comporte une **sonde extérieure** qui mesure la température extérieure.

En fonction de la valeur mesurée, la **courbe de chauffe** prédéfinie dicte automatiquement la température de chauffage.

Exemple : pour une température extérieure de 0 °C, la température de l'eau de la chaudière est de 50 °C. Le système de régulation commande alors le brûleur pour maintenir cette température et la contrôle par une sonde placée dans la chaudière (**sonde de chaudière**).

❒ ***Mode d'action de la régulation***

Pour chaque variation de température extérieure, la régulation agit sur la température de chauffage en suivant la courbe de chauffe. Il en résulte un meilleur rendement d'exploitation et une température de chauffage adaptée.

Remarques :

– *La régulation d'eau chaude sanitaire peut également être assurée en même temps que la régulation du chauffage, par contrôle de la température d'E.C.S. et gestion du fonctionnement de la chaudière pour assurer les besoins.*

– *Cette régulation chauffage + E.C.S. intègre un dispositif de priorité à l'eau chaude sanitaire.*

16.5.3. Les options de régulation

16.5.3.1. Régulation par le thermostat de chaudière et une horloge de programmation

Le thermostat de chaudière a pour rôle de maintenir l'eau de la chaudière à une température souhaitée au moyen d'un bouton de réglage. L'horloge permet, aux horaires choisis, d'arrêter ou de mettre en marche le chauffage.

16.5.3.2. Régulation par le thermostat d'ambiance

Le thermostat d'ambiance est à installer dans une pièce de référence.

Sans horloge, le thermostat d'ambiance règle la température de la pièce et adapte en permanence la puissance de la chaudière aux besoins en chaleur.

Avec une horloge journalière ou hebdomadaire, le thermostat permet de régler soit une température de confort, soit une température réduite et de programmer des périodes de chauffe pour chacune des températures.

16.5.3.3. Régulation en fonction de la température extérieure par action sur le brûleur

La température de l'eau du circuit de chauffage est modulée en fonction de la température extérieure mesurée par une sonde extérieure.

La programmation du circuit de chauffage est réalisée par une horloge journalière ou hebdomadaire. Elle permet de programmer des périodes de chauffe dites de confort ou dites réduites pour des températures ambiantes.

16.5.3.4. Régulation en fonction de la température extérieure par action sur le brûleur et sur une vanne mélangeuse

On peut réguler :

- **soit un circuit de chauffage** – radiateurs ou plancher chauffant;
- **soit deux circuits de chauffage** dont l'un est raccordé avant la vanne mélangeuse et l'autre après la vanne mélangeuse.

Remarque : *Il est possible, à l'aide de microprocesseurs, de commander par téléphone le fonctionnement de la chaudière d'une résidence secondaire, par exemple.*

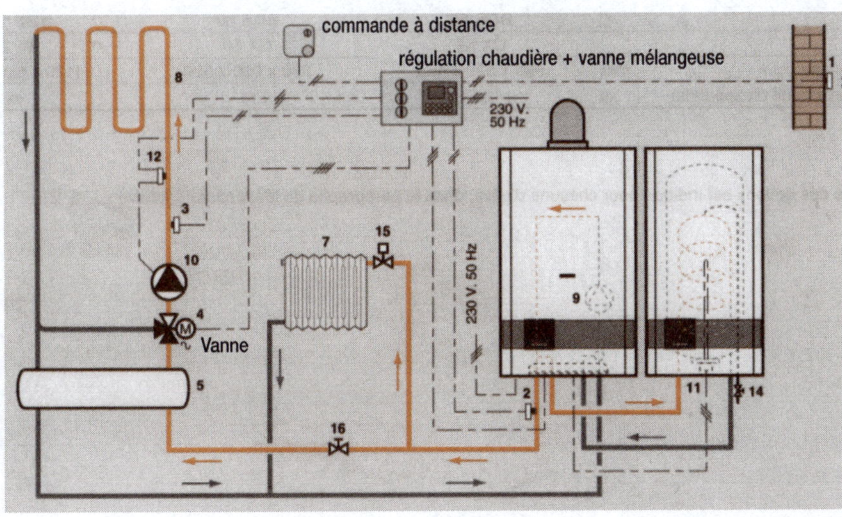

Deux circuits de chauffage sont pilotés par une régulation chaudière + vanne mélangeuse + une commande à distance (horloge).
La commande à distance agit sur les températures ambiantes (confort et réduite) et sur les périodes de chauffe pour chaque température.

1 - Sonde extérieure
2 - Sonde avant vanne mélangeuse
3 - Sonde après vanne mélangeuse
4 - Vanne mélangeuse motorisée 230 V - 50 Hz obligatoire avec plancher chauffant
5 - Bouteille casse pression obligatoire avec plancher chauffant
7 - Circuit **I** avant vanne : radiateurs
8 - Circuit **II** après vanne : plancher chauffant ou radiateurs
9 - Circulateur DIETRISTAR - circuit I
10 - Circulateur - circuit **II**
11 - Thermostat ballon
12 - Thermostat limiteur 55 °C maxi. (pour plancher chauffant)
14 - Purge de l'échangeur du ballon
15 - Robinet thermostatique
16 - Vanne d'équilibrage

Exemples :
-//- Câble électrique 2 fils
-////- Câble électrique 4 fils

Figure 16.29 : ***chaudière + ballon ECS***

16.6. Aspects réglementaires

16.6.1. Cas des chaudières à gaz avec sortie ventouse

16.6.1.1. Rappel succinct du mode de fonctionnement

Se reporter à la figure 16.30.

Les ventouses équipent les appareils à **circuit étanche**.

L'amenée de l'air frais et l'évacuation des gaz brûlés transitent uniquement par la ventouse.

L'extracteur refoule les produits de combustion vers l'extérieur par le tube central de la ventouse en même temps qu'il aspire l'air nécessaire au fonctionnement du brûleur.

Pour les appareils classiques, le tracé du tube doit avoir une légère pente vers l'extérieur pour empêcher soit les condensats, soit l'eau de pluie de pénétrer dans la zone étanche.

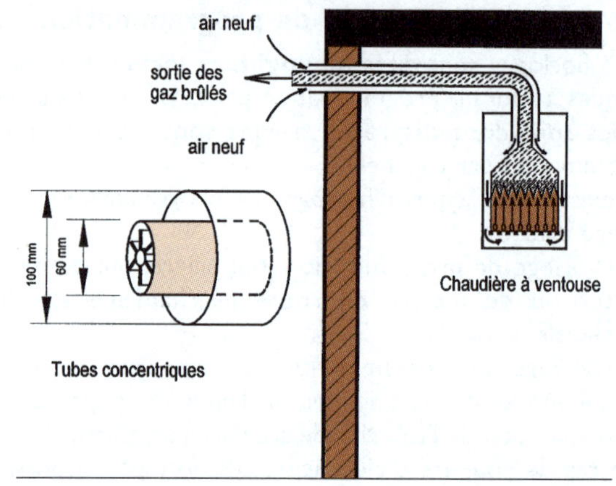

Figure 16.30 : *chaudière à gaz avec sortie ventouse*

Schéma de principe du circuit :
- *amenée d'air frais dans l'espace annulaire,*
- *rejet des gaz brûlés par le tube intérieur.*

16.6.1.2. Conditions particulières relatives à l'évacuation des gaz brûlés

➤ **Les orifices d'évacuation qui rejettent les gaz brûlés à travers un mur extérieur** doivent être situés (fig. 16.31) :
- au moins à 0,40 m de toute baie ouvrante,
- au moins à 0,60 m d'un orifice de ventilation.

➤ **Les orifices débouchant directement sur une circulation extérieure** en voie publique ou privée doivent être à **1,80 m** de hauteur, sinon comporter un déflecteur amovible pour orienter les gaz évacués dans une direction sensiblement parallèle au mur et ainsi qu'une protection efficace contre toute intervention extérieure susceptible de nuire au bon fonctionnement de l'appareil.

➤ **Autres positions** (fig. 16.32) :
- à proximité d'un angle de mur,
- en sortie sous le balcon,
- en sortie sous la toiture.

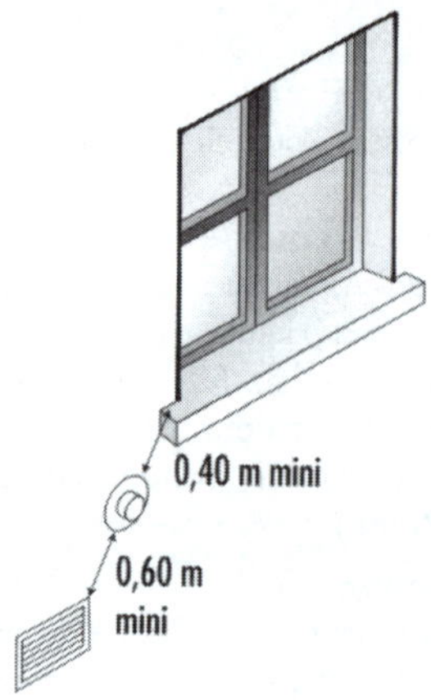

Figure 16.31 : *distances minimales ; cas d'une baie et d'une ventilation (entrée d'air frais)*

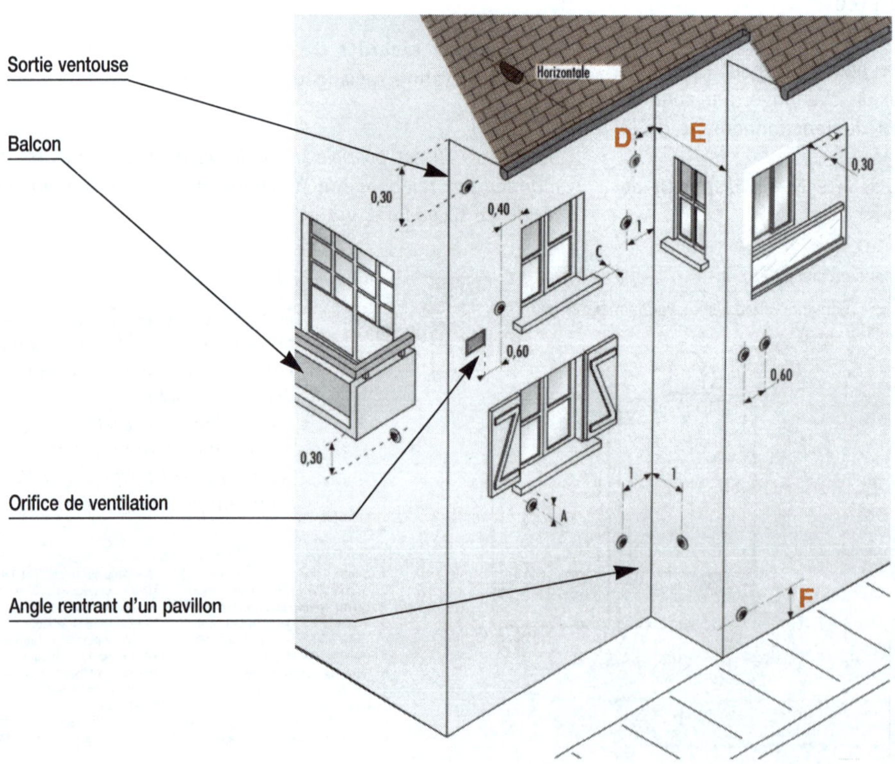

D ⩾ 0,15 m si E ⩽ 0,50 m.

D ⩾ 0,80 m si E > 0,50 m.

La distance minimale à prendre en considération est la plus courte distance en tenant compte du contour des obstacles.

Si F < 1,80 m, le terminal de ventouse doit comporter un déflecteur et une protection.

Figure 16.32 : *distances réglementaires en façade*

16.6.2. Cas des appareils à gaz à circuit non étanche

Le circuit de combustion (amenée d'air, chambre de combustion, sortie de gaz brûlés) **est dit non étanche** s'il communique, par l'une de ses parties, avec l'air du local où cet appareil est installé. En général, l'air transite par le local pour arriver à la chambre de combustion de l'appareil.

Exemple d'appareil : chaudière à gaz au sol ou murale avec évacuation des gaz brûlés dans un conduit de cheminée qui satisfait aux propriétés suivantes :

- étanchéité aux gaz,
- résistance aux chocs thermiques,
- résistance aux agents corrosifs (gaz brûlés).

16.6.2.1. Classification des appareils

On distingue, selon la conception de l'évacuation des produits de combustion et de l'admission d'air, les types d'appareils suivants :

- Appareil de **type A :** appareil non destiné a être raccordé à un conduit, ni à un dispositif d'évacuation vers l'extérieur. *Exemple :* gazinière dans une cuisine.
- Appareil de **type B :** appareil destiné à être raccordé à un conduit pour l'évacuation des produits de combustion; l'air comburant étant prélevé directement dans le local où l'appareil est installé. *Exemple :* chaudière murale.
- Appareil de **type B1 :** appareil de type B équipé d'un coupe-tirage antirefouleur dans le circuit de combustion. *Remarque :* L'appareil sera de type **B11** s'il est sans ventilateur.
- Appareil de **type B2 :** appareil de type B non équipé d'un coupe-tirage antirefouleur. *Remarque :* L'appareil est dit de **type C** s'il est à circuit étanche (l'air du local n'est pas concerné).

16.6.2.2. Conduit de fumée individuel pour les appareils à gaz de type B

C'est un conduit qui ne dessert qu'un seul local. Une chaudière à gaz peut être raccordée à ce conduit. L'évacuation des produits de combustion a lieu par tirage naturel.

Ce conduit peut être utilisé comme sortie d'air pour l'évacuation de l'air vicié du local à condition que la partie supérieure de l'entrée du coupe-tirage soit située au minimum à 1,80 m du sol (fig. 16.42).

La section du conduit de fumée se détermine par simple lecture de tableau (voir tableau ci-contre pour appareil de type B1) en fonction :

- de la **hauteur du conduit** de fumée; exemple : hauteur comprise entre 4 et 10 m;
- de la **présence ou non de dévoiement** dans le conduit de fumée (fig. 16.33 et 16.34); exemple : conduit droit ou coudé;
- du **diamètre du conduit de raccordement** et des coudes éventuels (voir types I à IV, fig. 16.36); exemple : type II si raccordement avec 1 coude à 90°;
- de **la puissance de la chaudière;** exemple : chaudière de 23 kW ou 28 kW, ou plus.

Figure 16.33 : *conduit droit*

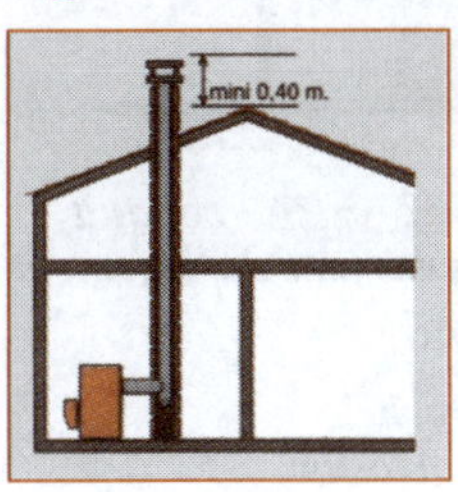

Inox rigide (fixation par colliers)

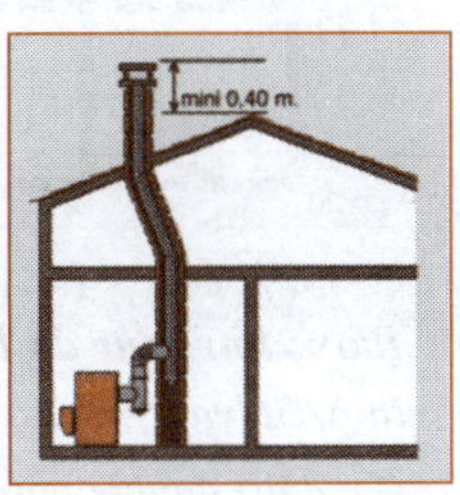

Flexible Inox
Simple paroi : gaz et fioul
Double paroi : tous combustibles

Figure 16.34 : *conduit avec dévoiement*

Tableau 16.2 : *appareil de type B1; chaudière standard*

Caractéristiques du conduit de fumée

Caractéristiques du conduit de raccordement (type I à type IV : fig. 16.36)	Résistance thermique du conduit d'évacuation	r ≥ 0,22 m² K/W								r ≥ 0,22 m² K/W							
	Hauteur du conduit d'évacuation	1,60 ⩽ H < 4 m								4 m ⩽ H < 10 m							
Type de Raccordement	Diamètre du conduit de raccordement / Dimension du conduit de fumée	Ø 111 mm	Ø 125 mm	Ø 139 mm	Ø 153 mm	Ø 167 mm	Ø 180 mm	Ø 200 ou 200 x 200 mm	Ø 250 ou 300 x 200 mm	Ø 111 mm	Ø 125 mm	Ø 139 mm	Ø 153 mm	Ø 167 mm	Ø 180 mm	Ø 200 ou 200 x 200 mm	Ø 250 ou 300 x 200 mm
Type I	83	12	13	14	14	14	14	14	14	16	17	19	20	20	21	21	21
	97	14	15	18	19	20	20	21	22	19	23	25	27	28	29	30	31
	111	16	19	21	24	25	27	28	30	21	26	30	34	36	38	40	42
	125	17	21	24	27	33	33	35	38	22	30	34	40	43	46	50	54
	139	18	22	26	30	34	37	40	46	23	31	38	44	47	53	59	67
	153	-	23	27	32	36	40	46	54	-	32	39	49	55	59	67	70
	167	-	-	28	33	38	42	49	61	-	-	40	50	56	61	70	70
	180	-	-	-	35	39	45	52	66	-	-	-	52	61	69	70	70
	200	-	-	-	-	44	49	59	69	-	-	-	-	65	70	70	70
Type II	83	10	10	11	11	11	11	11	11	15	16	16	17	17	17	17	17
	97	13	14	14	15	15	16	16	16	16	17	20	21	21	22	22	23
	111	15	17	18	19	20	20	21	21	18	20	24	27	28	29	30	30
	125	16	19	21	23	24	25	27	27	19	25	27	32	34	35	41	41
	139	18	21	24	26	28	30	32	34	20	26	32	36	39	42	45	48
	153	-	22	26	29	32	34	37	40	-	27	33	41	45	48	52	58
	167	-	-	28	31	35	38	42	47	-	-	34	42	51	54	61	67
	180	-	-	-	33	37	40	46	52	-	-	-	43	52	61	69	70
	200	-	-	-	-	40	44	50	60	-	-	-	-	53	68	70	70
Type III	83	8	9	9	9	9	9	9	9	12	13	14	14	14	14	14	14
	97	11	12	12	13	13	13	13	13	14	16	16	17	18	18	18	18
	111	13	13	15	16	16	17	17	17	15	17	18	19	20	21	23	23
	125	15	17	18	20	20	21	22	22	16	19	23	27	30	31	32	32
	139	16	19	21	23	24	25	26	27	17	23	27	30	33	34	35	39
	153	-	21	23	26	28	29	31	33	-	25	30	34	38	41	44	48
	167	-	-	25	28	31	33	35	38	-	-	32	38	43	46	50	55
	180	-	-	-	30	34	36	39	44	-	-	-	40	48	51	56	63
	200	-	-	-	-	37	40	44	51	-	-	-	-	51	56	63	70
Type IV	83	7	8	8	8	8	8	8	8	11	12	12	12	12	12	12	12
	97	10	10	10	11	11	11	11	11	12	13	13	14	15	15	15	15
	111	12	13	14	14	14	15	15	15	13	15	16	17	18	19	21	21
	125	14	15	17	17	18	18	19	20	14	17	21	25	28	29	30	30
	139	16	18	19	21	21	22	23	24	15	21	25	28	31	32.	33	37
	153	-	20	22	24	25	26	27	28	-	23	28	32	36	39	42	46
	167	-	-	24	26	28	30	31	33	-	-	30	36	41	44	48	52
	180	-	-	-	28	31	33	35	38	-	-	-	37	45	48	53	60
	200	-	-	-	-	34	37	40	45	-	-	-	-	48	54	60	67

Exemple :

Conduit de fumée sans dévoiement et isolé thermiquement ($r \geqslant 0,22$ m² °C/W),
raccordement avec un coude à 90 ° de la chaudière au conduit → type II,
diamètre de raccordement au conduit de fumée : 125 mm,
hauteur du conduit : 4 m ⩽ H < 10 m,
*chaudière de type B1 : puissance utile maximale de **41** kW.*

Lecture sur tableau :

*Horizontalement : Type II → ∅=**125** mm → puissance de **41** kW.*
Verticalement : on remonte au droit de 41 kW pour 4 ⩽ H >10 m.
Lecture de la section du conduit : section 200 × 200 mm pour le conduit de fumée.

Remarque : Les conduits de section rectangulaire doivent satisfaire à la condition : longueur/largeur ⩽ 1,6.

***Important :** Une chaudière raccordée à un conduit de fumée à tirage naturel ne peut pas être installée dans un local ventilé mécaniquement en raison de la mise en dépression possible du local et du risque d'inversion de tirage.*

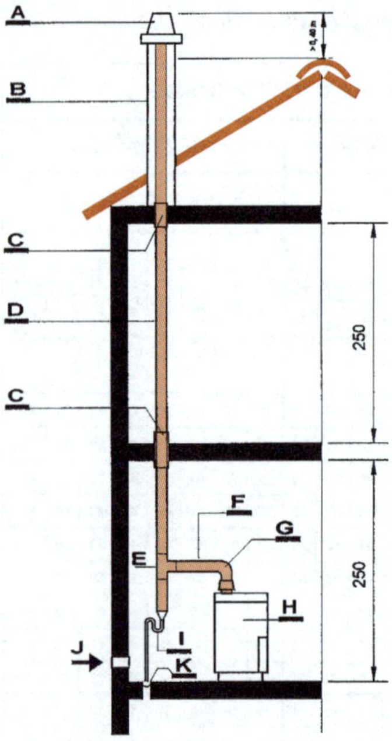

- **A** Chapeau de protection ou extracteur statique
- **B** Souche en maçonnerie avec doublage
- **C** Fourreau de traversée de plancher
- **D** Conduit de fumée
- **E** Té de raccordement
- **F** Conduit de raccordement
- **G** Coude à 90 °
- **H** Chaudière
- **I** Siphon de purge
- **J** Ventilation basse
- **K** Bonde syphoïde

Figure 16.35 : ***conduit individuel***

Matériaux utilisables en conduit de fumée :
(fig. 16.35 à 16.39)

- boisseaux de terre cuite à parois pleines ou alvéolées ;
- boisseaux en béton additionné de pouzzolanes (sous avis techniques) ;
- conduits métalliques à double paroi ;
- tubages de conduits (tubages rigides ou souples) :
  - en acier inoydable 18/8 stabilisé au titane,
  - en aluminium A5 (99,5 % de pureté), d'épaisseur au moins 0,8 mm.

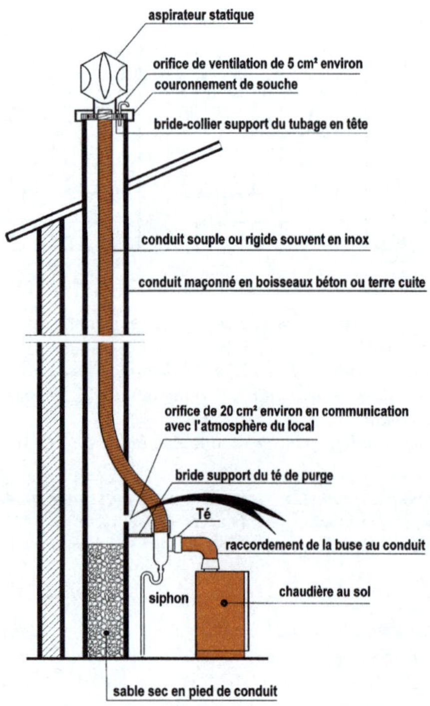

Figure 16.37 : ***tubage d'un conduit***

Conduit de raccordement	Conduit de fumée sans dévoiement	Conduit de fumée avec dévoiement
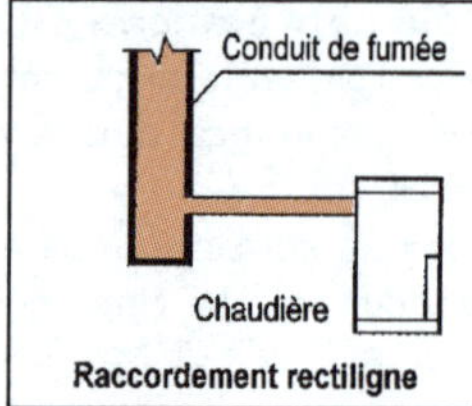 Conduit de fumée; Chaudière; Raccordement rectiligne	Type I	Type II
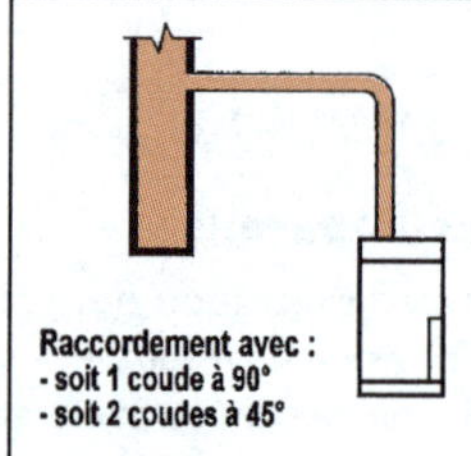 Raccordement avec : - soit 1 coude à 90° - soit 2 coudes à 45°	Type II	Type III
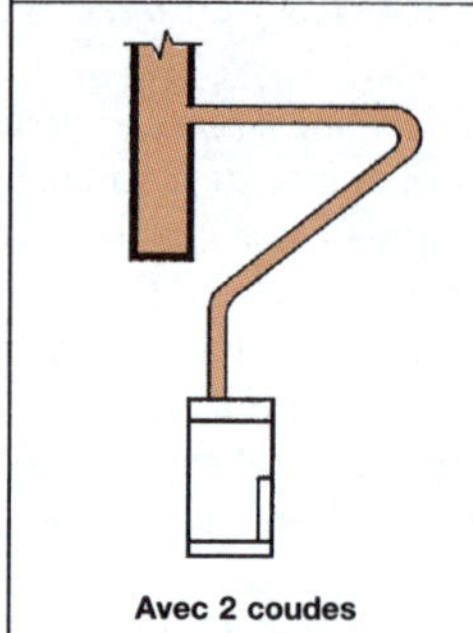 Avec 2 coudes	Type III	Type IV

Figure 16.36 : ***types de conduit de raccordement dans le cas d'un appareil raccordé à un conduit de fumée individuel***

❒ *Tubage*

Le tubage est l'opération qui consiste à introduire, à l'intérieur d'un conduit de fumée, un tube indépendant pour évacuer les produits de combustion.
Cette solution est envisagée pour :

- adapter un conduit aux exigences réglementaires,
- adapter la section du conduit en fonction de l'appareil,
- assurer la protection du conduit contre les risques de corrosion ou de bistrage,
- permettre une évacuation rapide des gaz brûlés.

❒ *Mise en œuvre : points clés*

- ventilation haute et basse de l'espace annulaire,
- té à purge en bas de conduit,
- protection du débouché contre l'eau de pluie,
- dimension du tubage (tableau 16.2, p. 211).

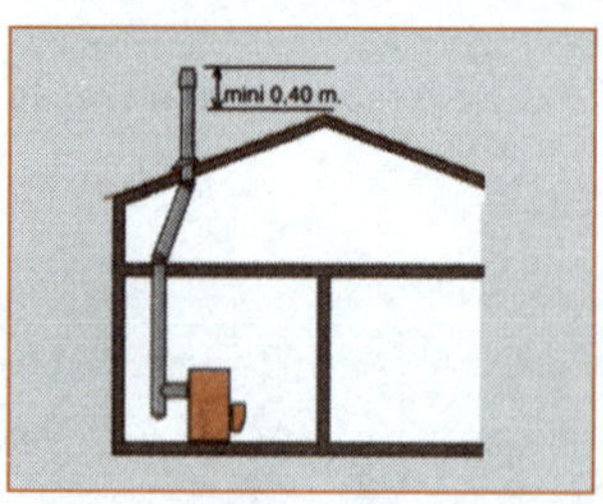

Figure 16.38 : ***conduit inox ; intérieur du logement***

Inox/Galva

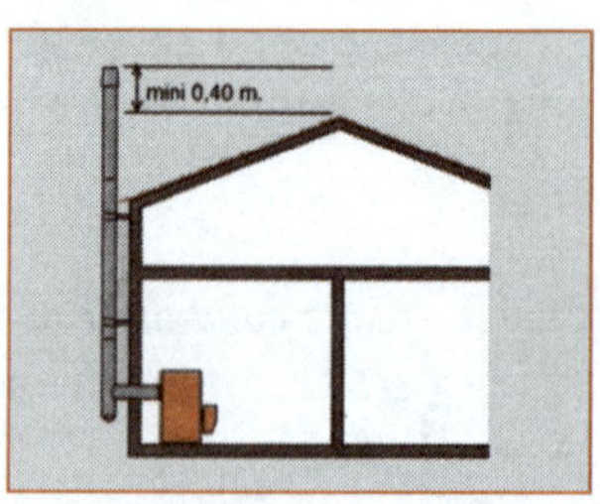

Figure 16.39 : ***conduit inox ; extérieur du logement***

Inox/inox

Conduits double paroi isolée de laine de roche.
Inox/inox : davantage de résistance à la corrosion.

❒ ***Débouché de la souche en toiture***

La réglementation est précisée sur la figure 16.40 pour une toiture de pente > 15°. Le débouché doit se situer à une hauteur telle que les obstacles voisins ne risquent pas de provoquer une surpression à l'endroit de ce débouché.

Remarque : En toiture de pente < 15°, le débouché doit être situé à 1,20 m au moins au-dessus du point de sortie et à 1,00 m au moins au-dessus de l'acrotère si ce dernier est à une hauteur > 0,20 m.

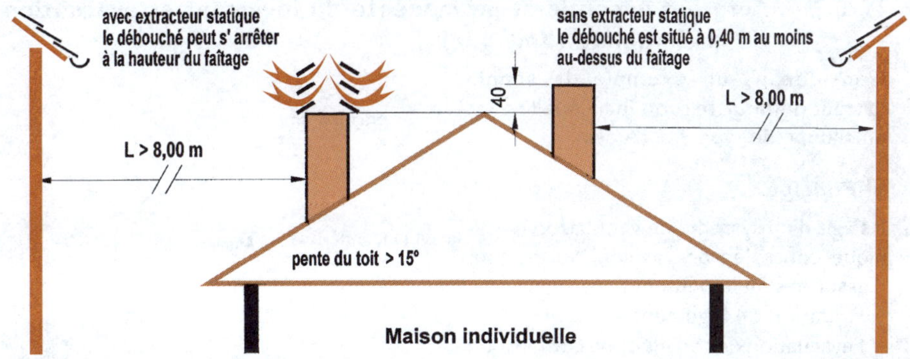

Figure 16.40 : ***débouché de la souche en toiture de pente > 15°***

16.6.2.3. Prescriptions

❒ ***Volume du local***

Les appareils à circuit non étanche ne peuvent être installés dans un local dont le volume est inférieur à 8 m³.

❒ ***Amenée d'air de combustion***

Tout appareil à combustion nécessite un apport en air comburant. L'hygiène de l'atmosphère du local où est installé l'appareil est conditionnée par les amenées d'air et l'évacuation des produits de combustion.

Chaque pièce principale comporte au moins une entrée d'air neuf. Les modules d'entrée d'air utilisés sont généralement de 22 m³/h et de 30 m³/h dans les pièces principales (séjour et chambres).

Lorsque l'évacuation des produits de combustion se fait par **tirage naturel**, on demande seulement de contrôler la somme M des modules des entrées d'air en fonction de la puissance des appareils installés. On considère deux cas :

1. le local contient uniquement un appareil à gaz non raccordé (appareil de cuisson, par exemple); il faut vérifier que $M \geqslant 90$;
2. le local contient une chaudière raccordé et un appareil de cuisson non raccordé; il faut vérifier que $M \geqslant 6{,}2$ Pu, Pu étant la somme des puissances utiles maximales des appareils à gaz raccordés.

Exemple : maison individuelle de type T4 avec une chaudière à gaz de 28 kW, installée dans la cuisine en ventilation par tirage naturel.

3 chambres avec module d'entrée d'air de 30 m³/h → module total de 90 m³/h.

1 séjour avec 3 modules d'entrée d'air de 30 m³/h → module total de 90 m³/h.

Somme des modules : M = 180 m³/h.

La relation $M \geqslant (6{,}2 \times Pu)$ est vérifiée ($6{,}2 \times 28 = 173{,}6$).

❒ ***Sortie d'air***

Chaque pièce de service (cuisine, salle de bains, WC, etc.) comporte au moins une sortie d'air par tirage naturel ou raccordée à un dispositif de ventilation mécanique.

➤ **En tirage naturel**, si le local comporte un ou plusieurs appareils non raccordés (exemple : gazinière), la sortie d'air en partie haute d'un conduit vertical doit avoir une section minimale de 100 cm².

➤ **En ventilation mécanique contrôlée**, la sortie d'air peut s'effectuer par :

- une bouche d'extraction VMC (§ 16.6.2.4),
- le coupe-tirage d'un appareil s'il est raccordé dans une VMC-gaz, à condition que la partie supérieure de l'entrée du coupe tirage soit située à une distance supérieure ou égale à 1,80 m du sol.

Dans tous les cas, un ouvrant de surface minimale 0,40 m² sur l'extérieur ou une courette d'au moins 2 m de largeur est exigé pour un dégagement rapide, si besoin, de l'air vicié.

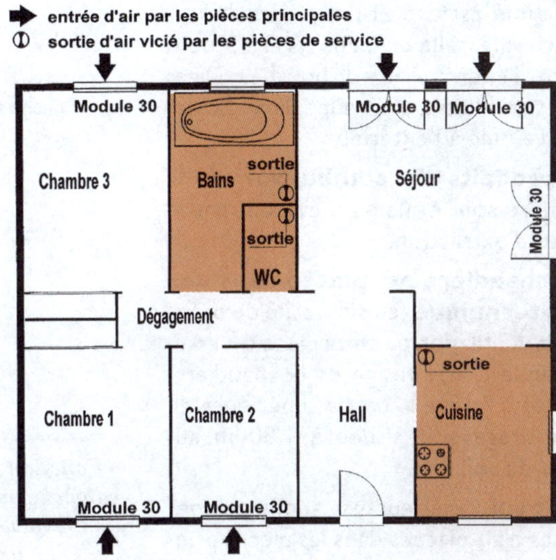

Figure 16.41 : ***ventilation générale et permanente des locaux***

a Amenée d'air par transit dans les pièces principales
b Bouche d'extraction mécanique VMC
c Sortie par le coupe-tirage situé à 1,80 m au-dessus du sol si l'appareil est raccordé à une VMC gaz
d Sortie par conduit vertical à tirage naturel
e Ouvrant d'au moins 0,40 m², donnant sur l'extérieur ou courette de 2,00 m de largeur au moins

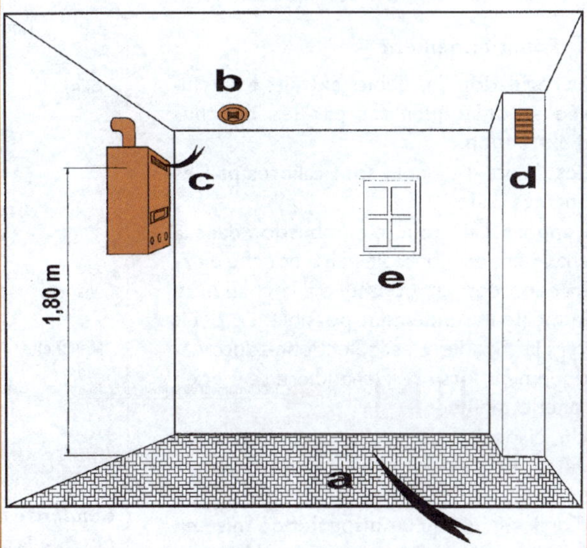

Figure 16.42 : ***aération d'une pièce (solutions possibles)***

16.6.2.4. Aération générale et permanente du logement et évacuation des produits de combustion de la chaudière (VMC gaz)

Considérons un exemple de simple extraction pour maison individuelle avec un groupe de type ZG (Aldès).

❒ *Principe*

Il s'agit d'un système de ventilation mécanique contrôlée de pavillon, qui permet d'assurer simultanément :
– l'aération du logement,
– l'évacuation des produits de combustion de la chaudière à gaz installée dans la cuisine ou dans le garage.

L'air vicié est extrait des pièces de service (cuisine, salle de bains, WC, séchoir, etc.) par l'intermédiaire de bouches reliées par des conduits à un groupe d'extraction qui le refoule à l'extérieur.

Les produits de combustion de la chaudière sont également évacués par le groupe d'extraction.

Si la chaudière est placée dans une pièce technique (cuisine, salle de bains, etc.), la ventilation de cette pièce est assurée par le coupe-tirage de la chaudière, sous réserve que la partie supérieure du coupe-tirage soit située à 1,80 m au-dessus du sol.

L'air neuf extérieur est admis par des entrées d'air placées dans les pièces principales (chambres et séjour).

❒ *Intérêts*

– La double fonction de ce système ventilation du logement/évacuation des fumées de la chaudière permet d'éviter les contraintes de raccordement des chaudières à un conduit de cheminée ou à une ventouse.
– La VMC gaz est aussi facile à installer qu'une ventilation mécanique classique.

❒ *Fonctionnement*

La régulation des débits extraits est assurée automatiquement par les bouches d'extraction.

Les débits d'air neuf sont calibrés par les entrées d'air.

L'apport d'air pour la combustion dans la chaudière est contrôlé par la bouche d'extraction des gaz et assure à la chaudière le meilleur rendement possible. Le débit vers la chaudière est sélectionné automatiquement lorsque la chaudière se met en fonctionnement.

Un dispositif de sécurité comporte un détecteur de défaut d'extraction (dépressostat), un système de transmission d'ordre, ainsi qu'un dispositif de mise en arrêt de la chaudière en cas de défaillance technique.

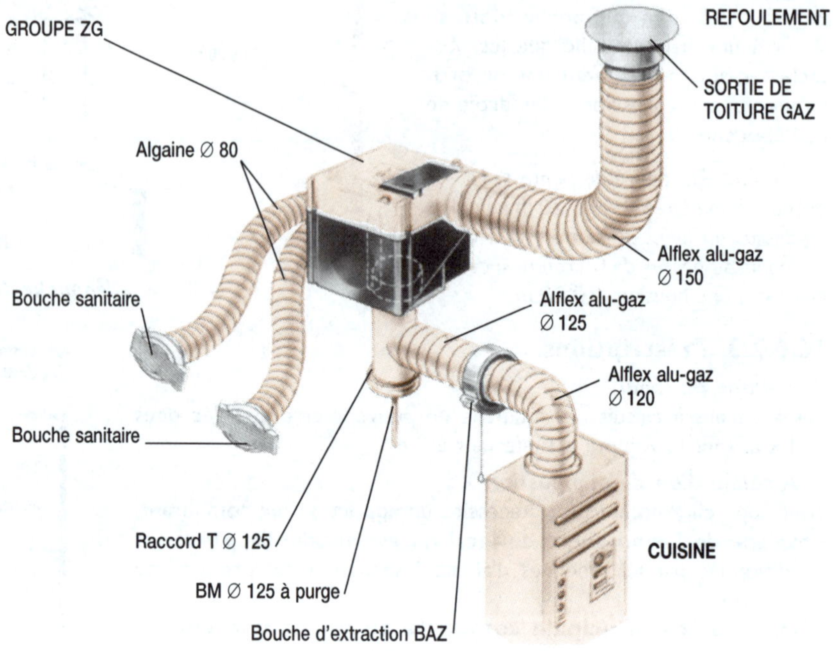

Figure 16.43 : ***montage en cuisine***

Fonction de la bouche d'extraction gaz :
Bouche auto-séquentielle gaz permettant :
– l'évacuation des gaz brûlés pour des chaudières allant jusqu'à 23 kW,
– la ventilation de la cuisine au débit de croisière de 45 m³/h,
– la ventilation de la cuisine au débit de pointe de 135 m³/h.
L'obtention du débit de pointe s'effectue à l'aide d'un câble.
Le débit de la chaudière est sélectionné lors de son fonctionnement.

Description de la bouche :
– corps en aluminium moulé,
– membrane de régulation en silicone.

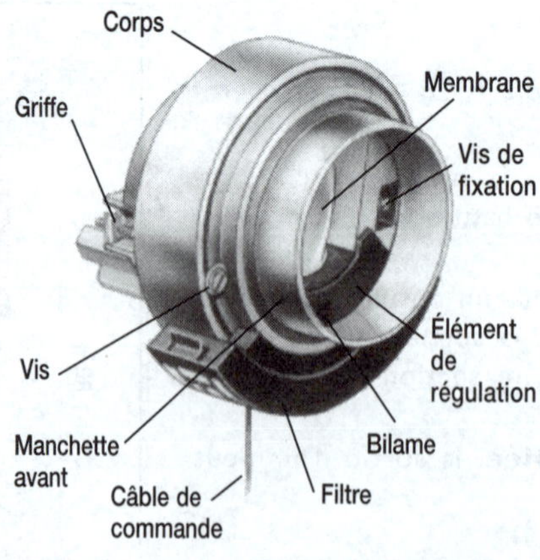

Figure 16.44 : ***bouche d'extraction gaz en cuisine***

Conduits en aluminium :
Les réseaux doivent être réalisés en conduit semi-souple aluminium qualité gaz.

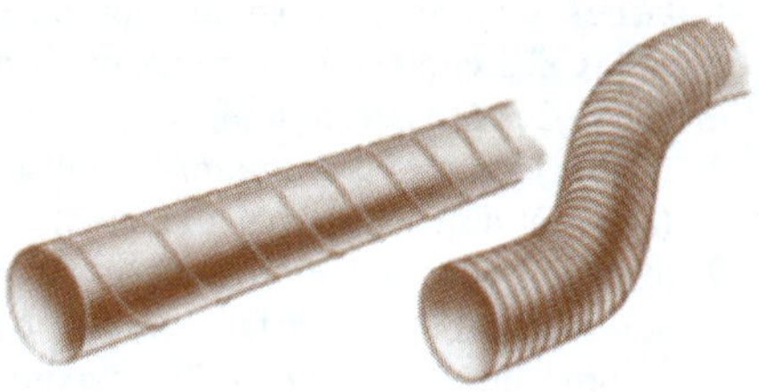

Figure 16.45 : ***conduits en aluminium***

Ces conduits et leur mise en œuvre respecteront les exigences du DTU Gaz N° 61.1

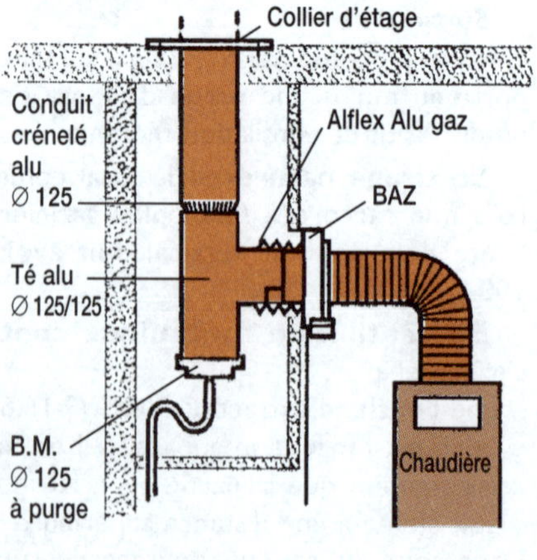

Figure 16.46 : ***raccordement de la chaudière au conduit***

16.7. Avant-projet sommaire

Il comprend (fig. 16.50 et 16.51) :
- un rez-de-chaussée disposé en forme de Y,
- un étage avec accès par escalier balancé.

Lot : chauffage central à eau chaude
Il peut inclure la production d'eau chaude sanitaire (ECS).

16.7.1. Les points clés

Ils sont à envisager en fonction :
- du pavillon avec rez-de-chaussée et étage,
- de la zone géographique,
- de la structure et de son isolation thermique,
- du type d'énergie (souvent le gaz),
- de l'implantation des pièces principales et de service,
- de la présence ou non d'un conduit d'évacuation,
- de la ventilation mécanique contrôlée (VMC),
- du volume à chauffer pour la puissance de la chaudière.

16.7.1.1. Installation de la chaudière

Choix possibles du local :
- emplacement centralisé dans l'habitation,
- emplacement nécessité par les pièces de service malgré les incidences sur le réseau de distribution.

Modes d'évacuation des gaz brûlés :
- version ventouse,
- version conduit de cheminée,
- version VMC.

16.7.1.2. Choix de la chaudière

- à circuit étanche,
- à circuit non étanche,
- chaudière murale,
- chaudière au sol,
- avec production instantanée d'ECS,
- avec ballon échangeur.

16.7.1.3. Émetteurs de chaleur

- par radiateurs, par exemple des radiateurs en acier de type « panneau » ou autres formes,
- par radiateurs à éléments en fonte ou en aluminium,
- par chauffage par le sol (plancher chauffant).

16.7.1.4. Modes de distribution

Comment minimiser les pertes thermiques ?
Emplacement des émetteurs de chaleur dans les pièces d'habitation : sous les fenêtres ; en angle de mur, etc.
Position des nourrices de distribution du réseau pour un accès et un contrôle facile.
Tracé des circuits de canalisations apparentes ou dissimulées, ou incorporées dans les structures.

16.7.1.5. Type de régulation et accessoires

- thermostat d'ambiance programmable,
- sonde extérieure,
- commande à distance par horloges,
- robinets thermostatiques.

16.7.1.6. Budget prévu pour un amortissement sur plusieurs années

Coût de fonctionnement (énergie, entretien) à prendre en compte pour les choix d'appareils.

Remarque :
L'utilisateur qui se prépare à opter pour une installation de chauffage peut ainsi préparer sa concertation avec l'installateur en regard :
- *des options d'installations offertes suivant les matériels et les accessoires,*
- *des contraintes particulières afférentes à l'habitation,*
- *de la réglementation actuelle,*
- *du confort souhaité.*

16.7.1.7. Options pour le système de production : chauffage et ECS

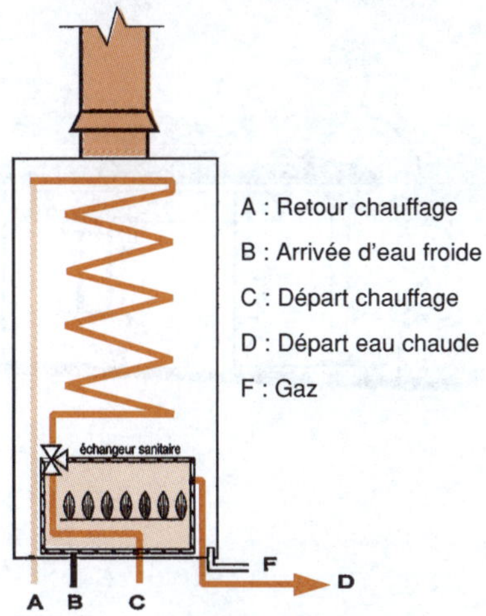

Figure 16.47 : *chauffage et ECS instantanée*

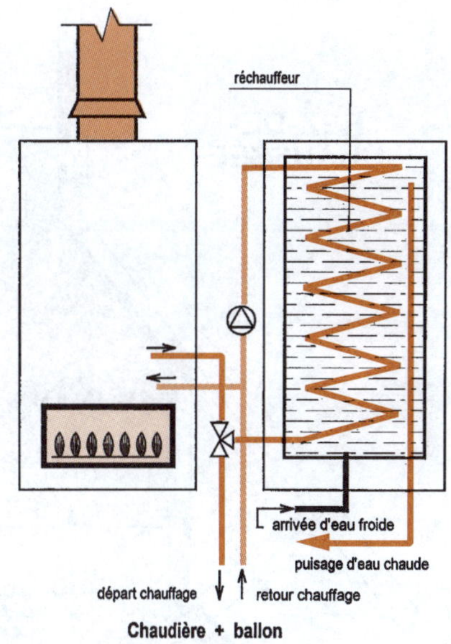

Figure 16.48 : *chauffage et ECS accumulée*

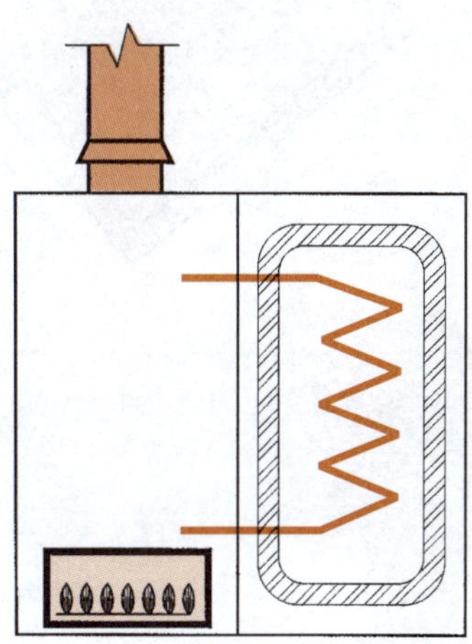

Figure 16.49 : *chaudière avec ballon intégré*

16.7.2. Les plans et les façades

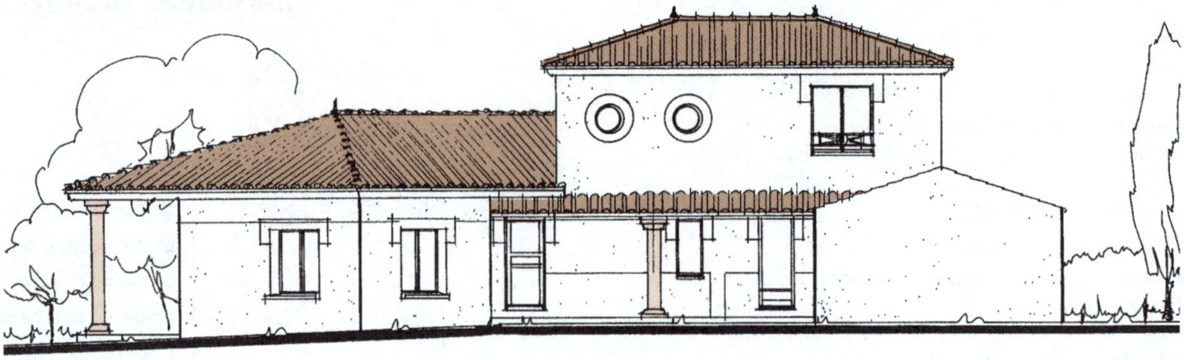

Façade principale

RDC

SH = 141,86 m²

REZ-DE-CHAUSSÉE

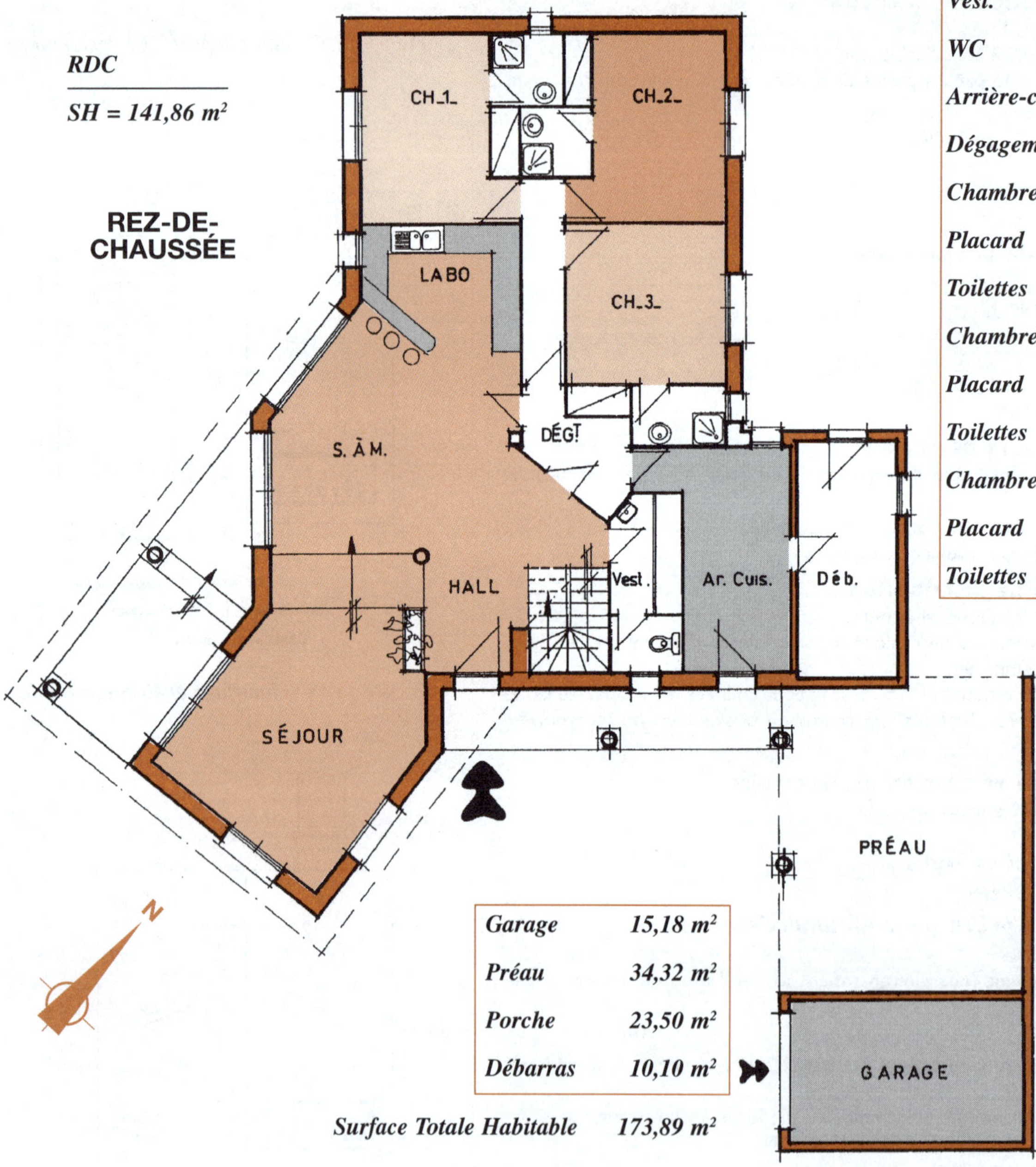

Séjour	*28,41 m²*
Vest.	*3,90 m²*
WC	*1,57 m²*
Arrière-cuisine	*12,15 m²*
Dégagement	*7,58 m²*
Chambre 1	*12,00 m²*
Placard	*0,90 m²*
Toilettes	*2,32 m²*
Chambre 2	*12,00 m²*
Placard	*0,90 m²*
Toilettes	*2,32 m²*
Chambre 3	*12,00 m²*
Placard	*0,85 m²*
Toilettes	*2,40 m²*

Garage	*15,18 m²*
Préau	*34,32 m²*
Porche	*23,50 m²*
Débarras	*10,10 m²*

Surface Totale Habitable *173,89 m²*

Maisons Privat

Figure 16.50 : ***plan du rez-de-chaussée et façade principale***

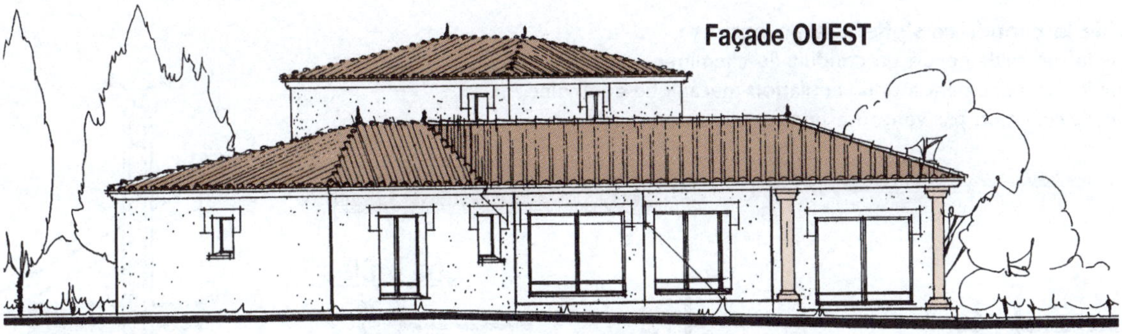

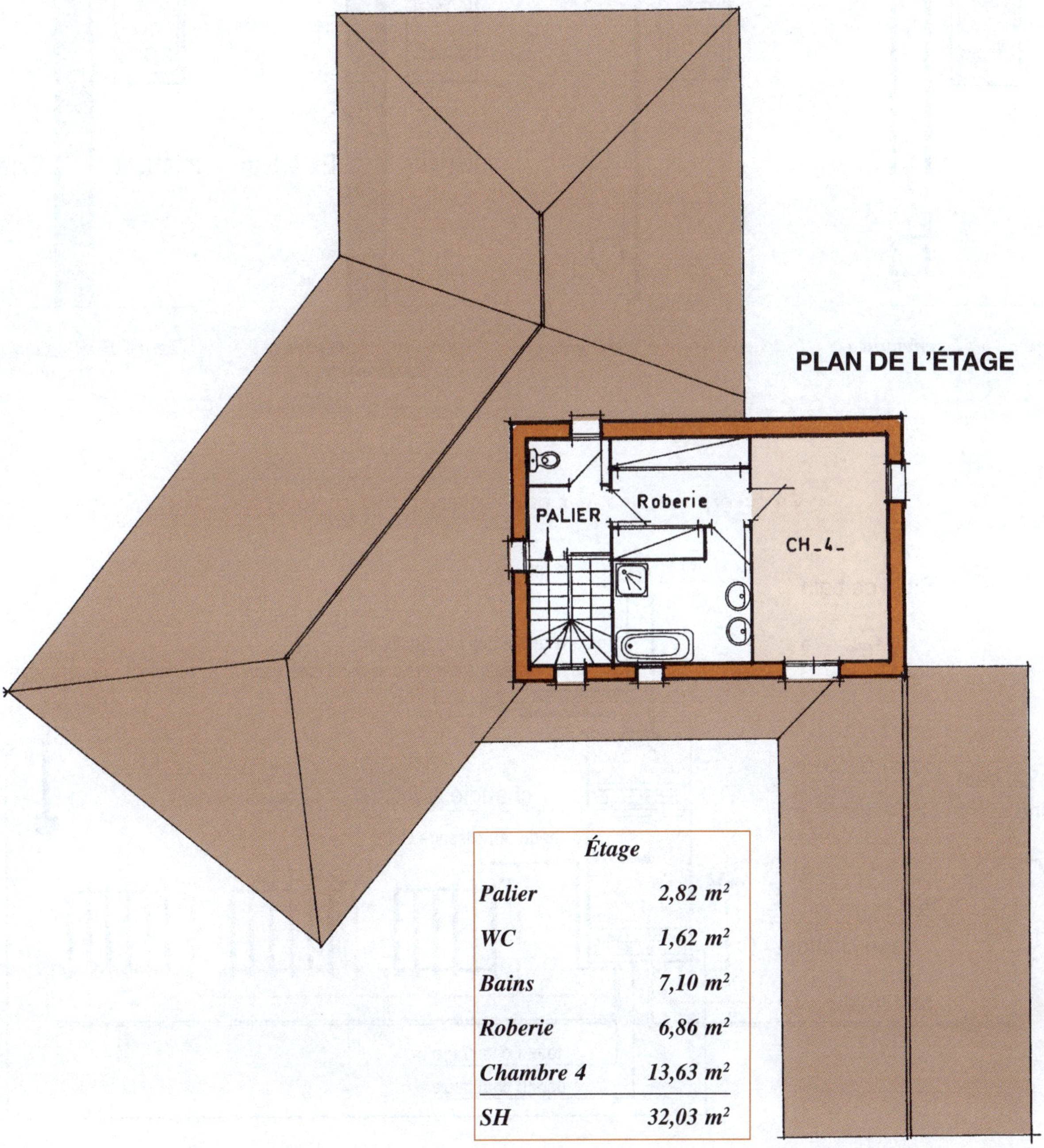

Étage	
Palier	***2,82 m²***
WC	***1,62 m²***
Bains	***7,10 m²***
Roberie	***6,86 m²***
Chambre 4	***13,63 m²***
SH	***32,03 m²***

Maisons Privat

Figure 16.51 : ***plan de l'étage et façade latérale gauche***

16.7.3. Chaudières murales pour chauffage + eau chaude sanitaire

Le choix de la chaudière s'effectue en optant :
– soit pour le raccordement à un conduit de cheminée,
– soit pour le raccordement à une ventilation mécanique contrôlée,
– soit pour l'évacuation par ventouse horizontale ou verticale.

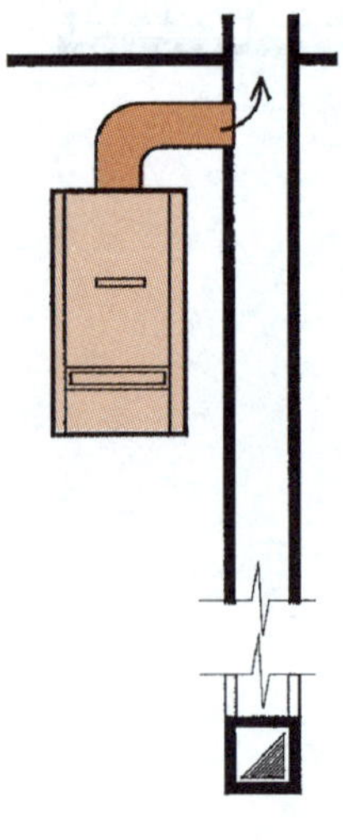

Figure 16.52 : *cheminée*

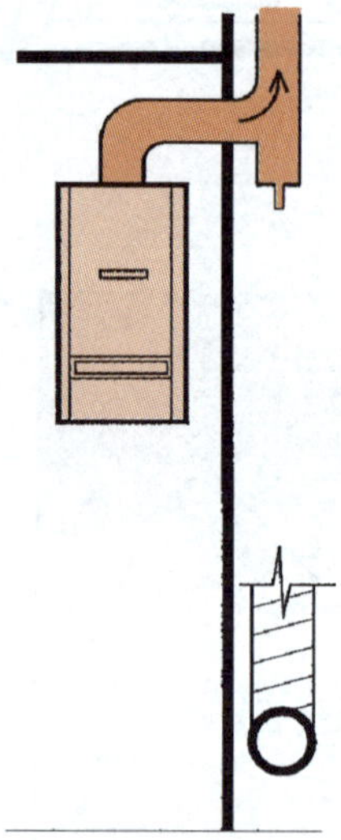

Figure 16.53 : *VMC gaz*

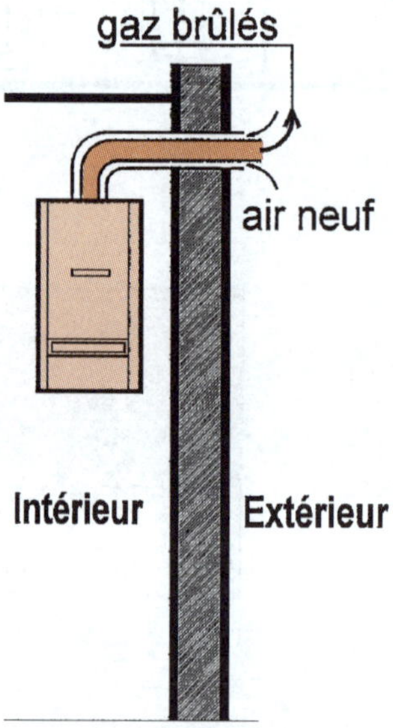

Figure 16.54 : *ventouse horizontale*

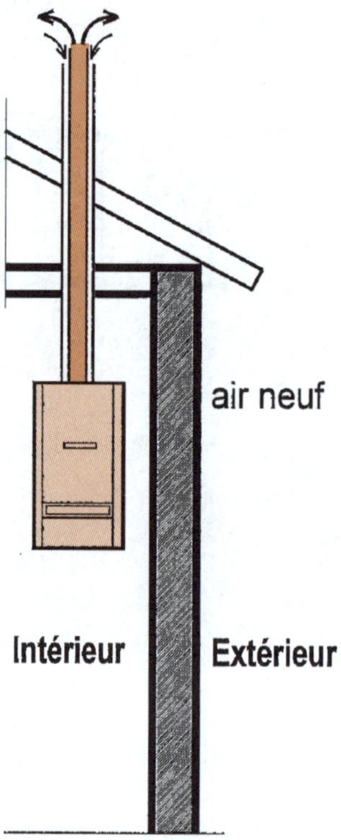

Figure 16.55 : *ventouse verticale*

Chaudière murale à gaz et à circuit étanche (ventouse)

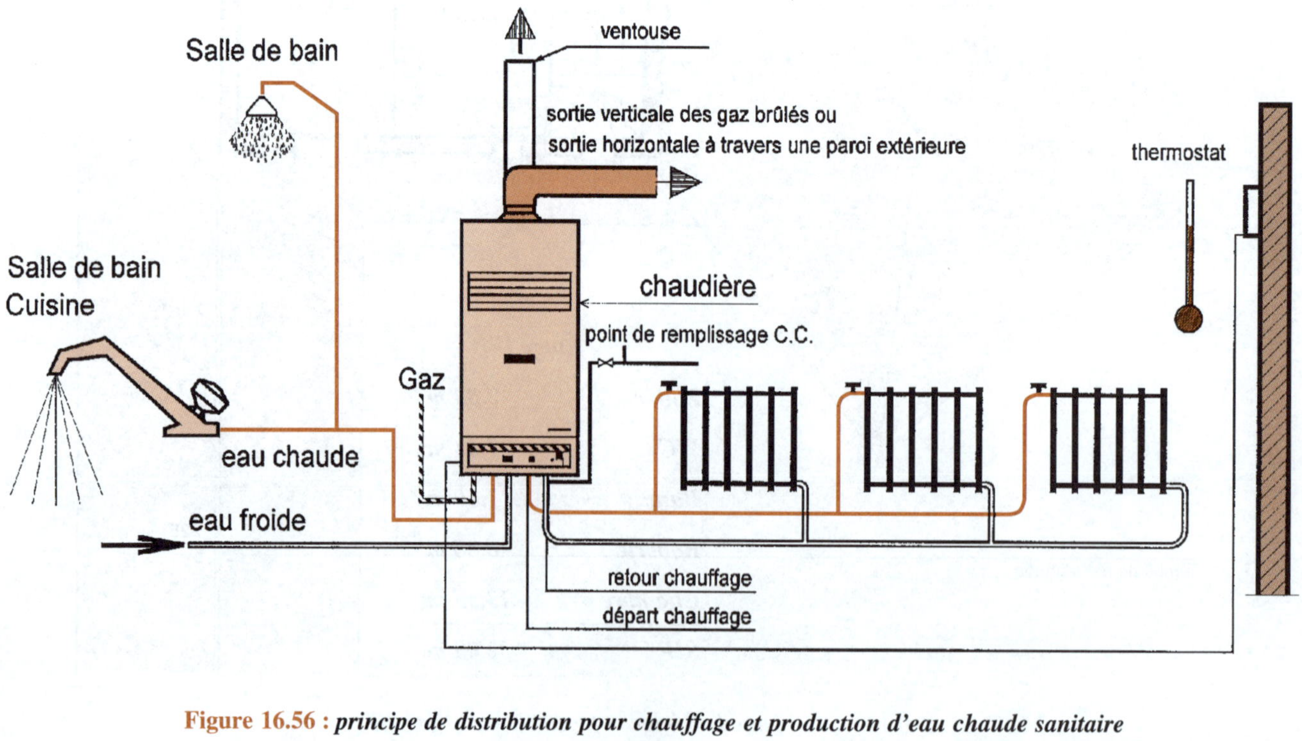

Figure 16.56 : *principe de distribution pour chauffage et production d'eau chaude sanitaire*

16.7.4. Extrait de catalogue technique : chaudières murales pour ventouse

DIETRISTAR 1.24 FF-AE et 2.24 FF-AE — Chaudières murales gaz pour chauffage seul et chauffage + eau chaude sanitaire — de 8 à 24 kW à flux forcé (pour ventouse)

Chaudière DIETRISTAR : utilisable avec tous les gaz naturels et butane/propane

Dimensions principales (mm et pouces)

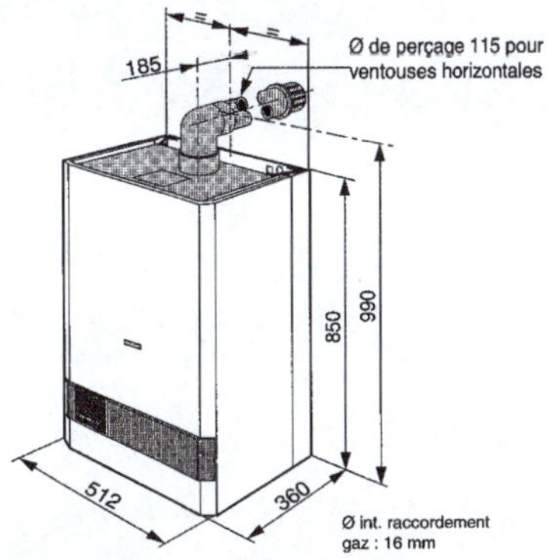

DIETRISTAR 1.24 FF-AE
Chaudière simple service à allumage automatique
- pour chauffage seul
- pour chauffage et production d'eau chaude sanitaire par accumulation lorsque raccordée à un ballon séparé.

DIETRISTAR 2.24 FF-AE
Chaudière double service à allumage automatique
- pour chauffage et production d'eau chaude sanitaire instantanée.

DIETRISTAR 1.24 FF-AE et 2.24 FF-AE
- Chaudière murale gaz à flux forcé (pour ventouse)
- Economie d'énergie :
  - haut rendement de combustion (> 92 %)
  - rendement d'exploitation optimisé, le brûleur modulant de 8 à 24 kW s'adapte automatiquement aux besoins de l'installation. La puissance maxi. de la chaudière peut être ajustée si les déperditions thermiques sont inférieures à 24 kW.
- Confort acoustique :
  - conforme à la Nouvelle Réglementation Acoustique (NRA) grâce à un brûleur atmosphérique particulièrement silencieux.
- Facilité d'installation et d'utilisation :
  - la platine de raccordement comportant les vannes d'arrêt des circuits eau et gaz permet d'effectuer tous les raccordements avant la mise en place de la chaudière
- Allumage automatique du brûleur
- Confort eau chaude sanitaire :
  - la production d'e.c.s. instantanée (modèle 2.24) ou par ballons émaillés permet de répondre à tous les besoins
- Haut niveau d'équipement :
  - les DIETRISTAR sont équipées d'origine du vase d'expansion 8 litres, circulateur, purgeur automatique, soupape de sécurité, manomètre, disconnecteur (uniquement 2.24 FF-AE).

Colisage
2 colis :
- la chaudière montée, avec habillage et platine de raccordement
- une ventouse

• Puissance acoustique 48 dB(A)

CE 0085 **Conformes aux exigences des directives européennes :**
- 90/396 CEE Directives Appareils à gaz
- 73/23 CEE Directives Basse Tension
- 89/336 CEE Directives Compatibilité électromagnétique
- 92/42 CEE Directives Rendements

- **N° d'ident. CE : CE-0085AQ0526**
- Homologation C12, C32, C42, C52
- Catégorie II_{2E+3+}
- **Conditions d'utilisation :**
  - Température maxi. de service : 87 °C
  - Pression maxi. de service : 3 bar
  - Thermostat réglable de 45 à 87 °C
  - Thermostat de sécurité : 110 °C
- Catégorie suivant la réglementation thermique : B 300

Les différents modèles proposés

Pour chauffage seul

1 modèle de chaudière DIETRISTAR 1.24 FF

Puissance chauffage de 8 à 24 kW

Pour chauffage et eau chaude sanitaire par ballon

1 modèle de chaudière : DIETRISTAR 1.24 FF - Puissance chauffage de 8 à 24 kW
3 modèles de ballon d'eau chaude sanitaire :

Ballon BDM 50 (50 litres) avec habillage DIETRISTAR

Ballon BDM 80 (80 litres) avec habillage DIETRISTAR

Ballon BMP 150 (150 litres) avec habillage cylindrique

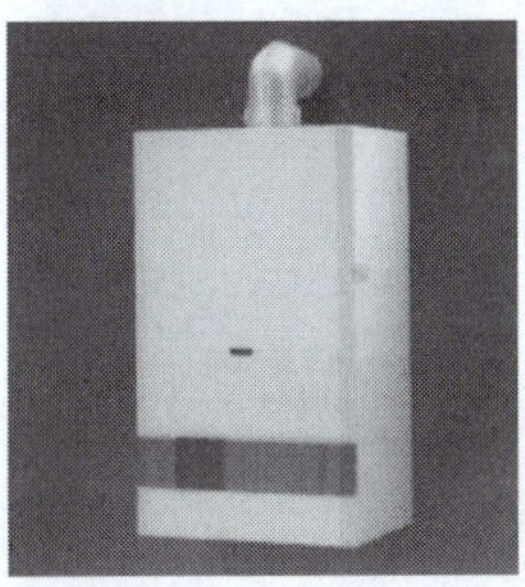

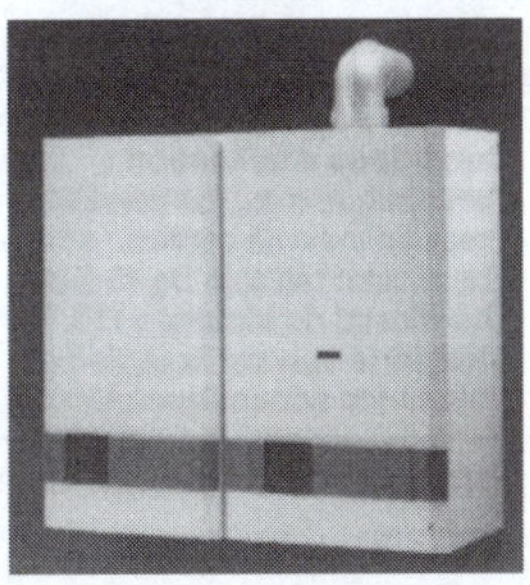

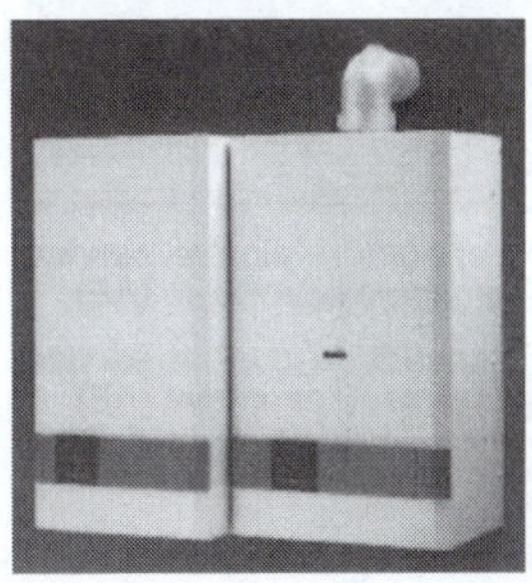

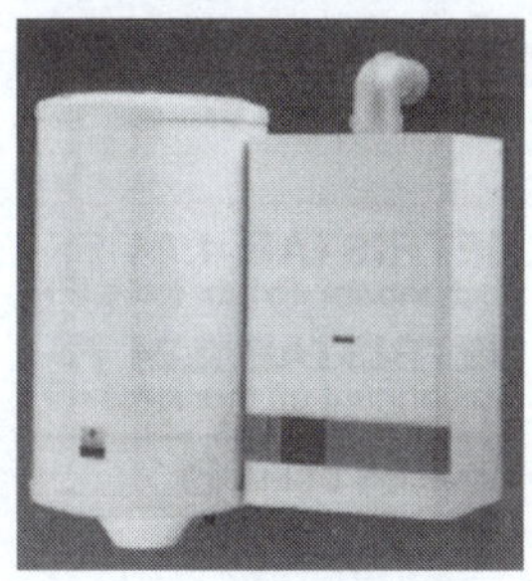

Performances des ballons d'eau chaude sanitaire

Pression maximale d'utilisation e.c.s. : 7 bar. Il est obligatoire de monter une soupape de sécurité plombée et tarée à 7 bar sur l'entrée d'eau froide sanitaire du ballon.

Ballon			BDM 50	BDM 80	BMP 150 (1)
Capacité		litres	50	80	150
Surface d'échange		m²	0,75	0,75	0,95
Volume de l'échangeur		litres	3	3	7,7
Primaire	Débit	m³/h	1,3	1,3	1,3
	Température entrée	°C	86 (2)	86 (2)	86 (2)
Puissance échangée (3)		kW	24	24	24
Débit continu (3)		l/h	590	590	590
Débit maxi sur 10 mn (3)	stockage à 60 °C	l/10 mn	100	135	225
Temps de réchauffage (de 10 à 60° C)		mn	17	20	45
Consommation d'entretien à 65 °C		kWh/24 h	1,1	1,1	2,2
Constante de refroidissement		Wh/24 h. l. °C	0,53	0,41	0,38

(1) Les performances sont données pour un préparateur en position verticale. En cas d'utilisation en position horizontale, prévoir un abattement des performances de 10 %
(2) Durant la production d'eau chaude sanitaire, la température de la chaudière est régulée par le thermostat limiteur.
(3) Eau froide sanitaire à 10° C - Eau chaude sanitaire à 45 °C.

Chapitre 17

Réseau d'évacuation des eaux

- Réseaux d'assainissement
- Évacuation des eaux de pluie
- Réseau intérieur des évacuations
- Réseau enterré sous le dallage (EU et EV)
- Évacuations extérieures enterrées : recommandations

17.1. Réseaux d'assainissement

17.1.1. Provenance des eaux

Se reporter à la figure 17.1.

Les eaux à évacuer des bâtiments d'habitation et des annexes sont les suivantes :

- **les eaux pluviales (EP)**, évacuées par les toitures, les dallages extérieurs, les rampes de garage, le drainage périphérique;
- **les eaux vannes (EV)** qui proviennent des WC;
- **les eaux usées (EU)** ou ménagères qui proviennent des appareils de cuisine et de salles de bains (éviers, machine à laver, lavabo, douche, baignoire, etc.).

Remarque : *Les eaux domestiques sont constituées de l'ensemble (eaux vannes + eaux usées).*

17.1.2. Réseaux d'assainissement

17.1.2.1. Réseaux publics

Le raccordement est obligatoire pour tout immeuble ayant accès au réseau public d'assainissement.

La conception du système d'assainissement communal est de type séparatif ou unitaire.

❒ ***Système séparatif***

Se reporter à la figure 17.2.

Le système séparatif est constitué de deux réseaux :

- un collecteur d'eaux pluviales : réseau EP;
- un collecteur d'eaux usées : réseau EU pour les eaux vannes et ménagères.

Les deux réseaux sont placés en parallèle. Le collecteur d'eaux pluviales a un diamètre plus important que celui des eaux usées et est positionné à un niveau plus bas dans la voie publique. C'est le système le plus répandu en raison du moindre volume d'eau à traiter et à épurer.

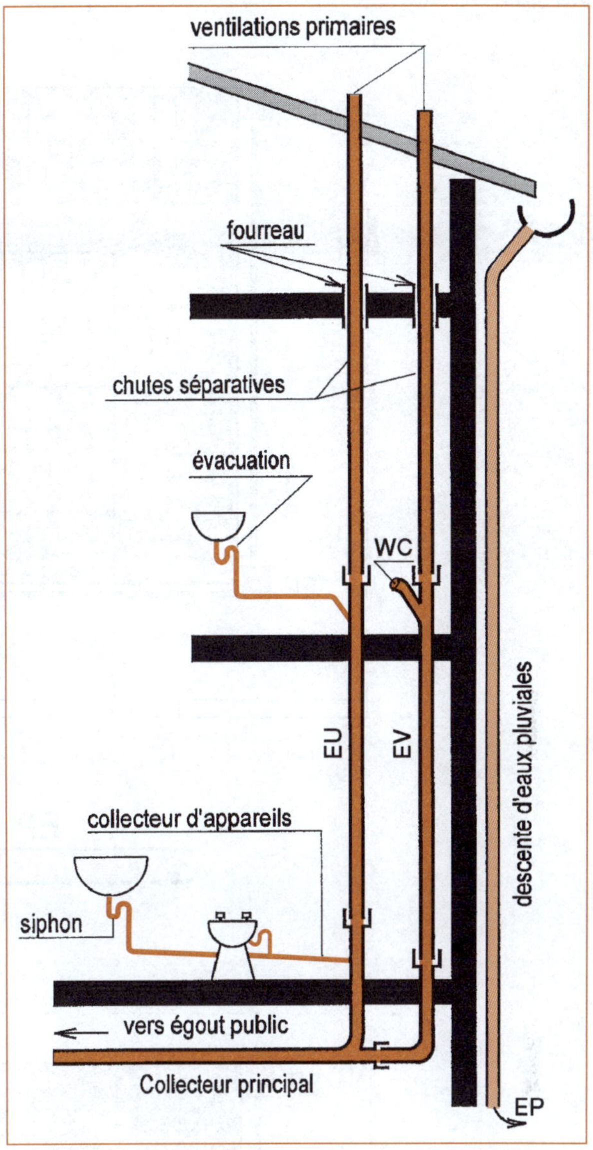

Figure 17.1 : ***désignation de diverses canalisations***

Termes courants :

- *évacuation d'appareils,*
- *collecteur d'appareils,*
- *chutes séparatives :*
  - *EV avec ventilation primaire,*
  - *EU avec ventilation primaire,*
- *collecteur principal : {EU + EV}.*

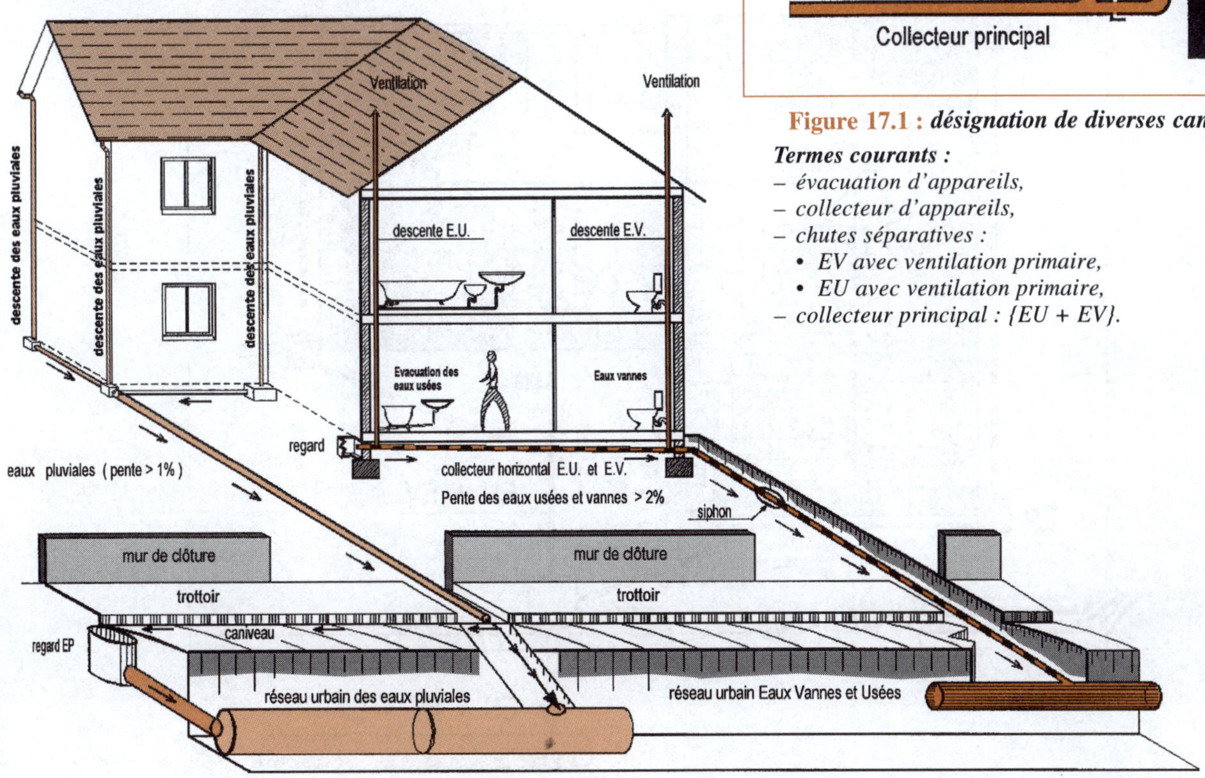

Figure 17.2 : ***réseau séparatif; collecteur d'eaux pluviales et collecteur d'eaux vannes et d'eaux usées***

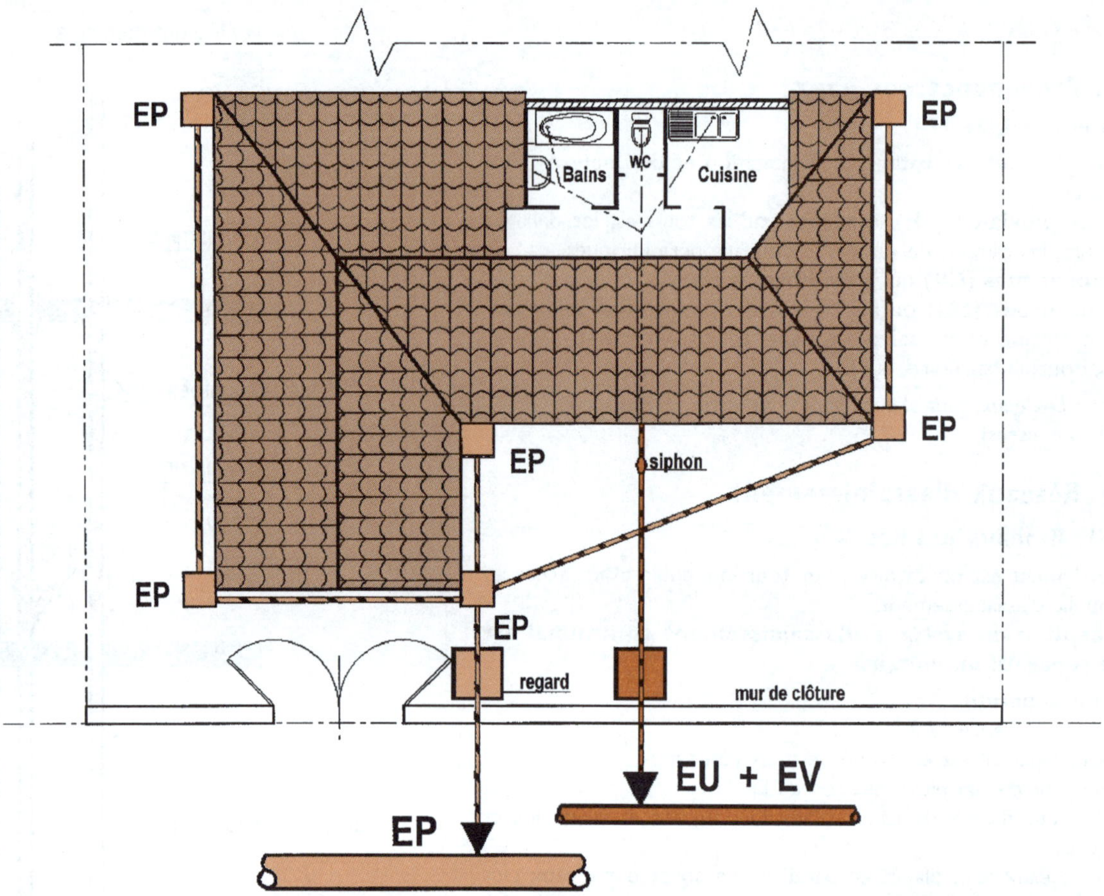

Figure 17.3 : *système séparatif*

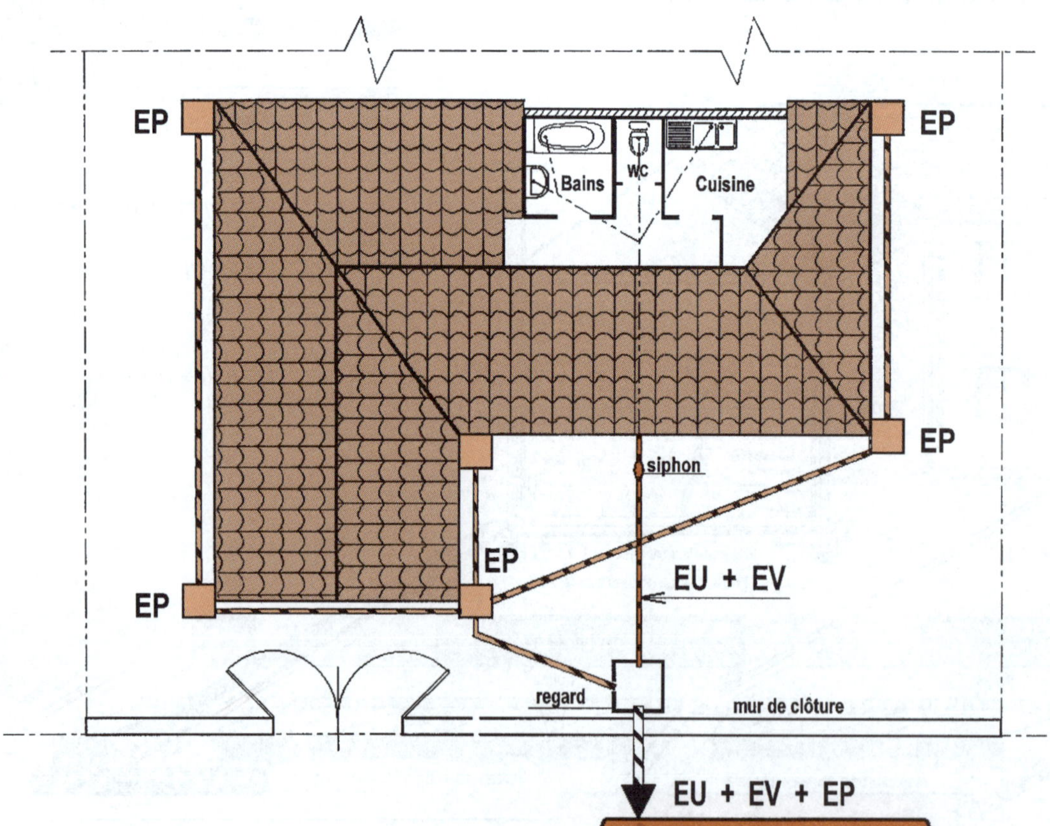

Figure 17.4 : *système unitaire*

➤ **Conditions générales dans le cas d'un réseau séparatif existant** (fig. 17.5) :

Extrait de règlement de la mairie pour une maison individuelle

Toute demande de branchement d'égout doit être accompagnée d'un plan et d'un profil en long du tracé des canalisations indiquant la nature, la pente, la section des canalisations et des ouvrages accessoires.
L'emplacement et la profondeur à la sortie sur la voie publique devront être précisés.
La pente des canalisations ne sera pas inférieure à 3 cm/m.
Le raccordement au réseau EP sera réalisé par des canalisations de diamètre 125 mm.
Le raccordement au réseau EU sera réalisé par des canalisations de diamètre 100 mm.
Un siphon disconnecteur ventilé, au diamètre du branchement, sera mis en place dans un ouvrage visitable en domaine privé.
Si les orifices des eaux usées sont à un niveau inférieur à celui du sol de la voie, toutes les dispositions seront prises pour prévenir le reflux des eaux d'égout par un clapet antiretour.
Il est interdit aux particuliers de relier leur branchement à la partie laissée en attente avant que les services techniques de la ville aient constaté que le branchement est conforme aux stipulations du règlement sanitaire. Les installations seront vérifiées avant remblayage par les services techniques.

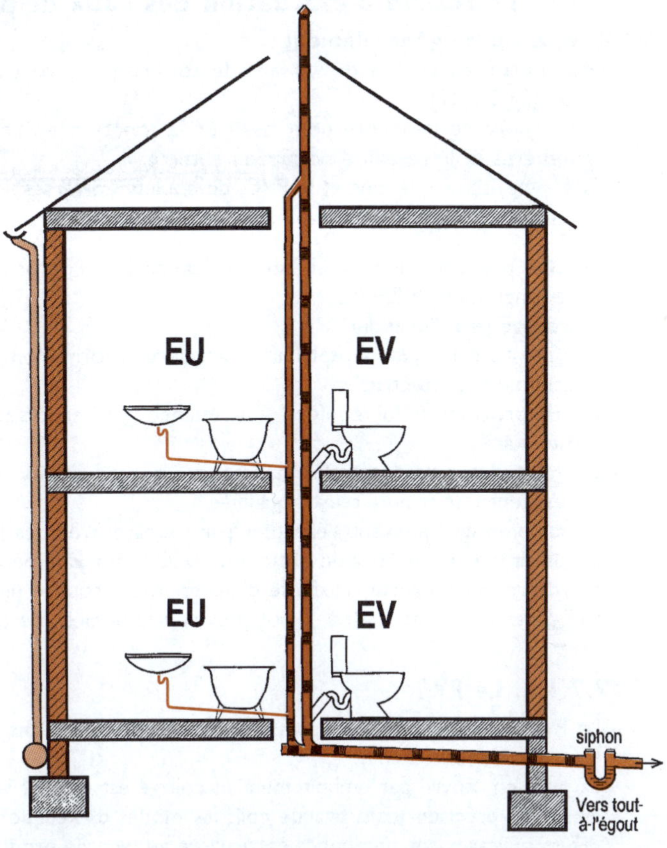

Figure 17.5 : *réseau séparatif existant*

Les réseaux sont séparés en leur partie verticale et se raccordent à un collecteur horizontal.
Des tampons de dégorgement ou des boîtes de branchement, ou bien des regards de visite, doivent permettre l'accessibilité sur tout la longueur des réseaux.

❒ ***Système unitaire*** (fig. 17.6)

Il est constitué d'un seul réseau qui reçoit les eaux pluviales et les eaux usées dans le même collecteur.

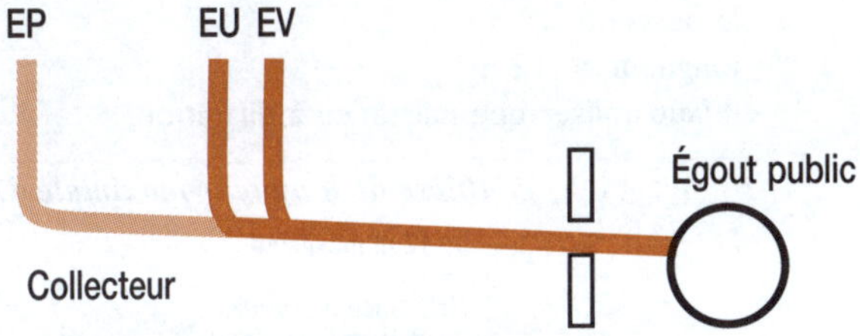

Figure 17.6 : *réseau unitaire {EP + EU + EV}*

17.1.2.2. Réseau d'assainissement autonome

Se reporter à la figure 17.7.

En l'absence de réseaux publics, on effectue un système d'assainissement autonome des eaux usées (EV et EM) avec une fosse septique toutes eaux et une zone d'épandage souterrain pour rejeter l'effluent traité et épuré en milieu naturel.

Des conditions réglementaires strictes sont à respecter (chap. 18).

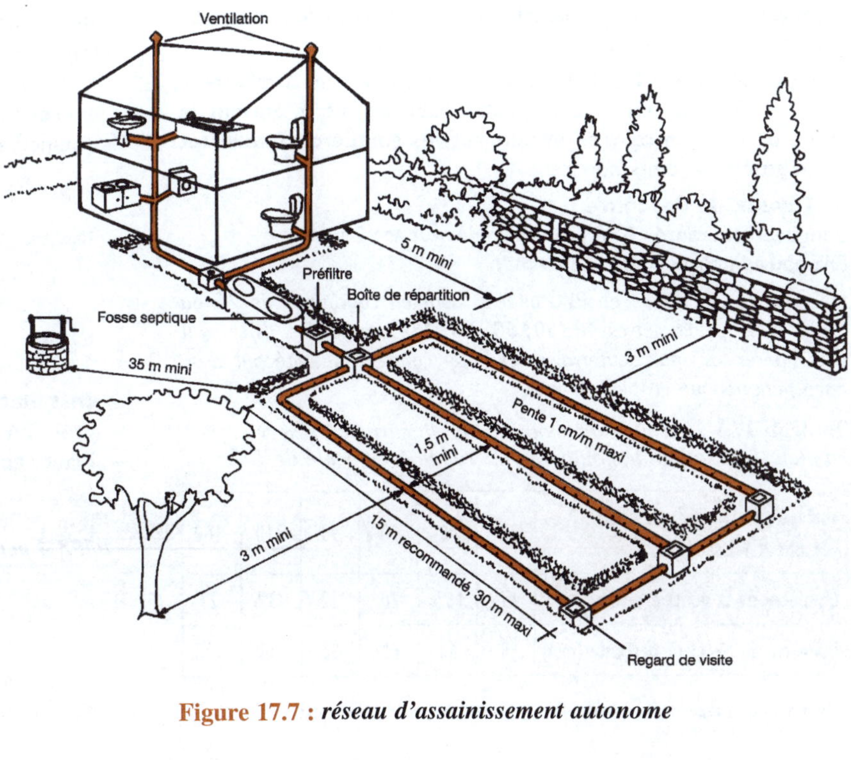

Figure 17.7 : *réseau d'assainissement autonome*

17.2. Évacuation des eaux de pluie

17.2.1. Le réseau d'évacuation des eaux de pluie

Il se compose généralement :
- de gouttières en bas de versant de toiture pour recueillir l'eau (fig 8 à 11),
- de tuyaux de descente pour assurer la jonction entre les gouttières et le réseau d'évacuation enterré.

Matériaux utilisés : le zinc et le PVC, de couleurs diverses.

17.2.1.1. Le zinc

- Le zinc présente une excellente résistance à la corrosion et dure longtemps (> 25 ans).
- Il propage peu l'incendie.
- Son pré-patinage par phosphatation accélère la formation de la couche auto-protectrice.
- Cette protection lui confère une nuance gris ardoise très esthétique.
- La mise en œuvre des angles, naissances, raccordements divers nécessitent une main-d'œuvre qualifiée.
- Les assemblages peuvent s'effectuer par soudage avec des joints de dilatation (coefficient de dilatation : 0,029 mm par mètre et par degré). La longueur maximale d'une gouttière soudée ne doit pas dépasser 10 m; au-delà, il faut prévoir des besaces de dilatation.

17.2.1.2. Le PVC

- Le PVC est insensible aux agents chimiques contenus dans l'air.
- Il est facile à entretenir.
- Sa mise en œuvre par emboîtement et collage est très facile; les fabricants précisent dans chaque colis les modes d'exécution des divers ouvrages par une notice particulière au type de produit.

17.2.1.3. Dimensions et formes des gouttières et des tuyaux

➤ **Gouttières en zinc**
- longueur de 1 – 2 – 4 – 5 m;
- gouttières demi-rondes de développement en trois dimensions courantes de 16 – 25 – 33 cm;
- gouttières havraises et nantaises qui se différencient par leur profil avec développement de 33 cm.

➤ **Gouttières en PVC** de longueur courante 4 m à différents profils (1/2 rond, en U, avec profilé habillage, etc.). Suivant le mode de mise en œuvre, on distingue les gouttières à coller et les gouttières à joints néoprène.

➤ **Tuyaux de descente**

Longueur courante : 4 m (épaisseur des tubes : 2 mm).
Diamètres utilisés : 50 à 120 mm.

Remarque : Les drains en PVC annelés sont en couronnes de 25 ou 50 ml dans les diamètres 40; 50; 60; 80;100 mm et plus. Ils servent à récupérer les eaux souterraines et lutter contre l'humidité par drainage périphérique en pied de mur.

Tableau 17.1 : *exemple de choix suivant la surface desservie en plan. Utilisation de gouttières 1/2 ronde avec pente de 1 %*

Surface en plan (m^2) desservie par une « naissance »*	20	40	70	90	110	160
Diamètre de la gouttière (cm)	13	16,5	20	22	23,5	27
Diamètre du tuyau de descente (mm)	50	60	80	90	100	120

* Naissance : pièce de raccordement gouttière/tuyau de descente.

17.2.2. Indications de pose de gouttières PVC à coller

À chaque modèle de gouttière correspond une mise en œuvre qui s'appuie sur les normes et les règles de couverture, les habitudes locales et les instructions du fabricant.

Il faut tenir compte :
- des surfaces à desservir,
- des longueurs des profilés de gouttières (4 m),
- de la répartition des naissances à coller, des besaces de dilatation.

❒ **Installation présentée sur la figure 17.8**
- « ligne droite sans retour d'angle »;
- longueur ⩽ 12 m;
- une naissance à coller est suffisante;
- la dilatation s'exercera sur l'extrémité libre opposée à la descente.

Figure 17.8 : *schéma du toit à 2 versants (vue de dessus)*

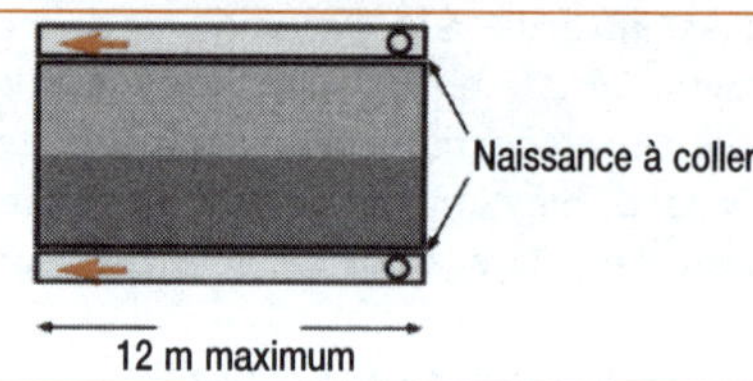

❒ **Installation présentée sur la figure 17.9**
- « ligne bloquée à chaque extrémité ou à l'opposée de la descente »;
- longueur ⩽ 12 m;
- il faut utiliser une naissance à dilatation.

Figure 17.9 : *gouttière de longueur maximale 12 m*

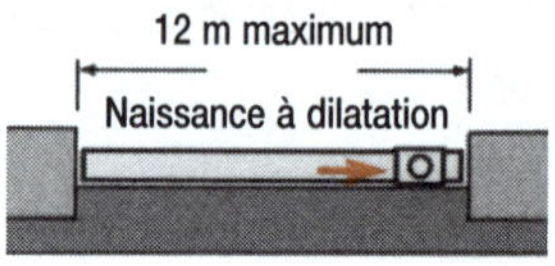

❒ **Installation présentée sur la figure 17.10**
- longueur < 12 m;
- « ligne droite avec ou sans retour d'angle »;
- emploi de deux naissances et d'une besace de dilatation;
- distance entre deux naissances < 24 m.

Figure 17.10 : *gouttière de longueur > 12 m*

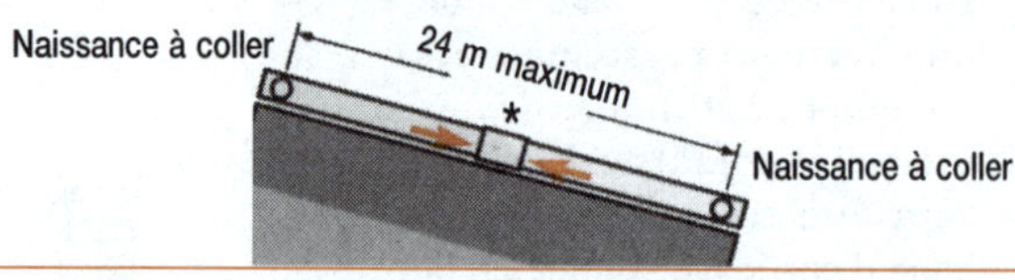

❒ **Installation présentée sur la figure 17.11**
- « toit à 4 pentes ceinturé par les gouttières »;
- il faut l'emploi conjugué des naissances et des besaces.

Figure 17.11 : *toit à 4 pentes*

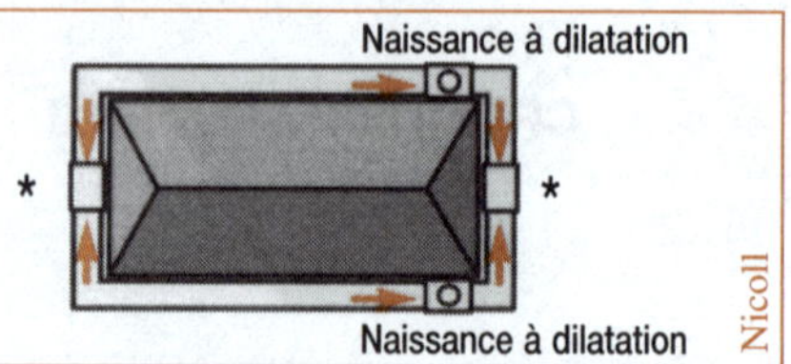

Remarque : Les flèches rouges indiquent le sens de la dilatation.

17.2.3. Extrait de catalogue technique

Figure 17.12 : *gouttière à coller de type « Élite »*

GOUTTIÈRE ET RACCORDS	SABLE	BLANC
PROFILÉ GOUTTIÈRE (long. 4 ml)	LG30S	LG30B
NAISSANCE CENTRALE Ø 80 (270 × 148) – Autres Ø : nous consulter	NAD30S	NAD30B
NAISSANCES D'EXTRÉMITÉS Ø 80 (273 × 148) – Autres Ø (100 et 73 x 100) : nous consulter		
GAUCHE	NGD30S	NGD30B
DROITE	NDD30S	NDD30B
ANGLES A 90° (166 × 166) – Angles spéciaux : nous consulter *(voir page 22)*		
INTÉRIEUR	AIC30S	AIC30B
EXTÉRIEUR	AEC30S	AEC30B
JONCTION (140 × 148)	JNC30S	JNC30B
FONDS GOUTTIÈRE (20 × 148)		
DROIT	FD30S	FD30B
GAUCHE	FG30S	FG30B
CROCHET BANDEAU	GB30PS	GB30PB

Figure 17.13 : *gouttière à joints 1/2 ronde et accessoires*

GOUTTIÈRE ET RACCORDS	GRIS	SABLE
PROFILÉ GOUTTIÈRE (Ø 14, 24, R - 56m/m ?, 4 ml)	LG25	LG25S
NAISSANCE CENTRALE (227 × 140)	NC25	NC25S
NAISSANCE EXTRÉMITÉ GAUCHE (200 × 140)	NG25	NG25S
NAISSANCE EXTRÉMITÉ DROITE (200 × 140)	ND25	ND25S
ANGLE INTÉRIEUR (195 × 195)	AI25	AI25S
ANGLE EXTÉRIEUR (195 × 195)	AE25	AE25S
JONCTION (90 × 140)	JN25	JN25S
FONDS GOUTTIÈRE (25 × 135)		
GAUCHE	FG25	FG25S
DROIT	FD25	FD25S

Accessoire	Ø
Coudes MF / FF, Ø 80 – Angle : 20°, 45°, 67°30, 87°30	
Culotte	Ø 80
Manchon	Ø 80
Manchon	Ø 80
Réduction	Ø 80
Cuvette	Ø 80
Tube 4 ml	Ø 80
Dauphins Coudé / Droit – Traditionnels / A joints	Ø 80
Collier	Ø 80
Crochet	Ø 80
Collier	Ø 100

Nicoll

17.3. Réseau intérieur des évacuations

17.3.1. Dimensions des tubes en PVC

Tableau 17.2

Diamètre extérieur (mm)		32 – 40	75 – 90 – 100	160 – 200
		50 – 63	110 – 125 – 140	250
Espacement entre colliers (m)	Canalisations horizontales	0,50	0,80	1,00
	Canalisations verticales	< 2,70	< 2,70	< 2,70

Longueurs : 3 ; 4 et 6,00 m. Épaisseurs : 3 mm et 3,2 mm pour les diamètres 32 à 140 mm de qualité assainissement.
Emboîture pour les tuyaux destinés aux chutes EU ou EV.

17.3.2. Diamètres usuels des évacuations d'appareils

Sanitaires isolés :
- lavabo, vasque, lave-mains, chauffe-eau : diamètre nominal de 32 mm ;
- baignoire, douche, évier, lave-linge : diamètre nominal de 40 mm ;
- WC : diamètre nominal de 100 mm.

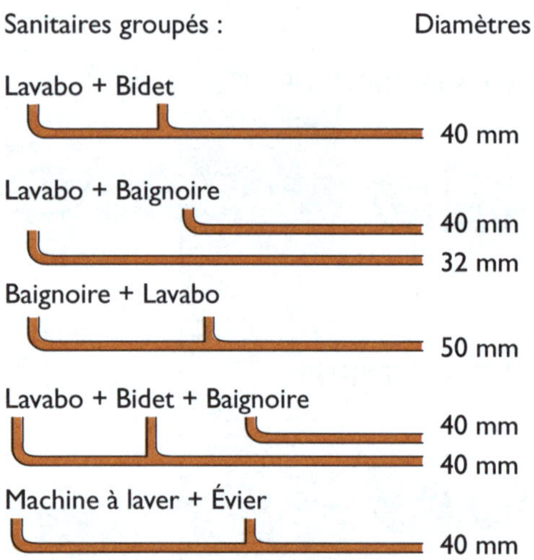

Accessoires d'évacuation (fig. 17.14 à 17.20)

Figure 17.14 : *colliers polypropylène*

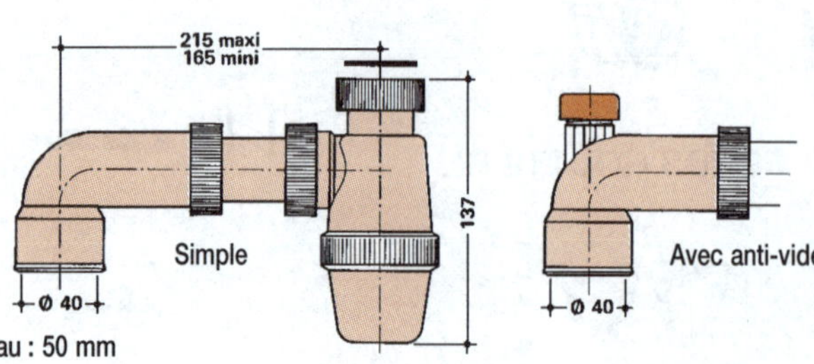

Garde d'eau : 50 mm

Figure 17.15 : *siphon de lavabo, sortie coudée réglable*

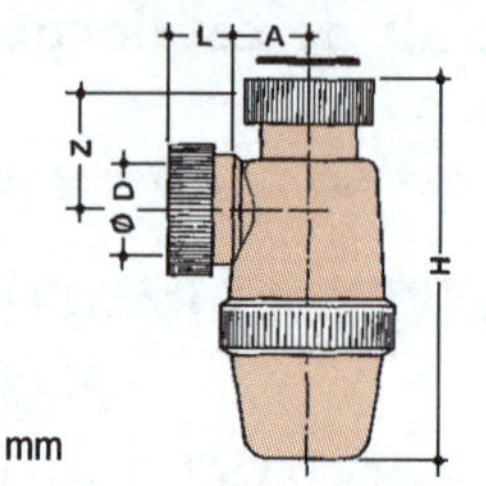

Garde d'eau : 50 mm

Figure 17.16 : *siphon de lavabo, à écrous*

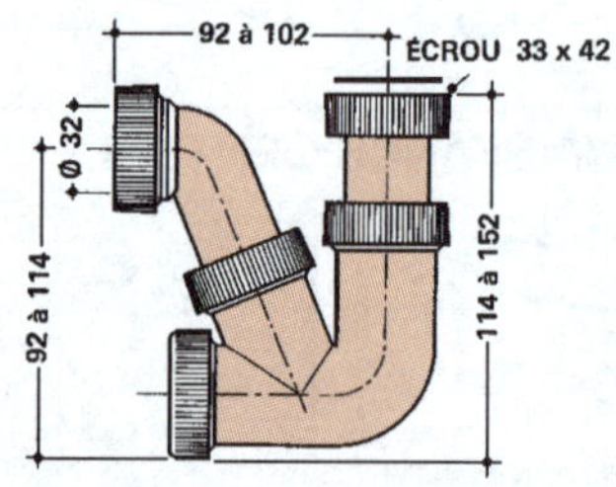

Garde d'eau : 38 à 60 mm

Figure 17.17 : *siphon de bidet, réglable, à écrous*

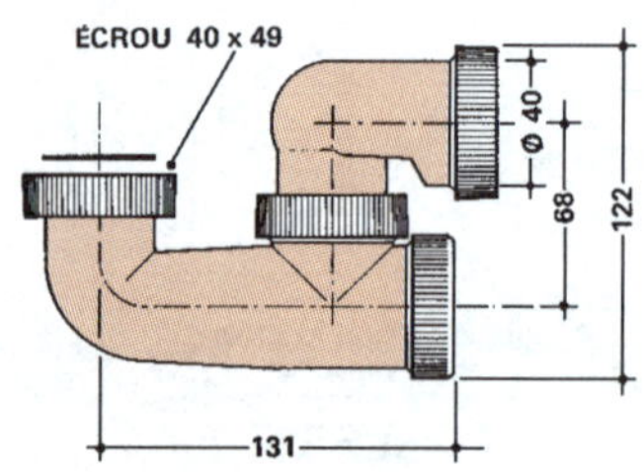

Figure 17.18 : *siphon de baignoire, à sortie orientable*

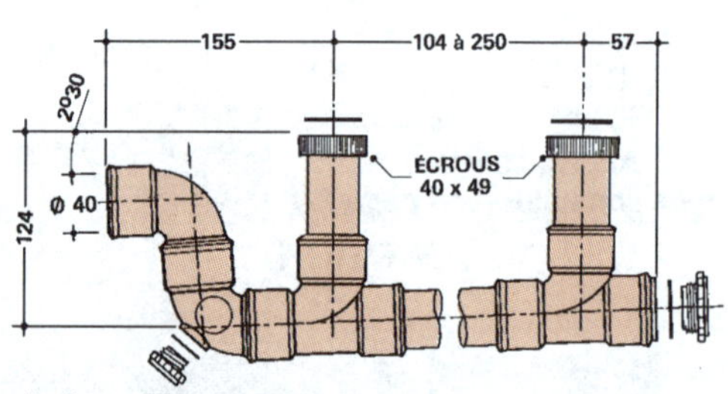

Garde d'eau : 55 mm

Figure 17.19 : *siphon d'évier double, sortie orientable*

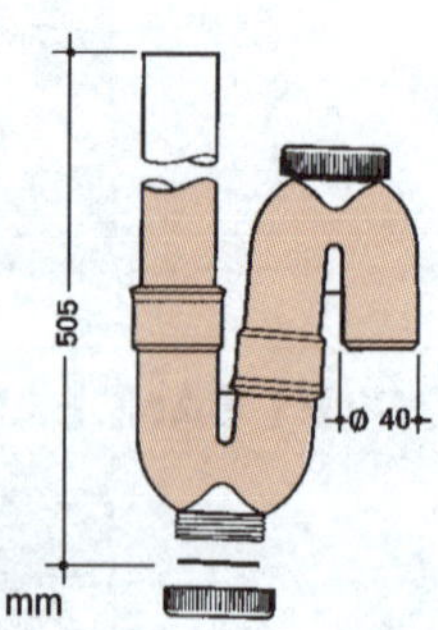

Garde d'eau : 110 mm

Figure 17.20 : *siphon de machine à laver, sortie verticale, orientable*

17.3.3. Système des chutes séparatives pour EU et EV et collecteur d'allure horizontale

17.3.3.1. Principe

Chutes séparatives (§ 17.3.5.) :

- Une chute assure la collecte des eaux usées uniquement (Chute EU). *Exemple :* chute de diamètre 75 mm pour recueillir les eaux usées d'évier, lavabo, baignoire, etc.
- Une chute assure la collecte des eaux vannes (Chute EV). *Exemple :* chute de diamètre 100 mm pour collecter verticalement tous les WC.

Collecteur horizontal : les chutes verticales séparées sont reliées à un seul collecteur à faible pente afin d'écouler l'ensemble {EU + EV} vers le tout-à-l'égout.

17.3.3.2. Ventilations primaires

Se reporter aux figures 17.2, 17.5, 17.21 et 17.22.

Les chutes doivent être prolongées en ventilation primaire, soit isolément soit par regroupement, jusqu'au dessus du toit afin de ventiler la colonne et d'éviter le phénomène de siphonnage des évacuations des appareils.

Les chutes peuvent être regroupées en tête pour assurer la ventilation à condition que le diamètre du tube de ventilation soit supérieur à celui de la plus grande ventilation avant regroupement.

Un dévoiement peut être effectué pour franchir un obstacle et faire émerger la ventilation au-dessus de la toiture. Il faut toutefois une légère pente dans les parties d'allure horizontale pour écouler les eaux éventuelles de condensation.

17.3.3.3. Les aérateurs à membrane (fig. 17.23)

Ils peuvent être utilisés pour remplacer **partiellement** les ventilations primaires de chutes séparatives. Une membrane en PVC peut occuper deux positions dans une alvéole :

- au repos, elle empêche les odeurs de sortir de la chute;
- sous l'effet d'une vidange d'appareil, la dépression produite provoque le soulèvement de la membrane et permet le passage d'air nécessaire pour éviter le désamorçage des siphons (fig. 17.22 à 17.24).

17.3.4. Chute unique (système breveté « Chutunic »)

L'ensemble est composé :

- d'un **tube extrudé** dont la paroi interne est munie de nervures hélicoïdales. Leur rôle est de mettre la matière en rotation, plaquant les effluents à la paroi par force centrifuge. Il se produit au centre une colonne d'air détruisant le piston hydraulique qui serait générateur de désordres;
- de **raccords** (culottes simples ou doubles, etc.) étudiés pour cette chute unique;
- d'une ventilation en tête dans le diamètre nominal du tube.

17.3.5. Diamètres minimaux des chutes EU ou WC

Tableau 17.3 : *diamètres minimaux des chutes*

Appareils	Nombre total	Diamètre intérieur
WC	1 ou plusieurs	90 mm
Baignoire	1 baignoire	50 mm
Évier, douche	1 à 3 appareils autres que baignoire	50 mm
Lave-mains	4 à 10 appareils incluant 2 baignoires au plus	65 mm
Machine à laver	> 11 appareils	90 mm

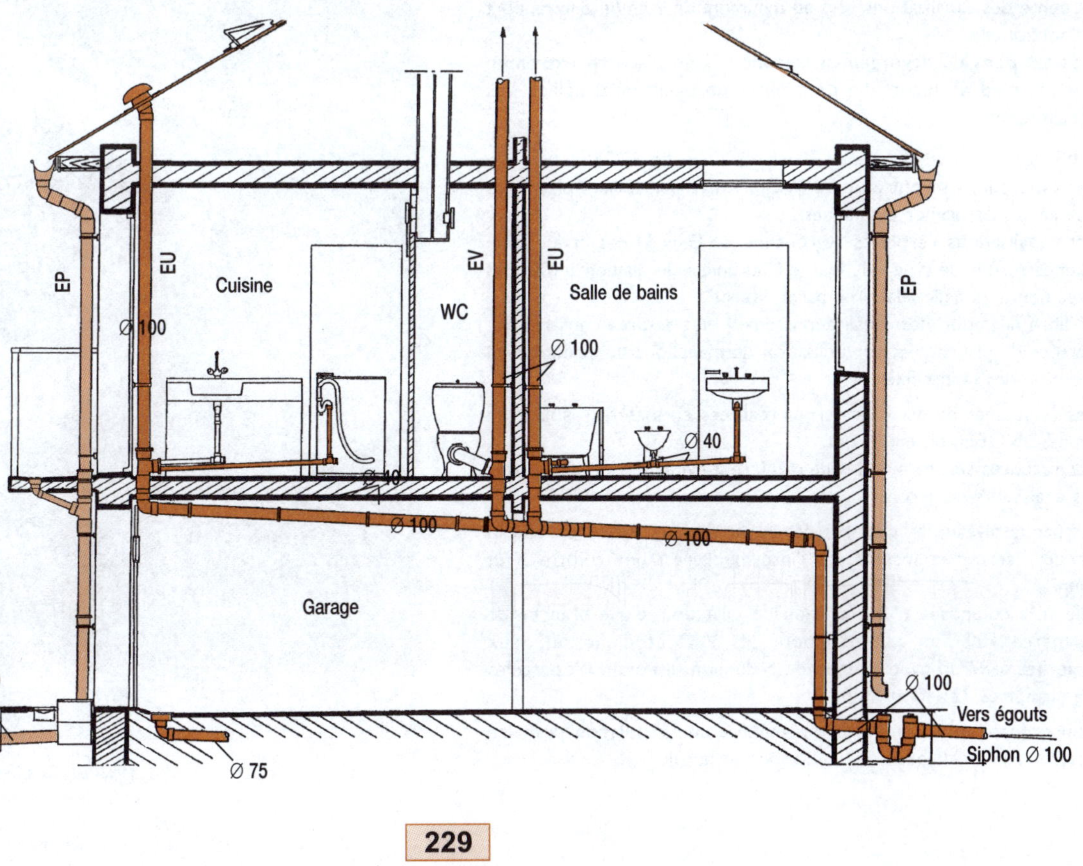

Figure 17.21 : *coupe sur pavillon avec :*
- *chutes séparatives et collecteur pour EU et EV,*
- *évacuations de divers appareils,*
- *descentes d'eaux pluviales (EP).*

Exemples d'utilisation d'aérateurs de gros et petit diamètre

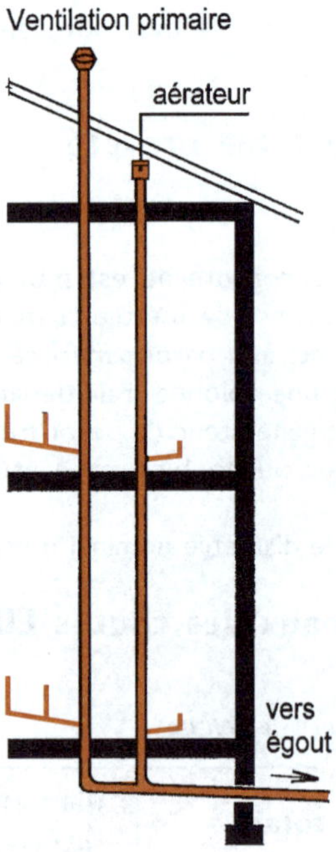

Figure 17.22

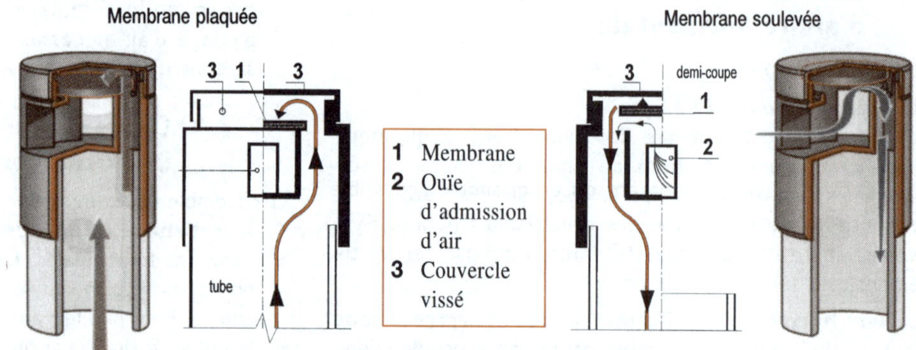

Figure 17.23 : *aérateur à membrane*

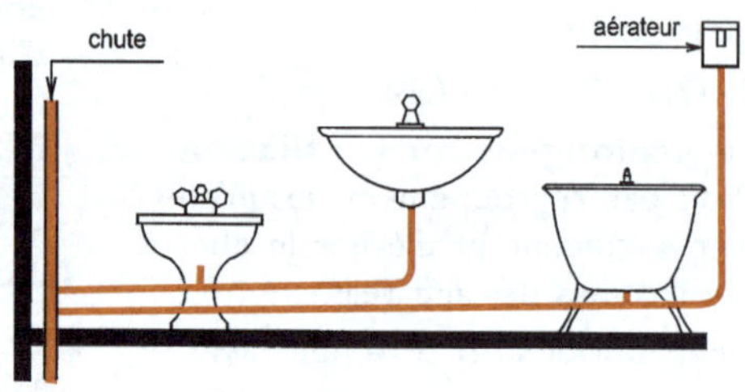

Figure 17.24 : *exemple d'utilisation d'aérateur de petit diamètre en bout de canalisation de grande longueur*

Extrait de descriptif : évacuations des Eaux Usées et des Eaux Vannes

Projet de construction : villas de l'Erdre (chap. 20)

1.01. Petites évacuations

Les raccordements de siphons des appareils aux chutes ou attentes au sol seront réalisés en tube PVC M1 assemblé par collage et fixé par colliers.

La pente des canalisations sera au minimum de 2 cm/m par rapport à l'horizontale.

Des tampons de dégorgement seront mis en place en extrémité des tés pied de biche afin de faciliter un éventuel tringlage des canalisations.

1.02. Chutes Eaux Usées – Eaux Vannes (fig. 17.25)

Les évacuations seront en tube PVC M1, fixé par colliers plastiques aux parois des gaines techniques.

Les canalisations verticales regroupant les Eaux Usées et les Eaux Vannes seront de type NICOLL « Chutunic » de diamètre 100 mm avec nervures hélicoïdales en paroi interne.

La libre dilatation des canalisations devra être assurée dans les traversées de plancher et par utilisation de manchons de dilatation en fonction des points fixes.

Les traversées de plancher seront réalisées en matériau isolant de type SONOBEL ou équivalent.

Les raccords seront installés de manière à éviter les jonctions dans les épaisseurs de parois.

À chaque niveau, les vidanges des appareils, raccordées en réseau vertical, seront collectées par l'intermédiaire d'une culotte à fût long.

Elle sera composée d'un manchon de dilatation, d'une branche de diamètre 100 mm à 67°30 pour les WC et d'une ou deux branches à 87°30 avec tampon de réduction disposant d'opercules de diamètres 32; 40 et 50 mm.

Toutes les chutes comporteront en tête une ventilation primaire assurée par un chapeau de ventilation sur le toit.

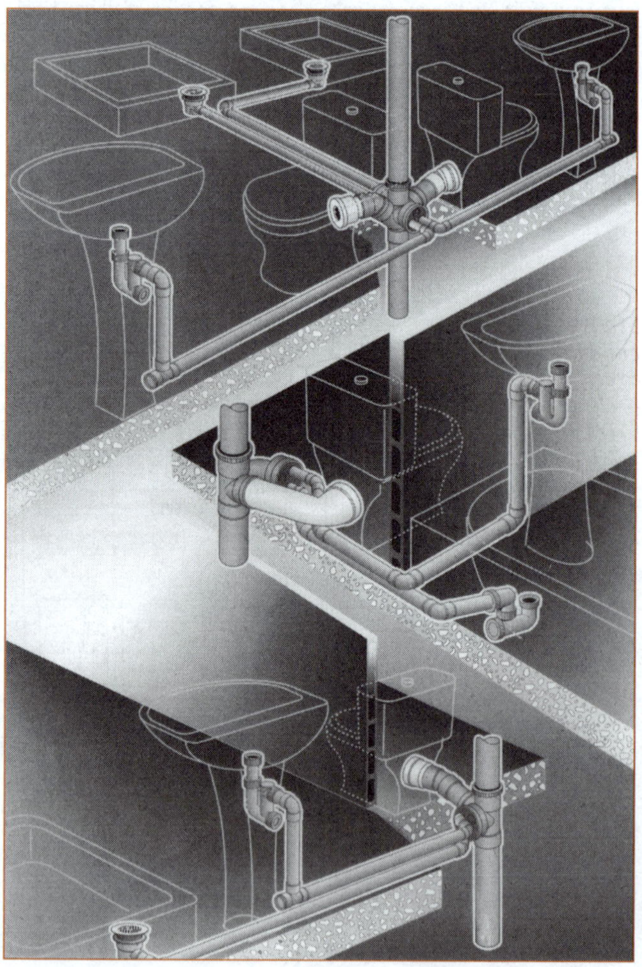

Figure 17.25 : *système « Chutunic »*

17.3.6. Recommandation de pose des tubes en PVC

❒ ***Principes***

– permettre la dilatation du PVC et le retrait,

– fixer les évacuations de façon à éviter les déformations et les désordres.

❒ ***Dispositions pratiques de mise en œuvre***

La pose s'effectue soit en apparent ou en dissimulé accessible en tenant compte des points fixes, qui constituent des obstacles à la dilatation.

Les points appelés fixes peuvent être constitués par :

– un collier serré fortement sur le tube,

– un encastrement du tube dans une paroi,

– un changement de direction du tube,

– un branchement sur une chute.

Le serrage des colliers sur les tubes doit être très modéré; on peut utiliser une bague élastomère pour réduire les vibrations.

Les colliers sont placés sur les parties rectilignes des canalisations et à au moins 0,20 m des tés et des coudes.

L'espacement préconisé des colliers est à respecter (fig. 17.26, 17.27 et 17.29).

Les distances prescrites entre les points fixes sont indiquées sans ou avec manchon de dilatation pour les canalisations d'allure horizontale ou verticale (fig. 17.26 à 17.29).

Les traversées de planchers ou de murs s'effectuent souvent avec un fourreau en plastique.

Les assemblages s'effectuent par adhésif à solvant fort préconisé pour le produit.

Prescriptions de mise en œuvre du réseau intérieur d'évacuation

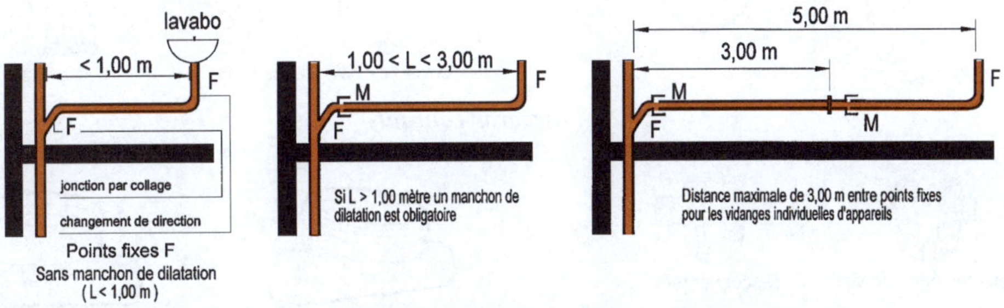

Figure 17.26 : ***canalisations d'allure horizontale***

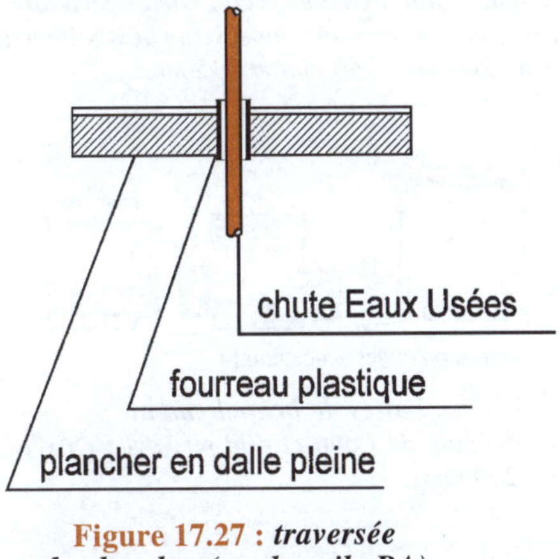

Figure 17.27 : ***traversée de plancher (ou de voile BA)***

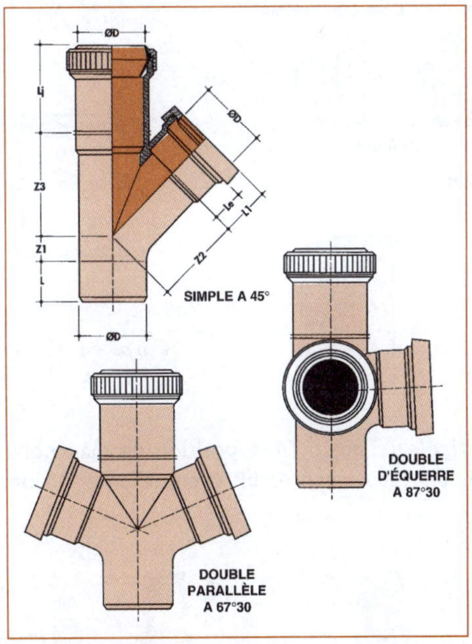

Figure 17.28 : ***culottes à joint de dilatation incorporé***

Distance entre points fixes :

< 3,00 m pour vidanges individuelles ou collecteurs d'appareils;

< 4,00 m pour canalisations verticales;

< 8,00 m pour canalisations horizontales.

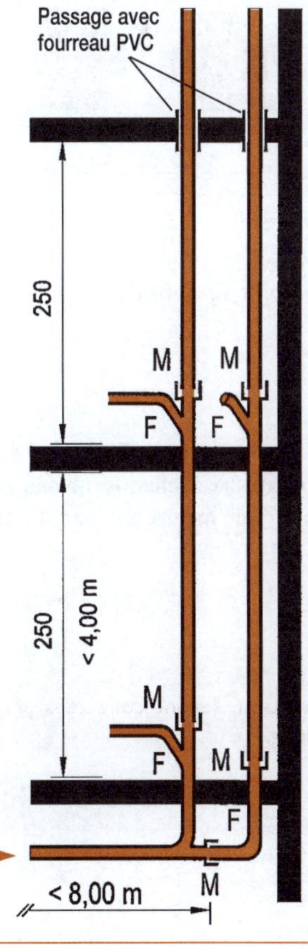

F Point fixe
M Manchon de dilatation

Figure 17.29 : ***chutes verticales ou colonnes EU et EV***

❒ *Raccords et accessoires spécifiques à l'assainissement en PVC*

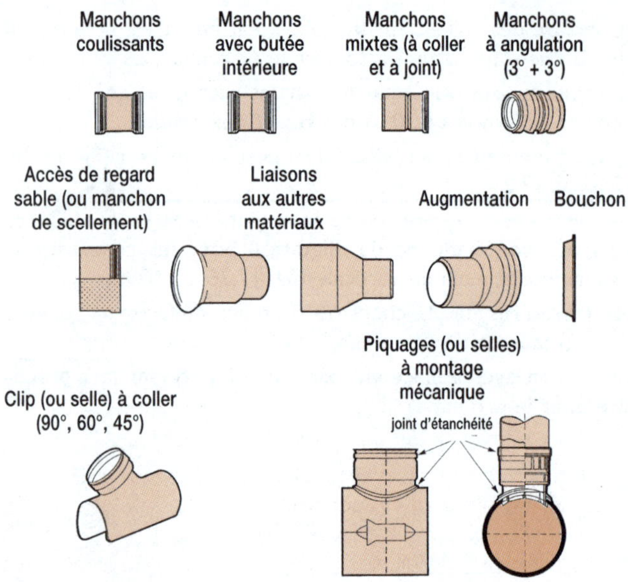

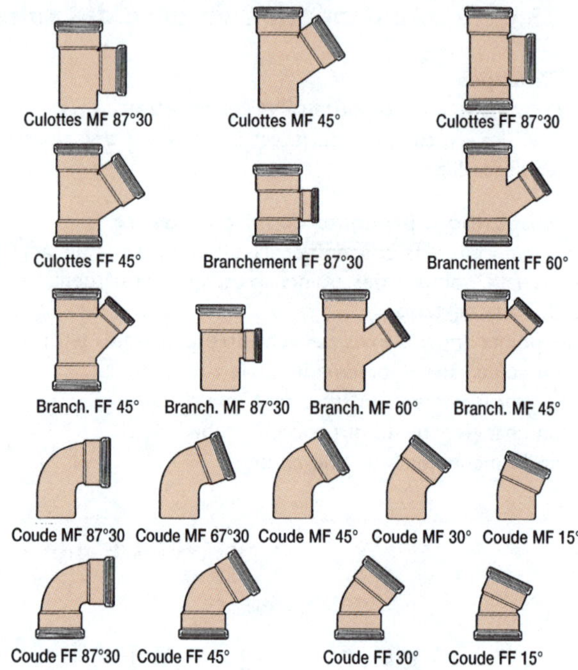

Figure 17.30 : ***raccords courants***

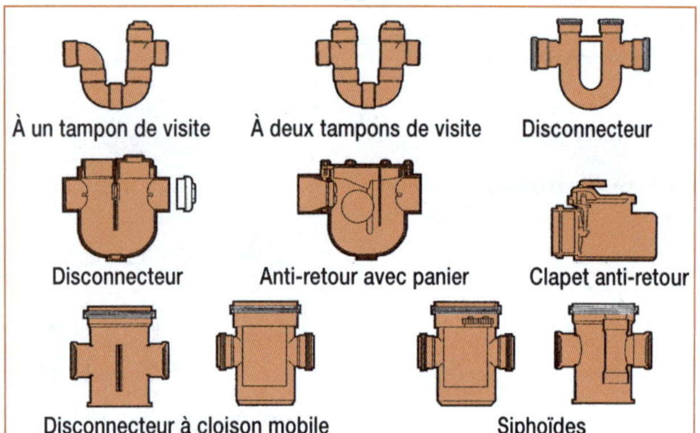

Figure 17.31 : ***siphons***

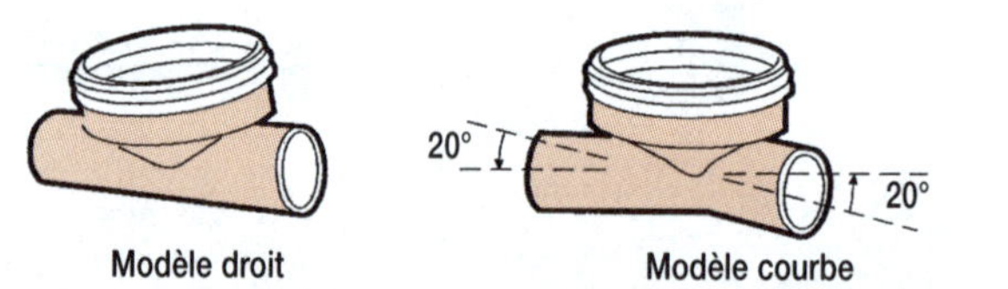

Figure 17.33 : ***tés de curage***

Ils sont en polyéthylène haute densité (HD) ; sortie verticale de diamètre 400 mm. Ils peuvent être interposés sur des collecteurs de diamètres 160 mm, 200 mm, 250 mm et 315 mm.

Figure 17.32 : ***avaloirs siphonnés***

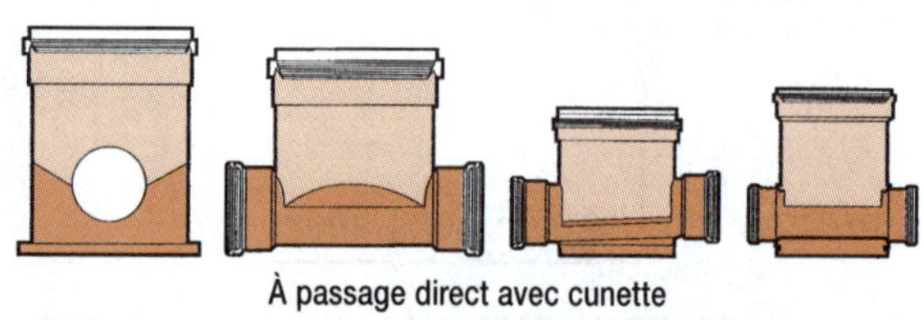

Figure 17.34 : ***boîtes de branchement***

Corps en diamètre 250 mm, 315 mm et 400 mm avec entrées et sorties de 100 mm à 200 mm.

Sindotec – Tuberaccord PVC

❒ ***Pour les canalisations d'allure verticale*** (chutes), l'interposition de manchons de dilatation indépendants ou incorporés est obligatoire à chaque niveau pour les chutes (et descentes EP éventuellement) dont les éléments sont soit bloqués dans le plancher, soit maintenus par un piquage.

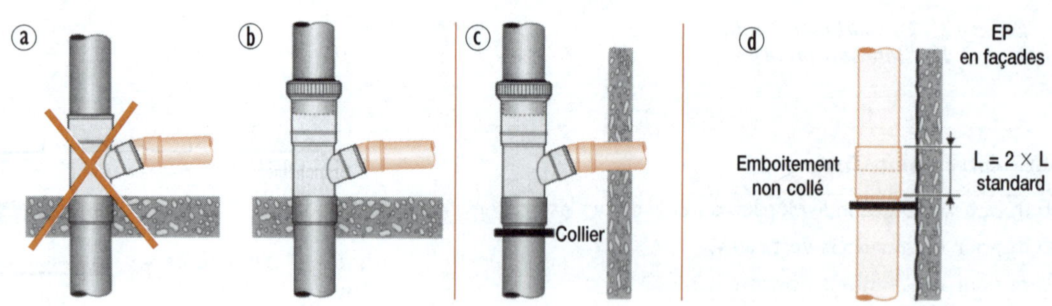

Figure 17.35

❒ Colonne d'évacuation des eaux usées

Le principe de séparation des petites évacuations permet de la souplesse dans l'installation pour raccorder les appareils et évite des désordres d'écoulement.

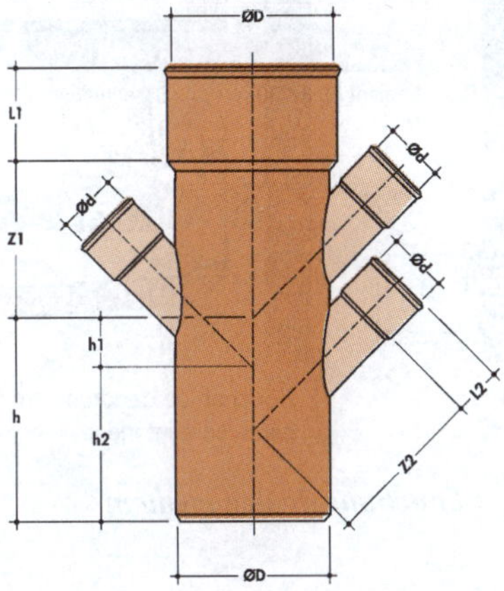

Figure 17.36 : ***culotte triple***

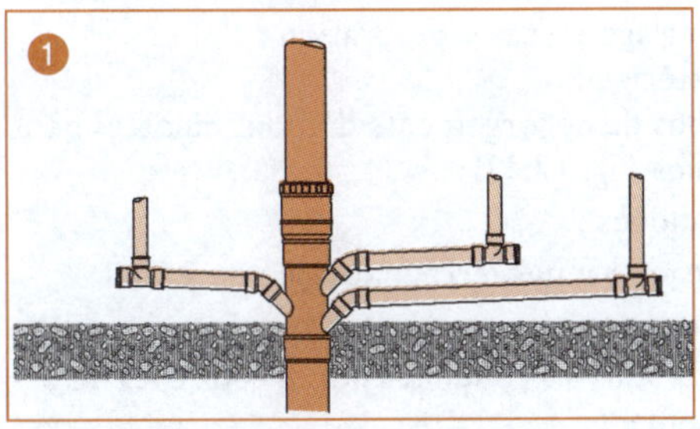

Figure 17.37

Verticalement utilisée seule, la colonne d'évacuation des eaux usées permet de reprendre au-dessus du plancher deux lavabos et une machine à laver.

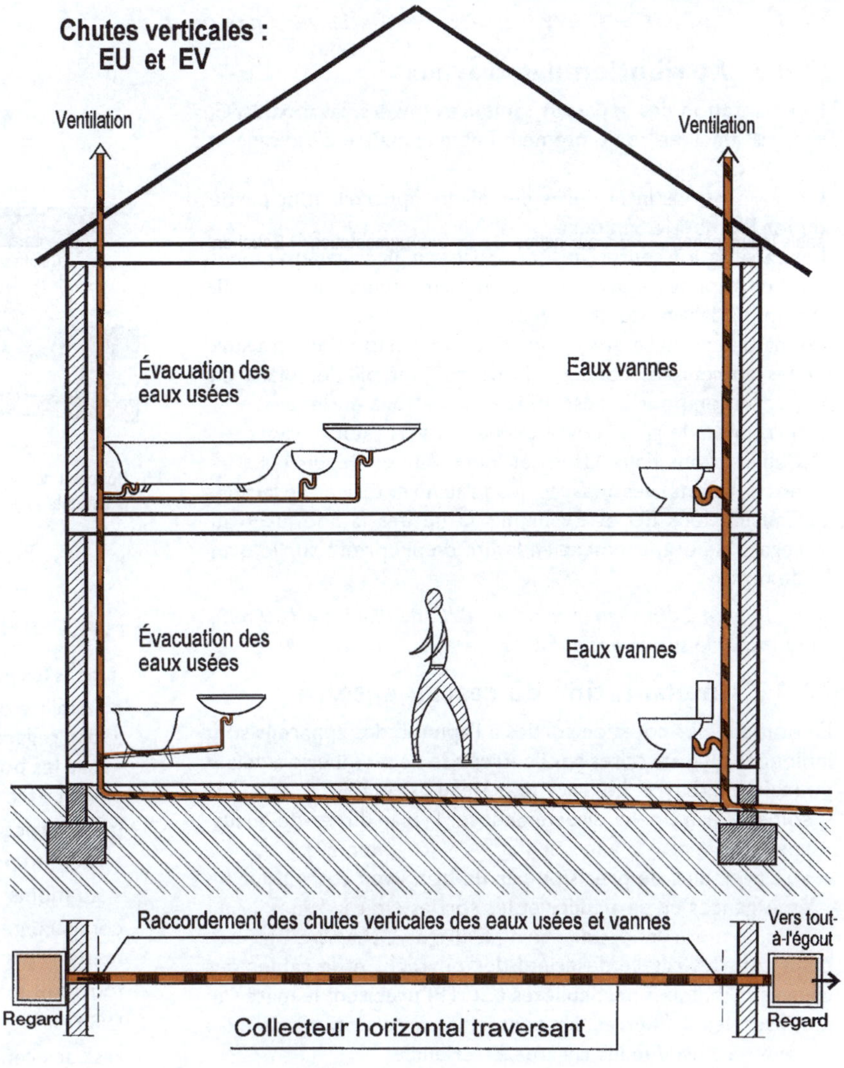

Figure 17.40 : ***chutes EU et EV et collecteur horizontal traversant***

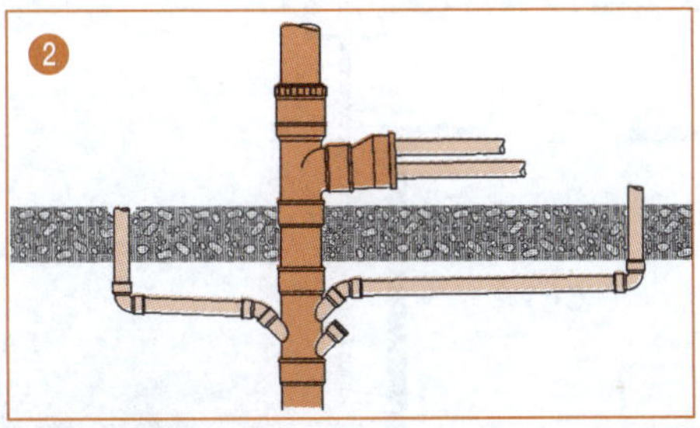

Figure 17.38

Placée sous une première culotte, la colonne d'évacuation des eaux usées permet de reprendre sous le plancher les appareils sanitaires dont les collecteurs sont sous plafond (douche encastrée ou bonde de sol).

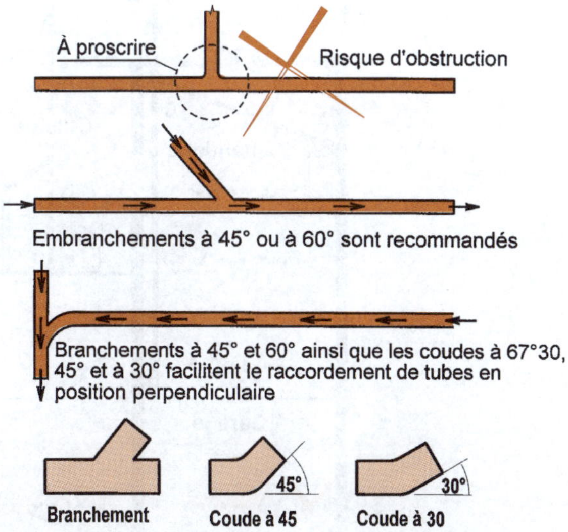

Figure 17.41 : ***raccordement de canalisations à un collecteur d'allure horizontale***

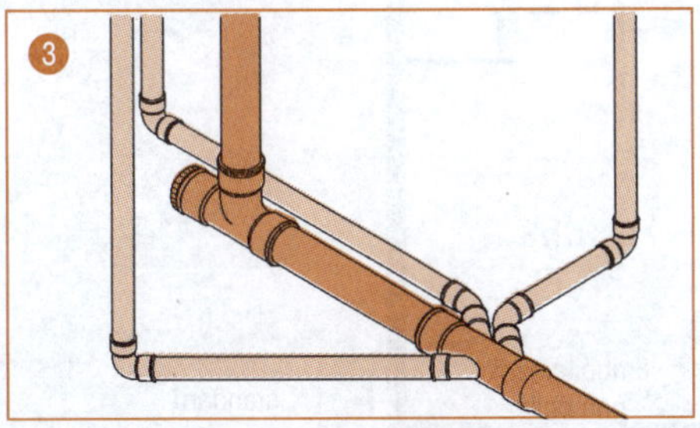

Figure 17.39

Placée horizontalement, la colonne d'évacuation des eaux usées récupère plusieurs petits collecteurs et appareils sanitaires sous plafond du sous-sol d'un pavillon individuel par exemple.

Cela permet de :
- *faciliter les écoulements par des raccords adaptés (coudes et branchements),*
- *permettre de remédier à un bouchage éventuel par des bouchons de dégorgement.*

17.4. Réseau enterré sous le dallage (EU et EV)

17.4.1. Attribution des travaux

L'implantation des appareils sanitaires (éviers, lavabos, WC, etc.) est décidée conjointement entre le maître d'ouvrage et le maître d'œuvre.

Les évacuations intérieures des divers appareils font partie du lot Plomberie Sanitaire.

Les canalisations enterrées sont mises en place généralement par l'entreprise du gros œuvre en même temps que la réalisation du dallage sur terre-plein.

Le maître d'œuvre doit assurer la coordination des travaux et les entreprises concernées devront établir les plans en concertation pour le réseau de canalisations enterrées.

L'entreprise de gros œuvre exécute les travaux suivants :

- Canalisations Eaux Usées et Eaux Vannes depuis les sorties à l'aplomb des appareils jusqu'au nu extérieur de façade,
- Canalisations EU et EV depuis le nu des façade jusqu'au regard de branchement en limite de propriété sur le plan de masse.

Remarque : *Le drainage éventuel en PVC, de diamètre 100 mm, sera raccordé sur le réseau EP.*

17.4.2. Implantation du réseau enterré

En pratique, les cotes de sorties à l'aplomb des appareils sont indiquées ou transcrites par l'entreprise de plomberie à défaut du maître d'œuvre. Le tracé du réseau est établi :

- soit sommairement, directement sur le plan du rez-de-chaussée (voir le plan « Villas de l'Erdre », chapitre 20),
- soit avec plus de précision par un plan avec cotes pour les émergences en particulier et les sorties (voir la figure 17.43 et le dossier support du thème Dallages *, chapitre 8).

Dans tous les cas, le descriptif des ouvrages et le cahier des clauses techniques particulières (CCTP) précisent le matériau à utiliser, les diamètres, les pentes, les prescriptions de mise en œuvre, ainsi que les regards extérieurs.

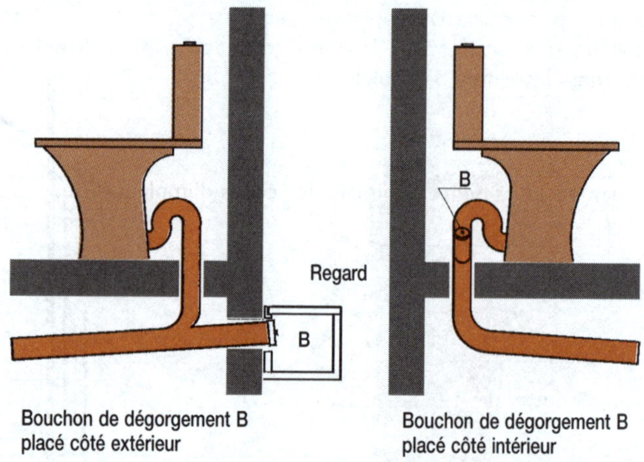

Figure 17.42 : ***bouchons de dégagement***

17.4.3. Principes d'exécution

- Tracés les plus rectilignes possible ; priorité aux eaux vannes ;
- possibilité de tringlage en cas d'obturation :
  - par regards extérieurs,
  - par les bouchons de dégorgements dont les culottes peuvent être munies (fig. 17.42) ;
- pentes recommandées :
  - 3 cm/m pour eaux vannes, erreur tolérée de 2 %,
  - au moins 1 cm/m pour les eaux usées ;
- compactage du sol sous les conduites pour réduire les déformations par tassement ;
- fourreau pour les traversées de murs intérieurs ou extérieurs ;
- test des canalisations avant remblai.

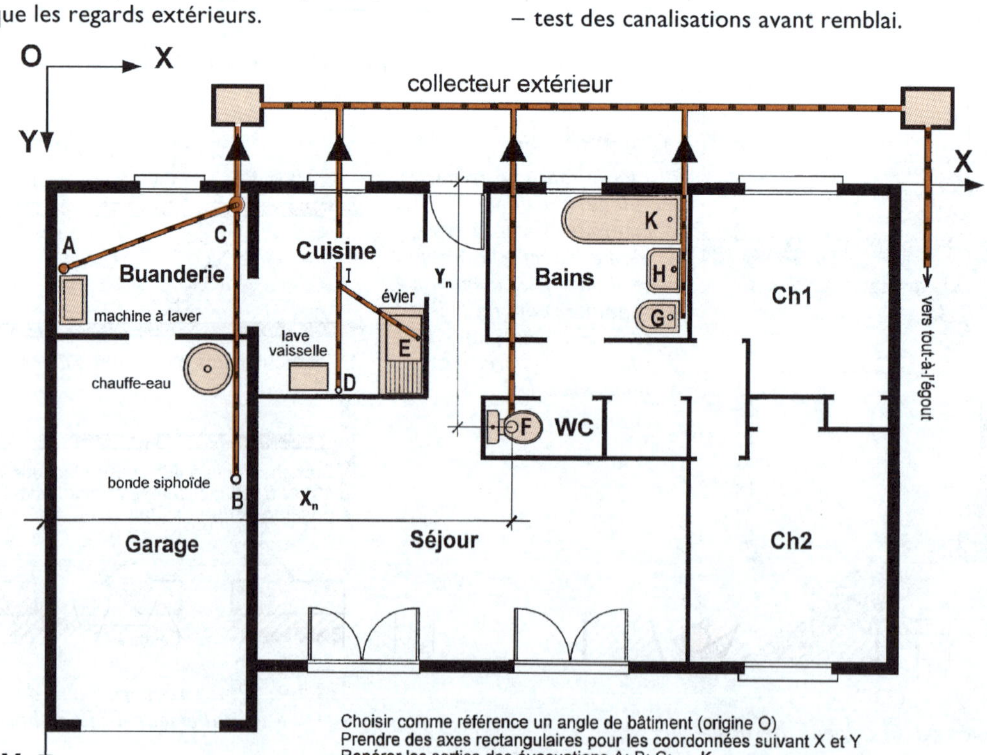

Figure 17.43 : ***schéma de principe d'implantation d'un réseau d'évacuation sous dallage***

17.4.4. Déroulement de la mise en œuvre du réseau enterré sous dallage

1. État d'avancement des travaux : les murs de soubassements sont réalisés.
2. Remblayer contre les murs de fondation par couches soigneusement tassées.
3. Effectuer l'implantation du réseau de canalisations suivant plan qui doit préciser : les caractéristiques des tubes, les diamètres, la pente minimale, les cotes d'implantation.
4. Creuser les rigoles nécessaires avec fond de fouille arasé à 0,10 m au-dessous de la cote prévue de la génératrice inférieure du tuyau.
5. Régler un lit de sable avec une pente d'au moins 2 cm/m.
6. Prévoir des fourreaux de traversée de murs.
7. Assembler les tubes par collage à froid avec adhésif à solvant fort et disposer les raccords (branchement et coudes) appropriés pour le réseau et les attentes qui serviront à l'évacuation des eaux vannes ou usées des appareils sanitaires. Une obstruation provisoire est nécessaire sur chaque émergence.
8. Effectuer le remblai avec du sable de carrière autour de la canalisation.
9. Exécuter le dallage proprement dit : la forme, la couche de sable, le film d'étanchéité, l'armature, le béton de la dalle.

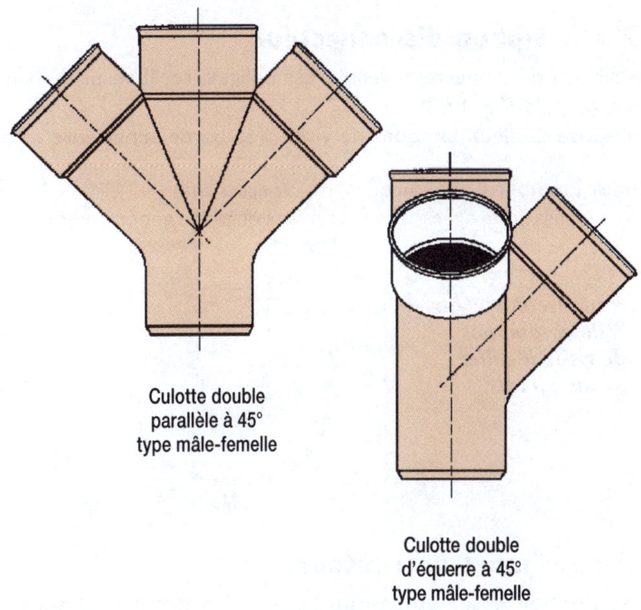

Figure 17.44 : *embranchements (45° et 67°30)*

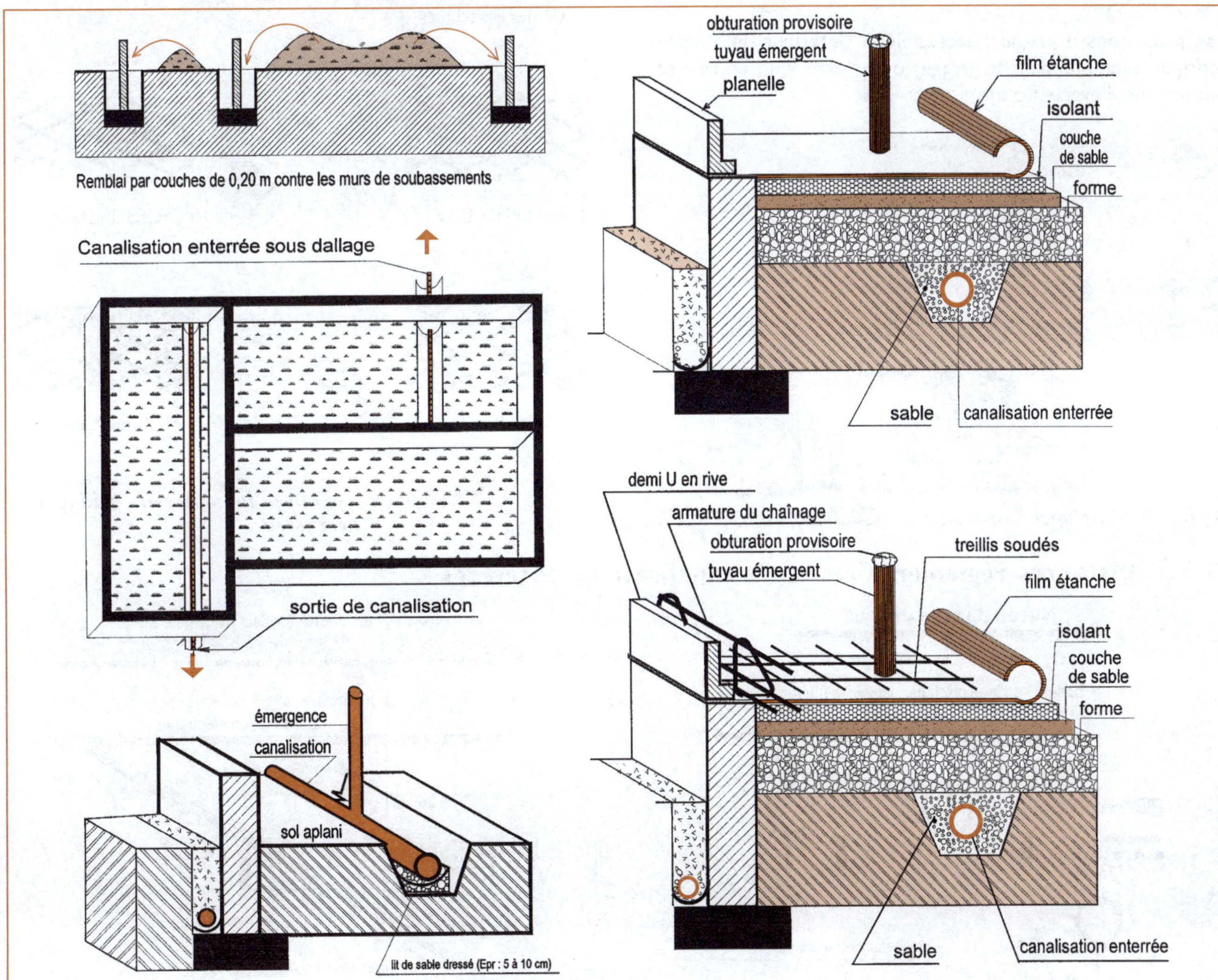

Figure 17.45 : *mise en œuvre des canalisations enterrées sous le dallage en béton armé*

17.5. Évacuations extérieures enterrées : recommandations

17.5.1. Siphon disconnecteur

Le siphon disconnecteur ventilé est obligatoire. Il se place dans le domaine privé avant le raccordement à l'égout public et doit être visitable (fig. 17.2).

Il dispose de deux tampons de visite à sa partie supérieure et permet de contrôler le bon fonctionnement de l'installation.

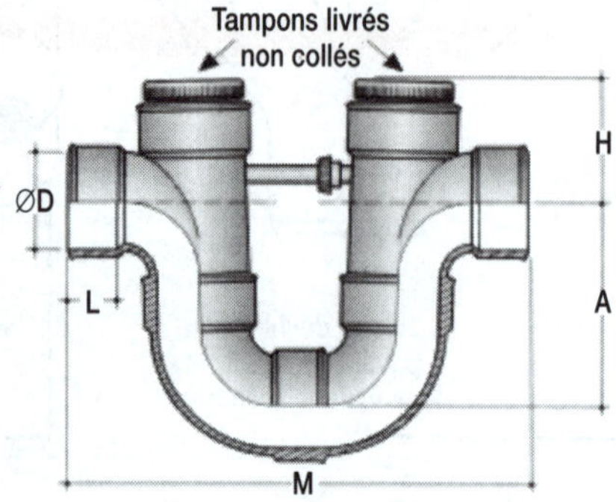

Figure 17.46 : *siphon disconnecteur à deux tampons de visite à coller ou à joints*

Tableau 17.4

∅ D	Dimensions (mm)			
	H	A	M	L
100	144	211	497	57
110	153	229	539	61
125	161	253	616	61
140	169	275	664	61
160	179	305	729	61
200	200	367	864	61

17.5.2. Clapet anti-retour

Il se positionne sur un réseau d'évacuation des eaux (usées ou pluviales) et sert à éviter tout refoulement accidentel. Il n'est pas obligatoire.

Il comprend un clapet automatique amovible, verrouillable manuellement.

Il se place dans un regard accessible, à l'intérieur de l'habitation (par exemple, dans le garage) ou à l'extérieur, en respectant le sens d'évacuation lors de sa pose.

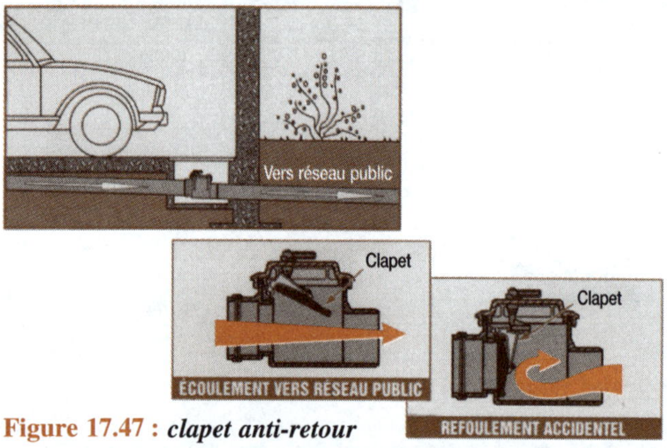

Figure 17.47 : *clapet anti-retour*

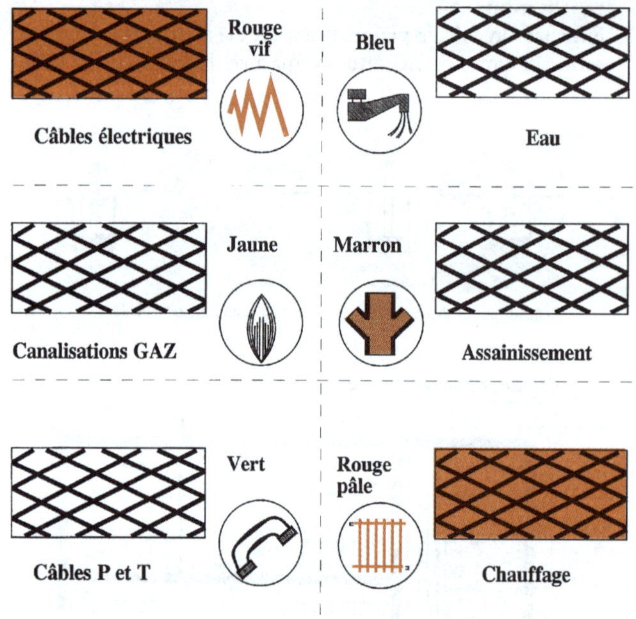

Figure 17.48 : *couleurs conventionnelles des grillages avertisseurs*

17.5.3. Distances réglementaires entre canalisations enterrées

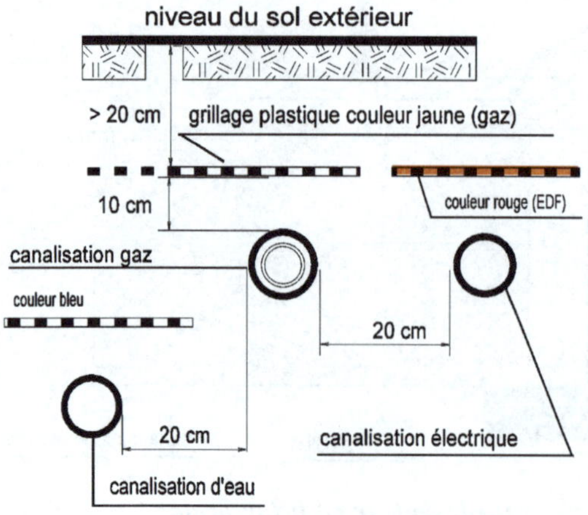

Figure 17.49 : *Distances minimales entre diverses canalisations*

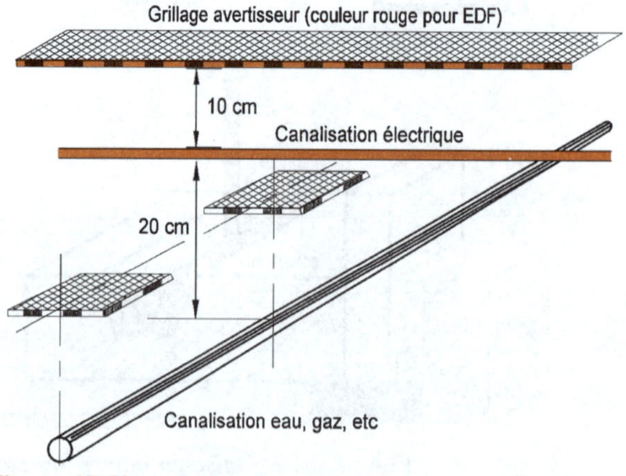

Figure 17.50 : *croisement avec une autre canalisation*

Chapitre 18

Assainissement autonome ou individuel

- Assainissement autonome
- Filières d'assainissement
- Principe de ventilation
- Installation de traitement des eaux domestiques
- Installation des dispositifs et réglementation
- Quelques questions et réponses

18.1. Assainissement autonome

18.1.1. Désignation usuelle

L'assainissement **autonome**, ou **individuel**, est l'ensemble des mesures, travaux et équipements qui assure la **collecte**, le **prétraitement**, l'**épuration**, l'**évacuation** des eaux usées et des eaux vannes.

L'assainissement autonome consiste à traiter en particulier, dans le cadre d'une maison individuelle par exemple, et si le terrain environnant le permet :

– les eaux ménagères ou usées en provenance des éviers, des lavabos, des baignoires ou des douches,

– les eaux vannes en provenance des WC, de manière à les épurer par un système d'assainissement détaillé ci-après avant de rejeter les eaux polluées ou chargées dans le milieu naturel.

Le choix de la filière d'assainissement (procédé retenu) doit se faire après consultation et étude des services de la Direction départementale des affaires sanitaires et sociales (DDASS).

Remarques :

– *Les eaux pluviales sont généralement rejetées dans le milieu naturel.*

– *L'évacuation des eaux pluviales ne doit en aucun cas être dirigée vers les équipements de prétraitement.*

Assainissement individuel avec épandage à faible profondeur

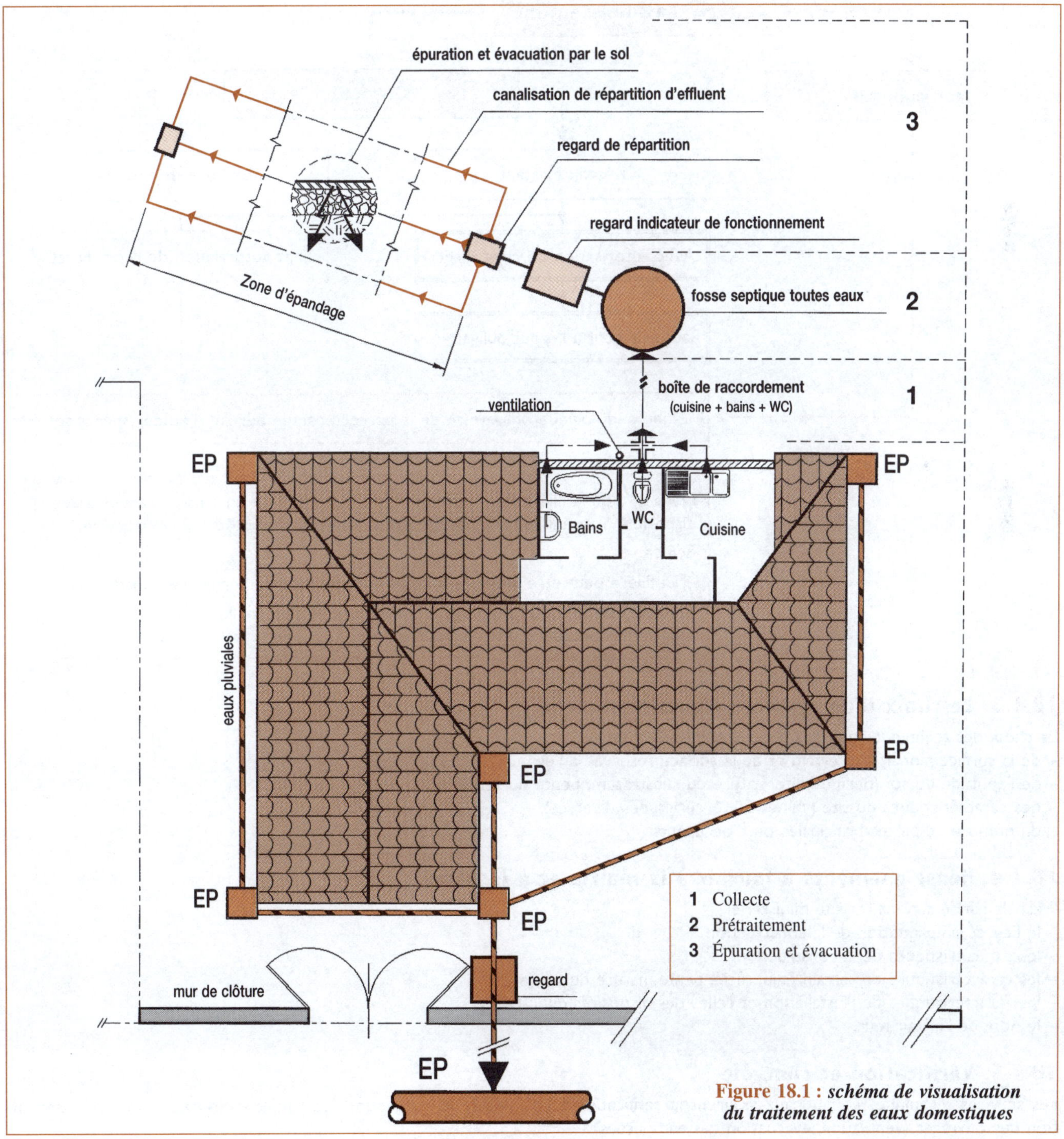

Figure 18.1 : ***schéma de visualisation du traitement des eaux domestiques***

18.1.2. Comment traiter et évacuer les eaux domestiques (EU et EV)

Comment définir le mode d'assainissement ?

❒ ***Mairie de la commune pour inventaire des contraintes liées :***
- à l'environnement du projet (réseaux existants, type de sol, exutoires),
- à l'urbanisme (POS ou plan d'occupation des sols et annexes sanitaires),
- au permis de construire dont l'obtention en cas d'assainissement individuel est soumis à l'étude topologique et à ses préconisations ou obligations après étude de la parcelle.

La Direction Départementale des Affaires Sanitaires et Sociales agit conjointement avec les services techniques communaux.

❒ ***Zonage d'assainissement dans la commune***

Chaque commune, depuis la loi sur l'Eau (1992), doit délimiter après enquête les zones d'assainissement collectif et celles relevant de l'assainissement non collectif.

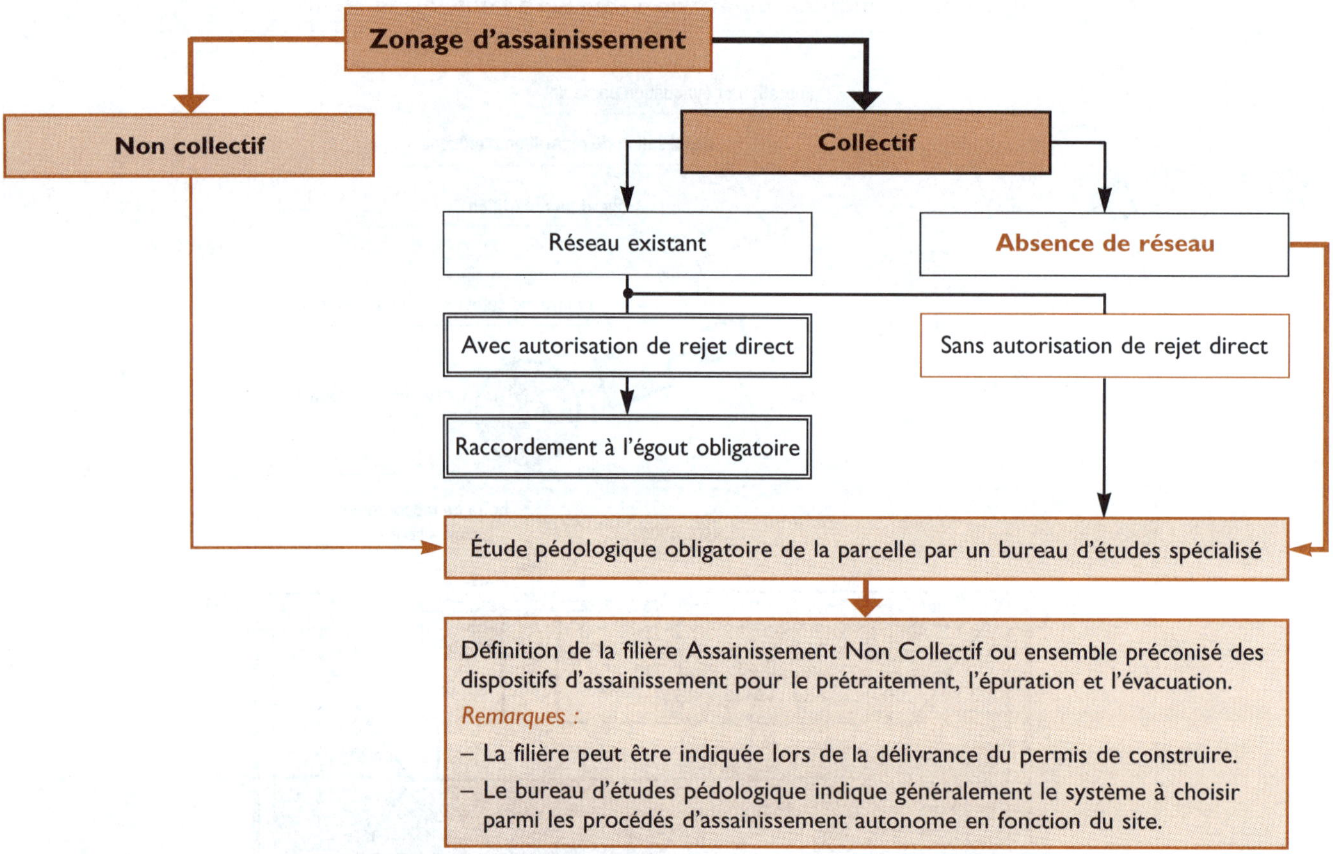

18.1.3. Le choix d'un système d'assainissement

Le choix des techniques utilisées dépend principalement :
- de la surface globale du terrain et de la surface réservée à l'épandage,
- de l'aptitude du sol (perméabilité, nature du substratum, pente du terrain),
- des caractéristiques du site (vulnérabilité, servitudes diverses),
- du nombre de pièces principales ou d'occupants.

18.1.4. Renseignements à fournir à la mairie et à la DDASS

Il est demandé suivant l'arrêté ministériel :
- le lieu et l'implantation de la construction,
- les caractéristiques de la construction,
- les caractéristiques du terrain (superficie, pente, nature du sol, etc.),
- les caractéristiques de l'installation et celles des dispositifs épurateurs,
- le nom de l'installateur.

18.1.5. Vérification et contrôle

Les services techniques communaux assurent la vérification technique de la conception, de l'implantation et de la bonne exécution des ouvrages (ventilation, évacuation des eaux usées).

18.2. Filières d'assainissement

18.2.1. Dispositifs de prétraitement

18.2.1.1. Fosse toutes eaux

Elle reçoit l'ensemble des eaux domestiques (fig. 18.2 à 18.5). Les fosses toutes eaux sont fabriquées en béton et sont alors souvent parallélépipédiques, ou en polyéthylène et sont alors de forme cylindrique tronquée à leur sommet.

Tableau 18.1 : *volume minimal des fosses toutes eaux*

Nombre de pièces principales	Volume minimal (litres)
Jusqu'à 5	3 000
Au-delà	1 000 litres ajoutés par pièce supplémentaire

Exemples :
Maison avec six pièces → volume minimal de 4 000 litres.
Maison avec sept pièces → volume minimal de 5 000 litres.

Réglementation :
- la hauteur d'eau dans la fosse doit être supérieure à 1 mètre ;
- la ventilation de la fosse doit permettre d'évacuer les gaz nocifs ;
- le diamètre de la conduite d'extraction des gaz est au moins de 100 mm ;
- la vidange de boues et matières flottantes doit être assurée tous les 4 ans ;
- la fosse sera placée à proximité de l'habitation.

18.2.1.2. Microstation

Une microstation est une station d'épuration de dimensions réduites, généralement à boues activées avec un compartiment d'activation par agitation mécanique. Elle a une capacité souvent supérieure ou égale à 2 500 litres pour les habitations comportant jusqu'à 6 pièces. Les microstations d'épuration sont très peu utilisées dans le cadre de la maison individuelle.

18.2.1.3. Bac dégraisseur

Facultatif, il capte les graisses des cuisines avant de diriger les eaux usées vers la fosse toutes eaux (fig. 18.3, 18.25 et 18.26).

Il a un volume minimal de 200 litres pour la desserte d'une cuisine. Il sera placé à moins de 2 mètres de l'habitation et avant la fosse toutes eaux pour l'écoulement.

18.2.1.4. Préfiltre

Facultatif, il est parfois incorporé dans la fosse toutes eaux pour assurer la rétention des matières en suspension et la protection de l'épandage des risques de colmatage (fig. 18.4).

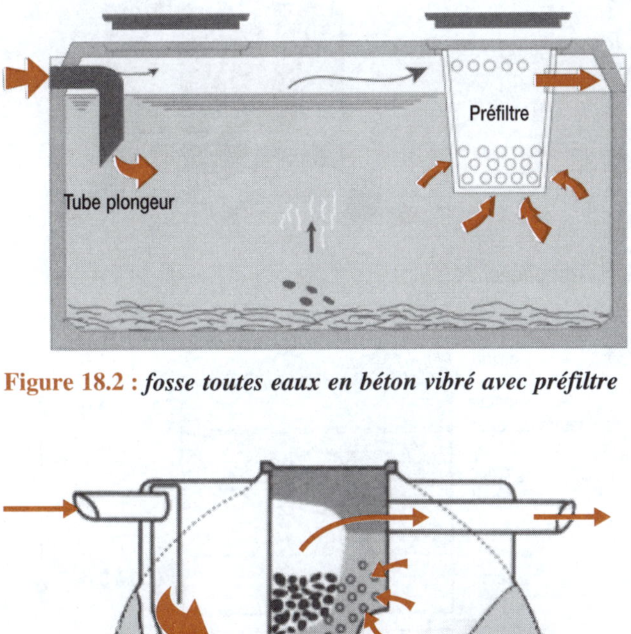

Figure 18.2 : ***fosse toutes eaux en béton vibré avec préfiltre***

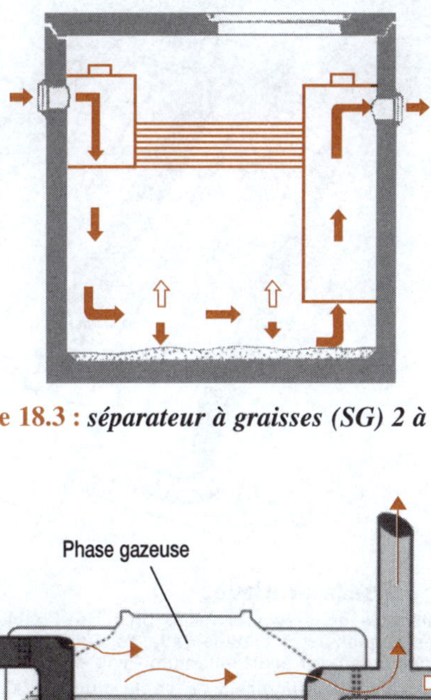

Figure 18.3 : ***séparateur à graisses (SG) 2 à 20 l/s***

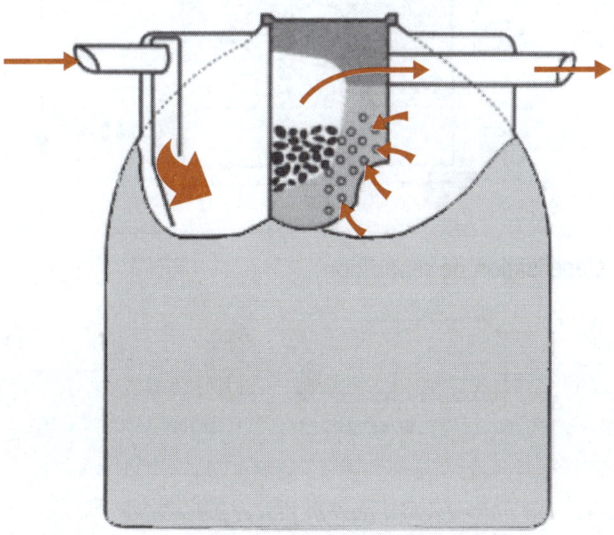

Figure 18.4 : ***préfiltre incorporé dans la fosse toutes eaux***

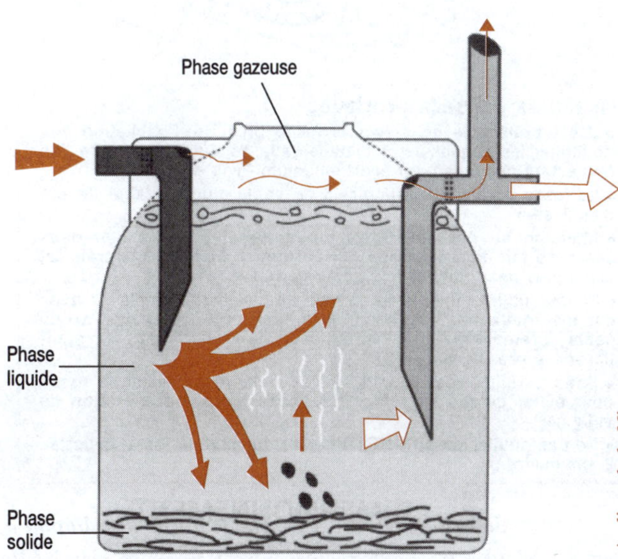

Ateliers de la Nive

Figure 18.5 : ***fosse toutes eaux en polyéthylène sans préfiltre***

18.2.1.5. Installation d'assainissement individuel en terrain plat et perméable

Prescriptions communes aux dispositifs assurant l'épuration et l'évacuation des effluents prétraités :
- emplacement situé hors des zones de circulation ou de stationnement de tout véhicule;
- revêtement superficiel perméable à l'air et à l'eau. Tout revêtement bétonné ou bitumé est proscrit;
- l'implantation du dispositif doit respecter :
  - une distance minimale de 35 mètres par rapport à un puits,
  - une marge d'environ 5 mètres par rapport à l'habitation,
  - une distance de 3 mètres par rapport à toute limite ou clôture de voisinage et de tout arbre.

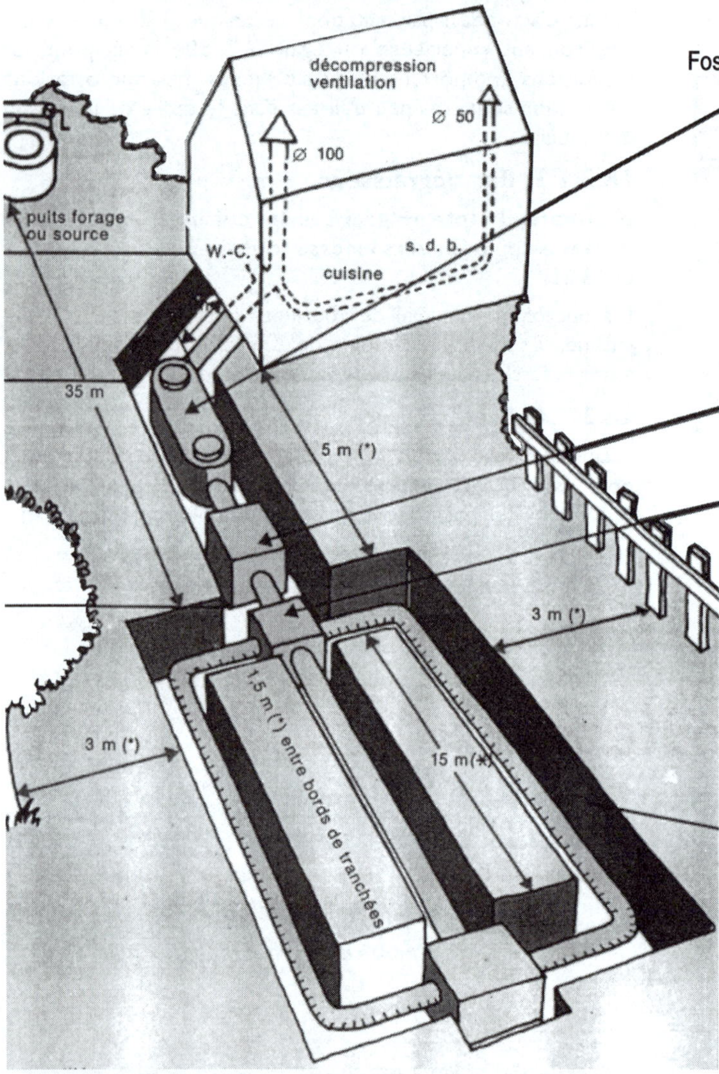

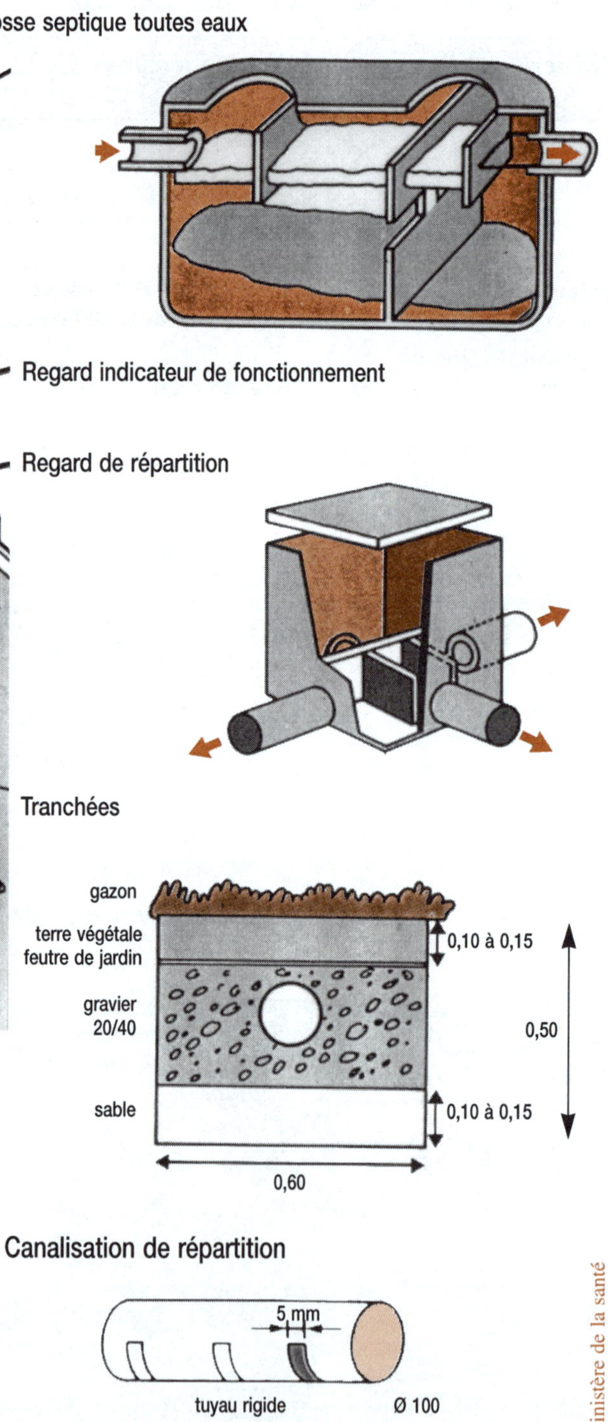

Quelques conseils pratiques

- Il est préférable de placer la fosse près de l'habitation afin de limiter les risques de colmatage de la conduite d'amenée (en respectant cependant un écart minimum - voir schéma : 3 m).
- La fosse sera posée sur un lit de sable d'une dizaine de cm d'épaisseur.
- Attention au positionnement de la fosse. L'entrée des eaux usées se fait dans le grand compartiment. L'orifice d'entrée est placé plus haut que l'orifice de sortie.
- Si vous utilisez une fosse en matière plastique, remblayez avec des matériaux meubles (bonne terre sans cailloux pointus) ou du sable et remplissez au fur et à mesure la fosse d'eau pour équilibrer les pressions.
- Dans certains cas, il peut être nécessaire de lester la fosse pour éviter qu'elle ne remonte à l'occasion d'une opération de vidange.
- Ne pas oublier de VIDANGER périodiquement la fosse (tous les 2 ans environ).

Ministère de la santé

Figure 18.6 : ***vue d'ensemble d'une installation d'assainissement individuel en terrain plat et perméable***

Cette vue d'ensemble montre le lien entre le dispositif de prétraitement (fosse toutes eaux) et les dispositifs de traitement (épuration) étudiés au paragraphe 18.2.2. suivant.

18.2.2. Dispositifs de traitement les plus utilisés

Ils servent à l'épuration des effluents traités précédemment.

18.2.2.1. Épandage souterrain par tranchées d'infiltration

❒ ***Cas d'utilisation :*** terrain plat, perméable et à faible profondeur.

❒ ***Filière prioritaire de l'assainissement individuel où le sol absorbe la totalité de l'effluent***

Le sol en place est utilisé comme **système épurateur** en dispersant à la fois en fond de tranchée et latéralement aux parois verticales de chaque tranchée.

❒ ***Dimensionnement suivant la perméabilité du sol et sa capacité à permettre les infiltrations***

Exemples : sol limoneux : 20 m à 30 m de tranchées filtrantes par chambre ; sol à dominante sableuse : 15 m de tranchées filtrantes par chambre.

Remarque : Limitation de la longueur de chaque tranchée filtrante à 30 mètres.

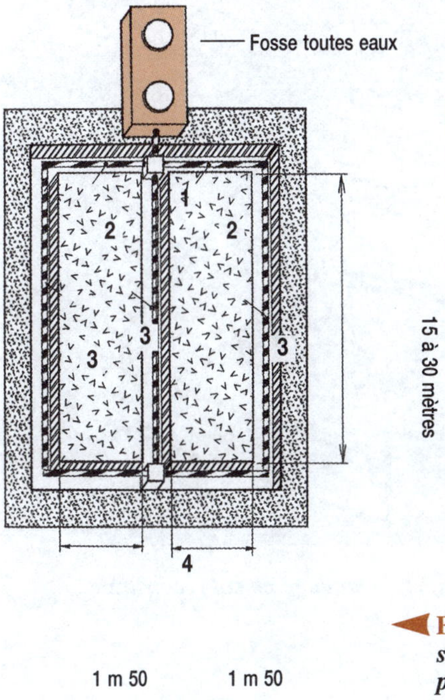

1. Regard de répartition
2. Tuyau de raccordement non perforé
3. Tuyau d'épandage perforé
4. Regard de bouclage

Figure 18.7 : ***épandage souterrain en sol naturel par tranchées***

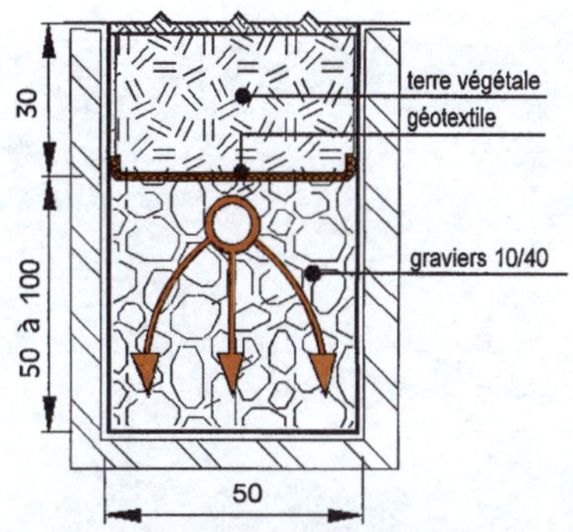

Figure 18.8 : ***coupe sur tranchée d'épandage***

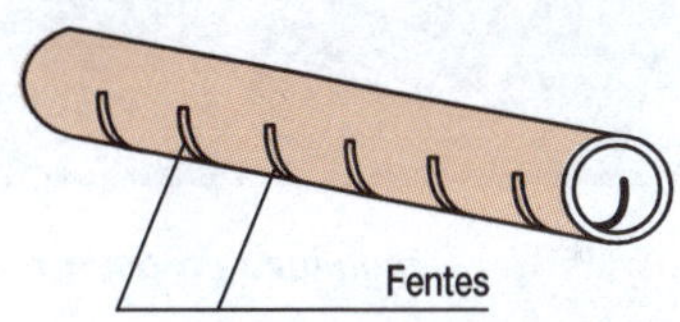

Figure 18.9 : ***tuyau d'épandage de diamètre 100 mm***

18.2.2.2. Lit d'épandage par fouille unique en excavation, à fond horizontal

❒ ***Cas d'utilisation :*** sols à dominante sableuse où la réalisation des tranchées d'infiltration est difficile.

Le lit d'épandage s'utilise à faible profondeur pour les sols à dominante sableuse.
Longueur maximale d'épandage : 30 mètres.

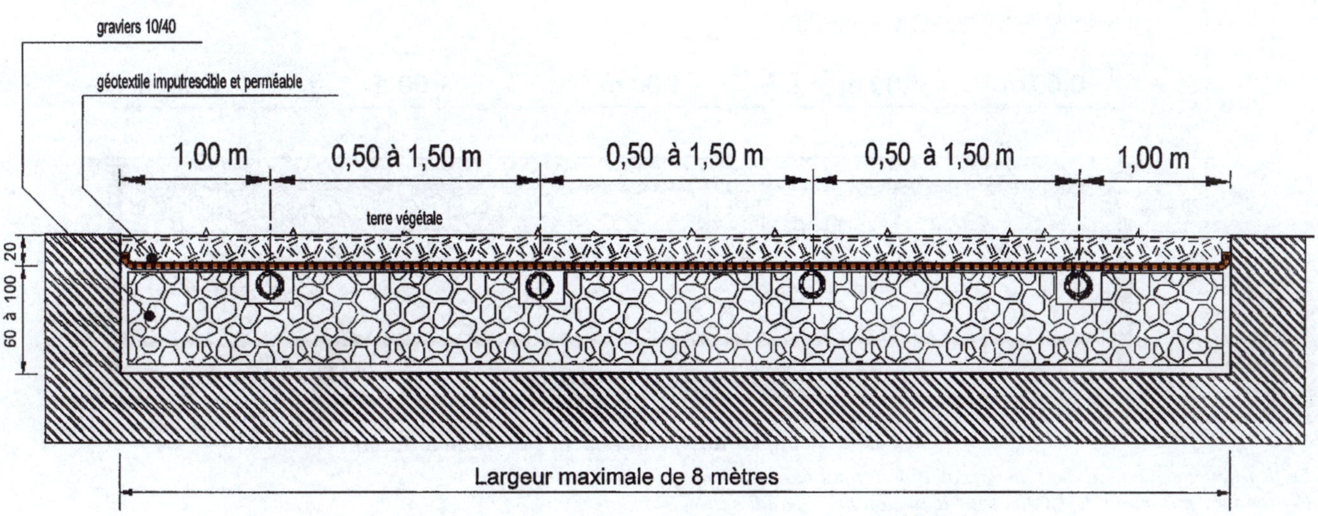

Figure 18.10 : ***coupe transversale sur lit d'épandage à faible épaisseur***

18.2.2.3. Adaptations de l'épandage souterrain à faible épaisseur

Dispositions communes à respecter :
- matériaux filtrants sans limon,
- distances minimales pour tout captage d'eau, limites séparatives, arbre (fig 18.6).

❒ ***Épandage en terrain en pente*** (fig. 18.11)

➤ **Conditions requises :**
- pente du terrain supérieure à 5 %,
- tranchées disposées perpendiculairement à la pente,
- pente du fond de tranchée inférieure à 1 %,
- espace entre deux tranchées voisine de 3 mètres,
- raccordements effectués de sorte que les effluents ne s'écoulent pas directement vers la tranchée inférieure.

❒ ***Épandage en sol reconstitué*** (fig. 18.12)

➤ **Cas d'utilisation :** sous-sol calcaire fissuré proche de la surface.

➤ **Condition :** les eaux doivent être épurées avant de l'atteindre car il les dirige vers les eaux souterraines.

➤ **Solution préconisée :** épandage d'une couche de sable de 70 cm d'épaisseur au minimum de granulométrie répondant au fuseau d'un sable filtrant (90 % de sable < 2 mm).

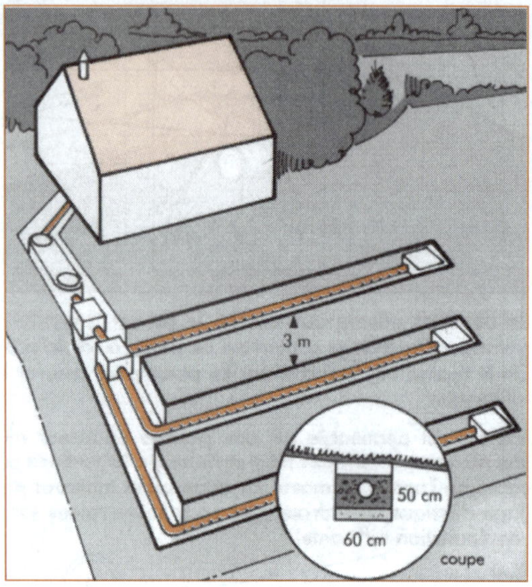

Figure 18.11 : ***épandage en terrain en pente***

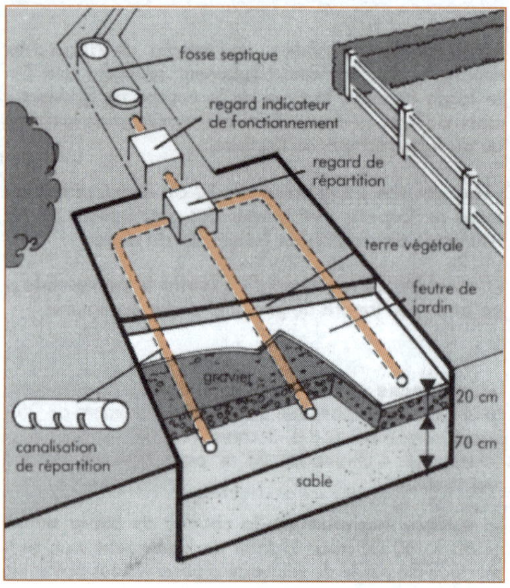

Figure 18.12 : ***épandage en sol reconstitué***

18.2.2.4. Filtre à sable vertical non drainé

Un matériau d'apport granulaire, avec 70 cm d'épaisseur de sable, est utilisé comme système épurateur ; le sol sert de moyen d'évacuation (fig. 18.13).

❒ ***Cas d'utilisation :*** sol avec une perméabilité insuffisante.

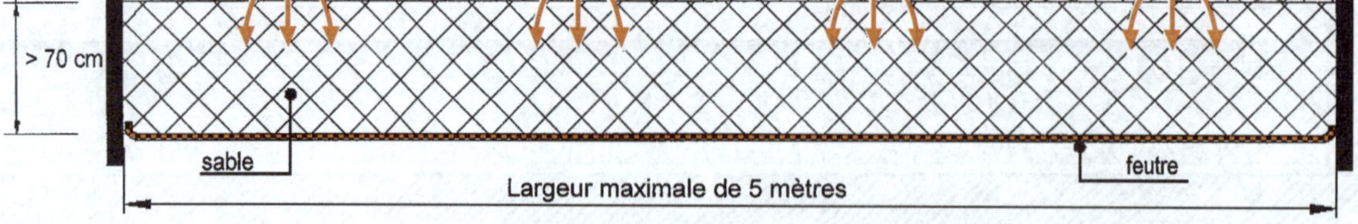

Figure 18.13 : ***coupe transversale sur lit filtrant non drainé***

Le lit filtrant se réalise dans une excavation à fond plat de forme proche d'un carré.
Profondeur minimale de 1,00 m sous le niveau de la canalisation d'amenée.
La surface du lit filtrant doit être égale au moins à 5 m² par pièce principale.

18.2.2.5. Filtre à sable vertical drainé

Le filtre doit avoir au moins 70 cm de sable et sera drainé à sa sous-face par des drains de collecte vers un exutoire (puits d'infiltration par exemple). Se reporter aux figures 18.14 et 18.15.

❒ ***Cas d'utilisation :*** sol inapte à un épandage naturel ou lorsqu'il existe un exutoire pouvant recevoir l'effluent traité.

Tableau 18.2

Nombre de pièces	Surface d'épandage
4	20 m²
5	25 m²

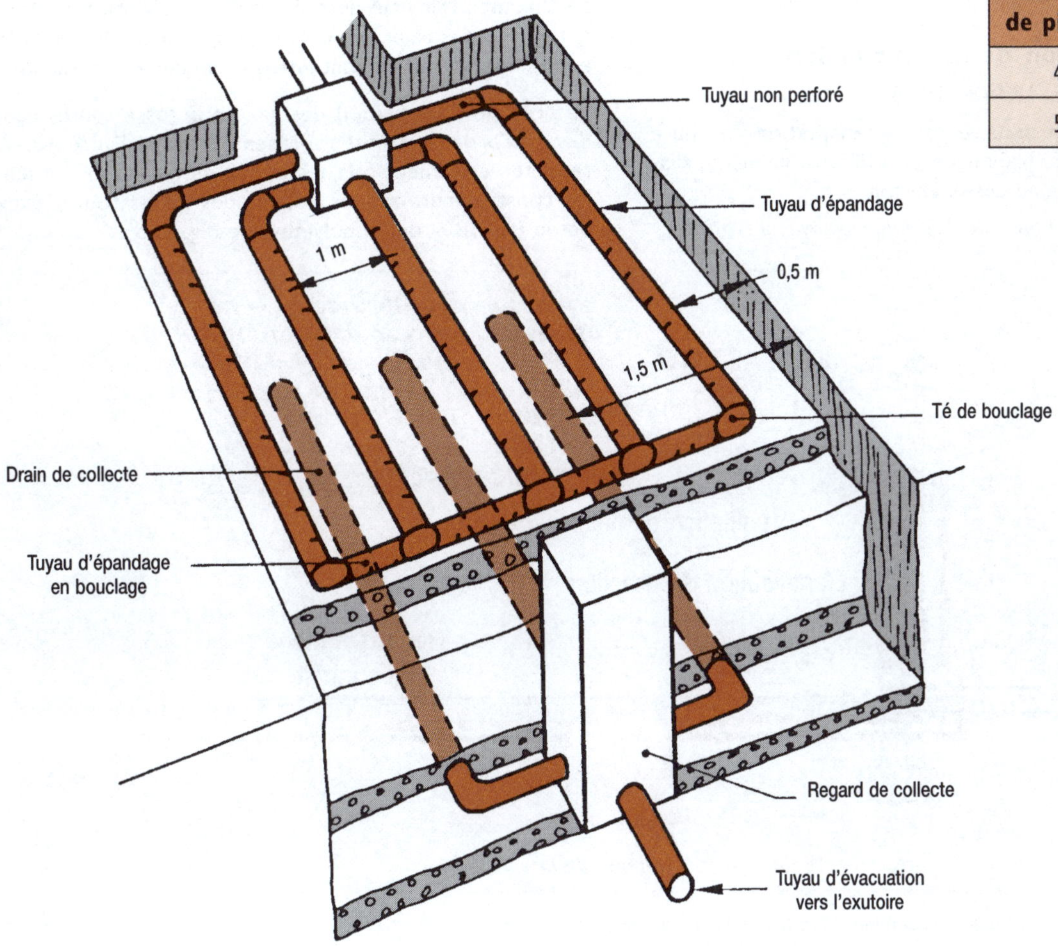

Figure 18.14 : *disposition des tuyaux d'épandage et d'évacuation*

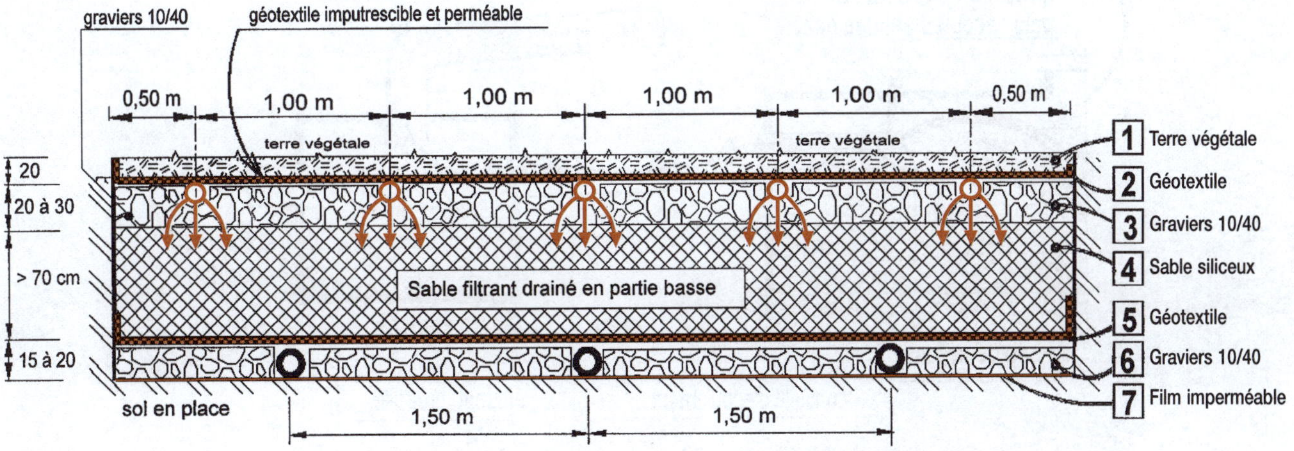

Figure 18.15 : *coupe transversale sur lit filtrant drainé*

18.3. Principe de ventilation

18.3.1. Condition de fonctionnement de l'ensemble du système

Le système de prétraitement (fosse toutes eaux) génère des gaz qui doivent être évacués par une ventilation efficace nécessitant une entrée d'air à l'amont et à l'extérieur, et un rejet d'air vicié à l'extérieur par une conduite située en aval de la fosse.

18.3.2. Conception de la ventilation

Se reporter aux figures 18.16 et 18.18.

➤ **L'entrée d'air** est assurée par la canalisation de chute des eaux domestiques, prolongée en utilisant un même diamètre jusqu'à l'air libre au-dessus du toit.

Remarque : La ventilation primaire doit être dépourvue d'extracteur.

➤ **La sortie d'air vicié** s'effectue par l'intermédiaire d'une conduite de diamètre minimal 100 mm, en sortie de fosse toutes eaux ou avant l'épandage dans un regard étanche.

Cette conduite doit émerger au-dessus de la toiture et des locaux habités.

L'extraction des gaz produits est obligatoire et est assurée par un extracteur statique ou de type éolien.

➤ **Circuit :** l'air neuf descend par la ventilation primaire vers la fosse toutes eaux, traverse la partie supérieure de la fosse, entraîne les gaz et remonte dans la conduite d'extraction.

Le principe d'évacuation des gaz de la fosse toutes eaux et des raccordements est représentée sur la figure 18.17. Se reporter également à la technique d'évacuation utilisée par les constructeurs sur les coupes des fosses toutes eaux en béton (fig. 18.2) ou en polyéthylène (fig. 18.5).

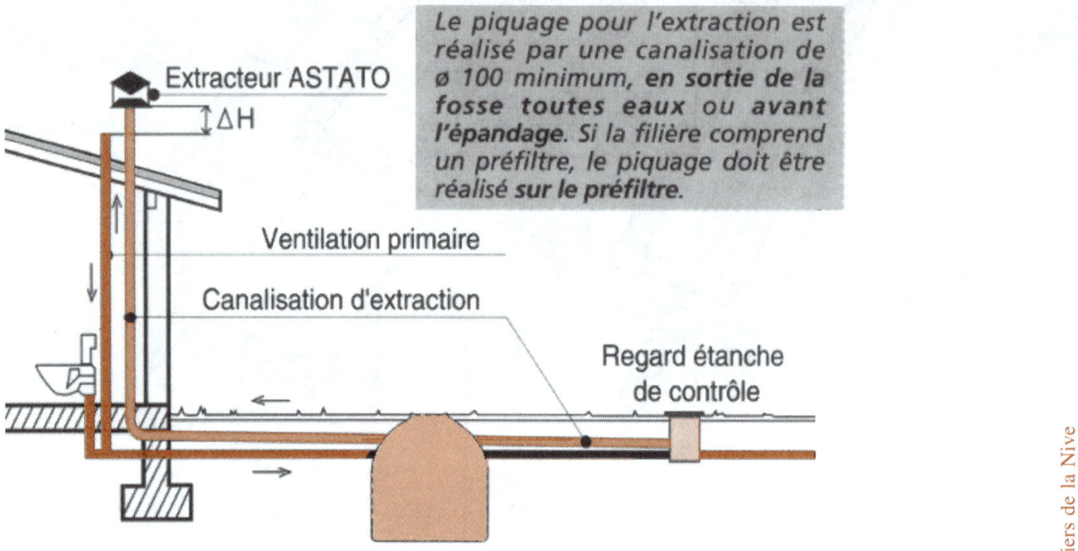

Figure 18.16 : ***schéma de la ventilation***

Remarque : se reporter au schéma d'ensemble de la figure 18.18, page 247.

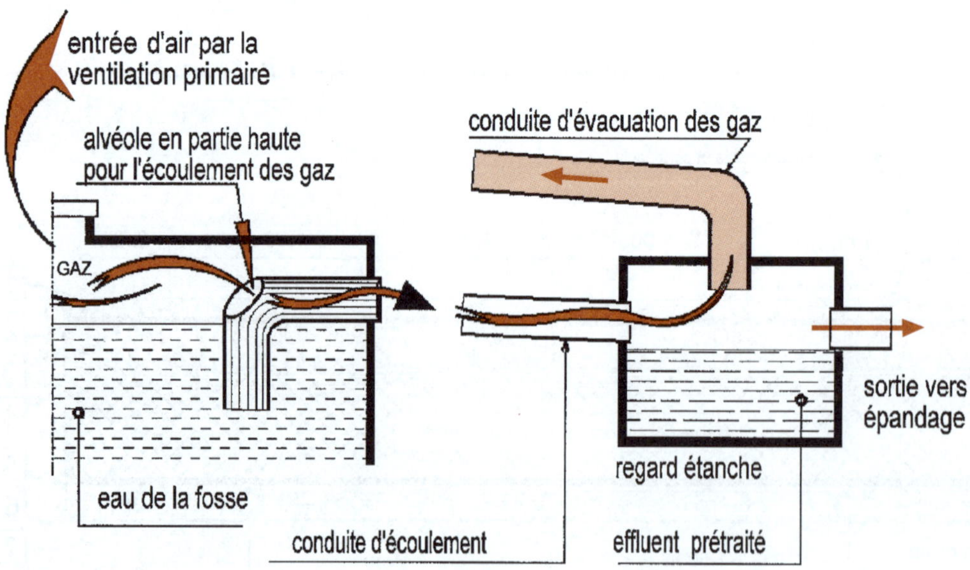

Figure 18.17 : ***schéma de principe d'évacuation des gaz dans la fosse***

18.3.3. Exemple d'installation depuis les appareils sanitaires

Se reporter aux figures 18.18 à 18.20.

- Installation partielle d'évacuation des eaux usées et vannes avec tuyaux de chutes séparées.
- Ventilation primaire débouchant sur le toit : le tuyau de la chute d'eaux usées est raccordé sur celui de la chute d'eaux vannes qui émerge.
- Conduite d'écoulement vers un regard avec pente et ensuite vers la fosse toutes eaux avec pente supérieure à 2 %.
- Conduite d'extraction des gaz munie d'un extracteur éolien.
- Écoulement de l'effluent prétraité vers l'épandage souterrain par tranchées verticales dans l'exemple.

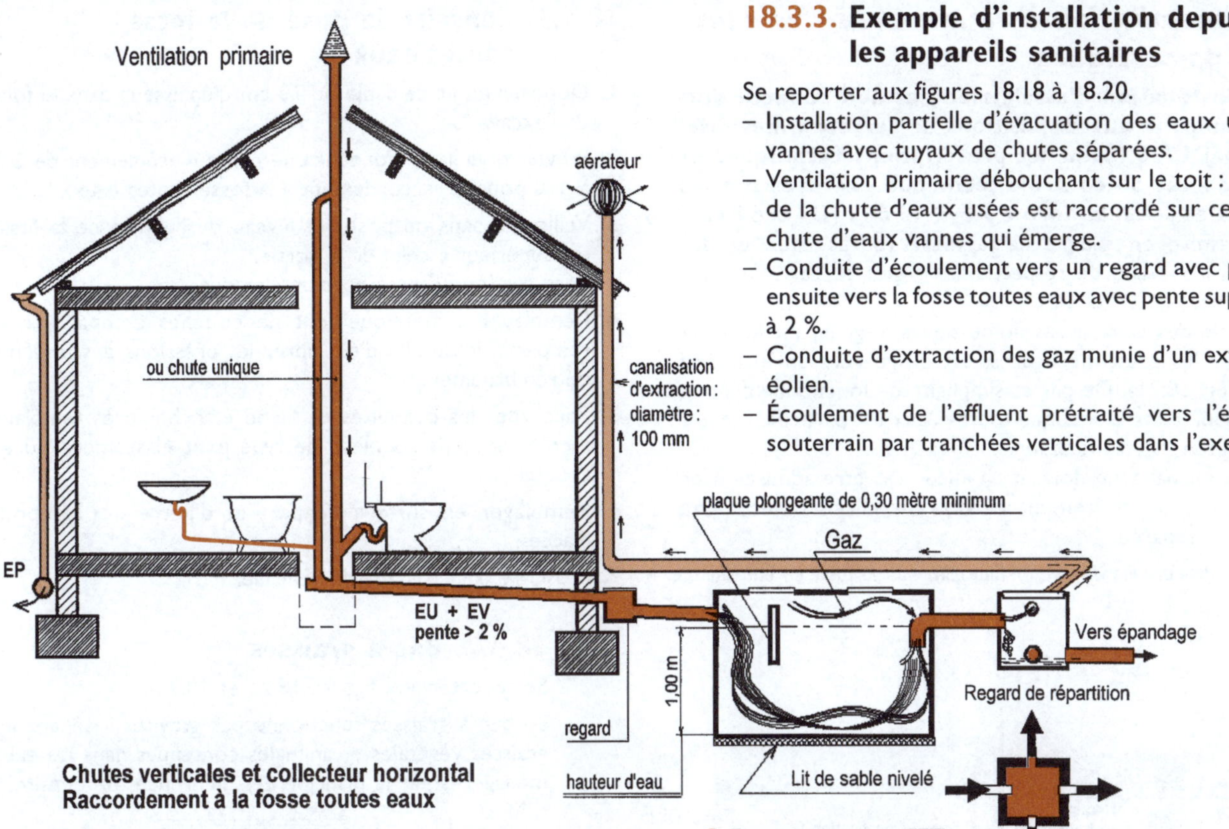

Figure 18.18 : *la fosse toutes eaux et la ventilation du système*

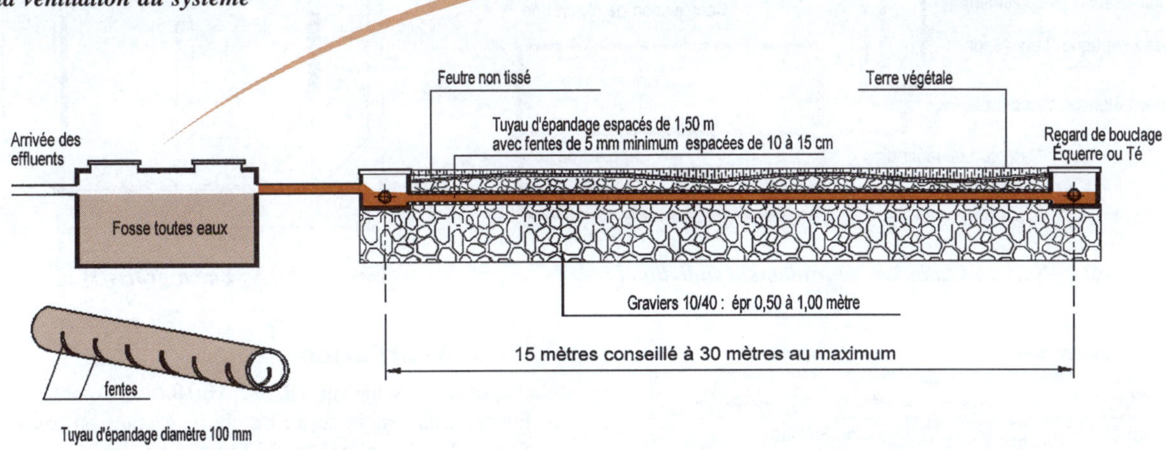

Figure 18.19 : *coupe longitudinale sur tranchée en terrain plat*

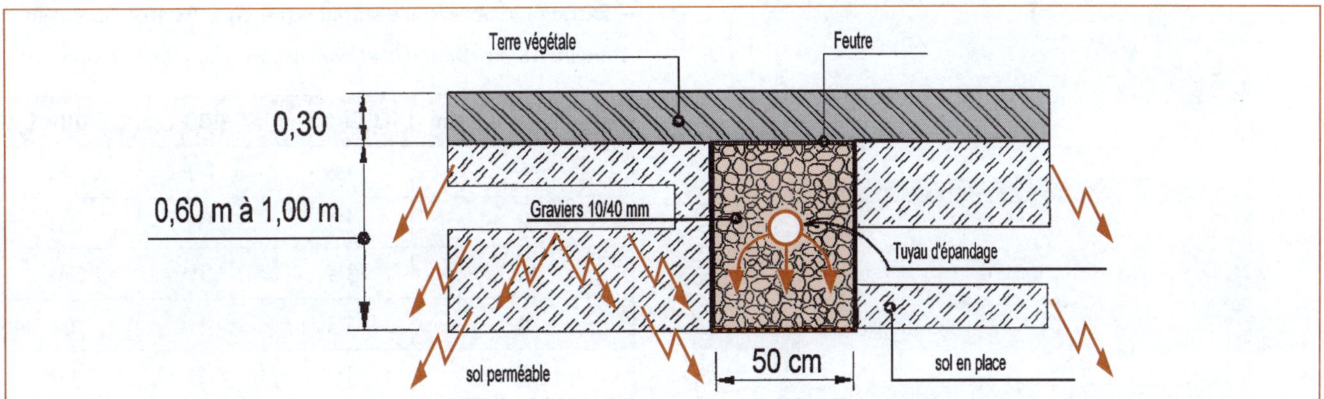

Figure 18.20 : *détail sur une tranchée*

18.4. Installation de traitement des eaux domestiques

Toute installation d'assainissement non collectif doit être conforme aux dispositions de l'arrêté ministériel du 6 mai 1996 fixant les prescriptions techniques et les modalités de contrôle technique exercées par les communes selon la norme XP P 16 603 (DTU 64.1).

Pour la mise en œuvre de la fosse toutes eaux et des conduits, il y a lieu de respecter les règles de l'art ainsi que les exigences du DTU 64.1.

L'ensemble des eaux usées domestiques, regroupant les eaux vannes et les eaux ménagères, est dirigé vers un dispositif unique (fig. 18.21). De par sa simplicité de fonctionnement et d'entretien, la fosse septique toutes eaux est particulièrement bien adaptée à cette fonction.

Les eaux pluviales ne doivent en aucun cas être admises dans l'installation de traitement et doivent faire l'objet d'une évacuation séparée.

Attention : Pendant les vidanges, il faut alimenter la fosse en eau claire.

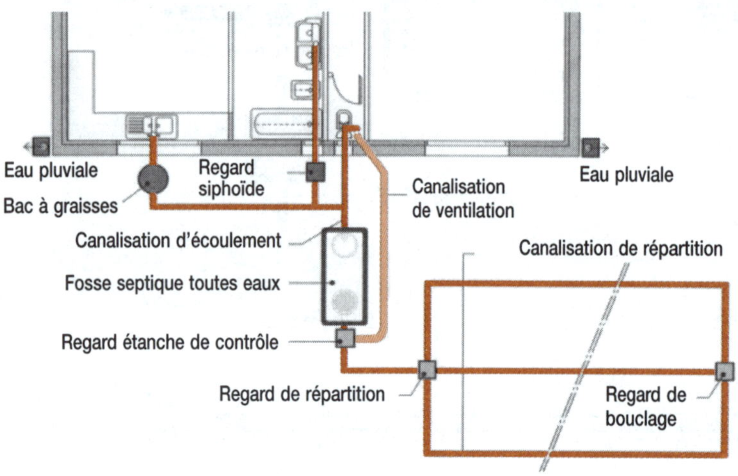

Figure 18.21 : ***installation de traitement individuel***

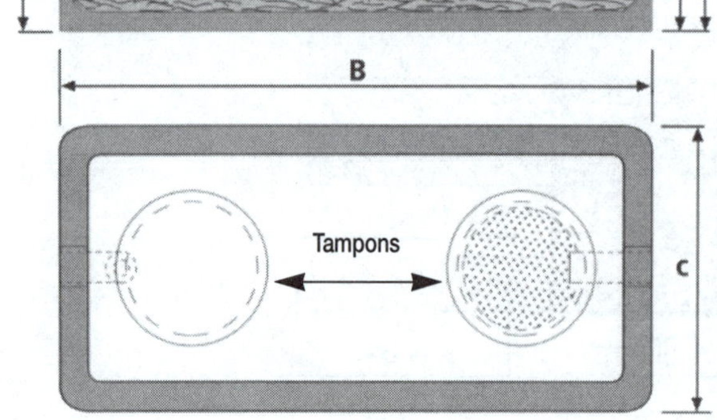

Ateliers de la Nive

Figure 18.22 : ***fosse toutes eaux***

18.4.1. Conseils de pose de la fosse toutes eaux

1. Disposer un lit de sable de 10 cm d'épaisseur dans le fond de l'excavation.
2. Prévoir pour la profondeur une pente d'écoulement de 2 % à 4 % pour le raccordement à la fosse toutes eaux.
3. Veiller au sens de pose : le niveau de l'entrée de la fosse est supérieur à celui de la sortie.
   Pose sur fond dressé horizontalement.
4. Remblayer symétriquement en couches compactées et remplir la fosse afin d'équilibrer les pressions dès le début du remblaiement.
5. Raccorder les conduites de façon étanche après remblaiement. Raccords souples : de type joint élastomère ou en caoutchouc.
6. Remblayer en surface de part et d'autre des tampons d'accès.
7. Proscrire tout passage de véhicule.

18.4.2. Bac à graisses

Se reporter aux figures 18.21 et 18.23.

Le bac à graisses fonctionne par gravité ; il sépare les graisses végétales et animales contenues dans les eaux ménagères par le principe des différences de densité.

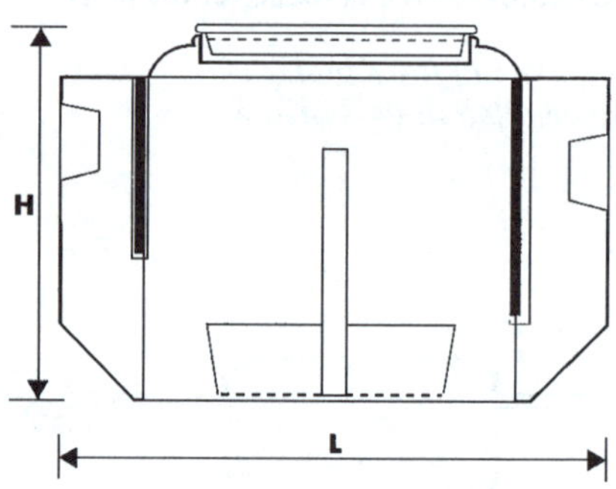

Figure 18.23 : ***bac à graisses***

18.4.3. Ventilation

Se reporter aux figures 18.16 à 18.18.

- Entrée d'air par le tuyau de chute sortant en toiture.
- Sortie d'air en diamètre 100 mm avec débouché en toiture.
- Piquage à partir du préfiltre, sinon en sortie de fosse ou avant l'épandage.
- Extracteur obligatoire statique (de type Astato) ou éolien.

Tableau 18.3 : *capacités et dimensions d'une fosse toutes eaux*

Dimension en cm	3 000 l	4 000 l	5 000 l
A	135	172	185
B	252	252	253
C	119	119	140
D	114	153	164
E	117	156	167
Poids en kg	1 600	1 950	2 050

18.5. Installation des dispositifs et réglementation

18.5.1. Caractéristique de l'installation suivant la nature du sol : solutions possibles

18.5.1.1. Cas de terrain perméable

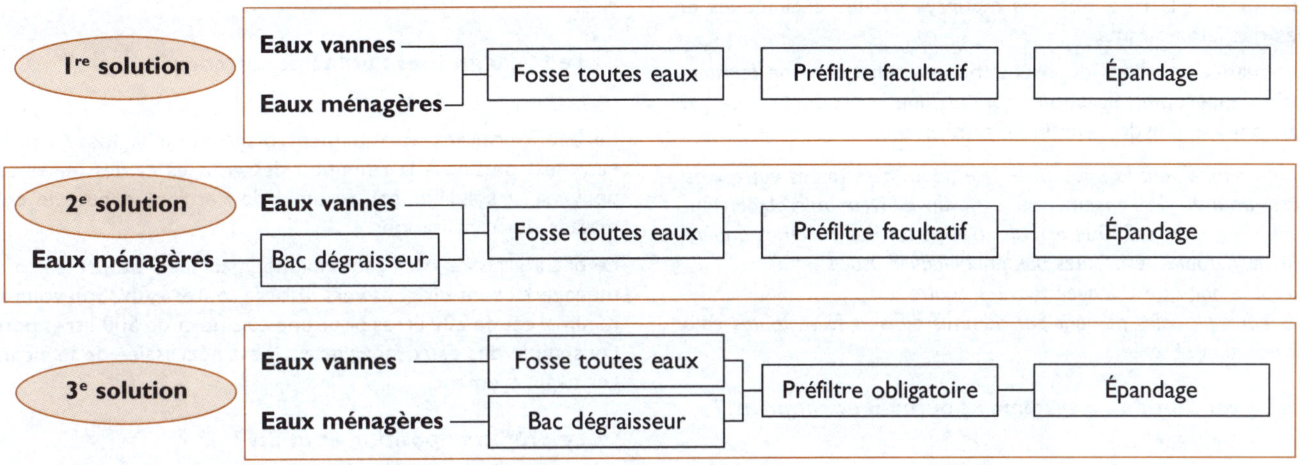

18.5.1.2. Cas de terrain imperméable en surface mais perméable en profondeur

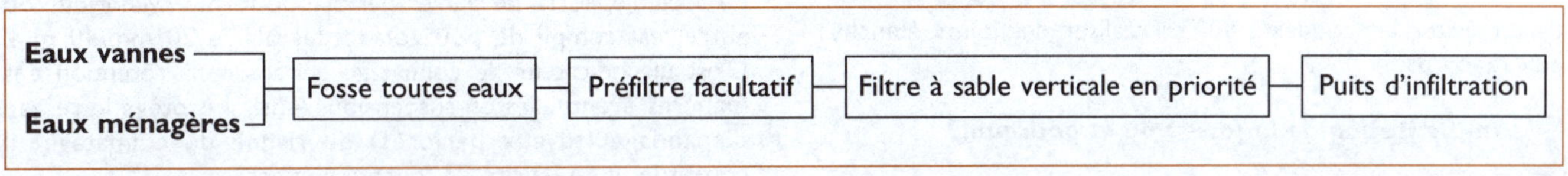

18.5.1.3. Cas de terrain imperméable

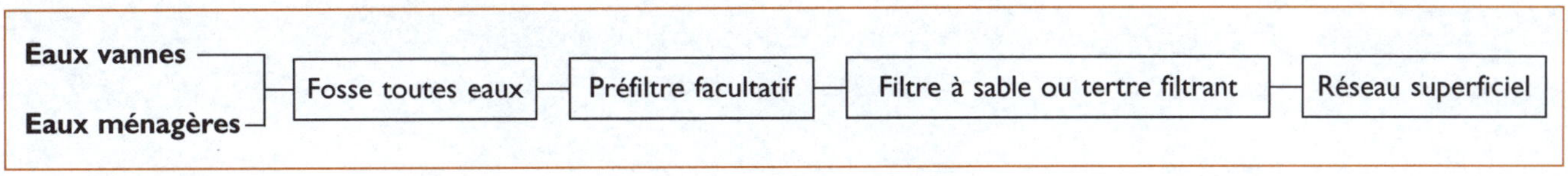

Pour les autres solutions : contacter la DDASS.

18.5.2. Constitution du dossier

Dans tous les cas, il y a lieu de se conformer aux indications fournies par la **mairie du lieu d'installation.**

À titre informatif, il est généralement demandé :

– un **questionnaire à remplir** avec, par feuillet :
  - l'identité du demandeur, le lieu et les caractéristiques de la construction (T3, T4, T5 ou autre),
  - les caractéristiques du terrain (superficie, pente, nature du sol, alimentation en eau, puits éventuels),
  - les **caractéristiques de l'installation** pour terrain perméable ou imperméable,
  - les caractéristiques principales des appareils prévus (capacité de la fosse toutes eaux, etc.),
  - les caractéristiques des dispositifs épurateurs (tranchées d'épandage, lit d'épandage ou filtre à sable, etc.);

– un **plan de situation** pour localiser l'installation (1/25 000);

– un **plan de masse** précisant la position de la maison et les limites de la propriété, la position des différents ouvrages d'assainissement, l'emplacement des puits ou ruisseaux dans un rayon de 100 mètres, le devenir des eaux pluviales;

– une **copie du règlement du lotissement** le cas éventuel concernant l'assainissement;

– un **plan et coupe de l'installation** en 3 exemplaires s'il existe une évacuation des eaux usées au sous-sol.

18.6. Quelques questions et réponses

❒ La fosse toutes eaux : comment fonctionne-t-elle ?

Se reporter aux figures 18.2, 18.4 à 18.6.

Cet appareil, qui collecte à la fois les eaux ménagères et les eaux vannes, est destiné à la liquéfaction des matières polluantes et à la rétention des matières solides décantables et des déchets flottants.

Les matières solides déposées (boues) subissent une fermentation anaérobie (digestion), qui entraîne la production de gaz carbonique, d'hydrogène et de méthane.

Remarque : *Avant la mise en service de la fosse toutes eaux, il est recommandé de l'ensemencer avec un activeur microbiologique (une dose pour 1 000 litres), afin d'apporter des bactéries anaérobies et aérobies résistantes aux antibiotiques usuels.*
La fosse doit être vidangée tous les quatre ans.
Les eaux pluviales ne sont pas admises dans la fosse toutes eaux (évacuation séparée).

❒ La ventilation du système : pourquoi et comment?

Se reporter aux figures 18.16 à 18.18.

La fermentation des matières biodégradables produit des gaz nocifs à évacuer par une arrivée d'air et une sortie au-dessus des locaux habités d'un diamètre d'au moins 100 mm muni d'un extracteur statique ou éolien.

Il faut éviter les coudes à 90° et réaliser des joints étanches aux raccords.

❒ L'implantation de la fosse : où et pourquoi?

Se reporter à la figure 18.21.

La fosse est implantée à proximité de la maison d'habitation (2 à 3 m) pour ne pas nuire au sol de fondation par décompression des terres et limiter les circuits d'amenée des eaux usées des éviers, lavabos, baignoires et WC. Elle est installée à l'écart de tout passage de véhicules et pour favoriser le contrôle et l'entretien par des accès faciles.

Les tampons de visite doivent rester visibles et accessibles.

Toute plantation est à proscrire et seul un gazon est autorisé.

❒ Le bac à graisses : utilité et entretien?

Se reporter aux figures 18.3, 18.21 et 18.23.

Le bac à graisses, logiquement placé avant la fosse toutes eaux, est destiné à la rétention des graisses et des huiles qui peuvent se solidifier par accumulation et font risquer le colmatage des canalisations.

Le bac à graisses est recommandé, mais facultatif, si les eaux ménagères sont dirigées vers la fosse toutes eaux. Son volume minimal est de 200 litres pour une cuisine et de 500 litres pour l'ensemble des eaux ménagères. Il est nécessaire de le vidanger régulièrement.

❒ Le préfiltre : position et utilité?

Se reporter aux figures 18.2 et 18.4.

Il est souvent placé directement dans la fosse toutes eaux et toujours avant la sortie vers l'épandage.

Le préfiltre, sorte de panier perforé de forme cylindrique ou autre, est rempli de pouzzolane de calibre 20 mm/40 mm. C'est un indicateur de colmatage qui assure la rétention des matières éventuelles en suspension. Ainsi, il protège le réseau d'épandage (tuyaux perforés) du risque de colmatage; il constitue une sécurité de fonctionnement.

Il est obligatoire dans le cas d'un traitement séparé des eaux vannes et des eaux ménagères (cas des réhabilitations).

Chapitre 19

Ventilation en habitat individuel

- Ventilation mécanique contrôlée (VMC)
- Système de ventilation mécanique à simple flux
- Extraits de réglementation en maison individuelle
- Ventilation hygroréglable
- Système de ventilation hygroréglable : fiche technique

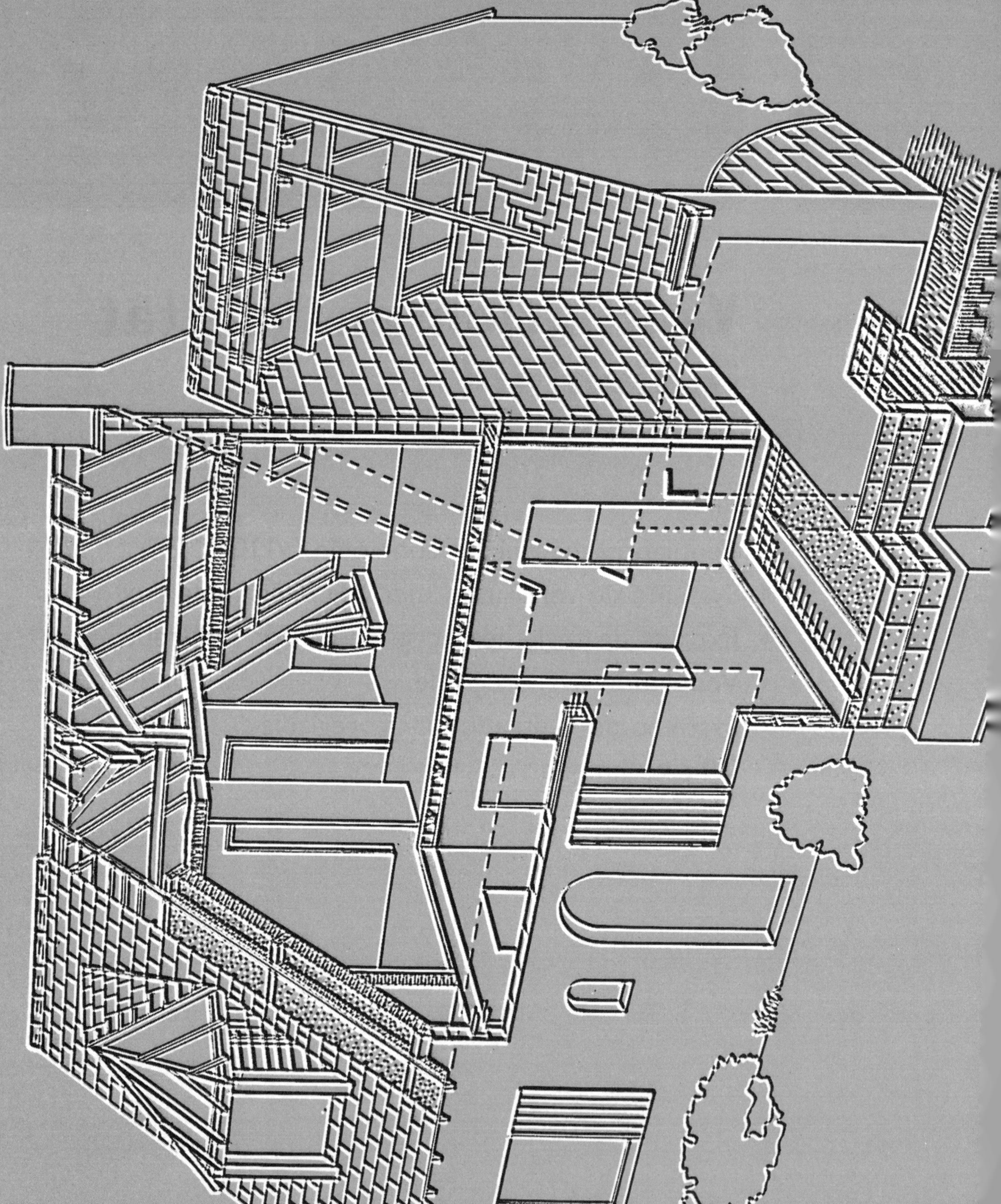

19.1. Ventilation mécanique contrôlée (VMC)

Se reporter également au chapitre 16 (§ 16.6).

❐ ***Principe de la VMC***

La ventilation consiste à renouveler l'air d'un espace intérieur clos par de l'air extérieur. Il s'agit de balayer le logement par un air neuf qui se charge de l'humidité, des mauvaises odeurs, des gaz toxiques et de pollutions diverses, puis de l'expulser par un ventilateur.

❐ ***Constitution d'un réseau de VMC individuelle***

Un réseau de VMC individuelle classique est constitué de conduits souples et d'accessoires s'assemblant par emboîtement. Trois diamètres sont utilisés :

- ∅ 80 pour le réseau d'extraction des WC et de la salle de bains,
- ∅ 125 pour le réseau d'extraction de la cuisine,
- ∅ 150 pour le refoulement.

❐ ***Trajet de l'air*** (fig. 19.1 et 19.2) :

➤ **Admission de l'air neuf :** cet air est recueilli à l'extérieur et admis dans le logement par traversée, en partie haute, de la menuiserie ou des murs de façade par des « entrées d'air ».
L'entrée d'air s'effectue dans les pièces principales.

➤ **Traversée du logement :** elle s'effectue des pièces principales vers les pièces de service (séjour, chambres) par le jeu, en partie basse, des portes intérieures (jeu ⩾ 1 cm), en allant des pièces principales vers les pièces de services (cuisine, salles de bain, WC).

➤ **Sortie de l'air vicié :** elle s'effectue par des « bouches d'extraction » en plafond dans les pièces de service et est évacué vers l'extérieur, au-dessus du toit, grâce à un groupe d'extraction.

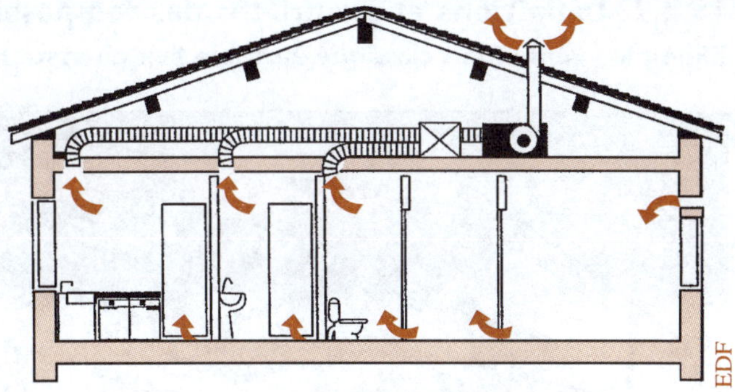

Figure 19.1 : ***coupe de principe de la VMC en maison individuelle***

Entrée de l'air → circulation sous les portes → sortie en plafond des pièces de service.

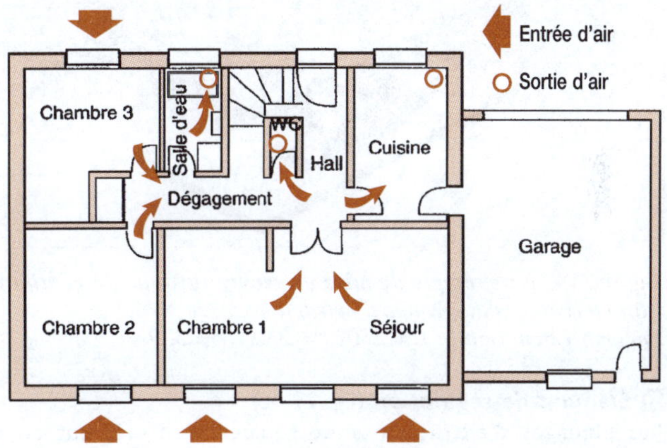

Figure 19.2 : ***trajet de l'air pour une VMC en maison individuelle***

19.2. Système de ventilation mécanique à simple flux

Se reporter à la figure 19.3.

Le système de ventilation mécanique à simple flux est le système le plus répandu dans les maisons individuelles en construction neuve. Il assure la ventilation générale et permanente permettant d'assainir le logement.

19.2.1. Description sommaire des composants

Un système de ventilation mécanique à simple flux comprend :

- **un groupe d'extraction** en polypropylène comprenant :
  - un piquage cuisine (diamètre extérieur de 150 mm),
  - deux à cinq piquages sanitaires de diamètre 80 mm,
  - un orifice pour le refoulement de 150 mm de diamètre,
  - une turbine à aubes et un moteur électrique équilibrés ensemble,
  - trois points de fixation pour la suspension en un point central entre les sorties des manchettes des bouches d'extraction (jamais au-dessus des chambres) ;
- des bouches d'extraction pour les pièces de services ;
- des entrées d'air pour les pièces principales (une entrée d'air par chambre et deux dans le séjour) ;
- des conduits souples reliant les différentes bouches au ventilateur ;
- une sortie toiture pour évacuer l'air de refoulement.

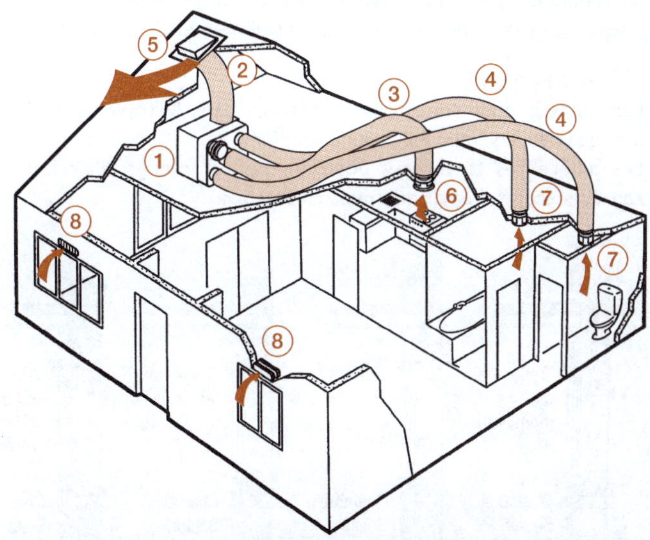

① Groupe d'extraction	⑥ Bouche d'extraction cuisine
② Conduit de refoulement	⑦ Bouche d'extraction salle de bains et WC
③ Conduit souple ∅ 125 mm	⑧ Entrées d'air (pièces principales)
④ Conduits souples ∅ 80 mm	
⑤ Sortie de toiture	

Figure 19.3 : ***système de VMC à simple flux***

19.2.2. Définitions et propriétés des composants principaux

Exemple : ventilation classique à simple flux en système autoréglable.

① Entrée d'air EA
② Bouche d'extraction cuisine
③ Bouche d'extraction sanitaires
④ Absorb'son Ø 150
⑤ Absorb'son Ø 80 mm
⑥ Conduits souples type Algaine
⑦ Groupe d'extraction VMP K
⑧ Sortie toiture

Figure 19.4a : ***exemple de mise en œuvre (groupe de ventilation de type Sequoia)***
Caractéristiques du groupe d'extraction :
Encombrement (mm) : L = 280 ; l = 280 ; H = 320.

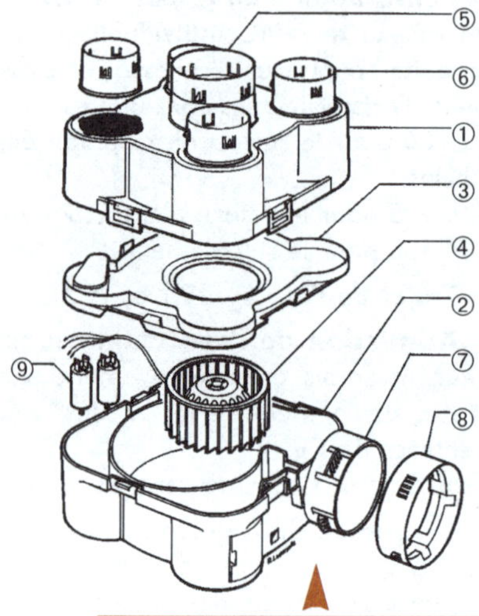

① ② Demi-coques extérieures en polypropylène. Assemblage : 4 clips
③ Platine de séparation
④ Mototurbine à rotor
⑤ Piquage cuisine
⑥ Piquage sanitaire
⑦ Piquage refoulement
⑧ Pièce de transformation
⑨ Condensateurs

Vitesses de croisière (utilisation constante) et de pointe à l'aide d'un inverseur (petite vitesse, grande vitesse)

Figure 19.4b : ***groupe d'extraction***

❒ ***Élément de régulation*** (fig. 19.4c)

Les piquages d'extraction sont équipés d'un élément composé d'une membrane qui ajuste la section de passage d'air en fonction de la différence de pression entre l'amont et l'aval pour maintenir le débit constant quelle que soit la pression du vent en particulier.

Remarque : La ventilation doit toujours fonctionner 24 h/24. Les arrêts de ventilation pendant la journée ou la nuit provoquent en effet des phénomènes de condensation dans l'installation et dans l'habitation.

Figure 19.4c : ***membrane régulatrice du débit extrait (en couleur)***

❒ ***Entrées d'air***

Les entrées d'air sont souvent placées dans la traverse haute des menuiseries en bois, PVC ou aluminium.

Les différentes traversées possibles pour l'amenée d'air frais sont représentées schématiquement ci-dessous.

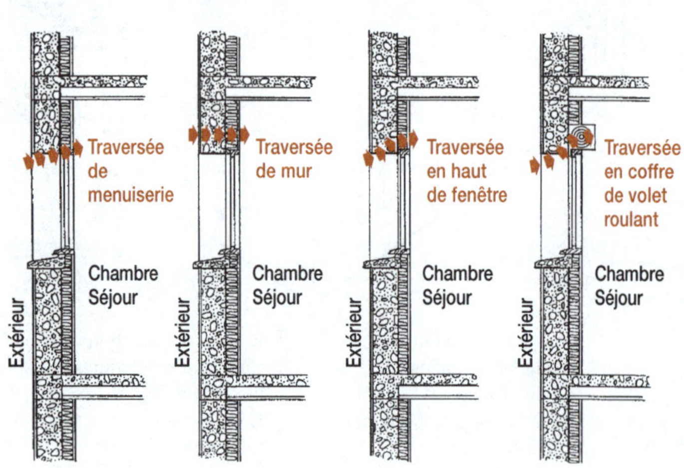

Figure 19.5 : ***entrées d'air***

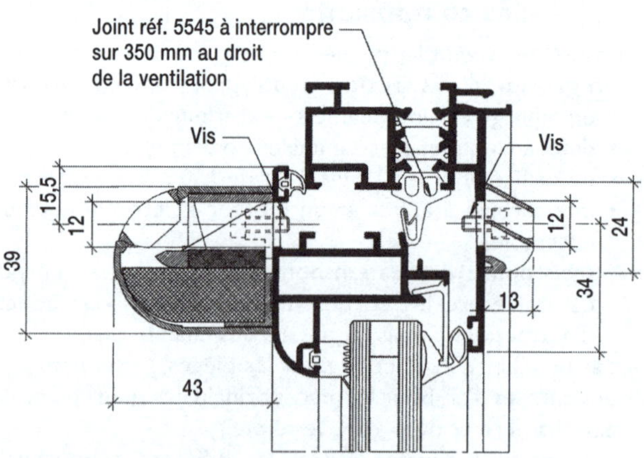

Figure 19.6 : ***traversée de menuiserie ; détail d'une entrée d'air***

19.2.2.1. Entrées d'air

Ce sont des orifices permettant l'entrée de l'air neuf extérieur dans les pièces principales de l'habitation (séjour, chambres), mises en dépression par une installation de VMC, par exemple.

On distingue :

- les entrées d'air **autoréglables** (fig. 19.7) : leur section se modifie automatiquement pour maintenir le débit d'entrée constant quelles que soient les conditions atmosphériques ou l'occupation des pièces;
- les entrées d'air **hygroréglables** (fig. 19.8) : leur section d'entrée se modifie automatiquement grâce à leur détecteur d'humidité en fonction des besoins dans chaque pièce principale.

Les entrées d'air sont caractérisées par leur **module**, qui correspond au débit d'air les traversant sous une pression de référence.

➤ Pour l'entrée d'air autoréglable, le module est défini pour une dépression de 20 Pa.

Exemples :

Entrée d'air de type **EA 22** → 22 m³/h sous 20 Pa.

Entrée d'air de type **EA 30** → 30 m³/h sous 20 Pa.

➤ Pour l'entrée d'air hygroréglable, le module est défini pour une dépression de 10 Pa.

Exemples :

Entrée d'air de type **EH 22** → 22 m³/h sous 10 Pa.

Entrée d'air de type **EH 5-30** → 5 m³/h à 30 m³/h sous 10 Pa.

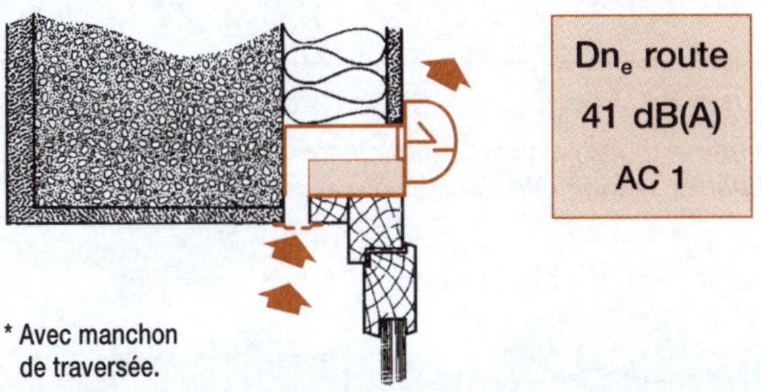

Figure 19.7 : ***montage avec entrée d'air autoréglable (EA)***

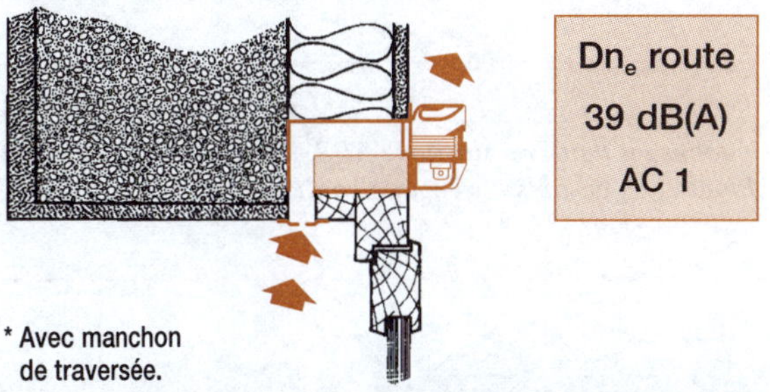

Figure 19.8 : ***montage avec entrée d'air hygroréglable acoustique (EHA)***

❐ Exigences acoustiques

Une entrée d'air est caractérisée par son isolement acoustique normalisé Dn_e, évalué pour une émission en bruit route (Dn_e route) et exprimé en décibels pondérés dB(A).

La nouvelle réglementation acoustique impose aux façades des bâtiments d'habitation un affaiblissement minimal aux bruits routiers de 30 dB(A).

On tient compte, selon les exemples de solutions acoustiques proposées par le Centre Scientifique et Technique du Bâtiment (CSTB) :

- du rapport surface de la pièce/nombre d'entrée d'air **(S/n)**,
- de l'ensemble des autres éléments de la façade (mur, menuiseries, coffres de volet roulant, toiture ou plancher haut et des fuites).

En pratique, on apprécie les qualités acoustiques d'une entrée d'air par deux classes de performances citées dans les descriptifs d'ouvrages :

une classe AC1 → Dn_e route ⩾ 36 dB(A) si S/n > 10,

une classe AC2 → Dn_e route ⩾ 39 dB(A) si S/n < 10.

En fonction de l'isolement acoustique recherché, l'entrée d'air sera associée dans un kit aux éléments suivants :

- un auvent,
- une entretoise contenant une mousse acoustique (correction intérieure),
- un régulateur pour l'obtention d'un débit constant par modification automatique de la section de passage,
- un auvent acoustique contenant une mousse acoustique (correction extérieure).

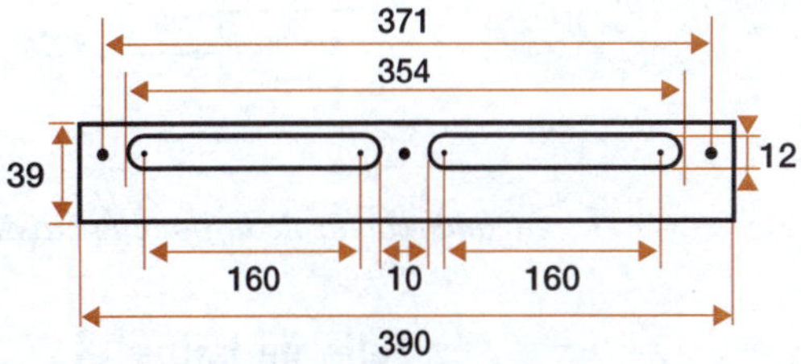

Figure 19.9 : ***mortaises pour entrée d'air***

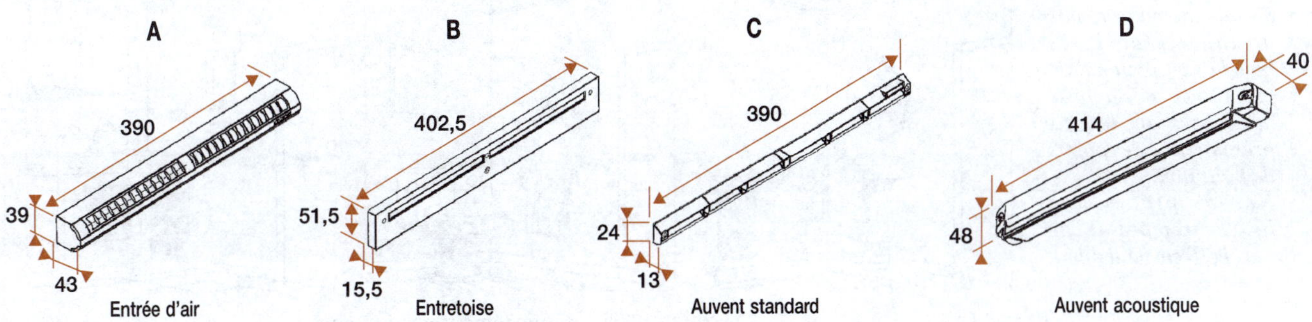

Figure 19.10 : ***éléments d'une entrée d'air***

19.2.2.2. Bouches d'extraction

Situées en plafond dans les pièces de service (cuisine, salle de bains, WC), elles servent à extraire l'air vicié, chargé des produits de la respiration des occupants d'un local, d'odeurs ou de produits de combustion d'appareils (gazinière).

❒ ***Caractéristiques***

- Elles sont caractérisées par leur débit nominal d'extraction en m^3 par heure donné en fonction de la pression comprise entre 50 et 150 Pa.
- Elles ont un débit de pointe à commande manuelle pour les bouches de cuisine.
- Les diamètres courants des piquages sont de 125 mm pour la cuisine et de 80 mm pour les sanitaires.
- Le niveau de pression acoustique engendré par une installation de VMC en position de débit minimal ne doit pas dépasser :
  - 30 dB(A) pour la pièce principale,
  - 35 dB(A) pour la pièce technique.
- Chaque bouche d'extraction est raccordée à un conduit aéraulique mis en dépression par le groupe d'extraction.

❒ ***Types de bouches :***

- bouches **autoréglables :** bouches dont la section de passage de l'air se modifie automatiquement pour maintenir le débit indépendant de la différence pression de part et d'autre de la bouche;
- bouches **hygroréglables :** bouches dont la section de passage de l'air se modifie automatiquement en fonction de l'humidité de l'air qui traverse la bouche.

Bouches d'extraction autoréglables

Bouches en matière plastique ABS, de couleur blanche. Montage par simple emboîtage dans la manchette.
Manchettes en polystyrène, de couleur noire ; tenue dans la paroi par 3 pattes se bloquant dans la réservation.

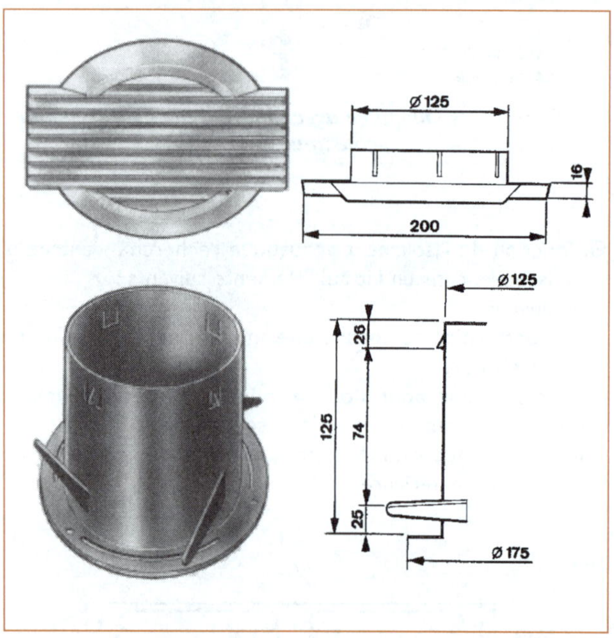

Figure 19.11 : ***encombrement de la bouche cuisine***

Séquoia (Aldès)

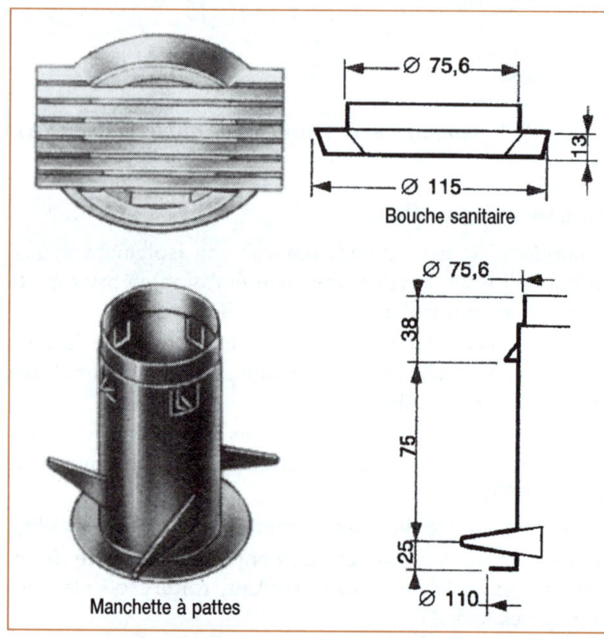

Figure 19.12 : ***encombrement des bouches des sanitaires***

- *Si la maison n'a pas d'étage, placer les bouches en plafond, de préférence à l'opposé des portes, ou le plus près possible des points de pollution.*
- *Ne pas placer une bouche trop près d'une paroi (10 cm minimum).*

Salle de bains — **WC** — **Cuisine**

Figure 19.13 : ***emplacement des bouches***

19.2.2.3. Groupe d'extraction

Il est généralement constitué :

- d'un moto-ventilateur avec roues à aubes en polyamide et fixé dans un caisson avec des plots anti-vibratiles (vitesse de 1 000 à 1 500 tr/min et puissance de 30 W à 80 W),
- d'un caisson en polypropylène chargé de talc, facilement démontable pour son contrôle et son entretien,
- d'un coffret électrique avec interrupteur et protection électrique par disjoncteur thermique sur tableau électrique,
- de trois points de fixation pour sa suspension.

Les piquages se répartissent suivant l'installation, par exemple en :

- 4 piquages baïonnette de diamètre 80 mm pour les sanitaires,
- 2 piquages baïonnette de diamètre 125 mm pour cuisines,
- 1 piquage de diamètre 150 mm pour le refoulement vers l'extérieur.

Les liaisons entre le caisson et le réseau se font par manchettes souples d'aspiration; le rejet de l'air vicié au-dessus du toit s'effectue par la conduite de refoulement de diamètre 150 mm. Le bruit émis est inférieur à 40 dB(A).

① Groupe moto-ventilateur
② Bouche d'extraction cuisine ∅ 125
③ Bouches d'extraction bains et WC ∅ 80
④ Manchette pour cuisine ∅ 125
⑤ Manchettes pour bains et WC ∅ 80

Autres éléments :
Ensemble de suspension du groupe
Inverseur
Conduits souples ∅ 125 et 80 mm
Sortie de toiture

Tableau 19.1 : *débits en allure de pointe*
Le débit en allure de pointe est réglementé et dépend du nombre de pièces principales. Les valeurs suivantes sont à respecter.

Nombre de pièces principales du logement	Débit pointe cuisine
2 – 3	105 m³/h
4	120 m³/h
5 et plus	135 m³/h

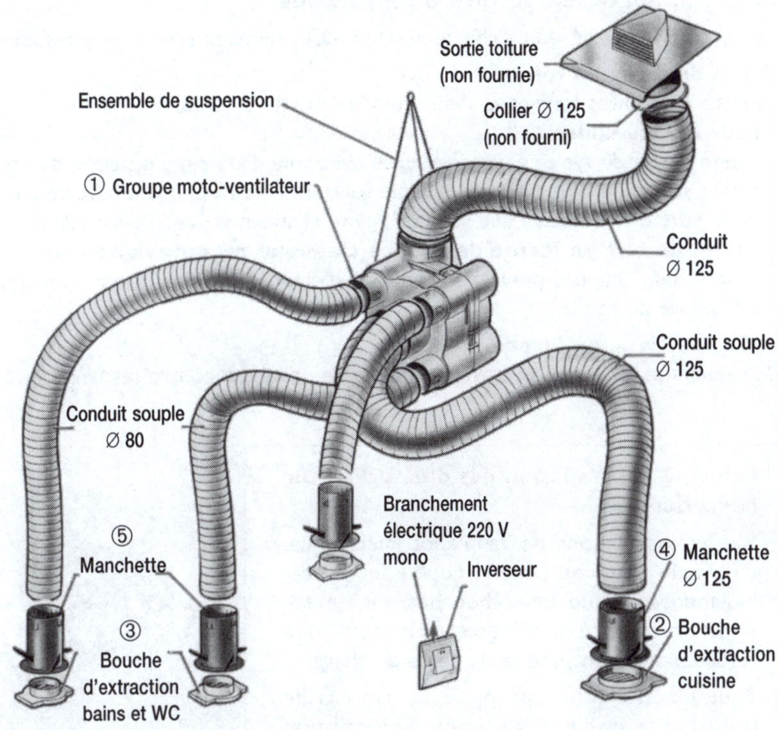

Figure 19.14 : ***ensemble du réseau d'extraction***

Lieu d'implantation du groupe d'extraction : pour des raisons de confort acoustique, il est préférable d'installer le groupe au-dessus d'une pièce technique (cuisine, WC, salle de bain).

Le groupe ne doit en aucun cas être :

- posé par terre,
- fixé au mur,
- contre une poutre.

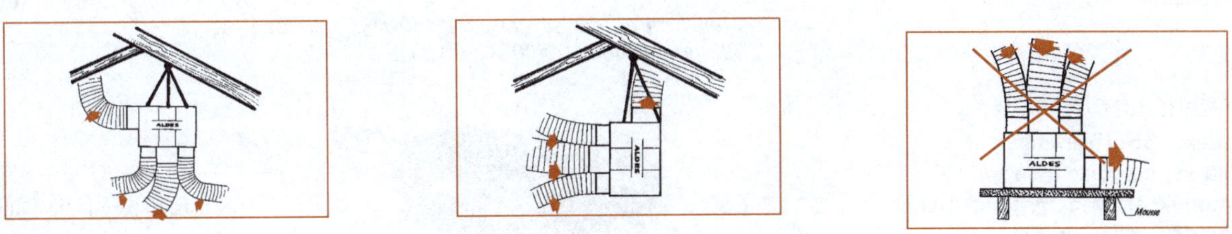

Figure 19.15 : ***fixation du groupe***

Le groupe sera suspendu afin de limiter la propagation des vibrations et donc du bruit.

19.2.2.4. Réseau d'extraction

Il est composé par l'ensemble des conduits du circuit aéraulique, des bouches d'extraction jusqu'au rejet à l'air libre.

Diamètres des conduits (mm) : 80; 100; 125; 150; 200.

❒ ***Types de conduits souples***

- Ils sont généralement constitués par une spirale en acier comprise entre deux couches d'un film en PVC avec grain toilé;
- rayon de cintrage : 0,5 × diamètre du conduit;
- température d'utilisation : – 20° C à + 60° C.

❒ Produits

Figure 19.16 : *algaine armée fibre + PVC*

Figure 19.17 : *algaine isolée (épaisseur de 25 mm)*

Remarque : Il est conseillé d'isoler thermiquement les conduits ou d'utiliser les conduits calorifugés pour limiter les risques de condensation.

19.2.2.5. Sortie en toiture ou en façade

Le rejet de l'air vicié doit s'effectuer sans refoulement ni renvoi vers les logements (fenêtres de toit ou de façade).

❒ Cas de sortie en toiture

Il existe différentes formes et dimensions de sortie en toiture :

- pour **toit de tuiles :**
  - une sortie de type chatière grillagée avec tôle d'aluminium peinte de couleur terre cuite et bavette d'étanchéité en plomb,
  - une sortie de type lanterne en tôle galvanisée et PVC brun, bavette d'étanchéité en plomb;
- pour **toit d'ardoises :** une sortie de type chatière grillagée avec plaque d'étanchéité en zinc de teinte ardoise;
- **sortie de toit en forme de souche classique rectangulaire** intégrant le système de fixation de la conduite d'air vicié surmonté d'un chapeau parapluie. L'embase d'étanchéité est adaptée au matériau de la toiture (tuile, ardoise, etc.), à sa couleur et à la pente du toit.

❒ Cas de sortie en façade

Le refoulement se fera au travers d'une grille protégée contre les effets de la pluie et du vent.

Principe d'installation des débouchés sur l'extérieur

Sur les installations de ventilation mécanique, en simple extraction ou en double flux, il est indispensable que les débouchés sur l'extérieur, tant côté aspiration d'air neuf que refoulement, aient une faible perte de charge.

Tout matériel non approprié de type grille d'aération à auvent, champignon de ventilation naturelle, aspirateur statique de ventilation naturelle, réduira fortement le débit d'air normalement prévu, et rendra totalement inefficace l'installation de VMC, même bien posée.

En général, les produits utilisés ne doivent pas présenter une perte de charge supérieure à 10 Pa pour le débit normal de l'installation.

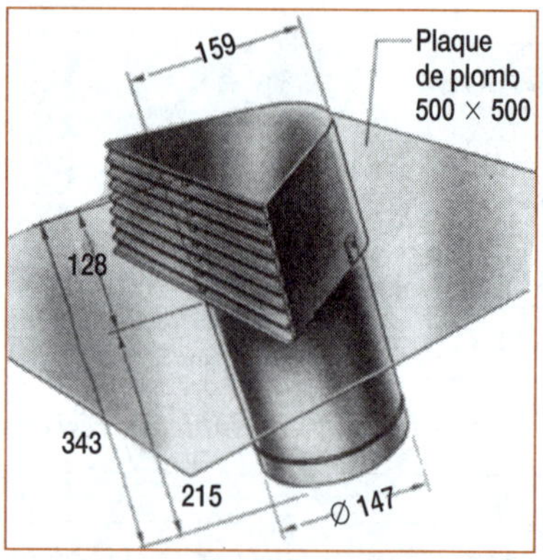

Figure 19.18 : ***déflecteur en ABS, de couleur grise ou brune, avec grille de protection contre la pénétration des oiseaux***

Manchette en tôle galvanisée, Ø150 mm.
Plaque de plomb : 500 × 500 mm.

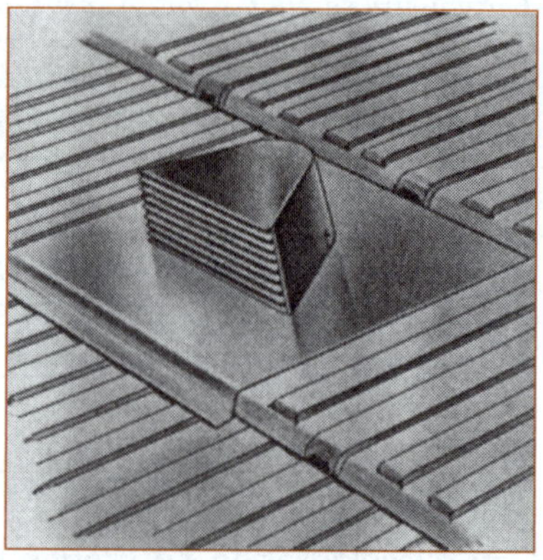

Figure 19.19 : ***la plaque de plomb permet une mise en œuvre sur tout type de toiture (tuile, ardoise, etc.)***

Ne pas utiliser pour l'évacuation des gaz brûlés.

Description de la sortie de toit

- Matière : acier galvanisé.
- Finition : peinture lisse :
  - modèle ardoise : gris anthracite;
  - modèle tuile : brique.
- Fixation par 4 pattes vissées sur la charpente.
- Étanchéité :
  - modèle ardoise : par plaque support;
  - modèle tuile : par kit plomb fixé sur la plaque support.
- Diamètres disponibles : 200, 250, 315, 400 mm.

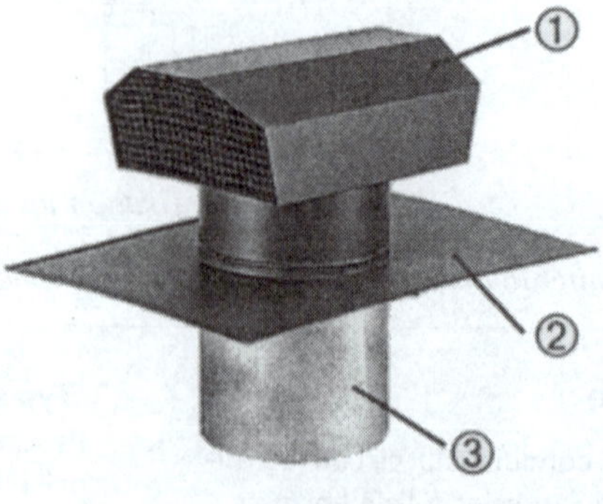

Figure 19.20 : *sortie de toit*

19.3. Extraits de réglementation en maison individuelle

19.3.1. Principe général

L'aération des logements doit pouvoir être générale et permanente au moins dans la période où la température extérieure oblige à maintenir les fenêtres fermées.

La circulation de l'air doit se faire principalement par entrée d'air dans les pièces principales et par sortie d'air sortie dans les pièces de service.

19.3.2. Aération générale et permanente

Le système d'aération doit comporter :

- **des entrées d'air** réalisées par des orifices en façade ou des dispositifs mécaniques dans toutes les pièces principales,
- **des sorties d'air** dans les pièces de service (cuisines, salles de bains ou douches, WC), ces sorties étant réalisées par des dispositifs mécaniques (bouches d'extraction).

L'air doit pouvoir circuler librement des pièces principales vers les pièces de service.

19.3.3. Débits par les bouches d'extraction placées dans les pièces de service

Les débits de ventilation doivent être tels que les exigences de débits extraits définis ci-dessous soient satisfaites dans les conditions climatiques moyennes d'hiver.

19.3.3.1. Débits maximaux

Tableau 19.2 : *débits extraits maximaux*

Dans chaque pièce de service, ils dépendent du nombre de pièces principales.

Débits extraits maximaux (m^3/h)					
Nombre de pièces principales de l'habitation	Cuisine	Salle de bains ou de douches communes ou non avec WC	Autre salle d'eau	WC unique	WC multiple
1	75	15	15	15	15
2	90	15	15	15	15
3	105	30	15	15	15
4	120	30	15	30	15
5 et plus	135	30	15	30	15

Remarque : *En cas d'absence de cloison entre la salle de séjour et une chambre, la pièce unique ainsi créée est assimilée à deux pièces principales.*

19.3.3.2. Débits minimaux

Tableau 19.3 : *débits minimaux*

Ils peuvent être réduits par des dispositifs individuels de réglage afin de limiter les déperditions sous les conditions suivantes.

Débits (m^3/h)	Nombre de pièces principales						
	1	2	3	4	5	6	7
Débit total minimal du logement	35	60	75	90	105	120	135
Débit minimal en cuisine	20	30	45	45	45	45	45

19.3.3.3. Débits avec ventilation par système hygroréglable

Dans ce cas, les dispositifs mécaniques régulent automatiquement le renouvellement d'air du logement. Leur utilisation est subordonnée à l'obtention d'une autorisation du ministère de la construction et du ministère de la santé, qui fixent les débits minimaux à respecter pour l'hygiène et la santé des occupants.

Remarque : *Les systèmes hygroréglables sont en pleine extension pour moduler et réguler le débit nécessaire en l'asservissant à la teneur en vapeur d'eau de l'air ambiant des locaux d'habitation (§ 19.4).*

19.3.4. Entrées d'air dans les pièces principales

Les entrées d'air assurent l'introduction d'un débit d'air neuf dans le séjour et les chambres, pièces dites principales.

Les entrées d'air doivent permettre d'obtenir les débits des tableaux précédents (§ 19.3.3.1). En pratique, on tient compte de la perméabilité à l'air de l'ensemble de l'enveloppe et des infiltrations par les portes et fenêtres (et autres) pour estimer le débit de fuite, noté Q_f.

Tableau 19.4 : *visualisation des origines d'infiltrations d'air dans un logement classique d'habitation*

Catégorie	Localisation
①	Partie courante de la paroi
②	Liaisons au pourtour de la paroi (pertes linéiques)
③	Liaisons paroi/inclusions* (pertes linéiques)
④	Inclusions* introduisant des fuites thermiques (perméabilités à l'air)

* Inclusions : interrupteurs, prises de courant, passages de tuyauteries, etc.

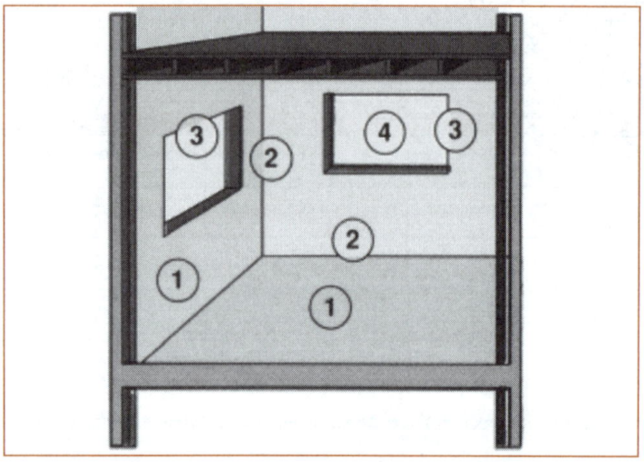

Figure 19.21a : ***localisation des différentes catégories***

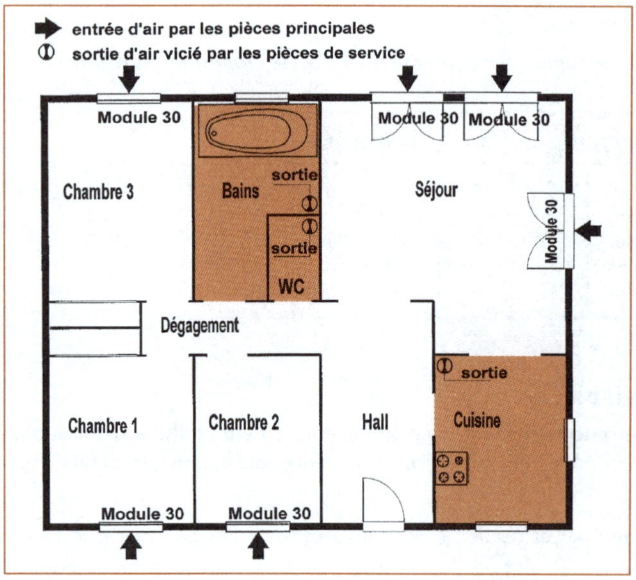

Tableau 19.5 : *valeurs du débit de fuite en maisons individuelles*

Nombre de pièces principales	Valeur de Q_f (m^3/h)
1	30
2	45
3	60
4	75
5	90
6	105
7	120

Chaque entrée d'air est caractérisée par son **module**, égal au débit d'air sous une pression de 20 Pa, et par son isolement acoustique noté Dn_e (§ 19.2.2.1, page 255).

Pour satisfaire les exigences réglementaires, le dimensionnement type des entrées d'air de type autoréglable doit tenir compte du débit maximal extrait Q_M et d'un débit de fuite Q_f sous 20 Pa de l'ensemble de l'enveloppe, la somme des modules d'entrée d'air S étant telle que :

$$S \geqslant Q_M - Q_f$$

Exemples :

Maison T4 avec une cuisine, une salle d'eau, un WC
Q_M = 120 + 30 + 30 = 180 m³/h (tableau 19.2)
Q_f = 75 m³/h (tableau 19.3)
S = 180 – 75 = 105 m³/h.

Maison T5 avec une cuisine, une salle d'eau, un WC
Q_M = 135 + 30 + 30 = 195 m³/h (tableau 19.2)
Q_f = 90 m³/h (tableau 19.3)
S = 195 – 90 = 105 m³/h.

Remarque : Si la maison T5 dispose de deux WC séparés, on a :
Q_M = 210 m³/h; Q_f = 90 m³/h; S = 120 m³/h.

❒ ***Choix des entrées d'air :***

On dispose des modules suivants en système autoréglable :
module EA 22 = 22 m³/h,
module EA 30 = 30 m³/h.
Chaque pièce principale doit être équipée d'au moins une entrée d'air de débit supérieur ou égal à 22 m³/h.
Les dégagements (hall, couloir, etc.) ne disposent pas d'entrée d'air afin d'éviter, en période ventée, le refoulement d'air vicié des pièces de service vers les pièces principales.

◄ **Figure 19.21b :** ***exemple de disposition des modules d'entrées d'air***

Tableau 19.6 : *choix possible des entrées d'air autoréglables*

Nombre de pièces principales	Salles d'eau	WC séparé	Débit maximal	Débit de fuite	Somme des modules	Séjour	Chambre
3	1	1	150	60	90	1 × 30	30
4	1	1	180	75	105	2 × 22	22
5	1	1	195	90	105	1 × 22	22
6	1	1	195	105	90	1 × 22	22
7	2	2	225	120	105	1 × 22	22

Exemple de choix pour la maison T4 précédente :
- 2 modules de 22 m^3/h chacun dans le séjour,
- 1 module de 22 m^3/h dans chacune des chambres.

Remarque : Le surdimensionnement des entrées d'air par rapport aux exigences réglementaires des modules des entrées d'air entraîne :
- *une perte thermique car le débit supplémentaire est plus accentué,*
- *une perte d'affaiblissement acoustique des locaux par les entrées d'air en façade.*

19.3.5. Bouches d'extraction dans les pièces de service

Les pièces de service sont les suivantes : cuisine, salles de bains, WC.

Les bouches d'extraction sont caractérisées par leurs débits nominaux exprimés en m^3/h et par leur isolement acoustique. Les débits extraits à chaque bouche doivent atteindre les valeurs fixées par la réglementation en fonction du nombre de pièces principales (tableaux 19.2 et 19.3).

Exemple :

Pour une maison de 4 pièces principales :
- Cuisine : 45 à 120 m^3/h suivant les tableaux 19.2 et 19.3, page 259.
- Salle de bains : 30 m^3/h
- WC : 30 m^3/h

→ Débit total minimal : 90 m^3/h suivant le tableau 19.3, page 259.

Les diamètres utilisés pour les différents piquages sont généralement :
- 125 mm pour le réseau d'extraction cuisine,
- 80 mm pour les réseaux d'extraction de salle de bains et WC,
- 125 mm ou 150 mm pour le conduit de refoulement après le groupe d'extraction.

Les bouches sont placées au moins à une hauteur de 1,80 m du sol ou en plafond.

Le **niveau de pression acoustique** émis par le ventilateur et les bouches d'extraction ne doit pas dépasser 30 dB(A) dans les pièces principales et 35 dB(A) dans les pièces de service en débit minimal.

19.3.6. Passages de transit

Ils permettent la circulation de l'air des pièces principales vers les pièces de services.

Ils sont assurés au droit des portes intérieures :
- par rehaussement des huisseries de portes de façon à ménager un passage d'air en partie basse de l'ouvrant,
- ou par grille de transit intégrée à la porte,
- ou par blocs-portes présentant de par leur construction des passages d'air à leur périphérie.

Ces dispositions excluent toute retaille sur le chantier pour satisfaire le passage d'air. Le détalonnement de porte est interdit.

Le passage d'air est en général situé en bas de porte intérieure, grâce à un jeu de :
- 2 cm si le local desservi est une salle d'eau ou une cuisine,
- 1 cm pour les portes intérieures desservant des pièces principales.

Voir le paragraphe 19.1 et les figures 19.1 et 19.2.

19.3.7. Précautions de mise en œuvre des dispositifs d'entrée et de sortie d'air

- Le rejet de l'air à l'extérieur doit s'effectuer sans refoulement ni renvoi vers les logements.
- Les conduits de fumée et foyers ne doivent pas subir une inversion de tirage due à la dépression créée dans le local par la ventilation mécanique.
- Les dispositifs d'entrée et de sortie d'air doivent pouvoir être facilement nettoyés et les dispositifs mécaniques, vérifiés et entretenus.

19.4. Ventilation hygroréglable

19.4.1. Principe d'action sur la ventilation en fonction de l'humidité de l'air

Le système mécanique de la ventilation hygroréglable est similaire à celui d'une VMC classique, mais se différencie par :

- des entrées d'air hygroréglables équipées d'un détecteur d'humidité qui adapte le débit d'entrée d'air dans les pièces principales (séjour et chambres),
- des bouches d'extraction hygroréglables, également munies d'un détecteur d'humidité qui régit les débits d'extraction dans les pièces de service (cuisine, salle de bains, WC).

Le système de ventilation tient compte de chaque pièce, occupée ou non, à chaque instant, pour assurer la gestion du renouvellement d'air du logement.

Les bouches d'extraction placées en cuisine et WC peuvent être actionnées directement par commande électrique si besoin (cas de fumées ou d'odeurs).

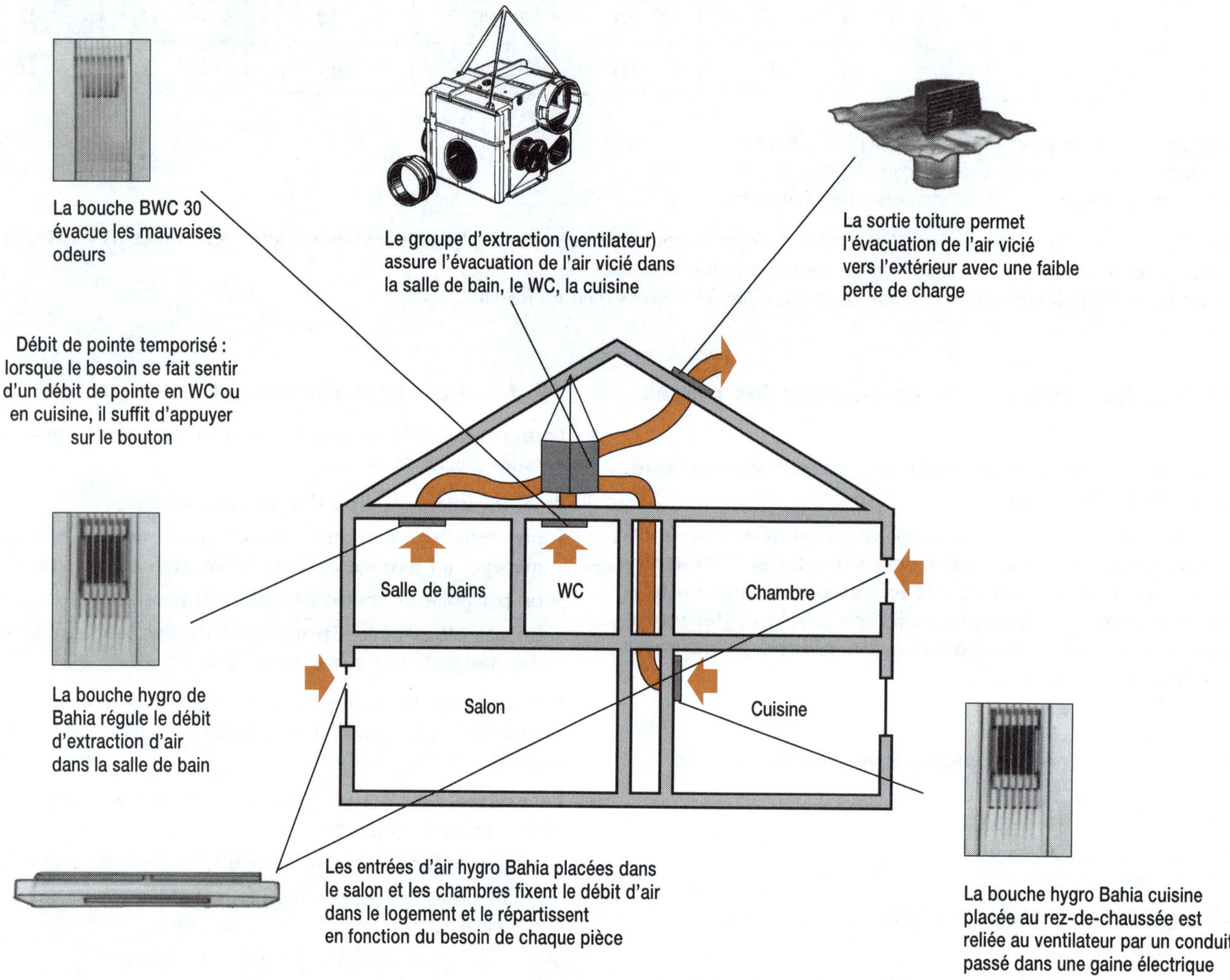

Figure 19.22 : ***dispositifs de la VMC hygroréglable***

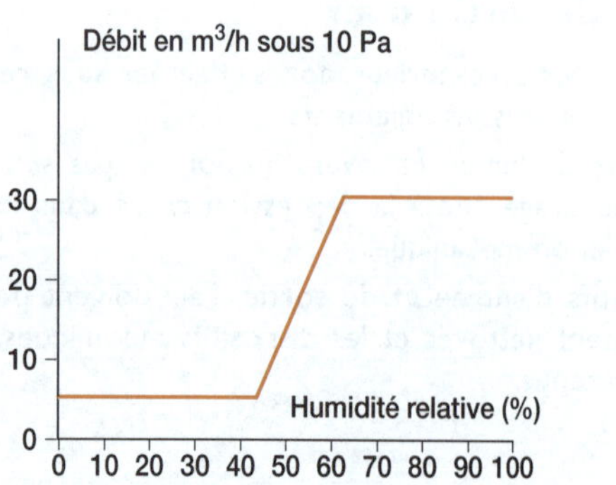

Figure 19.23 : ***évolution du débit d'entrée d'air sous une pression de 10 Pa en fonction de l'humidité relative (débits des entrées d'air Aldès)***

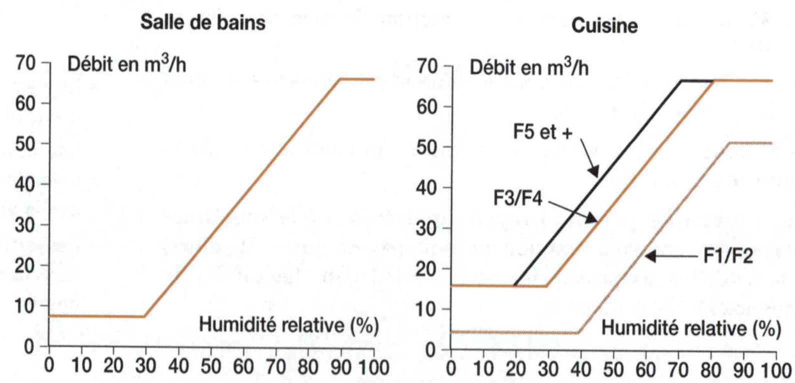

Figure 19.24 : ***bouches d'extraction***

Elles sont caractérisées par les courbes humidité-débit ci-dessus.

19.4.1.1. Entrées d'air hygroréglables (EH 5-30, EHA 5-30)

Elles sont mises en place dans les pièces principales pour assurer l'introduction d'air neuf. Leur volet de réglage couplé à la tresse hygroréglable permet la variation de section de passage de 5 à 30 cm² suivant le taux d'humidité.

La répartition de l'air neuf dans le logement s'effectue en fonction de l'humidité dégagée dans chaque pièce principale.

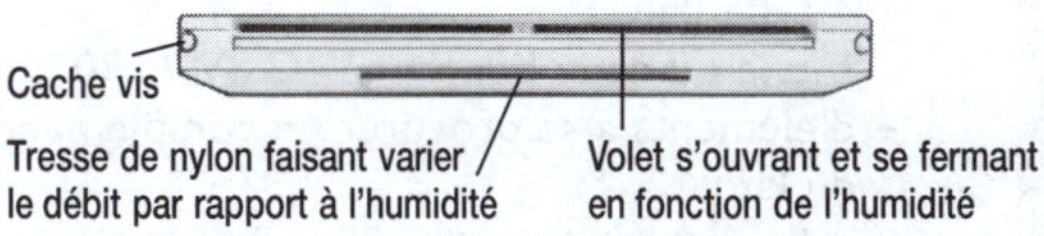

Figure 19.25 : *entrée d'air hygroréglable*

19.4.1.2. Fonctionnement des bouches d'extraction

La variation du débit au niveau de la bouche d'extraction est obtenue automatiquement par modification de l'ouverture d'un volet. Ce volet est lié directement à un mécanisme équipé d'une tresse en nylon (capteur d'humidité), dont la longueur varie en fonction de l'humidité ambiante :

- si l'humidité relative est importante, la tresse en nylon s'allonge, provoquant ainsi l'ouverture du volet et l'augmentation du débit d'extraction ;
- si l'humidité relative est faible, la tresse en nylon se raccourcit et réduit l'ouverture du volet et, par suite, entraîne une réduction du débit d'extraction.

Suivant l'importance de la maison individuelle en pièces principales, cuisine et sanitaires, les fabricants de VMC proposent des kits correspondant aux différentes configurations, ce qui exclut pratiquement tout calcul d'installation.

Remarque : *Les courbes concernant les débits sont indiquées page précédente.*

Débit d'air en système autoréglable : débit constant

Figure 19.26 : *renouvellement d'air insuffisant*

Figure 19.28 : *renouvellement d'air adapté à l'hygrométrie*

Air humide

Débit d'air en système hygroréglable : débit variable

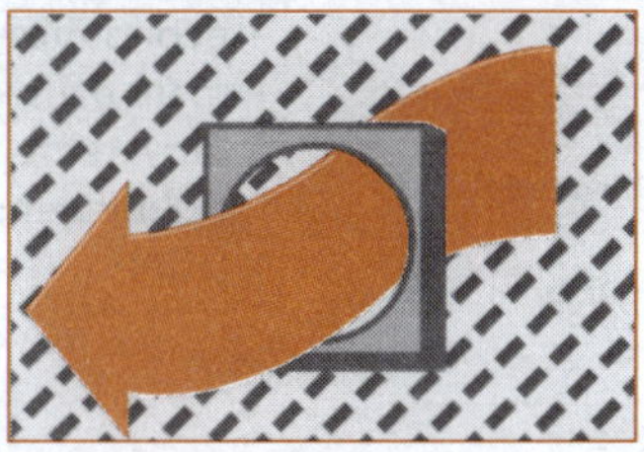

Figure 19.27 : *surconsommation de chauffage*

Figure 19.29 : *renouvellement minimal adapté au besoin*

Air sec

19.4.2. Exemple d'influence sur la ventilation suivant la teneur en humidité

Procédé utilisé : variation de l'ouverture d'un volet à l'aide du capteur d'humidité dont la tresse en nylon est très sensible à l'humidité. Le capteur provoque soit l'ouverture du volet, soit sa fermeture.

Les entrées d'air et les bouches d'extraction asservies au taux d'humidité s'adaptent automatiquement aux variations des besoins, par exemple :

- pour une chambre inoccupée, le débit est minimal; par contre, si la même chambre est occupée, le débit sera fonction de la teneur en vapeur d'eau dans la pièce;
- en cuisine, le débit sera minimal la nuit; par contre, lors d'une préparation de repas, le débit d'air extrait sera fonction de l'humidité ambiante.

Les pertes thermiques par renouvellement d'air sont mieux ajustées comparativement à un système de ventilation classique à débit constant.

Système hygroréglable : influence sur la ventilation

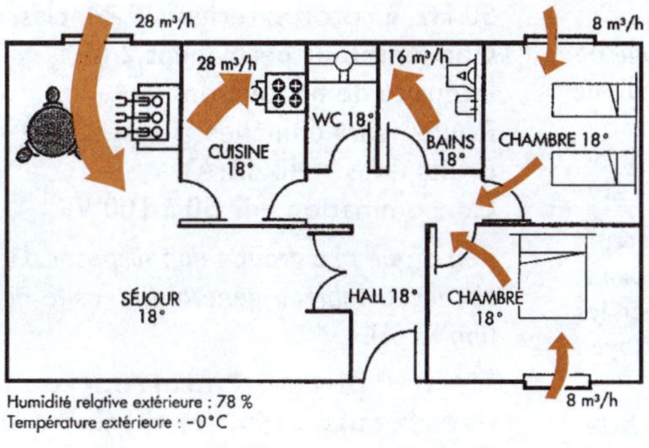

Figure 19.30 : *occupation diurne*

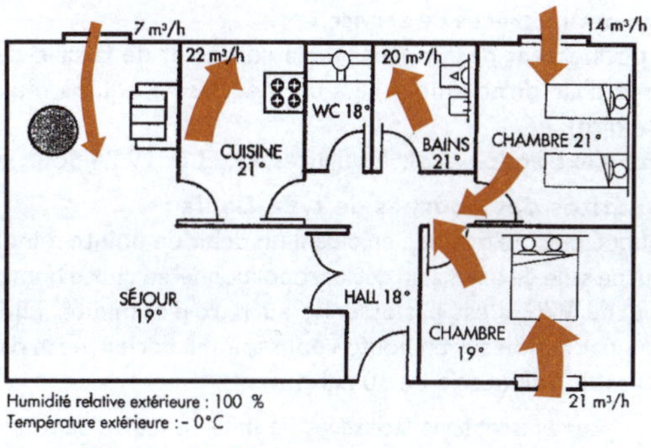

Figure 19.31 : *occupation nocturne*

19.5. Système de ventilation hygroréglable : fiche technique

19.5.1. Visualisation et description sommaire

Figure 19.32 : *exemple de mise en œuvre*

19.5.1.1. Éléments de régulation des débits

❒ ***Entrées d'air hygroréglables*** (EH5-30, EHA 5-30)

– Implantation : pièces principales pour introduire l'air neuf.
– Fonctionnement : le volet de réglage du passage d'air est couplé à la tresse hygroréglable.
– Variation de passage : de 5 cm² à 30 cm² en fonction de l'humidité.
– Nombre : une entrée d'air par pièce principale ; deux entrées dans le séjour pour maisons de plus de 4 pièces principales.

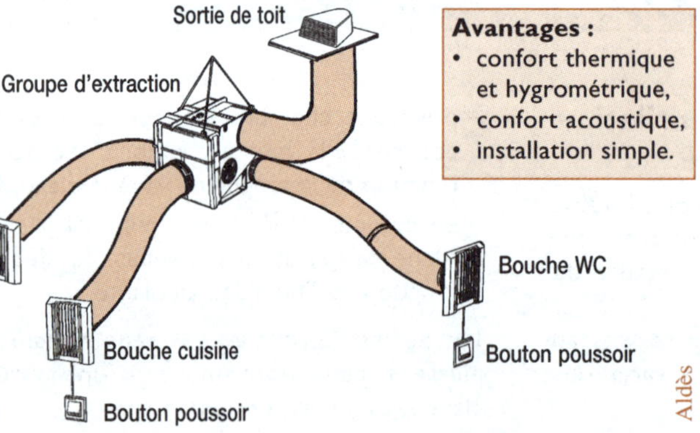

Avantages :
- confort thermique et hygrométrique,
- confort acoustique,
- installation simple.

Figure 19.33 : *dispositifs d'extraction ; schéma de principe*

❒ ***Bouches d'extraction de type « Bahia »***

– Implantation : pièces de service.
– Fonctionnement des bouches de la cuisine et de la salle de bains : volet de réglage de passage d'air directement lié à un mécanisme équipé d'une tresse en nylon (capteur d'humidité).
– Débits d'extraction : voir les figures 19.23 et 19.24 pour la cuisine et la salle de bains.

Particularités des bouches de type Bahia :

– la bouche cuisine dispose en plus d'un débit de pointe minuté actionné par l'utilisateur ;
– la bouche salle de bains a un débit proportionnel au taux d'humidité mais sans débit de pointe ;
– la bouche WC n'est pas asservie au taux d'humidité. Elle est destinée à évacuer les odeurs par action sur un bouton poussoir qui déclenche le passage d'un débit d'air moyen de 30 m³/h (minuterie de 30 min).

Remarque : Les prescriptions techniques de mise en œuvre dans le cadre des maisons individuelles sont indiquées dans le descriptif ci-après à destination de l'entreprise chargée des travaux de VMC.

19.5.1.2. Description du système

Un système de ventilation hygroréglable se compose :

– d'un ensemble d'éléments livrés sous forme de kit comportant :
  - un groupe d'extraction,
  - une bouche cuisine de type Bahia,
  - une ou deux bouches salle de bains de type Bahia,
  - une ou deux bouches WC BWC 30 ;
– d'éléments à se procurer en complément du kit :
  - les entrées d'air EH 5-30 (1 dans le séjour, par exemple, et 1 dans chaque pièce),
  - le réseau de conduits reliant les bouches d'extraction au ventilateur,
  - la sortie toiture permettant de refouler l'air à l'extérieur,
  - les boutons poussoirs pour la commande électrique du débit de pointe des bouches cuisine et WC.

❒ ***Avantages :***

– élimination des risques de condensation : les bouches et les entrées d'air, en ajustant les débits en fonction du taux d'humidité de chaque pièce, ventilent où il faut, quand il faut ;
– économies d'énergie : en ventilant seulement dans les pièces où cela est nécessaire, le système hygroréglable permet une sensible diminution du débit global de ventilation.

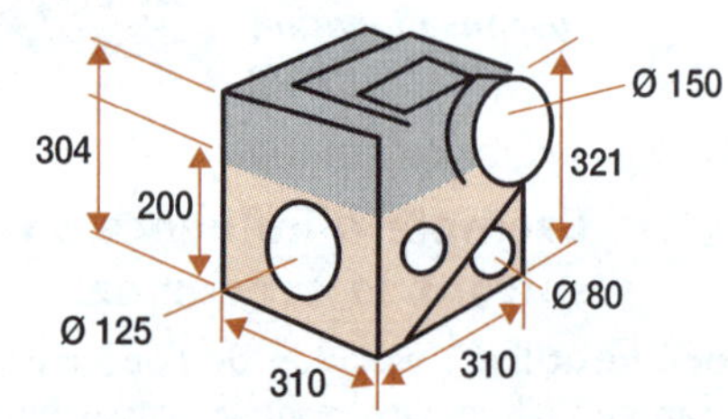

Figure 19.34 : *groupe d'extraction*

❒ ***Caractéristiques :***

Roue à action (diamètre : 165 mm), en polyamide.
Vitesse de rotation de 1 500 tr/min.
Moteur asynchrone monophasé, 230 V, 50 Hz, à rotor extérieur IP 44, classe B.
Condensateur permanent 2 µF.
Intensité de protection : 1 A.
Roulements étanches graissés à vie.
Bruits émis < 40 dB(A).
Consommation : de 50 à 100 W.

Remarque : Le groupe doit disposer d'un coupe circuit au tableau général (intensité de protection : 1 A).

Ne pas placer d'interrupteur d'arrêt dans la cuisine ; la ventilation doit fonctionner en permanence.

19.5.2. Descriptif type du lot ventilation mécanique contrôlée

Ventilation hygroréglable de type B.
Chauffage électrique ou assimilé, par exemple chauffage par chaudière à circuit étanche.

19.5.2.1. Généralités

Le présent document des charges a pour objet de définir les clauses concernant l'exécution des travaux du chantier.

❒ ***Documents techniques particuliers***

Les travaux seront réalisés conformément au présent cahier des charges. L'installation sera effectuée par un professionnel qualifié, conformément aux règles de l'art et aux réglementations en vigueur, notamment en respectant (liste non exhaustive) :

- le Code de la Construction et de l'Habitat,
- le Règlement Sanitaire Départemental Type,
- l'arrêté du 6 octobre 1978 modifié le 30 mai 1996 relatif à l'isolement acoustique vis-à-vis des bruits extérieurs,
- les règles Th G de 01.91 relatives aux calculs des coefficients GV, BV, et C,
- la norme NF.C 15.100 et l'interprétation UTE sur la protection électrique en salle de bains,
- la norme NFP 50.411 (réf. DTU 68.2) de mai 1993 relative à l'exécution des installations de VMC,
- la norme NFXP 50.410 (réf. DTU 68.1) de juillet 1995 relative aux installations de VMC,
- les règles de conception et de dimensionnement.

19.5.2.2. Ventilation mécanique des pièces de l'habitation

❒ ***Principe de ventilation***

Le principe de ventilation est celui de la ventilation générale et permanente des logements par extraction mécanique. La circulation de l'air doit pouvoir se faire des entrées d'air hygroréglables placées dans les pièces principales vers les bouches d'extraction hygroréglables mises en œuvre dans les pièces de service. Afin de respecter cette exigence, des passages de transit seront réalisés.

Les bouches d'extraction hygroréglables placées dans la cuisine et dans la salle de bains déterminent le débit global extrait du logement en mesurant l'humidité de la pièce technique où elles se trouvent. Dans les WC, une bouche d'extraction minutée sur une 1/2 heure permet l'évacuation des pollutions momentanées. Les entrées d'air hygroréglables asservies à l'hygrométrie ambiante déterminent, selon le taux d'humidité de chaque chambre et du séjour, la répartition du débit imposé par les bouches d'extraction.
Le système de ventilation hygroréglable de type B, Hygro Bahia, fait l'objet d'un Avis Technique de numéro 14/95-422.

Tableau 19.7 : *débits spécifiques pour le calcul des déperditions par renouvellement d'air dans le cas du système de ventilation Hygro Bahia*

Nombre de pièces principales	2	3	4	5	6	7
Débit spécifique Qv (m^3/h)	37,4	48,5	59,7	70	81,2	92

Tableau 19.8 : *perméabilité pour le calcul des déperditions par renouvellement d'air dans le cas du système de ventilation Hygro Bahia*

Nombre de pièces principales	Perméabilité Pe (par entrée d'air)
2 et plus	5 m^3/h

❒ ***Admission d'air neuf***

L'admission d'air neuf dans les pièces principales (chambres et séjour) se fera par des entrées d'air hygroréglables de type EH 5-30 (entrée d'air Hygro Bahia standard) ou EHA 5-30 (entrée d'air Hygro Bahia acoustique). Leur section de passage, variant selon le taux d'humidité, permettra de répartir judicieusement le débit d'air entrant en fonction de l'occupation de chaque pièce principale.

Il sera installé au moins une entrée d'air par pièce principale. Afin d'éviter les courants d'air, elles seront installées en partie haute de la pièce.
Dans le cas d'une mise en œuvre en menuiserie, le percement sera réalisé lors de la fabrication des menuiseries de façon à ne pas dégrader les performances aérauliques de l'ensemble (entrée d'air + menuiserie). Pour les menuiseries en PVC, la fente normalisée par l'UFPVC est de 2 × (172 mm × 12 mm) : on considère deux fentes de 172 mm de longueur et de 12 mm de hauteur.

Le type de montage (en menuiserie, en haut de fenêtre, en maçonnerie, etc.) ainsi que la composition des entrées d'air hygroréglables seront choisis en fonction de la configuration et des besoins d'affaiblissement acoustique.
De plus, conformément aux exigences d'isolement aux bruits extérieurs fixées par la Nouvelle Réglementation Acoustique, la façade doit satisfaire un isolement minimal de 30 dB(A). Les entrées d'air hygroréglables seront donc caractérisées par un isolement normalisé, Dn_e route, tel que le niveau d'isolement global résultant de la façade (prenant en compte le bâti, la menuiserie, le coffre de volet roulant et l'entrée d'air) soit au moins égal à 30 dB(A).

Tableau 19.9 : *les exigences aérauliques et acoustiques*

* Hypothèse : logement avec une surface de séjour et/ou une surface des chambres ⩾ 10 m^2.
** Hypothèse : logement avec une surface de séjour ⩾ 20 m^2. Dans le cas où le rapport S/n < 10 (S étant la surface du séjour ou des chambres et n le nombre d'entrées d'air dans la pièce principale considérée), l'entrée d'air devra être caractérisée par un isolement normalisé Dne route au moins égal à 39 dB(A) (classe de performance acoustique AC2).
*** La classe de performance acoustique AC1 (ou AC2) est exigée lorsque l'on applique les exemples de solutions acoustiques (ESA) du CSTB.

Nbre pièces principales	Séjour	Exigence acoustique séjour***	Chambre	Exigence acoustique chambre***
2	1 EH 5-30 ou 1 EHA 5-30	AC1*	1 EH 5-30 1 EHA 5-30	AC1*
3	1 EH 5-30 ou 1 EHA 5-30	AC1*	1 EH 5-30 ou 1 EHA 5-30	AC1*
4	1 EH 5-30 ou 1 EHA 5-30	AC1*	1 EH 5-30 ou 1 EHA 5-30	AC1*
5	2 EH 5-30 ou 2 EHA 5-30	AC1**	1 EH 5-30 ou 1 EHA 5-30	AC1*

❒ *Passages de transit*

Les passages de transit seront réalisés selon l'une des méthodes ci-après :

- rehaussement des huisseries de porte, de façon à ménager un passage d'air de 1 cm sous les portes des pièces principales, salles de bain et WC, et de 2 cm sous les portes des cuisines ;
- utilisation de blocs-portes présentant des passages d'air sur leur périphérie ;
- utilisation de bouches de transfert répondant aux exigences de dépression suivante : 2,5 Pa pour les pièces principales (soit une surface de passage de 60 cm^2) et 5 Pa pour les pièces techniques (soit une surface de passage de 8 à 215 cm^2 selon la pièce technique considérée).

❒ *Extraction de l'air vicié*

➤ **Bouches d'extraction** (fig. 19.32)

La bouche d'extraction située en cuisine (Bahia Cuisine) sera de type hygroréglable, avec débit de pointe temporisé et commande actionnée par un bouton poussoir électrique ou une cordelette. Le raccordement de la bouche d'extraction au ventilateur sera réalisé par un conduit de diamètre 125 mm.

La ou les bouches d'extraction situées dans la salle de bains (Bahia Bain) seront de type hygroréglable. Le raccordement de la bouche d'extraction au ventilateur sera réalisé à l'aide d'une manchette 125-80 et d'un conduit de diamètre 80 mm.

Chaque WC sera équipé d'une bouche obturable minutée (30 minutes) avec commande par bouton poussoir électrique ou cordelette (BWC 30). Le raccordement de la bouche d'extraction au ventilateur sera réalisé à l'aide d'une manchette 125-80 et d'un conduit de diamètre 80 mm.

Les bouches d'extraction seront placées en partie haute des pièces de service, au moins à 1,80 m du sol et à 10 cm de toute paroi ou de tout obstacle.

Tableau 19.10 : *type de bouche à installer en fonction du nombre de pièces principales du logement*

Nombre de pièces principales	Cuisine	Salle de bains n° 1	Salle de bains n° 2	WC
2	Bahia Cuisine 1-2	Bahia Bain		BWC 30
3	Bahia Cuisine 3-4	Bahia Bain		BWC 30
4	Bahia Cuisine 3-4	Bahia Bain	Bahia Bain	BWC 30
Au moins 5	Bahia Cuisine 5+	Bahia Bain	Bahia Bain	BWC 30

Les bouches d'extraction devront satisfaire aux exigences de la Nouvelle Réglementation Acoustique (NRA) ; le niveau de pression acoustique engendré par l'installation de VMC en position de débit minimal doit être tel que :

LnAT ⩽ 30 dB(A) en pièce principale,

LnAT ⩽ 35 dB(A) en pièce technique,

où LnAT est le niveau de pression acoustique résultant dans la pièce considérée.

➤ **Réseau d'extraction** (fig. 19.32)

Le réseau de conduits peut être réalisé en conduit souple de type Algaine (tissu de fibres de verre enrobé de PVC et tendu sur un fil métallique), ou en conduit rigide, circulaire, rectangulaire ou oblong.

Pour certaines configurations de réseaux, il peut y avoir risque de condensations (comble non isolé, grandes longueurs de réseau). L'utilisation de conduits calorifugés est alors fortement recommandée.

Le conduit souple de type Algaine nécessite les précautions de mise en œuvre suivantes pour ne pas créer de perte de charge excessive sur le réseau :

- ne prendre que la longueur nécessaire pour relier le groupe à la bouche d'extraction, en éliminant les longueurs superflues,
- éviter les contre-pentes,
- tendre les parties droites pour que le conduit soit lisse et rectiligne,
- éviter de façonner trop de coudes (coudes progressifs, avec de larges rayons de courbure, et non pas à angle droit brutal),
- ne pas écraser le conduit ni l'étrangler pour faciliter sa mise en place dans un passage étroit,
- limiter les risques de condensations dans les conduits ; éviter par, exemple, de les accoler aux tuiles non isolées.

➤ **Groupe d'extraction** (fig. 19.33)

Pour assurer confort et sécurité, le groupe d'extraction fera l'objet d'un marquage CE.

Il sera placé de préférence dans les combles, le plus près possible des pièces techniques. Pour éviter toute transmission de bruit par voie solidienne, le groupe moto-ventilateur sera suspendu.

Le groupe d'extraction devra être facilement accessible, notamment pour les opérations d'entretien. Dans le cas d'un montage en combles, la trappe de visite sera de dimension suffisante pour permettre le passage d'une personne, et devra rester accessible.

L'air vicié doit être rejeté à l'extérieur, et non pas dans les combles, de manière à éviter les condensations et le bruit.

➤ **Rejet de l'air vicié en toiture ou en façade** (fig. 19.18 à 19.20)

Le débouché sur l'extérieur sera réalisé en toiture ou en façade. Il ne doit pas créer de pertes de charge supérieures à 10 Pa pour 200 m^3/h. Le conduit de refoulement (diamètre de 150 mm) reliant le groupe d'extraction à la sortie toiture ou à la grille en façade sera tendu le plus possible.

Pour une sortie en toiture, le refoulement peut être effectué au travers d'une sortie de type chatière ou d'une sortie toiture classique.

Dans les régions enneigées, il faut positionner la sortie toiture le plus près possible du faîtage ; dans les régions ventées, il faut placer la sortie toiture dans une zone peu exposée ou non exposée.

Pour une sortie en façade, le refoulement sera réalisé au travers une grille de dimensions adaptées, protégée contre les effets du vent et les insectes.

Chapitre 20

Les Villas de l'Erdre

- Notice descriptive des travaux d'une Villa de l'Erdre
- Type de pavillon : modèle A

Les Villas de La Chapelle-sur-Erdre

HDI – Groupe Quillery

20.1. Notice descriptive des travaux d'une Villa de l'Erdre

Cette notice succincte (fig. 20.1 à 20.6) est destinée au client et lui permet de préciser l'ensemble des caractéristiques du projet de construction pour les différents lots.

Elle a un caractère informatif sur les prestations, mais ne décrit cependant pas en détail les prescriptions de la réalisation et les modes d'exécution des ouvrages.

Elle ne présente pas un caractère technique affirmé comme le Cahier des Clauses Techniques Particulières (CCTP) à destination de chaque entreprise et lui permettant de réaliser les travaux qui lui incombent.

Pour bien différencier une notice descriptive (versant Client) d'un CCTP (versant Entreprise), un extrait de CCTP pour le lot Électricité sera présenté pour le même projet dans le chapitre 21.

❐ *Terrassements*

Décapage et débroussaillage.
Terrassements généraux sous l'emprise de chaque pavillon.
Fouilles en rigoles pour fondations et canalisations.
Remblaiement et évacuation des excédents.

❐ *Gros œuvre*

➤ **Fondations :**
- semelles filantes en béton armé,
- soubassements en blocs de béton perforés, d'épaisseur 20 cm.

➤ **Dallage du rez-de-chaussée :**
- forme drainante avec granulats de calibre 20/40,
- coupure étanche par film type de type Griltex, par exemple,
- isolation thermique sous la surface habitable,
- dalle d'au moins 10 cm d'épaisseur en béton surfacé.

➤ **Murs :**
- murs de façade en blocs creux de béton, d'épaisseur 20 cm et d'épaisseur 15 cm pour le garage,
- revêtement extérieur en enduit teinté dans la masse avec finition grattée.

➤ **Planchers**

Plancher en béton armé constitué de poutrelles et d'entrevous avec dalle de compression surfacée.

➤ **Équipements divers :**
- escalier en béton armé avec surfaçage soigné pour accès à l'étage, finition avec moquette,
- conduit de cheminée,
- évacuations des eaux pluviales et des eaux usées raccordées aux réseaux publics.

❐ *Charpente – couverture*

- **Charpente en sapin du nord,** ayant subi des traitements fongicide et insecticide agréés par le CSTB.
- **Couverture** de tuiles béton, plates, teintées, type Prestige.
- **Gouttières** en PVC.
- Descente des eaux pluviales en PVC.

❐ *Menuiseries extérieures – fermetures*

➤ **Menuiseries :**
- en PVC, classement A3 E3 V2;
- ensemble coulissant porte-fenêtre en aluminium dans le séjour/salon;
- Velux pour les pièces d'eau de l'étage;
- double vitrage.

➤ **Fermetures :**
- volets roulants en PVC dans coffre en PVC isolé, à toutes les ouvertures des pièces sauf sur Velux;
- commande par tige oscillante; ensemble monobloc avec la menuiserie;
- condamnations par verrous au rez-de-chaussée.

➤ **Porte de garage**

Porte basculante métallique, manœuvrée à clef.

➤ **Serrurerie**

Barres d'appuis métalliques sur fenêtres.

❐ *Plâtrerie – isolation*

- **Isolation** des parois extérieures par complexe plaque de plâtre et polystyrène, de type Placomur, d'épaisseur 80 mm + 10 mm minimum;
- **cloisons de distribution** par plaques de plâtre sur âme alvéolaire, de type Placopan, d'épaisseur 50 mm;
- **faux plafond** constitué de plaques de plâtre à l'étage; isolation thermique par 200 mm de laine de verre;
- **cloisons de séparation** entre les chambres mitoyennes, entre les chambres et la salle de bains, et entre la chambre et le séjour par une cloison acoustique de type Placostil 72/48 (épaisseur totale de 72 mm/épaisseur de l'ossature de 48 mm).

❐ *Menuiseries intérieures*

- **Porte palière** métallique à 2 vantaux, à âme pleine, à motifs, joints et seuils isophoniques, serrure de sécurité 3 points. Imposte vitrée;
- **portes de distribution** à âme alvéolaire, finition à peindre. Porte isolante donnant sur le garage;
- **portes de placard** coulissantes toute hauteur, finition par panneaux mélaminés;
- aménagement intérieur des placards par des tablettes et des penderies;
- plinthes en bois pour toutes les pièces non carrelées;
- boîte aux lettres métallique encastrée dans la façade, aux normes P et T.

❐ *Plomberie – sanitaire*

- Évier en acier inoxydable, à 2 cuves et 1 égouttoir, posé sur un meuble blanc à deux portes;
- robinetterie mélangeuse avec bec profilé orientable;
- baignoire en acier émaillé blanc, robinetterie mélangeuse avec flexible, douchette et support mural;
- receveur de douche en grès émaillé blanc, robinetterie murale mélangeuse, douchette avec support mural de douche;
- vasques en porcelaine vitrifiée de couleur blanche, posée sur un plan stratifié; robinetterie mélangeuse de lavabo monotrou; miroir au-dessus des vasques;
- ensembles WC en porcelaine, blanc, avec abattant double, mécanismes silencieux et interrompables;
- équipement pour machine à laver (lave-vaisselle, lave-linge dans le garage);
- robinet de puisage dans le garage;
- canalisations incorporées en planchers de pièces habitables pour les alimentations en eau froide et en eau chaude;
- compteur individuel d'eau;
- évacuations des appareils sanitaires en tuyaux PVC jusqu'au réseau.

Toutes les dispositions seront prises pour :
- permettre la libre dilatation des tuyauteries,
- limiter les transmissions acoustiques entre les pièces.

❒ *Chauffage – production d'eau chaude – ventilation*

➤ **Chauffage au gaz** par une chaudière à ventouse individuelle dans le garage.
Radiateurs en acier avec robinets thermostatiques.
Régulation par thermostat d'ambiance avec horloge.

➤ **Production d'eau chaude instantanée** à partir de la chaudière.

➤ **Ventilation mécanique contrôlée :**
- de type simple flux;
- caisson d'extraction en comble et rejet de l'air vicié au-dessus de la toiture;
- entrées d'air autoréglables dans les pièces principales;
- bouches d'extraction d'air autoréglables dans les pièces humides.

❒ *Électricité*

Le niveau d'équipement intérieur sera réalisé suivant les normes en vigueur pour :
- l'éclairage intérieur et extérieur,
- les prises de courant 10/16 A avec terre et équipées d'éclipses,
- les prises pour fonctionnement d'appareils – chauffe-eau; machines à laver; appareil de cuisson, etc.

Installation type encastré dans les pièces habitables et en apparent dans le garage.
Antenne de télévision.
Tableau général dans le garage.
Deux prises téléphone et deux prises télévision.
Point lumineux extérieur pour porte d'entrée.

❒ *Revêtements*

➤ **Sols :**
- carrelage grès émaillé 30 × 30 (cm), pose collée, dans toutes les pièces sauf les chambres, y compris placard et rangements et le dégagement de l'étage;
- plinthes droites en grès émaillé;
- moquette en velours, classement U2 SP2 feu M3, pour les chambres, coloris au choix, barres de seuil;
- sol en béton surfacé en garage et terrasses extérieures.

➤ **Faïence :**
- carreaux 15 × 15 (cm) au pourtour de la baignoire et de la douche sur une hauteur de 1,80 m; au-dessus des vasques et de l'évier de la cuisine sur une hauteur de 0,45 m;
- coloris blanc avec frise de couleur.

❒ *Peinture – revêtements muraux*

➤ **Peinture**
Peinture glycérophtalique sur l'ensemble des plafonds des pièces habitables.
Peinture glycérophtalique, finition satinée, sur ouvrages en bois.
Peinture laque satinée appliquée sur ouvrages métalliques.

➤ **Tapisserie**
Papier peint vinyle lessivable dans les pièces d'eau.
Papier peint dans les pièces sèches (150 g/m² minimum).
Coloris au choix.

20.2. Type de pavillon : modèle A

Ce modèle est présenté ci-après. Il comprend un rez-de-chaussée et un étage avec les surfaces suivantes :

Rez-de-Chaussée	
Séjour	30,96 m²
Hall	5,28 m²
WC	1,09 m²
Cuisine	10,17 m²
Rangement	0,99 m²
Chambre 1	11,70 m²
PL (placard)	0,69 m²
Bains	2,17 m²
Garage	18,92 m²
Étage	
Chambre 2 + Rangement	13,61 m²
Chambre 3 + PL	12,32 m²
Chambre 4 + PL	11,85 m²
Bains	3,79 m²
WC	1,58 m²
Dégagement	3,59 m²
Total RDC + Étage	**109,78 m²**

Figure 20.1 : *vue en perspective de Villas de l'Erdre*

Figure 20.2 : *plan du lotissement*

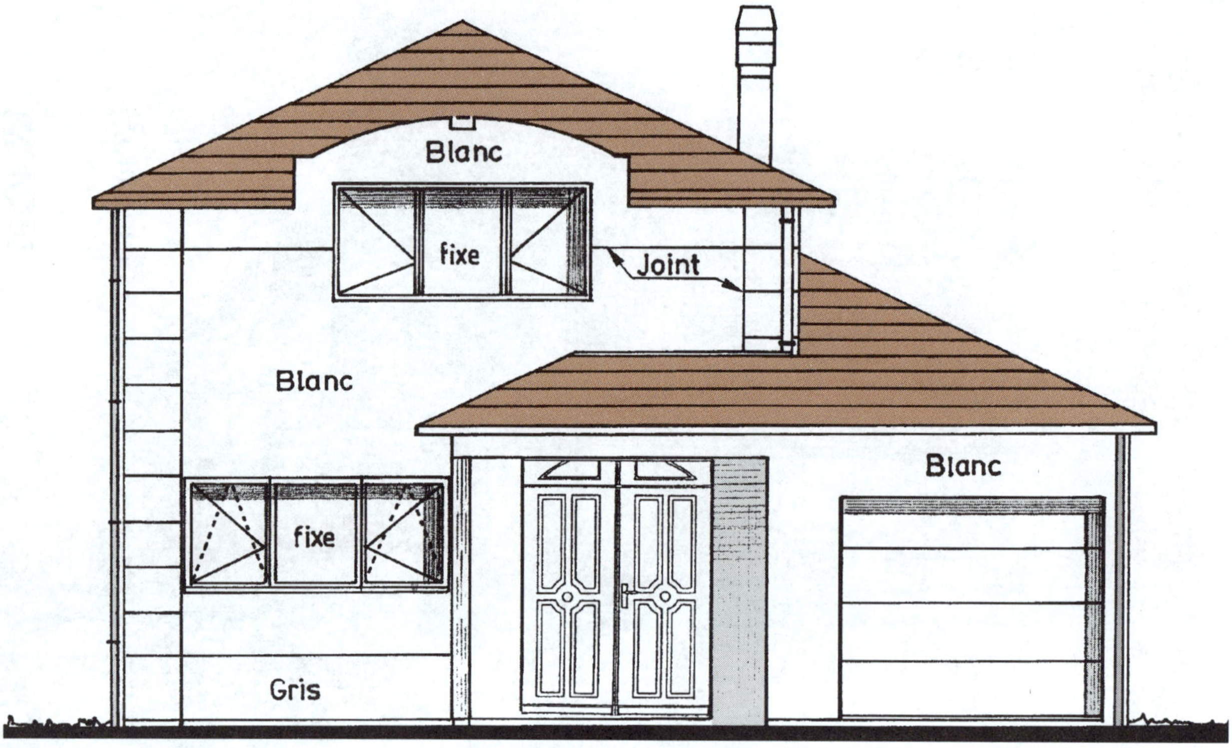

Façade principale

Figure 20.3

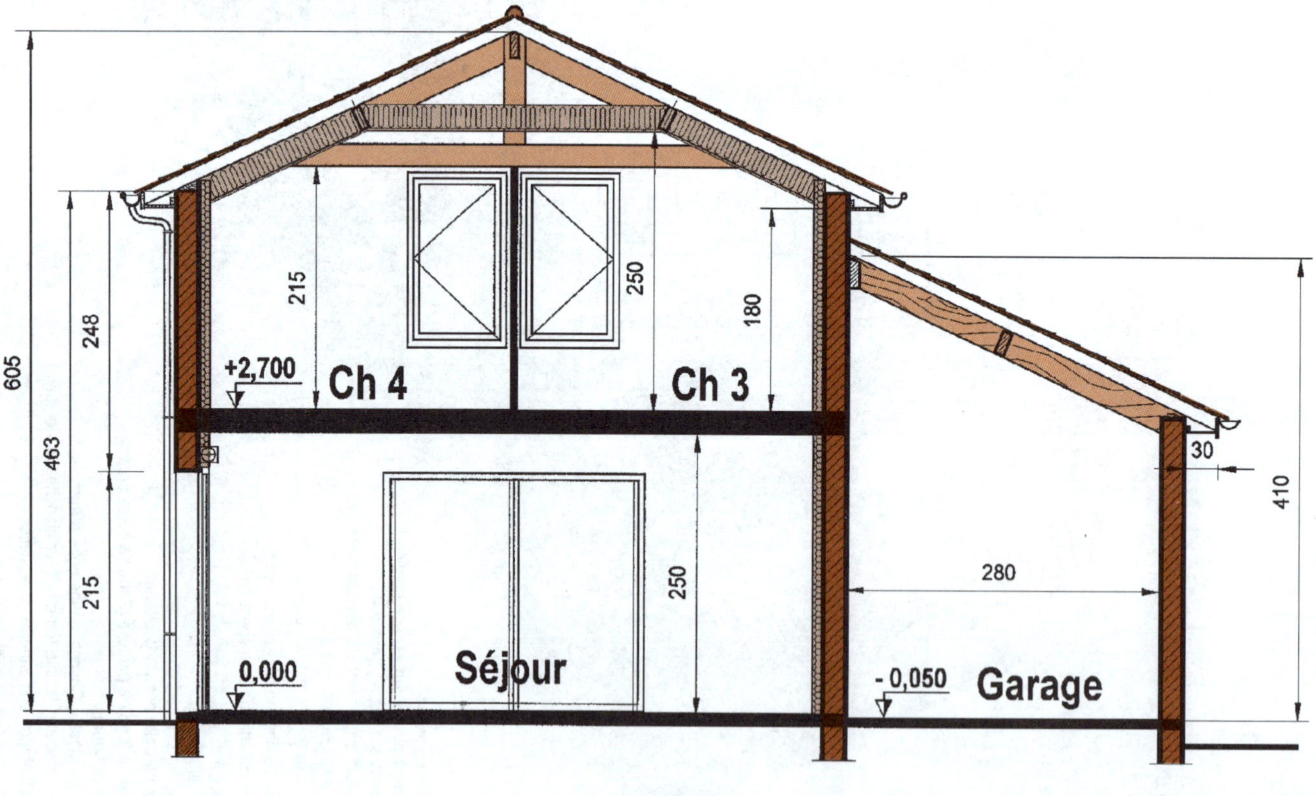

Coupe transversale

Figure 20.4

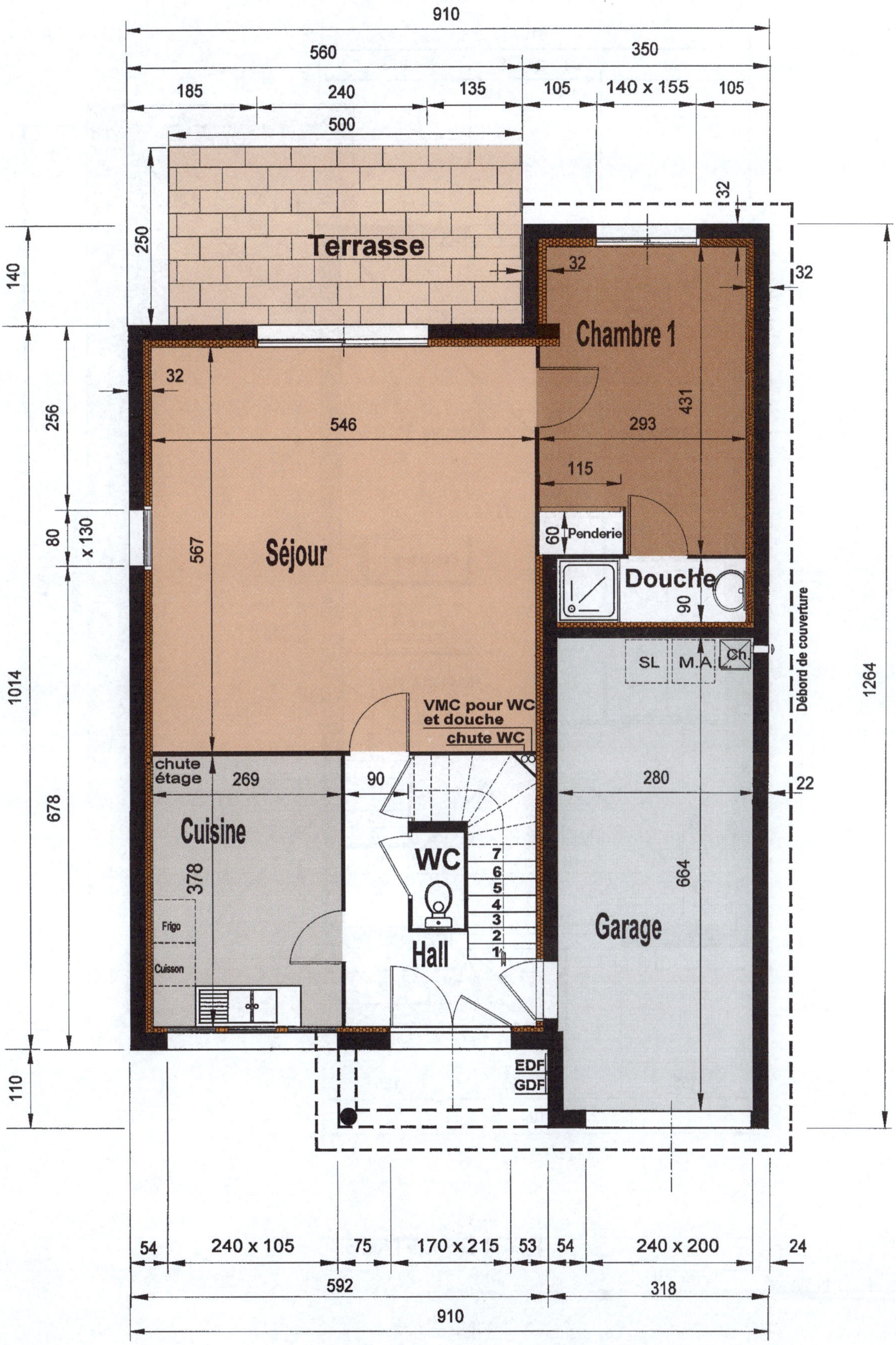

PLAN DU REZ-DE-CHAUSSÉE

Figure 20.5

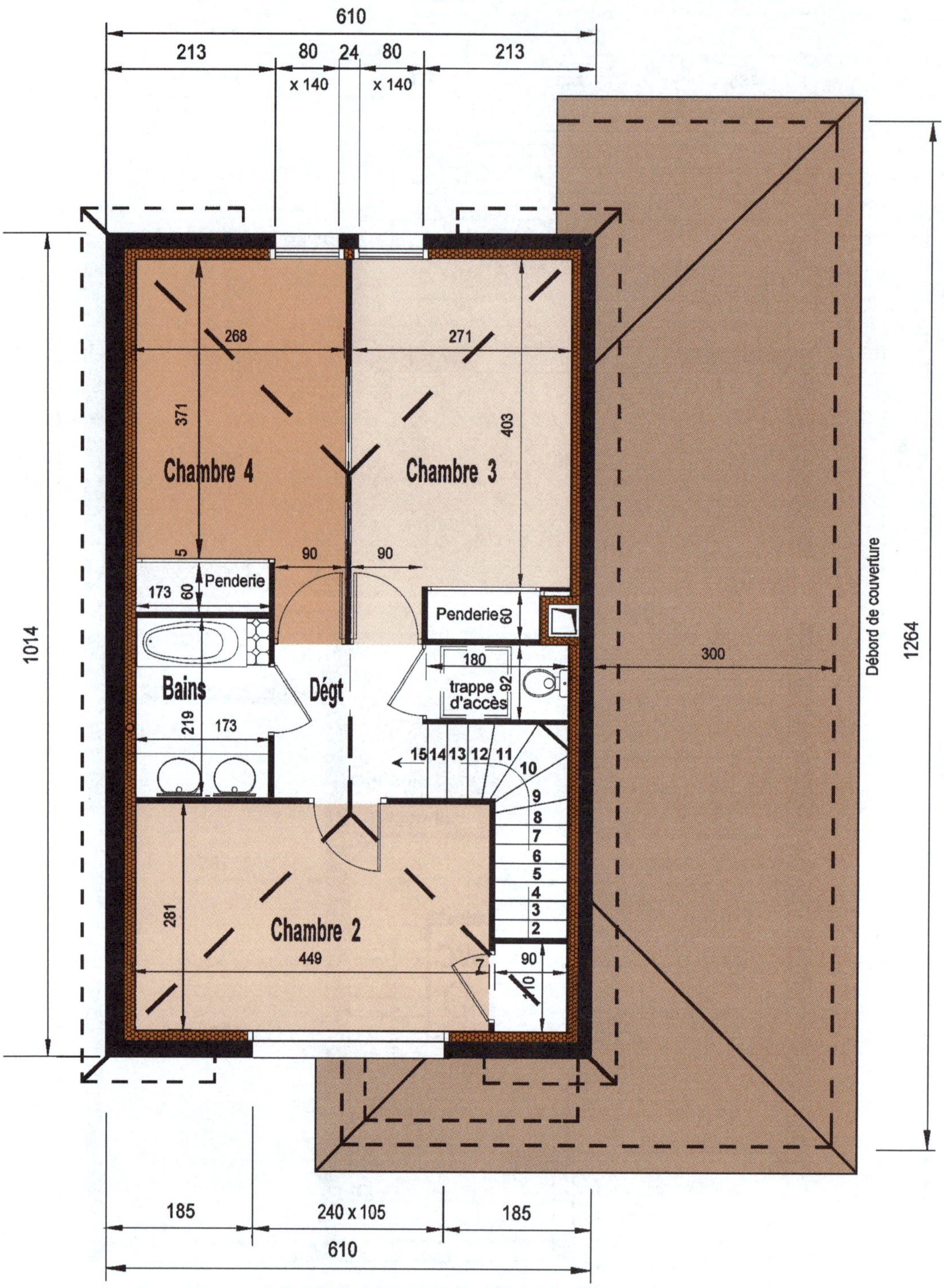

PLAN DE L'ÉTAGE

Figure 20.6

Chapitre 21

Réseau électrique intérieur

- Principes d'installation du réseau
- Extrait du cahier des clauses techniques particulières (CCTP)

21.1. Principes d'installation du réseau

21.1.1. Alimentation en énergie électrique

La distribution de l'énergie électrique est assurée par EDF :
- soit par un branchement aérien (ligne aérienne),
- soit par un branchement souterrain (ligne souterraine),
- soit par un branchement aérien en domaine public et souterrain en domaine privé.

L'installation électrique d'une maison commence aux bornes du disjoncteur de branchement placé généralement à l'intérieur du local d'habitation.

21.1.1.1. Disjoncteur de branchement différentiel

C'est un appareil de commande et de protection. Il doit porter la marque NF-USE et comporte généralement une fonction différentielle 500 mA, c'est-à-dire une protection de courant assigné 500 mA de type S (comme sélectif).

❐ ***Rôles***

Il permet de couper le courant du réseau électrique intérieur à l'aide d'une commande frontale (bouton). Il coupe automatiquement le courant en cas de court-circuit.

Remarque : *Disjoncteur différentiel et prise de terre sont indissociables.*

❐ ***Caractéristiques***

Nombre de pôles : 2.

Tableau 21.1 : *intensités des courants en ampères*

Intensité nominale	Intensité de réglage
45	15-30-45
60	30-45-60
90	60-75-90

Ce disjoncteur différentiel est **sélectif** s'il permet la mise hors tension d'une partie de l'installation en défaut protégée par un différentiel de 30 mA, tout en permettant la continuité de service sur le reste de l'installation (fig. 21.3).

Condition de bon fonctionnement en toute sécurité : prise de terre conforme.

21.1.1.2. Coupure d'urgence ou mise hors tension rapide

Elle est imposée à l'intérieur des locaux d'habitation pour la sécurité d'utilisation. Cette fonction peut être assurée par le disjoncteur de branchement s'il est directement accessible par le local d'habitation (fig. 21.2).

Constitution du branchement :
- *dispositif de branchement au réseau public ;*
- *coffret de coupe-circuit et de prise téléreport ;*
- *compteur électronique intégrant le relais récepteur de télécommande ;*
- *disjoncteur de branchement ;*
- *canalisations électriques de liaison.*

Remarques :
- *Le disjoncteur de branchement doit être placé à l'intérieur du local d'habitation.*
- *La sécurité d'utilisation impose un dispositif de coupure d'urgence.*
- *Le matériel utilisé doit être conforme aux différentes normes dépendant des locaux ou des emplacements (locaux secs, humides, emplacement extérieur, etc.).*

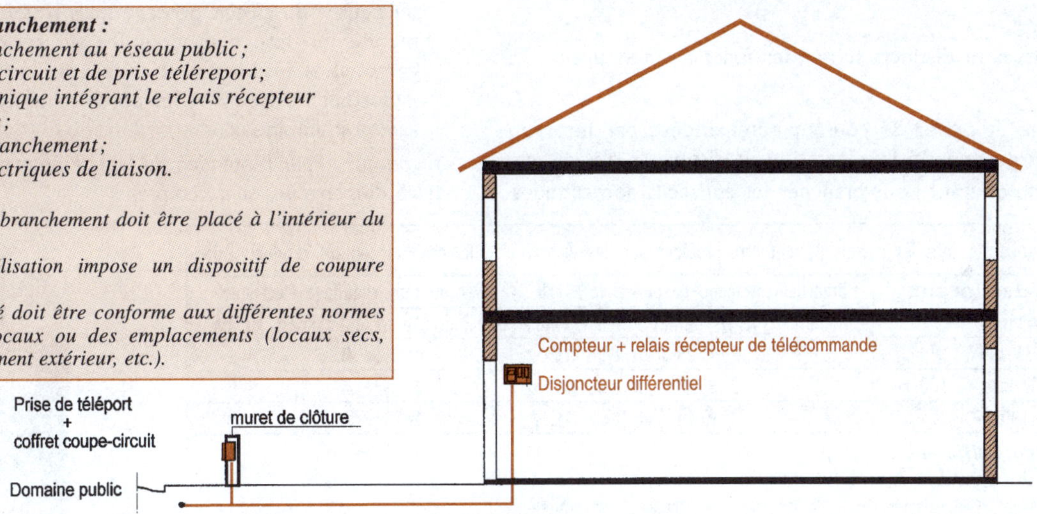

Figure 21.1 : ***branchement sur le réseau public***

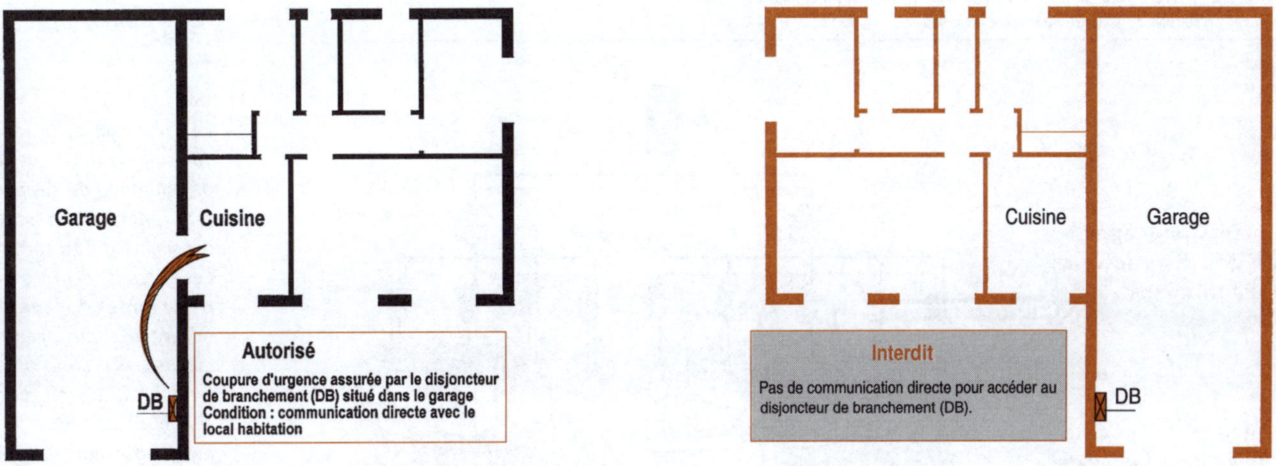

Figure 21.2 : ***coupure d'urgence imposée par la sécurité d'utilisation d'une installation électrique***

21.1.2. Protection des personnes

❐ ***Principe***

Coupure automatique en cas de défaut d'isolement.

❐ ***Moyens :***

- disjoncteur différentiel général de 500 mA au départ du réseau intérieur (§ 21.1.1.1);
- dispositifs différentiels à « haute sensibilité » (30 mA).

Ils sont imposés pour les circuits alimentant les prises de courant, les circuits de la salle d'eau, les locaux comportant des risques d'insécurité électrique dus à la vapeur ou à une forte humidité (condensation).

❐ ***Choix des dispositifs différentiels à haute sensibilité (30 mA) : interrupteur ou disjoncteur ?***

L'interrupteur différentiel a deux fonctions :

- fonction manuelle de commande (marche ou arrêt) de la partie de l'installation qui en dépend,
- fonction automatique de protection des personnes en coupant le courant au moindre incident.

Le disjoncteur différentiel assure les fonctions de l'interrupteur et protège les circuits électriques : en cas de surcharge ou de court-circuit, le passage du courant est stoppé.

21.1.3. Séparation des fonctions

❐ ***Principe***

Les circuits sont distincts suivant les fonctions à assurer.

Exemples :

- éclairage et prises de courant commandées par interrupteurs et destinées à l'alimentation de dispositifs d'éclairage;
- prises de courant pour brancher les appareils domestiques;
- alimentation d'appareils spécifiques : four de cuisson, chauffe-eau;
- alimentation d'appareils de chauffage : convecteurs, etc.

21.1.4. Protection des circuits

❐ ***Principe***

On place un dispositif de protection contre les surintensités et pour assurer la fonction de sectionnement.

Tout circuit doit comporter à son origine un dispositif de coupure bipolaire (phase + neutre).

❐ ***Dispositifs de coupure***

On utilise l'un des dispositifs suivants :

- **disjoncteur divisionnaire** (phase + neutre) qui assure le sectionnement et également la commande en service normal de coupure et de fermeture;
- **coupe-circuit à cartouche fusible** avec courant assigné, nom du fabricant et le monogramme NF-USE. Le choix d'un fusible se fait en fonction de la section du fil à protéger.

Exemples :

Une section de 1,5 mm² nécessite un fusible de calibre maximal 10 A. Une section de 2,5 mm² nécessite un fusible de calibre 16 A. Les porte-cartouche à coupure phase + neutre assurent le sectionnement de la phase et du neutre du circuit protégé mais n'assurent pas la commande fermeture et coupure en service normal. Les cartouches fusibles sont calibrées; certaines sont avec indicateur de fusion et les porte-cartouches peuvent être à témoin lumineux.

Remarque : Pour l'obtention du label Promotelec, seuls les disjoncteurs divisionnaires sont acceptés.

Prescription : tous les circuits doivent être protégés par des dispositifs différentiels à courant résiduel (DDR)	
Surface des locaux d'habitation	Branchement mono de puissance $\leq$ 18 kVA avec ou sans chauffage électrique
	Nombre, type et courant assigné minimal des interrupteurs différentiels 30 mA
Surface $\leq$ 35 m²	1 × 25 A de type **AC** et 1 × 40 A de type **A**
35 m² $\leq$ Surface $\leq$ 100 m²	2 × 40 A de type **AC** et 1 × 40 A de type **A**
Surface > 100 m²	3 × 40 A de type **AC** et 1 × 40 A de type **A**

Interrupteurs différentiels

type AC : ils détectent les courants résiduels alternatifs.

Ils servent pour les applications courantes : éclairage, prises, chauffage par convecteurs, etc.

type A : ils sont dédiés aux applications spécifiques.

Ils s'imposent pour protéger les circuits spécialisés de la plaque de cuisson et du lave-linge qui intègrent des composants électroniques pour la variation de la vitesse ou l'induction et sont susceptibles de créer des défauts.

type Hpi (à haute immunité) : ils sont utilisés pour les applications spéciales.

Exemple : protection de matériel informatique, congélateur.

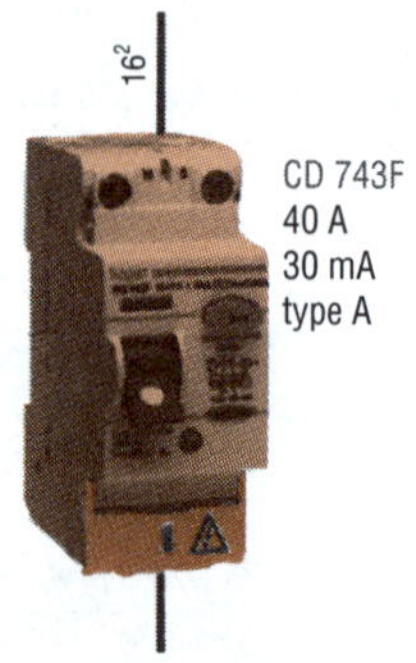

doc. HAGER TEHALIT

Figure 21.3 : *Inter. diff*

Circuits protégés par des disjoncteurs divisionnaires

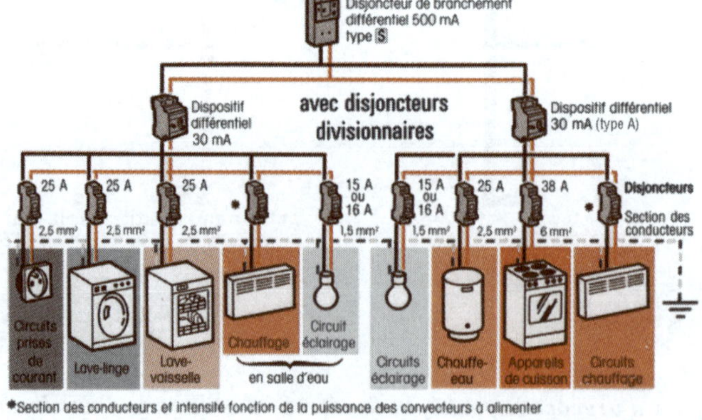

*Section des conducteurs et intensité fonction de la puissance des convecteurs à alimenter

Figure 21.4 : ***schéma de principe avec disjoncteurs divisionnaires***

Remarques :

- *Le lave-linge et le lave-vaisselle sont sous la dépendance du disjoncteur différentiel à haute sensibilité de 30 mA.*
- *Les circuits de la salle d'eau (prises de courant, éclairage, chauffage par convecteur) sont assujettis au dispositif différentiel de 30 mA.*
- *Les conducteurs de terre sont sur tous les circuits.*

21.1.5. Liaison équipotentielle de chaque salle d'eau

Elle a pour but de limiter les différences de potentiel en cas de défaut entre des éléments conducteurs.

❒ ***Rappel des définitions des volumes dans une salle d'eau***

Volume 1 : volume situé au-dessus la baignoire sur 2,25 m au-dessus du fond de la baignoire.
Volume 2 : volume situé à 0,60 m de la baignoire en plan et en se prolongeant en élévation au-dessus du volume 1, hauteur maxi du volume 2 égale à 3,00 m.
Volume 3 : volume situé à 2,40 m autour du volume 2 sur une hauteur de 2,25 m.

❒ ***La liaison équipotentielle*** doit être assurée dans les différents volumes 1, 2 et 3 *entre toutes les canalisations métalliques* (eau froide, eau chaude, chauffage, corps d'appareils sanitaires métalliques, huisseries et tous les conducteurs de terre (prises ou éclairage)) (cf. fig. 21.6).

❒ ***Section du conducteur :***
- 2,5 mm² s'il est posé sous conduit, profilé plastique ou sous une baignoire avec tablier ;
- 4 mm² s'il est posé directement aux parois sans protection mécanique.

Remarque : Il n'y a pas lieu de mettre en œuvre un conducteur de protection supplémentaire entre cette liaison et le répartiteur de terre du tableau puisque la liaison équipotentielle est de fait à la terre par son raccordement aux conducteurs de protection.

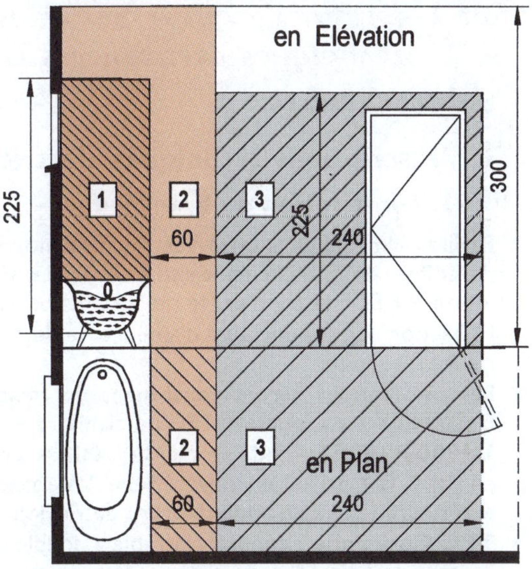

Figure 21.5 : *volumes de la salle d'eau*

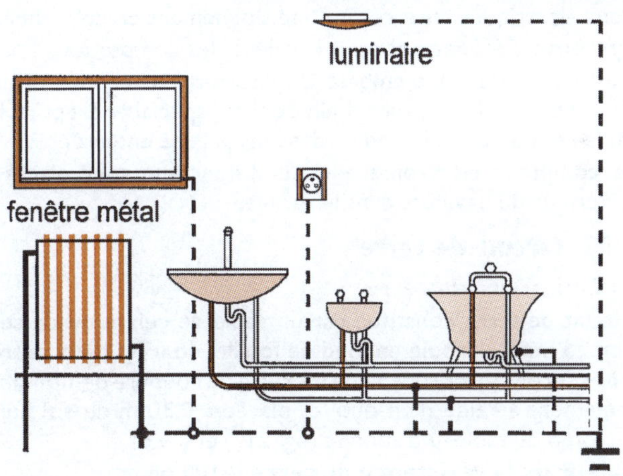

Figure 21.6 : ***schéma de liaison équipotentielle reliant radiateurs, tuyauteries et baignoire acier à la borne de terre***

21.1.6. Circuit de terre

21.1.6.1. Principe

La prise de terre et le disjoncteur différentiel sont inséparables. La sécurité dépend de leur fonctionnement mutuel.

Exemples en cas de défaut dans un circuit :

a/ Installation avec disjoncteur différentiel mais pas de prise de terre : il n'y aura pas de courant de fuite à la terre et le disjoncteur ne fonctionnera pas.

b/ Installation avec mise à la terre mais le disjoncteur n'est pas différentiel : le courant ne sera pas coupé et le danger subsiste.

c/ Disjoncteur différentiel et mise à la terre : la coupure est automatique en cas de défaut dû à un appareil défectueux et une fuite de courant détectée.

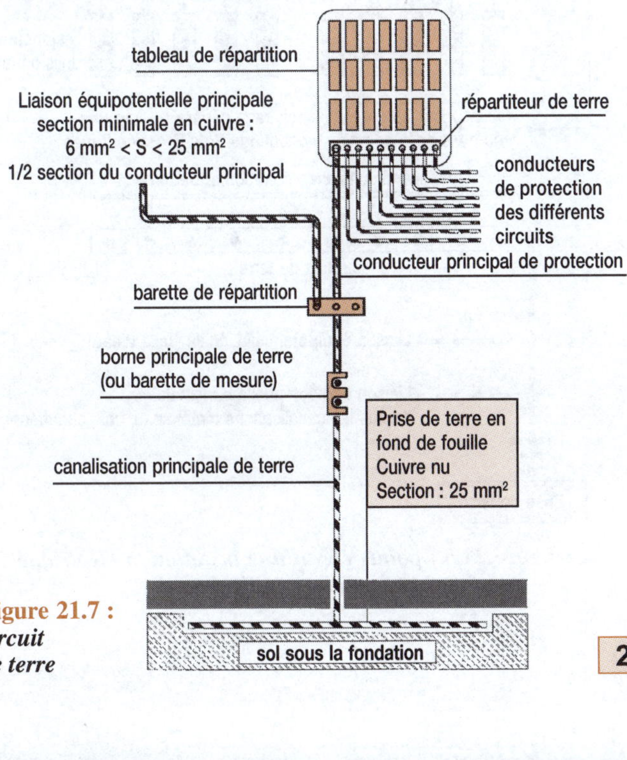

Figure 21.7 : *circuit de terre*

21.1.6.2. Prise de terre

a/ Elle est réalisée :
- soit par un conducteur en cuivre de section S = 25 mm² posé en boucle à fond de fouille,
- soit par plusieurs piquets enfoncés dans le sol à plus de 2,00 m.

b/ Il s'agit d'obtenir une résistance inférieure à 100 ohms si la protection différentielle est assurée par un disjoncteur différentiel de 500 mA.

21.1.6.3. Liaison équipotentielle principale

Elle consiste à relier à la prise de terre, à leur pénétration dans le bâtiment, les canalisations **métalliques** (eau, gaz, eaux usées, gaines métalliques, colonne de chauffage, charpente métallique, etc.).

21.1.6.4. Conducteurs de protection des circuits (conducteurs de terre)

Chaque canalisation doit comporter un conducteur de terre (couleur vert-jaune) dont la section doit être égale à celle des conducteurs actifs.

Exemples d'appareils à relier à la terre :

prises de courant, réfrigérateur, chauffe-eau, cuisinière et four électrique, machine à laver, appareils d'éclairage, appareils de chauffage sauf ceux de classe II.

21.2. Extrait du cahier des clauses techniques particulières (CCTP)

Lot : **ÉLECTRICITÉ.**

1. Prescriptions techniques électricité

1.01. Constitution du branchement

Pavillon alimenté en énergie électrique, en monophasé, à partir du coffret de branchement situé en façade. Ce coffret sera fourni par EDF et posé par le titulaire du lot maçonnerie.

La section des conducteurs d'amenée ne devra pas être inférieure à 16 mm^2.

Les canalisations seront constituées de câbles de la série U1000 R2V sous fourreau TPC de diamètre 80 mm.

U1000 R2V : U = code normalisé ; **1000** = tension nominale en volts ; **R** = isolant en polyéthylène ; **2V** caractérise la gaine extérieure (exemple : polychlorure de vinyle).

TPC Couronne : conduit cintrable à double paroi, annelé à l'extérieur, lisse à l'intérieur pour la protection des canalisations électriques enterrées ; conditionnement en couronnes.

Système Téléreport pour la relève des compteurs.

Il est constitué d'une embase, de dispositifs de connexions et d'un câblage « bus », avec drain de terre spécial téléreport. Le câble sera de type « blindé » dans les parties enterrées.

Le compteur électronique et le disjoncteur sont placés à l'intérieur du pavillon, dans le garage.

1.02. Circuit de terre

1.02.01. Prise de terre

Circuit de terre constitué par un câble de cuivre nu de section 25 mm^2, déroulé en fond de fouille, dont les deux extrémités seront raccordés à une barrette de coupure démontable seulement à l'aide d'un outil et placée à 0,30 m du sol fini à l'aplomb du tableau d'abonné (fig. 21.7 et § 4.6).

Valeur de la résistance de terre < 100 ohms.

En cas de défaut d'isolement, la tension de contact doit être < 50 V durant au plus 5 secondes.

La liaison du câble de terre entre la barrette de coupure et la barre de terre du tableau d'abonné sera au moins de 16 mm^2.

1.02.02. Liaisons équipotentielles

Liaison équipotentielle principale (LEP).

Elle réunira les éléments conducteurs suivants :

- canalisation métallique d'eau froide,
- canalisation métallique de gaz (en aval immédiat du raccord isolant de la protection cathodique),
- éléments métalliques accessibles de la construction,
- armatures des câbles de télécommunication venant de l'extérieur.

Liaison équipotentielle locale (dans chaque salle d'eau), qui comprend toutes les canalisations métalliques, et autres éléments métalliques (huisseries par exemple), et tous les conducteurs de protection des prises et lampes, etc.

Il est interdit de relier à la liaison équipotentielle locale la carcasse des appareils de chauffage de classe II.

Remarques : Les liaisons équipotentielles principale et locale seront raccordées au circuit de terre. La liaison équipotentielle de la salle d'eau est traitée dans le chapitre 15.

1.02.03. Conducteurs de protection

Ils sont destinés à la mise à la terre de chaque circuit.

Leur section doit être au moins égale à celle des conducteurs actifs. Ils sont connectés au répartiteur de terre du tableau de répartition.

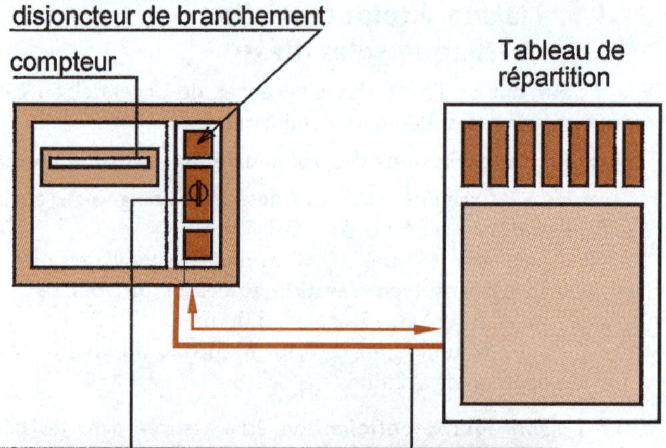

Réglage maximum du disjoncteur de branchement	Section minimale des conducteurs en cuivre
45 A ou Sh < 35 m²	10 mm²
60 A	16 mm²
90 A	25 mm²

Sh : surface habitable

Figure 21.8 : *liaison entre le disjoncteur et le tableau de répartition*

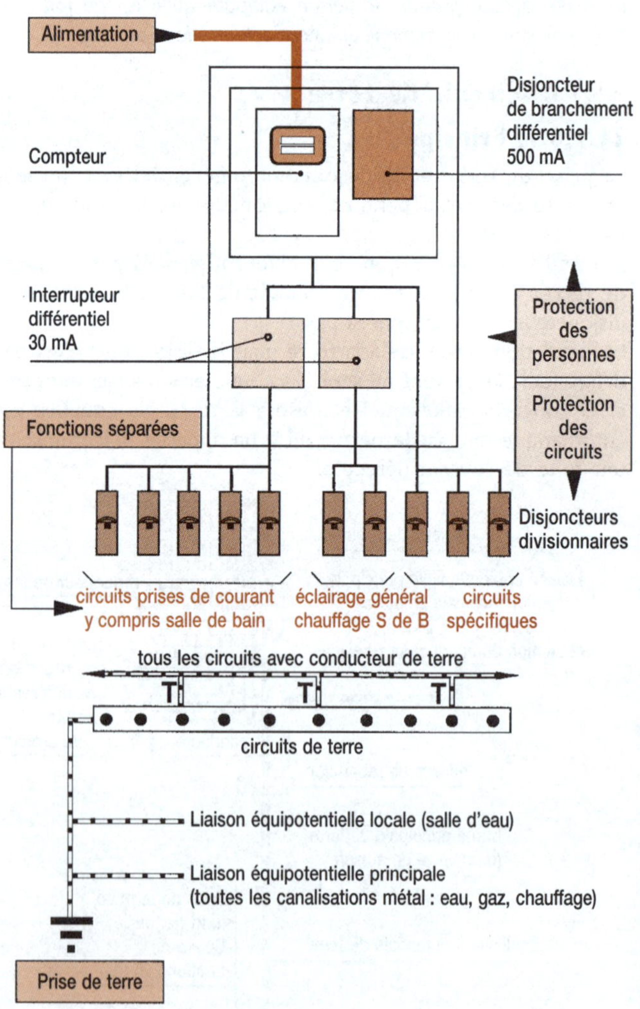

Figure 21.9 : *points clés d'une installation électrique pour maison individuelle*

1.03. Tableau

Le tableau des protections sera positionné dans le garage dans la réservation prévue sur les plans de manière à être utilisable facilement en respectant la hauteur de la manette du disjoncteur entre 1,15 et 1,80 m du sol fini.

Le tableau comprendra :
- le **compteur électrique** ;
- le **disjoncteur différentiel** de branchement de sensibilité 300 ou 500 mA ;
- une **protection différentielle** haute sensibilité réglementaire de 30 mA pour :
  - les **circuits de prises** de courant,
  - les **circuits** qui alimentent les **salles d'eau** ou de bains (éclairage, prises, etc.),
  - les **circuits** qui desservent les sorties de fils en applique en **cuisine** ;
- une **protection et un sectionnement** à l'origine de chaque circuit (éclairage, prises, chauffage, VMC) par un dispositif de coupure bipolaire (phase + neutre) par des disjoncteurs divisionnaires ou des coupe-circuit à cartouches fusibles.

Remarque : *Le conducteur neutre doit pouvoir également assurer la fonction de protection.*

1.04. Les prescriptions suivantes seront respectées :

1.04.01. Circuits

➤ Un circuit est constitué d'un ensemble d'éléments électriques (conducteurs et appareillage), protégés contre les surintensités par le même **disjoncteur divisionnaire** ou le même fusible.

➤ Un **circuit monophasé** comporte deux conducteurs actifs : Phase (Ph) + Neutre (N).
Chaque circuit doit assurer une seule fonction.

Exemples : fonction éclairage ; fonction prises de courant ; fonction machine à laver.

➤ Tous les circuits doivent comporter un conducteur de protection (**Terre**) de même section que celle des conducteurs actifs.

➤ Les circuits ne doivent pas desservir plus de **cinq points** d'utilisation (exemple : 1 circuit pour 5 prises simples, selon le label Promotélec).
Toutes les prises 10/16 A doivent être avec terre et équipées d'**éclips** (volets d'obturation).

➤ Un circuit distinct est imposé pour les appareils de forte puissance tels qu'un appareil de cuisson, une machine à laver, un four électrique, un chauffe-eau.

Remarque : Les prises de courant 16 A, commandées par un interrupteur 10 A et destinées à alimenter les dispositifs d'éclairage, sont considérées comme des points d'éclairage.

Schéma de principe pour une maison > 100 m²

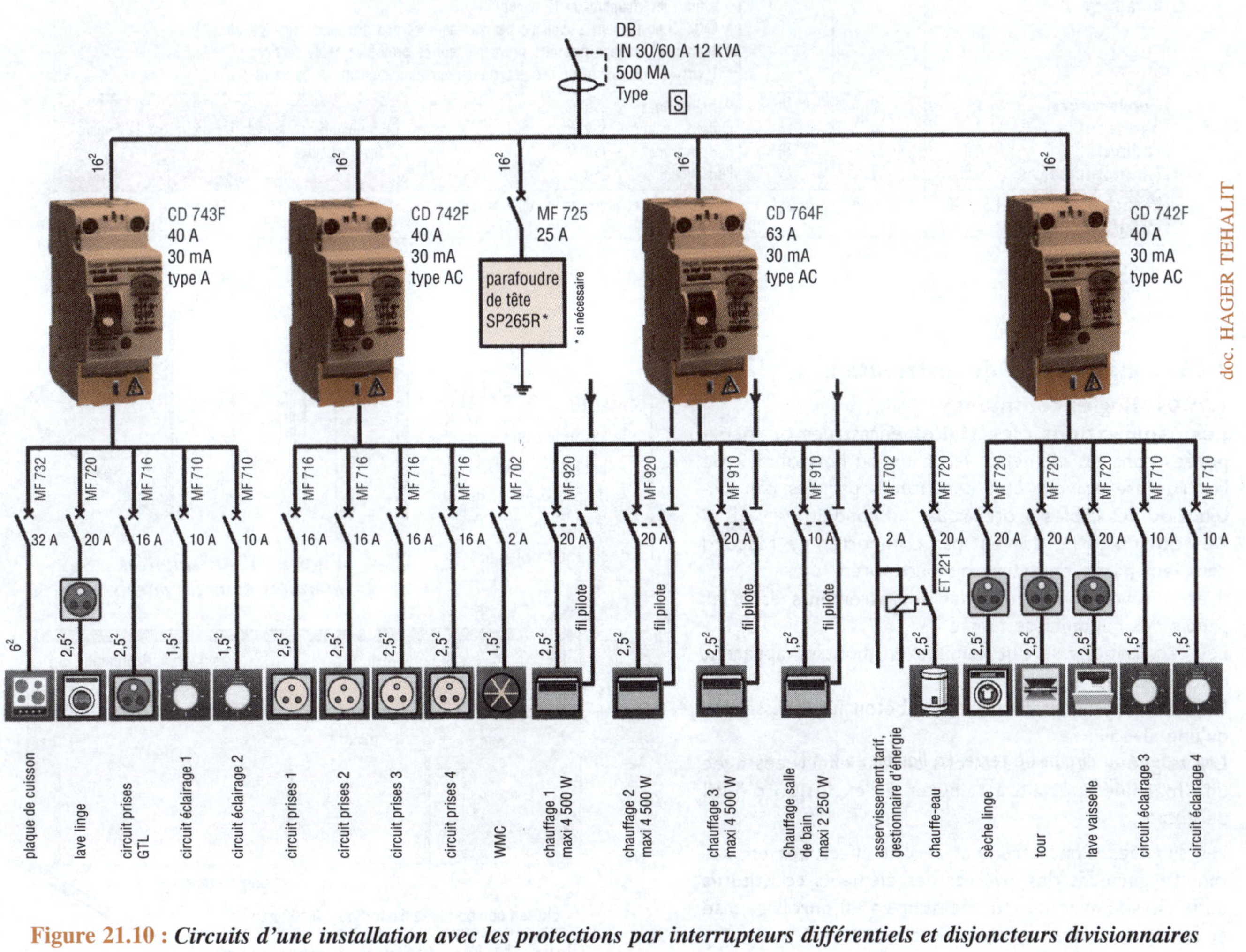

Figure 21.10 : ***Circuits d'une installation avec les protections par interrupteurs différentiels et disjoncteurs divisionnaires***

I.04.02. Sections minimales des conducteurs et protection des circuits

Nature du circuit	Section minimale (mm^2)	Courant assigné maximal en A		Équipement et prescriptions d'installation avec conducteurs en cuivre
		Disjoncteur	Fusible	
Prises de courant 16 A	2,5 1,5	20 16	16 interdit	• 8 socles maxi par circuit • 5 socles maxi par circuit • Le nombre minimal de prises de courant 16 A doit être de : – 3 par chambre – 1 par tranche de 4 m^2 avec un minimum de 5 dans le séjour – 6 non spécialisées dans la cuisine dont 4 à répartir au-dessus des plans de travail – Les socles des prises ne doivent pas être fixés au-dessus du bac évier ou des plaques de cuisson – 1 au moins dans les locaux > 4 m^2 et les circulations à l'exception des WC et annexes attenantes (abri de jardin, garage...)
Prises de courant commandées	1,5	16	10	• 1 interrupteur de commande pour 2 prises maxi localisées dans la même pièce • 1 télérupteur, contacteur ou autre dispositif, peut commander plus de 2 socles
Prise de courant spécialisées 16 A ou circuits spécialisés	2,5	20	16	• 3 circuits au moins pour logement > 35 m^2 destinés à desservir les appareils de type lave-linge, lave-vaisselle, four, congélateur, sèche-linge • 1 circuit sera prévu pour tout gros matériel électroménager supplémentaire
Plaque de cuisson	6,0	32	32	Circuit spécialisé à prévoir (boîte de connexion ou prise de courant)
Four indépendant	2,5	20	16	Circuit spécialisé à prévoir (boîte de connexion ou prise de courant)
Chauffe-eau	2,5	20	16	Circuit spécialisé
VMC, circuit d'asservissement tarifaire	1,5	2	interdit	La protection associée à la VMC peut être augmentée jusqu'à 16 A Le circuit VMC doit comporter un dispositif d'arrêt. Le disjoncteur dédié assure cette fonction
Éclairage	1,5	16	10	• 8 points d'éclairage maxi par circuit • 2 circuits minimum dans les logements > 35 m^2 • Chaque local doit être équipé au moins d'un point d'éclairage. Il doit être placé au plafond dans la cuisine, les chambres et le séjour • Cette disposition ne s'applique pas aux annexes non attenantes (garage, abris...) • 1 point d'éclairage doit être prévu par entrée principale et de service • 1 circuit spécialisé pour l'éclairage extérieur non attenant au bâtiment
Convecteurs, panneaux radiants (monophasé)	1,5 2,5 4,0 6,0	10 20 25 32	10 16 20 25	Puissance max : 2 250 W Puissance max : 4 500 W Puissance max : 5 750 W Puissance max : 7 250 W Le nombre d'appareils est limité par la somme des puissances
Plancher chauffant	1,5 à 10	16 à 50	interdit	Suivant étude et prescriptions du fabricant

I.05. Canalisations de distribution

I.05.01. Règles communes

Les canalisations électriques encastrées ou incorporées dans les éléments verticaux ou horizontaux de la structure doivent être constituées par des conducteurs ou des câbles protégés par un conduit.

Les conduits ne doivent pas comporter de raccord dans leur partie encastrée ou incorporée.

Il est interdit d'effectuer des encastrements dans les parois des conduits de fumée.

Les canalisations seront admises en montage apparent dans le garage.

Les saignées dans les blocs de béton n'intéresseront qu'une alvéole.

Les saignées dans les cloisons seront effectuées avec une machine spéciale à rainurer à l'exclusion d'outil percutant.

Les saignées d'encastrement seront effectuées en suivant l'alignement des alvéoles des éléments constitutifs de la cloison avec un jeu nécessaire à un enrobage aisé et un recouvrement minimal du conduit de 4 mm.

Interdit :
① saignée dans les ouvrages BA
② deux saignées sur un même axe
③ saignée oblique

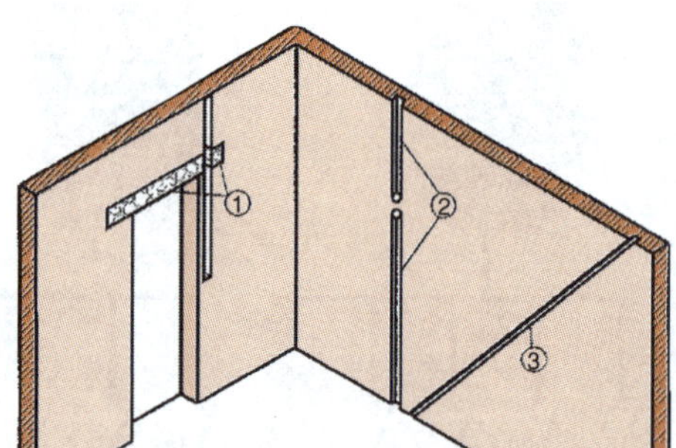

Figure 21.11 : *saignées interdites dans les parois*

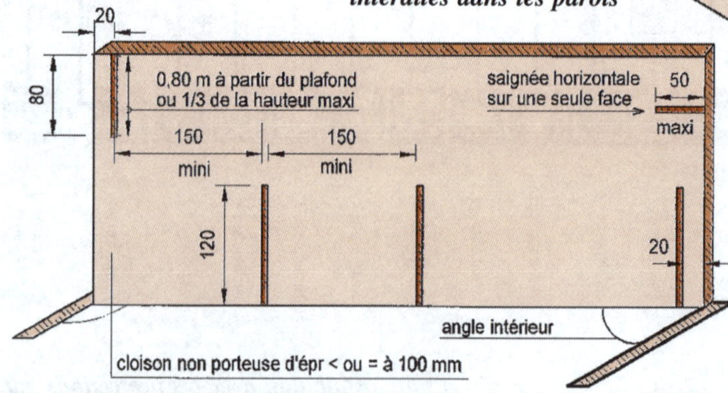

Figure 21.12 : *distances à respecter pour saignées verticales et horizontales*

05.02. Désignation des conduits

Nature des conduits	Désignation	Emplois
Isolant Cintrable Transversalement Élastique Annelé	ICTA	Pose en montage apparent ou encastré
Isolant Cintrable Annelé	ICA	
Isolant Cintrable Transversalement Élastique Lisse	ICTL	
Isolant Rigide Lisse	IRL	

1.05.03. Conduits et conducteurs

Les conducteurs sont constitués de fils de la série H 07 VU.

H 07 VU : H = code normalisé; **07** = tension nominale de 700 volts maximum; **V** = symbole du mélange isolant ou gaine; **U** = âme rigide massive (unique).

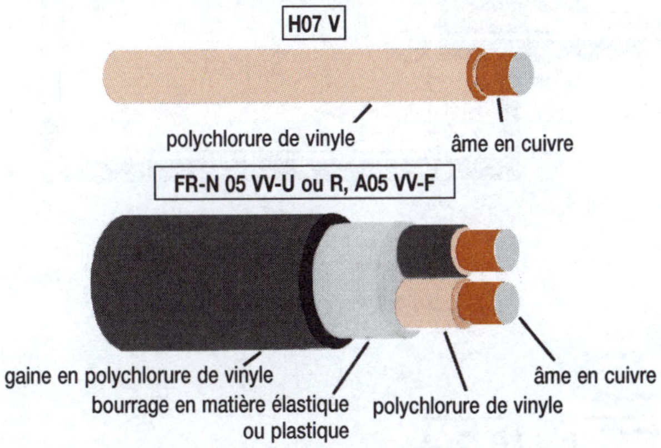

Figure 21.13 : *conducteur rigide; série H07 V*

1.05.04. Couleur des conducteurs

Terre : bicolore vert et jaune.
Neutre : bleu clair.
Phase : toutes les couleurs sauf bleu clair, vert, jaune et bicolore vert et jaune.

Mode d'utilisation des conduits et des conducteurs :

	Nombre de conducteurs 2	3	4	5
(mm²)	Diamètre des conduits ICTA – ICA – ICTL			
1,5	16	16	20	20
2,5	16	20	20	25
4	20	20	25	25
6	20	25	32	32
10	25	32	32	40
Section (mm²)	Diamètre des conduits IRL			
1,5	16	16	16	16
2,5	16	16	20	20
4	16	20	20	25
6	20	20	25	25
10	20	25	32	32

Les conduits de type **IRO** (Isolant Rigide Ordinaire) et **ICO** (Isolant Cintrable Ordinaire), non propagateurs de flamme, seront admis en apparent.

Remarque : *Chaque circuit devra comporter un conducteur de protection relié à la prise de terre.*

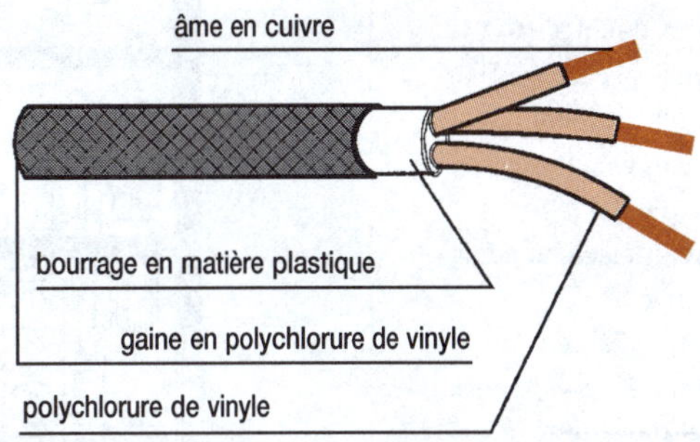

Figure 21.14 : *câbles rigides FR – N 05 W-U ou R*

1.06. Équipements particuliers

Chaudière : alimentation de la chaudière en garage depuis le tableau de répartition en 3 × 2,5 mm² sous fourreau en attente avec une prise de courant bi +T 16 A.

Thermostat d'ambiance dans le séjour avec canalisation entre séjour et chaudière en 3 × 1,5 mm².

Sèche-linge : prise de courant bi+T 16 A, spécialisée sèche-linge, avec étiquette de repérage, placée dans le garage.

Lave-linge : prise de courant bi+T 16 A étanche spécialisée lave-linge, avec étiquette de repérage, placée dans le garage.

Amplificateur TV : installation d'une prise de courant bi+T 16 A, dans les combles.

Tableau de répartition : Il sera conforme aux recommandations indiquées page suivante pour une solution confort.

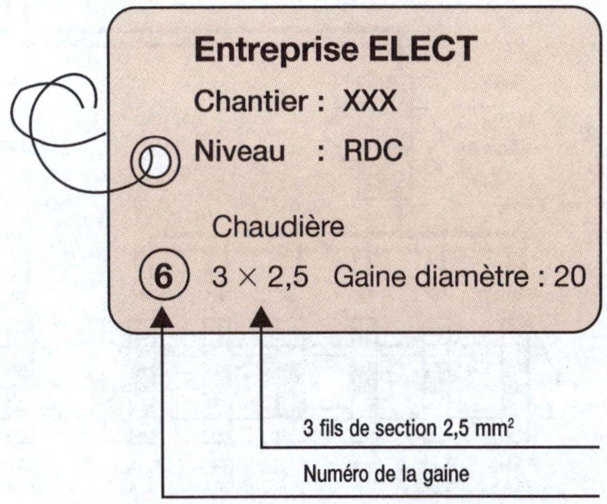

Figure 21.15 : *repérage des canalisations sur chantier*

Il s'effectue :
- *par étiquette,*
- *par N° en correspondance avec les plans d'exécution de l'installation électrique intérieure.*

Il indique :
- *l'appareil desservi;*
- *le nombre et la section des conducteurs; par exemple : 3 conducteurs de 2,5 mm² de section;*
- *le diamètre de la gaine à utiliser; par exemple : diamètre 20 mm.*

1.07. Circuit et dispositif de protection

① Circuits prises
Section 2,5 mm²
Prises simples 16 A
(1d) Circuits prises
Section 2,5 mm²
Prises doubles 16 A
② Circuits éclairage fixe
Section 1,5 mm²
③ Circuit chauffe-eau
Section 2,5 mm²
④ Circuit machine à laver le linge
Section 2,5 mm²
⑤ Circuit lave-vaisselle
Section 2,5 mm²
⑥ Circuit appareil de cuisson
Section 6 mm²

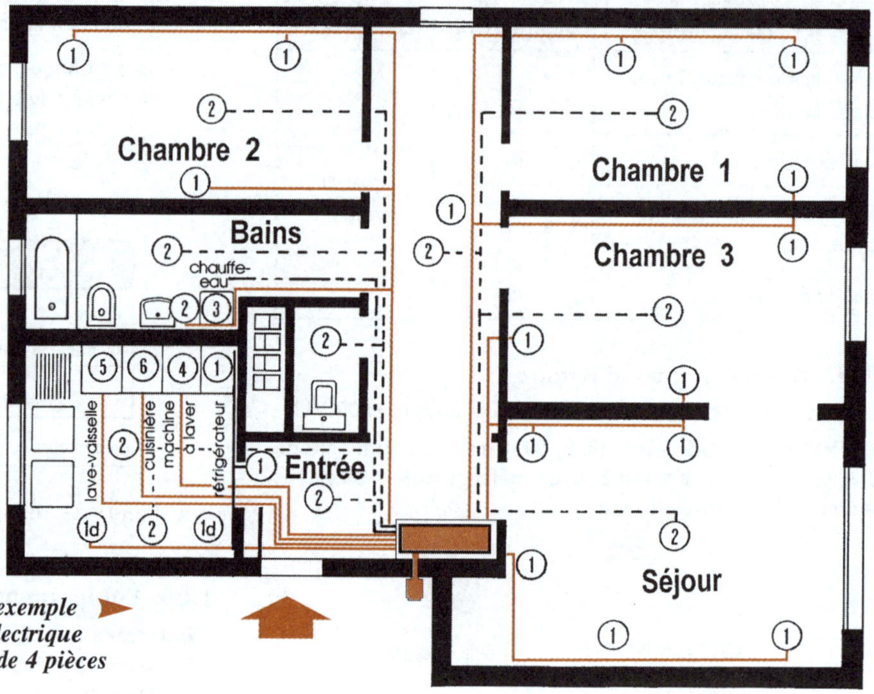

Figure 21.16 : *exemple d'installation électrique d'un logement de 4 pièces principales*

Interrupteurs différentiels :

Type AC : ils détectent les défauts à composante alternative

Type A :

- Ils détectent les défauts à composante alternative et continue
- Ils sont adaptés aux circuits spécialisés (plaque de cuisson, lave-linge...)

Type Hpi : Ils sont à haute immunité et réduise les déclenchements intempestifs

Utilisation pour circuits de matériel informatique, congélateur, etc.

Figure 21.17 : *exemple de tableau électrique pour un logement entre 35 et 100 m²*

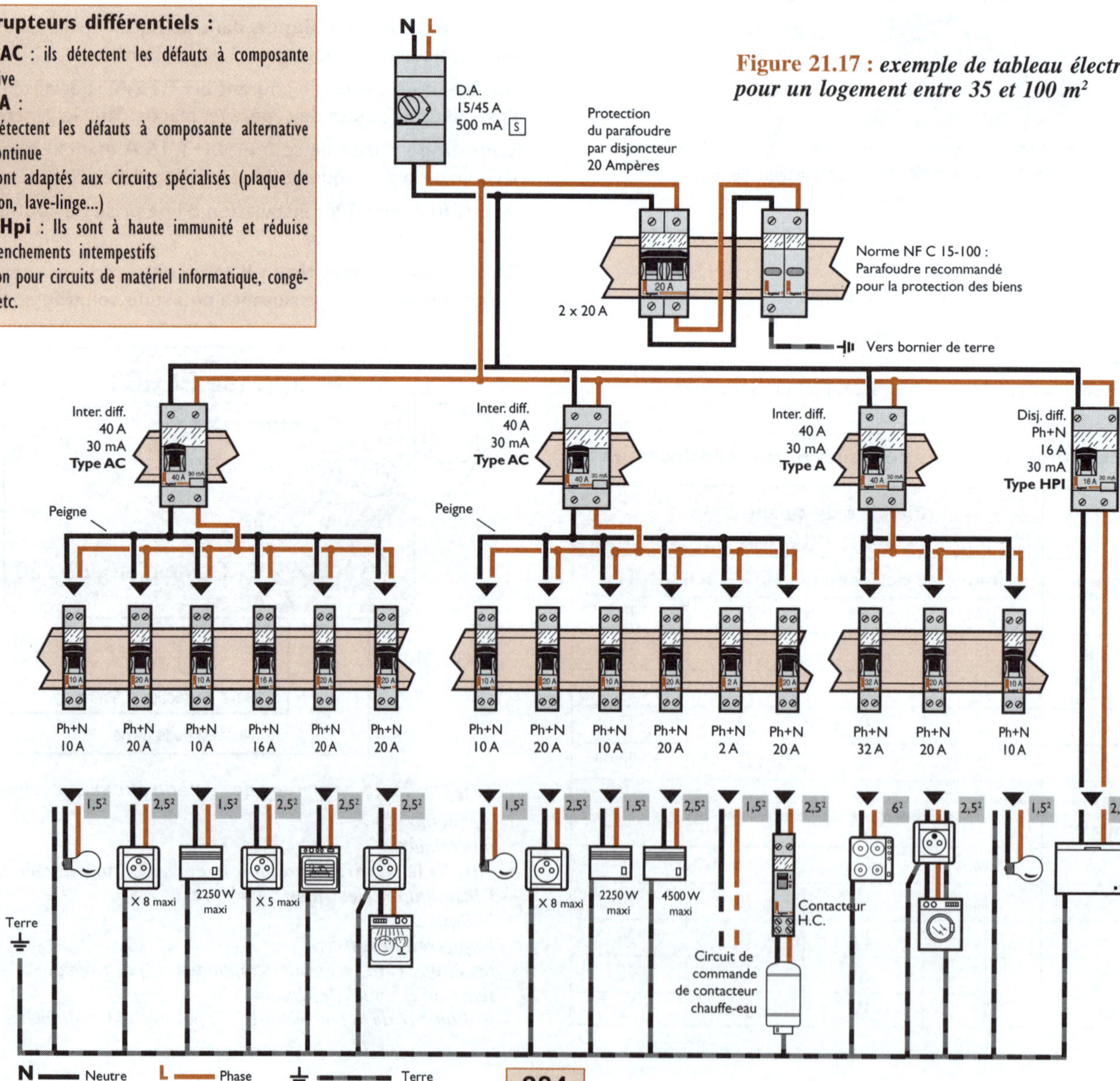

doc. LEGRAND

1.08. Protection contre les surtensions (parafoudre)

L'installation d'un parafoudre est obligatoire pour :

- Les bâtiments équipés d'un paratonnerre
- Les bâtiments dont la ligne est entièrement ou partiellement aérienne dans les départements localisés en zone AQ2

La zone AQ2 est celle dont le niveau kéraunique est > 25
Le niveau kéraunique est représentatif du nombre de jours par an où l'on entend le tonnerre.

Le parafoudre en tête de tableau (cf. fig. 21.10 et 21.17) doit être protégé par un disjoncteur.
Le parafoudre doit être de type 2 sauf en présence d'un paratonnerre où il est de type 1.
Il est conseillé de protéger les bâtiments se trouvant dans un rayon de 50 m d'un paratonnerre :
Prévoir un parafoudre de tableau + 1 parafoudre téléphone.

La carte ci-contre distingue 3 zones :

- faible densité de foudroiement,
- moyenne,
- forte.

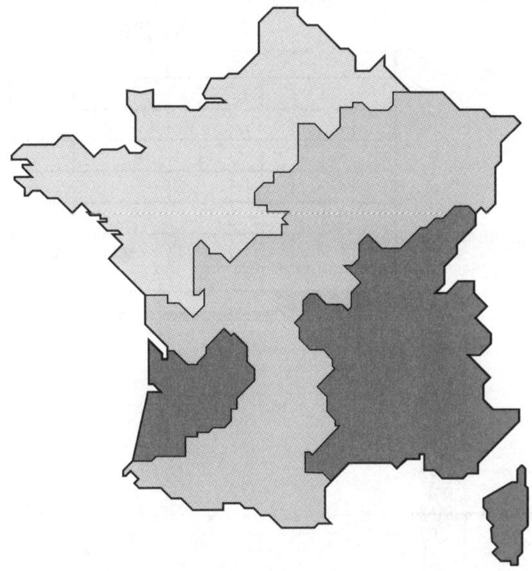

Figure 21.18 : *carte avec zones à risques de foudre (Zones AQ2 en particulier)*

Légende des plans --- Lot électricité

- Interrupteur simple allumage
- Interrupteur Va et Vient
- Interrupteur simple allumage avec témoin lumineux
- Bouton poussoir
- Bouton poussoir porte étiquette
- Prise de courant bi+T 16A
- PCC — Prise de courant bi+T 10A commandée
- M.A.L. L.V., S.L. — Prise de courant bi+T 16A spécialisée
- Prise de courant bi+T de type double
- TV — Prise d'antenne TV/FM
- T — Prise téléphonique
- 32 A — Sortie de câble bi+T 32A
- Alimentation particulière (Ch = Chaudière)
- B — Hublot étanche
- C — Spot encastré étanche
- TA — Thermostat d'ambiance
- Tableau d'abonné
- C — Carillon
- Liaison équipotentielle
- Douille à bout de fils
- A — Réglette classe II
- Inverseur de commande de vitesse de VMC

Abréviations :

M.A.L.	Machine à laver le linge
L.V.	Lave-Vaisselle
S.L.	Sèche Linge
VMC	Ventilation mécanique contrôlée

Matériel électrique (symboles)

- matériel de classe II à double isolation qui dispense de le relier à la terre
- matériel de classe I à relier à la terre
- matériel protégé contre les chutes verticales de gouttes d'eau (condensation)
- matériel protégé contre les projections d'eau en particulier dans les salles d'eau
- matériel protégé contre les jets d'eau à utiliser notamment à l'extérieur

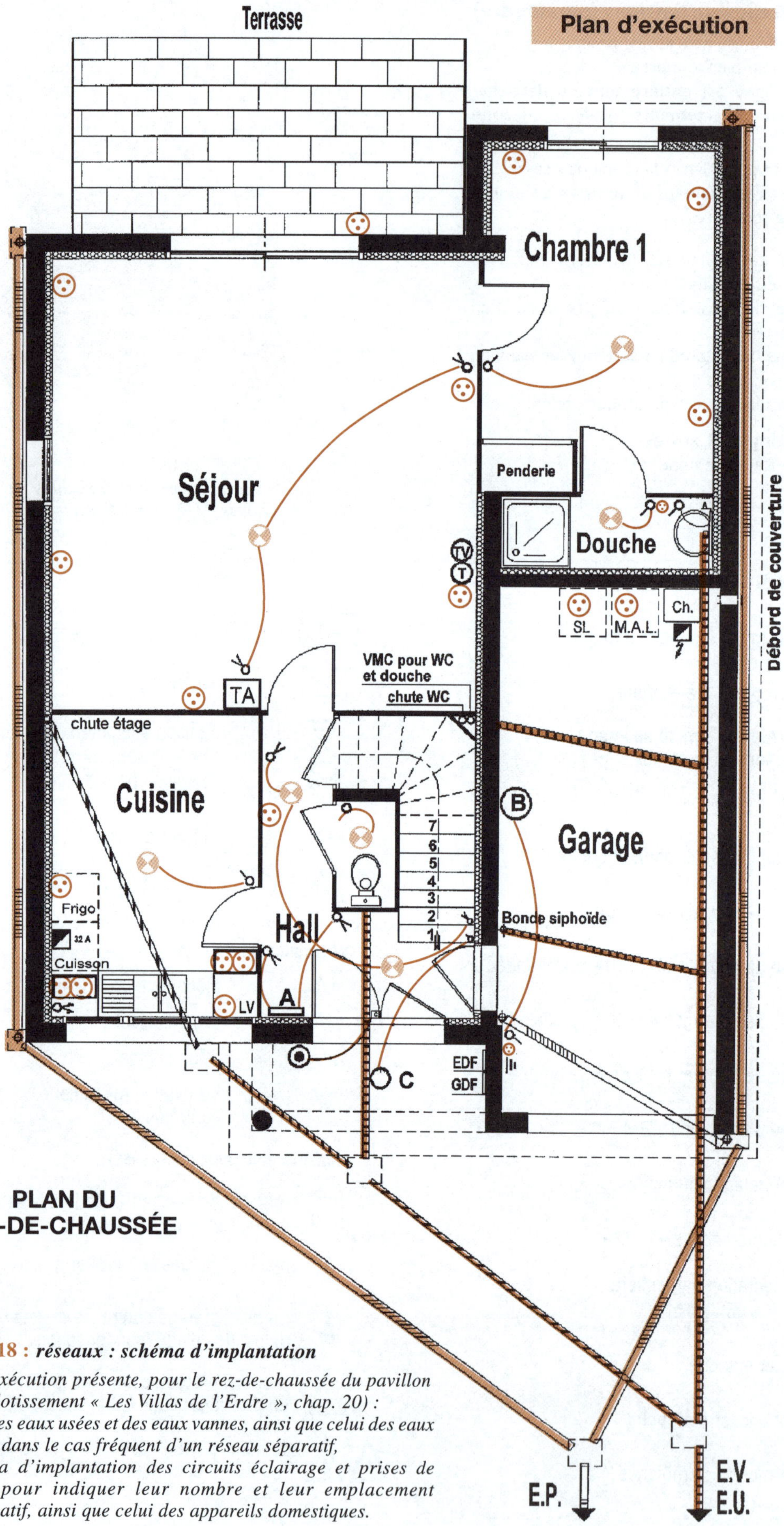

PLAN DU REZ-DE-CHAUSSÉE

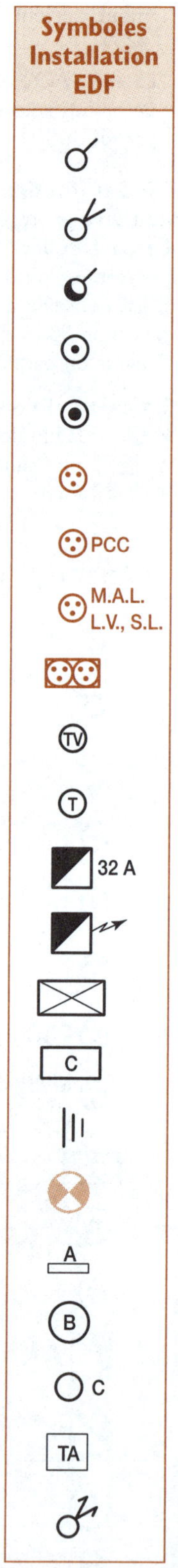

Remarque : Voir légende p. 285.

Figure 21.18 : *réseaux : schéma d'implantation*

Ce plan d'exécution présente, pour le rez-de-chaussée du pavillon Modèle A (lotissement « Les Villas de l'Erdre », chap. 20) :

- *le tracé des eaux usées et des eaux vannes, ainsi que celui des eaux pluviales dans le cas fréquent d'un réseau séparatif,*
- *le schéma d'implantation des circuits éclairage et prises de courant pour indiquer leur nombre et leur emplacement approximatif, ainsi que celui des appareils domestiques.*

Chapitre 22

Adduction d'une ligne téléphonique

- Réalisation du réseau individuel
- Points clés du réseau individuel
- Profondeur et distance de pose des tubes
- Exemple de desserte intérieure

22.1. Réalisation du réseau individuel

Les points clés d'une adduction en souterrain dans le cadre d'une maison individuelle sont indiqués sur la figure 1 (repérer les n° **1** à **5**).

Ces points clés tiennent compte principalement :

- de l'environnement existant et du type de réseau public sur la voie desservie,
- de la présence des autres réseaux souterrains sur le terrain bâti (eau, gaz, etc.).

22.2. Points clés du réseau individuel

22.2.1. Raccordement au réseau public

Il s'effectue :

- soit sur une ligne aérienne. Les tubes enterrés doivent aboutir contre le poteau en dépassant le sol de 20 cm (voir le repère **1** sur la figure 22.1),
- soit sur une ligne souterraine sous la voie publique (repère **2** sur la figure 22.1).

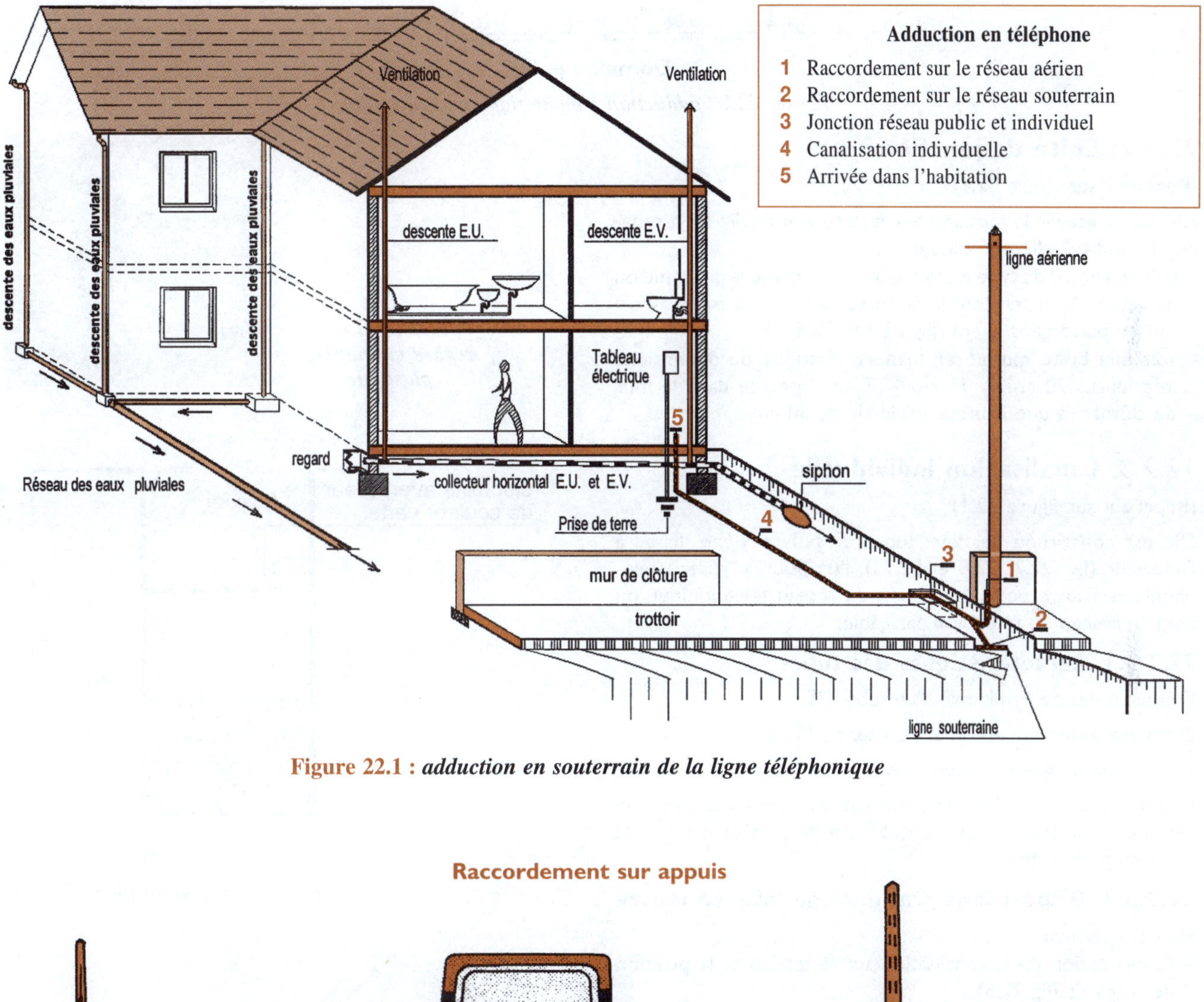

Figure 22.1 : *adduction en souterrain de la ligne téléphonique*

Raccordement sur appuis

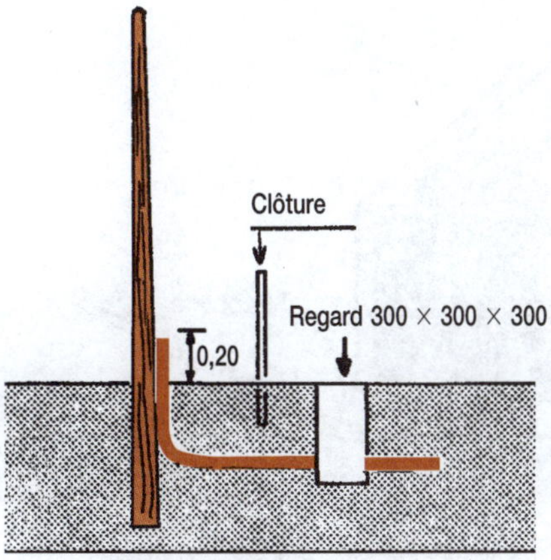

Figure 22.2 : *appui France Télécom ou support bois EDF*

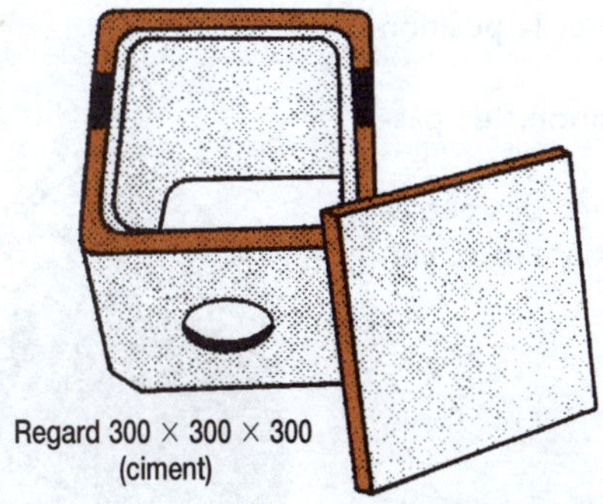

Figure 22.3 : *regard en béton*

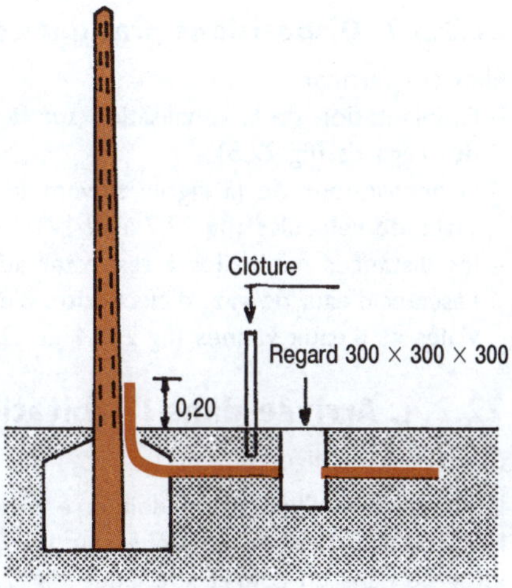

Figure 22.4 : *support commun EDF (basse tension)*

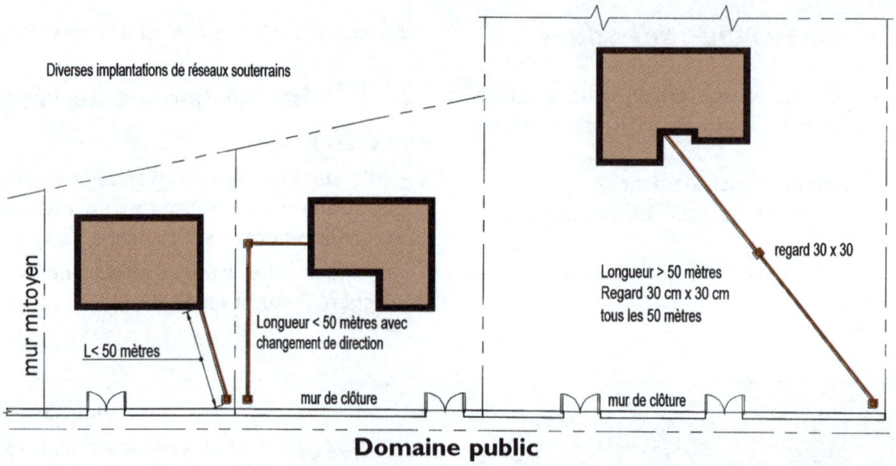

Figure 22.5 : *adduction téléphonique en souterrain*

22.2.2. Boîte de jonction

(Repère **3** sur figure 22.1)

Elle sert à établir la jonction entre le réseau public et la canalisation individuelle en utilisant :

- soit un regard de type assainissement, en matière plastique ou en béton, de dimensions intérieures 30 cm × 30 cm × 30 cm mis en place dans le sol (fig. 22.3 et 22.6),
- soit une boîte murale en matière plastique de dimensions intérieures 20 cm × 15 cm × 7 cm, intégrée dans le mur de clôture, à une hauteur minimale de 30 cm.

Figure 22.6 : *regard en matière plastique*

22.2.3. Canalisation individuelle

(Repère **4** sur figure 22.1)

Elle est constituée de deux tubes en polyéthylène, lisses à l'intérieur (fig. 22.7, 22.8 et 22.13), l'un pour le réseau téléphonique, l'autre pour l'extension du réseau téléphonique ou pour le réseau de télévision par câble.

22.2.3.1. Caractéristiques des tubes

Diamètre intérieur minimal d'un tube : 25 mm.

Diamètre extérieur maximal d'un tube : 45 mm.

Élément de longueur 6 mètres avec emboîture.

Chaque tube doit être impérativement aiguilleté avec un filin imputrescible dépassant de 50 cm de part et d'autre de l'extrémité du tube.

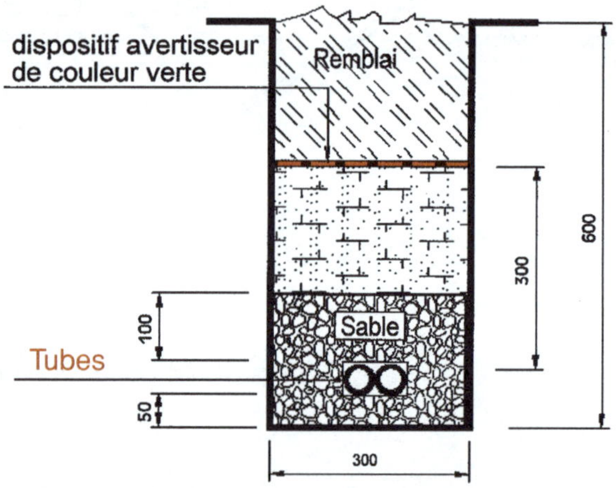

Figure 22.7 : *rigole pour canalisations*

22.2.3.2. Dispositions pratiques de mise en œuvre

Elles concernent :

- l'implantation de la canalisation sur le terrain et la position des regards (fig 22.5) ;
- la profondeur de la rigole suivant la localisation, les passages de véhicules (fig 22.7 à 22.12) ;
- les distances minimales à respecter au voisinage des autres réseaux d'eau, de gaz, d'électricité, d'évacuation d'eaux pluviales et d'eaux vannes (fig 22.14 et 22.15).

22.2.4. Arrivée dans l'habitation

(Repère **5** sur figure 22.1)

L'arrivée dans l'habitation doit être disposée à proximité de la prise de terre domestique, sur un pan de mur libre, ou intégrée dans un coffret spécifique (fig. 22.8).

Il faut assurer l'étanchéité des tubes à la pénétration dans l'habitation et à l'autre extrémité.

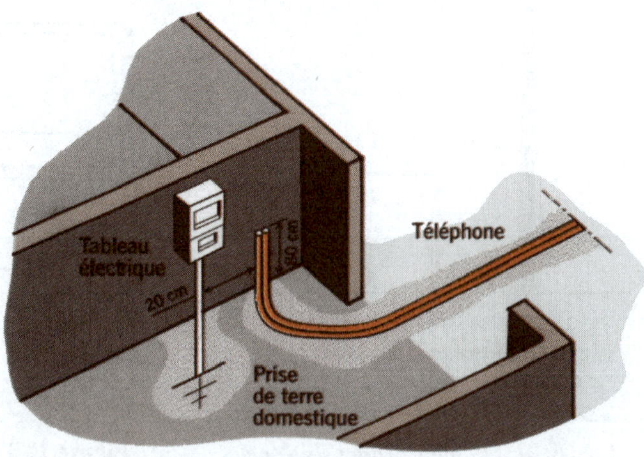

Figure 22.8 : *arrivée de la canalisation dans l'habitation*

22.3. Profondeur et distance de pose des tubes

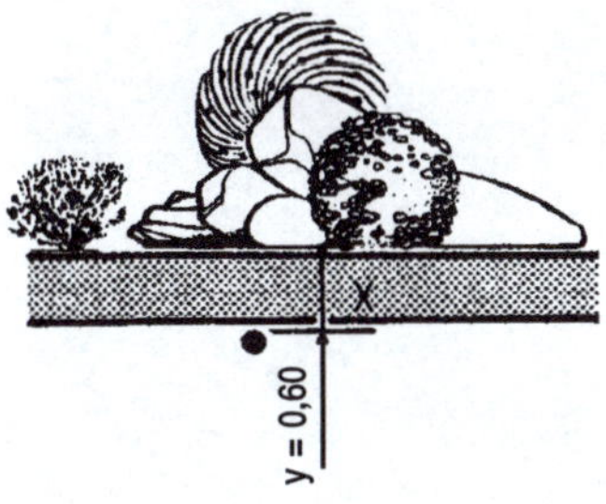

y = 0,60 m

Figure 22.9 : ***jardin d'agrément***

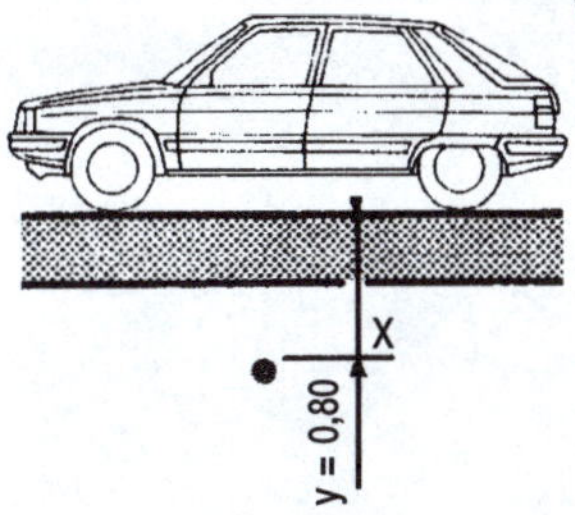

y = 0,80 m

Figure 22.10 : ***circulation***

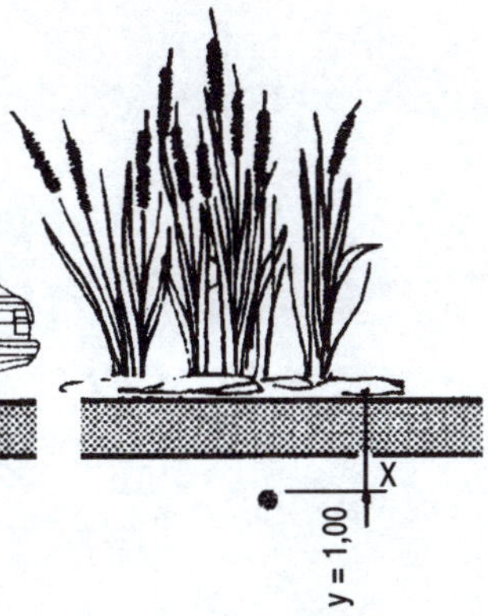

y = 1,00 m

Figure 22.11 : ***cultures***

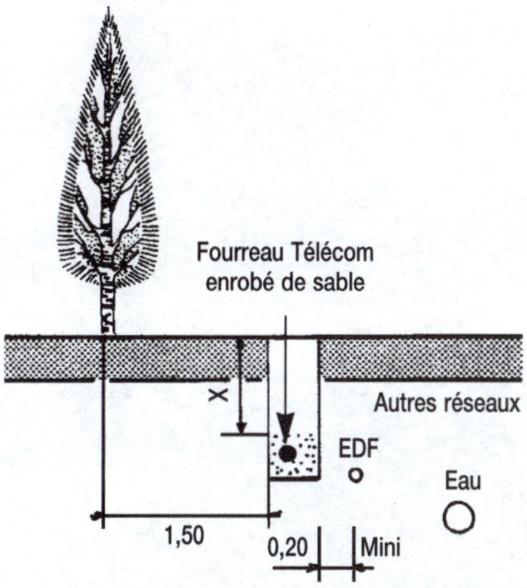

Figure 22.12 : ***arbres et réseaux***

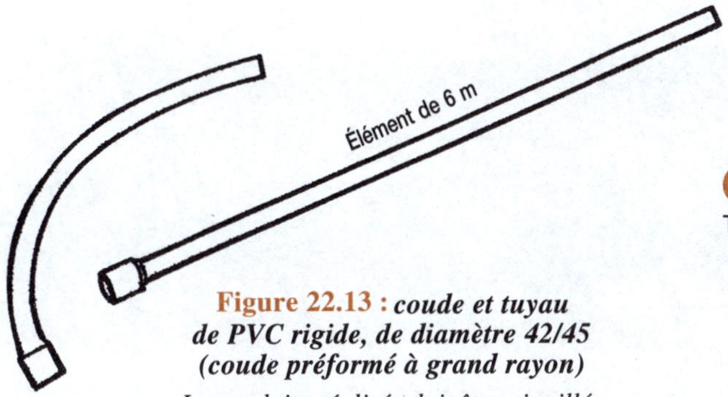

Figure 22.13 : ***coude et tuyau de PVC rigide, de diamètre 42/45 (coude préformé à grand rayon)***

La conduite réalisée doit être aiguillée en filin nylon imputrescible.

Distances minimales à respecter

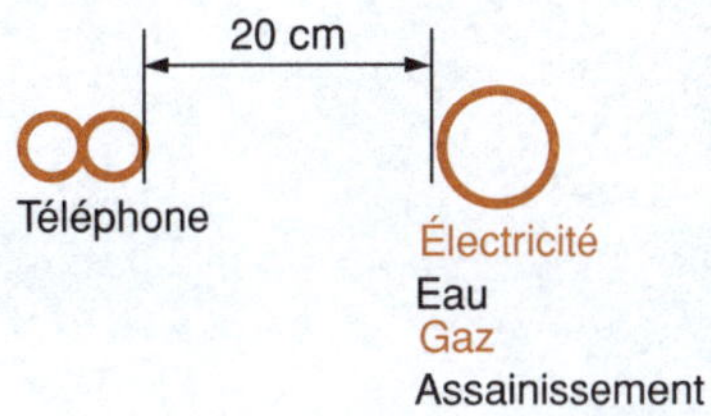

Figure 22.14 : ***voisinage de réseaux***

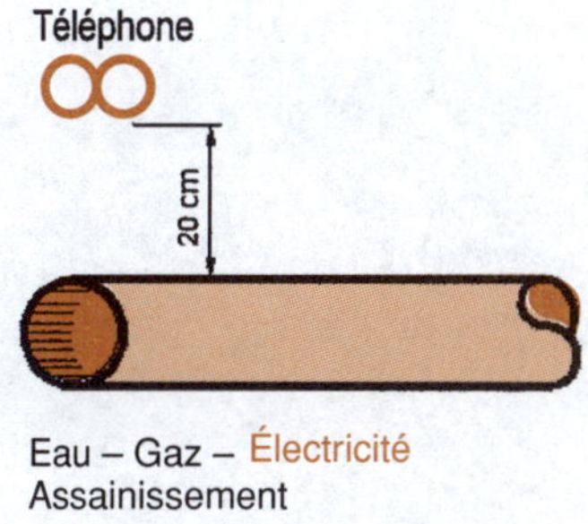

Figure 22.15 : ***croisement de réseaux souterrains***

22.4. Exemple de desserte intérieure

Prises téléphoniques

Les socles de prises ne doivent pas être installés dans les salles d'eau, les WC, les buanderies, à l'extérieur. Ils sont admis dans les cuisines, à condition de se situer :

- à plus de 1 m des éviers et des plaques chauffantes,
- à une hauteur comprise entre 10 cm et 30 cm au-dessus du plan de travail.

On peut connecter jusqu'à 10 prises sur un câble de longueur maximale 130 m.

Poses du câble

- en encastré,
- en apparent,
- sous plinthes ou moulures.

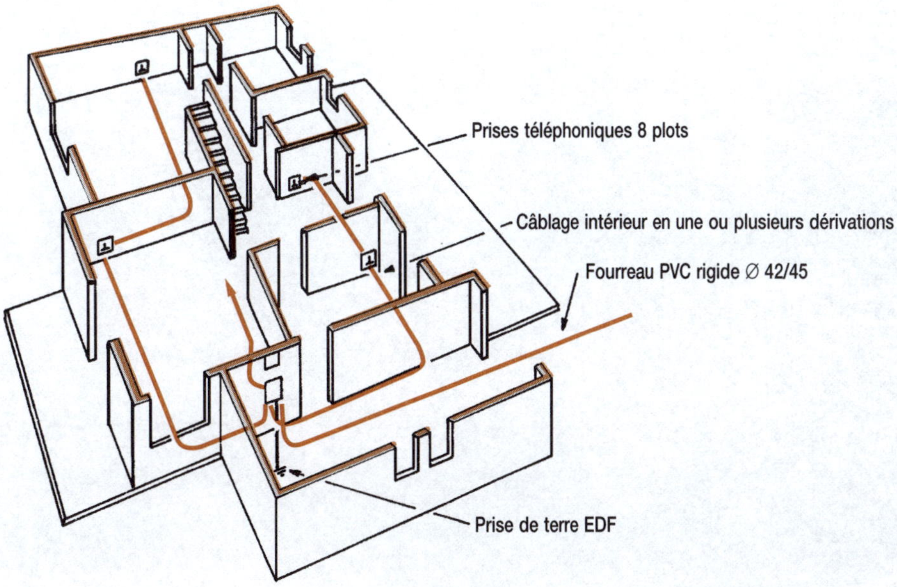

Figure 22.16 : ***desserte intérieure pour une maison individuelle***

L'installation intérieure doit être réalisée avec du câble ivoire, 8 fils de 6/10 mm de section. Tous les fourreaux doivent être de 16 mm de diamètre intérieur minimum.

France Télécom

Chapitre 23

Charpentes traditionnelles en bois

- Rôles principaux
- Solutions de structure porteuse de la couverture
- Dimensions courantes des bois de charpentes
- Fermes à entrait retroussé
- Charpente en combles habitables et isolation
- Pignons : réservations, rampants, souches
- Réalisations diverses sur chantiers en construction

23.1. Rôles principaux

La charpente doit être stable sous l'effet des charges verticales (poids des matériaux) et des charges inclinées (action du vent). Le matériau bois utilisé doit avoir une bonne résistance mécanique de façon à résister aux sollicitations introduites par les charges (résistance à la flexion notamment). La charpente a un rôle esthétique par les formes données à la toiture à deux versants ou quatre versants (croupes d'extrémités) et suivant l'implantation de la maison en rectangle, en L, en T (fig. 23.1).

La charpente assure les fonctions suivantes :

- **elle supporte son poids propre** (masse volumique du sapin du Nord : 500 à 700 kg/m^3) ;
- **elle porte** le matériau de couverture : tuiles (40 à 50 kg/m^2), ardoises (20 à 22 kg/m^2) ;
- **elle résiste** aux efforts dus au vent qui exercent une pression sur un versant et créent une dépression sur l'autre (87 à 157 daN/m^2 en pression dynamique de base suivant les régions) ;
- **elle supporte les charges de neige** (45 à 90 daN/m^2) suivant la carte des régions ;
- **elle porte le plafond** suspendu aux solivettes prenant appui sur l'entrait de la ferme.

Remarque : Des coefficients de sécurité sont appliqués pour les charges dans le calcul des sections.

La charpente transmet les effets des actions précédentes sur la structure porteuse : murs, planchers, etc. Elle assure la protection contre la pluie et doit permettre à l'ensemble de respirer (pas de condensation en sous-face). Sa conception utilise le **principe de triangulation,** qui assure l'indéformabilité de la structure.

La **toiture**, constituée par l'ensemble charpente + matériaux de couverture, doit s'intégrer dans l'environnement par les formes géométriques, les pentes, les finitions en rive de toit, les coloris. Elle peut aussi permettre parfois l'aménagement intérieur des volumes sous toiture pour des combles habitables avec nécessité d'éclairement par des fenêtres de toit ou des lucarnes (fig. 23.4).

L'isolation thermique peut être intégrée sous forme de panneaux, mais est le plus souvent rapportée en sous-face de rampant et en plafond des combles.

De par les multiples interactions avec toute l'habitation, la charpente se doit d'être stable, résistante et sécurisante, et répondre aux critères de durabilité et d'entretien minimal en permettant son accessibilité dans les combles.

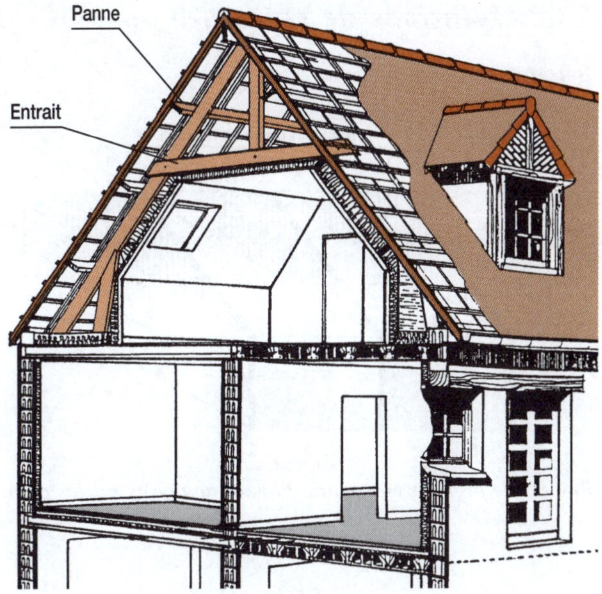

Figure 23.1 : ***charpente traditionnelle avec entrait retroussé en comble habitable***

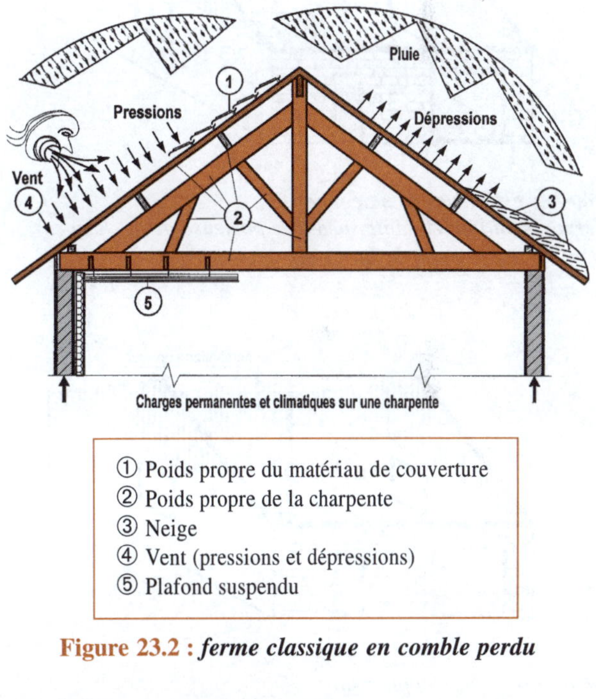

① Poids propre du matériau de couverture
② Poids propre de la charpente
③ Neige
④ Vent (pressions et dépressions)
⑤ Plafond suspendu

Figure 23.2 : ***ferme classique en comble perdu***

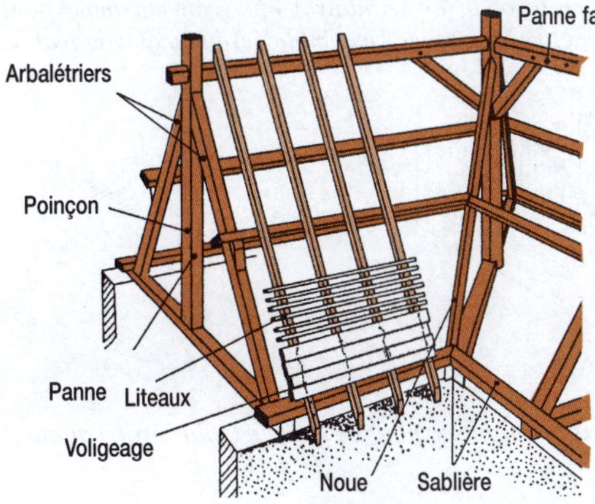

Figure 23.3 : ***principaux termes***

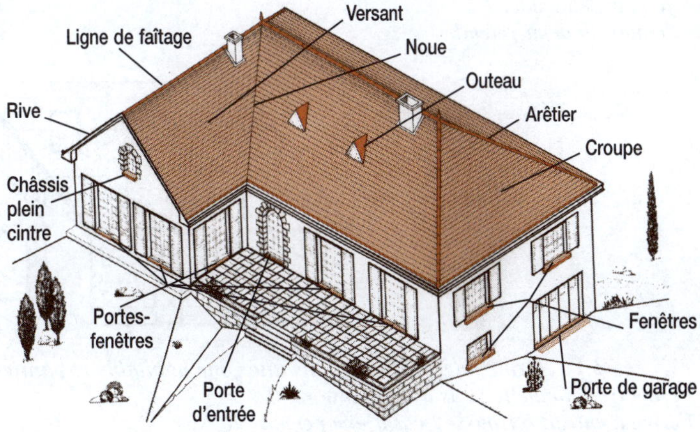

Figure 23.4 : ***maison en L avec croupe, noue, rives en pignon***

23.2. Solutions de structure porteuse de la couverture

Schémas de visualisation

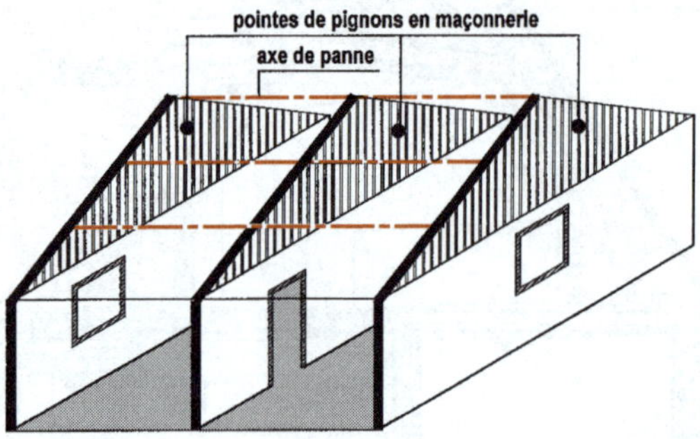

Figure 23.5

Pointes de pignons maçonnés. Pannes appuyées sur les pignons.

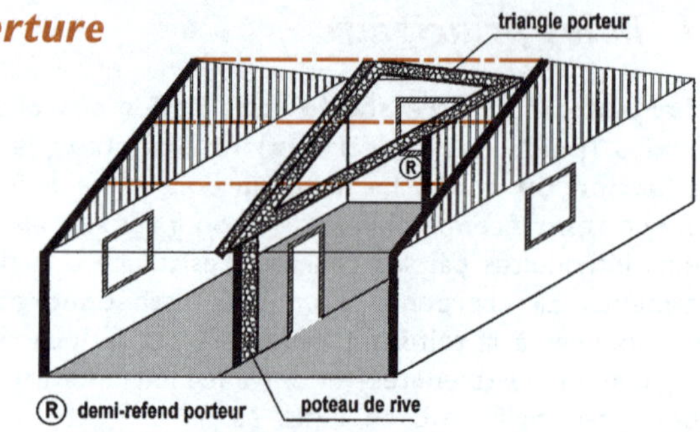

Figure 23.6

Pignons extérieurs en maçonnerie.

*Ensemble en **triangle porteur** de la charpente réalisé en béton armé, en bois ou en métal, qui s'appuie sur :*

- *un demi-refend en blocs béton ou terre cuite,*
- *un poteau en béton armé en rive de façade.*

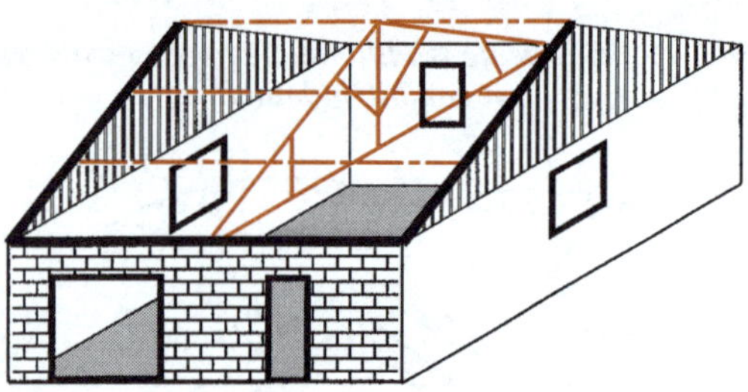

Figure 23.7

Pignons extérieurs en maçonnerie.

Ferme traditionnelle intermédiaire porteuse de la charpente.

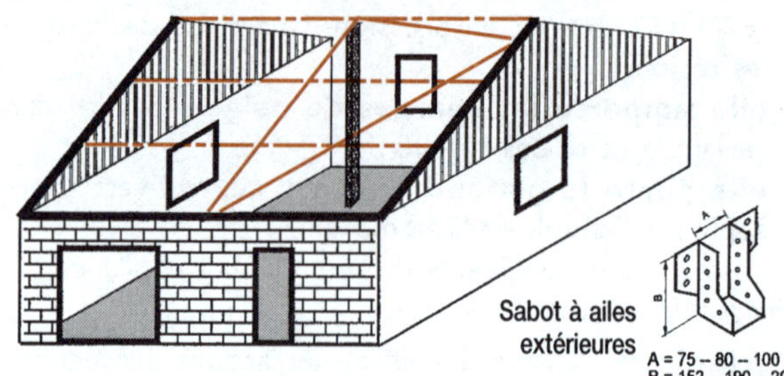

Figure 23.8

Même principe que la figure 23.6 avec un poteau en béton armé ou en bois en position centrale.

Le poteau peut s'arrêter :

- *soit au-dessous de l'ensemble triangulé pour libérer l'espace en comble (portée réduite),*
- *soit au niveau du faîtage (on peut utiliser des sabots normalisés).*

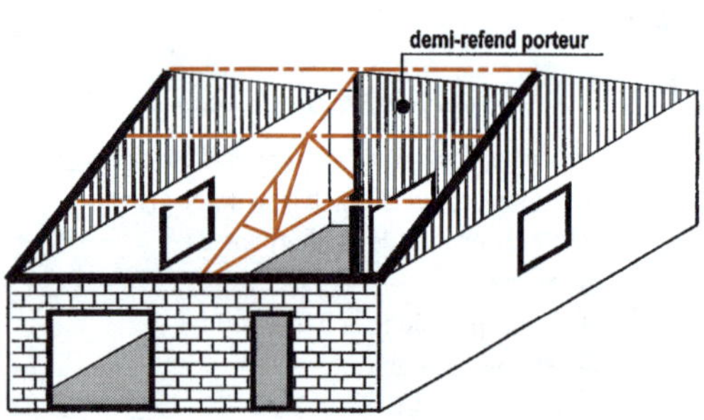

Figure 23.9

Demi-ferme qui s'appuie sur :

- *le mur de façade,*
- *le mur du demi-refend.*

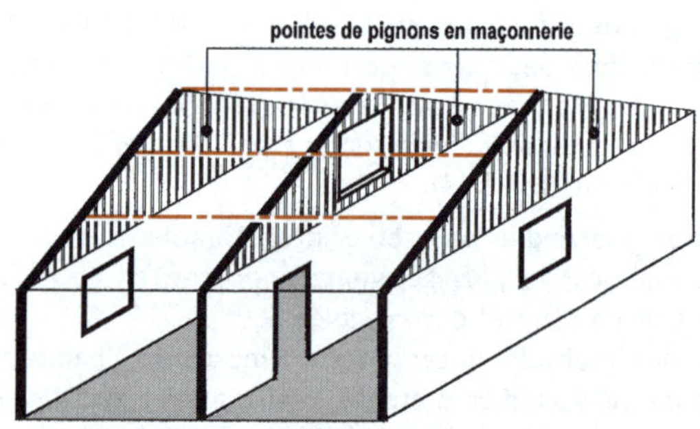

Figure 23.10

Solution classique du pignon intermédiaire en maçonnerie (blocs béton ou terre cuite, ou béton cellulaire), ajouré au maximum pour alléger et permettre le passage en comble perdu ou aménageable.

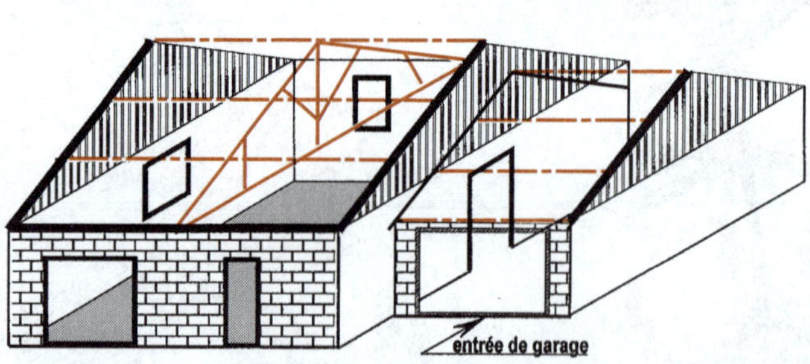

Figure 23.11 : ***ferme intermédiaire dans une zone habitable et pannes appuyées sur les pignons pour le garage (solution fréquente)***

Ferme traditionnelle : cas d'une pente < 40 %.

Ferme à entrait retroussé : cas d'une pente > 40 %.

Le plancher haut du rez-de-chaussée est en béton armé pour les combles habitables.

23.3. Dimensions courantes des bois de charpentes

❒ Appellations et dimensions

Tableau 23.1

Désignation	Utilisations	Sections (mm²)	Croquis
Madriers	Pannes, solives, arêtiers, arbalétriers Portée > 3,00 m	80 × 230 80 × 205	A
Bastaings	Pannes, solives, etc. Petite portée < 3,00 m	65 × 205; 65 × 180 65 × 155	B
Chevrons	Filants perpendiculaires aux pannes	65 × 80; 52 × 80 52 × 50	C
Liteaux	Filants perpendiculaires aux chevrons	32 × 32 (tuiles) 15 × 40 (ardoises)	D
Voliges	Supports de couverture (tuiles, ardoises, etc.) fixés sur chevrons	épaisseur : 12; 15; 18 largeurs : 150 à 300	E
Planches ou solivettes	Fausses solives supports de plafonds	32 × 155; 32 × 105 27 × 155	F

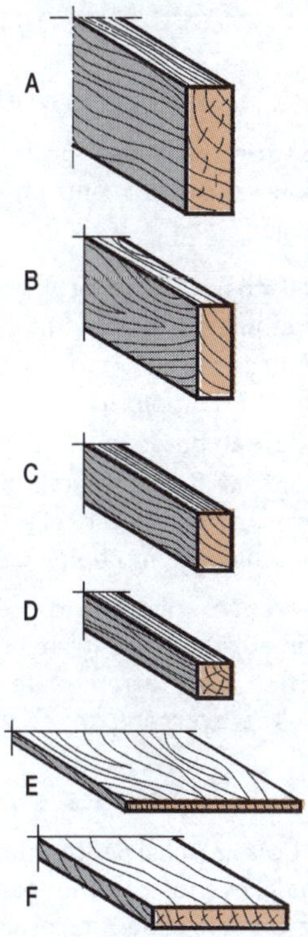

Figure 23.12 : *bois de charpente*

Terminologie des divers éléments constitutifs d'une charpente : voir figures 23.3, 23.13 et 23.14.

Longueurs du commerce :
- sapin du Nord : de 30 cm en 30 cm à partir de 3,00 m;
- bois de pays du Jura : de 50 cm en 50 cm à partir de 3,00 m.

Le bois de construction doit être sec (humidité < 15 %) car il a une résistance de 40 % supérieure à un bois frais de sciage.

❒ Ferme classique pour couverture en tuiles

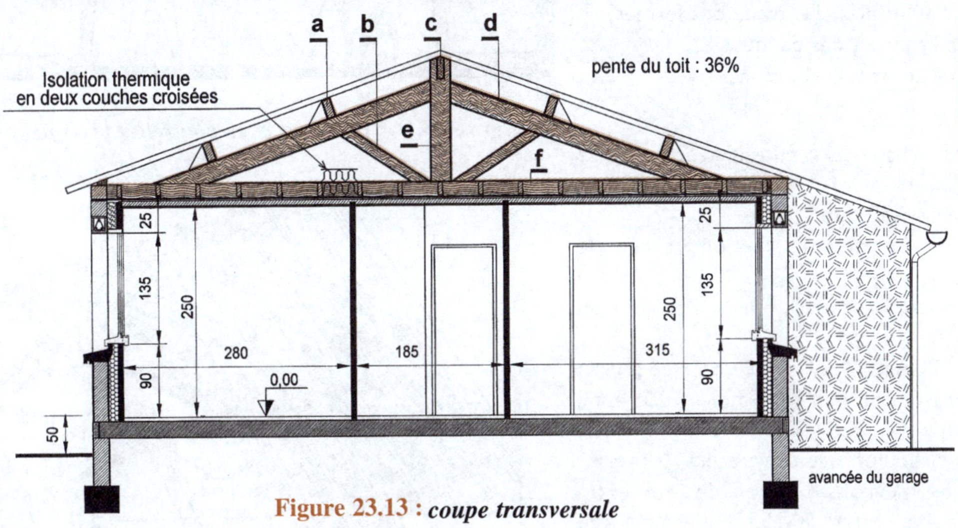

- **a** Panne intermédiaire
- **b** Contrefiche
- **c** Panne faîtière
- **d** Arbalétrier
- **e** Poinçon
- **f** Entrait

Figure 23.13 : *coupe transversale*

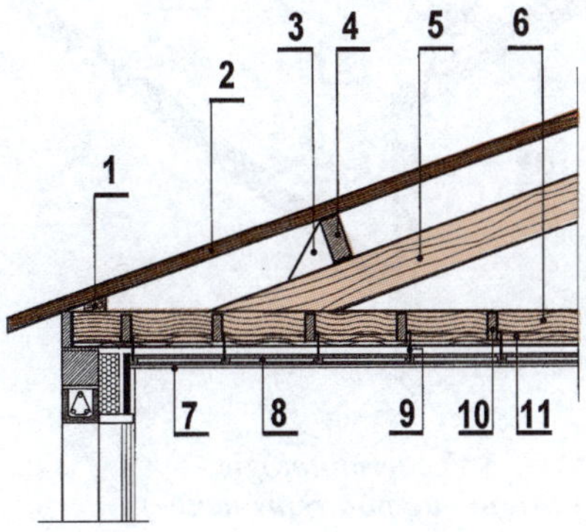

1. Sablière
2. Chevron (6 × 8 cm)
3. Échantignole (cale)
4. Panne intermédiaire (8 × 20 cm)
5. Arbalétrier (8 × 20 cm)
6. Entrait (8 × 23 jumelés)
7. Enduit plâtre (1 cm)
8. Brique de plafond (3 cm)
9. Suspente (acier inox)
10. Solivette (3 × 15 cm ou 3 × 18 cm)
11. Liteau support de solivettes

Figure 23.14 : *détail charpente + plafond*

23.4. Fermes à entrait retroussé

23.4.1. Utilisation et mise en œuvre

Elles sont utilisées pour les combles aménagés. L'entrait retroussé, ou faux entrait, permet de libérer de la hauteur de passage.

❒ *1er cas :* le blochet repose directement sur le plancher en béton armé (fig. 23.15).
Il exerce un effort de glissement introduit par l'arbalétrier incliné, à compenser :
- soit par butée sur le chaînage périphérique ;
- soit par fixation sur le plancher, qui joue le rôle d'entrait ; le plancher à poutrelles, par exemple, constitue une série de chaînage multiples de mur à mur.

❒ *2e cas :* utilisation d'une jambe de force et d'une semelle pour surélever l'entrait retroussé (fig 23.16). On prend les mêmes précautions que précédemment pour réduire la poussée exercée par les arbalétriers.

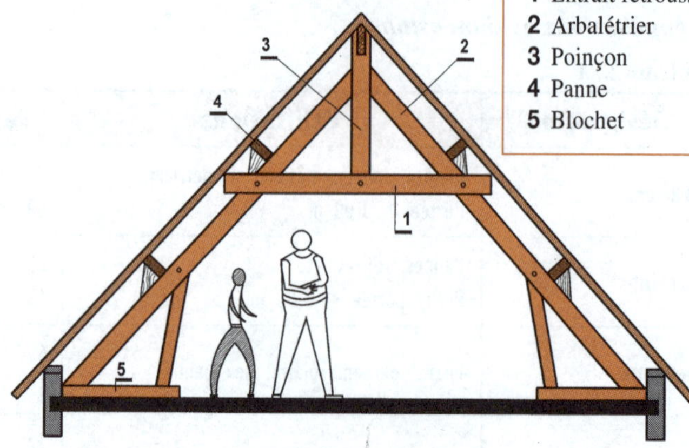

1 Entrait retroussé
2 Arbalétrier
3 Poinçon
4 Panne
5 Blochet

Figure 23.15 : *plancher avec poutrelles précontraintes – 1er cas*

23.4.2. Éléments constitutifs

Les bois de charpente subissent un trempage comme traitement préventif comme, par exemple, le sapin du Nord, traité avec un fongicide, un insecticide, un anti-termites et un anti-bleu.
La section des éléments dépend de la pente du terrain, des conditions climatiques de la région (neige, vent), du poids du matériau de couverture, de l'espacement entre fermes, entre pannes et entre chevrons.

❒ ***Espacements conseillés :***
- inférieurs ou égaux à 3,50 m pour l'entraxe des fermes,
- de 1,30 à 1,50 m pour l'entraxe des pannes,
- 0,50 m environ pour l'entraxe des chevrons.

❒ ***Sections indicatives :***
- pannes intermédiaires, arbalétriers, entrait avec madriers jumelés : 80 mm × 205 mm ;
- panne faîtière : 80 mm × 230 mm ;
- poinçon en sapin (ou en chêne) : section carrée de 150 mm × 150 mm ;
- contrefiche ou jambe de force : 80 mm × 120 mm ou 80 mm × 140 mm ;
- semelle sur plancher : 80 mm × 205 mm, disposée à plat ;
- blochets jumelés appuyés sur mur : 80 mm × 205 mm, disposés verticalement ;
- jonction par entailles et boulonnage traversant ;
- sablière pour fixer les chevrons au droit du mur extérieur : bastaing chanfreiné, 65 mm × 155 mm, ou planche de 32 mm × 105 mm.

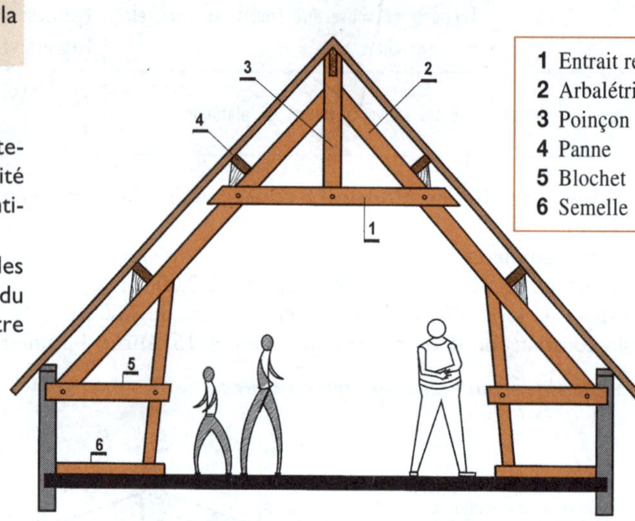

1 Entrait retroussé
2 Arbalétrier
3 Poinçon
4 Panne
5 Blochet
6 Semelle

Figure 23.16 : *plancher avec poutrelles précontraintes – 2e cas*

23.4.3. Vue en perspective avec la terminologie

1 Panneau ou plaque sous rampant	7 Échantignole (cale de panne)
2 Contre-chevron	8 Blochet
3 Chevron	9 Arbalétrier
4 Panne faîtière	10 Sablière
5 Panne intermédiaire	11 Contrefiche
6 Entrait retroussé	12 Poinçon

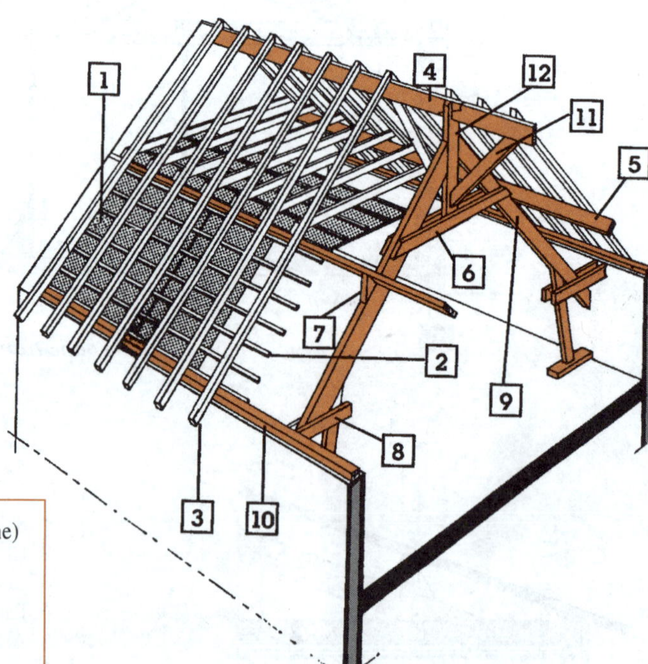

Figure 23.17 : *terminologie (isolation thermique non représentée)*

23.5. Charpente en combles habitables et isolation

Se reporter à la figure 23.18 ci-dessous.

1 – Couverture

Ardoises naturelles avec crochets galvanisés.

2 – Charpente traditionnelle

- Pannes + chevrons sur garage ;
- ferme à entrait retroussé + pannes + chevrons sur zone habitable ;
- lucarne à croupes ;
- écran d'étanchéité sous liteaux en sapin.

3 – Isolation

- Murs : panneaux isolants PSE 80 + 10 mm ;
- plafonds : laine de verre d'épaisseur 260 mm ;
- rampants : panneaux laine de verre 200 mm.

4 – Plancher haut du rez-de-chaussée

- Chaînage périphérique avec planelle en rive ;
- poutrelles précontraintes + entrevous béton + dalle de compression ;
- isolation acoustique par isolant mince + chape ;
- revêtement : moquette dans les chambres et le dégagement, et carrelage dans pièces d'eau.

5 – Murs

- Blocs creux de béton et enduit monocouche teinté dans la masse ;
- finition grattée.

1 Couverture
2 Charpente traditionnelle
3 Isolation
4 Plancher haut du rez-de-chaussée
5 Murs
6 Dallage sur terre-plein
7 Fondations
8 Cloisons de distribution
9 Menuiseries extérieurs

Maison Clêverte

Figure 23.18 : *combles habitables*

❒ *Déperditions de chaleur*

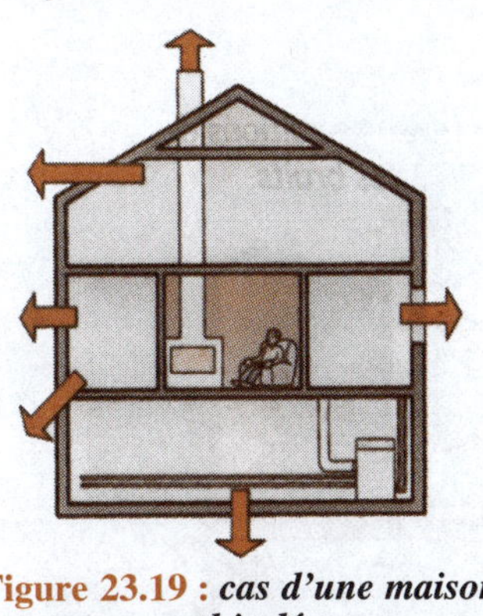

Figure 23.19 : *cas d'une maison mal isolée*

Les déperditions de chaleur

- Portes et fenêtres ≃ 13%
- Murs ≃ 16%
- Toits ≃ 30%
- Sols ≃ 16%
- Renouvellement d'air ≃ 20%
- Ponts thermiques ≃ 5%

❒ *Isolation thermique*

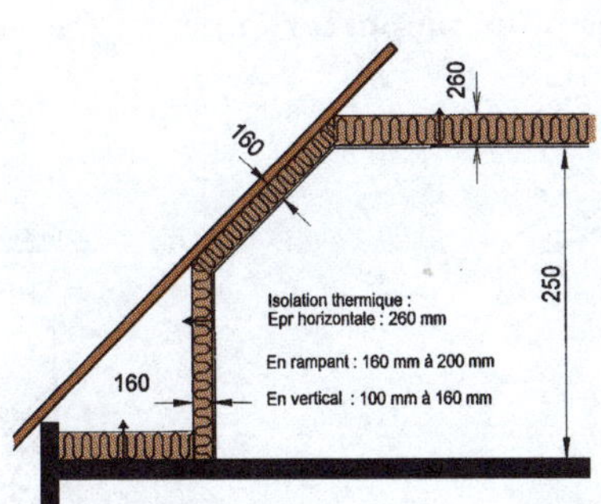

Figure 23.20 : *matériaux isolants*

C'est par les combles que s'échappe la plus grande quantité de chaleur (environ 30 %).

Isolation thermique des combles en laine de verre :

- *en rouleaux en partie horizontale,*
- *en panneaux semi-rigides en vertical et en rampant.*

❒ *Isolation acoustique*

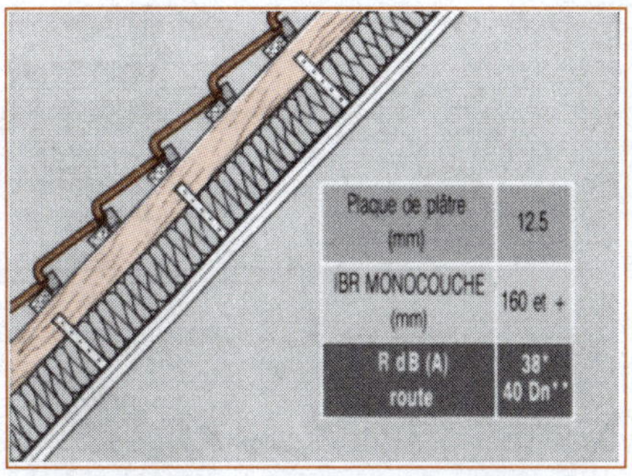

Figure 23.21 : *isolants acoustiques*

Aménager un comble, c'est le rendre confortable en se protégeant des nuisances acoustiques extérieures (bruits aériens, pluie, etc.). L'IBR Monocouche, par son pouvoir absorbant, supprime les résonances et assure l'affaiblissement acoustique suivant la réglementation en vigueur.

23.6. Pignons : réservations, rampants, souches

Vue n° 1 : *toit à faible pente (tuiles)*
Charpente : pannes + chevrons.

Vue n° 2 : *toit à forte pente (tuiles ou ardoises)*
Pignons pour porter les pannes. Sorties de souches.

Traversée de toiture par un conduit

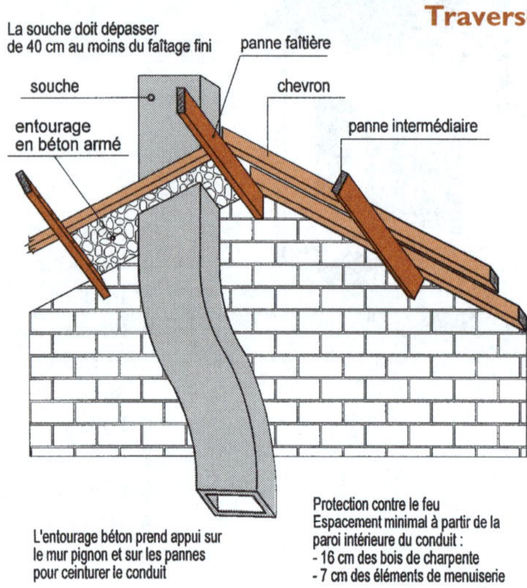

Figure 23.22 : *traversée de toit par un conduit de cheminée*

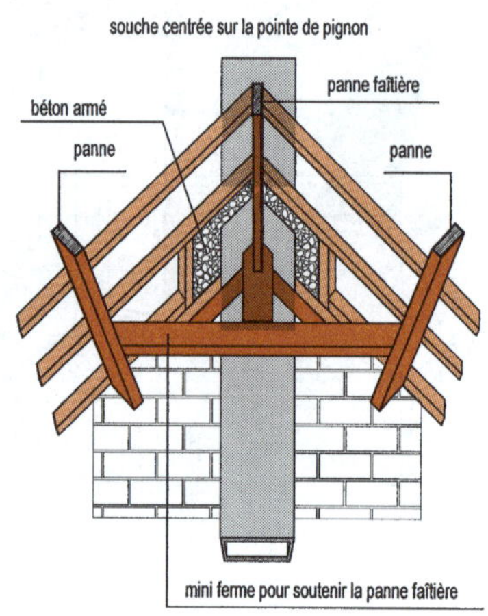

Figure 23.23 : *ceinturage du conduit dans l'épaisseur du chevronnage*

Variantes pour supporter la panne faîtière

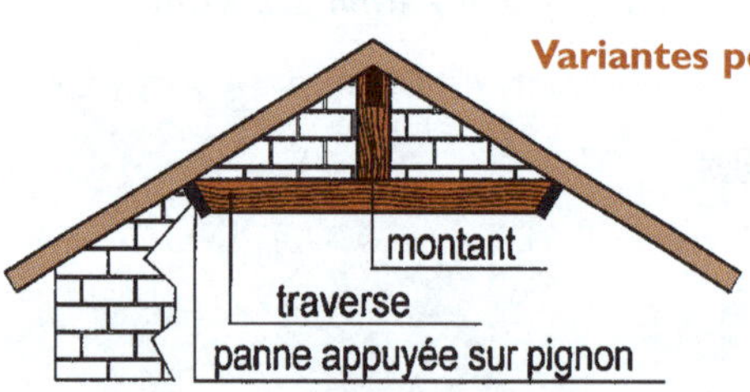

Figure 23.24 : *montant sur une traverse*

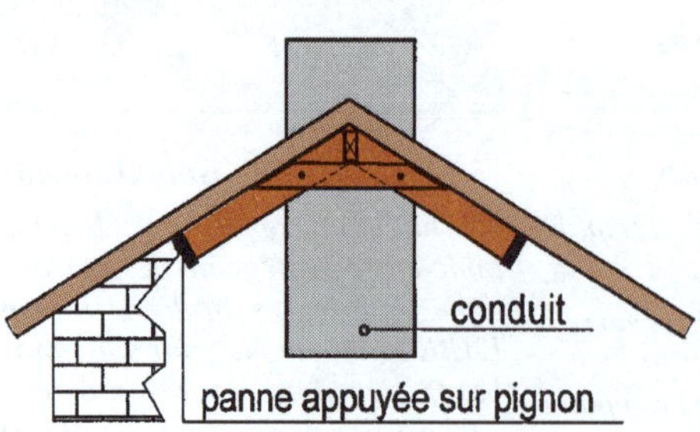

Figure 23.25 : *deux contrefiches en butée sur les pannes*

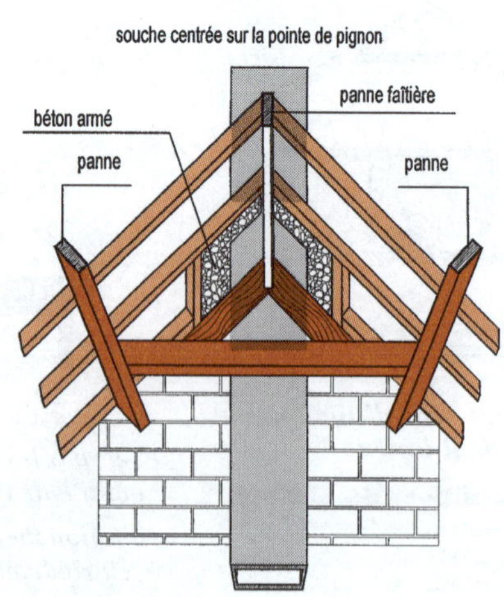

Figure 23.26 : *un mini entrait et deux contrefiches*

23.7. Réalisations diverses sur chantiers en construction

Vue n° 3 : *pavillon à combles aménageables ; charpente : pannes avec appuis sur pignons extérieurs et intermédiaires*

Éclairement des combles : fenêtres en pignons extérieurs.

Vue n° 4 : *charpente : pannes + chevrons*

Lucarnes à croupes pour l'éclairement des combles.
Auvent sur piliers bois avec jambes de force en façade principale.

Vue n° 5 : *détail d'une ferme porteuse de la charpente et du faux solivage pour le plafond*

Toiture à faible pente (33 %). Combles perdus.

Vue n° 6 : *charpente avec fermes à entrait retroussé pour combles aménagés*

Appuis des fermes sur les murs de façade et le plancher en béton armé.
Éclairement des combles : fenêtres en pignon + « vélux » éventuels.

Vue n° 7 : *toiture à croupes avec fermes classiques porteuses des pannes et chevrons*

À gauche, charpente avec pannes + chevrons et éclairement zénithal par vélux situé dans l'espacement de 2 pannes.

Chapitre 24

Charpentes avec fermettes

- Définition d'une fermette
- Constitution de la charpente
- Types de fermes ou de fermettes
- Fonctionnement d'une ferme ou d'une fermette
- Dispositifs stabilisateurs
- Consistance des travaux

24.1. Définition d'une fermette

Une fermette est une petite ferme triangulée à faible section de bois, composée d'un ensemble de pièces de bois assemblées par des connecteurs métalliques inoxydables à dents, de façon à former une structure porteuse destinée à supporter :

- le matériau de couverture (tuiles ou ardoises) par des liteaux ;
- les actions du vent et de la neige;
- les ossatures de plafonds suspendus à sa partie inférieure dans le cas de combles perdus.

La terminologie d'une fermette classique, symétrique par rapport à l'axe vertical, est indiquée sur la figure 24.2 ci-contre.

Les fermettes sont fabriquées en usine avec un excellent rapport qualité/prix et avec garantie de solidité et de durée.

Elles sont calculées en partant de l'analyse du toit de la construction : localisation pour les actions climatiques du vent et neige, pente, matériau de couverture, charges permanentes appliquées, répartition de l'espace intérieur, prise en compte des particularités (lucarnes, fenêtres de toit, passage de conduits, etc.).

Remarques :

- *Les charpentes traditionnelles ne sont généralement pas calculées : on procède par empirisme pour les sections utilisées qui ont prouvé leur stabilité et leur durabilité.*
- *Les charpentes par fermettes résultent d'un calcul informatisé optimisé, qui tient compte des règlements en vigueur. La qualité et la technicité des fermettes exigent le suivi des prescriptions de mise en œuvre ou les impératifs de pose pour éviter les déformations et les désordres dans les ouvrages (couvertures et plafonds).*

A Fondation par semelles
B Plancher sur vide sanitaire
C Vide sanitaire
D Paroi extérieure isolée
E Couverture
F Fermettes
G Porte-fenêtre à vitrage isolant
H Isolation (200 mm de laine de verre)
I Plafond
J Dormant menuiserie intérieure
K Revêtement de sol
L Cloison

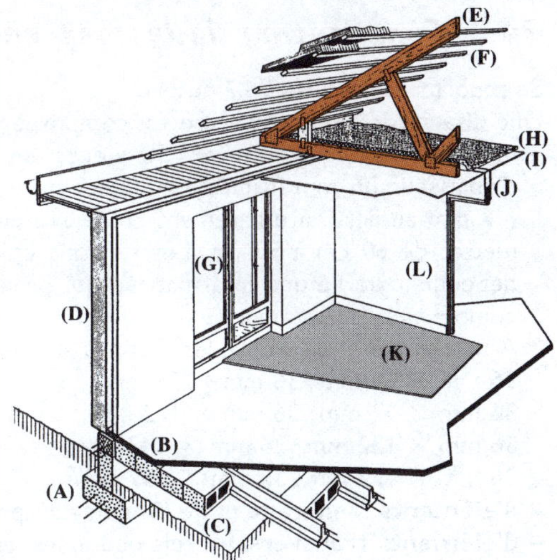

Figure 24.1 : *schéma perspectif du contexte*

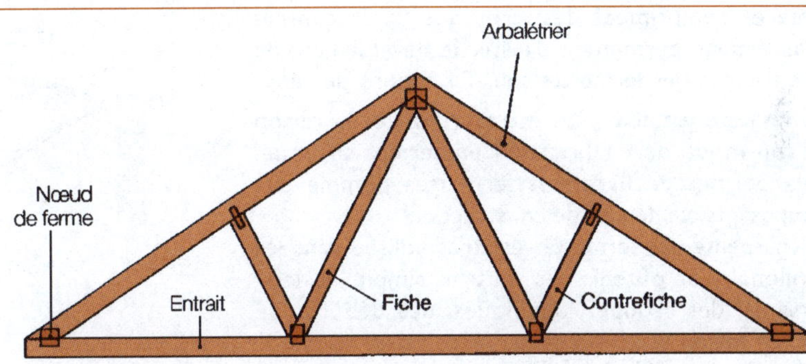

Figure 24.2 : *terminologie des éléments d'une fermette*

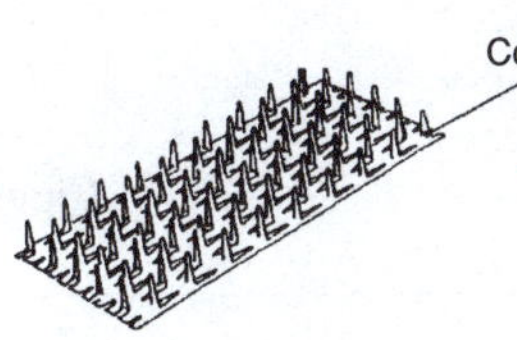

Figure 24.3 : *connecteur métallique à dents*
Tous les assemblages doivent être symétriques avec une plaque sur chaque face.

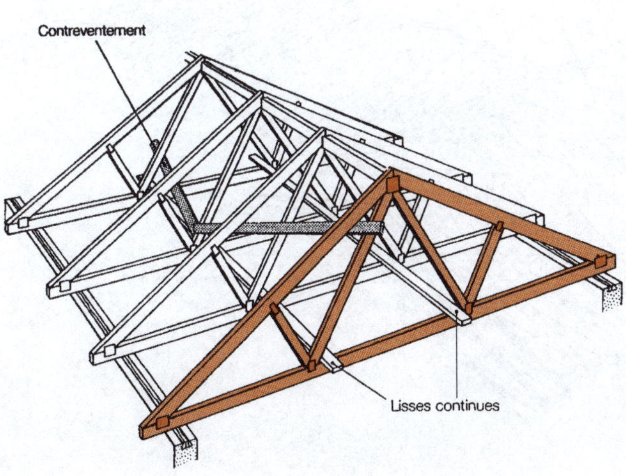

Figure 24.4 : *vue d'ensemble avec combles perdus*
Les éléments stabilisateurs (contreventements, anti-flambement, lisses) sont indispensables.

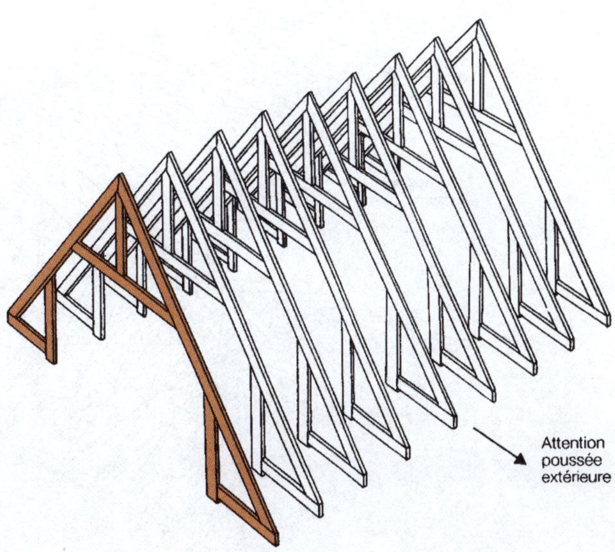

Figure 24.5 : *fermettes à entrait retroussé pour combles habitables*
Les éléments stabilisateurs ne sont pas représentés.

24.2. Constitution de la charpente

Se reporter aux figures 24.7 et 24.8.

Une **charpente industrialisée** est composée :

- de **fermettes** constituées de pièces de bois d'épaisseur 36 mm jusqu'à 15 mètres de portée (47 mm au-delà), à espacement entre axe de fermettes de 60 cm à 90 cm. Les sections utilisées dépendent de l'étude informatisée qui prend en compte tous les paramètres.
  À titre indicatif, on trouve les sections suivantes :
  36 mm × 60 mm; 36 mm × 72 mm;
  36 mm × 97 mm; 36 mm × 112 mm;
  36 mm × 122 mm; 36 mm × 147 mm;
  36 mm × 172 mm; 36 mm × 197 mm;
- d'**éléments d'ancrage** et de fixation sur appui;
- d'**éléments transversaux** tels que lisses, entretoises destinés à assurer l'écartement régulier entre les fermettes;
- d'**éléments stabilisateurs** (fig 24.6 et 24.7), c'est-à-dire de dispositifs d'anti-flambement des pièces comprimées des fermettes et de contreventement, permettant d'éviter le déversement de l'ensemble des fermettes sous les actions du vent.

La charpente est dite industrialisée en raison de son mode de « fabrication en série » en usine. Cela permet de livrer les fermettes comme des composants sur le site de construction.

La charpente par fermettes est très utilisée dans les pavillons pour obtenir des toitures simples à deux versants, des croupes, des noues, des débords de toit, en raison :

- de son prix de revient attractif dû à de faibles sections et du mode d'assemblage en usine,
- de la répartition régulière des charges puisque chaque fermette supporte directement une fraction de la couverture et souvent des plafonds suspendus en plaques de plâtre ou du lambris.

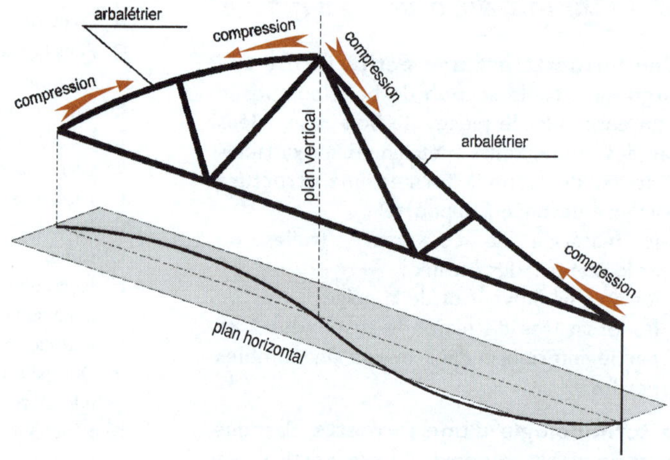

Figure 24.6 : *risque de déformation des arbalétriers comprimés → flambement*

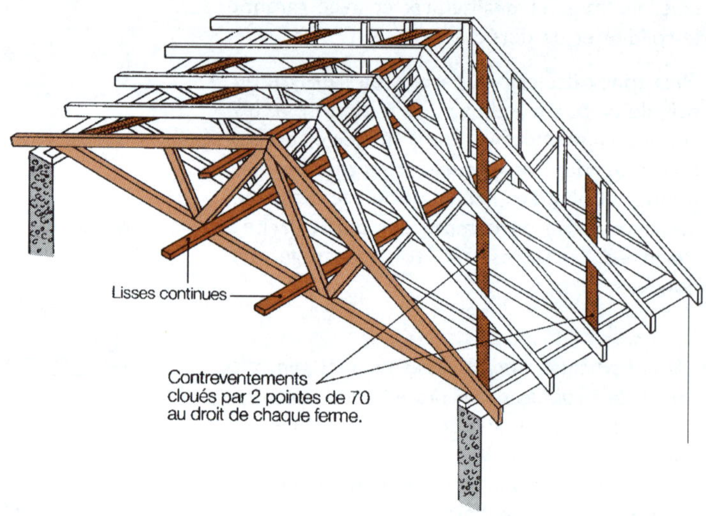

Figure 24.7 : *fermettes avec contreventements*

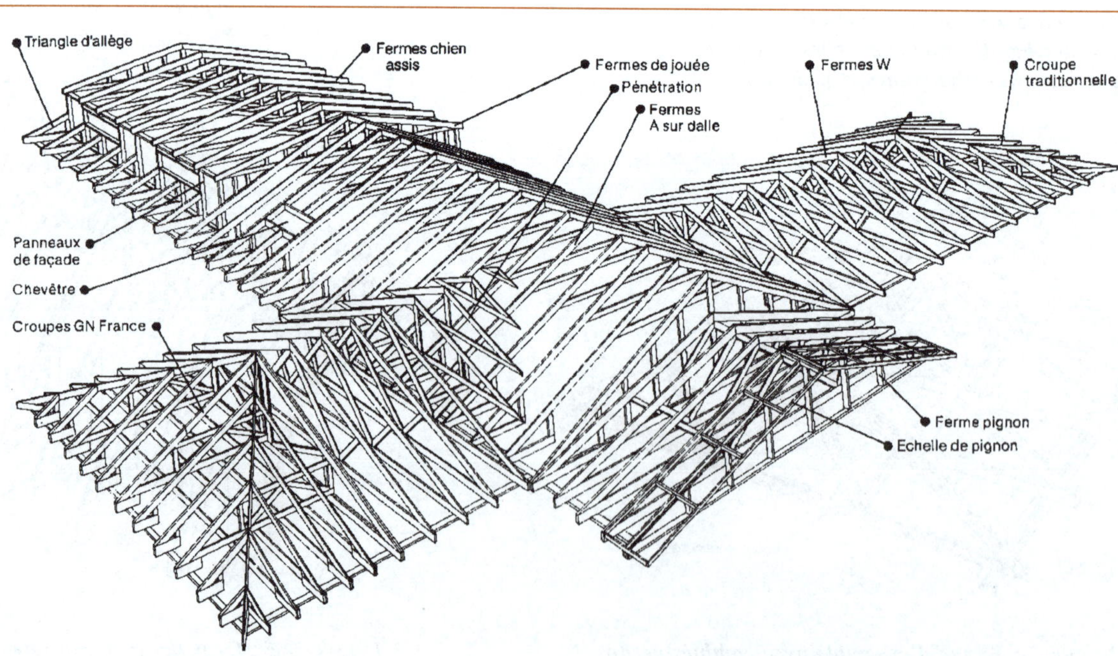

Figure 24.8 : *vue d'ensemble des possibilités de réalisations offertes par les fermettes*

24.3. Types de fermes ou de fermettes

- **La ferme en W** est le type le plus courant (fig. 24.9 et 24.10). Elle s'adapte à tous les pavillons ayant une portée entre les murs inférieure à 12 m.
- **La ferme en double éventail** (double W) convient aux grandes portées et aux charges importantes (fig. 24.11).
- **La ferme en M** convient aux plafonds lourds et aux couvertures légères (ardoises) (fig. 24.12).
- **La ferme sans entrait** en combles habitables est très utilisée pour rentabiliser les combles (fig. 24.13). Elle nécessite d'équilibrer la poussée horizontale au niveau du plancher.
- **La ferme monopente** s'utilise pour des toits décalés en hauteur ou pour des aspects architecturaux des toits (fig. 24.14).
- **La ferme à entrait porteur** pour comble aménageable (fig. 24.15) nécessite une adaptation des sections en fonction des charges permanentes et des charges d'exploitation.

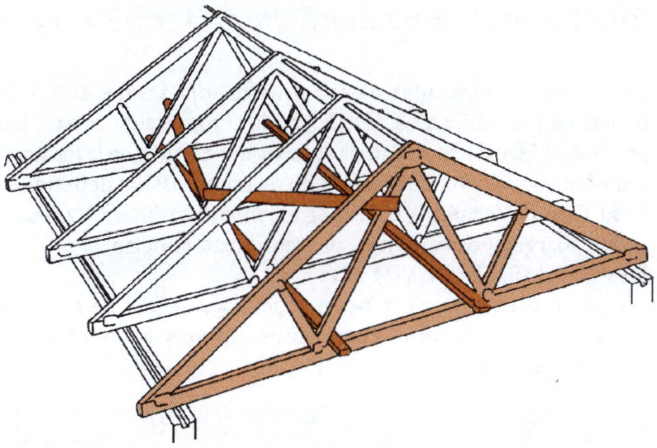

Figure 24.9 : *vue en perspective d'une charpente avec fermes en W*

Figure 24.10 : *ferme en W*

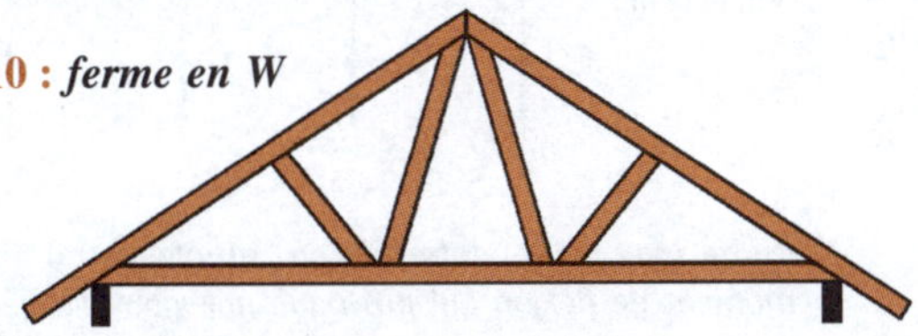

Figure 24.11 : *ferme en double éventail*

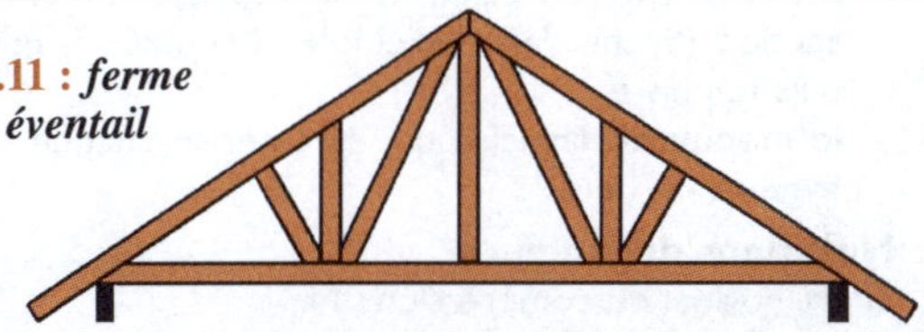

Figure 24.12 : *ferme en M*

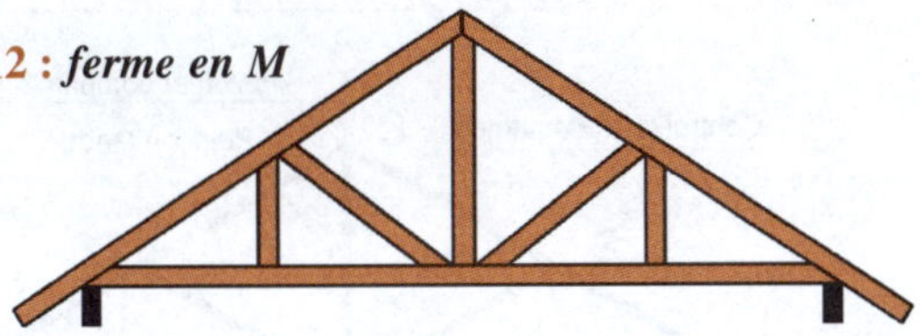

Figure 24.13 : *ferme à appuis sur plancher*

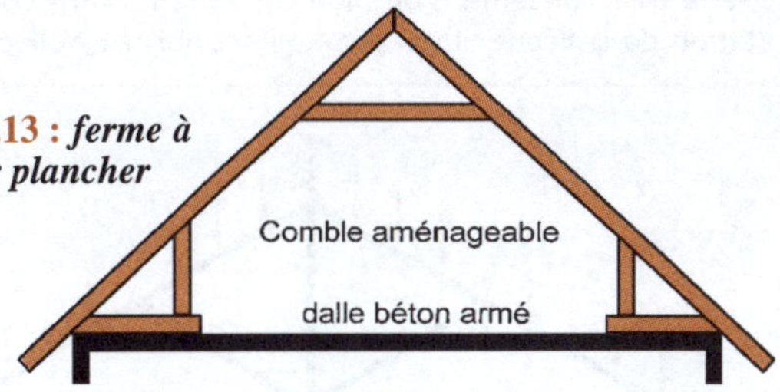

Figure 24.14 : *ferme monopente*

Figure 24.15 : *ferme à entrait porteur*

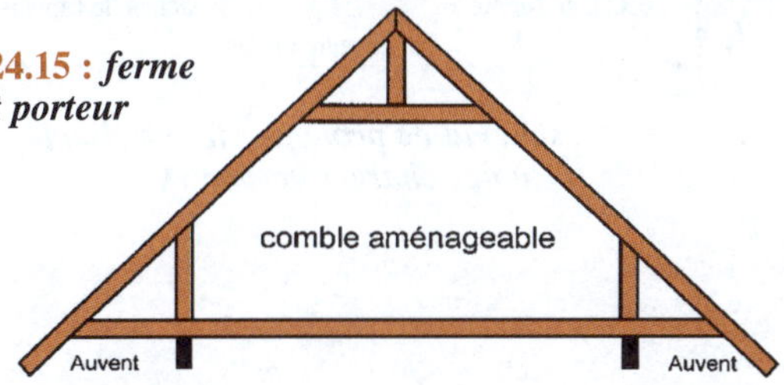

Les saillies de toiture et d'auvent permettent de personnaliser la toiture en bas de versant.

Exemples de réalisation

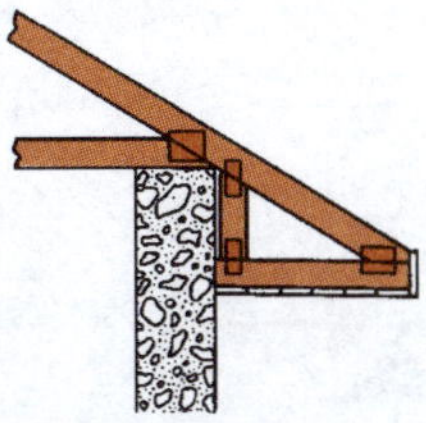

Figure 24.16 : *retour d'auvent*

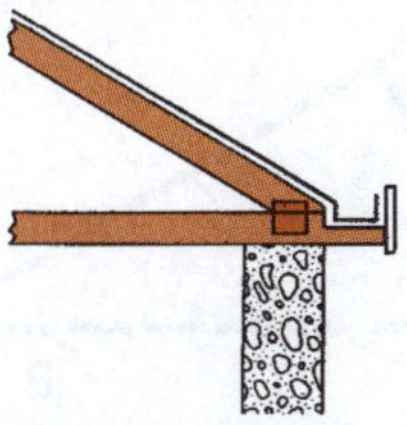

Figure 24.17 : *chéneau encastré*

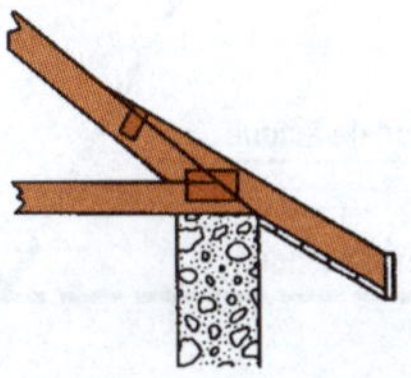

Figure 24.18 : *queue de vache à coyaux*

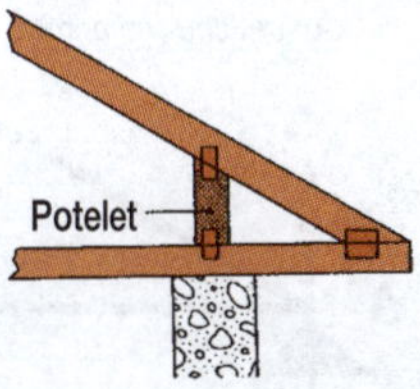

Figure 24.19 : *ferme avec porte-à-faux*

Les fermes en porte à faux doivent comporter soit un écoinçon, soit un potelet ou même une fiche supplémentaires de même section que celle de l'arbalétrier.

24.4. Fonctionnement d'une ferme ou d'une fermette

Les éléments constitutifs d'une fermette sont soumis soit à des efforts de traction, soit à des efforts de compression suivant leur position et leur fonction dans la structure triangulée de la fermette.
Les efforts normaux de traction ou de compression dépendent :
- du type de fermette et de l'agencement en M, en W, etc.;
- des charges permanentes, du vent et de la neige.

En général (fig. 24.21 à 24.23) :
- l'entrait est tendu, c'est-à-dire soumis à un effort de traction;
- les arbalétriers sont comprimés, soumis à un effort de compression;
- certaines diagonales peuvent être comprimées.

Les déformations des éléments comprimés peuvent entraîner un risque de **flambement** (fig. 24.6). Le flambement est le mécanisme physique qui provoque, avec des déformations sans cesse croissantes, des augmentations sensibles (traction ou compression) jusqu'à un état limite de rupture.
Les dispositifs spécifiques d'anti-flambement et de contreventement sont prescrits et indiqués par le plan de pose. Ils sont nécessaires à la stabilité mécanique de l'ensemble de la structure par fermettes.

Le flambement

Le flambement d'un élément est en rapport avec :
- sa longueur;
- sa section;
- l'effort normal de compression appliqué ou subi;
- le mode de fixations aux extrémités (libres, encastrées, etc.);
- l'excentricité, ou distance par rapport au centre de gravité de la section (flèche dans l'exemple ci-contre : f_1 qui augmente vers f_2, puis f_3, puis f_4...);
- le module d'élasticité qui caractérise chaque matériau et chaque essence de bois.

Notations de la figure
Effort normal de compression : N.
Déformation initiale ou provoquée : f_1, f_2, etc.
Série d'accroissement du moment (de M_1 à M_4) consécutif à l'augmentation de la flèche : moment = effort normal × flèche.

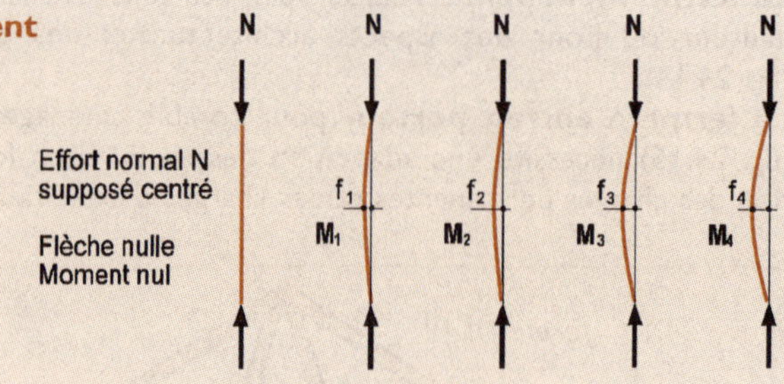

Figure 24.20

Remarque : Une déformation initiale est à l'origine d'un moment de flexion qui provoque une nouvelle flèche. Le cycle continue sans cesse en cas d'instabilité sous l'effort appliqué jusqu'à la « rupture par flambement ».
Exemple : $f_2 > f_1$ entraîne $M_2 > M_1$.

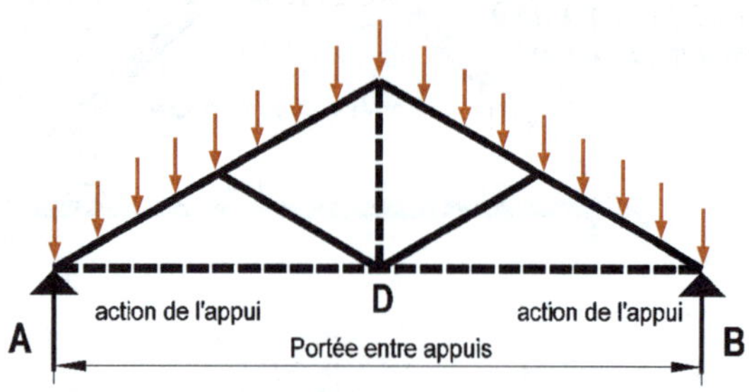

Figure 24.21 : *schéma de principe; ferme simple soumise à des charges verticales*

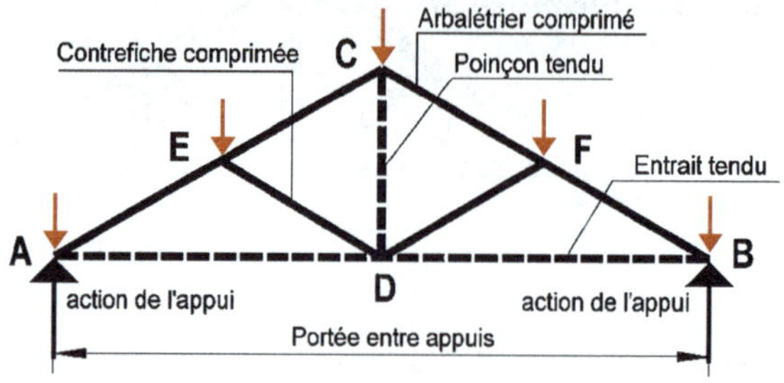

Figure 24.22 : *action des charges verticales concentrées aux nœuds*

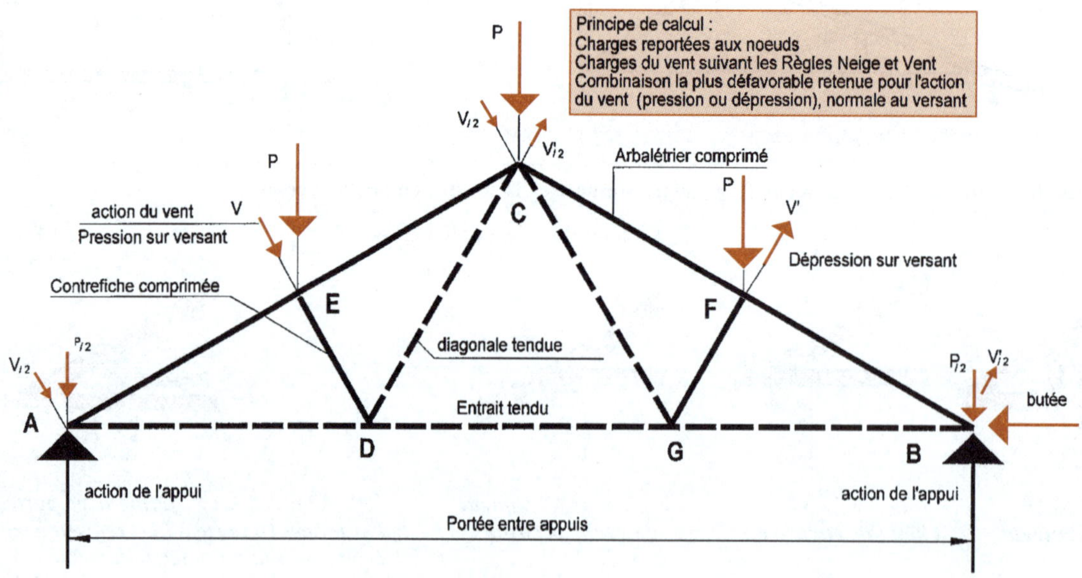

Figure 24.23 : *les sollicitations dans les éléments dépendent des actions retenues sur chaque versant*

24.5. Dispositifs stabilisateurs

Se reporter aux figures 24.24 et 24.25.

24.5.1. Dispositif anti-flambement

❐ ***But***

Il s'oppose à la déformation préjudiciable des pièces comprimées, arbalétriers et grandes diagonales, sous l'effet des charges permanentes et climatiques (vent et neige).

❐ ***Position***

Les pièces anti-flambement sont clouées sous les arbalétriers selon un angle voisin de 45°. Elles partent du faîtage pour aboutir le plus près possible des appuis de fermes.

Sur un versant, toute travée entre fermes doit être traversée par au moins une pièce anti-flambement.

Les diagonales comprimées sont également munies d'un dispositif anti-flambement par une lisse filante centrale stabilisée par triangulation.

❐ ***Prescriptions***

➤ Caractéristiques : elles sont définies par le plan de pose fourni par le fabricant (section, position, etc.).

➤ Section minimale des pièces en bois : voir tableau 24.1.

Dispositifs anti-flambements autres que les pièces en bois massif :

- feuillards en acier galvanisé disposés en croix sur les deux versants avec retournement des extrémités en contreface. Ils ne fonctionnent qu'en traction et nécessitent donc une mise en tension lors de la pose ;
- poutres triangulées, parallèles au versant, disposées entre deux fermes à intervalles réguliers sur les deux versants ;
- supports de couverture (voliges ou panneaux de contreplaqué ou de particules) dont les raccords sont fixés sur les arbalétriers.

❐ ***Fixations***

On utilise deux pointes torsadées, annelées ou crantées à chaque intersection de ferme :

- de 70 mm pour les bois de 25 mm d'épaisseur,
- de 90 mm pour les bois de 36 mm d'épaisseur.

24.5.2. Dispositif de contreventement

❐ ***But***

Le dispositif de contreventement s'oppose au déversement, à la déviation et à la translation des fermettes sous l'effet du vent et d'autres sollicitations.

Il a pour but de maintenir les fermettes en position verticale, sans déviation préjudiciable à l'équilibre statique et à la tenue des ouvrages (plafonds et couverture).

Rappel : tolérance d'aplomb < 5 mm/mètre de hauteur de ferme et < 18 mm au haut de la ferme.

❐ ***Moyens***

- lisses filantes reliant les arbalétriers ainsi que les entraits le plus près possible des nœuds d'assemblage ;
- diagonales de contreventement assurant la triangulation et empêchant toute translation. Elles partent du haut d'une ferme pour aboutir au voisinage d'un nœud avec une inclinaison de 45° environ en treillis continu.

❐ ***Prescriptions***

➤ **Sections minimales :** voir tableau 24.1.

➤ **Fixations :** pointes de 70 mm et 90 mm comme ci-dessus.

Remarque : Le système de contreventement ne peut en aucun cas remplacer le dispositif d'anti-flambement.

Tableau 24.1 : *sections minimales pour lisses filantes, anti-flambement, contreventement*

Remarque : Les pièces anti-flambement nécessitent toujours des sections plus fortes.

	Valeur d'entraxe des fermes (cm)		
Désignation	70 cm maxi.	70 à 92 cm	93 à 110 cm
Lisses filantes	25 × 60 mm	25 × 72 mm	36 × 72 mm
Anti-flambement	25 × 100 mm	36 × 96 mm	36 × 122 mm
Contreventement	25 × 72 mm	25 × 72 mm	36 × 96 mm

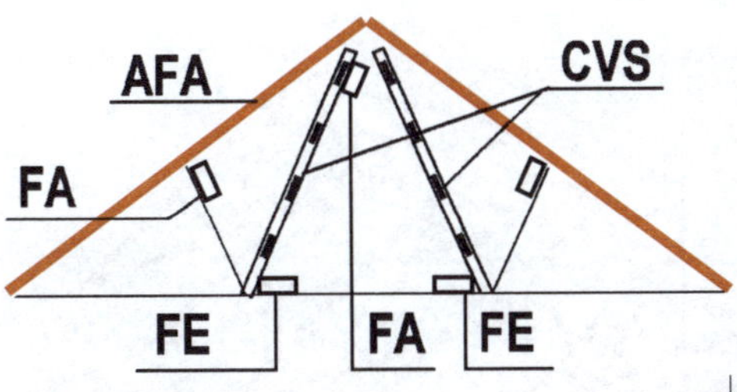

Figure 24.24 : *schéma des dispositifs stabilisateurs*

Remarque : Chaque logiciel utilise ses notations, par exemple LA pour lisse arbalétriers, LD pour lisse diagonale.

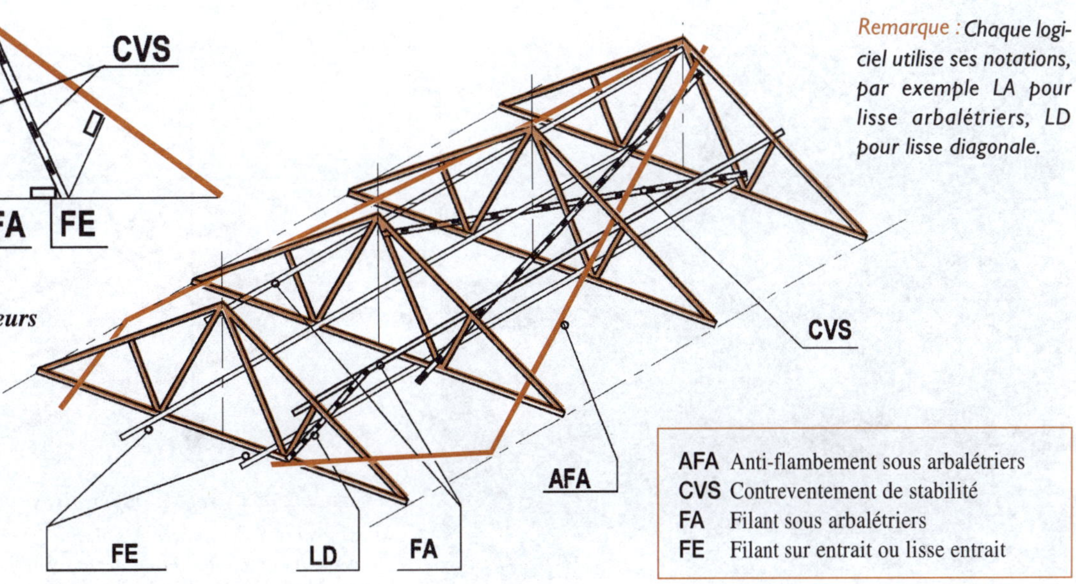

Figure 24.25 : *repérage des dispositifs stabilisateurs dans le volume du comble*

24.5.3. Prescriptions de mise en œuvre

❒ ***Dispositifs anti-flambement***

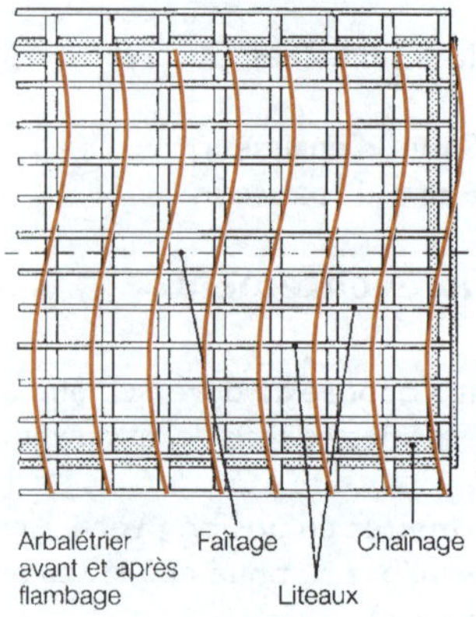

Figure 24.26 : ***effet du flambage***

Les arbalétriers sont des pièces de bois qui soutiennent la couverture. De par leur position dans la ferme, ils se trouvent comprimés d'autant plus que la charge est importante, d'où risque de flambage dans le plan du rampant de la toiture.
Un dispositif anti-flambage doit donc être mis en place pour éviter que les fermes ne se mettent « en S » après un flambage général de l'arbalétrier.

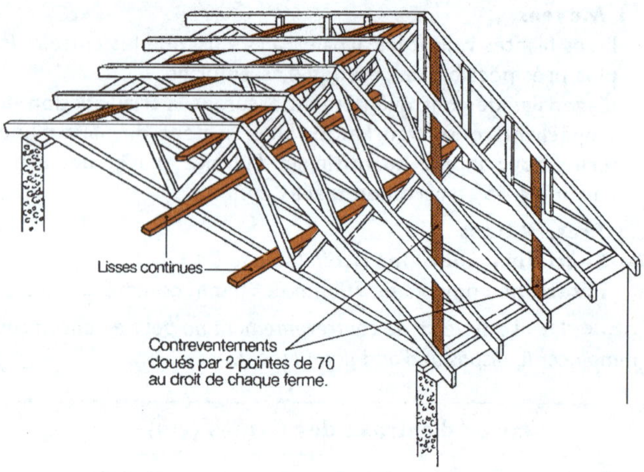

Figure 24.27 : ***dispositif anti-flambement***

Figure 24.28 : ***la fermette sert de guide pour maçonner le pignon***

❒ ***Contreventements***

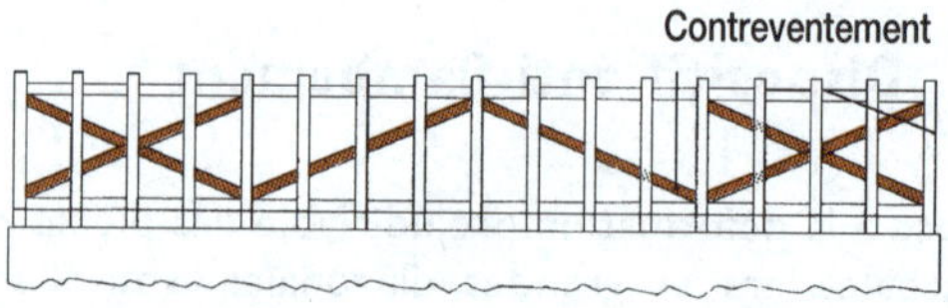

Figure 24.29 : ***vue en élévation***

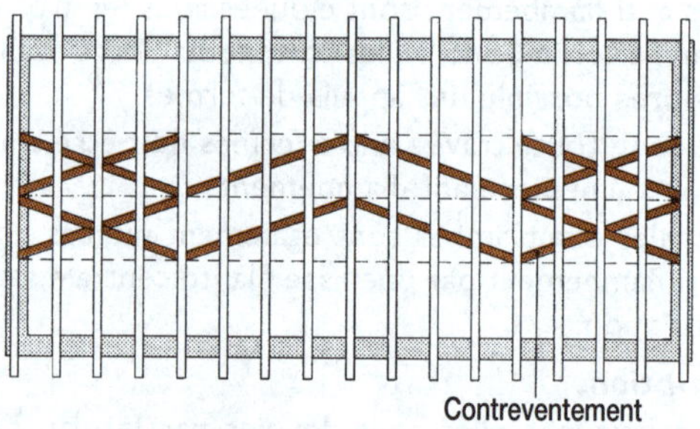

Figure 24.30 : ***vue du dessus***

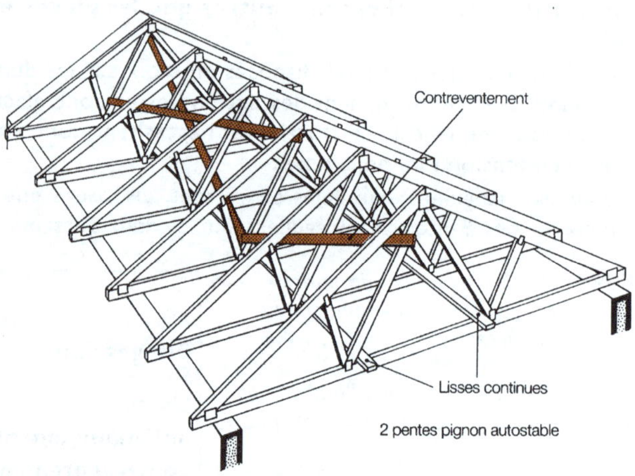

Figure 24.31 : ***contreventement par triangulation***

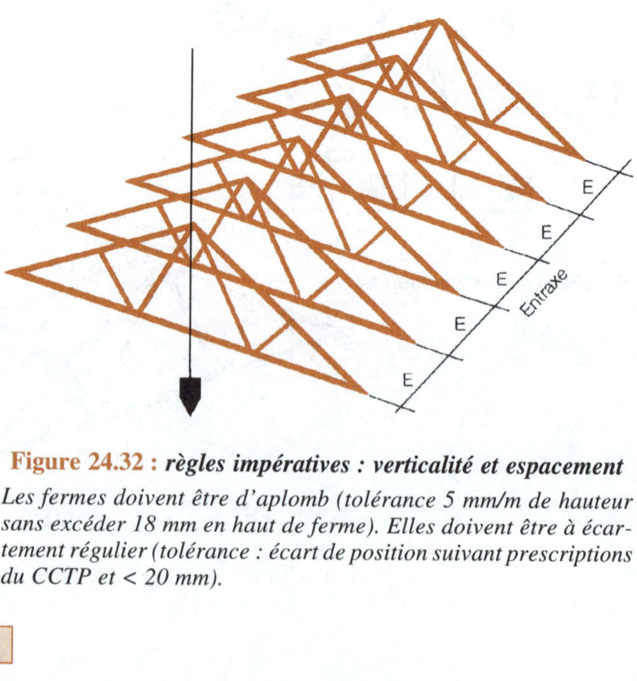

Figure 24.32 : ***règles impératives : verticalité et espacement***

Les fermes doivent être d'aplomb (tolérance 5 mm/m de hauteur sans excéder 18 mm en haut de ferme). Elles doivent être à écartement régulier (tolérance : écart de position suivant prescriptions du CCTP et < 20 mm).

24.6. Consistance des travaux

Elle comprend :
- les études, justifications techniques, dessins, plans nécessaires à l'exécution et à la pose des charpentes en bois,
- la fabrication en atelier ou en usine,
- la mise en œuvre sur le chantier.

❒ Obligations du maître d'œuvre

Outre les plans et coupes habituelles, les plans architecturaux doivent être plus explicites. Ils doivent indiquer :

a. Pour déterminer les sections des fermettes et leurs types d'assemblage (connecteurs) :
- le type de couverture, de plafond, de plancher, de cloisons pour les combles à entrait porteur,
- l'altitude du chantier et son site de vent.

b. Pour permettre la détermination des chevêtres (fig. 24.33) :
- les positions exactes des conduits de fumée,
- le positionnement des ouvertures de toit (vélux) avec cotation par rapport au pignon.

❒ Obligations du fabricant

Le fabricant effectue le dimensionnement et la conception de l'ouvrage puis réalise les éléments de charpente. Le calcul informatique est de mise pour envisager les différentes combinaisons d'actions et les vérifications de stabilité nécessaires, suivant les « Règles de conception et de calcul » de charpentes en bois assemblées par des connecteurs métalliques.

Le fabricant doit fournir un plan correspondant au chantier avec les indications ci-après :
- affichage des hypothèses de calcul : poids des matériaux, charges vent et neige ;
- position des fermettes : mode d'implantation et espacements ;
- détails éventuels prévus pour le bas de pente ;
- position des plans de contreventement (**CVS**) et section de bois ;
- position des anti-flambements sous arbalétriers (**AFA**) et section de bois ;
- position et section des diverses lisses (lisses entrait, lisses arbalétrier, lisses diagonales) ;

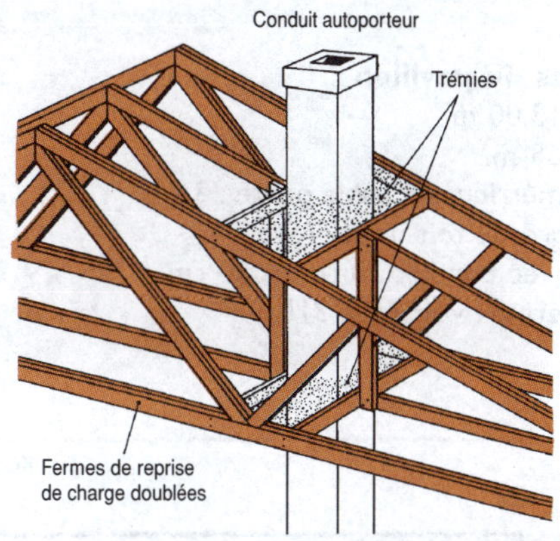

Figure 24.33 : *passage d'un conduit et chevêtres*

- disposition aux appuis : équerres métalliques aux extrémités de ferme ;
- indications spécifiques pour chevêtres ou renforts.

❒ Obligations de l'entreprise de pose

Se reporter à la légende de la figure 24.35.

L'entreprise de pose doit respecter le plan de pose et les règles de mise en œuvre :
- La section des contreventements et des dispositifs anti-flambement doit être respectée.
- La fixation doit être réalisée par pointes torsadées et non par pointes lisses.
- La position des éléments stabilisateurs (**AFA**, **CVS**, etc.) doit figurer sur le plan de pose.
- La continuité des lisses filantes et les contreventements de stabilité doivent être conformes au plan.
- Le blocage des anti-flambements sous arbalétriers (**AFA**) est indispensable pour la stabilité et le non déversement sous les effets du vent.
- La fixation conforme des équerres est pratiquée soit chevillée dans le béton du chaînage périphérique, soit tirefonnée dans un tasseau filant noyé dans le chaînage de rive, soit sur sablière filante.

Exemple : étude d'une charpente à deux pans

Légende sur dessin :
N° de pièce
Épaisseur (cm)
Hauteur (cm)
Exemple : pièces d'entrait
3/3,6 × 11,2 et 8/3,6 × 11,2.

Jonction et nœuds :

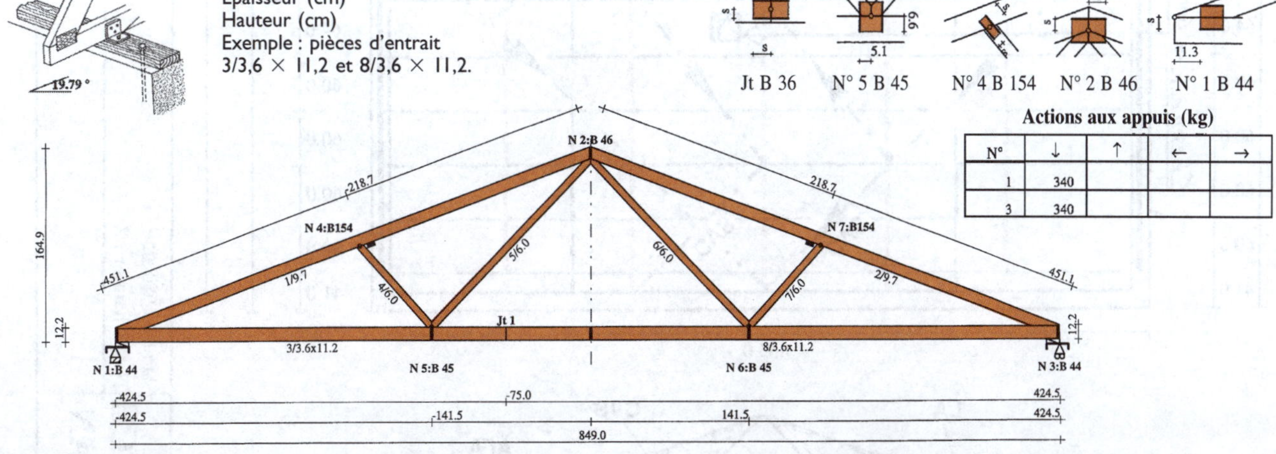

Actions aux appuis (kg)

N°	↓	↑	←	→
1	340			
3	340			

BOSTITCH BOSPLAN	Affaire : X Nom Chantier : Z Entreprise : Z	Date : 15/09/2000	DESSIN DES FERMES
			FERME:Ad1 Cube:1.814 m³ Contreflèche:0.8 cm — Nombre:22 Entraxe:60.0 Couverture:47.5 Plafond:40.0 — Region Neige:1A Region Vent:2 — Echelle:1/35 Normal Altitude:200

Figure 24.34 : *dessin des fermes ; hypothèses de l'étude ; dimensionnement des pièces et connecteurs*

Plan de pose des fermettes

Dimensions du pavillon :
Longueur : 13,00 m.
Largeur : 8,65 m.
Versants symétriques à faible pente : 36 %.
Aucun débord de toit n'est prévu.
Cheminée avec conduit 30 cm × 30 cm.
Dessin de ferme : voir page 311.

CVS	Contreventement de stabilité
AFA	Anti-flambement sous arbalétriers
E	Entretoise – Etrésillon
LA	Lisse sous arbalétriers
LD	Lisse diagonale
LE	Lisse entrait

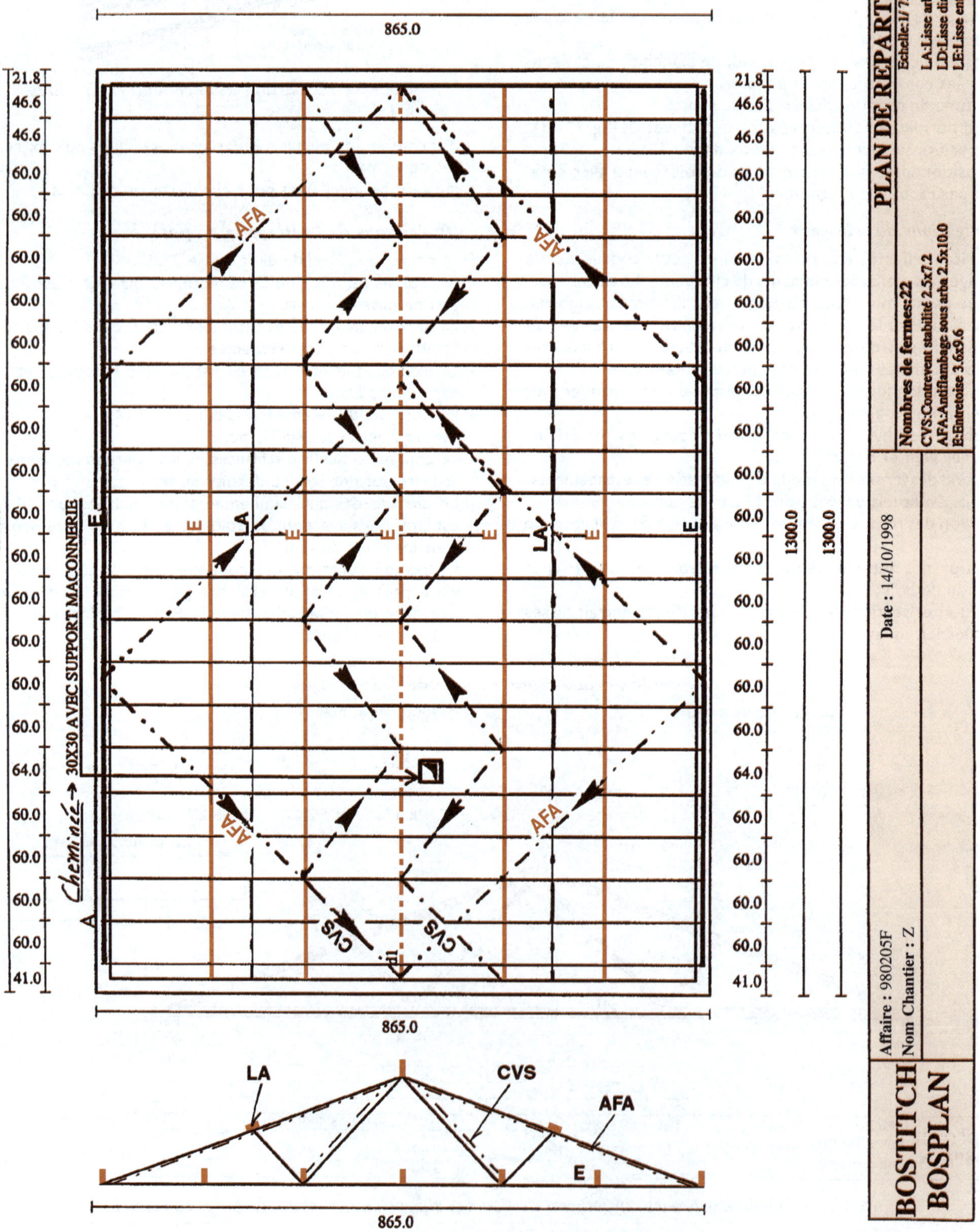

Figure 24.35 : plan de pose des fermettes

Chapitre 25

Escalier en bois

- Termes principaux
- Escaliers préfabriqués avec palier
- Escaliers préfabriqués avec marches balancées
- Balancement des marches

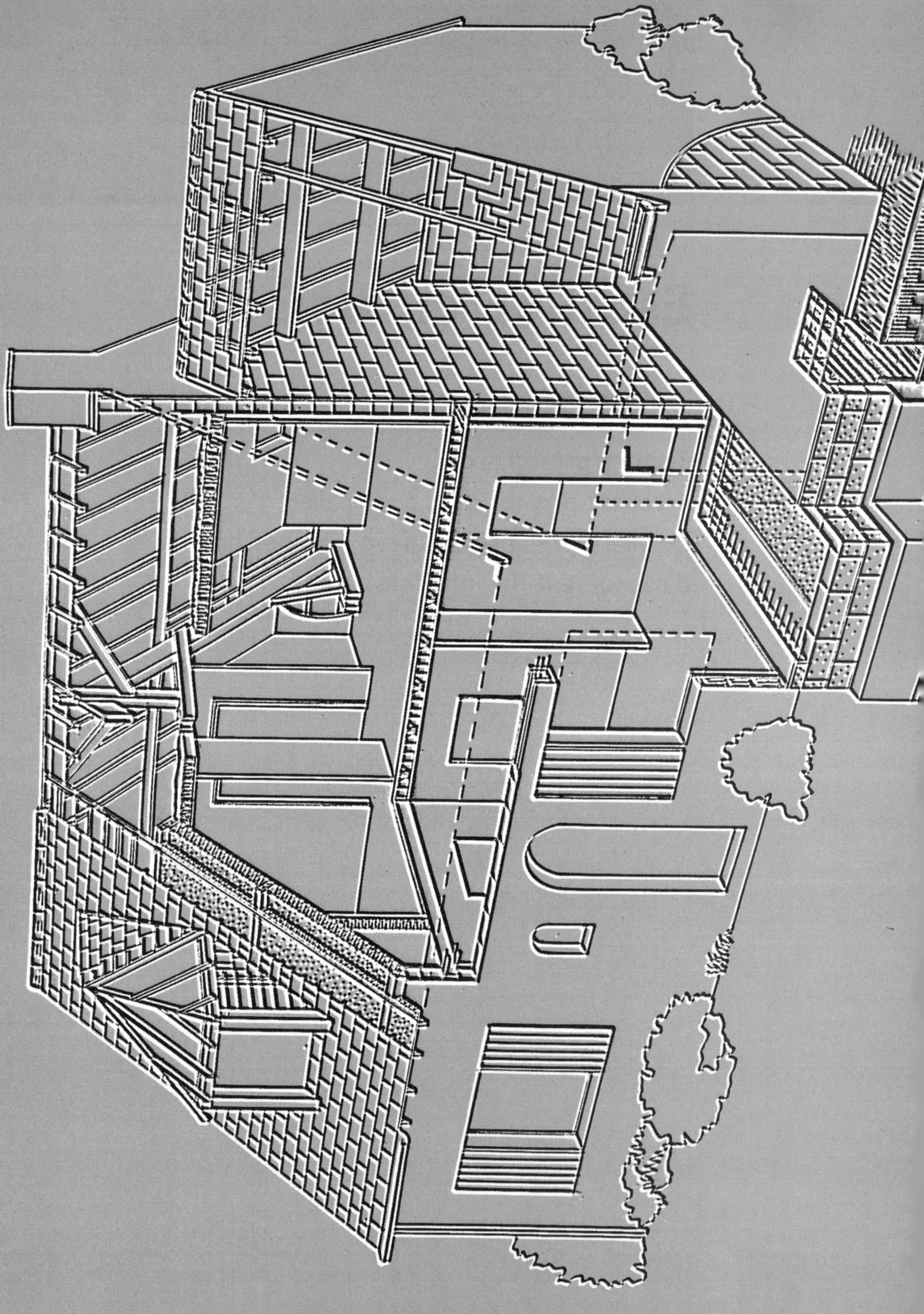

25.1. Termes principaux

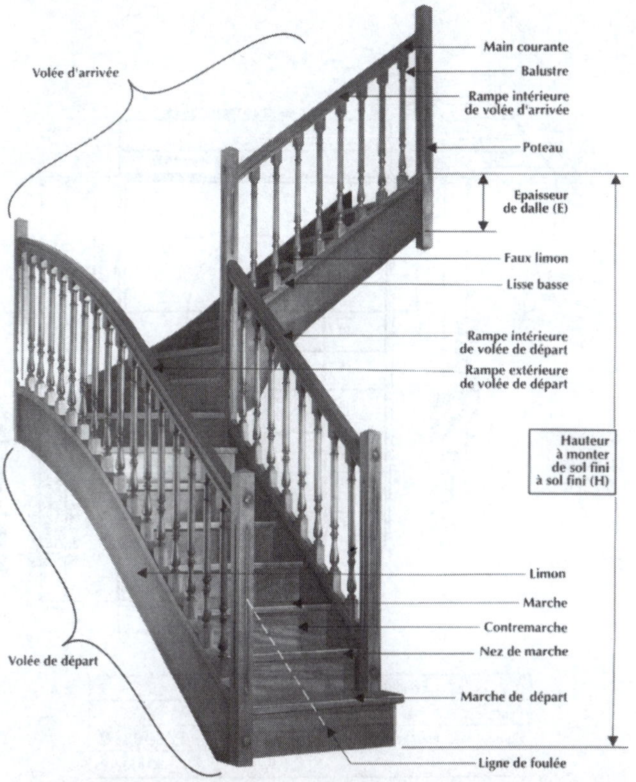

Giron : *largeur constante de marche prise sur la ligne de foulée.*
Emmarchement : *largeur d'escalier.*
Ligne de jour : *rive des marches d'escalier opposée au côté mur.*
Ligne de foulée : *ligne fictive avec trace à 50 cm de la ligne de jour.*
Collet : *largeur de marche du côté de la ligne de jour.*
Hauteur d'échappée : *hauteur de passage (> 1,90 m).*
Volée : *ensemble marches + contremarches + limons + rampe.*
Cage d'escalier : *espace ou volume d'emprise d'escalier.*
Trémie : *évidement dans un plancher pour le passage d'escalier.*

Figure 25.1 : ***terminologie***

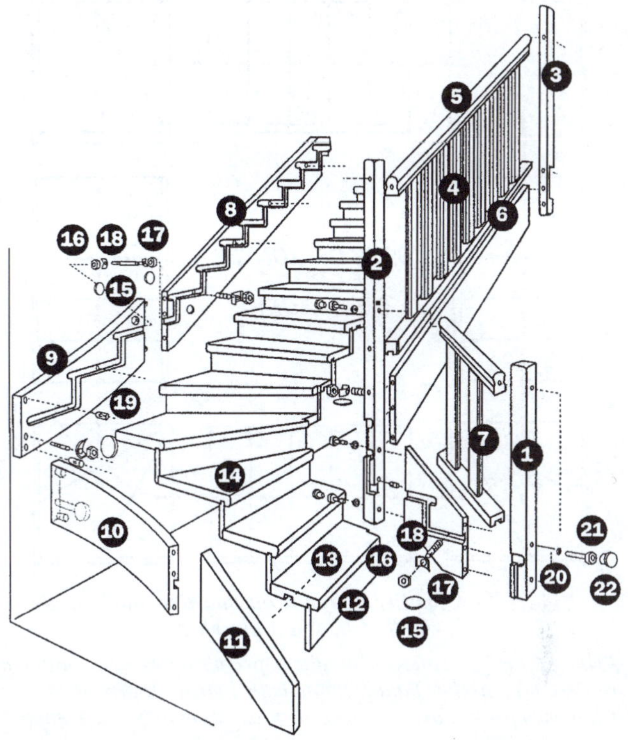

1. Poteau de départ
2. Poteau intermédiaire
3. Poteau d'arrivée
4. Balustre
5. Main courante
6. Lisse basse
7. Ensemble balustrade rampante
8. Limon de mur droit arrivée
9. Limon quart tournant haut
10. Limon quart tournant bas
11. Limon de mur droit départ
12. Contremarche
13. Marche droite
14. Marche balancée
15. Cache demi-lune Ø 40 bois
16. Écrou m8
17. Demi-lune métallique
18. Tige filetée m8
19. Tourillon bois
20. Rondelle
21. Boulon 6 pans creux m8
22. Bouchon Ø 16 bois

Figure 25.2 : ***détails d'assemblage***

Disposition en L

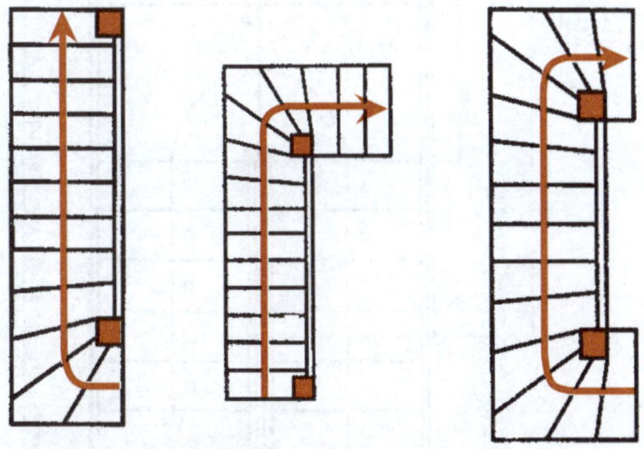

Disposition en U

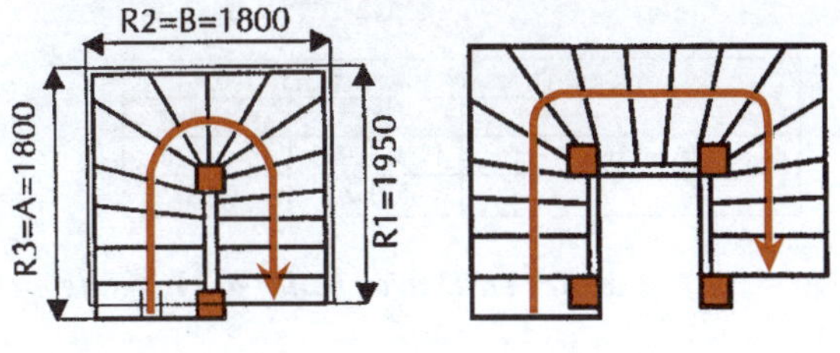

Cotes d'encombrement d'escaliers à noyau central (en mm)

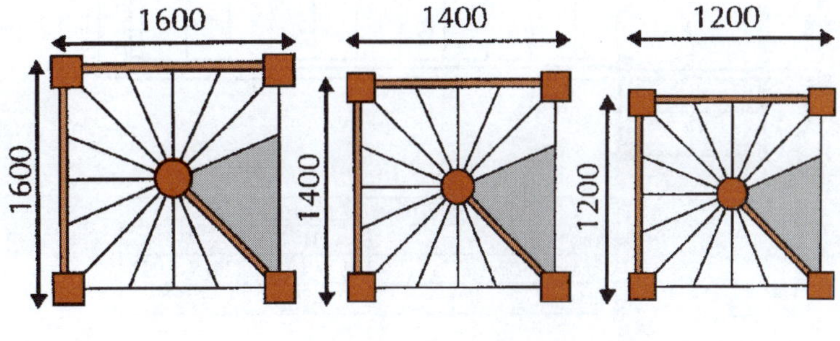

Figure 25.3 : ***schémas d'implantation :*** **L – U – □**

25.2. Escaliers préfabriqués avec palier

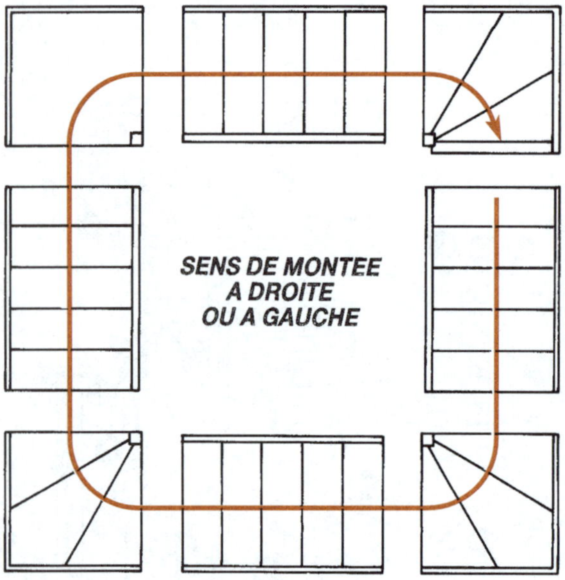

Figure 25.4 : ***palier de repos ou quartier tournant de 0,80 × 0,80 à 3 marches***

Principe de réalisation d'escaliers préfabriqués avec palier de repos ou à marches balancées dans le quartier tournant.
Choix des pentes, des essences de bois, des modèles de rampes et des teintes de finition.

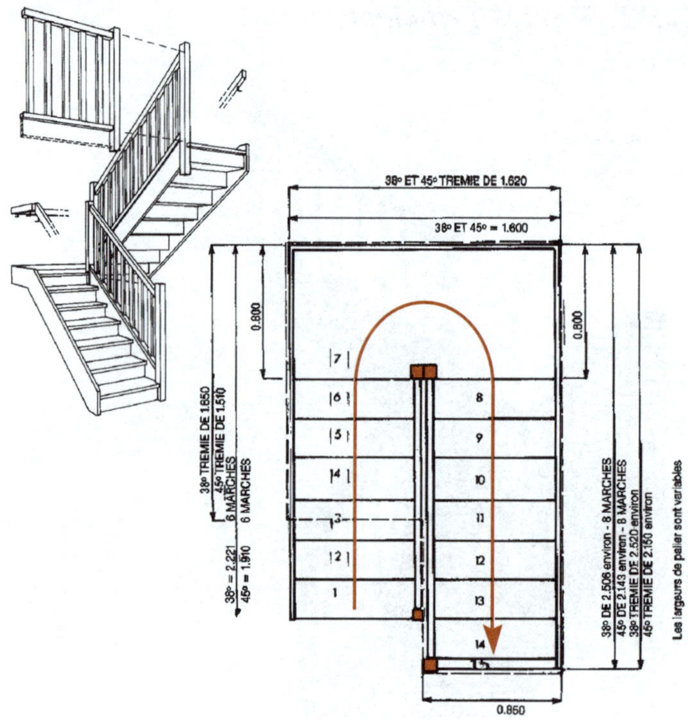

Exemple de hauteur à monter : 2,75		
Pente	38°	45°
Hauteur des marches	15 de 0,1833	15 de 0,1833
Giron	0,2352	0,1833

Figure 25.6 : ***escalier en U avec palier***

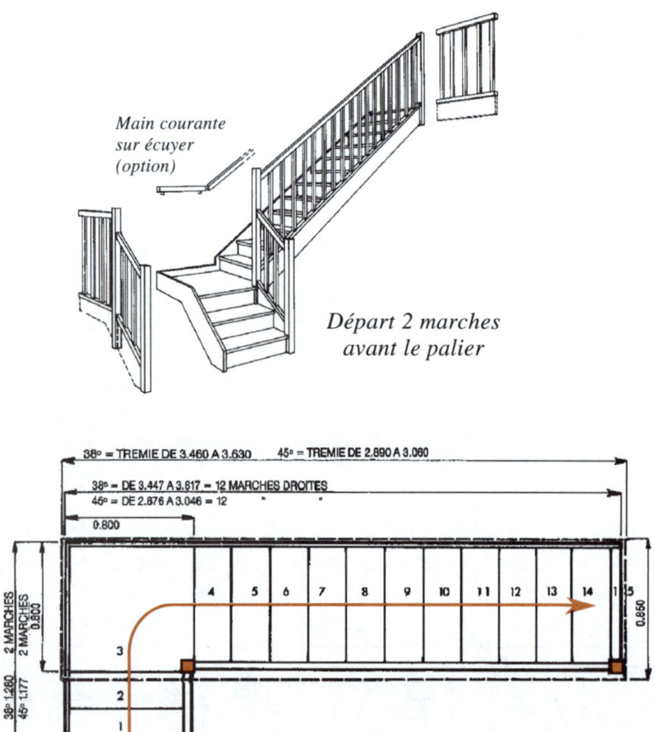

Exemple de hauteur à monter : 2,75		
Pente	38°	45°
Hauteur des marches	15 de 0,1833	15 de 0,1833
Giron	0,2352	0,1833

Figure 25.5 : ***escalier en L à palier***

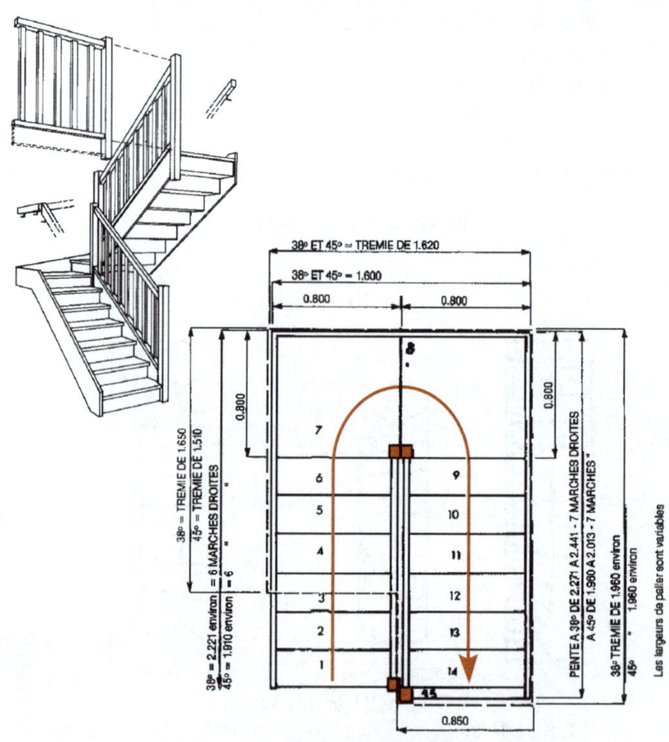

Exemple de hauteur à monter : 2,75		
Pente	38°	45°
Hauteur des marches	15 de 0,1833	15 de 0,1833
Giron	0,2352	0,1833

Figure 25.7 : ***escalier en U avec palier à 2 niveaux***

Oural

25.3. Escaliers préfabriqués avec marches balancées

Exemple de hauteur à monter : 2,75		
Pente	38°	45°
Hauteur des marches	9 de 0,1822	9 de 0,1822
Hauteur des marches du quartier tournant	6 de 0,1850	6 de 0,1850
Giron	de 0,2338	de 0,1822

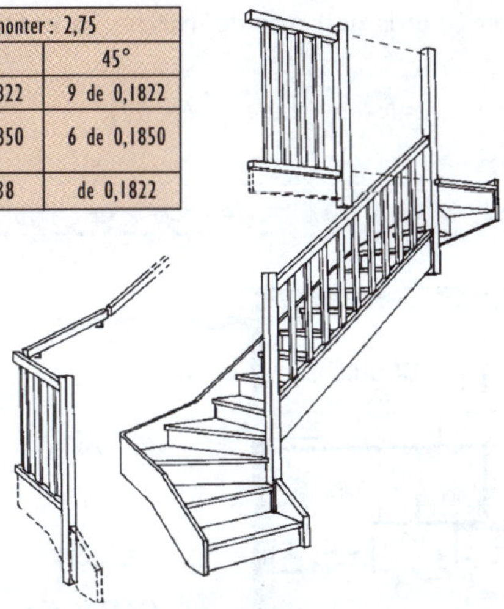

Départ 1 marche avant le quartier tournant bas

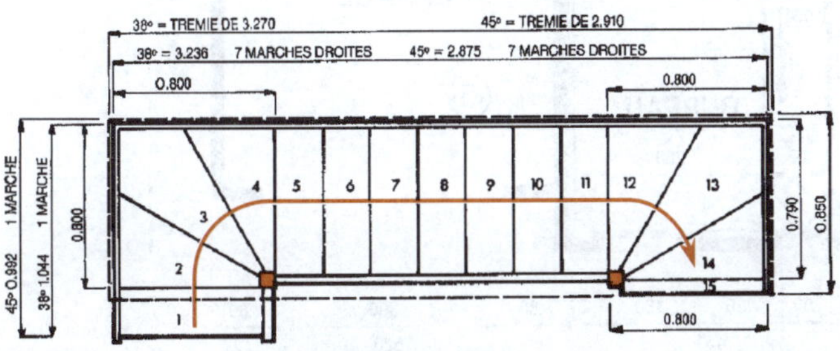

Figure 25.8 : *escalier à quartier tournant bas et haut à marches balancées*

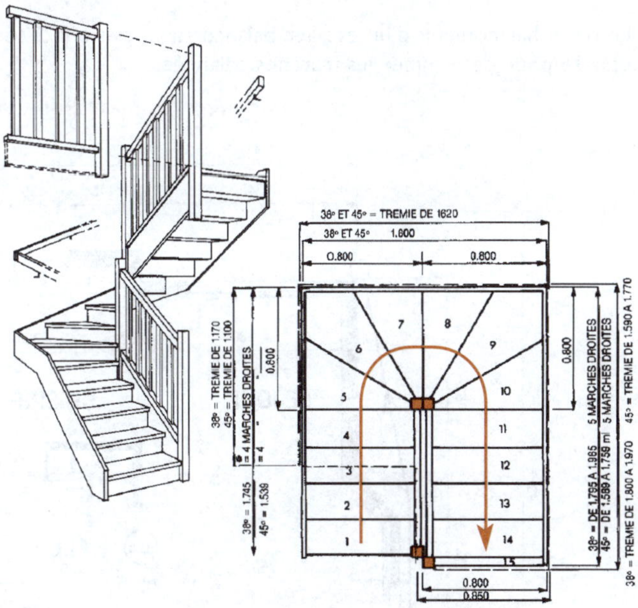

Exemple de hauteur à monter : 2,75		
Pente	38°	45°
Hauteur des marches	9 de 0,1822	9 de 0,1822
Hauteur des marches du quartier tournant	6 de 0,1850	6 de 0,1850
Giron	de 0,2338	de 0,1822

Figure 25.9 : *escalier en U à double quartiers tournants à marches balancées sans jour*

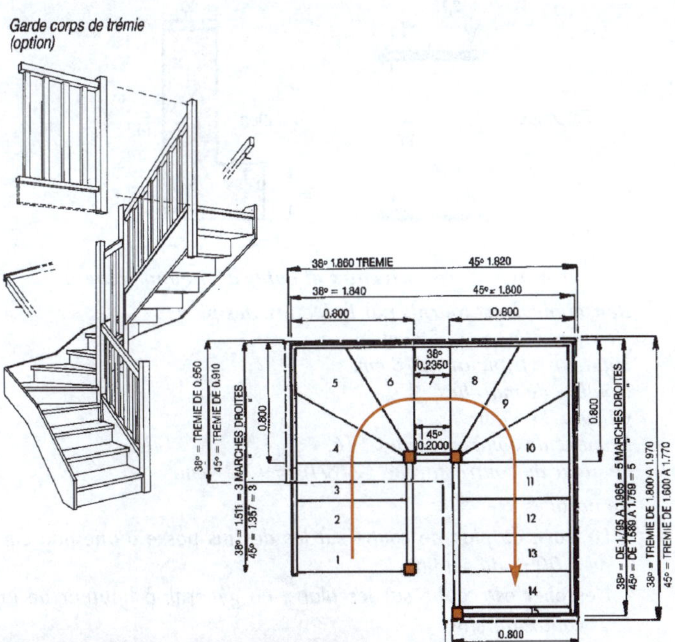

Exemple de hauteur à monter : 2,75		
Pente	38°	45°
Hauteur des marches	9 de 0,1822	9 de 0,1822
Hauteur des marches du quartier tournant	6 de 0,1850	6 de 0,1850
Giron	de 0,2338	de 0,1822

Figure 25.10 : *escalier en U à double quartiers tournants à marches balancées avec jour*

Exemple de hauteur à monter : 2,75		
Pente	38°	45°
Hauteur des marches	12 de 0,1829	12 de 0,1829
Hauteur des marches du quartier tournant	3 de 0,1850	3 de 0,1850
Giron	de 0,2347	de 0,1829

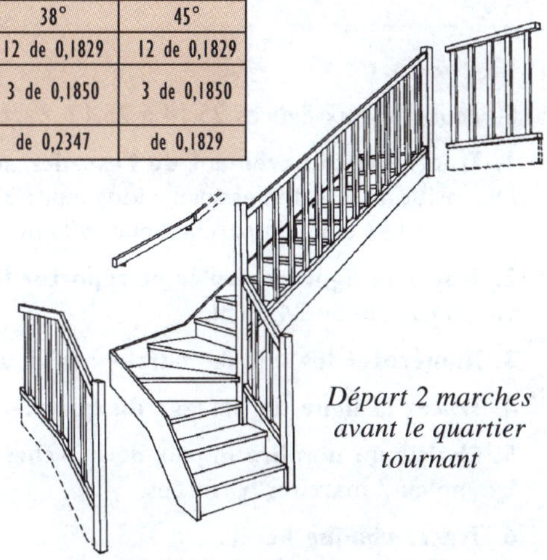

Départ 2 marches avant le quartier tournant

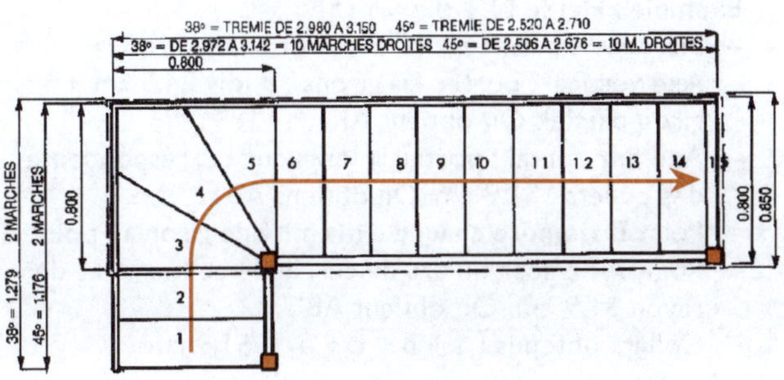

Figure 25.11 : *escalier en L à quartier tournant bas à marches balancées*

25.4. Balancement des marches

Le tracé harmonieux d'un escalier balancé sur mesure facilite la montée et la descente de marche. La **méthode de la herse** est utilisée pour déterminer les marches balancées.

Cas concret du pavillon : rez-de-chaussée + étage (chap. 27)

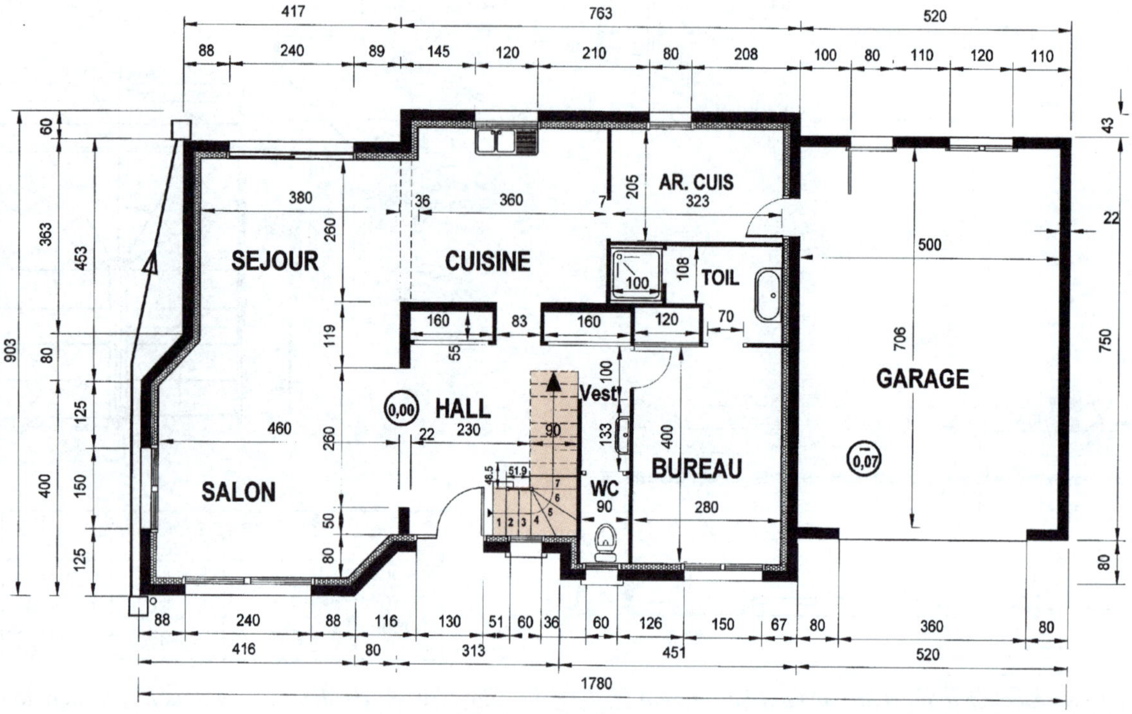

Figure 25.12 : *plan du rez-de-chaussée*

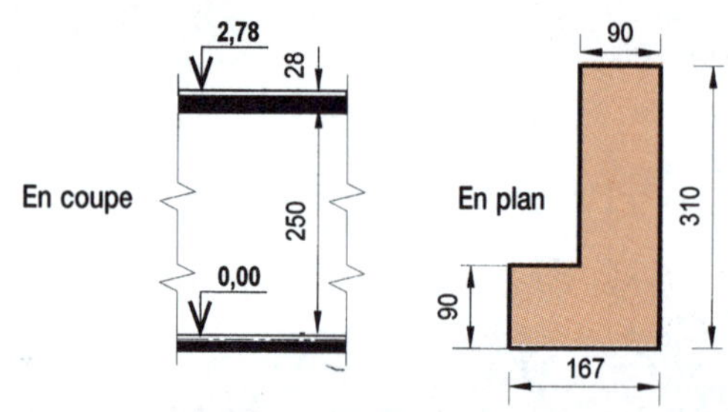

Figure 25.13 : *niveaux et cotes d'encombrement*

Renseignements fournis par la lecture des plans :
Hauteur d'étage : 250 cm.
Hauteur à franchir : 278 cm.
Nombre de marches : 15.
Giron : 24,5 cm.
Nombre de contremarches : 16.
Hauteur de contremarche : 278/16 = 17,37 cm.

Remarques :

- *La trace du plan de coupe sur les dessins passe à une hauteur de 1,00 m du sol fini.*
- *L'escalier est coupé sur les plans, en général, à hauteur de la 7ᵉ contremarche.*
- *Suivant les cas rencontrés :*
  - *hauteur des contremarches entre 16 et 18 cm,*
  - *giron des marches de 24 à 28 cm.*
- *La marche de départ présente souvent une forme particulière (retour en rectangle ou en demi-cercle).*

Prescriptions :

- *Hauteur minimale de garde-corps : 100 cm.*
- *Hauteur minimale de rampe : 90 cm.*
- *Espacement maximal entre barreaux d'une rampe : 11 cm.*

Méthode de la herse

Se reporter aux figures 25.14 à 25.17, page 319.

1. Tracer l'encombrement de l'escalier au sol.
Disposition en L de l'escalier : longueur : 310 cm; largeur : 167 cm; emmarchement : 90 cm.

2. Tracer la ligne de foulée et reporter les girons.
Giron calculé de 24,5 cm.

3. Numéroter les nez de marche : N° 1 à 16.

4. Tracer la ligne de partage du quartier tournant.

5. Choisir un nombre impair de marches à balancer.
Exemple : 7 marches balancées.

6. Tracer chaque herse.
Exemple : Herse N°1 (fig. 25.15) :

- Marches à balancer : N° 2 à 4 et partie N° 5.
- Axe vertical : porter les girons : 3 fois 24,5 cm + giron partiel. On obtient AK.
- Axe horizontal : porter la longueur correspondante des collets : 51,9 cm. On obtient AB.
- Point B : joindre chaque extrémité de giron au point B.
- Point A : tracer un arc de cercle de centre A et de rayon 51,9 cm. On obtient AB'.
- Collets obtenus : $a + b + c + d_1 = 51{,}9$ cm.

7. Reporter les collets sur l'épure au sol et tracer les nez de marches.

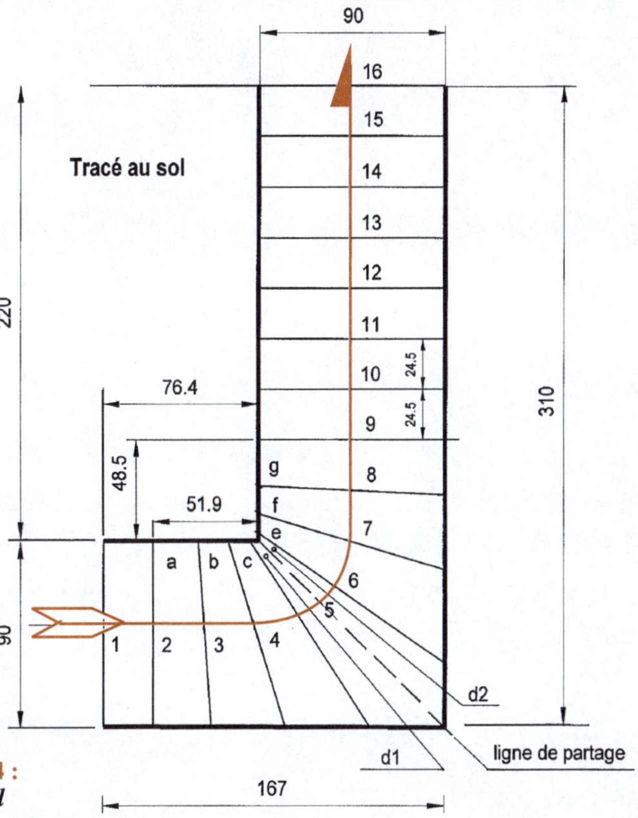

Figure 25.14 : ***tracé au sol***

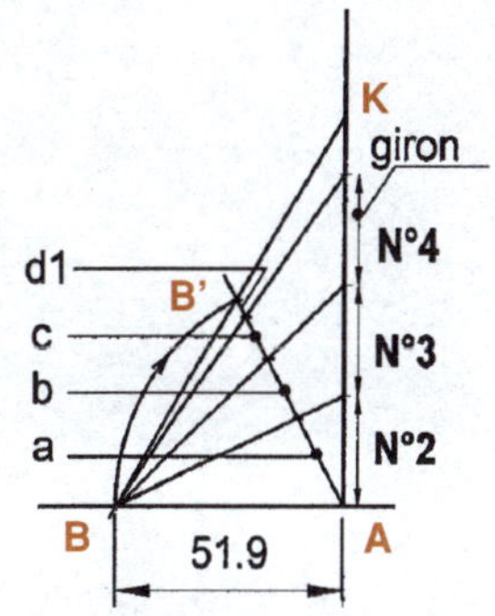

Figure 25.15 : ***herse n° 1***

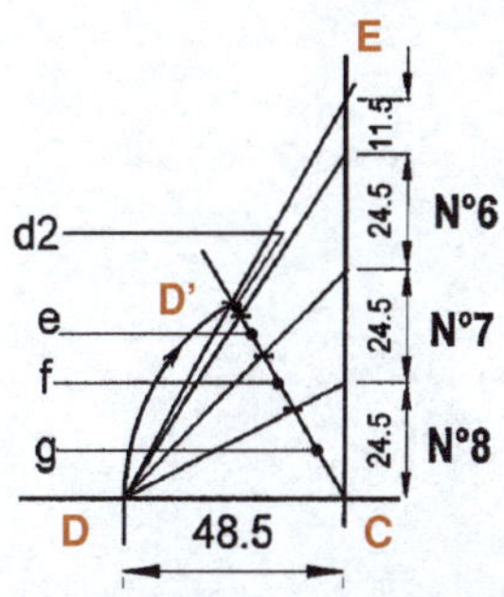

Figure 25.16 : ***herse n° 2***

Tracé de la herse N° 2 (fig. 25.16)

Objet : obtenir les collets permettant de tracer les nez de marches balancées N° 6 à N° 8.

1. *Porter sur un axe vertical les girons cumulés des marches N° 8 jusqu'à la ligne de partage. On obtient le segment **CE**.*
2. *Porter en horizontale à partir de C la longueur des collets : 48,5 cm. On obtient le segment **CD**.*
3. *Tracer un arc de cercle de centre **C** et de rayon **CD** pour obtenir **D'** et **CD'**.*

   Ainsi : CD' = CD = 48,5 cm.
4. *Tracer, à partir du point **D**, les lignes joignant chaque giron à **CE**. On obtient les collets **g**, **f**, **e**, d_2 sur le segment **CD'**.*

Remarque : Les girons sur la ligne de foulée et les collets obtenus sur la ligne de jour déterminent les nez des marches balancées **N° 6**, **N° 7**, **N° 8**.

Tracé des crémaillères

Exemple : côté mur.

À partir de l'épure au sol, on effectue :

1. *le tracé des horizontales par report cumulé des hauteurs de contremarches,*
2. *le tracé des verticales, comme indiqué sur la figure ci-contre,*
3. *l'intersection horizontale/verticale, qui donne la position des nez de marches avec les numéros,*
4. *le tracé des limons, qui s'obtient par parallélisme aux nez de marches en lissant la courbe.*

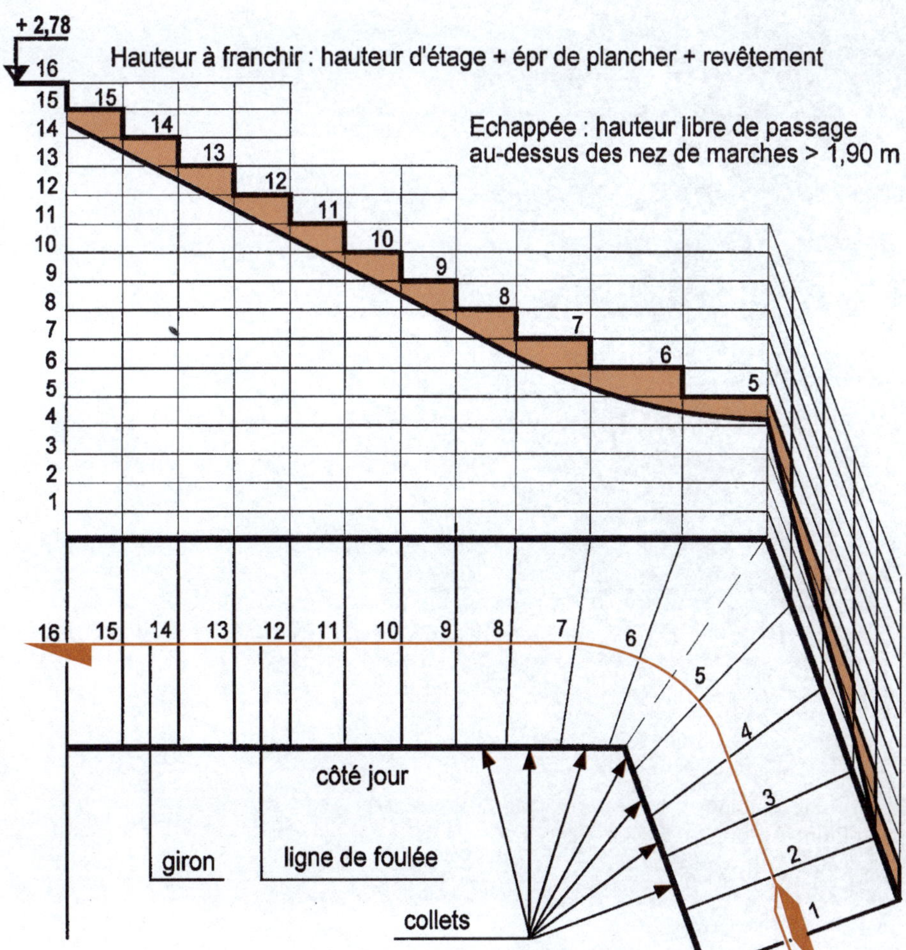

Figure 25.17 : ***épure au sol et tracé côté mur***

Chapitre 26

Couverture en tuiles

- Avant-projet : façades et vues en plan
- Les points essentiels d'un toit
- Éléments de descriptif : lot couverture en tuiles
- Prescriptions particulières
- Tuiles en microbéton de type « Plein Ciel »

26.1. Avant-projet : façades et vues en plan

26.1.1. Les façades

Cet avant-projet sert à montrer l'aspect de la construction et les lignes de la toiture.

Il contient :

- la projection horizontale du toit (voir le plan de l'étage, fig 26.4) ;
- la disposition et l'agencement des façades avec les lignes de toiture : faîtages, arêtiers des croupes, noue à l'intersection des versants, rives en pignon et en bas de versant, souche de cheminée (fig 26.1 à 26.3).

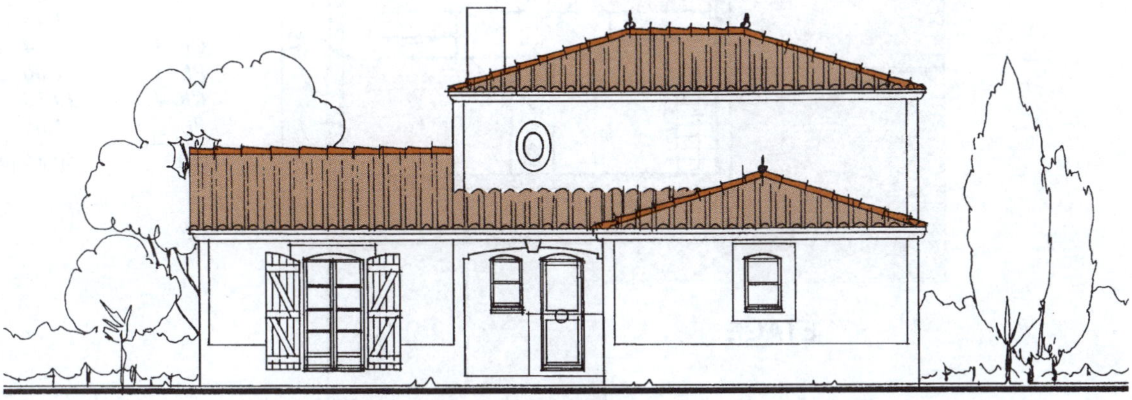

Figure 26.1 : ***façade Ouest***

Elle fait apparaître les croupes des versants et une partie de toiture à deux pans.

Figure 26.2 : ***façade Sud***

Elle montre la disposition en croupes au-dessus du garage et des chambres 3 et 4 de l'étage.

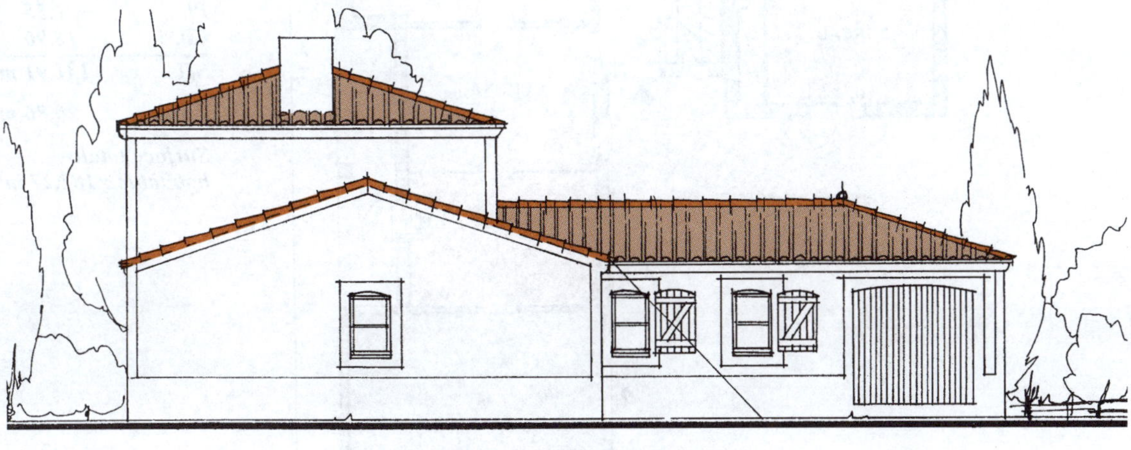

Maisons Privat

Figure 26.3 : ***façade Nord***

Elle met en évidence le pignon qui limite la pièce bureau et la chambre 3 ainsi que la ligne de la noue en projection frontale.

26.1.2. Implantation du pavillon

La vue en plan du rez-de-chaussée est en forme de **L**.
La vue en plan de l'étage a la forme d'un rectangle peu allongé.

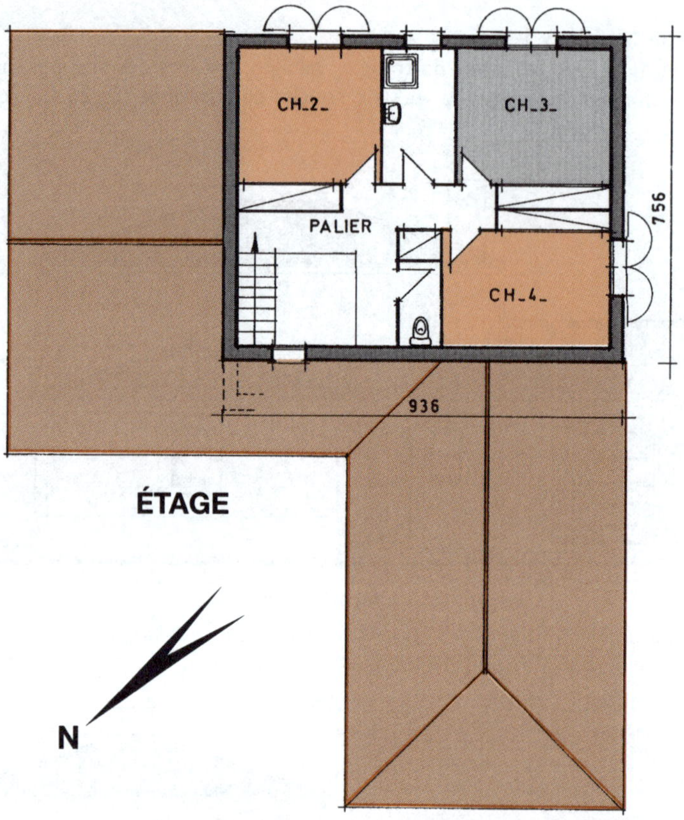

Étage

Palier	*8,21*
WC	*1,82*
Toil.	*5,27*
Ch. 2	*10,54*
Pl.	*1,45*
Ch. 3	*10,54*
Pl.	*1,00*
Ch. 4	*10,53*
Pl.	*1,00*
SH	*50,36 m²*

Figure 26.4

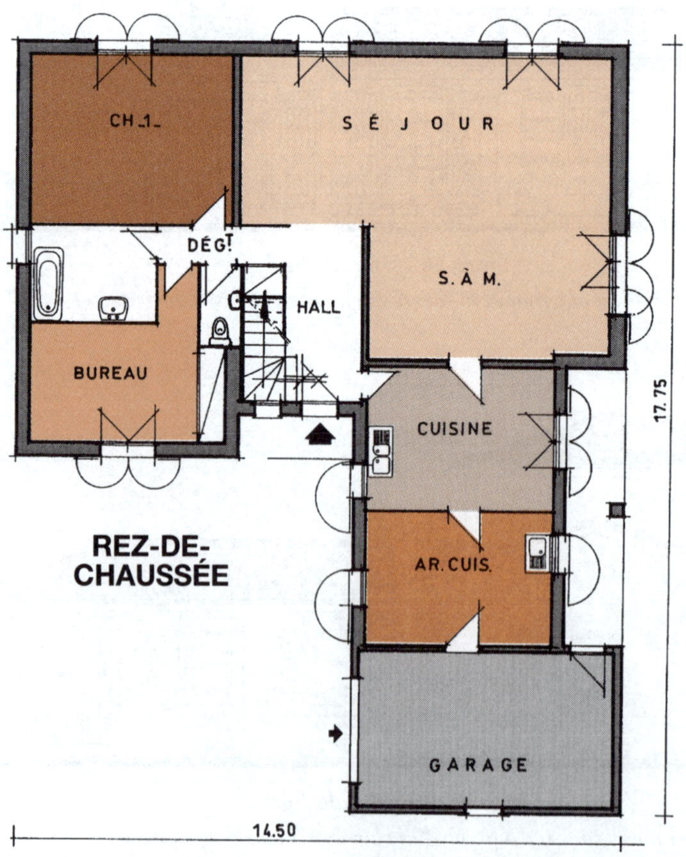

RdC

Hall	*7,73*
WC	*1,80*
Pl.	*0,50*
Cuisine	*14,75*
Arr.-cuis.	*13,41*
Salon / *Séjour*	*51,75*
Dégt	*2,64*
Bains	*6,96*
Bureau	*12,06*
Pl.	*1,35*
Ch. 1	*18,96*
SH	*131,91 m²*
Garage	*20,86 m²*

Surface totale habitable : 182,27 m²

Figure 26.5

26.2. Les points essentiels d'un toit

❒ ***Pente suffisante en fonction :***
- du type de tuile : conditions minimales de mise en œuvre du produit suivant la notice technique ;
- de la région climatique et du site : action conjuguée de la pluie, du vent ou de la neige.

❒ ***Longueur du versant***
Tenir compte de la charge d'eau à évacuer en bas de la pente et de la vitesse d'évacuation, même en cas de vent contraire.

❒ ***Mode d'assemblage des tuiles***
L'étanchéité est la fonction première recherchée. Elle dépend de la qualité du matériau, terre cuite ou microbéton teinté, et de la qualité des assemblages de la tuile. Le mode d'assemblage des tuiles peut être :
- un simple ou double recouvrement,
- un simple ou double emboîtement,
- un recouvrement par glissement selon la pente.

Exemples de produits Lafarge Couverture :
- tuile à double emboîtement et double recouvrement (tuile Gallo-Romane ci-après) ;
- tuile à emboîtement longitudinal et à glissement (Plein ciel évolution).

Remarques :
- *L'emboîtement permet l'assemblage de deux tuiles contiguës comportant une ou plusieurs parties en relief appelées nervures et une ou plusieurs parties en creux appelées cannelures.*
  Emboîtement longitudinal → assemblage de deux tuiles de rang horizontal.
  Emboîtement transversal → assemblage de tuiles de deux rangs contigus.
- *Pentes et recouvrements minimaux sont prescrits pour chaque type de tuile ou modèle, suivant la forme, l'état de surface, les emboîtements, la zone, le site, la longueur de rampant, avec ou sans écran d'étanchéité sous la toiture.*

❒ ***Aération, ventilation de la toiture*** *(fig. 26.11 et 26.12)*
Condition essentielle au fonctionnement et à la durabilité des bois de charpente et des supports, et à celle de la tuile soumise à des condensations en sous-face.
Orifices de ventilation nécessaires : closoirs ou chatières.

❒ ***Prévision ou non d'un écran sous toiture, étanche à l'eau mais perméable à l'air***
L'écran empêche les infiltrations sous vent violent et en cas de neige poudreuse ou en cas de trop faible pente. Une ventilation minimale est toujours nécessaire.

❒ ***Résistance aux gels et dégels successifs qui entraîne la durabilité du produit***
Il est primordial de s'assurer de la garantie offerte dans le temps par le fabricant.

❒ ***Aspect général du toit***
De l'extérieur, c'est le toit de la maison qui se voit en premier : importance du choix des teintes de tuiles et des accessoires, des formes du toit ou volumes, de l'environnement, du vieillissement rapide ou lent du matériau de couverture.

❒ ***Maintenance du toit***
Il s'agit surtout des points sensibles aux infiltrations par déformations de la charpente, engorgements par des poussières, dilatations ou retraits, etc. Points sensibles : faîtages, arêtiers, noues en particulier, ainsi que les entourages de cheminées.
Les réparations éventuelles doivent pouvoir s'effectuer sans dégâts excessifs.

❒ ***Préservation des entrées d'insectes ou d'oiseaux***
Utilisation de grillages de protection PVC en bas de pente, ou des chatières grillagées.

❒ ***Dimensionnement suffisant des dispositifs d'évacuation***
Conformément aux surfaces de toit collectées :
- développement en largeur des bandes de noues,
- des gouttières demi-rondes, nantaises, havraises, etc.

❒ ***Entretien minimal des supports extérieurs en bois ou dérivés***
Exemples :
- avancée de toit par chevrons + lambris en bas de pente ;
- rives ou dépassement de toit en pignon avec pannes + chevrons + lambris.

❒ ***Isolation thermique ou non à prévoir pour les rampants suivant la destination des combles***

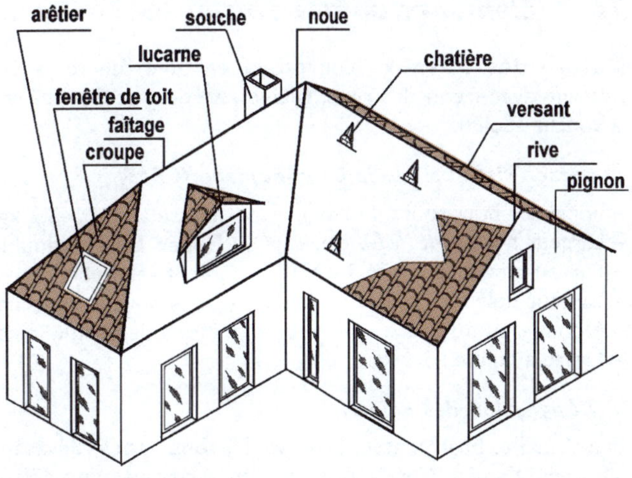

Figure 26.6 : ***terminologie***

Figure 26.7 : ***outeau***

Figure 26.8 : ***lucarne à croupes***

Figure 26.9 : ***lucarne à fronton***

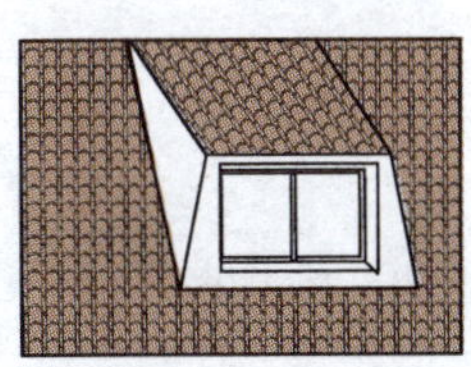

Figure 26.10 : ***lucarne rampante***

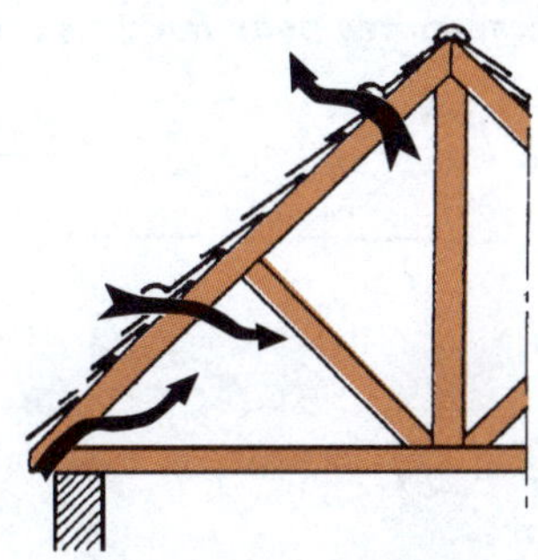

Figure 26.11 : ***principe de ventilation des couvertures ; cas d'un comble libre sans écran***

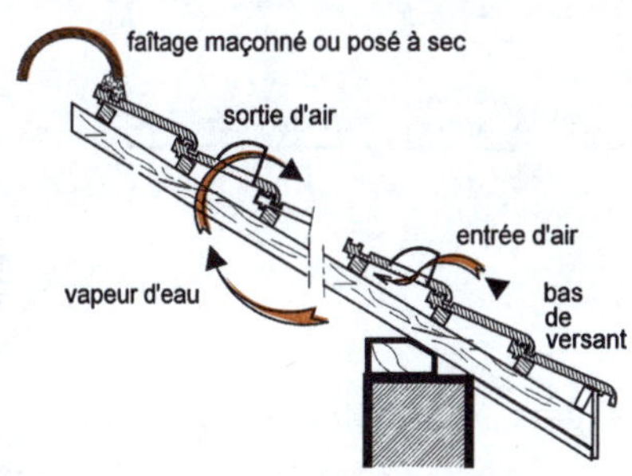

Figure 26.12 : ***ventilation par chatières***

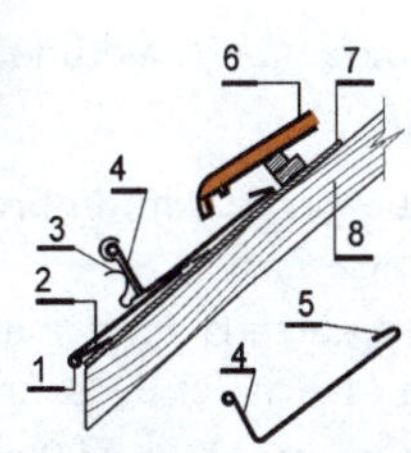

1 Boudin
2 Agrafe
3 Crochet
4 Dalle nantaise
5 Pince
6 Tuile
7 Volige
8 Chevron

Figure 26.13 : ***détail de gouttière***

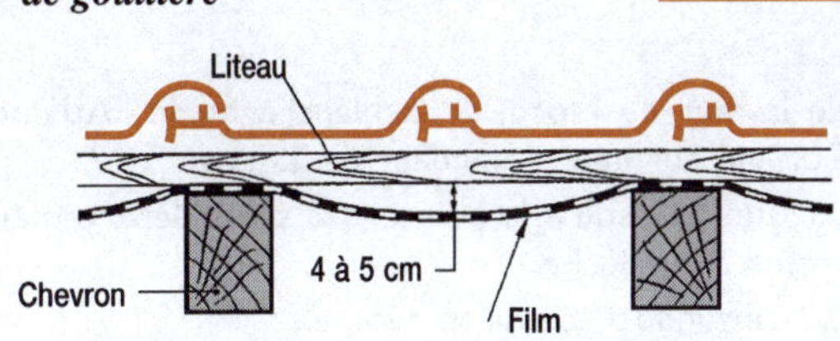

Figure 26.14 : ***écran étanche***

26.3. Éléments de descriptif : lot couverture en tuiles

Nature des travaux : couverture en tuiles de terre cuite Gallo-Romane avec façon des rives, faîtages, arêtiers et étanchéité autour de la souche (Solin).

❐ *Caractéristiques de la Gallo-Romane (GR13)*

- Longueur hors tout : 44 cm.
- Largeur hors tout : 27,5 cm.
- Pureau longitudinal : 36,3 cm.
- Largeur utile : 21,7 cm.
- Nombre au m^2 : 12,7.
- Masse à l'unité : 3,4 kg.
- Masse au m^2 : 43,2 kg.
- Type : tuile à double emboîtement et double recouvrement.
- Tuile pour toits à faible pente.
- Mode de pose à joints droits.

Figure 26.15 : *tuile Gallo-Romane (GR 13)*

❐ *Désignation des coloris*

Ocre, paille, brun masse, brun vieilli, tons variés, Silvacane Littoral, Silvacane Xahara. Ces coloris sont en harmonie avec différents styles régionaux. Coloris retenu : Silvacane Littoral.

❐ *Accessoires pour faîtages, arêtiers, rives, émergences*

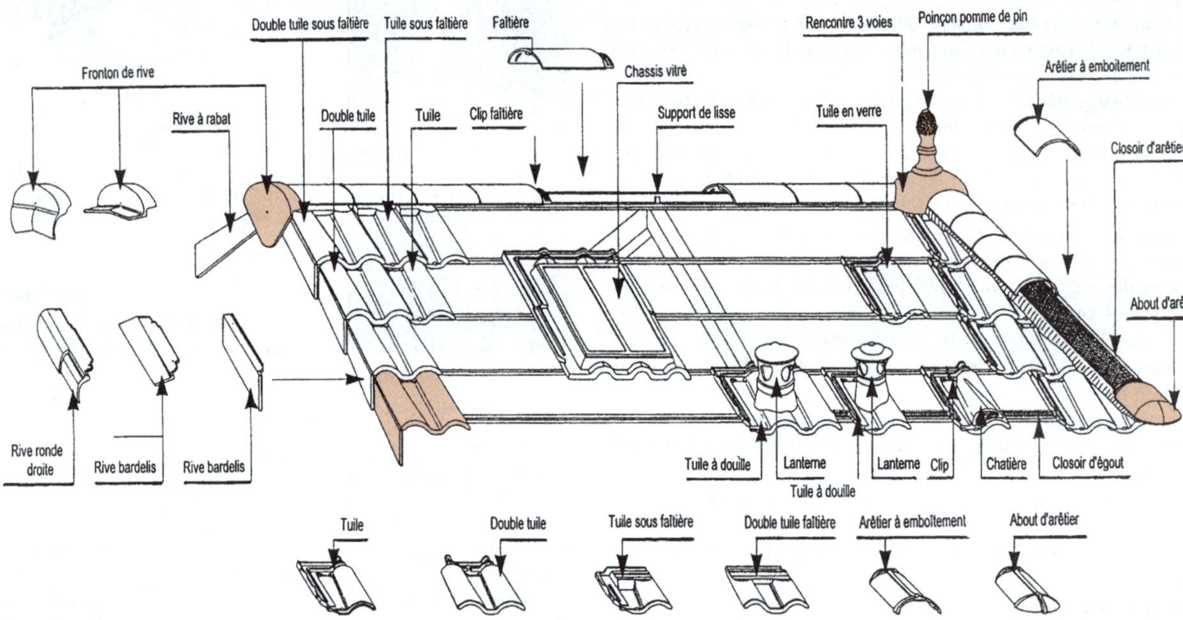

Figure 26.16 : *tuiles et accessoires*

Lafarge Couverture

❐ *Zones climatiques*

➤ Zone 1 :

Tout l'intérieur du pays : à une altitude < 200 mètres.

➤ Zone 2 :

Côtes de l'Atlantique sur 20 km de profondeur, de Lorient à la frontière espagnole.

Transition de 20 km entre la zone 1 et 3 sur les côtes de la mer du Nord, de la Manche et de la Bretagne.

Altitudes comprises entre 200 et 500 m.

➤ Zone 3 :

Côtes de la mer du Nord, de la Manche et de l'Atlantique jusqu'à Lorient, sur une profondeur de 20 km.

Vallée du Rhône jusqu'à la pointe des trois départements : Isère, Drôme et Ardèche.

Provence, Languedoc-Roussillon, Corse.

Altitudes > 500 m.

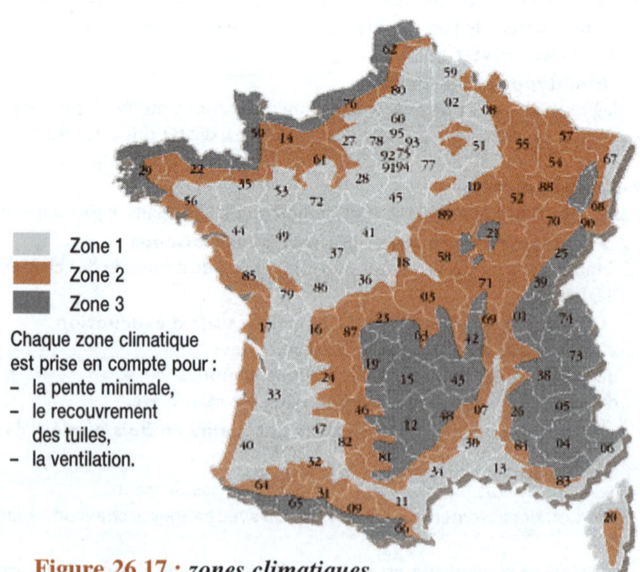

Figure 26.17 : *zones climatiques (concomitance vent/pluie)*

❒ *Définition des sites*

D'après le DTU 40-24 :

➤ **Site protégé :** fond de cuvette entouré de collines sur tout son pourtour et protégé ainsi du vent quelle que soit sa direction. Terrain bordé de collines sur une partie de son pourtour correspondant à la direction du vent.

➤ **Site normal :** plaine ou plateau pouvant présenter des dénivellations peu importantes, étendues ou non (vallonnements, ondulations).

➤ **Site exposé :** au voisinage de la mer, le littoral sur une profondeur d'environ 5 km, le sommet des falaises, les îles ou presqu'îles étroites, les estuaires ou baies encaissées et profondément découpées dans les terres.

À l'intérieur du pays, les sites exposés sont les vallées étroites où le vent s'engouffre, les montagnes isolées et élevées.

Tableau 26.1 : *pentes minimales admissibles en % (sans écran)*

Longueur des rampants en projection horizontale									
	jusqu'à 6,50 m			de 9,50 à 12 m			de 5,50 à 9,50 m		
Zones	1	2	3	1	2	3	1	2	3
Site protégé	22 %	24 %	27 %	26 %	28 %	30 %	27 %	30 %	35 %
Site normal	25 %	27 %	30 %	28 %	32 %	36 %	32 %	35 %	40 %
Site exposé	33 %	37 %	40 %	35 %	39 %	43 %	42 %	45 %	50 %

Tableau 26.2 : *pentes minimales admissibles en % (avec écran)*

Longueur des rampants en projection horizontale									
	jusqu'à 6,50 m			de 9,50 à 12 m			de 5,50 à 9,50 m		
Zones	1	2	3	1	2	3	1	2	3
Site protégé	19 %	21 %	23 %	22 %	24 %	26 %	23 %	26 %	30 %
Site normal	21 %	23 %	26 %	24 %	27 %	31 %	27 %	30 %	34 %
Site exposé	28 %	32 %	34 %	30 %	33 %	37 %	36 %	39 %	43 %

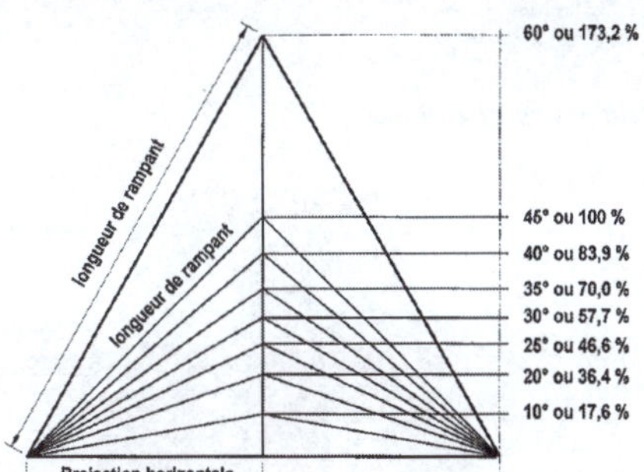

Figure 26.18 : *pentes en % et en degrés*

❒ *Fixation des tuiles en plan carré*

Tableau 26.3 : *tuiles posées ou fixées*

Pentes en %	Régions 1 et 2 Site normal et protégé	Régions 1 et 2 Site exposé / Région 3 tous sites
P < 100 %	Libres	1/5*
100 % < P < 175 %	1/5*	1/5*
P > 175 %	Toutes	Toutes

* Une tuile sur cinq fixée en quinconce. En rive et à l'égout, toutes les tuiles sont fixées.

❒ *Ventilation*

Se reporter à la figure 26.19.

➤ **Circulation permanente de l'air**

La ventilation est indispensable pour un bon comportement dans le temps des matériaux constitutifs de la toiture et pour éliminer les risques de condensation en sous face de tuile.

Il s'agit de conserver le bon état du bois de charpente, des supports de couverture et de la tuile elle-même.

En cas d'isolation thermique sous rampant, l'isolant ne doit pas être en contact avec les liteaux supports des tuiles. Il faut réserver un espace de **hauteur minimale de 2 cm** sous les liteaux pour la circulation d'air.

Si un écran étanche à l'eau mais perméable à l'air est disposé sur les chevrons de la charpente, pour éviter les infiltrations (poussière, neige poudreuse), il est prescrit :

– de disposer l'écran entre chevrons ou fermettes, sans le tendre,
– de préserver une flèche de 4 à 5 cm de l'écran, entre supports consécutifs, pour le passage d'air.

➤ **Principe**

La ventilation consiste à assurer des entrées d'air le plus près possible de l'égout de toit et des sorties d'air le plus près possible du faîtage. Il faut une bonne répartition des entrées et sorties pour ventiler efficacement toute la sous-face du toit.

À titre indicatif, pour un toit sans écran étanche, on compte une chatière pour 25 m² de toit et un minimum de trois chatières par versant (deux en bas et une en haut).

Il est recommandé de se conformer au tableau ci-contre en fonction du type de comble et de la tuile utilisée.

➤ **Sections totales des orifices de ventilation**

Elles dépendent du type de comble conformément au tableau ci-contre pour les tuiles en terre cuite. On utilise généralement des chatières réparties par moitié entre partie basse du versant et pour l'autre moitié au voisinage du faîtage (fig. 26.32). On effectue également un égout ventilé et un faîtage ventilé à l'aide de closoirs (éléments ajourés) qui permettent la circulation d'air.

Type de couverture	Orifices de ventilation
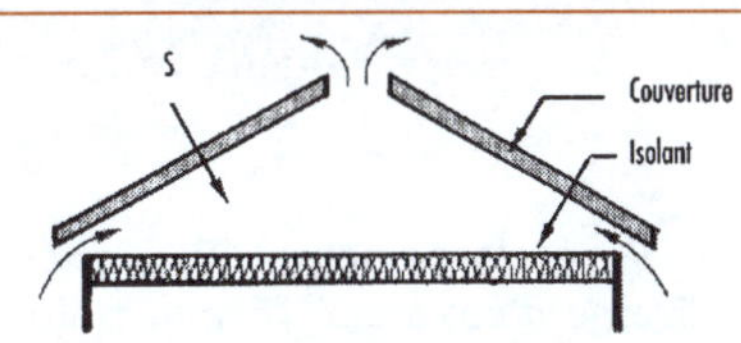	$S \geqslant 1/5\,000$
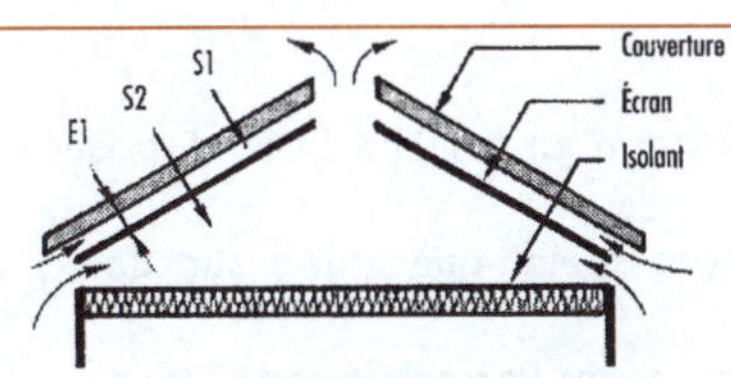	$S_1 \geqslant 1/5\,000$ $S_2 \geqslant 1/3\,000$
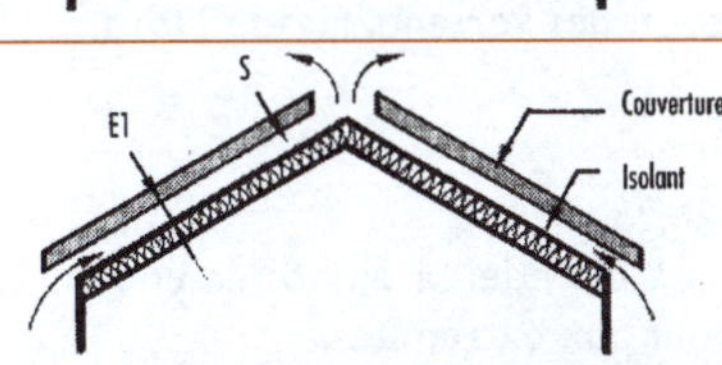	$S \geqslant 1/3\,000$
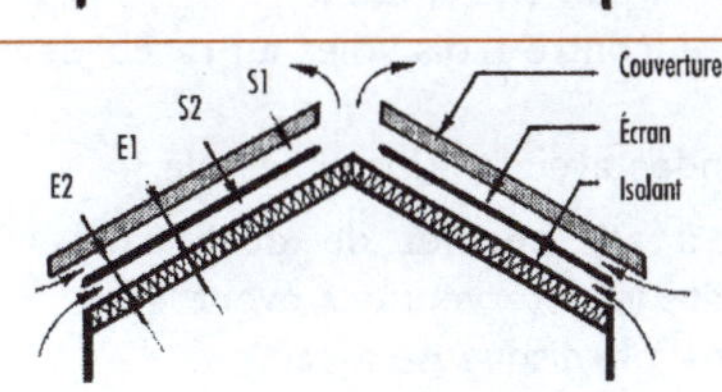	$S_1 \geqslant 1/5\,000$ $S_2 \geqslant 1/3\,000$

Figure 26.19 : *types de couvertures*

26.4. Prescriptions particulières

26.4.1. Écartement des liteaux, ou pureau

Objet : *espacement des liteaux pour parfait emboîtement des tuiles.*
Le pureau se détermine par le processus suivant :
- *prendre 11 tuiles au hasard ;*
- *disposer à l'envers ces tuiles sur un plan (planche, madrier etc) ;*
- *relever la longueur maximale* L_{max} *en « tirant » sur les tuiles, et la longueur miminale* L_{min} *en « serrant » les tuiles ;*
- *déterminer le pureau moyen :* $(L_{max} + L_{min})/20$.

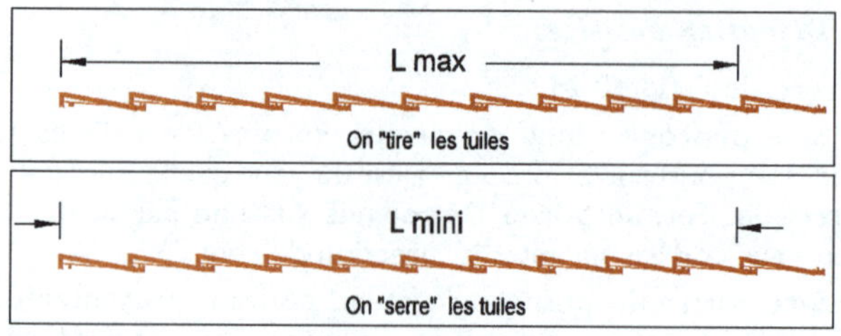

Figure 26.20 : ***pureau moyen :*** $(L_{max} + L_{min})/20$

26.4.2. Rives d'égout

Tuiles passantes de 50 mm au moins avec double liteau pour uniformiser la pente en bas de versant.
Localisation : en périphérie des versants de couverture suivant plans et élévations.

26.4.3. Rives de pignons

Se reporter à la figure 26.21.
- Fixation par clips métalliques sur fourreaux de rive scellés dans le rampannage.
- Mise en place d'un fronton correspondant à la rive (fixation par vis inox).
- Trois choix possibles de finitions de rive :
  - rives à rabat,
  - rive ronde,
  - rives bardelis.
- Localisation : façade Nord.

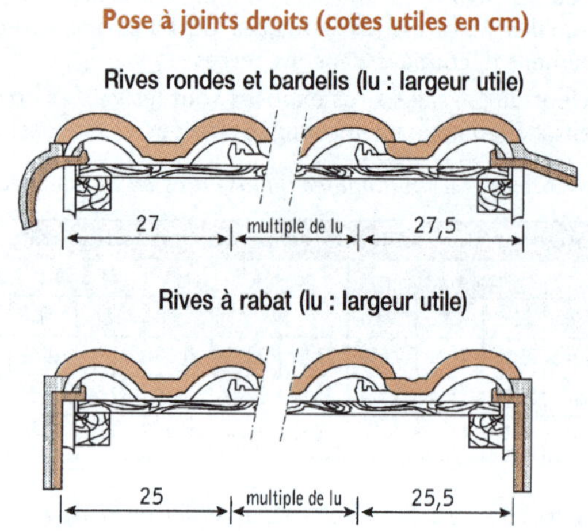

Figure 26.21 : ***rives de pignon***

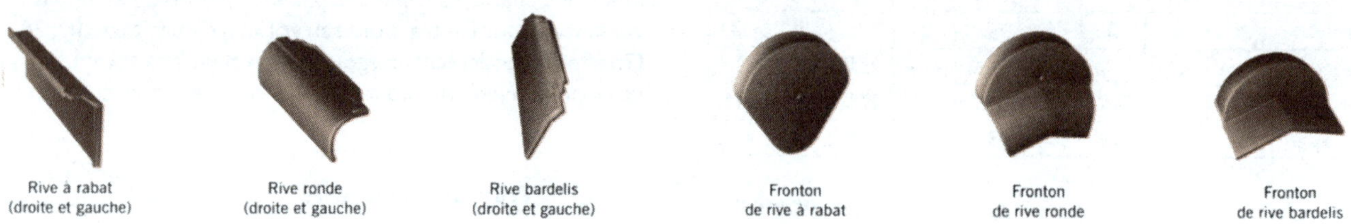

Figure 26.22 : ***accessoires de rives et abouts***

26.4.4. Noue

- Bande de noue en zinc, de développement 0,60 m, fixée en libre dilatation sur voligeage d'épaisseur 15 mm traité au lot charpente.
- Noue demi-fermée.
- Tuiles passantes de 80 mm en tranchis biais, disposées sur double liteau.
- Fixation par pannetons métalliques (une sur deux) des tuiles coupées.
- Localisation : intersection des versants façade Nord.

26.4.5. Arêtiers

Se reporter à la figure 26.23.
- Mise en place de tuiles d'arêtier à emboîtement en rampants et de tuile d'about aux extrémités.
- Mise en place d'une rencontre trois voies au raccordement arêtiers et faîtage.
- Pose à sec recommandée avec un closoir ventilé.

Le système de pose à sec permet de désolidariser les faîtières/arêtiers et facilite les interventions éventuelles.
Les tuiles sont tranchées à la disqueuse à eau.
Localisation : croupes (voir élévation des façades, figures 26.1 à 26.3).

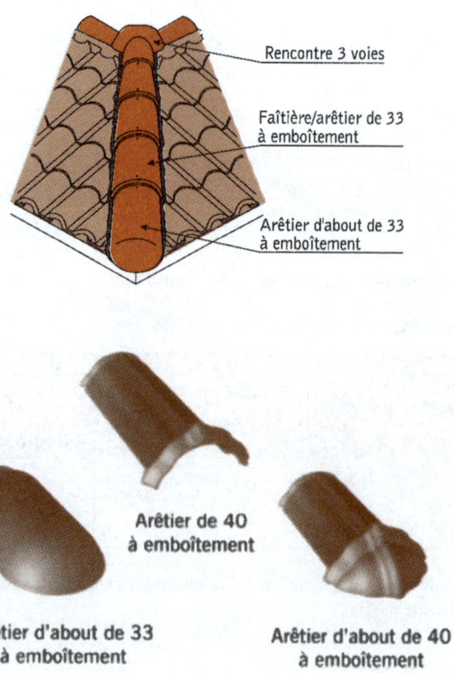

Figure 26.23 : ***accessoires d'arêtiers***

26.4.6. Faîtages

Se reporter aux figures 26.24 à 26.28.

- Faîtage à sec avec closoir de faîtage en PVC.
- Closoir disposé sur lisse de rehausse filante en sapin traité, maintenue par un support de type universel.
- Utilisation de faîtières demi-rondes à recouvrement, dans le coloris des tuiles. Elles seront fixées à l'aide de clips métalliques inoxydables.

Figure 26.24 : *faîtage*

D'une mise en œuvre rapide, le faîtage à sec permet une ventilation complémentaire. Il désolidarise les tuiles faîtières de la couverture. Il évite toute fissuration lorsque la charpente prend son assise ou lors du remplacement éventuel d'une tuile ou d'une faîtière.

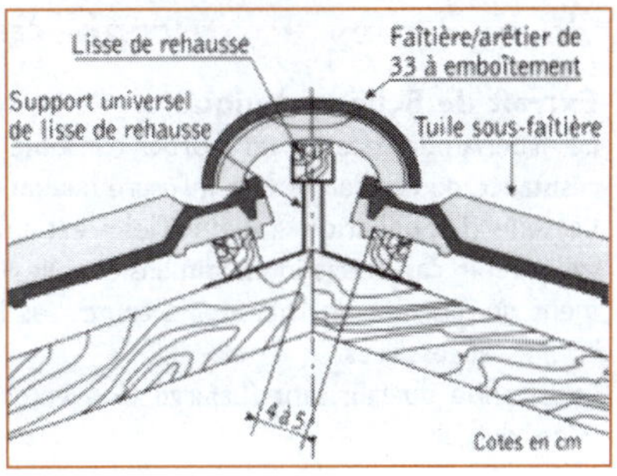

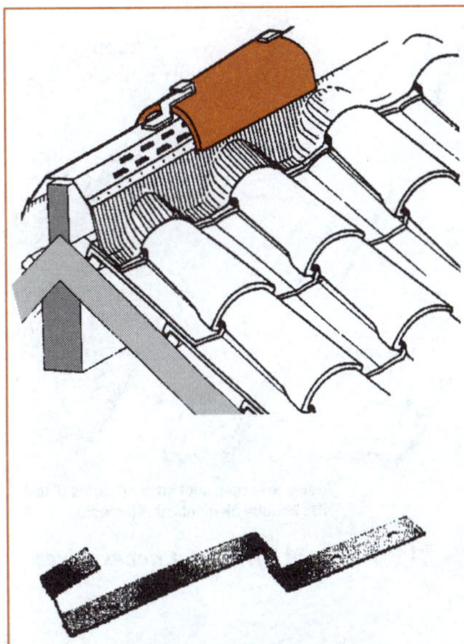

Figure 26.25 : *pose à sec du faîtage ventilé*

Figure 26.26 : *closoir aéré pour tuiles à ondes très profondes zinc plomb*

Figure 26.27 : *rencontre et poinçon*

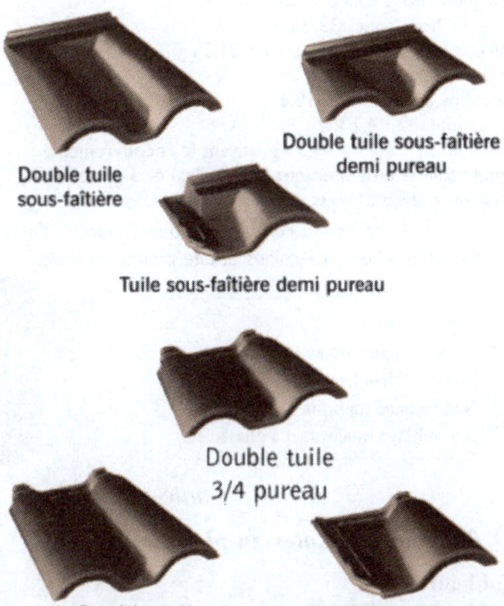

Figure 26.28 : *pour une souplesse de calepinage*

- Mise en place d'accessoires « poinçon pomme de pin » aux raccordements arêtiers et faîtage.
- **Localisation : voir lignes de faîtage sur les façades en élévation** (fig. 26.1 à 26.3, page 323).

26.4.7. Souche de cheminée

Entourage de cheminée en zinc, avec pinces latérales et arrière, disposé sur voligeage en sapin traité.

L'étanchéité est réalisée par un solin de toiture au mortier bâtard (fig. 26.29).

L'étanchéité par fixation mécanique d'une bande inox avec joint de mastic ne sera pas admis.

Raccordement sur tuiles par une bavette de plomb adaptable aux contours des tuiles pour l'étanchéité à la pluie.

Localisation : voir élévation des façades (Nord, Sud, Ouest).

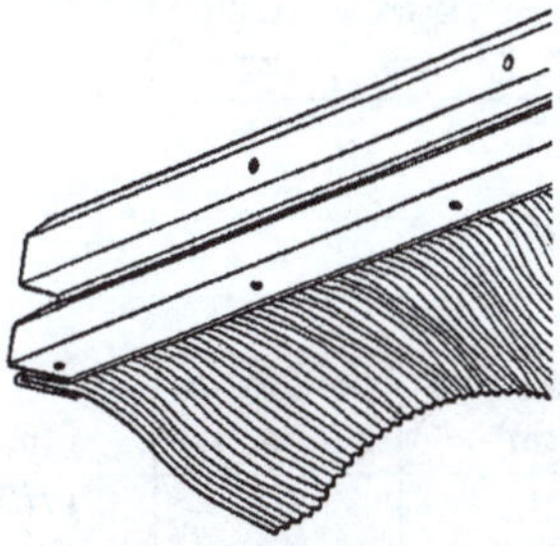

Figure 26.29 : *bande de solin zinc plomb*

Figure 26.30 : *tuile chatière grillagée ; ouverture de 21 cm²*

26.4.8. Sortie de ventilation : VMC et ventilation primaire EU/EV

Utilisation de tuiles spéciales à douille et lanterne d'aération de diamètre approprié (fig. 26.31 et 26.32).

- Tuile à douille de diamètre 175 mm pour Ventilation Mécanique Contrôlée et lanterne correspondante.
- Tuile à douille de 120 mm pour ventilation EU/EV et lanterne de diamètre correspondant.

Figure 26.31 : *tuile à douille « Ø 120 » et lanterne Ø 120*

Figure 26.32 : *tuile à douille « Ø 175 » et lanterne Ø 175*

26.5. Tuiles en microbéton de type « Plein Ciel »

Extrait de fiche technique

Le matériau de base est un mortier constitué de sables siliceux, de ciment portland et de pigments minéraux spécifiques. Les pigments colorés contribuent à la résistance de l'épiderme face à l'usure due au temps, à la pluie, au vent, à la neige, à l'exposition au soleil et à la pollution atmosphérique.

La tuile d'appellation « Plein Ciel » est une tuile grand moule à fort galbe (voir caractéristiques dimensionnelles), à recouvrement par glissement qui permet de l'adapter à toutes les longueurs de rampants, sans coupes nécessaires.

La garantie du fabricant (Lafarge Couverture) est de 30 ans contre les effets du gel.

❐ *Caractéristiques*

Longueur hors tout : 42 cm.
Largeur hors tout : 33,2 cm.
Pureau longitudinal : de 34,5 à 31,5 cm.
Largeur utile : 30 cm.
Nombre au m²: 9,6 à 10,6.
Poids unitaire : 4,2 kg.
Poids au m²: 40,3 à 44,5 kg suivant le recouvrement.
Type : tuile à emboîtement longitudinal et à glissement.
Mise en œuvre à joints croisés ou à joints droits.

Remarque : Le matériau composite Topland permet d'obtenir par sa composition une richesse de coloris et une patine naturelle.

① Topland
② Emboîtement surélevé par rapport à la surface d'écoulement
③ Nez façonné tradition
④ Assemblage transversal à glissement

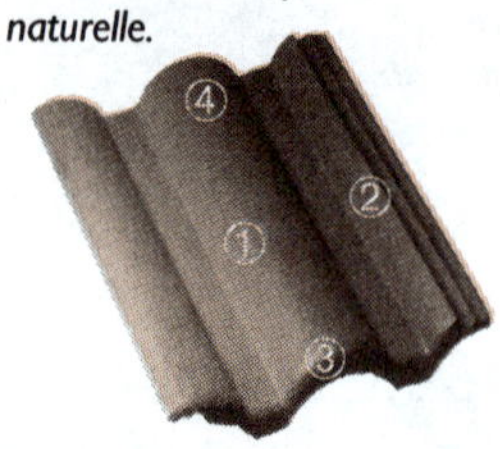

Figure 26.33 : *tuile « Plein Ciel »*

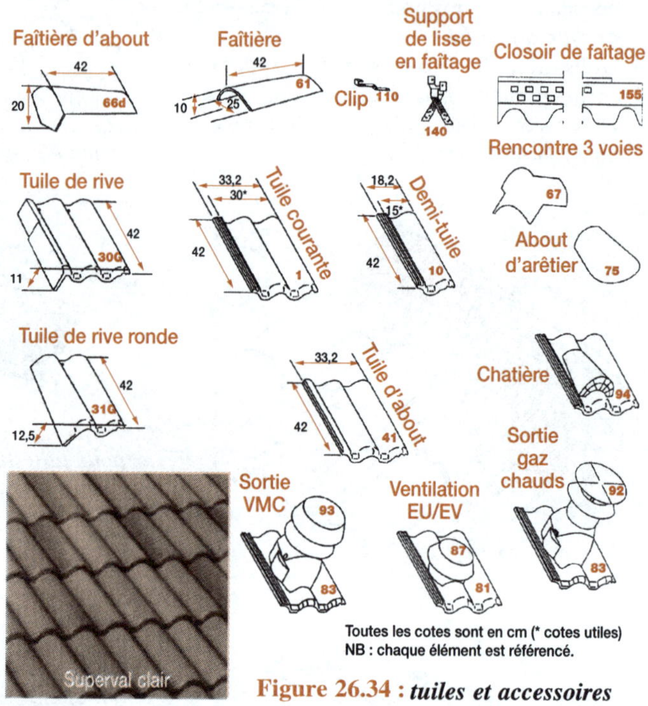

Figure 26.34 : *tuiles et accessoires*

❐ *Fixation des tuiles en plan carré*

Tableau 26.4

Pentes en %	Site protégé et normal		Site exposé	
	Rives et égouts	Partie courante	Rives et égouts	Partie courante
29 ⩽ p < 100	libres*	libres*	toutes	1/5
100 ⩽ p < 175	toutes	1/5	toutes	toutes
p ⩾ 175	toutes	toutes	toutes	toutes

* Tuiles de rives rondes : toutes.

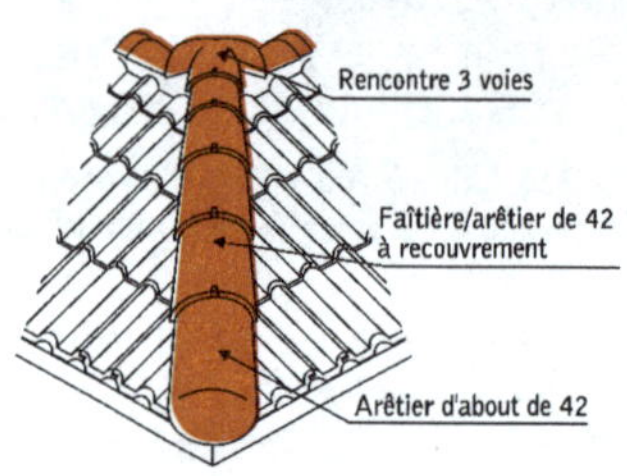

Figure 26.35 : *arêtier*

❐ *Recouvrements selon la pente*

Tableau 26.5

Pentes en %	Recouvrement mini (cm)	Pureau maxi (cm)	Nombre de tuiles au cm²
29 ⩽ p < 35	10,5	31,5	10,6
35 ⩽ p < 37	10,0	32,0	10,4
37 ⩽ p < 39	9,5	32,5	10,3
39 ⩽ p < 41	9,0	33,0	10,1
41 ⩽ p < 45	8,5	33,5	9,9
45 ⩽ p < 50	8,0	34,0	9,8
p ⩾ 50	7,5	34,5	9,6

Figure 26.36 : *tuile chatière grillagée, ouverture 22 cm²*

Figure 26.37 : *tuile à douille, Ø 100 mm et lanterne Ø 100 mm en PVC*

❐ *Ventilation*

Soit par égouts ventilé et faîtage ventilé, soit par chatières en partie basse et haute de la toiture. Les rejets d'air humide et ou/vicié provenant de la ventilation haute ou celle d'extraction de la VMC doivent impérativement être évacués hors des combles. Les sections sont identiques à celles indiquées pour la tuile Gallo-Romane.

La pose à sec des faîtières et des arêtiers est recommandée. Cette technique évite la fissuration lorsque la charpente prend son assise; elle facilite le remplacement éventuel de tuiles ou d'accessoires.

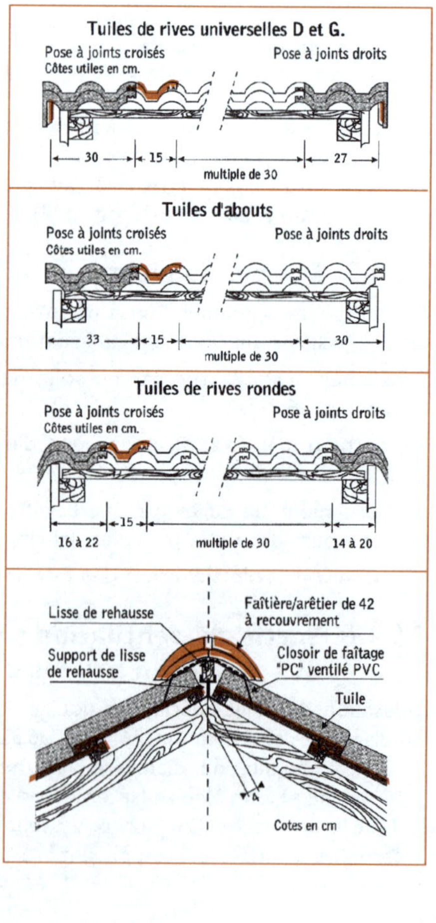

Figure 26.38 : *rives et faîtage* ►

Chapitre 27

Projet de construction

- Types de documents
- Exemple concret : pavillon « EXPO »

27.1. Types de documents

Un projet de construction comprend, entre autres, pour la réalisation sur le site de construction, les documents techniques suivants :

- **des pièces dessinées :** les plans de situation, masse, façades, coupes, plans d'exécution d'ouvrages (plan de pose de plancher, d'escalier balancé etc) ;
- **des pièces écrites :** le descriptif par corps d'état ou lots tels que maçonnerie et béton armé, charpente, couverture, menuiseries etc., et les devis quantitatif et estimatif.

27.2. Exemple concret : pavillon « EXPO »

Il s'agit d'une réalisation par une entreprise générale de construction traditionnelle de maisons individuelles (Berthelot Constructions).

Le présent chapitre présente :

- les documents d'architecture (plans) ;
- un extrait du descriptif des travaux : lot Couverture en Ardoises.

27.2.1. Plan de situation

Il indique la position géographique du terrain à bâtir (fig. 27.1).

Exemple : désignation de la commune, de la rue ou boulevard, du lotissement éventuel. Échelle 1/10 000 ou 1/5 000.

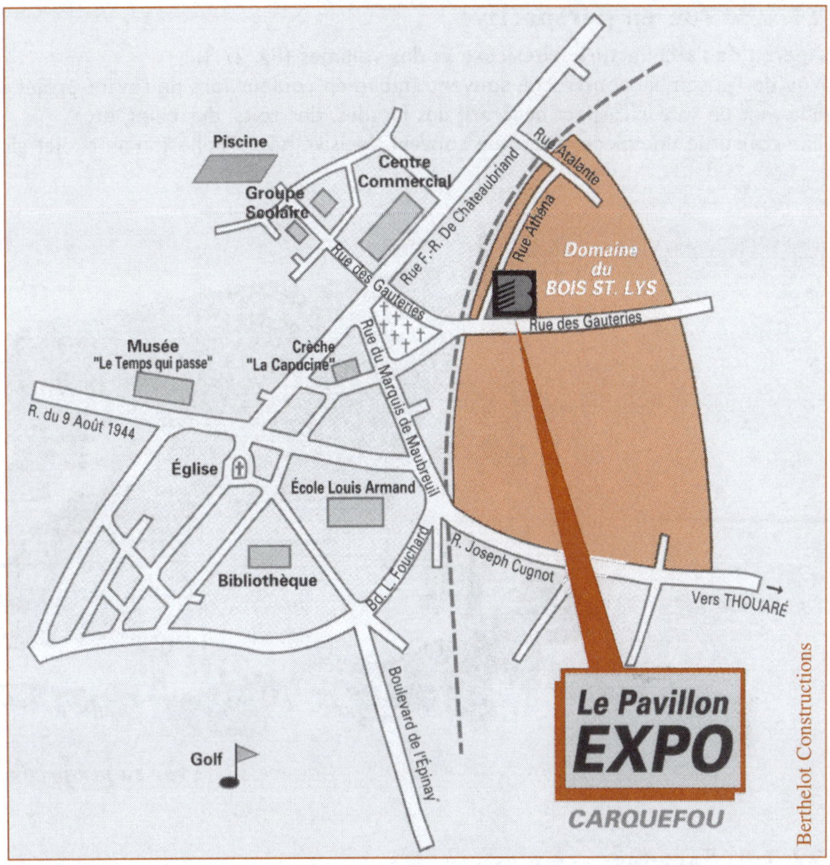

Figure 27.1 : *plan de situation*

27.2.2. Plan de masse

Il précise :

- le terrain ou lot à bâtir,
- l'emprise de la construction sur le terrain,
- l'orientation géographique (Nord),
- l'environnement proche (n° des lots voisins, constructions existantes éventuelles, voies et réseaux).

Il mentionne :

- le nom du propriétaire et des riverains,
- le nom de la voie (rue, boulevard, etc.).

Échelle : 1/500 ou 1/250.

Renseignements techniques indiqués :

- Caractéristiques du terrain :
  - n° du Lot,
  - références du cadastre (section – n°),
  - superficie du terrain.
- SHON : Surface Hors Œuvre Nette.
- Orientation (flèche du Nord).
- Cotes d'implantation et marges latérales.
- Niveaux par rapport à la voie.
- Indications de réseaux tels que EDF, gaz, téléphone, assainissement pour l'évacuation des eaux pluviales (EP) et des eaux usées (EU).

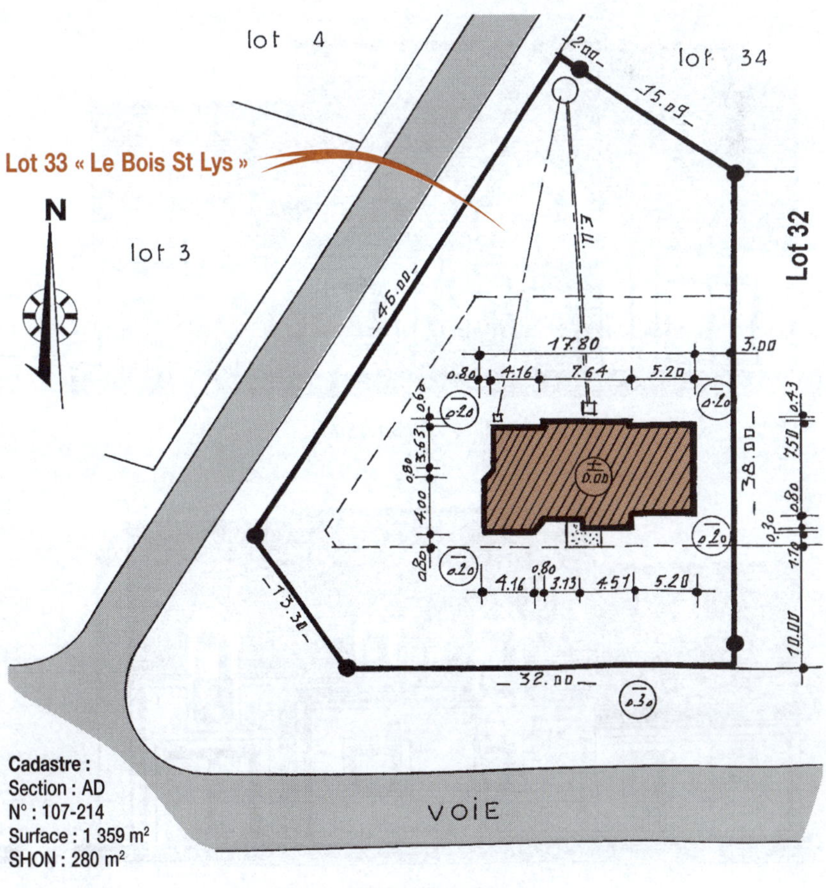

Figure 27.2 : *plan de masse*

27.2.3. Vue en perspective

Aperçu de l'architecture extérieure et des volumes (fig. 27.3).
Vue de l'ensemble constructif, souvent établie en couleur lors de l'avant-projet sommaire (APS).
Elle met en valeur l'aspect décoratif des façades, des toits, des baies, etc.
Elle constitue une pièce graphique souvent décisive pour l'adhésion au projet global.

Figure 27.3 : *vue en perspective*

27.2.4. Façades

Vues en élévation désignées en fonction de l'orientation (fig. 27.4 à 27.7).

Figure 27.4 : *façade Sud*

Figure 27.5 : *pignon Ouest*

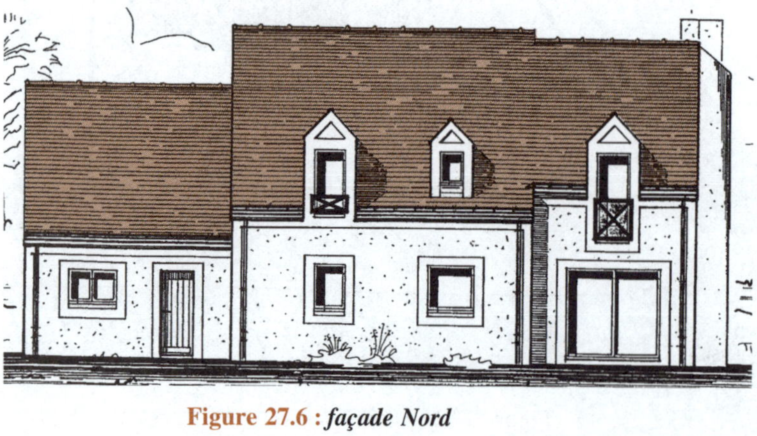

Figure 27.6 : *façade Nord*

Figure 27.7 : *pignon Est*

27.2.5. Plans d'avant-projet sommaire (APS)

Étape de conception avant plans de construction détaillés et définitifs.

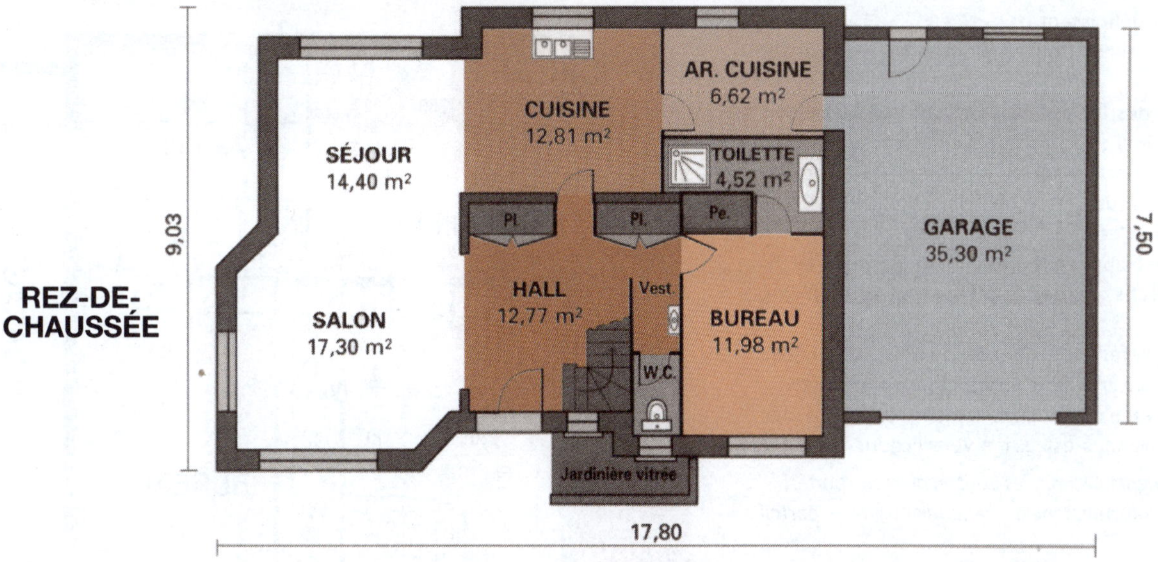

Figure 27.8

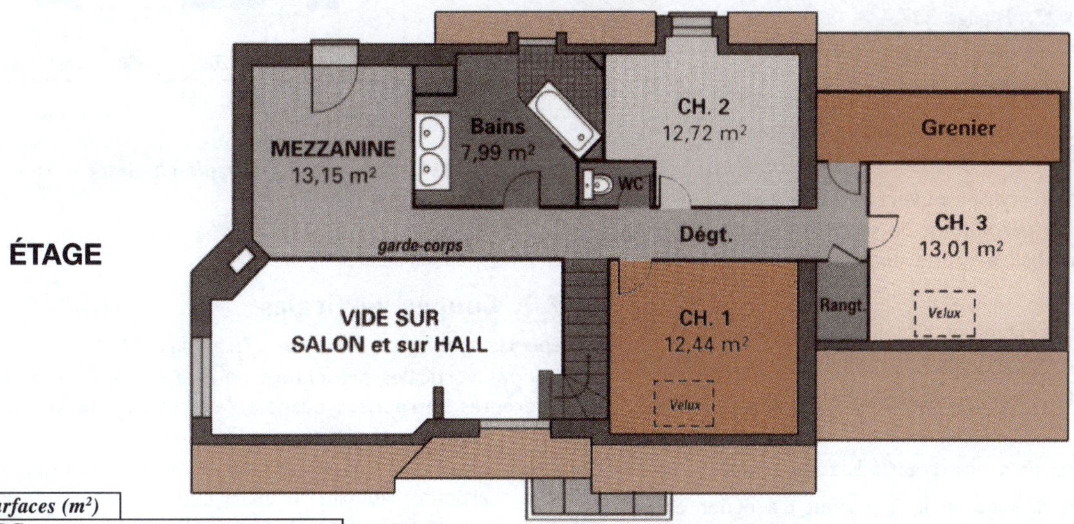

Figure 27.9

Surfaces (m²)		
RDC		
Cuisine	*12,81*	
Ar.-cuisine	*6,62*	
Séjour	*14,40*	
Salon	*17,30*	
Hall – pl.	*12,77*	
Vestiaire – pl.	*2,98*	
Bureau – pl.	*11,98*	
Toilettes	*4,52*	
WC	*1,44*	
Surface	***84,82 m²***	
Étage		***hrs + 1,80 m***
Chambre 1	*12,44*	*9,43*
Chambre 2	*12,72*	*9,17*
Chambre 3	*13,01*	*10,74*
Mezzanine	*13,15*	*11,70*
Dégagement	*9,80*	*9,80*
Rangement	*1,50*	*0,90*
Bains	*7,99*	*6,26*
WC	*1,20*	*1,20*
Surface	***71,81 m²***	***59,20 m²***
Total	***156,63 m²***	***144,02 m²***
Garage	*35,30*	
Grenier	*10,50*	

Figure 27.10

27.2.6. Plans des niveaux de construction

Se reporter aux figures 27.11 à 27.13.

Les vues en plan définissent :

- les cotes extérieures pour implanter les murs et les baies,
- la distribution des locaux et les circulations (couloirs et cage d'escalier) avec les cotes nécessaires,
- les cotes intérieures pour délimiter les locaux, implanter les murs de refend, les cloisons, les portes, l'escalier, etc.,
- la position des appareils pour l'équipement technique des pièces de service (cuisine, salle d'eau, etc.),
- le niveau de référence du rez-de-chaussée et de l'étage (niveau inscrit dans un cercle en trait fort),
- le réseau d'évacuation d'eaux pluviales; celui des eaux usées et vannes est dirigé vers l'égout.

Divers renseignements techniques sont également portés. Exemples : limite de mezzanine – chaudière gaz – portail de garage, etc.

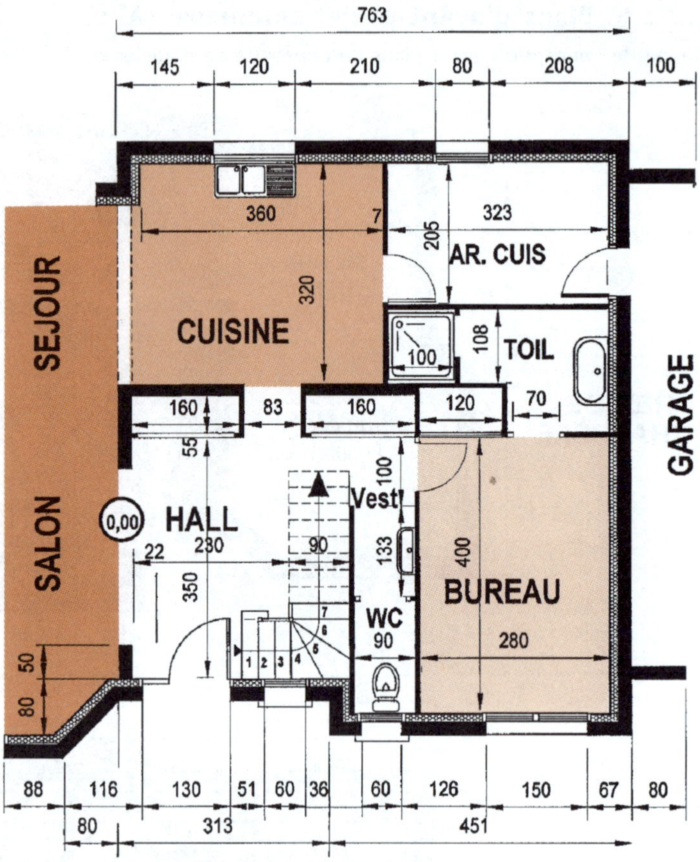

Figure 27.11 : *plan partiel du rez-de-chaussée*

27.2.6.1. Plan du rez-de-chaussée

Se reporter à la figure 27.12, page 337.

❒ ***Distribution***

Elle tient compte à la fois de l'exposition, de l'environnement proche, des contraintes particulières (accès au garage).

Elle donne priorité au style « ouvert » entre hall, séjour, salon, cuisine, en permettant de séparer séjour et cuisine ou salon et hall par une décoration intérieure de son choix.

Le salon-séjour est traversant et bénéficie de trois expositions.

La pièce bureau est bien sûr transposable en chambre avec sa pièce d'eau attenante.

L'arrière cuisine permet un accès direct à la zone garage.

L'escalier tournant est disposé en L et permet d'accéder en zone médiane de l'étage; la cage d'escalier est très éclairée.

❒ ***Ambiance intérieure***

La lumière naturelle inonde le hall et le salon en particulier, non seulement via les baies d'orientation croisée du rez-de-chaussée, mais aussi par le vide sur salon en raison de la mezzanine. La lumière est issue du pignon ouest et de la lucarne en triangle située au-dessus de l'auvent de la façade sud.

La cheminée à foyer ouvert ou fermé donne un plus à la convivialité des soirées en période hivernale.

27.2.6.2. Étage

Se reporter à la figure 27.13, page 338.

L'étage concentre essentiellement deux zones :

- une zone loisir avec la surface de mezzanine pour lectures, musique, multimédia, etc.,
- une zone nuit avec trois chambres et des sanitaires.

Remarque : Les surfaces de l'habitation sont indiquées page 335.

27.2.7. Coupes verticales

Se reporter aux figures 27.14 et 27.15, page 339.

Les coupes verticales présentent un intérêt particulier pour les différentes entreprises quant à l'exécution à la fois séparée pour chaque lot et globale par le résultat.

Prenons un exemple : exécution de la maçonnerie qui supporte la charpente, laquelle reçoit la couverture. Les coupes indiquent les niveaux et les cotes verticales.

Niveaux et cotes extérieures : niveau des corniches, des faîtages des frontons de lucarnes, etc.

Cotes utiles à l'exécution des pignons, par exemple, ou à l'exécution de la charpente.

Niveaux et cotes intérieures tels que le niveau de l'étage, les hauteurs des linteaux, des appuis de fenêtres, des portes intérieures, etc.

Les coupes verticales précisent la disposition de la charpente, du plafond des combles, de l'isolation thermique horizontale ou verticale, des hauteurs intérieures en bas versant.

27.2.8. Dessins d'exécution

Ils complètent les plans précédents pour un ouvrage précis.

Exemples :

- Plan de pose d'un plancher par poutrelles précontraintes.
- Plan d'escalier balancé (chap. 25).
- Détails de fondation.
- Plan d'armatures de poteaux ou de poutres, etc.
- Détails d'agencement ou d'ameublement intérieur.

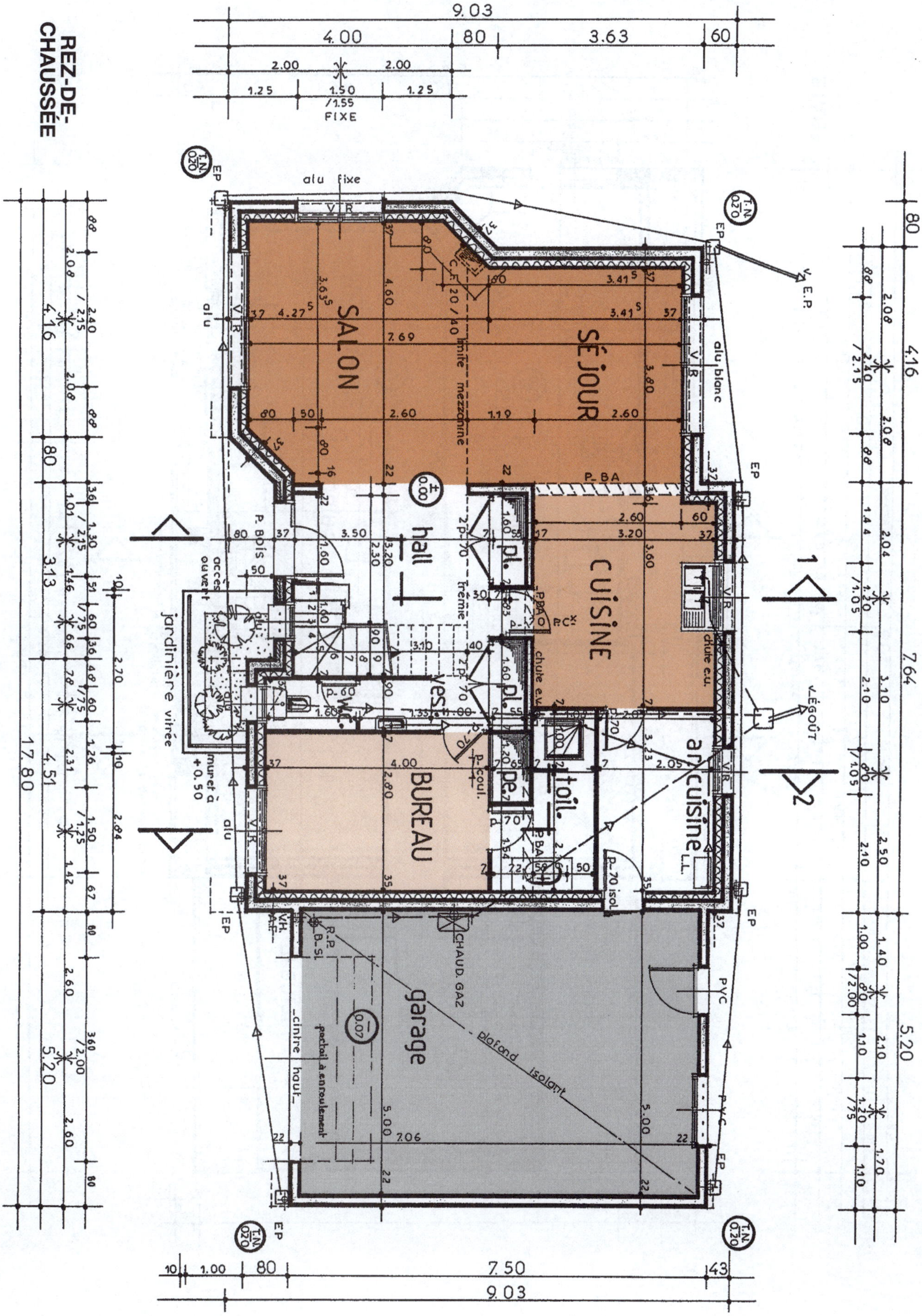
REZ-DE-CHAUSSÉE
SALON
SÉJOUR
CUISINE
hall
BUREAU
garage
arr. cuisine
jardinière vitrée
plafond isolant
CHAUD. GAZ

Figure 27.12

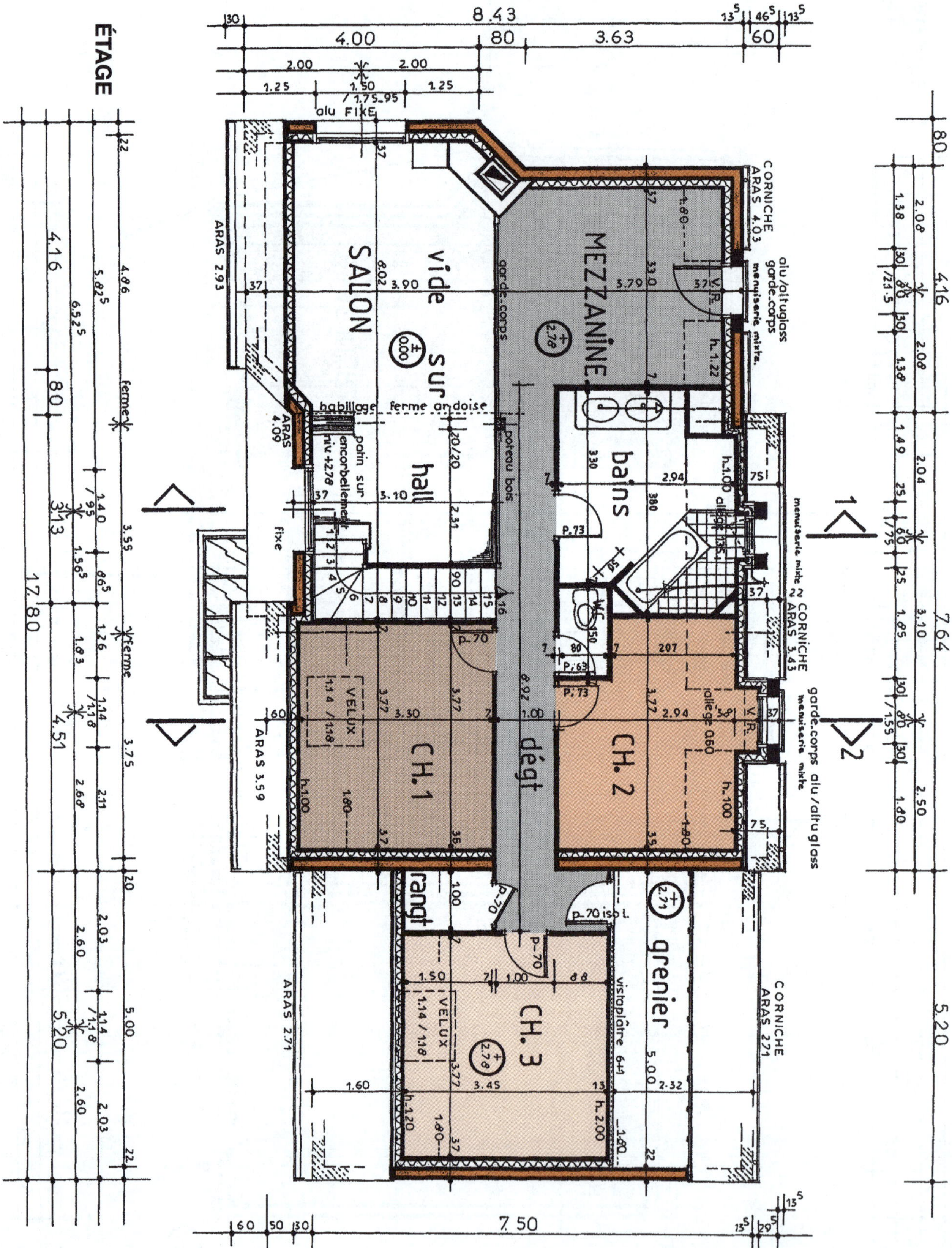
ÉTAGE
SALON
vide sur SALON
MEZZANINE
hall
bains
dégt
CH.1
CH.2
CH.3
grenier
rangt
VELUX
CORNICHE
garde.corps
alu/altuglass
habillage ferme ardoise
poteau bois

Figure 27.13

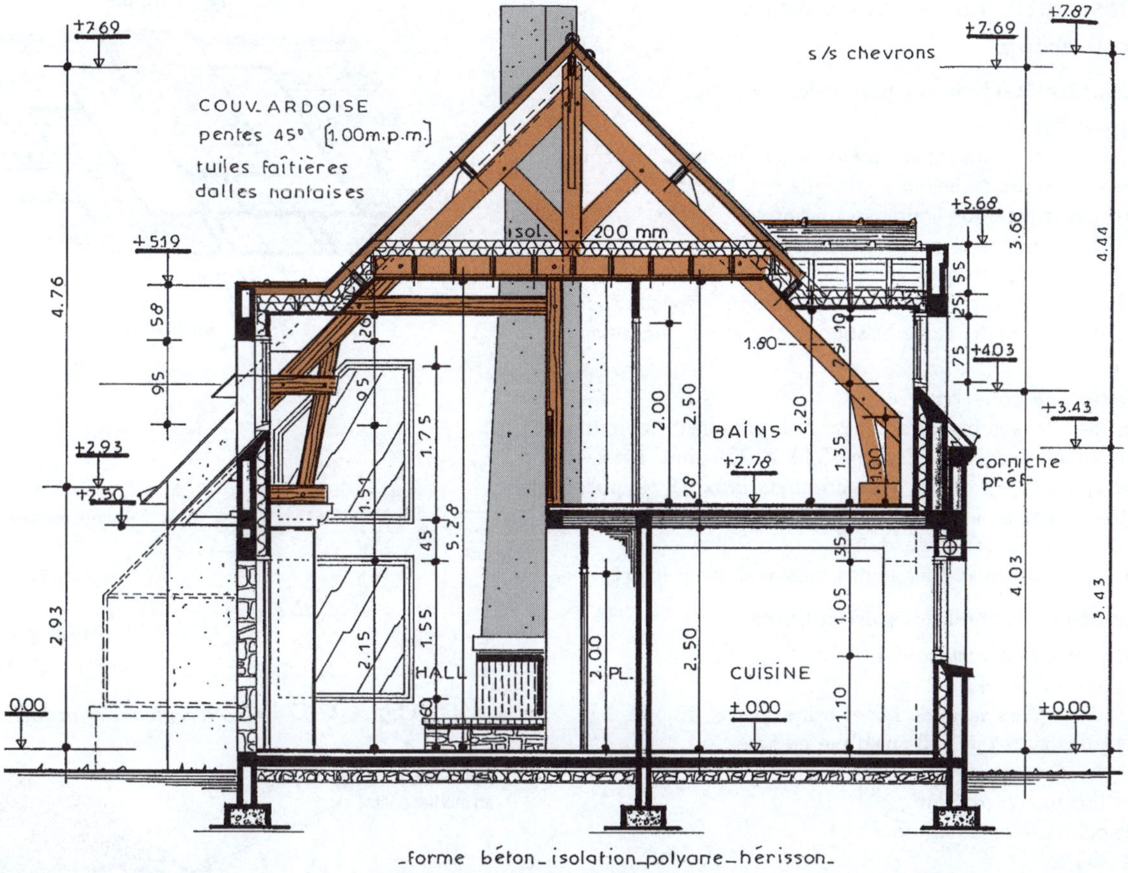

COUPE 1

Figure 27.14

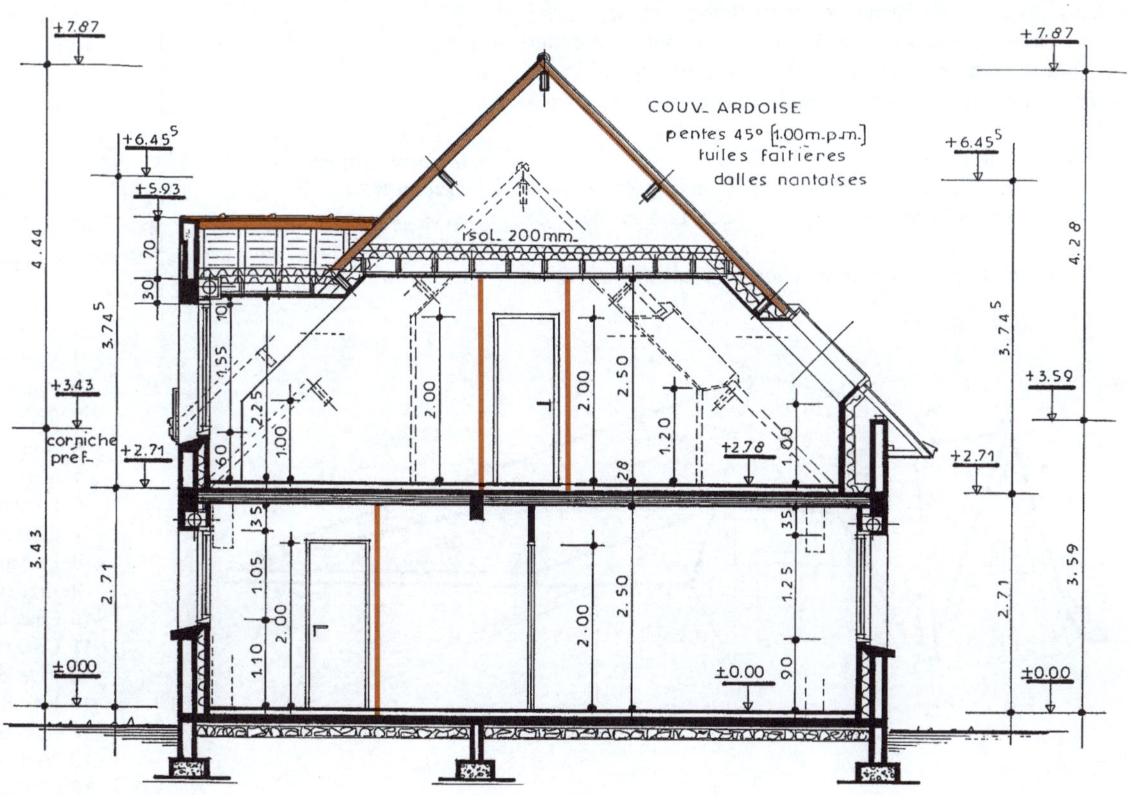

COUPE 2

Figure 27.15

27.2.9. Descriptif partiel des travaux

Lot N°3 : couverture.

3.01 Prescriptions techniques générales

3.01.01 Rappel des normes

Les travaux seront exécutés conformément aux normes, réglementations et prescriptions techniques en vigueur à la date de remise de l'offre, suivant la liste non limitative suivante :

- NF P 32-201 : couvertures en ardoises (DTU 40.11) ;
- NF P 32-301 : caractéristiques générales des ardoises ;
- NF P 32-302 : couverture – ardoises – définition – spécifications ;
- conditions de réception : caractéristiques physiques, mécaniques, chimiques.

3.01.02 Principe de couverture

Couverture de l'ensemble : versants des combles habitables, lucarnes, auvent en ardoises d'Espagne 320 × 220 mm, épaisseur minimale de 2,7 mm, 1er choix, avec crochets inox 18 %, posées sur liteaux traités par un insecticide et un fongicide.
Garantie : 30 ans sur le produit ardoise.
Localisation : suivant plan et coupes des dessins d'architecture.

3.02 Prescriptions techniques particulières

3.02.01 Couverture et accessoires

- Pente de couverture : 45°.
- Section des liteaux en sapin du Nord traité : 15 × 40 mm.
- Espacement des chevrons : 50 cm d'axe en axe.
- Évaluation des charges par m^2:
- – ardoises + liteaux : 25 daN/m^2,
- – neige : région 1A – vent : région 2,
- – altitude < 200 m.
- Support de couverture en volige d'épaisseur 15 mm pour les noues des lucarnes et le support des dalles nantaises.
- Recouvrement minimal des ardoises pour la pente de 45°: 80 mm (fig. 27.16).
- Rives en ardoises fixées verticalement sur chevron avec retombée suffisante pour former larmier et protection d'enduit.
- Rives avec noquet, bavette zinc et solin traditionnel au mortier de chaux contre les parois pour lucarnes et souche (fig. 27.19).
- Faîtage en tuiles terre cuite scellées au mortier de chaux (fig. 27.18).
- Chatières de ventilation des combles (fig. 27.22).
- Surfaces des orifices totalisant 1/3 000 de la surface couverte à raison de deux chatières en bas de pente pour une en haut de versant.
- Sortie d'air vicié de la ventilation mécanique contrôlée (fig. 27.25).

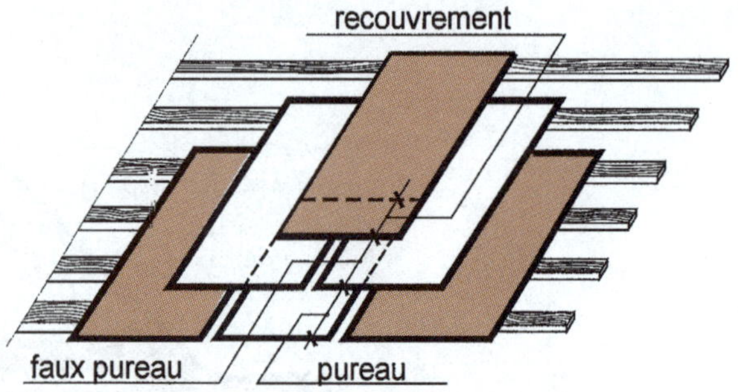

Figure 27.16 : ***notion de pureau***

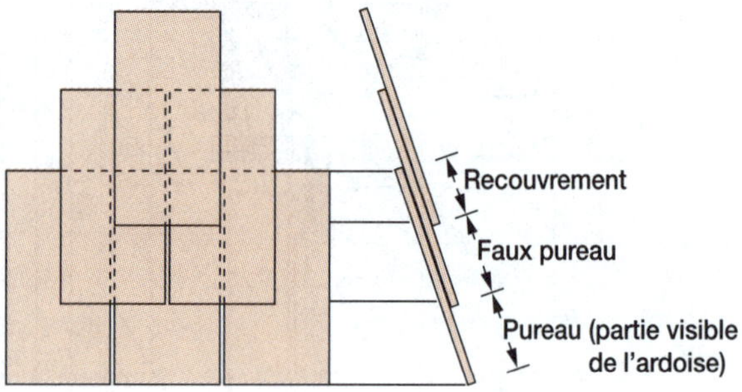

Figure 27.17 : ***recouvrement des ardoises***

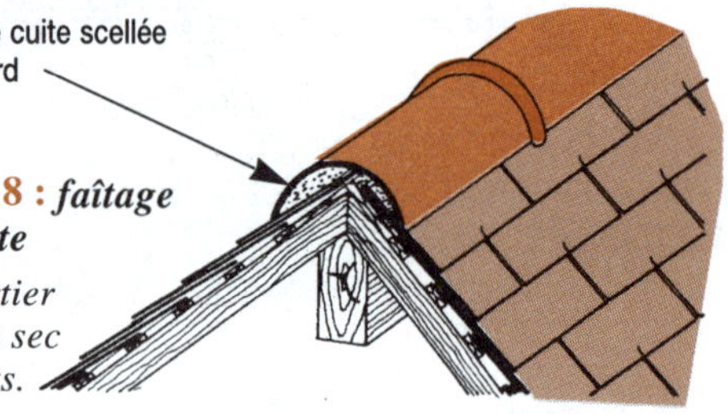

Figure 27.18 : ***faîtage en terre cuite***

Pose au mortier ou fixation à sec avec crochets.

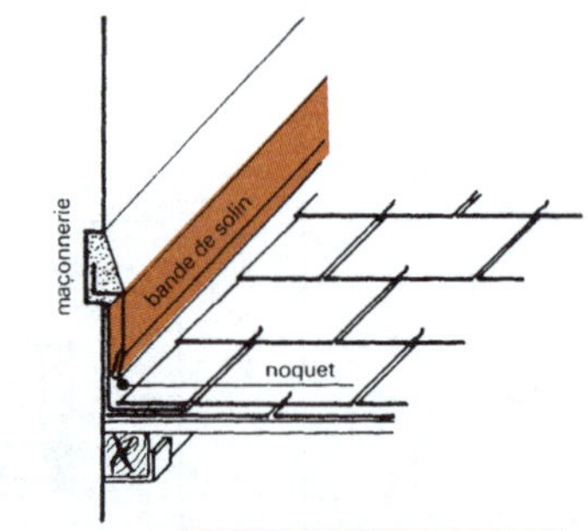

Figure 27.19 : ***rive latérale contre maçonnerie***

Avec engravure dans la maçonnerie ou sans engravure.

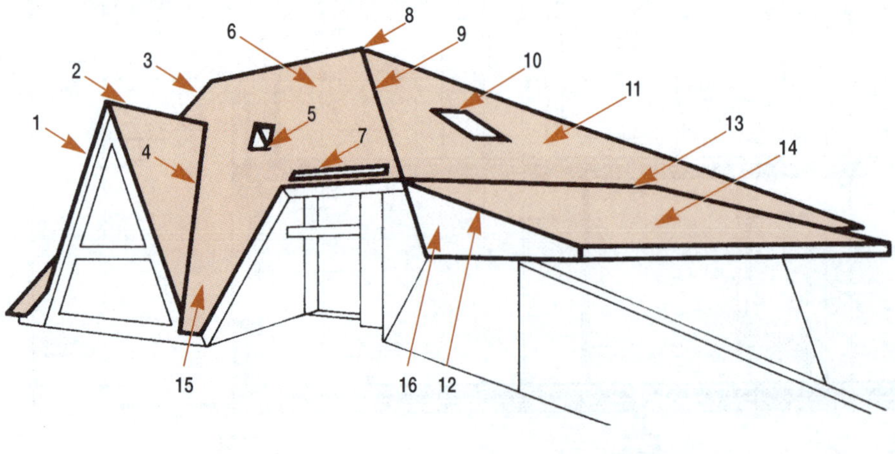

1 Saillie de rive
2 Faîtage
3 Rive en arêtier
4 Noue
5 Chatière
6 Long plan
7 Cheneau encastré
8 Poinçon
9 Arêtier
10 Châssis
11 Croupe
12 Rive latérale
13 Brisure
14 Auvent
15 Égout
16 Clairis

Figure 27.20 : ***termes courants utilisés pour les toitures ardoises***

3.02.02 Zinguerie

- Gouttière nantaise avec boudin de diamètre 14 et pince (fig. 27.21)
  Caractéristiques :
  - développement de 33 cm,
  - relevé de hauteur de 80 mm,
  - épaisseur de 0,65 mm,
  - par longueur de 4 m.
- Bande à ourlet de 14, épaisseur 0,65 mm en longueur de 2,00 mètre, formant garantie sous la gouttière avec fixation assurée par une bande d'agrafe (fig.27.21).
- Crochets galvanisés fixés sur chevrons.
- Tuyaux de descente en PVC de diamètre minimal 80 mm.
- Fenêtres de toit de type Velux ou similaire, série GGL 114 × 118 (fig. 27. 26).
  Volet roulant électrique de type SML 114 × 118 dans la chambre N° 3.
- Divers :
  Sortie en toiture de la ventilation des chutes EV + EU en diamètre 100 mm (fig. 27.23).
  Sortie des gaz brûlés de la chaudière : conduit de type Therm-alu avec double paroi inox-alu-zinc isolé par de la laine de roche de 30 mm d'épaisseur.

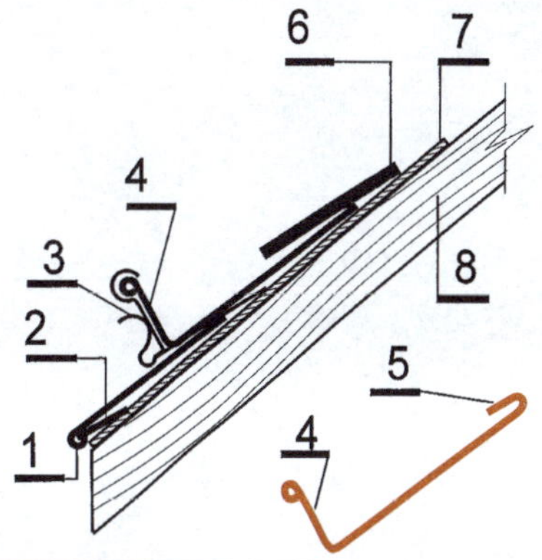

1	Boudin (ou ourlet)	**5**	Pince
2	Agrafe	**6**	Ardoise
3	Crochet	**7**	Volige
4	Dalle nantaise	**8**	Chevron

Figure 27.21 : ***détail de gouttière nantaise***

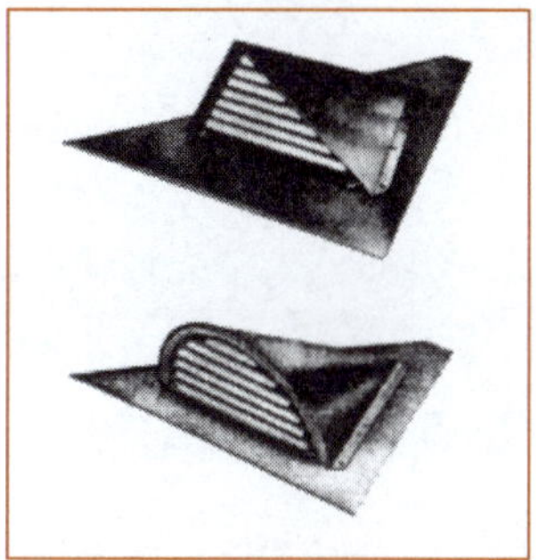

Figure 27.22 : ***chatières en PVC***

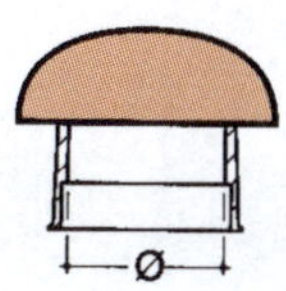

Le diamètre intérieur de l'embase correspond au diamètre extérieur des tubes PVC.

Figure 27.23 : ***chapeau de ventilation (EU – EV)***

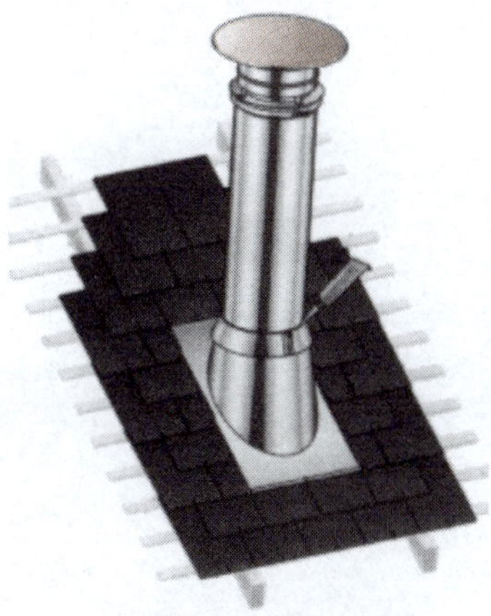

Figure 27.24 : ***sortie de gaz brûlés***

Figure 27.25 : ***chapeau de VMC***

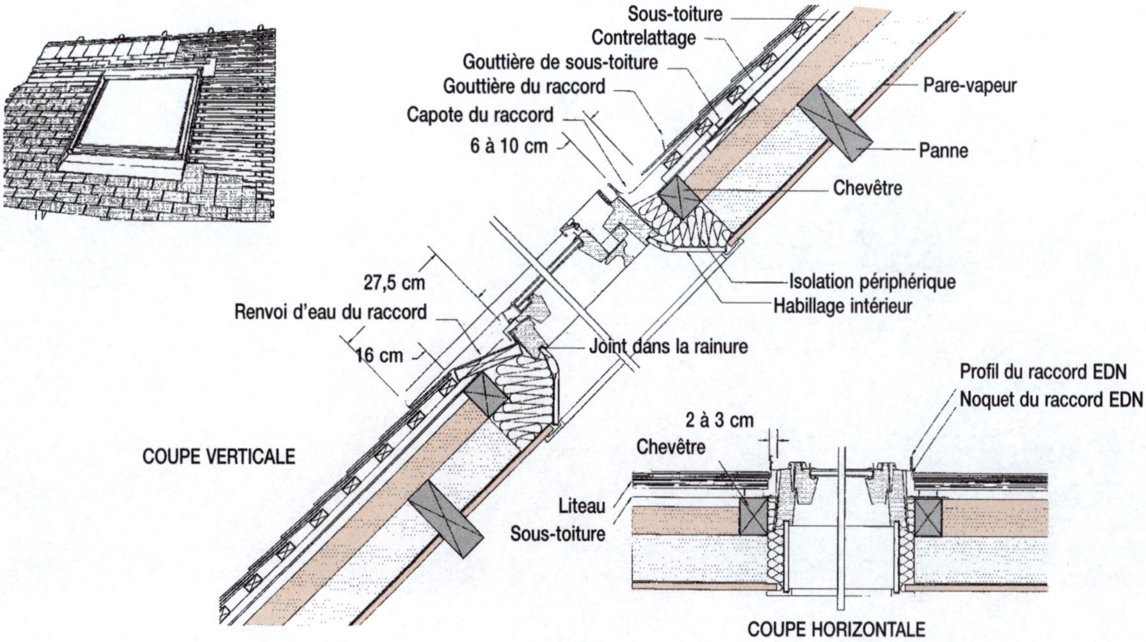

Figure 27.26 : ***détail de raccordement d'un Velux***
La fenêtre Velux est posée en encastré sur les ardoises avec un raccordement.

Chapitre 28

Maison à combles aménagés

Plans et détails de construction

1 Avant-projet de maison sur vide sanitaire

2 Distribution des locaux en rez-de chaussée et en combles

3 Plans avec les cotes d'implantation des pièces et les surfaces

4 Élévation des façades et des pignons

5 Coupes : vide sanitaire, rez-de-chaussée, combles

6 Murs de soubassement du vide sanitaire

7 Armatures des semelles filantes sous murs de soubassement

8 Planchers bas sur VS et isolation thermique

9 Fiche technique : plancher avec entrevous de bois moulé et traité pour VS

10 Structure porteuse : semelles, murs, plancher

11 Fiche technique : exigences thermiques pour planchers sur vide sanitaire

12 Détails d'exécution :

- 12.1 Fiche technique : planchers avec dalle flottante sur isolant
- 12.2 Détails d'évacuation sous planche bas du VS

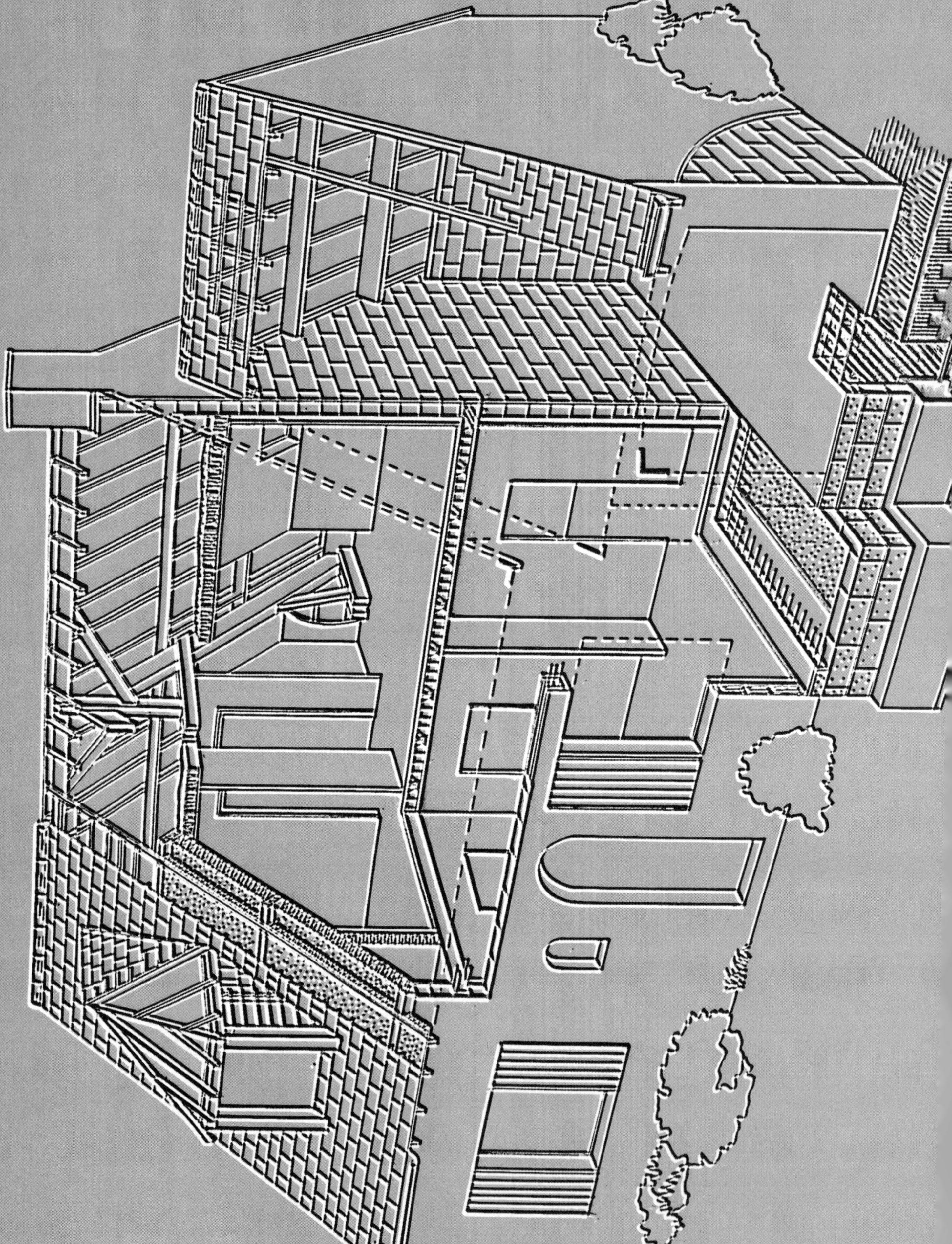

I. Avant-projet de maison sur vide sanitaire

Maison à combles aménagés avec garage intégré

Fig. 1 : Vue perspective en façade principale (modèle LONICERA)

Configuration de la toiture : lucarne à croupe et fenêtres de toit

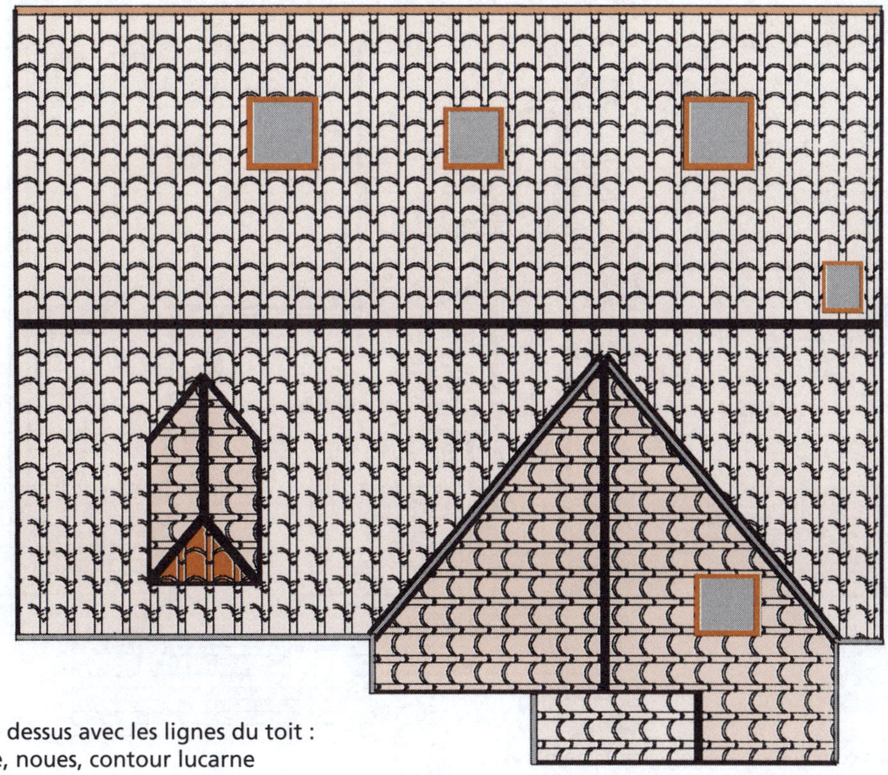

Fig. 2 : Vue de dessus avec les lignes du toit : faîtage, noues, contour lucarne

doc. : Maison FAMILIALE

2. Distribution des locaux en rez-de-chaussée et en combles

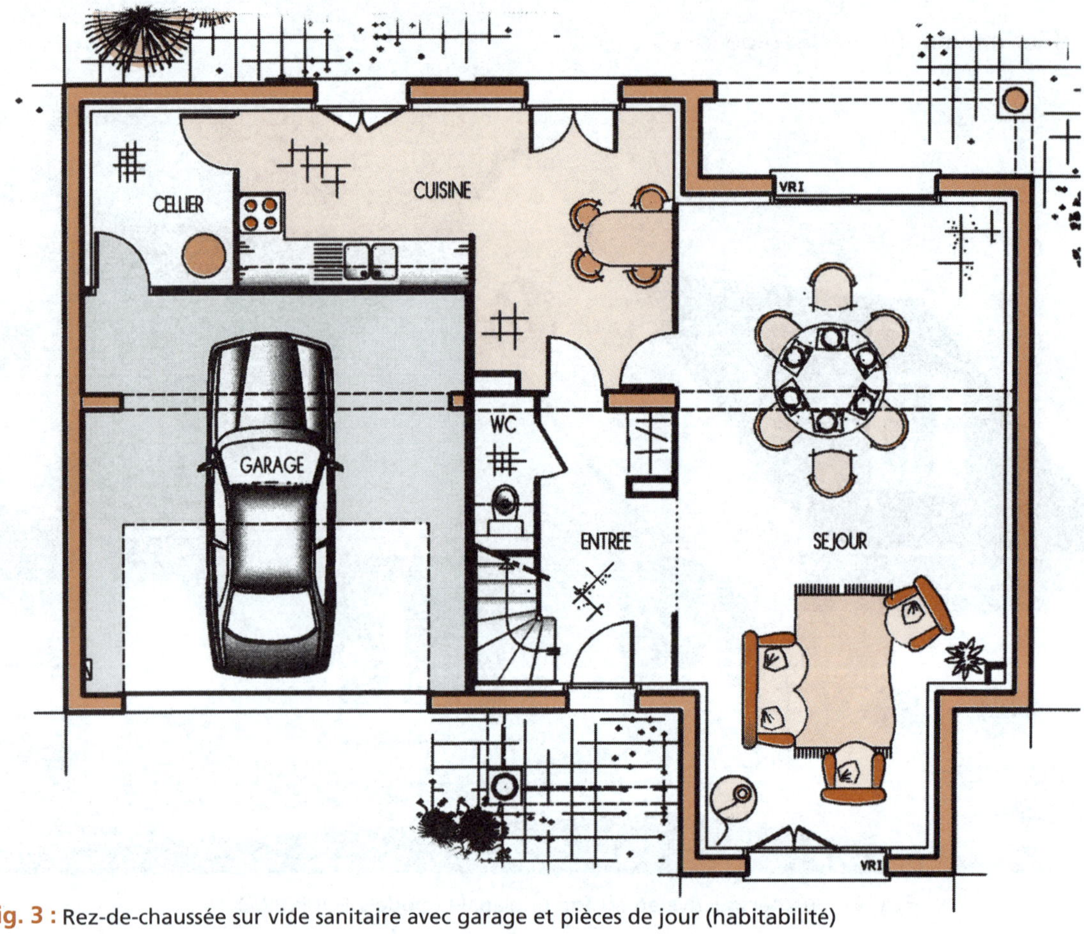

Fig. 3 : Rez-de-chaussée sur vide sanitaire avec garage et pièces de jour (habitabilité)

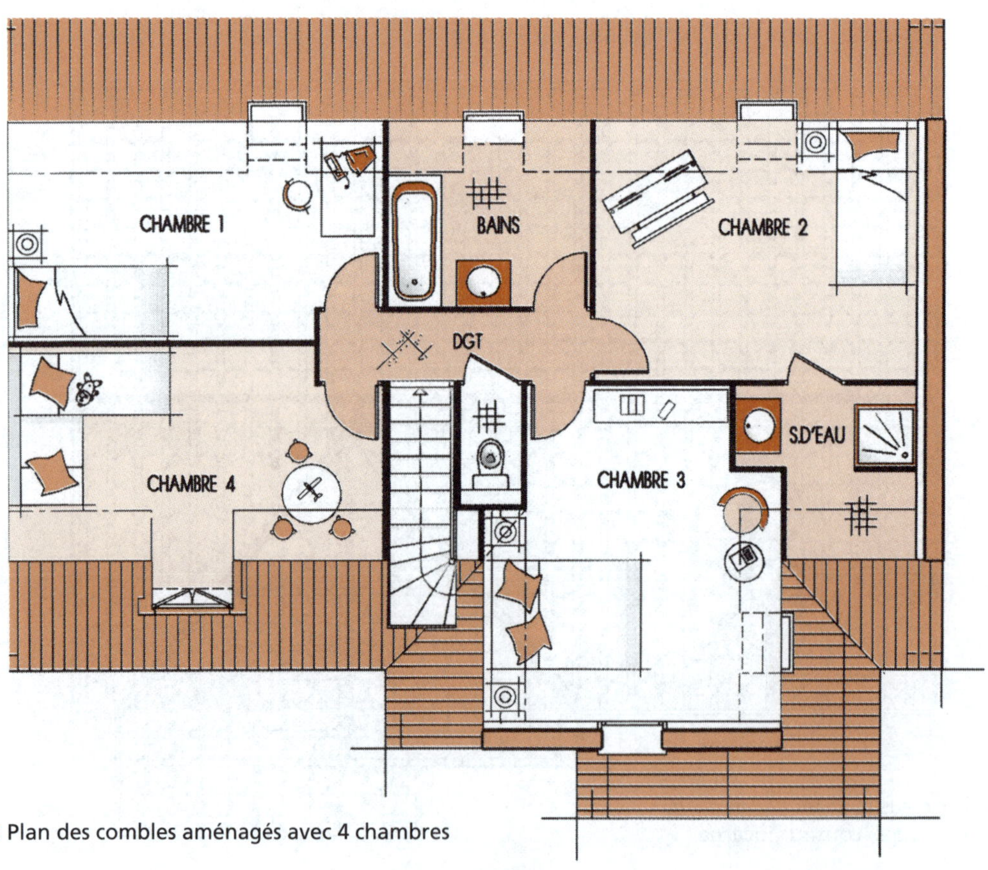

doc. : Maison Familiale

Fig. 4 : Plan des combles aménagés avec 4 chambres

3. Plans avec les cotes d'implantation des pièces et les surfaces

Rez-de-chaussée avec garage, porche d'entrée, loggia côté jardin

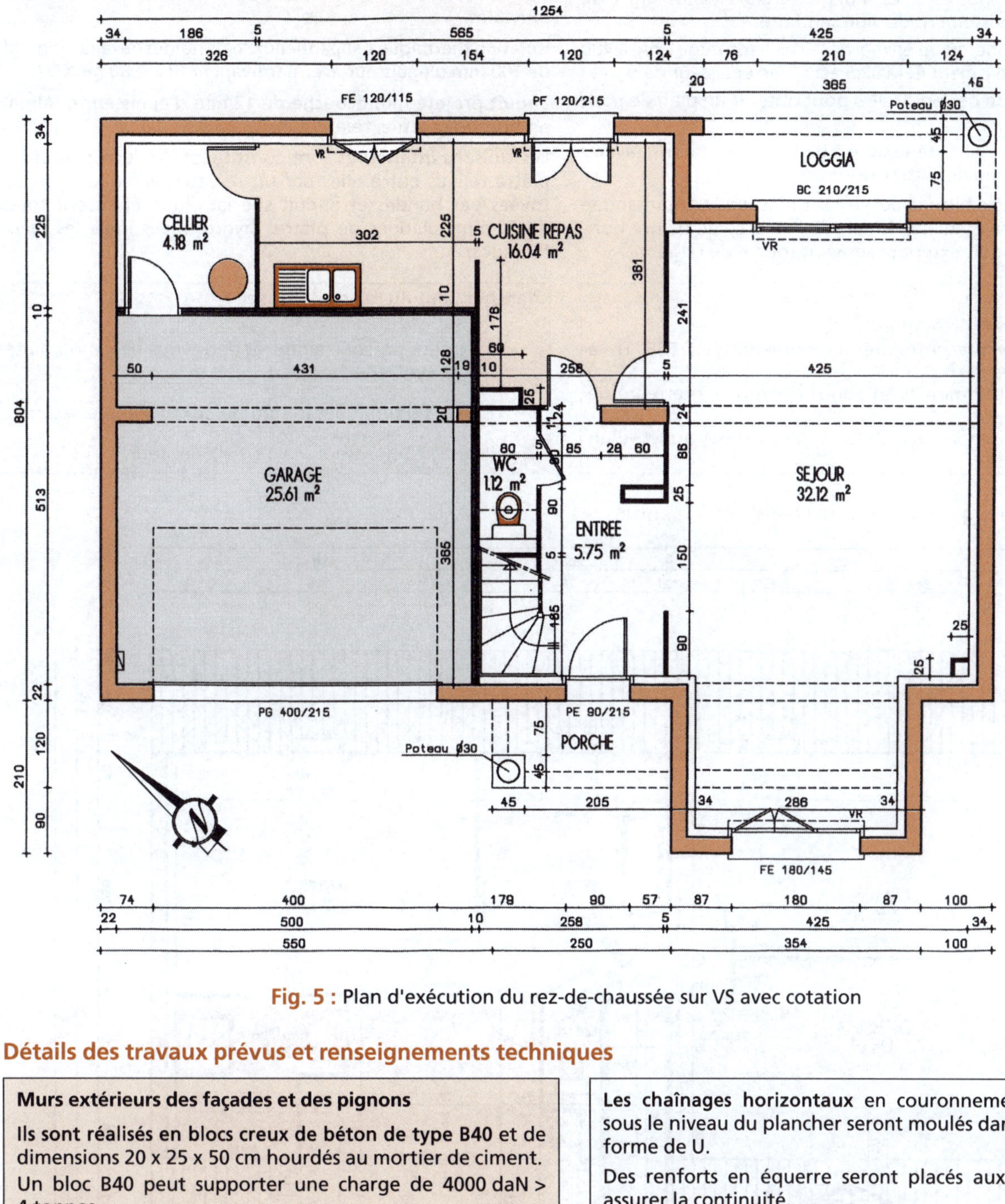

Fig. 5 : Plan d'exécution du rez-de-chaussée sur VS avec cotation

doc. : Maison Familiale

Détails des travaux prévus et renseignements techniques

Murs extérieurs des façades et des pignons

Ils sont réalisés en blocs creux de béton de type B40 et de dimensions 20 x 25 x 50 cm hourdés au mortier de ciment.

Un bloc B40 peut supporter une charge de 4000 daN > 4 tonnes.

Le coefficient de sécurité pour des élancements égaux ou inférieurs à 15 est pris égal à 6 pour un chargement centré (mur de refend), et à 8 pour une charge non centrée (mur de façade).

L'élancement « ℓ » résulte du rapport hauteur H du mur divisée par l'épaisseur (ℓ = H / épaisseur).

Les blocs accessoires seront utilisés pour :

- les chaînages verticaux d'angle ou intermédiaires ;
- les chaînages horizontaux et les linteaux (bloc en U) ;
- les rives de plancher (bloc en L ou planelle d'une épaisseur de 5 cm) ;
- les pans coupés pour angle de 45° à 135°.

Les chaînages horizontaux en couronnement des murs sous le niveau du plancher seront moulés dans les blocs en forme de U.

Des renforts en équerre seront placés aux angles pour assurer la continuité.

Les liaisons par recouvrement de barres en acier HA seront au moins de 50 cm.

Les linteaux seront moulés dans les blocs U avec une longueur d'appui d'au moins 25 cm à chaque extrémité.

Un encadrement en mortier de ciment dressé sur une largeur de 10 cm sera effectué côté intérieur des baies, avant de placer les bâtis de menuiserie à l'aide d'un joint étanche.

Les chaînages verticaux d'angles rentrants ou saillants seront ancrés dans les semelles filantes.

Les chaînages verticaux intermédiaires seront espacés au plus de 3 m et ancrés dans les fondations.

Protection des maçonneries et cloisons de distribution

Les maçonneries en élévation seront protégées contre les remontées d'eau du sol par une coupure de capillarité.

Cette coupure intéresse les murs extérieurs et les murs de refend du soubassement du vide sanitaire.

L'arase en microbéton ou en mortier riche hydrofugé dosé à 400 ou 500 kg/m³ de ciment CEM 32,5 est d'une épaisseur de 5 cm.

Elle sert à l'assise des poutrelles pour obtenir un plan de pose horizontal.

La coupure de capillarité se situe à 0,15 m au-dessus du niveau le plus haut du sol définitif extérieur.

Une bande feutre bitumé posée à sec n'est pas recommandée pour la coupure étanche, du fait de l'amorce de fissure horizontale de l'enduit extérieur souvent source de litige.

La protection contre les eaux de ruissellement peut s'effectuer par un drainage avec drain en cunette pour recueillir et évacuer les eaux d'infiltrations vers le réseau d'eaux pluviales.

Isolation thermique par panneaux semi-rigides de laine minérale de 100 mm d'épaisseur avec pare-vapeur (R = 2,80 m².K/W).

Enduit projeté monocouche de 12 mm d'épaisseur minimale en finition grattée, teinté dans la masse.

Les cloisons intérieures sont constituées de deux plaques de plâtre reliées entre elles par un réseau alvéolaire et rejointoyées par bandes et enduit spécial d'une épaisseur totale de 50 mm (plaques de plâtre hydrofugées dans les pièces humides).

Planchers

Plancher bas sur VS composé de :
- poutrelles précontraintes et entrevous en PSE Th à languettes ;
- rupteurs thermiques en about et en rive intérieure de plancher ;
- dalle de compression de 5 cm d'épaisseur, armée d'un treillis soudé.

Plancher haut du rez-de-chaussée :
- poutrelles précontraintes et entrevous béton ou matériau de synthèse ;
- rupteurs thermiques longitudinaux et transversaux ;
- dalle de compression de 4 cm d'épaisseur.

Combles aménagés avec quatre chambres et sanitaires

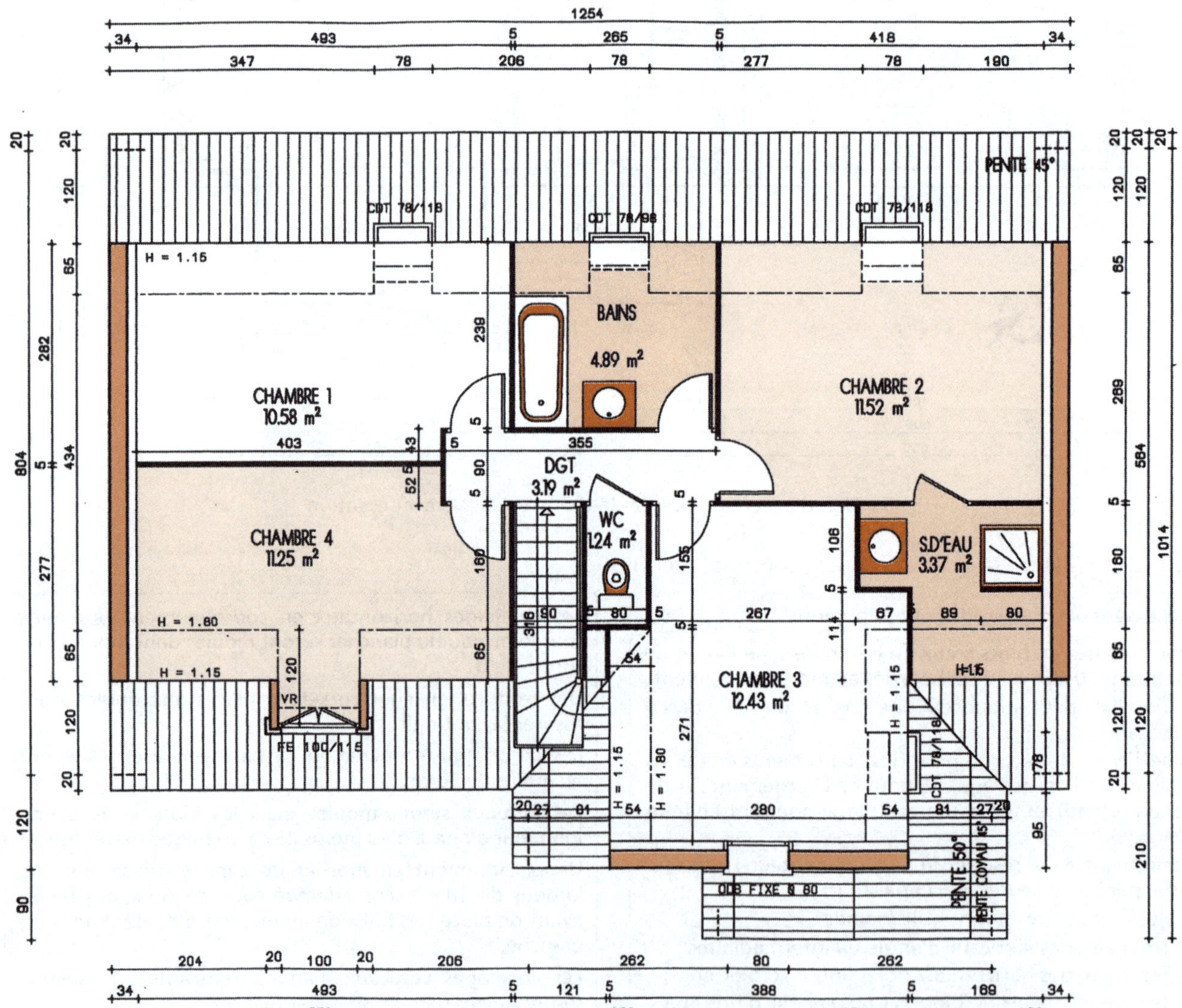

Fig. 6 : Plan d'exécution de l'étage avec cotation

doc. : MAISON FAMILIALE

4. Élévation des façades et des pignons

Fig. 7 : Façade principale sur rue

doc. : Maison FAMILIALE

Fig. 8 : Façade sur jardin

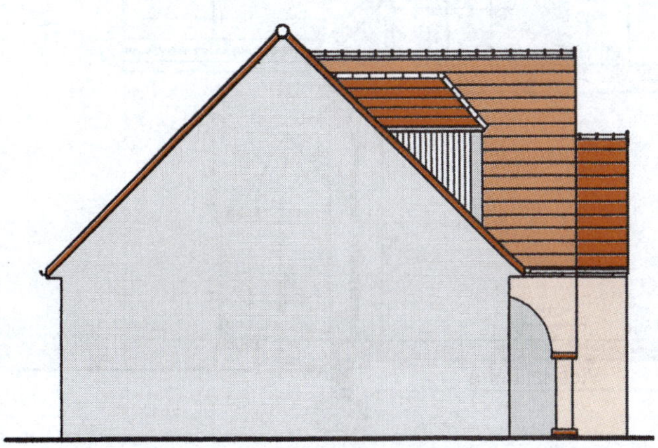

Fig. 9 : Pignon gauche

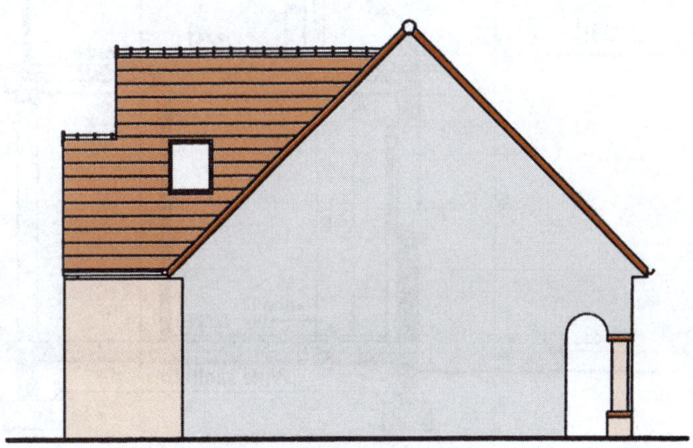

Fig. 10 : Pignon droit

5. Coupes : vide sanitaire, rez-de-chaussée, combles

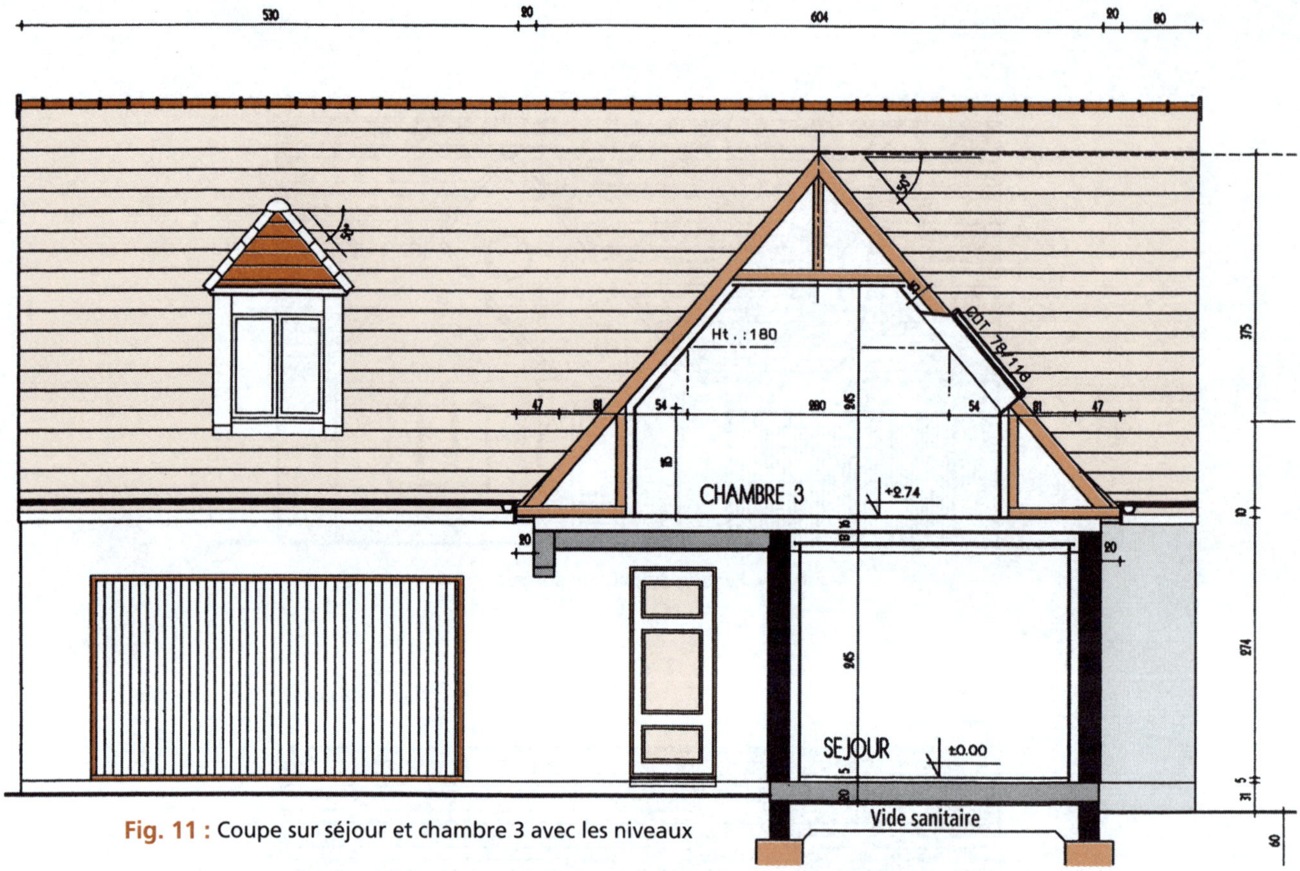

Fig. 11 : Coupe sur séjour et chambre 3 avec les niveaux

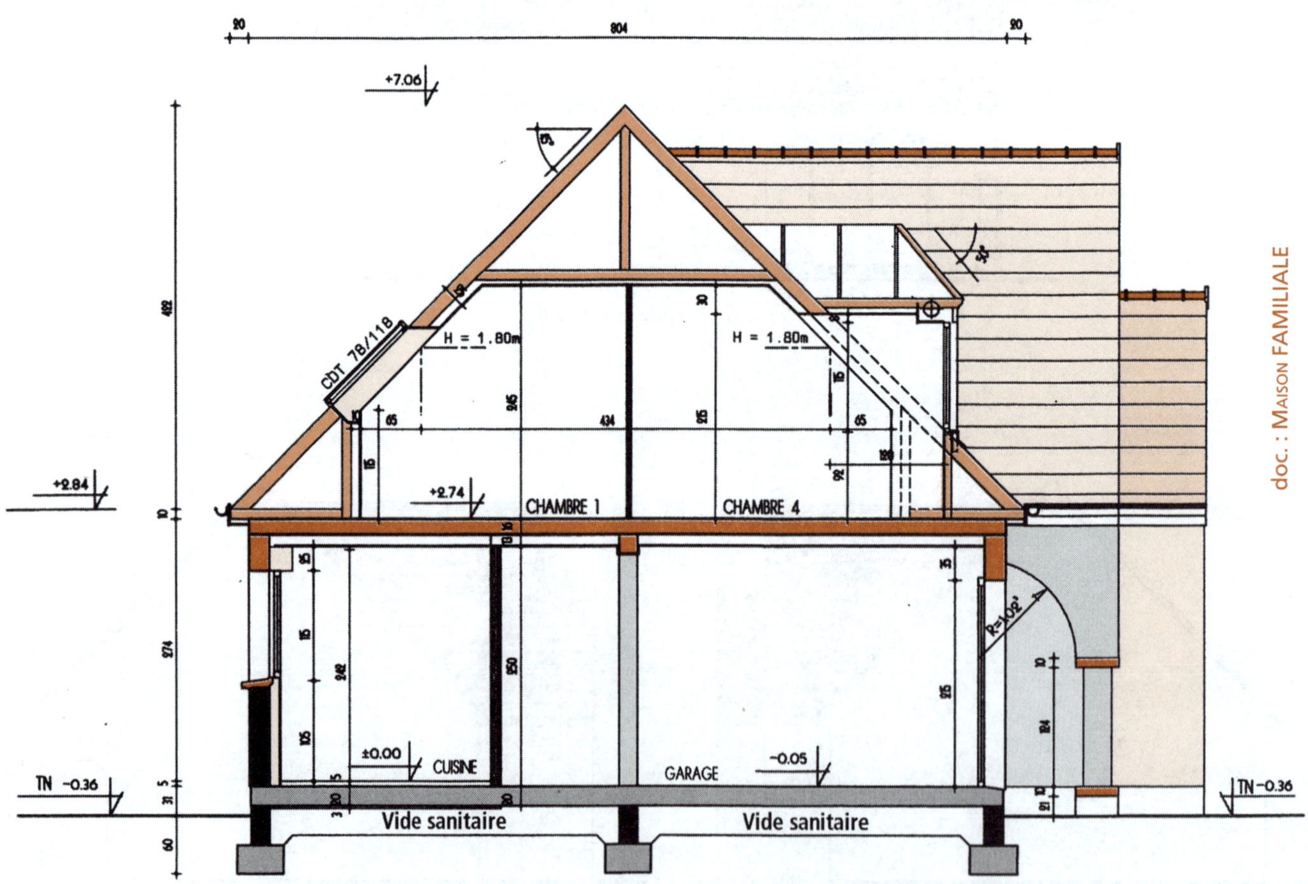

doc. : Maison FAMILIALE

Fig. 12 : Coupe sur garage, chambre 1 et chambre 4 avec les niveaux

6. Murs de soubassement du vide sanitaire

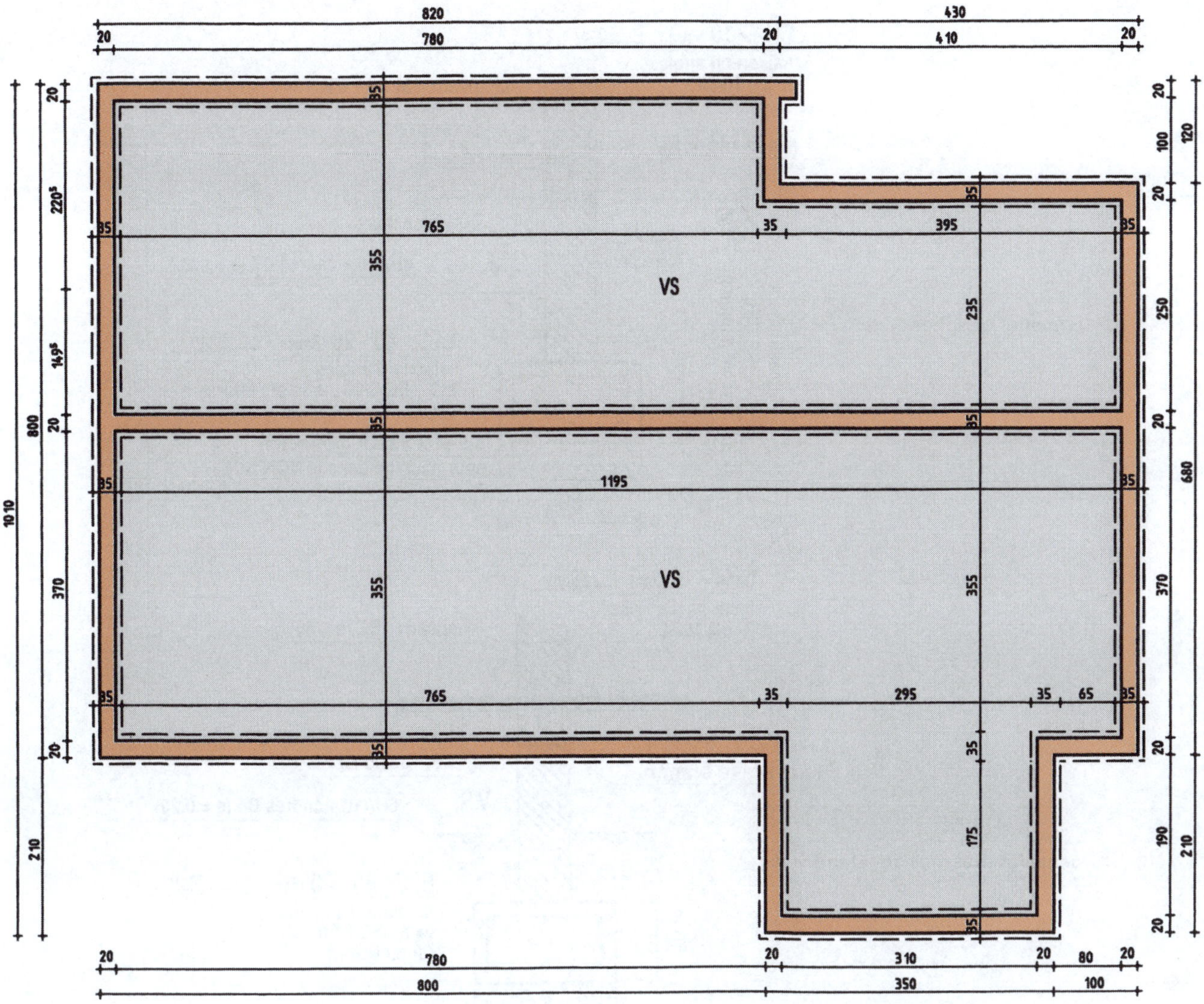

Fig. 13 : Plan de fondation, soubassement, murs périphériques et refend doc. : Maison FAMILIALE

Maçonnerie de blocs des murs enterrés du soubassement

<table>
<tr><td rowspan="6">Stabilité mécanique
• charges permanente et d'exploitation
• élancement limitant la hauteur entre deux planchers</td><td>Caractéristiques</td><td>Blocs creux</td><td>Blocs perforés</td><td>Blocs pleins</td></tr>
<tr><td>Épaisseur (cm)</td><td>20</td><td>20</td><td>20</td></tr>
<tr><td>Classe de résistance</td><td>B60</td><td>B80</td><td>B80</td></tr>
<tr><td>Résistance (daN/cm²)</td><td>60</td><td>80</td><td>80</td></tr>
<tr><td>Charge maximale admissible (t/m)</td><td>15</td><td>20</td><td>20</td></tr>
<tr><td>Hauteur limite</td><td colspan="3">Hauteur d'étage courant</td></tr>
<tr><td>Protection contre l'eau
Les murs limitent un espace non utilisable (vide sanitaire).
Arase étanche conseillée.</td><td>La réalisation d'un enduit extérieur et/ou intérieur est recommandée mais n'est pas exigée.</td><td colspan="3">Les maçonneries enterrées sont généralement protégées par un enduit hydrofugé + imperméabilisation par application bitumineuse.</td></tr>
<tr><td>Le vide sanitaire est soumis à l'action de la vapeur d'eau en raison d'infiltrations et du sol humide.</td><td>La ventilation du vide sanitaire accessible ou non accessible est toujours prescrite.</td><td colspan="3">Un drainage pour collecter et évacuer l'eau est effectué à la périphérie si besoin, avec un volume de pierres cassées enveloppé d'un non tissé pour éviter le colmatage des drains.</td></tr>
<tr><td colspan="5">Les blocs en granulats légers d'argile expansée de type TBF 33 sont très utilisés dans certaines régions en raison de leur légèreté, de leur résistance mécanique et de leurs dimensions (20 x 33 x 60 cm). Deux assises de blocs de 33 cm de haut sont suffisantes pour obtenir un vide sanitaire accessible > 60 cm.</td></tr>
</table>

7. Armatures des semelles filantes sous murs de soubassement. Détails d'exécution.

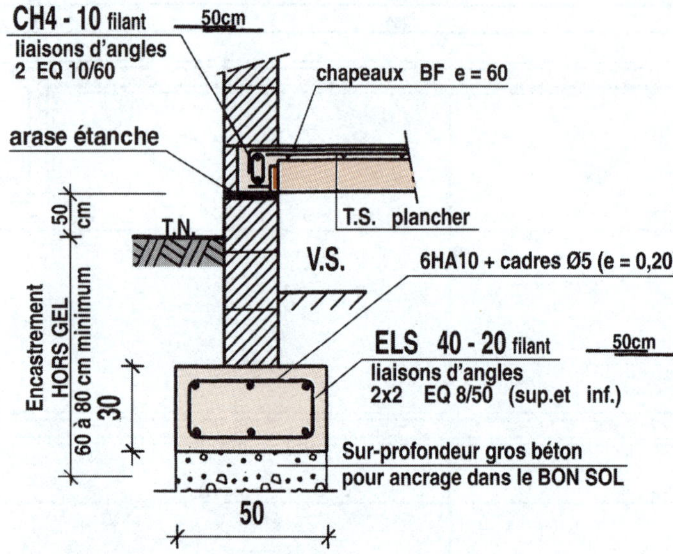

Fig. 14 : Semelles périphériques

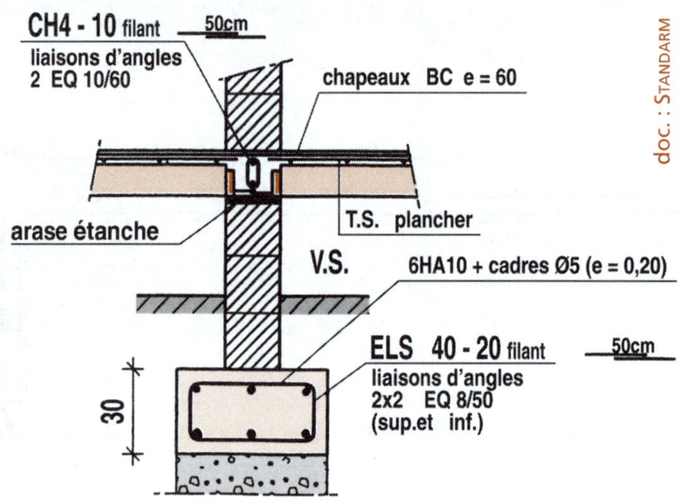

Fig. 15 : Semelles sous mur de refend

doc. : Standarm

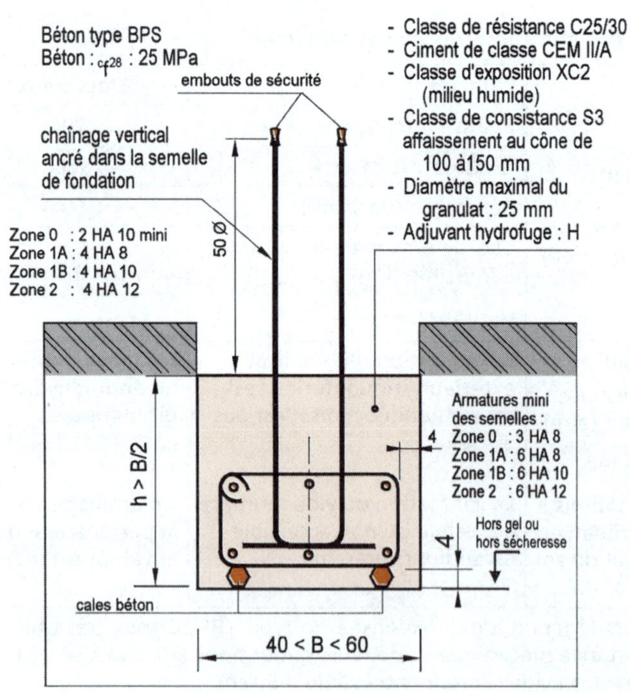

Fig. 16 : Semelle coulée pleine fouille

8. Planchers bas sur VS et isolation thermique

La réglementation thermique évolue tous les cinq ans avec de nouvelles exigences pour les performances des parois.

Exemples pour les planchers bas

Coefficient	Garde-fou	Valeur de référence	Écart 2005-2000
Up	0,40 W/m².K	0,27 W/m².K	- 10 %
ψ	0,65 W/m.K	0,40 W/m.K	- 20 %

- Up : coefficient de déperdition thermique surfacique d'une paroi pour une différence de température de 1 Kelvin.
- ψ coefficient de transmission thermique linéique pour 1 Kelvin (pont thermique).

Caractéristiques thermiques

Type plancher Rectolight ou Rectobéton sous dalle flottante (DF)	
Up	Up = 0,39 W/m².K
ψ	ψ = 0,07 W/m.K

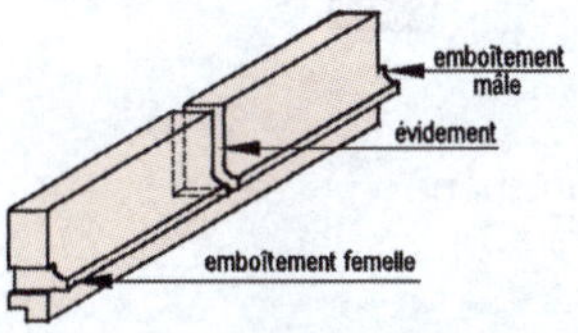

Fig. 17 : Rupteur de rive

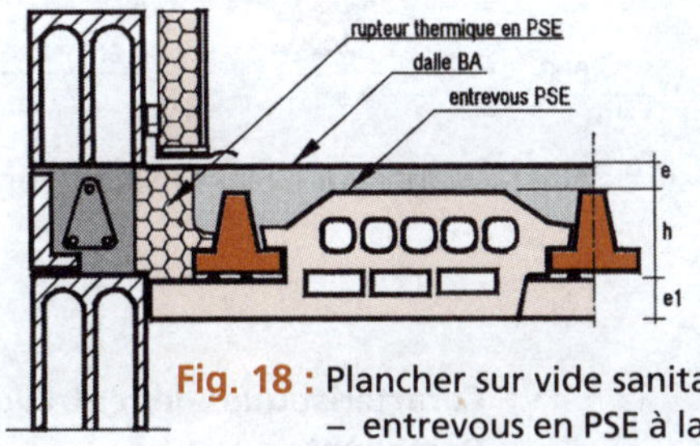

Fig. 18 : Plancher sur vide sanitaire
- entrevous en PSE à languette
- rupteurs en rive et en about

Planchers sous dalle flottante

doc. : Plancher RECTOR

RectoLight/DF

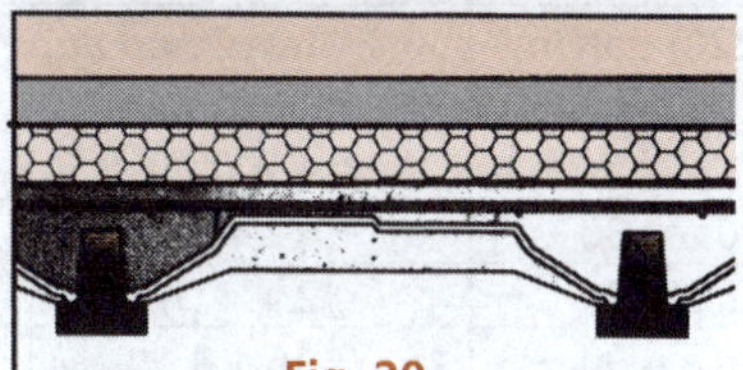

Fig. 20

Rectobéton/DF

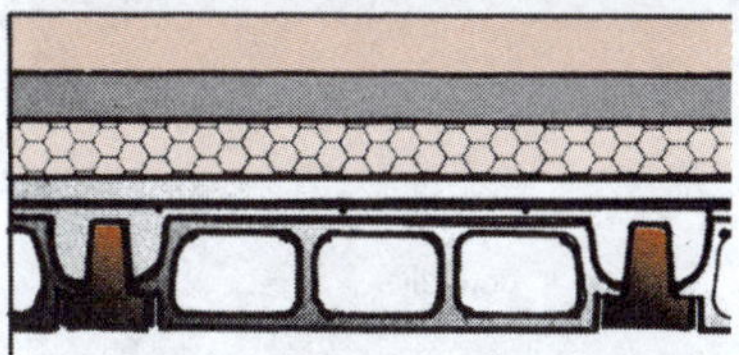

Fig. 21

Rectosten/DF

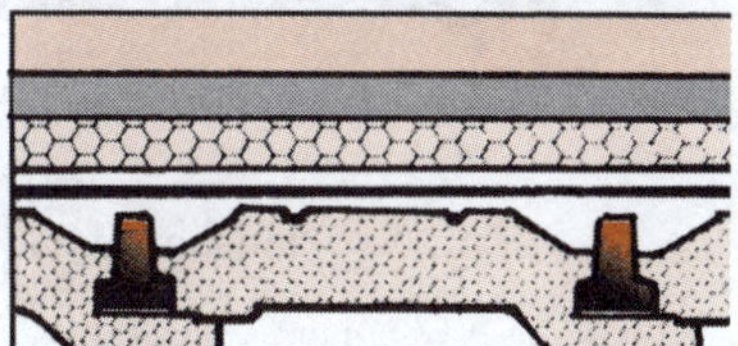

Fig. 22

Le plancher avec les entrevous type Rectoten 23 GB (fig. 19), avec Up = 0,23 W/m².K, constitue une solution alternative à la dalle flottante.

Entrevous Rectoten
L = 120 cm et l = 60 cm
hr = 12 cm
épaisseur languette = 7,5 cm

Fig. 19 : Plancher rectoten à haute performance thermique

Valeurs de ψ avec thermorupteurs

Montage	ψ about	ψ rive	ψ moyen
Rectolight 12+4	0,37	0,24	0,32
Rectolight 16+4	0,44	0,30	0,38
Recto béton 12+4	0,32	0,19	0,27
Rectobéton 16+4	0,39	0,25	0,34
Rectoten 23 GB (gris blanc)	/	/	0,35

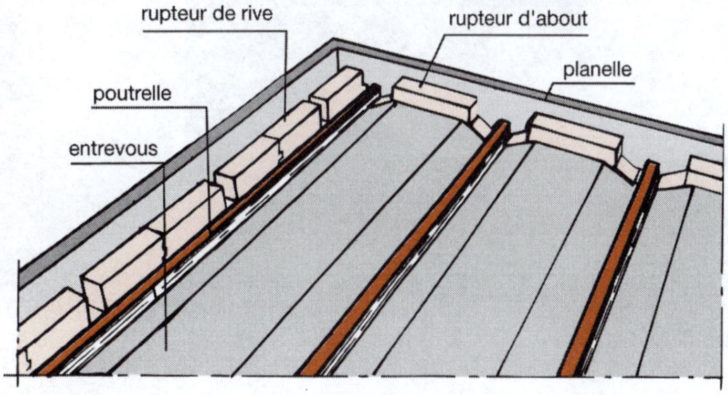

Fig. 23 : Schéma avec rupteurs thermiques de rive et d'about

9. Fiche technique : plancher avec entrevous de bois moulé et traité pour VS

Caractéristiques d'utilisation des planchers sur VS avec dalle flottante (doc. Rector)

(150 +220) daN/m²	Travée en appuis libres (AL)		Travée avec appuis semi-encatrés (ASE)		
Portée (m)	Épaisseur h + e (cm)	Litrages (l/m²)	Épaisseur	Litrage par m²	Étaiement
0,90 à 3,80	12 + 4	60	12 +4	60	aucun
3,90 à 4,20	12 + 4 (J)	63	12 + 4	60	aucun
4,30 à 4,90	16 + 4	76	16 + 4	76	1
5,10	16 + 4	76	16 + 4	76	2
(J) : jumelé					

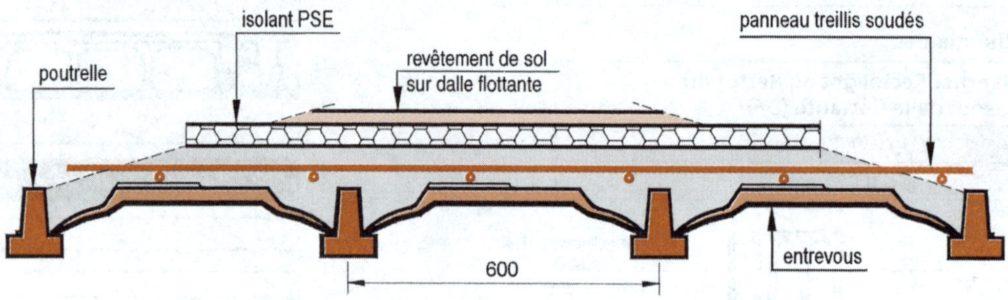

Fig. 24 : Plancher sur vide sanitaire avec dalle flottante sur isolant PSE ou polyuréthane

Entrevous du plancher type Rectolight

► **Fabrication**

Ils sont fabriqués à partir de copeaux de bois soigneusement sélectionnés et calibrés et assemblés pour obtenir :

- une surface lisse sans aspérité pour les manutentions ;
- la rigidité du composant et sa robustesse ;
- la non-variation aux variations climatiques grâce à son homogénéité ;
- la résistance réglementaire au poinçonnement/flexion > 150 daN/m² ;
- le rapport légèreté/résistance par une masse < 5 kg/m d'entrevous, qui est un atout apprécié du personnel de chantier lors de la mise en place ;
- la texture boisée et le coloris bois, qui confèrent à la sous-face un aspect agréable à l'œil.

► **Caractéristiques des entrevous du plancher type Rectolight**

- **Les bossages placés sur le haut de l'entrevous** constituent un calage pour l'enrobage correct du treillis soudé.

Les cales ne sont plus nécessaires, ni le soulèvement des nappes du treillis lors du coulage du béton.

- **Les obturateurs d'about** sont verticaux et préservent l'espace réservé au chaînage ou aux poutres coulées sur place.
- **Les ponts thermiques** peuvent être corrigés par des rupteurs de rive et d'about en PSE.

1	Poutrelles moulées de masse 13,5 à 19 kg/ml
2	Entrevous : L = 1,20 m ; h = 12 et 16 cm
3	Obturateur d'about autostable

Fig. 25 : Détail d'assemblage avec obturateur d'about

10. Structure porteuse : semelles, murs, plancher

Éléments porteurs ou de liaison qui contribuent à la stabilité par leurs rôles respectifs		
• **Éléments en béton armé** – **soit horizontaux** *Exemples :* – **les semelles filantes** de fondation sous murs extérieurs et de refend – **les poutres** qui prennent appui sur les murs ou les poteaux – **les planchers** suivant leur destination sur vide sanitaire ou plancher d'étage – **les chaînages** à chaque niveau de plancher ou au couronnement des murs – **les linteaux** de petite ou grande portée – **soit verticaux** *Exemples :* – les poteaux incorporés dans l'épaisseur des murs extérieurs ou intérieurs – les poteaux isolés ou d'about de mur – les raidisseurs d'angle ou intermédiaires	• **Éléments en maçonnerie** *Exemples :* – les murs de sous-sol enterrés complètement ou semi-enterrés – les murs de soubassement sous le plancher bas pour limiter un vide sanitaire en périphérie et porter le plancher par murs de soubassement en refend – les murs en élévation des façades – les murs de refend – les murs pignons intérieurs ou extérieurs Les maçonneries sont toujours réalisées avec les ouvrages associés en béton armé. Ils font l'objet de prescriptions relatives aux sections minimales d'armatures. Ils assurent les liaisons verticales et horizontales. Ils participent à la stabilité de la construction.	• **Éléments en bois ou en métal pour les charpentes** • Ces éléments sont le plus souvent réalisés en sapin du Nord. *Exemples :* – **la charpente traditionnelle** pour deux ou plusieurs versants – **les fermettes industrialisées** pour supporter la couverture et le plafond des pièces habitables – **la charpente métallique** à fermes rapprochées pour supporter la toiture et le plafond **L'essor de la charpente avec fermettes** résulte de la fiabilité acquise par les modalités de calcul, l'application des règlements et des exigences de la mise en œuvre. **L'aspect économique** favorise aussi ce choix. Les entraits des fermettes permettent de suspendre le plafond, alors qu'en charpente traditionnelle un faux solivage est rendu nécessaire.

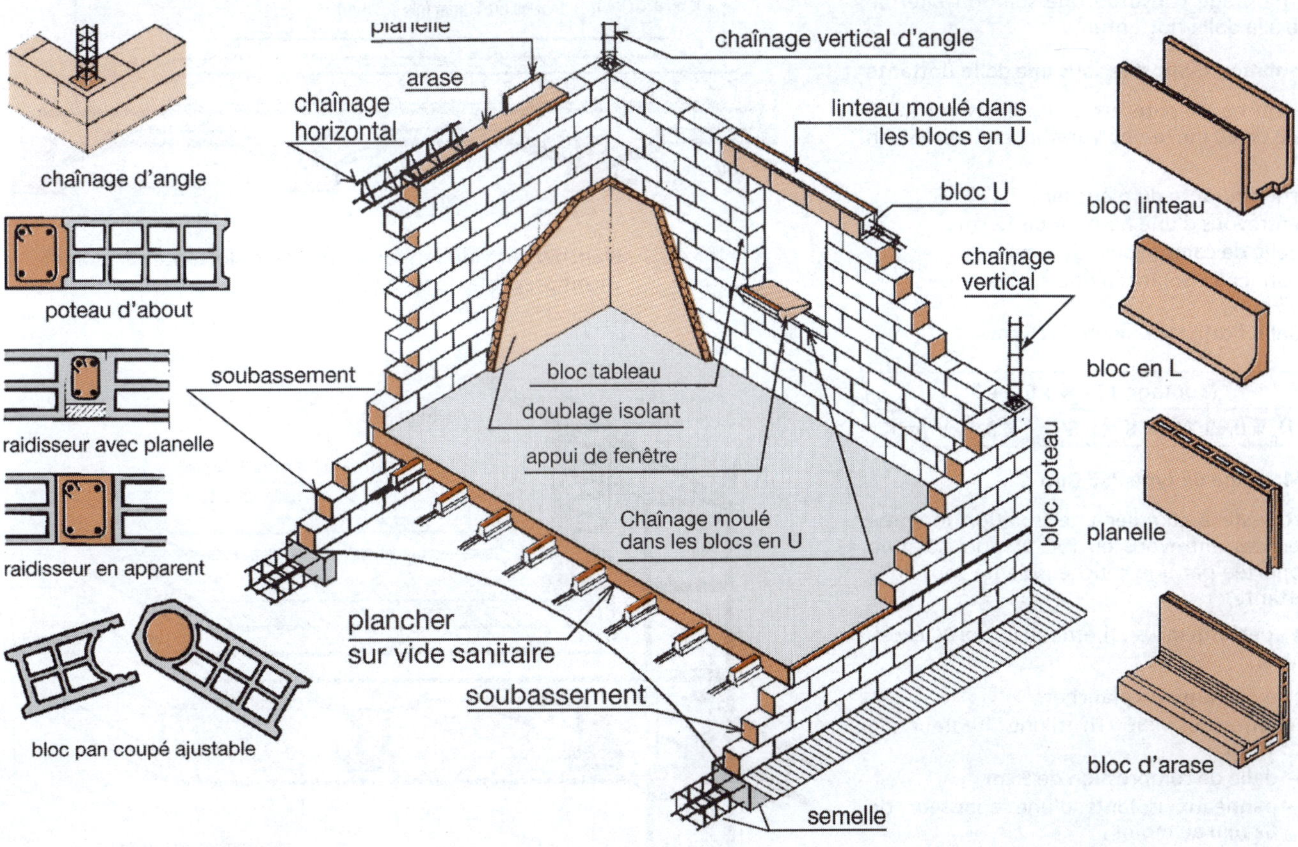

Fig. 31 : Système constructif par blocs en béton et poutrelles précontraintes et éléments de liaison

11. Exigences thermiques pour planchers sur vide sanitaire

Le choix du plancher se fait en tenant compte des déperditions thermiques par mètre carré de surface (U_p), et des pertes par ponts thermiques en rive de plancher (Ψ).

Les valeurs à respecter sont :

- **de type garde-fou** (valeurs maximales à ne pas dépasser) ;
- **de référence** (valeur préférentielle).

Rappel des valeurs prescrites	
Valeurs de garde-fou	**Valeurs de référence**
$U_p \leq 0{,}40$ W/m².K	$U_p = 0{,}27$ W/m².K
$\Psi \leq 0{,}65$ W/m.K	$\Psi = 0{,}40$ W/m.K

Solutions ou choix possibles

► **Isolation de type intégrée** avec entrevous isolants en PSE et rupteurs thermiques en périphérie du plancher

Exemple 1 : montage Rectovoute (fig. 19 à 21)

Autre exemple de montage avec entrevous moulés type : Rectosten 23 GB (chap 10, fig. 19 à 22)

Épaisseur d'entrevous : 12 cm ;
Épaisseur de languette : 7,5 cm.

Montage 12 + 5	
$U_p = 0{,}23$ W/m².K	$\Psi_{moyen} = 0{,}22$ W/m.K

Ce montage constitue une solution alternative à la dalle flottante.

► **Isolation rapportée sous une dalle flottante**

La couche isolante est d'une épaisseur minimale de 60 mm en polyuréthane ou en PSE Th SC1.

Partie courante du plancher :

- entrevous d'une hauteur de 12 cm ;
- dalle de compression de 4 cm ;
- panneaux isolants d'une épaisseur de 62 mm ;
- dalle flottante d'au moins 5 cm.

Montage 12 + 4 + 6,2 + 5	
$U_p = 0{,}39$ W/m².K	$\Psi_{moyen} = 0{,}10$ W/m.K

► **Montage de type PSE Duo**

Il consiste à cumuler une isolation intégrée avec des entrevous en PSE et une isolation rapportée par une couche isolante sous dalle flottante.

Les performances thermiques sont excellentes.

Partie courante du plancher :

- entrevous PSE Th d'une hauteur de 12 cm ;
- dalle de compression de 5 cm ;
- panneaux isolants d'une épaisseur de 62 mm au moins ;
- dalle flottante de 5 cm au moins.

Montage 12 + 5 + 6,2 + 5 au moins
Up = 0,23 W/m².K en global

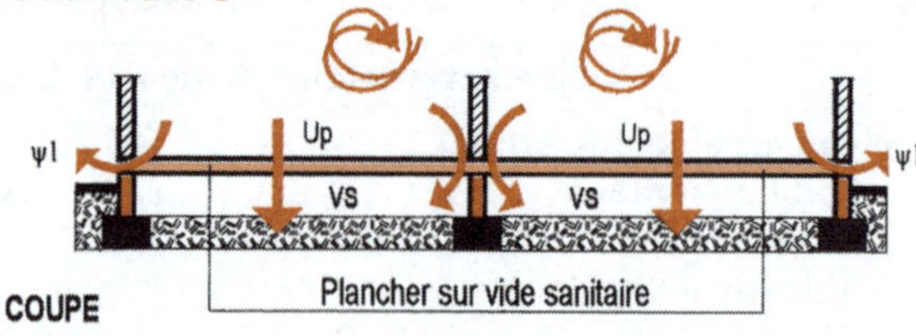

Fig. 18 : Schéma d'un plancher sur vide sanitaire avec déperditions thermiques

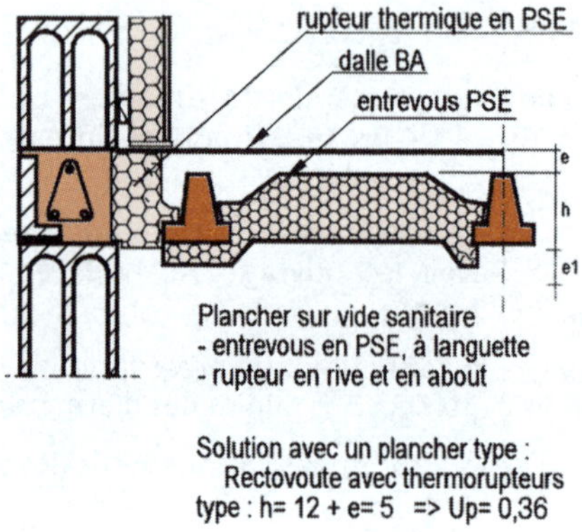

Fig. 19 : Plancher su VS avec entrevous en PSE Th

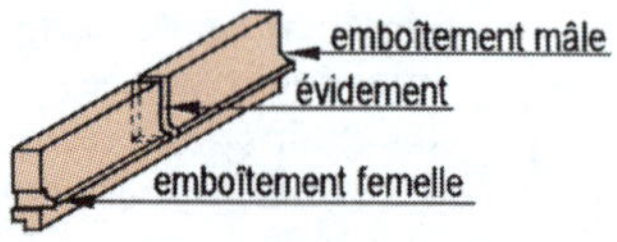

Fig. 20 : Rupteur de rive parallèle à la poutrelle

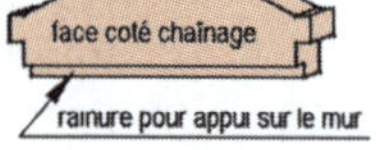

Fig. 21 : Rupteur d'about entre poutrelles

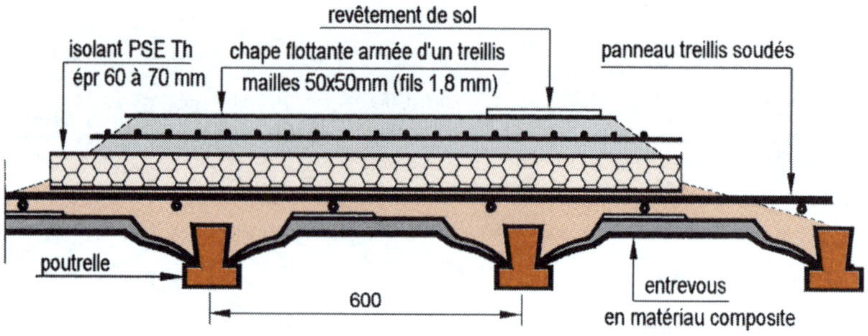

Fig. 22 : Plancher sur vide sanitaire avec dalle flottante sur isolant incompressible de type PSE Th SC1

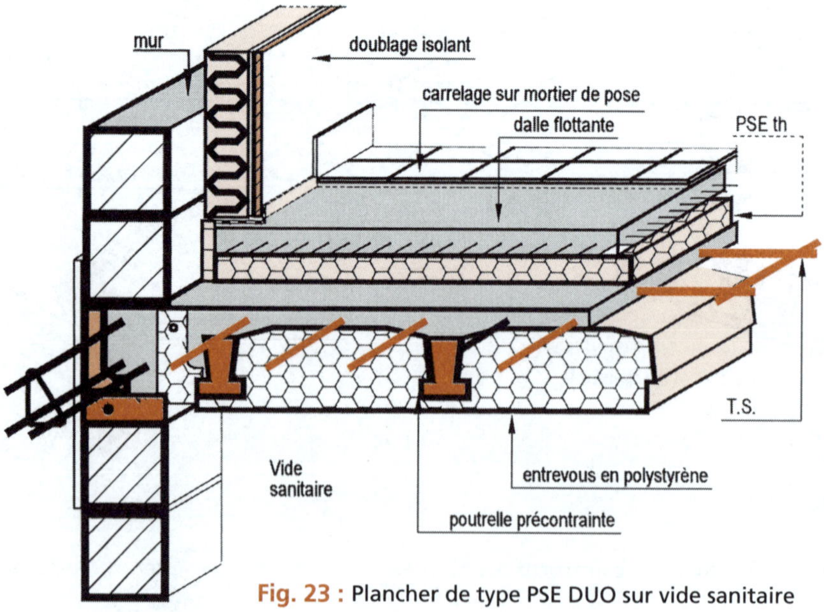

Fig. 23 : Plancher de type PSE DUO sur vide sanitaire

12. Détails d'exécution

12.1. Fiche technique : planchers avec dalle flottante sur isolant

Mise en œuvre avec des planchers chauffants électriques :
(peut être également utilisé avec des planchers non chauffants,
Domaines d'applications : logement.

Finition moquette, sol plastique, carrelage collé

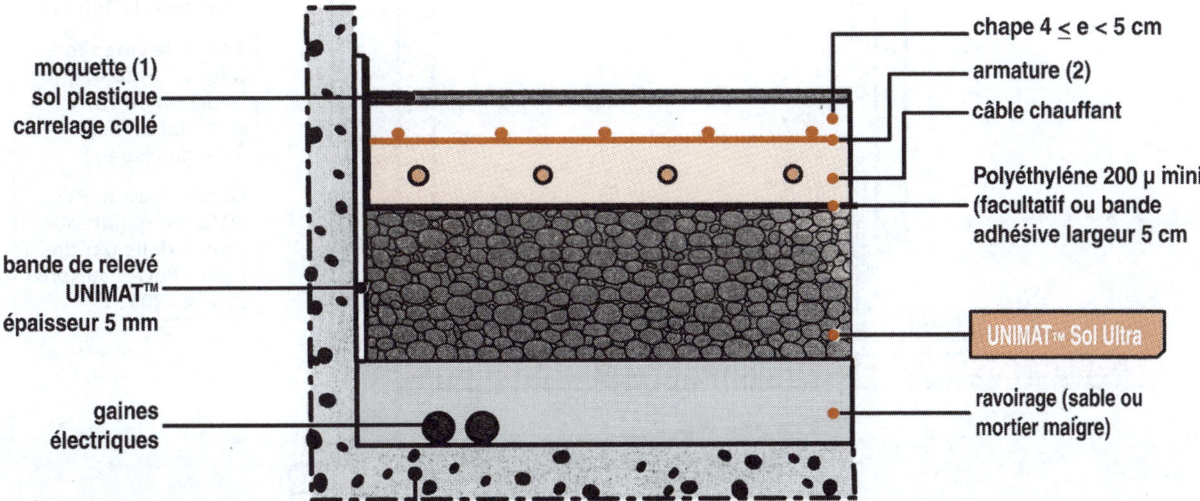

Fig. 42 : Sans légende

(1) R revêtement de sol ≤ 0,15 m² K/W		
Résistance thermique de l'isolant sur :		**Ep**
▪ Terre plein ▪ Vide sanitaire ▪ Local non chauffé ▪ Extérieur	R ≥ 2 m².K/W	62 mm
▪ Local chauffé ▪ Plancher à entrevous PSE sur vide sanitaire ▪ Plancher sur terre plein avec isolant en sous face	R ≥ 1 m².K/W	31 mm

(2) Armature 650 g/m²
Chambres, séjours...
Ø ≥ 3 mm et maille ≤ 100 mm ou Ø 1,4 x 1,8 et maille 50 x 50 mm
Cuisines, salles d'eau... (Reliées à la terre)
Ø ≥ 3 mm et maille ≤ 200 mm ou Ø ≥ 1,4 mm et maille ≤ 50mm

doc. : Lafarge, Gamme Unimat

Finition carrelage scellé en maison individuelle uniquement

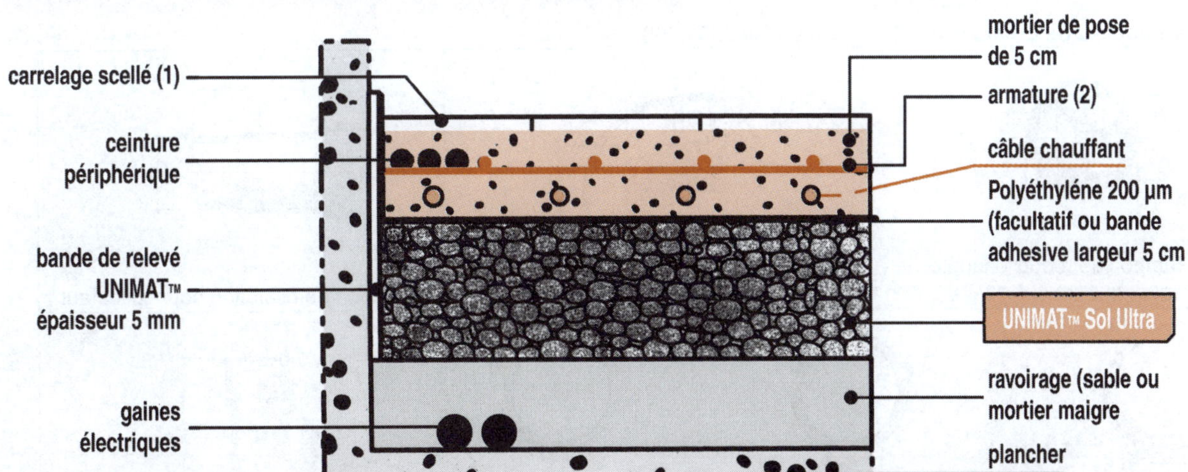

Fig. 43 : Sans légende

Résistance thermique de l'isolant sur :		**Ep**
▪ Terre plein ▪ Vide sanitaire ▪ Local non chauffé ▪ Extérieur	R ≥ 2 m².K/W	62 mm
▪ Local chauffé ▪ Plancher à entrevous PSE sur vide sanitaire ▪ Plancher sur terre plein avec isolant en sous face	R ≥ 1 m².K/W	31 mm

(1) Surface entre joints de fractionnement S ≤ 40 m². la plus grande dimension n'exédant pas 8 m.
(2) Armature 650g/m²
Chambres, séjours...(Ceinture périphérique. 3 fers à béton Ø de 8 mm)
Ø ≥ 3 mm et maille ≤ 100 mm Ø 1,4 x 1,8 et maille 50 x 50 mm
Cuisines, salles d'eau... (Reliées à la terre)
Ø ≥ 3 mm et maille ≤ 100 mm ou Ø ≥ 1,4 mm et maille ≤ 50 mm

12.2. Détails d'évacuation sous plancher bas du VS

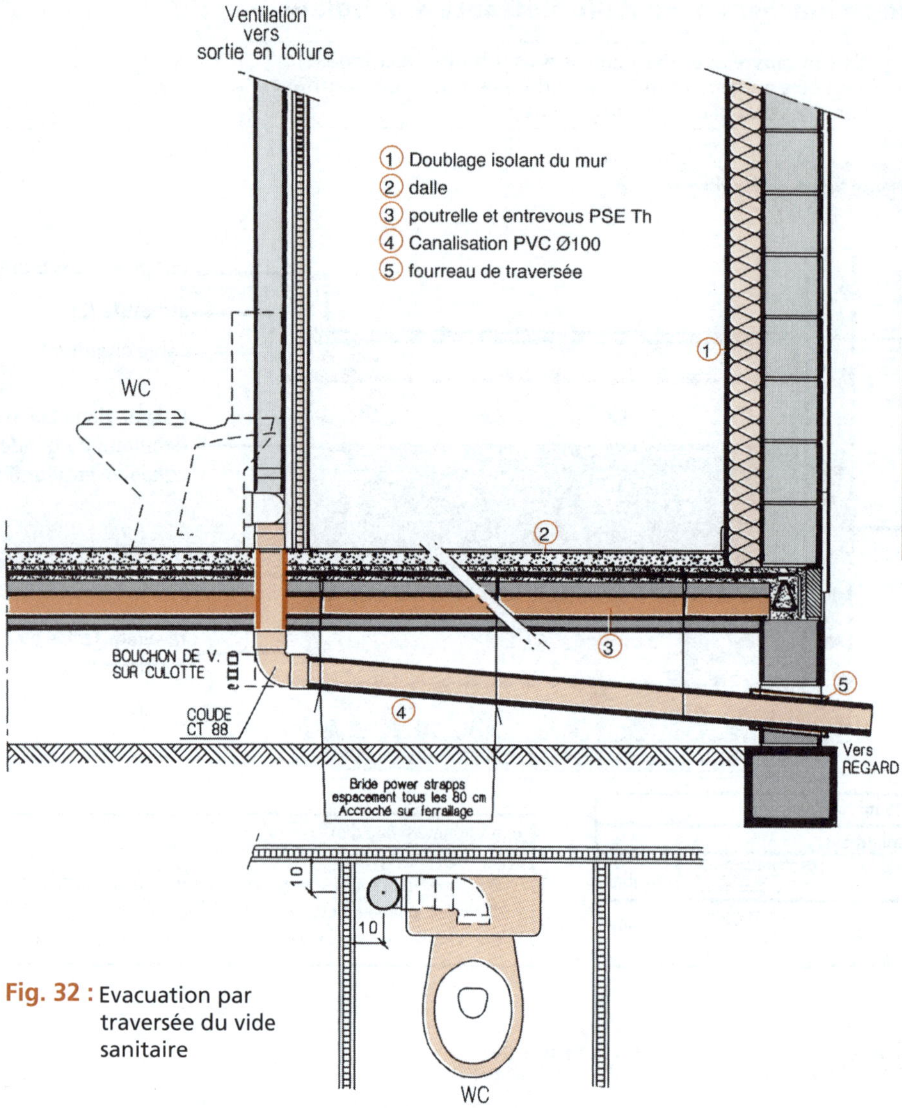

Fig. 32 : Evacuation par traversée du vide sanitaire

L'évacuation des eaux vannes en vide sanitaire est réalisée par une canalisation en PVC en qualité assainissement, d'un diamètre de 100 mm.

En cas de vide sanitaire accessible, un bouchon de visite sera placé à l'extrémité du réseau.

La canalisation PVC Ø100 est maintenue sous la dalle par des brides Power strapps tous les 80 cm.

doc. : Geoxia

Divers accessoires de canalisation et de fixation (fig. 33 à 39)

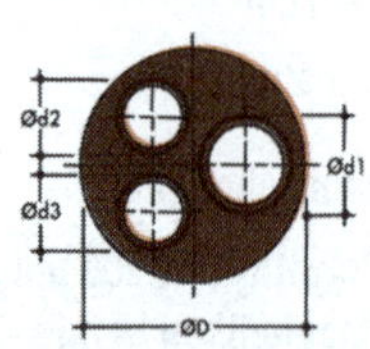

Tampon de réduction triple (ex : 100/32/32/32 ou 100/40/32/32)

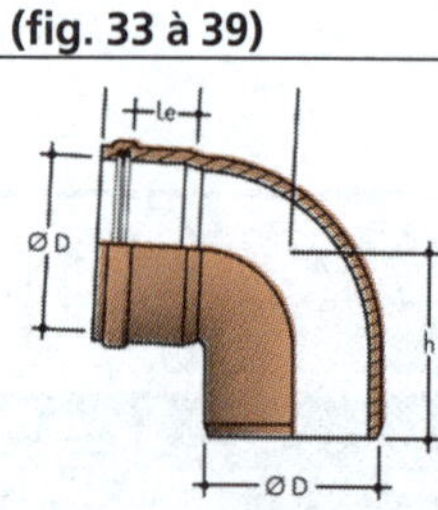

Coude mâle-femelle à 87°30

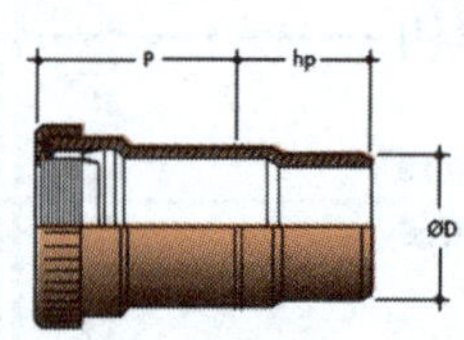

Manchon de dilatation pour collecteur

à lyre

à charnière

à bride

Colliers polypropylène

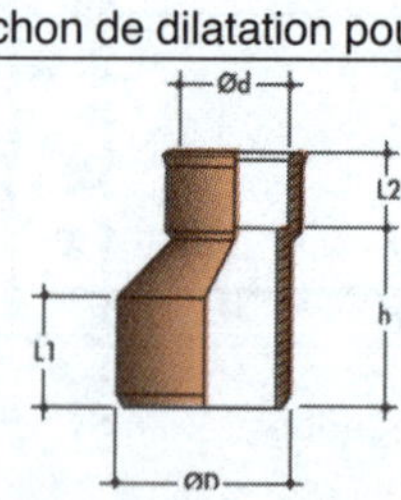

Réduction (ex : 100/50 ou 100/80)

Diamètre extérieur des tubes en PVC (mm) →		32 – 40	75 – 90 – 100	160 – 200
		50 – 63	110 – 125 – 140	250
Espacements entre colliers	Canalisations horizontales	0,50 m	0,80 m	1,00 m
	Canalisations verticales	< 2,70 m	< 2,70 m	< 2,70 m

Chapitre 29

construction d'une maison de plain-pied sur vide sanitaire

1 Vues des façades de la maison sur rue et jardin

2 Plan du rez-de-chaussée et coupe transversale

3 Extraits de notice descriptive des ouvrages

4 Visualisation des travaux de fondations, soubassement, plancher

5 Aperçu de la réalisation d'un vide sanitaire accessible

6 Technique de construction : fondation – murs – plancher bas

7 Cas d'un plancher à poutrelles à entrevous PSE Th et isolant PSE sous chape

8 Plan des fondations avec repérage des semelles et des chaînages verticaux

9 Haut de vide sanitaire : plancher à poutrelle et réseau d'évacuation

10 Exemple d'accès et de ventilation de vide sanitaire

11 Fiches techniques d'armatures des ouvrages :

- 11.1 Armatures de liaison des semelles, chaînages et plancher
- 11.2 Armatures des chaînages horizontaux et verticaux
- 11.3 Armatures préfabriquées pour travaux courants
- 11.4 Caractéristiques des armatures en treillis soudés pour planchers

I. Vues des façades de la maison sur rue et sur jardin

Fig. 1 : Vue en perspective de la maison avec séjour, trois chambres et garage

Fig. 2 : Élévation de la façade sur rue (longueur : 14 m)

Fig. 3 : Vue de la façade sur jardin avec léger décroché en toiture

doc. : Maisons Pierre

2. Plan du rez-de-chaussée et coupe transversale de la maison

Structure verticale

Système porteur du plancher : il est constitué par les murs périphériques et un refend longitudinal dans le vide sanitaire (fig. 15 et 19).

Les cloisons de distribution des pièces sont de masse < 100 daN/m et prendront appui sur la dalle flottante armée.

L'ensemble ainsi conçu est favorable à l'isolation thermique, en raison de la dalle flottante sur isolant pour l'évitement des ponts thermiques en rive et en zone habitable au droit du refend du vide sanitaire porteur des poutrelles.

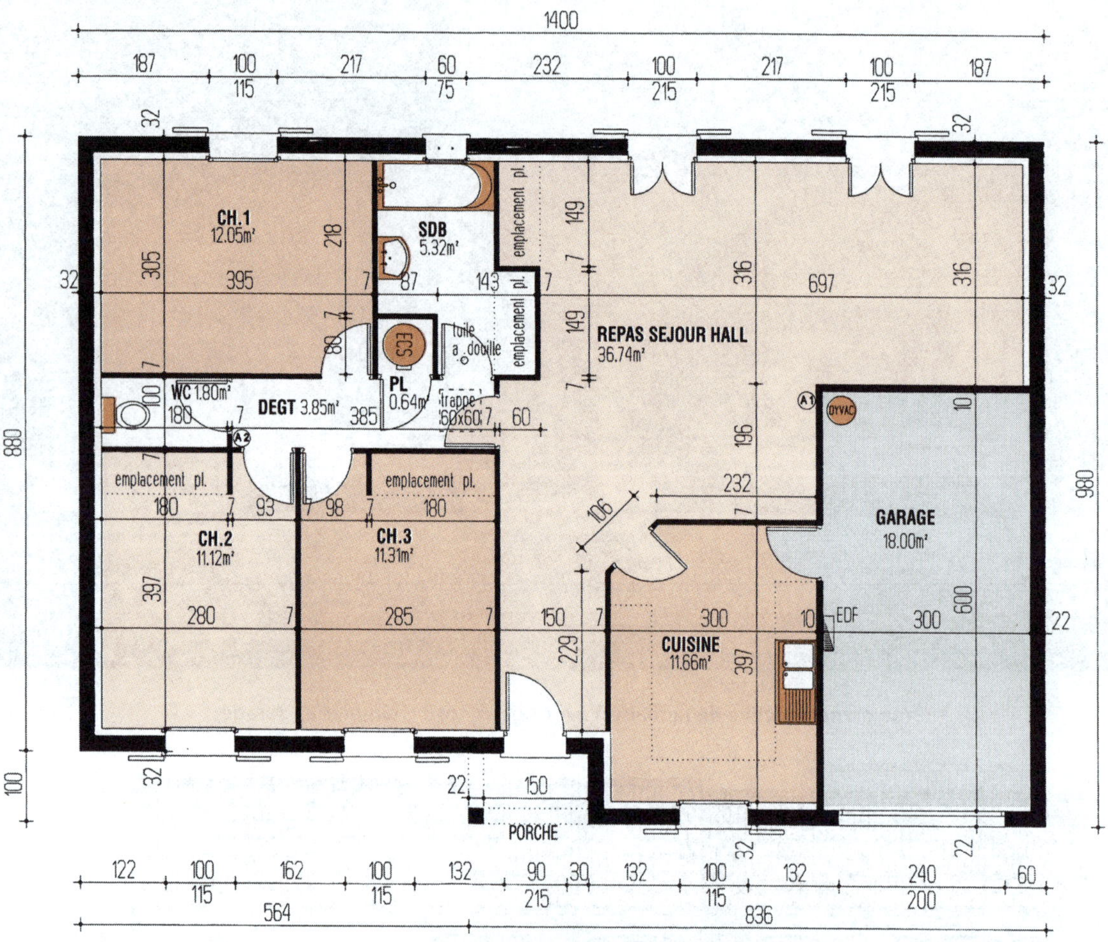

doc. : Maisons Pierre

Fig. 4 : Plan du rez-de-chaussée et position des appareils sanitaires pour réaliser le réseau d'évacuation

Coupe transversale du pavillon de plain-pied sur vide sanitaire

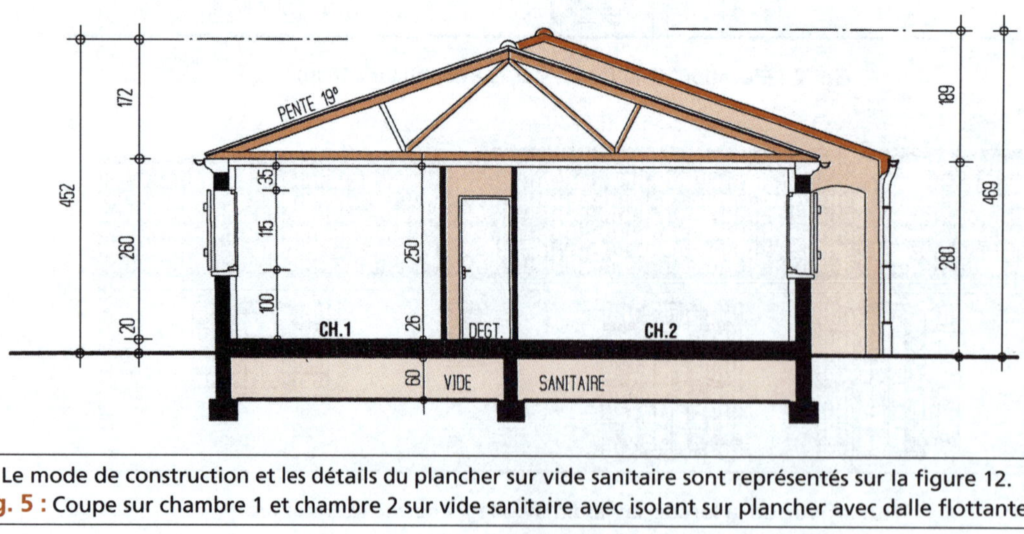

Le mode de construction et les détails du plancher sur vide sanitaire sont représentés sur la figure 12.
Fig. 5 : Coupe sur chambre 1 et chambre 2 sur vide sanitaire avec isolant sur plancher avec dalle flottante

3. Extraits de notice descriptive des ouvrages

Définition de la zone de construction	
Zone sismique	Indication de zone à donner : (Zone 0, I a, I b, II ou III)
Isolement des façades vis-à-vis des bruits extérieurs suivant le classement de la voie selon les nuisances de circulation en général Isolement = ic, 30, 35, 40,ou 45 dB(A)	Isolement 30 dB(A) ***Nota :*** *en fonction de l'environnement, par exemple une autoroute proche, une voie ferrée, un aéroport, un avenant devra être signé.*
Zone infestée par les termites suivant les régions et les communes	Zone de la construction non concernée sauf décision administrative locale

Désignation des ouvrages	Gros œuvre	Détail des prestations Prescriptions et caractéristiques techniques des ouvrages	Ouvrages et fournitures : Compris dans le prix	Ouvrages et fournitures : Non compris dans le prix
1 Implantation	X	Conforme au plan de masse du permis de construire. *Le plan de masse est fourni par le géomètre avec les limites du terrain et celles de la zone constructible.*	X	
2 Infrastructure 2.1 Terrassement	X	• **Décapage du sol** sur environ 0,60 m à l'emplacement de la construction. • La construction est prévue sur un terrain horizontal, borné, dessouché et d'une résistance de 2 bars pour l'assise des fondations.	X	
2.2 Fouilles	X	• **Fouilles en rigoles** de 0,45 m de large et à profondeur hors gel.	X	
		– Mise en dépôt des terres à proximité immediate.	X	
		– Évacuation à la décharge publique.		X
		– Remise en forme du sol après achèvement des soubassements au pourtour de la maison.		X
		– Remblais autour de la maison inclus dans les travaux réservés par le maître d'ouvrage.		
2.3 Fondations	X	• **Semelles continues** en béton armé de 45 cm de largeur et 30 cm de hauteur, avec armatures filantes de 6 HA Fe E500 de diamètre 7 mm avec cadres et liaisons en retour d'équerre aux angles sortants ou rentrants.	X	
		– Classe de résistance du béton : C 25 (25 MPa de résistance caractéristique à la compression).	X	
		– Dispositions prises pour réduire les tassements différentiels au droit des baies larges (porte de garage ou autre) par des renforts d'armatures en chapeaux.	X	
		– Ancrages des raidisseurs verticaux d'angle ou intermédiaires en retour d'équerre dans la semelle.	X	
2.4 Soubassement du vide sanitaire	X	• **Murs enterrés du soubassement** réalisés par 3 rangs de blocs perforés en béton de type B 80 et d'une épaisseur de 20 cm, avec blocs spéciaux pour les chaînages verticaux.	X	
		– Trou d'homme prévu soit en pignon extérieur soit en refend ou dans le garage pour accès au vide sanitaire ventilé.	X	
		– Arase d'étanchéité d'une épaisseur de 5 cm en mortier hydrofugé au couronnement du soubassement avant de recevoir le plancher bas.	X	
2.5 Assainissement du soubassement	X	• **Drainage éventuel** en pied extérieur du soubassement avec un drain perforé en PVC (section équivalente à ∅ 100 mm), avec cunette de récupération des eaux d'infiltration pour leur evacuation.		X
		– Boîtes de raccordement des canalisations à prévoir aux angles.		
		– Filtrage par graviers ou cailloux avec enveloppe d'un non-tissé pour éviter le colmatage du drain.		X
3 Plancher bas sur vide sanitaire ventilé (La section totale conseillée des grilles de ventilation est comprise entre 3/1000 et 3/10000 suivant l'humidité du terrain sous-jacent)	X	• **Plancher** constitué de poutrelles précontraintes avec entrevous en béton de 16 cm d'épaisseur, ou entrevous de résine de 13 cm avec clavetage en microbéton pour solidariser les éléments (fig. 15). • **Isolant en polyuréthane** d'une épaisseur de 62 mm avec rainurage mâle/femelle sur les quatre côtés. • **Dalle flottante** d'une épaisseur de 5 cm, armée d'un treillis soudé à mailles 10 x 10 cm en fils de 4,5 mm, coulée sur l'isolant. Aspect de la dalle tiré à la règle.	X	poutrelles sans étai si portée L < 4,50 m Exemple : poutrelles RSE 130

4. Visualisation des travaux de fondations, soubassement, plancher

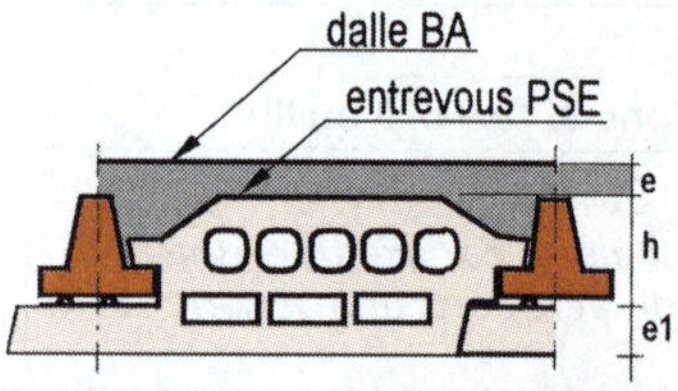

Fig. 6 : Plancher sur vide sanitaire avec entrevous PSE à languette

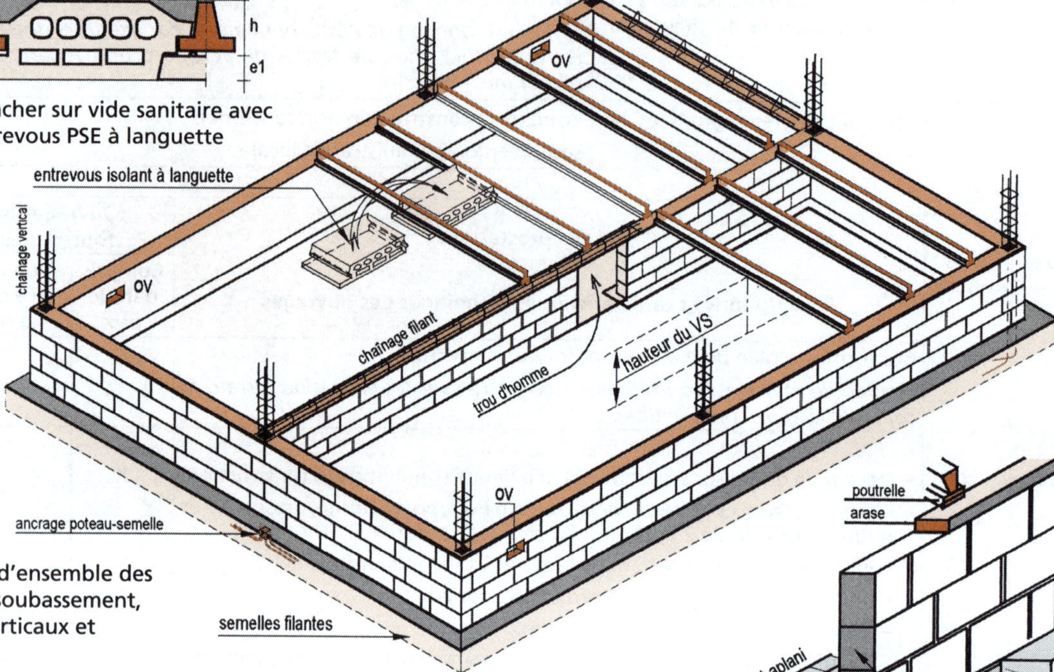

Fig. 7 : Vue d'ensemble des fondations, soubassement, chaînages verticaux et horizontaux

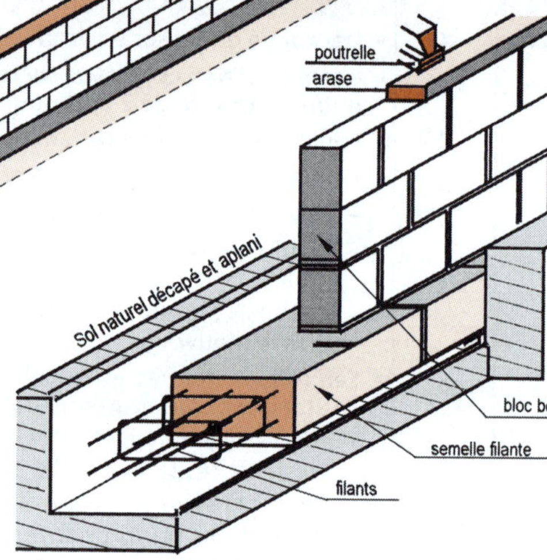

Fig. 9 : Semelle sous murs périphériques

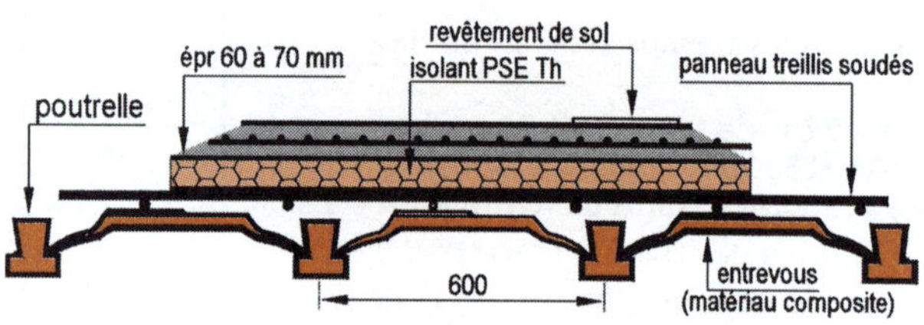

Fig. 8 : Plancher sur vide sanitaire avec dalle flottante sur isolant

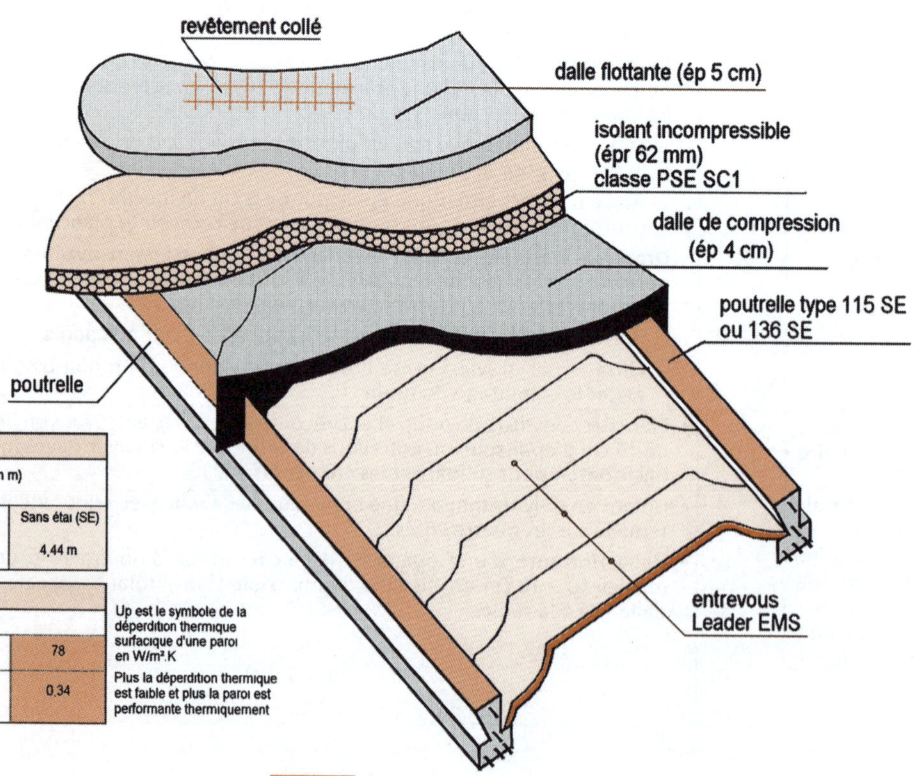

Fig. 10 : Plancher LEADER avec entrevous EMS + dalle flottante

Performances mécaniques					
Montage	Hauteur (cm)	Entraxe (cm)	Portée maximale (en m)		
			appuis libres	2 encastrements	Sans étai (SE)
13 + 4	17	60	4,80 m	5,23	4,44 m

Performances thermiques			
	Entrevous + épaisseur d'isolant		
2paisseur d'isolant (mm)	62	70	78
valeur Up W/m².K	0,42	0,58	0,34

Up est le symbole de la déperdition thermique surfacique d'une paroi en W/m².K

Plus la déperdition thermique est faible et plus la paroi est performante thermiquement

5. Aperçu de la réalisation d'un vide sanitaire accessible

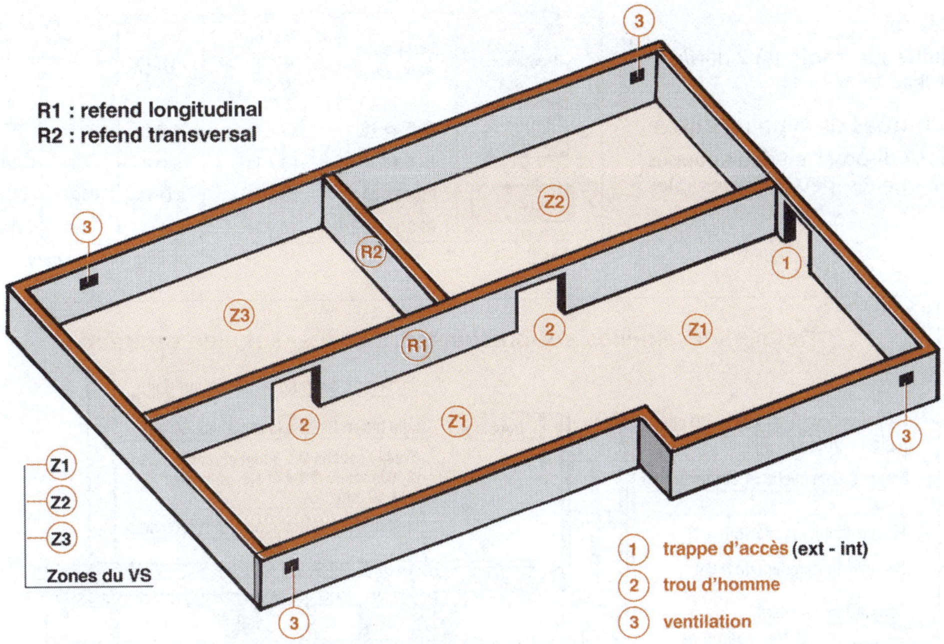

Fig. 11 : Schéma de principe - accès et ventilations

Fig. 12 : VS avant pose des poutrelles

- Chaînages d'angle
- Chaînages intermédiaires
- Arase étanche (épaisseur de 5 cm)
- Canalisations EU, EV suivant plan

Fig. 13 : Pose des poutrelles

Longueur d'appui des poutrelles de 5 cm sur les murs maçonnés

Le sol intérieur nivelé doit être exempt de tout déchet.

6. Technique de construction : fondation – murs – plancher bas

Sol de fondation

Résistance admise sur le sol : 1 à 2 daN/cm² soit 0,1 à 0,2 MPa.

Semelles continues de type renforcé

6 ou 8 filants HA disposés en deux nappes pour sols homogènes peu compressibles (fig. 14).

doc. : Standarm

Section Fig. 14	Désignation Réf. b-h	Section Béton B x H cm	Ø① mm	Charges admissibles Pser (daN/ml) aux E.L.S. Contraintes admissibles du sol (daN/cm²) aux E.L.S.		
				1	1,5	2
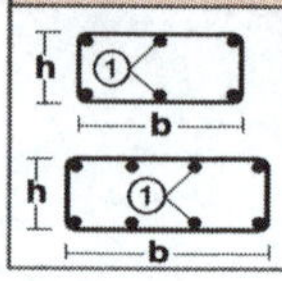	ELS 35-15	45 x 25	6 Ø 8	4500	6750	9000
	ELS 45-20	55 x 30	6 Ø 8	5500	8250	11000
	PPS 55-20	65 x 30	8 Ø 10	6500	9750	10200
	PPS 65-20	75 x 30	8 Ø 10	7500	11250	11600

Longueur standard 6m

Détails sur semelles, soubassement, plancher sur vide sanitaire

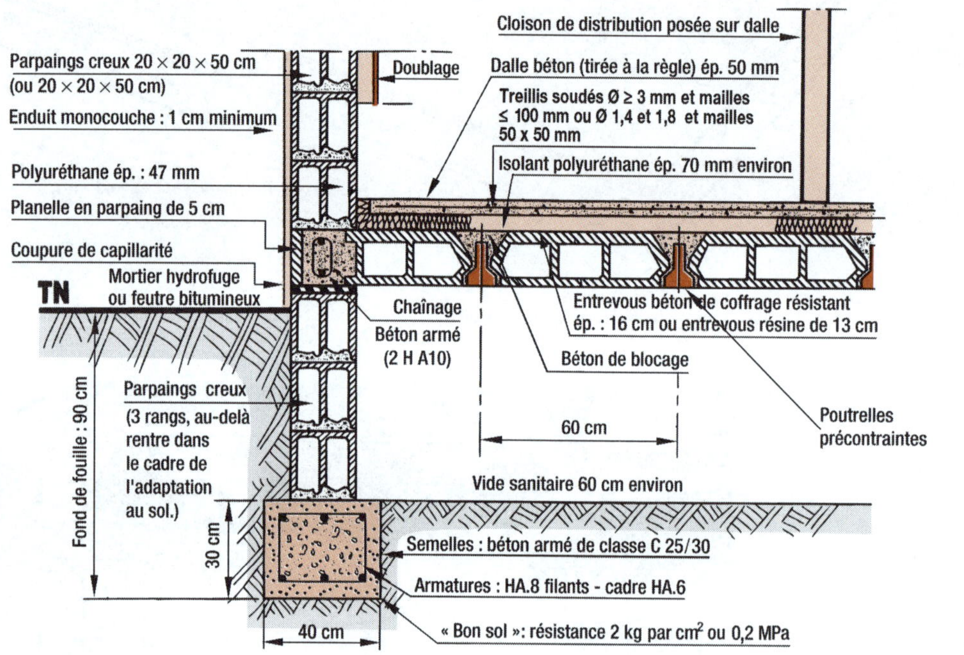

doc. : Maisons Pierre

Les épaisseurs de plancher peuvent être modifiées en fonction des études techniques du fabricant

Fig. 15 : Principe de construction du plancher bas sur vide sanitaire

Plancher avec entrevous porteurs en béton

- **Solution traditionnelle avec poutrelles précontraintes** et choix d'entrevous en béton plus épais à leur partie supérieure, formant dalle de compression incorporée (fig. 12).
- **Remplissage** entre poutrelles et entrevous par un microbéton de blocage qui solidarise les composants.

Isolant thermique continu disposé sur la face supérieure du plancher

- La résistance thermique (R) du plancher dépend surtout de la nature et de l'épaisseur de l'isolant et de son coefficient de conductivité (λ).

- Exemple avec isolant en polyuréthane (fig. 26)

Épaisseur d'isolant (mm)	Dalle flottante (mm)	R (m².K/W)	U (W/m².K)
60	50	2,17	0,46

Dalle flottante

- Épaisseur : 5 cm.
- Armature : treillis antifissuration.

Légende

1	poutrelle précontrainte ;
2	entrevous avec table de compression partielle ;
3	microbéton coulé entre les poutrelles et les entrevous ;
4	isolant polystyrène ;
5	dalle flottante armée d'un treillis antifissuration.

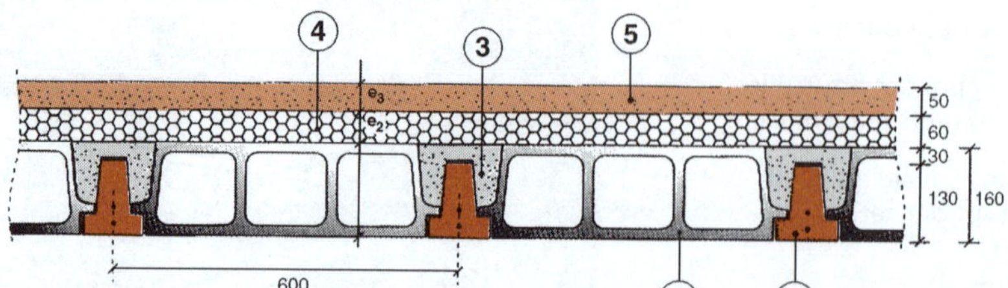

Fig. 16 : Plancher avec dalle de compression incorporée + dalle flottante

7. Cas d'un plancher à poutrelles à entrevous PSE Th et isolant PSE sous chape

Utilisation

Ce système est préconisé dans les régions froides et pour chauffage par le sol par câbles électriques (PRE) ou par circulation d'eau chaude à basse température (PCBT).

Composition du plancher (plancher système DUO)

- **Poutrelles précontraintes.**
- **Entrevous polystyrène** à languette. Ils sont disposés entre les poutrelles en isolation intégrée.

Épaisseurs de languette : 32, 42, 47, 78 mm.

- **Dalle de compression** armée d'une épaisseur de 5 cm.
- **Panneaux isolants** dont les épaisseurs sont 31, 47, ou 62 mm, rainés, bouvetés sur les quatre faces.
- **Dalle ou chape flottante** armée d'un treillis à mailles 50 mm x 50 mm et fils de 1,8 mm. L'épaisseur de la dalle est > 5 cm, jusqu'à 7 cm.
- **Revêtement scellé ou collé.**

Performances thermiques remarquables et voisines de Up = 0,21 W/m².K pour une épaisseur d'isolant de 62 mm.

Exemple : plancher d'une surface de 100 m² et de périmètre L = 40 m

Déperdition thermique totale :

- par la paroi plancher : 100 m² x 0,21 W/m².K = 21 W/K ;
- par les ponts thermiques de rive : 40 ml x 0,15 m.K = 6 W/K.

Déperditions totales : 21 + 6 = 27 W/K.

Planéité et état de surface du support

Le support qui reçoit la couche isolante doit avoir une planéité ≤ 7 mm sous la règle de 2 m et de 2 mm sous un réglet de 0,20 m, et un aspect de surface fin et régulier correspondant à l'état de surface d'un béton surfacé à parement soigné.

Sinon, un enduit de ragréage en mortier hydraulique autolissant est nécessaire.

Dalle en béton armé :
- épaisseur mini : 5 cm
- béton de granulats lourds dosé à 350 kg/m
  Type CPS C25/30
- armature TS avec fils 5.5/5.5 et mailles 200 x 200 (mm)

Les poutrelles peuvent prendre appui soit :
- sur les refends transversaux et les pignons
- sur les murs de façades et sur les refends longitudinaux
- sur les murs porteurs et les poutres en béton armé

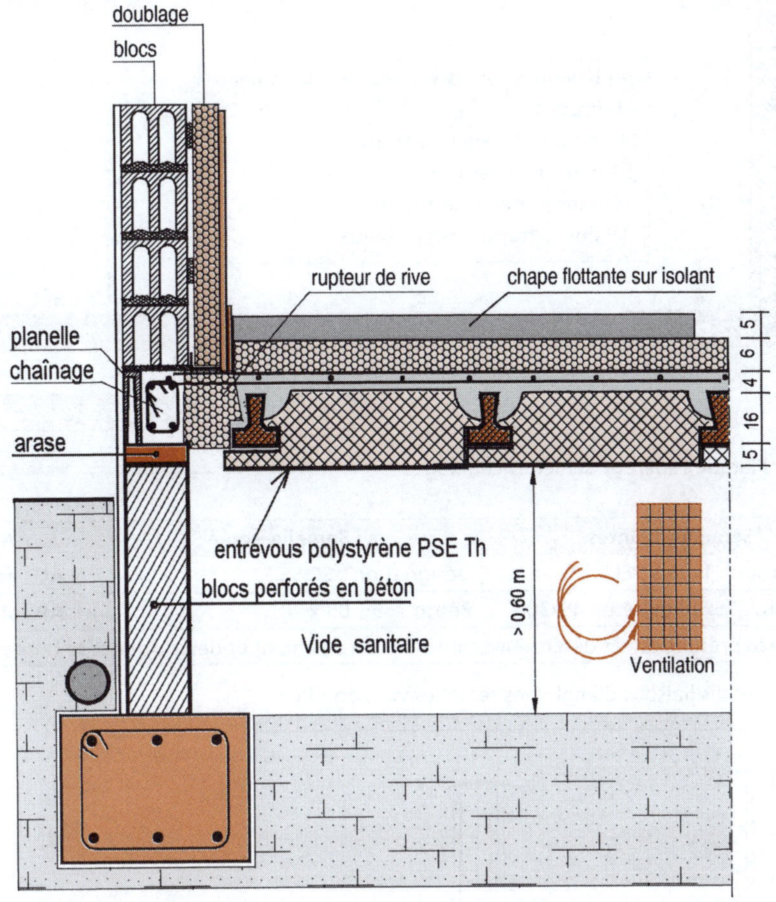

Planchers bas sur VS

- poutrelles précontraintes
- entrevous béton ou polystyrène
- dalle de compression

Fig. 14 : Coupe sur soubassement et plancher en système DUO

8. Plan des fondations avec repérage des semelles et des chaînages verticaux

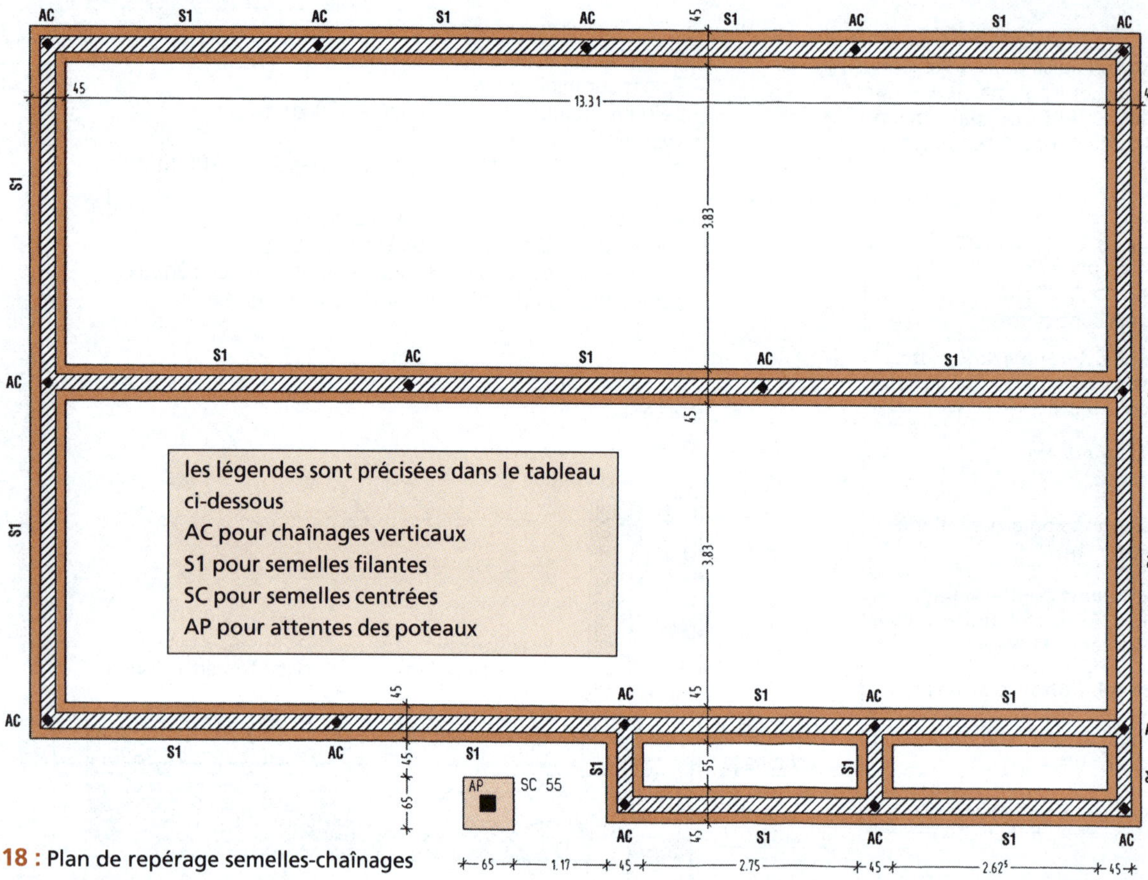

Fig. 18 : Plan de repérage semelles-chaînages

Semelles filantes	Semelle isolée	Attentes chaînages et poteau
Désignation : Type **S1** ELS	Désignation : **SC** 55	**AC** : attentes chaînages verticaux
Armature : 35x15 et béton 45x30	Béton : 65 x 65 x 20	**AP** : attentes poteau
Armatures préfabriquées déterminées après étude des plans et descriptif par le bureau d'études Standarm		

doc. : Maisons Pierre

Fig. 19 : Détails liaisons d'angle des semelles vues en plan

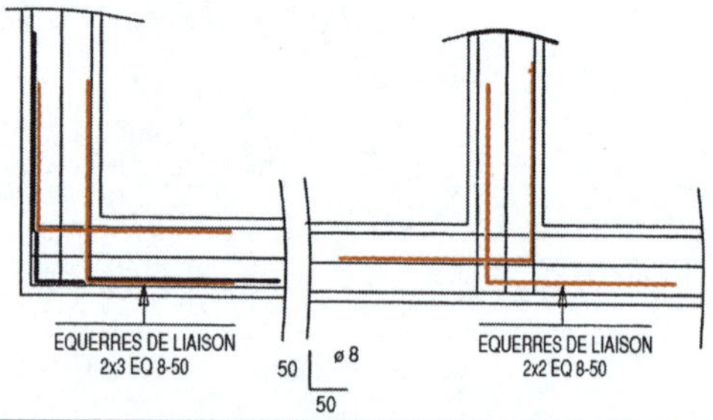

Taux de travail du sol 1,5 daN/cm²

Fig. 20 :
Chaînages verticaux

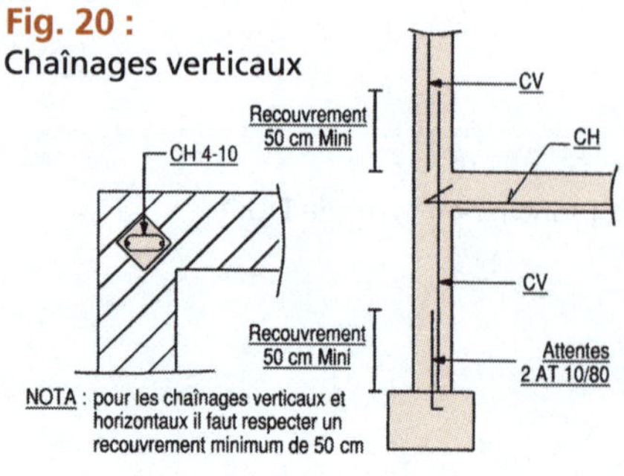

doc. : Standarm

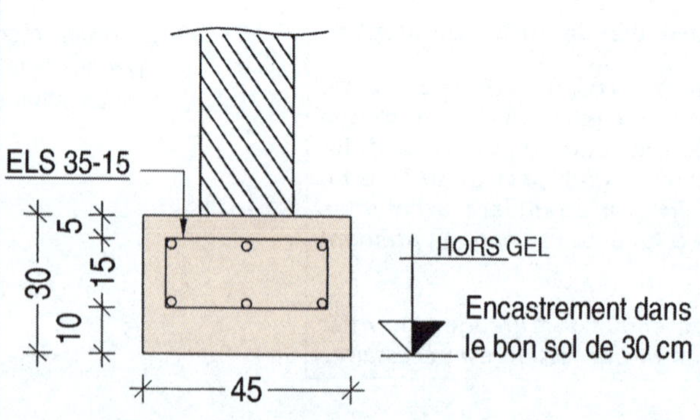

Fig. 21 : Coupe de principe sur semelle filante

9. Haut de vide sanitaire : plancher à poutrelles et réseau d'évacuation

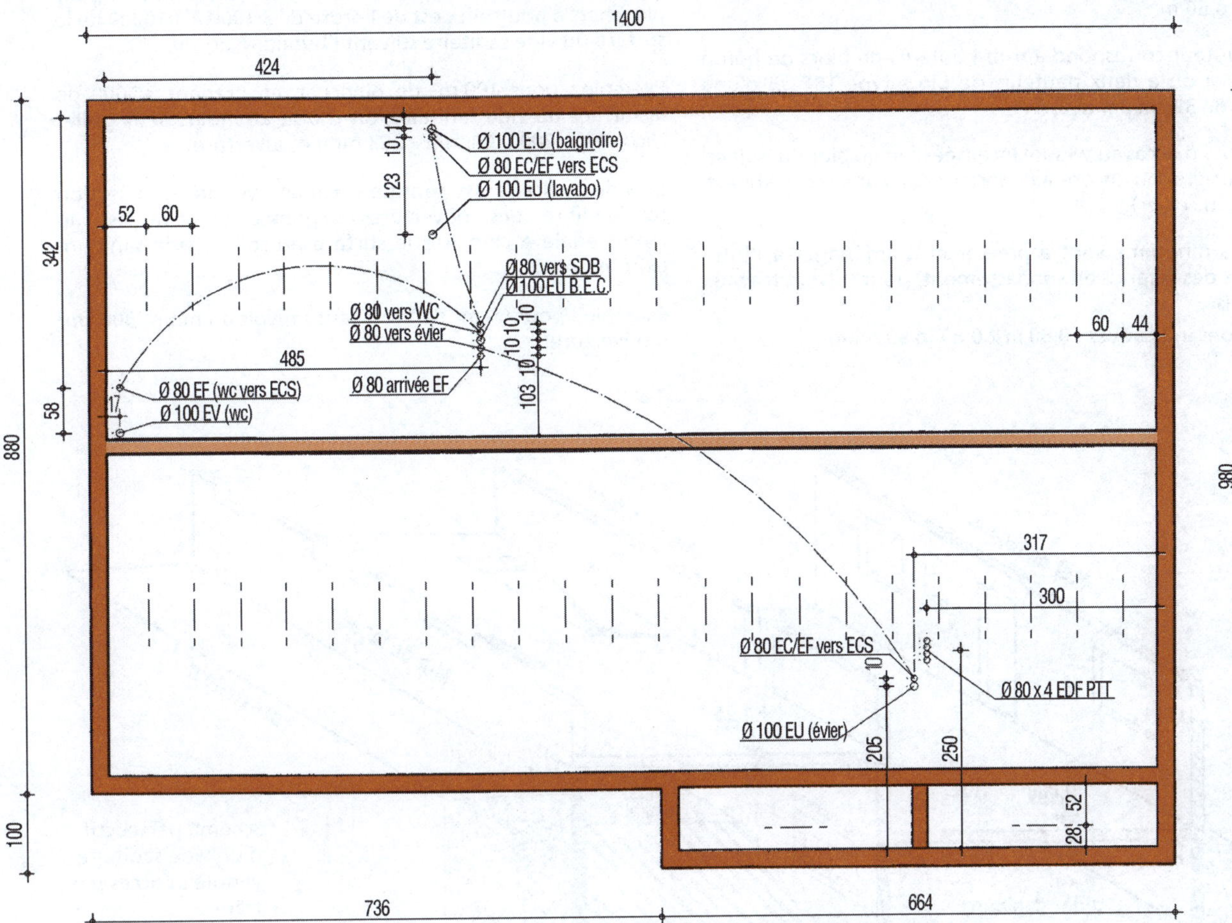

Plan d' exécution des canalisations avec traversées de plancher

Fig. 22 : Plan de repérage des réseaux prévus (EU, EV, EFS, ECS, PTT)

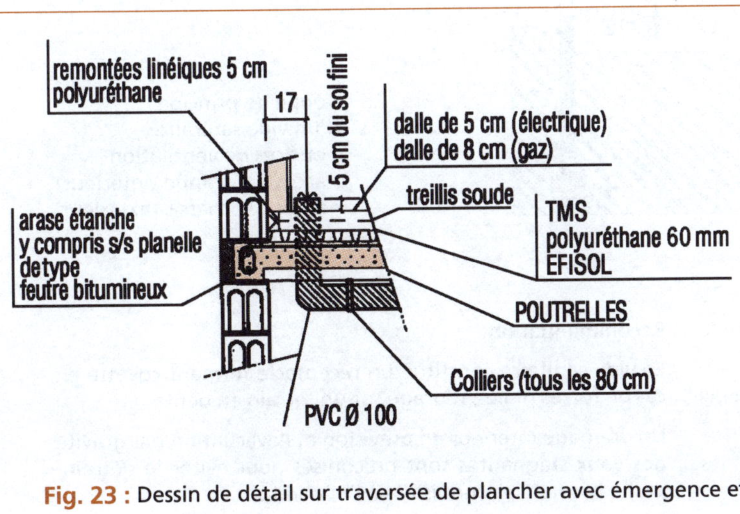

- Ø 80 EF : arrivée eau froide au ballon ou chaudière
- Ø 100 EU ECS : vidange eau chaude sanitaire (ballon)
- Ø 100 EV : eaux vannes WC
- Ø 100 EU : eaux usées sanitaires (évier, lavabo, sdb...)
- Ø 80 x 4 EDF : alimentation edf, tél. etc.
- Ø 80 EC/EF : eau chaude, eau froide de... vers...

doc. : Maisons Pierre

Fig. 23 : Dessin de détail sur traversée de plancher avec émergence et légende pour les tubes et les gaines en PVC

10. Exemple d'accès et de ventilation de vide sanitaire

Accès pour maintenance

Un vide sanitaire dit accessible dispose d'une hauteur minimale de 0,60 m.

Cette hauteur correspond à trois hauteurs de blocs de béton 20 x 50 cm ou à deux hauteurs de blocs type TBF 33 d'une hauteur de 33 cm par assise.

Les trappes d'accès au VS sont localisées soit en pignon, soit en façade arrière, ou encore à l'intérieur dans une pièce annexe (garage ou cellier).

Les trous d'homme sont à prévoir et à aménager à l'intérieur (cas des refends en soubassement) pour suivi et travaux éventuels.
Dimensions indicatives : 0,60 m x 0,80 m au moins.

Orifices de ventilation

La section totale préconisée des orifices de ventilation pour planchers à poutrelles est de l'ordre de 3/1000 à 3/10000 de la surface du vide sanitaire suivant l'humidité du sol.

Exemple : pour 100 m² de plancher, en prenant 3/5000 de la surface du vide sanitaire, on choisit au moins deux grilles Nicoll type 200 (163 mm x 263 mm) d'ouverture.

Le vide sanitaire est considéré comme ventilé si la section totale libre des ouvertures exprimée en cm² est au moins égale à cinq fois la surface au sol du vide sanitaire exprimée en m².

Exemple : pour 60 m² de VS, il faut prévoir au moins 300 cm² d'ouverture.

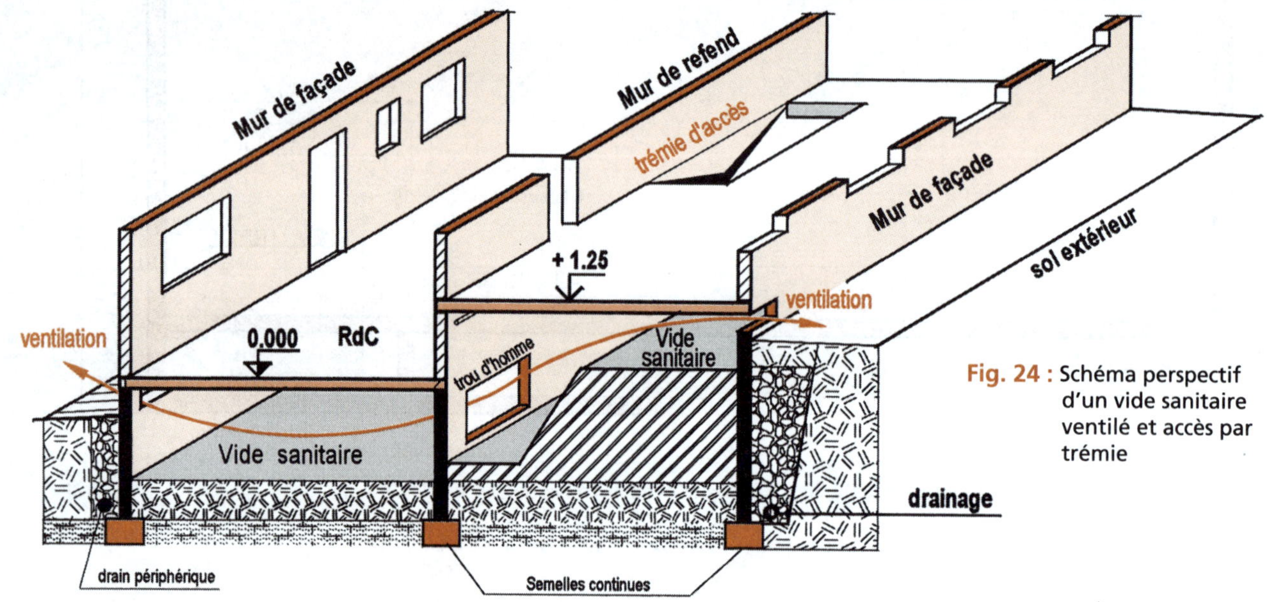

Fig. 24 : Schéma perspectif d'un vide sanitaire ventilé et accès par trémie

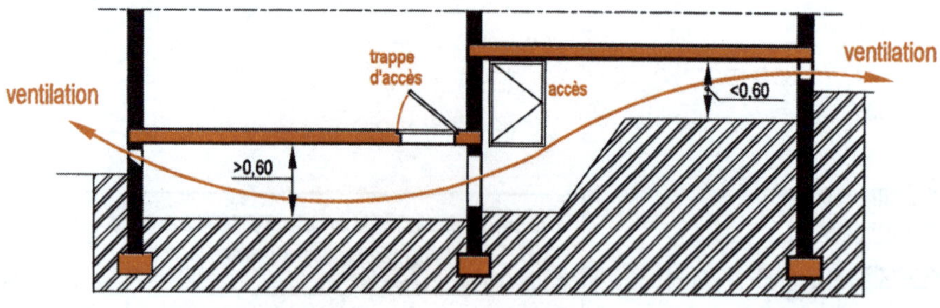

Fig. 25 : Coupe de principe d'un vide sanitaire
- orifices de ventilation
- accès par trappe (intérieur)
- accès par chassis (extérieur)

Les bouches de ventilation doivent assurer le balayage pour le renouvellement de l'air.

Le choix de leur implantation influence les échanges intérieur-extérieur (disposition en quinconce).

Les bouches seront protégées contre les insectes et les rongeurs.

Recommandation

Le vide sanitaire constitue un réceptacle formant cuvette en cas de fortes pluies, d'orage sur un terrain en pente.

Un drainage intérieur en prévision et l'évacuation par gravité des eaux stagnantes sont préconisés pour éviter le détrempage du sol et les ennuis liés à l'humidité.

II. Fiches techniques d'armatures des ouvrages :

II.1. Armatures de liaison des semelles, chaînages et plancher

Les armatures préfabriquées sont très utilisées et s'adaptent aux liaisons prescrites pour les ouvrages en béton armé.
Leur utilisation à partir d'un plan de repérage des armatures, élaboré par le bureau d'études, est d'une grande facilité sur le chantier, avec gain de temps sur les travaux du gros œuvre.

Il s'agit sur le chantier de respecter les sections d'armatures en fonction des zones sismiques et les longueurs de recouvrement de 50Ø en général.
Toutes les recommandations de mise en œuvre sont indiquées sur les plans d'exécution.

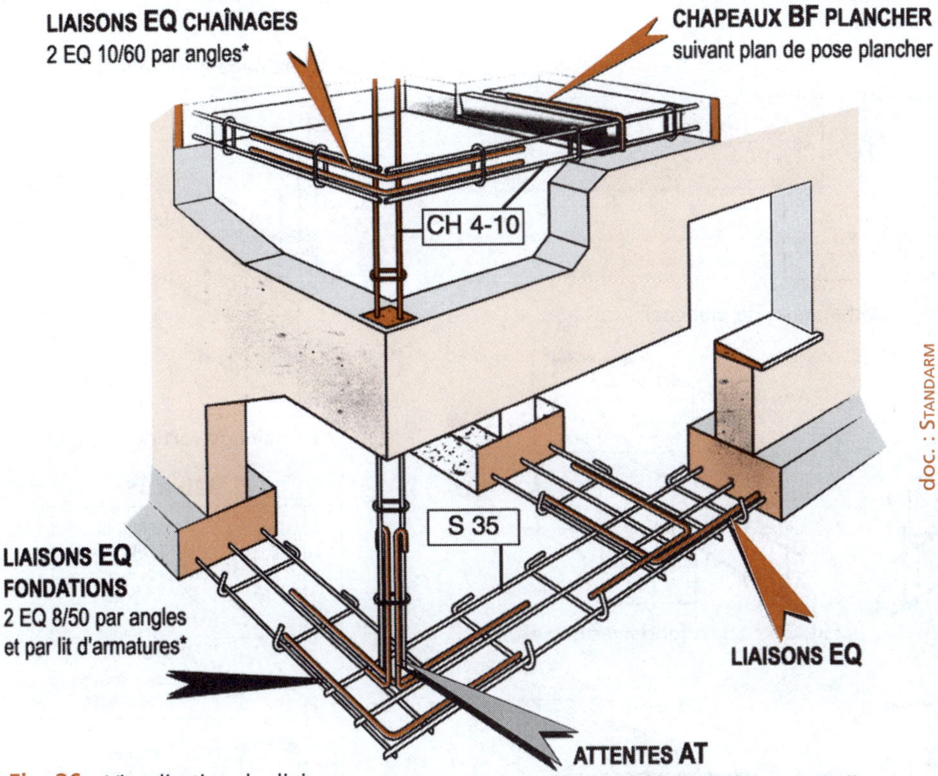

Fig. 26 : Visualisation des liaisons

Fig. 29 : Liaisons chaînages

L, Ø, L	**Réf. EQ Ø/L**
	EQ 8/50
	EQ 10/60
Attentes Crossées	
L, Ø, 15	**Réf. AT Ø/L**
	AT 8/70
	AT 10/80
	AT 12/90
Chapeaux de Planchers en rive	
L, 10, Ø	**Réf. BF Ø/L**
	BF 6/80
	BF 8/80
	BF 8/90
	BF 8/100
	BF 10/90
Chapeaux de Planchers en refend	
L, Ø	**Réf. BC Ø/L**
	BC 8/160
	BC 10/180
	BC 10/200
	BC 12/200

doc. : STANDARM

Détails de mise en place des liaisons dans les ouvrages courants

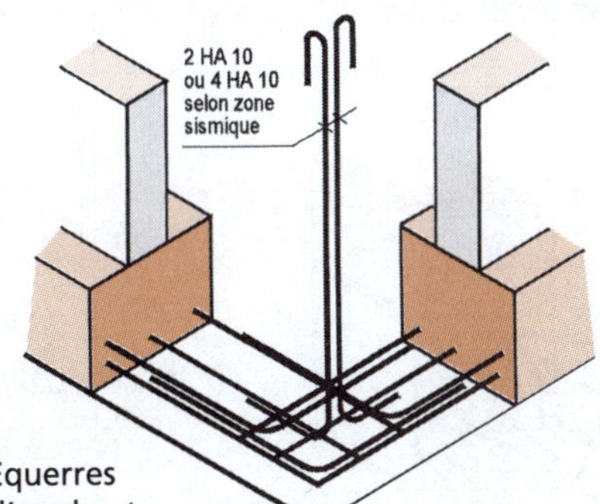

Fig. 27 : Équerres d'angle et attentes chaînage

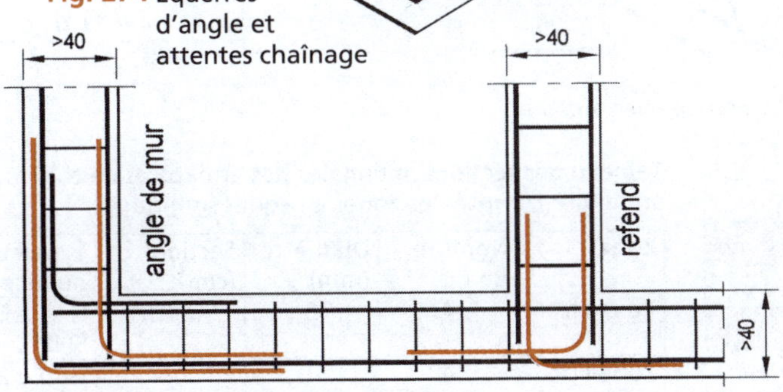

Fig. 28 : Vue en plan des armatures et continuité aux angles par des équerres

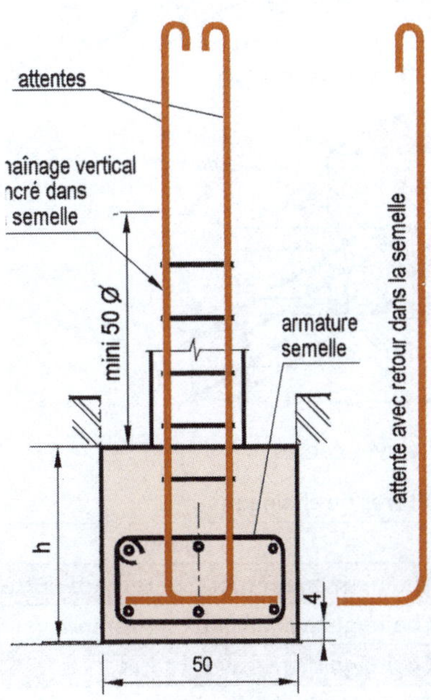

Fig. 30 : Semelle filante

11.2. Armatures des chaînages horizontaux et verticaux

La section des chaînages verticaux ou horizontaux doit être égale ou supérieure à 1,50 cm² dans la nuance Fe E 500.

Elle équivaut à :

- 2 diamètres de 10 mm (**2 HA 10**) ;
- ou à 3 diamètres de 8 mm (**3 HA 8**) ;
- ou bien à 4 diamètres de 7 mm (**4 HA 7**).

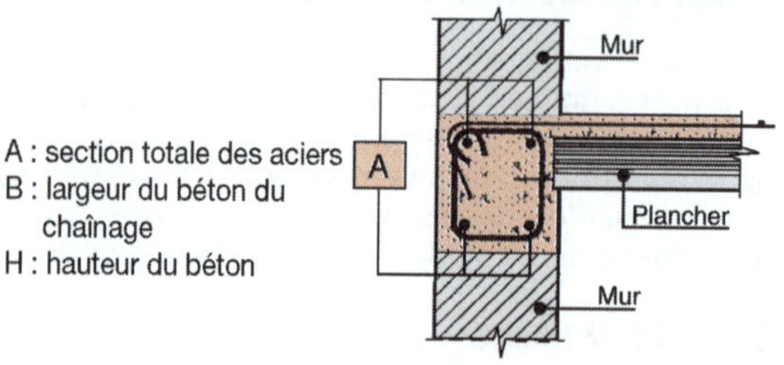

Fig. 38 : Chaînage avec cadres

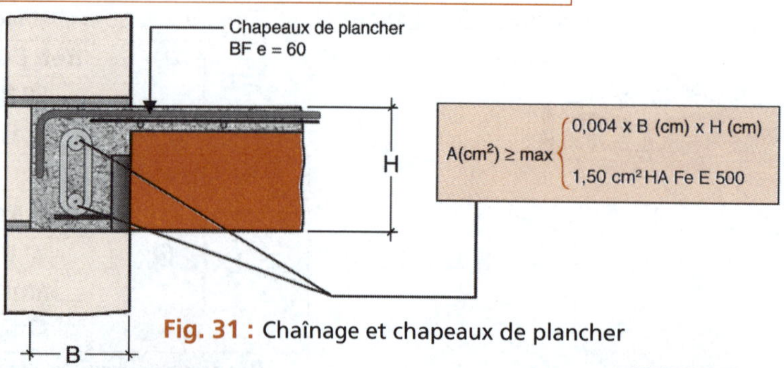

Fig. 31 : Chaînage et chapeaux de plancher

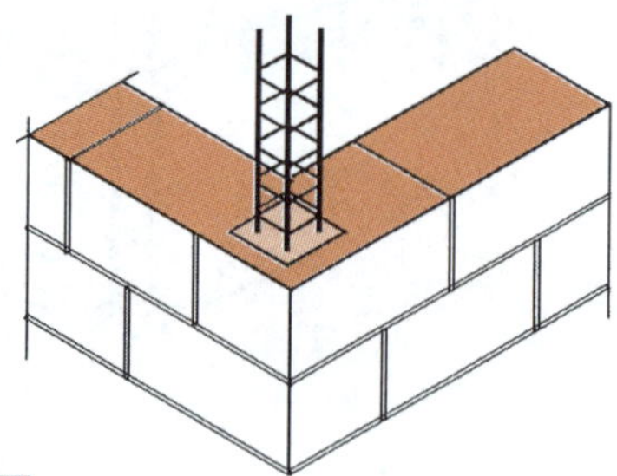

Fig. 39 : Chaînage vertical d'angle

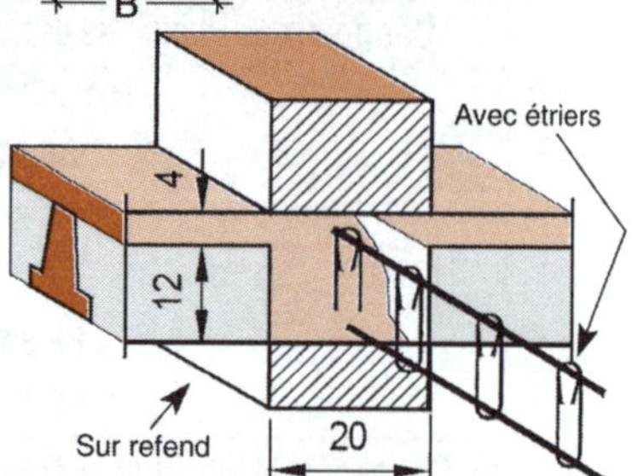

Fig. 32 : Sur refend

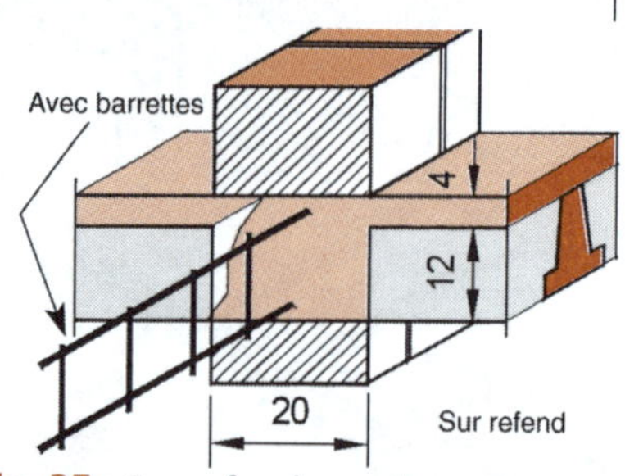

Fig. 35 : Sur refend avec barrettes

Fig. 32b à 35c

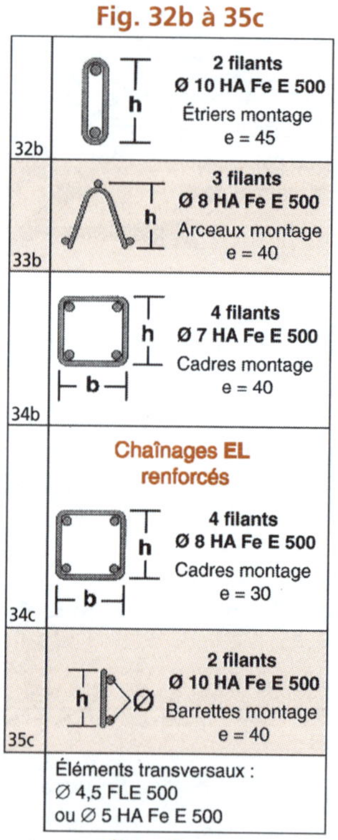

doc. : Standarm

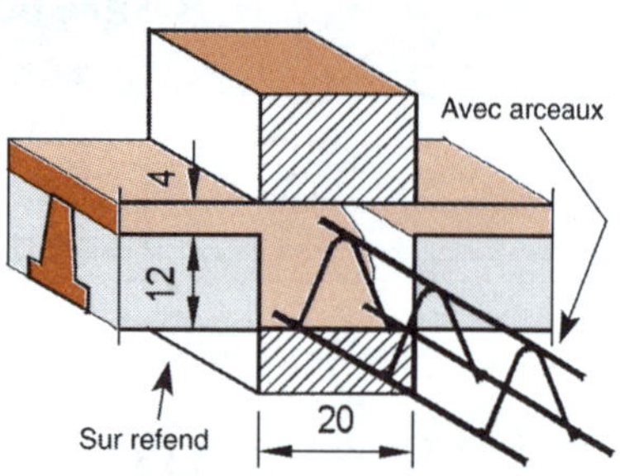

Fig. 33 : Sur refend avec arceaux

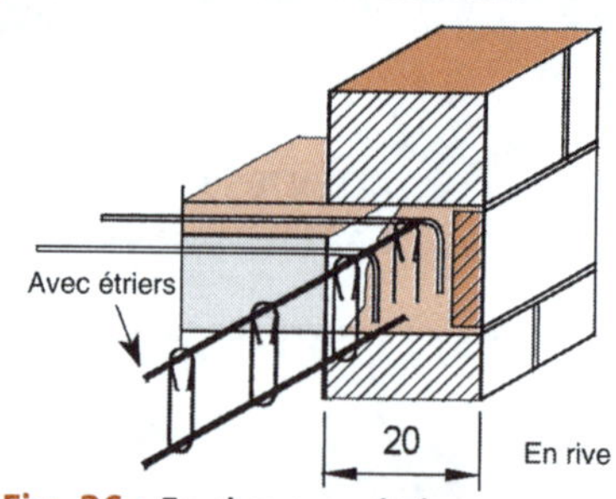

Fig. 36 : En rive avec étriers

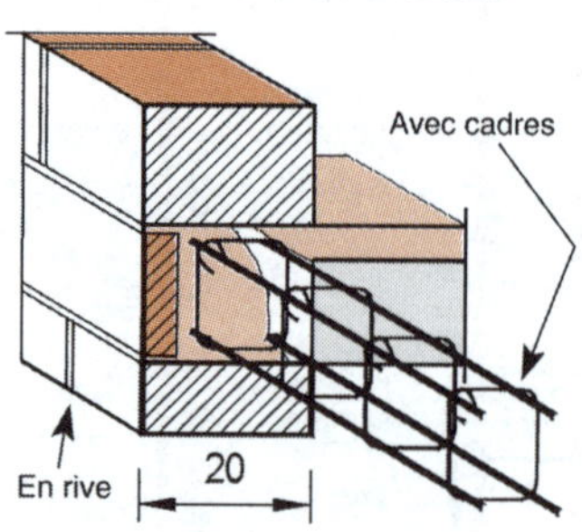

Fig. 34 : En rive avec cadres

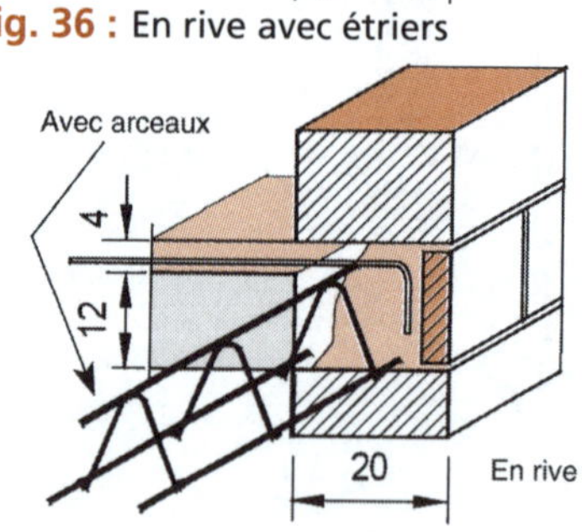

Fig. 37 : En rive avec arceaux

Choix des armatures de chaînage

Figures	Légende
8a et 8b	Chaînage avec étriers sur refends porteurs
9a et 9b	Chaînage avec arceaux sur refend
10a et 10b	Chaînage de rive avec cadres
12	Chaînage de rive de plancher avec des étriers
13	Chaînage de rive avec arceaux
14	Chaînage avec cadres sans planelle

Tableau des sections minimales des armatures de chaînage en tenant compte des zones à risques sismiques

Zones	Nombre de fils	Diamètre (mm)	Section (cm²)	Type et nuance
Zone I a	4	8	2,01	HA Fe E 500
Zone I b	4	10	3,14	HA Fe E 500
Zone II	4	12	4,52	HA Fe E 500

II.3. Armatures préfabriquées pour travaux courants de construction de pavillons

- Les aciers utilisés sont à haute adhérence (HA) de nuance Fe E 500.
- Les dimensions des éléments préfabriqués complets ou accessoires sont indiquées.
- Les indications données précisent :
  - le nombre et le diamètre des filants ;
  - les diamètres et les espacements des cadres, des étriers, des barrettes.

TYPES	MODÈLES Réf. b - h cm	COMPOSITION Filants Nb. ø (mm)	Cadres ø (mm) e (cm)	SECTION BÉTON (cm) B x H	ZONE sismique		UTILISATIONS

SF semelles filantes — Longueur standard 6 m

TYPES	MODÈLES	Filants	Cadres	SECTION BÉTON	ZONE sismique		UTILISATIONS
h, b	F.PS 35-15 F.PS 45-25	6 ø 8 6 ø 8	ø 5 e 15 ø 5 e 15	45 x 25 55 x 30	1 A 1 A		Dimensionnement suivant règles DTU 13-12 en vigueur

Les semelles F.PS sont également disponibles, sur demande, en 6 ø 10 et 6 ø 12, pour les zones 1B et 2 respectivement.

CH chaînages horizontaux — Longueur standard 6 m

TYPES	MODÈLES	Filants	Cadres	SECTION BÉTON	ZONE sismique		UTILISATIONS
h, b	C.PS 8-12 C.PS 8-15 C.PS 8-20	4 ø 8 4 ø 8 4 ø 8	5 e 15 5 e 15 5 e 15	15 x 16 15 x 20 15 x 24	1 A 1 A 1 A		Planchers ép. 16 ou blocs "U" Planchers ép. 20 ou 21 Planchers ép. 24 ou 25

Les chaînages C.PS sont également disponibles, sur demande, en 4 ø 10 et 4 ø 12, pour les zones 1B et 2 respectivement.

CV chaînages verticaux — Longueur standard 6 m

TYPES	Modèles	Filants	Cadres	Section béton	Zone sismique		UTILISATIONS
h, b	C.PS 8-8 C.PS 10-10 C. PS 10-15 C. PS 15-15	4 ø 8 4 ø 8 4 ø 8 4 ø 8	ø 5 e 15 ø 5 e 15 ø 5 e 15 ø 5 e 15	12 x 12 15 x 15 15 x 20 20 x 20	1 A 1 A 1 A 1 A		Blocs d'angles Chaînages coffrés Chaînages coffrés Chaînages coffrés
h, b	C.PS 4-10 C.PS 4-12 C.PS 4-15	2 ø 12 2 ø 12 2 ø 12	ø 5 e 30 ø 5 e 30 ø 5 e 30	12 x 12 10 x 15 10 x 20	1 A 1 A 1 A		Chaînages intermédiaires Blocs d'angles Coffrés Coffrés

Les chaînages C.PS sont également disponibles, sur demande, en 4 ø 10 et 4 ø 12, pour les zones 1B et 2 respectivement.

RO renforts d'ouvertures — **CR chaînages rampants** — Longueur standard 6 m

TYPES	Modèles	Filants	Cadres	Section béton	Zone sismique	UTILISATIONS
h, b	CH 4-10 CH 4-12 CH 4-15	2 ø 10 2 ø 10 2 ø 10	ø 5 e 40 ø 5 e 40 ø 5 e 40	8 x 15 8 x 16 8 x 20	1 A 1 B 1 A 1 B 1 A 1 B	Blocs d'angles ou précadres Précadres ou coffrés Précadres ou coffrés
h	Réf. h/ ø EC 6/10-10 EC 11/10-10	2 ø 10 2 ø 10	ø 5 e 40 ø 5 e 40	6 x 15 6 x 20	1 A 1 B 1 A 1 B	Blocs d'angles ou précadres Précadres ou coffrés

Les armatures CH et EC correspondent à celles de notre catalogue général.

liaisons LA

	Réf. ø/ L
L, L	EQ 8/50 EQ 10/60 EQ 12/70

attentes AT

	Réf. ø/ b-L
b, L	LU 8/6-60 LU 6/9-60 LU 8/9-60 LU 10/9-70

chapeaux BF

	Réf. ø/ L	h
b, L	BF 6/70 BF 8/70 BF 10/70 AT 12/90	10 10 10 15

Les armatures de linteaux, poteaux, poutres... font l'objet d'une étude de dimensionnement conformément aux règles de conception des ouvrages en situation normale : règles DTU et BAEL (Béton Armé aux États Limites).

doc. : STANDARM

Zones à risques sismiques en France
Zone **0** à sismicité négligeable
Zone **1A** à sismicité très faible
Zone **1B** à sismicité faible
Zone **2** à sismicité moyenne

Par principe de précaution, les constructeurs utilisent les sections prescrites dans la zone **1A** même si la construction est située en zone **0**.

Les renseignements sur les zones et les cantons à risque sismique sont donnés par la **DDE**.

11.4. Caractéristiques des armatures en treillis soudés pour planchers

CARACTÉRISTIQUES MÉCANIQUES

- Limite d'élasticité : 500 MPa — NF A 35-016 R_{eh} ; NF A 35-024 $R_{p0,2}$
- R_m/R_{eH} : 1,03 (NF A 35-016)
- Allongement sous charge maximale (A_{gt}) : 1,5 % (NF A 35-024) ; 2,5 % (NF A 35-016)

CARACTÉRES D'ADHÉRENCE

L'association béton-acier est caractérisée par :
- le coefficient de fissuration « η »
- le coefficient de scellement « Ψs »

$\eta = 1{,}3$ pour $\varnothing < 6$
$\eta = 1{,}6$ pour $\varnothing \geqslant 6$
$\psi s = 1{,}5$

ANCRAGES RECTILIGNES (B.A.E.L : Art. A.6.2,1 et A.6.2,2)

ancrage total avec :
3 soudures pour les fils porteurs
2 soudures pour les fils de répartition
ou
d'après la longueur de scellement droit donnée en fonction de la résistance caractéristique du béton.

fc28 (MPa)	25	30	35	40	45	50	55	60
$l s = \frac{\varnothing}{4} \cdot \frac{fe}{\bar{\tau}} = K \varnothing$	44 ∅	39 ∅	34 ∅	31 ∅	28 ∅	26 ∅	24 ∅	22 ∅

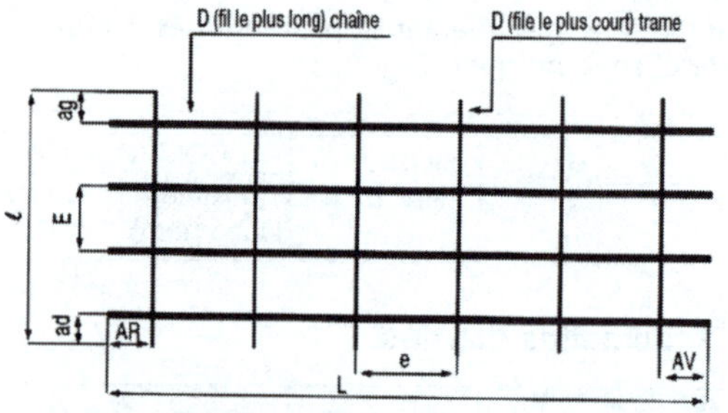

L : Longueur du panneau
ℓ : Largeur unique (2,40 m)
D : Diamètre du fil le plus long
d : Diamètre du fil le plus court
E : Espacement des fils les plus longs
e : Espacement des fils les plus courts

AR : About arrière
AV : About avant
ad = ag : About de rive

doc. : ADETS

Treillis antifissuration (NF A 35-024)

Désignation ADETS	Section s cm²/m	S s cm²/m	E e mm	D d mm	A bouts AV AR ad ag mm/mm	Nombre de fils N n	Longueur Largeur L l m	Masse nominale Kg/m²	Surface 1 rouleau ou 1 panneau m²	Masse 1 rouleau ou 1 panneau kg	colisage
RAF R®	0,80	0,80 0,53	200 300	4,5 4,5	100/100 100/100	12 167	50,00* 2,40	1,043	120,00	125,10	1
PAF R®	0,80	0,80 0,53	200 300	4,5 4,5	150/150 100/100	12 12	3,60 2,40	1,042	8,64	9,00	100
RAF C®	0,80	0,80 0,80	200 200	4,5 4,5	100/100 100/100	12 200	40,00* 2,40	1,250	96,00	120,00	1
PAF C®	0,80	0,80 0,80	200 200	4,5 4,5	100/100 100/100	12 18	3,60 2,40	1,250	8,64	10,80	100
PAF V®	0,99	0,80 0,99	200 160	4,5 4,5	135/25 100/100	12 16	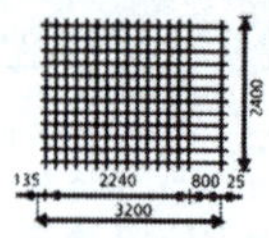		7,68	9,60	100

* Rouleaux : diamètre extérieur minimum autorise : 500 mm

Treillis de structure (NF A 35-016-2 ou NF A 35-019-2)

Désignation ADETS	Section S cm²/m	S s cm²/m	E e mm	D d mm	Abouts AV AR ad ag mm/mm	Nombre de fils N n	Longueur Largeur L l m	Masse nominale Kg/m²	Surface 1 panneau m²	Masse 1 panneau kg	colisage
ST 10®	**1.19**	1,19 1,19	200 200	5.5 5.5	100/100 100/100	12 24	4,80 2,40	1,870	11,52	21,54	50 ou 80
ST 20®	**1.89**	1,89 1,28	150 300	6 7	150/150 75/75	16 20	6,00 2,40	2,487	14,40	35,81	40
ST 25®	**2.57**	2,57 1,28	150 300	7 7	150/150 75/75	16 20	6,00 2,40	3,020	14,40	43,49	40
ST 30®	**2.83**	2,83 1,28	100 300	6 7	150/150 50/50	24 20	6,00 2,40	3,226	14,40	46,46	30
ST 35®	**3.85**	3,85 1,28	100 300	7 7	150/150 50/50	24 20	6,00 2,40	4,026	14,40	57,98	30
ST 50®	**5.03**	5,03 1,68	100 300	8 8	150/150 50/50	24 20	6,00 2,40	5,267	14,40	75,84	20
ST 60®	**6.36**	6,36 2,52	100 200	9 8	100/100 50/50	24 30	6,00 2,40	6,965	14,40	100,3	16
ST 15 C®	**1,42**	1,42 1,42	200 200	6 6	100/100 100/100	12 20	4,00 2,40	2,220	9,60	21,31	70
ST 25 C®	**2.57**	2,57 2,57	150 150	7 7	75/75 75/75	16 40	6,00 2,40	4,026	14,40	57,98	30
ST 25 CS®	**2.57**	2,57 2,57	150 150	7 7	75/75 75/75	16 20	3,00 2,40	4,026	7,20	28,99	40
ST 40 C®	**3.85**	3,85 3,85	100 100	7 7	50/50 50/50	24 60	6,00 2,40	6,040	14,40	86,98	20
ST 50 C®	**5,03**	5,03 5,03	100 100	8 8	50/50 50/50	24 60	6,00 2,40	7,900	14,40	113,76	15
ST 65 C®	**6.36**	6,36 6,36	100 100	9 9	50/50 50/50	24 60	6,00 2,40	9,980	14,40	143,71	10

Chaque colis est fermé par des liens qui ne sont en aucun cas prévus pour la manutention

Index

D

Q

R

S

T

V

Z

PEFC
PEFC/10-31-1316
PROMOUVOIR LA GESTION DURABLE DE LA FORÊT

Imprimé en France. - JOUVE, 1, rue du Docteur Sauvé, 53100 MAYENNE
N° 905365Z. - Dépôt légal : juin 2012
N° d'éditeur : 7994